中国西南民族服饰研究

梁 旭 著

云南出版集团
云南美术出版社

图书在版编目（CIP）数据

中国西南民族服饰研究：全二册 / 梁旭著. -- 昆明：云南美术出版社，2022.5
ISBN 978-7-5489-4752-3

Ⅰ.①中… Ⅱ.①梁… Ⅲ.①少数民族－民族服饰－研究－西南地区 Ⅳ.①TS941.742.8

中国版本图书馆 CIP 数据核字（2022）第 061006 号

出版人：刘大伟

责任编辑：王飞虎　台　文
装帧设计：庞　宇　刁正勇
责任校对：赵关荣　张亚栋

中国西南民族服饰研究（上下册）

梁旭 著

出版发行：云南出版集团 云南美术出版社
（昆明市环城西路 609 号）
制版印刷：云南出版印刷集团有限责任公司华印分公司
开本：889mm × 1194mm 1/16
字数：1050 千
印张：50
版次：2022 年 5 月第 1 版
印次：2022 年 5 月第 1 次印刷
书号：ISBN 978-7-5489-4752-3
定价：800.00 元（全二册）

梁旭，1964年云南大学历史系民族学本科毕业，入伍到昆明军区政治部任正连级干事。1976年转业到云南省博物馆从事民族文物调查、征集、研究工作。1986年评为云南省文博系统第一届高职人员，同时被任命为陈列部主任，加入中国人类学学会。长期从事人类学、民族学田野调查研究，举办民族文化展览12场，其中1988年云南省第一届艺术节的“云南民族传统乐舞”展获国家级大奖。先后出版《云南民族染织刺绣》（日本美乃美出版社出版，1983）、《云南少数民族服饰》（2002）、《中国彝族服饰》（2004）、《彝山寻踪》（2014）、《云南少数民族传统手工刺绣集萃》（2016）等12部专著。发表学术论文和民族田野调查资料报告32篇，其中《克木人图腾崇拜浅探》和《梅葛飘香溢四海》获得中国民族学、社会科学优秀论文奖。1993年被编入云南大学《史苑英杰》和云南人民出版社《云南当代专家学者辞典》，1997年进入《世界名人录》，1999年入选中国人事部编的《中国专家大辞典》。

前　言

中国西南地区民族服饰的丰富性和多样性，是任何地方、任何民族都无法可比的，称之为“人类服饰的大观园”也不为过。那么，走进“人类服饰的大观园”到底能看见什么？有些什么“珍宝”？当然需要寻找、挖掘。从20世纪80年代开始，笔者便对多年来积累的民族服饰调查资料进行整合，并结合有关文献（包括考古发掘）和国内外相关资料，不断地进行研究，从中得到很多思路，对西南地区民族服饰有了更深层的了解。虽然早在1986年日本美乃美出版社出版的《云南染织刺绣》和2017年云南美术出版社出版的《云南少数民族传统手工刺绣集萃》等书中，笔者写过服饰艺术精美为“横扫九州历史，独占西部风情”，以后在不少文章中又称之为“人类服饰的大观园”，但这些都只能表达西南地区民族服饰千姿百态的类型和简单的穿着方式。当然，目前已出版的服饰著作也很多，但大多是以图片为主，充其量只能视为“画册”，而文字与照片对应、综合性的研究著作尚未见到。因此，对西南地区民族服饰更深的文化内涵和独特工艺及审美艺术，需站在更高的科学理论角度研究探讨，才能挖掘得出不为人知，或如今已消失或即将消失的“瑰宝”。

中国西南地区民族众多，服饰千姿百态，文化博大精深。由于特殊的地理环境和历史原因，居住在这里的少数民族，各自都有自己独特的服饰装束。有的民族，因支系不同，服饰也有差异；即使是同一民族，也往往因居住地域不同而服饰各有千秋。但更重要的是，各民族的服饰历史悠久、文化丰厚，在历史发展的长河中，各自都有着特殊的艺术和文化内涵。一个民族的服饰，就是民族精神的“画卷”，是穿在身上的历史“教科书”，也是一座民族民间工艺美术的“宝库”。它千姿百态的造型款式，不仅有着不同的形象特征，是民族的标志，而且也体现着各个民族不同文化的背景，是民族智慧的结晶，有着特殊的审美价值。因此，它神奇美妙，魅力无穷。它的丰富和博大，有着广阔的科学研究和开发拓展的空间，在文明中国的文化宝库中闪射出灿烂的光芒。正如2014年10月15日，习近平总书记在北京全国文艺座谈会上指出：“人民是文艺创作的源头活水，一旦离开人民，文艺就会变成无根的浮萍、无病的呻吟、无魂的躯壳。”“古往今来，中华民族之所以在世界上有地位、有影响，不是靠穷兵黩武，不是靠对外扩张，而是靠中华文化的强大感召力和吸引力。”所以，我们对民族文化的艺术，要进一步探讨研究，挖出积存丰厚的“瑰宝”留给后人。

这里，要说句实在话。笔者是1964年云南大学历史系民族学本科毕业生，如今已是八十多岁的人。从20世纪60年代起，笔者就从事民族田野调查工作，特别是在云南省博物馆担任陈列部主任和云南民族村创建时期做总顾问时，足迹遍布云南、贵州、广西、四川、等民族地区的各个角落，无论是涉藏地区、壮乡、彝山、苗岭、傣坝，或是金沙江、澜沧江、独龙江、红河、怒江……一去至少十天半月，甚至两三个月都吃住在民族寨子里。笔者不断地拍摄、不断地寻觅，以一个民族田野调查工作者特有的职业敏感和习惯，通过细致入微的观察和不厌其烦的探索，发现在不同民族、不同地域，人们司空见惯而又视而不见的事物背后蕴涵着许多耐人寻味的东西，特别是各族人民与服饰融为一体的文化艺术，所涵盖的内容，无论物质方面和精神方面，都极为丰富和宽广，是人类文化的奇葩、民间艺术的珍宝。

此书是笔者一生的积累，是“吃千家饭，爬万重山”民族田野调查的果实，无论文字、照片都是20世纪80年代前的亲身经历，现整理研究这些资料，仿佛又回到了民族村寨走访调查的年轻时代，回忆起那幸福和美满的时光，闪现出一个神奇美丽的艺术世界。这个世界对笔者来说，有着梦幻般的美丽与驱之不去的诱惑，永远离不掉，丢不开，随时都给人很大的激情，因此，决定将自己一生的积累，尽心尽力，从服饰起源和远古文化，织、染、绣工艺，到服饰的创意、制作、款式以及特殊审美、民俗风情等，综合性地研究探讨，并与人体美学、西方世界的审美艺术融合，撰写成文，作为时代的印记，留给后人，以“抛砖引玉”作为心理上的一种解脱，希望引起社会同行和有志者踩在我的肩膀上，更高、更深、更全面地挖掘出西南民族服饰里的“宝贝”，让世人享受到民族服饰带来的无尽烂漫和温馨。如果真是有心人，有幸进入民族服饰多样而丰富的中国西南，就可以触动自己的精神世界，领悟各族人民深藏于心的服饰文化艺术，乐人之乐，感人之所感，为中国西南各族人民的美好心灵与聪明才智而感到欢乐、骄傲。

目录

第一篇 服饰起源与远古文化 1–146

第二篇 传统的工艺 艺术的根本 147–372

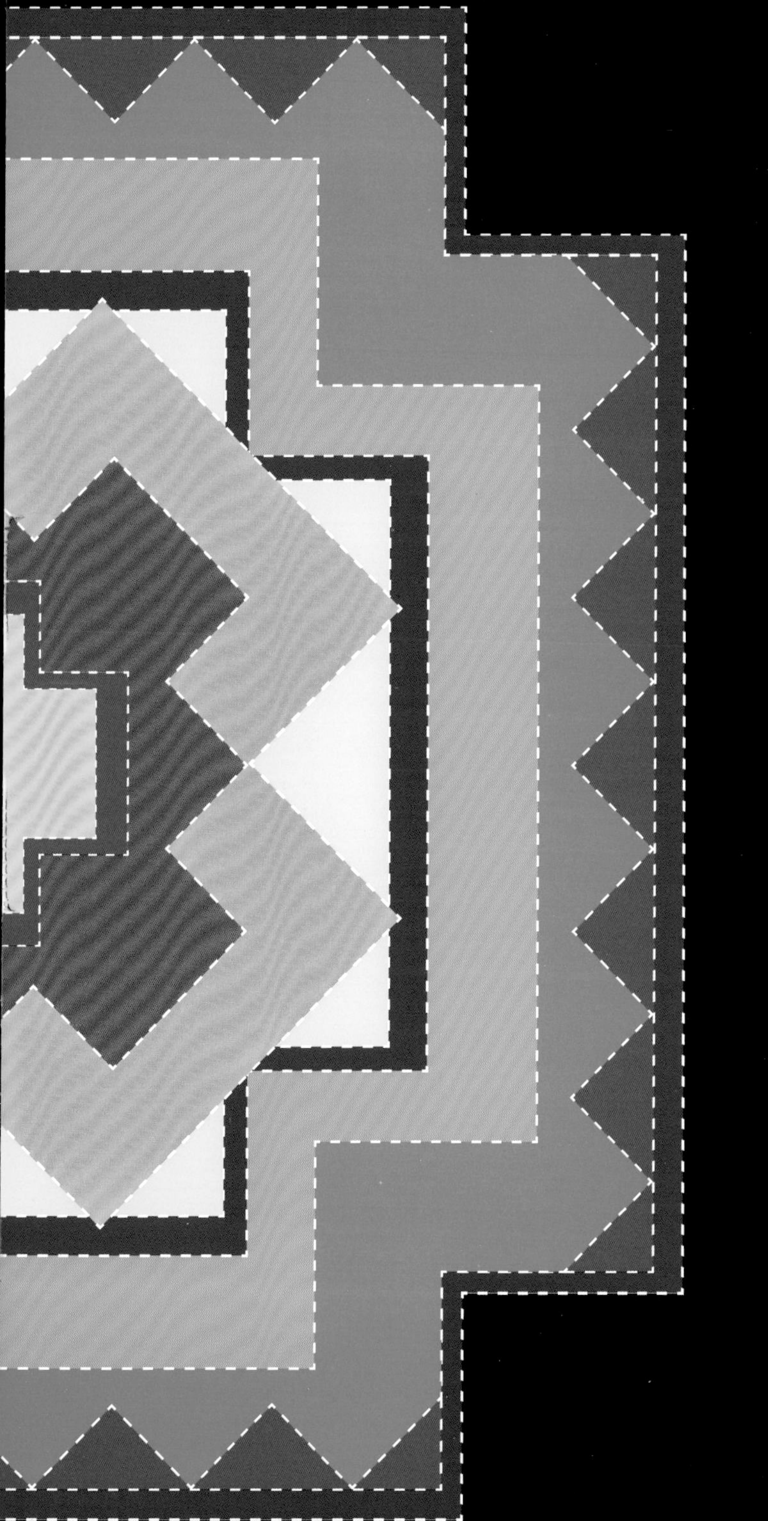

服饰起源与远古文化

中国西南地区民族服饰源远流长，蕴含着丰富的文化内涵和多姿多彩的艺术，其中云南更有“服饰王国”的美称。从护阴板，到树叶、兽皮衣的披挂，再到织染、刺绣的穿衣戴帽，服饰作为西南地区民族社会发展的见证者和体现者，始终如一地贯穿在民族文化的整个发展历程中。就本质而言，西南地区民族服饰反映了西南民族社会的生活方式和思维方式。服饰的历史，几乎和人类本身的历史一样古老，早在采集和狩猎时代，服饰就是人类生活中的重要组成部分。但因年代久远，原始服饰的实物荡然无存。因此，服饰的起始缘何，至今还是一个谜。

西南地区民族服饰是民族的宝贵财富，研究并借鉴服饰遗产十分重要，因为从最先产生的护阴板、树叶衣、兽皮衣，到服饰发展完善的全过程每一层都是在上一层次的基础上循序渐进。服饰的远古文化和历史沿革，密不可分地融合在一起，有着分不开、割不去的关系。直到如今，其款式、制作都保留着数千年的传统，是山野中的瑰宝，是中华民族文化中的奇葩，神奇美妙，魅力无穷。不仅有丰富而博大精深的文化内涵，还有着广阔的科学研究和文化产业的开发前景。正如摩尔根在《古代社会》一书中说的那样：“文明人的成就虽然卓越伟大，却远远不能使人类在野蛮阶段所完成的事业失色。”[①] 后人是不能脱离前人的智慧走进新世界的。

无论是远古神话还是考古发掘和历史文献，都有大量资料证明，西南地区民族服饰文化历史悠久、积存丰厚。处在不同社会发展阶段的西南民族服饰，包涵和凝聚着人类历史发展和社会生产生活多方面的信息。20 世纪 50 年代前，西南处于原始社会生活阶段的民族，所使用过的一些服饰实物，均为天然野生制品，虽制作极为简单，既不织，也不纺，但它们确确实实是“穿在身上的衣服”。它们是服饰的源头，是最早的服饰形态。其中，护阴板、树叶衣是服饰的发端；贯头衣、披毡之类被称为“千古一衣”，是人类服饰史中的奇迹。当然，西南民族服饰，从起源开始，发展到穿衣戴帽，多姿多彩的绣品饰物，都有着传统的民族历史和文化，是远古文化的“活化石”。如果要对人类的穿衣戴帽从远古时代直到如今民族服饰的文化内涵有真正的了解和追求，那么，独龙族、怒族的护阴板，不仅只是对身体的保护，更重要的是它蕴含着女阴崇拜的精神，是生殖崇拜的根基，是人类最早的文化精品，从中可以澄清人类服饰起源的众说纷纭，打开一部精彩夺目而最为典型的人类服饰文化史，是中华民族文明不可分割的组成部分。因此，研究并总结传统服饰对理解中华民族文化不无裨益，于现代服饰的创造也具有传承和借鉴意义。

① [美] 路易斯·亨利·摩尔根著，杨东莼、马雍、马巨译：《古代社会》（新译本），第 30 页，商务印书馆，1977 年版。

第一章　人类服饰的发端

裸体是人类初始阶段的共性，而且形成了人类裸体文化时代的特殊文化生活内容。多少年来，我们已经习惯于树叶、兽皮遮身护体是人类最早服饰的解释，但也有人认为那是最早的遮羞物。这里，不管它是遮羞也好，护身也罢，尽言之，人类穿衣打扮，最初的动机到底是什么，至今众说纷纭。那么，在人类思维最简单、生产力最低下的原始社会时代，服饰起源的根基到底在哪里？发端是什么？这就是我们要研究探讨的首要问题。

一、从护阴板说起

人类最早的身体保护物到底是什么？或者说人类服饰的发端到底在哪里？至今没有具体的结论。虽然在全世界研究原始民族最早的身体保护或装饰的著作很多，中国出版的服饰专著，无论汉族，还是少数民族，都非常丰富，但都尚未见证人身最早的护身物（服饰发端）是什么？是如何使用？更重要的是人类最早的思维很简单，“万物有灵”的观念极为普遍，佩挂在身上的任何物品，不只是保护作用，还是特殊的文化精神产品。西南地区少数民族流传下来的护阴板与西欧亚当、夏娃的树叶遮阴就是典型的例证。我们不能脱离前人的智慧基础，悬空地走进新奇的世界，而忘乎所以地去认定服饰起源仅是护体遮身。所以，要从护阴板说起，就是因为护阴板不仅是服饰发端的实物见证，还是人类最早的文化精品，是生殖崇拜的根基。

1. 服饰发端的实物见证

怒族、独龙族是中华人民共和国初期处于原始社会的民族，受到人类学家、民族学家多方面的关注。20世纪50年代民族调查资料记载：中华人民共和国成立前，贡山县怒族、独龙族妇女仅以一块小木板遮掩下身。木板长约15厘米，宽约10厘米，上端有一小柄，边缘系上麻绳，使用时，绳系于腰间，木板恰好将阴部盖住。独龙族妇女也使用过同样的护阴板，而且使用时间更长、范围更广。1985年，怒江州文管所在全省文物普查会展中，展出了同样的木板。据时任怒江州民委主任余德全于1986年4月5日介绍，在独龙江偏僻的一些寨子，仍可看到独龙族妇女还在使用这种小木板。木板上的麻绳是神圣之物，每年用麻籽擦揉一次，擦揉过的麻籽，小心翼翼地保存在竹筒或葫芦里，遇上贵宾或长辈，倒出麻籽几粒作款待，以示尊敬和友谊。因小木板只遮住阴部，被外地人称之为“遮羞板”。其实，这是人类最早的“服饰”，是服饰的发端，是服饰起源的“根”。因这“根”在现代人中埋得太深，而且稀少，难于挖掘出它的本源。

值得注意的是，1982年笔者与同事熊永忠、陈碧霞、黄美椿到黑龙江省哈尔滨市参加“云南民族服饰展”时，正好遇上吉林省文管所在骚达沟石棺墓地49号墓中出土了这样的小木板。小木板出土时，“置于墓主骨盆下部，覆盖在阴部上”，“此随葬品是死者生前长期使用之物。这从6个孔上得到证明。在小孔周边的上一侧，均有系绳的磨损痕迹，磨迹显著，方向一致，说明是长期使用才能如此。从磨迹上分析，此物是覆于腰部，悬之于上，将阴部覆盖在内”。[①] 当时，邀笔者参与研究探讨，亲眼一见，立即就判断：这与云南省内的怒族、独龙族妇女使用过的护阴板完全一致，与古文献《白虎通义》中“太古之时，衣皮韦，覆前而不覆后”的记载也完全相同。由此可见，千百年来保护阴部是这一时期人类服饰的共同特点。

当然，最初的阴部保护物很多，直到近现代，除护阴板外，在人类学资料中，至今仍处于原始社会的非洲裴及安人，腰间一丝不挂，男女两性全没有遮蔽；蓄托库多人还依然过着绝对的裸体生活。在另一些原始部落里，虽然有腰间饰物，但都只是装饰品，而不具遮掩的功能；布须曼人在身上束一根皮带，在皮带上挂一块三角形皮围裙，上面有着宝石、贝壳、果壳等。这种围裙前面撕成碎条，碎条又小又窄，绝不可作遮掩性器官之用。在澳洲原始部落中，男子的腰带通常只能遮住臀部，有时也在腰部前再挂上一片树叶、一尾羽毛、一束松鼠毛、一条狗尾巴等称之为“会阴带”。这些装饰虽然垂直到性器官上，但不是真正遮掩性器官起纯保护的作用。

从非洲、南美洲、澳洲，及南亚许多原始部落的资料中，有许多“掩前露后”，只保护阴部，裸身露体的生动内容。如澳大利亚南部的库克人和罗门罗多岛的克拉尼亚人，都是腰部系一簇植

① 段一平《对吉林骚达沟石棺墓的认识与说明》将出土的小木板称之为“五边六孔阴部饰物”。

物草带。总之，阴部的保护遍及世界，保护物也很多，无论设计方法和所用之物，不管文化怎么简单，都会被灵性事物所牵动，产生信仰和崇拜。因此，护阴板的产生是对女阴的崇拜。这种远古时期产生的崇拜，凝聚着早期人类的情感和愿望，蕴藏着人类社会思想的发展进程。

从遮掩外生殖器官的会阴带再到包裹下体的裳，无不渗透着原始人类精神的演变轨迹。著名史学家吕思勉在《先秦史》中说："案衣服之始，非以裸露为亵，而欲以蔽体，亦非欲以御寒。盖古人本不以裸露为耻，冬则穴居或炀火，亦不借衣以取暖。衣之始，盖用以为饰，故必先蔽其前，此非耻其裸而蔽之，实加饰焉以相挑诱。"[①] 西南地区的少数民族中，腰间饰物类似的很多，不仅女性的极为普遍，男性的也很广泛。如西盟佤族男子解放初期，全身赤裸，只在胯下系一条三指宽的"麻贵"掩其阴部。"麻贵"为佤语，意即"缠腰带"。独龙族男孩则用细篾编成一个小箩，套挂在腰间，正好将生殖器遮掩下来。独龙族"男子不衣下裤，阴部只以宽五寸，长七八寸之一块小布遮之，以藤系于腰间，臀部则任其赤露于外，并不以为耻"。[②] 高山族"男子以布尺遮前，后体毕露"。在世界各地原始部落资料中，有着裸身露体的生动内容，如澳大利亚南部库克人和罗门罗多岛的克拉尼亚人，都是腰部系一簇植物的草带。总之，腰部的保护遍及世界，无论男女，都是在裸体人身上的腰前。可见，人类最早发明创造出来的"服饰"是阴部保护物。人类脱离动物界后，很长一段时间都是赤身裸体。裸露的身体常常会被外界碰撞和刺伤，生殖器是最敏感的部位，从多次的实践中，创造了这一部位的保护物。当然，最初的阴部保护物很多，直到近现代，除护阴板、缠腰布、树叶、树皮、兽皮，以及竹编小箩等之外，还有一种奇特的"阴塞"，河北海城就曾发掘出"阴塞"之类的文物。总之，想方设法，佩挂在生殖器上之物多种多样，是这一时期遍及人类服饰的特点，很突出且奇怪。

护阴板在服饰起源中，虽不是某些有特殊制作工艺的产品，很可能是一种偶然的不完全有仔细思维计划而只是精神上的一点显示物，但大凡原始社会先民最初的发明创造，都是精神和物质融为一体，护阴板也不例外，是一种意识形态，一种社会生活，一种精神现象，客观上又起到了保护阴部的作用，对于这样一个包罗万象之物，不能只以简单的护阴、遮羞来认识。护阴板与现代原始民族许多的佩挂品或腰部饰物相比，虽然极为粗糙简单，但它是最早出现在女性阴部之物，也是最早、最生动具体的实物见证，其中有不少是人类思想的精华，是原始信仰的萌芽，闪现着智慧、道德和美的光芒，是服饰起源和精神文化的根本。

人类最早的思维是"万物有灵"，他们觉得动物、植物，乃至机生物，都同人一样是有生命、有活动的对象。因此，护阴板的产生，不仅只是起到保护阴部的作用，更重要的，它是人类最早的精神文化产品。它的精神文化功能，却隐藏在人类初始阶段的信仰崇拜之中。因此，进一步研究护阴板产生的原因，不仅有助于对人类服饰起源有进一步的认识，对人类最早的精神文化也会有更多的了解。

① 吕思勉著：《先秦史》，第300页，北京日报出版社，2018年版。

②《云南边地问题研究》，第81页，1993年版。

2. 人类最早的文化精品

人类最早的服饰则是观念的产物。中国古代“夏代尊天，商代尊地，天地合一，天人感应”被视为精神的依托，继而用来指导物质生产和应用，所以，以“冠服”为代表，演绎了田地、阴阳、人神的统一，使人间服饰增添了许多神秘，虽沿用了几千年，进入封建社会，给中国服饰注入了丰富的内涵“物必有义”[①]。故此，怒族护阴板也是“物必有义”，其义就是女阴崇拜。民族服饰被视为精神的依托，是从古至今的事实。如今，西南地区民族服饰上的装饰图案，不仅只是审美、好看，更重要的是民族精神的“画卷”。正因为如此，怒族护阴板是对女阴的神秘感而产生“天人合一”的物质表现，以其为代表，阐释了天地万物，人神的统一，产生了精神上的崇拜和欣赏，使人类对服饰增添了更丰富的神秘感。

护阴板作为人类服饰的发端，揭开了服饰史的序幕，对于研究服饰的起源和原始形制，提供了难能可贵的素材。但更为重要的是，无论是护阴板、阴塞、缠腰布或阴部饰物等，到底是什么原因产生的？是什么样的思维使人类在身体上最早出现的是护阴物，人类为何想方设法，最先保护的是阴部，而且是女阴？

多年来，笔者一再思考护阴板的许多疑问。首先提出的问题是，为什么原始社会创造出在现代人看来是如此荒谬不经的护阴板，到了现代社会中，依然存留着多种多样的腰间带挂之物？许多并非装饰，也无护体作用，其中之秘，令人难解。虽然早在30年前笔者撰写《人类服饰的发端——从怒族的“遮羞板”谈起》[②]讲述了护阴板不是遮羞而是保护的作用，但护阴到底是在什么思维内容里创造产生？从原始人类学的观念，让我很着迷，越来越觉得在人类初始阶段，为什么最先保护的是阴部，不是其他部位。在全身裸体的原始社会中，最容易伤害到的是头、脚和胸部，而阴部却较为隐蔽，特别是女性。有人说，阴部是身体最敏感的部位。这是对的，但男性生殖器突出部位更容易受伤，是比之女阴更需要保护的位置。实际上，对生殖器的保护，男性比女性更为重要和迫切，为何最先保护的是女阴，而且是初始人类的普遍现象？这里面一定有着极为特殊的文化内涵。正因为如此，扩大了我的思维和探讨研究的决心，终于从考古发掘、人类学、民族学、原始宗教等，特别是如今依然存活在民族服饰中的大量资料得到启发，认识到：怒族、独龙族妇女身上的护阴板，就是人类最早的崇拜和信仰而产生的护身物。因为护阴板上方有一小柄，边沿系上麻绳。麻绳使用时系于腰间，木板恰好将阴部盖住。木板上的麻绳是神圣之物，因为每年都要用新收来的麻籽擦揉一次。擦揉过的麻籽都要小心翼翼地保存在竹筒或葫芦里，遇上贵客和长辈，倒出几粒麻籽作款待，以示尊敬和友情。

① 《中国历代服饰》，1974年版。

② 梁旭：《人类服饰的发端——从怒族的“遮羞板”谈起》，云南省博物馆编《云南省博物馆建馆三十五周年论文集》（1951—1986），内部资料，1986年编印。

麻籽在怒江、独龙江两岸的山野林间，过去都是野生植物，漫山遍野，育籽繁多，是植物中繁殖最普遍、最旺盛的种类之一。其皮可制绳、制衣（后来），其籽可食，味道香脆可口。原始时代，人类与自然斗争的力量很弱，思维很直观，当时人类在自然界所受到的挑战，主要来自饥饿和疾病两个方面，氏族时期人丁单薄，面临灭绝的危险。而麻籽果实累累，翠绿兴旺，不仅能充饥，或许能“医”好氏族灭顶之灾的“疾病”，子孙后代会像麻籽一样旺盛流传。妇女用麻绳系挂护阴板，还用麻籽敬献贵宾长辈，是人类童年时代对生殖繁衍的追求，也是人类最早的生活标志和崇拜物。

人类最早遮掩阴部的方式和所用之物很多，目的都是让阴部受到重视和注意。阴部饰物，不同民族，不同地域有不同的选择。无论是树叶、树皮、兽皮、花草、羽毛及其他物品，都是遮掩在阴部。初民的阴部保护物众多，正如《第二性》一书中所述：“不是裸体遮掩，而是作为一种崇拜心理，在神秘的部位作特殊显示，让人和世上一切物体都注意和重视。”

在西方世界，《圣经》中说：上帝在一块富饶美丽的土地上造了一座伊甸园，并在园中造了一个双性人亚当，是半阴或半阳的雌雄同体之物。后来，上帝把亚当分成为一男一女。男的依然叫亚当，字义为人。女的称为夏娃，字义为生命。这个原本双性的人成为了单独的男女两性，上帝规定他们可以随便吃各种树上的果子，但唯一不准吃辨别善恶的无花果树结的果子。二人赤身裸体地生活在一起，后来在蛇的怂恿下，夏娃吃了善恶树上的无花果子，又摘了一个给亚当吃，两人吃了禁果后，惹恼了上帝，将他们逐出了“伊甸园”，由此产生了爱情。爱情使他们渴望重新结合，于是有了男女两性的交媾。这种交媾，是人生渴望快乐的源泉，而快乐的神奇，往往会不断产生特殊思维，更为重要的是有了人口的繁衍、族体的兴旺。初始之民从快乐中感到了神秘，产生崇拜信仰的意识，用什么崇拜？用什么信仰？首先想到的当然是无花果树叶，于是采来遮掩在神秘的部位——阴部。因为无花果使他们走出了伊甸园，有了男女之分而又不分不离，无花果树叶挡掩在阴部，表示敬意而盼望着永远的快乐。亚当、夏娃阴部那一片醒目的一朵朵无花果树叶，将人们的视线引向人体最隐秘的部位——男阴和女阴。怒族、独龙族的护阴板，也是同在与亚当、夏娃一样的部位。初萌神秘心理的亚当、夏娃，用醒目的无花果树叶遮掩神秘部位，这与怒族、独龙族一样，都是服饰产生的起因和起点，即人类服饰产生的首要部位是阴部，而且女阴最先。所用之物决定于所处的自然环境和思维方式的不同。从基督教堂里的塑像上看，亚当、夏娃身前那一片片醒目的无花果树叶，显然不是裸体的遮掩，而是一种崇拜敬仰的心理，装饰性地挂在阴部正前方。

维纳斯像

人类光具有共性的女阴器官崇拜还不够，还有必要点缀和装饰这些器官以增加其吸引力，因此，早在人类文明之初就发明了“时装”——护阴板、无花果树叶等。女阴是生殖繁衍后代的地方，子孙后代越多越吉利、越幸福，自然需要特殊的装饰，因此，人类最早创造发明的是女阴装饰物，特别是云南少数民族的护阴板，随着人类社会的发展变化，作为精神物化的表现形式，进一步创造了围腰、胸兜、飘带等腰间装饰物。从此，便和讨人喜欢的腰间装饰结下了不解之情缘，至今普遍流行。如今的民族服饰，不只是简单的御寒蔽身之物，更重要的是融汇了人们对历史的回忆，对社会的认识和对未来的展望。它还体现着人体的审美情趣、生活的准则与社会道德，涵盖社会的各个方面。所以，服饰的起源，是人类精神文化的精品，也是人类精神文化的根本。服饰从起源开始，就是人类精神文化与物质文化融为一体的载体。

勤达和天鹅

著名史学家吕思勉在其著作《先秦史》中说“衣之始，盖用以为饰，故必先蔽其前，此非耻其裸露而蔽之，实加饰焉以相挑诱”。他认为服饰的起源是一种装饰，以后挑花刺绣，装饰衣服，均有此意。这与护阴板的创意是融为一体的。护阴板确是“盖以为饰”，既是一种崇拜，也是一种审美的发端，所以，西南地区民族服饰的首创性、系统性和规范性，是世界服饰文化中罕见的。

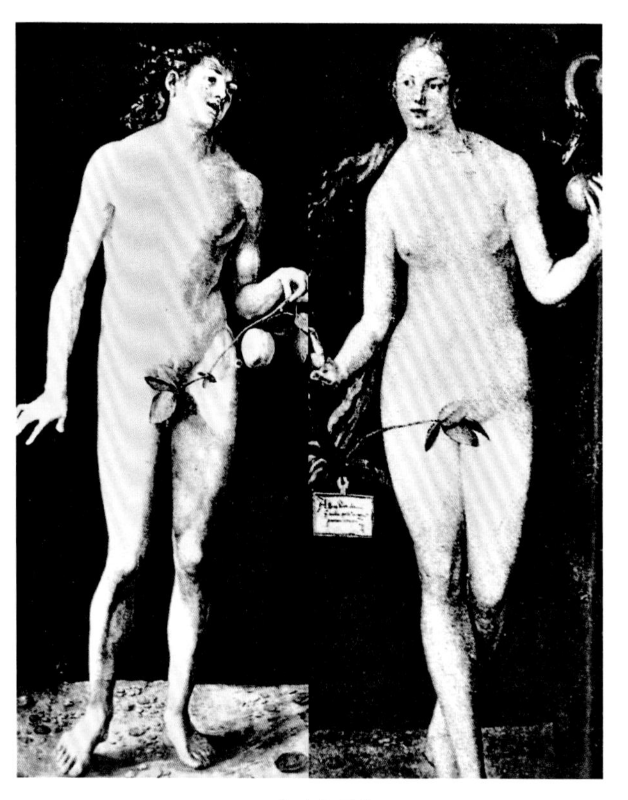

亚当和夏娃

3. 服饰发展变化的文化基础

护阴板不仅是人类最早的文化精品，而且是服饰发展变化和生殖崇拜的文化基础，与西方世界亚当夏娃树叶遮阴融为一体，也是人类宗教信仰的根基。

生殖崇拜在民族服饰文化艺术中，不仅数量多、流行普遍，而且形态多样，内容丰富，是人类文化遗产中的珍贵部分。由于种种原因，过去没有予以足够的重视。事实上，生殖崇拜渗透了原始人类生活的各个方面，它对人类文明的产生和发展，起到了不可估量的深刻影响，甚至到今天，对现代文明社会还在产生着潜在的影响，在存留至今的许多宗教、象征物、标记乃至于日常生活中的一些用品，都可以找到原始生殖崇拜的印记，在民族服饰文化中都很生动具体，特别是女阴崇拜，不仅欧洲与亚洲有共性，而且各有特点。民族服饰起源的精神文化，是服饰发展变化，直到如今多姿多彩的根本，这无疑是值得重视和加以进一步深入研究的文化现象。

原始人类出现了生殖崇拜，换句话说，生殖崇拜深刻影响了一个绝对庄严的社会意志，即人类的繁殖生产。孔子说："食色，性也。"什么是性呢？性就是我们今天说的本能，人的本能很多，但最重要的就是生儿育女。生殖崇拜是本能性的，文化影响很大，时间很长，地域极广；生殖崇拜远早于人类社会的任何活动，比人类图腾崇拜久远得多。古人认为无中生有地从母体里可以创造出生命是最神秘的事，所以神秘与探秘并重，一切信仰和文化由此产生。如彩陶上的鱼纹以及后来出现的金元宝，其实都是女阴生殖器的象征和模拟。自古以来，汉语称男性生殖器为"爬雀"，雀就是鸟，鸟便是男性生殖器的象征。因鸟是飞走天下，随意交配生蛋产子的动物，不少民族服饰中都有鸟纹。在民族服饰中，用以象征男根、女阴的图案很多，既有直观性的"△""◇""○"……也有带比喻性、象征性和颇有幽默感的装饰。这些图案，在如今民族服饰绣染图案中，丰富多彩，流传广泛。

繁衍生息是每一种生物最基本的本能和愿望。人类自身的繁衍是原始社会发展的决定因素。人类最早的信仰和崇拜就是生命，当原始社会人类进化到有了初步的语言和逻辑思维能力时，便进一步思索生命起源之根本，即人类自身的生产、种的繁衍，成为原始社会发展的决定因素。然而，野蛮人、原始人，在很久以前的"蒙昧时代"，"日与群兽居，夜与万物并"的观念，理想的曙光刚刚显现时，并不清楚动物、植物和无机物之间的区别，只有"天地之大德曰生"的观念。童年时代的人类想象万物都是有生命的，不知道妇女受孕，需由男女两性交配而成，只认为是某种神秘力量进入妇女腹内的结果，与男人没有关系，生儿育女都是母体，就是到了母系社会时代，也是"只知道其母，不知其父"。对这个阶段的原始初民来说，整个生育过程都充满了神秘，引起对生殖和生命更深层次的追想。

"人从女阴出"是原始初民直观的印象。这一直观印象，使人们把人类繁衍的感激之情集中于女性器官，并因此形成女阴崇拜。女阴的作用不能单独构成生育，当男性在生育中的作用未被认识的时候，原始人只能把生育的形成想象为神秘的力量，与女阴结合，形成对女阴崇拜的“自然生育”观念，肯定了女性在生育中的作用，把男性作用完全排除。虽然远离生命起源的实际，但妇女繁衍人类的观念形成，是妇女生育功能的肯定，因此产生对女阴的崇拜，最早出现的也就是女阴的保护和崇拜物多种多样。这是直观印象与特殊思维积淀在人们意识中相互作用的结果。西方人类学家在澳洲土人调查的材料表明，直到19世纪末，澳洲土人还不知道妇女受孕是由男女交媾而成的。他们把妇女受孕的原因归之于神秘的“图腾”作用。19世纪的澳洲土人对于生育形成原因的认识尚且如此，那生活于远古原始民族对此问题的认识，可想而知了。

原始人类起初只认识到女性有生殖功能，认为新生命都是女性自身生长出来的，因此，把女阴视为一种伟大神秘自然力时，就激发了难以控制的想象力和模仿力。在刚刚离开动物界后的人类那里，模仿本能对他们的重要性所占有的地位超过了现代人。所有，把女阴视为“生命之门”，产生了女阴崇拜的思维和模仿物，其中最典型的就是护阴板。

女阴崇拜源于对女性生殖功能的迷恋，是只知无论男女都是从母体阴门中出来，才有了生命，人才能一代一代地繁衍下去。女阴就是两性交合的媒体，又是生育子女之门，按原始人的思维，是妇女的根本象征，代表着一切，这就是从古至今，女性象征物崇拜流行的基本原因。要崇拜，要敬仰，就要有象征物。怒族、独龙族的护阴板，就是最早、最原始的崇拜象征物，当然它与后来多种多样的象征物不同，有了崇拜还起到了保护阴部的作用。护阴板的双重作用，在女阴崇拜中是独一无二的。

女阴崇拜遍布全世界。崇拜方式和崇拜物多种多样。最原始的是对女阴本像的直接吻拜，如印度“加蓝”女神，为“雪佛”之妻，祭祀时，以一裸女为代表，使其两足分开，祭祀者瞻仰膜拜时，祭司则向其阴部亲吻，祭品须先由性器尝试后，始能分散。亚洲民族中有一种风俗，来宾须向主妇阴部亲吻。叙利亚有子宫节，女子在礼拜中脱去衣服，男子抱其腿向阴部亲吻[①]。

世界上不少女神偶像都是突出阴门，古罗马的“维纳斯”女神原型是个大女阴，而云南剑川石宝山石窟有一窟为石雕女阴叫“阿央白”。白族语“阿央”为女祖先，“白”为生殖器。“阿央白”即女祖先的生殖器。西双版纳傣族曾把女阴形状的石头当作灵石，称作“台季咪”（女阴），将它系在腰上，是一种特殊的生命象征，也是特殊的装饰。原始时代，人类没有神鬼的观念，但他们相信腰间象征物是人的“命运”，都是赤身裸体，腰间都要系带所崇拜信仰的象征物作装饰。永恒的生命，都在象征物上。在中国，人类的始祖“女娲”即蛙。刚出生的小孩都叫“娃娃”，因为人类包括妇女都不了解怀孕的原因，由于蛙的叫声与婴儿坠地时的啼哭声相仿，蛙的生活又给人以神秘感，如果妇女怀孕时巧遇到一只蛙，她便以为是蛙而孕，便以蛙给孩子命名，所以刚出生的小孩都叫“娃娃”，而生出婴儿的女阴又被称为“蛙口”，即娃与蛙同体。因此，女性生殖器是“万物之灵”，对蛙的崇拜，不仅在汉族，在许多云南少数民族中都广泛流传。蛙在云南少数民族服饰刺绣图案中也是众多而精彩的。

人类最先的崇拜就是对女阴的崇拜，所以才有护阴板、树叶、阴塞等护阴物它们同时扩大了人类的思维和精神世界，女性外生殖器，虽然成了基督教、佛教，乃至不少民族祭祀中的直观形象，但他是通向子宫之“门”，也就是“生命之门”。被许多民族称之为“洞穴”加以崇拜，以形似女阴的山洞湖泽作为崇拜对象的事例遍布各地。如四川盐源县前所岩石上有一石洞，称为“打儿

① ［美］魏勒：《性崇拜》，第58—69页，中国文联出版社，1988年版。

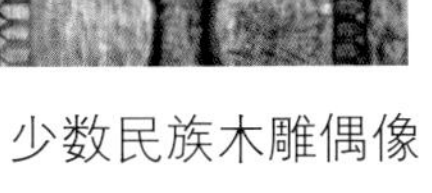

少数民族木雕偶像

窝”。传说它是女人的生殖器，至今受人崇拜。佤族则把“洼地”当成女性生殖器崇拜，称为“司岗里”的石洞是传说中的出人洞。佤族是由洞中出生，每年都有“司岗里”的祭祀活动。西南民族都有自己的女阴象征物和崇拜活动，内容极为丰富宽广。由于社会历史发展的差异，各少数民族对女阴崇拜的内容方式有所不同，但一般都是用最形象、最直观的方式，把不同类型的自然物当作女性崇拜物，较为普遍的女阴崇拜物，有花草、虫、鱼、葫芦、贝壳，等等。世界各地各民族女阴崇拜象征物和象征符号，难以尽述。许多修道院、大教堂等的印玺和许多神龛的神圣护徽上也有阴门的象征形象。正因为出于女阴崇拜的动机，阴门的象征被附加在房屋上或建筑的教堂中。直到现代社会也在盛行阴门崇拜者的教义。因为人们认识到卵与蛋是生命的最高表现，都是母体而生，在科学的意义上，人的卵以及产生卵的卵巢和发育成婴儿的子宫，甚至在更广泛的意义上包括着这一切的女人，是自然造就的最好最大成就的象征。因此，人类关于创造力和神灵最初始的概念，就是崇拜女性、母体、女阴，故有“圣母”之称。人生在世所认识的第一个关系最亲密就是母亲。正因为如此，在象征的符号之中，每一个裸体女人身上，都富有女性魅力，引起人们注意的首先是圆圆的乳房和三角形的阴阜。女人阴阜成倒金字塔状，或尖顶向下的三角状，与神圣的男性生殖器圆顶形相反。象征女阴三角形和扁圆形图案应用极为广泛。女性外部的生殖器是阴门。欧洲宗教中至今受到非常广泛的崇拜，有三角形“▽”，扁圆形“0”和“卍”形的符号。在欧洲史前穴居人的山洞里，也发现了一个类似的塑像。它的年代大约有三万年，因为当时人类认识女阴是最神圣的部位，是生命之门，所以女性阴阜的三角形成了最神圣的象征，代表着生命的一切。在埃及神殿里的无数女神像上也都是“卍”图案。在神殿雕刻画中表现的阴门图案更多更神秘。所以，远古时代都是以阴门这一女性最显著的特点图案象征整个女人。把这些塑像上的符号与西南民族服饰上的图案相比较，不仅相同，而且广泛，图案中吸引人的也是最富有象征魅力的“▽”“○”“D”“⊙”“◇”“卍”……象征漂亮乳房和阴阜的符号，在服饰的刺绣图案中都非常普遍，无论哪个民族，也不论男女的服饰图纹中，都有图形、三角形、方圆形的图纹装饰。云南石屏彝族年轻姑娘的坎肩、胸前挂有两个奶形的铜饰物，意为“吊奶”，有祈求多子多孙之意，是古代生殖崇拜的延续。总之，西南民族服饰上的图纹与西方世界象征女阴的符号完全一致。这就说明护阴板是生殖崇拜最早的象征物，无可置疑。

女阴崇拜虽然只肯定女性在生殖中的作用，把男性作用完全排除，但从历史发展的观点分析，随着人类认识方面的进步，人们虽然还不能获得精子与卵子结合产生新生命的认识，却可从动物交配生子的观察和人类男女交媾获得子女的直观现象中思考生育形成的原因。如采集、狩猎时，偶尔会碰上鸟类的蛋；公母交配产卵蛋，野兽交尾母生子，如同小孩子常把兽交尾当作神秘的景象看一样。这是很自然的，因兽交让他们知道了藏在心里的秘密。这种秘密还直接跟他们自己的求知欲有关系。所以，连天真无邪的孩子也会对之有一种含糊的兴趣。原始社会人类的思维，同如今的小孩一样引起思索，有了“人从女阴出”到“男人给女人种子”的认识，从直观现象中思考生育形成的原因，男女交媾的作用，就自然而然地成为首先的思考对象。因此，有了男女交媾繁衍后代的生育观，认识到妇女生儿育女是男女交媾的结果，也就是从“感生”到“性生”的转折。随着人类认识能力的提高，进一步认识到怀孕同性交的因果关系，认识到生殖缺了男性而只靠女性是不行的，于是便有了男性生殖和男神的崇拜及男性腰间护饰物，正如亚当和夏娃的故事：他们因偷吃无花果，而被上帝赶出了伊甸园。夏娃为“地”，亚当为“种”，种子种入地里，从此

女神偶像

有了人类。这就是人类进入到认识男女性交才能生儿育女的阶段。这同中国天为阳（男性），地为阴（女性），天地融合，生儿育女的故事完全一致。男子精子是“种”的起源，而女人阴门是“种”的洞窝。这在印度佛教的“宇宙灵魂”经书中有生动具体的记录。

在中世纪，几乎每个教堂都有一幅裸体的亚当和夏娃雕像或画像。这些图像虽然全身裸体，但阴部都有特殊装饰物，除最典型的冯·艾克斯塑造的著名祭台“耶稣的崇拜”裸体亚当和夏娃都用树叶遮阴部外，还有现存德国石勒苏盎格和希尔德斯海姆教会大教堂中的女性雕像右手在阴部遮饰物上方，左手却在肩上按压着一个即将滚动的“蛋”。从整体图像的意境看，右手即将拨开阴部饰物，左手立即将滚动的蛋入阴生子吉福，景象生动，神情鲜活①。

生殖崇拜萌芽与演变，是人类文化的根基。在远古时代，人们对后代的繁衍认识不清，他们对两性交媾是繁衍后代关键的一环，还不能明确地了解。这必然虚构出许许多多的神话和传说，用以了解人是怎么来的。在西南少数民族中，对葫芦的生殖崇拜传说故事遍及10个民族，对蝴蝶、马缨花、荷花、凤凰等动植物的崇拜，在妇女服饰刺绣图案中更是普遍。人类初期都是赤身露体，人人看得见，瞧得着。女阴的神秘，无论是外形、颜色，都犹如人的指纹，一个与一个不同，如若情激之下，从中流出的液体，透明光亮，会使外阴形态发生变化，无论是里外的神秘和情感都是先民思维方式的最大刺激。把女性生殖器变为花卉崇拜，用各种不同的花草植物来象征。这不仅是所崇拜的花卉开放兴旺、艳丽，而且与女性生殖器比，也是如花似玉。生殖器的特征与神秘，诱人之处与花有着共性。女阴即花，在古文献中、文学著作中举不胜举，如《说文解字》：“娲（女娲），古之神圣女，化（即孕育）万物者

① ［美］魏勒：《性崇拜》，第147页。

也。”“俗说天地开辟，未有人民，女娲捏黄土做人。”《周易》中，还把子宫称为宫廷。就当时的人看来，生儿育女仅仅是女人的事，都是由妇女们单独去完成，是“天神感应”，所以，女阴崇拜在服饰上的表现，随着社会的发展，更丰富多彩。

女阴崇拜在少数民族的服饰图案中，多种多样。如：以三角形加点和裂缝，代表女性器官；人字形和方格是男女两性生殖器符号；鱼是生殖能力最强之物，鱼形纹便成了女阴的象征符号，以鱼演化出来的女阴一般为圆形或扁圆形。这些符号，在大理洱海地区，不仅考古资料中有丰富的内容，更明显的是至今还在白族服饰上普遍的反映出来。白族妇女围腰上大都刺绣三角形、人字形、网状形图案。未婚妇女都要戴一种“鱼形帽”，其帽色艳丽，形象逼真，年轻姑娘戴在头上，颇为惹眼，以表示自己已生长成熟，能像鱼一样旺盛地繁衍后代；在服饰的衣襟、袖口上也往往饰有鱼鳞的银白色泡子。

云南剑川石宝山石窟中的奇异女阴石刻“阿央白”，是白族女阴崇拜的典型代表。女阴石刻居于石窟正中，竖立在一莲花座上，几乎是女阴外观的直观描摹，而且与众多的庄严神像并列在一起，至今受人膜拜。这里每年农历八月初，要举行歌会，剑川县以及邻近的白族、彝族、纳西族、傈僳族青年男女会聚于此，一边赛歌，一边寻找情侣，妇女们都要对此石刻进行跪拜。平时，已婚妇女来此跪拜主要是祈求子嗣，有孩子的则祈求多育，怀孕的妇女还要在石雕上涂抹上香油，祈求生产顺利，减少痛苦。由于崇拜时代久远，信女众多，女阴石刻前的石板上有四处明显的跪拜凹痕。相比之下，其他佛像面前的香火，就冷落多了。

人口繁殖在原始人的观念中占有极其重要和神圣的地位。这种重要性和神圣性反映在原始宗教和神话中，就是崇拜生殖和生殖神的地位特别高尚。古希腊人祭祀阿芙洛狄德（维纳斯）时，往往用类似生殖器聚类作它的替身；罗马人认为维纳斯的原身是一个大女阴，祭祀时抬一大男根作为媾合仪式。我国许多少数民族都有葫芦神话和崇拜葫芦的风俗。对这些神话和风俗的研究表明，崇拜葫芦是因其多籽，外形与妊娠期的母体相似，实际上是同崇拜生殖有关。云南宁蒗县永宁地区纳西族崇拜女神，其中有一个叫“那蹄”的女神是管生育的，她的外形特点是乳房大，肚子鼓，阴部呈椭圆形，而且值得注意的是摩梭人无论在祭祀哪个女神过程中，都对女性予以夸大和突出，并且还把当地甘木山上由于火山岩形成的洼地，凸出来的石头，视为天生生殖器加以崇拜。崇拜时，未生孩子或孩子生得较少的妇女，坐在凸起的石头顶尖上祭拜，以求快生和多子多孩。与此相比，产生于旧石器时代晚期，发现于法国塞洛尔山洞中手拿牛角的“塞洛尔维纳斯”和奥地利温林多府地区的雕像，散见于欧洲许多地区的“爱神”，其特点也是突出乳房、腹部等生殖器官。这种故意夸大和突出女性生殖系统的行为，已反映了原始人类生殖和繁衍人口的强烈愿望。在西南少数民族妇女服饰中，尤其重视围腰、胸部的装饰，装饰图案最精美。许多民间传说故事和民族文献记载，其装饰图案的文化内涵都与生殖崇拜有关。

走进云南澜沧县佤族寨，首先见到的是裸人寨桩，既为村寨的保护神，又是祖先之神，举目就有一种异样的感觉，那巨大的裸体男女木雕像，屹立在房屋前的空地前。这些线条简练粗犷、造型原始的木雕人像，叫人一下子有了生殖崇拜的感觉。据村里老人说，他们世世代代居住在澜沧江以西的阿佤山里，由于这里对外交通不便，较为闭塞，因而佤族某些古老习俗，如寨桩迄今仍得以保留下来。其实，这些木雕偶像原是佤族部落祈求兴旺发达的象征。佤族在20世纪50年代，都比较落后，还处于原始社会时期，初民们为了追求民族兴旺，首先想到的是人丁兴旺，而人丁兴旺自然联想到孕育人类的女性。因此，女性的巨腹豪乳就成为民族兴旺发达的象征。木雕把女

佤族裸人寨桩

性的乳房雕得特别大，生殖器非常壮美；至于男性通常只担当配角而已，有时作欢乐状，以渲染气势。后来，木雕逐渐成为歌颂人类生育、繁衍的原始宗教仪式的偶像传承下来，木雕上的形象，成为寨主（头人）服饰上的图案，作为身份标志。

这些事实都告诉我们，最早的人体装饰是对性器的装饰，目的是引起异性的注意和喜爱。原始人类崇拜生殖器，是色乎？淫荡乎？不，它深刻地反映了一个绝对庄严的社会意识。作为社会生产力的人口再生产，亦即人口的问题。众所周知，原始人类人口生产的特点是高出生率、高死亡率和低增长率。原始人类只有以增加出生率来求得和扩大人口的再生长。因此，人口问题在原始社会生活中，成为人类社会能否延续的根本大事。这种迫切的需求，自然导致原始人类产生了炽盛的生殖崇拜。人们崇拜生殖器官，礼赞生命，渴望种族繁衍，追求生存发展，很自然也就会用他们观念中的美好事物来装饰它，以吸引异性的注目。装饰源于对生殖的认识，而不是羞耻的象征。

在人类历史上，生殖崇拜是原始文化的胚胎。随着人类认识能力的提高，人们逐渐认识到怀孕同性交的因果关系，生殖缺了男性只靠女性是不行的，在崇拜思维进步提高的基础上，女阴崇拜的过程中产生了男性生殖器的崇拜。所以在人类裸体时代，男性最早出现的也是缠腰之物。在20世纪50年代初期，佤族、独龙族、怒族等族男性缠腰多为树叶和兽皮，非洲地区不少民族也如此。

表现男性生殖的象征物也很多。男性生殖崇拜从产生到社会的普遍敬崇，都是与女阴崇拜融为一体，进入生殖崇拜的综合性时期。男根的象征符号，多与女阴象征符号相对应。如：女阴象征号是倒三角形“▽”；男根的象征符号是正三角形“△”。女阴为阴，男根为阳。《易经》中，女性器即以“--”为象征，是偶像；男性器以“—”为象征，是“合二为一”。以正三角形作为男根象征符号，是由男人三角形阴毛形状构成。由于人们把男根作为“有力者、扩张者”看待，男根形状更有神秘之感，与埃及的金字塔联系，是“奉献给生命之神的建筑物”。遍布世界的佛塔与圆顶或尖顶形寺庙，都是男根的神秘象征。这与女阴崇拜相比，男根崇拜中的表现更为直接、明显。许多民族的求育行为，都是以男根的象征物为一方，让有生命的妇女与无生命的男根象征物发生联系。如纳西族妇女，为求生育，要到石洞的凸圆石头上敬拜，并将阴部对准多次碰撞；欧洲人举行“狄奥索斯”时，要由一群年轻女子扛着男根模型边走边唱。有的民族，不育妇女要用竹管吸引男根象征的“石且（zǔ）”顶端的水，表示接受男性精液；有的还坐在石且上让阴部接触石且，以虚拟的交媾方式求子多孕。

我国古文字中的“卵”字，源于男根之神，是对“种”的特别重视。需要强调的是，人类由女性生殖崇拜发展到男性生殖崇拜，其意义非同小可，正是男根崇拜和对“种”的尊重，从此才有了男女两性交融为一体的综合性崇拜，即生殖崇拜。在西南少数民族中，生殖崇拜的内容极为丰富和宽广，无论是童背文化或是妇女围腰上的图案意蕴，真是“浩如烟海，深幽似迷宫”。葫芦象征母体，阿昌族、佤族、彝族、壮族、汉族等民族的传说中，葫芦是仙女；大腹便便的葫芦形状象征着孕育人类的母体。葫芦肚大籽多，使得人们对其繁殖力有极为强大的惊讶，从而留下了深刻的印象。人在母体子宫内孕育的肚腹形状与葫芦相似，所以将这一直观现象比作怀胎的女腹，葫芦口称为“女阴”。葫芦肚大籽多，果实累累，翠绿光亮的叶藤爬高上地，繁殖旺盛，“人间的一切，葫芦里面都有”。所以，在云南少数民族中，不少妇女围腰的形状都是葫芦形，刺绣图案中的葫芦与虫、鱼、花草融为一体，构成一幅幅鲜艳精美的“心愿”。围腰系在妇女身上，不仅形体让人举目便知是葫芦形的肚腰，而且引住人的眼神，知道围腰后隐藏着的母体会像葫芦一样多籽多孙。当然，这样的围腰上，无论是马缨花、莲花、凤凰花……除了生殖崇拜的内涵外，还有特殊的刺绣审美艺术，让人感觉到云南少数民族妇女的腰臀神奇而着迷。

图腾崇拜属于人类生殖崇拜的范畴，是生殖崇拜的重要组成部分。关于生殖崇拜与图腾崇拜的关系，杨堃《女娲考》中认为，图腾是女子生殖器象征，图腾中有不少是妇女生殖器的象征物。图腾崇拜，乃是对女子象征物的崇拜，也是对氏族本身的追求和向往。图腾的起源，与男女生殖器象征物的崇拜有直接关系。生殖崇拜在先，图腾崇拜在后。在西南民族的八角图案中，蕴含着汉族八卦符号的传统，原始的易卦，是生殖崇拜时的东西，“乾”“坤”二卦即是两性的生殖器记号。八卦的根底，很明显地可以看出古代生殖器崇拜的习遗，画“—”为男根，画“--”象征女阴。所以，由此而演示出男女、父母、阴阳、刚柔、天地的观念。伏羲八卦图中，鱼纹、莲花、月亮象征女阴，蜥蜴、蛇象征男根。变形图案极多，与民族服饰上的刺绣图案相似，特别是妇女围腰上的蝴蝶图案，显示着妇女像蝴蝶一样多子多孙。

生殖崇拜佛像

人类在走向文明之路前，没有图腾崇拜，更无宗教信仰，唯一的只崇拜两样东西，就是男女的生殖器。性器官是人类唯一视为神圣之物，所以男女性器官象征性图案和装饰品在民族服饰中最为广泛，也最有文化内涵和审美艺术，仅就至今还在民族服饰刺绣中保存有的图案，如几何形图案中的三角形、菱形或圆形加点的圆扁形代表女性器官；人字形、方格形代表男性器官。还以鱼演化成蛙的图案为女性纹样；以蛙、螺演化成的螺旋纹为男性图样。不同民族崇拜的男女生殖器象征纹样，无论是本性的、象征性的、模仿性的、符号性的、综合性的，都表现着人们关心尊重生命、维护生命力的感情和愿望。图纹中有许多神秘、谦畏、敬爱、出神、入定、慈惠和道德

彝族祭龙仪式上的生殖崇拜

大理生殖崇拜洞窟“阿央白”

等，归根结底地说，都是由生殖崇拜唤起的古老欲望的升华而已，如今在民族服饰中是一种特殊的装饰和审美艺术。

生殖崇拜的产生，首先是对女阴的崇拜。女阴崇拜既是服饰产生的思想基础，也是人类文明的根本。原始人把人类生殖力视为一种伟大神秘的自然力。“自然生人”是最先的生殖观，是人类初期完全相信自然的直观感觉和印象而产生的观念。虽然把人的生殖作用排除在外，但它为生殖、母体、图腾崇拜、宗教信仰都铺了路，对后代文化产生深远影响，与服饰的起源融为一体，成为人类最早的精神文化，包裹着人类相当复杂的灵魂。因此，生殖崇拜成为人类原始文化中最具有诱惑力和神秘性的内容。随着时间的久远和人类自身的进步，变得越来越隐秘和神圣，但它终究是人类走过的历史，是人类自身的生产发展过程，具有任何物质生产所不能包办代替的作用。因此，生殖崇拜对人类初始文化的影响极大，时间极长，地域极广。在世界各民族传统文化中，用以象征女阴、男根和男女交媾的崇拜物极多，更重要的是，生殖崇拜作为人类初期的信仰，不仅只是古今中外一切宗教文化产生的基础和民间艺术的根，更是服饰产生和发展的推动力。在数千年历史中随着人类的进步文明，服饰也千变万化，但生殖崇拜的文化符号，依然留在不同民族的不同服饰中。这不仅在不少学者古文化研究成果中印证着，更多的内容是在少数民族服饰文化中活灵活现地再现在世人眼前。至今在少数民族服饰中的腰部装饰，其饰品之特殊，无法尽述，生殖崇拜的图案更是丰富多彩。

原始人类把生殖力视为一种伟大而又神秘的自然力，在“我思故我在”的感生生育观居于支配地位的时期，妇女在生育中的作用和女阴的生殖功能成为人们感激崇拜的对象。这就是女阴崇拜得以形成的思想基础和社会基础。这和崇拜在感生生殖观转化为生殖崇拜后，仍然产生作用，只不过是内容更为宽广。因此，护阴板是从古至今丰富多彩的文化传承和精神支柱，与服饰起源融为一体，对生殖崇拜产生深远影响。在原始符号和信仰中，最有某种诱惑力和神秘性的，是关系人类生命繁衍的生殖崇拜。生殖崇拜的文化影响极大，时间极长，地域极广，用以女阴、男根、母体和男女交媾的象征物极多，是无可非议的事实。

生殖崇拜是人类最古、最有神秘力的原始崇拜文化。古人认为“无中生有”地从母体里可以创造出新的生命是最神秘的事。生命关系到人类自身的生产，即种族的繁衍。因此，一切信仰和文化即由此产生。生殖崇拜活动远远早于其他任何社会活动。生殖文化比图腾文化要久远得多，是世界远古民族中一种普遍的内容最丰富、发展变化最大，至今广泛流传的文化现象，是照亮我们探索远古人类历史历程的“明灯”。

生殖崇拜是人类最早的文化精品，也是服饰文化起源的根本。如果说，一切宗教信仰都源于生殖或包含生殖，那么，服饰文化里的生殖崇拜内容就更丰富和生动具体。生殖崇拜作为一种古老而永恒的崇拜文化，像一条粗壮的纽带，从古到今或隐或现地将文化的不同领域联系起来，并且对民族文化的发展打上了深深的烙印。

从上述资料证明，生殖崇拜是人类生存发展的根。生殖文化远比“图腾文化”的历史要久远得多。图腾崇拜的基本含义是作为氏族间相互区别的标志，即“氏族符号”。因此，生殖崇拜与图腾崇拜交织在一起，就是宗教信仰的起源，或者说，宗教信仰是在生殖崇拜的“母腹”里孕育诞生出来的，而女阴与男根的崇拜则是生殖崇拜最基本的内容。在一般人的心目中，宗教是何等的庄严、何等的圣洁，女阴男根性器官是何等的痿痹和秽亵，岂能相提并论。然而，在人类生活史上，这两种表现相反的东西，却自古就紧密地联系在一起，含有深刻的意味，不仅有趣，更蕴含着人类文明的精品，是人类精神文明的根基。如要明白今天接触许多服饰上图纹的内涵和装饰风格，以及雕塑、绘画、建筑、传说故事、礼俗，乃至文明人所夸耀的文物、原始文化……许多都传承在西南民族服饰之中，真是远古文化的“活化石”。

总之，生殖崇拜是人类思想的精华，是科学的萌芽，闪耀着智慧、道德和美的光芒，因此，应当对生殖崇拜的发生、发展、演化及与原始宗教信仰，特别是与民族服饰文化方面之间的关系作具体深入研究，但中外学术界至今还是一个空白。笔者在探讨护阴板成为人类服饰发端所产生的原因时，参阅中外著作中多种相关资料，如《生殖崇拜文化论》《原始人心目中的世界》《人体美学》等，得到启发，意识到护阴板的产生，是人类认识到女性阴部为“生命之门”，既是崇拜，也要保护，是原始人类伟大的精神和物质产品。正因为如此，护阴板与世界人类原始文化融为一体，记述着女阴崇拜、男根崇拜到生殖崇拜的内容。更重要的是，生殖崇拜在西南民族服饰中，无论是织绣工艺中的各种图案，或是传说故事及穿戴风俗，至今包容、储藏、沉积着人类服饰起源的宽广内容，真是“浩瀚的烟海，深幽似迷宫”。所以，西南地区有“服饰王国”、远古文化的“活化石”之称，还是“民族精神的画卷”“穿在身上的历史教科书”。仅就服饰起源中的文化精品，就可以撰写一部引人注目、留恋可读的专著，作为留给后人认识了解祖先最早生活的一面镜子。因篇幅有限，而且后面有关篇章也涉及部分内容，在此就不赘述了。

二、服饰起源的新篇章

原始社会的创造发明，是人类童年时代光辉灿烂的业绩。偶然的装饰或最早简单的护掩物，就会引起人们的冲动，故此，除最早的护阴板之外，便有了天然物的装饰。随着社会的发展，人类智力的增加，利用天然物原料做衣服的视野不断扩大，制衣的方法也越来越多，于是出现了树叶、树皮、兽皮、蓑衣、火草衣等利用野生动植物原料的原始制衣方法。这是人类服饰起源到发展进步的新篇章。

古代先民的制衣方法和原料，究竟如何，因考古资料有限，目前还难以尽晓。据汉代学者郑玄等人考证：汉族先民最初的服饰只是围系在腹部的一块毛皮，虽然形制比较简单，但从赤身裸体迈出了关键一步，后来又在下腹部前后系上一块皮革，既知蔽前，又知蔽后。随着感悟的提升，干脆将前后两皮革缝合起来。这样，就形成了下体衣服——“裳”（裙或裤）。后来，虽然丝棉布产生，衣裳之制完善，人们仍然在下腹部系一条条状物（飘带或腰带），以表示对祖先所制衣式的纪念。在农业和畜牧业出现的旧石器时代，人们初期穴居于深山密林，过着“茹毛饮血”的原始生活，人类所用的“衣服”，不外乎是狩猎所得的兽皮和采集所得的树叶披挂护身。正如《礼记》载：“东方曰夷，被发文身……南方曰蛮，雕题交趾……西方曰戎，被发衣皮……北方曰狄，衣羽毛穴居……”可见，近现代在西南地区少数民族中发现的树叶衣、兽皮衣，用的仍然是人类在旧石器时代使用的材料，是服饰延续的又一个活生生的例证。这里，就以彝族“独眼人”时代与树叶衣为例，去探寻人类衣服制作与穿用的遗痕。

1.“独眼人”时代与树叶为衣

彝族是一个具有悠久历史文化的民族，其服饰的产生和发展，亦如其他民族的文明史一样，有着自身的规律和完整的体系。据彝文古籍记载，彝族远古时期以人的眼睛变化划分时代。他们的祖先曾经经历过独眼人、直眼人、横眼人三个演示社会发展进化阶段①。

“独眼人”是彝族的第一代祖先，在考古学上相当于旧石器时代。在这个时代，彝族开始了树叶为衣的历史，著名的创世纪史诗《梅葛》在“人类起源”一章中说，当时“人有一丈二尺长，没有衣裳，没有裤子，拿树叶做衣裳，拿树叶做裤子，这才有了衣裳，有了裤子”。另一部彝族史诗《查姆》也生动地记录了彝族这一时期“树叶为衣”的生动情景：“‘独眼人’这一代，猴人分不清；老林作房屋，岩洞长栖身；石头随身带，木棒手中拿；树叶做衣裳，乱草当被盖。”

此外，《阿细的先基》和《阿黑西尼摩》两部史诗中，也同样有彝族祖先“树叶为衣”的记述。值得注意的是，这些史诗出自彝族不同支系和不同地区的彝文古籍，涵盖了彝族不同分布的所有地区。这就是说，彝族在“独眼人”时代，即旧石器时代，树叶为衣的历史事实无可置疑。

人类服饰的起源，至今众说纷纭，莫衷一是，问题的关键在于人类初始阶段的服饰原料及形制，文献记载和考古发掘都没有提供出力证，而在彝族众多的创世纪史诗中，明确记述树叶为衣的历史事实，不仅为我们展现出彝族远古时代生活的情景，而且使我们看到了人类童年时代原始服饰产生和演变的情况。

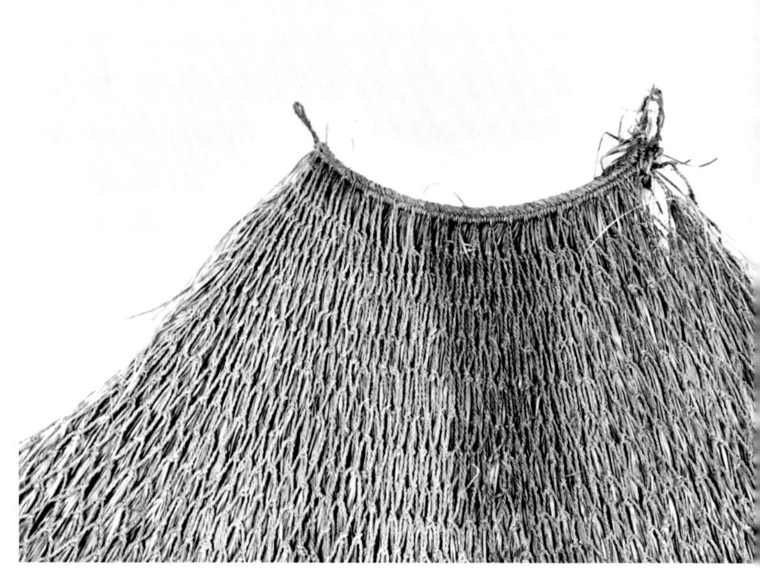

草编衣

人类脱离动物界后，很长一段时间依然是赤身露体，冬天把捕获的兽皮遮盖在身体上以保暖，夏日则裸身或采摘树叶遮掩阳光，以免炎热。在这种情况下，人类与动物只靠其本身的皮毛保护身体已有很大区别，但它毕竟还不是衣服。然而，服饰的起源和发展正是由此而始的。彝族先民由此得到启发开始了服饰的发明创造。

任何发明创造，都是生产力得到发展的情况下才有可能。彝族旧石器时代（独眼人时代），就知道了用火。火的使用，必然大大提高生产力，改变人类的基本生活条件。随着生产力的提高，

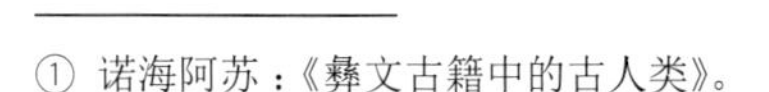

① 诺海阿苏：《彝文古籍中的古人类》。

人类对身体保护的意识也会增强。这种意识的重复出现，必然会使人类的思维能力和心智大大拓宽，由于偶然的机会，人们在采摘树叶遮掩身体时发现了可将叶片做成随身穿戴、行走自如的遮掩物的方法，亦如其他民族一样，是从缠腰带开始的。《阿细的先基》中说："野狗打死了，剥下它的皮，拿来围在腰上；身上披的有了，腰上围的有了。"这是彝族用兽皮缠腰的历史。彝族兽皮衣和树叶衣是同时代的产物，从民族学资料推断，最早的树叶衣，是将采来的树叶，用藤条串起来，在腰间围一圈，犹如中华人民共和国成立初期云南"苦聪人"（拉祜族）的树叶衣和独龙族、怒族的"护阴板"一样，起到保护阴部的作用。

古方志中，对西南地区少数民族"树叶为衣"的记载不少。唐朝时说裸形蛮"无衣服，惟取木皮以蔽形"[①]，又说"夷妇纽叶为衣"，对景颇族称"野人"，"野人无甑简炊，采取蛇虫嘉馔奇，木叶蔽身林作屋，授衣刮尽树头皮"；对基诺族、独龙族均有"以树皮毛皮为衣，掩其脐下""树叶之大者为衣"等多种记述。可见，"树叶为衣"是云南各民族中较为普遍的原始服饰传统。在现实生活中，中华人民共和国成立初期，苦聪人除用葛藤制作缠腰带外，还将芭蕉叶和椰树皮用细藤条缠腰间，一年四季，以此遮身。云南许多民族，包括汉族在内，至今还有笋叶帽、草编帽、草编鞋、棕蓑衣等。虽然，这些只是偶作雨具使用了，但在更早的年代，曾是人类衣服的一种形态。特别蓑衣，是用树叶编结而成的衣服，从古至今不离身，无论是制作或是穿用的方法，都保留着传统的文化习俗。

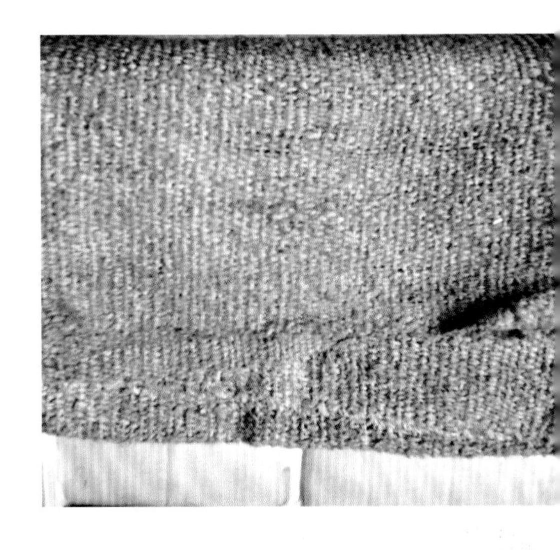

蓑衣是树叶衣的发展和延伸，当人类进入"量体裁衣，看头制帽"的阶段时，缠腰带、树叶衣就几乎消失了，唯在西南地区少数民族中，树叶衣却从低级向高级，从局部（腰间）到身体的其他部位，发展成为更适应人体需要的形式，在西南少数民族社会中一直流传下来，如今在西南少数民族中依然还能偶见棕叶衣、麻皮衣、火草衣、响草衣（又叫莎草）衣等。其制作工艺，与原始的树叶衣比较有了很大的提升，但依然保留着原始的制作传统。蓑衣的制作，不使用任何工具，原料均为棕树叶，叶为长条形，大多有20厘米至30厘米长，全凭双手把一片片叶片撕下，揉顺编结而成，虽然用了竹针或骨针穿引麻线，但针的工艺极为简单，可制作出来的蓑衣却极为精

蓑衣

① ［唐］樊绰撰，向达校注：《蛮书校注》卷四《名类第四》，第100页，中华书局，1962年。

细，若非亲眼所见，很难相信彝族在使用那么简单编织工具的情况下，有那么高的手工艺术。骨针和竹针，是服饰制作最早的穿针引线工具，这与考古发现证明的：人类在旧石器时代开始用石锥、骨锥、角器等制作简单衣服的历史完全一致。

蓑衣穿在身上，犹如一件草制的披风。从正面看，好似一片草叶在背上，翻转过来看，则是十分细密精巧的网状衣；从实用到观赏都无可挑剔。更有意思的是，蓑衣在彝族社会中，曾有过特殊的地位和作用，成为尊贵和等级的象征。明代《云南图经志书》载：禄劝州“罗罗……皆披毡，然以莎草编为蓑衣加于毡衫之上，非通事（行政长官）、把事（山官）不敢服也。”① 所以，无论制作工艺或是穿戴习俗，在彝族社会中都有着古老而厚重的文化意蕴，在人类服饰起源的历史中，是不可多得的实物见证。其实，蓑衣、树叶衣，虽然所采用的原料依然是现成的天然物，但比起早期的护阴板、缠腰物等阴部保护物又进了一大步。它是可以称为“衣”的服饰。人类服饰从此进入了新的阶段。

蓑衣，在20世纪80年代前，西南许多民族都在使用。在中国古代，诗人们把蓑衣视为行走江湖的潇洒外套，是离开黑暗官场，回归自然的诗意名片。唐代诗人张志和《渔歌子》中说：“青箬笠，绿蓑衣，斜风细雨不须归。”柳宗元《江雪》：“孤舟蓑笠翁，独钓寒江雪。”吕岩《牧童》：“归来饱饭黄昏后，不脱蓑衣卧明月。”苏东坡在他的诗中也喜欢蓑衣，《渔父》中“自庇一身青箬笠，相随到处绿蓑衣”，《定风波》中又说：“莫听穿林打叶声，何妨吟啸且徐行。竹杖芒鞋轻胜马，谁怕？一蓑烟雨任平生。”这些诗句，神闲气定，寄情在山水间。想来若干年后，蓑衣或许会彻底消失，只留下这些诗句活在人们的思想中。

服饰是人类文明进步过程的产物。如果说人类第一件粗糙的旧石器是真正石破天惊的伟大创造，宣告了人与文化的诞生，那么，人类第一根带孔的骨针，就宣告了人类创造衣服的发端。考古发现，辽宁海城小孤遗址早在5万年，就有了带孔的骨针，可在西南少数民族中，骨针、竹针作为最早穿针引线的工具，至今还在流传，是人类服饰起源生动具体的例证。西南民族服饰不仅历史悠久，并以独特的体系和辉煌的成就，为人类文明做出了重要贡献。

竹篾帽

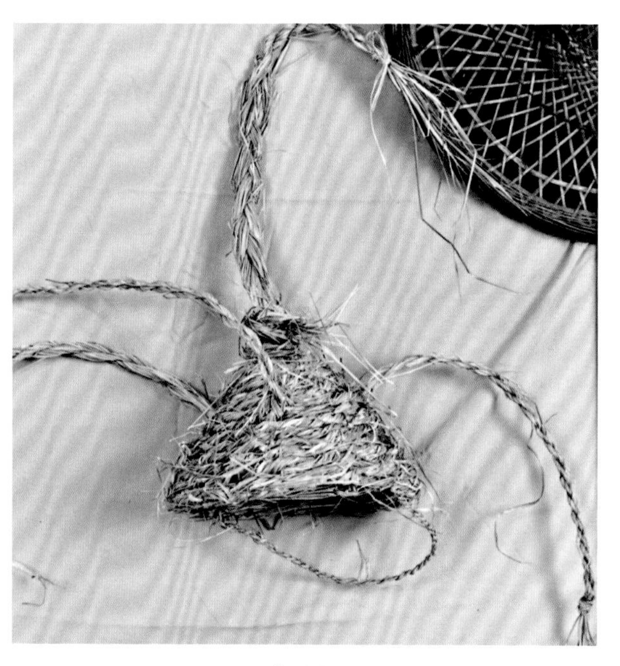

草编帽

① 景泰《云南图经志书》卷二，第35页，云南地方志办公室翻印，1998年6月。

2. 树皮衣与结草为衣

草编衣（外）

草编衣（内）

1980 年，我们在云南省勐腊县勐遮傣族寨调查时，征集到树皮衣一件，现收藏于云南省博物馆。从调查资料得知，这种树皮衣在 20 世纪 50 年代还在他们的社会中普遍流行。树皮衣的制作非常简单，只需从一种叫作“构树”的树干上剥取一段一米多长的树皮，放进河里浸泡一二十天，取出后用木棒捶打，洗去杂质，露出洁白纤维，晒干后再行搓压，使其中纤维紧密柔软，最后用砍刀在边沿割成适合身体用的形状，再在上方穿上系带，以系带打结裹身为衣。用构树皮做成衣服，结实耐用，不需缝纫，较之树叶衣有很多便利。与此相似，基诺族也曾采割树皮纤维，加工成“树皮布”，用作垫子、被盖之类的用物。哈尼族用棕树皮制作衣服，已经比较成型和完整。棕树衣分上衣、裤子。上衣为立领，斜襟，钉纽扣，按照棕树皮纤维的顺序，毛口做衣领和衣摆，缝合也用棕丝。裤子也是毛口向下。这已经是树皮衣发展的较高阶段，也是人类原始服饰的一个雏形。云南民族博物馆收藏有此物，在云南民族村哈尼族寨里，还专门设置一幢制作树皮衣的参观场所，如今依然有哈尼族制衣高手在其中表演，很受欢迎。

制作树皮衣的原料大多来源于棕树，主要是包裹于棕树干上的植物纤维，是早期人类广泛应用的制衣之物，用棕树皮制作成衣，俗称“棕衣”，是西南少数民族的一种特殊创造。棕树在温暖、湿润、多雨的长江以南地区分布最多。棕树为常绿乔木，茎圆柱形，无旁枝，高的三丈有余；叶作掌状分叉，叶茎都有毛，包于茎上，称棕毛，强韧耐水，在南方农村里，几乎家家户户的屋后都栽有棕树。一棵棕树每月只长出一片棕叶，一年只有12片，棕皮在每年六月和十月各采摘一次，每次只能采摘五六片，把采来的棕皮晒干后，一片接一片，一针一线缝制成衣裙状，棕毛自然垂悬，领口与衣襟用薄嫩棕皮包边细缝，最后缀上系绳和挂绳，一件可以遮风避雨的衣服就基本制作完成，工艺考究的棕衣需有10多道工序，100多张棕皮，还需要娴熟的技巧和至少两天半时间才行；制作棕衣需使用棕刀、棕针、棕耙、顶针、大领褂、起领针、竹油罐等工具。剥棕，是用半月形的刀在树周围割一圈，然后再竖着割一刀，用手轻轻一掔，一张完整的棕皮就下来了；割下棕皮，先要将里面称之为“骨头”的硬质纤维剥除，剥掉棕骨的棕皮还需放在太阳下晒干；接下来叫“抓丝”，用铁刷刷洗棕尾，使棕毛平顺，在装有一种钩形带齿的“抓刀”的凳子上将晾晒后的棕皮拉成丝状，把棕皮上的棕毛一点点抽出来，用一种 T 形工具——“转扭”，将棕丝纺成棕线。棕线是主要用来缝制蓑衣的线，再将棕线纺成棕绳，棕绳是用来连接棕衣的构件和固定重要的部位，如领口、襟带、挂带等。棕毛织的绳子极其牢固，防潮防蛀效果好。

棕衣制作，初始阶段是极为简单粗糙的，随着社会的进步和发展，工具也先进，制作工序就越来细致，越有穿用的功能。主要制作工序是从“塑形”开始，即用棕皮围着圆形的实物如碗或艺人们自制的“圈”塑成棕衣的领口，叫作“缝领口”，制作领口是非常重要的一道工（艺）序，若做得不好，棕衣穿着就会难受，夹脖子。然后，折叠排列十五六张比较大的棕皮作上衣，把这些棕皮用棕绳作绷线缝起来，利用棕皮向外伸展的形态，确定棕皮摆放的位置。棕衣的制作主要就是依靠拼接，因此，定位准确是做好一件棕衣的关键步骤。制作棕衣的下襟时，为了有效保暖，用棕皮包裹柔软的棕丝，则具有充分的空隙能够保暖。因此，在拼接时，摊开几件面积较大的棕皮，里面像铺棉花一样放上些抓得细细的棕毛，用大棕皮包起来，用几条削尖的竹签先固定好。然后，用棕绳穿弯针（针有一尺多长），开始进行挑缝。棕衣外表针脚细密，表现了外密内疏，行距、针距越小，质量也就更好，花费的时间就越多。一件蓑衣质量的好坏，很大程度上取决于挑缝的水平。粗糙的，只缝五六十行棕索；好的棕衣都要缝上八九十行，针脚密集、均匀，棕衣平整挺括。缝制时，钢针在装菜籽油的竹筒里蘸一下，可以起到润滑作用。棕衣的缝制需要很大的耐心，一针针密密麻麻，向四周扩展，像一个圆圆的大蒲团，中间留出一条缝，就是前衣襟；缝到最后，边上留下半尺长的棕毛不要缝制，让雨水顺着棕毛滑下；缝到定位好的位置时，就要进行收边，以防棕丝混乱不成形，就是安装挂绳和系绳。总之，棕衣制作，是根据人体的结构分为三截：上面一截着肩胸部，中间一截着腰、背部及腹部，下面一截护着臀部及双脚，而后背部分与前襟部分则连接成一片；每一节都编成上窄下宽的扇形，在上部等距离地留有圆孔，以利棕绳从圆孔中穿过，左右两襟的上端做成长梯形通过棕绳与圆领口的前段连接；两襟用棕绳固定，使用时只要将左右两边的绳子打结就可以了。

还有一种棕衣是一片式的。缝制时，是把两层棕皮相对，皆为毛面向上，在靠近下方缝合一道，然后把上片翻过来，使光面向上，再把底层的毛面翻到背后，适当留出3米左右的折边，在这个中空的折边里，可以穿绳子，然后缝合一道，接下来就是一片一片地缝合。根据不同身材，蓑衣的长度和宽度都可随意制定。每层都是先将毛面向外，毛面冲上，靠近下方缝合，然后翻过来，使光面向上，毛面冲下，两块棕皮相接的地方都要连压住5厘米左右。这样，一层压一层地缝，因为剥下的棕皮长度不太相同，在20厘米至30厘米之间。短的，就在靠近肩部处用，间距较短；长的，就用在下面。最后棕衣上一层层棕皮的长度是递增的，长度合适了，再把底摆缝上两道加强的线迹，把两边的边缝一下，使边缘整齐，棕毛不外张。由于棕皮自身生长的交错纹理较密和固有的斜错棕丝纹，因此不需要太复杂的编织方法，只用横向线缝，就能将其缝制得结实、牢固，且能防雨、保暖。棕丝又细又密，穿在身上，风雨不透，雨水落在棕丝上滚落下来。在田地间劳动时，用蓑衣与竹笠都十分方便，劳作者可以腾出双手，挥动自如，挥锄、拔苗、插秧、挑担等劳作，样样都不碍事，不仅能遮雨，田间歇息时还可以当垫子，夜里看秋，雨天排涝都用得上。

从古至今，棕衣都是西南少数民族中普遍的“服饰”，是家家户户必备的“衣物”。棕衣具备挡风、遮雨、保暖及灵活操使的功能，如外出狩猎过夜时，可用作睡垫，既温暖舒适，又防潮防湿，穿着蓑衣，头枕斗笠，可躺在田间地头休息。编织蓑衣的棕皮所散发出的气味，会使小爬虫和蛇都不敢靠近，故可避蛇驱虫；蓑衣的制作艺术，是一项仅次于旧石器加工的最为古老的技艺之一。

西南少数民族除了树叶衣、树皮衣之外，还有与其一样都是野生植物，全为手工制作的火草衣。火草衣无论是日常生活中的穿戴，或是丧葬礼服、婚恋定情物，都有着特殊的文化内涵。总之，无论是蓑衣，还是火草衣，其制作工艺和穿戴习俗，都是服饰发端的历史见证。

“结草为衣”是与“树叶衣”“兽皮衣”为同一类型的另一种服饰形式。1988年云南民族学院（即现在的云南民族大学）在文山州彝族地区征集到一件草编衣，衣服用稻草编成，制作粗糙，形制古朴。文山苗族、壮族民间流行草裙舞。草裙，用山茅草制成，只是将靠草根的一端用绳扎紧成片后系在腰间，谈不上更高工艺，但古风犹存，世代相传。到了近现代，虽然穿的已是“青蓝布短衣裙”了，但

棕叶衣

在外面依然要套一件“草叶披衣”。虽然名曰“遮雨”，但实际上是对古代树叶衣的追念，是一种特殊情感的寄托。20世纪八九十年代前，有些地区的汉族，也还在用山草、棕叶做蓑衣、篾帽、斗笠、草鞋等。特别是火草衣，外出时都要披在身上，既可遮风又可挡雨，编制工艺有的非常精细，对少数民族来说，实际上是对远古时代“结草为衣”的延续和追念。

3. 兽皮衣与羊皮褂

兽皮衣与树叶衣，是同一时代的原始服饰。彝族在发明树叶衣的同时，也创造了兽皮衣。这在《阿细的先基》《勒俄特衣》等彝族史诗中记录非常清楚："野狗打死了，剥下它的皮，拿来围在腰上，从此，身上披的有了，腰上围的有了。"从民族学资料考察，人类服饰起源阶段，其服饰选料比较宽广，除了树叶、树皮、兽皮等之外，天然野生动植物中许多都是选用对象。中华人民共和国成立前处于原始社会阶段的民族和世界原始民族的调查资料中，都提供了不少服饰初期阶段选用的原始材料资料。

兽皮衣是与树叶衣、草编衣一样古老的服饰，人类在发明树叶衣的同时，也创造了兽皮衣。因此，自古就有"衣其羽皮"的文献记载。到了唐代，兽皮衣几乎成为彝族服饰的主体，南诏国"俗无丝棉，披波罗皮（虎皮）"，又说"土多牛羊……男女皆披羊皮。"[①]"披羊皮"的传统，一直延续至今。无论是彝族普遍穿用的羊皮褂，或是纳西族妇女的"披背"（"七星披肩"），都是兽皮衣的传统，其制作方法和穿戴习俗都有着极其丰富的文化意蕴。在彝族中，无论男女，几乎都在穿羊皮褂。羊皮褂在制作时，必须保持四条腿皮的完好，特别是尾巴不能损坏，否则，再好的羊皮褂也不受欢迎。穿着时，四条腿的皮自然成为袖套和腰间的饰物。尾巴拖在后面，显然是图腾崇拜与尾饰之俗的传统。丽江纳西族妇女穿羊皮

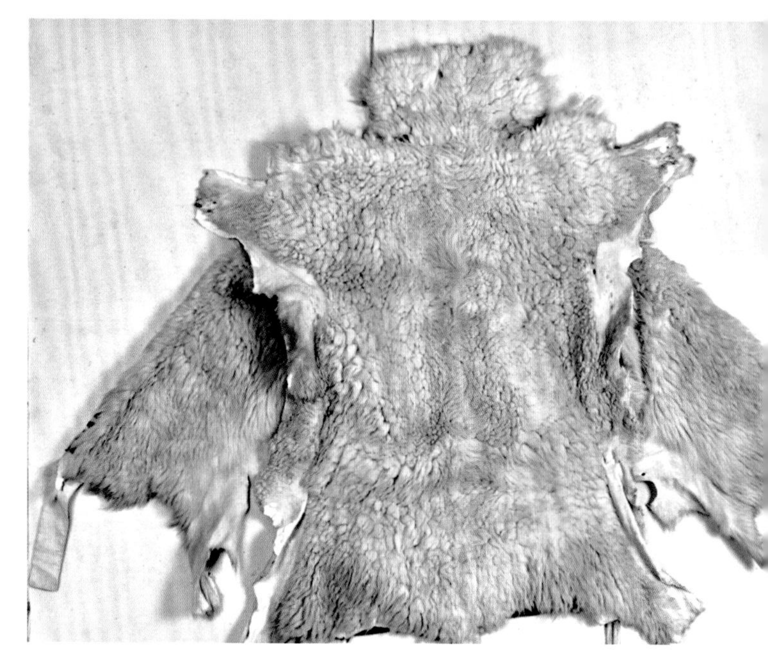

羊皮衣

① ［唐］樊绰撰，向达校注：《蛮书校注》卷四《名类第四》，第96页，中华书局，1962年版。

羊皮衣

披背。披背的制作工艺和图案花纹，都有着丰富精美的文化内涵。它也是古代兽皮衣流传至今，最为精巧实用又无法取代的服饰传统。

兽皮衣在历史上曾作为寿衣，以示对祖先的尊敬和崇拜。据明景泰《云南图经志书》卷六载：罗雄州（今罗平县）彝族“死无棺，其贵者用虎豹皮、贱者用羊皮裹其尸，以竹箦舁于野焚之”。羊皮、虎皮都是兽皮，是权贵的标志。彝族不仅在生前“不分男女，皆披之”，在其死后的葬仪中，也是必备之物。可见兽皮衣在彝族社会中的地位和作用。居住在高寒山区的彝族，过去无论男女都穿一件羊皮褂子，小凉山和滇东北的彝族则披一件羊毛披毡。

据《景东县志》载：居住在无量山景东县、巍山县一带及景谷部分山区的彝族人民，喜欢养羊，历来习惯用羊皮褂做皮褂穿，一家几口人，不论男的女的，几乎每人都有一件。这件羊皮褂缝制很简单，穿脱也方便，一只羊从头到脚、四肢和尾巴都保持完整，穿在身上，活像背上背着一只羊，别有风趣。

羊皮褂有很多好处，冷天毛朝里，可以当棉衣御寒，雨天把皮毛朝外，可以当雨衣防水。在山上休息可作垫褥。挑担抬柴时，可作垫背。背背箩时，可以垫肩背。在野外睡觉时，可作毯垫……真是一张羊皮，多种用途，既可作生活用品，又是劳保用具，而且成本低，牢实耐穿，可算是彝家的“无价之宝”。难怪，山区彝族不论天晴下雨，也不论是早晚白天，一出门，就披上羊皮褂，一年四季不离身。

总之，树叶衣、兽皮衣都是彝族“童年时代”的发明创造。蓑衣和羊皮褂，如今虽大多只作避雨和保护的工具使用，但对彝族来说，情有独钟，过去在彝族社会中，无论男女老少，都是人人钟爱之物，出门不离身，有依依不舍之情。这实际上是对古代祖先树叶衣和兽皮衣的追念，是一种特殊情感的寄托。当然，蓑衣，特别是羊皮褂不仅能遮风避雨，还有着背负东西时垫背耐磨等“一衣多用”的功能，正因为如此，蓑衣和羊皮褂从古至今一直传承下来，依然成为彝族服饰的组成部分，在人类服饰起源的研究中提供了重要的价值，它们都是人类文明史上的一大光辉。

多少年来，学术界有一个观点，认为服饰是

在纺织技术出现以后产生的。上海戏剧学院中国服装史研究组编著的《中国历代服饰》一书中，把缝制衣服的发端推演到仰韶文化。沈从文编著《中国古代服饰研究》一书也只从商代玉石、陶、铜人形象开始，分析研究我国服饰的原始形态。周锡保著《中国古代服饰史》虽然讲了服饰的起源，但只是从山顶洞人骨针的发现和仰韶文化中麻纺织残片推断服饰产生的大约时期。上海文艺出版社出版的《中国衣经》对中华民族服饰的历史和中国56个少数民族的服饰都有研究，汇集的资料也很丰富，但对人类脱离动物界后，在裸体时代身体上最早的保护形态，服饰起源的原因等问题，尚为一个谜。

从西南民族服饰的基本情况看，无论是护阴板、树叶衣、兽皮衣，都不曾有纺，也不曾有织，更不存在缝纫的技术。这说明了两个问题：第一，服饰早在纺织技术出现之前就已经存在了，无论从考古学和民族学的材料都可得到证实。第二，正是人们在利用野生植物制衣的过程中，从各种植物纤维的结构和用途上得到启发，才产生了原始的搓绩和编织思维，由此而创造出纺织技术。例如，人们在制作和穿用树叶衣时，无时不观察和接触到那些“ x ”交叉线的纤维线，可能是在偶然的机会中把这种“ x ”线的结构用到了生活之中，如编篾笆、捆扎工具的把头、编织器物、结网、结扎木架等。植物纤维上的“ x ”线在人类脑海中反复应用，必然产生与多种生产活动相联系的感情。这种感觉用到衣服上，便出现了原始的纺织，即火草衣。火草是一种野生植物，纺线全为手工，仅只是一个小纺锤在手上转动而成。在西南少数民族中，妇女无论行走在路上，或是站坐闲谈，手中的纺锤都在不停地转动。从此，人类开始了纺纱织布、量体裁衣，服饰进入了一个崭新的阶段。从此，服饰千姿百态，绚丽多彩。

羊皮披肩

总之，护阴板、树叶衣、兽皮衣、火草衣，都是人类童年时代的发明创造，是人类远古时代的原始服饰。从护阴板的适用功能和文化意蕴，到树叶衣、火草衣的纺织工艺的产生，都生动具体地证明着服饰起源阶段的过程。它所包含的内容，无论物质方面和精神方面，都极为丰富和宽广。正因为如此，它一经发明，就有着强大的生命力，世代相传，流传至今。它们的制作工艺和穿戴习俗，至今存留着古老而厚重的文化意蕴，在人类服饰起源的研究中具有重要的价值，是人类文明史上的一大辉煌。正如人类学家摩尔根《古代社会》中所描述的那样："文明人的成就虽然卓越伟大，却远远不能使人类在野蛮阶段所完成的事业失色。"[①]

羊皮披肩

麻线衣

羊毛毡

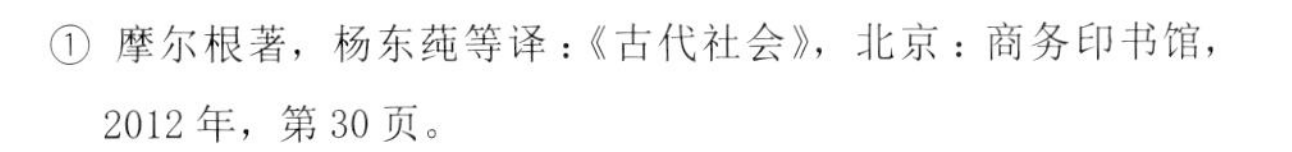

① 摩尔根著，杨东莼等译：《古代社会》，北京：商务印书馆，2012年，第30页。

羊皮披肩

三、裸体文化与服饰起源

人类脱离动物界后，很长一段时间是赤身裸体，这是无可非议的历史事实。人类的裸体时代，产生了一种特殊的文化，现代人称之为“裸体装饰”，即“文身”。文身作为人类初始阶段的习俗，遍布世界的天涯海角，如今世界上许多处于原始社会阶段的民族中，例证很多。非洲、南美洲、欧洲、亚洲、澳大利亚以及印第安人部落时代民族的文身，在众多的民族学专著中生动具体地记录了下来，特别是在 20 世纪五六十年代的民族田野调查资料中，文身的民族不少，其中尤以傣族最为突出。处于刀耕火种、结绳记事的民族，如独龙族、佤族、布朗族、基诺族、怒族、德昂族等民族，赤身裸体与文身的生活文化，给世人留下了深刻的印象，从中不仅可以探讨原始人类裸体文化的内涵，而且还可以了解远古人类文身的特殊意义和服饰起源的有关问题。

文身，从它的起源到演化为精彩的文身装饰艺术，反映出人类认识和追求真理的曲折道路，记录着一代一代人对本民族命运和人类对未来的思考。它凝聚着人一生的心血和希望，也是人类装饰和审美艺术的基础 ，在人类历史的长河中，以衣遮体的时间与裸体时代相比，是短暂的，即使在今天世界上，也有着不少裸体生活的民族。人类曾经历享受过裸体之美，包括古埃及在内的非洲艺术、希腊绘画、雕刻，之所以出现精美的裸体躯干，皆因此乃日常所见之故。

裸体是人类初始阶段的共性，而且形成了裸体文化时代的特殊文化生活内容。裸体是纯洁的美，据有学者论证：“纯粹为了美的缘故而表现裸体，绝大多数是不会使人的心灵不道德的，力图掩饰美丽的裸体并压抑它，才是有害的。”那么，人类后来为什么又“穿衣着裤”，特别是在生产力极为低下的情况下，所产生的服饰“根”在哪里？发端是什么？除了前面讲述的护阴板外，就是裸体装饰——文身。文身回旋着生命主题的美，它不仅是服饰起源的原因之一，而且在服饰的发展过程中，文身图案与刺绣图纹及在身体的装饰部位都有着渊源关系，是永不脱身的绣花衣，对服饰，特别是刺绣，无论装饰部位或是图案内容，都是值得探讨的一大内容。

1. 裸体装饰与文身民族

在人类发展的原始阶段，由于生产工具异常简陋，甚至就无任何工具，对自然规律掌握不够，初民在获取食物方面，同其他动物差不了多少，一个人从事食物采集或渔猎等活动所获得的食物最初恐怕连个人果腹都有困难，根本没有什么剩余食品，所以没有剥削、没有阶级、没有文字，更没有“服饰”观念，都是赤身裸体。

裸体生活中文身习俗，起源很早，流行于世界各地，一直延续到现代。文身是人类的裸体装饰，中国古代文献记载为“文身”，就是雕刻在身体上的文字。具体地说，文身是在人躯体的胸、肩、背、臀及上下肢体刻刺花纹图案，作为永久性的装饰，在史籍中被称为“文身”和“雕题”“黥肌”“绣脚”“绣面”“漆齿”等，是用器物（工具）在人体上“刻其肌以丹青涅”。就是说，在人体皮肤下透视暗血斑性的各种花纹图案的人体装饰艺术。

人类有了纺织，进入纺织制衣的生活，服饰除了保护身体的作用外，便进入了装饰人体美的特殊艺术阶段。这种艺术的特殊性，首先就是异性的吸引，与人类最早的文身有着不可分割的关系。所以说文身回旋着生命主体的美，是服饰审美艺术的基础。

文身，就是用刀、针等锐器在身体不同部位刺刻出花纹或符号，然后涂上颜色，并使之永久保存。这在中国，有许许多多奇怪的名称。从文明人的立场看，文身是人体装饰的自残性艺术。文身起源于原始文化，是人类原始精神世界一种突出的表现，但并未随着原始社会的解体而销声匿迹，相反，它源远流长的存在，向人们显示出一部活生生的人类裸体装饰史，一部活在人类肉体上黥刻着痛苦与意志的精神文化造型史，是身体装饰的特殊性艺术。

文身的方法有涂色、切痕、黥纹等。涂色又称画身、绘身，最早也最为普遍。或用单一色彩，涂编全身、或取复形，描绘图腾的形象。一般均作象征性的描绘，或取得植物的一部分以代表主体。切痕是用刀切开皮肤，敷痊后，使之显露出一定的伤痕浮像。涂色与切痕的技术较为简单。黥纹则是将墨色黥刺于皮肤，使之成为纹样，完全综合了涂色与切痕的要素，同时在纹样的描绘上，无论是写实或是象征的，都远非上述二者所可及之。切痕、黥面、涂色作为文身的方法，其部位，或全体或局部，因地区和民族不同而异。

中国古人为什么要文身？文身为什么能一直传承到现代，而且蕴含着丰富的文化内涵，从远古时代的文身直到现代的文身，或为人体装饰的特殊内容，在很多地区，举族挚爱不辍，世界上许多民族都认为“文身”是一种美，一种回旋着生命主题的美。因此，文身作为身体装饰的艺术，对服饰文化艺术的推进和发展，起着特殊的作用，对其研究探讨，有着重要的意义。特别是文身艺术与裸体纯洁的美融为一体，在人体美学中进一步发展为服饰特殊部位特殊装饰的文化艺术，人体美与服饰美交融和谐，成为服饰艺术的基础。

人类裸体装饰，曾流行于世界各地，一直延续到现代一些发达国家的民族中，全世界许多民族都盛行文身，亚洲东南部、大洋洲、中南美洲、澳洲和非洲许多地区，至今还有不少土著民族，把它视为美的装饰而必不可少，如：新西兰毛利人文面、新几内亚人在胸部和臀部都文刻蜈蚣、蜘蛛、鸟喙、月亮等图案。北美、南美印第安人及非洲玛孔得人均有文身习俗。在日本列岛上，文身在古代就很普遍，“诸国文身各异，或左或右，或大或小，尊卑有差。”[①]日本九州沿海一带，染牙漆齿的习俗，以牙齿的黑白分贵贱，白牙齿是“贱人”，黑牙齿则是贵人，而女子只要超过15岁，不论出身贵贱，都要染上黑牙齿才可以嫁人。

苏丹人文面和文身：苏丹位于非洲的东北部，是一个多民族的国家。苏丹人喜欢文面和文身，特别是南部的罗图佳族，更为崇拜。文面与文身最初兴起时，人类还处在愚昧时期，当每个部族都给自己规定一种动物图腾作为本民族的标志，如青龙、白蛇、雄狮、兀鹰等。这些图案就是民族标志，如果有谁触犯，便会激怒整个部落奋起和他厮拼。这些图案，开始纹在面部、手臂和身上，也有雕在树上或其他物品上的，后来对图腾的崇拜逐渐消失了，但文面文身作为一种美的装饰都流传至今。罗图佳人认为，在身上纹一些图案，或在脸上弄上几条深深的瘢痕，会增加美观，还可以避邪。所以，男女青年竞相文面、文身。

罗图佳人都是赤身裸体，姑娘们只在腰上扎一条很窄的镶花带子，腰后挂一柄芭蕉叶，当作草裙；小腹前挂一二十根小铁链遮羞。这些铁链是神圣不可侵犯的，如果男子胆敢触碰，就要罚羊几只赔礼道歉。姑娘们的耳上穿孔，但不佩戴耳环，而是穿一根草木棍或别的东西。罗佳男子喜欢在脸上涂一层白粉，身上涂红赭土，或从颈到膝全部涂成蓝色。为了调出最美的颜色，画出最漂亮的图案，往往要占去很长时间，但他们把这当作是最好的“服饰”。据说有位政府官员到南方去视察，在车队到达之前，政府特地给每人发了一条短裤，但车队走后，他们便把裤衩全部扔掉。

苏丹人文面、文身是一种专门技术，专门从事文身的人用弯钩与利刃在面部、身上雕刻出各种图案，有动物、有几何图形，也有一些说不清是什么的棒状、棱状图形。男子喜欢在面部纹上一颗五角星或几个三角形，前胸后背纹老虎、鹿、羚羊一类动物头像，也有纹龙、纹字的。女孩子则在面部刺上各种颜色的花点，一般在下嘴唇处竖着刺几排花点，涂上蓝色，而在身上刺各种花样和几何图案。其实，刺上图案并不符合实际，实际上是用旁针将皮肤挑起来，然后用旧刀片将挑起来的皮肤顶端削去一点，如此逐个炮制。尽管很痛苦，由于爱美的心情，也就横下心来，咬咬牙关，任人“宰割”。割后涂上一层蓝色的油状赭土，这种蓝色赭土既止血又上色，一举两得，伤疤掉后则满身花纹。这种“点刺”花纹，手术很复杂，要一个点一个点地割下 去需很长时间。条状花纹虽简单，也要根据图案要求三刀五刀割破皮肤，涂上赭土才可了事[②]。

非洲少女身上的十套花纹：非洲男女普遍以文身为美，尤其是非洲西部妇女，她们从少女时代起，身上就纹有显示形态美和道义美的十套花纹。据《非洲拾趣》记载，这十套花纹是：

（1）鼻梁上方竖着两行“大”字形花纹，意味着吉星高照。

（2）在太阳穴和眼角之间是一排细线花纹，表示慧眼可以识破一切邪恶。

（3）嘴角的两边也是圆圈或三角形图案，表示这儿是自己心爱的人亲吻的地方。

（4）在两颊上是两条直线花纹，意思是充满着青春活力。

（5）脖颈上是一道联结花纹，预示着长命百岁。

（6）乳房之间有一道连接花纹，表示乳汁充足，可以胜任生儿育女。

（7）胸口处有一只动物图案，是告知人们自

① [晋] 陈寿撰：《三国志》卷十，第855页，中华书局，1959年版。

②《外国奇风异俗》第180—183页，世界知识出版社，1981年版。

己的胸怀宽大，能忍受像动物那样凶狠的袭击。

（8）手臂上刻着数道波纹图案，表示自己的手干净得像水一样清澈。

（9）后背是一道道的刀形印痕，这是忠诚的标志，意思是若背着丈夫干了见不得人的勾当，总有一天会受到刀臂的惩罚。

（10）阴户以下，膝盖以上的大腿内侧部位，刻着数朵少女所喜欢的花朵，它标志着少女的秘密，只有自己的丈夫有权揭开。

文身习俗在世界上许多民族中都有，其方式和目的各不相同："巴西的巴凯里部落的印第安人，出于对豹的崇拜，喜欢在身上刺一些黑点和黑圈，看上去宛如一张豹皮。新西兰的毛利人常常在腕上和身上刺一些花纹，这些不同的花纹，成为区分不同部落的标志。澳大利亚的土著人经常在胸部、腹部用锐利的贝壳去雕刻各种斑纹。保里安岛上的巴布亚人，则用火做工具，在皮肤上烫制文身……"[①]

独龙族文面妇女

近现代以来，不少民族有了护身物或服饰，但文身习俗依旧保留。有的民族虽然已经穿上较为先进的服装，但身体上仍要纹刺花纹图案，着装时或隐或露，总要显示自己文身之美；较为落后的民族，虽然有着各种各样的护身物，照样也要文身，而且都是纹刺在显露之处。例如居住在新几内亚东部的高地人，男子身上穿草裙，前胸纹刺图案，用猪油、炭粒、石灰、黏土以及树和草的汁液等做成化妆品涂在脸上，头上戴着报乐鸟和鹦鹉的羽毛，胸前挂一块袋类动物的毛皮，再将玻璃珠或贝壳串成项链挂在脖上，并戴上鼻环，没有内衣，下身全裸，只在腰部围缠一圈用树藤做成的箍，前面垂吊有各种饰物，掩遮生殖器。

总之，文身不仅起源久远，流行广泛，而且在如今世界上不少少数民族中传承。虽然有了很多变化，但其文化内涵越来越丰富宽广，即便是那些显得毫无生活信仰，完全以娱乐为目的的现代文身民族，也还是通过文身体现着一种强烈的信念。这种信念，不妨叫作"感官刺激的追求"。否则，很难设想人们会忍受巨大的痛苦换取感官刺激之美。在这里，文身虽说只是追求"好玩"，但却又不能否定这也是一种生活的信仰。通过文身，人们不仅能表达了自己的生活信仰与追求，还显示了社会的归属与趋向。在云南少数民族中，文身的民族很多，其中傣族是最有代表性的，独龙族、基诺族、布朗族、佤族、德昂族、怒族等少数民族文身习俗，据民族田野调查资料证实，一直到中华人民共和国成立初期都还很普遍，各民族的文身都有着自己的特点和文化内涵。

独龙族的文面，独龙族语称"巴克图"，其他民族称之为"画脸"。在古代已有记载，《新唐书》称"文面濮"，《南诏野史》称"文面部落"，《云南北界勘察记》载：独龙江上游一带，"女子面鼻梁两颧上下唇均刺花纹，取青草汁和锅烟揉擦入皮肉成黑色，洗之不去"。独龙江下游一带，"女子文面，只鼻尖刺一圈，下唇刺二三路不等。"《滇西北段未定界境内之现状》记载："女子仅颔

①《世界文身习俗种种》，载《春城晚报》1981 年 3 月 24 日四版。

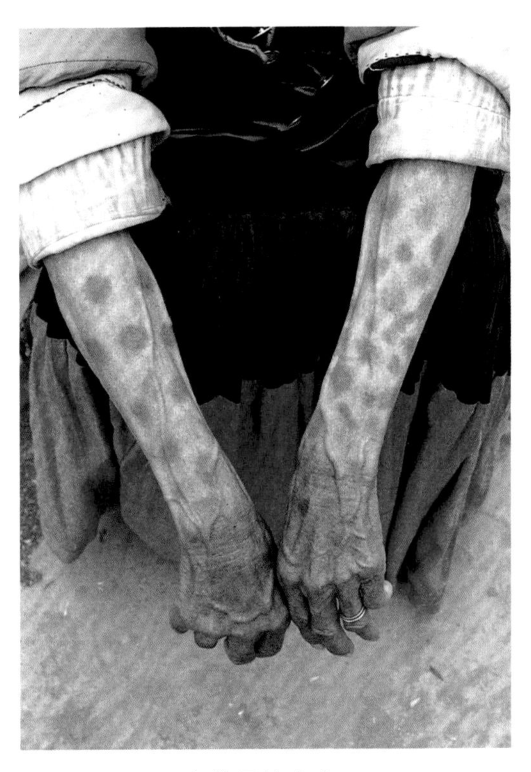

少数民族文身

部刺以黑花，并不满脸刺也。”以上的记载里，可以看出独龙江两岸不同地区独龙族不同的文面图案及文面习俗的普遍性。

独龙族妇女保持的文面习俗，凡满十二三岁的少女，都要接受有专门技术的女性长老者对其脸庞进行各种花纹的纹刺。纹刺时，文面者要先洗脸，直仰于地面。文面的花纹是传统式，与古今没有什么改变，有的花纹与众不同者，则是取其自愿，这是20世纪50年代以后的事。文面的方法是：先用竹签或将三四根刺扎在一起，蘸锅烟灰在脸部描好纹样，然后，一手执竹针，一手拿拍针棒，照纹路打击，每刺一线即将血水拭去，然后再涂上用水搅拌的煱烟灰，反复揉擦，使之渗进皮下，至刺毕为止，经过三五日，创口脱疤后，内皮上及呈现青色或蓝色的花纹，所留之图案就永留脸上。纹样的多样和复杂在整个独龙江地区基本相同，只有独龙江下游靠近缅甸一带的地区纹样较为简单，刺竖纹三五条，仅在上唇和下颚一小块上，形状很像男人的胡须。

独龙族妇女都以文面为美观，在独龙族意识中，文面是件好事，人老了还觉得比较好看。

独龙族文面所用的原材料是：火炭、火烟，用竹签或刺在脸上刻刺，有技术者一天可纹两人，技术差的一人需两天才能完成。文面不是人人都会的，有的几个寨子才有一个女人会纹，所有近处的女孩都到她那里去纹，但文面的人并不以此为职业。她为别人文面无什么代价，只不过是人之常情，但去文面的人多少也送点礼，如粑粑、酒、炒面等土特产，以示谢意。任何礼品不送者，她也一样会尽心尽力为其纹刺完善。如今，由于民族交往的日益增加，更兼文面要忍受皮肉之苦，自20世纪60年代以来，特别是改革开放以来，妇女都认为文面太落后而摒弃之，年轻人中已基本消失，所以，如今能见到的文面者多为老年妇女。笔者于1986年的调查时，还亲眼见到了一些老年妇人脸上的图纹，拍摄有十余幅照片保存至今，记录下独龙族妇女文面的历史。

独龙族文身的历史，一直有几种不一致的说法。最早一种说法，是对汉族文字很喜欢，于是仿效写字的方法，首先在手和脸上乱画，后来发展变化。又有不同的说法：一种是文面，认为是美化自己的行为，不文面者不漂亮；另一种说法是不愿被藏族土司和傈僳奴隶主“抢掳去受凌辱和蹂躏”。《俅江记程》说：“俅女至十二三即文面，据说是怕被察蛮抢走用以偿牛债，怕傈僳族拖去尸骨当钱粮。”独龙族妇女文面的原因，与其他民族不同，是为了防止异族统治者抢掳，是阶级社会的产物。[①] 还有学者认为，独龙族的文面与独龙族早已消失的图腾崇拜物有某种关系，其根据是独龙族对人的灵魂的解释，认为人的灵魂“阿西”最终会变成各色的“巴奎依”（一种大而好看的蝴蝶）飞向人间而自灭。平时若有这种蝴蝶飞进家里，认为很不吉利。这种对灵魂的意识折射到文面上，即把整个脸刺成似张开双翅的蝴蝶。文面从眉心开始，鼻梁、鼻翼刺相连的菱形

① 《民族学》1989年2期第19页。

少数民族文身方法

长纹，并以嘴为中心，从两侧鼻翼向两边展开，经双颊汇合到下颌，组成小菱形纹的方圈，双腿以下的两颊空间，横刺点状形花纹，下颌方圈内刺竖向条纹。

据笔者调查，以上说法是不同社会时代产生的不同思想观念，都有一定的道理。如新中国成立前许多文面妇女依然被西藏察瓦龙土司抢掠为奴。认为文面的人死后很好看，因为人死后血液停止流动，脸上所纹的图案非常明显。实际上，独龙族妇女文面的原因还与成年有关，文面具有成年礼的意义，当然与人类原始时代图腾崇拜是融为一体的民族文化习俗。①

居住在西双版纳一带的布朗族男子酷爱文身。文身多数是纹于胸部、背部、腰部、大腿及手臂等处。所纹刺的花纹有各种飞禽走兽、花卉、几何图案。布朗族老人认为，文身可以驱邪免灾，不仅美观，而且表示其身份高贵，只有文身的男子才能获得姑娘的爱慕。

基诺族的文身习俗一般是家庭富裕或有文身爱好的人才纹，由傣族有经验者来黥刺。女性在小腿上黥刺，花纹与衣服上的边饰图案相仿；男性多黥在手腕、手臂上，花纹有动物、花草、星辰、日用器等。

怒族文面，清代乾隆年间余庆远著《维西见闻录》记载："男女披发，面刺青文，首勒红藤，麻布短衣，男著袴，女以裙，俱跣。"② 清余庆远著《维西闻见录》同一时期的《丽江府志略》也载："怒人……男女十余岁后皆面刺龙凤花纹。"中华人民共和国成立以后，怒族文面习俗已经消失。

德昂族文身一般在手臂、大小腿和胸部刺以虎、鹿、鸟、花、草等自己喜爱的图案。

佤族文身常在胸、肩、臂等部位刺绣图案，题材有太阳、月亮、蜥蜴、牛头、鱼等。

文身起源很早，是人类裸体时代的一种崇拜，或者说是原始社会旧石器时代，因图腾崇拜而产生的一种护身符号。在古代东南亚的越人和中国西南地区的哀牢族群及后来演变为傣族、壮族、黎族、高山族、布朗族、德昂族、景颇族、彝族诸民族，自先秦到近现代，文身之俗，从无间断。这种古老的文身习俗，是人类裸体文化时代的民族标志，如今大都已消失，只有傣族保存下来，成为民族精神的"画卷"，展示着民族祖先的传统。

---

①《怒江独龙族调查》第31、73、119页；《云南民族风情》第21页；《民族学》第90页，载《民艺研究》1990年2期，第20页。

② 方国瑜主编：《云南史料丛刊》第十二卷，第65页。

2. 文身历史缘由与服饰起源的关系

文身起源很早，是原始社会时期因图腾（祖先）崇拜而产生的一种护身符号，其目的是为防止外物伤害，当然也含有追宗寻祖的观念。

文身活动不是突发的或一蹴而就的心血来潮，尤其是全身型文身，它必须经长年累月才能完成，仅从毅力的角度看，它毕竟不失为惊人之举。它不仅只是艺术，不仅需要技术，而且还需要稳定的信念作为支撑去完成。不论怎样评价文身，都不得不承认，这是有计划刺伤人体的原始艺术，对人的意志是一种严峻的考验。没有信念，就不可能把人变成“符号人”。从另一个角度分析，文身所造就的，正是一种原始文化意义上的“符号人”。“符号人”早在文明社会诞生之前就有了。把人变成“符号”，符号化了的人，其根源不是在现代化的物质生产和文明社会中，而是在原始人类的集团压力下，在神话与巫术意识的古老躁动中产生的。

人类早期刚脱离动物界，有不同于动物的一面，但又有许多与动物相同的生活。如裸体的、穴居的、茹毛饮血的习惯等。那时对身体的保护，也只能将自己打伤成动物模样。这种打伤就是文身。人类早期，不认识人体的美，更无装饰的观念。他们首先认识的都是自己赖以生存的对象，无论是动物、植物，不管是猎取的生活必需品或是危害最大之物，“打扮”在身体上的最初都是出于生存的功利目的，故最早刻画在身上的都是动植物图案，是为防止伤害，又能获取生活之物，是生活信仰的崇拜，当然还有认祖归宗和氏族标

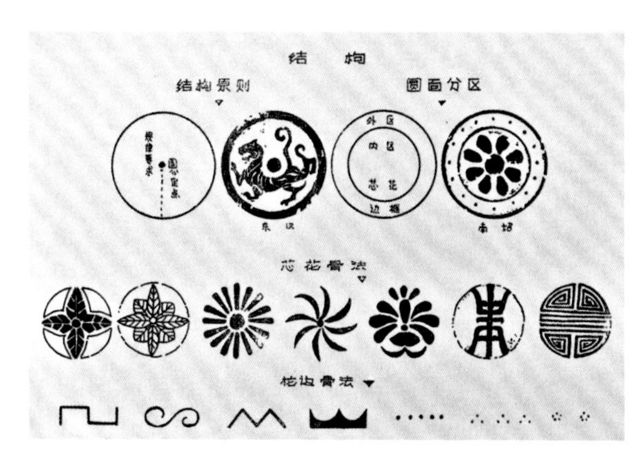

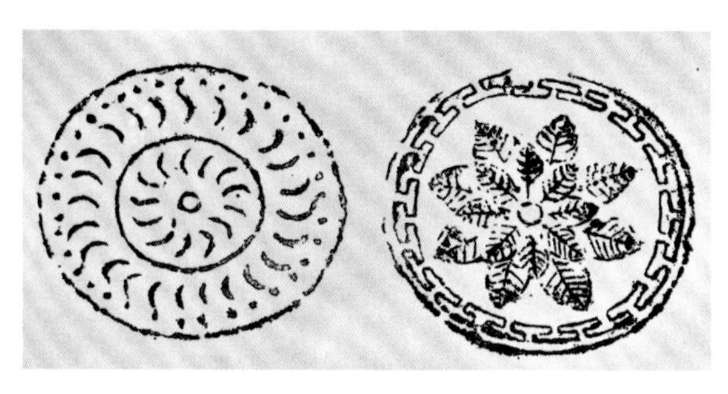

文身图案

志的作用。

文身习俗历史悠久，其历史渊源与文化内涵丰富多彩，值得探讨。早在旧石器时代，在东南、西南地区就很盛行。考古发掘材料中，远在商代就有不少文身人。中华人民共和国成立前在河南安阳发掘的一件铜戚上有全身刻刺鳞纹的人像；殷墟墓出土的玉人上也刻饰几何纹和蛇纹。此外，著名的传世文物“饕餮食人”，被吃的人身上也刻满几何纹饰。这些无疑都是战国前的“文身人”。根据秦汉至隋唐朝的文献资料，如：“（越人）文身断发，以避蛟龙之害”。[①]“（哀牢夷）种人皆刻画其身，象龙文，衣皆著尾。”[②]《王制》云“东方曰夷，被发文身”，《礼记》称“南方曰蛮，雕题交趾”“越王勾践……文身断发”[③]“被发文身，错臂左衽，瓯越之民也”“越，方外之地，劗发文身之民也”[④]等记载，基本可以肯定在战国古代江浙一带的越人和西南地区的哀牢族群及后来演变成的壮族、黎族、傣族诸民族，自秦汉以前迄近现代，文身之俗从无间断过。特别是云南傣族，在20世纪五六十年代仍较普遍。傣族可称为世界上文身历史悠久和现存文身最多的民族。

少数民族文身溯源追本，也有三千多年的历史。在沧源崖画中，绘有一个文身人物，裸体遍身有涡旋状图案，旁边另有一个胸部纹几何图案的人物。沧源崖画初步测定为新石器时代文物。1973年元谋县发掘的元谋人石器中，还有兼作（可能）文身工具的石器。在出土文物中，青铜器上的文身人物图像更丰富而生动具体。如晋宁石寨山青铜器图像中西汉时期滇人文身图像；滇人贵族骑马时露出腿部的蛇纹图案，都是史籍中

① ［汉］班固撰，颜师古注：《汉书·地理志》第八下，第1669页，中华书局，1962年版。

② ［宋］范晔撰：《后汉书·南蛮西南夷传》第七十六，第2848页，中华书局，1965年版。

③ ［汉］司马迁撰：《史记·越王勾践世家》卷四十一，第1739页，中华书局，1959年版。

④ ［汉］班固撰：《汉书·严助传》卷六十四上第七十六，第2777页，中华书局，1962年版。

"绣脚蛮"① 的真实写照。

到了唐代，关于傣族文身的记载就更多，更具体了。樊绰《蛮书》卷四说："黑齿蛮、金齿蛮、银齿蛮、绣脚蛮、绣面蛮，并在永昌（今保山）、开南（今景东），杂类种也……绣脚蛮则于踝上腓下，周匝刻其肤为文彩；绣面蛮初生后出月，以针刺面上，以青黛涂之，如绣状。"②《云南志略》中也载："金裹两齿，谓之金齿蛮；漆其齿者，谓之漆齿蛮；文其面者，谓之绣面蛮；绣其足者，谓之花脚蛮；彩缯分撮其发者，谓之花角蛮。"③ 这里所说的文面、绣脚，实际上就是今傣族特别盛行的文身。自此以后，很多史籍都根据这一地区傣族的风格特点，称傣族为：金齿蛮、银齿蛮、绣脚蛮和绣面蛮。《新唐书·南蛮传》记载说："群蛮种类，多不可记。……有绣脚种，刻踝至腓为文。有绣面种，生逾月，涅黛于面。有雕题种，身面涅黛。"④ 此段增加了"身面涅黛"，不仅文面，纹脚腿，而且还文身体，与《后汉书·西南夷传》所记"种人皆刻画其身"相一致。《马可波罗游记》记载，今保山和德宏地区傣族文身的情况是：金齿州"（金齿）男子刺黑线纹于臂腿下。刺之之法，结五针为一束，刺肉出血，然后用一种黑色颜料涂擦其上，既擦永水磨灭。此种黑线为一种装饰，并为一种区别标志。"⑤ 马可波罗对傣族文身用的工具、方法和颜料都作了具体的描述，并指出傣族文身的意义为一种"装饰 "和"区别标志"。

此外，对跨国居住的傣族文身习俗也有记录。

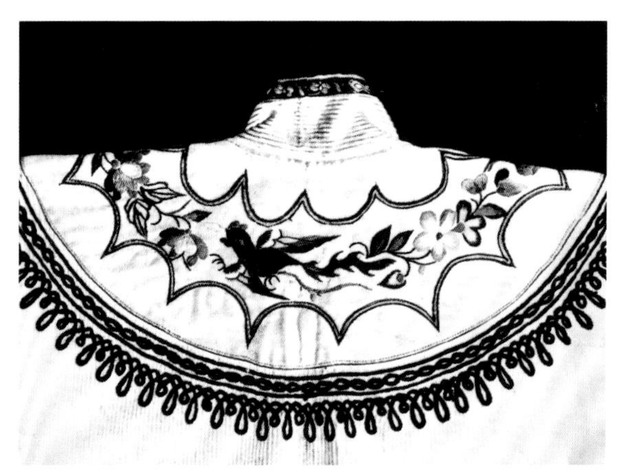

① ［唐］樊绰撰，向达校注：《蛮书校注》"刻刺腿部"；［元］李京撰：《云南志略》。

② ［唐］樊绰撰，向达校注：《蛮书校注》卷四，第 103 页，中华书局，1962 年版。

③ 王叔武校注：《〈大理行记校注〉〈云南志略辑校〉》，第 93 页，云南民族出版社，1986 年版。

④ ［宋］欧阳修，宋祁撰：《新唐书·南蛮传下》卷二百二十二，第 6325 页，中华书局，1975 年版。

⑤ 方国瑜主编：《云南史料丛刊》第三卷，第 146 页"注三"，原载《马可波罗行纪·云南行纪》。

老挝地区明代“其民皆百夷……身及眉目皆刺花。”[①]段成式在《酉阳杂俎》中记越南泰族文身说：“越人习水，必镂身以避蛟龙之患，今南中绣面佬子，善雕题之遗俗也。”可见，傣族文身在唐宋时期国内外都相当普遍。

到了明代，傣族“男子皆衣长衫，宽襦而无裙，官民皆髡首黥足，有不髡者，则酋长杀之，不黥足者，则众皆嗤之，曰‘妇人也，非百夷种类也。’”[②]文身是傣族男子的装饰，也是区别男女和民族的标志。说明傣族妇女和周边其他民族是不文身的。明景泰《云南图经志书》记载，车里即今西双版纳地区，“其民皆百夷，性颇淳。额上刺一旗为号。”[③]《滇略·夷略》记载:“大伯夷,在陇川以西，男子剪发文身。”《西南夷风土记》中说：“男子皆黥其下体成文，以别贵贱，部夷黥至腿，目把黥至腰，土官黥至乳。”[④]文身部位以下体为主，以面积大小区分等级高低。

清代的史书和地方志书大量记载着傣族文身的历史，《皇清职贡图》说：西双版纳傣族，“又有髡者，曰光头僰夷，盖习车里之俗，额上黥刺月牙，所谓雕题也”。[⑤]《伯麟图说》又载：“‘长头发’，性猛。披发文身，不避艰险，九龙江（澜沧江）土练也。普洱府属有之。”[⑥]“土练”即当地傣族土司兵和土司警卫，其文身习俗是非常特殊的。另外，还有把文身称为“漆”的记载。《楚雄府志》载：“僰夷……或漆其齿，或漆其身。”[⑦]漆就是文身。时至清代，傣族文身传统依然普遍。从大量文史资料中的事实清楚地说明，傣族文身的历史源远流长，从古代到当代，一脉相承，只是随着历史的发展变化，文身的内容、对象、方法、图纹类型及使用的工具、颜料都有所不同，进一步深化了文身的内容。

傣族佛寺始建于明代，清朝时遍布傣区，至19世纪60年代，西双版纳、德宏、保山、思茅、临沧等地州傣族寺庙壁画保存较多，文身图案举目可见。壁画中黥肌刺纹者，有的袒臂，有的露腿、袒胸，都于身体的恰当部位醒目地绘刺有漂亮而别致的图案花纹，以不同姿态展示着文身的光彩。

佛寺壁画中文身人物，其胸、腰、腹、背和四肢都刺有纹样，也有局部型的，刺纹于大腿、膝部或腰及四肢等部位。纹样有虎、豹、鹿、马、猫、兔、龙、孔雀、大鹏、鸟、蛇、虫等动物，也有树枝、草茅、叶、花等植物，还有线条纹、经纹与符咒纹等多种多样的造型和图案。壁画文身颜色多为黑、蓝，亦用朱和赭色。无论是文身的刺部位、图纹、色彩，都同民间文身的视觉效果接近，印记着傣族文身从明代到现代的历史。

世界上许多民族都有文身习俗，追溯文身的缘由，总体上是：

（1）文身是表示成人的意思。日本古代虾夷人的女性，从十二三岁开始，即在口唇周围、手腕等地方刺上花纹，直至十八九岁文身全部完后不再进行。此时小女孩也成为一个成熟的女性。

（2）文身的图案是同一种族的标志。非洲土著人即以文身形状作为种族与种族间的辨别标志。此外，也有以文身形状来作识别出生地的标志之说法。

（3）文身被古人作为驱魔辟邪的象征，有些

① 方国瑜主编：《云南史料丛刊》第六卷，第100页，云南大学出版社，2000年版。

② 方国瑜主编：《云南史料丛刊》第五卷，第362页，原载钱古训撰《百夷传》（景泰志本）。

③ 方国瑜主编：《云南史料丛刊》第六卷，第99页，云南大学出版社，2000年版。

④ 方国瑜主编：《云南史料丛刊》第五卷，第490页，云南大学出版社，1998年版。

⑤ 方国瑜主编：《云南史料丛刊》第十三卷，第357页，云南大学出版社，2001年版。

⑥ 方国瑜主编：《云南史料丛刊》第十三卷，第387页，云南大学出版社，2001年版。

⑦ 中国少数民族社会历史调查资料丛刊云南省编辑组编：《云南方志民族民俗资料琐编》，第108页，云南民族出版社，1986年版。

苦行僧即以文身作修炼及降魔的本钱。

（4）装饰，这是大多数人文身的原因，尤以非洲及东南亚地区的人最为喜欢。非洲一些部落战士更以此作为威武的标志。

（5）宗教原因。文身的起源，虽然最先是功利为目的的单纯性崇拜，但随着社会的进步和发展，文身融进了平安长寿、宗教信仰、等级贵贱、成年标志、装饰审美……内容，成为人类的精神力量，在人体装饰艺术中有着更为深厚和精美的文化内涵。

人为什么要文身？不同地区的民族对文身的来源、意义和目的各有不同，不同历史时期也有变化。

人类早期，不认识人体的美，更无装饰的观念，他们首先认识的都是自己赖以生存的对象。人类生活的对象是动植物。那时对身体的保护，当然只能将自己“打扮”成动物模样。这种“打扮”就是文身。文身的图案，最早都是动物图案，如龙蛇纹、鳞纹等。

若从人类早期生活和思维方式来考虑，文身的起源可能是在丛林密刺中皮肤偶尔受伤或猎取动物时被伤害而留下疤痕，在慢慢恢复的过程中，在人体上隐现出了类似崇拜对象的图纹，随着时间的推移和社会的进步，人们意识到这些疤痕形成的图案，不仅有神秘感，还能激发人的内在力量，于是便想方设法在未伤的人体上刻刺同样的图案，慢慢扩大定型，成为一个氏族共同共有的护身物。这种护身物显然是出于生存信仰的目的。

傣族文身最初目的是：“文身断发，以避蛟龙之害。”[①] 傣族是古代的越族群的后裔。古代的越人身上黥刺龙蛇纹是普遍的历史事实，也是因为生活猎取的对象都在水中。水中祸害最大的就是龙、蛇，把这些动物刻绘在身上，下到水中便可混同于其间保护自己不受伤害，时间一长，便产生宗教观念，并奉拜为自己的祖先。这在人类

不知生殖繁衍道理之前是当然之事。无论文献记载或是民间众多的传说，古代越人均为“蛇”种。蛇是他们崇拜的祖先，也是他们心目中的保护神。哀牢夷均称为“龙”种，“种人皆刻画其身，象龙纹。”[②] 从大量的民族田野调查资料中，无论是民间传说，或是生产和生活中的祭祀活动，以及穿在身上的织绣图案，龙和蛇都是现代傣族、黎族、壮族的民族图腾（祖先）崇拜的对象。

文身在百越族群的许多民族漫长的历史发展过程中逐渐淡化和消失，而唯独云南傣族的文身经久不衰，直到现代都普遍流行，而且保留着许多“蛇”（龙）崇拜的文化传统。每年盛大的“泼水节”中有“龙舟竞渡”的活动，舟上刻画着精美的龙纹图案。傣锦图案中，龙、象、孔雀、马、

① [汉] 班固撰：《汉书·地理志》卷二十八下，第1669页，中华书局，1962年版。

② [汉] 班固撰：《后汉书·南蛮西南夷列传》卷八十六，第2848页，中华书局，1965年版。

人融为一体，绘总在一起，显然是不可缺少的内容。在西双版纳傣族中，流传着在身上刺了花纹（水纹、鳞纹、蚯虫纹、窝纹、龙纹等），下水能迷惑鱼、蛇、蚂蝗、蛟龙之类，可避意外伤害。有的佛寺壁画中就有在水中捕鱼的文身者，其意正如此说。古人以文身避鱼蛇之害，包含着模拟动物情态以壮自己力量的原始观念成分。这在勐海县傣族传说中有着生动具体的内容：很久很久以前，他们来到勐遮坝子时，这里到处都是水，人们生产劳动，下水捕鱼时，经常遭到水中动物的伤害，后来有个水中龙王的儿子，看中了一位美丽的傣族姑娘便上门为婿，安家度日，劳动生产。他勤劳勇敢，经常下水捕鱼捉虾，每次收获很大，其他人都非常羡慕，就天天跟着他一起下水捕捞，别人不敢去的地方，龙子敢去，别人捕不到鱼虾他能捕到，不仅如此，其他人还经常被动物咬伤，有的还淹死。人们认为被淹死的人就是被龙王吃了，只有那位上门的龙子不但每次捕捞丰盛，而且从未受伤。日久天长，人们觉得很奇怪，便向龙子问原因。龙子便脱下衣服叫大家看他身上的“鳞纹”。他说，身上有“鳞纹”，龙王看到就知道是自己人，就不会伤害了。从此以后，每次下水之前人们便用锅灰在身上涂画“鳞纹”，但每次下水后都被水冲洗掉，下水一次涂一次实在麻烦。后来忍痛在身上刺纹，并涂上像龙一样的颜色，下水捕捞鱼虾果然不再受伤害，而且每次都捕得很多。[①] 这个传说，生动地说明，傣族文身的来源和古文献中越人、闽人、西南夷文身的目的是一致的。当代我国傣族文身的花纹虽然已经发生了很大的变化，但龙蛇纹依然盛行，特别是在傣族图案中，更是活灵活现。傣锦是穿在人身上的服饰最重要的装饰，文身的传统文化依然在人体上保存。

文身作为社会文化的一个方面，传统深厚，在民间有广泛的根基，在人类向前迈进的历史过程中起过特殊的作用，在精神文化方面产生过较大的影响。文身虽说是起源于人类图腾崇拜时代的生活信仰，但随着社会的进步，发展变化很大，但人类的所思、所行、所欲、所惧的一切，都与文身结了缘。这就使文身以最先只是以功利为目的，较为单纯、简易的一种生活信仰标志，融进了民族风格、宗教、尊卑、求福、成年、吸引、装饰、审美等深厚而广泛的文化内涵。

文身从远古传承到现代，不仅遍布天涯海角，而且对其功能和意象有种种解释。从文明人的立场看，文身是一种自残性艺术。这种艺术展现着人类精神文化的丰富内涵，如装饰说、尊贵说、标志说、吸引说、巫术说等。

文身的缘由，或者说文身的起源到底是什么？这是个复杂的问题。《现代汉语词典》解释文身为“在人体上绘成或刺成带颜色的花纹或图形”。

---

① 此故事自勐海县文化馆馆长鲁杰于 1980 年提供。

这仅及文身的现象层次而未入其功能层次，可谓粗浮不清。从文明人的立场看，文身带有某种自残的意味，这种有计划地刺伤皮肤以及使之发炎，变色的原始艺术和原始巫术的混合，展示了人类精神现象学和人类精神史中的复杂内涵。这些内容在服饰中都蕴藏着，所以文身的历史渊源与服饰起源的历史是人类共同的精神追求。

人类最早的文身缘由，与服饰起源有特殊关系。文身是人类原始精神世界的一种突出表现，它已经成为现代人类学日益关注的一个研究课题，正像人类原始精神世界的其他现象一样，文身起源于原始文化，但并未随着原始社会的解体而销声匿迹。相反，它源远流长地存在着，向人们显示了一部活史，一部活在人体上的造型史，一部绣着痛苦与意志的精神现象学；文身的世界，还显示了社会发展和文化发展间奇异的不平衡性；文化常能超越产生了它的社会母胎，而获得程度不等、形态各异的永恒性。它是一个超度精神于物体的有吸引力的载体。许多人不理解民族服饰的精神需要，片面强调在生活上的需要。任何民族服饰，不管物质条件和生活方式怎样变化，都尊重民族性、地域性等特征，还关系着民族的自尊感、自豪感和审美需要。文身与服饰的特殊关系，就是永不脱身的“绣花衣”，文身图案转录在服饰上成为永久装饰。

无论是功能或是图样的文化艺术，文身都与服饰有着不可分割的关系。文身最突出的功能，恰恰是族群集团的区别。这也正是支持人类服饰，不同族群有不同服饰的强烈动机。族群集团化的生活，构成了人类意志相对的统一，文身则为人类意志的统一提供了一个有形的规范。当纺织出现，人类有了衣服之后，服饰便成为了民族的标志。这是共性的认识，此外，文身中的装饰、审美、吸引、成年、婚恋、贵贱、等级、尊荣、意象等功能，在民族服饰中都更充分完整的体现着。傣族被称为水傣，旱傣，花腰傣，都是以服饰的特征而定的。这种民族的标志，是文身习俗的继承和发展，不仅有着标志的共同功能，在图案的改造或是线纹的元素上，与服饰的织锦和刺绣都有着不可否认的关系。

服饰中的几何图案与文身中的纹样有许多相似之处，在“卍”纹样、文身、织锦、刺绣中都有，而且都相同。龙作为百越民族共同崇拜的图腾对象，在文身中源远流长，在傣锦图案中也不少见。文身所使用的对称和有节奏的构图方法，在刺绣和傣锦中更是普遍流行。

这里特别要探讨的是文身与刺绣的关系。在远古时代，世界历史上缺乏任何联系的不同地区的不同民族中，在他们各自纹刺身体时所运用的纯粹的装饰图案和线条画之间，都有着惊人的相似形式。这是因为人类史前文化都是由一个“源泉”散流开来的，所以在老死不相往来的原始民族文化中有着共性的文化内涵。这种史前文化的统一性，发展到人类以服饰对人体装饰的时代，就有着一个怎样将文身即裸体装饰延续下来的问题。随着社会的发展，织布制衣的技术越来越先进，民族的分布地域也越来越宽广，气候条件差异较大，居住在热带亚热带的民族，服饰相对紧身、单薄，也可袒露身体的某些部位，依然保留着文身的传统，而居住在高寒山区的民族，决定了他们的服饰必须厚重、保暖，都是封闭式的服装，裸体时代人类身体的符号，无法表现出来。

文身不仅只是人体的符号，并有着身体的“语言”特征，如表情、手势、走路、劳动、唱歌、跳舞等，自古以来就渗入人们的生活，影响人际关系。这种人际关系的无物理化程度是多么的深刻，美国学者苏珊•朗格在《情感与形式》中写道：“现实生活中，姿势是表达我们各种愿望、意图、期待、要求和情感的信号与征兆。因为他们可以被有意的控制，因此可以像声音那样被精心编入一套确定的和紧密联系的符号体系中。这是一种真正的推论性的语言。语言互不相通的人们，往往凭借这种简洁的交流方式，表达他们的主张、问题和判断。”因为文身后的身体姿势，已经是身体的无声语言。它是一种可见的运动，在行走、滑动、波动、旋转运动中，是一种“无声的语言”。比起声音语言来，在阐述理性方面虽有不及，但在传达意志上，都有过之而无不及。因为人们的视觉比听觉更发达，诉诸视觉的形象语言当然就更接近本能的层次，更重要的是，文身的图案与身躯融为一体，是时时可见可“听”的动态艺术。

身体语言是一项形象语言，而文身和服饰则是附着于人体的语言，是固定于活动着的人体本身却相对稳定的形象语言，但文身、服饰的语言毕竟以其不断更迭的丰富性，构成了一套无所不包的符号系统。符号化的视觉模式，近乎“成见”。在这里，姣好的或丑陋的身材面容，有不同的风度，都被理解成了一种符号，成了推理程序中的数据，成了类似文身图案的那种据以判断人的外在“语言”。

服饰与文身相比，文明社会中服饰的社会规范性更强，因为它在公众生活中更为可见，意义遂更明显，随着文明化，文身越来越成为一项私人的“言志”象征或小集团的规范化标志。原始社会（图腾崇拜）中的文化功能，让渡给了封建社会（等级制）中的服饰功能。“正服色”成了社会意识形态规范的重要方面。这也正是改朝换代的社会政治变动，必与“易服色”的文化改革相联系的文化基础。随着封建社会等级制的衰落、解体，服饰的意义也起了变化，审美内容被突出了，并被逐步推向首位。这就是“时装运动”兴起的历史大背景。例如，我们注意到，无论西方世界或是中国汉族，现代社会服饰制度的解体热潮滚滚而来，但不少民族服饰的装饰确如文身一样，是人的语言；如今可以脱下的服饰表达着各种的文化精神，正如不可脱下的文身图式表达了多重文化精神。

文身世界悄然广延在身体和服饰的语言之间，与身体符号和服饰符号所拥有的功能相比，文身这个符号体系及功能在现代文明中多少有些秘而不宣的味道。这是因为，一个退化中的世界，是一个逐渐被服饰取代了的世界，但即使如此，文身活动毕竟还是凝聚和浓缩着人的生活信念，这使文身世界从时间的意义说，构成了一部“信念的活史”。不同时代不同人的文身活动，诉说着各自的生活信念，承载着各自的生活形态，只要你深入到文身世界中去，就会发现那些图样和装饰绝不是缺乏意义的，最起码体现着一种原始的勇毅和悠久的传统，而经过适当的转化，它就变成了另一种动力。

服饰与文身相比，在文明社会中虽规范性更强，在公众生活中更为可见，意义更为明显，但都与文身有着许多共同特点，首先是服饰上图案的装饰部位和刺绣、织锦图案的内容，越来越丰富，工艺越来越精彩，但都有着文身的传统。“披发文身”，是原始民族裸体文化时代的普遍传统，在傣族、佤族、独龙族等少数民族自古就有的习俗，这种习俗一直保留至今。当人类学会编织，继而选择以纺织品护身保族之后，纹于身上的纹样自然地随之转移到衣服上来，于是民族服饰上一道道五彩斑斓的刺绣和织锦图案代替了原始刻画在身上的文理。衣服上的花纹既表现了族群的集体特征，又解脱了文身时的皮肉之苦，这是人类的一大发展进步。

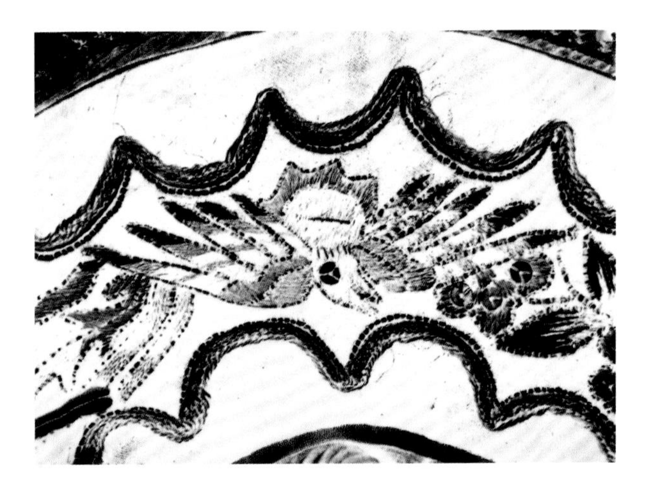

物质文明与精神文明的关系，是互相依用和相互依赖的。一切片面强调物质文明而不重视精神文明的思想，一切不重视或不懂得民族传统文化和审美观念在服饰中的地位和作用，既不利于对民族服饰传统文化的了解认识，也不利于民族服饰的创新发展。即使是那些毫无生活信念，完全以娱乐为目的的现代文身者，也还是通过文身活动体现着一种强烈的信念，尽管不妨把这种信念看作“追求感官的刺激”，但却永不能否定它是生活的信念，是一种直接铭刻在身体上的符号。文身沟通了人的灵与肉；通过文身，人生不仅表达了生活上的精神世界，还显示着社会归属的趋向，所以，不管社会如何进步发展，人类身上的装饰（服饰）都与文身有着不可分割的关系。

3. 傣族文身与织锦

在我国东方和南方居住着许多民族，他们很早就有文身的习俗。《礼记》载："东方曰夷，被髮文身，南方曰蛮，雕题交趾。"居住在东方的"夷"，大约在今天的山东等地；南方的"蛮"，大约在今天的长江中下游两岸，两湖及福建、台湾以及西南地区。这些民族，古时都属于"百越"或"百濮"。

傣族主要分布于云南境内，历史上称他们为掸、金齿、白衣、百夷、僰、摆夷等。傣族文身的历史很早，唐樊绰《蛮书》卷四载："绣脚蛮、绣面蛮，并在永昌、开南。……绣脚蛮则于踝上腓下，周匝刻其肤为文彩。"①《马可波罗游记》第119章载金齿州"（金齿）男子刺黑线纹于臂腿下。刺之之法，结五针为一束，刺肉出血，然后用一种黑色颜料涂擦其上，既擦永水磨灭。此种黑线为一种装饰，并为一种区别标志"。②《皇清职贡图》南蛮僰夷"有髡者，曰光头僰夷，盖习车里之俗。"③李拂一著《车里》载："僰族男子尚文身雕题，尚学僧之初，即由爬竜于胸背额际腕臂脐膝之间，以针刺种种形式，若鹿若豕，若塔若庙，若塔若花卉，亦有刺符咒格言及几何图案者，然后涅以丹青。"

西双版纳傣族文身只限于男子，这和海南岛黎族恰恰相反，黎族文身只限女子，且多为文面，傣族则多文身，不文面，傣族所纹刺的花纹图案，大约可分为动物类：象、虎、豹、龙、马、猴等；文字类：多为傣文佛咒、成句佛经；图案类：云纹、方形、圆形、花卉等，其他还有：曲线、直线、几何花纹等。也有将手臂等处肌肉割破，嵌入金玉、珠宝者。

他们文身部位一般在臀部或四肢。在腿膝部分多为圆形或不整齐的圆圈花纹。每一圈内刺有动物图案；在胸部及背部，则多刺佛咒或成句佛经，他们视之为护身符；在两臂上，多刺散碎花纹、图案或简单的傣文佛经摘句。

傣族文身的花纹图案最初较为简单。据史料记载，较为明确的有龙纹、蛇纹、鳞虫纹等。随着社会和人们思想意识的发展变化，越到后来就越多样、越精彩，越复杂。据20世纪80年代民族调查的资料，傣族文身的花纹图案，大体可分为动物类：龙、蛇、虎、豹、象、孔雀、野猪、鸟、猫、兔、马、大鹏鸟、狮、人形及变体怪兽等。植物类：树和草的芽、叶、花等。字形类：经文、傣文字母、文字及变形字母的咒符等。弧形类：波浪纹、弧形窝纹、蚯蚓纹、莲瓣纹，鳞纹、水点团形花纹等。另外还有宫殿、佛寺、佛塔等也有被纹刺于身上的。

动物类图案大都是纹刺于男性背上，也有将龙，蛇之类文在手臂和腿上的。爬行动物在男性小腿部位较多，有的（如耿马孟定区傣族男子），在胸前纹刺半人半兽图案。其中蚯蚓窝纹，是人

① ［唐］樊绰著，向达校注：《蛮书校注·名类》卷四，第103页，中华书局，1962年版。

② 方国瑜主编：《云南史料丛刊》第三卷，第146页"注三"。

③ 方国瑜主编：《云南史料丛刊》第十三卷，第357页，云南大学出版社，2000年版。

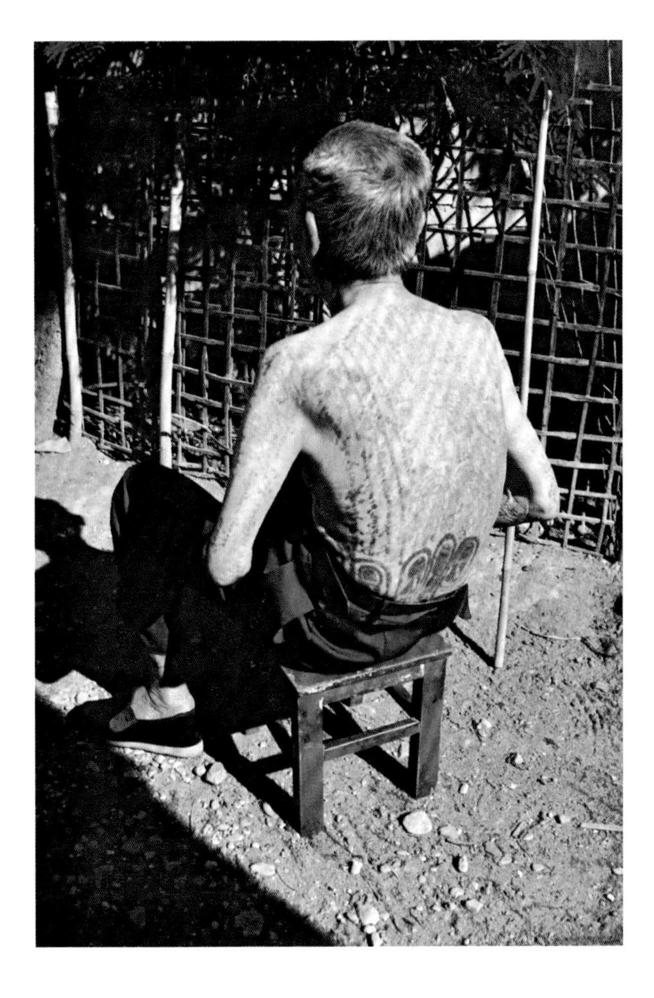

们普遍纹于腰、腿部位的基本图案。这些图纹，在傣族中大量可见。狮、虎、豹、麒麟、龙、蛇等凶猛贵重的动物花纹，古代在西双版纳景洪，只许贵族纹刺，百姓不能，但在其他地区，百姓可以纹刺。龙纹和蛇纹刺于双臂、胸或背。狮、虎纹刺于腿部，又用花纹和小鸟刺于孔隙处，把许多狮、虎图案连接起来。对贵族来说，纹刺这些凶猛贵重动物的花纹，表明自己身份地位的高贵和不可侵犯，使百姓威慑和敬畏；对百姓来说，一是为了漂亮，二是表明勇敢，也有护身的意义。

傣族文身，主要是男子，也有少数妇女，但她们文身的花纹，只是草木花纹结构，都比较简单、单纯。在西双版纳地区，妇女文身的花纹图案，主要是树叶、花朵和少数文字符号，所刺树叶多数是当地常见的大青树叶，四片树叶，叶柄相对，呈“⊕”形，刺于手腕内侧。这类花纹主要是结婚以后才纹刺，目的是为了死后不变成鬼和奴隶，不致像竹楼阳台上那两杈木桩，供人解便时任意抚摸而低贱。个别妇女也在胸部刺一朵花，或在额头、鬓角刺几个文字或符号，多是婴幼儿时刺的，目的是希望她们能顺利长成大人。在德宏地区，有的妇女在腕部刺“卍”和“寿”的字形，主要是为了美观。这两种符合也常见于当地傣族的编织品和服饰装饰图案中，显然是受现代文化的影响，文身文化向服饰艺术中渗入和发展。

弧形类的纹饰由许多不同方向的弧形纹线条交叉组成，其线条有粗有细。粗条由几条细线条组成，细线条则由无数针点组成。弧线条内孔隙处又有纹刺无数小点。这种弧形纹非常普遍。尤其是西双版纳地区，凡平民百姓文身面积极大者，都要纹刺这种花纹。受傣族影响的其他民族，如布朗、哈尼族僾尼支系等，也纹刺弧形花纹。这种花纹，主要见于平民，也见于土司和僧侣，但不见于贵族。纹刺的部位自大腿根部下至膝盖下方。百姓纹刺这种花纹，主要是为了漂亮，也表示勇敢，讨姑娘喜欢，不做妇女瞧不起的人。

傣族字母、咒符文、经文，见于各种不同年龄、身份的人。最简单的字母如“o”，很多人在婴幼儿童时，就由父母刺在臂、腿、臀部，标志已经诞生人间，魔鬼不再轻易把他抬走，即希望婴儿能健康成长，不致夭折。其他字母也多刺于臂、胸或背等部位，有的为了美观，有的志记家庭和本人经历的重大事情，有的则为了护身和长寿。如有的用九个文字符号，分别刺在一个大方块中的九个小方格中，表示长寿。诸如此类不同字母组成的咒语、符号，多见于一般平民。虽然也有僧侣、贵族和土司点纹刺字母纹，但其内容意义不相同。百姓在于祈求健康长寿；僧侣表示对佛祖的无限虔诚；贵族表示高贵；土司兵表示“刀枪不入”，等等。

土司兵和土司警卫，本来很多都是家境贫困，缴不起官租或触犯了土司法律的农民。他们为了逃避官租或不被治罪，便走南闯北，学功练

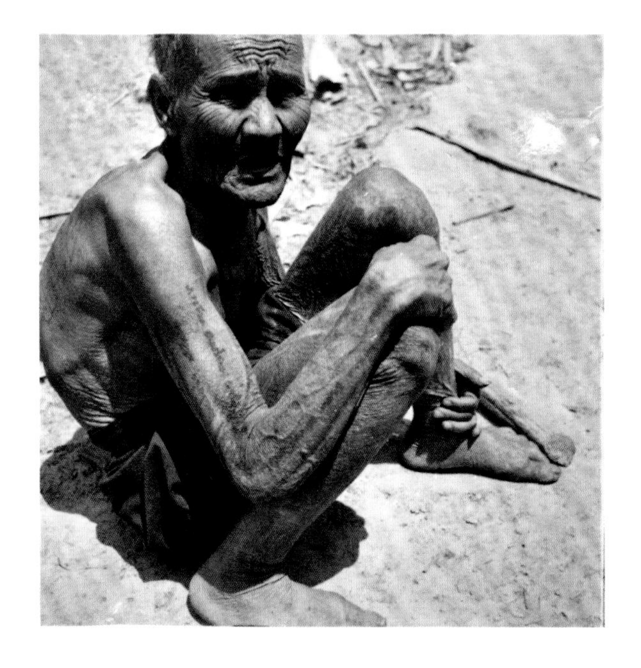

武，文身换面，以便自我壮胆，吓唬别人。被土司收买后，更是无所畏惧，成为“绳绑不住”“枪打不进”无人敢惹的人。他们不仅四肢、胸、背、腰等处都刺有各种奇人怪兽，头顶，两鬓，脚底乃至舌尖、鼻梁也都刺有不同的纹点，有青黛色，也有红色。他们中的很多人身上或臂上都有各种符号、咒语。如用傣文四个字母组成的符号，其意是“枪打不响”，即“刀枪不入”的意思，而用三个字母组成的文字符号，其意则是:“发火”“发怒”，即什么都不怕的意思。他们胆量很大，到处都敢去，真是不避艰险。人们常说他们“皮肤变了，心理也变了”。据 20 世纪 80 年代民族调查资料，82 岁的波涛比，20 岁当土司兵，四肢和腰、背都刺有各种花纹图案，背部中心图案是一头神化的野猪，形象奇特，猪身上刺有九个傣族字母组成的护身符。传说神猪性情十分凶猛、厉害，天上的银河星星是它走出的脚印，地上的蚂蚁它能舔食，狮、虎等猛兽不是他们的对手。把神猪刺在身上表示勇敢，也可以护身。土司兵中，有的双臂刺有“不怕拴绑”青蛇咒语，背部是牛头人身像和护身符。文身面积最大的土司兵，除面部和颈部处，其他部位几乎都刺到了，连舌尖也刺有纹点，头顶由十个字母组成的符号，双臂也刺满文字，背部刺纹用“o”字母，胸前是一支龙、虎纹，两肩前有男女人面、鬼各一个，腰部为荷花瓣纹，腿部是弧形纹，腿上又刺有字母；头顶上的字母象征钢盔，胸前背后花纹图案象征甲胄；龙、虎和鬼形可以驱魔辟邪和护身，荷花瓣纹象征佛祖保佑，脚上的符号象征钢靴。

其实，文身面积最大、花纹最复杂的是个别土司贵族、僧侣，几乎全身刺满。西双版纳景洪县有一位 72 岁（1980 年）的还俗佛爷康朗闷，文身的花纹是这样的：上身的前面，从左肩、左胸至右腰、右肋，和从右肩、右胸左腰、左肋，用红线互相交叉，纹成二十多个较大的菱形。每个较大菱形又纹成九个相等的小菱形。每个小菱形刺有一个傣文字母。背后，从肩至腰分成几个大部分，各部分用黑线刺成若干方块和弧形。每一空格内刺一傣文字母，两肋各刺一头野猪（也称神猪），腰部刺荷花花瓣纹，腿部刺有弧形纹，康朗闷纹刺分三次完成，前后用时一个多月。

现代傣族文身花纹虽然很多，但他们却是不同时代的产物，各有其产生的社会历史背景。各种不同花纹所以同时存在于一人身上，是历史发展的结果。根据文身起源的一些说法，和傣族中流行的传说，龙纹、蛇纹和弧形纹饰是傣族原始的文化花纹。这几种花纹的产生和存在，与傣族及其先民所处的地理条件和生产生活的环境有密切的关系。字母、文字、咒语和符号，是有了文字以后才产生的，和荷花、瓣、寺塔之类的花纹一样，都与佛教传入有关系，当在十三世纪以后。区分等级、阶级的虎、豹、狮等猛兽花纹应是阶级社会的产物，反映了等级观念。德宏地区妇女文身的花纹，则反映出傣族和汉族文化交流的某些方面。

对傣族男性来说，文身不仅是精神上有了力量，行动上更坚强、勇敢，还有是美的标志。这种说法，流行极为广泛。傣族的小伙子都要文身。他们认为，不文身就没有一个姑娘会爱他。正如西双版纳地区广泛流行的谚语："青蛙的腿是花的，田鸡的腿是能伸能屈，男子汉的腿不花怎么行！"可见，傣族是把腿上是否有像青蛙一样的花纹作为男性美的重要标志。这是早期人类还不知道利用外物装饰自己时，以身上花纹的动物作为模仿对象的反映。模仿外物是装饰美的重要起源，也是文身的起源之一。这在傣族社会里，虽然男女比较平等，没有男尊女卑的现象，但在日常生活中的很多方面，也表现出男子地位高于女子。在河中洗澡或涉水过河时，一般都是男子在上流，女的在下流，但如果没有文身的男子洗澡或过河时，被妇女发现后，就要让他到妇女的下流去。因此，为了保护尊严，没有文身的男子不敢在妇人面前挽起裤脚，露出白腿的，一旦被妇女们发现，她们就会对他群起而攻之，说他不是男人，是女人。正如《百夷传》所说："不黥足者，则众皆嗤之，曰'妇人也。'"[①] 姑娘们之所以喜欢刺有花纹的男子，除了认为那是美的表现，男性的象征外，还以为文身是一个男人勇敢、坚强的表现。在芒市遮放有位只纹了一条腿的中年男子说，为了讨姑娘的喜欢，他自己也文身，但纹刺是疼痛难忍，只纹刺了一条腿就没有纹刺，平时在妇女面前就只敢把刺有花纹的那条腿露出来，另一条被人看见就感到害羞，姑娘们看就会说是"没出息，忍不得疼，不勇敢"的男人。因而也就不喜欢他。所以，傣族男子人人都要文身，不文身找对象就会受影响。由此可见，文身的装饰美，在傣族社会中是普遍的风俗。

傣族文身还有吸引异性的说法。"男人文身，

① 方国瑜主编：《云南史料丛刊》第五卷，第 362 页。

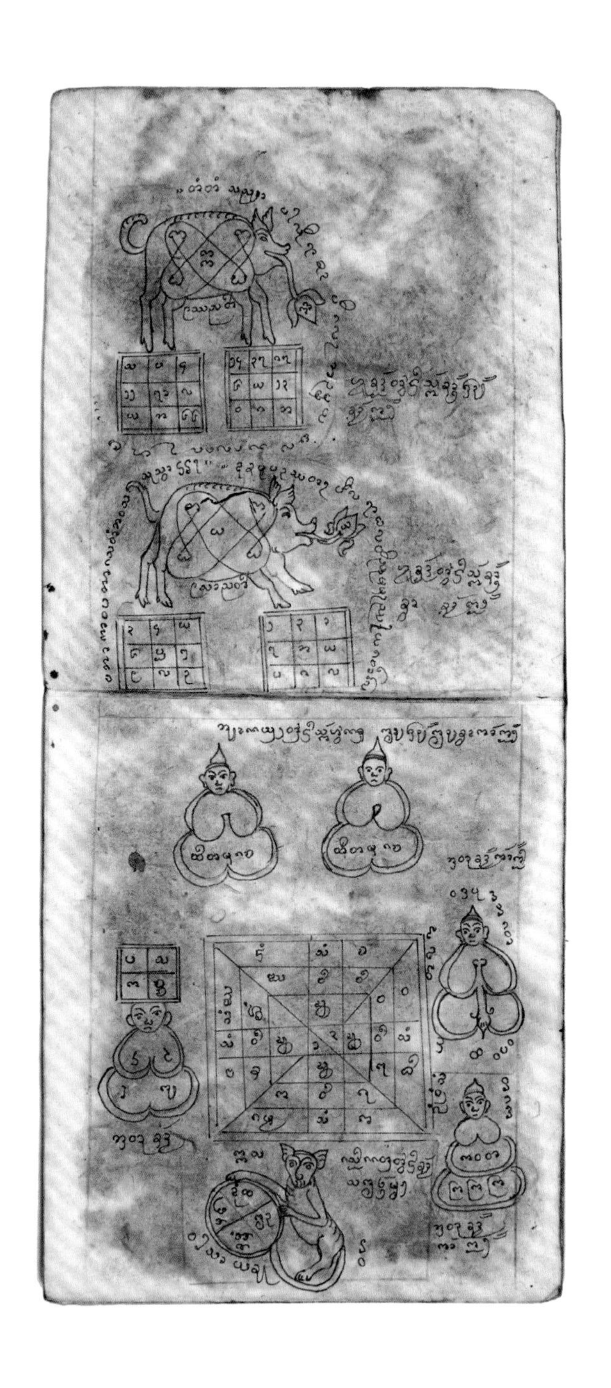

为使我们的女人喜欢，因为青年们都怕会因此失欢于他们的同乡妇女。”从这个重要动机出发，傣族文身男子文身的动机就很明确。德宏地区傣族姑娘唱的《劝纹歌》唱到：“你是皮肤又黄又滑，和田鸡火腿一样难看。青蛙的脊背脚杆花得多美，你连青蛙也不如。快去纹刺吧，没有钱，我把银镯脱给你。没有花纹算什么男人？不刺花纹算什么真心？你怕痛，你怕疼，就同田鸡住去吧！你不刺，就去用女人黄藤圈吧，你连青蛙都不如，哪个还想与你说话呀！……”文身因与傣族的生命意识相关，因而发展成为一种强烈的民族自识别标志。又由于文身技术不断发展，色彩、图案生动齐备，由此产生了美的装饰意识。所以，在后来的文身中，除龙、蛇等纹样外，又多了不少精巧匀称的图案，纹刺也变为一种较随意的美饰，为人喜欢。这种装饰美之所以有感染力，大概因为它能满足人们自由而愉快和感知活动的一般要求。人们的感官需要适当的刺激。傣族男性身上的纹刺装饰，就能适合并满足感官的愉悦需要。

傣族文身方法不是绘画身体，而是“刻画”肌肤，造成终生留存的花纹标志。《淮南子》中记录了越人文身的生动情景：“刻肌肤，镵皮革，被创流血”“越人以箴皮为龙文”，又说：“刻画其体肉，点其中，为蛟龙之状”。由此可见，傣族先民越人文身是以“箴”“镵”为工具。在针、刀出现之前，文身的工具主要是骨锥类器物和植物的刺尖类。

傣族最早的文身工具是藤针。唐朝时期就开始“以针刺面上”的记载。马可波罗说：“结五针为一束而刺”。明代“则用缝衣针纹刺。其法，用较大之缝衣针四五枚并为一束，将孔端嵌入一银元大小之铅饼中……即用针刺入肌肤……刺时极快，但见血随针冒出，针随血起落。刺后涂以一种紫色植物液。待痊愈后，所留紫黑色花纹永不磨灭。”[1] 用这种方法和工具文身，不仅使皮肤出

① ［明］钱古训撰，江应樑校注：《百夷传校注》，云南人民出版社，1980 年，第 92—93 页。

血，花纹粗糙，所刺部位还经常发炎肿胀，化脓成疮，十分痛苦，需要很多天才能结痂愈好。另一种文身针和所用原料，是近代从缅甸传入。其针由铜杆、铜针头和持重块三部分组成。杆长有30多厘米，粗不到1厘米。持重块由铅、锡或铁制成，嵌在铜杆顶端。一支针有尖状和扁状头上都有齿的两个针头。每个针头长约15厘米，和针杆嵌在一起全长50厘米，如同蘸水笔尖一样，两个针头都吸着墨汁，分别供刺不同的花纹使用。使用的颜色有红色和黑色两种，以黑色为主。黑色颜料，傣语称“莫格”(即墨)，由煤油灯烟灰做原料，用牛、猪、鱼三种胆汁调合而成。红色颜料是用傣语的“罕”的银珠粉制成。纹刺时，文身师用两脚将要刺的皮肤踩紧，左手拇指和食指做支点，掌握针头预定的花纹，右手握住针杆顶端的持重块，迅速上下移动，墨汁随针尖同时进入皮肤，针出后，墨纹即清晰可见。

文身是一种困难而复杂的手术，都是以有经验的专业文身师为之。有经验和水平的傣族文身师，掌握的文身图案很多，不同的图案花纹适合于身份地位，年龄和文身目的不同的人，也有把几种不同的花纹图案综合纹刺于一个人身上。进行文身之前，问身的人根据白己的身份、年龄和文身的目的，可以先在文身的图样书中，挑选与自己条件相称而且喜欢的图样，由文身师先用印模或绘图方式，将选好的图样印绘在要刺的部位而后纹刺。技术熟练的文身师可以不必事先印绘好图样，照看图样，只凭技术和经验，信手刺去，即可刺出预先要刺的图案花纹来。在纹刺之前，有的需要先吞食一些鸦片烟或类似之类的麻醉药，使肌肉麻木，刺时不致过于疼痛而影响手术进行；有的则不服任何射麻醉品。傣族文身，早已成为一种社会风俗，很多人都是自愿随俗而纹刺的，所以即便疼痛也要忍受，有的不是本人自愿而是父母强制而纹刺的，纹刺时则要几人按扶，使其感到疼痛时不能动弹。文身面积大的，往往一次不能完成，每次只能纹刺一部分，待一部分愈合后，再纹刺另一部分。

傣族的文身师每到农闲季节，便携带上工具、颜料到各地方去，都居住在佛寺中，有要文身者，或将其邀请到家，或在佛寺中进行。文身前，要举行仪式，把饭、菜、芭蕉、蜡条和文身针、墨、图样书一并摆在供桌上，文身师和被文身的人一起向佛像膜拜，并念些请佛保佑平安长寿之类的经语而后进行。文身，不仅是一种极为复杂和痛苦的手术，而且是一件长期的事情，有的需要继续地实行半生或一生才能完成。

傣族无论是织锦，或是刺绣在身上的装饰，都有着不同时代的不同文化内涵，特别是居于哀牢山红河谷的“花腰傣”，虽然都是以刺绣作装饰，但文身时代的人体装饰都慢慢地演化到服饰中来。服饰作为人体装饰的更高层次，既保留着文身的文化传统，又有了更高更丰富的文化内涵和工艺技巧，但文身永远都是身体装饰的根和脉。文身和服饰都是人体装饰的总和，没有文身的基础，就没有人类服饰的装饰风格和刺绣艺术。

4. 永不脱身的“绣花衣”

文身就是人类永不脱身的“绣花衣”，但文身由原始的实用意识，转化到表现人们的思想意念和信仰，是观念形态的大转折。从此，文身进入了更深层次的文化范畴，加上它的表现形式和方法转化为奇异。因而，曾引起古今不少文人的注意，屡记载于其著作之中，但从人身装饰的角度，特别是与服饰艺术的关系，从未有过记录和研究的启迪。

文身在人类裸体文化时代，是流行于许多民族之中的事实。随着社会的进步，服饰的发展，文身的民族大多在热带和亚热带地区，而处于高山密林和气候寒冷地区的民族，文身的越来越少，甚至消失了，但在服饰的装饰部位与文身部位的共性，特别是服饰上的装饰图案，几乎都是从文身图案演变而来，有着客观的传统性。没有文身的基础，就没有人类服饰的装饰风格和刺绣艺术。人类裸体时代与裸体装饰，是任何民族先民都走过的路程，因此，服饰与文身的特殊关系是无可否定的，这里，就以人口众多、分布广泛的彝族为例。

彝族刺绣与文身，无论图纹或是在躯体上装饰的部位都一脉相承。问题又回到九隆神话上来：“种人皆刻画其身，象龙文，衣皆著尾”的记载，与《汉书》中的记载相同。其意是当时大理、保山一带的“种人皆刻画其身”，也就是当今的文身，穿着都要有尾饰，这与当今彝族服饰完全一致。

没有任何一个民族的服饰，有如彝族妇女服饰那样用大量刺绣图案来作装饰的。别的民族，包括汉族过去的服饰，也有刺绣，但一般只作领边、袖口、襟角的装饰，而彝族则是通身刺绣，所谓“从头绣到脚”。刺绣作为彝族服饰的主体工艺，当然是彝族妇女聪明才智的象征，也是对美的追求，但更重要的是它包容着更深层次的文化内涵，许多图案的含意与远古图腾有关，有的服饰上直接刺绣蛇纹、龙纹，以此对祖先的追念。这与九隆神话中“种人皆刻画其身，象龙纹”的记载相一致的服饰刺绣图案，一直是彝族服饰文化中的谜。

人类在服饰出现以前，都曾有过一个人体装饰的阶段。装饰的内容和方法多种多样，其中文身是许多民族共同的一种内容。在“百越”系统的民族中，如傣族、黎族、布依族等，文身习俗一直保留至今，而彝族却很难见到，历史上也鲜为人知，可文献中“种人皆刻画其身，象龙纹”的记载，明白无误地指出了彝族在古代有文身的习俗。那么，彝族先民的这种习俗现在到哪里了？我们认为，是因特殊的地理环境和文化因素，使得在身上刻画纹样的习俗已不适应彝族社会生活发展的需要，于是将这种习俗，用刺绣图案的方法转化到服饰上来，与“衣皆著尾”融为一体，形成了特殊的文化艺术。

彝族所居的地理环境，多为高寒山区。地理气候，决定了彝族服饰必须具备厚实、保暖的功能，封闭严实的服饰，必然会失去文身的“语言”功能和文化内涵，但这一根深蒂固的传统，又不能放弃，于是产生转化表现手法的思想。在远古民族的观念里，服饰既是身体的象征，又可视为对祖先的追念。因此，进一步在自己服饰上做文章便成必然，于是找到了在服饰上刺绣图案，作为“文身”的转化，使服饰更加具有追念祖先，更能表现民族特性的双重意义，最合适不过的当然是在“衣皆著尾”的同时，“皆刻画其身，象龙文”。因此，龙、虎图案在彝族服饰上最多最普遍，而且与文身中的许多图案融为一体，形成更精彩、更具民族风格特点的装饰艺术。

彝族服饰上的装饰手段主要是挑花刺绣。从彝文古籍和民族传说中的材料看，彝族挑花刺绣大约产生于汉唐之间，到南诏国时期发展到较高水平。这与彝族的形成和发展有关。彝族在汉至唐朝时期，从永昌（保山）不断向东北、东南发展，大体上形成了彝族较为固定的分布地区，受其地理环境的影响，产生了新的但又不能离开传统文化的服饰艺术。彝族的服饰与刺绣进一步得到发展，形成民族特有的服饰文化艺术，以至到了今天，依然放射着璀璨的光芒。丰富的经济和高超的刺绣水平，使文身图案更多更全面地转化到服饰上，依然成为文身之俗。当然，这些转化不是照搬，而是融入彝族审美观念和特殊刺绣文化艺术，使其有了更好的装饰功能，而不失原有的传统。

彝族虽然将文身中的不少图案转化到了服饰上来，促使挑花刺绣达到更高水平，成为服饰的特殊审美艺术，但对于这一古老而又深刻的文化传统，并非灭迹，在他们的现实生活中，至今依然有文身的遗迹可寻。宁蒗县跑马坪乡彝族女子喜欢在两只手臂和手寸上刺“梅花纹”表示吉祥和美观，彝语称“马扎”。刺法是先用锅烟和一种树皮熬成水，涂在皮肤上，再以五六棵梅花针扎成一束，将皮肤刺破，再用锅烟水渗入皮肤，三、五日后，皮肤上即出现蓝色圆点。小姑娘在七八岁时，开始刺“马扎”。每年都要刺几个，年年都要刺“马扎”。十七岁以后不再刺。所刺的图案多少无一定规矩，通常两手有二三个图纹，多达四五个。当地彝族认为“马扎”是区别彝族妇女与其他民族妇女的主要标志，若不刺“马扎”，死后不能见祖先。[1] 居住在寻甸县杂马嘎一带的彝族妇女，至今也还保留文面习俗。文面图案，是一种抽象化的龙身几何纹。这些材料客观地证明了彝族远古时代文身习俗的传承。这种习俗，在其历史发展的长河中，虽然演变和发展，主要已在服饰上体现，但它没有彻底放弃原有的文化传统，依然保留在手上和面上“黥纹”的习俗。当然，这只不过是一种遗存而已，但它印证着《华阳国志·南中志》中有的记载：“共推（元隆）以为王。时哀牢山下复有一夫一妇，产十女，元隆兄弟妻之。由是始有人民，皆象之，衣后著（十）尾，臂胫刻文。”[2] 就是说，从汉代到三国时期，彝族已经“刻画其身”“演化成”臂胫刻纹了。这一传统，延续至今，在小凉山、楚雄彝族地区妇女中依然保存，无疑是彝族远古文身习俗传统的例证。

裸体是纯洁的美，文身是美上加美，是永不脱身的绣花衣。彝族刺绣历史悠久，这在彝文古籍和民间传说中均有反映，到了唐宋南诏大理时期，刺绣达到了更高水平，“蛮王清官礼服、衣悉服锦绣”。丰富的经济和高超的刺绣水平，使文身图案更精美地转化到服饰上成为可能。当然，这种转化不是照搬，而是融入了彝族的审美观念和特殊刺绣技巧，使其有了更好的装饰功能而又有原有的传统。

彝族文身习俗在其历史发展长河中，虽然演变和发展，只在个别地区少年女性中体现出来，但从人类文身文化的历史，到彝族服饰刺绣图案纹样的研究比较看，不难看出小凉山地区彝族少女文身虽是一种远古习俗遗迹，但与彝族服饰上普遍刺绣的图案和装饰部位都有着特殊的关系，进一步证明傣族（也包括世界文身民族）对人类服饰的起源、发展变化的影响。没有文身的基础就没有人类服饰的装饰风格和刺绣艺术。

---

① 《大小凉山民族调查》，云南人民出版社，1984 年版。

② ［晋］常據撰，刘琳校注：《华阳国志校注》卷四，第 424 页，巴蜀书社，1984 年版。

四、服饰起源论的清理

服饰的起源，众说纷纭，论述颇多，归纳起来，大约有：遮羞说、异性吸引说、装饰审美说、护体说、标志尊荣说等。这些说法，在如今人类服饰中，确实有着它们的文化内涵，但它们都不是服饰起源的真正原因。中外学者论著很多，但至今没有较为详细或确定性的著作，都不能确切地说明人类服饰和衣着起源的根本。多少年来，服饰起源的问题确实引起了不少学者的兴趣和重视，但始终争论不休，各持所见，没有大家公认的结论。有的甚至用现代人的服饰观念胡搅蛮缠，迷惑人的思想。为了确定服饰的起始缘由，进一步认识人类服饰，特别是西南民族服饰起源的根本及文化精神和适用功能，故此，将服饰起源论作一个清理。

如今，人人都穿衣，人身上的衣、鞋、帽、裤、裙都是当然之事。但在原始社会之时，人们为什么要穿衣。衣之动能何在？若加思索，颇为难解：若说御寒，当时人身尽毛，与兽无异。兽类以毛御寒，高山者毛厚，矮山者毛薄，冬日毛厚，夏日毛薄，以此适应自然，未见尽冻而毙，人当然也是如此。若人感觉身体之耐寒力弱，故想到着衣以御寒，然则何以迄今犹见不少民族还以巾皮围腰，赤身过日，何其畏寒之有？若谓美观，当时裸体之美，何必用破碎之叶、皮毛物披身以为美？何必用麻烦之手续以求美？何况，当时人到底有无审美观，无从得知？若谓遮羞，则当时赤身过日，阴部乳部，为日常大小便时及哺乳时都是裸露者，何必以此部位之露为耻，而且，动物界中，尤以人类性欲最强，不论男女，均非禽兽所及。因此，赤身过日之裸体时代，男男女女常相追逐，交媾普通，又何以蔽羞呢？更不用异性吸引。还有装饰、审美、尊荣、礼仪等恐怕更是空言之谈了。

当然，在人类服饰起源的过程中，有着发

展、提升、完善的阶段，在此阶段中，无论是遮羞、护体、异性吸引或是装饰、审美、标志尊荣礼仪之论说，其因素都起到各自不同的特殊作用，都有着不同的历史文化内容，特别是在现代人类服饰中更全面、更重视、更普遍流行，但它们都不是服饰起源的起步点，而是在社会的发展进程中，服饰在发展提升过程中不断丰富起来的内容。客观地说，这些内容在少数民族传统服饰也都是有的，但与西方社会和汉族都大不相同。西南地区少数民族服饰从起源，即最早的护阴板，到有遮身护体，民族标志，装饰审美功能，都是在社会发展的不同阶段中产生的，每一阶段都是在上一阶段的基础上发展起来，再将上一阶段的内容整合为一体，循序渐进，有着离不开、丢不掉的关系。故此，服饰中至今保留着远古民族文化的传统，为了进一步理清服饰起源的全过程，虽然前文以民族服饰资料为主，拟出服饰起源的三个阶段，或者叫三大文化板块：服饰的发端、服饰起源的新篇章、文身与服饰起源，论述了服饰最早的护身作用，是和精神的追求，即生殖崇拜是融合为一体的，从始至终都保留存在，而且越往后发展越全面完整，丰富多彩，这是从古至今的事实。服饰起源于人类生殖繁衍的精神追求，而同时产生护身功能是客观的事实，但与现代人的服饰观念，特别是西方社会许多服饰起源的论述，区别很大。因此，在此基础上，与国内服饰起源论述中有关资料融合对比，进一步对服饰的起源、发展变化研究探讨，希望能系统完整地开拓出服饰起源和发展变化的新篇章。

1. 遮羞与性吸引

对于服饰的起源，多年来，不少人认为原始人用树叶、兽皮遮挂于腰间，那是人类最早的羞耻意识，也有的人说是异性的吸引。其实，在原始社会，人人都是裸体的，裸体回旋着人的生命之美，没有羞耻观念，就不会感到羞耻。考证历史资料发现，羞耻是人类进到了封建社会才有的观念，而异性吸引更是到了资本主义社会才有的思维。

在西南少数民族中，直到中华人民共和国成立初期，佤族、独龙族、怒族等民族，男女上身都是裸露的。20 世纪 80 年代笔者调查时，哈尼族中，叶车人妇女，只穿小短裤，大腿、小腿都是裸着，显示出女性的健美多姿，之前未婚姑娘还有露出右乳房的习俗。从《圣经》故事中，亚当和夏娃在伊甸园生活了许久，他们赤身裸体，自由自在，无忧无虑，后来听信了蛇的诱惑，偷食了“无花果”，从此走出了“伊甸园”。当他们突然觉得裸体，一丝不挂的时候，便用无花果树叶掩遮在阴部。从社会发展的历史来看，人类在形成之初，就像亚当和夏娃一样，是赤身露体的。这一历史现象在大量的原始雕刻和岩画中得到了充分的证实，人们没有衣服，也不懂得羞耻。如果我们要问，衣服是怎样来的，很多人会不假思索的回答：“为了羞耻，人类才发明了衣服。”在文明社会中，这样解释穿衣打扮的动机，自然是无可非议的，但是，以此推断衣服的起源，是不是真的符合历史事实呢？

格罗塞在《艺术的起源》一书中论及这一现象时指出，如果性部的掩蔽，真是由与生俱来的羞耻引起的，那就可惜用的手段太差了，因为这样遮掩不适于转移对这个部分的注意，反引起对这个部位的注意。事实上也只能怀疑原始人，使用的性器官掩饰物，除了故意引人注意之外还有其他什么用呢？那就是吸引更多的人，更会产生激动印象。原始人类的身体掩护，如在跳舞时所穿戴的腰间挂饰物等，并不是为了对性器官的遮掩，相反是为了表彰，目的是为了引起异性的注意和喜爱。格罗塞在《艺术的起源》里还引述了许多目击者的有关记述材料。比如，那些平常老是裸体的澳洲原始部落的妇女，在参加显然是企图激起性感的“科罗薄利舞”的时候，一个个脸上都要涂上白垩，两眼描着圈环，身上和四脚画着长长的条纹，此外，又在脚踝上系着树叶束，腰间围着兽皮裙。可见，那种掩蔽人体是与生俱来的羞怯感的说法，是没有根据的，也不能认为因为人类掩羞而导致了衣服的产生。“遮羞的服饰起源，不能归之于羞耻的感情；而羞耻感情的起源，倒可以说是穿衣服这个习惯的结果。……当一个人觉得违反了社会习惯时，总容易发生一种羞耻之感和生理的征象，如红脸、垂眼等。这实在只是人类的合群本能的反应。在低级文化间，偶然的掩蔽性器官，固然可以有性刺激，但等到掩蔽的习惯成为普遍的经常的行为时，就会失去其原来的意义，结果成为我们现在的性刺激，就不是习惯的掩蔽，而是偶然的无意掩蔽。文明的发展，至今已完全改变了这种性刺激的社会情感。”[1]

从格罗塞的论述中我们获得启示：性器官的掩饰并不源于性的羞耻，或是吸引，而是源于性的激情和夸张。那种认为服饰源于性的羞耻观念，实在是对原始人的掩饰物的误解。有的人犯这样的错误，是因为人们总是从现实出发来理解原始人类。

其实，原始人类是没有羞耻观念的，即使有，也与今人恰恰相反，他们并不以裸体为耻，相反偶然的遮掩却使人们羞愧难当。约瑟夫·布雷多克在《婚床——世界婚俗》一书中指出：“在一个人人不事穿戴的国度里，裸体必定清白而又自然。不过，当某个人，不论是男是女，开始身挂一条鲜艳的垂穗，几根绚丽的羽毛，一串闪耀的珠玑，一束青青的树叶，一片清白的棉布，或一只耀眼的贝壳，自然不得不引起旁人的注意。而这微不足道的遮掩竟是最富威力的性刺激物。”[2]

这是对的，服饰最早的起源，是无羞耻观念的，但发展到一定阶段，却产生羞耻观念和性的吸引追求，中国古代哲人曾言“食色性也”。由于两性生理不同，而产生的羞耻感造成了遮羞的心理，并形成遮羞的衣物，尤其是对原始生殖崇拜的信仰又转化为生殖器官的保护，道德观念和性意识决定了衣服的命运，促进了腰部的许多装饰品，会阴带的使用是最早最典型的例证。东汉时，班固《白虎通义》载“太古之时，衣皮韦，能复前而不能复后”，又说“衣着隐也，裳者彰也，所谓隐形自彰闭也”。这就是说，此时汉族衣服具有了掩形遮羞的意义，从遮掩外生殖器官的会阴带，到包裹下体的裳，无不渗透到原始人精神演变的轨迹，说明人的羞耻观念，是到了封建社会才产生的。

西方世界古罗马人，也不以裸体为耻，因此，

服饰也不讲究，仅以一块布缠在腰间即可。到了基督教出现时，对教徒来说则太危险，因为它随时都可能松弛而掉下来，从而将生殖器暴露在外。出于遮羞和保护观念，男性的裤子和女人的紧身裙子开始出现了。

初出现的这些男人的裤子和女人的裙子一般都长及膝盖。不过很快长衣下沿初被提高而成了短衣上衫风格，于是裤子和裙子独立出现而且更为严整。1930 年，康斯坦茨宗教会议对穿裤子和裙子颁布了如下告示：“仅穿短上衣出入舞会或上街的人要格外留意，要将身体前后遮盖好，不要露出耻部。”于是，短小的裤子长起来与袜子连了起来，后来又出现了用结实的布料缝制的特地用来装阴茎的股袋。一些风流的男人不仅不因股袋而老实起来，反而借精心制作的股袋来夸张自己

① [德] 格罗塞著，蔡慕晖译：《艺术的起源》，1984 年版。

② [美] 约瑟夫·布雷多克著，王秋海、闵夫、李豫生译：《婚床——世界婚俗》，第 56 页，生活·读书·新知三联书店，1986 年版。

的性能力，故意将股袋缝得很大。对此，教会试图下一系列法令加以禁止，但收获不大，相关资料记载了当时的情形：年轻人穿的上衣，在腰带以下只有十厘米长，裤子的前边和后边都看得到，由于裤子做得非常合体，所以，从裤子上就能清楚地看到臀部分缝。这可是值得一看的，并由于股袋个大且向前突出，所以如果往桌前一站，那玩艺儿就上了桌子台面。就这身打扮便可以去见皇帝、王侯、贵族绅士，甚至还要见有名望的贵妇人。

当男人开始用紧身裤将自己的身体严严实实地包裹起来又同时趁机张扬自己的性能力时，女人们也用厚实的裙子将自己的身体包裹起来，同时又发明一些新玩意来展示自己的风采。中世纪的女人，还常常穿一种晚礼服。这种晚礼服将身体的其他部位严严实实地封闭起来，但是都在一些特定部位开一个大洞，用以展示自己的身体魅力。有人写道："由于女人穿着脖颈处大开特开的服装，所以任何人都能直接看到他们闪耀光辉的肌肤直至裸露着的半个乳房。这样一来，手臂下的腋窝也看到了，似乎在高耸的乳房之间都能插进一支蜡烛了。"[①] 按理说，男女两性在性方面是相互吸引，相互媚惑，但由于在包括封建社会在内的阶级社会，男子居于统治地位，所以女子向男子邀宠，媚惑男子的心理要强烈的多。故此，不少女子故意把她们的服饰装饰得非常妖冶。这都是社会发展到一定阶段才产生的意识。

可见，人类的羞耻观念是在中世纪以后才产生的，在中国，封建社会时代的羞耻观念越来越重，内容极为丰富宽广，此不再多述。由于羞耻观念的产生，改进了服饰的许多内容，从而有了衣、裙、裤等的穿戴方式。

性之吸引与人类的羞耻观念是融为一体的。有了羞耻才有衣、裤、裙等将身体全包裹起来，人体离开了裸体时代，身体的本性再也见不到，产生了两性的神秘感，于是，服饰又有了性吸引的功能。所以，服饰越来越丰富多彩，又有了异性吸引之说。这一点不难理解，羞耻是违背社会习惯的自然结果。当人人用衣服"包装"的时代，偶然一丝不挂，当然是性挑逗和情刺激的行为，但平时都穿衣着裤。如何才能吸引异性，这又是服饰进一步发展的过程，特别是女性，便有了胸、臀、腰装饰三点美的风格。因此，我们有理由相信格罗塞在《艺术的起源》中大概有这样的阐述，所有遮羞的衣服起源，不能归之于羞耻的感情，而羞耻的感情倒可以说是穿衣服这个习惯的结果。服饰虽然造就了性的掩饰结果，但它却不是源于遮羞的目的，也不是性的吸引，而是起源于对生殖美的崇拜，为了人类的繁衍。

① 《人类性探秘》，第 295 页。

2. 装饰与审美

自古就有一句话："衣必常暖，然后求丽。"这说明服装的首要功能是防护，后来才是美化，或者说，服饰要在经济能力达到一定程度，才能出现审美需要，因此，服装款式与该民族的经济、生活密切相关。经济较发达的民族，服饰的品种更丰富、款式更复杂，装饰也更华丽，审美价值也更高。而经济较落后的民族，服饰品种单一，款式简单，装饰极少，审美的价值几乎没有。例如独龙族，因长期生活在与世隔绝的独龙江两岸，是中华人民共和国成立初期还处于原始社会末期的民族，生活条件艰苦，着装便极为简单，仅是以一块麻布为原料织成的五彩条纹"独龙毯"为衣，穿时是从左肩下斜拉到胸前，全露左肩臂，右肩一角用草或竹针打结。"独龙毯"，既然为毯，就说明它不仅是衣服，还能做寝具。独龙族白天穿，晚上盖，是真正体现着实用功能的服装，没有任何审美的造型和装饰。民族中，最早出现是"贯头衣"，它仅只是用一块布缠裹身体前后成衣。这是历史悠久的一种服装款式，制作简单，穿着方便，虽有足够的面积可作装饰，但至今在大、小凉山彝族中流行，仍无任何装饰。

服饰发展过程中，偶尔的装饰就会引起冲动。故此，在满足人们御寒的功能性要求后，重心才逐渐转移到追求审美价值。民族服饰起源发展演变就体现着这一规律。从最早的护阴板、缠腰带、树叶衣、兽皮衣到贯头衣，都只是护身而已，后来便慢慢地出现了服饰多种多样的款式，并在头、颈、胸、腰、臀、脚的不少部位作装饰，甚至全部挑花刺绣为美的审美观念，都连在了一起。

进入文明社会后，服饰的保护、遮羞和装饰这三种功能已同时具备，但是前两种目的是比较容易达到的，而人们却并不会因此而满足，总是要在装饰和美观方面继续去发展。也就是说，文明在实在性的掩藏的同时，也依然无意识地创造着新的性象征和性符号，像女性的口红、耳环，男女的发式不同，等等，都是在强化男女的性特征。强化男女不同角色的过程，也是塑造不同的性心理和性特征的过程。应该说处于文明社会的人，其性意识伴随着整个生命的全过程，人们的一生都贯穿着对性意识的认同和实现。因此，服饰上的装饰越来越多，也越精彩，即便是现代社

会中的原始民族，对装饰也很重视，如居住在北极的爱斯基摩人的衣服是最完整的，他们在皮制的衣服上，附上各种颜色的细皮条、齿骨、金属、珠玉等装饰品。故此，有学者认为服饰的起源是身体的装饰，装饰的目的是为了美。服饰的穿戴方式和装饰风格都与审美有关。可最早人类对身上的饰物与审美无关。要说美，裸体就是最美的，回旋着生命的美，世界上除了文身装饰审美的民族普遍外，裸体生活和最早在身上的饰物都与审美有关，而且内容越来越丰富多彩。

新西兰的毛利人，从出生一直到青春期，都要裸体相处。按该族婚姻俗制，男女长到成年，便可自由择偶试婚，试婚期间，双方可以同枕共眠，经过一段时间的性恋生活，男女双方都认为对方“合格”时，便可报请父母同意而正式举行婚仪。在巴布亚新几内亚的许多地方，特别是在当地农村和高原地区，女子通常不穿上衣，以露乳为美，男女间的性爱极其自由随便，按照传统习俗，女子一旦和男子同居，男子就只给女子下衣一件。未婚的斯巴达女子赤身裸体地在男人面前跑步和锻炼，而丝毫不会感到羞愧；而文明开化的希腊人在某些场合中也把裸体行为看作一种引以为荣的行为，正如《安德洛玛刻》中所说：“随你所便好了，斯巴达克女子不在乎贞节，他们裸露着双腿，随便与男人寻欢作乐。”

居住在哈抄沙漠南部的乌拉德、狄德拉思族的男人，喜欢婚前看未来妻子裸体时的模样。为此，他们每年春天组织一次裸体游戏。沙滩地上堆起一个堆形体，上面放着廉价买来的手镯及其他小玩意儿。未婚男女分为两组，圆锥形的沙堆在他们两组中间。姑娘们以披在外边的斗篷作掩护，扒开身上所有的衣服，扔在一边，然后赤身冲向锥形沙堆，绕沙堆折返原地。每轮赛跑的优胜者得一只手镯。回到原来的队伍后，再用斗篷把自己裹严。塔桑尼亚的哈哑族姑娘，不论年龄多大，都必须把乳房露在外边。这样，一方面可以吸引情郎，另一方面是让父母能及时发现自己女儿是否怀孕。如果姑娘未婚怀孕，就被视为家庭不祥之兆，要被赶出家门。苏丹南部的努尔族，气温常在 40℃，所有男女都裸露全身，一丝不挂。但未婚少女的下身都围着一块兽皮，还要在腰部围一条花色带子，带子上挂一些芭蕉叶，像绿叶色草裙，而且在小腹的带子上还挂着一些小铁链。男女青年自由恋爱，结婚前夕，新郎新娘一起私奔。女方父母把他们找回，然后摘下女子腰前挂链，换上山羊皮，表明她是有夫之妇了。在美国，还有卖妻市场，拍卖时，被卖女人全身赤裸在市场上，让人看清楚女人的整个身体形象。世界上至今仍保持着裸体婚礼的习俗，说明它是较为普通的裸体审美。

古人类学家认为，人类起源于动物，从“人科三点论”的进化中，经过直立行走、手臂的形成、脑的发达而进化为人类。在进化为人类的初期，人类还是没有衣服穿，赤身裸体如其他动物一样，这种全裸体或部分裸体的情况，在现代部分未开化的少数民族中仍然存在，如马来西亚的沙盖人，居住在马来半岛偏僻的高山或丛林中，他们的服装以前是树皮遮身，男人们用布块将下身遮住，女人用布块围住腰部至膝盖稍下一些的地方，上身依然裸露着，只有马来人和泰人才穿上短上衣或用披肩遮掩胸部。不论男女，腰部以上平时都毫不掩饰地裸露在外面。在印度尼西亚的加里曼丹南部约有一百多万人的巴希尔族，至今仍处在原始状态，过着赤身裸体的生活。他们不着衣物，但却喜欢在耳孔戴各种饰物，并有全身文身的习惯。原始初民生产水平极为低下，处在猿进化成人的初始阶段，不但不把裸体为羞耻，而且还认为是美好的。所以，才有裸体的婚恋婚俗。甚至有的民族虽在腰前有遮掩物，但只要一动，生殖器都可显露出来，如非洲布须（普托）曼人妇女，腰前挂一块三角形围裙，裙前面撕成碎条，碎条又小又窄，只要一动，阴部就露了出来。澳洲原始部落中男子系一条腰带，腰带上挂有树叶、羽毛、松鼠毛、狗尾巴等，虽直垂到性器官上，但并不是为了遮掩，而是打扮在跳舞时候更明显，让人更注意身体的特殊部位。从以上例证，人类最早的身体装饰，不是审美，而是一种特殊的崇拜思维。审美，是在越往后服饰发展得越全面的时代才是人们真正追求的目标。

人类裸体时代的装饰，例证很多。例如：高地人居住于新几内亚东部中央高地，山岳连绵，重叠险峻，热带林茂盛繁密，郁郁葱葱。在这几乎与世隔绝的深山密林里，男子上身穿的是草裙，用猪油、炭粒、石灰石、黏土以及树和草的汁液

做成化妆品涂在脸上，头上戴着报乐鸟和鹦鹉的羽毛，胸前挂一块兽类动物的毛皮。再将用玻璃珠或贝壳串成的项链挂在肚脖子上，并戴鼻环。没有内衣，下身全裸，只在腰间围缠一圈用树藤做成的箍，前面垂吊有多种饰物，掩住生殖器，身上一动生殖器便显现出来。妇女头上通常挂着网袋，能负带同自己体重相等的东西；颈上挂条圆圈，但所用藤条细小，数量比男子多得多，腰前在藤条上垂挂一块兽皮毛料遮住阴部。非洲巴库图族男子，则是另一种装束。他们自腹部刺着各种色彩的花纹，颈上系一串锐利的豹牙，豹牙的大小和多寡表明他猎取的豹子的头数。巴库图人不论男女，都喜欢把牙齿锉得很齐，头上扎着一块裹着木头的布条，脸上涂着一层鲜红的颜色。她们认为这是最美的象征。俾格米人散居在非洲中部扎伊尔、加蓬、喀麦隆森林里，他们是世界上身体最矮小的人种，肤色不如黑人那么黑，呈

深棕色，头发也没有黑人卷得那么厉害，头大腿粗，周身是毛，他们过的是原始群婚的生活，赤身裸体，只在腰部束一块狭长的遮羞布，全部家产都拎在手里：弓箭、矛枪、砍刀、火种、锡，还有几张兽皮。肯尼亚位于非洲东部，由四十多个部落组成，其中吉库龙族人口最多。俗话说“百里不同风，千里不同俗”，吉库龙族新娘的装饰，全身裸露，而喜欢头部的装饰，不仅颈上带有篾藤编制的项圈，两边耳朵外佩戴着无数个连成一团的圆圈团，双耳及项颈均被大量藤皮圈掩盖着。

上述之例，说明服饰的起源过程中，不同民族有不同的特点，并无意识地制造着新的思维和追求。在一定经济基础上形成的社会形态，是影响社会风尚、衣冠服饰的一个重要原因，各个时期思维意识的变迁，都会直接或间接地在服饰上会有所反映。

中国古人说：“女为悦己者容。”唐代女子十分重视装饰打扮，为中国封建社会历代之最。这具有多种原因，经济的繁荣，社会文明的发展，必然使人们更多地追求生活的美，其中最突出、最典型的就是女子服饰媚惑男性有关。关于唐代女子的风姿与妆饰打扮，从《中国历代服饰》《中国衣经》，特别是唐代人物画家周昉的《簪花仕女图》中看到：几个贵妇云髻高耸、博鬓蓬松，头戴各种不同的折枝花朵，簪步摇钗，浓晕蛾翅眉；衣着薄质，或轻容花纱外衣，披帛也用轻容纱加泥金绘，内衣有的作大撮缬团花。这些讲究的妆饰，自然与审美有密切关系，其主要功能是为了取悦于人们。

中国人的“三寸金莲”，举世罕见，可算得上是中国审美文化中的一绝。从浩如烟海的中国古代诗词中，经常可以看到诸如:“三寸金莲”“步步莲花”之类褒扬女人小脚的词句。这些优美的辞藻都是过去中国文人用来形容妇女的“缠足之美”。一个女人，为了取悦男人，那饱受皮肉之苦及行动不便的怪异打扮，成为中国女性独特的习俗。这种独特的习俗与中国人的审美密切相关。在中国男子看来，“女为悦己者容”，换而言之，女性之美是专门为男子而设，女子的肌肤容貌之美是女性美的基础，男性意识则在不遗余力地强化这种趋势，即将女性的自然体当作一种无生命的物质。按中国封建社会的后一时期，宋代至清代前，都将女人称为“三寸金莲”，如因“楚宫之腰”“汉宫之髻”和穿耳、饰珠等妆饰一样，成为取悦男子的工具。唐代以前，在社会上也以女子脚小，步履舒缓为贵。这种以脚小为美的倾向，晋人谢灵运诗“临流洗素足”，唐代李白诗“一只金齿履，两足自如露”。以人工方法强行女性缠足始于五代，盛于唐宋时期。

值得探讨研究的是，中国封建时代的“三寸金莲”与西方世界的三点美和穿高跟鞋的关系。“三寸金莲”，客观地讲，不是因为脚的小巧就显示女性之美，而是脚越小，无论走路，做事，只要人身一动，身体的腰、胸、臀三部位就会跟着动，脚越小，动态感就越强，女性的三点美也就越显眼。西方世界女人的高跟鞋，除显示人的高度外，依然在走动，唱歌跳舞，生产生活中，也是使身体的胸、腰、臀有更大的动态感，显示女性的三点美，吸引人的注意和开心。

凡是一种文化，都具有历史渊源。时至今日，服饰文化中男女相悦的成份仍占重要地位。这其中自然不乏男性，但因女性对服饰有着异乎寻常的直觉和更加热衷的追求，所以，相比之下，男子往往略逊一筹。女为悦己者容，仍然是服饰时尚流行的一种动力。为什么男性望尘莫及？因为一般认为，他们是性感美的审美主体，而女性的身体美才是性感美的审美对象。性感美越来越成为一种社会时尚。这其实是一种审美价值的进步。如今，服饰文化中性与美的有机结合，以及性生理与审美情趣的统一，进而将性感美纳入人类审美的价值追求的体系之中，并进一步成为丰富人类精神世界的美好价值的追求和生活中的特殊享受。

看来，历史上服饰美的魅力和诱惑力，像海浪和旋风一样地吸引着人们，是不无道理的。人为悦己者容，不仅是服饰审美起源的一个重要原因，而且也是服饰演变发展的一种动力，将来同样也会成为流行服饰时尚的一种依托。

人要衣装，服饰除了“避寒”“遮羞”的功能外，更多的是人体的美化，生活的美化。正如《墨子》所说：“衣必常暖，然后求丽。”服饰已是人类物质与精神文化中不可缺少的部分。所以，服饰的装饰和审美功能是客观的，但它是在服饰发展提升到较高的阶段才产生了的观念和功能，不是服饰起源的根本。

服饰审美，是指人们为装饰自身所穿着的各种服装及饰物在人体头脑中的反映，是着装者和欣赏者主体对服饰审美的意识活动。服饰审美意识是人们在长期的服饰审美实践中所形成的美感经验，人们积累的美感经验逐渐深化，形成了极富鲜明的时代特征，又具有相互联系的服饰审美意识和审美观念，以及独特审美心理和审美情趣。

3. 护体、标志与尊荣

服饰的产生，与人类的生产实践活动分不开。人类在基本上取得食物的控制力后，必须要产生保护自己身体不受外界伤害的要求。但这种要求在最初阶段，只能开始于身体的某些特殊部位，然后才发展到全身。最早的就是护阴板，从女性到男性，再从某一特殊部位发展到全身。

衣之始用，虽然在前章节中写了护阴板产生与生殖崇拜的文化内容，但在人类生殖崇拜而产生护阴板的同时，也就产生了意想不到的功能，正如美国赫洛克《服饰心理学》中“衣服不是起源于某些仔细考虑的计划，在很大程度上，而是一种偶然的，不完全有意识的产物。”人类脱离动物界后，很长时期依然赤身裸体。就其生理而言，男女两性生殖部位都有许多缺欠，但又担负着采集、狩猎的担子。裸露的身体常常会被外界碰撞和刺伤，下身是最敏感的部位，从多次的实践中，发明创造的阴部保护之物，首先是在精神享受的同时，护阴物的遮挡会减少人的直观感，使男性的冲动与侵袭逐步减弱，也保护了女性的生殖安全与身体健康，进一步产生了男女两性的认识和感情。男女共同都遮住阴部，是历史的客观事实，彼此之用，为时亦认，便产生了保暖和防护的功能。有的民族生活在高寒山区，在夜间或气候变冷时，无意中将物扩大，使物之遮蔽增大，保温力、防护力也逐步增大。至此，欲舍去已不可能，其作用日有增长，与身体关系更密切。人类最怕冷处不是阴部，而在胸部和背部，随着护阴物之功能越来越被认识，发展到了服饰的保身防体的作用，就是人类服饰起源较早的原因。

“衣、食、住、行”，是人类生活的基本范畴，从远古至今，都是人们常言的一句话。为什么“衣”为首？衣、食是人类基本生活的基础，中国有“衣冠王国”“衣被天下”之称，中国服饰的悠久和辉煌，作为一部经典文化，已有不少著作，是人类物质与精神文化中不可缺少的部分。服饰的护体保身功能，无可非议，也确实是服饰起源最早的根基，现代人早已习惯穿衣打扮，并把服饰艺术与审美的追求紧密地结合在一起，成为社会文化的一大板块。如果偶有人不穿衣服，就违背了社会习俗，使人感到羞耻，甚至受人们的指责。所以，服饰也成为一个民族的标志，也是一个人在社会中的尊荣，但这也都是服饰发展到了阶级等级阶段的事，在中国则是奴隶社会，特别是封建社会以后产生和发展起来的服饰文化内容。封建社会时代着装成为“分尊卑，别贵贱、辨亲疏的特征”，所以，人都必须依照自己的身份地位、荣誉、贫富以及所处的环境场合进行穿着。由于着装的审美标准，价值观念、生活方式等方面均受到服饰形制的制约，故长期以来，每个朝代虽各有不同的仪俗规范，但在服饰穿着上都有着共同的认同性，当人们的着装符合这个认同性时，就会认为“合礼”，反之，则被认人“不合礼”。在西南少数民族中，据20世纪五六十年代民族调查资料，处于奴隶社会和封建社会的民族，服饰依然有尊荣、标志习俗，土司、头人都有专用的着装，特别是服饰的标志性，更是一个民族有一个民族的传统，真是“举目便知你是谁”，都是在倡导民族的亲切团结的同时，尽力发挥它的生活情趣，赋予它新的积极意义。

多少年来，我们习惯了原始人用树叶、兽皮遮身护体的解释，也有人认为那是人类最早的遮羞物、护阴物、装饰物、吸引物……这里，不管它是遮羞也好，装饰也吧，尽言之，那是人类最先起动在身上之物，是以后服饰发展变化中离不去、丢不掉的根脉。人类服饰，从树叶、兽皮、到麻布、锦缎；从石器、骨器、贝壳到金、银、珠宝装饰品；从原始到现在，这一历史过程浓缩到如今民族服饰之中，似乎很远，又似乎不那么久远漫长。千姿百态的西南民族服饰，不仅保存着从古到今历史的痕迹，而且多姿百态，有的粗犷，有的精细，有的繁杂，有的简便，但都包容着上述服饰起源论中的所有内容，充满了鲜明的民族特征，体现了美与实用的紧密结合。所有这一切，无不给予世世代代生息在这块土地上的人们，有美好的启迪和丰富的想象力。

第二章 远古文化的“活化石”

西南民族文化的神秘，很难仅以史籍挂一漏十的寥寥数言中获悉谜底。中国西南民族历史的千古之谜，就隐匿在斑衣异食、奇风异俗之中，而服饰，在一切皆可通灵传讯，一切都在文化象征的乡土社会和口承文化圈里，犹如一种穿在身上的史书，一种无声的语言，无时不在透露着人类悠远的文化关系，传散着古老的文化信息，发挥着许多重要的文化功能。在许多少数民族中，服饰甚至有着记史述古、礼仪教化的符号功能和教育、伦理等职能，传统的民族神话、民族迁徙、鬼神喻示等，一应描绣在服饰上，如同将民族文化的史册世代随身穿在身上，时时看，时时想。可以说，服饰是人类文化历史的标记，是人类历史的文化象征，也是比文字记载还具体真实的“典籍”。

人类最早的思维意识是物化感，原始民族的逻辑推理能力很弱，他们本能地觉得，动物、植物，乃至无机物都同人一样是有生命、有活动的对象。图腾崇拜，作为人类最早的意识形态，影响着民族社会的各个方面。宗教信仰、文化艺术、审美精神、民间故事、民族风格，无不留有图腾崇拜的痕迹，特别是民族服饰中，无论是崇虎尚黑、八方观念、万物有灵，或是尾饰之俗、千古一衣等，其内容更丰富多彩。时时不离身的服饰上的图腾纹样，就是人类最早的文化精神，是远古文化的“活化石”。

一、图腾崇拜与万物有灵

人类最早的时期，没有姓，也无名，凡是有血缘关系的族群，都是用群体的崇拜对象作为族群的称呼，以后也就成为民族的名称。图腾就是民族的标志和符号。崇拜对象的选择，都是在自然界中生活接触最多、也最为需要和想往之物的选择。族群选定的对象，也就是信仰崇拜的对象，是人类最早最原始的文化精神，从古至今蕴藏在服饰之中。

图腾崇拜的概念，出自美洲印第安人部落。它是用动、植物、自然现象作为区别民族的标志和符号，凡是有血缘关系的族群，都是用群体的崇拜物“图腾”来命名。19世纪中叶，美国人类学家摩尔根对印第安人部落作了实地调查研究之后，形成的著作《古代社会》一书中提出“图腾”这一概念。20世纪初，我国史学界将图腾引用于人类的原始社会和民族学中，从此，图腾崇拜就成为中华民族原始历史的总称。

图腾是人类起源时期群体祖先的名称。由于图腾崇拜精神文化的深厚，几千年来一直传承下来，不少民族不管称呼如何变化，追溯其族源都与崇拜的“图腾”有关，有的民族至今依然用图腾崇拜的对象为族称。最典型的是滇、川、黔、桂四省区的彝族原始氏族图腾主要是对虎的崇拜，一直延续存留至今，仍不失为彝族共同的标志和符号，不但自称为“虎族”，而且对虎崇拜的方式、内容都多种多样。因服饰是穿在身上的民族历史教科书，所以装饰的文化内容更生动具体。

在“万物有灵”的文化时代，图腾崇拜是任何一个民族都曾经历过的一种原始崇拜。它对民族生活及其文化艺术的发展有着十分密切的关系，反映到服饰上来，比比皆是，而且更有着特殊的功能和文化内涵。它是具体的、有形的图腾形象，与图腾神话和故事相辅相成，又有现实的生活内容。这里以“崇虎尚黑与火纹衣”“火把冠，八方观念与四方八虎图”“万物有灵与天人合一”三个内容作研究探讨，而且以彝族为主要内容为例，便可认识了解民族服饰上远古文化的丰富和精彩。

1. 崇虎尚黑与火纹衣、火把冠

虎曾是许多民族的原生态图腾，是最早的崇拜对象。虎崇拜在西南少数民族社会生活中极为广泛，表现的内容和形式多种多样，考古发掘3000多年前青铜器和铜鼓纹饰中有大量的表现，在民族刺绣和服饰中更为突出，彝族、白族、拉祜族、纳西族、哈尼族等民族，至今流传着许多虎图腾的故事，而在服饰上的装饰图案中，虎头帽、虎头鞋、虎纹衣等是生动具体的实物见证。

彝族崇拜虎，重视虎，以虎为贵，视虎为开天辟地的始祖，自命为“虎族”或“虎人”。彝语称虎为“倮”或“啰”。《山海经》载：“有青兽焉，形如虎，名曰啰啰。”青兽即黑虎，彝语谓之“啰啰”，其意即为黑虎族群。元代李京著《云南志略》说：“罗罗，即乌蛮也。”[①] 乌蛮为唐宋时期汉文献对现今彝族的称呼。彝族在漫长的历史长河中，形成支系繁多，自称他称庞杂的现象，但有一点是共同的：绝大多数彝族不仅称为虎族，就是人名、地名也都用虎称呼。彝族丧葬是火葬即火化。火化前，尸体裹以皁皮（虎皮），它象征死者生前是虎，死后也可还原成虎。彝族巫师、首领都要披虎皮，视虎皮为来生之物。小孩都要戴虎头帽，长大后才会如虎一样勇猛威武，男子穿虎皮衣也是如此。

彝族崇拜虎，彝语称虎为“啰啰”。大姚县龙街、牟定县猫街、姚安县左门等地彝族都称为“倮倮”支系；楚雄、巍山、鹤庆、石林等地彝族，每逢年过节都要耍虎像、跳虎笙舞，他们在欢欣舞蹈中，口里不停地喊着“啰哩啰”，彝语之意：“啰”是虎，“哩”是呀，连起来就是汉语“虎呀虎”。这种在欢乐场合中喊着图腾祖先名字跳舞欢歌。笔者曾在《彝山寻踪》一书中称为“图腾歌舞”。这种图腾歌舞的场景，妇女们把它绣在裤子的下脚边上，每逢节日喜事，都要穿上它打歌跳舞，裤脚上的图案环绕着小腿一圈一圈的随着人们舞步动作，也活生生地跳动了起来；在平常劳动生活中，穿着这样的裤子也依然是在歌舞的情趣中，显现着虎的文化精神。这种现实生活与远古文化融为一体的服饰艺术，无论是民族精神的升华或图案的意蕴都是绝无仅有的。

彝族还有不少村名、山名，也都用虎称呼或含有虎之意。彝族村寨地名以虎命名的很多，例如乌蒙山脉之乌蒙山，彝语称“熬弄本”，其义

① 王叔武校注：《〈大理行记校注〉〈云南志略辑校〉》，第89页，云南民族出版社，1986年版。

“熬”为雄猛威武，“弄”为虎，“本”为山，合起来即“威虎山”或“猛虎世族的山”。总之，在彝族人民生活中，崇虎习俗普遍存在着，彝族民间建筑和工艺品中，虎的图案随处可见。

彝族著名史诗《梅葛》中有虎尸化解成为天地万物的创世纪神话，认为天是靠四只虎骨支撑着的，“虎头作天，虎尾作地，左眼作太阳，右眼作月亮，虎肚成大海，虎血成海水，大肠成大江，小肠变河流……”总之，天地间万物，都是虎勇于牺牲化解自己尸体而形成的，宇宙间万物都与虎有关，都继承着虎的生命，蕴含着深厚的民族文化精神，是丢不掉、离不去的精神享受，所以男子身上的虎纹衣，女子围腰上的“二虎抢宝”和“四方八虎”的刺绣图案永不离身。

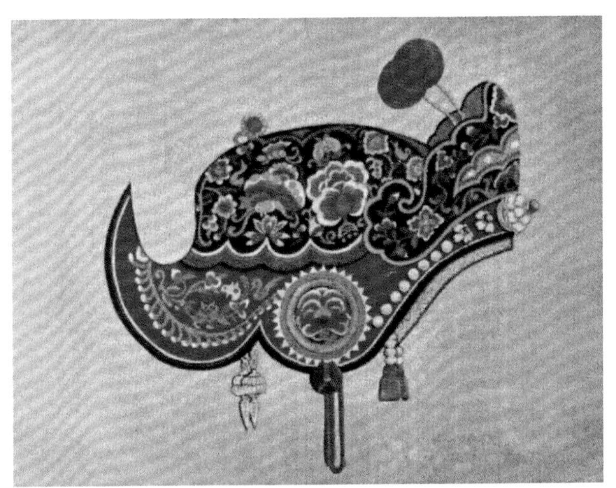

彝族的虎图腾崇拜和虎宇宙观在服饰中的表现丰富多彩，生动活泼。昭通地区镇雄一带彝族妇女长襟大衣前后摆上的“五朵云”图案，倒过来一看，是只大猛虎的头；要是细看，则是五只活灵活现的小老虎。这种图案的创意，与当地一个民间故事有关。据传，东爨氏族首领仲牟由的妻子阿若云带领众妇女放羊，羊快被恶兽吃尽了，阿若云带领妇女与其搏斗，在关键时刻，天上飘下五朵云彩，变成五只猛虎，一下子就将恶兽消灭了，终于保存下来了一部分羊群，羊群在彝族地区不断发展，成为彝族人民生活的根基。从此以后，妇女们就把五朵云彩绣在自己的衣服上，正面为云，倒过来则是五只虎头，以示报恩和敬仰，一代一代传承，至今还是其服饰中的一大亮点。

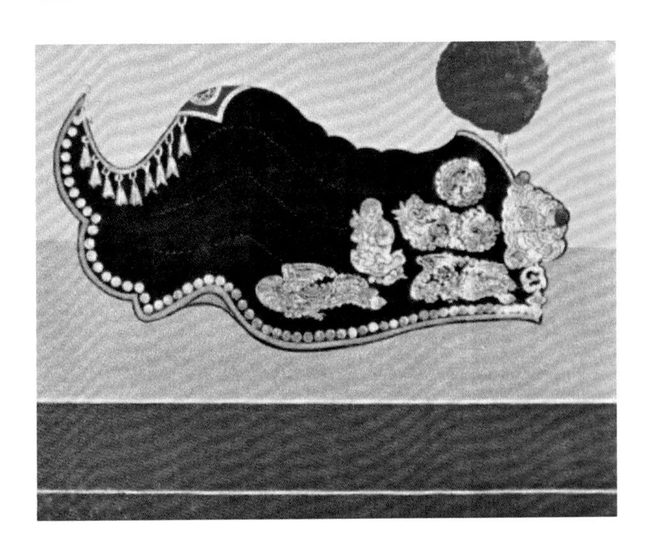

罗平一带彝族的龙裙虎裤、虎纹童被和大理巍山地区的虎头帽、虎头鞋、虎头兜肚等，描龙绣虎，巧夺天工，都直观生动地显示着虎的形象；至今流行在云南楚雄大姚桂花地区的虎纹衣，从头到脚都是虎纹装饰，据著名彝族文化专家刘尧汉教授考证，这种衣纹，完全与古彝文中与“虎”字写法一样，仅横直纹路作了些分段变化。这样的刺绣品，更突出地表述了虎皮斑纹。这些纹路，与彝文中的虎字完全一样，横斑、纵斑组合在一起，虎身上的横纵斑纹无论是古彝文中或是在妇女的衣裙上，都表现得淋漓尽致。当彝族妇女把这些虎纹图案的衣裙穿戴在身上，在三千多米高海拔的崇山峻岭中，无论是山间小路，或是闹市街头，可谓是“人虎共聚”，形影不离，真有“虎群”共聚的山野美景之感觉。虎崇拜的文化是何等的浓烈活跃。

石屏、石林、巍山、武定等县彝族的虎头帽、虎头鞋、虎纹围腰等，无论是整体造型，还是局部的刺绣图案，大都是虎的形象。有的虎头、虎尾、虎身、四肢都很完美，有的只绣出虎头的正面，但虎的两眼和虎须特别突出耀眼。特别是有的妇女用写实的方法，将虎绣在自己的围腰上，配以凤凰花卉和人物，形成一幅优美的“人兽同欢图”。虎纹的构图特别大：倒卷着的尾巴特别长，人却比虎小得多，这样的构图思维，显然是受远古动物图腾观念的影响。

尊虎、敬虎，《新五代史》记“在黔州西南三千里外，其人椎髻，跣足，披毡，其首领衣虎皮”，唐樊绰《蛮书》亦载“异牟寻披波衣”。异牟寻为南诏王，“波罗”彝族语意即虎皮。民族学学者研究认为，南诏王披虎皮，是尊崇承继祖先图腾崇拜的传统。贵州彝族亦有此俗，清《峒溪纤志》载“夜郎信鬼，衣用虎皮”。《大定府志》记载彝族丧葬习俗，“鬼师披虎皮，作法念咒”。彝族史诗《西南彝志》中，记载古代彝族打仗，上阵需披虎皮战袍，象征如虎般勇猛。

尊虎的服饰习俗一直流传至今。云南红河州男上衣款式虽与时装无别，但在口袋面或胸前，绣一只或两只对称的黄色斑虎。云南楚雄、大理一带男子，喜穿云纹虎头鞋，幼儿戴虎头帽，帽额上绣一“王”字，虎眼、虎鼻俱前，虎嘴里还缀两根雪白的獠牙，突出了虎的威严；妇女围腰、背带上多绣有虎的图案；双柏县彝族在火把节祭祖时，有两个头戴虎皮花文面具，身披毛黄草，分别扮成公、母的人舞蹈的风俗；贵州毕节彝族妇女出嫁，戴虎头面具，毕摩的法器上绣有咆哮猛虎纹；大凉山男子的衣襟下绣有虎、豹、鹿、龙四个彝族文字，这四种动物都是彝族崇拜的对象；云南禄劝、武定等地也常把虎形绣在背小孩的背布、衣袋上，或制成虎头帽、虎头兜肚、虎头鞋等，都表现着远古的虎图腾崇拜。

西南民族服饰中的尚黑传统，与虎崇拜有直接关系。少数民族崇拜的是黑虎，黑虎又叫青虎。《山海经》载：“青兽焉，壮如虎。”这种崇拜，在少数民族服饰中有突出的表现。彝族、佤族、哈尼族、德昂族、阿昌族、拉祜族等大多以黑布和青布为底色。无论包头、衣裙、裤子、鞋子，从头到脚都是青黑色。这类服饰传统，在大小凉山和滇西北地区的彝族中最为突出，彝族喜用黑色、青色为衣是对其祖先的崇拜，也显示着安全和尊贵。

彝族尚黑，以黑为贵，故以黑人或黑族自称，除服饰崇尚黑外，甚至以为自己骨头都是黑的。历史上，彝族还有黑白之分，黑色是高贵的象征，故有“黑罗罗，为滇夷贵种”的记载，凉山地区黑彝的大人小孩，以全身通黑来显示身份的高贵和等级的尊严，过去黑彝小孩穿花衣服被视为不稳重，会受人鄙视。妇女上衣也都为黑色，镶蓝色素边，远看一片黑，近看黑中蓝。青蓝布裙边镶的黑布条，黑彝比白彝要宽，而且越宽越表示高贵；黑彝老妇通身黑裙。

黑虎（即青虎）是彝族的祖先，其所居地山水名称也往往带有黑的含义。现今滇川黔桂彝族传统服饰全身多为黑色，包头布多为黑、蓝、青色，女子衣裤裙，也都以黑、蓝、青为底色，上面绣花镶边。姑娘的帽子也以黑布为底，上面绣花或佩以银饰成鸡冠帽等。云南武定、禄劝等地自称“纳苏”支系的彝族妇女，婚后生了孩子均戴黑帽或黑包头；永仁、大姚等地自称“黑颇”支系的彝族妇女，婚后包黑布包头；牟定、南华等县的自称“罗罗”的彝族未婚姑娘戴黑色包头帕。在彝语中，将黑、绿、蓝色概称为“纳”，“纳”彝义黑色，是很多支系的称呼，如“纳罗”（武定）、“纳若”（永胜）、“纳苏”（华坪、宁蒗）等。彝族认为，黑、青、绿、蓝色不仅尊贵，有庄重、深广之义，而且是美丽的色彩。这与彝族生活的自然环境有关，所以，彝族各地的男女，全身均以黑、青、蓝、绿深色布料为底，再饰以各色花边，是因为青、蓝、绿都是与黑色相近的色彩，而均可以概定为黑色，对碧绿的庄稼、青蓝的山坡、渊深的河池、深奥的道路等，都包含在黑色的意境中。

彝族尚黑原因是什么？或者说，这种习俗是怎样形成的？冰冻三尺，非一日之寒，任何习俗都是一个民族在其历史发展过程中逐渐形成的。虎族，以虎为图腾，在彝族的观念里，虎是他们的祖先，是兴旺发达、勇猛上进的象征。确切地讲，服饰中的尚黑传统，是从远古时代崇尚青虎而来，彝族服饰大多以黑布或青布为底，无论包头、衣裙、裤子、鞋子，从头到脚都是黑色，是远古图腾崇拜的传统。当然，促成彝族尚黑习俗的形成和发展，还有彝族先民采集、狩猎的游牧生活和体质特征（肤黑）及高山密林大自然中美丽的青、绿、蓝色环境有关。彝族所在之地，均是青山、绿草、绿水、花木、羊群……都与自身的体质特色——黑肤相合，为与身体一致的装饰，提供了无数色彩资源，生活在这种“黑色”的环境里，“黑色”的概念出现在人们头脑和语言中的频率自然就高。因而，久而久之，也就有了以黑冠地名、山名、水名乃至人名和族名的做法。彝族以黑、白两色分贵贱，认为黑色是最美丽、最受尊重的色彩。这些因素相互作用，互为因果，所以才有了现今彝族群众中这么普遍而系统的尚黑习俗，特别是在服饰中体现得更为突出，社会影响面更为宽广。

佤族服饰的色彩，大多以黑为主，以红为饰。究其原因，这与他们的原始崇拜有极为密切的关系。佤族崇拜黑色，是力量的象征，力量是生存的根本。他们以皮肤黝黑为荣，当地有俗话说：“皮肤黝黑的人能抵一匹马，皮肤白嫩的人不值一颗籽。”意思是说：皮肤黝黑的人，像马一样有气力，能吃苦耐劳，价值很高，皮肤嫩白的人，无力气干活，连一颗树籽的价值都没有。佤族还以黑土比喻自己的家乡，以黑布比喻自己的心上人。他们还保留有黑齿的习俗，将白牙齿涂染成黑齿，以齿黑为美。

红色也是佤族崇拜的对象之一。不仅山寨头人和部落酋长都用红布裹头，而且妇女也穿红、黑条纹的裙子，以红藤束发、缠腰。因为在原始民族那里，红色是血与火的象征。血代表着生命；火温暖着人间。在原始的狩猎生活中，人们常常用猎获物的鲜血涂抹自己的身体，以显示人类的力量和勇敢。原始民族的生活离不开火，有刀耕火种的过程；用火熟食，用火取暖，用火照明，用火围猎……火在人们生产生活中占有重要的地位。佤族崇拜火，阿佤山每年都要以村落为单位，举行“取新火”仪式，每个家庭中火塘的火都是常年不灭。佤族人民都说：“哪里火红，哪里就是阿佤之山！”因此，红色成为佤族喜爱和崇拜的颜色，直到20世纪五六十年代，佤族地区依然保留着为优秀猎手举行戴红色包头的仪式习俗。

火崇拜，是许多民族原始图腾崇拜之一。彝族自古就把虎、火连为一体崇拜。虎是宇宙万物根本，而火是生命的象征。彝族对火的崇拜就是对生命的崇拜。彝族一年四季离不开火塘，视火塘为火神的象征。在彝族心目中代表吉祥幸福，因而以火驱邪除魔，祈求五谷丰登。因此，产生特别神秘和敬畏的情感，不仅自古就有许多祭火的活动，而且还形成了自己非常独特的节日——“火把节”。其实，火把节是彝族一年一度的开年节，在火崇拜的主题下，又增添了祭山神、打歌、走寨串戚等内容，其规模和盛况，早已闻名于世。

既然彝族对火的崇拜有着如此广泛和深厚的感情，必然也是服饰文化的重要内容。火崇拜，在彝族服饰中的表现，首先是色彩红红火火，焰光奔腾，用红色为底制作各种衣裙和头饰。如石屏、蒙自、西畴、开远、罗平、禄丰、武定、布拖等县彝族妇女服饰，从头饰到衣、裙、裤，均为红色为底，整套衣服如火光四射，烈烈逼人。南涧彝族妇女的“火把冠”，屏边的“火花帽”，石屏彝族的“火纹衣”，绿春彝族的长袍上的飞火图，峨山、石屏地区的女长衫，后摆、肩峰、袖头处常绣有火苗纹样，巍山女帽上缀着火花似的花球，小娃穿火花鞋……不仅造型逼真，构图奇巧，而且刺绣工艺和用料都非常特殊。彝族对于火这一神秘莫测的自然力，在历史长河中，逐渐升华为一种饱含着信仰敬重和闪烁着心灵智慧的文化组合，深入服饰文化的板块，几缕火焰纹，几幅纹火图，伴以红色为底的衣饰，看去平平常常，远远没有它燃烧于莽野高山时的壮观，但从此即与人朝夕相处，患难与共，与民族的社会文化融为一体。在火与人的关系中，进入了一个更为奇谲瑰丽，内涵丰富，充溢着人文气息，闪烁着灵性之光的精彩。特别是火纹衣和火把冠，在彝族服饰文化中，是独有的活灵活现的崇拜对象，长民族之志，颂民族之根，显出独特的风采。

2. 八方观念与四方八虎图

八方观念是人类对日月星辰、宇宙天地的崇拜。在民族服饰中，多用抽象性的模拟构图方式，象征性的表现。这在彝族、苗族、白族、傣族、景颇族中，无论是蜡染、刺绣，或是织锦图案中的八角光芒图最普遍。

彝族服饰的花纹图案多反映出“八”这个概念。彝族的方位神也按四方八角布置，特别是楚雄州武定地区彝族童背和老年人围腰上的“四方八虎图”，蕴意的内涵更丰富深刻。彝族“八方”指的是：东、南、西、北、东南、东北、西南、西北，俗称“四方八角”。彝族有“八方之年”的称呼，是因其“八方”里的内容与“十月太阳历”有关。彝族的方位神也是按四方八角配置的，其中央神反映了以虎崇拜为中心的神权一统论思想，四方神则表现出彝族远古时代的部落联盟形式，以及阴阳学术的宇宙观。神权一统论是中国上古文化的中心之一，而这个文化主流被彝族完整地保留了下来。

彝族服饰上的刺绣图案，八虎表示八方、八角；八朵马缨花不但表示八方、八角，还寓以八方均吉祥。不少小孩的背布面刺绣有一个大八角图案，无论是挑花的方法，或是构图方法多种多样，不仅是彝族刺绣艺术精品，还是彝族服饰中，特别是彝族“童背文化”中所蕴含着的内涵是独一无二的。彝族成年妇女内帽（彝族先戴一内帽，再用长帕围绕包裹成包头）顶正中绣一八角图案；青年女子用的方巾正中也多挑绣八角图案；妇女挎包、围腰正面也多绣八角挑花图案。妇女银饰

正面更是八角图。滇东北一带彝族，旧时宴客，分“彝宴”和“汉宴”两种。“汉宴”用的是金属、陶瓷等食具；“彝宴”则用木质漆器餐具，此种餐具上的漆彩花纹，也多以八角花纹图案为主，特别是在大、小凉山地区的彝族，至今仍完整保留使用。旧社会凉山地区彝族内部各氏族间打冤家频繁，各氏族均有战旗，战旗上也有八角图案。“八方”“八角”“八”的概念，在彝族生活中到处都是，不胜枚举。总之，彝族“四方八虎”图可说已经将彝族八卦科学理论予以形象化地包罗在内，艺术地概括了彝族崇虎而视虎为保护神；“八虎”分列八方以象征虎推动太阳、地球，围绕大地不停地旋转，是日夜交替的彝族原始宇宙观。

四方八虎图，是指图案的底布和其中的图案均为四方八角组成，并在中心图案的每个方位绣有两只（四方共八只）虎。四方八虎是整块图案的核心，虽然不同地区配饰的图案内容有所差异，但四

方八虎这个核心图案是都要遵守的。例如云南武定、禄劝一带，传统的主图为外四方套内四方，内四方每方又有一树二虎，构成四树八虎的中心图案，衬以彝族最喜爱的马缨花八朵，与八虎相对应，有的还在图案的边角和最中心绣有“喜”字或太阳纹。彝族四方八虎图形象没有单独的构图，都是与各种各样的动物与花草树木、山水巧妙地搭配在一幅画面上，极为生动美观。总之，都是在核心图案不变的基础上，根据各自的想象、技巧、喜好，而配制的图纹各有千秋。

四方八虎图不仅体现着彝族的虎图腾崇拜，而且还集中地表现了几乎渗透于彝族传统文化一切领域的“八方观念”。首先图案的板块“四方”代表着宇宙空间之大四方，而八虎中的每一虎也代表着一个方位，即东、南、西、北、东南、东北、西南、西北。这些方位都是由虎推着转动着，才有春夏秋冬，白天黑夜。宇宙间的四方八方都与虎有着关系。在彝族服饰中，“四方八虎”常常演化成大四方加小四方的套形图或简单的八角和八方光芒图形。大四方加小四方的套形图案，一般又由代表大四方与小四方的两个十字纹交叉成八角形或八角光芒图表示。八方、八角的概念，在彝族服饰中源远流长，影响广泛，几乎所有彝族小孩背布面上都挑绣大板块各式各样的八角形图案；易武彝族（纳苏）订婚时男子要送给女方一对拴围腰的银链和一块绣有八角花纹的围腰。总之，以“八”为基础的图案，在彝族社会中比比皆是，八方四虎图、八角光芒图、二虎抢宝图等，不仅只是对虎的崇拜，而且反映着八方观念，万物有灵的文化精神。因此，图案的内容丰富，构图刺绣都极为精美，充分显示着八方观念文化意蕴的深厚和在现实生活中的特殊意义。

3. 万物有灵与七星披肩

图腾崇拜是相信人与大自然的一切都有血缘关系，所以崇拜的对象非常宽广。“万物有灵”，认为日月星辰、风雨雷电、山川草木、飞禽走兽，皆有神灵，人若求之，必有效益，人若犯之，必遭祸害。先民认为，长翅膀的，有四条腿的，都具有超乎人类的特殊功能，比人更有力量和聪明，因此它们都是“朋友”和“亲人”。这是人类最早的崇拜观念。

图腾崇拜与服饰融为一体。反映在服饰上的宇宙观念，集中表现在太阳、月亮、云彩等图案上。许多民族对日月星辰、火、水、草木、动物、色彩等，都有自己的崇拜习俗，反映到服饰上来，不可尽数。凉山和贵州等地区彝族妇女长衣的后襟上大多绣有云纹、太阳纹等。人类对太阳的崇拜是永恒的，太阳纹的图案成为护佑人类的吉祥符号，并在各民族的织绣图案中频频闪光。令人惊异的是，在由古至今的图像传承中，太阳纹更多成为渲染女子形象的必需品。这与民族许多创世神话中女神开天辟地的故事遥相呼应，记载了人类社会初始的母系氏族时期女性执掌乾坤的历史，太阳就是女性的化身。彝文典籍《左候·公史篇》和《勒俄特依》均记录了彝族先民远古时曾与日、月进行过顽强的斗争，当感到大自然的威力强大无比时，就产生了敬畏和祈福免灾的思想，导致了对日、月的崇拜。在服饰中，则以虔诚之情表现了天体的形象，例如四川凉山、云南石屏妇女的坎肩、后背常饰彩条布，意为“彩虹”；衣的领、袖有“太阳花”，衣背及衣前胸部多用日、月形银片镶饰。反映在服饰上的宇宙观，还有昭通威宁地区彝族女衫领口周围的花纹线条组合图案，意为“圆形宇宙”，下摆以白色布条或白线盘绕在黑色底布上，成三组螺纹组合图案，状如虎头，意为“天父”，黑色底布意为“地母”。这喻示了彝族古代有阴阳八卦宇宙及虎宇宙观等一系列哲学思想。西南地区各民族用于服饰上的自然图案很多。

佤族认为人类与万物之灵均在头部，特别注重儿童帽子的装饰，让母亲的灵气与幼儿的灵气时常沟通，于是特别在儿童帽子上绣葫芦、葵花、鱼类等图案，因为佤族将葫芦看作是母亲的象征，葵花视为女性，鱼类则寓意母亲和母体的生殖能力。家境富裕的还用银制饰品缝在儿童帽上充当保护神。佤族无论是寨子头人，还是部落酋长，其服饰都有太阳、月亮、星星和牛头等图案，以显示其身上时时有神灵的信息，又表现他们是人与神的沟通者。在大头人的罩单上，还常常装饰蜥蜴图案，传说蜥蜴是战胜洪水的大神，所以要敬祀它。

彝族色彩崇尚与宇宙有一定关系，早期源于日月崇拜，彝族典籍和传说故事中，都有用颜色象征天地日月的记载。彝族先民认为，太古之初，清浊二气化为“哎哺”。“哎”为青色，化作日，其色白；“哺”为红色，化作月，其色黑（也演生为黄）。青、白代表太阳系统，红黑代表月亮系统。宇宙四方初定为东青、西黄、南黑、北白，产生了最早的尚色习俗，并反映在服饰上，就是装饰图案方位颜色，大多属于青白和红黑两大色块配搭。彝族服饰上的装饰图案大致可分为几何与写实两大类。几何纹有菱形、条纹、方格纹、折线纹、三角形纹等，这些纹样大多是太阳、月亮的象征，其色彩配搭也是青白和红黑两大类。

龙、蛇崇拜是人类社会普遍存在的一种自然现象。盘瓠是龙的化身，许多民族至今把盘瓠作为民族的图腾崇拜，最典型的是瑶族，有“盘瑶”“盘古瑶”之称，即“盘瓠”之族，不仅千方百计的按传说中五彩斑斓“龙伏”之形装扮自己，也把“龙伏”形象织绣于衣装。文献记录：“用五彩缯锦缀于两袖、前襟至腰，后幅垂膝下，名狗尾衫，示不忘祖也”。其实，在中原地区汉族民间传说中，人祖“伏羲”为狗头人身，并说“伏”字本就是“人”与“犬”的结合，从字面象形表示的角度看，这比“伏羲”“龙蛇”之身的说法更在理。

龙蛇神通广大，是通天之灵，也是法力最大的神灵。我国许多民族几千年来“以农为本”，后代以及他们的子孙就自然而然地把祖先比喻为至高无上的象征——龙；比喻是龙的化身，他们的子孙后代自然就要崇拜龙、崇拜祖先。我国许多民族都有断发文身之俗，以此为标志，作为对龙的图腾崇拜。闻一多在《神话与诗》一书中认定：“为表示他们是‘龙子’的身份，藉以巩固本身的被保护权，所以有那断发文身的习俗。”在云南，傣族至今有文身和赛龙舟的习俗，说明傣族离不开水，与水中龙蛇的特殊关系。龙蛇形象在中国古代文化中蔓延不尽，汉朝许慎《说文解字》曰：“龙，鳞虫之长，能幽能明，能细能巨，能短能长，春分而登天，秋分能潜渊。”龙蛇的文化背景，冯汉骥先生指出：“南蛮，蛇种。”在古代和原始民族中，以蛇象征“地”“繁殖力”“女性”或“阴司”等。蛇在滇池文化中的地位很高，龙蛇（龙女）的传说很多，云南晋宁石寨山、江川李家山出土的大量战国时期青铜器图像上，都有许多蛇的图像，都是两条正在交尾状态的图

形，还有四人捕虎，蛇绕脚下，禽兽相斗，多有蛇盘；骑手捕鹿，蛇咬住鹿尾，人犬猎鹿，蛇也要在纷沓的腿中出现；甚至表现战争、祭祀、歌舞等图案中，均有蛇的介入，反映着人与蛇的亲密关系。近人刘锡蕃《岭南纪蛮》中说：“今蛮人祀龙者，无论苗族、瑶族、侗族、壮族，无不相同，见于巫觋词唱者，尤到处有之。”民族间还有许多：湖海兴波作浪，金龙出大洞，海马归池塘的传说。龙是通天、下地入海之灵，是活力最大的神灵，为表示他们都是“龙子”的身份，所以有断发文身习俗，文身图案中有许多龙纹。蛇的魔力、意志力及灵性、奇特的形体与感应力，以及与人类对性的认识，生育观等意识，蛇通过升华跃上神圣宝座“龙”。蛇不同于其他动物，屋内室外都可能有它的踪迹或洞穴，是常被人们见到的一种动物，而且繁殖能力很强，一条母蛇一次生下的至少四五条，多的八九条，正因为如此，蛇图像作为自己部族的标志，在很多民族服饰中，都有依据蛇、蜈蚣、蝴蝶、蚜虫类形象的虚幻变化组合成龙形图案，特点突出。龙是英武、尊贵、权威的代表，故历代帝王自称“真龙天子”。最早的龙纹是修长弯曲，与藤枝蔓相缠绕，以后的龙纹样式较多，常成盘龙、坐龙、形龙、腾龙、降

龙等状。“角似鹿，头似蛇，眼似兔，项似蛇，腹似蜃，鳞似鲤，掌似虎，耳似牛等”。还有“龙生九子”“龙凤呈祥”“龙凤虎纹”“四灵龙纹”“蟒龙纹”等等。龙、蛇图案在民族服饰中，有着不可分割的关系。龙、蛇的原型和本色，仍在五彩衣上爬行，显示子孙兴旺、民族繁盛，激起民族内向心理，使民族集团联系更加紧密。追忆历史，唤起感情，这样五彩斑斓的龙、兽融合图案，就是最古老的图腾崇拜的传承。

龙是以有兴云作雨等功能为意象基础并结合某些动物，主要是蛇、鳄、鱼、鹿、鹰等的特征想象出来的“四灵”（亦称“四神”）之称。龙和鹿，是苗族、瑶族常常见的动物纹样。龙和鹿是高贵、善良、吉祥和幸福美好的象征，在民族服饰刺绣和蜡染、织锦的图案中，龙纹还反映出各民族文化融合的特点，如“龙凤呈祥”“双龙戏珠”等，“龙”是蛇的夸张、增补和神化，而“凤”也是各种鸟的神化形态。它们不是现实的对象，而是幻想的对象、观念的产物和图腾崇拜的追求。龙蛇都是许多民族图腾崇拜的对象，远古时代，龙蛇还是土地的象征。所以，在民族服饰的图案装饰中，龙蛇图案常被绣到妇女的裤脚、围腰和飘带上，配与人物花卉等，有的还与虎、人配合，而虎的尾巴特别长，人却比虎小得多。这样的图案，虽是受远古图腾观念的影响，但在少数民族中，一个民族有一个民族的崇拜方式，如傣族是泼水节中龙舟竞渡，白族、彝族、苗族、瑶族则是刺绣和蜡染图案中表现。

作为一种物质文化，民族服饰具有历史的传承，留下了若干传统文化心理的痕迹。各地民族服饰都有区域的代表性纹样，都是“万物有灵”的征象。除上述之外，植物类纹样也很丰富广泛。蕨类植物是世界上最古老的野生之类，也是各族祖先的重要食品来源，并靠它度过了一次又一次的饥荒，被称为“救命草”。在凉山有多处名叫“蕨基”的地方。古代还有以“蕨基”命名的部落。在彝族古经书中，“蕨基”象征子孙昌盛，直到现在，凉山、昙华山等地彝族仍食用蕨基。彝族服饰的蕨基形象，表达了他们纯朴的感情和祈求温饱的心理。在云南少数民族地区称为“蕨菜”，都是接待客人的佳品，蕨菜的花叶，经常挑绣在挎包或兜肚上，是永不离身的装饰品。

马缨花是云南彝族，特别是楚雄州大姚县昙华山彝族最喜欢崇拜的植物，不仅每年初春要过“插花节”，而且马缨花绣在妇女的围腰上，是最幸福的象征。据说，马缨花（树）是彝族先祖的化身，彝族习惯中也含有马缨花树的图腾崇拜。一些地区的彝族还认为，马缨花具有护佑子孙的法力，在背负小孩的童背绣有大朵大朵的精美马缨花。象征吉祥、幸福、兴旺的马缨花，对云南彝族文化、艺术产生了深远影响，马缨花图案被广泛地应用在服饰上。

在西南地区少数民族中，动物崇拜反映到服饰上来，数不胜数：蒙古族崇拜羊，长袍用羊皮做成；苗族崇拜牛，便有牛角头饰；傣族崇拜大象、孔雀，傣锦上多有象和孔雀的图案；瑶族祖先为盘瓠，故穿“五彩斑衣”，儿童戴狗头帽、穿狗头衣，都是对盘瓠图腾的崇拜。凉山所有地区彝族服饰图案几乎全是羊角纹和火镰纹的组合；贵州毕节、六盘水地区彝族衣衫上杜鹃鸟、白鹤、双鹿等动物纹，乍看似乎是受汉族文化影响，其实，是源于彝族对这类动物的崇拜。据彝文记载：杜鹃鸟被彝族先民视为神鸟，又称“太阳鸟”，传说它受祖先策举派遣，下临人间叫春，教导子孙后代懂时令、勤劳作，停战争，保兴旺，而白鹤则是吉祥、高贵的彝王先祖的化身，彝文典籍《物史记略》称：“天地的白方，白人生‘九杈脸’来管理天地的南方。黑人生‘猪毛’来管理天地的西方；黄人生‘鸡冠’来管理天地的东方；青人生‘羊头’来管理北方。”这里的白人、黑人、黄人、青人是彝族按“宇宙观念”中的宇宙空间方位所代表的颜色来选定的，他们属于不同支系的彝族，所谓“九杈脸”（鹿角）、“猪毛”（兽皮）、鸡冠、羊头则是指上述各色人等不同的装束，并成为他们各自图腾崇拜的标志。此后，这些装束逐渐演变为服装纹饰，并传承至今。

西南民族服饰图案很多，有吉祥图案、动物图案、自然物图案与人工制作品形象图案，还有几何图案。吉祥图案的来源是民间信仰。西南各民族中流行的吉祥图案，有本土的传统图案，也有来自内地信仰引发的图案。吉祥物的来源比较复杂，有来自历史传说的，有来自比喻的，有的来自让人心悦目的美好形象，也有的源于同物变意。但普遍认同的是，吉祥事物为人的平安富贵、多子多福，婚姻中的合好，白头人偕老，为官清廉与升迁等。这些题材是西南民族服饰中常见的选择。石榴、瓜、葫芦、老鼠、葡萄等图案象征多子；桃与灵芝表示长寿；佛手和蝙蝠被借喻为福子；牡丹象征富贵；钱形示多财；莲示清廉；藕喻指偶；百合示百年好合等，都见绣于围腰、背被与衣帽之上。松、柏长寿又因凌冬不改颜色，被奉为至诚君子；竹兰、梅的气质风范也受人称赞；菊以不附时，被视为花的隐逸君子；松、竹、梅称岁寒三友；梅、竹、兰、菊称四君子等，常见于服饰的织染图案的题材中。龙、凤、麒麟为灵物，汉族中常见，西南民族服饰上也常见，组图如：蝶恋花、鹊登枝、鱼戏莲等都是常见的图案，大理一带的彝族、白族，会将五谷种籽种入香包中，作为吉祥物，让小孩佩带。动物类纹样很多，彝族服饰中，最具代表性的有虎纹、羊角纹、鸡冠纹、鹤纹、杜鹃纹等。吉祥物除龙、凤、麒麟之外，常见的还有狮、虎、孔雀、喜鹊、凤凰、白鹇、锦鸡、鹦鹉、鹤、鹭、鹰、雁、鸡、鸭、鹅、大象、鲤鱼、蛙、鸳鸯、鹭鸶、蝴蝶、蜜蜂等。

生殖崇拜是人类最早的崇拜，是图腾崇拜的根基，笔者在前章节中已有论述。人们对龙蛇图腾的崇拜，在生活中蛇是具体的对象，因为龙是天上抽象之物，蛇是地下生长繁盛之物，两者融为一体，便成为生殖崇拜的神圣对象。人们对蛇这种自然界很容易见到的动物，产生出来的生育崇拜观念，绝不仅只是限于某个地区或某个民族，就连遍及世界的基督教《圣经》里的“伊甸园”故事也与蛇有关：上帝首先创造了亚当、夏娃这对地球上最早的人，但他们不知是生儿育女的男女两性。他们长期生活在“伊甸园”里，受到了蛇的诱惑，偷吃了“禁果”，冒犯了“天条”，被上帝逐出天堂，才有了男女之分，二人从此生儿育女，有了后代。“伊甸园”的故事与中国伏羲女娲兄妹成亲生儿育女的故事是相似的，而且女娲与伏羲二人为人首蛇身。少数民族刺绣在服饰的装饰，有众多的两蛇交尾图案，都与生殖崇拜有关。蛇不同于其他动物，屋内室外都可能有它的踪迹或洞穴，是常被人们见到的一种动物，而且繁殖能力很强，一条蛇一次生下的至少四五条，多的八九条。正因为如此，蛇图案在很多民族服饰中都出现，图案依据蛇、蜈蚣、蚜虫类形象虚幻的变化成龙，组合成“龙生九子”“龙凤呈祥”“龙凤虎纹”等综合图纹。它的原形与本色仍在五彩衣上爬行，显示子孙兴旺。

对鱼的生殖崇拜，在西南地区少数民族中也非常普遍，不仅从他们流传在民间的许多神话故事里可找到答案，而且在服饰、民俗事项中也见证着。历史上，云南哀牢山山区的彝族，在遇到久旱不雨之时，为了祈求老天爷下雨，便选定九对未婚的男女青年，男的要求身体强壮，女的要求美丽媚人。这九对男女青年，都要穿上绣有鱼、龙精美图案的服装，于天亮前到水塘边唱歌跳舞，以取悦水神，求其赐雨。云龙县一些乡村求雨时抬着一个刺绣鱼纹图案最精美的少女去龙潭求雨，目的也是取悦于龙王下雨。这些心理反映出来的习俗，都与女性生殖繁衍要如同鱼一样有关，至今西南少数民族里的一些妇女依然喜欢把鱼形图案的花纹刺绣在自己的衣服上，或把鱼形银饰品装钉在衣帽上，除了起到美观，并显示富有外，还表现这个女子发育成熟，生育兴旺，是生殖崇拜的一种象征。

在我国古代时期，就以鱼来象征配偶。生殖能力特强的是鱼，没有任何动物的产卵比得上鱼产卵那么丰富，正如闻一多在《说鱼》一文中讲的：“种族的繁衍既如此被重视，而鱼是繁殖力最强的一种动物，所以在古代，把一个人比作鱼，而在青年男女之间，若称对方为鱼，那就等于说，你是我最理想的配偶。”远古人类以鱼象征女阴，实行生殖崇拜，不但是中国乃至是世界范围内的一种共同思维方式。这种认识，不仅仅是因其形状如“阴物”的关系，更重要鱼是一种繁殖力最强的动物，这一点正满足人们希望自己家族壮大发展、昌盛繁荣的愿望。鱼是无脚无手、公母不分的动物。因此，作为人类男女两性综合象征，是融为一体的特殊感情，这是人类原始生殖观念与生育崇拜的反映。

图腾崇拜是人类生殖崇拜的发展和提升。从民族服饰上，我们看到了一个民族的心态，一个民族的历史、文化和现状，而且让我们感觉到了民族的聪明智慧、热情奔放。可以说，服饰是人类文化的历史标记，也是人的历史文化象征。据收集的各种资料，充分展示了西南地区少数民族千姿百态、丰富多彩的古代图腾文化的精髓。

图腾崇拜与服饰起源及发展变化都是融为一体的。人类在远古时代，普遍有过图腾崇拜的事实，因此，民族服饰上反映图腾崇拜的内容特别突出，到了近现代，虽然图腾对象已经演变成了各种各样的花纹图案，但无论是造型和传说故事的内容，都还保留着远古图腾崇拜的原始形态，其中最为典型的就是纳西族的七星披肩。

纳西族的七星披肩，过去称作“披星戴月衣”。其实，它是最典型的图腾服饰，纳西语叫“尤恩”（意即“披之于背”），为丽江纳西族妇女服饰的典型代表。在东巴文中，早有“尤恩”的象形文字，其书写的图形与现在披肩造型及图案基本相似，可见此服饰的历史非常悠远。所以，每一个纳西族妇女，都要用自己的双手，选择一张毛色黑亮，绵密柔厚，长 70 厘米，宽 60 厘米的黑公羊皮制成披肩。羊皮向内，革面向外，羊皮下部呈椭圆形花角状，上部平直，与宽 25 厘米、长 90 厘米的黑丝绒织料缝合，织料下端钉七个圆形饰物，每个直径约 7 厘米。披肩中部横缀一排七个约二寸的圆形绣锦描花图案，而这七块圆形图案上再分别牵引出两条柔韧的虎皮细绳，被称为飘带。披肩上的圆形饰物，用布壳与多层色布制作成圆形硬底板，然后用彩色丝线精心绣上花纹图案，一圈圈的色彩纹样，像放光的星月，每一饰物的中心钉两条 40 厘米长的革制细带，使其垂下。在七个小圆饰物上方，再缀钉直径约 13 厘米的大圆饰物，花纹图案与小圆饰物相似。在背上方两侧钉有两条 70 厘米长、13 厘米宽的白布背带。背带头装饰一段 30 厘米长的刺绣，上部绣直线排列的二方连续纹样，纹样内容有农耕、舞蹈、武士，以及吉祥花果等；下部以十字挑花手法绣一单独纹样，既似蝴蝶又像蝙蝠，别致精细，造型生动古拙。装饰图案以黑线刺绣，在白底衬托下显得特别醒目。

七星披肩有着特殊的作用功能。纳西族妇女，无论劳动和日常生活，都把它披穿在身上，是永不离身之物，具体披的方法：将披头先搭于背部，再将两条背带通过肩部在胸前交换，然后转向后束在背上打结固定，背带头垂于下方，披背两面都可使用。丽江一带气温偏低，多数时间有毛的一面向里，天热的时候有毛的一面向外。七星披背，有着古老而丰富的民族文化内涵。背上的图案装束的含意，有不同的说法，传说故事也很多，较为普遍的说法是：在下的七个小圆图案为“七星”；星上的垂穗表示星星的光芒。在上方两个大的圆形为日月。故有“肩挑日月，背负七星”的传说，象征着纳西族妇女披星戴月，吃苦耐劳的精神。据纳西族传说，远古时代，一个勤劳能干、美丽聪明、名叫英古的纳西族姑娘，与旱魔王搏斗，奋战九日，累倒而亡，白沙“三多”神为了表彰英古姑娘的勇敢，把雪精龙制服旱魔王后吞下的七个冷太阳捏成七个圆星星，镶在英古的顶阳衫上，英古便复活了起来，成为纳西先民女性的榜样，以后纳西姑娘模仿英古，将七星图案钉在肩膀上，象征披星戴月，勤劳勇敢。还有一种说法，纳西族的始祖崇仁利恩和天女衬红葆白成婚后从天上下到人间，途中遇情敌可洛可兴口吐恶露遮住去路，衬红葆白便把准备好的羊皮披在肩上，披肩上的日月星光照亮了道路，使他们安然到达人间，建立了幸福的家园。从这以后，纳西族妇女就按照始祖母衬红葆白从天上带下来的羊皮样子制作了“尤恩”（七星披背）。七星披背的另一种说法是：纳西族自古将青蛙视为智慧之神，能解人危难，因此这些圆形图案，代表着青蛙的眼睛，是一种青蛙图腾崇拜的历史痕迹。纳西族妇女的七星羊皮披背不仅具有丰厚的民族文化内涵，同时还具有审美、保暖防寒和背负箩筐等物件时有保护背部、肩臂的功能，所以至今都是纳西族妇女的珍爱之物。

二、“九隆神话”与“衣皆着尾”

在西南民族服饰中存在着一种普遍的现象，即对尾部（臀部）的装饰，一般称为“尾饰”，又称“尾饰之俗”。这种风俗，是民族服饰中一种古老的传统，实际上是远古图腾崇拜的反映。其历史渊源，可追溯到很古老的时代，其中“九隆（龙）神话”是有文字可考的一则记载。

衣皆着尾，其实是人类最早的动物图腾崇拜。动物图腾是任何一个民族都曾有过的一种原始崇拜。这与人类早期的渔猎生活密切相关。处于蒙昧时期的人类相信某种动物跟自己氏族有血缘关系，而奉为始祖，动物图腾便是人类首次不自觉造的“神”。“神”的圣德和伟绩，不仅用神话的形式告诫氏族成员和子孙，口耳相传，反映到服饰上来，比比皆是，从有了服饰的那一天起，便产生了“衣皆着尾”之俗。据有关民族渊源和形成发展的研究成果表明，哀牢与彝语支诸族有着密切的渊源关系。哀牢夷世居永昌（今保山）地区，据《华阳国志·南中志》和《后汉书·西南夷传》载：永昌郡“东西三千里，南北四千六百里”的宽广地区，都有哀牢夷分布。“（哀牢夷）其先有一妇人，名曰沙壶，依哀牢山下居，以捕鱼自给。忽于水中触有一沉木，遂感而有娠。……沙壶曰‘若为我生子，今在乎？’而九子惊走。惟一小子不能去，陪龙坐，龙就而舐之。沙壶与言语，以龙与陪坐，因名曰元隆。……元（龙）（隆）长大，才武。……共推以为王。时哀牢山下复有一夫一妇，产十女，元隆兄弟妻之。由是始有人民，皆象之，衣后着（十）尾，臂胫刻文。”[①]《后汉书》言：“其母鸟语，谓“背”为“九”，谓“坐”为“隆”，因名子曰“九隆。”[②]九隆死后，这种传统世代相传。后来，虽然发展成若干支系，“分置小王，往往邑居，散在溪谷，名号不可得而数。”“散在溪谷，名号不可得而数。”但他们依旧模仿龙的形象，在衣服后面拖一幅布或衣服制裁皆有尾形，即“衣皆着尾”，以此对“九隆”始祖的纪念。

衣皆着尾，最早见于东汉时期的著作。《说文解字》对尾字的解释是“古人或饰系尾，西南夷亦然。”《后汉书·南蛮西南夷列传》说：“种人皆刻画其身，象龙文，衣皆着尾。”[③]衣皆着尾，就是在衣服后面拖一幅布作装饰。这是当时西南少数民族一种特殊的服饰习俗，《水经注》《风俗通义》《华阳国志》等史书以及少数民族中许多民间传说，都有记载，内容均为“衣服制作皆有尾形”。古文献中，都把这些民族称为“尾濮”。也就是说，这些民族身上都长有“尾巴。”“尾濮”在古文献中除上述的是图腾，即“九隆神话”崇拜在服饰上的风俗外，还有确实认为人长有尾巴的记载，最早见于魏晋时期的著作，《广韵》卷五载：“濮铅，南极之夷，尾长数寸，巢居山林”。宋代《永昌郡传》云：“郡西南千五百里徼外有尾濮，尾若龟形，长四五寸，欲坐先穿地空，以安其尾，若邂逅误折尾便死。”同时《太平寰宇记》卷一七九“尾濮国”条谓：“其人有尾长三四寸，欲坐则先穿地为穴，以安其尾，折便死。”该条还引《扶南土俗传》：“构利东有蒲罗，其中有尾长五六寸，其俗食人。”此外，《太平广记》《通典》等均有引文，都说人长有尾巴。

看来，长有尾巴的人不仅有，而且分布还比较宽广，从“永昌郡（保山）西南千五百里徼外”到“扶南”（越南）的广阔地区都有“尾濮”分布。当时“尾濮”这一族称，虽然是南方少数民族的泛称，在这一族称下包括着若干具有“尾濮”这一文化传统的民族群体。这些民族群体，经过多次的迁徙、融合和发展成了西南地区许多现代的民族，但这些民族中，1950年前根本找不到长有尾巴的人。中华人民共和国成立以后，虽然还

① [晋] 常璩撰，刘琳校注：《华阳国志校注·南中志》，第424页，巴蜀书社，1984年版。

② 《华阳国志校注·南中志》“永昌郡”条之“九隆”注四，第425页。

③ [宋] 范晔撰，[唐] 李贤等注：《后汉书·西南夷列传》，第2848页，中华书局，1965年版。

有内地人千方百计，要想目睹一下西南少数民族的“尾巴”，结果闹出了不少场笑话。那么，这些长“尾巴”的民族哪里去了呢？古文献上的记载是真是假？

众所周知，人是由古猿演变而来。因此，人体尚有尾骨的迹痕，但人类早就进化到现代人的阶段，怎么也不可能长有三四寸、四五寸长的尾巴。把人类服饰上的特殊装饰，说成是人身上长有“尾巴”，是“前人对少数民族歧视污蔑，类多如此，毫无可取。”方国瑜《云南史料目录概说》又言：“古人所说，非目见也”，甚至“怪讹不稽，以讹传讹”。[①] 其实，“衣皆着尾”的文化意蕴，不能简单地理解为只是象征动物的尾巴，正如《辞海》和《方言》中解释的那样：“尾，尽也。尾，梢也。引伸，训为后。”可见，尾字的含义，绝非单指尾巴。它包含着事物的前前后后，人生的圆圆满满。《说文解字》中说：“古人或（皆）饰系尾，西南夷皆然。”古代中国西南地区的少数民族，都有尾饰之俗，意蕴非常丰富宽广，形成服饰的一大特点。

“衣皆着尾”成为西南民族一种普遍的服饰传统，流传至今。在彝族、白族、哈尼族、基诺族、纳西族、藏族、苗族、瑶族、傣族、布依族、水族、门巴族、羌族、珞巴族等族妇女，都非常注重臀部的装饰，她们用各种彩色丝线或色布做成精美图案，垂挂在臀部，花花绿绿，十分艳丽耀眼，所以有“花腰彝”“花屁股彝”“花腰傣”“尾濮”等的民族称呼，其中最为普遍的是，妇女的围腰上都有刺绣精美的飘带。飘带至少两条，多的达十几条。围腰系在腰间，飘带在腰部后打结垂于臀部，劳动或行走时，飘带都会摆动，真像一条条漂亮的“尾巴”，十分讨人喜欢，真是让人有“圆圆满满”的感觉。哈尼族（罗美支系）姑娘，自小腰间就系着两头绣有五彩花纹的箭头形腰带，特意将箭头及其图案花纹在外衣后摆的

① 方国瑜著：《云南史料目录概说》，第 30 页，中华书局，1984 年版。

臀部，表示少女天真无邪，而到十七八岁以后，则在腰间箭头外加一种“批甲”，哈尼族称“尾巴”，无论在公共场合或是家中长辈面前，都必须佩戴，否则视为不礼貌。红河南岸一带彝族妇女绣制的菱形挂饰图案极为精美，对角吊在臀上，十分精致美观，又是另一种形式的“尾饰”。瑶族服饰本来就多姿多彩，瑶族传说中的始祖“盘瓠”是五彩斑斓的“龙犬”，龙尾是生动的纪念。因此瑶族先民便有将衣服染成五彩颜色的习俗，至今瑶族服饰无论男女，都要在袖上、裤脚和胸襟两侧绣上色彩鲜明的花纹，或镶拼上六七种色彩的花边，妇女们都是将好几条装饰得特别美丽的腰带头故意在臀部垂下一大截，形如龙（蛇）尾；有的则将上衣剪成前短后长，这些都是制衣“皆有尾饰”的服饰传统。

尾饰的种类很多，其形制和穿着方法不是同一的，综合起来有五种：一、在围腰的飘带上和腰带上刺绣精美的图案，系于臀部。这是最为普遍和直接的方法。二、类似帔巾，前用带或其他绳线系于胸，后面覆于背，“尾”不再单独分出缝缀，只在帔巾后幅剪出尾形。三、身着长裙，在后襟下端剪裁一定形状的布缝上。四、用布剪成尾形，不缝缀于后襟，使用时用腰带扎紧固定。五、直接用动物尾巴披挂在身上，或制作动物皮衣（如羊皮、鹿皮）时一定不能将尾巴裁掉，要完整地保留下来。当然，“衣皆着尾”的装饰方法很多，其形状有呈倒三角形、短长条形，有的似龟形、燕尾形，有的衣尾长度为“三四寸”或“五六寸”，甚至衣尾长三尺，有的衣尾特长，已曳于地。在尾饰上大多刺绣图案，其图案无论造型和刺绣针法都非常精美，特别是图案的内容，都与人的吉祥幸福，圆圆满满有关。

尾饰之俗流传至今，在今天的云南楚雄彝州大姚、永仁、武定、牟定等县及大理州巍山县等地彝族，不分男女，都穿羊皮衣。羊皮衣的制作，特别注意尾巴的完整，如果不小心把尾巴弄坏，质地再好的羊皮也不受欢迎。红河、文山一带的彝族妇女也比较注重对臀部的装饰。她们用各种彩色丝线和色布做成有精美图案的飘带，垂挂在臀部或腰的左右两侧，花花绿绿，十分鲜艳。最为普遍的是彝族妇女的围腰上都有刺绣精美的飘带。飘带在身上都是飘动着的，真让人有动物尾巴的感觉。总之，尾饰作为暗示某种文化意义的服饰艺术，在云南少数民族中，从古至今，没有失传，而且越来越有提升和发展，其装饰形状，佩戴方法都多种多样，但都闪耀着奇异的光彩，以自己五光十色的样式，为民族文化增添了美丽的生命动力。

三、生命、母爱与童背文化

1. 多子多孙与服饰文化艺术

“多子多孙”是人类最早、也是最普遍的崇拜，在西南民族崇拜的内容中非常丰富、宽广，也最活跃、最发达，覆盖面也最广，甚至在历史上已经湮没了的一些文化现象，依然存留着不少踪迹。祖灵葫芦，便是许多民族祖先崇拜与生殖崇拜融为一体的典型代表。云南几乎所有民族都跳葫芦笙舞，从中流传着不少故事都是对葫芦多籽、繁殖力强，而且其形状犹如妇女怀孕时的肚子崇拜敬仰，并以其吹拉弹唱，欢乐人生。当然，最典型而且时时离不开的是穿在身上的葫芦形图案服饰。

少数民族妇女几乎都要在胸前肚口上系挂葫芦形围腰。特别是青少年和中年女性围腰上的刺绣图案极为精美，内容也大多与多子多孙、吉祥幸福有关。葫芦崇拜是民族社会中普遍现象，女性围腰成葫芦形，有其特殊而又古老的文化内涵。云南少数民族不同地区，不同支系，都有葫芦生出人来，或洪水滔天，兄妹俩躲进葫芦得以脱险而繁衍后代的神话传说。这些传说，虽具体内容有所差异，但其中心都是把人的生殖繁衍和葫芦连在一起，这是各族先民将葫芦比作女性生殖器而神化了的故事。因为人类在早期阶段，繁衍人口是压倒一切的头等大事。女性生殖器与葫芦有着某些相似。婴儿从母体出生时身大头小的体形与葫芦的形体也相似，更重要的是，把葫芦多籽，繁衍茂盛，同子宫的生殖功能联系起来，作为民族兴旺，多子多孙的象征。其实，在中国远古文化中，就有“绵绵瓜瓞，民之初生”的记载。意思是人类出自葫芦，后世民间，处女与男子交媾，一变而为众人，故有“破瓜”之称。葫芦亦属瓜类，圆形、多籽，且含有令人惊奇的生命力和繁殖力，民族先民由此联想，将女性分娩时流溢出的羊水、血液夸张而神化般地想象成“洪水”，婴儿灾难来临，躲进形似葫芦的子宫，再从子宫中漂流出阴道安然降生，繁衍后代。这原本是一种虚构，是初民探索人类起源的一种联想思维。但在民族社会中，葫芦是演化成母体的象征，葫芦崇拜就是母体崇拜。这种崇拜在服饰中反映得淋漓尽致，令人信仰。在民族服饰中，刺绣最精美、最富寓意和向往的是妇女围腰和背负幼儿的背布。围腰，最初只是妇女劳动时的一块兜肚遮胸布，因所遮护的是女性最性感、最有魅力的特殊部位，随着时代的进步和审美意识的提升，这种适用与美观便同多子多孙、民族兴旺的生殖崇拜信仰融为一体，使一块小小的围腰，意蕴着更为丰富的文化内涵，成为世代乡土女性创作的源泉。围腰，大多为方形，均系在腰间，有的则是葫芦形，从胸部挂系到腰间，胸部和腰下两胯之间的图案特别精美，绝大多数都有蝴蝶、蛙、鸟、鱼、石榴、吊子花、小人花等。这些都是多产籽、卵之物，其寓意在于源源不断的生命创造从这里开始，放眼看去，色彩斑斓，已是万物化生的活泛世界了。特别是围腰中心部位的图案，意蕴更加丰富，是女性意向和向往的主题，更是突出精挑细绣的亮点。这些繁衍兴旺、无处不生的动植物图案，围腰挂在腰间，显示着女性多子多孙的意图，其中最艳丽、最精美的是马缨花。马缨花色彩艳丽。红透无比，且高大冲天，一棵可开花千万朵，作为女性生殖意向的象征，是何等美好旺盛的生命力。最有价值的是彝族“二虎抢宝”的围腰，刺绣图案的线条粗犷简略，图案抽象清晰，最上方是两只骁勇强悍的猛虎在争抢天上的月亮和太阳，中间的四只喜鹊向花丛飞去，下层则是展开了的一个大花丛，托住上面所有的图案。这花丛，有说是变了形的马缨花，是女性美丽漂亮和繁衍兴旺的象征。总之，虎、月亮、太阳，都是彝族古老的图腾对象，作为人聪明的心灵，明亮的眼睛和双手，充满着对生命和对自然神灵之爱。

彝族妇女刺绣的葫芦形围腰，从胸部系到腰间，胸部的乳房、腰间的生殖器官与围腰上精美红艳的马缨花融为一体，极富刺激和吸引力。透过葫芦形围腰，在这里隐着一个既有着饱满生命力而又热情活跃的女性成熟身躯，生殖繁衍后代的能力可想而知。

彝族妇女除了围腰，还在衣服的袖边、裤脚、飘带、帽子、巾帕、挎包等部位刺绣葫芦藤、花、叶和变形的葫芦图案，银饰品中还有小银葫芦。这些都是勤劳善良的彝族妇女，对祖先、对生殖崇拜所表现的聪明才智，是留给后人追寻远古文化的实物见证。所以，对于民族服饰，人们曾有“穿在身上的历史教科书”之称。

祈福生子在民族服饰装饰中最典型还有云南石屏彝族年轻姑娘的坎肩，胸前挂有两个乳房形的铜饰物“阿奴兜”(彝语，意即“吊奶”)，是古代生殖崇拜在服饰上的再现，有祈多子多福之意。巍山、弥渡等地妇孺皆用的裹背，上用黑线绣两个方形小图案，据说这是两只眼睛，身背裹背，妖魔鬼怪就不敢从后面偷袭，有保人生平安的作用。乌蒙山威宁女童帽图案花纹及所缀动物香包，亦表达了人们驱邪避鬼，希求平安健康的心愿，都是生命、生殖、子孙旺盛的追求，增加了生殖崇拜中的丰富内容。

人口繁衍，在原始人的观念中占有根其重要和神圣的地位。因此，生殖崇拜不是性崇拜，原始人并不知道性与生殖的因果关系，以为生殖只是女性自身具有的必然功能，所以在服饰图案中还有象征女性生殖器的符号，如“▽”“○”等。民族服饰中，遗存的有关生殖崇拜的种种内容，凝结着各族神秘的文化信息，是早期人类社会的折光反射，凝集着早期人类的情感和愿望，浓隐着人类社会的发展进程，为我们进一步探索民族原始文化提供了难得的线索。其中，后代的繁衍，民族的兴旺，进一步体现在儿童的生活用品上，如童背、童帽、童装等，更有着特殊的文化内容。从古至今，人们何以要用童背背着孩子，这对于现代都市人来讲也许并不能一下子完全理解，但对于身处以农耕生产为主体的特定生存环境与生活方式的历代少数民族，特别是劳动妇女来说，童背是离不开的母爱艺术，不是职业艺术大师所描绘母子的水乳交融，也不是戏剧电影中的煽情表演。这里要给大家看的是：生活在云南大山里的外婆和母亲们用自己慈爱的身心和灵巧的双手创造出的美丽，迎接子孙后代降临世界的第一件礼品——童背。

2. 母子深情与童背文化

童背是生命、母爱的精神文化产品，也是生殖崇拜的典型例证，其制作工艺极为精美特殊。童背、童帽、童装，都与儿童的生命有关。生命、母爱是童背文化的主题。它不仅与生殖崇拜中的母体崇拜、子孙繁衍有着密切关系，也是幼子脱离母体之后血脉相关的“脐带”和母体继续养育孩子的“胎衣”，是人类生命、母爱艺术表现的永恒主题。

童背又叫背布。在中国西南地区民族中普遍流行，不同地区有不同称呼。在云南、四川一带称“背布”或“布兜”，广西、贵州等地称“背带”或“裹背”。童背，是中国西部许多民族包括汉族日常背负幼童的生活用品，最早时，便是用布块把小孩兜负在背上的情景。初生的婴儿体态绵软，需要裹起来才能竖立着攀伏在母亲背上。婴儿一般指不满周岁的孩子。少数民族童背的使用方法，背幼小的婴儿和会站立不满周岁的孩子不同，而且，都是在孩子出生时，由外婆亲手绣制赠送，从此，童背就成了联系婴儿与母亲密不可分的纽带。

童背用硬胎软布制成，整块满绣，甚至连缠系带上都绣满花纹，构图严谨，绣工精细，看去犹如精美的画幅。童背上方内层边缘上缝钉五尺长，一寸宽的两根带子。带子用红布或绿布做成，上绣几何纹。带子的顶端有飘带两条，刺绣云纹，狗牙纹和山峦、花卉等。顶端还有彩色缨穗。飘带为黑布底，刺绣精美，典雅别致。童背为背上之物，使用时，将系带从两肩向前拉到胸前，再从前胸往后绕到背后将童背压住，再往前拉紧，最后在童背面的中心部位打结，两根飘带便从童背上垂至臀下，与童背构成了一个完整的形式美。它除能保护后腰外，还起装饰的作用，既有欣赏价值，又有实用价值。

走进西南山区的民族家庭，做家务的妇女，无论挑水砍柴，洗衣做饭，背上都是用童背背着婴儿；在田野山间，或是弯弯曲曲的小路上和赶街（集市）的场所，也到处能看见童背背着孩子的母亲。童背是特殊地理气候环境的民族创造出来的具有特殊功能的幼子护理工具。首先，幼子背在身上，母亲腾出了双手可应用自如地做各种家务和下地干活，同时方便翻山越岭，走亲串戚。一般来说，童背适合于负重，母亲将孩子背在背上，比怀抱在胸前更省力和更有安全感。我们在山区里所看到的民族妇女们，安全稳当地把孩子背在身上，甚至产生了民族女性利落洒脱和别有风度的感觉。当然，刚刚来到世界的稚嫩生命，随时随地都离不开母亲的关注。童背将幼儿影响不离地背在身上，不但解决了随时可以喂奶，还可用母亲的体温温暖幼小嫩弱的身体，而且能使幼儿时代就在参与母亲所有的活动中，及早地开始观察和感受着大世界中的种种神秘。倘若婴儿困倦了，便将头侧伏在母亲的背上，母亲搭上盖布，童背便成了温暖柔和的睡床，便可尽情享受“暖床”的幸福。

童背不仅有着特殊的使用功能，更多的是蕴藏着母子之间的感情。童背都是由外婆和母亲精心制作，倾注着母性的全部爱心。在楚雄彝州大姚县昙华山一带，一般不举行婚宴，而是在孩子满月时，请亲朋好友吃大酒。吃大酒中最隆重的仪式就是外婆送绣花童背。这种风俗一直到现在仍然未改。外婆对自己女儿和外孙的全部感情，都倾注在童背里，针针线线，都连系着母爱的心。童背上的每个图案都有着述不完叙不尽的故事，传递着长辈对后代的期望，同时也是贴在孩子身上的护身符。

民族因支系不同，童背的样式和图案花纹各有差异，但图案花纹的意蕴都是高扬生命的主题，吟唱着民族历史的古歌。例如彝族万物有灵，崇虎尚黑和八方观念的文化传统，在童背中表现也非常明显。拍摄于 1982 年石林县撒尼人的童背，均是在黑色底布上采用镶布和刺绣的结合技法，制作童背中心的图案。图案的基本色彩是黑、白两种。彝族有虎尸解体变成天地和太阳月亮的史诗传说，也许是对太阳月亮的敬仰或是基于猛虎皮毛斑纹色彩的兴趣，整个板块图案成天（白色）、地（黑色）、日月之间具有动态感觉的花纹，中心部位则用红、蓝二色块布剪镶成八个卵蛋形图案，显然是彝族八方观念的象征。每个小块图案上又绣有鲜艳精美的蝴蝶花朵。外围边角上均再用黑白色镶制成虎头形图案。整块童背的图案花纹，古朴典雅，一眼望去，就是白云缭绕、花草环抱的动态世界。这样的童背，背在儿童的身上，让人感到血液在沸腾的苍生母子，都能飞到云天之外。彝族童背的款式虽多，但制作的基本方法和结构大同小异。童背均为长方形，都是用硬胎软布制作而成，整块满绣，特别是上部位的花纹图案更是精密艳丽，甚至连缠系带上都绣满装饰图案。花中套花，是童背中刺绣艺术的惯用手法，大花的构图骨架中都有着强烈的视觉效果，花中套绣的小花繁密斑斓，这恰是人们视幼童为“花朵”传统习俗的显示。师宗、罗平一带的童背，大花套小花的刺绣工艺，更是精细严密，特别是在纯黑布上套绣鲜艳的花草，怎么都不会走调，精明的彝家女懂得怎样使单纯的色彩变得丰富和协调，在红、黑两色之间滚动着白色线条，提升强烈的对比，画面变得自然明快，有生命力的感觉。大理滇西一带，童背精美的图案集中在中部最为醒目的位置。下部一般用编织贴滚或色块布搭配制作简单花纹。上部图案的形体似佛龛。图案中心部位有一朵盛开的马缨花。马缨花下有的是童子花，有的是石榴纹，也有的是变了形的蝴蝶纹。它们一般都是蹲坐在一团大的云朵中。童子花、石榴、蝴蝶都是幼童的代表。天地间包裹着的新生命，将会飞黄腾达；同时，用佛龛童子的画面，提醒不断成长起来的生命，在日月宇宙中回味爱的本源，拜谒母亲的圣洁。

在云南，25 个少数民族大多生活在山区，长期以来封闭在刀耕火种的原始生产方式中艰苦创业，而劳动妇女担当着重要的角色。她们不像早就经历了封建礼教的发达地区汉族妇女，成为裹小脚、大门不出二门不迈，只主纺织不问耕种的“屋里人”，她们既要织绣、主厨、育儿，还要下坡、上山种地背柴草。在云南民族地区，田地里，到处都可以看到背着孩子的母亲。童背腾出了她们的双手去洗衣做饭，纺线织布制衣，耕种收获，同时方便了她们翻山越岭、操作农具及赶集、走亲串戚等。当然，人的背都适合于负重，母亲背着孩子也比怀抱更省力些。我们所看到的云南山地里的妇女们，安全稳当地把孩子背在身后，坦然劳作和生活，甚至显出一种利落洒脱的风度。

由于云南民族众多，人文、地理环境及风俗习惯的差异，童背呈现出不同的基本结构和图案内容，但花中套花，是童背刺绣艺术中的惯用手法。大花的构图骨架中有强烈的视觉效果，花中套绣的小花繁密斑斓，这恰是人们视幼童为“花儿”传统习俗的显示，无论是苗族、瑶族、壮族，还是彝族、白族、哈尼族童背上的图案都遵循着这一格局，特别是彝族大花套小花的刺绣工艺，更是精细突出，经得住远视近看。童背心是其中最为醒目的部分，必然要充分显出创作者的匠心和巧手。大多在黑底上铺作鲜艳的花草，怎么都不会走调，精明的彝家女还懂得怎样使单纯的色彩变得丰富，使强烈的对比变得协调。所以，色彩的搭配应用，十分完美和谐。一朵花就用四种红色，在上面还用黄、绿色线打出花蕊；一片叶子，金黄和嫩绿相搭配，使夸张象征的色彩流露出理性和自然，绿色在图案中使用也有多种，构成色调不同的线条，在红色大块布中游动，黄色虽然用得不多，但也都处处闪烁，使画面变得明快，有生命力的感觉。

童背在少数民族中是孩子脱离母体之后血脉

相关的新“脐带”，也是母亲继续“孕育”出世子女的“胎衣”。当孩子从童背中走出来渐渐长大，母亲往往把磨烂的童背洗净晾干放在箱底，作为一项业绩证明保存起来。倘若有儿女不孝，生气的母亲会把童背摆在儿女面前，使他们得到醒悟；不少民族还有童背的“恩情歌”，如“天上最大的是雷王，海里最大的是龙王，人间最大的是爹娘。”“怀胎生儿娘受罪，儿哭女叫闹得慌，上山下田背儿走，背带磨烂娘肩膀，背上背着娘的肉，背带牵着娘心肝”等。当然，童背也更多地记载着母子之间的深情。当一位母亲离开人世，子女清理遗物时看到童背，都会想起母亲的养育之恩，声泪俱下，悲恸万分。那上面母子共留下的气味，不断衔接着母子间不可能离隔的情感，不断地填平着两代人有可能产生的鸿沟。对母亲来说，童背是孩子生命休戚相关的物件。在民族调查中，大理州巍山县多雨村山寨见到彝族人家中的童背很好看，便想作文物买下收藏，但很多家人都表示不卖，有的甚至连拍照也不许。她们认为，童背已沾有自己孩子的灵魂，如果被人拿走了，也同样带走了孩子的魂。

童背除了母子之情，还有着丰富宽广的文化内容。婴儿出生的第三天，要为婴儿剃头发，起名。剃下的头发要用布缠起，佩戴在手腕上，直到戴环为止。起名要按婴儿的性别，男性婴儿，第一个音节多半是吴或木，如吴恰、木夹等；女婴儿起名，第一个音节多半用阿，如阿吴、阿妞、阿芝等。婴儿出生第三天亦是婴儿举行出门仪式的日期，主人根据家庭情况，杀猪或杀羊等作祭祀孩子的吉利。在许多民族中，孩子满月时要请亲朋好友庆贺吃“满月酒”，其中最为庄重的仪式，便是外婆送花童背。大约中午时间，外婆一路上撒米花，一直撒到女儿婆家的门上。主人要倒一杯米酒，杯里放一块猪肝，双手捧给外婆喝下。猪肝代表着“还你一块心肝”之意。这时外婆递上早已准备好的绣花童背，双方对起歌来。歌儿很长，主要内容是祝福孩子以后能像木棉树一样高大，像云彩树一样溜直。有的民族，如白族孩子满月时举行命名礼，外婆不但送童背，还要送“三牲”：一头猪、一只鸡、一条鱼。用“三牲”祭神之后，巫师当神灵之面命名。在大姚县昙华山的彝族，直到20世纪80年代前还保留着结婚后“不落夫家”的习俗，到生下孩子后才长期住在夫家，所以，女儿嫁妆是孩子出生后的“贺喜满月”礼仪时才一并送来。“出月”之日，母亲抱着孩子回娘家，因为这天外婆要唱“酒（久）歌”，送绣花童背。其实，不仅白族、彝族如此，云南的纳西族、景颇族、阿昌族、拉祜族、傈僳族、基诺族、布朗族、苗族、瑶族、壮族、哈尼族等民族中，大多数娃崽童背都是由外婆送的。外婆不在人世或年事过高身体不便时，也都是在孩子满月这天，请一位与外婆同辈的本家女人代替。这种风俗，辈辈传承，至今不断。用绣花童背系结女儿们的后代，留下一条绵延不断的生殖繁盛希望。真是“金线银线五彩线，孔雀开屏在中间，四角芙蓉刚出水，看着童背乐心间”。

总之，不管哪个民族精心刺绣的童背，当你细嗅图中一阵阵扑鼻的花香，会突然发现：站在图案后面的一针一线，都缝着外婆心愿，正是儿女心目中一尊尊呵护生命成长的花神。毋庸置疑，童背的绣花是高扬生命的主题，但民族巧手却不把人物作为“画布”的主题。这样忘我的境界只有心存自知之明者才不会失去，便诗幻般把怀中的孩子作花朵，让其在百花百鸟的鲜活世界中栖身。人间的花婆婆获得的是：无尽的花香扑面而来。当然，任何一个外婆肯定知道花儿的多姿多彩，她们在生命摇篮的小花园中，自由自在地栽种各自喜爱的“花儿”，熏陶初临人间的生命，花儿与少年都美。

童背不仅只是日常背负婴儿的必须用品，而且是人类生母，母爱艺术表现的永恒主题，是民族织绣工艺中最精美、最富寓意和向往的精神画卷，不断提醒成熟了的生命回味爱的源头，拜谒母亲的圣洁，是“读图时代”的奇观。花中套花，是民族刺绣中惯用的手法。这恰好适应了视婴儿为“花儿”的传统习惯。大花的构图骨架有强烈的视觉效果，花中套绣的小花繁密斑斓，经得住远观近看。绣在童背上美丽的花纹，当然不是供人观赏的装饰画。它之所以具有生命符号的功能，是因为童背上的花纹可以传达出民族各自萃集已久的信息，去提示所有的生命。我们知道，民族刺绣向来不是以表达客观事物的表象为目的，因此，童背上的花纹就不是生物形态的花草蜂蝶的再现，也不是它们在自然状态中本意的传达。民族绣女使他们成为表达的符号，用这些有限的纹饰、符号去写出不同品位的文章。依凭这些不同的标记样式，童背背着孩子的母亲同时背负着一种宣称民族繁盛，人丁兴旺的荣耀。

在童背中，还有一项“童花聚放”的绣品，即“围脖”。顾名思义，是围在脖子的用品，也是外婆和母亲在孩子刚会吃饭时，亲手精心绣制的礼品。用布褶绣花的技法产生出不同的肌理，丰富了布块平板的色彩，也增加了体量感，像一块用布制成的浮雕。绣体的主要部分仍然是花与蜂蝶，但造型更趋向优雅，从周边的“八宝”纹来看，显然是受了汉族文化的影响，但精心绣制的技法，恰好适用了造型典雅的风格，融合出各民族文化相互感染，趋于认同又不失民族特色的魅力。我们在楚雄州武定、禄劝等地，见过的绣花围脖，上面绣有五只蝴蝶绕成一个圆圈，中间开一个洞，套在幼童的脖子上，这一来是保护儿童吃饭饮水时汤水不会泼染到脖子上，起到对脖子部位的保护，二来有装饰作用。围脖只有套在小孩子脖子上，犹如一群生动活泼的飞舞着的蝴蝶，纷纷扑向天真的孩童脸蛋上。这脸蛋便如花朵、鸟儿。少年，这个文化人常常得意的比兴手法，在这里看到了“真本”。这个“真本”的构思创意将平面的绣花与人的身体紧紧地扣在一起，使“花”富有花的意境，更富有了诗意。在这样的情景中，似乎经历了一次生命久违母爱的梦想情怀，也许花香的醉意会使人忘记了花丛中活跃着的生灵，但细心观赏，无论各种花卉，还是生翅长腿的多种抽象模拟动物，都构筑着天地间万物有灵、万物化生的世界。最后，看到了人类真正童年的身影。

许多民族，视婴儿为花，因此，童背上的花纹图案，都丰富多彩，极为精美奇特。花中套花，是民族刺绣中惯用的手法。这恰好适应了视婴儿为“花儿”的传统习惯。

童背心是童背最为醒目的部位，必然要亮出制作者的工巧。有的童背心以黑为底，黑底上铺排鲜艳的花草图纹，怎么都不会走调，不过，巧手竟自由的民族绣女的确懂得怎样使单纯的色彩变得丰富，怎样使强烈的对比变得协调。一朵花，就用四种颜色，在上面还以黄色的线，绿色的线打出花蕊；一片叶子，搭配着金黄和嫩绿，使得夸张，象征的色彩处理流露出理性和自然。绿色也有多种，但在画面中不占主导地位，绿色似乎构成了许多色调不同的线条，在红色的块面上游动，控制着对方容易产生的躁动，黄色用得最少却处处闪烁。如果不是结构大花的金色缘边，黄色可视作散落的点，但这些点使画面变得明快、有了精神。

用细碎的色布剪贴拼缀的方法，是背布中另一种特殊的工艺，发端于纺织初始时期人类敬布惜布的习俗。在民族地区各地都曾有向左邻右舍要碎布头给孩子制作童背的传统。据说，这可以保护孩子的平安。其实，童背从心理上联结了群体与个人的情感关系，是民族团结的真正意义。灵秀的民族巧手及时从碎片中发现了拼缀的表现力，将其完善成一种天然朴实的样式，不管是绣织，还是拼贴，一样表达得情真意长。边框上“怀中玉燕，长大成人”的绣题，是人类母爱对新生命的“直言不讳”，也是一道贴在孩童背上的“护身符”。

童背上的模拟抽象图案，在少数民族童背艺术的造型中，模拟抽象构图除日月星辰的太极图、龙凤图外，还有借花的外壳，使生命追向的郑重命题变得轻松活泼起来。从壮族第一例模拟花中，便可看出阴阳鱼共形互生的特征，只是绿色块所示意的形块已挤占了圆形大部分空间，成为有五官的生命。第二例模拟的花肚是椭圆形，倒深下来的花须探向花蕊的花瓣，两边有些像眼睛样的东西，是太阳、阴阳鱼的一种活动。在同一个童背中心的花却与之不同，花肚没有阴阳鱼的痕迹，却明显绣着荡漾着的清浊二气。布依族的模拟混沌花多了些以物喻理的生动形象，在硕大的花肚中，一只自上而下扑来的蝴蝶，用卷须一边拼开花心两边撩起的细细草丝，一边深向花心中拧嘴石榴。石榴与蝶都是多子的象征，共同构成可化万物的理想配偶。

模拟抽象的混沌，在古代神话的文字记载中，是一个封闭的球体。它未开之前的内部情景，谁也不曾得知。民族造型艺术却打开了这个谜，让人们览观清楚。水族童背尾上的图案，是以周围绕有四个蝴蝶的圆形捧托出来的，圆形中有些许花的影子，虽有意做了含糊的处理，却清楚地强调出两性器官的交接。一切的神秘在此做出直白表达。随着狭隘生命意识的不断建立，人类越来越关注自身的繁衍，以图扩张控制世界的力度，于是，一个广义的生命主题变得更加具体起来。阿昌族童背上的牡丹花，花肚中也有象征清浊二气的云勾勾，小孩就站在其中。

童背还是民族历史踪迹的寻觅，前面说到的水族童背上的大蝴蝶，壮族和白族的龙凤图案，都是民族曾经的图腾。虽然在历史的进程中发生了变异，但只要轻轻拂去尘埃，旧痕历历在目。在彝族、苗族、壮族等民族童背上，常常可以看到文字的出现，与古时的“福如东海”“金玉满堂”等老式画题并存的，还有许多转为新鲜的句子，如白族“怀中玉燕，长大成人”；壮族“健康活泼，勇敢诚实”；苗族“自力更生，奋发图强”；彝族的“白毛女、王大春”等，提示着有关生命历史的劝诫和规矩，都刺绣在幼辈的（童背）脊梁上，成为丢不掉，拂不去的叮嘱，融合出民族特色的另一种魅力。

生命、母爱是童背文化的主题。它不仅与生殖崇拜的母体崇拜、子孙繁衍有着密切关系，也是幼子脱离母体之后血脉相关的“脐带”和母亲继续“孕育”孩子的“胎衣”，文化内涵极为丰富。

3. 不同民族不同的童背文化

童背，不同民族有不同的形制和织绣图案，即使同一民族因支系（地域）不同而各有千秋。这里仅仅以彝族、白族、哈尼族、苗族、壮族，作具体了解。

彝族童背

彝族是云南少数民族中人口较多、分布较广的民族。由于人文地理环境及风俗习惯的差异，童背呈现出不同的基本结构和图案程式，同是云南大姚县三台山地区的彝族，童背喜欢用大红色的布作捆带，黑色布作身，中间镶有布堆绣制的四角芙蓉图案，在童背心的上部用彩色布交口，横披一道宽宽的黑布口缘，而桂花寨的童背同时黑身红带，却制成硬胎，并以满绣的方式，童背心成横盘形，四边宽大，不单独设口沿，硬胎绣花的骑片下通常加接一段黑色带尾，也有的童背为长尾，但长尾直接与童背心相接，且绣有适合于带尾长条形的坠角图案和圆形的太阳纹，与带心上部相接的是两道刺绣一条黑布组成的口沿。口沿成肩背形，两边接红、黑布捆带，就像两条长长的手臂。姚安县左门寨的童背喜用黑布制作，只在带肩处斜插两片三角形红布，无口沿，却加设方形的黑色背带盖，背带盖与背带心的图纹是用各色的布片剪好形状堆贴补绣上去的，显得色彩明亮，品格古朴。姚安县马游地区的童背与上述的大同小异，相比之下，前者口沿较宽，骑片短小了很多，较有特点的是，她们喜欢用彝族拿手的火草布，或用大红布作底，拼缀成美丽的面料，带心四周的镶边更有特色，红、黑、蓝三色浓重的布条横竖穿插，构成神圣而炫目的色彩力量，让人感到血液在沸腾着苍生。彝族童背的不同形式，适应着不同生存环境和文化传承的民族生活和审美需求，在集体意识的支持下，童背必定显示着民族共同命运的风范。这其中有对民族的信心和希望，也是对社会的一种自我所在的坦然宣告。

彝族创世纪史诗《梅葛》唱出开天辟地的历史，他们的祖先格滋天神放下九个金果变成九个儿子。九个儿子中有五个造天，又放下七个银果，变成七个姑娘，其中有四个造地。天地摇动，用大鱼稳住地角，用老虎的四根大骨作撑天柱，天上出现九个太阳，格滋左手拿錾子，右手拿锤，把多余的魔神除掉。马游地区彝族童背上的花纹似乎在传述着这些传说故事：五个红色块，四个蓝色色块展示出造天地的儿女，也是九个太阳，中间的一个“卍”字符号，正是那颗永远不落的太阳。据说，太阳旋动的光焰能抵挡所有邪恶。彝族称这种图纹为“档花”，常护在身体最重要的部位。带尾是黑底色布上挑绣出的大地、山川、河流条纹，底部缀有红、黄色线穗。彝族人习惯在衣服和童背上饰以银或锡铸成的钉纽，象征闪亮的星斗。红河州一带的彝族则喜欢采用镶布和刺绣相结合的工艺制作童背心的图案。红、黑、黄三种基本色彩的选定，也许基于猛虎皮毛的斑斓色彩，但却变异为另外的花纹。大红色底布上用黑色拼镶出中心的图案。中心的图形最初可能

是太极和混沌，现在却已被自由的变体了。四角用黑布剪出如意云头的角花，金银色边缘，内部嵌以彩色的蝴蝶和花朵。带心两侧细长的边条上，红、黑色底嵌绣着流动的花蝶纹。

许多民族都有由天神或动物的眼睛变为日月的说法，这无疑是一种超乎寻常的想象。彝族创世时，虎头作天，虎尾作地，左眼变太阳，右眼变月亮，崇虎尚黑，以左为大。因此，童背的创意中，离不开日月宇宙、老虎花木的关系。云南省石林县彝族的背布，在黑底布上用红、绿、白三种色块布剪拼出“云中飞舞图”，显然是提醒不断成熟着的生命，在日月宇宙中回味爱的本源，拜谒母亲的圣洁。整个图案在一团大云朵中飘动着，每一色块布上都绣有花朵，中心图案上的鱼、蝴蝶、喜鹊，在花丛中生动活泼。彝族女性利用色彩的自然景观，将红、黑、绿、白四色浓重的布块，构成神圣而炫目的色彩力量，让人感到是血液沸腾着的苍生母子，都能飞到云天之外。

蝶花之恋，几乎成为中国民间具有普遍意义的一种象征爱情的符号，但在彝族童背上渲染的本意，是祈福生殖繁衍。绵延子孙才是对于新生命的嘱咐。蝶，也称蛾，被视为阳性动物，因而也叫阳蛾子。蝶或蛾多产子，有非凡的繁殖能力。它和代表女性的花朵作配偶，的确是理想的一对。彝族的巧手女子有理由把花蝶引入自己的理想天地，童背是最有希望和幸福的代表。

彝族在童背上绣的花草蜂蝶，似乎早已走出了他们民族悠久深沉的古老传统，更多追求视觉审美的愉悦功能。其实花纹的娇艳并没有盖住所有的一切。蝶与花的对偶组合是人类认识生命现象的习惯比喻。从盛有清浊二气、浑圆为鸡子的混沌，到双鱼太极图；从包容阴阳的奇花异草，到鱼戏莲、凤栖牡丹、蝴蝶花草……都在反复探问提示着一样的生命发端的问题。只要生命存在，就永远问答下去。彝族童背最典型、最精彩的是对虎和日月太阳崇拜的“四方八虎图”。

在一个黄昏时刻，笔者站在彝山一条通往深

林的路口，想在傍晚的秋风之中，沉淀和清理一下几天来调查采风经历过的激动。一个背着孩子的彝家妇女从我身边经过，向着远方伸延的土路疾步前行，渐渐远去。她背上的花童背上美丽的花纹，却抓住了我的视线，不由跟随着到了她的身边细看细问。花童背给了我许多艺术与非艺术的诱惑。我却不知道从哪个方面着手，将其蕴含着的民族文化内容描写下来。希望读者在我自言自语的伴奏下，饱览童背的里里外外，前前后后。我们似乎沉浸在温暖童背的甜梦之中，享受到了一次久违的母爱和民族文化艺术的风采。

白族童背

白族大多居住在洱海地区，田地是生命的根基，因而成了白族婴儿童背上的花纹。“土地能生黄金，寸土也要耕”，白族把土地看成高于一切的财富。优越的洱海自然环境，养成了白族自强的精神，把这种精神绣在童背上，希望后代继承这一命根子。所以，在童背中心的花纹中，并没有绣上虎纹龙纹，而是在一块块四方大田格子的“艺术”土地上，绣上美丽的花朵、肥硕的佳果、鸟儿、鱼儿和蜂蝶、昆虫等，都因花儿丰盛而美丽，都飞动跳跃在其中，融为一体，好一派绮丽的田园风光。

生命状态飘守在历史与神话之中，总不是它应有的全部。民族个体都必定在与现实争夺生存权的搏斗中“修订”自我，以激活需要充实生机。从白族深厚浓重的红蓝两色镶边，在明度相当，色性递返的对应状态中，构成了挺拔、强悍、坚不可摧的梁柱，而背心花纹又如华丽的砌砖石。这是一种超越现实的实在精神，是一种对于残缺世界的补充。生命因此而丰富多彩，现实和理想得到了平衡。因此，白族童背上一块块方田似乎连接起来，成为万亩良田，而绣花田畦中的花果和生灵们分明在向人们祝福：天地众多，粮谷满仓，生命无忧，子孙兴盛。

多子多孙，家族兴旺，如花似玉，是人类生殖崇拜的一大主题。按白族传统的说法，女神“咪洛甲”是从花朵中生出来的，是生育之神。她们把花籽撒播人间，又以缀满百花的背带护着娇嫩的花儿少年，一个个壮美的白家娃崽，原来都是花婆山上的一朵朵鲜花儿。因而，凡是希望要孙子的人家，都要举行敬祀花婆神的仪式。仪式中，要做朵绢花，绑扎在一根棍棒上成为花柱，请一位多子多孙的老人执掌，安放在求嗣妇女的卧房门口。有的安花仪式中要牵一头黄牛，黄牛的脖子上也要挂一个花环。花婆神得到爱花人的祈求，便会赐予鲜花一样美丽的可爱婴儿。难怪白族娃娃的背带上绣满了各种各样的鲜花。这象征着花婆的怀抱。

白族童背中的凤凰图案，飞着的姿态不难描绘，动起来感觉却并非易事。在童背镶边受限定的框架中，一对彩色的凤凰波动着云气，长尾拖出“S”形的线条，如波浪花推逐着，翅膀的节奏飞起来了，而飞凤还回首顾盼，似乎在测度着已经飞出的航程。“凤凰牡丹”是中国各族普遍使用的花样，各自有各自的造型风格。大理白族的巧手把凤与花叠合在一起，花代替了凤的腹躯。凤的腹躯又是一朵绽开的花。花和凤此时成了真正的“合体”，省去了它们作为两性对偶隐喻的过多解释。白族外婆的“童背歌”中已唱出了思维的精巧：“鲤鱼上树去生蛋，麻雀下海去做窝，吉利日子来到了，外孙门前凤凰落……”这听起来完全是一个荒诞的梦中呓语，却在白族绣花造型中出现了真像，显示着白族童背文化的真正内容。

哈尼族童背

哈尼族居住的环境优美，童背上显示的图案也非常精彩。童背的外形样式各支系基本一样，只是背心的镶边有所不同。背心四周用黑、红、蓝三色的布拼缀，形成一个强烈撞击视觉的大“回”字，使人很快将注意力集中到主题——中间混沌的花纹图案中。表现的混沌，大都是欲开未开的成熟状态。神话中混沌里的清浊二气，常用抽象含混的符号代替。哈尼族巧手所绣的混沌图案则进一步捅破了这层窗户纸，花朵分外生动。

透视硕大的花朵，我们可以看到封闭严实的内部。内部的下面是一个肥硕、小嘴的石榴，是女性的象征。石榴两边扬起若干条须状的草叶，烘托出主体物的静中生动。上面是一只直扑而下的蝴蝶。蝴蝶的多条弯须，有的探向石榴嘴，有的似乎要把护着石榴的细细草叶分开，在此扮演着男性的角色。显然，混沌花中隐藏着一场天地、阴阳、男女交合的神圣场面。石榴和蝴蝶都多产籽卵，寓意着源源不断的生命创造从这里开始，放眼看去，已是万物化生的活泛世界了。

用造型语言描述两性之爱，回答生命的来历，对“文明人”来说是难以下笔的，但在少数民族艺术恰如其分地表现出来，并展示给每一个孩子。总之，外婆巧绣的花童背“针针线线有纹彩，绣上混沌初开时，凤蝶探花花欲开，一轮红日照乾坤，两只金凤翩翩来，使得平地一声雷，混沌花开满园香”。混沌就是抽象模拟、综合万物为一体的构图方式，哈尼族童背上的混沌图案，一棵古枝上落坐着的宇宙之花正孕育着生命，它将开得撼天震地、惊动人心，是一种坦率的含蓄。红、蓝、黑三色庄重的画面，装裱出混沌初开的场景，揭示生命的由来，演示世界的起源，也是人类繁殖、民族兴旺的综合意境。哈尼族童背上的图案，千姿百态，意蕴深广，保存下来的生命符号，无声地惊破混沌之梦，吟唱世界祥和，民族兴旺发达，应当值得今日世界的回味。

苗族童背

苗族分布宽广、支系较多，不同支系童背有不同的特点。如红头瑶的童背，口沿可以兼有背带的作用，带心用红布或碎花布衬里，一般紧接口沿，镶上“凸”字形的蜡染加挑花的图案，不挂飘带。清水苗，横长方形的背带心，则用宽大的黑布作捆带，是用约二寸宽青布挑花或素色织锦带钉结在口沿角端，带尾黑白边缘镶素色花带；

清水苗对江河的记忆久久不能抹去，她们在童背、衣服上刺绣出滚动的波浪和旋转的浪花，对他们来说不是劫难而是生命的赐予，越过千年的历史往事，热血沿着湍流而沸腾，苗家的子孙与祖先一起对精神家园翘首相望。偏苗的童背较为简洁，背心并不镶边，与宽宽的黑色口沿构成一道道横线形成躯干，下接黑色白边，中间咬红色花带的带尾。

苗族由于分布宽广，各地的习俗有别，童背的形制、图案也呈现各自的风采。除上述之外，这里就以文山州广南县苗族为例，细观一下童背文化的风彩。这里童背整体形为“T”形，作为主体部分的带心与口沿，用红、黑二色丝线在黑色的底边上精挑绣出美丽图案。口沿与黑色捆带相接，带心与同样宽的黑色布尾相接，在口沿下吊挂用香草制成的菱形挑花袋囊，坠上三挂彩珠和红色丝线制成的长穗。据说可避除毒虫邪魔对孩子的侵害。黑色衬托着三组低垂的红色丝线，就像飘摇在母与子背后的一团燃烧正旺的火焰。童背上很多图案与妇女们服饰上的图纹格式相同，方正规矩，纵横密集，有坚不可摧的感觉。透过垂落而下的红瀑般的丝线还可细心看一下文山地区苗族童背上的挑花。其实不是花，最醒目的由五个小方块组成的“X”形图案。这不难理解为一个表示五方的符号。楔着“X”形的缺口有四个符号，应是原始先民时竖立的神杆。围绕着整个热烈庄重的画面，主体左右和上方，有两道带有鸡或鸟形边条。鸡和鸟是阳性之物，有克阴辟邪的功能，在祭祀或庆典活动之前，苗族的“师公”至今仍用公鸡驱邪，想来在苗族得子谢祖的古老仪式中，构成这部古老生命礼赞的旋律，是苗族对祖宗和民族兴旺的赞歌。

云南文山富宁一带的苗族童背，与当地壮族相似，体现了民族之间文化的互渗。童背心一般用彩色的长条织锦，作为口沿一边打折钉结，使彩锦成兜形，再在两端结上各色角布拼缀的带肩，与黑色的长裹带相连。带尾用黑布，很小，只是用来固定在母亲的腰间，以作孩子的托裆。最为绚丽的部分是绣工极精美的童背盖，用扣组或细布带系在口沿边，上端钉有两条绿色绸带，系在母亲颈前，如一个漂亮的领结。童背盖具有为孩子遮挡日晒风雨的使用功能，是母亲背上稚嫩生命的一片天空。为此，苗家的巧妇把它作为华盖，构造出一番浩荡的意境。中央是圆形的八卦图，龙盘四周的第一层花瓣犹如飞凤卧兽和流动的云气。第二层花瓣是花果树，树干分两半向两边弯垂，吊挂不同的花果，像是守着八个花心的八个面孔上的眼睛。这便是天的象征。圆圆的天悬在黑色底布上显出深邃莫测的空间，方形的边框便是神地了。边框上长着扶摇而上的花树，卧着滚动绣球的狮子，写有万物有灵、人丁兴旺的愿望。天圆地方之间的衔接是四角的混沌花，孕育着顶天立地的生命，华盖的主题是天。缀结在童背盖上有上百个嵌着镜片的铜钮，还有无以数计的小银片。银片有反射光芒的作用，而鬼魅是怕光的。这正是一只只能辨别善恶、逼退阴祟的雪亮眼睛。深远莫测的华盖闪烁起来，又如散落在夜空的繁星。总之，苗族童背上鲜艳的花纹，仍然有着对流逝岁月的深情，有着对华丽现实有益的永远纪念。

壮族童背

壮族童背最有特色的是盖片。童背上的盖片，不仅有为孩子遮风挡雨的实用功能，还有丰富的民族传统文化。据文山所见，无论是哪个民族，哪个支系的盖片，大都是方形，中间圆形的整体结构，其创意设计的初衷显然突出了天的象征。实际上盖片使用搭在孩子头上，的确是背上幼小生命的天空。壮族一代又一代的女人们，都悄不作声地把远古时空的奇观传接到现在，在集群的头上自始至终展开着一片女性的天空。

小孩的童背盖上，大都有一个圆形的图纹，显然童背盖作为顶在头上的重要部分，主题也应当是天。这个圆形图纹正是太阳的符号。壮族的太阳崇拜，在秦汉时期就已形成。中国人对太阳崇拜的典礼是非常隆重的，在少数民族中也都有对日月崇拜的方式。太阳既能给人类光明和温暖，也能造成干旱酷热，降灾难于人类。因而，各族人民都有许多日月神话。壮族童背上的太阳纹，正是表现了人类对日月纠葛缠绵的情感矛盾，被称为“八菜一汤”的童背花纹给了我们关于太阳神话的特别意蕴。“八菜一汤”是文山州富宁县

苗族普遍使用的童背盖片图案。构图中心是一个大圆，周围绕成八个或十个小圆形。圆的边缘都绣有光芒状纹。可以说，这不是表现人类“饕餮”的一道道大菜，况且，经受过艰苦磨砺的壮族人也不可能把酒席搬到护养子孙万代的襁褓之上。那么，这九个或十个刺目的圆形图纹是什么意思呢？“八菜一汤”中还有在最中间的一个圆形中，有一个被壮族人称为“螃蟹”的图纹，说它像个有腿有眼有身子的大螃蟹，是因蜘蛛形象向着花朵状变异的结果。在有的圆纹中，这个蜘蛛的肚子表现为储有清浊、阴阳二气的混沌，是化生万物的象征。这些都与壮族创世女神萨天巴有着特殊关系。女神在天上象征日晕，在天下化身为大蜘蛛。她有四只手，四只脚，两眼镶嵌千珠，放眼能量百万方，是原始先民幻想中的人、神、动物的复合体。壮族古歌中说：在洪水灾难中，是女神萨天巴设置了九个太阳晒干了洪水，解救了姜良和姜妹，但大地被十个太阳晒得枯焦，姜良和姜妹请皇蜂发神箭射落了九个太阳，只留下原来的一个。故事与汉文古籍中的“羲和生十日”“羿射九日”非常相似，但壮族有八月十六日祭日晕的习俗。在孙子出生的“满月”之日，一大清早就到大门口面对东方祭祀日神。壮族认为祭的是自己的始祖母，把始祖布下的十个太阳神秘图案，绣制在孩子的童背上，置身中心的女神就是萨天巴。圆周光芒四射，她是天上最亮的太阳；中间花儿开放，她是地上的金斑大蜘蛛，如花的外形，是一代代壮族巧女给予她美的装饰。萨天巴在壮族中，不仅是开天辟地的女祖，而且是“生育千万个姑娘”的能手。她在传说中的样子很奇怪，壮族女性把蜘蛛、花、太阳三者合为一体，给予自己的女神一个非常贴切又好看的形象设计，绣制在孩子童背盖上，是让离开神话年代久远的后辈人，领略一下这惊人的奇观。

壮族没有文字，即使进入汉文化的时代，也不使用汉文，而女子的蜡染、挑花图案，其实是形象记载神话传说和历史的一本百科全书。她们还有维护情由原本的主动，一如既往地把代表女性的花朵绣在万物之中。壮族还有“花女神”又叫花婆的传说，一个个壮家的娃崽，原来都是花婆山上的一朵朵花儿，希望有孩子的人家，便要举行祭“花婆”仪式。花婆是生育之神，她把花籽播入人间，又以缀满百花的背带护着娇嫩的花儿少年。难怪壮族娃娃的背带上绣满各种各样的花朵，象征着一个充满花香鸟语的世界。

花中套花是织绣艺术中惯用手法，这恰好适应了壮族视婴儿为“花儿”的传统习惯。童背心是最为醒目的部位，必须亮出制作的工巧，背心以黑为底，黑底上铺排鲜艳花草纹，怎么都不会走调。

壮族还有感念龙凤的习俗，将其绣在童背上。龙和凤，在壮族中从来都是可亲可敬的吉祥物。龙的形象在壮族妇女的手“笔”下，是亲和朴实，灵动活泼的象征。龙大多绣在童背的中心，与熠熠闪光的嵌镜、铜钮融合为一体，让人想起“龙树”神灵，两眼能望四面八方的神秘。壮乡多产千年古榕树，四季长青，盘根错节，有的裸露根系缠绕着巨石如同巨龙戏珠，有的树冠之大竟占地亩余，因而壮族称榕树为“龙树”。“榕”与“龙”之音在当地相同，但却写出壮族人对它的崇拜。人们希望民族像榕树那样，具有旺盛的生命力，子孙后代像榕树那样根深叶茂。凡体弱多病或生辰八字不吉的孩子，父母担心难以养育成人，便带他们到村寨的榕树下焚香烧纸，祭拜榕树为“父”，以后每年逢岁时节日，拜过“父”的孩子们都要前来祭拜，并把花纸钱贴在树干上。其实，尊“榕”为“龙”的根本原因，是壮族创世神话中的“龙”。它是祖先姜良、姜妹的兄弟。童背心上的四棵枝干相连的大榕树，是壮族崇龙的一种转化形式，而中间的圆盘，仍然是代表女神“萨天巴”的太阳。太阳本来就是与阴相对立的形象概念，它随时都遮挡住孩子，避免其受阴暗中鬼魅的侵害。壮族孩子身上无处不有太阳纹，童背上有，帽子上有，甚至出门远行时还要在肚脐周围画上太阳纹，以免遭受疾病的受害。壮族带有太阳和榕树的童背盖，以天和地、父与母的名义给娃娃以温暖和荫庇。

树在人类远古神话中，有时是人攀援登天，与天对话的天梯，有时是支撑天地不致塌陷的顶天柱。绣在壮族童背上的四棵大榕树，显然更具有顶天柱的性质，是壮族现实与理想的精神支柱。

在太阳、榕树温暖的“怀抱”里，壮族一代一代的子孙健康成长，万物生机盎然。当我们的眼睛顺着太阳光芒投向四方，有花香鸟语、凤鸣蝶舞的世界，童背盖的四边，便是壮乡青山绿水中的理想乐园。花树在太阳下腰枝舒展，就像壮家巧女巧妙的灵感，金凤凰在树枝上鸣唱，就像壮家歌场上的传情。这些花草树木虽不似大榕树般铺天盖地，气势非凡，这些禽鸟虫兽更不及金斑大蜘蛛那样至高无上，无所不能，但却都是实实在在的生命，在太阳的沐浴下，扶摇直上，茁壮成长。壮族童背上的艺术，是生命对过去、现实和未来的全面追寻，也是壮族世世代代对自己的不断回答，正如孩子满月，外婆一路撒着米花来到女儿门口，递上亲手绣制的童背时对的民歌歌词那样：“金线银线五彩线，外婆带得背带来，四角芙蓉刚出水，看着背带乐心间”。

四、人类服饰史中的奇迹——“千古一衣”

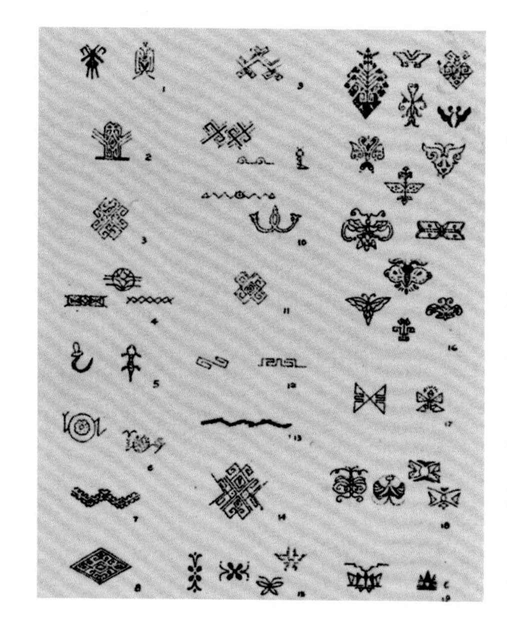

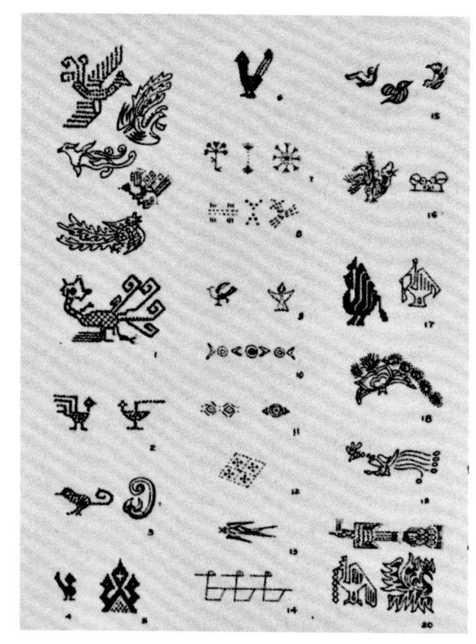

通过考古发掘和文献资料整理出了民族服饰发展演变的脉络，从中可以看出民族服饰的三大传统：披毡、贯头衣和“魋髻”，犹如人生的脉搏一直跳动不止。它们始见于青铜时代，鼎盛于唐宋南诏大理国时期，至今已有两千多年的历史。沧桑巨变，万物俱新，它们都一脉相承，时至今日依然有着辉煌旺盛的生命力，故有“千古一衣”之称。这在古今中外服饰史中不能不说是一个奇迹。

千古一衣，如今主要流行于彝族聚居的大小凉山地区。披毡，彝语称“擦尔瓦”或“攀贝”，似汉族的外套，但无领，无袖，无任何裁剪缝制工艺，只是用羊皮经过湿润、加热等手工处理，再反复碾压，使其粘缩而成。质地厚重而坚实，故穿在身上远远望去，犹如一口大钟。披肩是彝族特殊的手工艺品，也是彝族最古老、至今还普遍流行的服饰。

披毡，因制作工艺不同而分为编织和擀压两种。编织，彝语称“攀贝”，擀压，彝语叫“石噜”，是用三至五斤绵羊毛经手工捻搓压，再用黑线密纳而成，穿用时不掉毛，方便；每幅宽约 15 至 20 厘米，长约 100 厘米。一般按人体高矮、胖瘦程度，取 7 至 12 幅拼缝成件，用布镶边，穿羊毛绳或线绳收拢成领。“攀贝”分为两种：一种为男子所穿用的“喜勒”，下齐边镶黑布，不饰毛绦，离下角边 8 厘米处的面上，用约 20 厘米宽的黑布贴缝成连续左右两边为屋脊状的图案。另一种为男女皆可穿用的“茨茨”，下饰有长 30 厘米左右的毛绦，重量和数量都比“喜勒”轻便，走路时，毛绦左右摇摆，甚为活跃美观。此种“攀贝”彝族青年男女尤为喜穿。

“石噜”，其工艺是擀压而成，即用 3 至 5 斤羊毛弹均匀后，喷水擀制而成，厚约 1 厘米，长约 100 厘米，式样略同线毡。“石噜”也分为两种：一种为“架坪”（又叫“盘井”），全件均用黑线密纳而成，穿用时不掉毛，方便；另一种不用线密纳，有褶纹，穿用时容易掉毛。

“攀贝”和“石噜”，其穿戴方法是：将擀制好的毛毡穿上毛绳，收紧系于双肩，形似一口倒立的铜钟，上部有褶皱，下部自然下垂至小腿，颜色有黑色、白色、青色、麻灰色和深蓝色。披毡既可以防潮御寒，又可以铺地坐卧，夜间以其为被盖，白天用以为衣服。不管干天水地，家居野宿，都可以缩头蜷身于其中，裹之而息。雨天还可以用其避雨，晴天又可遮日。这种服饰，完全适应大小凉山的自然环境畜牧业发展的社会生活条件。在彝族社会中，长期发挥着它的功能。因此，至今在四川大凉山的布拖、美姑、金阳，云南昭通和滇西北地区的香格里拉、宁蒗、永胜、华坪、元谋等县市，无论是在山区或集市，闪现着它的倩影。“攀贝”和“石噜”，是配套衣服。穿用时，“石噜”在里面，“攀贝”在外面，因其白天可避寒、防雪雨，夜间可作被盖，不论干天湿地，家居野外，皆缩头蜷身于其中，裹之而睡，故终身不离。男女老少，皆视为生活中的宝贝。

彝族披毡，起于何时，实难考证，但历史沉淀告知，至少在战国时期就已经有了它的产品。在晋宁石寨山出土的众多青铜器人物身上，除了身着麻布衣者外，不少身着披毡。披毡上多数有花纹，除了几何纹外，还有孔雀、蛇、鹿等动物纹样，显得十分华丽。考古专家张增祺在《中国西南民族考古》中说：“1972 年 3 月，我们在江川李家山西汉晚期墓葬中，采集到一块刻有阴线条纹的残铜片（用途不明），长 12 厘米，宽 8 厘米。此铜片边缘刻连续的三角齿纹和穿有小圆孔，内侧饰太阳纹，中间有一骑马控缰的急驰者，此人头蓄高髻，高鼻大眼，身披毡，跣足，酷似近代大、小凉山及滇东北一带的彝族男子形象。”

这就是说，在公元前四世纪至公元一世纪的“滇国”时期，披毡不仅有了高质量的工艺，而且已是服饰的主体。到了南诏大理国时期，男子无论尊卑都要着披毡，女仆也是如此。唐樊绰《蛮书》载：“其蛮，丈夫一切披毡”；“贵家仆女……，常披毡”。宋代周去非在《岭外代答》中，对披毡也作了记述：“自蛮王而下，至小蛮无一不披毡者。但蛮王中锦衫披毡，小蛮袒裼披毡尔”。[①] 同时，对披毡的普及、花纹、质量、穿戴方法、服用性能，一衣多用等都作了论述。特别是披毡曾作为贡品，多次进贡朝廷，而且在以彝族为主体的“南诏国”境内贸易中，披毡成为普遍的交易商品，当时通过马帮运出滇境，平价交易，深受境外各族人民的青睐。披毡的史书中各时代的称谓，略有不同：东汉称“罽毲”，晋代称“罽旄”，宋代称“毡罽”，到了唐宋两代时期的大理国，史志对披毡的记载更加翔实具体。可见披毡是一脉相承地传了下来。特别是昭通后海子发掘的东晋霍氏墓内的壁画，其中便有身披“擦瓦尔”（披毡）、头扎“天菩萨”、跣足的“叟兵”部曲形象。其服饰、发型都与如今大小凉山一带彝族男子完全相同，虽经三千多年

① ［宋］周去非撰：《岭外代答》卷六有关云南事迹摘录，方国瑜主编《云南史料丛刊》第二卷，第 252 页，云南大学出版社，1998 年版。

的沧桑巨变，这种服饰和发型依然如故，奇迹般地存活下来，这在古今中外服饰史中不能不说是个奇迹。

随着社会的变化和发展，彝族披毡在制作工艺上有了进一步的提升，有单披和双披两种形式。单披彝语称“瓦拉”或“荷薄”，双披彝语称“架升”。单披系用绵羊毛擀制而成，形似斗篷，厚实而略带坚硬，上搓一毛绳为领，肩部有几道波浪纹红线为饰，有黑白两种颜色，黑色为上品，过去多为尊贵者所用。双披是用绵羊毛擀成薄片后，再用木板夹成两寸宽的褶皱，其夹为9折或13折，上用毛绳收拢为领，质地松软，保暖性强，优于单披，不饰花纹，颜色以纯黑为最佳。有的双披还在下沿垂吊丝线条，使其更加壮观富丽。但不管是单披或是双披，其服饰造型和穿戴方式都保持古老传统，从古至今，一脉相承。

披毡，作为人类早期服饰，有如此强大的生命力，除保暖吸湿、耐磨抗皱、昼夜相息、一衣多用的特殊功能外，大小凉山特殊的地理位置和经济条件落后等原因外，“独立罗罗”“国中之国”“汉人难以接近”等也是重要原因。披毡从远古一脉相承，流传至今，成为古老服饰的样本，其中的奥秘具有多层面的探寻研究价值。

贯头衣，在云南少数民族中流传更为普遍。彝族，除大小凉山外，昭通、文山等地区的彝族，甚至接近昆明的禄劝彝族，在1950—1956年间都还在穿用。同时，哈尼族、佤族、傣族等都有穿戴贯头衣的传统。贯头衣，古人称“衣如单被，贯头而着之”；倭人“作衣如单被，穿其中央，贯头衣之。”《三国志·倭人传》《后汉书·地理志》载：“武帝元封元年，略以为儋耳，珠崖郡。民皆服布如单披，穿中央贯头。”《后汉书·南蛮西南夷列传》卷八十六又载：东汉永平时期，“纯（郑纯，时任西部都尉、太守）与哀牢夷约，邑豪岁输布贯头衣二领，盐一斛，以为常赋，夷俗安之”。[①]《通典·南蛮》也记：“黑僰濮，在永昌西南，山居耐勤劳，其衣服，妇人以一幅布为裙，或以贯头。”僰、濮是古代“百越”族群之称，哀牢夷是氐羌族群之称。从这些记载看出，百越、哀牢夷远古时代穿贯头衣是肯定的。青铜器中，穿贯头衣的图像，在云南晋宁石寨山出土的纺织场面，贮贝器上众多人物中有两个织布妇女穿贯头衣，云南江川李家山出土的四舞俑中也有一人穿贯头衣。

贯头衣，有圆口和方口两种，如今流行于文

① [宋] 范晔撰，[唐] 李贤等注：《后汉书》卷八十六，第2851页，中华书局，1965年版。

山州和寻甸县的彝族地区。文山彝族“龙婆”的贯头衣最富特色。其实，贯头衣是云南多民族的传统服饰，现今哈尼族、佤族、德昂族、景颇族、布朗族、拉祜族等族妇女服饰，基本上都属此类型。贯头衣的制作和穿戴方法都比较简单，基本上是不曾缝制或极少缝纫，只是在一块布的中央剪裁一个方形或菱形的洞，将头从洞中贯入，这块布就披搭在身体的前后，因之称为“贯头衣”。它是在人类有了纺织后，最初的服饰形式。这种服饰与我国古代商周时代服饰风格大体一致，而且流行范围非常宽广。因此，贯头衣成为日本寻根的依据之一。据日本鸟越宪三郎著《倭族之源——云南》① 一书中的材料，贯头衣在日本古代和现代都较为流行，其根源和哈尼族有着特殊的渊源关系。1986 年云南省博物馆在北京民族文化宫举办“云南民族服饰展”时，日本学者与笔者交谈服饰与族源问题时说：他们的贯头衣，不管是一部式或是二部式的，都是将两块窄幅布合起来，只留出套头的中央部分不缝合的方法做成的。这样，穿起来后，胸部和背部这两个面上的开口都呈纵向裂口状，与展厅中哈尼族的树皮衣制作方法和样式及穿用方法都是一致的。

西欧及非洲地区的一些民族也有贯头衣，其制作是将两块宽幅布缝合起来，只留出套头部分的开口。因此，裂口在肩上面横向拉开。套口部分是纵向裂口还是横向裂口，这是东西方贯头衣的区别。进一步来看，倭族的衣服从贯头衣到现代服饰，一直保持继承了直线式裁剪方法，与此相反，欧美地区，当包括汉族，都是用圆孔式裁剪法来制作衣服的。可以说，这一情况也在服饰史上为倭族的衣服增加了一大特点。所以说，至今普遍流传在云南少数民族中的贯头衣，称之为“人类服饰史中的奇迹”，一点也不过分。

“魋髻”作为秦汉时期的发型，在现代彝族社会中称为“兹尔”或“兹木”，汉语称“天菩萨”“英雄髻”和“指天刺”，如今也是流行于大小凉山地区的一种特殊发型。这种头饰，在彝族社会中，自古就有着根深蒂固的社会根源，因为彝语“兹”，在彝语中最原始的本义是指物体的顶端或最高处，进而引申为头上的装饰。

考查这种发型产生的原因，是初始族群追求生存和发展的精神需要。语言产生于劳动生活，人的头成为顶端和最高

① ［日本］鸟越宪三郎著：《倭族之源——云南》，云南人民出版社，1985 年版。

峰的象征，赋予威武庄重的内容，是必然的。“魋髻”发型因此有着如此厚重的文化背景，不仅在秦汉时期就非常突出，而且在昭通石海子发掘的东晋霍氏墓中的人物头型更具体生动地反映了出来。在现代的大、小凉山，彝族男子成年后，都要在头上留一绺3寸见方的头发，多数是头缠黑色或青色包头帕，在帕中将头顶留下的一小绺长发竖起来，再用黑线和红线将包竖起来的头发，捆扎成一拇指般大小的长锥形，伸前顶前额左前方（彝族以左为大），然后缠上黑色或青色头帕，在帕头将头顶留下捆扎好的长发竖起来后，显得非常威武和庄严。它既是男人尊严的象征，又是勇敢、彪悍的标志。因此，神圣不可侵犯。同时，“天菩萨”发型，还是天神的代表，是男性灵魂居住的地方，能主宰一切吉凶祸福，若遇他人戏弄或不慎触碰，就认为是遭到了凶险，必与之搏斗。甚至在大、小凉山地区彝族习惯法中，明文规定：无论平时或斗殴，都不能触摸或抓扭男性“兹木”，犯者则须按规定赔偿，甚至夫妻间妻子捉弄了丈夫的“天菩萨”，则要宰杀一只猪或羊来吃，算是妻子向丈夫赔礼①。这种神灵般的男性装束头饰，至今在彝族社会中还有着如此深厚的威严，其历史文化渊源之深沉，可想而知。

这种发型，在昭通东晋霍氏墓中和晋宁石寨山出土的青铜器人物图像中均有出现，经两千多年历史的沉淀，如今有了更多的装饰方法。“魋髻”（天菩萨）的包扎很特殊，髻式有三种：一为臣髻，是用头巾缠绕成螺丝髻，盘于顶上，髻尖向前，是头人的标志；二为毕摩髻，也是用头巾缠绕成螺状，立于额前，髻尖却向下垂，是毕摩的髻式；三为扎夸髻，是用细竹棍裹在头髻式中，髻尖在头的中部，是民间的发式。不同的发髻形式，就代表着不同人的身份和地位。它是一个已经消失了的旧时代等级制度的产物。总之，“魋髻”是彝族头饰中的一个重要组成部分。今天，它除了审美价值外，仍然包含十分丰富而复杂的文化内涵，既是彝族男子尊严的象征，也是悍勇的标志。因此，它神圣不可侵犯。过去，它曾被视为“天神”的代表，是男性灵魂居住的地方。故视为“天菩萨”“英雄髻”和“指天刺”，能主宰一切吉祥幸福，若遇他人戏弄或不慎触摸，就以为遭到凶险与搏斗。可见，“天菩萨”（魋髻）这一特殊头饰，在彝族社会中的重要性，其实，也是全人类从远古至今头饰文化艺术史的一个特殊例证。

① 白芝·尔姑阿甲：《凉山彝族习惯法》，载《彝族文化》1989年刊，第129页。

第三章 考古发掘与古籍文献资料映照下的民族服饰

中国西南民族服饰的首创性、系统性和多样性是世界服饰文化中罕见的，研究且借鉴民族服饰遗产也就十分重要，因为“历史不外是各个世界的依次交替，每一代都利用以前各代遗留下来的资料、资金和生产力，由于这个缘故，每一代一方面在完全改变了条件下继续从事先辈的活动；另一方面又通过变化改变旧的条件。”依靠传统的作用，服饰文化得以积累和传递，从而保证了民族服饰风格的稳定性和连续性。虽然每个时代对传统都需要进行适合于自己的筛选，所做的也不是对传统的简单重复；但是有一点是肯定的，后人不能脱离前人的智慧基础，而悬空走进新的境界。

在云南、贵州、四川、广西和西藏等省区中，各少数民族中绝大多数民族的服饰都有悠久的历史传统。云南晋宁石寨山和江川李家山等地出土的大批铜器，尤其是器物上数以百计的人物图像，简直是一个考据古今民族服饰的宝库，所能反映的民族之多，是空前的。据相关学者研究，青铜器上的几百人的人物图像和图案，以其服饰特点归纳为：“椎髻者”“编发者”“结发者”“结髻者”四类，又以古今图像的对比手法，具体生动的论证了古今民族的渊源关系，云南 25 个少数民族中有 10 多个均能在 2000 多年前的青铜器图像和图案中找到其源流。正因为如此，这里通过考古发掘出土文物上的纹样，人物图案上的发型、服饰，以及秦、汉、唐、宋、元、明、清时代的文献资料，探索西南民族服饰的历史与发展变化，并在上述资料与近现代相似的民资发型、头饰对比研究，从而探寻他们族系上的大致轮廓和服饰历史沿革及发展变化。

一、青铜扣饰与人体配饰物

在西南出土的众多青铜器中，有以动物为题材的青铜扣饰。各种动物形象的扣饰具有强烈的时代感，突出反映了当时西南地区人们的审美观念和情趣感。它以鲜明的民族特点和独特的艺术风格，引起人们的重视。出土的扣饰，从器物上看，有圆形的、方形的和不规则形的。根据其铸造工艺的不同又可将其分为镂空、浮雕、圆雕、镶嵌等。但是不论是何种形状的扣饰，它的背面都有一个短的钩扣。这样，扣饰就可以挂在人们身上和器物上，或为一种装饰品。如佩戴于腰腹部的扣饰，就如同现在的胸花、领花等装饰品一样，起着美观动眼的感觉。从这些形状各异，内容有别的青铜扣饰中，可以看到当时人们的生活情趣。

云南江川李家山铜扣饰，是滇文化的一朵奇葩。它富有民族特色，是“滇人”最早也是最精美的佩饰品。古代“滇人”常用作装饰，或佩于身，或挂在其他器物上。这些扣是都铸有精美的纹饰并镶嵌珠玉，具有较高的工艺美术价值。特别是半浮雕的铜扣饰，铸出了野兽相搏、狩猎、祭祀、音乐舞蹈、献俘、房屋等形象，反映出3000多年前古代的社会面貌，具有高度的历史价值，是研究滇池地区古代社会的珍贵资料和人体装饰艺术的“根”。

江川李家山24号墓中出土的舞人圆形扣饰，扣面上一群手拉手的舞蹈者围成圆圈起舞。此件扣饰构图巧妙，形象生动，富有浓厚的艺术感染力。该墓出土的另一件祭祀铜柱的铜扣饰，描绘

了三个男子分别拉着牛绳和牛尾，按着牛背，把牛缚于铜柱上准备祭祀的场面。在牛的前方有一人被牛践倒，而在牛后脚上还倒悬一个幼童。他们都扭着身躯，呈现出挣扎，痛苦的状态。这一祭柱的扣饰内容，为我们再现了残酷的奴隶主以活人为牺牲的祭祀场景，也反映了当时不同人群的不同服饰样式。从另一件献俘铜扣中的图案里，则可看到战争中俘获奴隶的场景。扣饰面上的两个武士，手里分别提着两个人头，脚下踩着一句无头尸体。他们还抢到了两只羊、一头牛，并俘获了一个背着小孩的妇女。这幅图案充分说明，在奴隶社会中，战争是奴隶主掠夺人口和财富的重要手段，同时也告诉人们“滇人”的穿着形象。

江川李家山墓出土的另一件祭祀铜扣饰，图像为剽牛祭祀，是文物中的珍品。它生动地描绘了剽牛祭祀的场景，三个男子正缚牛与铜柱上，另一个执牛尾，共作祭祀准备，牛角上倒悬一人，便是奴隶，它同样都是这次祭祀的牺牲品。奴隶的面部虽然斑驳锈蚀，但从整体身躯的歪曲扭动，清晰地呈现出他在处于痛苦的挣扎和呻吟中。这件扣饰，具体地证明了“滇人”的文化和身体的装饰风格。古代奴隶劳动者铸造了这样精美的艺术品，显示了他们卓绝的创造才能。古代青铜扣饰的形成和艺术特点，以及装饰功能，都显示着“滇人”的服饰特色和配饰物的精美。

除上述几种题材的扣饰外，再就是那些多达几十种动物为造型的青铜扣饰，可探讨古滇人的艺术和装饰风格。扣饰上的这些众多的动物图像，说明在当时生产力还十分低下的情况下，人们的生活与自然界的动物息息相关。动物是人们崇拜的对象。所以，在许多古代器物上出现描绘动物的图像，青铜扣饰上也不例外，直到今天，仍不失为艺术装饰的题材。

青铜扣饰除在装饰内容上的独特外，还带有强烈的地方特色，而且在发展上有它完整的体系，充分表现了滇文化在艺术上的高度成就。它的艺术特点和表现手法，概括起来，就是写实性强，造型奇特生动。首先是这些扣饰所表现的动物，绝大多是当时自然界中实际存在的，也是当时人们常见的，如猪、牛、羊、鸡、狗、豹、虎、水鸟、蛇等，所以是人们所熟悉的动物体态，形象特征，易于用艺术手法来突出主题，如在表现猛兽时，一般不会让他单独存在。青铜扣饰的创作者，是云南古代少数民族的先民，乃是特殊美丽的装饰品，集中表现了“滇人”经过仔细构思设计意题。它的主题思想是当时社会生产和生活的表现，既反映了当时的经济生活，也反映了他们的审美观。总之，我们可以从青铜扣饰的研究来探讨“滇人”的经济生活和文化艺术风格，与如

今存活于云南少数民族的穿着风格与服饰上的刺绣图案融为一体，是云南从古到今少数民族文化艺术的脉络。

云南出土的青铜扣饰众多，除上述之外，还有：四虎噬牛铜扣饰（昆明羊甫头104号墓出土）、二人盘舞鎏金铜扣饰（晋宁石寨山13号墓出土）、二胡噬猪铜扣饰、豹狼争鹿铜扣饰（晋宁石寨山3号墓）、二豹噬猪铜扣饰（晋宁石寨山1号墓）、蟾蜍形铜扣饰（昆明羊甫头574号墓）、双牛铜扣饰（曲靖八塔台69号墓）、牛头型铜扣饰（昆明羊甫头314号墓）、螺形铜扣饰（昆明羊甫头15号墓）、二骑士猎鹿铜扣饰（江川李家山13号墓）、二豹噬猪鎏金铜扣饰（晋宁石寨山71号墓）、三虎噬羊铜扣饰（江川李家山24号墓）、鎏金献俘铜扣饰（晋宁石寨山13号墓）、虎豹噬牛铜扣饰（江川李家山68号墓）、熊形铜扣饰（江川李家山57号墓）。昆明大团山滇池文化墓地出土的春秋晚期铜扣饰2件，一件长方形，长39厘米、宽16厘米，另一件为蜥蜴形，长26厘米，宽12厘米德钦石底古墓出土的圆形青铜扣饰一件，薄片所成，四周向中凹下，正中半圆凸起，上有一钉与背面的穿扣脚，直径11.5厘米。铜环一件，直口，直腹向下微收，平底，高圈足，圈足下部微后，腹部饰线条和同心圆组合图案。[1] 东川普车河墓葬中出土1件鸡形扣饰，造型为雄鸡形象，长5.3厘米，同时出土的还有圆形扣饰。嵩明凤凰窝墓地出土圆形扣饰9件，长方形扣饰8件，不规则形扣饰6件。昆明羊甫头发掘的墓葬中出土的扣饰，圆形的134件，长方形的42件，不规则的25件等。从以上资料来看，青铜扣饰遍布云南各地，以昆明，大理地区为主，出土的数量无法一一叙述。青铜扣饰，堪称“滇人”典型配饰物，对云南民族服饰历史文化，特别是独特的装饰和审美艺术，有着不可估量的价值。

人体配饰品，不仅只是财富和尊贵的象征，而且是艺术的反映，更重要的是人的智慧和勇敢、威望的象征。元谋大墩子新石器时代遗址出土的文物，有骨饰13件，完整的5件，制作精美，还有耳环3件，镯1件，珠15颗，还有一个墓葬中，其“侧身屈肢葬，随葬品有石簇、角齿各1件，均置于头部，经初步鉴定，死者为少年”。

古人身体配饰物很多。大理剑川沙溪墓地发掘的死者为老年男性，两耳戈佩戴绿松石耳坠，左手戴铜镯1件，胸部右侧随葬铜钺1件；另一墓中也是老年男性，随葬铜剑、铜簪、铜削、陶

① 《云南文物》1982年第12期，第49页。

罐、石坠各1件，右手戴铜镯1件。有的墓葬中除铜镯外，还有料珠、铜戒指、玛瑙珠、铜臂甲、玉石镶铜圆饰牌、绿松石耳坠（6件），海贝（43颗），铜发箍等。同时剑川鳌凤山古墓中发掘的装饰品数量更多，出土于死者头部两侧，类型复杂，制作精细。单是手镯就有139件，均出土于死者腕部，多为几件或几十件佩戴在一起。手镯宽2厘米至6厘米的铜片弯曲成扁平环状，环内外侧多饰钱纹、乳钉纹、云雷纹、同心圆纹、三角形纹、鸟等图案，也有的环面内凹，无纹饰，或用0.4厘米或0.6厘米的圆形条弯曲成圆圈形，即可戴于手腕。其他饰品还有23件，也都出自死者的头部，有的用铜片弯曲而成，如发簪5件，器形小巧，制作精细，有的为长方形，一端粗大，穿一圆孔，另一端较细，断面呈方形；有的用中段宽而两端窄的铜片弯曲成交叉形；发箍4件，用长58厘米至60厘米，宽3.5厘米至4.5厘米，厚0.5厘米至3厘米的铜片弯曲成椭圆形。一端开口，铜片两端各穿一个0.5厘米厚的圆孔，环面外侧素面或饰乳钉纹、同心圆纹和虎、鹰等动物图案。据发掘者观察，发箍开口朝前带在死者头部，缀有料珠之类的其他装饰品。戒指12件，均处于死者手指部位，有的铜片弯曲成环状，环

面平直或内凹，有的铜条弯曲成圆圈状。耳坠五件，用宽0.2厘米至0.5厘米铜片弯曲成圆形或椭圆形，整体呈山字形，左右侧各镂空一个，另一面饰料珠数颗。还有其他饰品23件，也都出自死者头部，有的用铜片弯曲而呈半圆形；有的形如泡钉，背面有一横鼻；有的成扁平不规则形；有的呈双圆联珠形，一面平，另一面作圆锥状，还有的做成管形，一般宽1.2厘米至1.7厘米，厚0.2厘米；具体的铃3件，顶端有孔，斜肩，口内凹，两侧夹角突出，模面呈椭圆形。下关市佛塔发掘的手镯8件，有铜质扁圆状、串珠状和“卍”字金片，中间都镶一玻璃珠，重11.3克。银花1件，呈七瓣盛开莲状，附着在一方形铜片上。各色饰珠26颗，质料为珍珠、玛瑙、翡翠、琥珀、水晶、骨、琉璃共七种，形式有菱形和椭圆形，最大直径3厘米，最小0.2厘米。祥云大波那战国墓中发掘出杖首、锡镯、簪，也都是用铜片制成。弥渡战国墓中，除耳环外，还有用薄铜片两端打成针状，中间弯折的发簪5件。大理东汉纪年墓中，出现荷花、荷叶图案，象征死者灵魂早升天地。“蒲缥人”的石胸饰、骨首饰，也是死者升天入地的象征。

在云南大理地区，剑川、祥云、弥渡，以及丽江市永胜等地发掘出的装饰品很多，有剑饰、牌饰、多角形式、杖头饰、镯、俑、动物头饰，还有绿松石等。这些饰品，都是社会生活的反映，也或多或少地反映着当时人类的宗教信仰和审美意识。最值得研究探讨的是剑川海门口遗址中的陶器饰品上的纹样。陶器纹饰，分为刺、划、压、印，小件器物上的用刺，大件器物上多用压印。刺划纹有圆点纹、三角纹、波浪纹、方格纹和人字纹组合图案。由线纹组成三角形、一个接一个，下面饰人字纹图案。划曲折纹和刺点组合图案，一般上为“N”字纹，下为刺点组合的弦纹，并刺蕉叶纹、角尖纹、斜线纹、弦纹、方格纹。压印纹饰有粗篮纹、细篮纹、篮纹组合的图案。在白族、彝族刺绣中，至今这些图案大多依然装饰在

服饰上，这是民族服饰文化历史传承的又一活生生的例证。

除元谋、大理地区出土的饰物外，还有保山塘子沟遗址发掘的石制骨制装饰品各1件。石饰品如算珠，中部对穿的圆孔和周围较为规整匀称，直系于少女胸前颈下，在当时技术条件下，需用很大功夫才能制成。骨饰品用小型动物关节骨制成，主体为一圆柱，下端为一平面轮盘，上端骨突出加工为倾斜圆柄，总体形似国际象棋棋子，通体刮磨光滑，即可站立摆设，又可饰胸，还与后世德昂族妇女耳饰（耳筒）约略近似。楚雄万家坝出土的铜牌，上有3熊对立，片面有两圈镂空纹饰；铜镯，面呈凹形，侧有一圆孔；玉镯、白润光滑，镯面扁平，内侧有唇边凸起。还有玛瑙、琥珀、绿松石等石饰品。麻栗坡小河洞新石器出土的石饰品1件，原为一天然灰绿色泥质岩的砾石。两端有少许破坏，石体为中宽两边窄的扁长条形，形状如鱼。在石体一侧刻划菱形线图案，形似鱼鳞。由此推之，可能是一种鱼形石饰，残长9厘米、宽2.6厘米、厚1厘米，是渔猎民族生活的一种特殊装饰。

二、秦汉时期“滇人”的头型与服饰

中国西南民族服饰即是人类民族服饰的发端，也是最原始的服饰头饰发展到千姿百态，令人着迷的历史见证。从考古发掘和古文献资料中，可以看到，西南民族服饰的历史最早可追溯到旧石器时代。元谋大墩子发掘的骨锥，说明是制作衣服的工具，虽然采用的原料依然是天然的，但比起早期的护阴板，缠腰物进了一步，同时还有石簇、角齿各一件，均置于人的头部，可称作装饰品。到秦汉、唐宋、明清时期，大量的古文献资料，印证着西南民族服饰的发展变化。

这里首先要说的是，多年来，多少学者探讨西南民族的族源和历史，都是以青铜器人物图案的发型、服饰与古文献记载结合。西南自古就是一个多民族的地区。这一点，仅在云南晋宁石寨山古墓群出土的西汉时期青铜器上，就有近三百人物图像，服饰各有不同，显示着当时多种民族在古代时期头饰和服饰的历史特征。

人类在服饰出现之前，也就是旧石器时期，无衣可言，但都曾有过人体装饰的阶段，装饰的内容和方法多种多样，除文身之外，还有佩挂物，因此青铜扣饰是远古时代最有亮点的装饰品，随着社会的进步和发展，人类进入“穿衣戴帽”的时代，便以树叶、树皮、兽皮、鸟羽等自然物蔽体。进入新石器时代，开始纺麻织布制衣，在考古发掘中，有众多的原始纺织工具，如纺坠、纺轮、骨针，贮贝器上的纺织场等。这都是3000多年的历史，如今在西南少数民族中依然存在，无论是最富特色的装饰品，或是最原始的纺织工具，都出现了大量的实物见证，印证着远古时代西南先民最早的头饰和服饰，体现出一个民族的思想

和感情，按照他们当时爱好的生活方式和审美意识来装饰自己的历史文化。

晋代常璩的《华阳国志·南中志》云："南中在昔盖夷越之地。……夷人大种曰昆，小种曰叟，皆曲头，木耳环珠，裹结。""昆"即"昆明"，为夷中大种。"叟"即"越"，为夷中"小种"。"昆明"人口较多，分布范围也广。他们的装饰特点为"曲头，木耳，环铁，裹结"。因文字过于简略，过去人们对它具体含义并不十分明了解，甚至在断句上也各有不同。根据考古发掘出土文物的印证，都是古代云南少数民族服饰装束而言。

曲头是古代"昆明人"用于头部的一种铜制装饰品，亦称"发箍"。其物为薄铜片弯曲而成，铜片上铸有乳钉纹，旋纹及鸟兽纹，两端有穿孔，便于裹束索紧，大小与人的头围相等。此类实物在剑川沙溪鳌凤山墓葬中出土 4 件，宽 3 厘米至 4 厘米，直径 20 厘米左右。出土时在死者头部，完全可以肯定滇西地区古代民族用于头部的装饰品，或者是一种专门束发的工具。这样的头饰，也见于晋宁石寨山 13 号墓纳贡贮贝器上的人物图像中。这个贮贝器原来是用两个废铜鼓相叠而成的，上大下小，在两鼓相接处铸有立体人物一周，有的牵牛牵马，有的抬扛物品。原为滇王统率下的各种不同民族（部落）进贡或献纳的图景。根据这些纳贡民族的发型和服装特征，基本上可分为七种类型。其中第四组为两人，前一人梳双发辫，扁长垂至后背，额上戴一发箍，耳部戴有下垂至肩的大耳环，衣长及膝。袖长至手，腰束带。胫上有"裹腿"，腰佩剑。后随 1 人，服饰与发型与前一人相同，但胫上无裹腿，未佩剑。此人身后牵一阔角垂尾牛，形似牦牛。这组人物形象，很明显就是《史记·西南夷列传》所说的"编发"昆明人。他们和滇王经常发生械斗，晋宁石寨山发现被捆绑和戴脚镣、手铐的人，多半是这些"编发"民族。笔者认为，昆明人头上的弯曲形发饰，就是剑川沙溪墓葬中出土的铜发箍，也就是《华阳国志·南中志》上所说的曲头。

木耳是指昆明人佩戴的大耳环，原为木制，故名之。晋宁石寨山出土的青铜器人物图像中，凡“昆明人”多戴大耳环。这些直径较大的耳环，很可能是木制的，如若是金属品，重量大，不适宜耳部垂悬。此类木耳环在滇西地区还未发现过，或者因易腐，虽有发现而未引起注意。我们只是在黄土山古墓中找到几块残片，环宽1厘米左右，直径约4厘米到5厘米。木耳环大概是“昆明人”的特有装饰，一些古文献称“昆明人”为“木耳夷”。《水经注·温水》载：“温水……，又径味县（今曲靖）。刘禅建兴元年分益州郡，置建宁郡于此。水侧皆是高山，山水之间，悉是木耳夷居。”[①]此木耳夷就是昆明人。他们由滇西地区迁至滇东后，多数居于温水（南盘江）两边的山区或半山区，也有分布在滇池地区者。

环铁即铁镯。滇西地区祥云检村古墓中出土过2件。器形和当时常见的窄边环形铜镯相似。滇池地区出土的铜镯为宽变边，镯上多镶嵌孔雀石小珠，显然是由滇西的铜镯演变而成的。

“曲头、木耳、环铁”之意，已基本明了，即带发箍、木耳环、铁手镯，但是“裹结”一词的含义却未有定论，据张增祺《云南青铜文化类型与族属》一文中曾对“裹结”一词解释，认为“裹结”乃是源于“椎髻”，也就是以布包裹的意思。樊海涛在《试释“裹结”》一文中，认为是用带在膝盖之下，小腿之上打结的意思。其实“裹结”的含义，大概是指昆明人的发式而言。我国古文献上所说西南少数民族多“椎髻”“魋结”，皆其列也。难以理解的是《史记·西南夷列传》明言昆明人是“编发”，而《华阳国志》又说是裹结。很明显编发和裹结是不相同的。如果做一推想的话，可能战国至西汉初期，当时滇池地区昆明人普遍流行编发，后来他们不断的向滇东地区迁徙，由于滇、邛都、夜郎等“椎髻”民族杂居，至《华阳国志》成书的东晋时期，这些动迁的昆明人，皆原来的“编发”改为“裹结”，即将原来垂于背后的编发掠至头顶起结，再用布包裹。1963年曾在昭通后海子发掘过东晋太元年间的壁画墓。墓上画有“夷汉部曲”形象，这些夷人全部身披“察尔瓦”衣，头梳“天菩萨”的现今彝族男子装束。如今，中外学者大都认为古代的昆明人即是现代彝族的先民。原居于滇西地区的昆明人，当他们迁入滇东后，改变了他们原有的发型。其实，任何一个古代民族（包括汉族），不可能在漫长的历史时期内永远保持一成不变的发型、服饰，尤其流动性较大的游牧民族更是如此。

为什么说裹结是用带（布带、兽皮）在膝盖之下、小腿之上打结的装饰？从考古材料中，古代云南先民一般是身着对襟长衣（贯头衣），不着裤，跣足、戴耳环、挂牌饰、扣饰等打扮。从出土的各种青铜器及刻纹、岩画的图像上分析，古代西南民族服饰中处于腰部以下的服饰，只有在“膝盖之下，小腿之上，以带打结”这一种。这和裹结形象在所出的各种青铜器图像图案中屡次见到。如晋宁石寨山滇人蹲踞图案，四人乐舞铜俑的腿部皆有“裹结”，江川李家山出土的一柄青铜短剑上，剑茎部铸环目、大口、利齿人，在剑身部分，亦铸有此人形象，在此人腿部，也有裹结。

其实，裹结就是绑腿。除西南少数民族外，汉族古代的小脚女人，世界其他地方民族也盛行在腿部进行类似的装束。据美国学者考察，在太平洋附近，智利以西2300英里的复活节岛上，生活着塔派提、罗帕纽部落。这两个部落至今每逢节日，参加者男子大都赤身裸体，仅穿一条三角裤，在膝盖之下，小腿之上有一条布带。可见，这是古今中外都共有的一种传统服饰情趣。至此可知《华阳国志》中的“裹结”一词，并非指古代西南少数民族的发型，而是指在膝盖以下，小腿之上，用布条打结的一种特殊服饰。

裹结只限于古代云南少数民族的男子，女子未见有此装束者，且“裹结”的系带一般都系向前，这一特征与滇人蹲踞的习惯有关。另一点值

① 王国维校：《水经注校》，第1125—1126页，上海人民出版社，1984年版。

得注意的是，像贵族骑士、祭司、舞俑等人的裹结系带都比较长，几乎垂至地，且系带上一般都有平行线和斜线交叉组合而成的几何纹图案，而抬舆的濮人，纳贡的昆明人的“裹结”系带都比较短，甚至于难见到，系带上很少有花纹、图案之类的装饰。所以，大致可以判断，在古代云南少数民族中，裹结不仅是一种区别男女的服饰，还标志着裹结者的身份。身份高贵者系带越长，装饰越漂亮，而身份低者则反之。

战国前期到西汉时期，一般把居住在云贵高原和四川高原的少数民族称为“西南夷”，实际上是一个多民族的统称，他们中的绝大多后发展成为云南现代的少数民族。近些年发现的不少文物，就其文化面貌、艺术风格的统一性是主要的，而又有着鲜明的地方特色。从考古发现和馆藏文物中，可以看出云南少数民族当时服饰文化艺术的特点。西南夷对头发装饰的形式很丰富。以晋宁青铜器上刻画的三百余个人物图像观察，有所谓“银锭式”的长髻，还有“椎髻”和“编发”等形式，这些不同的头饰形象，虽然可以区别在同一地区中共同生活的民族，给人以不同的视觉感，但是爱美的情趣是共同的，所谓“银锭式”的特点，就是把发向后梳，于后颈垂叠而束之，挂有银饰品；若下垂至背后则有“垂髻”之称。至于脑后“盘髻”，留其一节发尾下垂至腰，实为“垂髻”之变形。这些形式，既有整体，又有条理，飘发自如，似缓进的旋律，给人以飘逸之感。这些“垂髻”的形式与拖于背后的两辫形式不同。后者化繁为简，并以连续的规律求其平衡，具有明目之感。“椎髻”则有另一番意趣，其特点是将发叠成长髻，高束于顶，并将束带两端甩于脑后，整体而观，其型著而威，具有爽朗明快之感。发髻所置之位置不同，各呈其趣，有的完成螺髻于顶后，有的置于右耳上者，有的置于脑后，这些不同的形式，反映了不同的美感，可见在艺术兴趣上，有了多种美感的要求。再如“多层髻”高高地置于额前，这一不落俗套的形式，看出他们

在头部的装饰上，追求更加丰富的境界。

《史记·西南夷列传》卷一一六载：“西南夷君长以什数，夜郎最大，其西靡莫之属以什数，滇最大；自滇以北君长以什数，邛都最大；此皆魋结，耕田，有邑聚。其外西自同师以东，北至楪榆，名为嶲、昆明，皆编发，随畜迁徙，毋常处，毋君长，地方可数千里。”[①]

这是有关我国西南地区少数民族最早也是唯一的文献记载。当时，从贵州到云南，以及四川西南部的广阔地带，居住着众多的部落族群。这些族群的装束各异。人类在纺织工艺出现之前，头部的装饰品最为重要。当然，发型是与服饰融为一体的民族传统，其中，引人注目的就是“魋髻”和“编发”，考古发掘材料客观地证明了这一特点。《史记》中以头饰为特征的“魋髻”“编发”两大特征，来区分中国西南地区的民族，与秦汉至战国时期考古发掘出的青铜器人物图像相对立，

① [汉] 司马迁撰：《史记》卷一一六，第 2991 页，1959 年版。

印证着如今西南少数民族在2000多年前头饰和服饰的历史。

在我国很早的古籍中，如《尚书》就有“贯胸，漆牙”;《山海经》有“雕题、黑齿”的记录。这些是先秦时期常见的以身体装饰特征来称呼西南地区少数民族，但这些记录在考古发掘上没有得到印证。唐朝时期，《通典》《新唐书》有“椎髻”“发髻、垂于后”的记录。这些记录，都在云南的考古发掘人物图像中印证着。

《史记》中的“魋髻”，到唐时期称为“椎髻”。其实，“魋髻”正如《汉书》中说的“为髻撮似椎而结之”。“髻”如“椎”之形。《新唐书·南蛮传》载：“男子椎髻，以绯束之，后垂向下。”《通典》卷一云：“其人美发为椎结”“美发髻，垂于后”。由此可见，尽管“魋髻”一词在有些记载中成为典故，用以泛指少数民族的各种发型，其实它是有特定内容的。它的特点是“以绯束之”和“垂于后”。这两点也正是青铜器图像中滇人（特别是男子）发式的特点。当然，魋髻它包含的内容很多，无论发式或饰物都多种多样。由于石寨山青铜器的发现，使我们第一次见到魋髻的具体形象，与文献记载可以相互印证。

从石寨山青铜器众多人物、多种多样的发式研究，能看出当时男女发式大同小异，均将发叠成髻，髻根束紧，然后在髻中间自上而下以带束之。妇女之髻垂于后，男子之髻位于头顶，并将束发之带两端飘扬于后，以为美观。

“魋髻”在男女头饰中很有特色，除上述之外，另一类是男子将髻盘于顶，但髻甚高，甚大，如盘，根部或圆筒状，有的插羽毛更多为饰，衣服也有尾饰。妇女则将髻打散，发披于后，而以带束之。还有的男子头髻缠帕，以外形观之，其髻也是魋髻，头帕一端往往竖于头前以为装饰。再有的男子，髻梳于顶呈圆形，一般只在髻根束带，有横束一带使头髻成双层，有的髻外缠帕，再在帕外另戴草辫纹发箍数道，当顶戴一圭形饰物。

其服饰的特点，不论何种头饰的人群，不分男女基本相同，即均穿对襟无领的外衣，长仅及膝，其区别是男子外衣上束腰带，中有圆形带扣，而妇女则无。又有些男子，衣后拖一尾服，或另有披巾，拖曳于后。战争场面的男子戴盔披甲；举行某种仪式，则插羽毛，贵族男子有着华艳的披风。男女均佩戴耳环、手镯等装饰品。

近些年发现不少文物，就其文化面貌看，其风格的统一是主要的，差异性是细微的，而浓厚的地方色彩又是鲜明的。服饰装饰艺术，是各个民族认识世界和审美意趣的基础。装饰的领域很广，如发型、服饰和图案纹样，这些创作的形式和特点，体现了一个民族的思想情感，是按照他们自己的生活方式和审美意识来装饰自己的。

西南夷把用之于日常生活的服饰和节日娱乐的服饰区分开来，表明在不同的生活领域中，应用不同的审美形式。生活中所用的服饰，有宽大对襟式的外衣，长及膝下，袖宽而短，仅用长直的条纹作平行装饰，显得轻便舒展，质朴而美观。既有宽大而称体的外衣，还有紧裹身躯的内衣，符合使用与美观的原则，这是一切工艺美术，尤其是服饰艺术探索的中心。既本源于生活，又是人们智慧自我挖掘的结果。每个民族都有包含许多风俗的节日，活动的内容与形式很丰富，如舞蹈、剽牛、上刀杆、赛龙舟等。人们在节日里都穿上喜爱的服饰，其样式颇为繁缛复杂。例如铜鼓中的舞人头戴羽冠，有多至近10根的长羽，上身裸露，腰下仅前短后长的两幅条裙，后幅拖至腿后，服的下端有作三叉形尾饰，舞起来两幅条裙向左右飘拂，露出长腿，跣足，手中持羽，或持棒、戚等武器，确有一番民族风味。在晋宁石寨山出土的贮贝器中，有一进贡献纳的场面，其人物应是各族的代表者，服饰当然不仅具有该族服装的特点，也自然是一种礼服，如有一组人物，均着短窄称身之衣，袖长过手，裤长及脚踝，上衣有半圆形图案纹样，裤上饰以斜方块纹，均佩剑持杖，尤其那须长过胸者，步态持重，大有酋长或邑君之态。

从青铜器上许多人物形象的服饰图案纹样中，还可以发现浓厚的地方色彩，南方民族相似的图案纹样很多，如广西西林铜鼓，以翔鹭、竞渡、羽人、鹿、鱼等纹样，与贵州、云南等地铜鼓的纹饰，不仅纹样内容相同，其表现风格也相似，犹如一个样稿。这些反映的事物形样，均为南方地区所常见。人是赞美自己生活领域中的大自然的，人类从最早时期就带着喜好的感情再现自然，甚至常常赋予浪漫的色彩。如广西西林出土的一件山羊纹的铜牌饰，羊头造型逼真，而把细长的脖子夸大了数倍，更奇特的是羊身变成马的形式结构。这种羊头马体的混合形体，殊为罕见，一定有着吉祥的含义。西林还出土一件凤纹铜牌饰，那凤尾纹的飘洒自如的形式，有活泼流利之感。晋宁、广南、玉林、西林等地铜鼓上的船纹，几乎无不以鸟为首，鸟羽来装饰船的头尾，并且划船的人头戴羽冠，顺着船飘拂，犹如凤羽那样轻快。铜鼓和贮贝器是云南考古发掘中富有代表性的器物，从中可看到了滇人的物质生产生活，看到了滇人的社会生活中的精神世界。可以说石寨山、李家山以及其他地区考古发掘资料中的人物装饰，是滇人的本质表现，是具有自身民族风格的精神基础。

早在春秋战国时期，云南等地就已经出现了发达的青铜文化。青铜文化的内容丰富多彩，题材十分广泛，除上述的内容外，最为突出，而且至今流传在许多民族中的是：羽纹衣、羽舞。晋宁石寨山出土的铜鼓型双盖铜贮贝器上，有22人的羽舞图像，舞者全戴羽冠，顶插长翎，前后缀翅，上身裸露，下着前短后长的兽皮羽毛带状裙，面部为鸟形，手持羽毛而舞，与此相似的开化鼓面上也刻着装束和舞姿基本相同的四组共16人的乐舞场面，其中一组，一人盛装吹葫芦笙，羽毛插头，身着羽帔，仿佛与众不同。总之，羽舞很丰富，大体可分为鸟型、羽饰型、象征型三大类，但都有羽毛装饰。

羽饰、羽舞，在新石器时代的沧源岩画中也有生动具体得表现。在沧源岩画满坎一号点，有一个被描绘的十分有趣的人物图形。他双手平展，其臂端与双腿下部作弧线相连，在这个形同翅膀的曲线上，还画有若干类似羽毛的短线。显然这是一个长有类似鸟翅膀的飞人。汪大渊的《岛夷志略》中对羽人曾有过这样的描述："不织不衣，以鸟羽掩身，故之得仙者，或身生羽毛，变化飞行。"可见，想象鸟雀而用羽毛掩身护体，古往今来并不乏其人。作羽饰的目的和功能有两种：一种是作为身体的装饰，既有防寒避睹的功能，尚且美观；二是作为一种飞天的工具，希望能长出类似的鸟雀飞翔的翅膀。近代欧洲在发明飞机之前，最初用于实验飞行器的是靠绑在双臂上的巨翼上下搧动来进行的。至于用各种鸟雀羽毛来进行装饰，现今许多民族都有。例如哈尼族支系中的僾尼人，就盛行用鸟雀的彩色羽毛来装饰在妇女头上，其意义就在于能如同鸟雀羽毛一样的美。彝族喜庆节日中打歌跳舞，男子头上戴着的草帽顶上，也装饰有高高在上，色彩优美的雉鸡尾毛，舞场上最吸引人的眼神，至今流行于楚雄、大理等地的彝族之中。

西南夷各民族的服饰，既有宽大而匀称的外衣，还有紧称身躯的内衣，符合实用与美观的原则。这是较早的服饰艺术，是服饰艺术探索的中心，既本源于生活，又是人们自己智慧挖掘的结果。从图案纹样中，也可发现古代先民服饰的浓厚特点。西南夷各民族相似的图案很多，反映当时事物形象，均为南方地区所常见。人们赞美大自然，各族人民带着喜好的情感去再现自然，甚至常赋予烂漫的色彩，如广西西林出土的一件山羊纹的铜牌饰，羊头造型逼真，把细长的脖子夸大了数倍，更奇特的是羊身变成马的形式结构。这种羊头马体的结合形体，殊为罕见，一定有着特殊的意蕴。在不同的地区，却有相似的内容形式。服饰艺术，是各民族认识世界和审美意趣的基础，领域很宽广，发型、服饰、佩饰和图案纹样等，都有着创作形式和特点，同人们在物质生活领域中所喜欢的动植物、自然环境是相联系的，从中获得了审美观，为了美的需要而扩大了应用范围，并且在这独具风格的基础上，产生了艺术传播与各民族相互吸收融合，服饰存在着不断的发展变化，更丰富、更美观。

三、青铜贮贝器上的纺织场面与原始纺织工具

每当提起纺织工业，脑海里第一闪现出来的总是西南地区青铜纺织贮贝器器盖上的纺织场景。因为这些场景往往和我们现在见到的西南少数民族纺织场面相叠交织在一起，一幅一幅地从眼前划过。2000多年来，保存着这些场景，保存着古老文化的本源。

西南地区民族纺织历史悠久、内涵丰富。在考古发掘中，先后出土的纺织工具很多。如云南宾川白羊村、大理马龙早期遗址都出土了形制多样的纺轮和纺锤，有扁平形、石鼓形等。白羊村遗址同时还出现了3件骨针。保山地区怒江流域发掘出土的“蒲缥人”的胸饰品等。以上情况表明，在新石器时代，生活在这一带的先民不仅掌握了捻线、编织和引线技术，而且有了原始纺织工具和技艺。

在云南出土的青铜器中，有关纺织最精彩的是晋宁石寨山和江川李家山出土的青铜贮具器上的纺织方面。1995年晋宁石寨山一号墓出土的青铜器贮贝器，通高21厘米，盖径24.5厘米。此贮贝器用击破鼓面的铜鼓改制而成，腰部上端刻孔雀4只，圈足处焊接圆雕飞鸟2队，盖面上铸造了一组妇女在奴隶主的监视下，席地而坐织布纺纱的场景。器盖上共铸铜俑18人，均为妇女，其中一人端坐在圆垫上，比其他人高大许多，身上通体鎏金，似为正在监督织布者织布。周围有侍女数人，有执步者、执伞者（伞盖已脱落），捧盘奉食者（盘中盛一鸡），另有一人站立，双手端盘于胸前，盘中盛鱼2尾。器盖边缘有踞坐者数

人，其中一人身侧挂一装物之袋，作捻线状；另有织布者，织机为原始的腰机（踞织机），其形象清晰可见，只见她将一卷布轴拴于腰间，而足蹬住另一端的经轴并绷紧织物，用分经棍将经纱接成偶数分成两层，用提综杆提起经纱成梭口，以骨针引纬，用打纬刀打紧，再次两手交替而织，一匹匹织成的布摆放眼前。她们使用的这种织机就是至今在不少民族中还能见到的腰机。从贮具器上面的形象看，这种原始腰机，已经有了上下开启的织口，左右穿引纬线，前后打紧纬密三个方面运动。腰机织造最重要的成就就是采用了提综杆、分经棍和打纬刀，但是所织之布幅甚窄。据晋宁石寨山出土的卷经轴推算，幅宽约 25 厘米，几幅布才能缝制一件衣裳。整个机器上再现了古代滇族妇女席地而坐用腰机织布的场景。

江川李家山出土的青铜贮贝器上的纺织场面，则是云南考古研究和江川文管所 1992 年 69 号墓中出土的文物，通高 47.5 厘米，盖径 24 厘米，现为江川县李家山青铜博物馆收藏，整件器呈束腰圆筒形。器身和器盖两侧各铸一对虎形耳，底有三个扁足。器身饰有弦纹、同心纹、锯齿纹、云雷纹、卷云纹和菱形纹等。器盖边缘上用圆雕手法铸有 6 人，皆为女性，四人面前中央席地而坐，正低头拼命地在腰机上忙于穿梭、打纬、织布，不同的动作反映了腰机织布过程中的不同环节。另有两人，一坐一立，面对面作理线状。中央铜鼓上跪坐着双手抚膝的一个贵族妇女，通体鎏金，身边放着壶、豆、盘等器皿。旁有 3 个侍女，一个手捧送食，跪侍其左侧，一个跪其后持伞为其蔽日遮阳，另一个跪其前方听候差遣。整个画面把腰机纺织的各道工序及操作过程（绕线、穿梭、打纬）均表现得淋漓尽致。

这两件青铜贮贝器上的编织场面，再现了西汉时期滇国编织的辉煌场景，把当时纺线织布的情景形象完整的呈现了出来，表现了当时纺线用纺车、织布用腰机，形象地再现了 3000 多年前云南先民的织布制衣的历史。

除上述之外，还有元谋大墩子新石器时代遗址出土的石纺轮10件，3件完整，通体磨光，两面平，中间钻孔，两面对称，周缘整齐，部面呈长方形。剑川海门口遗址发掘的纺轮，呈图柱形，出土时有的孔中仍插有捻棍，有呈双锥状者，有的是陶片打制而成，同时发掘的网坠228件，均为手制，多为夹砂灰陶，少数为夹砂红陶，其形状有呈圆柱形、枣核桃形、鼓形、圆球形者。弥渡苴力战国墓出土青铜器纺织工具3件；卷布杆1件，扁平长条，两端分叉，长10.2厘米；卷经杆2件，细长条，一面平另一面起棱，长9.2厘米。祥云大波那也有纺织轮出土。总之，云南出土的原始纺织工具，表现了当时滇国的纺织技术的普遍性。

滇国当时的纺织技术，据考古学者研究已有纺纱、络纱、卷纬、上机织布、上光五个主要过程。但当时汉族地区已经广泛使用纺车和斜织机，显示了古滇国与同时期的中原地区的纺纱织布工具明显不同，两地的纺织技术水平存在较大的差距。通过实地调查云南少数民族传统纺织技术，发现传统织机大多是腰机和斜织机两种，而且发现现代少数民族织布机的外形，尺寸与考古发掘的相似，织布方法也基本相同。据清檀萃辑《滇海虞衡志》载："蛮织，随处立植木，挂所经于木端，女盘坐于地而织之。如息，则取所植及所经藏于室中，不似汉织之大占地也。"[①]可见，直至清代，西南少数民族中，还沿用类似的方法，纺织贮贝器上所表现的腰机，则是现代织布机的始祖。时至今日，这种使用腰机织布的方法在云南少数民族，如佤族、独龙族、拉祜族等民族中仍在使用。细细观察和研究，便会发现，一幅幅青铜贮贝器上的纺织场面活灵活现地再现在你眼前，并

①［清］檀萃辑：《滇海虞衡志》，第111页，云南人民出版社，1990年版。

与现代少数民族中的纺织场景相映照，显示出两千多年前古滇人的纺织历史长河，源源不断地流淌至今的风采。这在人类纺织文化史中，不能不说有着许多值得探讨研究之谜。

在考古发掘中，还出土了不少原始腰机零部件，如昆明官渡羊甫头113号墓中出土了大量的纺轮、漆木打纬刀、铜幅、漆木幅撑等。漆木打纬刀通长55厘米，宽7厘米。此打纬刀饰3股红漆条带组合纹，其余髹黑漆，似刀状。打纬刀又称“机刀”，是织布时用来打实织口中的纬线，使布幅结构紧密，以便进一步引线交织。近现代许多少数民族的打纬刀都用竹木片制作，表面光滑，平整，使用时就不容易将经纬线戳断而影响织布进度。此墓中还出土了2件幅撑，一件铜制，一件漆木制。幅撑又称“撑弓”，因其弓状而得名，两端在织口附近的布幅上，分别系在布幅两侧，使布面张直，便于投纬和打纬动作的顺利进行。近现代云南少数民族的织布机上也有幅撑，大多是用弹性的竹条，也有用弯曲的木棍。竹条和木棍两端各装有尖状物，可插在织口附近的布幅两侧，同样使面平直，便于交织。呈贡天子庙41号墓出土的“工”字形器、卷经轴、梭口刀也等，为一套保存完好的腰织机部件。江川李家山和晋宁石寨山古墓群出土了大量的纺织工具，有青铜经轴、布轴、分经棒、打纬刀、绕线板、针线盒、纺轮等。如现藏于云南省博物馆的江川李家山24号墓出土的五牛铜线盒。此线盒纺竹篾器造型，子母口，上段为圆形，不断渐收束，至底部成圆角方形，平底，底部有4个扁平足。器盖顶部正中铸为一头立牛，健壮有力，周边四牛同向而立。盖饰蛇纹及竹节纹，牛身饰云纹及编织纹。出土时，其内装绕线板和线，可能为古滇人专门放针线的用具，故名线盒。祥云大波那和云禾甸村还发掘了若干纺刀、织机部件等器物。这些原始织机的零部件组合起来就是一台完整的腰织机。这种场面在晋宁石寨山和江川李家山出土的两件青铜纺织场面贮贝器上均有表现。元代出现的脚踏纺三锭纺车，每昼夜能纺2斤纱，还有以人力、畜力或水力引动的大纺车，有32根纱线，一昼夜能织近百斤纱，这是当时世界上最先进的纺纱织布机。在西方，直到1969年，英国阿克莱才出现了“水车纺机”，比中国纺机晚了几个世纪。

四、服饰的历史沿革与发展变化

我国西南历来就是少数民族聚居之地。不同的区域分布着不同的少数民族。据众多考古学和民族学专家研究，将如今的云南少数民族分为氐羌、百越、苗瑶、孟高棉四大族群。其中，氐羌和百越是“滇王国”的主体民族，从发型、服饰上可以看出“滇人”与氐羌、百越的关系，故此，这里以氐羌族群中的彝族，百越族群中的傣族为例，具体论述民族服饰的历史沿革与发展变化。当然，少数民族服饰，从古至今都有记载，唐宋以后更为具体，尤其是明清以来各种各样的文献，对不同民族不同服饰的记录越来越生动丰富。

1. 氐羌族群服饰的历史沿革

据众多学者研究认为，氐羌民族群是氐羌或藏缅语族民族，是西南人口较多，分布最广的民族群体之一，其考古文物和历史文献资料也是最多最丰富。氐羌族群包括着现在的彝族、藏族、白族、纳西族、普米族、傈僳族、哈尼族、基诺族、拉祜族。在此，以彝族为例，从中可看出氐羌族群服饰的发展变化。

彝族是氐羌族群中人口最多，分布最广的民族。“独眼人”时代与“树叶为衣”是彝族服饰的起源阶段。彝族服饰的发展变化，目前只能从秦汉以来的考古学和古文献资料中得到一些线索。具体说来，战国到汉晋时期，彝族服饰有了“魋结”“编发”的头饰和穿披毡、贯头衣、带圆形耳环、尾饰的传统。到唐代，彝族在云南建立了“南诏”，在保持古老服饰传统的基础上大量吸收了先进民族的文化和技术，出现了“锦衣绣服”，且有等级富贵的服饰制度。明清时期，彝族服饰再向前发展，形成不同支系不同地域的服饰格局。这种格局一直发展到中华民国时期。中华人民共和国成立后，特别是改革开放以来，彝族服饰无论在用料上或是工艺上都有了很大地飞跃，千姿百态，异彩纷呈。

（1）秦汉时期

秦汉时期，称今川西南、贵州、云南境内各族为“西南夷”。《史记》记载，西南族群中的头饰有“魋结”“编发”两种。这两大发型，以“滇”为代表；编发族群，以“昆明”为代表。这两大族群都与彝族有着密切的文化渊源关系。他们都是形成彝族的核心先民。从战国至汉代的青铜器人物形象上，我们可以看到当时“编发”族群的具体情况。

“编发”族群当时主要分布在今云南保山、大理及楚雄彝州西北部地区，地方有数千里之广，过着“随畜迁徙，毋常处”的游牧生活，其装束特点是“皆编发”，所以称“编发”族群。多数学者认为，他们是形成彝族的“核心民族。”汪宁生《晋宁石寨山青铜器图象所见古代民族考》（以下简称《民族考》）一文中说：“青铜器图像中所见的编发者，后来应主要融合于云南彝语支民族之中。”[①] 云南彝族直到明清时期仍编发，因此，要追溯彝族及其他彝语支民族的先世，就其主流来说，就是这种辫发者。”方国瑜也认为：在滇王统治下的七种民族中，“有四种可能与彝族有关。”[②] 汪宁生还说：“男女均梳双辫，男子额前束带。男女均穿一种有直条纹短袖之衣，有的男子外披毛皮有的妇女腕部戴剑多件，有的妇女耳戴圆形大耳环，“纳贡”场面中有肩负盾牌女性。”这些特点都与现代彝族服饰有许多共同之处：梳辫是彝族普遍的发式，直条纹短袖衣很可能是麻布做成的领褂之类；披毛皮很可能是牛羊皮制作的衣服。这些都是彝族一贯的传统服饰。如今宁蒗、永胜一带，彝族妇女身戴图形大环，有的腕部戴铜环或铁圈三四道，其形制、佩戴方法与2000多年前青铜器上“妇女腕部戴钏多件”的形象一致。

与彝族有关的另一族群“滇人”，是滇池地区的主体民族，在青铜器人物形象中数量最多，其服饰特点更为突。“滇人”应该与彝族的渊源关系更为密切，更广泛。因为这一族群的服饰特点，几乎包容了彝族服饰普遍传统。正如《民族考》中分析的那样：“滇”人和今天的彝族有一些相似的文化因素，如铜饰牌上骑士穿一种厚硬的披风，与凉山彝族之羊毛披毡相同；铜鼓残片上骑士穿的另一种披风，又与凉山彝族之“察尔瓦”相同。舞蹈图像中舞蹈者手持一种器四，与凉山今凉彝族制造的漆器无论就形状和花纹来说都非常相似。

其实，在“滇人”的文化里，除了较为突出地显示今天大、小凉山地区彝族服饰特点外，还包括其他不同地区、不同支系的彝族服饰特点。从《民族考》中我们可以看到，“滇”族群中的服饰特点：椎髻者“不分男女，均穿对襟无领的外衣，长仅及膝。其区别是男子外衣上束腰带，中

① 汪宁生著：《晋宁石寨山青铜器图象所见古代民族考》，《考古学报》1979年4期。

② 方国瑜著：《彝族史稿》，第83页，四川人民出版社，1984年版。

有圆形带扣，而妇女则无之。又有些男子（多属于奴隶阶级）衣后拖一后幅（即所谓“衣着尾”），或另有披巾，拖曳于后。若遇战争，男子戴盔披甲；若举行某种仪式，则插羽毛。至于贵族男子，有时还著华丽之披风。男女均佩戴耳环、手镯等装饰品。男女发式亦大同小异，均将发叠成一髻，髻根束带，然后在髻中间再自上而下以带束之，但妇女之髻垂于脑后，男子之髻位于头顶，并常将束髻之带两端飘扬于后，似为了美观。”① 以上内容，归纳起来，最为显著的特点有三：男子束发于顶或插羽毛；衣后拖一幅；穿对襟衣及披风。

“男子束发于顶”即“魋结”是大小凉山地区彝族至今流行的一种特殊发型，其文化内涵非常深厚。“魋髻”，古文献中又称“椎髻”，如髻一撮似椎而言之”的发型。据《辞海》本部考释：“椎”即“槌”，一头大，一头小，用以槌洗衣服，槌的形状正与今天大、小凉山地区彝族男子称为“天菩萨”的束发于顶的头饰相似。大、小凉山地区彝族男子束发于顶的习俗，至今盛行，且富有丰富的神性意识内容。

“头插羽毛”是彝族男子的另一种头饰，流行至今，成为节日歌舞和祭祀火化中的特殊装饰。楚雄州、大理州一带的彝族，在插花节、火把节，或是重大婚丧庆典的日子里，都要举行隆重的歌舞盛会，其中吹葫芦笙的男子，头戴草帽，帽子均插箐鸡尾三五支，其色艳丽，跳起舞来冲天下地，威武逼人。

“衣后拖一幅”实是尾饰之俗，是彝族披为特殊、又颇具风采的服饰。这种习俗与九隆神话有关，是为追念祖先而“衣皆着尾”的服饰文化特征。《汉书》《华阳国志》均有记载，青铜器人物形象中也表现得很突出。这种风俗，在古代流行就比较宽广。今天，几乎所有彝族妇女服饰也都比较注重这一装束，最为普遍的就是在臀后拖一对飘带，有的则垂两三块三角形绣片，图案都非常精美，是彝族妇女的精心之作；也有的将衣服的后襟绣上花纹图案，直接拖至脚踝。这种服饰习俗在彝族社会中经久不衰，是因为文化内涵深厚，而且又有着特殊的装饰功能。

“对襟衣、披风”也是彝族男女颇为重视的衣服。男子对襟衣有两种：领褂和紧袖短衣，均用细麻布做成，也有用青蓝布制作的。女子对襟衣在四川凉山州最为流行，衣较短小，多为黑布作底，上镶绣红、黄布条纹，衣襟钉色布条做成的排扣，穿着极为精干美观。披风穿起来，犹如一口吊钟，是彝族较为典型的服饰传统。所谓“千古一衣，经久不衰”指的就是这种服饰。

从战国至汉晋时期，在 800 多年的历史中，彝族服饰的基本脉络是“魋结”“编发”“贯头衣”“衣皆着尾”“头插羽毛”“束发于顶”等，都是彝族在这一时期服饰的印记，也是氐羌族群在这一时期服饰的代表例证，为以后族群服饰的发展和进步打下了有力的基础。

---

① 汪宁生著：《民族考古学论集》，第 372 页，文物出版社，1989 年版；《晋宁石寨山青铜器图象所见古代民族考》，载《考古学报》1979 年 4 期。

（2）唐宋时期

唐宋时期，分布在川西南、滇东北、黔西相连地带的彝族先民统称为“乌蛮”，其中又分为许多部落族群：有东爨乌蛮、西爨乌蛮和北爨乌蛮之称。其服饰基本沿袭汉晋时期的传统，但已出现了地区特色和等级差别。

唐樊绰《蛮书》载：“东爨乌蛮……，土多牛马，无布帛，男女悉披牛羊皮。”[①] 这是当时民间普遍的衣着情况，但不同地区又有差别。《蛮书》又载：“在茫部台登城，东西散居，皆乌蛮、白蛮之种族。丈夫妇人以黑缯为衣，其长曳地。又东有白蛮，丈夫妇人，以白缯为衣，下不过膝。”[②] 石门（今盐津县）皆东爨乌蛮也，男则发髻，女则散发。”《蛮书》卷四中还记有一种乌蛮中的“桃花人……，人披羊皮或披毡，前梳髻。”《宋史·叙州三路蛮传》载：“叙州（今宜宾）石门蕃部……。俗椎髻、披毡、佩刀。”[③] 这段记录，表明唐宋暑期，彝族服饰不仅有了地域的差异，而且不同支系的服饰在服色和款式上都有了各自的特色。

《通典》记述云南乌蛮在南诏统一前，“男子以毡皮为帔。女子施布为裙衫，仍披毡皮以披。头髻有发，一盘而成，形如鬓，男女皆跣足。”南诏统一后，彝族服饰上的贵贱已显露出来。《南诏野史》载：“黑罗罗……男挽发贯耳，披毡佩刀。妇人贵者衣套头衣，方领如井字，无襟带，自头罩下，长曳地尺许，披黑羊皮，饰以铃索。”[④]

南诏是以彝族为主体建立起来的地方政权。在这个奴隶制政权统治下，各级官员服饰都有严格的规定：“其蛮，丈夫一切披毡。其余衣服略与汉同，唯头囊特异耳。南诏以红绫，其余向下皆以皂绫绢。其制度取一幅物，近边撮缝为角，刻木如樗蒲头，实角中，总发于脑后为一髻，即取头囊都包裹头髻上结之。……然后得头囊。若子弟及四军罗苴已下，则当额络为一髻，不得戴囊角；当顶撮髽髻，并披毡皮。俗皆跣足。虽清平官大军将亦不以为耻。……贵绯紫两色。得紫后有大功则得锦。又有超等殊功者，则得全披波罗皮（虎皮）。其次功则胸前背后得披，而阙其袖。又以次功，则胸前得披，并阙其背。……妇人一切不施粉黛。贵者以绫锦为裙襦，其上仍披锦方幅为饰。两股辫其发为髻。髻上及耳，多缀真珠、金贝、瑟瑟、琥珀。贵家仆女，亦有裙衫。常披毡及以缯帛韬其髻，亦谓之头囊。”[⑤]

对南诏朝廷服饰的等级制度，不仅史籍记载比较明确，在当时的宫廷画中也表现得非常明显。据学者对《南诏图传》和《张胜温画卷》的研究，

① 樊绰撰，向达校注：《蛮书校注》卷一，第 31 页，中华书局，1962 年版。

② 樊绰撰，向达校注：《蛮书校注》卷四，第 105 页，中华书局，1962 年版。

③《宋史·叙州三路蛮》，第 14238 页，中华书局，1977 年版。

④ 南诏大理历史文化丛书（第一辑），胡蔚修订本《南诏野史·南诏各种蛮夷》（影印本），巴蜀书社，1998 年版。

⑤ 樊绰撰，向达校注：《蛮书校注·诸夷风俗》，中华书局，1962 年版。

画卷中的人物衣饰可分为三个等级：首先是最高统治者——南诏王。他头戴一呈圆锥形冠，旁有双翅高翘；官吏无冠，以布缠头。南诏王和官吏皆穿圆领宽袖长袍，有的系有腰带，南诏王的长袍外有一披风，即“披毡”或“波罗皮。嫔妃也穿宽袖长袍，头梳双髻且下垂。南诏王多着靴，官吏和嫔妃有的着鞋，有的赤足。其次是地方官吏的服饰，男头顶梳一髻，穿右衽或圆领宽袖长袍，女子梳肥大的髻，也穿宽袖长袍。男子皆赤足，有的穿草鞋。再次是其他少数民族服饰，男子额前梳一髻，穿窄袖短衣，长及膝，裹脚赤足。

其实，唐宋时期还有许多地区有着不同称呼的彝族先民，没有全包括进来。清道光《云南通志稿》引《皇朝职贡图》说：“武定名罗婺部，男挽发短衣，跣足；妇女装束与男同。娶妇以牝牛为聘，吹笙饮酒；地产火草，可织布为衣。”《皇朝职贡图》载：“嫚且蛮，居姚安府。男妇皆缠头，衣麻布衣、袴，披羊皮，跣足。”[①] 大理国时期，武定一带的“乌蛮”各氏家支组成了“罗婺部”，形成“乌蛮”中的一个地方集体，为东方“乌蛮”三十七部之一，分布较广。旧《云南通志》载：“罗婺，一称罗武，俗又称罗午…… 今楚雄、姚安、永北（今永胜县）、罗次皆有之。男子髻束高顶，戴笠披毡。衣火草布，其草得于山中，缉而织之，粗恶而坚致。或市之省城（今昆明），为囊橐以盛米、麦。妇女辫发两绺垂肩上，杂以砗磲、璎珞。方领黑衣，长裾跣足。”[②]。

唐宋时期，彝族本身的纺织业情况尚不清楚，从“土多牛羊，无布帛”，“皆衣牛羊皮”的记载看，用布帛锦缎做衣服，只是朝中官史和比较富有家庭才有可能，上层社会“男穿袍服，女穿裙衫”的用料都是从其他民族中购得的。南诏贞元十年虽然从四川成都掳来工匠数万人，其中是否有纺织工匠不得而知。即使有，织出的精良布段数量也很有限，仅供上层社会之用而已，但刺绣工艺，这时已经十分突出，“蛮王及清平官皆衣锦绣”，并出现了彝族《绣花女》的彝文传说。总之，唐宋时期彝族服饰有很大变化，但只限于上层社会，至于广大群众，除牛羊皮衣、火草衣外，基本上还保持着汉晋时期，“椎髻、编发、跣足”的传统。

彝族经过南诏统治以后，政治、经济都有了很大发展，从古代半农耕半游猎的生活逐步定居下来，形成“大分散，小聚居”的局面，由于特殊的地理环境和历史原因，出现了不同支系和不同地区的地域文化。反映到服饰上来，就是支系不同，服饰就不同，即使同一支系也往往因居住地域不同而各有千秋。这在明清以后的文献中反映非常突出。特别是清康熙以后，兴起了地方志的修纂活动，省志、州志、县志纷纷修成，其中都不同程度地记载了彝族服饰的地域特色和支系间的差异。

① 方国瑜主编：《云南史料丛刊》第十三卷，381 页，云南大学出版社，2001 年版。

② 方国瑜主编：《云南史料丛刊》第十三卷，361 页，云南大学出版社，2001 年版。

（3）元明清时期

元代彝族服饰基本上是保持唐宋时期的风格传统，变化不大。《云南志略·诸夷风俗》载："罗罗，即乌蛮也。男子椎髻，摘去须髯，或髡其发。……妇人披发，衣布衣，贵者锦缘，贱者披羊皮。乘马则并足横坐。室女耳穿大环，剪发齐眉，裙不过膝。男女无贵贱皆披毡，跣足，手面经年不洗。"[①] 随着社会经济的发展，彝族服饰在明代起有了很大的变化，特别明代中期改土归流以后，大理汉族移迁云南，使得彝族服饰注入了不少汉族文化，呈现出千姿百态，各有千秋的局面。这种局面越到后期越明显。明景泰《云南图经志书》载：曲靖彝族"男子椎髻披毡，摘去须髯，以白布裹头，或里毡缦，竹笠戴之，名曰茨工帽。见官长贵，脱帽悬于背，以为礼之敬也。胫缠杂毡，经月不解，穿乌皮漆履，带刀背笼"。[②]

沾益彝族"妇人蟠头，或披发，衣黑，贵者以锦缘饰，贱者披羊皮，耳大环，胸覆金脉匍"。[③]

楚雄彝族，"男子髻束高顶，戴高深笠，状如小伞。披毡衫衣，穿袖开袴，腰系细皮，辫长索，或红或黑。足穿皮履毡为行缠。妇人方领黑衣，长裙，下缘缕纹，披发跣足。"[④]

综上所记载，可见明代云南彝族不同地区服饰已越来越显示出不同差异，但"椎髻""黑衣""披毡"的传统仍保持着。

进入清代，彝族人口增加，支系繁衍，已经遍布滇、川、桂大部地区，由于历史地理条件的不同，彝族社会发展出现了不平衡的现象，到新中国成立前夕，仍保持着封建地主制、领主制、奴隶制三种社会形态，服饰的发展受社会经济、思想文化的影响很大，因此，此间彝族服饰呈现不同支系，不同地域的格局。这种格局在清康熙以后兴起的地方志文献中多有记载，其中，康熙和雍正两次编纂的两部《云南通志》中，记载云南彝族服饰的情况较为全面和详细，还有各州、县志中也有不少资料，比比皆是，极为丰富。这就是现今服饰千姿百态的基础。这里仅就文献中的典型代表，摘录很少部分，便可观其清至民国时期彝族服饰的概貌。

滇西地区

旧《云南通志》：罗婺"一称罗武，俗又称罗午，本武定种。古以名郡，今楚雄、姚安、永北、罗次皆有之。男子髻束高顶，戴笠披毡。衣火草布，其草得于山中，缉而织之，粗恶而坚致。……妇女辫发两绺垂肩上，杂以砗磲、璎珞。方领黑衣，长裾跣足。"[⑤] 旧《云南通志》载："土人，在武定府境。男衣絮袄，腰束皮索，饥则紧缚之。系刀弩，妇披羊皮毡毳。姻亲以牛、羊、

① 王叔武校注：《〈大理行记校注〉〈云南志略辑校〉》，第 89 页，云南民族出版社，1986 年版。

② 景泰《云南图经志书》卷二。

③ 景泰《云南图经志书》卷二。

④ 景泰《云南图经志书》卷二。

⑤ 方国瑜主编：《云南史料丛刊》第十三卷，360—361 页，云南大学出版社，2001 年版。

刀、甲为聘，新妇披发见姑舅。”[①]“夷人，缠头跣足，挽发捉刀，妇人辫发用布裹头，不分男女，俱披羊皮，其或用笋壳为帽，衣领以海贝结之，织火草麻布为生。”[②]

《皇朝职贡图》:“摩察，本黑倮倮苗裔。……今武定、大理、蒙化三府皆有之。……男女束发裹头，耳缀大环，短衣，披毯衫，佩短刀，以木弓药矢射鸟兽为食；妇女皂布裹头，饰以砗磲，短衣长裙，跣足。”[③]

《皇清职贡图》载：“嫚且蛮，居姚安府……男妇皆缠头，衣麻布、衣袴，披羊皮，跣足。”[④]

楚雄，白、黑倮倮“缠头跣足，妇人辫发，用布裹头。不分男女，俱披羊皮，嫁女以皮一片，绳一根为背负之具，或用笋壳为帽，衣领以海贝饰之，织麻布麻线市买之。”[⑤]

景东，《景东厅志》载：“白罗罗，……男衣袴皆麻，女束发，青皮缠头，别用青布帕覆之。”[⑥]“小罗罗，男著麻衣短衣袴，女垂发两辫，覆麻帕，著麻布密褶裙，赤足。”罗婺“女大耳圈，著短衣，裙用密褶，垂繻于边。用铜钏，以宽布袱缀海贝覆其首。”[⑦]腾冲，“沙倮倮，男子跣足蓬头，麻布为衣，女人身穿短衣服，腰系统裙。”“男子以帕包头，麻布衣服及膝。女人青布束发，负羊皮。”[⑧]

双柏，“黑罗罗，在碍嘉（今双柏县），以蓑草为衣，加千毡毳。”[⑨]“罗罗有黑有白，山居田少，食荞，缠头跣足。”[⑩]

风庆，“倮倮有两种，大倮倮披羊皮，衣麻布，白栖草舍，人种刀耕。小倮倮，并少穿戴，好猎。”[⑪]罗罗只是今川西南、滇东北、黔西南一带彝族先民的一个区域性集体名称。这个名称直到今天楚雄州牟定县、大姚县、姚安县一带彝族依然是其支系的称呼，其服饰有了很大的改变。

滇中地区

曲靖、澄江等地彝族服饰，据旧《云南通志》载：黑倮倮“男子挽发，以布带束之，耳带圈坠一双，披毡佩刀，时刻不释；妇人头蒙方尺青布，以红、绿珠杂海贝、砗磲为饰。下著桶裙，手带象牙圈，跣足。在夷为贵种，凡土官、营长，皆其类也。土官服虽华，不脱夷习。土官妇缠头彩缯，耳带金、银大圈，服两截杂色锦绮，以青缎为套头衣，曳地尺许。皆披黑羊皮，饰以金、银铃索。各营长妇皆细衣短毡，青衣套头。[⑫]

寻甸、曲靖一带。“黑倮倮，头戴黑毡笠，遇尊长者则去其笠，露顶为礼。”“乾倮倮，束发髻于顶，不巾不帽，以骨簪发，耳戴双环，身披短毡，腰束草带，用布裹脚，以绳缚之，便轻利也。”

东川、罗平一带。“其酋长椎髻帕首，大若盘盂，戴狐皮。妇人衣绮罗，其余男子椎髻帕首，耳坠大金珰，青布短衣，剪各色布，缀毛褐为统裙，肩披毡一片。”“乾人，男子披发帕首，妇人青布帕首，同服粗麻布衣，其自织也。”“披沙夷……，首挽发髻，插铜簪，头不包布。衣用毡裁，裹直统半身。”[⑬]“黑倮倮，男子挽发，以布束

① 方国瑜主编：《云南史料丛刊》第十三卷，368 页，云南大学出版社，2001 年版。

② 光绪《武定直隶州志》；阮元、伊里布等修，王崧、李诚等纂：道光《云南通志·南蛮传·种人》。

③ 方国瑜主编：《云南史料丛刊》第十三卷，360 页，云南大学出版社，2001 年版。

④ 方国瑜主编：《云南史料丛刊》第十三卷，360 页，云南大学出版社，2001 年版。

⑤ 张嘉颖等修：康熙《楚雄府志》卷一。

⑥ 方国瑜主编：《云南史料丛刊》第十三卷，350 页，云南大学出版社，2001 年 9 月第 1 版。

⑦ 方国瑜主编：《云南史料丛刊》第十三卷，360 页，云南大学出版社，2001 年版。

⑧ ［清］陈宗海《腾越厅志》卷十五。

⑨ 天启《滇志》卷三十。

⑩ 康熙《楚雄府志》卷一。

⑪ 康熙《顺宁府志》卷一。

⑫ 方国瑜主编：《云南史料丛刊》第十三卷，348 页，云南大学出版社，2001 年版。

⑬ 方国瑜主编：《云南史料丛刊》第十三卷，348 页，云南大学出版社，2001 年版。

之，披毡佩刀，妇人蒙头，青布束于额前，披衣如袈裟，桶裙，手牙圈，跣足。“鲁屋倮倮，……男子束发裹头，著青、蓝布短衣袴，踏木履；妇女戴青抹额，耳缀大环，短衣长裙，跣足。”[①]“白罗罗，多衣褐，妇人披衣亦如袈裟，戴数珠，跣足。”

石林、易门一带。“男子衣粗麻布，披羊皮或着羊毛毡，项挂银圈，以青布套头，红布缠腰。妇女辫发，以青布镶红绿包头，海贝杂珠盘旋为髻，耳贯大环，足着花履或赤足，红绿满身皆自染，彩银扣银泡，连缀胸前。”“阿车，女辫发，青布包头，布摺二指许宽，年少者围包罗筐大，有喜事，则以红绿布三四寸合一块缝背上，或肩上以为补服，妇戴尖刀于左右，余与爨蛮同。”这是玉溪地区彝族服饰的传统。

滇南地区

据《皇清职贡图》载：“妙（沙）儸儸，……与黑白诸种异。”旧《云南通志》：“耳带圈环，常服用梭罗布。妇女衣胸背妆花，前不掩胫，后长曳地。衣边弯曲如旗尾，无襟带，上作井口，自头笼罩而下，桶裙细褶。”[②]此为开远、蒙自一带彝族服饰。《开化府志》载：“普剽，俗与喇乌小异。不剃头，男著青、白长领短衣，不分寒暑，身披布被，镶火焰边，刻不少离；女人桶裙，遍身挂红、绿珠。”[③]喇奚，“男子宽博大袖，垂髻于脑后；女人以五色毛线为衣，上作井口，自头罩而下。”[④]《皇清职贡图》载：普岔，“男女皆著青、白长领短衣，披幅布，缘边如火焰。”《开化府志》载：“男衣黑色，……女衣长袖花桶裙。……男子挽髻，衣不至膝；女人五色花衣，不联中缝，拖地寸许。”[⑤]《开化府志》载：“腊兔，与仆喇相似。……男服蓝布大袖衫，有领；女服红布大袖衫，开一窝，以头套而服之。”[⑥]《开化府志》载：“山车……，男子衣间以红、白线织之；妇人盘头以方巾，短衣白裙。”[⑦]“阿倮，……男衣白麻布，妇人蓬头跣足，不加修饰。”[⑧]

弥勒一带。《皇清职贡图》载：“阿者儸儸……男女皆短衣袴，耳缀大环，男跣足，妇著履。”旧《云南通志》又载：“衣服大略与黑儸儸同，婚丧如白儸。但耳环独大。”[⑨]“扑喇，一名扑腊。男子束发裹头，插鸡羽，著青布衣，披羊皮，跣足；妇青布裹头，青布长衣。……其在王弄山者，又名马喇。”[⑩]旧《云南通志》又载：“蓬头跣足，衣不浣濯，卧以牛皮，覆用羊革毡衫。在石屏州者，……插鸡羽，男子服红经白纬衣；妇女衣白，垦山种木棉为业。”此为石屏、开远等地彝族服饰。《皇清职贡图》载：蒙自地区还有“犸鸡，……男子椎髻，插鸡羽，短衣跣足；妇女颈垂缨络，短衣长裙，缘以锦绣。”[⑪]

旧《云南通志》载：“撒弥儸儸，男挽发如鬏，长衣短裩；妇短衫、短裳，滇池上诸州、邑皆有之。”[⑫]挽髻插骨簪耳，著环，出则抱黑怕，

① 方国瑜主编：《云南史料丛刊》第十三卷，353 页，云南大学出版社，2001 年版。

② 方国瑜主编：《云南史料丛刊》第十三卷，351 页，云南大学出版社，2001 年版。

③ 方国瑜主编：《云南史料丛刊》第十三卷，384 页，云南大学出版社，2001 年版。

④ 方国瑜主编：《云南史料丛刊》第十三卷，384 页，云南大学出版社，2001 年版。

⑤ 方国瑜主编：《云南史料丛刊》第十三卷，384 页，云南大学出版社，2001 年版。

⑥ 方国瑜主编：《云南史料丛刊》第十三卷，385 页，云南大学出版社，2001 年版。

⑦ 方国瑜主编：《云南史料丛刊》第十三卷，385 页，云南大学出版社，2001 年版。

⑧ 方国瑜主编：《云南史料丛刊》第十三卷，386 页，云南大学出版社，2001 年版。

⑨ 方国瑜主编：《云南史料丛刊》第十三卷，353 页，云南大学出版社，2001 年版。

⑩ 方国瑜主编：《云南史料丛刊》第十三卷，366 页，云南大学出版社，2001 年版。

⑪ 方国瑜主编：《云南史料丛刊》第十三卷，366 页，云南大学出版社，2001 年版。

⑫ 方国瑜主编：《云南史料丛刊》第十三卷，353 页，云南大学出版社，2001 年版。

佩马披毡衫。妇人首戴长服之自首笼下，不穿裙，男女俱赤足。

《宁洱县采访》载："黑僰僰，威远、宁洱有之。男女皆穿青蓝短衣袴，外均以草叶做披衣，名曰遮雨。"① 《皇清职贡图》载:"利米蛮，……。男子戴竹丝帽，著麻布短衣，腰系绣囊；妇女青布裹头，短衣跣足"。旧《云南通志》载："顺宁有之，男子好衣皂；女子分辫，赤足，出外常披花布，以蔽其身。"《宁洱县采访》载："威远有之，……妇女种麻织布。男衣麻布短衣裩，女衣麻布长衣，俱跣足。"②

滇东滇东南地区

旧《云南通志》载："黑乾夷、宣威有之。男椎髻，头缠麻布，耳带大铜圈，垂至肩。穿麻布短衣，跣足；女衣套头衣，毛褐细带编如盘，罩于首，饰以海贝、砗磲等物。衣领亦然，褶裙亦用毛褐。"③ 《宣威州志》载："男椎髻，头缠皂布，左耳带金、银环，衣短衣，大领袖，著细腰带；女辫发盘于头，皂布缠之，垂两端于后。"④

巧家、会泽、东川一带，彝族当时称" 爨人，明人呼为倮倮，大若盘盂，戴狐皮，妇人衣绮罗。其余男子椎髻帕首，耳坠大金银铛，青布短衣，剪各色布缀毛褐为统裙，尖头大鞋，肩披青毡一片。"

《贵州图经志书·普安州风俗》卷十载："摘髭裹髻，即罗罗摘云。不欲蔽唇以为美观。妇女束发于顶为高髻，缠以青带，别用布一方，或白或缁，四角缀带以裹之，仍以嫚毡竹笠加于上，出遇官长则除笠悬之于臂以为敬。"《黔南识略》卷二十四载："其人多深色长身，黑面白齿，薙髭而留髯，以青布缠头，笼发其中，而束于额，若角状。服麻布短衣，寒则披白毡蹑草履。妇人辫发，亦用青布缠头，大若箬笠，缀以珠蛙螺壳，耳戴大环，垂至项，深衣，细褶长裙，行则拖地。"

① 方国瑜主编：《云南史料丛刊》第十三卷，349 页，云南大学出版社，2001 年版。

② 方国瑜主编：《云南史料丛刊》第十三卷，381 页，云南大学出版社，2001 年版；

③ 方国瑜主编：《云南史料丛刊》第十三卷，379 页，云南大学出版社，2001 年版。

④ 方国瑜主编：《云南史料丛刊》第十三卷，349 页，云南大学出版社，2001 年版。

（4）民国年间

民国年间，多修县志，彝族服饰记载更为详细。其中，有代表性的如：

《马关县志》：广南，“花倮倮，倮妇服长及膝，跣足著裤，服色青蓝，以布裹发而盘于头，甚朴素也。倮男反是，领襟、领口、裤脚俱绣二三寸之花边，袖大尺余，而长仅及腕，裤管亦大尺余。前发复额及眉，后挽髻而簪，顶花帕，全似女装。此已可最怪者，其衣裤上身而不易换濯，换衣时，典礼最重，必请巫师禳鬼神，宰牲牢，以宴宾客，此种广南居多。”

“花仆喇，服色用青蓝，领缘袖口衣边以红绿杂色镶之。头帕上横，勒杂色珠一串，耳坠形如陀螺，以海巴（海贝）为美饰，尤多佩之。”“牛尾巴仆喇，妇人以毛绳杂于发而束之，粗如几臂，盘曲成圆，以绳维索，平戴于头上，径大尺余”。“鸡仆喇，服色青蓝并用，妇女装式仿佛白罗罗。”

《邱北县志》将不同支系的彝族服饰记述得清清楚楚：“阿兀，即鲁兀，冠服同汉族，惟女子载荷叶箍莺嘴勒。”“黑夷，男子冠服同于汉族，惟女子头顶袈裟，遇尊长则障其面。”“撒泥，冠服尚青蓝，披黑白羊皮，女多用红绿色。以麻网束发，外用布箍连发辫挽之，若蟠蛇状。”“葛罗，穿麻布衣，披羊皮毡衫。未婚者均蓄发，以细麻辫裹之，左右成两耳状，饰以海贝。衣则以羊毛线，茜染五色，织锦为章。莫分男女，惟女不穿裤，以麻布四幅为裙，膝下扎麻布一尺。男子有妻子后，岳家始为薙发，易以蓝布包巾。女子嫁后收发上箍，曰‘大头’饰以缨络。”“仆喇，衣服同汉，女以青布包头，坠以缨络，而系围腰，宽口裤脚。”“白夷，男皆短衣，腰下用花布一方作帏裳。女无论少长，以海贝笼头，和马羁勒状，上衣前短及膝，后长及踵，前方腰下仍四花布一方围之，若四块瓦。”

《中甸县志稿》：“罗罗族衣服多用大布，次毛巾，次麻布。男子皆短衣系带，挎刀盘发于胸前，如独角然，故谓之老盘，亦称独角牛。近多薙发，冬夏皆喜披毡，夏则赤足，冬则屡能蹂羊毛为毡袜、毡帽，以御寒。妇女皆系白褶大布或麻布，毛巾长裙，跣足，以青布褶为八角，首蓬而顶之。”

《顺宁县志初稿》卷九：“黑倮倮，男子青布缠头，或笠帽，布衣毡衫。妇亦以青布蒙首，布衣披羊皮，缠足著履。”“白倮倮，男子以布蒙首，衣短衣，胸绣囊，著草覆。妇女椎髻，蒙以青监布，缀海贝锡铃为饰，缠足著履。”“利米蛮，男子戴竹缘帽，著麻布短衣，腰系绣囊。妇女青布裹头，短衣，跣足。”

民国年间，几乎各县志对彝族服饰都有记载，因篇幅有限，就不再多作录述。20世纪60年代以来，民族田野调查资料更丰富。从以上文献资料中，基本上理出了一条彝族服饰从起源到发展、演变的脉络。彝族服饰在历史长河中，积淀无比丰厚，从古至今都有着强烈的生命脉搏，代表前些“氐羌”族群服饰的历史，纵隔千万年，也能使人感受到它的魅力。

2. 百越族群服饰历史沿革

据民族学与考古学专家研究，西南地区少数民族古代的族群，除氐羌族群外，还有百越、孟高棉、苗瑶三个语系的族群。这里再以考古发掘和秦汉、唐宋、明清时期古文献中，以傣族为例，探索百越族群的服饰根脉和发展变化。

从考古学资料证明，百越族群远在新石器时代就是我国西南及长江下旅以南地区的古老民族。在古文献中，百越族群最早被称为“越”。《华阳国志·南中志》载:“南中在昔盖夷越之地。”[①]即先秦时期，西南一带的民族以“夷”和“越”占绝大多数。“夷”指的是“氐羌”系统的部落，“越”即“百越”各部落。春秋时期，“越”在南方成一个族群体系，较之中原地区落后，故称为“蛮夷”。秦汉时期出现了不同的称呼，如“滇越”“掸”“鸠僚”“濮”等。汉晋时期，永昌郡内的“僚”族，包括德宏、临沧、西双版纳、普洱地区都有分布。唐宋南诏大理时期，称傣族为“金齿”“银齿”“黑齿”“漆齿”“绣脚”“绣面”“茫蛮”等，同时，当时汉族又称今红河州、文山州内的傣族为“白衣”“裳魔蛮”，而“裳魔”即“傣勐”，近代傣族中有一部分仍作自称。傣族本身自称为“傣”。元代有“金齿百夷”并称，到明清时期，有“大百夷”“小百夷”“旱摆夷”“水摆夷”“花摆夷”等称呼。族称（他称）随朝代而变化，而且越往后名称越多，但基本都是以其生活习格的表象，特别是身体装饰的特点而得名。如“绣脚蛮”“绣面蛮”“花腰傣”都是以文身或文面及服饰特色而命名，而“水摆夷”“旱摆夷”则是以居住地理环境和生活方式而得名。在傣族两千多年族源历史中，蕴涵着极其丰富的民族文化内容，特别是服饰的发展变化，在人类文明史上，占有独树一帜的重要地位。

唐宋时期，傣族服饰已经有了比较简略的文献记载。这一时期，在青铜器图案上不可能或不容易见到的饰齿、文身等服饰习俗，在樊绰《蛮书》中均有一些介绍。《蛮书》对当时云南各民族的称呼很大一部分即是依据他们在服饰习俗方面的特征而确定的，如“长裤蛮”“裸形蛮”“穿鼻蛮”“黑齿蛮”等。这些称谓显而易见有着歧视性质，仅以《蛮书》的“蛮”字而言，“蛮”字从“虫”而起，是指依靠采食虫鱼为生的民族。

樊绰《蛮书》中把居住在今天德宏地区的傣族先民各部，依据他们服饰习俗特征分别称为“金齿蛮”“银齿蛮”“绣面蛮”“绣脚蛮”“黑齿蛮”，并说:“黑齿蛮以漆漆其齿，金齿蛮以金镂片裹其齿，银齿裹以银。有事出见人则以此为饰，寝食则去之。皆当顶上为一髻，以青布为通身袴，又斜披青布条。绣脚蛮则于踝上腓下，周匝刻其肤为文彩。衣以绯布，以青色为饰。绣面蛮初生后出月，以针刺面上，以青黛涂之，如绣状。”[②]《蛮书》还把居住在今西双版纳的傣族称为之为“茫蛮”。“茫蛮”之称没有服饰方面的含义，

---

① 刘琳校注:《华阳国志·南中志》，第 333 页，巴蜀书社，1984 年版。

② 《蛮书校注》卷四，第 103 页。

“茫”字系是“君”的意思,“茫蛮”是指他们有君长得部落。对于这种部落的服饰,《蛮书》中也有描述,说他们“或漆齿,皆衣青布袴,藤蔑缠腰,红缯布缠髻,出其余垂后为饰。妇人披五色娑罗笼。”① 可以看出,唐朝时这两个地区的傣族也有青铜器图像上的束发为髻和拖一辫发于背后”的发式,以及用布“缠髻”的传统。至于服装,两地都有“以青布为通身袴”或“皆衣青布袴”的描述。这里不称“裤”,不称“裙”,而是“通身”,看来是一种从上至下裹身之物,实际上就是青铜器图案上,汪宁生《民族考》中所释之“统裙”或围裙。这种服装时也是继承了青铜器图案上的传统。上衣方面,《蛮书》称之为“斜披青布条”② 或“披五色娑罗笼”。③ 与青铜器图案上的“外加披风,有的肩著披巾”亦颇为相似,据向达《蛮书校注》对“娑罗笼”的注释为“当即今马来亚、爪哇一带土人所著之沙笼,音义俱同,……义为衣服也。”④ 这种衣服,《蛮书》中不说“穿”而称“披”,“穿”与“披”之差,即在有袖或无袖之别,“披五色娑罗笼”,就是披彩色披巾。

《蛮书》载:“自银生城、柘南城、寻传、祁鲜已西,蕃蛮种并不养蚕,唯收娑罗树子破其壳,其中白如柳絮。纫为丝,织为方幅,裁之为笼段。男子妇女通服之。”⑤ 也就是说傣族此时服饰均用木棉树又叫“娑罗树”织成的布,即桐华布制作。

唐宋以来,到元明清时代,傣族服饰有了更进一步的发展变化。元代,李京《云南志略》载:“男子文(纹)身,……彩缯束发,衣赤黑衣,蹑绣履,带镜。……妇女去眉睫,不施脂粉,发分两髻,衣文(纹)锦衣,联缀珂贝为饰。”⑥ 明代初年,钱古训、李思聪出使缅甸路经今德宏地区,他们以所见所闻,对当地傣族的穿戴服饰作了详细的记录,所著《百夷传》(当时傣族称为“百夷”)中曾这样写道:百夷“男子……衣宽袖长衫,不识裙袴。其首皆髡,胫皆黥;妇人髻绾于后,不谙脂粉,衣窄袖衫,皂统裙,白裹头,白行缠,跣足……上下僭奢,虽微职亦系级花金银带,贵贱皆戴笋箨帽,而饰金玉于顶如浮图状,悬以金玉,插以珠翠花,被以红缨,缀以毛羽,贵者衣绮丽。”⑦ 由于他们是亲临目睹,所记当是较为准确,现在我们所看到的傣族妇女确有束发为髻,穿裹统裙,穿窄袖短衫为特征的服饰。早期,傣族男子穿“左衽上衣,髻发,跣足”,也都穿裙,明代中期以后,临近内地的男子已改穿裤,不穿裙,只在边远地区,仍保留穿裙的习俗。

元明时期,文献所记载的傣族衣饰因地区不同而有所差异。《景泰云南图经志书》说:“男子皆衣白衣,下围桶裙”耳戴大金圈,手贯象牙镯。”又记孟定府说:“其民皆百夷,男子光头赤足,黑齿,着白布衣……,身衣纹绣而饰以珂贝。”“今普洱、永昌二府有此种,……妇女挽发,窄袖短衣,绿边桶裙。编竹丝为器盛食物。”这是西双版纳一带傣族的服饰传统,直到今天依然保留着。还有景东地区的傣族,据清道光《普洱府志》卷十八载:傣族“额颅蓄发一撮,周身用针引墨刺为花鸟兽等纹。又名一撮毛、花肚皮。”另外,还有当时傣族僧侣的服饰记载,《云南通志》引《伯麟图说》:“长头发,披发文身。”《宁洱县采访》载:“缅和尚,思茅、威远、宁洱有之。以黄布缠头,披黄布为衣,仿佛喇嘛。所诵佛经,皆蒲叶缅文。”⑧

元代,德宏地区、临沧地区永德、镇康县一

① 樊绰撰,向达校注:《蛮书校注·名类》卷四。

② 樊绰撰,向达校注:《蛮书校注·名类》卷四。

③ 樊绰撰,向达校注:《蛮书校注·名类》卷四。

④ 樊绰撰,向达校注:《蛮书校注·名类》卷四。

⑤ 向达《蛮书校注》卷七。

⑥ 王叔武校注:《大理行记校注 云南志略辑校》,第91—92页,云南民族出版社,1986年版。

⑦ 方国瑜主编:《云南史料丛刊》第五卷,359、362页,云南大学出版社,2001年版。

⑧ 方国瑜主编:《云南史料丛刊》第十三卷,第387页,云南大学出版社,2001年版。

带，傣族“金齿百夷，……男子文身，去髭须鬓眉睫，以赤白土傅面，彩缯束发，衣赤黑衣，蹑绣履，带镜。……金裹两齿，谓之金齿蛮；漆其齿者，谓之漆齿蛮；文其面者，谓之绣面蛮；绣其足者，谓之花脚蛮；彩缯分撮其发者，谓之花角蛮。”[①]均“髻插雉尾”。

在明朝，傣族服饰还有等级贵贱之分。“男子皆衣长衫，宽襦而无裙，官民皆髡首黥足，有不髡者，则酋长杀之，不黥足者，则众人皆嗤之，曰：‘妇女也，非百夷种类也！’妇人则绾独髻于脑后，以白布裹之，不施脂粉，身穿窄袖白布衫，皂布桶裙，白行缠，跣足。贵者以锦绣为桶裙，其制作甚陋。”[②]可见，这时傣族服饰已经有明显的贵贱之分。

清朝初年，傣族（摆夷）虽然基本还是“男子青布裹头，簪花，饰以五色线，编竹丝为帽。青蓝布衣，白布缠胫，恒持巾帨。妇盘发于首，裹以色帛，系彩线分垂之。耳缀银环，著红、绿衣裙，以小合包二三枚，各著白银于内，时时携之。”[③]但随着时间的变化，把“百夷”称作“摆夷”，服饰不同地区又有了不同的特点。例如清康熙《永昌府志》卷二十四《种人》中记载：“摆夷，……其在腾越者，有水旱二种，居平坝烟瘴之地。男子短衣，女高髻帕首，缀以五色丝，腰围桶裙，性柔弱，务耕织。”清康熙《顺宁府志》说：“男贯耳成大孔，薙发辫，衣无领，戴箨帽，间有着履者……女贯耳，戴小坠，着细褶长裙，裹头赤足，亦知纺绩，且巧于织。”这是今凤庆县一带的傣族服饰习俗。清雍正《顺宁府志》卷九，又说湾甸州一带傣族，“妇人贵者贯象牙筒于髻，长二寸许，插金凤蛾，络以金索，以红毡带束臂缠头，白布窄袖短衫，黑布桶裙，不施铅粉。”[④]而清雍正《景东厅志》记载：僰夷（摆夷），“男皂衣，以青布绞足胫。肩挂春袋。染齿令紫红，喜浴。女短衣齐腰，下穿桶裙，以宽带缠腰，织布疏软，不堪用，惟以自给。”在镇沅县还有丧葬礼服的记载：夷人（傣族）“丧葬……，孝子用笋叶帽上束红色白棉花条戴之，每日束草人穿平时衣服，为尸浴于河岸两次。祭用牛猪。”清道光《普洱府志》还记载着普洱府一带的水摆夷，“宁洱、思茅、威远有之。性情柔懦。男穿青蓝布短衣裤，女穿青白布短衣，丝棉花布桶裙。……男种田捕鱼，女工织山花纺。以季春为岁首，男妇老幼俱着新衣，摘取谷种山花，并以糯米蒸熟，染成五色饭供斋。”新平县花腰傣，其服饰与小勐养又有差别，“男以布缠头，穿青衣，女以布盖头，衣服用海贝饰，下着桶裙，镶边绣花。”又说：“女子穿桶裙，担担；男子抱儿炊爨，多以草药溅齿如墨。”元江傣族，《皇朝职贡图》载：“僰夷……男子青布裹头簪花饰，以五色线编竹为帽，青蓝布衣，白布缠胫，恒持巾帨。妇盘发于首，裹以色帛，系绿线，分垂之，耳缀银环，著红线衣裙，以小合包二三枚，各著白银于内，时时携之。”[⑤]清康熙《峨山县志》卷二载：“男用青布缠头，着草履，衣有襞绩。妇人白帨束发，缠叠如仰螺。”旧《云南通志》载：“僰夷……在临安者，男青白帨缠头，著革履，衣有襞积。妇人白帨束发，缠叠如仰螺。”[⑥]清乾隆《开化府志》卷九中说：“男服长领青衣裤；女布缝高髻加帕其上，以五色线缀之，结絮如饰，短衣，桶裙镶边用红绿色。”还有散居内地的傣族，如《大姚县志》卷七《种人》载：“摆夷，性驯而怯，衣服与汉人相似，以箨为

① 王叔武辑校：《大理行记校注　云南志略辑校》，第91—93页，云南民族出版社，1986年版。

② 方国瑜主编：《云南史料丛刊》第五卷，第362页。

③ 方国瑜主编：《云南史料丛刊》第十三卷，第355页。

④ 云南省编辑组编：《云南方志民族民俗资料琐编》，第105页，云南民族出版社，1986年版。

⑤ 云南省编辑组编：《云南方志民族民俗资料琐编》，第107页，云南民族出版社，1986年版。

⑥ 方国瑜主编：《云南史料丛刊》第十三卷，第357页，云南大学出版社，2001年版。

尖顶帽，男女皆戴……唯尚白，妇人下衣尚红。”泸西县傣族，清康熙《广南府志》卷十一载：“男戴巾帕，穿两截衣，着鞋。妇人戴花首巾，穿围裙，戴大圈耳环，善担担。”清乾隆《弥勒州志》卷二十一载：“伯夷……蚕织，居草房。男戴帕，穿两截衣，著鞋。妇人青、白布包头，交裹为饰，筒裙无裤。”①

以上是清朝晚期分布在峨山、开远、广南、石屏等县傣族服饰的记载。总之，此时的傣族已经定居，不同居住地的服饰有所区别，特别是分散在内地的傣族，因大多与彝族、哈尼族、白族等氐羌族群的民族杂居，服饰受其影响较多，故有“长领青衣”“高髻加帕”“戴大圈耳环”等习俗，但不管有多大差异，“女穿筒裙”的服饰传统都没有变化。

清末民初，傣族服饰已经分化为不同地域不同支系的形制。据民国年间到新中国成立初期的文献资料和民族田野调查资料，反映出来的傣族服饰，传统着装的特点依然很浓厚，但因地域差异，形成的不同服型特色。特别是妇女服饰的差异更为明显，显示出傣族服饰的丰富多彩和特殊文化内涵。

民国年间至中华人民共和国成立初期的傣族服饰。1930 年西双版纳傣族服饰：“摆夷男子多衣青色短装，亦有着呢绒装者。一般仍包包头，并由包头分阶级，黑白色为平民，淡红艳红等色，则阶级较高。每人披一五花十色之羊毡，蒙首露面，出则以羊毡为大衣，入则以毡为长被，凡旅行之人挂一布袋，配一长刀，带一饭盒，饥则就水而食，夜则依树下而卧，各处可以为家，不以旅行为苦。女子多用白巾或色巾包其头，耳环甚大，多用金属，上衣以雪白色为普遍，紧小异常，亦有黑色夹衣，为中年以上妇女所服用，裙则有花条之多，即以外表阶级之高下，规定极严，妇女无敢违犯者。鞋多尖布鞋，亦有着拖鞋者。此为外出服装，家居多以花裙围身，不着履。极为轻便凉快，与外人接见，亦不以为耻。”②

孟连傣族服饰。“沿边民族男子尚有留发盘于顶上者，并穿其耳，塞以指大之耳塞，但已居其少数。一般男人多剃其发，或留平顶。或梳为滑头。特殊阶级与经商之人，多戴宽边毡帽，平民则一律戴包巾，摆夷肤色较淡，眼部微凹，口内多嚼槟榔，赤唇乌牙，身段中姿，亦有修伟之躯，手足多刺蓝色花纹，亦有全体文身者。……女子状貌装束，仍保其原始之状态，一律盘发于顶，宛中国道人之髻。耳塞粗大如手指，面部与男摆夷略同，惟红的细腻之姿，较多于男子。旱摆夷之妇女装束，与水摆夷不同，头部相似，衣则圆领大襟，腰围一带，带有金银链子者，裙则宽短相称。着拖鞋，往来翩翩，不啻日本美妇，但此类秀出之姿，不过百中一二。此外，又均以紧衣掩其乳峰，与男性接近时，亦时防备其乳，谓乳房之起，系属后天，引为可耻。赤身时，也多以裙掩其乳房，盖彼视其乳房与阴部，均属同一秘密也。”③

普洱傣族服饰。“男子曰小卜蛮，头戴白套或青套，身着短衣，袒胸露腹，腰插匕首，足蹬邋遢——形如草履，绑以绸缎为之，绣以花草，底以草为之，内地亦有着用者。女子曰小卜萨，漆齿朱唇，双髻鬓花，衣袖整洁，丰姿娟秀，有‘小似观音老似猴’之谚。”④

耿马、孟定、陇川等地的傣族。摆夷“男人服装与汉人同，惟不着长衫，不戴帽，但以长巾一块缠头。女子则未嫁者，蓄辫，常绕于头顶、科头，或着汉人之小帽，上衣甚短，或作斜襟或作对襟不等。着裤，胫缠绣巾，土名帕高，常跣足，亦着鞋。已嫁后，缠头布约二三丈，缠式高耸至一二尺不等，身着短衣，与处女同，不穿裤，

① 方国瑜主编：《云南史料丛刊》第十三卷，第 360 页，云南大学出版社，2001 年版。

② 刘文林著：《到思普去》，第 89—94 页。

③ 刘文林著：《云南边地问题研究》下册，第 105 页。

④ 刘文林著：《云南边地问题研究》下册，第 94 页。

但着裙，胫亦缠巾，居常跣足，有客事时则着圆头插翅底鞋。又妇女皆穿耳，饰以一寸余长、直径约三四分之圆柱左右一个，次则常挂银制之项圈一二个，手上亦常饰戴银环。”①

“普洱、耿马、德宏摆夷二八之年，多有青年男子与之（小仆少）交际者，其母引以为荣。每当春秋佳日，街场摆社，即赶摆场所。时见联翩杂杳，舞蹈歌唱，彼此相爱真诚者，往往相约而逃；或俟女子外出，则掳掠以去。其家人知之，则邀集族邻，持械往追，明知其事东而西逐之，故为相左，雅不欲获也。期年返，男女各邀亲族，赴岳家，名认亲，其女之母，犹佯作怒状，舁大石，重百斤，置于庭，愤然曰：‘称银如此万事休。’亲族为之缓颊者，再各持铁锤，崩去石之一角，名曰‘要人情’，最后则量男子家所能举者留之，重不过一斤，大不可过一拳耳，解囊以出，相与酒食而归。其女之母，则为女子备衣饰等物，其主要者为极长之青缎包巾，为女子收发易装之用。故摆夷妇女，头上包巾高尺评者，即为其母所赐也。倘男女之间，恋爱不忠实，或未及认亲即发生三角恋爱，或辐射线恋爱者则不得认亲，女子虽已为人妇，终不得享有高头包巾。亦隐有付之社会制裁之意云尔。”②

元江县傣族服饰。元江县的傣族分布在沿江两岸的宽阔河谷地带，有水傣、花腰、旱傣、西傣之别。元江傣族，《皇清职贡图》说：“男子青布裹头簪花，饰以五色线，编竹丝为帽，青蓝布衣，白布缠胫，横挂巾帨，妇盘发于首，裹以青锦，丝彩色线垂之，耳坠银环，着红绿布裙，以小荷包二三枚各着白银内肘携之。”

20 世纪 60 年代，傣族服饰所用布匹均为妇女自织，有图案形花纹，就是历代传承下来的傣锦。据 1964 年云南民族研究所调查资料，男子服装，居住在内地的与汉族基本相同，边疆的也与汉族接近，上着无领对襟窄袖短衫，下着长管裤，冷天披棉花毛毯，一般不穿鞋，多用白布、色巾或青布包头，近代以来也有戴礼帽的。除个别戴手耳环外，多不带饰物。文身习俗很普遍。男孩到十一二岁时，即请人在胸、背、腹、腰及四肢刺上各种动物、花卉、几何纹图案或傣文等花纹为装饰。妇女则沿袭着窄袖短衣和桶裙的着装传统。西双版纳妇女上着白色或绯色内衣，大襟或对襟，圆领窄袖衫，腰部细小，下摆宽大，镶有花线边。农民只能穿一层花线边，贵族妇女可以装饰多条，最高领主可绣上龙凤；下着为各色桶裙，长及脚面。领主等级的妇女裙上织以彩圈，按等级有金丝银丝的层次之别。结发于顶，插上梳子。饰物有彩珠、项圈及各种金银饰品。德宏的女子婚前穿白色或浅蓝色大襟短衫，长裤，束小围腰，辨发盘头。婚后着对襟短衫，黑色桶裙，束发于顶，戴高筒帽。内地傣族妇女服饰与边疆大体相同，但有地区性特点，往往被其他民族称为“花腰傣”“大袖傣”等。③

① 龙云编：《云南边地问题研究》。

② 张笏著：《腾越边地状况及殖边刍言》。

③《云南傣族社会历史调查》，1964 年油印本。

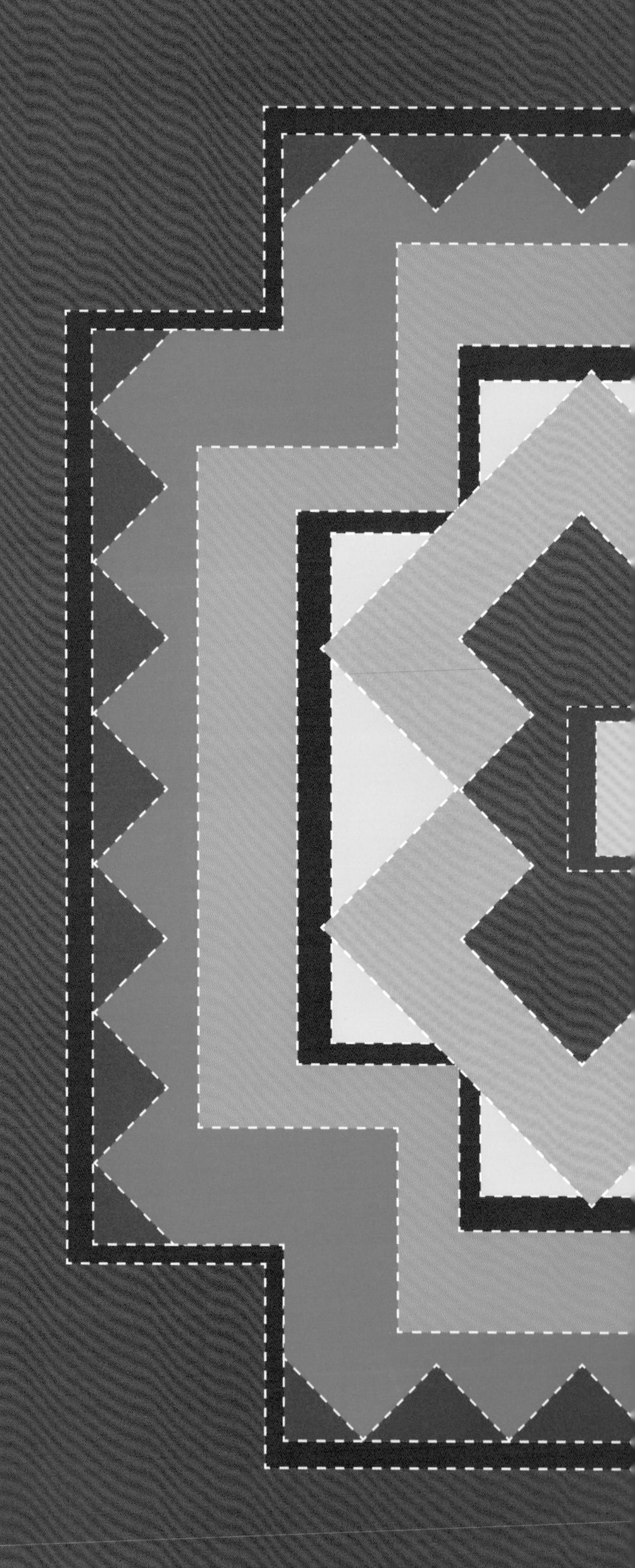

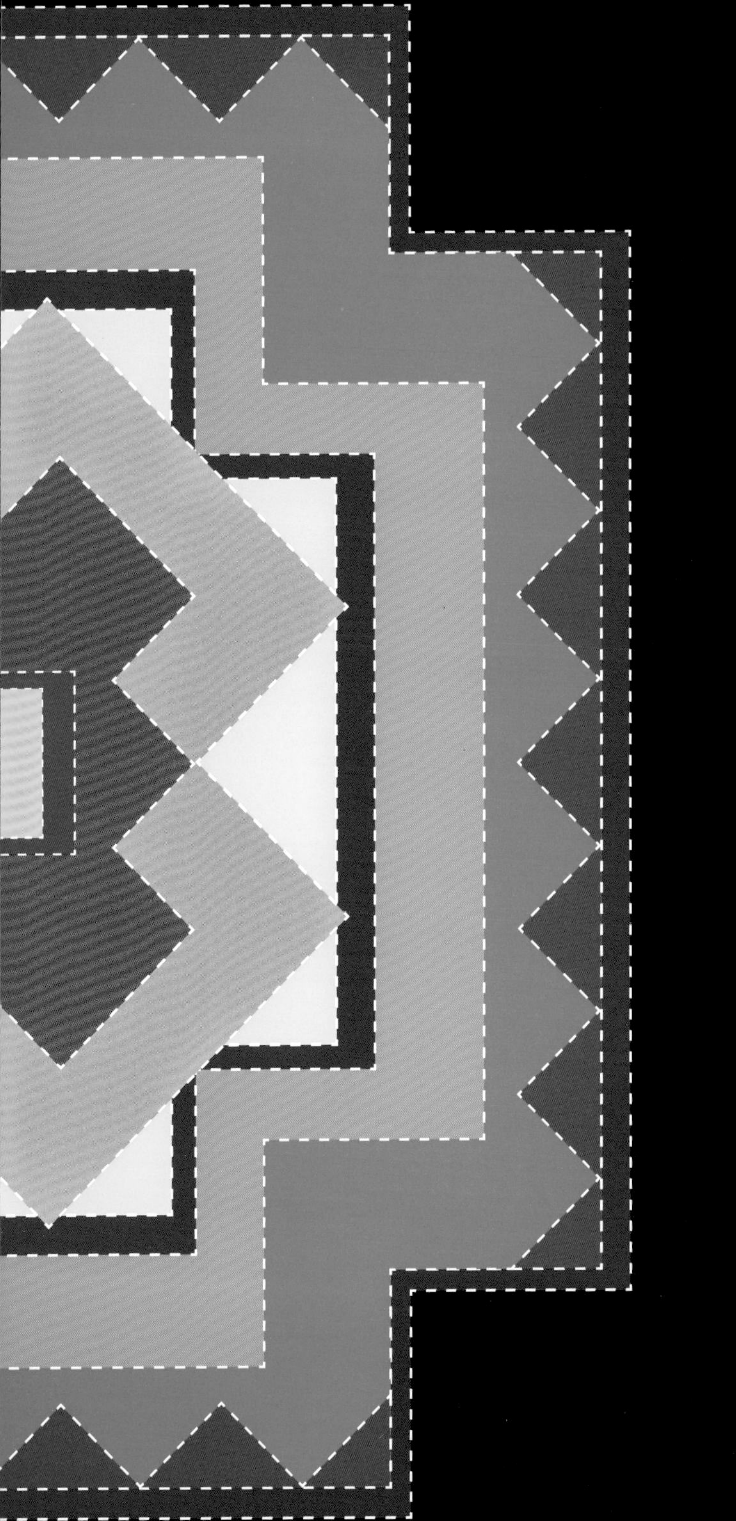

传统的工艺
艺术的根本

第四章　织绣工艺的博物馆

穿衣是人类基本的生存条件，因此，自古就有“衣、食、住、行”之传统。“衣”在最前，说明穿衣之首要。为了满足穿衣的要求，人类曾作过漫长的探索，从而形成不同民族不同地域的人群，服饰衣料与原始制作不同的技巧。

民族服饰是人类独有的智慧，独有的技巧创造出来的艺术品。在西南少数民族中，服饰是与纺织、刺绣、印染（包括蓝靛、蜡染、扎染）等传统民间手工艺术紧紧地结合在一起，形成一套完整的手工制作工程。从最原始的种麻、织麻、缝制麻布衣，以及最原始的纺坠、腰机、斜织机，到多片综的平架报、提花机（织锦）；从最简单的蓝靛染布到复杂的蜡染、扎染、裁剪制衣等，都有最原始的实物见证。它们构成了一部活生生的纺织和民间工艺美术的“博物馆”，在民族文化艺术宝库中闪射出璀璨的光芒。

在西南少数民族中，过去都是自织、自纺、自染、自己裁剪缝制衣服的传统手工艺术。至今流存在少数民族中的各种纺织机具和操作方法，从手工捻线到用纺线锤；从简单的腰织机到稍微复杂的斜织机、架子织机，都成为一个完整的系列，从中可以看出人类纺织史上不同的发展阶段和纺织工艺的特点。特别是织锦、刺绣、蜡染、扎染，都是成千上万女性巧手各自创造的艺术，有着独一无二的特色。它们都是特有智慧，独具匠心的艺术品，是传统的工艺，艺术的根本。

一、原始纺织工具与技巧

1. 手工捻线、纺锤、腰机、斜织机、平织机

西南民族的纺织历史悠久、内涵丰富，从最原始的手工捻线到纺坠、腰机、斜织机、平架机，在众多的少数民族中都与考古发掘远古时代的纺织工具相对应，真是一个生动具体的人类纺织“博物馆”。各种“文物宝典”就活生生地陈列在各少数民族社会中。

距今约四万至五万年前的旧石器时代末，人类祖先出于蔽体御寒的需要，冬季用野兽皮裹身取暖，夏季用树叶、葛藤、草茎遮身防暑。人类最早的衣料，采用的都是自然物，如树叶、野草、树皮、兽皮等。这些自然物，是在人类早期采集和狩猎中逐步认识利用的。经过漫长的衣料选择和技艺的发展过程，形成了一整套原始采集、生产和加工工艺。

经过多次民族田野调查，西南少数民族传统纺织技术，从最原始的手捻、纺坠、到手摇纺车、脚踏纺车都在流行。你只要走进独龙族、基诺族等寨都能见到妇女们走在路上、坐在家中用手捻线或用纺轮纺线的场景，也能看到傣族、彝族、壮族等妇女坐在家中用手摇动纺车纺线或用脚踏纺车纺线的情景。从手捻线到脚踏纺车，是纺织上的一大升华，为纺织技术提高了新篇章，从此进入织布制衣的新阶段。

在西南，只要走到少数民族地区，众多的原始纺织工艺和工具，都活灵活现地显示在眼前。纺麻、织麻，自古以来就是西南少数民族妇女一项主要的生产劳动。他们上山下地，走路赶集，手中都不停地捻麻线。一件麻布衣的制作，不知是多少手工劳动者的结晶。正是这些手工劳动及简单的工具，为我们提供了纺织史上早期的许多足迹。特别是现存于西南少数民族中的各种纺织工具和操作方法，从手工捻线，到用纺线锤、纺线棍，从简单的腰机，到稍微复杂的斜织机、架子机，都可以成为一个由原始到先进的完整系列，从中可以看出人类纺织史上不同的发展阶段和纺织工具的特点。

手工捻线、纺锤

人类最先对纤维的使用，是将纤维进行简单的梳理和排列。为了保证纤维的强度，最好的办法是把一小束纤维进行搓合绞紧，把麻、丝、毛、棉等纤维原料加工成纺织品，最早工序就是搓捻。全用手工搓捻麻线的方法，是纺织的前奏，至今留存在西南少数民族中。其具体的方法，有用手指、手掌搓合的，也有用手腿搓合的两种。手指搓合，是在食指和拇指间，放上一束纤维，一指按顺时针，另一指按逆时针搓转，即可将纤维搓合成单股纱线；手掌搓合，是将纤维束压于左右手掌心中间，两掌作相反的方向进行搓捻，掌心的纤维转动，便被搓合成单股线。手腿搓合，是左右手持纤维一端，将纤维的另一端置于裸露的腿部，左手握紧纤维，右手将纤维放在腿上，压紧纤维向前或向后的方向搓动，纤维就裹合为单股线。这些纯手工搓捻麻线的方法，在 20 世纪 80 年代，普遍流行于少数民族之中。

人类在用手腿捻线的过程中，发现回转扭动

的惯性能给纤维做成的长条，会比用手腿搓捻效率更高，于是发明了用石、陶团片，做成扁圆形、类似轮子的捻线工具，被称纺轮，在西南少数民族中则称为纺坠或纺锤。因其中间插一短杆，称为锭干或转杆，用以卷绕捻制成的纱线。纺线时，先把要纺的麻或其他纤维用手工捻一段缠在转杆上，然后垂下，一手提杆转动，一手不断添加纤维，就可促使纤维牵伸和加捻。待纺到一定程度，就把已纺成的纱线绕到转杆上，然后重复再纺，一直到纺转杆上绕满纱线后取下，再接着两三次不断地转纺。

纺坠的具体使用方法有两种：一种是悬吊锭法，再一种是转锭法。吊锭法，就是在使用时把纺坠悬吊转动。此种方法无论是站立或是行走都可以使用，左手的掌中先握住一团弹松的纤维，先抽出一段，以手指捻为线，缠到捻杆上，再抽一段纤维，以右手拇指捻绕后挂上捻杆，或顺势在腰腿部下一搓，旋转纺轮，同时右手不断地释放左手纤维团。纺轮一边转动，一边在重力的影响下沉，逐渐将纤维捻和，合成为单股线，完成一段后，双手把纺好的纱缠于捻杆上，杆上的纱线多了，就将纱线绾成团或者倒于线架上。转锭法，纺轮也是旋转，单纺轮的悬空位置较低，只适用于串心插杆式纺轮，还要捻杆必须更长一些才便于操作。其为把准备捻的纤维握于右手，并引出一段缠于上段的捻杆，然后倾斜纺轮，将捻杆的下端向前，搓动纺轮得到裹合的纱线。纺轮的大小轻重在纺纱中起到不同的作用，直径较大且较重的，旋转快，惯性大，适合纺刚性的纤维，直径小且轻的纺轮，旋转慢，惯性小，成纱粗糙。当薄而径大的纺轮加捻转动时间较长时，所得的纱，成纱支数高且均匀，可见纺轮的厚薄、直径大小，加捻转动时间的长短和成纱支数，关系很密切。

宾川白羊村，大理马龙寨早期遗址中都出土了形制多样的纺轮和纺坠，有扁圆形、平形、石鼓形等。白羊村遗址同时还发现了三件骨针。剑川海门口遗址也发现铜针、纺坠等纺织工具。昆明羊甫头滇文化墓葬中更有大批纺轮出土，而且大多出自女性墓，表明纺轮是古滇国的主要纺织工具。晋宁石寨山古墓中出土了十三件陶纺轮，形状都是一样的，两面扁平，中央穿一圆孔，边沿作人字形。这说明纺轮在西南具有悠久的历史，并标志着纺织工艺在西汉时已有相当发展，并且在科学技术高度发展的今天，我们不少民族仍在使用纺轮。这不仅是用考古发掘出土的文物证明了纺织的历史，而且用民族学的资料也印证着这一事实。原始纺轮构造虽然简单，但具备了现代纺织机上纺锭的部分功能，它既能用之加捻，也能起牵伸的作用。

纺轮，有的用木质、石质、骨质、陶质和玉质等制作而成，形状有圆形、球形、锥形、台形、蘑菇形等。中间有一个孔，插一根杆叫“转杆”。纺线时，先把要纺的麻或其他纤维捻一段缠在转杆上，然后，一手提杆，一手转动圆盘，向左或向右转动，就可以促使纤维牵伸和加拈。待纺到一定长度后，就把已纺的线缠绕到转杆上去。这样反复，一直到纺转杆上绕满为止。用纺轮纺线是原始的手工劳动，一次才能纺一根线，又吃力，又只能缓慢捻度，而且也不均匀。但纺轮是纺织史上发明的第一件工具，我国新石器时代曾发掘出许多纺坠，是历史的见证。早期纺轮比较厚重，适合纺粗的纱线，到后期纺轮变得轻薄而精细，可以纺出更纤细的纱。由缚盘和缚杆组成。陶质纺轮中的圆孔时插缚杆用的，当手用力使纺盘转动时，缚自身的重力使一堆乱麻似的纤维牵伸拉细，缚盘旋转时产生的力使拉细的纤维拈而成麻花状。在纺缚不断旋转时纤维牵伸和加拈的力也就不断沿着与缚盘垂直的方向（即缚杆的方向）向上传递，纤维不断被牵伸加拈，当缚盘停止转动时，将加拈过的纱缠绕在缚杆上，即称“纺纱”。纺坠的工作原理是用一手转动拈杆，另一手牵扯纤维续接。清代檀萃《滇海虞衡志》记载了云南民间的纺坠工具：“蛮纺，用一小胡卢如铎状，悬以小铅锤，且行且掺而缕就，不似汉纺之繁难。”[①]在近现代，西南不少民族仍在使用纺轮纺线，结构和工序都很简单，使用这种纺轮纺线在云南的苗族村寨、拉祜族村寨、佤族村寨、瑶族村寨、哈尼族村寨、基诺族村寨都能看到妇女们边走路边捻线的情景。无论从村寨到田间的路途中，还是在火塘边饭后小憩，妇女的双手总是不停地用纺坠撕麻捻线。

纺坠代替手工捻线，不仅大大提高了捻线效率，而且在西南少数民族中还是一种特殊技能和生活的美景。例如哈尼族，纺织都是由妇女完成，学习纺织是一个世代传承潜移默化的过程。妇女使用纺坠纺线，在“僾尼”支系中尤为普遍。妇女穿的短裙便于露出大腿，使她们借助大腿肌外侧搓动纺坠柄。大多数女子十多岁起就掌握了这种技术。这种手艺对她们来说，全年不断进行，上山砍柴或是下地劳动，都带着纺坠沿途捻线。清道光《他郎厅志》载：“（白窝泥）男勤稼穑，女事纺绩。虽出山入市，跬步之间，口衔烟袋，背负竹笼，或盛货盛柴。左手以圆木小槌，安以铁锥，怀内竹筒，装裹绵条。右手掀裙，将铁锥于右腿肉上擦捧，左手高伸，使绵于铁锥上团团旋转，堆垛成纱，谓之‘捧线。’”[②]纺织是各民族经济和家庭生活的重要部分，所使用的纺坠大多数是前辈留下来的，有的保存了几十年，甚至上百年。在寨中，常常会看到几个妇女聚在一起从事纺织工作。如纺纱、倒纱、整纱等，她们的周围都会有一群年龄不等的女童在观看和做一些简单的模仿。掌握纺织技术，对于女孩子们来说至关重要。家庭纺织是她们的第一课堂，家中的女性长辈是她们进行言传身教的最好老师。

纺锤虽然比之手捻搓纱线有了提高，但纺纱效率还是很低，纱线的拈纱度也不均匀，随着社会的进步，出现了手摇纺车和脚踏纺车。这都是根据纺锤使用的经验创制而成，使纺织发展提高到了一个新的阶段。

手摇纺车由一个锭、一个绳轮和手柄组成。在支架上挂系纺轮，这样，手摇纺轮一次，锭子可转几十圈，右手摇，左手在转干轴上再转，就是加捻，左手移到锭杆旁便可绕纱。这样，纱的质量和效率都得到提高。脚踏纺车是在手摇纺车基础上创造的，是利用偏心轮对手摇纺车完成的一次改革。由于加捻和卷绕是由同一零件承担，两个动作必须交替进行。有两锭、三锭、五锭脚踏纺车，每锭纺率可提高一至两倍，是一大进步。如傣族纺线是靠单锭竹轮纺车来进行的。单锭竹轮纺车由架子和轴组成，架子为“中”字形，两侧用来转动缠线，中轴转长，穿透架子的空心管，右手摇动带曲柄的竹轮，由竹轮带动连接纺锭的绳子，从而导致纱锭高速旋转，此时，左手中的棉线也就被抽出棉纱缠绕在锭子上了，反复进行，

① ［清］檀萃辑，宋文熙，李东平校注：《滇海虞衡志校注·志器第五》，第111页，云南人民出版社，1990年版。

② 方国瑜主编：《云南史料丛刊》第十三卷，第365页，云南大学出版社，2001年版。

线就纺成了。用这种方法纺的棉纱，一般粗细不匀，而且多有毛茸，必须经过上浆才能上机织布，因此，傣族线纺好后就要用粘性较强的米汤，加热后将成束的经纱放入锅中，浸泡片刻即取出，用手将纱线蓬松分开，晾晒于竹竿上，待纱线晾干后就可以取下准备上机。浆纱的目的，在于改善经线的强力，保伸和减磨性能。

脚踏纺车是在手摇纺车的基础上，为了进一步提高劳动生产力而发明创造的。手摇纺车的使用，提高了纺纱的效率和质量，但根据织物的不同，纺织粗细不同的纱线，其功能不足，因而便在一架纺车上装二至三个锭子，这样，两手用于纺纱，用脚来转动锭子，这种脚踏复锭纺车生产率比单锭纺车提高二至四倍。经过不断的改进，单锭改为多锭，手摇改为脚踏。脚踏纺车是我国古代纺织史上的重要发明，这种脚踏纺车在今天的云南苗族中仍能见到。苗族妇女的脚踏纺车，一次能纺四根麻线，一个妇女一至两天即可把她一年中所绩的麻线全部纺完。

腰机、斜织机、平架机

人类最早的织布方法很简单，可以说是叫编织。编织麻纱及丝缕织物，最初都是全依赖于手工，使人感到困难的是丝麻质地柔软，尤其是经过绩纺的麻线，细而轻柔，更难以编织，稍不注意，便会互相纠缠，为了解决这一问题，先民发明了“手经指挂”的织造方法，即光徒手将纵向经线排列整齐，然后间隔挑起经线，横向穿纬引线。之后，逐步学会了使用工具，将经线的两端分别结在两根木棍上，依次排列，间隔有序，然后将其中的一根木棍固定在柱上或树上，另一根木棍则系于织造者腰间，这样，就可以用双手穿纬引线，往来编织。这就是最早最原始的腰机织布。

西南传统织布机，主要有腰机、斜织机、平架机三种。最早的是腰织机。从纺织结构来看，腰织机是最简单不过的，只是斜织机中的部分部件构成，或者说是斜织机出现之前一种较为简单的织布工具。它主要由经轴、分经杆、布轴、幅撑、打纬刀、投纬工具、背带、综杆等附件组成。结构简便，灵活性强，可随时随地就织，没有机台，经线拴在木桩上，另一端系在卷布轴上，并用布带将其捆在腹前，织者席地而坐，两足分置于经线两边，没有发挥作用，全部织布工作均由两手操作，做了这个，停了那个，顾此失彼，互相脱节，所以速度较慢，费时多，成布少，布幅也窄。但它是现代织布机的始祖，至今在云南仍有不少民族使用腰织机织布。

在西南少数民族中，至今普遍流行使用腰机的民族有德昂、独龙、怒、佤、景颇、布朗、苗等民族。德昂族的筒裙、挎包，只要用腰机织。织造者席地而坐，经线的一端绕棍，用脚掌顶住，或者将经线头拴在地柱或者房柱上另一端系于腰间，双手用木刀引纬打纬而织。德昂族的织锦腰机，是在原始腰机基础上用细竹签或棕制的线综装置，提升经纱，形成织口，引纬织之。加上光滑的竹木挑纬刀的作用，使花经与地经分开，用抒贯以各色纬线，不但能织 90 度的平纹，还能织斜形线花纹。功效虽慢，产品却结实、自然、华美，比古老的织法效果好。

佤族所使用的腰机较为简单，主要由背皮、卷布杆、分综棍、绕纬线板（梭）、分经棍、卷经棍等组成。每家都有一两套。织者席地而坐，把经线一端缚于房柱或房侧树上，另一端挂系在腰部的宽皮带上，用若干细竹木棍按规律挑起或压下经纱，挑起织孔，用梭引纬穿过织孔，拉直，然后用穿地经线的梳板将纬线打紧，如此循环往复，就织成线匀孔密，花纹典雅漂亮、色彩对比强烈的各色布，多用于缝制妇女穿的统裙、挎包、裹腿、被盖、床单等，宛若云霞，绚丽多彩，映衬着绵延不断的山水。

梁河地区阿昌族习惯用腰机织锦，织锦时，把经线的一端挂在对面的房梁或房柱上，另一端用刳皮连接后，套在腰上，席地而坐，双手持梭将纬线来回牵引，然后用木质砍刀打紧，锦便织出来。

基诺族腰机织锦，织者席地而坐，通常把线的一头拴在自己的腰上，另一端拴在对面的木柱上。织锦时，双手持梭将纬线来回牵引，然后用砍刀状的木板打紧，反复循环即可织成。用这种布织成男女衣服衣料，成了基诺族特有的标志。

在今天的苗族中仍有大部分使用腰机织布。可以说，自从苗族发明了麻纺织技术，就开始使用腰机了。但如今苗族的这种腰机是在原始腰机的基础上改进而成的，比原始腰机进步得多。首先具备了织布架，使经面上升到一定高度，以便织者屈膝而坐，给两足以充分活动余地，又可以一目了然地看到开口后襟面上的经线张力是否均匀，经线有无断头。其次，改不了综的结构，即在综干下面又安一个综杆，中间联有综丝，为了使脚参与移综活动，在综下置有踏杆，供脚踏动。最后，手足分工，使两手摆脱了繁重的变交活动，这样就能使左、右手更迅速有效地用在引纬和打纬的工作上，加强了织纬工作。从而还出现了梭子和筘，用梭子来往穿引纬线，进一步提高了织造的速度，是织布工作重大的革新之一，一直为后世所沿用。自此，使古代纺织技术进入一个新的历史阶段，就是创造了脚手并用的斜织机。

斜织机比之腰机则更为完整，手脚可以并用，操作较腰机轻松得手，幅尺因固定在架上，可以放得更宽。苗族的斜织机呈“H”型，斜立摆放，顶部用绳拉住可固定。织布时，先把织机拴在树杆或柱子上，织端系在卷轴上，并用布带或皮带将其捆在织者腹前，织者坐于高凳上，右手搓梭子，由右边伸入开口，左手接梭子，并用梭子打纬，接着用脚前后踩动拴着分腿杆的麻绳，由综线框带经线上下交叉，每交叉一次，将梭子带着纬线穿过一次，然后以梭子打纬，这样一来一往反复进行，织好的布均卷在布轴上，同时放经，一般一两月能织好一两匹布。但通过改进后的苗族斜织机由于只有一个线框，只能一足参与配合；其次梭子没有独立出来，它兼有打纬作用，使布匹更加紧密、均匀；但效率还是很低，妇女们要做一条裙子，一线一线织成布，往往要不间断地一两个月才能完成，费时费力。

传统的织机，在西南许多民族中至今仍有保存，所织的布皆为自用，特别是广南县一带的壮族，土法织布最盛行，几乎家家都在织，除了自用，还作珍贵礼品，赠送贵客和亲人。西南少数民族原始的纺织工具和工艺，传统古老，千姿百态，真是一言难尽。

随着社会的发展和生活水平的提高，人类对纺织品的需要也日益增加，但这种织机远远不能满足需要，所以改进织机就成为必要的，而不断发展的生产技术，各民族之间相互影响，并不断的交流学习，织机也在不断改进更新，为了提高织机的效率首先要改进织机的核心部分，即把一个综线框发展成为两个综线框，分别控制面经和底经的变换，为了使另一足参与移综活动，在综下另置一踏杆，供足踏动，这样就出现了扣合，给两足有充分的活动余地，加快了变交频率，为织者开辟了新的境地。其次，用两足代替了一足，加强了织纬工作，而且梭子单独独立出来，只起分经的作用，筘则代替梭子进行打纬，因它不仅速度快，还具有深重有力的特点。再者，严防经线混乱，更便于穿梭、打纬。同时，织者也摆脱了束缚，操作起来方便自由。

改进后的织机经面呈水平形式，故称之为平架机。平架机的结构相对复杂，属框架型，四柱支撑，设上、中、下三层横杆，上层用于固定吊杆，中层用于固定线架，下层固定框架，线梭由两块踏板带动，起织端不系腰间，而是固定在框架上。放有纬线的木梭尖而小，并置于一可拉动且有线梳的木槽中，使用时，左右脚交替踏踩踏板，以便将两排经线拉开，同时一手拉动木槽中的木梭左右穿插，另一只手则拉动连着木槽的线梳往起织方向弹压，使经纬线扣紧，从而织出布块。这种织布机采用双脚踩踏，双手来回穿梭，脚手并用，速度较快，人可坐在织机上自由上下移动，斜织机几天才能织完的布，这种织机一天即可织完。

平织机的出现，大大提高了织布效率，并很快普及起来，生活在今天云南的少数民族用平织机织布的民族很多，如傣族、纳西族、白族、苗族、壮族等。傣族织机有一个完整的机架固定送经，卷布装置，织工的机座与经平面形成斜角，把卷经轴和卷布轴等准备就绪，经纱上机，开始织锦。织机用染过的色线经纬线，经线穿过机棕，两端分别系于卷纱棍和卷布棍，纬线贯于梭，梭数与纬线色数相同即纬就有几种色。傣族用这样织机既能织出普遍布匹，又能织出绚丽多彩的各种织锦。

陇川县户撒地区阿昌族的织机与当地傣族的基本相同，用四根木柱搭成长方形的机架以固定经线，悬挂综枢。织者坐于卷布轴后的横板上，分别踩动下面的五根竹子踏杆，单数经线和双数经线上下提综替换位置便于产生一次织口，即可再踏动踏杆，形成第二次织口，反复下去，就可织出平纹土布来，同时也可织出不同花纹的锦布。若是织有花的布或是织锦，同是用一样的织布机，只是踏板有区别，必须使用很多板片或棍，以控制色彩，染好的线色是无法改变的，只能控制与潜藏来织出花纹图案。云南傣族、景颇族、壮族等许多民族，织锦艺术相当高，民间有许多极精美的珍品。

如今，当我们走进民族村寨，了解调查各民族麻纺工艺，并收集、整理纺麻机、织布机，不仅为各民族的巨大变化感到欢欣鼓舞，也感到这些织布工具对于研究纺织史，提供了珍贵的资料，从纺织技术的变化中，也可以看出各民族在纺织技术上相互交流的痕迹。目前，我们能做到的：一是用文字真实而翔实地记录下彝族、苗族、德昂族等民族的麻纺工艺；二是用当场拍摄的照片，直观地印证文字记录下的整个过程；三是收集了不少实物，如纺麻机、织布机、纺坠、碾子、麻线、麻布、打纬刀、箝子、梭子等纺织实物作为博物馆收藏的“文物”，是历史见证、纺织史研究和民族传统服饰艺术的实物资料保存。

2. 最早的裁剪制衣技巧

服饰是社会发展的产物，在历史演变的过程中，人的着装是根据社会形态、文化背景、经济环境及生活方式而不断地进行传承和创造的，并形成诸多不同、错综复杂的服饰类型。从最早的树皮、树叶衣，羊皮褂不织不缝到麻布衣、火草衣的纺织制衣工艺，在西南少数民族服饰艺术中，是生动具体的例证。研究并总结传统制衣艺术，对整体理解西南民族服饰文化不无裨益，对于现代服饰的设计与制作也具有传承和发展的意义。

西南民族服饰的制作，从裁剪、缝制到定型，都全为手工操作，有传统的技法和工艺。裁剪，是在缝制衣服之前，把衣料按照一定的尺寸裁开，是建立在对面料和款式充分认识的基础上，有的面料不需要裁剪而可以直接缝制，有的需采用抽褶和开衩等结构制作，也有的民族服饰缝制，全凭针、线、熨斗以及一些简单的工具，由女子用心和细致的操作而成，均力求以巧为上，以妙取胜，十分讲究工艺的巧妙精良。

西南少数民族中，缝制衣服的工具最基本的是针和线，其次是剪刀，但随着时代的发展而融入了现代科技与生产方式，这里记述的均为 20 世纪 80 年代前调查资料。

针，均为手工操作，民间称为“手针”，用于引线，缝合布料等。根据针法、布料及缝制目的不同，而采用不同长短的手针。针的型号按缝制布料厚薄序呈排列。针越小则号数越大。短小的针用于缝制较薄的面料，缝制呢料等则用中号针，其他还有特殊型号的针用于特殊的手针工艺，

如编制毛线采用毛线针、钩针，绣花使用绣花针，另外还有套在右手中指，用于托顶手针缝纫之用的顶针。西南少数民族中，还有利用骨针将葛藤皮和野麻皮按编筐篮的办法进行编织衣料。这种编物的构成方式，也就是人类社会最原始的织物组织形式。以后，再运用“手经指挂”的方法，像编席子（垫床之用）一样的编织，织物结构较前更清晰。再后，一种简单的腰机和斜织机代替了“手经指挂”，骨梭也代替了骨针，织出了纵横交错的平纹麻衣。

线用于加固、合并布料等，有天然材料和化纤材料等，缝制中根据布料和缝制的不同而选择不同材料、不同色彩、不同粗细和强硬度的线。最基本的线有：棉线，由棉纱制成，是传统手工艺中最基本的用线之一，用于服饰最基本的缝合；丝线，由蚕丝捻成，或由化纤材料制成。绣花，装饰以及丝绸面料的缝制等常用此线；混纺线，是各种天然纤维与化学纤维（包括棉、涤纶、尼龙、丝、毛等）材料混合制成，如涤棉线、黏棉线、毛条线、麻线等。毛线，包括动物毛线、化学毛线和混合毛线，如羊毛线，有粗细之分。蜡线，在线的外表套上一层蜡，使之坚固耐用，一些特殊工艺，如鞋底、做包和腰带时经常使用。麻线，均用麻制作而成，专用于麻布衣、火草衣的制作。

剪刀，可分为裁剪刀、小剪刀和绣花剪刀。裁剪刀用于裁剪布料；小剪刀，用于剪线与开小口等；绣花刀用于绣花装饰。与剪刀配用的还有尺、钻子、熨斗等。尺，民族地区都叫尺子，用于丈量、画线以及辅助裁剪、缝纫之用。钻子，钻眼、拉线、翻布之用，有带钩与不带钩之分。镊子，用于翻布、钳夹布料及细小部位、盘扣、装饰等。熨斗，熨平布料及整型用。粉袋，袋有划粉、画形以便裁剪、缝纫等之用，色彩有多种多样。

值得要说的是针包与粉袋的制作。针包的形象颇多，几乎所有少数民族妇女，几乎都挂揹在腰间，形影不离。其制作之法亦多种多样，不同民族有不同的特点。例如白族妇女，是用一些棉花，也可以用海绵、丝绵等其他松软之物，填塞于针包内部，先将大圆布沿针线抽紧，使其能与小圆布料拼合，取一段松紧带，两头对称置于两布之间，用倒针在反面缝合两布和松紧带，缝制最后留 2 厘米至 3 厘米的小口，从小口处将布翻转，塞入棉花，再用暗缲针将小口缝紧即可。彝族的针包，则是选定两块圆形布料，一块直径约 13 厘米，用于做顶部，另一块约 7 厘米，用来做底布缝制而成，使用时，将松紧带套在手上。

粉袋制作，选用两块 12 厘米见方的布，其中一块为面布，另一块为里布。里布的密度要大，以防粉末溢出，另准备一根一米左右长的棉线和一些划粉碾碎的粉末，首先将两块布料缝合成圆桶状，再将棉线放入其中，一块用线扎紧，将粉末倒入，用线扎紧另一头，在棉线的两端打上结，绑上装饰物，以防止棉线抽脱。在少数民族中，当时针和色粉，自己都无法制作，必须购买，经济困难，交通不便，特别是边远山区，一根针极为珍贵，是一家人的贵重之物，因此，针、线、粉都要很好地保管，才能使用方便，同时也是妇女的显示，或叫装饰，让人们能看出她们的勤劳和智慧。

西南民族服饰最早的制作，不需裁剪，只是拼缝和缝边，即将一块布的布边缝起来，以免脱线，如独龙族的独龙毯，彝族的麻布褂，景颇族的裹裙等。这类服饰面料一般较为硬挺，不适合裁剪，在穿着时包裹在身上。过去，很多民族的布料，不用截剪，仅凭手撕，撕后的布片系完整的短形，常为两两相对，可以任意调换而不影响衣料缝制，有的甚至仅将布料按大致尺寸横断，立即缝制。为节省缝工，将原有的布边用作衣边，以免再作缝结。一般只有肩部和袖口缝合，并且缝合线较粗，缝合量也小，制衣过程不产生任何边角布料，整匹布完整无缺地缝进衣服中去。

随着社会的进步，西南地区大多数民族服饰，形成了较为完整的上衣、裤子或裙子，都是需要裁剪才能缝制而成。裁剪不仅能使服饰有最好的适用性和造型，还使布料只有最小的损耗。由于民族纺织品有了发展进步，不论是宽松还是紧身服饰，在织造过程中就已经有了预算，布幅宽是多少，需要织多长，怎样拼接，如何剪裁领、窝、袖笼结构，裁剪下的布料如何利用适合的地方，都有着基本的规则。例如藏袍，大致皆是两片套合而成，在裁剪时，袍身分为左右而由前至后合成一片，包括前胸后背的一半，以及肩部、袖身，因此没有肩线，限于布幅宽度，袖子往往不够长，还须另接一节袖管，若是立领，则要另加领，而背心裁剪时则要考虑肩料并将其缝合上。勤俭的藏族妇女为了节约，还发明了一些裁剪的特殊方法。如折裆裤的裤脚部分裁下来的布正好可用于排裆，衣身周边裁下来的布正好可用于贴里襟，而有些碎布实在用不上的还将积攒起来，以后又可拼制成一件衣服或用于贴补绣花。阿昌族的剪花衣，就是用各色碎布拼接起来的，不过，为了美观，一般是刻意而为，但小儿穿的百家衣，是真正的拼接服装，甚至还有到各家讨要碎布，以求多福。在布料的使用方面，有时因布面窄，前后襟出现拼缝。西南地区民族妇女，会巧妙地把它作为装饰线。另外，还有如对格、对花的手艺运用，以及“疙瘩扣绊”的盘结等，都是裁剪而又巧用原料的创性裁剪制衣技术。

缝纫的线迹有表露于外和尽力隐藏两种技艺。线迹是构成服装结构和美感的重要因素之一。线迹不仅为缝合衣片所需，还有着加固的作用。利用线迹使服装的某些部位形状保持稳定，是最常用的。如包缝线迹，即为保护衣片布边不脱纱、不破损，还有辅助装饰作用。在缝制过程中，有时为加工的方便顺利，利用一些线迹做辅助加工，如绷缝、抽褶等，在制作百褶裙时常用。装饰作

用，一些服饰上利用缉明线等手段，达到美化装饰的目的，有的则在线迹中加花色以起到装饰衣片的作用。如覆盖迹线或结构性明显线迹，都是用线迹来突出服饰结构，是一种常用的装饰手法，在西南民族服饰中常可见到。如白族男子的坎肩，装饰工艺比较简单，在襟边，袋口处用针扎出明线，使衣服各边沿平挺工整，突出服饰的线条美，显得非常别致。

西南民族织布制衣发展进步后，常用的针法有：排针、斜针、扎针、倒针、三角针、杨柳针、一字针、八字针、甩针、供针、扯线袢、钉扣袢、手针线结等。

排针：又叫推针，是最常用的针法，运针时在布料正面穿缝，沿直线前进，线迹外观简单，均匀整齐，平坦美观，可用于缝合、镶拼等。

斜针：又叫缲针或斜走针，以斜针直线浅挑，针迹为斜势，正面尽量少露线迹，以正面的线迹小而整齐为好，且线的色彩宜与面料相近，还有正面不露针迹的暗针法，也有整个线迹像一根弹簧的针法，多用于固定服装的贴边和袋夹里，也常用在衣片的折叠部分，如袖口、领子、盘扣及一般暗处。

扎针：用于两块以上布料的临时固定等，起针时线不打结，由左至右，以3米左右长（根据需要）的斜距运针。扎针亦有众多变化，如正面长，反面短，正反面短，中间长等，是固定布料用的基本针法。扎针还有长短之分，以一长一短的针迹运针，多用于临时缝合的布料。

倒针：又叫回针或勾针，是向前缝一针，再向后缝一针的循环针法。这种针法有一定的伸缩性并能起加固作用，线迹正面看类似平条，背后则是针针相缝，多用于易受力部位，如拉链、裤腰等处，针迹略为斜势。由于针法比较牢固，拼衣合裤、袖窿挎包常用。

三角针：亦称花绷，也称狗牙针，由于固定衣服的袖口边、底边及裤边等。从左至右运针，正面不露线迹，反面针迹呈交叉之势。锁边针，亦称包边针、锁针，是修饰布料毛边，防止松散常用针法，亦可用于贴布。先横挑针，再竖挑针，缝线从竖挑针下穿过，以此重复至所需长度，锁边针可以有多种变化形式。套结针，用于服装的开衩、拉链、插袋的止口等处，针迹长约 0.6 厘米，选横挑 2 或 3 道线，再自上而下于线后插入竖线，套线上抽，重复至横挑线长度，竖线线迹需要密而整齐。

杨柳针：民间亦称杨树针，主要用于女装大衣夹里的下摆贴边处，不仅可固定贴边，亦起到一定的装饰作用，从反面起补，正面在线上横挑出针，并向左抽紧，先从 45 度向下重复二至三针，再向上 45 度重复，正面针迹以锯齿形由右至左运针，至所需长度后，于反面止针。

一字针：此针法用于拼接衣料，接缝平薄，自衣料反面起针，正面针迹呈一字状，反面针迹呈斜势，从下向上运针，上下需对齐。

八字针：亦称人字针、纳针、扎针，斜针针迹 0.8 厘米左右，针距约 1 厘米，横竖对齐，正面以一根丝挑牢。

甩针：亦称甩缝子、缭缝，用于无法用锁边的毛边修饰，针迹呈斜形。

供针：正面针迹较细短，排列整齐，用于衣边装饰，又可加固衣缝。

扯线袢：是连接衣服下摆处的面与里的一种方片，起针后，将线头藏入布内，出针后使线起圆状，再引线套入圈内，以左手勾线、拉紧，使勾出的线变成第二个圆状，再送线、套线、勾线、拉线，如此循环往复至所需长度。

钉扣袢：用于纽袢、穿带孔等，起针后将线头藏于布内，按钮机大小或带子粗细缝四至六道衬线，然后以针引线圈并抽紧，重复抽线圈至衬线长，止针结最好能在布上，线头需藏起。

手针线结：即用线打结，多用于线的连接，起针和止针，方法较多，如：蚊子结，此法用于线的连接，当用线不够长时，可用此法将线加长，以其中一线绕成圈状，另一线穿入其中绕回、捏紧，然后互相扯紧即可使用。起针结，在起针时防止脱线的一种方法，以右手的拇指和食指捏住线的一头，让线紧绕过食指，利用指的摩擦，将线头捻入线圈，之后，左手拉紧即可。止针结，这是运针完成之后，防止散线的一种方法。可在出针之后，以线绕圈，根据所需结的大小决定线圈的多少，再用手压住圈结于出线处，将线拉紧即可。也可在针出半截时，直接以线绕圈于针上，同样根据需要决定线圈的多少，用手压住圈，抽紧。

缝针的方法和顺序，不仅是技术上和习惯上的问题，而且也是有深刻意义的。比如苗族在制作童帽时，认为童帽的灵性取决缝帽时的针法。苗族习惯规定，童帽缝合的起针从帽顶开始的。如凉山女子的婚礼服，均由新娘婚前一针一线缝制而成衣件，不能成衣，须到举行婚礼之时，一早便请来“毕摩”（祭司），招来本村女人，举行祈福仪式，于太阳初升时在院内进行缝合成衣。

总之，从树叶衣、兽皮衣，到粗布、氆氇、锦缎，以石器、骨针到手工捻线、腰机、斜织机织布，到各种裁剪制衣的针法，从原始到现代，这一历史过程浓缩到西南民族服饰中，似乎很久远，又似乎不那么漫长。千姿百态的民族服饰，有原始、粗犷、简便的手工捻线、织布制成之衣，既有早期人类服饰的传统，也有精巧繁杂，充满了鲜明的民族特性，体现了美和实用的结合，生动具体地显示出民族服饰的历史和发展进步。

二、衣料的早期足迹与织布制衣技术

人类最早的衣料，采用的都是自然物，如树叶，野草，兽皮等。这些自然物在早期采集和狩猎中逐步认识，利用的过程中，逐步学会了种麻、织麻、养羊取毛制衣的原始纺织技术。从考古发掘情况看，早在新石器时代早期，祖先就已经熟练地掌握了编织技术。在西南曾出土不少陶器，陶器上保留着清晰的织物印痕，此时所用原料，从树木茎皮、竹篾、芦苇进化到麻、葛纤维及垂丝，织物也从无纹发展到较复杂的纹样，为日后纺织工艺的发展，奠定了坚实的基础。

种麻、织麻、麻布衣的制作，在西南少数民族中使用的历史非常悠久，范围也很宽广。当纺织的技术发展起来后，人们逐渐用纺织品代替天然产品（如树叶、树皮、兽皮等）作为衣料。在这些纺织品中，值得关注的是种麻、织麻与麻布衣的制作，因为这些都是人类衣料的早期足迹，也是服饰进步发展的新篇章。

中国是麻文化的发源地，在汉族中，利用麻、葛之类植物纤维织布物制衣有着悠久的历史。人工种植大麻和纺织大麻大约始于新石器时代，盛行于商周时期。梁代诗“麻生蒲城头，麻叶麻城沟，麻茎左右披，沟水东西流”生动地描述了当时麻地生产和使用盛况。到南宋后，由于棉花普遍种植，种麻、织麻逐渐消失，而在西南少数民族中至今广泛流传，如：彝族、德昂族、苗族、怒族、独龙族、基诺族、佤族、阿昌族、傈僳族等民族中，都穿麻布衣。贡山怒族妇女的上衣是右衽麻布衫，裙子也用麻线织成。怒族妇女的麻布裙其实是一床麻毯，白天作裙，夜间作铺盖。独龙族男子在身上披一块麻布，对交错在胸前打结，下穿麻布衣裤，跣足，现今虽身穿着布衣，但出门时则无论男女仍然习惯披一件麻布衫。在少数民族中，自古以来纺织就是妇女一项主要的生产劳动。她们上山下地，走路赶集，手中都在不停地捻麻线，一件麻布衣的制作，不知是多少手工劳动的结晶。因此积淀比较丰厚，都有特殊的民族特色，都是民族的财富、民族的精神，光照千秋。所以，在民族中一直是衡量妇女心灵手巧，勤劳智慧的标志。在怒族中，将儿媳称为“克鲁”，意为“剥麻女”，按习惯，在妇女坐上织纺麻布这一天，男子要备酒水慰劳妻子，以示尊重。怒族、独龙族所织麻布，均以白色为纬线，红、黄、蓝、黑等色作经线，从而形成对比度较强而又和谐美观的彩色条纹，故称“红纹麻布”。拼缝成块用作铺盖或披衫，俗称“独龙毡”。红纹麻布具有柔软，结实、美观、耐磨的优点，不仅本民族喜欢，周边民族也很青睐。当然，麻布的制作，一个民族有一个民族的特色，无论手工艺术或者是穿用功能都各有特色，这里就以彝族、德昂族、苗族为例，作具体记述，便可看出人类衣料的早期足迹和纺织穿用的场景。总而言之，种麻、植麻、自织、自染，自己裁缝制衣的传统手工艺术，至今流传在不少民族中的绩麻、纺纱、织布、蓝靛染布、蜡染、扎染等手工技艺之中，无不显示民族服饰独特手工艺术特色，即使同一民族中同一服型，都因是成千上万女性巧手各自制造和技艺有别而别具有独一无二的特色。它们都是具有智慧，独具匠心的艺术品。

1. 彝族种麻、织麻与麻布衣

彝族种麻、织麻、制麻、制麻布衣发展起来后，逐渐代替了天然产品（如树叶、树皮、兽皮等）作为衣料，在这些纺织品中，最值得关注的就是麻的种植和火草衣、羊皮褂的制作。这些都是人类衣料的早期足迹，是人类原始织布制衣的历史见证。

麻是人类最早认识和利用的野生草本植物，因其有坚实、耐磨、御寒透气的特点；由于麻对其候和土质的要求特殊，都只有在山地里种植。聚居于西南地区的彝族，因为居住地区比较适宜种植麻，因此，麻成为他们传统的主要纺织原料，《蛮书》中描述了曲靖以南，滇池以西广大地区种麻的情况，清代《滇南闻见录》载："夷人衣服纯用麻，最存古意，系自织。幅只五六寸宽，制服甚短小，不足御寒，冬时向火度日。"① 《东川府志》载："干倮㑩，麻布麻裙，刀耕火种，其类最苦。"② 《开化府志》卷九载："扑喇……山居火耕，迁徙靡常。衣麻，披羊皮。弩矢随身。"③ 《景东厅志》："小倮倮，男著麻衣短衣袴，女垂发两辫，覆麻布帕，著麻布密褶裙，赤足。织麻布，薄种山地。"④ "白倮倮，男衣裤皆麻，女束发，青布缠头，别用青布帕覆之。男务耕，妇织麻布。"⑤ 《永北直隶厅志》载："倮㑩一种，性朴质，男人以帕包头，身衣麻布齐膝，大半跣足。女子青布束发，背负羊皮。男耕种易食，女绩麻营生。"⑥ 这些记载，说明种麻、织麻、穿麻布衣在彝族中非常普遍。

彝族从生到死，都与麻布有着重要关系。活着时穿麻布，用麻布；去世时必须以生麻作死者之枕，用织成的生麻团作祭品，并且死者的家人都要穿麻布衣裤戴孝。因此，即使是工业化大发展的今天，居住在边远山区的彝族，仍然固守种麻、织麻、穿麻布衣的家庭手工业纺织，保持着古老的传统工艺。1983 年 3 月 3 日，笔者亲临楚雄州大姚县三台山博厚彝族拍摄的一组洗麻、纺麻、织麻的照片，生动地见证着彝族的这一生活现实。

彝族种的麻有大麻（又称火麻）、苎麻和筒麻，多数地区种的是大麻。大麻为一年生草本植物，雌雄异株。雄麻开花不结果，雌株麻结果不开花。雌麻质地粗硬，常用以搓制绳索，雄麻植地纤细，经加工处理后，即可纺织制衣。彝族一般每年农历四月立夏，"小满"节播种。雄麻种下去后，三个月后见花，由绿变白就可择日收割了。

---

① 方国瑜主编：《云南史料丛刊》第十二卷，第 42 页，云南大学出版社，2001 年版。

② 中国少数民族社会历史调查资料丛刊云南省编辑组编：《云南方志民族民俗资料琐编》第 14 页，云南民族出版社，1986 年版。

③ 方国瑜主编：《云南史料丛刊》第十三卷，第 364 页，云南大学出版社，2001 年版。

④ 方国瑜主编：《云南史料丛刊》第十三卷，第 354 页，云南大学出版社，2001 年版。

⑤ 中国少数民族社会历史调查资料丛刊云南省编辑组编：《云南方志民族民俗资料琐编》第 19 页，云南民族出版社，1986 年版。

⑥ 中国少数民族社会历史调查资料丛刊云南省编辑组编：《云南方志民族民俗资料琐编》第 19 页，云南民族出版社，1986 年版。

彝族习惯选属羊日、鸡日收割。据说，羊日、鸡日麻晒得白。雌麻要等籽成熟，到九月霜降时收割，其籽在第二年种植收成更好。

大麻的种植需要特殊地理环境和气候。大麻因其耐高寒、适应高寒山区种植。所以在彝族居住的山区，种植极为普遍。房前屋后，田边地角，都可种植零星麻种；大块的麻地多在日照少的背阴地，耕耘粗犴，一犁一耙，不施肥或只施少许肥料。在山林茂密的地方，也有砍树草枝耙烧完灰做肥料的，大麻一年一熟，二月播种，七八月收雄（公）麻，冬月收雌（母）麻，其间无需中耕，也不用田间管理。公麻田麻混杂间种，公麻开花传粉，不结籽，母麻开花受粉后结籽可食。公母麻都可剥取麻皮，其质量公麻为佳。昙华山的彝族有一个传统：播种大麻在“插花节”过后，插花节在农历二月初八，之前是男女尽情交往娱乐的时期，“插花节”一过。播种大麻，是昙华山所有农作物播种的前奏。从此，青年男女都投入繁忙的农耕生产活动，不再走村串寨唱歌跳舞。大麻如同荞籽一样，是昙华山彝族最古老的农作物之一，一本书中有这样一段话：“远古时候，有两个彝族祖先，他们用砍倒烧光的方法种了麻，要等到公麻顶上冒烟的时候砍倒。公麻冒烟，即雌麻花枯廋，花粉纷纷飞落，然后把它泡在水里浸透，再捞上来，剥它的皮，搓成线，织成麻布，缝成衣衫，人就有了衣服。”故称割麻。为了保证来年的种植，彝族特别注重麻籽的留种。

从古至今，大麻是高寒山区一种特有的作物，给彝族人民带来了利益。中华人民共和国成立前，这里的人民群众穿衣用钱，甚至吃大米都靠大麻。那时，大姚、姚安、永仁县坝区的汉族群众，也用大麻织的麻布做口袋，用麻线纳鞋底，用粗麻绳背柴及背草等。当时坝区汉族群众肩挑小贩络绎不绝地上昙华山采大麻，有的用棉布去换，一般比例是四比一，即四尺麻布换一尺棉布，有的用大米去换麻皮，12 斤麻皮换一升大米（约 12 斤），也可以说是一斤换一斤。有的用碱水面条（当地叫挂面）、丝线或其他小百货去换麻皮、麻线。以该区的“子米地”乡“要力么”寨为例，“中华人民共和国成立前，那里的九户人家，用麻布换的大米每户每年约五百斤，当时这里的高寒山区人民吃米靠大麻，用钱靠大麻，同时那里的地理环境、气候适宜种大麻。”[①] 中华人民共和国成

① 《四川、云南、广西彝族社会历史调查》，云南人民出版社，1986 年，第 220 页。

立后，昙华山区种大麻，比中华人民共和国成立前更有发展，正如《彝族文化》1986 年刊记载："近年烤烟大发展，绑烤烟的麻线仍然不能缺少，有人曾试验过，用尼龙线绑烤烟，结果一进烤房就化了，而麻线则可反复使用。"这就是说，即使是现代的今天，大麻也是不可缺少的生产生活用品。群众穿衣用线甚至吃饭依然还是靠大麻，种大麻的地种不出粮食，高寒山区不产菜籽，麻籽是他们的主要油料。据有关中医说，麻籽油有润肠润血管的作用，常吃可以防止血管硬化，延年益寿。其实，大麻在楚雄州没有一个县不种的。它不仅在彝族中种，苗族、傈僳族，金沙江边的傣族都种，都用。彝族种麻，有撒播、点播两种，采用点播法，是播种时一般都男女二人为一组，男人负责挖塘，女人撒籽。塘与塘之间的距离很小，基本距离为 8 厘米 -10 厘米。这是为了保证麻籽出苗后，因距离小而促使每株苗不断向上长，从而获得较高的产量。播种时，女人边施底肥，边用手指撮二至三粒麻籽播入土中，顺势踢些土盖上。麻的生长过程中，还需进行清苗拔草的工作，即将长得不好的廋苗和杂草拔除，同时把侧面乱长出来的杈枝剪除掉。麻的收割多在农历十月以后，这时天气已渐渐地变冷，麻株达到 2 米多高，叶子变黄脱落，植株由绿变黄，就可收割了。所用工具为镰刀，用左手拉住麻秆，右手使劲从根部割断。

总之，种麻、织麻，是彝族一项传统的手工业。彝族种麻有二用：一是剥麻皮，经加工后制成衣裤、口袋、绳索等，二是收麻籽榨油。麻籽，可食，而且养身健体。

麻成熟收割后，便有洗麻、剥麻、绩麻、纺麻、织麻的工序。麻割倒后，将麻秆在水中浸泡至软，然后从头到尾撕皮，待皮晒干燥后，再进行细致的清理，除去表皮上的疙瘩或将腐烂处舍弃，搓成细麻线后放入水里揉洗，并用木棒反复敲打，以去残皮，待晒干后，即可纺成织布的线。线越白越细越好，人们也更喜欢。纺麻织麻是一项细腻的极需要耐心的工作，工艺比较复杂。

收割后的麻秆经过半个月左右的日晒，由黄变白后就拿到水中浸泡，这叫作“脱胶”。麻类植物多含带粘性的果胶和其他杂物，因此，首先要浸泡脱胶，麻皮才能顺手剥脱，坦然为麻皮。但浸泡的时间不宜过长，一般两昼夜即可，最多只能三至四天。如果时间泡长，就会把麻泡烂，破坏了麻筋的韧性，而且麻布还会变黑，影响麻质效果。彝族泡麻，要选蛇日浸泡为最好，意思是像蛇皮一样好剥好用而又牢实。泡麻的具体做法是：将浸入水中的麻秆与水面保持 10 厘米左右的深度，为了不使麻秆浮起，有的用石头压住，也有在水中钉上带钩的树桩，让桩上麻束捆压，使浸泡的麻秆不上浮，长时间浸于水下。这样太阳一照，水温升高，细菌繁殖，将麻秆中的果胶分解。在麻秆浸泡中，水温和水质对麻纤维的影响很大，据调查，彝族对浸泡的水，基本要求是清洁，水要流淌或水面要宽，天气的要求是晴天最好，人们都说麻捆不能放到死水里泡，一泡麻秆会变黑，纤维容易断，难撕剥，难纺纱，即便是制成了布，也不结实好用好穿。

麻秆泡好后，就要把麻皮从麻秆上剥下来，剥麻也称劈麻、破麻和剖麻，大多在晴朗的日子里进行。操作时，一手持麻秆，一手从麻秆的根部撕起麻皮，往上一扯，一张麻皮便剥落下来。一般说来，粗的麻秆可以撕四至五条麻皮，细的可以撕三条，大的麻皮撕好后还要将麻皮再撕开，将其撕小成为一至二毫米左右的细麻皮，为下步工序打下基础。一边剥一边将剥下来的麻皮用手捏拢捆成把，然后晾晒。晒干后的麻皮要把它撕细连接成麻线。方法是每次拿出一至二个团把，先在水中浸泡回潮，然后分撕接线再绕成团，这叫“绩麻”。绩麻就是把所有的麻线进行连接，连接的方法有劈接法和裹结法。劈接法是将撕好的麻线一端分叉，放入另一根麻线的端头，用双手的食指夹紧，沿逆时针方向扭转，使得分叉的麻线与另一根麻线缕缠绕结合。裹结法是将麻线的一端展开，放入另一根之头，以双手食拇指夹紧，沿顺时针方向扭转，使两根麻线裹合连结。绩麻都是妇女之事，大多在晚上，或劳动休息时或走在路途中随时撕麻线接麻线。撕麻线时，要把麻匹根部咬在嘴上，用于撕出很细的一根往下拖，边撕边绕在手上。撕麻线，根据麻皮的质量和用途，可粗可细，细的和今天机织的线一样，粗的和纳鞋底用的底线相似。做一件上衣的麻线，仅撕线这一道工序就要 10 个晚上，全天撕也要 3 天以上时间，而这一道工序仅占织一件麻布上衣全过程劳动量的三分之一。麻线撕好后，把它绕成一个个的线团，为绩麻做好准备。

绩麻的好坏将直接影响到纺纱织布，因此，特别注意这一道工序。绩好的麻线，若不出接头，没有鼓包，织出的布就特别光滑和平整，故绩好的麻还要进行第二次脱胶，即将麻线放到锅里，用草木火灰蒸煮，然后拿到河里或池塘里冲洗，使其洁白柔软，织出的布更加洁白和光滑。同时还要除去多余的果胶，主要方法是淘洗，有的也在淘洗的时候加上鸡蛋清，这样可以保证织布的纬线比较滑顺，可以提高纺织的速度。楚雄州大姚三台山区，彝族妇女把绩制成团的麻线，拿到锅里煮熟，一般背到河里边冲边洗，边用脚力搓踩浮去火灰，而且要煮两次，洗两次，反复漂洗，麻线的洁白度就越好，然后晾干，晾干后的麻线要搓上羊油。羊油要上的恰到好处，这样在织麻布的过程中才滑而好织，并且织出的布匹才会幅面平整光滑、质地好，而且牢实。上了羊油的麻线只能阴干，暴晒会影响麻线的白度。因此，要往一定距离的两边拴在木桩上，让其慢慢阴干。

麻纤维进行绩接和两次脱胶，都要裹成圆团，才能使织造顺利进行，但硬度还是比较大，对于较硬的纤维，用手工裹成团有一定难度，所以大多使用一种被称为麻车（摇车、搅车）的裹麻工具，用麻车裹绩麻线，其方法是先手工捻成一条条的长线，再将其绕在一个较大的“十”形绕线的麻车架上，进一步将麻线裹成团便于纺织，因麻车由架子和轴组成。架子为“中”字形，两侧是用来转动和缠麻线的，中轴较长，上穿出头，下穿空心管，手摇动时架子会旋转，将麻缕裹圆成纱。使用麻车时，先将搓捻圆的一段麻纱缠到架子上，然后左手持麻缕，右手握空心管，并摇动架子，架子做圆周运动，麻缕随之裹合，不大一会就可纺好一段麻纱，这时左手牵定麻纱，右手停止转动，把纺好的绕到架子上，完成一次后再周而复始。

彝族纺麻的方法最早是用纺锤。纺锤的形状像陀螺，把麻线绕在上面，一手放线，一手转纺锤，同时边转边续麻纤，使它不断接，把麻捻紧，绕在纺锤上，最后把麻线绕成半斤重的一团。纺麻是个细而慢的活计，一个妇女一天不停地纺，最多不过纺半斤麻线，所以，在彝族山寨，随处可见妇女走路、喂奶时都在抽闲纺线，甚至背着四五十斤重的东西，只要手闲着，也都在纺线。中华人民共和国成立以来，很多地区已经改用纺车纺线。这种纺车是用一根木棍作中轴，将六七块两尺左右的竹板从中间小孔串联起来，然后用绳子把竹板缠成轮状，中轴上加一个摇把。在离纺车一米左右的地方，斜插一块长方形木板在里面，并把它插稳。木板上有四个小洞，用绳子或钉子将一根很光滑、长一尺的细木棍从中间固定起来。纺轮和细木棍中间，连接一根绳子，木棍中间要留有齿状，右手摇动纺轮，带动细木棍转动，左手将麻缠在细木棍顶端，借助转动产生的拉力纺线，这种纺车还可以纺羊毛线。纺麻的纺车，常见的有单锭纺车和多锭纺车。单锭纺车在彝族中很常见，单锭纺车就是只有一个锭子，是用手摇转动轮锤，通过轮锤上扭动着的绳的能量传到纺纱锭上，使锭子转动将麻线缕裹合成纱。

单锭纺车为手动或竹木质地，由底架、绳轮、锭子、传动绳、手柄等部分组成。地架均为木质，用来固定绳轮和锭子。绳轮为竹或木质，因地区不同，形状和制作上有差别。锭子为竹质，主要是裹圆麻缕和缠绕麻纱。传动绳的材质，棉、麻均可，略粗糙，有较好的摩擦力。手柄为木质，连接绳轮。纺时将麻用水湿过后，放到纺车旁边地上，一根一根地续上去。麻线绕完后，就为织布做好了准备。

织麻布在彝族中是普遍的工艺，多用卧式织机，也有用斜织机、腰机等。卧式织机，在彝族中称为麻布架，其实是在高圆盘的木凳上，设一个支架，也有用四个木杈插在地上，再用两个木棍放在杈上搭成的麻布架。织布时，将若干股麻线系在支架上，另一端拴竹钩、垂陶轮，织女两手抓钩交错编织而成。彝族古老的麻布织机全系木制，呈长方形。卷布轴是由带钩的木棒固定在机架的后方，前方与卷布轴平直的位置上凿有一根横梁，将全部经线紧紧地拴在横梁上。上机前，将经线按照一定组合（单、双数），然后再将全部经纱穿过木制钩齿，最后固定在卷布轴上，在前、后综的下方拴有踏杆一根，用脚踏动踏杆上、下运动，全部经线会分为两层，如单面经纱是面经，双数经纱是底经，形成第一次织口，经过穿梭、打纬后，踏杆作相互运动时，单数经纱由面经变为底经，原来的双数经纱变为面经，形成第二次织口，再经梭、打纬，便可制成麻布。奇特的是，彝族妇女织麻布只用右脚交替踏动踏杆，织者有坐于织布机中间，也有坐于织布机左侧，织出的麻布都是一样的。笔者于 1983 年 5 月参加楚雄州大姚县三台山“赛装节”后到“剥厚”彝寨调查走访的资料，拍摄若干照片，印证着彝族古老织机和麻布制作技术。

彝族织出的麻布，都称为“土布”，有特色的还被称为“亮布。”用其制作服饰，花纹雅致，光滑耐磨。麻布衣的制作也很讲究，织好的麻布

叫“生麻布。”生麻布只在办丧事时穿用，平时是不穿用的。用于制作衣裳，则需多幅拼合，才可以用来缝制衣服、裤子、挎包等。男女老幼的衣裳、领褂，要现将织好的生麻布进行洗涤。洗涤也很讲究，洗时要用灶木灰洗，这样才能越洗越白，越洗越软；二是洗涤的水要清澈透明，最好是山洞里的小溪清泉水，至少要经六七次洗，六七次晒，约个把月麻布才会比较白，穿起来更觉干净、清爽。

彝族还喜欢自己染制麻布，经过上色的麻布，可作为镶边的用料。不少彝族，都要在服饰上有花边镶饰。因此，除了面料织造、编织花边都是传统工艺上的一大特色。花边的编制方法有机织和手编两种。所谓机织，是在形似高圆盘的木蹬上，设一个支架，将若干股丝线一端系在支架上，另一端挂竹钩、垂纺轮，织女两手抓钩交错编织而成。手编，即是将丝线系在脚趾上，随处坐地而编。此外，还有将织好的布，根据需要的长短大小，将布抽去纬纱制成璎珞，线头穿珍珠或豆类制成的穗带等。传统服饰是美丽的，这些美丽是建立在各族的传统技艺和传统文化背景的基础上。

麻布用途极广，如衣服、系裤头、背布、腰带、被盖、鞋底、大口袋、围腰、马料袋等，都是麻布制作。麻线还可做麻绳子、打麻草鞋、上鞋底等用途。中华人民共和国成立前，彝族很少穿棉布，一般农户大人一年只能穿到一条棉布裤子，上装均穿麻布衣。麻布以页为计算单位，每页宽 5 市寸、长 1.5 市尺。好麻一斤可织 10 页；次麻一斤织 6 页。织成麻布上衣一件需要麻布 12 页。如家收 20 斤麻，可织 100 页麻布，可做 8 件大人上衣。富裕人家虽穿棉布的较多，但也离不开麻布衣，经常是换着穿。

彝族的火草衣、火草褂也很有特色。火草，是在深山老林中席地而生的野生植物，叶长约三四寸，叶片背部有一层白绒毛。山区彝族把火草收来晒干作为火镰打火时的点火线，故名火草。唐朝中期，火草布的纺织已在云南广大彝族地区流行，到了明代万历年间，其纺织技术已比较完备了。明《南诏通纪》载：“草叶三四寸，踏地而生，叶背有绵，取其端而抽之，成丝，织以为布，宽寸许。以为可以为燧取火，故曰火草。”乾隆《东川府志》载：“火草是以火草为经纬可纺织，裁为被褥，最为暖和。”由此可见彝族纺织火草的历史很悠久。

彝族纺织火草，是与织麻纺麻合为一起的。虽然火草制成的衣服厚实，又比较柔软适用，但其纤维强度不够，长度只五、六寸，要纺成线必须与麻线掺和，才能织出可用的布来，同时集火草的保暖性和麻的柔韧性于一体，制成的衣服更有着特殊的使用价值。当然，火草布纺织的代价，比之麻布要大得多。每年夏末秋初，是采集火草的最佳季节，一天跑遍十岭八坡，三个工时也才能采到两三斤，凝集着艰苦的劳动。如鹤庆一带的彝族姑娘，在谈情说爱中，往往要亲自制作火草领褂送给意中人。一件领褂的制作，往往要花费半年多的功夫，小伙子能穿上一件火草领褂，无论是节日或是走亲串戚，都会感到自豪和光荣。武定、禄丰等地彝族姑娘披传统的火草披巾。披巾呈方形，中心留出火草布本色，边绣红色二方连续图案，四角绣角花，上方加彩穗，以示自己勤劳、聪明美丽。

彝族的羊皮褂、毛纺织，也是衣料的早期足迹。居住在大小凉山、昙华山，以及无量山景东、巍山、景谷等山区的彝族人民，喜欢养羊，历来习惯用羊皮做羊皮褂，一家几口人，不论男的女的、老的少的，几乎每人都有一件。

羊皮褂有很多好处：冷天毛朝里可以当棉衣御寒，雨天把皮毛穿朝外，可以当雨衣防水；在山上休息可以作垫褥，挑担抬柴可抵垫肩，背背箩可以垫背；在野外睡觉时可以作垫毯……真是一张羊皮褂多种用途，既是生活用品，又是劳保用具，而且成本低，牢实耐用，可算是彝族的无价“宝”。

剪羊毛与毛纺织，是彝族特殊制衣工艺术。剪羊毛，彝族语称“永山次”，一年进行三次。一般在猴月剪第一次，鼠月即“火把节”时剪第二次，龙月剪第三次。第一次剪的羊毛最少，连大羊也只能剪下三四两，后两次剪得多一些，一般每只羊可剪8两到1斤。剪第二次要进行“永衣夺”（即给羊子洗澡），这是为了使剪下的羊毛干净些。“永山次”这一天，要给羊吃一些苞谷或麦子，最好喂一点盐，让羊子吃得饱饱的。无论给羊洗澡或剪毛，都要事先选好日子，属“虎”日这天不能进行，属“兔、猪”日这两天最佳。彝族说“特勒俄永曲”，意思是“鬼、猪、羊三家在一起，羊子平安。”

剪羊毛时，要将羊的四脚蹄拴在一起，置于剪架子上剪。如未剪完，羊子站了起来，就要用剪刀把羊刺死。因为那是鬼魂撵羊走了，是不吉利的“预兆”，否则会致剪毛人的命，使其寿命不长。彝族先祖一直很重视羊毛，古语常说：“有菜不会饿，有羊毛冷不着！”剪羊毛，一直是彝家很讲究的手工业。

羊毛剪下后，就要纺织精细的毛线，织成衣料，做成衣裳、裙子、带子。同时用羊毛擀制披毡（“察尔瓦”）、毡子、毡帽等。彝族的羊毛纺织一般妇女都能操作，其工序有：选毛、拆毛、纺线、织布、裁缝等五道工序。

选毛：做毛衣、毛裙，在剪羊毛时就要挑选好毛的颜色。毛衣多选用黑色，毛裙则选用黑、白、红、黄等三、四种颜色。每种颜色在剪羊毛时就要精心挑选，分开装放，不能混杂。这样纺成线后，用以织布花纹才清晰美观。

拆毛：羊毛剪下来后，由于羊毛松软不匀，必须经手工或弹工把毛拆散松匀，彝语叫“山布支”。“支”为拆、松等动作。拆毛的好坏，直接影响纺线和织布的质量，因此，是一道重要工序。

纺线：纺毛线均由妇女承担，纺具是用竹芯穿圆轮木为轴，带线绞紧为细线的一个圆木轮。要把毛线成组，是精细的活，要专心一意才行。若要完成一件毛衣，最快也要30天后才能纺成。但此工序不受时间和空间的限制，处处都可以安心地进行，连走路时也可随身纺织。

织布：彝语称为“黑海黑池”。此道工序则很复杂，把纺好的毛线上下交错，拉紧连在木桩上，然后将口条线拴在两尺长的圆木上，同时和几根竹竿拴上，就可以织布了。织出的布非常粗糙，但厚实、耐磨、保温，是高寒山区里的适用之物。因此，很受彝族人民的喜爱。缝毛衣则较快，一个手艺好的姑娘一条裙子二至三天即可完成。

2. 德昂族捻麻与腰机织布

原始纺织都是德昂族妇女从事的一种家庭手工业。云南德宏州芒市三台山和保山潞江坝地区德昂族，过去都是家家种麻，穿的都是自织自纺的麻布衣，盖的也是麻布被子。笔者从 1982 年到 1986 年两次调查中发现，如果把德昂族的纺织技术与当地傣族相比，我们就会发觉：傣族的纺织技术已进入了“取之于蓝，而胜之于蓝”的多片综线提花的架机纺织水平，而德昂族依然保持在种麻、织麻的原始腰机等原始腰机的纺织阶段。正因为有这一阶段，在现实生活中能为我们展现纺锤、腰机等原始纺织工具的使用场景，使我们能了解人类纺织的过程。具体地说，德昂族的纺织工序，总括起来有四道环节。德昂族捻麻，又叫搓麻。德昂族大多都居住于山区，家家种麻纺织织布的原料均为麻质纤维。纤维制作的第一步就是捻麻线，即将麻皮搓合成线条。当麻成熟时，连杆砍下晒干，放入水中浸泡二至三天，捞起，剥下外皮，将其剩下的皮再晒干后，再一根一根地连接起来绕成团，即成待纺的原料。这种原料，还需劈分和继接两道工序，才能进行纺线。劈分，是把已经浸泡而松解和脱胶后的麻皮纤维，尽可能分成一根一根的细条，以便进行继接合牵纱。而续接则是把经过劈分的一段段较细的纤维连接在一起，使之成为一根连续不断的纤维束，以便进行纺线的加工。德昂族的劈分和连接工艺是同时进行的，即劈分一段就续接一段。续接的方法，是双手的拇指和食指捏紧劈分后的两个麻头，使第一段的尾和第二段的头衔接起来，反复进行。续接的关键是搓合技术的高低。搓合技术在云南许多少数民族中应用于生产生活，如绳索、竹编、捆扎等。正是因为搓合技术的广泛应用和进一步的提高发展，才创造了纺织技术。德昂族妇女的搓合技术应用在麻的续接工艺上是非常娴熟的。她们把劈分后又经衔接后的纤维，略加梳理排比，压紧于两指或两掌之间，向同方向搓转，也可手脚并用，置于腿上以掌搓转，利用搓转时产生的力量，使纤维束紧扭转，互相抱合，形成单纱。接着把两股单纱并列到一起，朝相反方向搓扭，使之重合，形成股线，并合多股，并成为绳线。

搓合技术，现在看来是日常生活中十分普遍的操作，但在纺织技术的发展史上，它有着十分重要的意义。这种技术，在潞江坝德昂族社会中不仅突出表现在纺织技术上，而且在妇女腰箍的制作上更有其高超的技巧，她们将不到0.1毫米的牛筋草劈分、压平，然后编织成精美的腰箍装饰自己。

纺锤，是纺织史上最早最原始的纺织工具。德昂族的纺锤包括两个部分：一为石轮盘，中央有孔，且厚重，盘边渐薄，便于旋转；二为木质制成的拈杆，顶端有倒钩，杆长一般是16厘米左右。纺锤的大小、轻重，是由欲纺的线的粗细所决定的。虽然它的构造比较简单，但具备了现代纺织机上纺锭的部分功能。它既可用之加捻，也能起牵经的作用。纺锤的发明，无疑是纺织史上的一大关键。据考古材料统计，我国30多个省市较大的居民遗址中，几乎都有陶或石质纺锤出土。西南也不例外，新、旧石器时代遗址中，都出土了纺轮，这种工具至今还在西南少数民族中使用可见其历史之悠久。德昂族使用纺锤的年代无从考查，但从其构造和使用的方法来看，仍处于纺织工艺的初级阶段，不是其科学研究的价值。德昂族的纺锤包括两个部分：石轮盘和捻杆。石轮盘呈圆形，有一定的重量，边薄心厚，中央有孔，便于安装捻杆，捻杆为竹质（也有木质的），顶端有一小侧钩，以能钩住纱线而不能旋转。纺锤的使用方法，一般说有吊锭法和转法两种。德昂族在纺纱中两种方法都在使用。吊锭，是把纺锤吊起来使用，先把搓合后的一段手捻纤维麻头缠在捻杆上，然后拉出一段，同时下垂纺锤，左手提着麻线作伸引运动，右手有节奏地搓动转盘，捻动捻杆，带动纺轮在空中旋转，不断地从手中释放续接好的纤维，使纺轮一面转动一面下降，捻紧一段纱后及时上提，用手把捻紧的纱线缠在捻杆上。捻转捻杆时，一般是利用右拇指、食两指。这种方法适宜行走之中进行。妇女们上山下地，逢场赶集，都可以双手不停地纺线，但大多数妇女喜欢坐在椅子上，左手拿着麻头，右手把捻杆放在大腿上一搓，纺锤就自然旋转，麻随纺锤越转越紧，到了一定程度就停止旋转，把捻好的线缠在捻杆上。然后，再转动轮盘，按上述方法，反复进行，直到捻杆缠满为止，整个捻线工序随之结束。捻杆上的线缠满后，需绕在“工”字形的绕线棍上。绕的方法比较特殊：左手拿着绕线棍，右手拿着线一上一下，一左一右，很有顺序地绕上去，既不混乱，又绷得很紧，便于再绕到倒线车上。绕好的线一匝一匝地捆好，准备着色。

染色在纺织中也是一项重要的工序。德昂族的染色方法完全处在利用天然染料的阶段。她们用梨树树皮的汁染黑色，用苞谷的淀粉染白色，用得最多的还是山上挖来的土染红色。这些染料都是直观的有色物质，可以直接从自然界中取得，也不需经过复杂的处理就可使用，是人类最早的色彩知识。染色的方法，是把梨树皮放在锅内煮一个多小时，捞出渣后，便把纺好的麻线一匝一匝放进锅里边煮边搅动，一般经 30 多小时后才取出晒干，麻布就染成了黑色，用这种布织出来的布就是黑布。染白色的方法，是在锅内放些灶灰水，把线放进去，也是煮 30 多个小时后捞起来，然后放在簸箕内用苞谷粉反复揉裹均匀后，再把它晒干，就成白色。这实际上是利用灶灰的碱性来脱胶。脱胶后的麻线本来就成白色，再用苞谷粉打浆。用这种方法染出的线又白又亮，织出的布光华有泽，经久耐用。红色，在德昂族的染色中是用得最多的，除了服饰上红绒花、红绣球外，更多是筒裙上的装饰。德昂族染红色的方法，是把红土溶于煮沸的水中，然后放入纱线，不断搅动，使色素浸入线内。这种浸染之法，在民族染色中非常普遍。线染好后，还要放在竹木制的推车坐上绕成团，便可以开始织布了。染色用在服饰上，是人类用色彩表达自己思想和爱好的方式之一，是对美的追求。当然，染色还与民族的宗教信仰或其他社会活动有关。有人推测它是文身的延伸，起初，大概只用于祭祀或舞蹈的服饰中，以后逐渐发展成为日常的装饰，同时又往往成为民族首领、巫师、战士的标志。随着社会的进步，服饰上的色彩和花纹有愈来愈多的含义，成为人类文明中不可缺少的部分。可惜，到现在我们尚未见到或还未能确认有原始社会的染色织物出土。从这个意义出发，德昂族的原始染色方法，是我们能够见到的唯一例证了。

德昂族妇女织布没有机架，是用几根竹针代替，所以，织布前需要牵经。牵经的工具只是一

根粗竹竿和几根小棍。竹竿长2米左右，直径约0.8厘米，竹竿上有若干孔洞，除两端为固定竹竿时插入地面木桩的两个孔上下穿过之外，其余的孔都是向上方钻开，以便根据织成品的长短调节孔洞中的小棍进行牵经。牵经的具体方法是：先在地面上钉牢两根木棍，把竹竿穿在木棍顶部，悬空固定，在竹竿上方孔洞中依次插入所需的小棍。竹棍的间距视织品的长短而定。这就是德昂族的牵经工具。德昂族妇女把经线往小竹棍上绕的时候，手和脚都来回不停地动作，口里还有数着绕的线圈数，因为每件织品的经线都是有固定数的。不能错，错了就会影响织品的宽幅。经线绕好后，把它拴在木桩上，另一端系在卷布轴上，并用口袋和皮子捆在腹部前，可称为原始腰机。织布时席地而坐，两足分置于经线两旁即可开始织布。德昂族都是用腰机织布。腰机的主要部件有：前后两根横板，相当于现代织机上的卷布轴和经轴，另有一把竹制打纬刀、一个梭子、一根比较粗的分经棍和一根较细的综杆。分经杆把奇偶数经纱分成上下两层。经纱的一端系于木桩或树杆上，另一端系于织作者的腰部。织造时，织者席地而坐，两足分置于经线两边，利用分经棍形成一个自然梭口，梭子引纬，在靠近木桩的地方，有两根竹交棍（德昂族称“尼格老”或“尼早”），各长60厘米左右。经线各绕交棍一周，接着用分经棍（长约65厘米）将经线分成两层。单数经线为面经，双线经线为底经。织者右手持纬锭（也称梭子，德昂族称“崩老”），由右边伸入开口，左手受锭引纬，然后以木砍刀打纬。织第一梭时，提起综板，底经与面经交换位置，形成第二梭口。这时，左手将纬锭从左边投进开口，右手引纬，纬锭穿来穿去，反复编织。这样交替动作，不断循环，把织好的布卷在布轴上，同时也在木桩上不断放经。由于这种原始腰机没有手足分工，全部纺织工作场由手操作，两足没有发挥作用。织布时，经纬张力完全靠腰脊来控制，经纬线全由两手操作，两足没有发挥作用，所以常常做了这个，又停了那个，顾此失彼，互相脱节，费时多，织布少，布幅也窄，一般宽尺余，长四五尺。三至四天才能织出一条筒裙布。但这样的布厚实耐用。德昂族普遍喜欢使用，至今在其服饰传统中还占着重要的地位。当然，德昂族现在很少种麻了，筒裙布主要靠买入棉纱自己织成。布的细滑程度比之用麻提高了一大步。这种原始的织布方法虽然也在逐步淘汰，但它毕竟代表了我国纺织史上的一个重要阶段。腰机织布在我国纺织技术史上，是一个重要的飞跃。它的出现使人类进入了“量体裁衣，看头制帽”的时代。这一重大的发明，无论考古发掘或是古文献资料都很缺乏，难于判明远古时代人类纺织的具体情况，只有运用民族调查资料，才能对原始腰机的构造原理及纺织方法，做进一步的了解。德昂族的原始腰机以及现行纺织技术，无疑是一份最好的活材料。

3. 苗族种麻、纺麻与麻布衣

苗族在贵州、云南是人口众多、分布较为广泛的少数民族之一，大多居住于崇山峻岭之中，“山有多高，苗家就有多高。”云雾笼罩的高山，就是苗族生活的地方。苗族是个勤劳智慧的民族，几千年来，自给自足的自然经济，使苗族学会了利用各种植物纤维、动物皮毛等进行纺织制衣，其中，麻纤维是苗族用来制作服饰的主要原料。苗族是最早种麻织麻的民族之一，《后汉书》记载：“槃瓠得女……，织绩木皮，染以草实，好五色衣服，制裁皆有尾形。”[①] 文中的“织绩木皮”，织就是纺织，绩就是捻、搓，即今天所谓的搓麻、捻麻；木皮，就是麻纤维。“染以草实”，就是用草、树叶或果实来煮染布匹，也就是今天的蜡染技术。可见，早在汉代以前，纺麻织布和蜡染技术就已经在苗族先民中流行。随着棉花、桑蚕的引进及苗族地区的发展，自然条件好的地区，如湖南省西部，贵州省东北地区等，苗族都改成种植棉花，纺织棉布，而贵州省中西部、广西西部、云南全省，以及东南亚各国，其种麻织布之习一脉相承，延续到近现代。民国时期，罗平、马关、永平、顺宁、中甸县志上记载：“白苗（罗平），种麻棉，自织为衣”“花苗（罗平）……自织花布为衣”“苗人，男女皆衣麻，习苦耐劳”“苗族以织麻打猎为生”“苗族衣服均用麻布，男子多着麻布长衫，妇女皆系麻布围腰，男女均以麻布裹腿”。直到20世纪八九十年代，以家庭为单位，自己种麻自己织布，制作服饰的习俗仍广泛存活于云南苗族中，形成苗族地区的种麻选种种麻，是纺麻织布的第一道工序。苗族每家每户房前屋后都有属于自己的一块麻地，俗称“麻塘”。每年秋后，妇女们就要把来年栽种的麻籽选好，一般选颗粒饱满均匀的麻籽为麻种。选好麻籽后，就要对麻地进行翻挖或翻犁。春节前后，就要选择日子种麻。整麻地时，先把地耙平耙好，再用锄头平整一次，直至把土块捣碎为止。地平整好后，撒上一层层的畜粪，然后翻犁一次，就可种麻籽了。一般是单日种，双日割。种麻时，一人在前打塘，一人在后放肥放种，行距一般在三至四寸之间即可，栽种时讲究密植。这样，长出的麻细而直，剥下的麻匹品质才好。

① [宋] 范晔撰，[唐] 李贤等注：《后汉书·南蛮西南夷列传第七十六》，第2829页，中华书局，1965年版。

栽种完后，将一根五至六尺长的竹竿插在麻地中间，若麻长势好，一般长到竹竿高就可以收割了，但通常是三个月后就开始收割。麻种下后不需施肥也不需除草。苗族妇女在麻地上花费的精力和时间很多，如果麻长势不好，就要影响到一家人的穿衣问题，所以，每个苗族妇女总要精心照料好麻地，她们几乎把麻塘地和纺麻织麻作为自己主要的事业，由此种麻、织麻、纺麻、织布以至做成衣服，已成为苗族妇女的主要生活部分。苗族种的多为大麻，当地称为“火麻”，主要是文山、红河两地州的苗族种植使用。大麻是一年生草本植物，以其韧皮为纤维，撒播出苗后，不需要种植，往往高达二米左右，栽种后只能当年收割一次。收割时，不能立即剥皮，而要先晾晒干后才能剥皮，但需剥去表面的青层。这种麻皮较为薄软，可直接使用，但织出的布较厚、较粗。

苗族种麻，有整地、播种、中耕、收割、留种等几道工序。苗族一般选用离家近、地势平缓、土质好、潮湿且肥沃的箐沟地做种麻之地。苗族对麻地的选择很有意思，都是挑选水肥条件优良，与水源、肥源很近的地方，故称之为麻塘地。每年的秋收后，妇女们就要盘算好明年使用哪一块地来种麻，种多大的面积可以保证全家人的穿衣着裙之用。计划好以后，妇女就让家中男子架好犁，扛上铁锄，把麻地翻好，让太阳把土粒晒酥，形成团粒结构。麻塘地首先必须深翻、敲细、平整，然后用小锄挖成一条条距离相等的小沟，将麻种均匀地顺沟撒播，放上肥料再盖上一层薄土。六七天后，细捻成为纱线，便可织布制衣了。

20 世纪 80 年代前，每年夏、秋季节，只要走进苗寨都能见到每家每户长势良好的麻塘地，人人穿着麻布衣，家家都有麻布被；每户人家都会存有不少绩好的麻团，织好的麻布；也能见到纺麻织布、点蜡画线、挑花刺绣的场景；房前屋后晾晒着的麻布衣裙，总是把村寨装扮得五彩缤纷。长期以来，苗族对麻的种植，形成了它独特的文化现象，是苗族认识大自然的表现。

割麻、切割

麻、切麻是苗族麻纺的第二道工序。每年五六月份，当麻长到二米左右时，便开始割麻了。割麻时，左手握住麻秆，右手握住镰刀，从麻的最底根部割断，除去枝杈，分大、中、小三麻苗长出地面。由于株密度均匀，且生长迅速，因而没有杂草，用不着进行中耕除草。麻长到三、四尺高就用竹条打去麻叶。四五个月后，麻棵齐根割下，去掉麻尖，剔除麻叶，成为麻秆，再把麻秆分成束，扎紧上端，摆在下端使之成为为伞形立体在麻地中晒干，然后将麻秆收回家放于屋外露凉，以便将麻皮与麻秆剥离，并增加麻皮的韧度。待麻皮发黄则可剥取麻皮，用刨子刮去粗皮，只留纤维部分，撕成线条，称为生麻。生麻要用灶灰水煮沸，经多次漂洗，除去浆汁，使之雪白，则为熟麻。勤劳的妇女们把熟麻撕排成细丝，集成束带在身边，只要稍有空闲，就捻绩麻纱，绾成麻团，再把麻团经过类捆扎好。人们割麻时，麻地四周的麻不割，待开花、结籽、成熟后再收回来作为种子留下。每家每年种植的麻一天就能割完了，把割好的麻秆扛回家，放在屋檐下晾晒20天左右，再把长度相差不多的抽出来捆在一起，用铡刀反铡齐，就开始剥麻皮了，也称"切麻"或"剥麻"。其方法是：把麻皮从麻秆上剥下来，一般是从麻根部的三分之二处撕断，先顺尖部剥，再顺根剥，并于根部把麻匹撕成所需（可纺成一股线）的麻纤维，整个地夹在左手中指和食指之间，当中指和食指夹满时，就把麻纤维一匹一匹地拴好。"一匹"，苗族称"一串"，一般大的二至三根麻秆，小的四至五根麻秆剥下来的麻纤维就是"一串"，20串合成"一团"，四团可纺成一支线，通过这样的计算，待麻切完，这些麻纤维能纺出多少支线，织出多少匹布，心中就有底了。对于这种计算方法，是祖祖辈辈传下来的，苗族妇女都会算。苗族妇女切麻一般没有固定的时间，随闲随切，但多数是在夜深人静、家人熟睡后进行，有时通宵达旦，足见苗族妇女的吃苦耐劳的精神和为此付出的艰辛。

麻切好后，要把切好的麻匹放在石碓或木碓里冲软，也有的是放在石板上锤打，边锤边抖，使其脱去硬皮壳或杂物，变得柔软卷缩，便于搓捻。此道工序，主要是使麻布脱去硬壳，起到软化的作用。

绩麻

绩麻又叫接麻，是苗族麻纺织中的第三道工序，即把切好、舂好后的麻皮首尾相接一根一根地续接起来。笔者1987年在文山州富宁县苗寨里亲眼所见：妇女将割回来的麻树皮块剥成0.2厘米左右的麻片，然后，将剥好的麻片皮质舂掉，将麻舂软。然后，妇女们再将舂过的麻片利用上山下地、挑水等双手空闲的时候，把麻片用双手的食指和拇指，把麻片的一端分开成岔口，又将另一根线头插入口内，然后两手拇指和食指反复将麻线搓紧，再绕到左手虎口内的四指掌上，成为麻线团。麻线团绕成后，便可用纺锤或纺车纺成麻线。在苗族中，麻线连接，也有的要将一根线头稍微撕开，再将另一根搭入并搓扭，使之牢固，然后绕在手上或一根插有细棍的竹圈上，成"8"字形交叉，等把麻绩满后，就将竹圈取下来，不断地反复进行，一团一团的麻就绩完了。每个麻团重约0.5公斤左右。由于麻线要一根一根地续接，耗时较长，一个妇女一天接不了多少，因此，只要有麻的地方，随处可见苗族妇女在绩麻，她们无论上山干活，下地劳动，上街赶集的路上，只要双手空闲，总在不停地绩麻。她们总是利用一切可以利用的时间搓接麻团，麻几乎伴随她们走遍苗家山山寨寨，走过一个个春夏秋冬。

纺麻

纺麻是麻纺工艺中较为重要的一道工序。当麻绩好后，就开始纺麻了。纺麻线前，要把绩好的麻团放到水沟里浸泡一至二分钟后，一般是四团为一组浸泡，浸泡时两脚要不停地在麻团上揉踩，直至麻团柔软为止，然后把水扭干即可上机纺麻了。苗族妇女一般在长忙过后的季节或腊月间进行，这是妇女们最忙的时候。否则，过年时一家人就没有新衣裙穿了。只要在这个时节走进苗寨，都会听到纺麻机的"辘辘"声、织布机的"当当"声，苗家妇女们忙碌的身影深深引住。1986年笔者在新平县苗寨，才步入村寨，就被纺麻机的"辘辘"声吸引，寻着这声音，我们看到了一位妇女坐在纺车上纺麻线的情景：她将四根麻匹拴在纺麻机的机头线轴上，人侧坐在旁边的

操作机上，左手四个指缝里各夹一根麻匹，右手拿一根长1.5米左右的竹竿压在左手指缝与线轴之间的马线上，使四根线不缠绕在一起，双脚踩在转动杆上来回蹬动着。这样，转动杆就带动轮子，轮子带动传送带，传动带带动四根机头线轴，拴在线轴的麻线随着线轴的转动，自然捻成圆而直的麻线，一根根圆而直的麻线就纺成了。随着操作者左手一松一紧地控制，还能把纺成圆直的一截截麻线送到线轴上绕起来。

苗族纺麻机，用坚硬木料做成，并分为固定架、支柱、脚踏杆、转动轮、机头五个部分。固定架固定架用四根12厘米×12厘米的方木做成，长约140厘米、宽75厘米的长方形状。固定架的右端安装一根10厘米×8厘米、高120厘米的支柱（称高柱），用来固定机头和转动轮，左端安装一根10厘米×8厘米、高40厘米的支柱（称低柱），在低柱上端离地面30厘米的部位装有一木榫，作为与脚踏杆的连接点。脚踏杆，是一根尖状形的木条，厚为3厘米左右，长165厘米，与低柱连接，一端宽7厘米，并与一转动点与低柱上的木条连接，尖状一端为圆形，直径2厘米，端部有一小孔，同转动轮连接时用销钉固定。转动轮在离地50厘米的高支柱处，其用木板条做成，直径84厘米，轮面宽13厘米，皮带槽深4厘米，轮的中心点是一个5厘米的榫眼，与高柱上的木板条连接。轮子与支柱间隔17厘米，转动轮的上面是机头。机头因是在高支柱上，为轱口帽形，长60厘米，宽10厘米。机头上的皮带宽7厘米，壁高22厘米。两壁各钻有四个对称小榫眼列成轱形，用来安装四根绕线榫，各榫眼间隔10厘米，绕线榫长50厘米，用细竹做成，在槽中与皮带接触的部位上加一节7厘米长的木质套筒，便于皮带带动。转动轮的皮带通常用兽皮或牛皮做成。操作时，人坐在操作凳上，左手将四根麻片置于五指之间，掌中再用一节10厘米左右的竹节垫于麻片之下，以防麻片划破手和便于滑动。右手持一根80厘米长的细棍棒（称压线棒），将四根麻片压于机头正面的四根绕线槌下方。这样，一是防止纺线时四麻片互相搅拌，二是助绕线槌将麻片送往绕线柱上。在此同时，双脚踏动脚踏棍，使转动轮和皮带及反时针方向转动，左手逐步向左将麻皮拉平，经皮带转动而带动的四根绕线，同时不停地转动，把麻片纺成线后，便绕在槌上。操作熟练的妇女一天可把自己全年的麻片纺完。

退线、漂白、碾压，是麻纺好后的又一工序。纺好的麻线要把它从线轴上牵理，做好线眼，理清线头。十字理线架，由交叉眼木桩和两根五米长的竹子组成。为了使麻线不相互缠住或扭曲，要在十字线架上的一角留下交叉眼(也称线眼子)，回绕一圈，麻线在线眼处交叉一次，叠压起来。另外三个点只需平行绕线，以防麻线混乱，便于日后梳理使用。这道工序很有讲究，要计算好，否则绕好的线会乱了无法织布。

当纺好的线一支一支地捆好晾晒干后，就开始煮洗、漂白。一般要用草木灰伴煮，麻线要煮三道，每道要煮三次，即煮好后拿出来拌匀灶灰后再煮反复三次，才漂洗一次，再煮再洗，反反复复，线才煮得白。煮第一道时，用筛子把灶灰筛在炕上的大铁锅里，放入水，水煮开后，就可以把麻线放进锅里，反之，水不开，麻线放进去，线就煮不白。锅里的水一般要把锅里的麻线淹过才行，边煮边要不停地搅拌，当水煮干到一半时，就要把线翻过来再煮，直至把水煮干为止。在煮线期间火不能熄灭，要一直把水煮干，水煮干后，就用木棍把线捞起来，放到院坝内干净的地方均匀地撒上灶灰，并不停地搅拌。此时，又要在铁锅内放入水，待水煮开后又把带有灶灰的线放进去煮，反复煮三次，然后捞起来背到水沟边去漂洗。洗线时，要用脚用手去搓洗，直至把灰水洗净，又拿回来撒上灶灰，反反复复，直至煮白洗白为止，至少三道。第四道是放蜡进去煮。先把蜡放进铁锅内炒，炒好后放入水煮，水煮开后再把线放进去煮。放蜡的目的，是使线变得光滑，有韧性，不易断。

煮好的麻线，必须经过碾压，才会光滑，耐用，即把煮好的线取出扭干水分晒干后，把线放在木碾子（木滚筒）上，上面压上一块长方形的石板或木板，人直接站在板上，双脚分开踩住板的两端，双手扶着杠或墙，双脚左右用力踩板子，来回扭动板子，一截一截地碾，碾了晒，晒了再碾，直到把线碾得发亮、柔软、光滑为止。这样碾出来的线才便于牵线织布，而不至于粗糙和断裂，而且平整、柔软、耐用。

退线，就是把煮白的线接原料套在“十字”理线架上，从交叉眼里找出一根线头，然后把线退回篮子或筛子里，一层一层地每层用苞谷籽隔开。这样退下的线就不至于紊乱。金平县苗族纺麻，多是足踏多锭的纺纱机。纺机有四锭，也有五锭的，基本结构都是一样。底架用方木做成，形状和手摇纺车的底架基本相同，主要起到稳固纺轮的作用。在基架的右边的方板上竖起一高约一米的方柱，用以安装纺轮。纺轮用铁环做成外围的两个圈，用木片横置固定，同时用二至三根木板做成轮径骨架，轮心穿孔固定在木桩上并确保纺轮自由运动。在纺轮上安装锭子，锭子另一端伸出板外，朝向左面，以皮带或绳弦将纺轮与锭子连接起来，在基架的左侧竖立起一个高约20厘米的顶端为凹形的木桩即山口托架。一根竹竿或木棒一端置入纺轮内的凸铁钉上，棒身放置在木桩凹处，作为踏杆，两脚踏在木桩两侧的踏杆上，左右用力转动了锭子，即纺轮加捻了。这种纺车设计，运用杠杆原理，省力、功效高，是云南许多民族用以纺麻的主要工具。而今天的苗族仍在保留和使用着这种古老的纺纱工具。苗族这种纺麻机与纺轮有着密切的联系，但纺麻机则更为进步。它以转动轮和皮带取代了用手捻动轮盘，其中的转动轮也是原来轮盘的放大和改进，并且增添了转动杆等先进机件，这就解放了双手，使手转移到其他工序上面，让未曾参与活动的两足配合起来，提供了新的动力，致使纺织效率得以提高。纺轮一次只能纺一根线，既吃力又缓慢，捻度也不均匀，效率很低，所以不仅随行随纺，而且在走路、赶集时也要不停地纺。苗族纺麻机则一次能纺四眼线，这无疑是一种进步，在纺织史上占有重要地位。若把苗族纺麻机和现代纺纱机相比，现代转动锭子的滚筒就是纺车竹轮的替代，它们纺纱的基本原理是一致的，直到今天，以家庭为单位，自己种麻，自己织布、制作服饰的习俗仍广泛存在于云南苗族中。

牵线织布

牵线是织布的第一道工序。牵线前，要规定经线的长与短，多与少，还要看织多少布匹（每匹布长约三丈五尺），或者跟麻线的现有数量决定所织布的长短与宽度，选好后就开始打桩牵线。牵线，特指经线，即从纵直线，与纬线相对。这是织布最关键的一步。

1986年筹备北京民族文化宫“云南少数民族风情展览”时，我们到了河口县桥头乡苗族村寨，

正好看到正在牵线，只见堂屋两头以纵向各打上平行的几根牵线桩（若织三匹布就打四根，织的多就可增加到五六根）。两头牵线桩之间的距离约为一丈，牵线桩纵向距离约为一尺，在两排桩中间靠外一点打上两根距离两尺的线眼桩，线眼桩以外三尺左右，再插上一个穿线的“丁”字架，架上的横杆钻有10至12个穿线小孔。桩打完后，就将“十”字理线架上退下来的下来的线均匀分成十堆，平排堆放在“丁”字架下面，即开始牵线了。牵线时，为了不使线堆紊乱，还要在线堆上撒上一些苞谷籽或荞壳。只见牵线的老婆婆从十堆线里分别找出线头，将它们分别从“丁”字架横杆上的10个小孔穿过，再将它们整齐地牵去拴在左边靠里第一根桩上。从这里开始，以之字形，从左到右，从里到外，按顺序一直牵到右边最前一根柱上，然后从这里牵到中间的两根线眼桩上，作“8”字形交叉挽过，再按原来的方向反牵回第一根桩上。老婆婆说，一般情况下，从起点挽出去又顺着原路线距返回到原点上，就算为一周，牵满四周为一串，一般不能多于20周，若需布口再宽一点，还可多牵几周。20周共5串为基本满幅。按10个孔算，10根5双线，来回绕一次就20根线，绕二次就是40根线，绕三次就

是60根线。根据这种规律的递增，妇女们无需数线的根数，只需数人在各桩之间来回所绕次数，一般来回绕16至20次，也就是可织布的布宽了。做长裙就在各桩之间多绕几次，反之，则少绕几次。线绕满后，在线根桩外用一根麻绳扣起来就可以收线了。收线顺序是从左边靠里第一根牵线桩收起，先把线头扎紧，然后顺着牵线桩把线一截一截地收进篮子里。另外，牵剩的线堆起来留作纬线用。

经线牵好后，就开始装织机了。装织机前，要先穿筘，苗族称筘为"打梳"。筘成长方形，上下以竹竿为框，中间嵌有平行密集的竹筘齿，少者有250根，多者达460根，齿间又能穿线，于是就把牵好的经线，一根一根地从筘齿穿过，主要是将经线按顺序排列整齐。按着是穿叉线杆，即将线从两根小线之间隔股交叉穿过，主要起到控制织口交叉过纬线的作用。接着就是上绕线"工"字板。把经线整理齐，裹到"工"字绕线板上，理线时，先以筘子一点一点地往前移动，叉线板边同样跟着筘子边往后走，碰到相互缠绕在一起的线段时，还需用一根小棍子将其打散，有时碰到气候潮湿，经线容易粘连在一起，还要烧盆火炭火烘烤，使其保持疏松，线理通一截，就裹上一截。妇女们在理线时，绝不允许男人们从经线上跨过去，更不允许孕妇来碰。据说，被男子或孕妇碰过的，经线就很难理通了。

线全部裹好后，就将筘子取下来，只留下叉线杆，这时可以将裹满经线的"工"字板安装到织机上。然后，按以下顺序穿线。从穿杆上拉出线头，隔股分别从综线框里穿过。综线框成长方形，其间拴有密集的线，是为综线，综线数目不定，少者250根，多者400根，各线间形成综眼，每个综眼穿一根经线，每两根综线中间均拴一个结。这样每个综面都有两层综眼可把经线分成单双根。它在织布机上使经线交错着，上下分开以便梭子通过的装置。穿过综线框的还有用两根麻绳拴在织布机上部位的"大"字形分眼杆的另一端，用于脚踩，当织者用一只脚前后踩动分眼杆的麻绳时，综线框就可以带动经线在相互交叉中，由梭子带着纬线穿过去，接着又把经线按顺序排列从筘齿间穿过，最后又从筘子上按顺序把线头拉去拴在裹布杆上，整个织机过程就完成。之后，是上梭子，苗族梭子是木质的，呈船形，腹空，有一梭，下端有刃，它兼有打纬、分经的双重作用，将经线按顺序排列在织机上以后，先用四至六根稻草在裹布杆上将经线交叉穿布口，然后将线筒放进梭子里，从线筒上拉出线头，从梭子中间的小孔里穿出来，把线头顺着布口就可以开始织布了。

苗族织布机主要有两种，都是由男主人自己用松树、沙松树制作而成。第一种是斜织机，也称为腰机，其结构简易、方便，随处可织，不占地方，活动性大，呈"H"形，斜直摆放，顶部用绳拉住即可固定于墙上或木桩上。织布时，先把织机挂在树干或柱子上，织端系在卷布轴上，并用布带或皮带将其捆在织者腹前。织者坐于高凳上，右手持梭子，由右边伸入开口，左手接梭子，并用梭子打纬，接着用脚前后踩动拴着分眼杆的麻绳，由综线框带经线上下交叉，每交叉一次，将梭子带着纬线穿过一次。然后以梭子打纬，使所织布匹紧密平整，这样一来一往，反复进行。织好的布匹卷在布轴上，同时放经线，反反复复，一般两月能织好一两匹布。腰织机，主要靠两手和一足操作。线架置于织机上，然后将织端拉伸并系于腰间，脚穿通过布带连系吊杆的草鞋纬线放于梭内，通过木梭将纬穿孔，织于上下两排经纬线间。两排经线则穿着草鞋的脚通过布带和吊杆拉动并分开，每穿插一根纬线，就用木梭往起织方向弹压，使经纬线扣紧。腰肌织布，织端系于腰间，活动极为不便。因此，人们常说，此时若有客人来或有什么事都无法立即站起来。

第二种是木质机，也称为汉族织机和水平机。其结构相当复杂，属框架型，四柱支撑，设上、中、下三层横杆。上层用于固定吊杆，中层用于固定线架，下层固定框架上，这样，织者就可以自由活动。放有纬线的木梭尖而小，并置于一可拉动且有线梳的木槽中。织布时，织者只需坐在固定的框架上，左右脚交替踏踩踏板，以便将两排经线拉开，同时一手拉动木梭左右穿插，另一只手则拉动连着线梳往起织方向弹压，使经纬线扣紧，从而织出布块。这种织机采用双脚踩踏，双手来回穿梭，脚手并用，速度较快，并且人可坐在织机上自由上下移动。斜织机三天才能织完的布，这种织机一天即可织完。

苗族的织布机，我们有具体的调查：织机底宽 60 厘米、顶宽 40 厘米、通高 165 厘米的梯形木质结构。梯架底部在 70 厘米的背面部位处设置一台板，台板长 40 厘米，宽 20 厘米，作放置“工”字形绕线板。正面 135 厘米的部位装置“大”字形分眼杆的正面两侧各结一吊绳，用来固定分线片。背面杆端上结一条皮绳，从梯架背面经底部穿到操作凳上，并系结在操作者的右脚上，织布时脚前后移动，使分线杆上下往返。织布时上下纬线是靠梭子分开，分开后梭子再带经线穿过。苗族织布梭子与众不同，独具一格，称之为“斧刃形镂空梭”，梭刃长 60 厘米、宽 20 厘米，刃部两端作手柄用，梭刃背部部长 60 厘米，厚 12 厘米，背部镂空面宽 10 厘米，长 37 厘米，深 10 厘米左右。织布的经线就装在梭子的镂空部位，梭刃的中心部位有一小眼孔，经线从此孔穿出。梭刃主要是用来压紧经纬线交织点。其他配套工具还有分线木梳、“工”字形绕线板、竹隔筒等。

总之，苗族这种斜织机比之腰机进步得多，因原始腰机没有机台，经线拴在木桩上，另一端系在卷布轴上，并用布带将其捆在腰部前，织者席地而坐，两足分置于经线两旁，没有发挥作用，全部织布工具均由织者两手操作。做了这个，停了那个，顾此失彼，互相脱节，所以费时多，成布少，布幅也窄，但它是原始织布机的始祖。晋宁石寨山发掘出土的青铜纺织贮贝器盖面所铸的纺织场面，其中织布者将卷布轴拴于腰间，另一卷经轴用足蹬紧，牵在轴上的经线则被绷紧，再以双手交替穿梭而织。这种织机，上下开启织口，左右穿引纬纱，前后打紧纬密的三个方向运动，但是所织的布幅甚窄，幅宽约 25 厘米，几幅布才能缝制一件衣裳。这与苗族的腰织机有共同特点。据《滇海虞衡志》载：“蛮织随处立植木，挂所经于木端，女盘坐于地而织之。如息则取植及所经藏于室中，不似汉织之大占地也。”可见，直到清代的西南少数民族中，还沿用 2000 多年西汉时期类似的织布制衣方法。如今，苗族、德昂族、佤族、拉祜族等兄弟民族依然在使用这种原始的腰肌织布。

随着社会的进步，苗族使用的腰机，首先具备了织布架，使经面上升到一定高度，以便屈膝而坐，给两足有充分活动余地，又可一目了然地看到开口后经面上经线张力是否均匀，经线有无断头。其次改进了综的结构，即在综杆下面又安了一个综杆，中间连有综丝为了使脚参与移综活动，在综下置有踏杆，供脚踩动。最后出现了手足分工，使两手摆脱了繁重的变交活动，这样就能使左右手更能迅速有效地用在引线和打纬的工作上，加强了织纬工作。从而还出现了梭子和筘，用梭子来回穿引纬线。为了进一步提高制造的速度，还改进了织机的核心部位，即把一个综线框发展为两个，分别控制面经和底经的变换，为了使两足参与移综活动，在综下另置一踏杆，供足踏动，这样就出现了机台，给两足有充分的活动余地，加快了变交频率，为织纬者开辟了新的境地。最后用两足代替了一足，加强了织纬工作，而且梭子单独独立出来，只起分经的作用。筘则代替梭子进行打纬，因它不仅速度快，还具有沉重有力的特点，再者也严防经线混乱，更便于穿梭、打纬，同时织者也摆脱了束缚，双手双脚都解放出来，操作起来方便自由。

改进后的织机，经面成水平形，故叫水平机或平架机。整台织机为长方形，机架中央搭有一根横木，供吊悬综和筘之用，经线则自后梁出发，先后越过横木、前梁到经轴时则急转向水平方向，通过综、筘，最后拴卷在布轴上，该轴左边粗大，有孔，以便横杆在木桩上，使卷布轴下有两根平行的竹踏杆，其上与综相连，故一头吊起，一头着地。最后有一块坐板，织布都即坐在上面。织布时，两面综要跟随踏杆作仰俯变换，使经线分成为两层，形成面经和底经，产生梭口，织布者投梭引纬，然后踏杆作相反动作，第一面下降，面经即变成底经，而原来的底经则随着第二面上升，变为面经，形成第二次梭开。这时左手投梭，右手引纬，最后以筘打纬，使所织布皮精密、均匀。这是织布工具重大的革新之一,一直为后世所沿用，自此，使古代纺织技术进入一个新的历史阶段。

水平织机的出现，大大提高了织布效率，使它在苗寨很快普遍起来，但由于云南苗族多居住在边远山区，较为偏僻、闭塞、分散，所以织布机仍在不少苗寨使用，也有的是腰机和水平机同时并用。尽管斜织腰机落后、简单，但它却是本民族的传家宝，史学家的“活化石”，是苗族智能的结晶，如今老人仍习惯使用，舍不得放弃，而青年人则很喜欢水平机织布。随着外来文化的不断渗透，科学技术的飞跃发展，斜织腰机逐渐淘汰，成为博物馆的收藏品，但它毕竟代表了我国纺织史上的一个重要阶段。

麻纺织和麻布衣饰是苗族文化的象征。它自古就是文人墨客们描写云南苗族的重点。苗族种麻用麻的历史很早，《淮南子》载：“三苗髼首，羌人括领，中国冠笄，越人剃发。”所谓“髼首”，就是用麻掺发挽髻于头两侧。古人以苗人种麻掺发这个明显特征区别于羌人、中原人和越人。一是说明苗人种麻用麻的普遍，二是说明用麻已是苗人的标志。或许最早用麻的苗族先民居住过的荆楚地区有留下麻织品遗物。直到 20 世纪八九十年代，只要走进苗寨，最先映入眼帘吸引你的，便是那一群群围坐在一起挑花刺绣、点蜡画线的年轻姑娘，那些正忙着纺麻织布的妇女和那晾晒在房前屋后的蜡染挑花百褶裙，深深吸引。特别是山中林间出入的妇女，她们那鲜艳夺目的五彩衣裙，总是把大自然装扮得五彩缤纷，充满生机与活力，大自然中的绿色景和苗家妇女的红色衣裙搭配起来，总是那么协调，许多文人为此写下不少优美篇章。

麻纺织和麻布衣饰，是苗族同胞相互认识的标准。苗族由于居住地域宽广，仅就云南而言，不论来自滇南、滇北，还是滇西、滇东，只要穿的是麻布衣，一相见，就都认同是苗族同胞，给予热情接待。苗族传统习俗，姑娘出嫁时，母亲都要送一条麻布百褶裙作为纪念。同时，儿媳妇过门时，老婆婆要准备好一条麻布百褶裙给她，表示对新媳妇的接纳、尊重和关爱。对于外族媳妇而言，这条麻布百褶裙意味着婆婆对她的接纳以及欢迎她加入苗族行列。即使是在苗族人口很少，麻纺织布衣饰已逐渐消失或已经殆尽的保山、临沧、丽江、大理地区，姑娘出嫁时，也必须有一条麻布腰带或裙作为新娘嫁妆，否则认为，男方家的祖宗将不承认她作为家庭的新成员。苗族百褶裙，虽然规范，但花色不一样，蜡染部分有深有浅，但全都是手工制作，做工精致，搭配协调，没有一年半载的功夫是做不出来的，一点一滴，一针一线，一招一式，都融入了母亲对儿女、婆婆对媳妇的厚爱。

麻布衣饰和麻纤维在苗族信仰体系中占据着重要的地位。首先麻布衣饰是苗族逝者回归故土、与祖先相识的标志。苗族老人死后，必须穿麻布衣裙。男人死时，要穿一件麻布长衫、长及脚后跟，有的有袖，有的无袖。女人死时，要穿一条百褶裙。如果死者不穿麻布百褶裙，认为祖宗会拒绝接纳死者，死者就回不到祖宗那里。一般地，苗族进入中年后，都要为自己准备一套麻布寿衣，如果老人自己没有准备，儿子、女儿也要为老人备好。人去世后穿着入棺的寿衣，苗族称为“老衣”。金平县的“白苗”中，当男子结婚生了第一个孩子后，父母就要给他缝一件白色麻布长衫，留待他死的那天穿。每个妇女，在她出嫁时，母亲都要亲自做一条白色麻布百褶裙送给她，而这条裙子，既是嫁妆，又是寿裙，要留到死时才穿。

无论男子还是妇女，苗族人死后都要穿两双麻鞋，一双用麻布缝制成尖三角形的麻布鞋，有的为纯白色，有的则是在白布上画上一道黑色锅烟，看起来稍显陈旧。麻布鞋穿在最里面，犹如袜子。在最外面，则穿一双用麻纤维编织而成的细长的麻草鞋。苗族人相信，人死后在返祖归宗的路上，必须要经过布满各种毛毛草草的绿虫山，只有穿上麻鞋，才能从草荆虫山中踏过，找到祖宗。此外，苗族人还相信，人认祖归宗的路上，要经过乱石头嶙峋的石头山，山是到处长着血盆大口的石老虎、石豹子，所以后人还要用麻纤维裹一个麻团插在死者头旁，让死者拿去塞老虎、豹子的口。父母过世后，作为儿女，每个人要送一块方形的麻布绣花枕巾，一幅 2 米长的麻布和衣裙。麻布绣花枕巾要垫在死者的头下，麻布则用来给死者当被盖和床垫，衣裙则穿在死者身上。儿女送的枕巾、衣裙和麻布越多，说明死者到阴间，找到祖宗后的生活越富裕。

杀牛办丧事时，儿女必须用一匹长长的麻布挂在房顶上，至死者棺材的上方，死者躺在堂屋的担架上，担架是用麻绳和竹子、木头搭成，下面用稻草麻布垫着。死者是个女的，穿着传统的麻布衣裙，绑腿与平时绑的相反，上面用麻布盖着身体，担架上下都挂满了一条条白麻布。出殡时，把麻布拴在棺材上，孝子孝女则牵着麻布的另一端引路前行。有些地方的苗族，父母过世时，儿女必须头包白麻布或扎麻纤维戴孝。参加葬礼的妇女，则必须穿麻布裙。在整个丧葬仪式，麻无处不在，麻布、麻绳、麻布衣裙始终贯穿于整个丧礼中。在苗族的意识中，麻绳、麻纤维、麻籽，是通神、驱鬼、镇邪之物。如今，麻织品在苗人日常生活中虽然已不占重要地位，但在丧葬中依然不可缺少，每个家庭都必须保存一些麻布和麻纤维。有老人的人家，每隔两三年要种一两碗麻籽地，称为“种药”。这药不是医学上所说的治病的药，而是老人过世时必不可少的丧葬用品。老人过世后，要穿麻布裙、麻布鞋，才能送祖归天。“披麻戴孝”，是许多少数民族的传统习俗。因此，种麻、织麻，与苗族人民的社会生活息息相关，融为一体，在过去苗族人民日常生活中起着不可替代的作用，其社会功能展现出多样性的特点，从世俗的生活世界，到神圣的宗教领域，随处可见麻的踪影。

种麻、织麻、麻布衣裙，是苗族历史文化的载体，也是人类纺织史的“活化石”。苗族的许多文化，包含在麻里。若苗族不再种麻，穿麻布裙，苗族的许多文化也就随之不在了。

4. 基诺族织麻制衣

基诺族织麻、纺麻工具，与其他民族相比，独具特色，可称一绝。这里对其作简要介绍。基诺族妇女将麻收割回来后，她们纺织程序是：剐麻、舂麻、接麻、纺麻、理麻、煮麻、碾压、排线、纺程。每一过程都有特殊的操作技术和工具，形成它独特的原始纺织艺术风格。

所谓剐麻，是将割回来麻树皮块剐成 0.2 厘米左右的麻片。然后，妇女再将舂过的麻片利用下田地，上山背柴、挑柴等双手闲空的时候把麻片一根一根的联结起来。接麻，就是将舂过的麻片用双手的拇指和食指，把麻片的一端分开岔口，又将另一根线头夹入岔口中，然后两手拇指和食指反复搓紧，再绕在右手虎口内四指掌之上，成为麻片团。麻片团绕成后，再由纺车纺成麻线。

基诺族的纺麻机、织布机与上文苗族相似，在此不赘。

理线又叫排线，是将架麻片纺成线后，为便于煮洗漂白。接着一道工序就是用理线架来理线，理线架分为固定架、转动架、十字架三部分。固定架是三角形尖状木架，高 80 厘米，顶部和中部分别有一固定木块，固定木块上各有一直径 6 厘米的转动槌眼；转动架高 100 厘米、直径 5 厘米，安装在固定块的两槌眼中，架的上端两个上下排列、东西和南北向，直径 2 厘米的穿杆眼，眼中穿入两根长 5 米的竹竿，形成十字形，这就是十字架。“十”的四端再绑上四节 10 厘

米左右长的小棍作绕线固定点，将线头接在第一对称的两个点上不停地转动十字架，这就进入了理线工序。线理好后，就可以煮洗、漂白。

为使漂白后的麻线和纺好的麻布达到光滑耐用及柔软，两者都必须碾压。碾压具，由长60厘米、直径25厘米的硬圆木筒和一块长60厘米、宽35厘米、厚5厘米，重达四五十公斤的平整而光滑的石板组成。操作时，将所要碾压的物放置于木筒与石板之间，然后左右一上一下的摆动，每个点碾压三五分钟即可。

5. 怒族草编鞋

怒族居住的怒江峡谷和澜沧江峡谷，地处边陲，山高谷深，交通不便，与外界的联系交往甚少。20 世纪 20 年代前，内地的棉麻织品尚未大量流入怒江峡谷，麻布是怒江生活中除兽皮之外用作服饰、被盖的唯一原料。男编竹器、女织麻布则是怒江社会中家庭手工艺的自然分工。织麻纺布、制衣物的手工技艺，一直是怒族社会衡量妇女是否心灵手巧的主要标准，以至在怒族语言中，将儿媳妇称为“克鲁”，其义为“能织善纺的女人”。按怒族习俗，在妇女上机织布这一天，男子要备水酒慰劳妻子，以示对纺麻、织布制衣的敬仰。怒族妇女所织布，均以白色为纬线，红、黄、蓝、黑等色作经线，从而形成比较强，而又和谐美观的彩色条纹。这种麻布史称“红纹麻布”，拼缝成色块用作铺盖的又叫怒毯。由于受到藏族的影响，在北部怒族中流传着一种特殊编织羊毛袜子的方法，即将羊毛放在小篾箩里，搓成毛线后，再精心钩织成鞋子。少女从七八岁起即开始学习搓羊毛、织鞋子，一双精美的羊毛鞋子，往往是姑娘送给情郎的定情物。

怒族姑娘编织鞋子很有情趣。在怒江贡山丙中洛乡，无论在田间劳动的休息时候，或坐在火塘边，或是赶集的路上，都往往会看到，这里的怒族妇女腰间总是挂着一个篾箩，里面装着羊毛线团，双手灵巧轻快地织着鞋子。此时，你要问未婚女子 :“你的羊毛鞋子送给谁的？”她会把脸转向一边，发出一阵笑声。原来，这羊毛鞋子在这里是不会说话的媒人。姑娘要是爱上了哪个伙子，就把亲手编织的羊毛鞋送给他，小伙子若收了这双毛鞋，就表示接受了姑娘的爱情。因此，只要哪个伙子穿上羊毛鞋，或是羊毛鞋子，人们就知道他已经是有对象的人了。

6. 藏族羊毛织品

斑斓多姿多彩的西南古代纺织品，留存在西南少数民族中很普遍，除上述之外，别具特色的藏族毛呢氆氇、邦登和卡垫，还得作些记述。

藏族是我国最早使用动物毛进行纺织的民族之一。七世纪初，藏民开始移居云南，在中甸、德钦、维西、丽江等地定居下来，随之带来了毛纺织业，并被当地傈僳族、纳西族等民族所接受，从此，毛纺织业在云南的雪域高原地区开花结果。

藏族最早的毛纺织品，《后汉书》记载有“旄毡”“斑罽”“青顿”“罽毡”“羊羧”五个品种。其中除了“旄毡”“斑罽”属毡子类无纺布外，根据承袭至今的藏毛呢品种来看，其余三种应当属于经纬交织物，是真正的毛织品，相当于今天的粗纺呢绒。 藏族毛呢布，是采用迪庆高原特有的畜种牦牛和羊毛混纺而成。在长达千余年的历史长河中，一直靠手工方式制作，先将羊毛和牦牛毛用碱水洗净，晒干，再经搓刷梳理，把两种毛混合，搓制为毛条，在手纺车上纺为毛纱，先染后织成，主要产品有氆氇，藏语意为“襄布”，即藏毛呢，是一种经纬交织的、色织的窄幅粗毛布料，色泽有大红色、紫红色、黑色、本白，还有色彩绚丽的“甲洛”（十字氆氇）等。其纺织工艺、组织结构，接近现代的粗纺呢绒，是藏族妇女传统的家庭手工艺品。它既有保暖透气性强，穿着舒适和结实耐磨等优点，不仅是缝制藏袍、藏靴和藏帽的主要材料，也是当地及邻近地区的纳白、彝族人民十分喜爱的衣着材料。由于氆氇色彩斑斓，滇西北地区少数民族姑娘出嫁时，总少不了用花氆氇制作嫁妆。

邦登或称“邦典”，藏语意为“围裙面子”。传说古代藏族仿照雨后彩虹，用 10 到 20 种颜色的毛纱，配成条形织成料，因其纹路如牛的骨排，汉族称之为“牛肋巴”或“肋巴花”。纳西族则因这种布料为多色霞纹，则称其为“美吉美够吉”，意思是天上的彩虹。藏族妇女用它制作围腰、围裙，纳西族妇女用它制作抱被、背衫、小抱裙，也是赠送远方来客的“吉庆礼品”和服饰。

卡垫即藏毯，起源于元代，成熟于明代。它以棉纱作经线，毛纱为纬线，用天然动植物染料染出十几种颜色的毛纱，交织出古色古香具有地方特色的图案，面积小于 18 平方尺的称“卡垫”，大于它的称“地毯”。

中华人民共和国成立后，古老的藏族纺织业焕发了青春，以原始落后的家庭手工业向着现代化毛纺织业迈步。除了中甸、德钦两县建立了毛织社外，地处滇西北高原的滇、藏、川三省区交界地区边陲重镇大研镇，在 20 世纪五六十年代先后建立了县民族毛纺织厂和民族用品纺织品厂，作为生产基地大量生产氆氇、邦登等民族特需用品，在继承和发挥藏族毛纺织业风格基础上，采用新的设备，新的工艺、新的原料，生产新的品种，开发出毛腈混纺的氆氇、邦登、腈纶牛肋巴被面、抱被等产品，深受滇西北各族人民的喜爱。

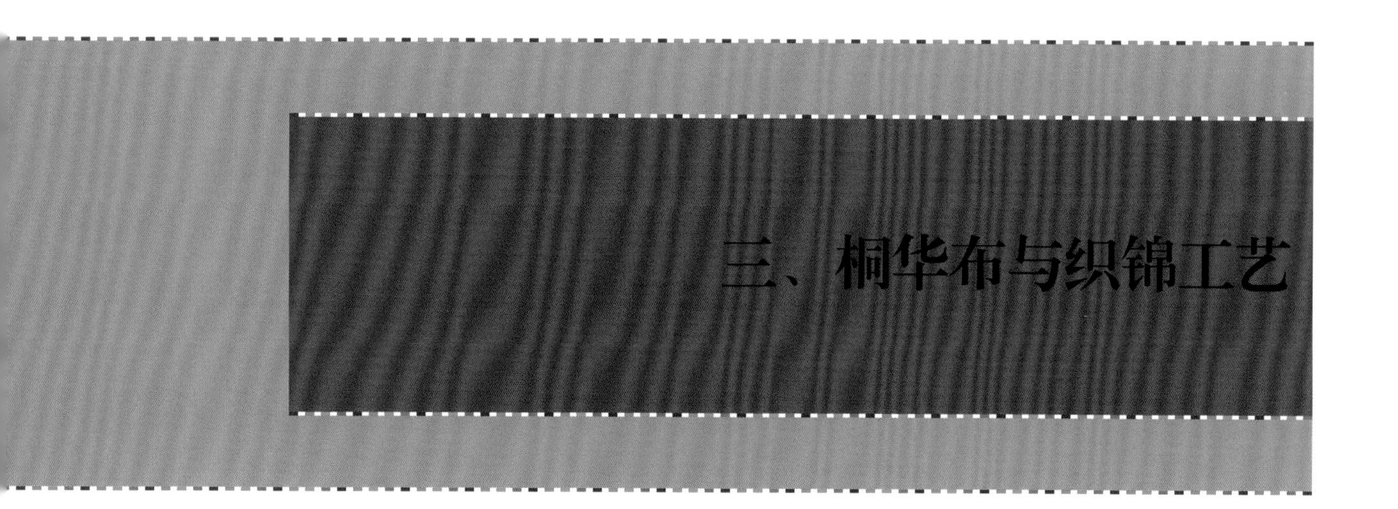

三、桐华布与织锦工艺

西南民族织锦，是相对独立于汉族丝织锦之外发展成熟的民间工艺品。它那优美特殊的艺术反映了各民族人民在物质文明和精神文明的创造，也寄寓着各民族人民对生活的热爱。织锦的色彩、纹样结构，都有着特殊的艺术魅力，都寓蕴着特殊自然环境、宗教、社会的文化内涵，具有特殊风格和艺术魅力。

织锦的特点是色彩丰富，图案精美，因此，在汉族中有："锦，金也；作之用功，重其作如金，故惟尊者得服之。"[①] 古代汉族将织锦看得同黄金一样贵重。汉族织锦向来多为丝织品，虽然我国的桑蚕丝织历史是世界上最早的，但棉织物和棉纺织的历史相对开始得要晚一些。现在我们见到的傣锦，西双版纳一带均为棉织物，德宏一带的除棉织物外，也有一些织工精细的丝织物。

西南织锦历史悠久、源远流长、颇具盛名。织锦是用彩色经、纬丝线织出各种图案的织物，也就是起暗花的布，是用彩色丝线与平纹或斜纹方式组成的棉织品。织锦的特点是色彩丰富，图案精美。这样的织锦，在西南少数民族中曾广泛流行。《后汉书·西南夷传》载："哀牢人……知染采文绣，罽毲帛叠，兰干细布，织成文章如绫锦。"[②] 哀牢人为泛指生活在云南哀牢山一带的各民族。就是说，此时云南织锦的民族众多。但就目前所见到的织锦，除大理三塔发掘的几件外，多为近现代产品，其上限不会超过百年，文字记载和传世产品都很少见，很难从织造技术和纹样演变看出更具体的发展变化。幸好有傣族、壮族、景颇族、布依族、水族、佤族、德昂族等妇女长期实践，继承和创造出许多精美而富于民族特色的织锦艺术品，非常巧妙地常用于人们的筒裙、被单、挎包（筒帕）、垫褥以及室内装饰和佛寺挂幅等。其中，尤以傣锦风格古朴，色彩鲜明，对比强烈，有特别的地方特色和浓郁的生活气息，深受世人喜欢。这是傣族劳动妇女对纺织工艺所作的杰出贡献，也是她们独创的具有代表性的优秀服饰艺术，很有研究探讨价值。

① [东汉] 刘熙：《释名》。

② [宋] 范晔撰，[唐] 李贤等注：《后汉书·南蛮西南夷列传》，第2849页，中华书局，1965年版。

1. 傣锦与桐华布的历史渊源

傣族织锦是用棉植物和棉纺织工艺进行。这种棉植物，并不是后来种植的棉花，而是特殊自然气候里的野生植物“桐华树”。用其花的纤维织成的布称“桐华布”。这种布在西南少数民族中，从古至今称为“婆罗布”。桐华布与织锦有着特殊历史渊源关系，因此，对其历史的探讨研究，是很有意义的问题。关于我国古代棉花的传播，多数学者研究认为先由边疆逐渐传入内地，最早之棉花应为木棉。根据历史文献，云南早在东汉时已有种植棉花的记载：“永昌郡，古哀牢国……有梧桐木，其华柔如丝，民绩以为布，幅广五尺以还，洁白不受污，俗名曰桐华布。”[①] 云南远在公元前一二世纪前后，就已经采用棉花，用以织布。这种棉花，是野生植物树上的纤维。这种树称之为“桐华树”，织出的布就叫“桐华布”。三国两晋时，云南的“梧桐布”逐渐广泛。两晋《广志》中说：“梧桐有白者，骠国有白桐木，其叶有白毳，取其毛淹渍，缉织以为布也。”这里还有记载：原“滇越”一带的民族称为“僚”（傣族先民），东汉永平十二年（公元 69 年）设置的永昌郡（今保山）内产“兰干细布”，而“兰干，僚言纻也。”“兰干细布”是当地僚族的产品，是“桐华布”的另一称呼。公元前 122 年（汉武帝元狩元年），张骞出使西域归来，在大夏（今阿富汗）见到“蜀布”。问其所由来，乃知是大夏人在身毒（印度）得之于蜀郡商人之手。而蜀郡商人是从当时大理一带之西的“乘象国”名曰“滇越”族群的“僚”人中得到的商品。当时汉族中没有这种布，只在“滇越”僚族之中有。“蜀布”是由于蜀郡商人贩运而得名。这种布又被称为“白叠”或“榻布”，“非中国有”，是“滇越”一带僚族中的产品。这种布在西汉初年就大量运入关中一带出售，以致公开规定它的交换价格。可见，当时傣族先民的纺织工业相当发达，才可能生产出那么多供外运的布匹。《后汉书 • 西南夷传》对永昌郡内“僚”族中农业、手工业情况有了进一步的详细记录：“土地沃美，宜五谷桑蚕，知染采文绣，罽毲、帛叠、兰干细布，织成文章如绫锦。”此中所说的“罽毲”“帛叠”（即“榻布”），也就是西汉初年蜀郡商人们贩运至身毒而转运至大夏的“蜀布”。“帛叠”（“蜀布”）的生产，在傣族社会中，西汉初年之时就已经广泛流传于世。

“桐华布”为我国最早出产的纺织品，流售到国内外，深受欢迎，从古代一直流传不断，除上述古籍中记载的多种名称外，还被内地汉族称为“蛮布”“蛮锦”。宋代著名诗人苏东坡曾偶然得到“桐华布”一张，将布上的花纹景样写于诗中，“蛮锦琴囊”话友情，然后送与挚友欧阳修。欧阳修视为“传家之宝”，永远妥善保存。李根源《永昌府文征》中说：“东坡尝于井监得之蛮锦，因以贻欧公，欧公用作琴囊为传家宝。现夷人织锦，吾永、腾、龙各土司地随处可见，花样新奇，

① [晋] 常璩撰，刘琳校注：《华阳国志 • 南中志》，第 430—431 页，巴蜀书社，1984 年版。

汉人多购之以为枕、为囊、为被等。”总之，“桐华布”作为傣族古代特有的手工艺品，长期、广泛地流传于世。这是傣族纺织及服饰史的一大亮点，也是傣族先民采用桐华树纤维织布、制衣的历史见证。

东汉时，傣族的纺织技术又有了新的发展，《后汉书·西南夷传》：“哀牢人皆穿鼻儋耳……土地沃美，宜五谷、蚕桑。知染采文绣，罽毲帛叠，兰干细布，织成文章如绫锦。有梧桐木华，绩以为布，幅广五尺，洁白不受垢污。”[①]当时，滇西“哀牢人”中，是包括傣族先民的。他们种植的“梧桐木”，用它的“华”（花）来织布。据研究，“梧桐木”是一种棉树，类似现在我国南方的“树棉”。这种植物，是常绿年树，高度基本为五公尺左右，种子与草棉相同，完全可以采来纺纱织布。“树棉”所结棉桃比丝还白，所以织出布“结白不受垢污”。虽然在中国西南广大地区还生长有攀枝花“木棉树”，但其纤维不能纺织制衣，只能填充枕头等物。傣族人民经过许多选择，最后才选中“梧桐木”，它“柔和丝”的花（棉桃）来纺织出质地优良的布匹，以丰富自己的物质生活。另据唐代樊绰《蛮书》所记：“自银生城、柘南城、寻传、祁鲜已西，蕃蛮种并不养蚕，唯收婆罗树子破其壳，其中白如柳絮，纫为丝，织为方幅，裁之为笼缎，男子、妇女通服之。”[②]银生城，就在今天元江一带，而当时用婆罗树子纤维纺织成为方幅的布，就是傣族的织锦布。

关于文献中的“梧桐树”“木棉树”“婆罗树”等，应该说就是多年生的棉花树，

① [宋] 范晔撰，[唐] 李贤等注：《后汉书·南蛮西南夷列传》卷86第2849页，中华书局，1965年版。

② [唐] 樊绰撰，赵吕甫校释：《云南志校释》卷七，第261页，中国社会科学出版社，1985年。

亦称为木棉或树棉，但并不是一般人概念中的攀枝花。攀枝花是生长在西南广大地盘上，至今也还到处可见，但其绒无纤维，不容易相互抱合，一般难以纺织，只可用作填充被褥。有关“梧桐木”（棉树）这种多年生植物的记载，《太平御览》中云：“交州永昌，有木棉树，高过屋，有十余年不换者，实大如杯，中有绵如絮，色正白，破一实得数斤，可为缊絮及毛布。”这里指的就是木棉花树。近代曾在云南开远发现过生长近二十多年，高一丈以上的木棉。其主茎粗八厘米，棉树蜿蜒地上，分枝繁密，年产棉花六斤左右。笔者也曾于1980年初，在金沙江边傣族寨里，发现三棵这种树茎呈粗扁状的木棉。那时，正值木棉开花之际，花瓣呈黄白色，而部分枝条上已挂着棉桃，青油油的煞是好看。据木棉的主人讲，该地在中华人民共和国成立以前一般只种植这种棉花。这种木棉能常年开花结果，一般十多年不需要换种而可长期采摘。只是这种木棉的纤维较一年生（即汉族种植在田里）的棉花略为粗些，且棉籽也大。用这种木棉纺织出来的布，较之一年生棉花织出来的布更结实，只是穿在身上没有一年生棉布感觉暖和温柔。

傣族有如此历史悠久的纺织原料，那么又在什么时代有了织锦的历史记录呢？云南织物染色术与纳纹织物的出现，约当新石器时期。《后汉书·南蛮西南夷列传》谈及少数民族时说，其子孙“织绩木皮，染以草实，好五色衣服”。说明当时先民不但能织，而且会染，衣服上已有五种色彩装饰。云南晋宁、江川等地发现战国至西汉时期的纺织工具：纬刀、卷经杆、卷经轴、卷布轴、纺轮等。晋宁石寨山出土的“纺织场面”贮贝器，其上铸铜俑10余人，其中一女佣较他俑为大，遍体鎏金，身份为奴隶主。她正在监督女奴纺织，织女有足踏腰机者、接线者、捻线者、织布者、捧梭者等。两千多年前的纺织场面历历在目，有考古者认为，晋宁石寨山的主体民族系“百越”。如果不误，这就是一幅傣族先民在青铜器时代的纺织图示。

战国至汉代时期，出土的青铜器人物形象上所穿的衣、裤、帔、腰带、头帨、顶饰等，上面都有条纹、几何纹、水波纹、草木纹、云状纹、鸟纹等多种图案，有的遍身布满纹样。汉晋时期，滇池四周及永昌等地区，都是傣族先民的聚居地，“知染彩文绣”，产“蚕、绵、绢、采帛、文绣，”所以能有“罽旄（氎）”“帛叠”“兰干细布（织成文如绫锦）”。品种多样，花色鲜美，为时人所羡慕。

据唐代《蛮书》载：“茫蛮部落”男子“皆衣青布袴，藤蔑缠腰，红缯布缠髻，出其余垂后为饰。妇人披五色娑罗笼。”[①]“娑罗笼”义为衣服，这种五色图案衣服的问世，标志着傣族纹织机和傣锦的生产。其时间当在公元前七世纪左右。在《华阳国志·南中志》中也有“有兰干细布——兰干，僚言纻也，织成文如绫锦”的记载。[②]到了元明时期，傣族织锦工艺技术得到了进一步的发展。元李京《云南志略》中说：傣族“衣文锦衣”“贵者以锦绣为桶裙”。这时候，以“兜罗锦”“干崖锦”为代表的德宏织锦与西双版纳等地的“丝幔帐”和“绒锦”，都具有高度的艺术水平，作为一种独具特色的地方产物，成为傣族向中原皇朝交纳的珍贵贡品，受到朝廷的极高重视。

唐宋时期建成的大理崇圣寺三塔，在1978年维修工程中出土了不少精制的纺织品与刺绣品。仅三塔出土的织锦布，就能探讨唐宋时期云南边疆民族织锦与刺绣的技术。出土织锦共六种，均为经袱。第一件为方形，由四块锦布拼制而成，

① ［唐］樊绰撰，向达校注：《蛮书校注》卷，四第104页，中华书局，1962年版。

② ［晋］常璩撰，刘琳校注：《华阳国志校注·南中志》，第431页，巴蜀书社，1984年版。

全长59厘米，宽57厘米。袱带长57厘米，质料相同。四块锦布皆为浅蓝色及紫绛色相间的平纹纬锦，由纬线起花，一行织凤凰、孔雀，一行织开敷莲花，依次交替，纬线较稀，密度为30线左右。第二件织锦长13厘米，宽45厘米，仅一侧留有边缝，由赤色与浅蓝色交织而成，织法为纬线起花的斜纹组织，中织龙头或花卉图案。纬线用毛捻制而成。第三、四、五、六件织锦的长短大小及工艺与前两件基本相同，均为棉织，布幅一端留有部分经线垂吊，形成“流苏”，长12米，从织机整幅取下，未经裁剪。

以上收据的古代三塔纺织品，从种类上讲，以绢为主，同时有纱、锦、罗、绫、绮等种类。这与唐代《蛮书》所载唐宋南诏、大理国时期云南的纺织完全相同，“精者为纺丝绫，亦织为锦及绢。……锦文颇有密致奇采。……其绢极丽，原细入色，制如衾被，庶贱男女，许以披之。”[①]三塔出土物中有两件是标本性的织锦，皆为双色，幅宽57厘米。我国传统的汉锦，利用同色的经纬起花，它的纺织技术是所谓“经纬起花的平纹重组织”，而从六世纪中叶起，逐渐兴起和盛行一种重组织斜纹织锦，花纹多为错落有致的植物图案，至唐代则为纬线起花的斜纹组织所代替，故被称为“纬锦”。纬锦的优点是随时可以变更好的颜色，同时纹地不致过松或过密。三塔出土的即为纬锦。另一方面以所织的莲花、蝴蝶、凤凰、孔雀、花卉、龙头和云雷纹等丰富多彩的纹样看，确实达到了很高水平，正如《资治通鉴》所述“南诏工巧，埒于蜀中”。作为民间艺术的傣锦，其历史渊源和发展，前面已作了些探讨，但其详细历史与发展变化考证有一定困难。首先，傣锦也像所有民间艺术一样，由于地处边疆，隔山隔水，得到外界了解和文人重视的不多，文字记载和传世产品都很少见。这里仅以部分民族调查资料和有关专家考证意见作些初步推论。

织锦向来多为丝织品。虽然我国的蚕桑丝历史是世界上最早的，但棉织物和棉纺织的历史相对开始要晚一些，尤其是在大范围的推广利用上，研究棉纺织的学者普遍认为我国的植棉和棉纺织技术是从印度和巴基斯坦等地传入。云南边疆一带是传入的最早地区。上引《后汉书》文中后又有“有梧桐木华，绩以为布”等句，学界都认为“梧桐木华”即是棉花。以后的唐代《蛮书》也有：“自银生城（今景东县境内，辖区直达西双版纳）、柘南城、寻传、祁鲜已西，蕃蛮种并不养蚕，唯收婆罗树子破其壳，其中白如柳絮。纫为丝，织为方幅，裁之为笼段。男子妇女通服之。”[②]“婆罗”也是棉花，似傣锦这类土布，今天云南不少地方还称为“婆罗布”。

1956年，云南晋宁石寨山出土的西汉青铜文物中，有一件“纺织贮贝器”，上面有几个正在纺织的妇女，她们使用的一种原始的踞织机（也称为腰机）。专家考证，认为这几个妇女，都应该是“唐代之金齿、黑齿等部落祖先，亦即傣族之先民”。使用这种踞织机，不仅可以织出平布，而且可以织出带花纹的锦。因为就技术来说，只有平纹的织机，才能改进到使用一种由提花设备的平放织锦机，但我们并不认为傣锦的出现是以内地丝织锦得到的借鉴，因为就当时而言，内地的丝织技术和工具已很先进，如果说傣族织锦技术和工具从内地传入的话，那么，也就不可能两千多年的时间里，这些机具没有一点发展变化。同时，若以内地传入，也就会同时传入蚕桑养殖。这不仅与《蛮书》等文献记载不符，就是至今西双版纳等地傣族来说，蚕桑养殖也还是陌生的，这与气候不适桑树种植有关。

至此，我们基本可以认为，傣族是在棉纺技术和工具基础上出现并发展的，发展过程中可能受到同地区其他兄弟民族织物品种类的影响，但以西双版纳为主的棉织傣锦，一般说没有从内地

① ［唐］樊绰撰，向达校注：《蛮书校注》卷七，第174页，中华书局，1962年版。

② ［唐］樊绰撰，向达校注：《蛮书校注》卷七，第183页，中华书局，1962年版。

丝织工具技术得到多少借鉴，是相对独立于汉族丝织锦之外发展成熟的。这种独特的发展，也就保障了棉织傣锦纯正的民间艺术风格，没有或很少受到内地一些丝织品的影响。

东汉初年，永昌郡内“僚”族农业、手工业生产情况，《后汉书·西南夷传》说：“土地沃美，宜五谷、蚕桑。知染采文绣，罽毲帛叠，兰干细布，织成文章如绫锦。”[①] 故此，桐华布又有“兰干细布”“娘子布”“僚布”和“铁苗布”等称呼。桐华布类型很多，应用范围很广。因其上有细毛而弱肉厚垂，光润华美，有独特的质感获得人们的赞誉，受到国内外广大地区的喜用和转售。因为德宏一带，是我国历史上早就形成的通过缅甸、巴基斯坦、印度和世界各国交往的交通要道，还有历史上从三国两晋以及隋唐时南诏、大理国等不断发生与内地中央政府的不少交往，如：诸葛亮开发“南中”政策，带去了蚕桑织棉技艺，唐时南诏国曾攻入四川成都一带，掳回不少织锦艺人，都使得当时内地的主要丝织——四川“蜀锦”技艺不断传入和交流，改变和提高了当地傣锦技艺。宋代欧阳修《六一诗话》中就记载他得到了一条这里的织锦（应为傣锦），上面精致地织入了他的好友梅尧臣的诗文，而为他所珍爱。证明当时这里织锦技艺已达到很高水平。同时，内地汉族诗人的诗文能在这边疆流行，也说明这里和内地的文化交流也是很频繁的。西双版纳地区由于交通不便，却极少有这影响，从而保留了原有的傣族风貌，已是事实。所以，不能绝对地认为今天德宏地区的丝织傣锦的历史原貌就是西双版纳的傣锦。丝织傣锦不仅织造技艺，连同艺术风格与西双版纳式的傣棉织锦都有着明显的差别。而同是德宏地区的棉纺织傣锦，倒更接近西双版纳傣锦的艺术风格，这应能说明两类傣锦有同一历史渊源。

综上所述，可推测傣锦的历史，大约可上溯到汉代，至唐、宋左右已形成一定的技术艺术面貌，明、清以来发展到更高水平，成为颇负盛名的民族民间手工艺品，流传至今。

如今，古老的傣锦工艺在勤劳智慧的傣家妇女手中有更大的发展进步。织锦图案被大量的装饰在人们的筒裙、披肩、挎包和被单上，成为一种美的象征。傣族织锦正以它那特有的魅力，成为我国民族工艺百花园中的一朵奇葩。

① ［宋］范晔撰，［唐］李贤等注：《后汉书·南蛮西南夷列传》第 2849 页，中华书局，1965 年版。

2. 傣族织锦工艺

傣锦是一种古老的纺织工艺。棉花采摘来之后，要将它纺成纱线，必须经过弃子、弹花、卷筵等工序，才能织成布匹和锦缎。如今，古老的傣锦工艺在勤劳智慧的傣家妇女手中有更大的发展进步。织锦图案被大量地装饰在人们的筒裙、披肩、挎包和腰间的配饰上，成为一种美的象征。傣族织锦正以他特有的魅力，成为我国民族工艺百花园中的一朵奇葩。

傣族织锦技艺精湛、风格独特，在我国民族民间艺术中是很吸引人注目的特殊工艺。傣锦大部分属纬锦，其基础组织是平纹地用丝绒起纬花。“通经断纬”是傣锦织造的主要技法。其基本的织造原理和方法跟其他织物无多大区别。通经断纬的织法是挑与织同时进行，正面花纹纬在平纹地上根据纹样所需，有一定的浮长，色彩、纹样都可以不断变化。通经断纬为花纹纬与平纹地一起交织，一梭通长，织锦花纹纬的浮长基本一样，织物正背有花，但色彩相反，称之正面阳花，反面阴花。除此之外，还有五彩花纹的织物，配色极繁，少则四色，多达十八色。由于采用小梭控花工艺，因此可使上下左右花纹循环内色彩各不相同，纹样题材多为吉祥图案，风格粗放饱满，气势雄浑，风格独具，适宜于女式服装。

利用一定的工具，对一定的物质材料加工，是生产具体物质产品的必须手段，也是生产工艺美术品的必须手段。

傣族至今保留着一种底座呈丁字形的木质扎花机，靠操作手摇曲柄带动螺旋木质齿轮，从而使两根相连的平行木轴互轧，来弃除棉花中的棉籽。这种傣族轧花机，与明代王祯《农书》中的搅车极为相似：“夫搅车，四木作框，上立二小柱，高约五尺，上以方木管之；立柱各通一轴，轴端俱作掉拐，轴末柱窍不透。二人掉轴，一人喂上棉荚，二轴相轧，则子落于内，棉出于外。比用碾轴，工利数位。”傣族现今的轧花机，只需一人操作，日可扎棉三四斤。据调查西双版纳景洪、勐海、勐腊县都保留着古老的轧花机，全系木质。其结构是用四块木板作框，上面树立两根木柱高 54 厘米。柱头两旁各装有曲柄子母螺丝作转轴。操作时，人坐于搅车后面，两脚踏在“丁字架”上，右手摇动辊轴使其带动上方辊轴转动，左手喂上籽棉，利用两轴互相碾轧，棉籽被挤出落于车前，棉花则顺着轧碾的转动落入车后。经研究，目前傣族使用的轧花机基本类同于王祯《农书》中的搅车。它比过去用手剥棉籽或者用铁筋、铁杖碾棉籽的方法要快得多。所不同的是，傣族人民改进了这一机械原理，根本不需要三人协同劳动，只需一人操作就行了。这便极大地提高了生产率，充分显示出傣族劳动人民的聪明智慧。

除掉棉籽的皮棉，尚需改变其紧密的结构和除弃杂质，以利于纺纱。现今傣族是利用一把木弧形弦弓来进行弹花的，其弓长仅 80 厘米左右，靠手指弹弦，其效力之低是可以想见的。这与宋代“以竹为小弓，长尺四五寸许。牵弦以弹，弹令匀细”相似。将弹松了的棉花搓成条子，称之

为“卷筵”，这是纺纱前的最后一道工序。傣族妇女通常是用一根无节竹棍，将弹好的棉花铺在竹席上，捍动竹棍将棉花卷成筒状，随即抽出竹棍就可制得一根棉条。王祯《农书》中也有类似记载：“先将棉毳条于几上，以此筵卷而捍之，遂成棉筒。随手抽筵，每筒牵纺，易为匀细。”

傣族纺纱，是靠一架单锭竹轮纺车来进行的。用右手摇动带竹柄的竹轮，由竹轮带动联接纱锭的绳子，致使纱锭高速旋转，左手中的面条也就被抽出纤维而绕在锭子上了。由于竹轮是沿顺时针方向转动，纺出的棉纱呈“S”向捻度。织造傣锦对于棉纱粗细的要求，决定了傣族纺车竹轮的直径和锭子间的传动比。一般傣族的纺轮的直径为60厘米左右，纺出的棉纱投影直径为0.6毫米。这相当于现代纺织中的7—10支纱，是一种较粗的锦纱。锦纱在上机织造前还要经过上浆，其目的在于改善经线的强力，保伸和减磨性能。傣族自纺的棉纱，粗细不匀而且多有毛茸，不经过上浆工序是难以织造的。所用的沸料，大多是黏性较强的米汤，用微火煮沸后，将经纱成束放入锅中，浸泡片刻即可取出。用手将棉纱蓬松分开，再在竹竿上晾干备用。

傣族织机全系木质，根据其功能又称作：多综双蹑提花架织机。根据我们在西双版纳勐海县曼炸寨的调查，机长一般在2米左右，机高1.7米，宽0.9米，呈长方形。傣族织机的形式按控制纬线起花的梭口不同而分为竖花综（花本）织机和横花综（通丝）织机两种，这两种织机在织平纹结构方法都是一致的。在机架的横梁上，悬挂着控制经线织口的两片综。综由竹棍组成框并拴上密集的综线，其数量一般在两三百根左右。各综线间形成一个综眼，并穿过一根经线。经线按顺序分为单、双数两组，如果以单数经线穿过前综，而双数经线则穿过后综，反之亦可。在前后两片综的后面，悬吊着代替原始踞织机斫刀打纬功能的竹箝。其箝齿平行密集，一般也在两三百根左右，经线则按单、双数组合穿入箝齿之内，经线末端最后被固定在卷布轴上。前、后综框的上部通过绳子被系在一横木片的两端，而木片上的系绳则通过滑动轮槽与机架相连，可使综架作上下自由运动。前后两片综的下部又各由系绳与脚踏木杆相接。这样，织工就可以坐在机架的横板上，通过双脚的蹬踏来完成上下提综的工序。

织工上机前，先将经纱固定在前梁上，经纱按一定组合（该机组合四根为一组）全部穿过纹板，再按单、双数顺序依次穿综，若单数经纱穿前综，双数经纱穿后综，再继续将单双数的经纱分组合并穿入箧齿内，固定在卷布轴上，然后操作。

织出一段平纹布后，就要靠更精巧的技术来织造图案花纹。这时，织机上需增加一个纹板，悬吊于后综处，傣语称“结芒银”，是编织花的绳子。实际上是织锦中起花的纬线，它依然起着控制梭口的作用。织锦是一种艰辛的劳动，操作时，首先利用踏杆将经面形成织口后，要用双手拨动纹板中的横绳，再利用横绳分出经纱中的织口（即花口），进行纬线的报梭、打纬。然后，再使踏杆形成第二次织口时，必须织一平纹梭才行。这样继续循环下去，依次将纹板中的全部横绳向上或下移动完毕，便可织出十分完整的图案来。设计傣锦中一幅完美的图案需要用几百根、几千根的横绳在纹板上表示出来，倘若有一根横绳排错，就会使整幅傣锦图案错乱。可见傣锦的设计与织成，浸透着傣族妇女的辛勤劳动和巧手。这种古老的傣锦工艺技术，是研究我国“自殷商一直到两汉时期的纹织方法”的宝贵资料，是中华民族民间艺术宝库中的瑰宝。

傣锦花纹图案的大小，直接决定着提花综片的多少。一些地区的傣族织锦机，为了适应其图案的大型化和多样化，已出现六片以上甚至更多的提花综。操作时，提花顺序是由第一片花综开始，依次到最末一片花综，随后又由最末一片花综，顺序再提回到第一片花综，如此循环。再者，傣锦拘于织机所限以及沿袭古例的原因，一般织幅仅在 52 厘米左右，正好接近汉代的两尺，为了有效地控制织幅的宽度和防止傣锦变形，便用竹棍和铜皮制成了长 53 厘米、宽 1 厘米的幅掌。至于傣锦的经纬组织结构，一般织物的组织结构都是平纹的，其密度一般为：经密 11.5 根 / 厘米，纬密 12 根 / 厘米。而纹组织是长浮纹的，一般经密为 11.5 根 / 厘米，纬密 33 根 / 厘米，其中地纬 11 根 / 厘米，彩纬 22 根 / 厘米。总之，傣锦的纬线密于经线，使这类织物的组成更加紧密结实。

如今在傣族社会中，傣锦可分为两个地区的特色：西双版纳傣锦和德宏地区傣锦各有着突出的艺术特点。德宏地区养蚕较早，景泰《云南图经志书》载“境内甚热，四时皆蚕，以其丝染五色织土锦充贡”，因此，织锦多以丝织。德宏傣锦多采用菱形几何纹样，在每个大的菱形单位中由许多小的单个纹样组成，构成一种富于变化而又严整的图案。常在一个纹形菱形纹样里，把亮度相同的红、白、淡黄、橘黄、翠绿、艳蓝、紫等颜色相配在一起，对比强烈，并统一在一个浓黑的底色里，给人以热烈、鲜明、富丽、光彩照人之感。西双版纳傣锦则以棉织为主，纹样除几何纹以外，收入了许多反映地方风物的具体形象，如日、月、大象、孔雀、马、人物、花草、树木、龙、佛寺建筑、龙舟等。这些具体形象纹样，或来自对自然界的细致观察，或来自生产劳动或宗教生活，经过傣族能工巧匠艺术处理，使其图案化，加强了装饰性，并与几何纹样有机结合为一体，形成了西双版纳傣锦独有的具体突出、简洁、自由的特点。

傣锦艺术的发展过程，表现了傣族人民高度

厂址:新 街镇

的艺术创造力以及独特的审美情趣。相传久远的时候，傣族只会织没有花纹的布。一天，有一个“乃盘”（傣族猎手）捕猎归来，见一棵蕨树长得十分好看，于是采了几片树叶回来，顺手插在他妻子的织布机上，其妻是一个“摩妲姆”（傣族织布能手），她一边织布一边观赏着蕨树叶，发现它美丽奇特，一日多变，受到了美的启示，就把蕨树叶的样子织在布上。此后，傣族就织出了有花纹的布，这种布又演变为具有浓郁地方特色的傣锦流传于世。

至今织锦都是傣族妇女最喜欢最善于的手工艺术技术，村村寨寨，每户人家竹楼上的阳台，都摆放有织布机。西双版纳、德宏地区就不赘述，仅以红河沿岸一带的傣族妇女简单介绍。傣族姑娘从十岁开始学纺织，从“邦纺”（纺线）、“危纺”（整理上机架）到“担姆”（织布），全套工艺都要学会。出嫁前，不但要学会“担姆”，还要学会绣花，制作衣服。出嫁后，不仅要织够自己穿用的布料，还要担负婆家一家人穿用的布料。

“担姆”在傣族妇女的生活中是最重要的内容，占去了她们一生中很多时间。傣族妇女付出了辛勤的劳动，至今仍然保持着男耕女织勤劳、忠厚的美德。

千百年来，聪明勤劳的傣族姑娘，在简单的木机上用灵巧的双手，织造了精美的傣锦用于统裙、筒帕、床单、褥垫芯、佛寺挂幡等，装点和美化生活，成为傣家人的艺术精品。如今，古老的傣锦工艺在勤劳智慧的傣家人妇女中有了更大的发展进步。

3. 傣锦构图与题材

傣锦图案的题材非常广泛，傣家妇女在自己熟悉的生活环境中，受大自然美好景物的感染及传统审美习惯的陶冶，凭着自己的想象力把生活中的物象表现出来，以准确夸张的造型和对比强烈的色彩，别致的构图形式区别于其他民族的织锦，具有非常鲜明的民族特色和地方风格。纹样有传统的，有作者随心所设计的，也有表现傣族人民理想、追求及表现精神题材的。总之，日常生活中常见的飞禽走兽，花鸟鱼虫，无所不有。同时，也有不断将外来民族传入的纹样结合本民族的审美情趣进行变化融合，结合织锦特殊形式的要求组成了既有民族风味又富有特殊装饰性的图案。傣族图案，总的来说，是写实的，朴素的。它的好处在于天真、质朴、粗犷、有力，特别是它的造型，充满了孩童般的幻想，含有无穷的魅力。

傣族图案可分为：动物图案、植物图案和几何图案。每种图案的色彩、纹样都具有具体的内容。在傣族漫长的等级社会里，傣族人民尽管创造了丰富的傣锦纹样，但在旧社会里使用都受到各种限制，如“画的象、马、狮、兔、青蛙的像，不能留在家中”。而在中华人民共和国成立以来的今天，傣族人民成为傣锦真正的主人，不仅可以充分发挥自己的艺术创造力，去表达美好的愿望，去反映如花似玉的生活，而且傣锦的使用范围也很广宽。它完全植根于傣族人民的土壤中，有着深厚及广泛的群众基础，在长期的发展与提高过程中，保持了本身的天真、健康、质朴、蓬勃的艺术格调，有着旺盛的生命力。

傣锦图案的丰富多彩

傣锦图案的文化内涵丰富多彩。傣锦图案，常见于人们筒裙、挎包（筒帕）、披肩、垫单、被面、手巾以及宗教装饰上面织出各种动物、植物和几何纹图案，其中有许多图案代表了优秀的民族传统。傣族早在东汉时，“永宁元年（公元 120 年），掸国王雍由调复遣使者诣阙朝贺，献乐及幻人，能变化吐火，自支解，易牛马头，又善跳丸，数乃至千。”可见傣族是历史悠久，能歌善舞的民族。这些富有民族传统的题材在织锦图案中经常出现，人骑马背、象背、作双手持物状，或人在动物前后作杂技状等图案纹样十分精细，人物栩栩如生，形成一幅幅优美的艺术画面。

傣族纹样十分丰富，其中最具有代表性的是大象图案和孔雀图案。大象在傣族生活中占有相当重要的地位，曾是战争中的坐骑，又是运输、耕作的工具，佛教传入后，更被视为吉祥的神兽。在傣族地区，象常用来象征释迦牟尼在下凡人胎与六牙白象，故事中，象是佛的化身，即有用象来表示吉祥幸福的含意，常出现于“万象更新”“太平有象”“骑象飞舞”等图案在织锦中。

傣族居住地原始森林茂密，致使傣族自古就有养象的习俗，直到唐代又有“养象以耕田”的习惯。宋元明清时期，有“以乘象为贵”的追求，乘象作为炫耀自己奢欲的工具。至今，西双版纳傣族劳动人民中间流传着“古代澜沧江畔的傣族人曾用大象犁田耕种，各粒长得同鸡蛋一样大，各穗像牛尾巴一样长”的传说，反映了劳动人民

热爱劳动，歌颂生活的美好愿望。因而，傣族人民把织有大象图案的傣锦视为珍品。可见傣族有它自己的生活环境和历史特点，必须形成傣锦图案的生活特色和独特风格。

孔雀图案在傣族织锦中造型最生动。孔雀美丽多姿，在人们心目中，孔雀与凤凰一样被视为神鸟，所不同的是孔雀是亚热带民族崇拜的对象，并称其有九德：颜貌端正、声音清澈、行步翔序、知时而行、欲食知节、常念知足、不分散、不淫、知反复，故人们称孔雀的纹案为“天下文明”。另在佛教、道教中，孔雀又是圣鸟。因此，在傣族织锦中应用较广，特别是孔雀飞翔的图案最多最生动。在傣族人民中，孔雀象征着吉祥、和平、善良、美好。孔雀图案在造型手法上，头冠和屏尾均作几何形处理，使之更适合织造工艺的要求。

马、狮、龙、小鸟、小鸡等形象也经常在傣锦上出现，植物以蕨菜花纹样最常出现。荷花被傣族视为吉兆物，其纹样多用佛教旌幅的傣锦，几何纹样多见于芒纹、句纹、回纹、八瓣花纹等。傣族中人物纹样不少，人物头上有冠或站立在马背上或大象上，具有英武之象征意义。

傣锦工艺经历史漫长的岁月，有它本身产生、改革、发展演变的过程。它每前进一步，都凝聚着傣族劳动人民的集体智慧和艺术才能。今天，人们用最美好的语言赞颂傣族姑娘“是全寨心灵手巧的织女，她织的布比芭蕉叶还柔软，她织的花朵蜜蜂会来做窝。”随着社会的发展进步，傣锦工艺必将在美丽富饶的边疆如同烂漫的山花，开得更加绚丽多姿，充满着傣族人民的勤劳智慧和对美好生活的愿望。

纵观傣锦的图案纹饰，大致可以分为象生性图案和几何形图案两类。它代表着由写实到象征的发展过程。就其表现的内容来看，象生性图案有动物、植物、人物和建筑等；几何形图案则通过直线、曲线、折波状线条的疏密、交叉、垂合而组成。有时这两类图案也同时出现在一块傣锦之中。傣锦上的纹饰图案，所反映的内容和表现的主题，是与傣族的日常生活和生产劳动紧密相

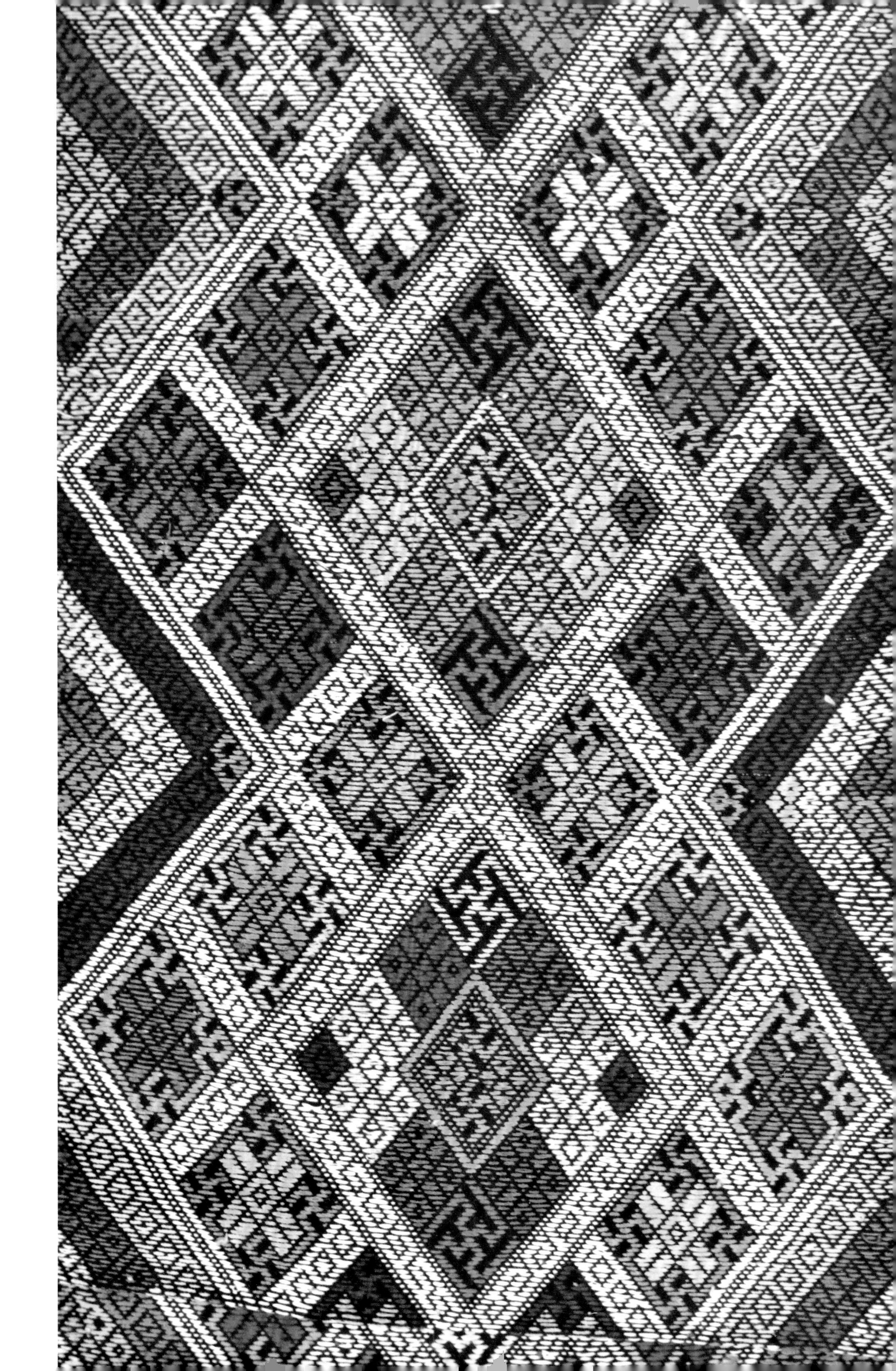

关的，其纹饰图案的构成，无疑是导源于民族生产生活。傣锦象生性和几何形两类图案，是傣族人民长期以来，对自然、历史、社会的变化、节奏和统一诸规律的掌握和集中，是与之相适应的艺术创造和成果。所展示的图案，都曾经是伴随傣族走过悠久岁月的历史见证，仍是存活于民间原汁原味的文化精品。

象生性图案，大都通过红、黑、蓝、绿、棕等色线，织出蛇、大象、麒麟、奔马、飞鸟、鸡鸭、人物、亭塔、龙舟、水波、树叶、花瓣等图案和纹饰，而这些题材的创作和产生，直接取材于傣族所处的社会和自然环境。例如，就傣锦中大量出现的蛇的形象来看，它被描写得卷曲游动，游动还被装饰在亭塔图案的屋脊上，有如建筑物上的兽吻。蛇在傣锦图案中的装饰和地位，很可能同古越人对蛇图腾的崇拜有关。至于大象，在傣锦的装饰图案中累有出现，它们不仅首尾相对，被排列在织物的中心部位，象背上还驮着饰有华盖状物的鞍子，人物安坐其中。傣族自古就有养象之俗，唐代曾有“养象以耕田”的记录，宋以后则“以承象为贵”，可见傣锦中象题材的出现，是傣族一定历史事实的反映。关于龙舟，云南古代铜鼓纹饰上就有羽人刁船，龙舟竞渡的纹饰，而这种古老的习俗，一直广为流传在傣族民间。一年一度盛大的泼水节，澜沧江畔的龙舟竞渡就是传统的项目之一。傣族图案上的龙舟，不仅形式和构造与现实生活中的龙舟相似，连同船上悬挂的垂幢和江中的水波也都表现出来，给人有传神之感。再就是麒麟，八角亭这些傣族所特有的风物，在傣锦图案中也有所反映。麒麟有守护神之美誉，现存的水井、佛塔等物旁，常有石雕彩绘的麒麟。八角亭和干栏式竹楼一样，是傣族人独特的建筑形式。八个秀美的三角形屋脊构成了亭子的顶盖，鳞次栉比的栏柱和脊饰，体现了线条和色彩的排列，似乎把大自然中的秩序和多样性融合在一起了。而在傣锦图案中所反映的，正是八角亭建筑最精彩的顶盖部分，其上下还饰有

蛇吻，更增添了神秘的色彩。

历史悠久的云南织锦艺术，至今生意盎然，依旧在各民族中保持着隽秀灿丽、奇巧多姿的传统风韵和特色。就其纹样而言，那引人眼目和变化万千的诸类构形，仿佛是既形象又抽象的一部文化巨著，记录着人所接触的自然界，人所经历的事态和感情，隐现着人类的历史。无论织锦、挑花、刺绣、蜡染、扎染都是人的心理因素的外在表现，是生活的艺术，除具有欣赏价值外，它还能启迪人们去寻觅物质文化和精神文化的起源、演变、发展的过程，从而发现和认识民间艺术为何历久不衰的真谛，懂得云南民族织染、刺绣与服饰为何如此丰富瑰美的原因。

纹样是织锦艺术造型的核心，是体现艺术个性与风格的主导。云南少数民族织绣纹样多以客

观事物为凭借（原形），以自然的外廓作造型的基素，把握住形貌、生态、动态等规律，或全貌再现，或描写局部，或异体变样，或合体错成，相对来说，含有较多的象生性、模拟性、写实性、即便抽象了的纹样，也动势绵延，毫不呆板，不难认别它在萌芽时的本形。通过奇妙的概括与抽象的变态，保持拟形的浓郁生活化，拟物化等直接、纯朴的原始色彩和美的意境，放而使纹形意态多变，奇趣无穷，形成了自己的特色，极富艺术魅力。

几何纹样的构图与文化内涵

傣锦的表现手法及图案组成形式较为丰富。有规则的几何纹，也有介于几何纹与自然间的装饰纹样。几何纹样是傣锦大量运用的图案内容，以洗练的手法、运用粗细、曲直、疏密、长短不同线条的变化和交叉排列把形象简单朴实地表现出来。有组织成梭形向四方连续作地纹或骨骼的，有用点、线、面组成各种适合纹样或宾花置于地纹上的，也有以组织成梭形、方形为单元向四方连续做主体图案的，各单元间以二方连续的几何纹相连，使之有机地相互连接，显得疏密有致、节奏鲜明自然，几何骨纹内放置几何形或装饰性的适合纹样，利用空间挑织各种几何形宾花，结构严谨，实主分明，规则的骨架内不同纹样的安排，显得很有生气。几何地纹上分布散点的几何形小花，布局均匀、安定、美观、以满地齐整的格局衬托更显多样化，明快活泼又不失其朴实之美。装饰纹样造型比几何纹样显得生动。大胆夸张的艺术处理，使物象即有动势之韵味，又有装饰美，形神兼备、造型完美，使人感到妙趣横生。

傣族织锦，不仅是傣族人民的生活用品，同时又是一种民族民间工艺精品。他们所创造的艺术，在本质上是进步和开放的，所表达出来的民族艺术特点是强烈而大胆，并且完美而深刻地保留着古老的传统。傣族图案虽然非常丰富，但用得最多、最为普遍而又最精美引人的是几何图案。

几何图案在织锦艺术中占有很重要的地位。傣锦上的图案花纹，始终是以几何纹图案为主。几何纹图案成为傣锦图案构图的基础，完美而深刻地保留着古老的文化传统。

傣锦几何图案的构图方法，比较常见的是二方连续和四方连续的编织方法，把单个几何图案连接起来，组成复合几何图形。用这种方法编织的傣锦几何图案清晰、明快，排列整齐有序，达到了高度图案化的水平。这种构图方法，有着特殊的艺术性，其构图方法大致可分为以下几种：

第一种构图方法，是以各种几何纹为底，上饰各种动植物图案，如大象、龙凤、孔雀、花卉、人物等，形成多层次的复合图形。这种几何图案，色调的明暗相间，层次分明，有条不紊，图案清晰，透视角度准确，浮雕感强烈。这种构图方法，与滇池地区，文山境内等地出土的铜鼓纹样有着共同的特征。

第二种构图方法，是多种几何纹组合，形成复合几何图案，如同心圆纹和方格纹、多角形花纹组合、雷纹和方格、编织纹、弦纹组合。用多种几何纹编织的傣锦，大小图案结合，方圆穿插，布局得当，图案繁而不乱，线条勾连层次整然，各种几何纹组合成有机的整体，形成多层次的纹带，使得图案的设计珠联璧合，产生了强烈的艺术效果。这种构图方法，在几何印文陶和铜鼓的几何纹图案中也有其脉络。

第三种构图是：在满地花纹上，添加其他主花，向上下排列，成为二方连续的组织形式。如象群、飞凤、祥马、团龙等自然物象图案，从整个构图形式来看，基本上是二方连续的排列方法，但由于几何地纹的变化或暗地亮花，或暗花亮地，使傣锦更为鲜艳夺目，同时还以大、小菱形的几何图纹为骨架的四方连续，各个纹图交错连接，并且用多样变化的直线或回纹几何图案，以及黑白为主的几何外形骨架，突出其中的自然物象，使之更为鲜明突出，这是傣锦中又一特点。

傣锦几何图案中，还有一种特殊的构图方

法：是“卐”字、回纹、水波纹、云纹等作为骨架，排列成四方连续的组织形式，其中加以自然纹样为主体，作有规律的散点组织形式。在传统纹样中，大多采用“卐”字夹横、直线条、五彩花、菊花等题材内容，构成典型形式。一般常用大、小方形或斜行菱形纹为骨架，在空格里反复、连续地装饰大象、奔马、人物、孔雀、蝴蝶、花卉等几何纹样，构成多样统一的整体，既严谨安定、匀称、生动自如，又呈现出优美的节奏感。

这几种几何图形，都可以从南方地区出土的文物中探本求源。几何纹最早可以追溯到原始社会晚期江南地区出土的几何印纹陶的装饰花纹上。春秋以后，可以从南方出土的铜鼓等青铜器上的几何纹案中窥见到几何纹发展的轨迹。从这些历史文物图案的雏形和发展变化过程，可以看到它们之间的继承和发展关系。

原始先民发明和使用陶器，开始在陶器上出现的纹样是制陶时印下的印纹。这些纹样，如绳纹、蓝纹等，是自然产生的。随着生产的发展，实践的反复，制陶工艺水平不断提高，人们美的观念形态也在逐步地形成和发展。陶器上出现了许多装饰花纹，从刻划、拍印，到彩画，装饰花纹题材越来越广泛，绘制技术也在不断进步，纹样也更加丰富。主要纹样有绳纹、蓝纹、蘷纹、方纹、雷纹、回纹、网纹、回字网状纹、羽状纹、曲状纹、菱形纹、方格圆圈纹、编织纹、弦纹、水波纹、同心圆纹、方格纹、米字纹等。这些几何纹构图方法，可分为三个阶段，即早期单一性阶段、中期复合性阶段、后期连续性阶段。早期是几何纹的草创阶段，几何纹成块状，点线连接不够准确，勾连的几何图案线条粗细不匀，间隔距离不一，有的线条中断，构成的几何图形不规则，大小不一致，图案显得凌乱、单调。中期是几何纹图前进阶段，出现了由许多种几何纹构成的复合图案，分别以云雷纹、方格纹、弦纹和蘷纹组合而成，纹样层次分明、清晰整齐，这是几何纹复合图案的雏形。后期阶段，几何纹创作技

法有了进一步的发展，出现了二方连续和四方连续构图方法的雏形，以直、曲线和圆、方形为基础的几何图案得到了提高，为以后铜鼓、傣锦几何图案二、四方连续的构图方法的创造和发展开创了先河。

青铜文物上的几何纹与傣锦中几何图案关系更为密切。当然，在制造铜鼓和装饰鼓上花纹的过程中，受几何印陶纹样的影响很深，或者说，青铜器上的几何纹图案是以几何印陶纹传承下来的。从晋宁石寨山、江川李家山等地出土的青铜文物上常见的几何纹、云纹、兽纹观察，青铜器上几何纹样的构图方法，是继承和发展了几何印陶纹样传统的创作方法。在广西出土的古代青铜器中，如蛇蛙纹铜尊，通体饰几何纹和动物纹饰，其花纹布局是以雷纹为地，上饰四组蛇斗青蛙的团花纹，构图别致，图像生动逼真，富于浓郁的南方民族特色和生活气息。傣锦多层次的复合图案的构图方法，和这些青铜器的构图方法非常相似，说明傣锦几何图案的创作是继承古代优秀的工艺美术传统。

几何图案的构图方法，有着承前启后的关系。从图纹的单一性、复合性、连续性、阶段性，发展到青铜器上的二方连续、四方连续图纹，再到织锦几何图案的二方连续和四方连续的构图方法，已运用自如，变化万千，达到了高度成熟的阶段。几何纹是南方古代民族创造的一种以服装装饰为主的图案花纹。它的生产、分布、作用和族属等问题，多数学者研究认为，应是“百越”族群所创造的一种民族文化。傣族是“百越”族群的后裔，其傣锦上的几何图案也是用的最多、最普遍而又最精美引人，不仅继承远古几何印纹陶和秦唐宋以来青铜器上几何图案的创作传统，并加以创新，从而把几何图案创作推向更加完美的艺术境地，成为民族民间工艺品中的“宝典。”

傣族织锦中的几何形图案，也是采用红、黑、蓝、绿、棕等色线，以线条和色块组成诸如三角、菱形、方格、曲波、凸字以及网状等纹饰。傣锦中的几何形图案极富于变化，织工们充分运用点、线、面之间的相互交叉重叠的组合和疏密连续的排列，再加上色线的调节，能织造出变化无穷的傣锦几何形结构图案，具有独特的节奏和韵律之美。另外，就其图案形式原理的运用来说，傣锦多数是采用连续纹样中的二方和四方连续纹样。在二方连续纹样中，以菱形、折线、波状、散点等形式构成，而四方连续纹样以斜方连缀和菱形连缀形式居多。

傣锦在其几何图案的组合上也并不是纯形式的，而且有一定的象征和指事性能。例如：在傣锦几何形图案中常常出现一些断断续续的点状纹饰和波状曲线，作者似乎是在抽象地再现蛇的花纹和卷曲，用一个圆圈和八角三角形的组合，看来是在描绘太阳及其光芒，而在象生性图案龙舟的下部，所出现的是若干波状折线，这当然只能够理解为是载舟的江河水而无疑的了。此外，傣锦在色彩的应用上，多以红黑、红金、棕黑、红绿、黄蓝等色相配，其间色以平纹织物的白色作点缀，这样，既有鲜明的对比，又显得沉着而和谐，充分体现出南国傣族所特有的那种热烈淳厚的艺术格调和色彩。

总之，傣族织锦具有特殊的工艺历史价值，反映出较高的艺术水平，是傣族人民长时期的认识实践而发展成的。从棉花的栽培、纺织到创造图案，发展色彩，这其中无处不体现着他们辛勤的劳动和对艺术的认识创造才能。而傣族的纺织工艺和织锦技术，为我们研究中国古代纺织的历史发展，提供了宝贵的参考资料，不失为古代纺织工艺的“活化石。”

特殊工艺对傣锦构图的特殊影响

随着傣锦工艺的进步完善，它的工艺也在日臻成熟。人们不满足织出简单的花纹，利用他们在社会生活中得到的生产经验和审美观为基础，逐步改变和实验，加进新的内容和形式，也可能有人企图具象的在傣锦上再现某些自然形象。如果发现在这种织造工艺条件下无法做到，而一些不想力图模拟自然美的形象又成功了，在这样的艺术实践过程中认识到：一定的艺术设想必须符合一定的工艺条件，形成了傣锦艺术的审美观和形式法则。具体地说就是：在傣锦织造工艺条件下，比较适应那些以 45º 及其倍数角构成交叉或转折的直线条方向性，比较适应白黑对比清晰明确的图案关系等等。如马脖子和身体成 90º 或 135º 方向衔接，多采用侧面剪影式，在大的实体面积中（如马身体部分）加些点，避免跳过多出现的超长浮纬而影响牢度。这种依照工艺和实用条件采用的艺术处理手法，可以说是工艺美术图案造型中“变形”和装饰手法的重要原因。

在长时间代代相传的傣锦生产过程中，图案形象不断地接受工艺条件影响而改变着，也不断地接受在傣锦和更多的造型艺术品种创作中形成的形式美感而改变着。比如为了突出某些主要纹样简化和压缩了一些次要纹样面积，而在统一的织造工艺条件下，这些次要纹样逐渐减弱了形象的鲜明性，演化为较抽象的纹样。

对传统工艺美术的纹样变形和抽象图案的研究，是个很复杂的问题。从工艺美术观念形态方面出发，变形和装饰化应该是创作者的思想意识和审美观念所决定的。在傣锦和一些其他民族织物中，就有一些抽象的几何纹样的“有意味”的名称，如虎爪纹、螃蟹纹、蝴蝶纹等。这些纹样中，不少已很难从形象和内容上看出与名称的联系。

工艺美术、建筑等与“纯”观念艺术的重大区别之一就是对物质生产的依赖性。“一切造型艺术，特别是其中的建筑艺术、工艺美术，由于造型形象与每一根线条每一点色块的具体塑造的创造本身就是由某种物质特性所构成的，由于它的形运用相联系，艺术创作是与物质材料的直接加工联系在一起的。”这就要求我们，在分析研究造型艺术特别是工艺美术包括其中出现的变形和抽象艺术手法时，对其生产的必需条件即材料、工具和技术要特别加以注意。马克思指出：“工艺学会揭示出人对自然的能动关系，人的生活的直接生产过程，以及人的社会生活条件和由此产生的精神观念的直接生产过程。”在前面已经谈到的傣锦图案形成与工具技术的关系就证明了这一点。若扩大到其他的工艺品，像编织产品中的“人字纹”“十字纹”等也是出于材料和编织工艺的特点。

傣锦图案内容中还有一部分不是来自自然形体，这些形体在被吸收进傣锦艺术之前，已是“人化”了的自然，形成了自身的“装饰美”。这种吸收常被称为艺术“借鉴”（比较直接的借鉴），其形式往往更易于融入傣锦艺术，从而丰富和提高了傣锦艺术内容和水平。其中，“借鉴”得最多的就是傣锦建筑艺术。

傣锦建筑艺术很有特色，不仅干栏式的竹楼在虚实对比，形体变化上特点鲜明，那些山重檐式的佛寺和近似东南亚的窣堵波式佛塔形式美观都很强烈。一些建筑附近常常是夸张概括的大象、孔雀。重要的是这些形象的艺术形式很容易结合傣锦的织造工艺要求，即基本以直线组成 45º 倍数角度。这些都很容易结合傣锦的实用和工艺条件演化为抽象几何图案纹样，成为傣锦中出现众多格律化、规范化和装饰化很强的几何图案纹样的重要原因。

宗教与傣锦构图

“赕”佛，是傣族社会中普遍习俗。傣族信奉南传上座部佛教，对傣族的织锦图案，有着一定的影响。南传上座部佛教提倡“赕”，就是布施，是向佛和寺院奉献钱和食物贡品，以积个人善行修来世。作为物质产品的傣锦就成了人们“赕”佛的供奉品，而从精神产品来说，这种“赕”佛的傣锦反映的宗教思想内容也就占据了较大比重。由于佛教的长期思想统治，极大地获取了傣族人民的虔诚心理，故这类傣锦一般都织得很精美，是傣锦中的高档产品。

“赕”佛的傣锦主要是“幡”,傣语称为“东”,用于悬挂在佛寺殿堂里。还有褥垫心，用作托放贡品。“东”是长幅直式，常分段织入不同纹样，也有很多中间是一塔贯穿全幅，塔亭错落布置人物、动物、花草等。这种悬挂式的傣锦基本已成为欣赏性的工艺品，它的内容虽然有很大的宗教思想成分，由于是傣族自己织造奉献的，实际上更多地蕴含了傣族人民对美好生活的幻想和憧憬，宗教形式并未能掩盖人民群众的健康美好思想情感的体现。

在这类傣锦上，如果说那些抽象几何纹样是曲折、间接地体现了傣族人民的性格和感情的话，那么，一些具象纹样则更明确、直接地反映了傣族人民群众的思想情趣与向往。如孔雀在傣族人民心目中是美丽、幸福生活的象征，大象、骏马意味着民族的富裕和强盛，建筑纹样的“帕散”（傣语）代表着未来的理想境界（佛教极乐世界中的楼阁宫殿之意），等等。但是，这种靠联想所寄寓的内容，简单地摹写自然是不易取得的。傣族艺术的创造者巧妙采取了装饰化的组合手法，把一些具体形象变化组合成为类似的另一具体形象。如某些大象背上的鞍亭，也可以视为两只向背而立的孔雀，或两条相对的龙，又组成类似的佛寺建筑形象。这种“不似又似”和“共形相生”的艺术处理，使傣锦图案中出现的自然物体形象超出仅仅追求“自然美”的表现，丰富了图案的寓意内容和艺术情趣，产生了装饰艺术的浪漫意境。

4. 傣锦的地域特点与色彩艺术

傣族分布地域较为宽广，也有水傣、旱傣、花腰傣等称呼，绝大部分人口聚居于西双版纳和德宏州外，其余散居于耿马、孟连、景谷、景东、元江、新平及保山、金沙江边等30多个县，而且还是一个跨境民族，与缅甸、泰国、老挝都有渊源关系。因此，织锦图案的构图、用料、色彩配搭等，不同地区，不同支系，相对来说，有一定的区别，但都有他们自己的特点。这不仅是因为他们有着不同的地域和生活条件，而是因为他们各有其表现民族文化特点的不同观念形态。

西双版纳傣锦，以棉锦为主，多在白色或淡色底布上织出各种花纹。纹样除了几何纹外，还有许多反映傣族传统文化和地方风情的具体形象。如：大象、孔雀、龙、马、花鸟、人物、树林、日、月、佛寺建筑、龙舟等。这些具体形象纹样，无论是蹒跚的大象、蹁麟的孔雀，还是“龙凤吉祥”……或来自傣族古老的传说故事，或来自自然的细致观察，也有亲身经历体验过的生产劳动和宗教活动。西双版纳素有“动物王国”和“植物王国”之称，密林中生活着大量的象、虎、猴、鹿、孔雀等珍禽异兽。特别是孔雀在傣族人民心中更是和平、幸福和吉祥的象征，寄托着傣族人民对美好生活的愿望。经过傣族能工巧匠的艺术处理，使其图案化，加强了装饰性，并与几何纹样有机地结合在一起，形成了西双版纳傣锦独有的，具有形象突出、简洁、自由的特点，表现出傣族人民对美好生活的憧憬。

西双版纳傣锦的图案组织，多是几条二方连续带状纹样并列织成，宽窄错落、疏密相间，很有节奏感。纹样中动植物和建筑、人物形象很多。在织造中，结合工艺技术和材料特点，对自然形象做了大胆夸张提炼，使其形象既鲜明、简练、概括，又有图案格律化，别具一种粗犷厚朴和浓郁装饰趣味。这里的傣锦色彩，以深红和黑色为主，间或杂以他色。织造时基本用一种颜色纬纱形成花纹，织过一定长度再行更换其他颜色纬纱。专用色彩上的段落性变化与并列纹样带的变化节奏呼应，或同步、或交错，形成简洁明快、节奏清晰的色彩效果。总之，版纳地区傣锦的纹样结构，常采用平行并列的二方连续组成。一些较大的纹织面积上，就形成了经线方向（直向）的变化和纬线（横向）上的重复协调。各纹样组成了疏密、间隔、宽窄和主次的对比呼应，错落有致。这里的傣锦很少有四方连续纹样出现，偶有出现也是以一定宽度的纹样带状形。纹样的内容具体的动植物形象很多，有狮、象、孔雀、马、花草、树木、建筑和人物等，经艺术处理后装饰性很强，与一些几何纹样能很好地结合。

版纳傣锦中，众多的纹样基本上是主次分明。特别是在褥心这类小幅傣锦上，一个完整的纹样单位，往往只重复四至五次，再加上单位纹样内部线条的粗细、疏密等处理适度，既突出了一个完整单位纹样的基本艺术，又连续纹样的一定和谐性，形成强烈的装饰效果。

德宏地区养蚕较早，景泰《云南图经志书》说：“境内盛热，四时皆蚕，以其丝染五色织土锦

充贡。”因此，织锦多以丝织。德宏傣族傣锦多采用黑色或重色底布，把红和绿、黄和蓝等强烈对比色统一到黑布底色上，浓艳而协调，有时还掺以金线，更富有辉煌灿烂的效果。图案纹样多为菱形、方形、六角花、回形纹等几何图案，动物的具体形象少见。在图案结构上组织得比较严谨，有些完整的四方连续，也有对称的二方连续。这与西双版纳傣锦的多条二方连续并列结构的构图方法有所区别，使用上也没有更多方向性的限制。

总的来看，西双版纳的傣锦图案内容，反映现实生活较多，图案组织规律也比较自由，色彩柔和，给人以安静、朴素的感觉。德宏地区傣锦，图案格律严谨，单位纹样大而饱满，多是几何纹样，色彩艳丽，具象的形象较少，只在背包类中可见。最常用的是几何纹样，机构组织严格，变化丰富，细部处理也精致。特别是丝织傣锦，比起西双版纳傣锦纹样有些显得松散，但也组织得更活泼自由些。总之，云南傣锦，不像一般的丝织锦缎，而主要是以棉线为主的彩色线织造的，纱支也较粗，因此感觉柔和、朴素大方，再加上具有鲜明风格特点的图案纹样，是具有强烈感染力的艺术品。

傣锦虽然各有自己的艺术特点，但都是采用白棉纱线作经，丝绒或棉线作纬，通过简单的提花织机交织而成。所织造的图案，达到凸起宛如浮雕的装饰效果。这是其他织机所不能成的。傣族织锦的题材丰富，结构严谨，图案优美，色彩艳丽，质地厚实，用途广泛。这些丰富多彩的傣族织锦艺术珍品，反映着兄弟民族的历史、社会、文化艺术、生产制作和生活习俗等情况，并且有机地结合起来，在长期的历史过程中，逐渐融汇，形成了独特的艺术风格。这是民族群众智慧的结晶，充分体现了云南兄弟民族高度的艺术创造才能。

在漫长的等级社会里，受统治压迫的傣族人民创造了丰富多彩的织锦图案。今天傣族人民成为傣锦的真正主人，更可能发挥自己的艺术创造能力，去表达美好的愿望，去反映如花似锦的生活。

傣锦，是相对独立于汉族丝织锦之外发展成熟的民间工艺品。它那优美特殊的艺术反映了傣族人民在物质文明和精神文明的创造，也寄寓着傣族人民对生活的热爱。傣锦的色彩、纹样结构，都有特殊的艺术魅力，都意蕴着特殊自然环境、宗教、民俗、历史等丰富的社会内涵，具有特殊风格，特别是色彩的配搭上，不同地区有不同风格，更意蕴着特殊的审美艺术。

傣锦色彩单纯、明快，多采用鲜明和对比性大的色彩，少见灰色调。常用红、黑、白以及其他鲜艳色彩。每幅傣锦往往只用二至五色，除德宏丝织傣锦外，色调倾向都很明显。

西双版纳织锦主要以白色为底，用红色或黑色纬纱织成花纹。近年来，随着混纺毛线的普及，也常采用各色毛线为纬线，色彩有反复杂方向发展的趋势，但尚未形成严格的配色规律。总的来看，是色调简洁明快。

德宏傣锦色调偏向浓重，常大量使用红、黑以及翠绿等浓艳色彩。这里傣族人民喜爱黑色服饰中的包头、筒裙都是以黑色最多。褥垫心等傣锦还常以黑色为底，用鲜艳色纬纱织出花纹，有些还掺用金线，更显得浓艳灿烂。其中，梁河等地的丝织傣锦，有些用到七八色以上，都是艳丽颜色，各色线织面积也接近，再加上纬纱为丝，反光强，尤显得华丽。

傣锦的纹样和色彩配合特点也很突出。有时色彩随纹样变化而变化（更换色纬），有时又交错变化（即色纬更换不依纹样变化而换）。这样，色彩和纹样形成两个变化重复的节奏，或同步呼应，或异步交错，很简单的艺术手段产生更丰富的效果。

无论是西双版纳，或是德宏地区，傣锦大多采用鲜明艳丽，对比强烈的色彩，也有素雅调和的色调，既古艳厚重，又斑斓富丽。常用的艳色有：红、绿、蓝、紫、黄、青（包括这些色调的同类色），此外还有黑、白色。一般的基本色调为红、白两类，白为底色，上起五色宾花，对照强烈，满地生辉，活跃灵动，绚烂悦目。浅色底起亮花或暗花的，锦面华贵而富丽。四五色以下的傣锦较少，纬经用多梭多彩纬向显花，并有多至八梭八色者。如德宏景颇族织锦中花鸟纹锦，以大红、粉红、白、墨绿、葱绿、黄、宝蓝、墨紫等八色丝线组成的织锦，锦面构图繁复，配色华丽，反映了傣族织锦水平。特别是在金色底布上织出的彩色花纹，用色浓艳，对比强烈，又常用相向的色晕过渡等方法加强富丽堂皇之效果。

民间工艺品都有很强的地方特点。民间工艺品的创造者，对本民族本地区的人民生产生活都非常熟悉，她们自己就生活在这个环境中，这些艺术品反映的就是她们自己的思想感情和生活面貌，绝少有表现她们生活之外不熟悉不了解的内容，这是和艺术家创作设计的作品最大的不同。从艺术和生活的关系来看，民间艺术又是和生活最紧密的联系着，这就是民间艺术最“真”的表现，就表现的深度和广度，艺术家显然做不到民间艺术那样。

傣锦在傣族群众中，绝不是仅有的少数人从事的“特种工艺”，而是几乎每个村寨的妇女、姑娘都会织最普及的工艺品。在祖辈相传和广泛交流的生产制作过程中，使材料、工艺技术与艺术的内容与形式达到高度统一，也形成了一定的艺术程式。

很多民间工艺品的创作者又都是使用者。她们的产品很少出售，像西南许多民族服饰的挑花、刺绣一样，傣锦也都是自织自用。这样在艺术加工过程中，完全按照个人意图制作，或者用作馈赠亲友的礼品和爱情的信物。当然在最大程度上注入了制作者的感情，和那些只以盈利为目的的产品就有很大不同。有些民间工艺品虽然也有出售，但基本是在本地区农村集市上，销售对象也是本地区本民族的人使用和欣赏。生产者和使用者处于同一社会阶层，同一民族或地区，二者的思想感情也是沟通的。

至于民间工艺表现的质地粗糙和工艺技术简单，却并不等于艺术上的粗糙，而且往往成为朴实无华的美。像傣锦那样，如果把为数不多的鲜明色彩换成复杂的多次复色，把粗松的面纱换成刺绣那样的丝线，织成像纱似的轻盈透明，也就失去了质朴、纯真的美，嗅不到浓郁的地方乡土气息，看不出强烈的民族感情了。

5. 景颇族、壮族织锦

织锦在少数民族中，是在纺织印染技术充分发展的基础上形成的。织造工艺复杂，成品艳丽华美，图案变化无穷，是民间工艺品中有高层次的手工艺品，也是各族人民主要的衣料和家用面料，在历史上较为普遍和著名。至近现代，依然保存延续在许多少数民族中，前面已讲述了傣族织锦，这里再对景颇族、壮族织锦作简单探讨，从中了解不同民族不同的织锦艺术和文化内涵。

织锦是以经线显花观图，即以经起花的艺术。景颇族织锦最具代表性的二色锦和三色锦，均为二重组织，锦面纯洁平挺，服用效果好。其经线根据显花的需要，至为深浮，使织物表面清晰地显现出两种以上色彩的花纹，质地较厚实。景颇族织锦，在折线组织成的波状带内填入舞人、龙、凤、麒麟及几何形等纹样，图案文化丰富。四色以上的织锦则采用分区挑置彩经纬线的方法织成。有的纬经用多梭多纬的显花，并有多至八梭八色者，德宏一带景颇族织锦的花鸟纹样，以大红、粉红、白、墨绿、葱绿、黄、蓝、紫等八色线织成的锦缎图案，独具特色。缎底上有五彩花纹的重纬织物，配色极繁，少则四色，多则十八色。花中的“金宝地”，用圆金线织底子，再在金色底子上织出彩色花纹。由于采用小梭挖花工艺，因此，可使上下左右花纹循环，内色各有不同。花样题材多为大缠枝花及花草、动物等结成的吉祥图案，风格粗放饱满，气势雄浑，有富丽堂皇之效果。

景颇族织锦，不仅工艺奇巧，而且有着丰富的文化内涵。织锦的生产过程，全部采用传统工艺，原料主要是当地所产的棉、毛线。妇女用纺锤将棉毛纤维纺出纱线，再用植物、矿物作染料（现今也有用工业染料），染出所需的色彩，然后进行手工编织。编织一块筒裙料约需两个月时间才能完成，费工费时。编织工具是简单的竹、木制的棒及小框架，室内外均可操作。编织时，以黑色或蓝色棉线为经、纬。在经纬线中掺入红色毛线起花，形成黑底彩纹。织品幅宽一般为35厘米左右。景颇族织锦一般以黑色布为底，以大红、深红为主色调，间以黄、绿、蓝、紫等纯色。织品色彩有鲜明和谐，古艳厚重，又斑斓富丽的效果，体现着景颇人热烈、强悍的性格。

景颇族织锦因采用经、纬线交织起花，适于表现各种直线的纹样，因此，多为菱形纹或在基础上变化出来的其他几何图案。图案的题材非常广泛，都与景颇族的生产生活以及宗教信仰有密切关系。在众多的纹样中，动植物纹样占大多数。这与景颇人长期处于采集、狩猎生活有关，将这些自然界中的动植物题材大多抽象化为几何纹样，比单纯的写实、模拟要复杂得多。景颇族织锦中许多图案均有名称和内涵，但多用象征性和抽象性的表达。如：蝌蚪纹、蝗虫纹、螃蟹纹、牙齿纹、水田纹、甲虫眼纹等，是对昆虫主要部位精致的表现。卷曲伸展的南瓜藤纹，闪烁游动的水蛤蚧纹，孔雀装花云锦斓，冰蚕吐凤雾绡空，新样的小团龙等，体现了景颇族祭鬼时穿用的织锦裙上，有“人鬼分开纹”“守谷纹”“人和谷魂结合纹”等，其色彩与生活用裙差别不大，只是图案非常奇特。这是因为过去景颇族生产力低下，靠“刀耕火种”的低下生产力阶段，取得稻谷好收成极不容易。因此有为谷招魂的习俗，在祈望稻谷丰收的仪式上，人们唱起“叫谷神”的歌：“谷神啊，你是王；谷魂啊，你是主；谷魂啊，快回家、快归仓！”祭祀谷魂时，人们穿的织锦裙上，纹样色彩与生活用裙差别不大，但在纹样中，有几根特别突出的垂线，贯穿于花纹之中，表示是谷魂进来的路，不仅能取得丰收，还是人与邪恶斗争的“人鬼分开纹”。用时织锦裙上还有着，从“人和谷魂结合纹”，再到稻谷生长的“水田纹”，最后来到“守谷纹”，因取得丰收，还要防偷谷人。整幅裙子的图案，就是与自然、神灵、邪恶作斗争的画面。

景颇族人民在特殊的自然环境中，受大自然美好景物的感染及传统审美观念的陶冶，凭着自己的愿望和想象力，把生活中的物象表现出来，以准确夸张的造型和对比强烈的色彩，别致的构图形式区别于其他民族织锦，具有非常鲜明的民族特点和地方风格，也是民族传统服饰中的奇葩。

织锦在傣族、景颇族中都主要是用在妇女的筒裙上，但景颇族筒裙上的图案，是不同于傣族的另一种风格的织锦。它用几何纹织满底的手法，以红色为基础，黑色为底衬，图案对比很强，热烈鲜明。景颇族妇女所穿的织锦筒裙，所有花纹不但有名字，而且有含义，正如民间谚语所称

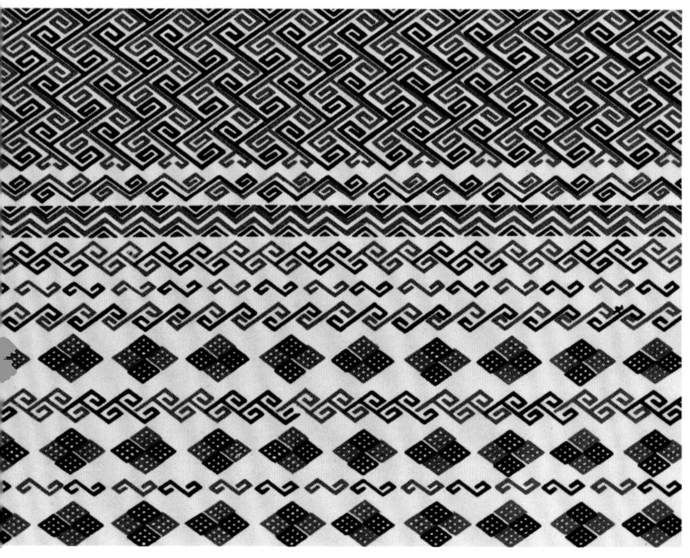

"筒裙上织着天下事，那是祖先写下的字。"聪明的景颇妇女在进行艺术劳动，对着经纬线仔细计算的同时，融进了对大自然的赞美，对生活的热爱，对未来的憧憬和爱情的祝愿等复杂的感情。所以，有人说："景颇族的织锦，不仅是传达感情的艺术美景，也是可以翻译成赞美大自然的抒情诗。"

壮锦是独有的服饰面料，历史悠久。宋代称为"緂"，《岭外代答》中称"邕州左右江峒蛮有织緂，白质方纹，广幅大缕，似中都之线罗，而佳丽厚重，诚南方之上服也。"明代，织有龙凤图案的壮锦是著名的贡品。清代，壮锦以棉纱染五色丝绒编织，《粤西琐记》载："手工颇工，染丝织锦，莫不争购之。"壮锦发展至今，工艺有了很大发展，图案也更加丰富多彩，以白麻棉线为经纬线，五彩丝绒线为纬线交织而成。纬起花，织物正反面成纹样。图案构成的形式有两种：一种以几何形为骨架，用四方连续的自然题材纹样装饰其中；另一种是二方连续的适合纹样和带状纹样。前者较多见。壮族织锦的组合图案丰富，多种多样，工艺精美，如"丹凤朝阳""二龙戏珠""鱼闹龙门""嫦娥奔月""百鸟朝凤"等，具有民族特色和古老艺术风格，其织品畅销国内外，深受好评。

壮锦色彩鲜艳，多以大红、橘黄、翠绿等色为地色，湖蓝、桃红、金黄等色为点缀色。例如流行于文山州广南一带的"菊花回纹锦"，图案以菱形方格为骨架，中纬菊花纹。菊花纹的形状不同，蓝、白、红、紫诸色菊花相互穿插，蓝白色菊花点缀黄色花心，红紫色菊花点缀绿色花心，色彩十分艳丽丰富。因其纹样具有强烈的民族性和制作工艺的独特，传达着丰富的民族文化内涵，在我国民间工艺美术中享有盛誉。

四、蜡染、扎染与蓝靛染布

蜡染、扎染的技艺至今流行于苗族、布依族、瑶族、白族等民族中，蜡染在中国古代称为“蜡缬”在我国印染史上具有重要地位，可到宋代以后，在中原都突然消失了，而在边疆少数民族中盛行至今，成为民族服饰上的艺术之花。蜡染的材料主要有蜂蜡和石蜡、枫叶、牛油几种，其中常用的是蜂蜡和石蜡。蜡染所用的工具有蜡锅、蜡刀等。蜡刀用竹片或铜、铝条做成，它犹如画家手中的笔，是用来彩绘图案的工具。蜡染工艺就是将蜡放入蜡锅（也可用陶碗、金属碗等替代）内加热溶化成液体，然后用蜡刀蘸着蜡液，在麻、棉、丝质布上绘成图案，等蜡液凝固后，再将布投入蓝靛染液里加染，最后将染了色的布放入清水大锅中加热，溶解掉所绘上的蜡渍，蜡去即现花，就得到蓝白或清白相间的蜡染布。当然，除了最常见的黑布花纹布外，还有彩色的蜡染品，蜡染工艺的特点，是以线条细腻而著名。盛行蜡染的民族，姑娘从十二三岁起就开始学习蜡染，图案均由自己制作，蜡刀在她们手中，挥舞自如，图案精巧，除蕨菜花、茨藜花、团花、小碎花外，还有鸳鸯、龙凤、梅花及冰纹，铜鼓上的漩涡，水波纹等。纹样多作夸张或几何形处理，结构严谨，虚实有制，刚柔相济，风格明快清俊，色彩深浅相间，富于层次，变化丰富，图案都有她们的寓意和向往。此为蜡染在各民族中的总概述。由于特殊的地理环境和历史原因，居住在云南的苗族与湖南、广西的苗族相比，传统蜡染的技艺和在服饰上的装饰都有许多不同之处，就云南、贵州两省虽连，但各自特点也很突出。

蜡染是用蜡染技术染制的纯棉花布。蜡染古称“蜡缬”，如今在苗族、瑶族、布依族等少数民族中流行。具体的做法是细针在布面上钩出纹样的大致格局，再用特制的蜡刀蘸上被火熔化的蜡液绘出图案。熟练艺人不用事先作图稿而直接绘制，然而将布浸入靛蓝染缸，织物的无蜡部分被染成蓝色，有蜡部分防染留白，继而将织物沸煮，除去蜡质，最后漂洗晒干，便显示蓝底的花。其花纹部分，因蜡膜龟裂，染液渗透而产生不规则冰纹，亦有多种色彩染制多色花布的。蜡染花面，作衣裙或帽、带、包等。在悠久的历史发展过程中，积累了丰富的制作经验，形成了独特的艺术风格，成为我国极富特色的一束民族艺术之花。

扎染又叫“绞缬”染色，它的染色原理与蜡染基本相同，都是设法以所需要的图案上染，但在工艺上，两者都有很大差别。“缬，撮采以线结之，而后染色。既染则解其结，凡结处皆原色，余则入染矣，其色斑斓谓之缬。”这种缬染之法，至今还在大理周城一带盛行。白族是一个有着古老文化的民族，这种原始的染图制衣手法，是值得追忆和怀念的艺术。

1. 苗族蜡染

蜡染是苗族传统的民间印染工艺，是苗族民间工艺的最高境界。它是以蜡作防染材料，在织物需显示花纹部位进行涂绘、染色后，因涂蜡处染液难以上染，而织物显示出花纹图案。蜡染由于在操作过程中固态的蜡往往会产生裂纹，染液顺着渗于织物纤维，形成自然的水裂，这是蜡染所形成的肌理效果。

蜡染制作比较复杂，其工序是先把白色底布铺平在木板上，再将黄蜡放入金属容器里用小火溶化，用蜡刀蘸上蜡汁，在布底上绘制图案。蜡染使用的蜡刀很特别，其结构很像一支蘸水铜笔。其笔杆用竹棍做成，称为“刀把”。笔尖是三片犁铧形铜片，称为“刀片”。铜片之间皆有缝隙，用此储藏蜡汁，持握蜡刀的方法与平常人们握笔写字有很大不同。刀把需大幅度前倾，刀片后缩几乎置于腕下。作画时，对于那些长的直线，蜡刀只能随着手腕作纵间运动，而横向或其他运动则仅能用来点缀一些小短横和绘制图形。若横向直线较长，就得将手臂伸长直至整个身体调转方向，或将底布调转方向。在整个绘制过程中，蜡汁必须保持合适的温度。温度过低，蜡染就会凝固，温度过高，蜡染容易变黑甚至起火。

绘好图案后，将布放入染缸浸泡数小时，再挖出放到清水中，刷洗以除去多余的染汁，然后放入水锅里将蜡煮化，再放到清水里泡洗。这样，绘画时着蜡的地方因染料无法附着而成为白色，原先留白的地方则被浸染上了颜色。

染料一般为黑色或蓝色，因此染出的成品就是黑白相间的图案，有的又在白底上再缀上红、黄等色，使图案更加精美。苗族蜡染，既有特点，又比较复杂，下面再以几道必经工序作更详细的叙述：

点蜡：云南苗族的点蜡方法比较古朴，具体的做法是，将白麻布或白棉布平铺于一块木板或桌案上，放一块蜂蜡在一个小土碗或小锅中置于火塘上加热，待温度升到60摄氏度至70摄氏度之间（超过70摄氏度蜡绘布时，蜡染便立即渗浸四周而使花纹模糊不清，反之则蜡粘不上）时，更用专制的蜡刀（铜质，刀宽约2厘米，形似小斧 ，连接在约15厘米的竹柄上）蘸蜡汁在布上描绘所需要的各种花纹图案。苗族妇女用这种特性进行蜡绘，有经验者完全凭自己的观察以定温度，而初学者，只能将画布置于膝上，凭自己皮肤的感觉以断温度是否适宜。描绘时，蜡的厚度要均匀、适度，使用的蜡要一直置于火塘上保持温度，以保适用于描绘图案的要求。

点蜡方法，由于苗族支系不同和染蜡布料的用途不同，审美情趣的不同而有差异。武定苗族蜡染虽用在大块裙料上，但纹样多为“十字”纹等较小的几何纹样，一般也都置于腿上点蜡。文山与红河州的苗族，蜡染多用作衣、裙、背被 ，纹样较为复杂。故通常以比较平滑的石板或木桌作案台，按布料的大小安排适合的纹样，心中有个腹稿，便信“点”来。蜡点画好后，让其平放或挂起来自然风干。最后，经检查对其残缺进行处理即可进行浸染。

妇女们所绘花纹图案，一般不用打样，只凭构思绘画，用手工技巧，就能将一幅幅精美的图案绘于布面上，可谓不是画师胜似画师，使人佩服不已，也不用直尺和圆规，惟妙惟肖，栩栩如生。

值得一提的是，点蜡若用的是麻布，之前必须进行一道必不可少的工序——“滚布”，即将所用麻布的一端放在滚筒上，然后将石板或木板压在布面上，再用两只脚分别踩在石板或木板的两端来回滚动，通过反复压磨，使麻布变得平整光滑，才便于点蜡画样。

浸染：点蜡绘制完好的布块，便放入染缸中染色。染好后捞出来用清水煮沸脱蜡，最后用清水反复揉搓，漂洗除尽蜡质、晒干。在浸染过程中，描绘部位不受色染，而成为白色，未点蜡的部分则会受色成为蓝底或黑底，这样一块蓝白相间的美丽蜡染布块就制成了。绘画的图纹也自然地清晰呈现出来。

浸染的基本做法，首先是原料的采用，大多是植物染料，而靛蓝是她们常用的一种。靛蓝，俗称“板蓝根”。将其割来，用铡刀将其铡细放在土坑里，置于清水浸泡，直至泡烂，然后取出它的杆和叶，加入少量的石灰水再泡，使其发酵，变成蓝色稀泥状，这即是蓝靛染料。染布时，将一定量的蓝靛放入水缸中稀释溶解。一般是按每公斤蓝靛加 2 两酒、10 斤水的比例搅拌均匀后，再放上适当的石灰水，经过 10 天左右方可把织好的麻布放入其内浸染，不停地用手在染缸中搅动，使布均匀受色。经一定的时间后，将布捞出来晾干，又再次放入染液中，如此浸染，反复多次，将布料取出用清水洗，除尽蜡屑、晒干，然后将漂洗过的布料放入煮沸的清水中，使蜡脂脱去，再用清水揉搓漂洗。在浸染过程中，描绘蜡花的部分不会受染色而成为白色，未点蜡的部分则会变色，成为蓝地或蓝花。这样一块蓝白相间的美丽染布就制成了，自己喜欢的图案也就清晰地显现出来了。由于绘蜡是用熔蜡现花，冷后变

脆，蜡层自然龟裂，蓝靛随裂纹渗透浸染，脱蜡后出现人工无法描绘的冰纹，千差万别，很有趣味，故有冰纹是蜡染的“灵魂”之说。确实，蜡染的纹样，由于用蜡刀蘸蜡液绘于织物上，线条连续流畅，图案精制美观。有时虽然属同一图案，但冰纹各异，自然天趣，具有其他印染方法不能替代的独特效果。

图案题材：蜡染图案的题材非常广泛。苗族妇女在自己熟悉的生活环境中，受大自然美好景物的感染及传统审美习惯的陶冶，凭着自己的想象力把生活中的物象表现出来，以准确夸张的造型和对比强烈的色彩，别致的构图形式区别于其他民族。纹样有传统的，有作者随心所欲设计的，日常生活中常见的飞禽走兽，花鸟鱼虫，无所不有，也不断将外来民族传入的纹样结合本民族的审美情题进行变化，生活中的各种物象经过艺术处理，结合蜡染特殊形式，组成了富有装饰性的图案。通常表现的动物纹样有人花、鸡爪花、猴子花、鱼花、狗花、蝴蝶花、猫花，以及兔子花、牛花等；植物纹样有刺花、桐樟、油花、蕨花、豆花等。受日常生活用具启发而得到的如烟盒、盘子、锯齿花等，也有反映苗族人民理想，追求幸福及表现勇敢精神的题材，常见的有龙、锦鸡、马鹿、狮子、骑马挥舞大刀的人物，这类题材，常用于盛装或壁挂上。

蜡染图案风格的基础是写实而又朴素的象征，它的好处在于天真、质朴、粗犷、有力。特别是它的造型，充满了孩童般的幻想，含有无穷的魅力。题材来自生活或优美的传说故事，含有浓烈的民族气息。她们往往用语义双关的命题和比喻的手法，反映了深厚的生活情趣和对未来幸福的向往，是现实主义和浪漫主义相结合的制作。

图案组合的节奏感，韵律感常常是出奇制胜的独特而迷人，十分惹人喜爱。

苗族蜡染纹样，母题丰富，手法多样，组合严谨，常见的几何图案，如十字纹、方块纹、锯齿纹、太阳纹、蕨菜纹、睡狗纹、豆花纹等，虽取材料于现实，却都将它们概括成抽象化的纹样，以点和线组成二方连续图案，连绵不断给人一种有序的节奏感，不仅有强烈的艺术魅力，而且反映了苗族对大自然的热爱之情和对美好生活的追求。蜡染纹饰小中见大，没有宏伟的篇章，但以精巧、流畅的线条表现灵秀之美，一点一画的认真态度追求完整、细致、娴熟的效果，那是苗族向公众表达的一种象化造型的“语言”。苗族蜡染图案，记载着许多优美的传说。如苗族历史记载，因无文字，聪明的苗族妇女别出心裁，用蜡刀做笔，以花纹为字，来记述祖先自北向南不断迁徙的历程。苗族妇女，裙子上有两条蜡染宽横纹，据说是苗族祖先居住地方的江河纹样，也有人说是象征黄河、长江。在这里横条纹并非简单的几何纹样，而应当理解为“符号”，称之为“史诗”。蜡染的点和线都有一定的程序，代表着苗族的历史故事。苗族是最早进入中原生活的民族之一，传说他们的祖先是蚩尤部落，后被黄帝族打败，到夏禹时期被逐到长江以南洞庭湖、鄱阳湖一带。西晋至五代时期，在“鞭挞殊俗”的民族压迫下，又向西被逼，往贵州迁徙。唐宋以后部分迁入云南。苗族蜡染图案中点线很多，大多由具象演变成抽象图案。这种艺术符号，成为苗族的民族感情、群体观念的寄托。它象征山山水水，田连阡陌，溪流纵横与无数的森林，是记述民族祖先跋山涉水而来的相思，把蜡比作散发泥土气息、生活味和山地民族纯情的“诗画”，是恰如其分的。

苗族传统蜡染的单个纹样，一般较为简洁、规整、对称。由于蜡染先经精工的描绘，蜡能将蜡液用布料明显地分隔开，染出的花纹边缘较清晰与蓝底产生鲜明的对比，是苗族用于表达其审美理想的装饰手段。苗族把过去生活过的地方、山川、河流和城郭做成衣服穿在妇女身上，并世代传承至今。如“十字纹”取材于妇女纺织活动中的“十”字形理线架，起对称作用；“太阳纹”与他们居住的高山有关，太阳总是最先照到山寨。苗族曾经有城，由于战争战乱使他们被迫迁徙；“山坡纹”是他们对族源地的怀念；“睡狗纹”则与部分苗族喜好养狗打猎，喜好吃狗肉，“豆花纹”则与苗族种植各种豆类有关；“蕨菜纹”，苗族生活于山区，遍地是蕨菜，蕨菜发芽，意味着充满希望的一年已经开始，蕨菜生命力旺盛，年年割年年长，苗族妇女喜爱蕨菜，希望如蕨菜一样生长发育；“绕弯路纹”，苗族生活的山区，山高坡陡，山路崎岖难行，妇女们种地、赶集等，出门就是上坡下坡，常年往返于弯弯曲曲的山路，她们对大山有特殊的感情，穿着自己绘制蜡染“绕弯路纹”的衣裙，长年生活在大山里。“凤凰纹”“团花”等纹样，则象征吉祥，美丽和幸福……各种蜡染纹样都发挥着苗族人对乡土和自然的热爱。蜡染纹样体现了苗族妇女独特的审美观念和思维方式，表现了她们对幸福的渴望、对

生活的热爱，对祖先的怀念，具有实用性、完美性、象征性的意义。蜡染中浓郁的山地色彩与生活气息，使其成为文化传统、历史信息的积淀物。

总之，苗族蜡染图案，朴素大方，清新活泼，带有泥土的芳香，而且形象生动，线条粗犷，构图饱满，意境深厚纯朴，具有浓郁的生活气息和鲜明的民族特色。多种多样的蜡染图案，发挥着苗族人对家乡山水和对自然的钟爱。苗族蜡染色彩清晰，着力表现出丰富自然，和谐的美感；或许是蜡染的蓝白色世界太过素净，于是苗族蜡染往往与挑花、刺绣、贴布、打褶等手工艺结合，插入红、黄、绿等颜色，使色彩、质感和工艺效果更加突出。

蜡染的另一特点是手绘。它可以做任意发挥想象力，而大面积地用蜡则会出现复杂多变的裂纹，呈现出类似瓷器“开片”的奇妙效果。蜡染总是喜好蓝色为底，大多是“具象图案”取材于自然中的动物、植物和生产生活用具等。

苗族蜡染艺术性，表现出人与自然和谐美感。它那令人难忘的蓝色，及由此产生的蓝色情结与他们居住的大山密不可分。他们常年居住在高山，似乎离天很近，清晨一睁开眼，首先看到的就是蓝天和白云。蓝色，是一种富有深刻内涵和感情意蕴的色彩，是一种富有生命节律的颜色，也是一种能够唤起浪漫联想的颜色。它清新、朴雅、稳定、沉静，就像一座连接自然与人的感情“桥梁”，能将人的心灵引向广阔的原野，让人从生命力的种种物象中找到人与自然，人与人的和谐、亲近的苗族蜡染图案的感觉。乍看它似乎有点简朴单调，细细品味，才能体验其无穷无尽的生命力。只要看到它，人们立即就会与蓝天、海水、茂林联系到一起，它像蓝色谱写成的诗画，激荡着苗家的人生乐趣，让人们从它的基调中获得艺术美感。取自然之物的蓝色染料，既体现人的创造能力与自然的博大胸怀，又与苗家居住环境的协调，重重叠叠的高山、深深沉沉的老林、源源不断的泉水；蓝色、黑色、白色、绿色，浑然一

体，蕴含着天人合一的哲理，美化着人们的生活，让人们从它的基调中获得艺术美感。

苗族传统蜡染，不仅具有独特的审美价值，还有独特的实用功能。苗族蜡染布，不仅只做妇女的百褶裙、男子衣服，还广泛用于生活的各个方面，如制作各式各样的帽子、背包、坐垫、床单、壁挂等，满足了人们还祖归宗，重返自然的审美心态。更有价值的是穿在身上的衣裙，特别是妇女的百褶裙，因其结实耐用，厚重沉稳，穿起来自然下垂，适合于苗族山区的生产生活。其次，麻布百褶裙奇特雅致的蜡染花纹，朴实大方，行走时摆动的姿态，别有一种潇洒的体形美感，加衬上秀美鲜艳的刺绣，更是锦上添花。苗族百褶裙不仅只是护身手御寒的生活用品，而且它的款式，花样和工艺，均向人们表明着具有艺术的属性，它是一种珍贵的民间工艺，一种民族文化的载体，象征着苗族悠久的历史，心灵深处的情感，还蕴藏着许多人们难以破译的象征含义，不愧为苗族文化传统的徽号，是天下苗族相互认同的标志。苗族老人去世，一定要穿上麻布衣裙，这样才能回到老祖先的故土。

云南苗族蜡染的艺术语言和表现手法与民族风格，是在历史的长河中发展形成的，是历代劳动人民创造性的积累，经受了历史的考验，在悠久的历史发展过程中，积累了丰富的制作经验，形成了机器不能替代的独特艺术风格，成为我国极富特色的一束民族艺术之花。

其实，蜡染在汉族中称为“蜡缬”，是中国古代对手工印染和其制品的总称。“蜡缬”最早的历史可追溯到新石器时代晚期。所以，比较确切地出现印花物的时期，一般认为是在西汉时期。出土于湖南长沙马王堆一号墓的印花织物和广东南越王墓中的印花板表明，中国最早成熟的印花工艺是直接印染而成。大约到了六朝，出现了纺染印花，以后在直接印花与染印花的基础上，又发展成多种不同形式的印染工艺。至迟在唐代，已形成了较为完整的染缬技术体系，人们按纺染印花工艺的不同，将中国传统的染缬分为：蜡染、绞缬、夹缬和灰缬，现藏北京故宫博物院的三色蜡染实物，都是唐代高度文明艺术的上乘珍品，是唐代中原地区的蜡染工艺。唐以后，受外来文化的影响，中原的刺绣、织锦、蚕丝得到革新和发展，蜡染艺术相对逊色而失传，但苗族由中原带到西南地区的蜡染，却得到了很好的继承和发展，重返自然审美心态，当她们把蜡染布制成一条百褶裙，一件件壁挂，一个个日常生活用品推向市场时，便成为旅游者收藏的精品，还远销美国、法国、澳大利亚及东南亚等国家，于是苗族从此走出了深山，走向了城市，自给自足的小农经济走向了商品经济的大潮，走向了发展民族经济的大道，充分体现了开拓进取的民族精神。

蜡染施蜡的基本技术过去在汉族中有：描蜡、印蜡、泼蜡三种形式，但在云南少数民族中，保存的只是唯一的手工描蜡技艺，即是用“刀笔”蘸蜡直接在织物表面描绘图案，是蜡染工艺最基本的技法。随着社会的进步，交通的改善，印染业的发展，各色印染花布运到苗族山区。如今，苗族妇女的百褶裙多用印染生产的布料代替，传统的蜡染正走向衰败、凋零，离我们远去。这是苗家山寨现代化进程中出现令人惋惜的事，面对这种情况，我们唯一能做的就是对这多一分关注，多一分研究，多一些保护和发挥的措施，让传统的蜡染工艺传承下去，不至衰落。

苗族图案花纹的魅力，除了精湛的工艺外，就是色彩的大胆运用。《后汉书》《搜神记》等文献中都有西南先民“好五色衣服”的记载，说明在秦汉时期，苗族先民的服饰就是用明亮而又多彩多样的色彩。苗族色彩给人以强烈印象，以至于明清，直到近现代，凡是接触过或与苗族共居的其他民族，都是以服饰图案的色彩对穿着有共同的爱好，而且成为民族的标志，仅就不同苗族支系的划分就有：“白苗”“青苗”“花苗”“红苗”“黑苗”等。

不同的支系配色也不同，山的阻隔使各宗支不得不有自己的特色。他们相约每年祭祀祖先，为了避免造成混乱，老人们议定每个支系制作式样和挑花纹样皆有不同的服装以示区别。苗族的服装、图案纹样种类由此变得丰富多彩起来。苗族的每一个支系对色彩的选择各有侧重。青苗喜欢青色，妇女的上衣和裙子都以蓝、黑为主，庄重大方，只在裙边口和领口采用挑花和蜡染为装饰，平添几分情趣。白苗喜爱白色，百褶裙为纯白色，不染色也不挑花，上衣花纹图案简单，一般以细布条缝制图案，白色百褶裙与用红线挑花的腰带和袖口形成强烈对比。红苗喜爱红色，爱

用红色毛线挽头发，红色的挑花与蓝、黑色的麻布底料相映成趣，雅致中更显秀丽。花苗妇女穿的是蓝底蜡染的短褶裙或蓝、黑、白线织成的百褶裙，素雅动人，上衣和头饰则花纹图案较多，色彩鲜艳夺目。

苗族妇女走亲串戚、回娘家、陪客、赶集等社交活动时穿的服饰，更多地反映了挑花者的个性和爱好，色彩以蓝、绿、紫等深色，冷色为基调，色彩协调而庄重，整体效果隆重而艳丽，便装的花纹图案就少些，多用机织花边和彩带代替，因年龄不同，服饰色彩也有差别，年龄大的喜爱素雅些，年轻的则喜爱鲜艳多彩。形成了年轻色鲜、花繁，年老色淡，花简的特点。

服饰因不同用途，花纹的粗细，装饰的繁简，而使用不同的色彩。在重大节日和出嫁时盛装，做工精细，图案花纹浩繁，色彩丰富，多以红色为主调，代表吉祥与幸福，包含着生命与爱情的意蕴。一般均为几年时间才能制作而成。少女把青春岁月幸福欢乐、对爱情的忠贞全倾注到绣品中，充分表现苗家妇女的聪明才智和创造能力，是普通工艺品无法可比的。

尽管在服装的色块中很难找到单纯一种色彩，往往几种颜色交叉运用，这是苗族色彩运用的特点。由于颜色主次配搭得当，使整个图案的颜色主次、强弱、虚实，都十分鲜明和谐。既有主体感，又有层次感，可以看出苗族用色的自然大胆，有冷暖、静动方面的色彩观念，不同程度地表现了居住山地的苗族朴素而浓烈的审美观，是对山里的一切自然物中五颜六色的自然环境的认识和理解。苗族挑花工艺千变万化的色彩效果中，色彩鲜艳为其共同点。色彩的多样性反映了苗族的悠久文化；反映着苗族在漫长历史进程中，频繁迁徙，居住分散而形成不同支系，不同习俗，不同方言以及不同服饰，不同花纹图案的多元并存局面的轨道。

总之，云南苗族挑花图案的颜色，主要是红、绿、蓝、紫、白为主，黄为点缀。在配色方面用色适中，对比鲜明，具有素而不简，多色而不繁的特殊效果，常见的有蓝黑、青底起花。苗族服饰的色彩并非一成不变，随着社会经济的发展，也有着变化。苗族挑花刺绣这一古老的艺术，在传统的基础上又增添了新的内容，涌向市场。挑花刺绣也在改革创新，它将在苗族社会生活中世世代代传下去，并发扬光大。它的艺术光彩将给予各族人民美的享受。

苗族妇女的蜡染衣裙，往往与挑花、刺绣、贴布、打褶等工艺相结合，添加红、黄、绿等颜色，形成色彩对比，使质感和工艺效果更加突出。这也与大山的景色有关。她们每天穿行于青山绿水之间，见到的总是花、草、树木、山里的奇花异草都被她们纹样化而穿在身上。姑娘们只要走出门去，犹如一朵朵美丽的鲜花与高山密林融为一体，美化着人的生活，从中获得艺术美感，是人与大自然和谐的特殊精神享受。此时此刻，只要遇上苗族妇女戴上花箍、穿上花衣、花裙，披上花披、系上花围腰，绑上花绑腿，走起路来左右摇摆，远远望去，似美丽的孔雀开屏，又似色彩斑斓的鲜花，十分引人注目，犹如看到了她们用勤劳的双手描绘最美的图画，编织最美的生活，真是山美、水美、人更美。

2. 白族扎染

扎染的基本原理，是利用“遮盖”或“搯选”的方法，使织物不易上染，产生“空白”，从而形成花纹。白族扎染，就是用线在织物（白布）上捆扎，或将线穿入织物中，把织物缝成一定的绉襞，抽紧，钉牢，然后下染。染色时，因扎结部分织物纤维的毛细管效应，染色不能正常渗透，使花纹留下了人工难以描绘的自然色晕。有时，虽属同一图案，但色晕各异，具有其他印染方法所不能替代的独特效果。

白族人民巧妙地利用了染色工艺的化学物理作用，创造了扎染这一印染技术。其工序是在白布上设计好花纹图案，大批量的制作采取四方连续的形式，先在布料上打方格，接着用针线缝扎出各种花纹图案，再包上薄膜后染色。由于花纹需用针线缝扎，因此，所表现的题材有一定的局限。常见的花纹有梅花、兰花、蝴蝶花、蜜蜂花以及十字纹、犬齿纹等。布料上缝扎过的部位，在染色的过程中接触不到染料，经漂洗后，拆法缝扎的针线，使显露出白色的纹样，其中有的缝扎部分会有少量染料浸入，自然形成虚实相间的特殊效果，犹如蜡染的冰裂纹，别具风采。扎染中各种捆扎技法的使用与多种染色技术结合，染出的图案纹样多变，具有令人惊叹的艺术魅力。由于扎染工具都是缝衣针和线，其方法分串扎和

撮扎两种，前者图案犹如露珠点点，文静典雅，后者图案色彩对比强烈，活泼清新。白族扎染，历史悠久，技艺高超，富享盛名，直到现今，作为民族工艺品远销国内外，深受人们的喜爱。

大理周城是白族聚居的地方。每个白族妇女，几乎都在从事扎染这一手工家庭副业。她们喜欢用自织布进行扎染，扎染不需要特殊工具，只有一根线在织物上按照一定规律，或按自己喜欢的花样要求，将白布缚着，缝成或作一定襞折、钉圆、扎成一个个疙瘩，然后投入靛缸浸泡。一般是每经一昼夜即可拿出晒干，再置入染缸浸染。如此反复，每经一次，色深一次，即“青出于蓝。”最后，将钱疙瘩拆开，剪去，被扎紧部分未经染色，成白的图案，有蝴蝶、梅花、水仙等小簇花样，也有“双鸟朝凤”“喜鹊闹梅”“八卦图”等传统图案。由于方法特殊，在线缚松散部位染色渗浸形成过渡色，薄如烟雾，轻若蝉翅，有一幅绘画的韵味美。

白族扎染原料多为棉布，也有用麻、丝绸的。染料只有蓝靛一种。其工艺有扎花（缝扎）、浸染、拆线、漂洗、晒干。扎花，是制作中非常重要的一道工序，首先要熟悉各种针法，其次要把握针法的松和紧。这完全是凭着悟性和手感来掌握；再是要防止脱落、错扎和遗漏。整个扎花过程需要极大的耐心和细心。因扎花工艺和挑花、刺绣不同，扎花时用肉眼难以直现看出纹样的形制和工艺效果，要到当浸染完成拆线时才能检验，没有任何补救的余地。扎花技术的好坏，关系着浸染后花纹的成形，色形的深浅对比。用植物染料蓝靛浸染，是用冷染的方法，其过程要反复多次。染色的质量，除了与浸染的次数有关外，还与染料的配方、浸染技术、染媒的使用、晾晒、气候因素等有关。拆线工序不复杂，但须格外小心，一旦拆破布料，则前功尽弃。染洗工序看似简单，但在过去，也是全凭经验，掌握不好，会影响扎染布花纹的成色。由此可见，在制作扎染的过程中，只有每一道工序都精益求精，才可能

保证质量，否则扎染会有染色不均，纹样错乱和遗漏等诸问题。

白族扎染图案既有唐朝时期中原地区较为流行的，如小圆点纹样“鱼子缬”、大圆点纹样“玛瑙缬”、类似梅花鹿毛皮的“鹿胎缬”、小蝴蝶、小梅花等纹样。

白族扎染手法以缝为主，缝扎结合，具有布局饱满，刻画细腻的特点。浸染采用天然蓝靛反复工艺，由于花边的边界受到 蓝靛溶液的浸润，图案周围自然产生多层次晕纹，薄加烟雾，若隐

若现，凝重素雅，古朴雅致，有一种回归自然的雅趣。妙趣天成的扎染艺术品，千姿百态，常用来制作衣裙、头帽、围腰、手帕、挎包、床单、窗帘、桌布等。

白族是一个有着古老文化的民族，这种原始的手工艺术，虽然在汉族中很早就出现，但到宋朝就已经全部消失，而且在古代文献或考古发掘中也尚未见到其更多的资料，很难判定白族扎染与汉族“绞缬”工艺的关系。所以，白族扎染在我国民族印染技术中无疑是一个巨大贡献。如今，我们在大理周城看到的扎染，品种繁多，图案新颖，工艺全部为手工操作，无论是集体作坊，或是家庭副业，均用古老的传统工艺，所以，成品花样朴实大方，色彩柔和，层次丰厚，整块扎染出来的布上，图案琳琅满目，有良好的实用和观赏价值。改革开放以来，白族人民在原有的工艺基础上不断创新，产品已由原来的头巾、手帕、围腰、挎包等发展到窗帘、桌布、沙发巾、门帘等五十多种产品，图案内容由原来的花木鸟兽发展到组合性“双凤朝阳”“二龙戏珠”“熊猫抱竹”“花好月圆”“龙凤吉祥”“松鹤延年”等几十种。特别是那些具有神秘色彩的阴阳“八卦图”，不仅印染工艺精湛，古色古香，更重要的是图案生动活泼，深含着无可言尽的文化内涵和民族感情，作为民族工艺美术的瑰宝，在中华民族文化宝库中闪耀着璀璨的光芒。

一种艺术特点，往往是由它的缺点（准确地说是局限）引申形成的。扎染由于靠手扎结，能显示出无限的艺术效果，不是取悦于眼的色彩，全靠点、线节奏韵律均衡，对称呼应，疏密变化来完成美的形象，朴实无华，有一种回归自然的拙趣。丰富和发展彰显手段，能把山水、花草、人物、走兽、写实图案以及抽象绘画，很有时代感。部分产品用蜡染和扎染配合，更显得趣味深沉，经过服饰设计师精心设计成款式新颖的时装，素馨淡雅，线条构成飘逸，既古朴又时髦，穿着起来很是大方好看。扎染作为一种独特的染法叫“疙瘩染”，染出的花布叫“疙瘩花布”，布满花形图案。染的过程是先按花纹设计的规律，把“花”的部分，即不染色的部分加以重叠、摄绉、用线缝紧（或机紧），呈“疙瘩状”，然后进行浸染。待漂洗晾干后，色未浸染的“疙瘩（空白花）即是“花”，受色的部分即为“地”。白花蓝地，清新秀美，雅致质朴。用作头帕，围腰或少女上衣，基调明快，含有浓厚的田园风味。

3. 蓝靛染布

蓝靛染布是中华民族的一项与大自然植物分不开的积淀发明，开发利用与栽培天然植物的染料。直到近现代西方工业文明尚未被引进之前，依然是各民族的一大特色产业。众多民族，服色尚青、黑两色，均用蓝靛染成，或光染后缝，或先缝后染，穿脏后常染常新。天然染料，没有污染，有利于身心健康，因此，是世代承袭的传统技艺。许多民族都有自织、自染的传统，染剂丰富，技艺娴熟，染剂除蓝靛外，还有茜草、指甲花、五倍子、朱砂等植物、矿物质，也有动物血、油脂的。染法有浸染、媒染和浆染等。其工艺简而易之。其方法为：先用草灰碱水者，然后米汤浆、蓝靛浸染，漂洗后，再用黄豆浆、捶压、血浆、复染，最后成为光泽亮丽的黑紫色亮布，既美观耐磨，又可防雨。

在西南少数民族中，明代很广泛地将蓝靛用于染布业中。云南古代有丰富的蓝靛提取方法。天启《滇志》卷三说："蓝叶有大有小，皆可取靛"。《大理县志》记载："太和（大理）出产的蓝靛，叶子呈椭圆形，花小而淡红，茎为红色，有节。种植时，可割去削和根植茎数节即能生长。秋初割叶，浸于水中，蒸煮时加上石灰搅拌，就成为靛。凡染青、紫色都用蓝靛，获得很大。"这是珍贵的蓝靛栽种和浸染工艺的记述。

蓝靛的制作过程比较复杂：把新鲜的蓼蓝割下，用铡刀将其铡细放进土坑内，置于水中浸泡，直至泡烂，然后取出它的杆和叶，加入少量的石灰水再泡，使发酵，变成蓝色稀泥状，这即是蓝靛染料。染布时，将一定量的蓝靛放染缸中稀释溶解。一般的比例是每公斤蓝靛，酒 2 两，水 10 斤、搅拌均匀之后，再放入适量的石灰水，约 10 天便可把麻布投入染缸中浸染，并不停地用手在染缸里搅动，使布均匀受色。经一定时间后，将布捞出晾干，又再次放入染液中浸染，如此反复几次，始可将布料取出，用清水揉搓漂亮，晒干，这样一块蓝色的布料就染成了。这样的布，一般用于制作男人的衣服和裤子，还有加工成挂包等。

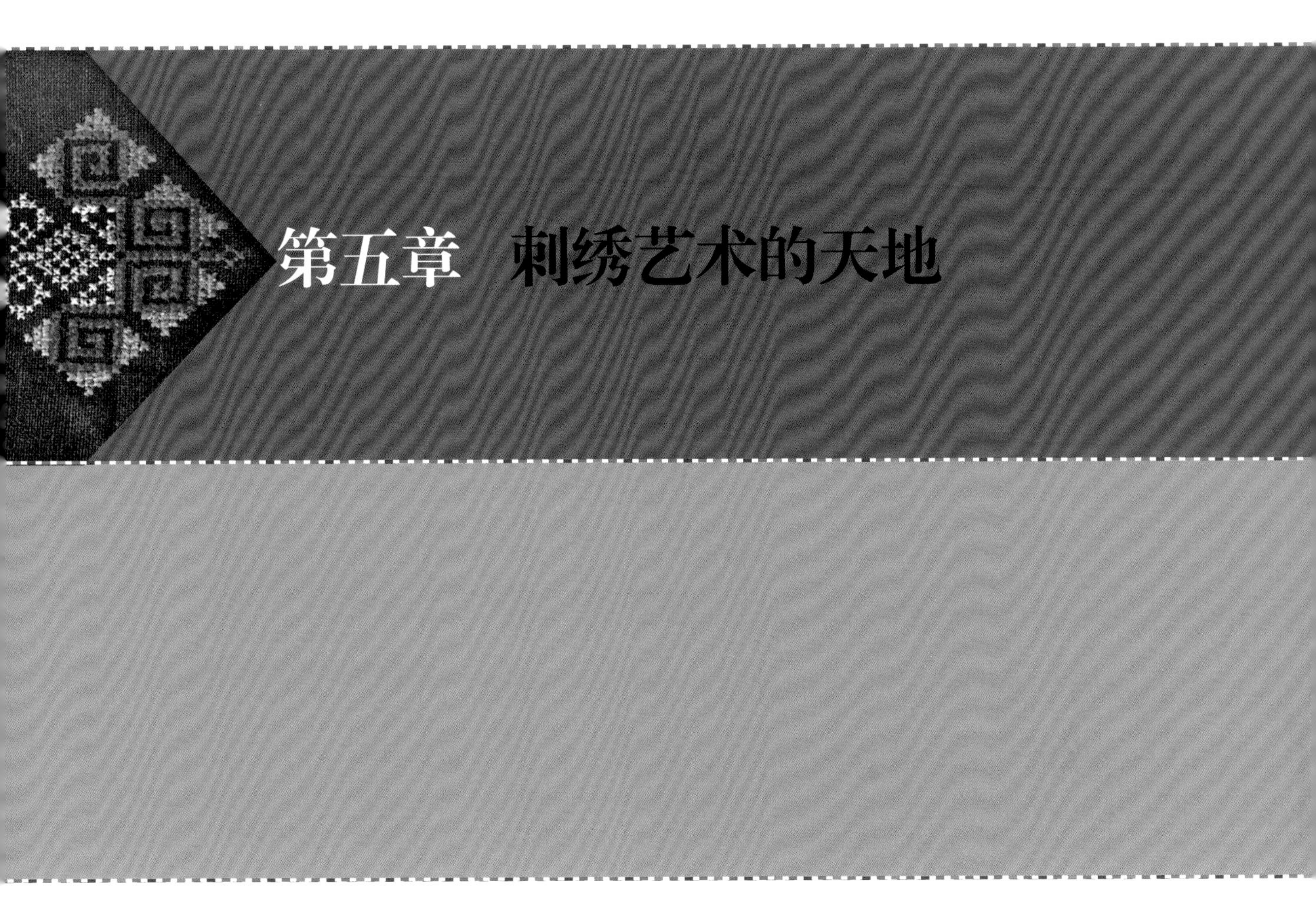

第五章 刺绣艺术的天地

西南地区没有一个不绣花、不织布的少数民族。刺绣在西南少数民族中盛行，特别在服饰上装饰，曾有“从头绣到脚”的称呼。所以，西南是一个刺绣艺术的天地。

刺绣作为民族服饰的主体工艺，是西南各族人民在长期生产劳动中积累起来的文化精品，或者说是千百万民间艺术能手在长期生产生活实践中创造出来的艺术品，有着广阔而又深厚的群众基础。所以在几千年的民族历史发展中经久不衰，乃至现代化的今天，也有着它蓬勃向上的生命力，成了广大群众喜闻乐见、不舍不弃的服饰主体。实际上，从远古时代起，民族服饰上的装饰图案，就是人类生活中不可分割的部分，它是民族意识的标志，民族传统文化的“根”。各民族的刺绣艺术，题材广泛，构图奇巧；针法多样，工艺精湛；色彩配搭，精美绝伦，颇具民族风格和地方特色。它不仅在构图上有特殊要求，而且在针法上也是多种多样，色彩配搭，装饰布局等也都无不在特殊的构思之中。构图不仅要有文化意蕴，而且都要适合各种工艺技法并与装饰部位相得益彰。西南民族的许多刺绣品之所以成为无价之宝，恰恰是它有着不同寻常的艺术性。它从图案的设计、制作到流通，始终都是一个有艺术价值的实用美术品。总之，刺绣图案的完整、协调、美观，形成独特的民族特色，是中华民族艺术花园中的奇葩，是民族民间艺术的根本。

西南民族刺绣内容丰富、立意深厚、构图形式完美，充满着自觉艺术和生命的感悟，显示出少数民族女性与生俱来的艺术天赋和卓越才华。纵观民族服饰上的图案花纹，无不反映出创作者的一种艺术把握和深刻认识。经过漫长的发展变化和无数巧女的经验积累，已形成富有个性特征的民族符号和艺术语言。精美的绣品不仅与人们的生活息息相关，而且传统的刺绣装饰艺术还渗透到民族文化中，与深厚的民族意识、民族心理构成特定的民族风情画卷。从古朴的造型和魅丽的色彩，重塑和再现了一个神奇的世界，那一幅幅美妙神奇的刺绣图案，都是国宝画卷，以其众多的种类和丰富的表现力，把各族人民的历史、风俗、信仰的愿望全部融在美丽的画景中。每个图案，每一朵花，都是各族人民思想感情的反映。所以，各族人民刺绣工艺的可贵之处，不仅只是它作为服饰上的主体工艺美化了自己的生活，重要的是它融合各族人民多姿多彩的民族历史和文化传统为一体，并保存了不少古代图腾崇拜和原始文化的素材。所以，刺绣不仅只是一种民族的特殊艺术，还是民族精神的画卷。

西南各少数民族中，刺绣最典范的是：彝族、白族、苗族、哈尼族、拉祜族等。无论是题材、针法，或是色彩搭配和在服饰上的装饰风格都各有特色。尤其是每个民族广泛的题材，为服饰图案所赋予的内容开拓了广宽的天地。图案不管用什么工艺手法来表现，都有着特殊的含义。所谓：“图必有意，意必幸福吉祥”。其实刺绣图案的内容涉及到社会生活的各个方面，有图腾崇拜，有民族历史，有追求幸福和自由，有人丁繁衍，也有战胜自然和民族风俗、节日歌舞等文化内涵，当然也离不开民族的艺术创造和审美情趣。俗话说：“一身穿戴，多种信息”。这就是民族刺绣艺术在服饰上的一大亮点。其文化意蕴最为古老，也最有精神的美景。

民族刺绣，是珍贵的民间艺术品，在“百花齐放”“推陈出新”的文化艺术方针指导下，刺绣艺术更得到飞速发展，不仅内容有了崭新的变化，技巧也精益求精。这枝瑰丽的民间艺术新花，在中国各民族的美术百花园中，正喷发出它那浓郁的芳香。

西南民族刺绣的可贵之处，近些年来，不少学者都很关注，也有不少研究著述。其实，云南少数民族刺绣工艺，无论是考古发掘或古文献，还是20世纪80年代前的民族田野调查资料，真有“写不完，述不尽”的丰富内容。在西南少数民族中，如果说刺绣的针法，是一行行朴实、优美的诗句，那么，刺绣的纹样就是一幅幅美妙多彩的画卷。每个图案，每一朵花，都是各族人民思想感情的反映，是民族的标志，民族智慧的结晶。所以，在几千年的民族历史发展中，经久不衰，乃至现代的今天，也有它蓬勃向上的生命力，很有欣赏研究的价值。

一、题材广泛 构图奇巧

民族刺绣题材极为丰富宽广，凡生活中有的，图案中都有反映；生活中没有的，也有她们的追求和向往，创造出许多象征或模拟性的特殊纹样。举凡：花草、鱼虫、鸟兽、人物、文字、山川、日月星辰、天空宇宙……大自然中的一切，无所不有。只要进入民族刺绣的题材中，都有着深厚的寓意，反映出民族万物有灵，多神崇拜的观念。当然，也有不少题材，是民族审美情趣的需要，无论哪种题材都有着特殊的创意，在民族刺绣中都有着奇妙的构图方法。在各民族丰富广泛的刺绣题材中，寓意极为深刻，特别是构图上的奇巧，更令人惊叹，就目前掌握的资料，可分为：动物、植物、人物文字、日月山川四大题材类；构图的方法有：写实、象征、综合模拟三大类。独特的构图方法，其特点是：

山水则重意境、重层次，简单明白，三个三角形是山峦，曲线是云彩，平行线是河流，交叉线是渔网……仅仅几条曲直线，就对象特征刻画得生动活泼。

动物图案，重特点、重神情。特别是一只小鸟，多不丝毛，不分染，鸟的翅膀只画大的结构；有的虽然有丝毛，如箐鸡、喜鹊等，但毛色简要整齐。

花卉图案多是程式化的，无过多的转折变化，简括利索。如对梅花的处理，花瓣出现了方形、菱形，但挥毫洒脱、自由。这种处理，不仅适应了十字挑花的针法要求，而且更觉刚劲有力。

实用的要求决定构图的比例。刺绣图案绝大部分是用在服饰的各个部位上。部位有的直、有的曲、有的方、有的圆。各族人民在艺术实践中锻炼了一双精明眼睛和巧手，不管是在弧形的托肩上，还是在圆形的衣袖口，图案都能起伏变化，自然连续。有的图案，还与特殊的部位（款式）的用途配合一致，相得益彰。例如围腰（也叫围

裙）是妇女普遍需用之物，因是系在腰间，故多用牡丹、芍药作为主题花，配上凤凰或喜鹊，下垂小人花（变形的小人），成为一幅动植物的组合图案，洒落大方、鲜艳夺目。围腰系在身上，妇女们充分显示出女性的健美，再加上琳琅满目的银泡挂链，更增添了各族妇女的姿色和美貌。在这里，别致的围腰图案，往往会产生特殊的艺术效果。

女衣的托肩和袖口，是衣服的重要部位，举止动辄显露人前。所以，图案设计尤其严格，绣工也特别精细。图案设计将其中心部位处理成两只拥抱在一起的喜鹊。喜鹊的脚和尾连接在一束百合花上，百合花连续向两边伸展，直至弧形布局的缝合处为止。这在白族、彝族中称为“喜相逢”。这类图案多为年轻妇女所喜爱，实际上是将丈夫的感情，寓意在自己的服饰图案之中。构图意境，如此含蓄、隐晦而深刻，没有艺术匠心，没有千锤百炼的功夫，是办不到的。

民族刺绣图案的设计，不仅必须符合衣服的特殊款式，同时也要适应刺绣工艺上的各种针法。所以，在构图上，民间艺术都具有捕捉各种事物，最富有特征性的瞬间动态本领，善于进行加工和改造，把表达对象变成精炼而又富有刺绣特点的形象。虽笔法简练，但生动活泼，魅力无穷，承载着厚重的文化和民族精神，是服饰文化的瑰宝，民族艺术的精华。

民族刺绣是一种特殊的艺术。特别是构图和针法，要求更为严格，无论是挑或是绣的图案，都要适合各种工艺技法，亦与装饰部位相得益彰。

1. 日月山川、宇宙星辰题材的构图

人类最早的思维意识都是万物有灵，不仅对动物、植物，乃至无生物，都本能地觉得同人一样是有生命、有活动的对象，而且对日月山川、宇宙星辰、水火、太阳、月亮、云彩、星星、黑天、白日……一切都是远古图腾崇拜的对象，故为民族刺绣题材的首要板块。

迫切追问宇宙时空的神秘，是人类思维即将开启文明大门的标志。从哲学的角度看，无论怎样一种创造，都会体现出创作者的世界观、宇宙观，而且像是比文字记载更具体、更生动的方式。西南少数民族衣装的花纹，都以不同的造型语言向人们展示出他们心里的景观。在民间流传的神话中，从天地混沌到分为三界有一个过程：先是混沌世界，宇宙是一团飘飞旋转的云雾，宇宙无形体，也无神性。天地分开后，相互对应，产生了阴阳、男女、父母的观念。天地三界即天国、人间、冥界；又可分为五个层次：第一层是水，第二层是大地，第三层是天地人间（即人和动物的世界），第四层是天柱或天梯、第五层是天界神国。天，又有九重、十二重、三十六重不等，有天门可上下，为日月星辰等诸神所居。天、地、人三才的宇宙各民族中表现的意向为天圆地方，其图像则为象征性，如地质测绘的布面图，一层一层展示出来，每当人们穿着这样的衣服，就仿佛在重新演示混沌初开的仪式，生命的容颜从中间托出来，就已经确定自己的所在。于是，任你钻到哪里，哪里就是世界的中心。各民族都使用头帕，是包在头上的织物，也象征天的华盖。瑶族和壮族的头帕中心都有一个八角的太阳纹，示意人类与天相接的愿望。而裤脚的挑绣花纹为草叶、树、山水的纹样，表示为地。这种头顶青天，脚踏实地的图像表现，实在是贴切地表现了人性的本质。

日月星辰是天象中的一部分，但人类对它的崇拜古来已久，特别是对太阳的崇拜。在开天辟地的神话中，创造日月，合适地使用日月的章节有着显而易见的地位，在各民族服饰图案中，太阳纹无处不在，特别是儿童的帽子上，往往要钉缀若干银质的太阳形银片。文山彝族“跳宫节”，公主穿的蓝色蜡染衣，也绘满了太阳纹图案，表示太阳的光芒照耀，吉祥幸福。

天地相合，万物化生，必定要有一个繁盛的大千世界。在原是朴素的宇宙观里，人与万物是相互依存、祥和共处的关系，万物皆有灵性。衣装上的草木花朵、兽鸟鱼虫们即使不曾有过被族群崇拜或称为图腾的资历，也完全可在这美丽的景观中找到自己的位置。因此，用特殊的审美和艺术形式，将远古时代图腾崇拜的对象巧妙地演化成服饰图案题材，穿在身上，世代传承，虽跨越几千年的历史，至今依然有着它活泼特殊的装饰艺术魅力，体现出传统文化的价值。既有民族传统文化的底蕴，又表现出时间的情感，就会使人感到兼收并蓄的文化魅力。例如彝族，如今流传在大小凉山地区的云母纹，滇黔交界一带的彩云纹，巍山、大理等地妇女背上的日星垫背，以及石屏、南涧妇女身上的火纹衣和火把冠等，都

是这一题材的具体反映。

在民族刺绣图案中图腾崇拜、万物有灵，作为传统文化中主要内容之一，其构图方法基本上是用超越时空的模拟象征性构图方法，即将心意中的对象，无论是大地天空，或是日月星辰都整合在一起，幻象与真象交接，抽象与具体并用，创造出符合自己审美情趣的图案花纹。在彝族宇宙天神观念的图案中，常常是将现实的世界打散，再把具体对象肢解后重新构成新的艺术形式和审美空间，表现出一种只有在现代艺术中才可能感受到的抽象构图意境。这种奇特大胆的艺术手法，所创造的形象、空间和氛围，其规模气度往往出人所料，其中的神秘奥妙更是令人费解。当我们静观大小凉山和滇黔边区彝族妇女身上的云纹衣和虎头彩云衣时，总有一种特殊的感觉，这是云中走来的仙女？这类不失浓厚生活气息的情节画面，是一种不可度量的幻化空间，只有遨游和升腾的心灵才能获得超脱的快感，让自己的心灵仿佛忘记它与肉体的关系，幻想自由自在的宇宙空间。

民族服饰博大精深，不同凡响的文化意蕴，不是以图案规模的巨大恢弘来获得的，也不是以中国山水画中那种全景式构图法或具象景观来体现，而是将远古异常丰富的崇拜对象都汇合起来，设计为抽象意识象征性图案花纹，用特殊的工艺手法，表现在直观视觉的服饰图案之中。无论是绣品的形象艺术或是规模气魄，都显得与其他民族迥然不同。

追溯民族的历史，从远古至今，对大自然中的万物都有着特殊的感情。宇宙间的大地天空，日月星辰，默默无声地规律性运动，自然景观的宁静恬美，自然界中万物的生气、繁衍，在彝族心目中都是神圣的，美好的。在民族服饰中，图腾纹样大多是以吉祥的情感绣制的。穿戴上具有这样纹饰图案的服饰，可以使自己得到神灵的庇护，人丁兴旺，族群发达。因此，把一切寄予自然，寄予万物的情感意识，用超越模拟的象征手法，将这些对象整合在一起，创造出符合自己审美情趣的图案花纹。彝族“八角图案”与“四方八虎”都是宇宙万物、天地神灵的象征，其构图都是抽象和模拟的，用瑰丽流畅、弯弯曲曲的弧线把许多心目中的对象组合起来，赋予抽象而超越时空的艺术风格，体现人神天地交融一体的生动场面。图案看上去，是盘绕旋转着的宇宙天地，其造型总是力求静中有动，蕴含着一种活泼热烈的生命力。图案中所表现出的独特艺术智慧和超乎寻常的艺术想象力，是对生命的执着和爱恋，对神秘未知世界和自由精神境界的自我追求。

民族刺绣中的构图奇巧，方式也很特殊，无论是模拟虚幻或是写实的构图手法，都将心意中的对象，无论是大地山川，或是日月星辰，都体现着“万物有灵”的民族感情，无论是云纹衣，或是童背上的日月星辰图案，都显示着宇宙间万物，特别是大地天空及动植物的活跃鲜美。图案之美，不仅只是给视觉享受的装饰美，而是深刻的精神之美，是代表了千千万万劳动人民心灵之美。如从一条鱼形变化出多少抽象的三角形图案，意境很丰富，彝族以“八方观念”经过抽象化处理，首尾相接的全景式图案更是幻化空间里包容着宇宙万物灵性，具有辽阔深远的空间美感。这类图案虽然疏密有致，但它不强调突出主题，也不讲求主从关系的变化，多采用发射和向心的布局，团花与角花的呼应系列手法，使得整个图案无论是纹样的造型、着色，还是款式本身，都透着某种神秘的宇宙苍穹意识。几乎没有一个图案

是人在日常生活中从固定视觉可以直接观察到的对象和场景。它是以创作者为中心来理解自然，抓住要领，旨在表现心灵，是历史意识和乡土情结表现的符号。绣品不仅仅是对民族传统文化之根的追求，更重要的是重构一个崭新的艺术空间，将远古神话和图腾再现，展示更深层次的民族文化，让世人更多地了解各民族艺术的价值。

西南少数民族的日月星辰，山川宇宙的万物有灵题材图案，极为丰富宽广，真是“写不完、述不尽”。除上述的之外，还有云纹、水纹、火纹、山石纹等，这里只能综合起来做概述。

云纹：亦称“流云纹”，《易经》：“变化云为吉事有祥。”云纹线条舒卷起伏自如，变化多端，常呈流水、长尾、羽形等状，并在起伏的空间，中间饰龙、虎、麒麟、三足鸟等各种飞禽走兽。有的图案中还配以吉祥幸福的文字；有的图纹与灵芝、如意等结合使用；也有的云纹图案丰富圆满，比较程式化，缠环偏小，多呈朵云状；也有的云纹多弯曲，称为“骨朵云花。”此类纹饰，祈求成仙、长生不老，在苗族、彝族、白族、壮族的服饰上、童背上都有装饰。

云雷纹：由连续的回旋形线条构成，一般纹样呈圆形也称为“云纹”，呈方形的称“雷纹”，二者合称为“云雷纹”或“云气纹”，是因对云、雷这两种自然现象的崇拜。其构图、图案与“流云纹”相似之处。《说文解字》“雷、阴阳抟动，雷雨生物者也”，从雨、雷象回转之声，真是“大气通身连气，小云巧而生灵”。云雷纹衣，穿在身上，真是“延年益寿”“万事如意”，多见于妇女的飘带和挎包上。

水纹：水的形象千姿百态，有的微波荡漾，有的盘旋流动，有的飞流直下，有的汹涌澎湃，极具形式美。水纹在造型上大致可分为“波浪纹（水波纹）”“浪花纹”“漩涡纹”三种，大多装饰在妇女的裤脚、衣裙边上，特别是“海上江牙（涯）”“寿山福海”“四海升平”“落花流水”等图案最精美引人。还有一种成直线环曲相交的几何

图形案，称之为“曲水纹”据说，是因人引水环曲成渠，可种田耕地，取饮，相与为乐，故称为“曲水”，大多在节日盛装上展示，唱歌跳舞、水滨欢宴，冲洗除不祥。

瑞花纹：亦称“雪花纹”，以雪花为母题，并结合花瓣、叶片组成六瓣形花朵纹饰，一般呈对称放射状，多作四方连续排列构成图案。冬雪能杀虫保暖，于农作物有利，农家视其为丰收的瑞兆，故有瑞雪之称，是对雪的崇拜。苗族、壮族、布依族头巾上多有装饰。

火纹：亦称“圆涡纹”或“冏纹”。“冏”的意思即光和明亮，而光必发自火。图案实际上是一团火的形象，“在地为火，有天为日”。火似冏，火焰纹表示光明，有强光普照的念意，这在彝族、哈尼族中都是普通的观念，在刺绣图案中内容也很丰富。

山石纹：古语说山静似太古，“寿岗金石”“洞天一品”，古人都是把山石与长寿联系起来，有“寿山石”之称。“寿山福海”，山纹、石纹在刺绣图案中也有生殖崇拜的内容。因此，有的还与蝴蝶、葫芦等融为一体，形成生殖崇拜的综合性图案，这在许多民族妇女围腰上都有装饰。

六合纹：寓意为上、下、东、南、西、北六方皆相通顺达。其图纹以六方形作为基本骨架，并在骨架中的主要部位填入风格较写实的花纹，次要部位辅以各种细致精巧的几何形或小花纹等。其组织结构严密，色彩丰富华丽。

八合纹：亦称“八达晕”。图案以八边形为基本骨架，亦在骨架中的主要部位填入风格较为精美的花纹，次要部位辅以各式细巧的几何纹或小花朵等。配色有丹碧、玄青、黄色等，纹样底色晕化与主花对比，色彩之间富于韵律性变化，错杂浑晕，显得庄重典雅，雍容华贵。以上两种图纹，在云南少数民族的刺绣、蜡染、织锦图案中皆为普遍。

太极八卦纹：八卦是《周易》中的八种符号，以顺序为主要特征：天、地、雷、风、水、火、山、泽等八种自然现象。其中，天地就是常言中的乾坤，雷风是震与巽，水火是坎与离，山泽是艮与兑，都是阴阳相对的，用来象征自然界和人类社会一切现象的变化，并认为乾为“—”是阳，坤为“--”是阴，乾坤两卦在八卦中占有特别重要的地位，是世界最初的根源。八卦寓意深刻，古人常用以驱邪求吉。八卦纹在祭祀服饰中多见。其中有以白鱼纹构成的圆形图案，亦称“阴阳太极纹”，意为原始混沌之意，是万物万象的本源，“心为太极”。太极纹形象地表现了阴阳轮转、相辅相成，是万物生长变化根源的哲理，具有相对统一，互为转化的形式美。太极八卦在民间喜闻乐见的“喜相逢”吉祥图案中用得最多。

总之，日月山川，星辰宇宙题材，也可说是民族图腾崇拜的题材，其构图大多是模拟、综合、写意、夸张的方法，图案让人既有美的景观，又有神秘的感觉。

2. 动植物题材综合性构图

民族刺绣图案中的动植物形象很多，但都没有单独使用的。各种各样的动物往往与花草、树木、山水巧妙地配搭在同一幅幅画面上，每一题材都是紧密地融合为一体，刺绣的针法也特别精美。这不仅仅是为了构图上的需要，也不使用这些动物去填空白，而是这些动物形象在民族的创世纪史诗中都有大量的描述。如：蛇是土地和财富的象征，喜鹊给人带来吉祥和幸福，狗是狩猎的得力助手，蝴蝶、鱼、蛙，是多子多孙、人丁兴旺的象征。它们都帮过祖先的忙，需要纪念。当然更重要的是，动植物都是各民族生产生活中的主体，不同民族有不同的精神追求。因此，在构图上，无论是写实或是抽象性，动物图案都有运动感和流动感的绝妙传达，而对植物，许多都有超越模拟的象化意识，有抽象的色彩意识和精彩绝伦的色彩美感。每一幅图案几乎都是综合性的图案，在构图上都具有捕捉各种动植物最富有特征性的瞬间动态本领，善于把表达对象变成精炼而又富有刺绣特点的形象，笔法简单，但生动活泼。民族刺绣动植物的图案的奇巧，多种多样，蝴蝶变成菱形或方形的花朵，而不失本来特征；蕨菜是植物；火链是生活用具，用作纹样，也都富有生气，二虎抢宝图、四方八虎图、凤凰、喜鹊、梅花、菊花、马缨花、竹子等，在图案中的造型有写实也有抽象模拟，都是多种动植物融为一体，把生命中的现象描绘成简易形象，写实而又抽象地反映了各种人民的文化精神和审美艺术。

动物题材

动物题材在民族刺绣中很普遍。如：虎、蛇、凤凰、蝴蝶、喜鹊、箐鸡、穿山甲、蜜蜂、蜘蛛、鱼虾以及牛马、猪羊、猫狗等家畜都有表现。这些动物大多与各民族生产生活密切相关，有的则是原始图腾崇拜的对象。

动物图案重特点、重神情。特别是一些小鸟，多不丝毛，不易染，鸟的翅膀只画大的结构，有的虽有丝毛，如箐鸡、喜鹊等，但毛色都要整齐。花卉图案，多是程式化，无过多的转折变化，简括利索，如对梅花的处理，花瓣出现了方形、菱形，但挥毫洒脱、自由。这种处理，不仅适应了十字挑花的针法要求，而且更觉干净有力。

实用的要求决定构图的比例，刺绣图案绝大部分是用在服饰上。服饰上的装饰部位有的曲，有的方，有的圆。各族人民在艺术实践中锻炼了一双精明眼睛和巧手，不管是在弧形的托肩上，还是在圆形的衣袖口，图案都能起伏变化，自然连续，有的图案还与特殊的部位（款式）的用途配合一致，相得益彰。例如围腰是妇女普遍需用之物，因是系在腰部和胸前，故多用牡丹、芍药作主题花，配上凤凰或喜鹊，下垂小人花（变形的小人），成为一幅和谐的组合图案，洒落大方，鲜艳夺目。围腰系在身上，妇女们充分显示出女性的健美，再加上琳琅满目的银泡挂链，更增添了妇女们的姿色和美貌。在这里，别致的围腰图案，往往会产生特殊的艺术效果。

特殊部位往往需要特殊的构图。围腰是民族妇女普遍使用之物，因是系在胸前和腰部，是女性显示才能智慧和心灵向往的部位，所以，图案设计尤为精炼简洁。很多图案都具有以小见大的特征，绣工也特别精细，都将图案中心部位处理成两只拥抱在一起的喜鹊。喜鹊的脚和尾连接在一束百合花上，百合花连续向两边伸展，直至弧形布局的缝合为止，成为一幅和谐美丽的组合图案，洒落大方，鲜艳夺目，她们称之为“喜相逢”。

这类图案多为年轻妇女所喜欢，实际上是将夫妻恩爱的感情，寄寓在自己的服饰图案之中。构图意境，如此含蓄而深刻，没有艺术匠心，没有千锤百炼的功夫，是办不到的。因此，在民族学研究上价值很高，在民族艺术中的价值也不可估量。

民族刺绣中的动物图案，有写实的，也有模拟的，其刺绣针法大多是挑花，因图案的装饰部位不同而构图和针法都需要适应所饰部位的需要。如蝴蝶，若是在妇女围腰的正面，往往是若干个蝴蝶连续绣在正面，并与吊子花，石榴等图案组成一块内容丰富而艳丽多彩的画面。图案中写实、模拟相结合，围腰系在女性腰间，既有吸引人的功能，又有生殖繁衍的追求。

虎纹：虎曾是许多民族重要的图腾崇拜对象。彝族、白族、拉祜族、纳西族、哈尼族等民族的绣品中表现得特别突出。巍山一带彝族的虎头帽、虎头鞋、围腰、大姚县桂花一带妇女的虎纹衣等，无论是整体造型或是局部的刺绣图案，大都是虎的形象，有的虎头、虎身、身尾四肢都很完美。最完美的是绣出的虎头正面，虎的两眼和嘴毛须，特别突出耀眼；有的妇女用写实的方法将虎绣在自己的围腰上，配以凤凰花卉和人物，形成一幅优美的“人兽同欢图”。虎的构图特别大，倒卷着的尾巴特别长，人都比虎小得多。这样的构图思维，显然是受远古人类动物图腾观念的影响。所以，不少民族刺绣中的纹样，是虎性勇猛，把虎作为勇敢的象征，常把勇士称为“虎贲”“虎人”“虎将”“虎夫”等。据传有保护、辟邪的作用，“四灵”亦称为“四神”。综合性的图案常有“虎守天门图”“龙凤虎纹”“二虎抢宝图”“四方八虎图”等，还喜欢把虎绣在儿童的背布上、鞋、帽等部位，希望能保护孩子顺利成长，长大后如虎样更猛。

龙纹：龙（蛇）也是许多民族崇拜的对象。在少数民族中，把龙看成是神圣吉祥之物，是民族的象征，因此，图案纹样常以龙有兴云作雨等功能作意向基础，并结合其他动物如鱼、鳄、鹿、

鹰等特征想象，常有“四灵”即“四神”合为一体的纹样。它的样式各时期不尽相同，有的修长弯曲，与花藤枝蔓缠绕，很难区分，有的变化多样常呈盘龙、坐龙、行龙、升龙、隆龙等状。龙纹造型，一般可用“三停九似”来概述：“自首至膊，膊至腰，腰至尾，皆相似也”“角似鹿，头似蛇，眼似兔，项似蛇，腹似蚕，鳞似鲤，爪似鹰，掌似虎、耳似牛”。龙的图案都是模拟造型，有“龙生九子”“龙凤呈祥”“真龙天子”等图纹称呼。龙纹，特别是在苗族服饰中的构图，多种多样，有首蛇龙身、卷曲龙、爬行龙、飞龙、牛龙、

鱼龙、鸟龙等，还有类似皇族权威象征的鹿头蛇鹰爪龙等。在苗族心目中，龙是神圣之物，是吉祥和兴旺发达的象征，而且是一个形象不固定的保护神，因而服饰图纹中的龙也任意变形，自由夸张，充满稚气。苗族在制作龙的形态时，思维是自由驰骋的。她们可以任意加牛头、凤头、蛇身、鱼身、鸟身、甚至花卉。形式多姿多彩的形象，表现出人在大自然与神圣不可侵犯的龙和谐相处，依依不舍。苗族的龙纹不像汉族的龙纹形态那么固定，那么千龙一面，而是变化多端，与动植物融合为一体，图案内容丰富多彩。无论刺绣或是蜡染，工艺都十分精美，显示出少数民族构图创意的特殊性。

象纹：象是庞大的陆地动物，只在亚热带地区才有。佛教传入傣族的地区后，傣族以象作释迦牟尼的化身。象还有景象的含意，常常出现“万象更新”“大平有象”等图案。

蜘蛛纹：蜘蛛最令人敬佩的乃是结网，其精美程度肯定让古人感到叹服而神秘。在母系氏族社会中，专伺纺织的女人们，在蜘蛛结网中肯定得到过很大多的启示。因而，至今人们还把它叫做“喜母”。在壮族图案中，女祖母“萨天巴”就是一只金斑大蜘蛛，只不过已被人们美化为一朵美丽的花。在瑶族的图纹中，也有蜘蛛的形象出现。可见，蜘蛛曾是人类早期崇拜物。绣花围裙上的蛔网中透出太阳花的鲜艳夺目，当围裙系结后挂垂在女子的臀下部，是形容女人的善织，也是把女人比拟为拉网的蜘蛛，是远古创世女神的形象。

蝴蝶纹：蝴蝶飞舞于姹紫嫣红花丛中翩翩者。灵巧、美丽，色彩斑斓，而又似乎纤弱。它是爱情的化身，彩虹当空，一对上下翻飞的蝴蝶，像俯首低言的情侣，畅游于憧憬幸福的花圃。脍炙人口的梁祝爱情故事，正是以蝴蝶为坚贞爱情的化身，寄托着对自由恋爱的无限向往，期望着像蝴蝶一样长出美丽的翅膀在感情的天空自由飞翔，正如大理地区白族民歌：“大理三月好风光，蝴蝶泉边好梳妆，蝴蝶飞来采花蜜，阿妹梳头为哪桩。”优美的歌声，把我们带到了风景秀丽的蝴蝶泉边，年轻的姑娘，对着一泓清澈的池水，梳洗得缕缕青丝，沉入与情人相会的甜蜜遐想中，成群的蝴蝶在野花丛里悠然起舞，给大家增添了无限的生机活泼，特别是年轻的姑娘小伙，将美好、幸福、爱情与自由集于一身。当你看到漂亮的蝴蝶轻轻扇动迷人的大翅膀，用它纤细的脚立在鲜花上，以它特有的卷曲自如的长喙吸食花蜜的时候，那神情似乎在问你说：“我是自然的宠儿，物竞天择的娇子。”

蝴蝶以其色彩艳丽而惹人喜爱，不少民族妇女以它为装饰品，增加服饰的美丽，古人曾说：“蔓上春生双虫，食叶。老则蜕而为蝶，赤黄色，女子收而佩之，令人媚悦，早为媚蝶。”现在虽然没有人再佩戴蝴蝶作装饰物，但是小姑娘发辫上扎个蝴蝶结，却更增添了活泼天真的姿容，娴雅的姑娘也以各种蝴蝶形的饰物来增加自己的风采。这些是蝴蝶最惹人注意的一面，然而它还有很多不为人知的品格。

蝴蝶的美丽与毛毛虫丑陋促成强烈的对比。蝴蝶以其秀丽的外表而招人喜爱，但是毛毛虫从小到老丑陋。蝴蝶的高强本领，确实使人惊叹。

蝴蝶美丽、轻盈，是美好吉祥的象征。在民间，蝴蝶不仅有爱情和自由的含义，更重要的是，蝴蝶与子嗣繁衍兴盛有关，是生殖崇拜的典范。至今苗族崇拜的母祖大神，都是蝴蝶妈妈。苗族还把蝴蝶作为吉祥物绣于衣服上，由于蝶与“耋”“瓞”同意，所以蝴蝶纹还常见于“瓜瓞绵绵”“寿居耄耋”等图案中，彝族妇女围腰上的蝴蝶图案，也都是为了多子多孙。

蝴蝶和鱼儿、鸟儿还飞舞游弋在花枝间。蝴蝶、鱼儿、鸟儿的身上也有枝叶抽出，绽出了花苞。这很容易让人联想到在花中奔波的生灵，自然沾染浓重的诗意命题花气。有所不知的是，在民族传统文化中，动植物早就成为生命的象征。它们在自然形态中的相互依恋被归纳为各种对偶型组合，以此比喻人类生命的情爱和繁衍。鱼儿钻莲，鸟儿衔花，蝶扑金瓜，都是合乎常理的情态。但民族的巧手并不在乎客观尚未提供的结果，过早地绣出了模糊意识中的主观形象，客观现实中存在已否，并不能取决于视觉表象的判断，尚存有更多生命感受的民族精神，激动着民间艺术造型的主观能动性，蝴蝶图案更生动活泼。

凤凰蝴蝶图案：凤凰是自古以来传说中的百鸟之王，是给人带来和平与幸福的“百灵鸟”。《山海经》载：其全身羽毛皆成文字，“首文曰德，翼文曰义，背文曰礼，膺文曰仁，腹文曰信”。世

人以为凤鸣声如箫，不啄活虫，不断生草，不群居，不去淫秽处，无罗网之难，非梧桐树不栖，非竹叶不食，非灵泉不饮，飞则百鸟从之。凤凰是人们综合某些动动特征的象征物。凤凰图案多和龙相配，“龙凤呈祥”是最普遍也是最具特色的图案，如“丹凤朝阳”“凤穿牡丹”等图案，在许多民族刺绣中都很普遍。

在民族刺绣图案中，真的可见情恋的蝴蝶多是双双对对交接之状，显然是取妻生子，繁殖后代的意象。凤与蜂的音响和谐，而蜂与蝶的叫法，在民族中往往具有连带性和模糊性，或许神话中的蜂原来就是蝴蝶，而蝴蝶曾是古代许多母系部族崇拜的图腾。蝴蝶妈妈繁衍人类的传说很多，还有的把蝴蝶编进情歌，蝴蝶比喻情恋。所以，凤凰与蝴蝶融为一体的图案也很多，特别是在年轻姑娘的围腰上生灵活现。在民族刺绣图案中，有不同时间，不同民族的特征。有的像鸡头、蛇颈、燕颔、免背、鱼尾，五彩色，高六尺许；有的是头似锦鸡，身如鸳鸯，有大鹏的翅膀，仙鹤的腿，鹦鹉的嘴，孔雀的尾。由于凤凰飞到群鸟中慕而从后，与人世中君臣之道相合，便寓其为百鸟之王。凤凰曾是封建王朝帝后的象征，在民间一般用于新婚服饰上，凤凰多和龙相配，“龙凤呈祥”是最具民族特色的图案，其流行最普遍的是在白族妇女的围腰和儿童的童背上。

鹌鹑纹：其体型小，似鸡雏，头小尾秃，周身羽毛为淡红色。《花镜》：“鹌鹑一名罗鹑，一名早秋，田泽小鸟也，夜则群飞，昼则草伏，有常匹而无常居。”故作为吉祥物，常见于“竹报平安”“同居以安”“安居乐业”等图案中。

喜鹊图案：是各族人民喜闻乐见的一种吉祥“喜鸟”。因其“以音感则孕”“上下飞鸣则孕”，是多子多孙，人丁兴旺的象征。喜鹊声是吉兆，因此有“捕到喜鹊，当有宝物至”“见鹊上梁必贵”之俗语。喜鹊还能预示感应客人的到来，有“乾鹊噪而行人到，蜘蛛集而百事喜”之说。故喜鹊纹在少数民族中极为流行，因为他们都是“好客的民族”，客人越多越幸福。所以喜鹊图案很多，常见的有“竹梅双喜”“喜在眼前”“喜上眉梢”“欢天喜地”“喜鹊欢歌”等，大多穿在妇女围腰上和男性的挎包上。喜鹊图案无论构图、针法及装饰风格，白族最为典型。

蝙蝠纹：蝙蝠形象丑陋，但因蝠与福、富谐音，人们赋予它吉祥含义，蝙蝠还有长寿的象征，“千岁蝙蝠，色如白雪，集则倒悬，令人寿万岁”。福与寿为先，“寿山福海”“福在眼前”“五福捧寿”“福寿双全”等图案中，以表达人们追求幸福美好的愿望。

雁纹：古人依据草木鸟兽的自然现象定时节，即所谓“物候历法”。雁是候鸟，故为生命和长寿的象征。雁飞行排列有序，被引申比喻为兄弟，意为兄长弟幼、年龄有序，因而雁是仕途发达的象征，故有“雁塔”图案，还有“云雁纹”“雁御花草纹”等图案。

鸳鸯纹：鸳鸯羽毛绚丽，雌雄偶居不离，古称“匹鸟”“雌雄曾相离，人得其一，则一者相思死，故谓之匹鸟”。在传说中，鸳鸯是同命鸟，如若丧偶，后者必独守至死。故今多数在不少民族中，都以鸳鸯象征夫妻和睦，白头到老，“得比目何辞死，愿作鸳鸯不羡仙。”鸳鸯图案流行极广，各族均有所见，常应用的有“鸳鸯贵子”“鸳鸯戏水”“鸳鸯比翼”“鸳鸯戏莲”“鸳鸯合气”等图案。另外，鸳鸯多变成对的图案，刺绣在年轻人的定情物上，送给情深意长的人。

鹦鹉纹：“鹦鹉”有“鹦鹉”“鹦哥”之称。古人常以“鹦鹉濡羽”比喻人生在世要重情义，朋友有难，应诚心相助。鹦鹉纹样，大多织在腰带或挎包上，既是送人的礼品，也是挂配在身上的情感信物。

鹤纹：古代传说中，鹤是仙鸟，有神人驾鹤飞升之意。“鹤寿千岁，以极其游”。鹤还被认为是“开生之候鸟”，代表生命。因此，鹤是长寿的象征，鹤还象征情操高尚，不与俗流为伍，故有“松鹤长春”“高升一品”“龟鹤齐龄”“鹤鸣九皋”“鹤鹿同春”等图案，特别是由仙鹤飞舞于云间构成的“云鹤图案”，是一种吉祥物，广泛饰于衣褂上。

鸾鸟纹：鸾是类似凤凰的一种神鸟，在古人心目中，鸾鸟比孔雀神灵，传说鸾鸟羽有五彩，基本色调是红色和青色两种。鸾鸟，鸡身，羽毛赤色，亦称五彩，有“赤神之精”，是一种吉祥和平的神鸟，因而比喻夫妻恩爱，优美人间。

鹭鸶纹：鹭鸶亦称“白鹭”，是一种羽毛洁白的水鸟，脚高颈长且嘴尖，飞行有序，是一种伦理的象征。此外，鹭与路同音，故有“一路荣华”“一路平安”“一路采莲”等图案，大多装饰在妇女的腰裙上。

鱼纹：也是苗族服饰中常见的图案之一，其造型同样是夸张和抽象的手法。在苗族人民的观念中，鱼变成龙。龙变成鱼，水生动物与陆生动物和睦相处，其乐无穷，而且，鱼是多子多孙，兴旺发达的象征，“人面鱼纹”，借鱼与“余”、“玉”谐音表达吉祥富有。鱼纹常见于“八吉祥”“ 连年有余（鱼）”“金鱼（玉）满堂”“鲤鱼跃门”“飞鱼纹”“双鱼纹”等图案中，苗族往往用鱼作祭品，有离不开鱼的生活习俗。远古时代，苗族先民有“食海中鱼”的记载。从苗族传统的裙子上看，鱼纹图案，写意性、装饰性的特点较浓，有的则浮雕成鱼纹银片、鱼形银坠挂佩在身上作装饰品，服饰的衣裙、帽、挎包等，都有鱼纹图案作装饰。

鸟纹：在民族刺绣中流行广泛，造型丰富多彩的纹饰。苗族历史上曾有“鸟服卉章”的记载。按苗族祭司的说法：苗族的祖先是由鸟变成，苗族成员都是鸟的后裔，所以才能飞迁东南西北的广大地区，成家立业。苗族以鸟作为图腾，图案很多。鸟纹有雉鸡纹、蝙蝠纹、双头鸟纹、凤凰纹、喜鹊纹、麻雀纹、雁纹等，均以刺绣的形式饰于衣袖、衣背、背儿带、围腰、被面、挎包等上，其鸟纹形态各异。苗族人民在挑花和平绣技法的基础上，又创造性地开创了丝片贴花技法，其制作而成的彩色鸟纹更加古朴传神，有站立的，有飞翔的，边缘有粗犷的锯齿纹配成的背羽，尾羽，粗壮的头足，圆滑的身子，配以细小的翅膀，仿佛这鸟儿是行而不飞，是人兽融为一体的逼真形象。有一些地区的苗族孩童，穿鸟头鞋，戴鸟头幅，而且在女装长衫的下摆及翘角等处部位饰有鸟纹图案。

牛羊纹：牛羊是许多民族生存的对象，故对牛有强烈的感情。牛纹，一方面作为纹饰在苗族织绣和蜡染中大量运用于服饰上，另一方面则以角的形状直接运用在银饰器物，发型方面的造型中，有的还采用象征水牛角的木梳、银角插在头上。在苗族传统服饰中，犀牛为基础，进行艺术加工而成，颈短、四肢粗大，吻上有一角或三角，略像牛，皮粗厚而韧，且多皱襞，微黑，毛稀少；另一种是以水牛角、羊角，长在龙头、狮头或大象头上，也会看到像汉族龙头上长有鹿角，角成了牛龙、狮身龙、象身龙等形象。牛角图案在苗族服饰中是一个典型，更突出的是妇女头饰上的两支牛角高高刺向天空，神奇辉煌、美妙、雄武。羊是六畜之一，羊与祥通用，“大吉祥”即“大吉羊”“畜牧兴旺”“三阳开泰”“花树对羊纹”等图案，常在苗族女服上出现。

鸡纹：鸡是民族中家家户户都畜养的动物，母鸡下蛋，公鸡鸣晨。鸡能角胜，目能避邪，因此，鸡被视为能避邪除害的吉祥家畜，有“鸡王镇宅”之说，且鸡与“吉”谐音，故有“室上大吉”“功名富贵”图案。此外，公鸡有高耸火红的鸡冠，冠与“官”谐音，所以又是仕途升官的象征，有用鸡冠帽作为勇士的服饰。还有斗鸡的习俗。鸡在民间，还暗喻男阳，同生殖崇拜有关。啼鸣报晓的公鸡和代表富贵的牡丹组成“功名富贵”图案在许多民族刺绣中流传。

花鸟虫鱼、猫狗猪鸡是各族人民生产生活中不可缺之物，在刺绣图案中，没有单独使用的，往往与花鸟树木巧妙地配搭在一起，构成一幅幅完整的画卷，常被用来装饰比较显眼的部位。特别是一些小动物，如蝴蝶、蜘蛛、蜜蜂等，用极为精巧的工艺，绣作在围裙（方言叫围腰）、衣襟、袖口、包头、裤脚、飘带、挎包、腰带等边缘部位。这些部位是最有动感，最为人们注意的地方，充分反映出各族人民热爱生活，追求美的心理素质。总之，民族刺绣中的动物题材很丰富，但都没有单独使用的，往往与花草、植物、山水、日月，乃至几种动物巧妙地搭配在一起，形成完整的图案，有写实和抽象两种构图方法，是对运动感和流动感的绝妙传达，并深念着民族传统文化的意蕴，刺绣工艺也极为精美，是一幅幅美丽的民族画卷。这样的图案普及至所有的民族，笔者收藏的照片也很多，下面再举例而述：

大鸟与雄鸡纹：古人不解太阳的起落运行，便想像一大鸟驮着它在天空巡游，到了夜晚便返回到一棵扶桑树上歇息。进而又认为太阳的升降与巨鸟咳啼相关，为此，报晓的雄鸟也被视为逐阴导阳的吉祥物。不过，瑶族对鸟的崇拜不只这些，创世女神密洛陀的四子雅友雅耶就是一只到远方衔来花草树木种子的大鸟，而帮她惩罚背信弃义者，又找到理想迁徙地的是一只忠实的老鹰。候鸟明辨方向，来去有信，不但可将植物的种子随处携带，还可报告季节的信息，这些从天而降的恩泽，使人类由崇鸟而及于自身的装扮，想来古代传说的羽人，正如现在广西壮族地区可见到的穿着百鸟衣的山寨男子。

蛙与雷神纹：在民族地区常叫到“青蛙鸣叫，天可下雨”的说法。当我在瑶族的织绣中看到蛙的形象时，不由得把它与雷神联系到一起。蛙鸣的聒噪之声与锣鼓的喧天声不相上下。当然，瑶族衣上的蛙常常与鸡的纹符作阴阳对应，可引申为日月的象征，有时又与人形符号并列，在此“蛙”亦为“娃”。在母系氏族家庭中，娃崽们取像于作为雷神的舅父塑造自己，是再自然不过的了。

喜相逢：由蝴蝶、喜鹊、龙、凤、鹦鹉、鸳鸯、鱼、莲花等吉祥物构成，组合为旋转形的“团花”图案。如“双龙戏珠”“双凤朝阳”等。

此构图形式源于“太极”图形，一正一反，一上一下，能互相转化，具有较强的统一美的形式；另有将两只喜鹊或两个喜笑颜开的童子相互组合成图案，称之为“喜相逢”，其图在民族中很受欢迎喜爱，有亲朋故友，离别重逢，情侣团聚的吉祥之意。因此，在白族、彝族刺绣中有“欢天喜地”的围腰和童背上的图案。其图由抬头看着天空的獾和低头看着地的喜鹊构成。獾与“欢”同音，借喻欢乐、愉快、一般说来，喜也是喜鹊之意，喜鹊亦称喜鸟，故寓意欢天喜地。

龙凤呈祥：龙、凤是人类结合某些动物特征想象出来的祥瑞之物。据说，龙有鳞有须，能兴云作雨，是神武、尊贵、权威的象征。凤为百鸟之王，是美丽，仁爱和幸福的象征。两者结合表示太平盛世和高贵吉祥。另外，龙、凤还分别代表男性、女性，民间常把结婚之喜比作“龙凤呈祥”，是对美满婚姻的赞美和祝愿。故“龙凤呈祥”的图案都是以团花形式构图，大多用于新婚礼服上。

喜上眉梢：亦称“喜鹊登门”“喜鹊早春”等。图案大多是喜鹊落在梅树梢上。喜鹊鸣叫声清亮悦耳，被认为是报喜祝福的声音。“时人之家，闻鹊声皆为喜兆，故谓灵鹊报喜”。梅花开于冬春之交，所谓“独先天下春”，有报春之花的誉称，还有“一朵忽先报，百花背后香，欲传春消息，不怕雪里藏”。另外，梅与“眉”同音。故此，图案中用以表达人逢喜事时“喜上眉梢”的图纹，生动地表达着欢乐之情。此图案常见于节庆歌舞和迎客欢宴时的服装上。

五福捧寿：由五只蝙蝠环绕篆文寿字或寿桃构成图案。有时也可以以老寿星代表寿的意思。蝠与“福”同音，象征福寿安康。《尚书·洪范》载：“一曰寿，二曰富，三曰康宁，四曰攸好德，五曰考终命。”其意分别为：一是长命，二是富贵，三是平安健康，四是行善积德，五是老寿而死得善终。因福与善为先，故寿是图案的中心。五福捧寿图案流传极广，多为老人服饰上的装饰。

丹凤朝阳：凤凰有“丹凤”之称，因而其图纹样中，凤鸟栖于梧桐树上，向着一轮红日，以象征美好光明。其图纹多用于结婚用品和妇女衣服。

富贵白头：由牡丹、桂花和白头鸭构成图案。“牡丹，花之富贵者也”。桂花寓意“贵”，而白头鸟头顶黑色，眉及枕羽呈白色，且到老时枕羽愈加洁白，俗称“白头翁，长春鸟”，除表示长寿外，还是美好婚姻的象征。故此，图纹表达了人们对夫妻恩爱、长寿、富贵的祈愿，普遍流行于青年男女的服饰上。

落花流水：以水波和漂浮其上的朵朵落花（一般是桃花、梅花等）为题材的纹样，表达“落花流水一春休，水流花落红；桃花终日逐水流，流水落花春长在”的意境。“落花流水”图案有的还与“风调雨顺”纹样融为一体，意即：风调雨顺，细水长流；落花流水，欢歌长乐。此图案在苗族的百褶裙上，处处可见，时时飘动在眼前。

最后要总结的是，民族刺绣中的动物题材在写实性的构图中都含有抽象性的构图方法。构图方法出现在同一图案中，虽然其中有的将其母题进行了大胆而有匠心的形式化处理，但其对象的基本特征总是被巧妙地凸现出来。如许多绣有虎的图案，无论是虎比人大，或者说人比虎小得多，但在虎身上、脚下、尾巴上，都尽可以无中生有地长出花草植物，甚至予以变形、夸张，或省略、添加，造成“虎中有人，人中有虎”的美好世界，但赋予该动物特征的头部，始终得以夸张和突出，让人一看就知道它是一只生龙活虎，却又立刻使你感到它不是单独的自然现象，而是丰富多彩的大自然浓缩凝结而成的一个整体造型，一个艺术品。这样的图案造型，很难说它是具象还是抽象，再现还是表现。这类图案的构图，让人惊异不已的是，图案中被神化了的一些动物和人物，抑或是为了对称需要，有一个头可以有两个身躯，而两个头又可共用一个身躯。有的动物头部则面长，两只眼睛，四个耳朵，而人却在双耳边长出两朵鲜艳夺目的大红花，高高升在头顶上，身子也都是由花卉组成（见大理白族童背）。更让人饶有兴趣的是，在不少女性围腰上，都绣有象征多子多孙的蝴蝶图案，蝴蝶造型本来就是抽象的、张开飞舞的翅膀很大很有力，而头部很小，往往是三个蝴蝶组成一个大蝴蝶的单元。远看是两个较大的蝴蝶成为翔飞的翅膀，中间往上的一只蝴蝶是头；近一看，则是三只蝴蝶都在向着看的人飞了过来，这和型中之型，象中之象的构图方法融为一体，是民族服饰刺绣图案中写实与抽象有机组合的典例。

动物题材从构图上看，有着超越模拟的视角形象构图法。这种方法，大致可以分成两种：一种是整体是抽象形，而局部则参照具体自然对象的视觉表象构图，用具象写实的手法描绘出来。不过，即使是具象手法创作的形象，也不是对自然的如实模拟。它们已经在很大程度上被形式化了。如大理地区彝族的虎、火纹图案都是模拟性的，大多为老人或死者穿戴。图纹创意源于彝族达观的生命态度，是对死亡的超越观念。在彝族看来，死亡是一次通往生命的历程，认为人死后变成虎，虎是生天造地并推动地球不停转动的神灵，都洋溢着神性的意识。另一类刚好相反，整体造型具象明确，形态真实，虽然其中有的将其母题进行了大胆而有匠心的形式化处理，但其对象的基本特征总是被巧妙地凸现出来，重特点，重神情，特别是一些小鸟、蝴蝶之类，多不丝毛，不分染。小鸟翅膀只画大的结构，有的虽然丝毛，如箐鸡、喜鹊，但毛色简单整齐，给人有活灵活现的生动感觉，但更重要的是，妇女各自都有各自的才华，同一动物，同一羽毛、翅膀，刺绣的构图、针法、色彩都不一群，真是千姿百态，万物有灵。

植物题材

植物花卉，是民族刺绣中使用最为丰富和广泛的题材，大多是以写实与实用为主的构图方法。诸如梅花、兰花、马缨花、山茶花、迎春花、火草花、菊花、桃花、灯笼花、吊子花、洋芋花、蕨菜、莲花、水仙花、牡丹花等，以及生产生活工具，如犁、耙、锄、镰刀和狩猎工具弓弩等，凡是生产生活中经常接触到的，刺绣图案中都有反映。

植物题材的写实性，就是活灵活现。每一种花朵绿叶，都是照其原型。红花绿叶，生动耀眼，妇女穿上这样的花衣，故称“花女”，喜庆节日中众多姑娘小伙团聚欢歌乐舞，则被称为“花的海洋”，在民族服饰上的实用性很强。当然，植物题材在实用性的构图中，也渗有抽象性的构图方法，两种构图方法出现在同一图中，但整体造型有具象明确，形态真实的特点。虽然其中有的将其母题进行了大胆而匠心的形式化处理，但其对象的基本特征总是被巧妙地凸现出来，与植物题材的文化意蕴融为一体，每一种图案，都有着特殊的民族文化内容。

梅花：梅花是中国传统名花，开百花之先，独先天下而春，被称为“报春花”，古有“一朵花先报，百花背后香，欲传春消息，不怕雪里藏”的诗句。梅花作为天下尤物，古人认为“琼肌玉骨，物外佳人，群芳领袖，尤如梅花”；还认为君子有四德“初生为元，开花如亨，结子为利，成熟为真”。由于梅花呈五瓣形，故梅不仅比作美人，还象征五福捧寿。纹样常见于“竹梅双喜”“喜上眉梢”“岁寒三友”等图案中。

兰花：亦有“春兰”“山兰”“草兰”等之称，也是汉族中的传统名花。蓝花以幽香著称，被誉为“香祖”“天下第一香”“国香”等。兰花素而不艳，飘逸潇洒，独具四清（气清、色清、神清、韵清），故被世人看作是高洁、典雅的象征。它与梅、竹、菊同称为“四君子”。在汉族中引用“兰”的词汇很多，含义亦广，如“兰章”喻诗文之美；“兰梦”喻妇人怀孕的征兆，“言其孕子，如逢兰挚之征”；“兰言”喻心意相投的言论，“同心之言，其奥如兰”；“兰友”喻友谊之真，“与善人居，如入芝兰之室”。还有“兰客”喻良友，“兰心蕙性”喻妇女聪灵；“芝兰”喻才质之美等。兰花纹常见于“君子之交”“兰花三元”“同心之吉”“春兰秋菊”“玉树之兰”“寿献兰孙”“兰桂其芳”等图案中。在少数民族中，君子兰最受人们喜欢，大多刺绣在好友的围腰上。

菊花：菊花盛开于百花凋零的秋天，具有凌霜傲骨的品质，是坚贞、高洁的象征。历代文人爱以菊言志，留下了许多不朽诗句。如“采菊东篱下，悠然见南山”等。菊与梅、兰、竹一样被列为“君子”。菊花又称长寿花，也是健康长寿的象征物。另外，因菊花与“居”“举”谐音，所以菊花也表达安居乐业的含义。菊纹常见于“寿居耄耋”“安居乐业”“松菊尤存”“举家欢乐”“杞菊延年”等图案中，妇女的围腰和飘带上举目可见。

牡丹：亦称“两百金”“花王”“洛阳花”“国色天香”“富贵花”等，作为观赏性植物，曾有“庭前芍药妖无格，池上芙蕖净少情，唯有牡丹真国色，花开时节动京城”古诗。牡丹妩媚多姿，雍容华贵，以色、香、韵倾倒世人，历来视其为最好、富贵、昌盛的象征，被誉为“百花之王”。牡丹纹形式多样，应用广泛，常见于“富贵万年”“富贵平安”“富贵白头”“凤穿牡丹”“玉堂富贵”等图案中。牡丹花图案多刺绣在儿童的童背上，也有的在妇女围腰上。

水仙：水仙冰肌玉骨，清雅幽香，仪态超俗，花开于严寒的新春之际，倍受世人青睐，故亦称为“雅蒜”“俪蓝”“天葱”“雪中花”“水鲜”等。人们常用水仙之“仙”来表达不寻常的人生，如数珠水仙即寓意群仙，常见于“群仙视寿”“天仙拱寿”“凌波仙子”“代代寿仙”“神仙富贵”等图案，大多刺绣在老人的寿服及童帽上。

莲花：亦称“荷花”“玉环”“水仙”“净友”“溪客”“芙蕖”“芙蓉”等。莲花在佛教中被尊为“佛门圣花”，是西方净土的象征，所以“莲花藏世界”，即是佛陀的座台，道教也奉其为神

仙花。

莲花“出淤泥而不染”，被誉为“花中君子”，是善和美的化身。人们常用一花茎并蒂莲比喻坚贞纯洁的爱情。由于莲是盘根植物，根底坚实，枝繁叶茂，可称为本固枝荣，所以寓意世代绵延，家道昌盛，又因莲花中生子，亦寓意多子。另还借莲与“连”“廉”同音，或荷与“和”“河”同音来表达“和睦相处”“细水长流”。因此，图案常见于“连年有余”“连生贵子”“本固枝荣”“一品清廉”“鸳鸯贵子”“和合如意”“河清海晏”“八吉祥”“暗八仙”等，在妇女的服饰上很普遍。

芙蓉：亦称“地芙蓉”“山芙蓉”“木莲”等。芙蓉花开于秋季，花大色美，被誉为美人。芙蓉花的芙蓉，蓉花分别为“夫荣”“荣华”谐音，故是一种荣华富贵的象征，常见于“一路荣华”“荣华富贵”“夫荣妻贵”等图案中。

灵芝：亦称“灵草”“瑞草”“瑞芝”“仙芝”“神芝”“三秀”，是多年生菌类植物。古时，人们称灵芝为仙草，传说食之使人长生不老及起死回生，甚至成仙。因此，被视为长寿祥瑞之物，常见于“万事如意”“芝仙祝寿”“君子好逑”“仙福集庆”“天仙寿芝”图案中。

瑞花：亦称“雪花”，以雪花为母题，花结合花瓣，叶片组成六瓣形杂花纹饰，一般呈对称放射状，多作四方连续排列构成图案。冬雪能杀虫保暖，于农作物有利，农家视其为丰收的瑞兆，故有瑞雪之称。

竹纹：竹四时青翠，竹节挺拔，严寒而不凋，具有志高万丈和虚心向上的品格，与梅、兰、菊一样有“君子”的美誉。古称有“刚、柔、忠、义”四德，“宁可食无肉，不可居无竹”，竹是平安的象征。古人在喜庆之日烧竹，爆裂发声，称“爆竹”，以能驱除山鬼；又“爆”与“报”同音，且竹叶多三片组合，寓意竹报三多（多子、多福、多寿），此外，因竹与“祝”谐音，竹又有庆贺之意，常见于“岁寒三友”“竹梅欢喜”“齐眉祝寿”“芝仙寿祝”图案中。亚热带地区，如傣族与竹的情感更深密，图案中的竹纹很多。

松树：是“百年之长”，其姿态苍劲雄奇，葱郁不畏严寒，具有意志刚强和坚贞不屈的品质。故有“千岁鹤，不老松”之称。古人将松与竹、梅花并称为“岁寒三友”。松树四季长春，是延年益寿的象征，图案中有“松菊犹存”“寿比松材”等，均为老年人和寿衣上的装饰纹样。

桃纹：桃果俗称“仙桃”“寿桃”。传说天宫王母是女仙领袖，所植蟠桃，食之能长寿，故桃果图案与长寿有关，如“蟠桃献寿”“福寿双亲”“福寿如意”“桃果三多”等图案，都在青年男女的服装上可见。桃还被认为能避邪。桃花开于春天，艳丽妩媚，是安乐美好的象征。在少数民族中，还有许多传说故事，常以桃花比喻爱情，故桃花在婚恋情物上是普遍流行。

西南植物题材在刺绣中极为丰富，不同民族由于居住地的自然环境不同，植物生长的品种不同，刺绣图案中的内容就不一样。因此，很难尽述，只能以上述为例简单介绍，并配以20世纪80年代前拍摄的图案相对应，从中可观赏西南少数民族刺绣中植物题材造型结构的独特性和实用功能。

虽然西南民族分布地区比较宽广，各民族自然环境的差异较大，但所赋予植物题材图案的含意基本上都是相同的。例如：石榴是求多子多孙的象征，桃子是夫妻永结同心的标志，牡丹是象征妇女美丽聪明，火草花表示能织善绣的妇女……总之，图必有意，意必吉祥，民族妇女绣制每幅花纹图案，都抒发着对幸福生活的向往，寄寓着美妙的情思。

树是神杆，从地面耸起直扬天空，可寄托人类与天相接，与日月相交的理想和愿望。因而，它是生命欲求的支撑，让天地沟通，万物有了繁盛的空间。为此，人类设计出可以天地沟通的天梯或撑天树。在不少民族中，大树的形象时而显出一种雄伟庄严的孤傲姿态，时而连成一片，与人相处得亲近和谐。在以女性为天日的母系民族

社会时期，撑天树与神杆又可释为男性的象征。瑶族绣纹中的神杆、壮族绣纹中的榕树、苗族绣纹中的神柱都是这样的符号，特别值得一提的是，在瑶族绣纹中出现有神杆顶端带箭头的造型，而且穿透一个个光芒四射的太阳，这可视之为射日神话的写照，也可看作天与地的交合。

已经领略了诸多纵横时空，指点方位般的构图风景。如果细心一些，会发现其中蕴藏着更多奇异的细节，比如一根花枝开出了多种的山花，结出不同的佳果，比如四季不同的花儿聚合在一起绽放光彩。其实，民族艺术的造型之奇，是建立在人类观察物象认识世界最本色方式的基础之上，保持着人类认识方式的常态。这就有了表达感受上的主动。当然，这样的主动，并非是文明世界中艺术家人们刻意追逐的那种“荒诞”或“野蛮”，也不是无需理性制约的现代“稚拙”“表现”派那般情感的肆意挥洒。民族艺术很真实，真实在创造者以全面、立体、永恒、运动的姿态，面对或者说浸身在这个全面、立体、永恒、运动的世界。她们始终没有被突飞猛进的文明凝固，仍然活跃着用全身心看世界的能力和本分。手工表现的世界，也就透出了心灵深处的本真。

3. 人物与文字题材

以人物、文字作为刺绣纹样虽不是民族刺绣中常见的题材内容，但在楚雄州武定、永仁，无论哪个地区、哪个支系的彝族妇女，围腰和裤脚上都有人物或文字图案出现。人物为动态，形象多是几何形的，一般与花草、鸟兽构成具有完整内容的组合图案。图案的内容，都是生活中常见的，多与民间习俗有关。人物造型多种多样，虽然所用的都是挑花工艺，但表现出图案的动态感觉各有不同。有的妇女希望多子多孙，便在围腰端绣若干小人花穗，上端则是排列成行的若干小人图像。石林地区撒尼妇女，还用写实手法将小人绣在背婴儿用的“背被”上，以祈婴儿快长快大，飞黄腾达。人物题材，虽然占的比重不大，但艺术手法很特殊，许多变形的人物图案，如妇女飘带上的小人花，若不是彝族人民的解释，一般很难辨认。

人物图案的设计，头部只是一个简单的三角形，身子、手脚都是长方形，是用几根直线勾画出大的轮廓，细部处理只注重大的转折。人物还可变成方形、长方形、圆形，如“龙飞凤舞”中的人物图案，轮廓形象清楚，栩栩如生，言简意赅，形态逼真，真是一种特殊的构图方法，而给人有真情实意的感觉。

设计人物图案在苗族一些地区也很多，如西畴一带的人头龙、羽人、蝴蝶妈妈、人骑龙、戏牛图及裙摆上的骑马人图、牵手舞图和银头箍上的战马图等都十分有特色。

人物题材在彝族刺绣中非常特殊。它没有单独的造型，都是几个甚至几十个连成排，或站立，或上下对称，与鸟兽、花卉构成具有完整内容的组合图案。图案的内容，都是生活中常见的。人物图案多为几何形，动态形象非常生动。例如“踏歌”是彝族人民最为广泛的一种群众娱乐活动，多在山野林中的平地上举行，青年男女手拉着手对唱情歌，跳起舞来的生活场景。妇女们把它活生生地绣在裤脚或衣肩上，将舞场中开心的感受随身携带，时时都有亲临现场之感，享受民族特有习俗的幸福。从图案结构上看，人物有手拉手的，有举起双手欢歌的，还有手拉成圈一起跳舞的。人物都是抽象的挑花图案，但都非常逼真生动。这样的图案穿在身上，无论是衣肩或是裤脚，都是动态的，与人的生产生活中动作融为一体，就成为“踏歌”现场的再现，人们时时刻刻都在唱歌跳舞，是多么美好幸福的生活。当然，这样美好的“踏歌”图，不仅只是现实生活的反映，还有着远古图腾的内容。智慧聪明的彝家妇女把远古文化内涵与现实生活的乐趣整合在一起，用特殊的艺术手法，创造出适合自己民族审美情趣的服饰图案，不能不说是一个奇迹。

人，不管在宇宙，还是在世界中，仅应占有微乎其微的位置。这一点，文明世界里的现代人也许被“胜利”冲昏头脑，早就忘乎所以了。然而，在云南、贵州、广西、四川等地少数民族服装上，在妇女们美丽的宇宙景观中，人往往于被忽视的地位。如若出现，则不具备五官特征，而是作为苍茫大地上的一群剪影。他们拉着手，仿佛在呼唤一种集结起来的力量。在人类还没有完全成为世界主宰的蛮荒时期，人多力量大，人多可以战胜一切来犯之敌，只要有了人，什么人间的奇迹都可以创造出来……人形在衣服的文章中显然是人类自我的写照，也记录了本色的风度。

观音：汉族是把它塑成菩萨，供在庙堂里，而民族妇女却把它绣在围腰上端的中心部位，周围用大朵莲花向两边延伸开，围腰系到身上，观音位置刚好正对人的心口，可见妇女对佛的虔诚。虽说这是受了佛教思想的影响，但在民族刺绣中是别开生面的题材。

吉祥、福、寿、喜以及“青春美丽”“白毛女、王大春”等文字图案，在民族刺绣中也在流行。吉祥、福、寿、喜是用变形文字绣出图案。“卍”，是吉祥、光明、神圣、洁净的象征，示意着最完美，最圆满、最嵩高、最无量的道德。“福”，绣图上成“福”，是由“示、一、口、田”四字组成，有地神、田神、耕种神之意，祈求神灵有衣穿，有饭吃，即是福。“壽”，即今天的“寿”字，是作为祈求长寿的图案字。“囍”，即双喜临门。至于“青春美丽”“白毛女、王大春”等，都是写实性的文字刺绣工艺，虽然是中华人民共和国成立后，特别是改革开放以来，随着社会的发展进步而产生的文字题材，但彝族妇女，把它绣在围腰上，有的一块围腰上有多个文字组成，“白毛女”“王大春”大多绣在未婚姑娘的飘带上，飘带随时都在飞动着，希望像白毛女一样能找到一个勇敢善良的像王大春样男人，这说明民族刺绣的时代性和民族精神所创造出来的新艺术，都是把吉祥幸福的字体与本民族刺绣融为一体。既有汉文化的意蕴，又有本民族的特色，可以说是刺绣图案中的精品，从中可以领略到各族人民质朴的生活哲理和审美意趣。

文字题材中的“工”与“巫”字，《国语》中有“在男曰觋，在女曰巫”的记载。《说文解字》巫与工同义。工和巫虽然是一个字，但在两字概念的后面正联系着一个更深刻的内容。“工”的上部代表天，下部代表地，中间是天柱，正因为构成了天地的概念，所以工字的形就是宇宙的形象，而巫是通天的人，巫如果不能绝鬼神，通天行事，那他就不成其为巫。巫就是天和人间的桥梁，所以，工字在瑶族、苗族的童背上是绣得最多的图案。

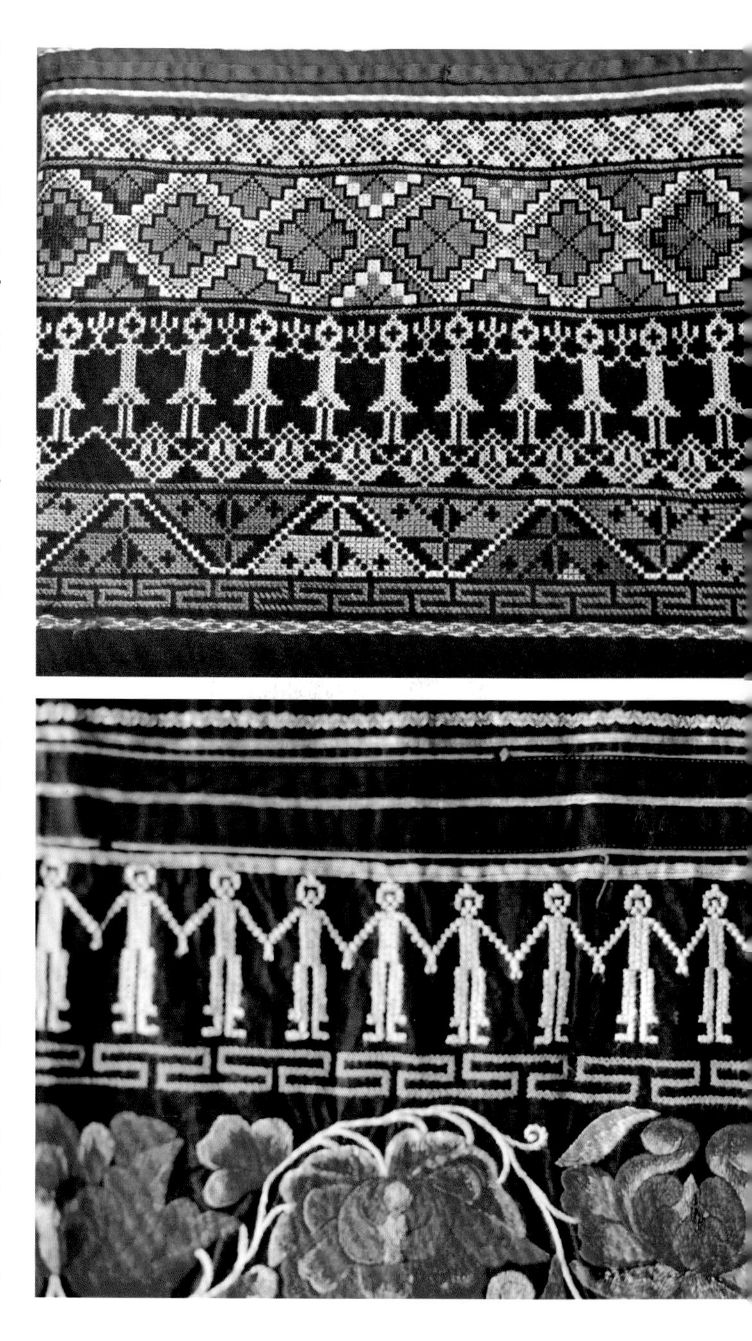

白
毛
文
王
大
春

4. 几何纹的模拟与综合性构图

民族刺绣，图案在构图上的奇巧处，还表现在几何纹样的处理上。几何纹样中大量的主题图案是菱形、方形和八角形。这些简单的单元（线条）图案，经过相同群体的位移，相似形的转换等手法，图案就显得十分丰富，并以整齐的格局，明快活泼，而又不失其朴实之美。有些纹样虽然仅仅是一些点和线，由于运用“重复”和“整齐美”这一图案设计规律所产生的特殊效果，再加上粗细线条的穿插排列，宽窄疏密的变化，就使得图案列加富丽堂皇，多姿多彩，并表现出有节奏的运动感。总之，任何图案都有特殊的意蕴和审美价值，成为广大群众喜闻乐见，不舍不弃的服饰美的主题。

在西南民族刺绣中，几何纹题材是数量最多，流行最广，内容最为复杂的图案，其中最为典型的是苗族、彝族、白族的挑花图案中的四方、八方图。它们都是自然与生活的摹写，也是图腾崇拜题材的重要的内容，几何图案几乎都是模拟式构图法，而且每一个图案中的内容都是多种多样、综合性的。这种图案，是各族人民在长期劳动生产实践中，对自然与生活的描写，是客观事物图形的简缩和再现。其针法都是挑绣，是用线条的粗细、长短、曲折、交叉的法则，来组成寓意某种思想和审美观念的图案。它们如同象形文字一样，用形态明白地表达出含意，有的与他们远古时代部族历史有关，有的与民间艺术关系密切。

西南民族服饰中，常见的几何纹样有方形、三角形、菱形、梯形、十字形、圆形、线形、井字形、云纹、八角形、三角形、回方形、丁字形、X 形、八字形、山形、菱形拼图、线条拼花、弦纹、网纹、雷纹、水波纹、羽状纹、方格纹、同心纹、米格纹、羽状纹等。图案众多，拼配复杂，拼出的图案多姿多彩，极为耐看。它们多用于衣服的衣襟、袖口、头巾、围腰、腰带、绑腿等边沿部位。

几何纹中最为壮观最有表现力的是八角光芒图案，又叫“八方之年图”。这类图案，工艺精美，多用挑花工艺，绣在儿童的背上和男子用的挎包、钱包、烟袋等贴身物上。

八角图案因地区和时代的不同，不知演变成多少种，但中心部位都是围绕着“八”的观念构图。它象征天地间的东、西、南、北和东南、东北、西南、西北八个方位，以及天、地、雷、风、水、火、山、泽八种自然现象。这种图案在彝族的漆器中也有大量反映。据刘尧汉教授研究证明，这类图案还与彝族的十月“太阳历”有关。从这些图案是可以找到远古文化的许多痕迹，可以进一步认识彝族先民的历史渊源与其他民族的文化交往。彝族的八方观念，历史非常久远，文化内涵也极为丰富。彝族以八方观念，经过抽象化处理，使多种多样的全景式图案，其象征寓意更为丰富和完整，它不仅包容着宇宙万物的灵性，而且具有辽阔深远的空间美感。这类图案虽疏密有致，但不强调突出主题，也不讲究主从关系的变化，多彩用放射和向心的布局。无论是光芒（角花）或是花朵都相互呼应，加之象征太阳、火焰（红色）、月亮、白天（白色）及黑夜与大地（黑色）的色彩巧妙配搭，使整块图案无论是纹样造型，还是款式本身，都透着某种神秘的宇宙苍穹意识，是对宇宙间运动感的绝妙传达。细看此一类型的图案，几乎没有一个图案是在日常生活中从固定视角可以直接观察到的对象和场景，而是以创作者为中心来理解自然，抓住要领，旨在表现心灵，发挥向往，是历史意识和民族情感的表现符号。象征宇宙万物，天地空间的“八角观念图”，在艺术手法上还有一个最突出的特点，就是不重视表现所绣对象的具体轮廓，也不拘泥于形体特殊，而是用瑰丽流畅、弯弯曲曲的弧线，把许多心目中的对象用线纹组合成几何图案，成为富有情感而又夸张怪诞的图景，体现出人神天地合为一体的内涵。

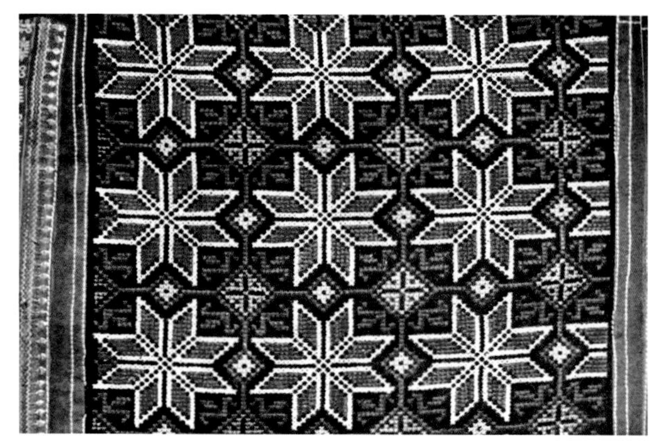

西南民族刺绣中的几何图案，大多数带有奇妙和神秘的色彩，无法一一释出具体的名称和含意。这些在后世看来是美观和装饰的纹样，其实是由某些氏族图腾，如鸟、蛙、树、花草等，从写实到写意再到象征演变而成的意向性图案。所以，这些几何图案是一定族群共同体的标志，是绝大多数场合作为图腾或其他崇拜的标志而存在的。其内容（意义）正积淀（溶化）在其中，于是才不同于一般的形式线条而成为有意味的艺术。

所以，西南民族刺绣中的几何纹样，从构图到针法都有严格的传统，不能轻易改动，它在民族中的感情非常强烈。由于它的内容涉及社会生活的各个方面，又是民族民间审美意识的再现。

二、针法多样 工艺精美

刺绣是西南民族服饰中一门突出而颇具民族特色的艺术，几乎所有的民族都用精美的刺绣为装饰衣服。因此针法多种多样，有的针法，几乎所有民族都在使用，如挑花、平绣等，但都各有特色，有的是个别民族特有的针法，其装饰艺术很特殊。总之，在西南少数民族中刺绣针法极为丰富，绣品在美化人们平凡生活的同时，其绚丽的刺绣艺术之美，更是凝聚了人们的真情实感，体现着各族人民的生活追求和精神寄托。因此不同民族不同的针法，千姿百态，技艺精巧。

针法是制绣的灵魂，为充分表现物象，不仅要注重布质纹理的选择，色彩的合理配搭，用线的粗细组合，而且要讲究针法的运用。针法就是用绣针引彩线，按事先设计好的花纹和色彩，在面料上刺缀运针，以绣迹构成花纹图案的一种工艺。

在刺绣时，首先要掌握的是正确的拿针和绣线劈分方法，同时要熟练运用各种针法。拿针的方法是：右手的食指和拇指相曲如环形，其余三指松开呈转动形。刺绣落针时，全仗食指与拇指用力。抽针时，食指与拇指用力掌心向外转运，小指挑线辅助牵引，手臂向外拱开。指针动作要较松自如，拉线要松紧适度。绣线劈分方法，是刺绣工艺的一项特技，绞合转松的大花线能劈分为数十缕细丝线。劈分时需先在大花线中间打个活结，左手控紧线头的一端，右手抓住线的另一端将纹回松，然后用右手小指插入线中将其分成两半，并用右手拇指、食指各将一半线向外撑开，即将线劈分为二。按此方法，大多劈分为四、八或十六线条。劈分后的花线要粗细均匀，但绣制出的图案风格，与传统的绣线区别很大。

西南民族刺绣，针法多种多样，每个民族至少都有十种以上，如白族有24种之多。所以，针法是刺绣的灵魂。西南少数民族的刺绣针法，虽有着共性，但不同民族有不同的特色，而且，各民族的刺绣巧手，极为普遍。20世纪90年代前，笔者亲眼见到并采访调查过的都是手工刺绣巧手。所以，这里介绍的都是手工刺绣针法，具体的就以白族、彝族、苗族、傣族、哈尼族、拉祜族为例，同时也将其刺绣的工具用料及现代化的刺绣工艺作具体地论述。

这些刺绣作品在西南民族中的感情非常强烈。由于它的内容涉及社会生活的各个方面，又是民族民间审美意识的再现。

民族刺绣图案在构图上的奇巧处，还表现在几何纹样的处理上，几何纹样中大量的主体图案是菱形、方形、圆形和八角形。这些简单的单元图案经过相同形体的位移、相似形的转换等手法，图案就显得十分丰富，并以满地整齐的格局，明快活泼，而不失其朴实之美。有些纹样虽然仅仅是一些点和线，由于运用“重复”和“整齐美”，这一图案设计规律所产生的特殊效果，再加上粗细线条的穿插排列，宽窄疏密的变化，就使得图案更加富丽堂皇，多姿多彩，并表现出有节奏的运动感。

1. 白族刺绣针法

白族刺绣以风格明快著称，色彩丰富，对比强烈，图案多采用具体图形和几何纹样，以洱源、剑川最为繁富，色彩则以大理、下关地区最艳丽。白族刺绣应用范围很广，除衣服的领、襟、袖、胸、腰和裤子的脚边装饰外，头巾、挎包、腰带、肚兜、凉鞋、童帽，甚至笔套、眼睛套、烟袋等生活用品，也都要用刺绣作装饰；特别是妇女使用的围腰和背负小孩用的“背被”，不仅图案精美丰富，版块宽大，而且绣工极为精细，寓意也非常深刻。

白族妇女从小就学刺绣。刺绣既不事先画图，也不作架打绷，只凭心目中想绣的对象和长辈传承的技巧。在选定的布块上，双手飞舞着绣花针，便能绣出一幅幅精美的图案。所以，白族刺绣中的许多花的图案，是白族妇女的名字，俗称“花名”。白族妇女的许多名字，大都有花字取名，即

使不带花字，也有花的含意。以白族取知情达理的龙门邑为例，用花取名的有十几种之多。如“金花”意为金字般美丽的花；“银花”意为银波耀眼的花；“阳花”意为太阳照耀着的花，也是生命最强，最旺盛的花；“德花”意为美德高尚、品质坚贞的花；“福花”意为幸福美满的花，“珍花”“瑞花”“盛花”“吉花”“杏花”“春花”……都在刺绣图案中有精彩艳丽的表现。

白族刺绣品种有单面、双面、打子、平，等等。施针整齐，劈丝匀细光亮，针纹多并行，纹界重叠降起。配色不局限于物象本色一花一叶的深浅，换色必留“水路”，多取现实主义手法，擅长表现物态神情。图案多绣云龙、凤凰、麒麟、狮子之类，还有“福禄三星”“八仙过海”“麻姑敬寿”的组合图案，寓意吉祥富贵。白族刺绣多以软缎和彩丝为主要原料，题材有山水、人物、花鸟，鱼虫等，针法多达几十种。其特点是图案形象生动，色彩鲜艳，富有立体感，短针细密，针脚平齐，片线光亮，变化丰富，具有浓厚的地方特色。大理喜州一带的刺绣，用线上，除丝线外，凡可以代替丝线而美观耐用的线种，无不乎用。如一种将孔雀毛与丝纤编组而成的绣线可用于刺绣精品之作。施针简单，针脚长短不齐，并习惯用金线围绕，掩蔽不齐之处。所用绒线，劈线粗松，针纹重叠降起金碧辉煌，大红大绿，且有反光耀眼的效果，适宜于渲染欢乐热闹气氛。白族刺绣的图案题材，都与白族的生产生活、信仰追求、历史文化有关。白族秀丽壮美，得天独厚的居住环境，是刺绣图案取之不尽的源泉。各种艳丽的鲜花，珍禽异兽，苍山洱海，日月山川等都是图案中常见的内容。

白族刺绣的针法多种多样，最常见的有提花、勾花、纳花、钉线绣、锁绣、结边绣，挽针绣、打籽绣、平绣、彩花绣、影绣、连物绣、贴花绣、牵花、扣花和挑花等。一件绣品上，往往是几种针法配搭使用，也有只用一种针法的，如挑花。每种针法既有本民族的传统技艺，也吸融了不少汉族和其他民族的方法。

白族服饰上的图案纹样取材广泛，内容丰富，具有浓郁的乡土气息，特别是寓意性纹样很多，这类纹样以象征或谐音双关的手法表达人们内心的期望和追求。如表现吉祥喜庆的“五福（蝠）丹”“喜（喜鹊）上眉（梅）梢”，表现福寿的“五福（蝠）团寿”“松鹤延年”；表现子孙繁盛的石榴（取其子多）、白鼠；表现丰衣足食的“连（莲）年有余（鱼）”；表现爱情的鸳鸯、蝴蝶、双燕等。有些纹样以单独或连续的几何纹样形式出现，也富有吉祥福寿的内涵，常用于边框装饰或穿插其他吉祥纹样中。如象征吉祥绵长不断的回纹，富于变化的连枝纹、犬齿纹、云纹、如意纹，以及“卐”字、“囍”字、团寿。

辟邪纹样多用于小孩的服饰，如将威猛的狮、虎和神怪形象绣制在鞋、帽，以镇妖魔，有的刺绣或银、玉制作佛像、八仙、法器等作为驱除邪恶护佑孩子平安的装饰。

白族刺绣历史悠久，早在唐南诏时期，服饰中就有了精彩的刺绣装饰，在世代的传承中，形成了浓郁的民族风格和较高的艺术技巧。刺绣的针法多种多样，最常见的有：提花、勾花、纳花、补花、钉线绣、锁花、包梗结边绣、盘曲挽线绣、平绣，彩花绣、影绣、连物绣、斜直针绣、单双套针平绣、纱绣、贴布绣、绕线绣、垫绣、锁边绣、贴花绣、牵花、挑花、毛绒绣、纳花、锁花、机绣等，据调查的资料不下三十种。一件绣品上，往往是几种针法配搭使用，也有只用一种针法的，如挑花、纳花等。每种针法既有本民族的传统技艺，也吸融了不少汉族和其他民族的方法。

白族刺绣过去都是手工针法，女子在刺绣时，一般先请花样高手用纸剪出漂亮的花样，然后缝在布料上，再依图案配线配色进行刺绣；也有不剪花样的，请花样画得好的人直接在布料上画出花纹，然后再照着花纹进行刺绣；也有的是凭传承在心目中的图纹或是自己创意性的信手绣出。白族每个村寨里都有善于画花，剪花和绣花的能手，刺绣的工艺独特，做工精美，色彩鲜明艳丽，寓意深刻，多种多样的针法，只能作简单记述。

提花：主要用于编织花带，品种有黑，白花纹的单色窄带，也有加边的彩色宽带。花带有多种用途：姑娘的嫁妆必须用花带捆扎，方能保持圣洁；病人卧床不起，以花带置于被子上，可驱邪恶；花带还是青年人的定情之物。用于腰上装饰时，男女礼法有别，男子将花带穗于右侧或左前方，女子则垂于身后。制作方法是：严格地扣合经纬线，织出大小不同的“卍”字纹组成的方形图案，一般由二十四个以上的图案组成。据说，这些图案是前人记事的符号，有其特定的含意，也有说是古羌人的文字，至今白族妇女还称织多少个图案为多少个“字”；花带上的图形又如巫师“刻”画的护身符，神奇而至高无上。

勾花：又称串花，方法是将麦面用水调成汁，再用火柴杆沾此汁在深色布面上描绘，面汁干后，取白线或彩线按留下的白色纹痕用瓣针法勾绣。勾花的特点是构图随意，行针自然，图案布满布料，多用于衣襟袖口和围腰童背上。

纳花：以规则的直线针脚排列组合成图案，多为蓝底白纹的几何形条纹，色调素雅。洱源、剑川等地常用于装饰围腰飘带，也有的用于厚布或多层薄布料上的装饰，如鞋底、鞋帮、鞋垫、袜底等。

针花：用色布剪成图案，拼贴在绣品上缝制而成，也可拼贴彩色花边，主要用于装饰衣服的托前，领口、裤边等。补花工艺省时、美观，为众多妇女所喜爱。

钉线绣：先依纹样轮廓缉针，后用异色线在缉线线脚上穿绕。每一针绕一下，可使缉线上布满彩色斜点，富有装饰性。滚针是线纹斜向排列，起针在一侧线脚旁的中间位置，落针在另一侧的前方，针距一致。钉线绣将一个线依纹样弯曲，另一根从前一根线的一侧抽针，再从线的另一侧落针，将线固定于表布。两线可用异色，以增加装饰作用。

锁绣：又叫“锁花”或“连子扣”，以单线小圆圈环环相扣，运针时将绣线圈套一个接一个形成锁链状绣纹。锁绣还有锁边、锁扣绣之称，针脚形成连环短横线，是锁边、贴布绣的常用针法。运针时短横套针以等间距由前往后退，起针后线先在针尖绕一圈，落针后针尖即从前方挑起，线反方向绕过针尖，将针抽出，依此类推。双套锁绣，绣纹边缘紧密，形如花瓣。处针时针间需刺入前一个绣花套里，针尖挑起时，压边第二绣线圈套后，抽针拉起绣线，依此类推。组合成线条和色块结合的图文花纹素雅别致，鹤庆妇女围腰带头多。

结边绣：横针包梗分两步操作，第一步先用粗线以斜向长针脚运针，形成一定厚度的芯线；第二步用横针匀密地包住芯线，使绣纹凸起，产生半立体的浮雕效果。结边绣常用于绣品边缘的处理，针内绣边的反面戳向正面，线在针尖上绕一下，再抽针拉线，针脚要密、匀，拉线用力均匀。

挽针绣：挽针又称盘缉针、绕线绣、拉锁子等，需同时用两根针线操作，作盘绕的针先从面料背面刺出，抽针后在面料上以逆时针方向盘绕，然后用另一根针将盘曲的线圈用回针缝固定，依次重复。盘曲绣，是一种具有半立体装饰效果的刺绣针法，可用一根小圆棒作辅助，先用粗线绣线在小圆棒上盘绕一圈，然后用另一根细线作回针缝，将盘绕的粗线固定，依次盘绕一圈，缝一针，同时抽去小圆棒。接着就是挽针绣，需同时用两根针线操作，作盘绕的针先从面料背面刺出，抽针后在面料上以逆时针方向盘绕，然后用另一根针将盘曲的线圈用回针缝固定，依次重复制作。双挽绣是挽针绣的一种变化针法，纹饰整齐美观，常用于叶片的刺绣，运针时以两根绣线左右来回盘绕固定而成。

打籽绣：俗称结子绣、环绣，绣纹具有粗犷、浑厚的装饰效果，是一种比较重要的绣法，很多民族都在使用，但各有特点。白族打籽绣针法有

三种：一是先在绣面上挽扣，绕针压住环套绣线，形成环绕的小粒子；二是先将绣线在绣针绕三圈，再如图所示落针，从反面拉针拉紧，使绣面形成立体状的颗粒；三是用双线先按图示进针和出针，双线在针尖左右轮流绕二至三针，再将针抽出，并按原针轮戳向反面拉紧即成。打籽绣因绣线的粗细不同，图案有别：粗线突出绣面，较有立体感；细线绣面细腻，较有绒圈感。

垫绣：即包梗绣。在绣制前，须在花瓣位置里先钉上一些稍粗的直线，注意不要遮盖花瓣的轮廓线。然后，一针一针用模针子匀密地包住这些线，绣出凸出的花形。这种绣法一般用于小件装饰性花朵，有时也用于其他大件绣品的局部花纹。

锁边绣：汉族称“刁绣”或“刁空锁边”“刁绞”，艺术价值较高，适用于妇女衣领的装饰。绣制时，先按图案的轮廓线，用锁边的针法包一根同色粗线绣出花纹。然后，再把要刁空的地方，用小剪刀细心地一一剪掉，但得注意，不要把锁边花纹剪坏。有时，还可在刁空的花位里，从背面补绣一种较为轻松的纱、网等材料，或织绣一些美丽的花纹，使它更加高雅。

锁边绣针法主要有齿轮针、挽结针等，齿轮针就是一般锁扣眼的针法。根据此法，还可变化出各种图案花纹。在运用齿轮针时应注意针距均匀，针脚整齐，线不能拉得太紧，同时记住在下面压一根同色线，绣后花纹才凸出可爱。挽结针，是有规律的在图案边缘上挽绣上一个个结子，须注意不要摆布太稀。

贴花绣：制作比较容易，效果美观大方，多以花卉和动物图案为主要内容。可根据内容的需要，应用零星的布料，先上浆，烫平（的确良等布可以不上浆），画上要的图案，剪下贴于绣花料的花位上，再用上面讲过的锁边针法（有时加绣少许其他针法），把花绣好。

贴花绣法实惠又简便，但要取得生动的效果，应注意下面三点：第一点，由于装饰与制作上的要求，决定了贴花部分的针形须高度概括，使它成为整块。所以，不是任何花方纹图案都可以做贴花绣的，应注意挑选图案。遇到很趣味又非突出去不可的细长部分，可采用针法来加绣，如较长的花蕊、凤凰的头羽等。第二点，贴花为主，其他针法配合。绣制贴花部分的边缘时，既要流畅又要显轮廓。绣制时尽量将贴线盖掉，让人看见轮廓鲜明的花。贴花上面有时需要加绣的一些针法，应干净利落，如动物的大眼睛，用黑白绣线为主绣制，可显示其天真的形色，更好地突出主题。在花卉图案的花心，用对比色加绣一些能表现花心的针法，使花心更加鲜明。总之，贴花绣品上使用的针法，宜简明不宜繁杂，以免喧宾夺主。第三点，结合绣制内容在贴花材料上下功夫，可增添许多趣味，如贴布，平整光滑；贴纸，厚实沉重；贴绸，轻松柔软；贴纱，活泼透明。根据需要，还可应用各色花布和各种条纹的绒料，不同图样的绸缎或品种不一的薄纱来贴花。另外，垫上抽花或海绵之类再贴花，能使花朵凸起来。特别是将绸、纱等薄材料收成立体花钉上去，就更加高雅可爱了。

牵花：又叫贴布滚花或是白族“作花”工艺的基本手法。用黑、白、红、黄等色布条为基料，缀于妇女的衣领、衣肩（托肩）、袖筒、裤脚等部位。由于所构成的花纹有似蟒蛇爬行或缠搅状，所以，有的地区称为“蟒蛇绣”或“蟒蛇纹”。制作时，先把色布剪成宽约一厘米的条状，然后再牵滚、缝合成断面呈椭圆的小条作为牵花用料。色彩的调配根据底色而选用，无论黑白、蓝色花纹，白底或白、红、紫色花纹蓝底，都显得素雅大方，表达出了白族人民朴实开朗的民族性格。

挑花：又名“十字绣”，还称之为“架花”。它以斜十字针脉组成各种图案花纹，在白族民间流行普遍。它的针法，有顺针和翻针两种，任意选择图案的一点或一端起针。具体针法，一种是，从图案的任何一端起针，根据图案色彩位置用斜方向针法绣，先绣成一段长度相等的明针，将本色需要绣的长度绣完，再返回来盖第二排明针，使它与第一排明针交叉成为斜十字，针脚齐整统一。然后，以此类推，按照花形需要变换线色将花全部绣完，这种针法即顺针绣。另一种针法，按照图纹要求，依据布面的经纬组织，挑一针回一针，使针脉交叉成十字状，为了使背面的针脚不致变形，就要根据图案放样的变化需要，而转动布面方向，调整针脚，故将此针法称之为翻针刺绣。两种针法，各有所长，前者省时而费神，有相关熟练的技能才能运用自如；后者虽然费时，但较易掌，适宜于初学者。挑花的绣品，用料最好是纱罗、十字布或细麻布，一般多用的是土织布。

白族挑花图案多种多样，无论是花鸟虫鱼，几何纹样，或是二者综合的构图，显得十分精致美观，是“作花”工艺中民族特色最为明显的一种，都是在装饰部位以正方形或长方形格子作坐标，挑绣十字形针脚，组成规整纤细的单色或彩色图案，应用范围广。大理、鹤庆等地的挑花头巾、手帕以及保山、洱源地区的挑花围腰等，制作精美，是妇女必不中少的饰品。

白族挑花刺绣的图案，绚丽多彩，引人注目，工艺精美是基础，但更重要的是每一个图案都蕴意着特殊的文化内涵。例如蝙蝠是一种丑陋的动物，但它与“福”同音，象征幸福，汉族人民用它双翼有薄膜的特点，用勾纹和回纹，往后又用方葵和云葵来装饰它，使它向蝴蝶形的图案变。白族艺人在这基础上，又进一步地它变形发展成牡丹、芍药、荷花等花形蝙蝠图案，远看似花，近看是蝙蝠。后来又用两只蝙蝠变形成如意云葵图案，使两只相对的蝙蝠触须，相互纠结，巧妙组成木椅靠背上的披巾。这就把只作装饰用的简单纹样，发展为组合性和更多适用性的图案，这是白族人民的一个创造。

毛绒绣：顾名思义，它是用纯毛的粗细不同的各色毛线，在钢丝布上绣制而成；有时也使用棉线、丝线、金银线等，以达到某种特定的艺术效果。毛绒绣的底布是棉织的，有规则的、双经双纬的网眼布，因为上浆特别大，质地较硬，所以又俗称钢丝布。毛绒绣所使用的毛线共有近百种颜色，又因为所表现的题材大多是花草和风景，

所以红、绿色用得最多。在绣制过程中，有时还可根据画面的需要，将几种色线拼合在一起使用，而在绣制高贵的珍品时，则必须另行染色，以便达到更好的艺术效果。

毛绒绣的基本针法，是在每两个网眼之间，斜绣一针，称为方点针。由这些深浅不同、色泽各异的许多小方点针在钢丝布上进行排列，表现出形状的起伏、色彩、虚实和光影。毛绒绣的针法，除了基本的方点针法之外，还有扒直、砌砖针和变化无穷的图案针法等。巧妙而灵活地运用各种不同的针法，发挥各种针法的特长，以便表现不同的质感，空间和层次，这是毛绒绣的关键所在。在创作设计上，毛绒绣的图案和画稿必须简练、概括，以便符合毛绒绣工艺的特点，而且便于绣样和绣品相统一的适用功能。云南民族博物馆曾收藏到一件服饰珍品，图案上的动物形象庄重、沉着，色调厚重而高雅，多变的针法绣出了衣料的质感，充分发挥了毛绒绣工艺的特点，是一幅颇具民族特色的民族民间艺术品。

纳花：以规则的直线针脚排列组合成图案多为蓝底白纹的几何形条状，色调素雅，洱源、剑川等地常用于装饰围腰飘带。

锁花：又叫“莲子扣”，以单线小圆圈环环相扣，组成线和色块结合的图案花纹，素雅别致，鹤庆妇女围腰带头多用此绣图纹作装饰。

疙瘩绣：每一针脚打一结，形成点状组合的纹样，有厚重古拙之感。

贴花：以色布剪出纹样，贴于装饰部位，再以刺绣方法固定边缘，粗犷大方。

机绣：为现代出现的工艺，用缝纽扣扎出纤细流畅的单线条纹理，制作快捷，简便实用，大理一带常用在服装的围腰和背带上，是改革开放以来越来越多的刺绣工具。

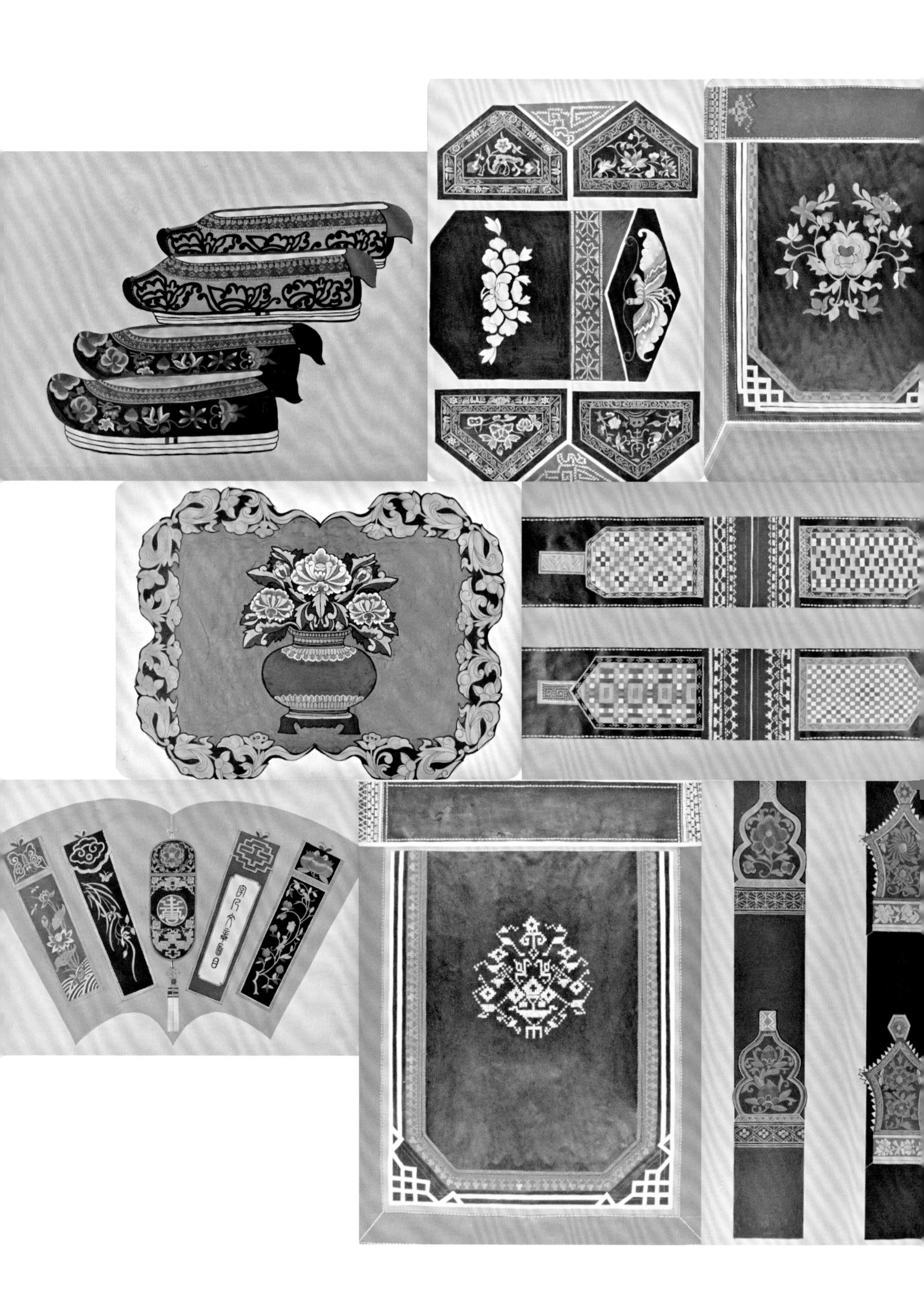

2. 彝族刺绣针法

彝族是西南少数民族中人口较多、分布最广、刺绣最为普遍的民族，特别是刺绣装饰，被称为为“从头刺到脚的民族”。西南彝族妇女都擅长挑花刺绣，每人都穿着精美美艳的绣花衣裳，女孩从四五岁起，就跟妈妈和姐姐长期学刺绣，刺绣是女人聪明才智，生活丰富的象征。因此，民间有“美女不绣花，长大没有家”“美女不绣花，好比没养她”等俗语，是对彝家妇女的一种特殊评价。

彝族刺绣是一种特殊的艺术。它不仅在构图上有特殊的要求，而且在针法上也是多种多样，色彩搭配、装饰布局等也都无不在艺术的构思中。彝族刺绣除了讲究构图、用色，还特别讲究针法，一幅幅理想的构图形成了，用色也想好了，到底用哪种针法也是绣品成败的关键。彝族刺绣的针法多种多样，其中常用的有平绣、锁绣、钉绣、锁边绣、垫绣、穿花、剪洞成花、挑花等，其他还有梅针绣、缠针绣、打籽绣、套针绣等各种各样的针法。在刺绣图案里，有单独针法之用，也往往是几种针法同时采用，还有编织，等等。都是相互配合，一针一线的技巧，竟达到了随心所欲，变化无穷的境界。特别是一些组合图案，由于采用的针法不同，所产生的艺术效果也就各有自己的特点。总之，彝族刺绣的针法，有的厚实稳重、雍容华丽，有的平滑光彩，清晰鲜明，还有的朴实大方，坚固耐用。

彝族妇女在刺绣过程中，既不搭架，也不用花棚，全凭一根简单的花针和灵巧的双手，就能绣出仪态万千，绚丽多彩的图案来。彝族刺绣的针法，多种多样。

牵花：也叫贴布滚花，是彝族刺绣的艺术手法。它是用红、绿、黑、白、黄等色布，剪成一厘米宽的条状，然后牵滚，缝合成面呈椭圆形的小条作为基料。然后将小条仿照自己所要表达的图案花纹缀于妇女的衣领、托肩、袖筒、衣襟、裤脚等部位。由于所构成的花样似蟒蛇爬行或缠绞状，所以，楚雄州一带称“蟒蛇绣”或“蟒蛇纹”，而滇东南一带则称“藤条纹”。

由于牵花的色彩调配，是根据底色而选用的，

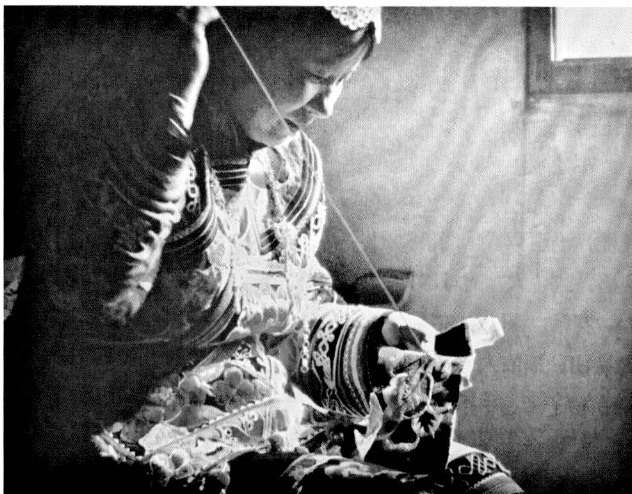

无论黑、青、蓝色花纹白底，或是白、红、紫色花纹蓝底，都显得素雅大方，表达了彝族人民朴实的民族风格。同时，牵花的做法比较简单又经济实用，故流传的地区比较宽广，大理、巍山、南涧、寻甸、弥勒、石林等地均能见到，但是最为盛行的还是楚雄州等地区。

扣花：又叫锁花或锁边花，是彝族妇女传统的“作花”针法。着针法与今民间用于缝锁纽洞的针法相似，但它是根据针脉的长短取得花纹图案的。纹样有顺经纬线连成等三角形和锯齿状图案，也有斜针脉组成的横人字形的带状图案。它常与挑花、垫绣法配合，装饰衣边袖口、脚边、胸兜边沿，以及头帕、围腰带、飘带的首尾，俗称为“狗牙花”和“布带花”，既美观又耐用，深得彝族妇女所喜爱而沿袭至今。

穿花：穿花也叫穿花平绣和织花挑绣，是在十字挑花的基础上发展起来的，也是根据布纹的经纬组织，穿绣出各种图案。不过，它的着针法是根据图案的需要，用披开的各种绣线的纱经，顺布纹的经线跨压纬线，或顺纬线跨压经线，穿绣成蓝花、红花，或黑花白衣，或白底黑花，都是单纯明快，谨严和谐。

穿花工艺除了用针穿绣经纬线而构成花纹外，还有用织的方法也可构成各种图案。但它所取得的效果，不及用针穿绣的做法精致，显得有点呆板，千篇一律。而且，不如穿针法耐磨耐用，所以，一般采用穿绣工艺，很少采用织花法。

剪洞成花：是服饰图案中一种特殊的工艺手法，它多用于衣服的显眼部位。例如石林彝族自治县的撒尼妇女，普遍用粉白、粉红、水绿、浅黄、浅蓝等色布做长衣，长衣及膝，外罩披肩。披肩选型奇特，是根据妇女上身的大小裁制。多为黑色，不分不整，也不绣花。只在披肩与飘带的连接处，按所需用的图案纹样剪开一个洞，然后用纯蓝或纯黄的布贴底，再用彩色线沿剪开的纹路扣缝，同时镶上金线和银片。这样，衣肩上就是显现出了光彩夺目的图案。图案多是变形的蝴蝶、蜘蛛，也有“万”“寿”“庆”“喜”等字样，由于工艺特殊，图案洒落大方，鲜明流畅，进一步突出了彝族人民特有的生活情趣和质朴的民族感情。

以“剪洞成花”相似的还有一种叫作“布叠”的绣法。它用多层布折叠成大小相等的三角形，有规则、有层次的贴在一起，犹如山上的岩洞一样，层层深入，给人一种奇妙的感觉。云南许多少数民族都采用这种绣法，如拉祜族、哈尼族、傈僳族等，服饰上都有“布叠”的工艺。

挑花：是彝族刺绣中常用的针法，有着深厚的群众基础，民族特色也最浓厚。挑花不需要图样或贴纸样，直接入针构图，依据绣布的经纬线数入针，绣出所需的图案，它的针法有顺针和翻针两种。

挑花在西南民族民间有着深厚的服众基础，民族特色也是最浓厚的。挑花不需要图样或贴纸样，直接入线构图，依据经纬线数入针，绣出所需图案。它的针法有顺针和翻针两种。顺针法是根据图案的布局，任意选择图案的一点或一端起针，就图案的色彩安排位置，依据布面的经纬组织，斜针挑成一段与之相等的明针，当同一色彩的部位挑完时，再回针盖第二道明针，使之与第一道针脉交叉而呈“十字”状，直至挑完同色的部位之后，再调补他色。翻针法，也是依据布面的经纬组织着针挑绣，但是，它挑一针回一针，使针脉当时就交叉成十字状。挑绣时，为了使背面的针脚不致变成长方、正方、三角、多边等畸形，而与正面花样不一致，要求每挑一针或几针，就要根据图案纹样的变化需要，而转动布面方向，调整针脚。两种方法，各有其长，前者省力而费时，要有相当熟练的技巧才能运用自如；后者虽费时，但较易掌握，适宜初学者，但一般都是灵活兼用两法。二者都是用红、绿、蓝、紫、白等十多种彩色线挑绣，也有用单色线，如白线、黑线、黄线或红线，分别在黑白底布上挑绣各种图案的，不管采用多色或是单色绣出的图案，都显

得古朴典雅，厚重端庄。

挑花图案的形象受到十字针脚的工艺限制，因此，图案造型必须简单，使之呈“几何纹”。正是由于受这种特定工艺的限制，挑花图案具有自己的特殊装饰意趣。例如，利用挑花针脚的排列不同，产生的装饰效果也不同，有的在密集的十字针脚中适当空针，即可显出实地空花图案，有的用近似网绣针法，取得疏朗精致的效果，甚至取得正反两面都是完整而美丽的图案。总之，十字挑花的作者，施针如笔，或方或圆，或线或面，或直或曲，都活灵活现，运用自如。整个图案都安排得疏密有致，紧凑大方，丰满而不堵塞，统一而有变化。色彩配搭上，“素化”显得明快雅洁，“彩花”则是光彩夺目。

挑花图案多为二方连续和四方连续组合式几何图案。必须严格按照底布的经纬交织点施针，即“数纱而绣”，才能获得十分规则的织纹效果，表现出精确的数绣计算才能。面对丰富多彩、变化无穷的几何图案，着实让人浮想联翩。挑花所用的布必须是平纹或厚实的棉纱布，大多装饰在妇女服饰的袖口、领边处，或挎包、手帕、包头等生活用品上。当然，挑花或单纯，或与十字绣、平绣等多种技法融为一体，绣制的大型图案，多装饰在妇女围腰、胸布、童背上。挑花图案均为对称、抽象呈几何形状，简练而又夸张既有图腾文化的意蕴，也有不少来自生活，构图严谨，多为对称的均衡形式。除了主题图案外，还常以植物花鸟小型图案作陪衬。挑花的色彩对比强烈，有的花黑底布上用纯白，或纯红的色线挑绣，有的在青、黑色底布上挑绣白色的图案；有的在白色底布上挑绣黑色图案；也有的在同一块底布上配搭两种色线挑绣。总之，挑花图案的色彩都比较明快，对比强烈。

彝族挑花从图案的素材看，更多的是写实素材，以植物的茎、花、果，或动物、昆虫为主，装饰妇女外衣的袖筒、托肩、胸背、胸前。男子外衣、外挎的袋囊，以及腰带、包头帕、包头带、绑腿、挎包等。还有妇女的围腰、百褶裙和婚丧

事时作为“礼服”穿的“袈裟衣”等，取用的花样计有牡丹花、菊花、火草花、八角花、棋盘花、石榴花、桃子、桃花、灯笼花，以及吊子花、狮子、蝴蝶等动物。同时，也有将几种素材组合在一起，而寓有一定吉祥意义的“凤串牡丹”“彩凤求凰”“廿四鲜桃”和“石榴”“牡丹”等盆景、花篮式样的图案。

在进行装饰构图时，多以寓意题材作主饰，用其他写实花样装点四周。如妇女的长方形挑花包头帕，常以“廿四仙桃”或“凤串牡丹”居中，而以其他花朵饰四周，使图案中心点呈正方形，再以写实花样与几何纹组成的宽带状图案加饰两端，又用“吊子”花拉长两端的装饰面，最后以“狗牙花”锁饰首尾。这种综合手法也用于挎包、围裙或衣服上的装饰，很少有单独使用一种装饰手法的。写实的花样，除了作陪衬之外，还可以灵活地配合几何纹组成长条形、长方形等单独的图案，装饰服装及物件各个特殊的位置。但其中吊子花，只能饰于妇女的腰间。

挑花图案基本上都是二方连续和四方连续几何图案。图文组合细密，纹样变化多端，喜以大几何形图案裹自然花，形成互补。如童背、围腰、帽饰等都是在平绣、贴绢绣的几何图案上，再挑绣各种自然形的散花朵，以及鱼、龙、虾等。这是彝绣中的总体倾向和风格，用此种针法挑绣出的图案花纹，柔和纤细，紧密严实，收到特殊装饰效果的同时还有耐磨耐用的功能，彝族妇女均喜欢采用。

挑花除了花纹组织细密，色彩多样，五彩纷呈，炫目耀眼。由于图案经过巧妙地组合，分层配搭，故从色彩上看，它与别的纹样似乎连成一体；从形式上看又是一种特殊的造型。以桃子为例，一个用两色线挑绣经过美化了的桃子，其艺术效果就大不一样，又如将自然花纹与几何花纹变形重组。更能使锦面达到细致繁缛、变化多端和动静结合的艺术效果。这种几何纹与自然形结合的花纹，色彩主次分明，图案美观大方。若从整体看，整个图纹融为有机的一体。这种似真似幻的景色，大有恍惚迷离的美感。同时，它那强烈的织纹效果，非织非绣的手法，具有很强的艺术魅力。

挑花除了叫“十字绣”外，通常的说法，又叫“数针绣”（数丝而绣），即数着底布上经纬纱线挑绣出来的花纹。也有“戳针绣”的说法，就是用斜十字针数纱而绣。戳针绣的名称多种多样，长串针、短串针，打点针和十字针，不同地区各有所侧重，但都独具特色。

十字绣的绣法，一般来说有两种，一种是从图案的任何一端起针，根据图案色的位置用斜方向进针，先绣出一段段长度相等的明针，使它与第一排明针交叉成针脚齐整统一的十字花纹。然后，以此类推，按照花形需要交换花色，将花纹图案全部绣完。另一种是，以斜十字为单位，一个一个地绣，只在经纬纱的交点上交叉进针，呈点状，然后选择经纬纱相等的纱线（一般为五纱左右），按方格，跨过若干纱线斜绣进针，两针以90度斜叠，架成十字，聚集成纹，如此按一定的图案连续挑绣，便成各种美丽的花纹图案。十字绣的使用很普遍。挑绣的面积有大有小，但都严格按照底纱数针，顺纱挑绣，获得十分规则的织纹效果，而且正反面花纹基本相同。爱美的姑娘为了保持花纹正面的清洁。挑绣时用白纸把正面封闭，而从反面挑绣，绣成后将白纸撕去，这就是被称为“反面挑花正面看”的艺术。

彝族挑花图案以石林县圭山撒尼人最为丰富多彩，可以视作彝族挑花图案的代表。其自然纹形的二方连续图案多为波纹式组织。如果母题是花，则波纹是其茎，茎上还停有叶子。有的茎上有卷须，有的茎上有长刺，有的茎上还停有小鸟。如果母题为蝴蝶，则以小十字花的藤蔓作波纹。其几何纹的二方连续则以结合式为多，其母题往往上下、左右对称，这种图案也可叫四方连续图案的母体组织。

挑花的单独适合图案，多装饰在背部中心，呈方形，图案的外边四周饰有四方连续图案。这种组织显得稳定而又有变化，比较活泼。还有一种单独适合图案的，是四周的宽窄不等，一层比一层小的二方连续簇拥着中间一个八角形图案，这是汉代盛行的四方八位米字格图案形式。这风格就显得规矩而活泼不足，但也是一种特点。

在色彩方面，彝族挑花图案，其二方连续多用黑底，白底比较少。用色有多有少，多则五六色，少则二三色。但背布（童背）上的挑花图案，多用红、黑布作底，用色较多，一般为八九色。这挑花图案中应该说是色彩比较丰富的了。彝族挑花图案风格，因支系、地域之别而有差异，这主要是表现在色彩的倾向上，其造型和结构无太

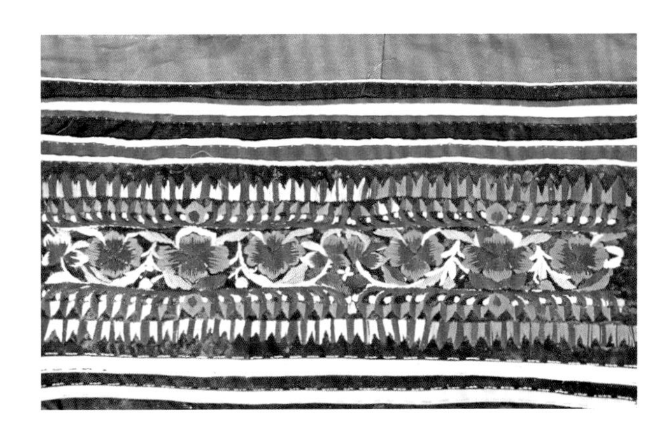

大的区别。

彝族挑花是一朵土生土长的工艺之花。它的生命力来自人民、来自生活。它将在新时代、新生活的广阔天地里绽开新葩。在我国民族刺绣百花园中，各种传统绣法都以自己独特风格斗艳争奇，相映生辉。如果从装饰艺术紧密结合生活的实用性来看，彝族十字挑花可算是“独占鳌头”了。彝族挑花的使用特点在于结实、耐磨、经洗。因此常用在衣服的衣肩、袖口、裤脚、系带、围腰、头帕、百褶裙的下端、围裙左右两边和飘带首端，而其他花卉花样就没有固定的装饰位置，只要所需，均可与任何花纹配合。

总之，各种各样的挑花饰物中，在构图上都安排得疏密有致，紧凑大方，丰满而不堵塞，统一而有变化。色彩配合上，“素花”显得明快雅洁，“彩花”则是光彩夺目。彝族刺绣的针法，有的厚实稳重，雍容华丽；有的平滑光亮，清新鲜明；还有的朴实大方，坚固耐用，具有独特风格的刺绣艺术。

平绣：是常用的针法，被大多数民族采用，这种绣法写实表现力很强，可用多种颜色的丝线绣成色彩丰富、图案布局美观匀称、色彩鲜明，有明显的物象感。具体的针法是依样在布局上来回走针串线的一种绣法。其特点是单针单线，针脚排列均匀，绣面平整光滑。姚安县左门、马游一带彝族的平绣，特别之处在于大量使用剖线技法，即将普通的线破成若干根细线（过去的丝线一般只剖成两半），用这些细如发丝的细线绣出的图案，自然十分细滑精美。这在中国四大名绣中也是常用的技法。过去，左门地区女子常选择在农历三四月间制作她们的嫁衣绣片。据说，在这期间，气候不冷不热，农活也不太多，是精心操作手不出汗的时候，绣品更加圆润。在彝族平绣中，还有纳针、补针、进针、退针、套针、捆针等技巧的参差运用，再适当配以其他绣技，能绣出奇巧浪漫、形象生动、内容丰富的绣品，为世人所赞赏。

平绣适用范围极广，针法也多种多样。日常一般运用的有牵针、柳针、齐针、齐边针、渗针与梭子针等。牵针和柳针是绣制图案上模、直、曲各种细线的针法。牵针是用短密针子一针一针往下套按牵引；柳针则以针路精斜的针法连接成线，像连续不断的柳叶。这两种针法在运用时候须注意针脚排列整齐，后一针尽量将前一针的针眼盖住，使之衔接自然，整体流畅。在绣需要丰满一点的线条时，还可将两种不同色的绣线搓成一根，用柳针法等绣制，效果别有风味，这种针法用来绣制鸟兽的羽毛为佳。齐针，是绣小形图案花纹的针法。绣制时从图案的一边边沿落针，分直、横、斜几种针法的运用，要求针线平顺、匀密，针脚整齐划一。不少人用这种针法绣制包梗类图案，取得良好的效果。

锁绣：也曾是中国古代常用的一种绣法，在出土的许多古代衣饰中，都能见到这种古老绣法使用的痕迹。长沙马王堆出的衣物中的朵朵云纹，就是用锁绣法绣成的。不过，如今的中国其他地区，已很难见到这种技法的踪迹了，可在彝族广大地区却是常可见到的绣法。我们在大姚县昙华山见到的一种套环式的锁绣，刺绣时针的方向是进两针退一针，形成针针相连的纹样路线。其特点行云流水，曲直分明，坚固耐磨。在马游、左门等地，锁绣主要用作平绣锁边及绣面中的枝蔓、云草等纹样的构图技法。这种锁绣看似易学，真正要学好用好，绣出韵味，不是件容易的事。

贴花绣：彝族叫“牵花”，又叫“贴布滚花”，顾名思义，是将贴花贴绣在底布上的一种工艺，其绣法实惠简易，效果美观大方，是彝族刺绣工艺中的基本手法。它用红、绿、黑、白、黄等色布，剪成一厘米宽的条状，然后用牵滚针法，缝合成断面呈椭圆形的小条布作为基料，再将小布条按照自己所要表达的图案花纹缀于妇女的衣领、托肩、袖筒、衣襟、裤脚等部位。由于所构的花样大多似蟒蛇爬行或藤条缠绕之状。所以，有学者称之为“蟒蛇绣”或“蟒蛇纹”。笔者根据此图

案流行的彝族聚集区（昙华山）调查认为，这类图纹是妇女在高山密林中肩负东西时，对大自然抗争意识和特殊审美观的反映。因为高山密林中的藤条很多，阻挡人们爬坡上坎，严重影响生产生活。既然这么多藤条阻碍着山林间的自由，那么我身上也长出比其更兴旺的同样藤条来抗衡。当我询问妇女们为何绣此图案时，他们回答："方便出门走山路。"

贴花绣操作虽比较容易，但要取得生动的效果，必须注意贴花部位的外形要高度概括，使之成为完整的板块。同时，在以贴花的图纹为主的前提下，要与其他针法配合，刺绣贴花部位的边沿时，既要流畅又要显出轮廓，尽量将贴线盖掉，让人看见轮廓鲜明的花。贴花上面有时也需要加上一些针法，应干净利落。总之，贴花绣品上使用的针法不宜繁杂，以免喧宾夺主。

贴花绣的色彩配搭，是根据底色而选用的，无论黑、青蓝色面底，或是白、红紫色花纹系底，都得素雅大方，表达出彝族人的朴实性格。贴花绣的做法既简单又实用，故流传的地区较广，大理、巍山、南涧、楚雄、武定、弥勒等地都能见到。

锁边绣：又叫"锁花"或"扣花"，也是彝族妇女传统的作花手法，看针法与今民间用于缝锁纽洞的针法相似，但它是根据针法的长短取得花纹图案的。纹样有顺经纬线连成等腰三角形的锯齿状图案，也有斜针脉组成的横八字样形的带状图案，它的针法主要有齿轮针、挽结针两种。齿轮针就是前面说的锁纽扣眼洞的针法，根据此法还可变化各种图案花纹。在运用齿轮时应该注意针距均匀，针脚整齐，线不要拉得太紧，同时在下面要压一根同色线，绣后花纹才凸出可爱。挽结针是有规律在图案边缘上挽绣上一个线结子，需注意不要摆布太稀。

钉线绣：又叫钉针绣，是彝族的一种特殊装饰品。其针法将其他装饰线、装饰织物或其他饰物底布上形成装饰效果的技法，包括钉线、打圆、

钉珠和钉织物等。钉线是将专门的装饰线，如金线、银线或马尾线平铺在绣面上，再用针引丝线将其钉住，通常用一根丝线钉两根装饰线，距离一般约三毫米。钉圈是将装饰线绕成圆状，再用另外一根丝线将其钉在绣布上形成图案。操作时用一大一小两根针，大针引装饰线，小针引丝线，大针统一圈后再用小针钉上。正因为这种针法，才称之为钉线绣。笔者在彝族聚居地县华山见到的，其技法是以一根棉线或麻线，也有用稍粗的色线或马尾丝绒为蕊线，借助特别的方法，用丝线包缠起来。然后将这种包缠好的线，依据所需图案，用针顺着底片格子匀密地钉绣在底布上。这种绣法用在大件绣品的局部花纹上，让人有浮动之感。大理、剑川、祥云一带彝族的钉线绣使用的棉线为蕊线，令人称绝的是他们将线做得很细，钉得很密，在底片上凸出来图案，让人略有浮雕的感觉。在红河州、文山州等地彝族的衣袖、衣襟和背儿带上，大量使用了钉线绣，多以红布或红绸缎为底布，用黄色、白色或比较鲜亮的线，钉成了稠密的放射状圆形花纹，有如切开的柠檬果片，或是展开双羽的蝴蝶，再用锁袖镶边，黄、白、红三色对比层次分明，增强视觉效果。先用纸或布剪成花样，贴于绣件面上，作为垫底，然后绣出花样，为了加强艺术效果，还在花样的边沿扣锁、牵滚、贴金银边系，使图案显得更丰富堂皇而有立体感。

钉珠和钉织物的钉线绣针法，主要流于文山州彝族地区。钉珠是将珍珠或圆形金属小片等装饰物，用丝线钉在衣服或配件上作为装饰。操作时用绣针引线，穿过装饰物的小孔，再钉在织物上。钉织物就是将不同种类的织物，按图案的需要剪好，直接钉缝在衣物上，形成以剪贴织物为装饰的图案效果。这是许多民族使用的针法。民族服饰中常见的堆绣、补花绣都属于此类针法，还有“色梗贴花绣”，则是先用纸或布剪成花样，贴于绣件面上，作为垫底，着针法和绣出的图案效果与“钉线绣”大体相同。

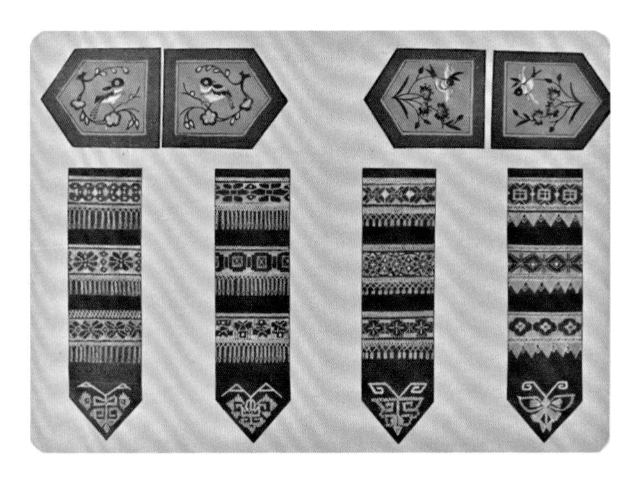

垫绣：垫绣又叫包梗贴花绣，是彝族妇女在本民族牵、扣、挑、穿几种刺绣工艺的基础上，吸收了“汉绣”的先进工艺而创作的特殊绣法，有“引绣”和“贴绣”两种方法。“引绣”又叫包梗绣，是用一些稍粗的色线按花草或动物结构，先安排好位置，贴垫在底布上，然后用横子针一针一针匀密地钉包住这些线条，使其凸显出纹样的轮廓，此法绣成的花纹略有浮雕感觉。“贴绣”是先用纸或布剪成花样，贴于绣件面上，作为垫底，着针法和绣出的图案效果与“引绣”相同。为了加强艺术的效果，还在花样的边沿扣锁、牵滚、贴饰金银边，使图案显得更富丽堂皇而有立体感。

垫绣选用的素材都是人们以实际生活中获得的，手法多偏写实，如山村中常见的各种奇花异草、苍松翠竹、蔬菜瓜果、彩蝶蜻蜓，山野林间的狮、虎、豹、猴等野生动物，也有人们珍爱的家禽家畜，以及象征爱情和长寿的凤凰、鸳鸯、仙鹤都被生动地表现在刺绣品中。特别是用夸张手法精绣的“鸳鸯伴柳”“鲤鱼戏莲”“凤穿牡丹”“仙桃献寿”等图案，布局、色调都很和谐，可谓华丽多姿，绚丽夺目，堪与“汉绣”“湘绣”媲美，但垫绣不象挑花那样广泛使用，只限于妇女的胸兜、花鞋、花帽、枕头等，很少作衣裤和裙的装饰。

3. 苗族刺绣针法

苗族刺绣是中国民族民间艺术中一朵绚丽的鲜花。在苗族地区，无论走到哪个村寨，都能见到一件件出自苗族姑娘巧手挑绣的精美艺术品：花衣、花裙、围腰、花带、花帽、背带、绣花鞋……那丰富多彩的图案，魅力夺目的色调，真是美不胜收。

生活是艺术的源泉，勤劳勇敢的苗族人民，在长期社会生活中创造出的刺绣艺术品，都十分强烈地反映了她们对生活、对劳动以及对大自然的无比热爱。比如居住在文山州广南清水江畔的苗族姑娘们，喜爱以江中的游鱼、溪边的鱼虾、池畔的青蛙和田中的鹭鸶等动物作为刺绣图案的素材，而居住在山区的姑娘们则喜欢用山中的鸟兽、地上的虫、林间的彩蝶，路边的刺藜作为图案的模本。正由于生活的多样性，使得她们的刺绣千姿百态，也由于她们对生活的热爱，使得这些刺绣图案充满着浓郁的泥土气息。

在我国刺绣百花园中，各种传统刺绣都以自己独特风格斗艳争奇，相映生辉。苗族刺绣的图案、针法都很丰富，但最具特色，使用最普遍的是挑花。如果从服饰艺术紧密结合生活的实用性来看，苗族挑花可谓是“独占鳌头”了。

苗族挑花基本上都是几何图案，多为二方连续和四方连续的组合式图纹，表现出精确的数学计算才能，使苗族服饰图案，即便离开了特定的文化内涵亦体现出一种单纯的形式美。面对丰富多彩的几何纹样中变化无穷的几何原理，着实让我们浮想联翩。其母题组织看上去都像花，花的四周是一些长短线对角的波纹状。花瓣的形状有云形、涡形、方形、圆形和菱形，构成三瓣、四瓣和八瓣花。大花又套小花，变化无穷，实际上是一种变化复杂的几何图案。他们把几何图案上的点挑成曲线，各种由曲线构成的形状都可以表现出来。几何纹上的线条则运用其长短、粗细、倾斜与垂直，重叠与颠倒、交叉或对角，波纹和底色上各种形状的面都可以表现出来。几何图案，局部图形有方形、菱形、螺形、“十”字形、“之”字形等。总之，苗族挑花图形主要是规则的几何图案。这种几何纹广泛运用苗族服饰上，固然体现着各族的数学才能，但就几何形所具有的许多优点，如在经纬交织的服饰面料上做法较易，适应性强，富于变化的特点，完全讲究对称美、充实美、艳丽美。所谓对称美，就是绣品上下左右不论图形、色彩、空间完全要求对称；所谓充实美，就是整个绣品不留空间，全部填满；所谓艳丽美，就是用色大胆，大红大绿，艳丽精美。

几何纹与自然纹结合的花纹，色彩主次分明，图案美观大方。若从整体看去，整个图纹融为有机的一体，这种非织非绣似真似幻的景色，大有恍惚迷离之美感。同时，它那强烈的针脚效果，更具有艺术的价值。纹样变化多端，喜欢大几何形套自然花，形成互补。这种针法，在苗族挑花图案中屡见不鲜。不仅挑花如此，就是一般的平绣，如背裆、帽饰等也喜欢用贴拼相补充，再在贴绢的几何形图案上，绣各种自然形的散花朵，如折枝花，以及鱼、龙、虾等。这是挑花中的总

体倾向和风格。因此，这种针法绣出的图案花纹柔和纤细，紧密严实，收到特殊效果，苗族妇女均喜欢采用。

挑花图纹除组织细密外，还色彩多样，五彩纷呈，炫目耀眼。由于图案经过巧妙组合，分成配搭。故以色彩上看，它与别的东西似乎连成一体，从形式上看它又是一种特殊造型。以桃子为例，一个两色线挑绣过美化了的桃子，其艺术效果就大不一样。又如将自然花纹与几何变形套组，更能使锦面达到细致繁缛、变化多端和动静结合的艺术效果。大多为二方连续和四方连续的组合式几何纹，广泛应用与苗族服饰上，具有许多优点，如在经纬交织的服饰面料上作法简易，适应性强，富于变化的特点，使后代沿袭传承，只要摸出规律，对点、线、面的相互重合、反复、交叉等掌握好，就能施针如笔，挑出来的图案，都会疏密有致，紧凑大方，丰富而不堵塞，统一而有变化。

苗族挑花图案的母题组织，多以“米”字放射式为主，成方形。其方形组织中的小型者用来组成三方连续；复杂而大型者，则用来作单独图案。这种格外的挑花图案，在文山、红河和威信、镇雄等地基本上大同小异。另外一种母体组织是对角斜线组成的波纹和菱形图案作散点的组合式。苗族挑花图案中还有一种二方连续，与红河一带彝族挑花的自然纹形图案差不多，也是以茎为波纹，茎上有叶，以花作散点，花的造型多半也相同，但这种式样的二方连续较小。

苗族十字挑花的实用特点，就在于结实、耐磨、经洗。常用在服饰头巾、枕巾、帐沿、飘带等用品上，既有朴素美丽的装饰效果，又不影响使用的价值无怪乎连手帕、餐巾，甚至于鞋垫都用挑花。有些少数民族妇女愿意在服装最易磨损的围腰、领口、袖沿、托肩、裤脚、系带等部位饰以挑花。这不但是为了好看，也是为了增加这些易破损的地方的牢度。挑花所用的材料是民间粗布、棉线，刺绣方法简便易行。所以成本低，容易普及。一件布料简单，但价格平常的上衣，一条普普通通麻布缝制的褶裙，一旦镶缝上这些绣品，便会光彩夺目，身价百倍。改革开放以来，苗族人民用绣品缝制成套的服装及挎包、钱包等用品，进入市场和赠送亲人好友的珍贵礼物，很受人欢迎。

挑花是苗族刺绣中的主要针法，妇女们事先从不打底稿、描草图，完全凭着他们天生的悟性，娴熟的技艺，数着底布上的经纬线来绣，而且凭着他们丰富的想象力，将一个单独的、局部的图形巧妙结合形成一个完美的丰富的绣品，使之达到和谐完美的境地。

苗族刺绣在针法上，除挑花之外还有平绣、打结绣、钉线绣、数线绣、打籽绣、锡绣、布叠、穿花等针法。有的以碎小、纤细、连续纹样为主，有的则以粗犷、饱满著称。其针法特点，有的厚实稳重，雍容华丽；有的平滑光亮，清新鲜明；还有的朴实大方，坚固耐用。每件衣服上往往是采用几种针法相结合来完成的刺绣装饰。由于绣法的不同，所产生的艺术效果各具特色。

平绣：有用剪贴各种花纹贴上用丝线绣的，也有全凭腹稿和经纬来绣的。平绣与碎小、纤细、连续纹样为主，光亮平滑。这种绣法，写实表现力很强，可用多种颜色的丝线，绣出色彩丰富，图案布局美观匀称，色调鲜明，有明显物象感。

打结绣：和将丝瓣盘成花型的“瓣绣”或“牵线绣”是同一种手工技巧。它在一个圆凳上装一个小架子。架子上装着需要编的八根线，线头上系一小木梗。操作时双手拿着木梗，有节奏来回摆动，线随木梗跳动，优美谐和，自然成趣。绣品以粗犷、饱满著称，浑厚沉着、粗犷结实，像浮雕一样，富有立体感。在用针前，有的根据剪纹的图案，挑选好丝线的配色，先编成数十种不同的带，如平着盘的叫辫绣，鼓起来盘的叫绉绣，打卷卷的叫卷绣，以上所说的辫、绉、卷三种绣法，是苗家刺绣特有的绣法，其针法有的厚实稳重，有的雍容华丽，有的平滑光亮、清新鲜

明，还有的朴实大方，坚固耐用。

钉线绣：也称“纹绣”，是一种特制的细线作为图案沿边的技法，须先用丝线缠裹棕、棉、麻线或马尾丝制作出特殊的绣线条，再将线条按图案需要钉在底布上，勾勒出纹样的轮廓。纹样为传统的团花和鱼鸟纹居多，色彩古朴，以红、黄色为主，装饰效果强烈，粗犷简洁。

数纱绣：以针脚细密，构图对称为上品。数纱绣一般没有图样，只有一些基本花样的构成元素，通过不同的组合排列，形成不同的图案纹饰。纹样多为十字、菱形等。色彩以明度不同的红、黄色为主。因基本图案布局，全凭苗女自行制作，在刺绣时是数着的纱线也不一样，因而找不到完全相同的数纱绣作品。数纱绣底布一定要用经纬线非常明显的自织土布，按照一定的纱数，沿横向、纵向或斜向规则重复运针。刺绣时用针穿引来加捻的线丝形成图案。苗女们往往是从底布的反面运针以保持绣面干净，所以“反面绣”“正面看”。成品主要用于胸部和裙摆上，裙子下摆要用很多幅三寸宽的蚕锦拼接镶饰，整体感觉粗犷厚实，华丽精美。

打籽绣：以蓝绿和粉红不同系列明度的色线，由浅入深填充为图。破线绣，是将一根线劈为十二根，以极细的手法，绣出人、龙、蝶、鸟、鱼、蛙、猫、狗、鸡及花草等纹样，主要装饰在女子上衣的肩、袖、领襟、围腰等部位。叠绣，以色彩饱满的薄绸叠成小三角构成图案，层层薄薄，主要装饰服装的肩袖、领襟以及背小孩的背布上，纹样有凤凰、鱼、蝶、花、百果叶纹等，构图分为中心对称式。

锡绣：主要的技法，是将银白色的锡粒绣在青色布料上，银光辉映，对比鲜明，酷似银质，是苗族刺绣中比较特别的一种针法。纹样以几何图案为主，有“万”和“寿”字纹等。其针法讲究图案的整体布局，整齐对称，均匀细致。用于刺绣的材料，除了彩丝线以外，主要材料是金属锡。先将锡片锤成薄片，剪成宽约二毫米、长十厘米的锡条。锡条的一端剪成剑锋状，另一端以针为轴，用左手拇指卷曲成钩状。用深色丝线藏青色织锦布底布上，依据经纬线数纱布局刺绣纹样，形成一个个线套。右手用针挑起一个丝套，左手持锡条，以剑锋穿过线套并拉至低端勾住套，以剪刀在至底端两毫米处剪断锡条，再用右手拇指以针为轴将剪断的锡光卷合扣紧，一个小锡粒就被固定在底布上了。就这样由一个个排列规律的小锡粒组合构成图案，最后再用黑、红、蓝、绿四色蚕丝线在图案空隙处绣成彩色的花朵。绣品整齐细密，以“软”和“坠”为佳品，普遍受人欢迎。

苗族刺绣以龙、狮、麒麟、鸟、蝶、蝙蝠、鱼、蛇、桃、石榴、葫芦等动植物题材，造型粗犷豪放，变形夸张。

在苗族的观念里，蝴蝶是人类和一切的母亲。在他们的古歌里：枫木树里生虫，虫变蝴蝶，蝴蝶生下十二个蛋，巨兽“修牛”给她造窝，孵蛋，长蛋变成龙，花蛋变成蛇，黑蛋变成牛，黄蛋变成人、白蛋变成雷公……至今苗族人民对枫木树和蝴蝶都非常敬重，把枫木树视为树“风水树”，把蝴蝶绣在衣服的居中部位，如帽花、围腰上、衣袖和衣肩上，这都是表示对时光的怀念。

苗族刺绣还有一种叫作“布叠”的针法。在苗族服饰中，通常用在衣前襟的部位上。它是用很多层布折叠成大小相等的三角形，有规则、有层次的贴在一起，如山上的岩洞一样，层层深入，给人一种奇妙的感觉。

穿花图案的组织与挑花几乎一样，但穿花的结构不仅有二方连续与单独适合图案，而且还有四方连续。这是因为穿花与挑花都是根据底部的经纬组织制作，只不过挑花是由十字对角形式组成，穿花则是顺经线排列组成的。苗族的穿花图案，特别是四方连续图案与彝族的穿花图案有许多相同的地方，苗族挑花和穿花图案，其用色都基本相同。图案的色彩基本是两组：橘黄（或红）和青莲（或群青）；玫瑰红（或浅玫瑰红）和中绿

（或橘绿）。这两组色又互相穿插，所以加上黑布（底色）二色，一幅图案不超过五色。这是红河、文山苗族以及其他兄弟民族，在挑花图案上的用色特点。在威信、镇雄两地则不同，她们爱用大红、水底红、中黄、浅黄、中绿、浅绿和黑白二色组合而成。虽然她们的图案母题组合与红河、文山两地基本相同，但色彩使用上有所差异。

苗族刺绣针法多种多样，各地风格差异很大，但在程序和方法上，一般都不在布上画纹样，全凭腹稿和经验信手而绣，其布局的精巧，造型的生动，用色的大胆和技术的熟练，都是令人赞叹的。纹样的造型简练概括，非常耐人寻味。如鸟雀的造型，有飞的、叫的、啄食的和埋头栖息的，神态都很生动活泼；有的变形大胆，例如把鸟的羽毛处理成朵朵蓓蕾，鸟的尾羽变成束束花朵，和蜡染中鸟的造型有共同处。有的构思奇特，如在鱼和蝴蝶的肚子里，可以装进石榴、桃子、牡丹、兰花和雀鸟，甚至把人也装在里面。这种艺术处理，非常新鲜别致，她们还有“鲤鱼跳龙门”的刺绣，但在水纹中又添进了各式美丽的花朵，和鱼肚子里的花朵调和起来，这确实是别出心裁。其他如鸟兽龙身、双鱼共头、龙身上长翅变成飞龙等，更是屡见不鲜。

苗族刺绣工艺是苗族美学观的集中表现。它不仅美化了苗族的生活，增添了苗族生活色彩和情趣，还体现了苗族的传统文化、宗教信仰、风俗习惯、文化艺术，同时它还以特殊形象的图案，记载着一个个优美的传说故事，还展示着苗族的审美心态。富宁县苗族，他们有一件近百年的老花衣，从陈旧残缺的绣花图案中还可以辨别出图案的中心是一朵花，两旁是两只鸟，上下各有两排人，下面一排人，为首的一个打钹，后面有两个吹唢呐，中间有一顶轿子，后面有一个骑着一匹马的人，在后面还有两个人扛着牌灯；上面一排人中间也有一顶轿子，其中坐着一个人，轿左边有三个人，右边也有三个人。从人物的动态中，可以看出他们是娶媳妇的场面。图案中还有两只“鹊宇鸟”，有多子多福之意，把苗家嫁娶的习俗表现得淋漓尽致。

在苗族刺绣图案中，常有一只凶猛的老虎，一条大水牛，一条龙，背上都骑着一个人，为什么呢？苗族民歌“骑龙不怕龙下海，骑虎不怕虎登山；上树不怕栽筋斗，犁地牛才听人话”，这是苗族人民和大自然搏斗的绝妙刺绣。龙，也是苗族刺绣中的特殊图案，被普遍使用。那出现在苗家刺绣上的龙，不仅优美善良，而且生动活泼，几乎每套盛装都离不开它。传说龙能呼风唤雨，带来五谷丰登。因此，苗家喜欢它，把它作为吉祥图案加以使用。从这些来源于生活，反映着苗族历史、风俗、信仰以及人民精神状态的刺绣，可以看到他们取材范围是相当宽广的。图案花纹，规整对称，色彩鲜艳丽，含着深厚的民族感情和民族自豪感，并且有强烈的时代感。早期苗族刺绣（特别是挑花）的底布为白织的青色麻布，色彩单纯雅致，以黑布色调为主，构图严谨，图案丰富多彩，其色彩热烈华丽，以红色调为主，配以黄、绿、白等色，构图较为活泼，图案丰富。随着社会的发展进步，刺绣的底布色彩和质地都呈现多样化趋势，绣线也增加了彩色毛线的使用，构图更为精细和多样，当绣线织布、蜡染、挑花刺绣一道道工序完成后，就可以结合在一起，缝制一套套、一件件苗族花衣花裙，穿在身上……

苗族刺绣是一朵朵土生土长的工艺之花。它的生命力来自人民，来自生活。它将在新时代、新生活的广阔天地里绽开新花。

4. 拉祜族刺绣针法

拉祜族是云南省特有少数民族之一，人口不多，分布地域也不宽广，但他是古代氐羌族的后裔。其刺绣文化和技巧有着氐羌系统的渊源关系。因此，刺绣的构图和针法，很多都与彝族、白族、哈尼族相似，但巧妙的装饰手法，适应了装饰对象的多种要求。如：衣着外沿、襟边，因是长衣，图案必须是长方形；双臂、袖筒、胸前与背部都要求组合成对称形式；挎包、头巾等装饰的寓意图案，又要用写实花样作陪衬。总之，都要求完整、协调、美观，形成独特的地方民族特色，体现着本民族的审美情趣。

拉祜族刺绣，绣工精巧，色彩明快鲜艳，其妇人心灵手巧，用自己的聪明才智和勤劳的双手创造出纹样，线条明快，色彩强烈，具有山地民族的风格。图案有鸟兽、牲畜、各种花卉、野草、蝴蝶、蝙蝠、龙凤、葫芦、寿字、云纹及各种几何纹等。用线精心挑绣出花纹，既不画样，也不摹本，凭记忆在布面上手工刺绣花纹图案。1985年，笔者在“吃千家饭，爬万重山”的民族田野调查中，在澜沧县拉祜寨亲眼见到，刺绣都是随手操作，女孩子从小就学，从小就做，绣花针线盒随身携带，一有空闲就随手而绣，所绣的图纹

都在心里、在手上，从未画于布上，布块也是随手举拿，左右两手相互配合，飞针走线，根本不要什么绣绷之类的工具。刺绣在拉祜族女人中，是一项有耐心、信心、细致的工作和生活内容，俗话说："一针一线不马虎，千针万线花莲绷"，只要持之以恒，就熟能生巧。既可陶冶性情，体现智慧，又能绣出成品，美化生活，真是一举两得。

刺绣的针法，就现今的民族文化而言，与"氐羌"族群的风格几乎无别，但与苗、布依、壮、水等族的刺绣。无论是图案题材，色彩、针法，差别都较大，以下将其针法作几种简单介绍，资料均为笔者三十多年前在临沧市临翔区南美寨及普洱市孟连地区拉祜族寨里的调查记录。

平绣：是依样在布面上来回走针的一种刺绣方法。其特点是单针单线，针脚排列均匀，绣面平整光滑。临沧、孟连地区拉祜族的平绣，特别之处在于大量使用刻线技法，即将普通的绣线解破成若干根细线。过去用的绣线即丝线，一般破成两半。用这些细如发丝的细线绣出的花饰，自然十分细腻，这在中国四大名绣中也是常用的技法。过去南美寨拉祜族妇女，经常选择在农历三四月间制作她们的嫁衣绣片。据说，在这期间，气候不冷不热，手上不会出汗，绣出的图案更加圆润。绣品大多装饰在妇女长衣的领、襟边位。

锁绣：曾是中国古代常用的一种针法，在出土的许多古代衣饰上，都能见到这种古老绣法使用的痕迹。长沙马王堆出土的衣物中的朵朵云纹，就是用锁绣法绣成的。不过，如今的中原大地，已较少见到这种绣法的踪迹了。可在拉祜族广大地区，却是常见的绣法。在孟连县拉祜族寨见到一种套环式的锁绣，即刺绣时将针的走向，是进两扣退一扣，形成扣扣相连的纹样线路。其特点如行云流水，曲直分明，坚固耐磨。在拉祜族中，

锁绣主要用作平绣锁边，以及绣面中的枝蔓、云、草等纹样的勾图技法。这种锁绣看似易学，真正要学好用好，绣出韵味，可不是件容易的事。

钉线绣：钉线绣的技法，是先以一根锦线、麻线、丝线或马尾丝线为蕊线，借助特别的方法用丝线包缠起来，然后将这种包缠好的线，依据所需的图案钉在绣布上。在临沧一带拉祜族的钉线绣使用的是棉线为蕊线，令人称绝的是，她们将线制作得很细，钉得很紧密。做得特别细密的作品，甚至要借用放大镜才能看清它的针法。在拉祜族的衣袖、衣襟和背儿带上，大量使用了钉线绣，以红布或红绸缎为底片，用黄色、白色或比较鲜亮的线，钉成了稠密的放射状圆形图案花纹，有如切开的柠檬果片，或是展开双翼的蝴蝶，再用锁绣镶边，黄、白、红三色对比层次分明，增加视觉效果。

马尾绣：是拉祜族特有的绣法，工艺讲究，步骤复杂。首先用纺车将白丝线纺绕在两三根毛尾（白色马尾最佳）上，制成马尾线。一边用马尾线盘在已描绘好的花纹轮廓上，一边用穿有丝线的小针，将马尾线钉在布面上。再以黑色、墨绿色和紫色为主的各种彩色丝线，将轮廓内的图案空隙部位用锁绣或拉锁子绣填满。拉祜族的马尾绣主要用于制作背带和花鞋。为方便制作，先绣制各种形状的小绣片，然后用针线将各小绣片依次序排列钉连在一起。由于马尾所具有的弹性和韧性，使马尾线在弯曲成图案轮廓后表现出饱满的张力，线条匀实，使刺绣形象呈现出遒劲有力的美感，仿佛工笔画中的铁线苗，为绣品增添了特殊的感染力。

挑花：在拉祜族中，主要为平挑，与平绣不同，挑花不需要图样或贴纸样，直接入针构图，即依据绣布的经纬线，数纱入针，绣出所需的图纹。平挑与十字挑花的区别在于它完全依经纱方向竖向入针或依纬纱走向横向入针，而不像十字绣那样横竖交叉成十字。挑花所用的布必须是平纹布，且有不同的贴衬布。挑花的特点是图案对称，抽象成几何状。拉祜族挑花技法主要用作成人的腰带上。挑花适宜于在厚实的棉布面料上制作，大多装饰在服装袖口、领边处，或挂袋、手帕等生活日常用品上。挑花图案也是来自生活，构图严谨，多为对称的均衡形式，图案简练而夸张。除了主题图外，还常以几何图案陪衬。挑花的色彩对比强烈，有的以紫红、橙黄、绀青色为主，有的色彩简单明快，有的在青黑底上挑绣白色图案，有的在白底色上挑绣黑色图案。

挑花图案，大都反映现实生活中的自然景物，常见的有太阳花、鸡爪花、穗子花、小鸡花、八角花、葫芦花等。女子衣裙上的葫芦藤的变化形纹，是对祖先来自葫芦的始祖或“图腾”崇拜的反映。总之，拉祜族的挑花，技艺精巧，纹样很多，不仅构图完整，物象突出，色彩艳丽，而且那密密麻麻的针脚，增强了衣物易磨损处的耐磨性能，延长了使用寿命，具有实用价值，也充分显示出拉祜族人民特别是妇女的智慧和艺术才能，在我国少数民族传统针绣艺术中占有一定位置。

5. 哈尼族刺绣针法

哈尼族有风格独特的刺绣艺术，以平绣、锁绣为主要技法，辅以其他刺绣针法，工艺十分精湛，堪称山地民族之最。哈尼族是一个居住在高山密林、红河两岸的民族，优美的自然环境和梯田文化生活，形成了哈尼族独特的刺绣风格：色彩鲜艳，造型美观，形象生动。勤劳的哈尼族女子娴熟巧妙地运用各种针法，将生活中用品都加以刺绣，主要装饰在衣服的肩、腰、胸、袖等部位，其中最突出的是约花（围腰佩件）、挎包、腰带等工艺最为精美。

哈尼族妇女心灵手巧，大多用红线精心挑绣出花纹。既不画样，也不摹本，凭记忆或创想在布面上用各色丝线精心绣制，其花纹图案都是各有所爱，各自创作，绣工精美而各具特色，形象逼真，色彩柔和。哈尼族妇女用自己的聪明才智和勤劳的双手创造出纹样线条明快，色彩对比强烈，具有山地民族风格。图案有鸟兽、云朵、山水、各种花卉、野草、蝴蝶、蜘蛛、寿字、龙凤、葫芦、云纹及各种几何纹样等，极为丰富多彩，形成了独具风格的刺绣艺术。

辫绣：也是哈尼族的一种特殊绣法。其方法是将七至九根丝线手工纺织成二至三毫米宽的丝线辫，然后依图案的轮廓，由外向内将丝辫有规则地平铺于底布上，并以丝线固定，将构图盘绕填满整个图案，色彩变化丰富，极富立体感，且结实耐磨。

绉绣：最先编好丝辫的制作方法，与辫绣基本相同；编好丝辫后再根据图案轮廓，由外向内走向，将辫褶皱成一个个小折后，用单线穿针，每一小褶皱打一针，将丝辫堆钉在图案上，直至将图案铺满为止，使图案呈现很强的立体感和浮雕感，显得粗犷、浑厚、古朴，衣饰经实耐用，图案轮廓整齐，但费线费工，只在部分地区流行。

破丝绣：工艺精细，非常耗时，绣品光滑细腻，精美华贵，表现力强，属哈尼族刺绣中的精品。制作时，将要刺绣的图案剪纸贴在底布上，然后将一根普通丝线用手工均分成八至十六股细彩线，线随针穿过夹着皂角液的皂角叶子，使得彩线变得平顺挺括、亮泽紧密。再用齐平针的绣法，沿图案轮廓挨针挨线将图案铺满。这种技法往往用于刺绣嫁衣、庆典盛装等。完成一套精美的破丝绣嫁衣，大致耗时几个月甚至一年多。

哈尼族讲究刺绣装饰，大多以十字挑花工艺为主。在云南民族刺绣的百花园中，挑花作为哈尼族的传统，以自己的独特风格争奇斗艳，相映生辉。挑花以“十”字形和“一”字形为基础，连续起来而组成整齐美观的图案，用密集的针脚挑出各种纹样。针脚有大有小，依据底布经纬纱线的粗细，一个针脚可跨三纱、四纱或五纱，针脚越小，图案越精细。挑花针脚排列不同，又可产生不同的装饰效果。有的在密集十字针脚中适当空针，即可显出实地空花样；有的用近似网绣针法，取得流朗精细效果，甚至取得正反两面都是完整美丽的图案效果。

哈尼族女子挑花，不用底稿，不看正面，用针尖从反面的布纹经纬中就能挑出千变万化的纹样。不论构图如何复杂，她们都无须在底布上设计、打稿、描图和纹样，就凭自己那灵巧的双手和娴熟的技艺，按照早已打好的腹稿，细心地拨数着土布上的粗纱，逢三挑一或隔四一进，一针一线地挑出各种十分对称、色彩和谐，形象逼真的花纹图案。哈尼族挑花形状和线条的变化转折全靠数纱来掌握。线条有十字、米字、平行、垂直等，形成刚柔结合、变化多端的图案结构。哈尼族妇女初学挑花时，往往从现成的绣品为借鉴，练习数纱、基本针法和组织图形的方法，而后再进行随心所欲的创作。十字挑花，花纹数量很多，有正方形、长方形、三角形、圆形、梭形、菱形、齿形、水纹形、波浪形、之字形、工字形等几何图案。图案题材非常广泛，花卉鸟兽、蝴蝶、虫鱼、人物、建筑、文字、龙凤以及古老传说故事等。这些题材造型复杂，都从自然物象和现实生活中来，反映出哈尼人的生活环境、审美情趣与人文精神。

十字挑花：哈尼族十字挑花，从表面现象来看，它有适用而不美者，有美而不适用者，但从图案设计的本质来看，美与用的矛盾是对立统一的。真正好的刺绣品，它愈美就愈有实用价值，愈有利用价值，使用者也就愈美。因为这种美的造型和装饰是从使用的条件中诞生的。美的法则也是以生活中发现而总结出来的，离开了人，离开了人的思想，任何美也是没有价值的。所以，十字挑花的适用特点，就在于结实、耐磨、经洗，故妇女愿意在最易磨损的围腰、领口、袖沿、托肩、裤脚、系带等部位使用挑花。这不但是为了好看，也是为了增加这些易破损的地方的牢度。在元阳、绿春地区哈尼族妇女的围裙分为两块，由前襟一块、后襟一块连接而成；后襟表现着哈尼族挑花的精美，一般有三排花，中间为主体图案，上下配花鸟动物等二方连续图案。围裙挑花题材最为丰富，花朵树木、飞禽走兽、昆虫、人物等达到百余种之多，且形态各异；还有太阳纹、卍字纹、灯笼纹、铜线纹、牡丹纹、蕨叶纹、藤条纹等，还有寓意：五谷丰登的牛、展翅翱翔的大鹏、羽毛美丽的凤凰、幸福相依的鸳鸯，以及“双龙抢宝”“双凤朝阳”“双虎示威”“双鹅报喜”“龙凤呈祥”“喜鹊闹梅”“双狮滚球”等组合性图案，象征五谷丰登、六畜兴旺、欢天喜地、吉祥幸福。不同的花纹图案，分别绣在不同的服饰部位，而且十分讲究对称美，色彩对比强烈，风格清晰明快。

盘绣：哈尼族还有一种叫盘绣的针法，其运针十分灵活。操针时，要配两根色彩相同的线，一根作盘线，一根作缝线。盘绣不用绷架，直接用双手操作。绣者左手拿着布料，右手拿针，作盘线的那根线挂在右胸前，作缝线的那根线穿在针眼上。操作时按图走针，把盘线松松地盘绕在针上，当针抽上来后，用左手大拇指压住线，右手将针跨过盘成的圈钉牢。就这样上针盘，下针缝，一针一线，按照图案线路，将两毫米大小的圆圈均匀地重叠起来，宛如一串串水泡。线圈环环相套，层层排列，直至铺满整个图案。其图案严密平整，细密均匀，疏密得当，缝线要端正结实，完成的整个图案似一般刺绣技法中的三重或五重斗针密绣。盘绣虽费工费时，但成品厚实华丽，经久耐用。

蚕锦绣：又称板丝绣，针法和平绣相同，但它采用的底布很独特，是让蚕在一块平整的木板上吐丝形成的类似于无纺织结构的特殊布块面料，染成绿色作为刺绣底布，有的用蚕锦作衣裙边饰，有的以精细的蚕锦绣制花纹。由于锦绣全用手工，可随时随地操作，且花纹不受经纬线的限制，可得心应手绣出各种形象，因此，其图案较织锦更为绚丽多彩。其绣法又分为软绣和硬绣两种。软绣是根据图案的颜色要求，选择各色丝线绣成，绣件柔软，故称为软件绣；硬绣则需用特制纱线压在绣件上作中间层，图案立体感强，绣件稍硬，故称为硬绣。

戳纱绣：也称纳绣，以平纹纱布为绣地，顺着经纱和纬纱运针，按花纹数格子绣制。绣时多为反面挑正面看，因受经、纬线的限制，花纹多成几何形。绣线一般采用劈绒线，即将一根丝线劈成若干股，有顺经纬线连成等腰三角形和锯齿状纹样，也有斜针脉组成的横人字形的带状图案。它常与挑花、垫绣配合，既美观又耐用，深为哈尼族妇女所喜爱。

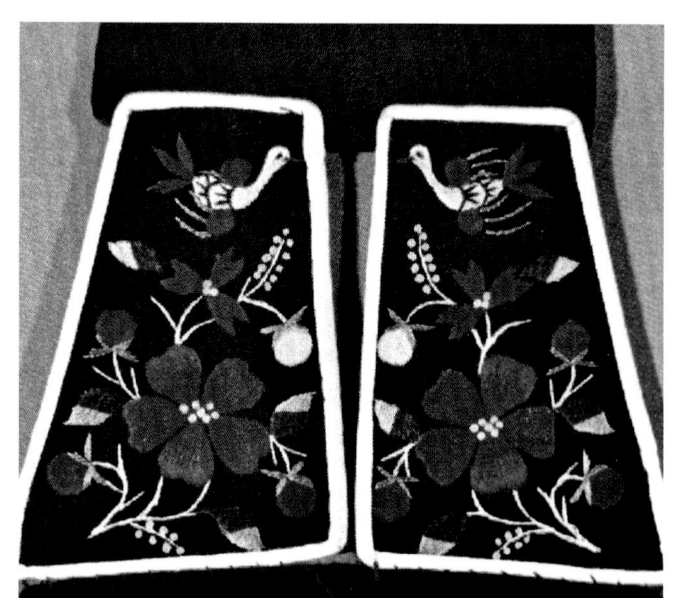

6. 傣族刺绣针法

傣族刺绣流行于金沙江一带、新平、元江、保山坝湾、景洪花腰傣等傣族中。刺绣大多作妇女衣襟、领口、腰带、胸挂、筒帕的装饰。其中尤以金沙江一带的妇女，刺绣品多为方形图案，都是挂系在胸前，所穿的上衣虽然厚实，但依然紧小贴身，无领无扣，胸前只靠刺绣品遮挡。这是一种特殊的装饰，是傣族服饰中的又一亮点。

凡是刺绣较为流行的傣族，都是分散、杂居于其他民族，如彝族、哈尼族等民族之间，地域广阔，境内河流深谷很多，寒、温、热三带的气候并存。刺绣的题材、构图、针法及装饰手法，既有这种立体型的自然环境、得天独厚影响的一面，也由于山川阻隔，造成了各民族社会发展不平衡，而对傣族刺绣的影响各有不同。例如：保山坝湾地区傣族，刺绣仅只用于腰带上，而且均为花卉植物图案，而金沙江一带的傣族，都杂居在彝族之中，不仅刺绣图案丰富，而且针法也很多，基本上与彝族相似，特别是挑花和几何图案的工艺非常精美，装饰手法也非常高超。

针法就是刺绣的工艺手段。傣族刺绣的针法多种多样，其中最常用的有：平绣、彩花绣、影绣、连物绣、斜直针绣、单双套针平绣、绕线绣、贴布绣等。在刺绣图案时，往往是几种针法同时采用，互相配合，一针一线的技巧，竟达到了随心所欲。变化无穷的境界，特别是一些组合图案，由于采用的针法不同，所产生的艺术效果也就有各自的特点。

总而言之，傣族刺绣与织锦相比，虽不是有名的工艺品，但从刺绣的图案，尤其是几何图案，与傣锦图案有很多共同的风格。当然，更重要的是在服饰上的装饰手法，傣锦装饰的主要是筒裙，而刺绣装饰是胸部和衣襟，衣领的边沿。图案内容也各有不同，特别是大象、孔雀的图案，在傣族织锦中极为普遍，而且生动精美，而在刺绣中从未见过。总之，无论织锦或是刺绣，在傣族服饰中都是各具特色的重要装饰，都是傣族民间手

工艺品。傣族刺绣，富于变化的针法，瑰丽多姿的色彩、鲜明的地方特色和民族特色，也是值得探讨研究的。傣族刺绣的针法有：

平绣：常用于小块布面的刺绣。绣法有两种：其一从纹样边缘的两侧来回运针作绣，要求纹样排列整齐，边缘光洁圆顺；另一种先以长针疏缝垫底再用短针脚来回于边缘两侧运针，绣出的纹样微微凸起，平整光洁。色彩艳丽，可组成连续、角隅和单独纹样，使用范围广泛。

彩花绣：是绣绘结合的刺绣方法。先用双面黏合的无纺衬剪成所需要的花形，粘贴在面料正面。然后选择好辅线的角度，用白丝线将花绣满，线脚不宜过长，再在已绣的花形上，用毛笔蘸特制的酸性染液渲染上色，最后用喷汽蒸化作固色处理。采用此法，色彩的浓淡层次渐变自如，比用色线刺绣有更大的灵活性。

影绣：又称“影子绣”和“托底绣”，是将花纹绣在面料背后的一种艺术。即采用轻薄透明的面料，在反面刺绣。或者说是用透明或半透明的材料绣花，才能达到雅致、惟妙的效果，一般用于围巾装饰。绣制时，按照图案轮廓，绣成人字形交叉排列或其他花纹，但要注意线路匀称好看，特别是正面的明针针路宜美观大方，从面料隐约出现刺绣纹样，才具有柔和雅致的装饰效果。影绣的针法和平绣针法相似，起针、落针只在纹样边缘两侧，针距极小，从反面看纹样布满，而正面又留有虚点状线脚。

连物绣：是指绣线穿连金、银、铝、铜、珠、云母等实物进行刺绣的方法。连物绣一般直接穿连实物，一种是按照纹样装饰的需要，一边绣一边直接穿连实物固定，从头至尾仅用一根线操作，珠片绣即属此种绣法。起针后，针线从亮片正中小孔穿过，从边缘上方落针，针尖斜向回针挑起，使两片亮片在略有相叠中排列成行，一般采用两片压住前边的方法，将线脚掩盖在亮片下。另一种连物绣，是用金银线代替丝线，在绣面上盘出图案的一种绣法。先用金线或银线平铺在底布上，金线为铺线，丝线为钉线，行与行之间相互间隔，直到绣满纹样为止，此种绣法在贵族服饰或在节日盛装时常用。

斜、直针绣：常用于花叶明暗层次的表现。从叶纹两侧边缘起针，向中心落针，针脚排列成一长一短的斜纹。接着，用深浅不同的色线亦一长一短排列衔接，将叶片绣满。直针绣同斜针绣相同，但针脚为直纹，先用浅色一针长、一针短排列成行，然后用深色线衔接，使深色线互相交错形成自然过程的明暗层次。

单、双套针平绣：面积较大，有深浅变化的块面宜用此针法。先用指甲在花瓣的套接处划一道线做出记号，第一针绣线从花蕊边缘起针，套接处落针；第二针从花蕊边缘起针，低于套接处落针，以此一长一短间隔运针。绣满花瓣的根部后，再用深色线套绣，套接处针脚要对准，线纹要整齐。双线套针绣，色彩丰富，深浅变化大的大块面纹样宜用双套针平绣的针法，先在绣布上划出套针的记号线，用三至五种不同颜色的线穿插做绣，套接处针脚要整齐。

纱绣：又称定针、穿花绣，先平绣长针，再用不同色线在长线纹上横钉一针或数针，这不仅起到固定长线、增加牢度的作用，而且短横针形成的彩点效果别具一格。

贴布绣：以色布剪出纹样，将剪好的色布纹样贴于面料的装饰部位，再用锁针法沿边固定，故又称为贴花绣和补花绣。贴布绣纹样外形简洁，粗犷大方，制作简便，装饰性强。

绕线绣：操作时需同时使用两根针线。一根穿双根线后对折成粗线状，线尾打结，针从表布背面戳出，抽线后用左手持针，另取一根针按上法穿线（用单根线），打结，起针，抽针后往前一根线上绕八至十个线圈后，用右手捏住线圈往前推，并调整线圈密度，使紧密排列状依纹样轮廓弯曲后钉线固定于表布。此针法专用于勾勒轮廓。

傣族刺绣的针法与瑰丽多姿多彩艺术，很受族人喜欢。刺绣是用技巧变化色线塑造成各种形象的艺术。色线的各种组织形式和实施方法，都直接关系着刺绣针法的表现效果。傣族刺绣的配色，总的说是简练概括，鲜艳夺目，对比强烈，用色大胆。既有浅浅的深花，又有青底暗花，对比中有调和，素雅中见多彩，华而不俗，素而不简。具体到各个地区，色彩的配搭各有不同，例如：新平、元江一带的傣族妇女，喜欢在黑底布上挑绣红色；金沙江边的傣族，则用白色底和黑色底，绣大片红朵花，同时配上青枝绿叶，色彩艳丽堂皇，五彩缤纷。

傣族刺绣常用的颜色有红、绿、蓝、紫、黄、青、黑、白等共十多种。一般的基本色调是红、黑两种。在色线的具体运用上，可分为：单色、类似色、对比色和一色多用四种。单色绣十分讲究底色的选择，多用于衣裙、飘带的装饰图案。因为是只用一个单色，本身就协调统一，加之底色的映衬，所以，单色绣的效果雅致爽朗，鲜明夺目。类似色是运用色彩对比较接近的若干深浅线，通过针法的有机组合，产生一种比较协调的对比关系，使色彩丰富而统一。这种手法绣出的图案，具有一种明朗的情调，使产生清新的春意感。对比色一般都用深色线绣制。主花突出，宾花次之，五彩缤纷的色彩用红色为基调来统一，用深色间缀中和色，使其繁缛而不紊乱，华丽而不轻佻。一色多用，是傣族刺绣在用色上的一大特点。它在单色的基础上，加上各种深浅变化的处理手法。如用黑、深绿白等，合理安排绣成的图案，既统一又有变化。这种配色，一般绣在白色或黑色的布料上，但很注意底线的协调。

傣族刺绣图案在构图的奇巧处，还表现在几何纹样上。几何纹样中大量的主体图案是菱形、方形和八角形，这些简单的单元图案，经过相对形态的位移，相似形的转换等手法，图案就显得十分丰富，并以满地整齐的格局，明快活泼，而以不失朴实之美。有些纹样虽然仅仅是一些点和线，由于运用“重复”和“整齐美”这一图案设计规律所产生的特殊效果，再加上粗细线条的穿插排列、宽窄疏密的变化，就使得图案更加丰富堂皇，多姿多彩，并表现出有节奏的运动感。

7. 羌族挑花刺绣

居住在四川省内的羌族人民，挑花刺绣远近驰名，早在明清时期即已盛行，后来更为普遍。羌族刺绣，不打样，也不画图，仅用五色丝线或棉线，以那娴熟的技巧，信手组成绚丽多彩、生动逼真的各种几何图案或花卉麟鸟。其针法，除大多为挑针，尚有纳花、纤花、链子扣花和平绣等。挑花和纤花的针法，线条清晰，朴素大方，图案精美，色彩明丽。链子扣和平绣，则刚健淳朴，粗犷豪放，无不具有浓厚的生活气息和独特的民族风格。

羌族挑花刺绣的图案大多反映现实生活中的自然景物，有植物中的花草、瓜果，动物中的鹿、狮、兔、虫、鱼、飞禽以及人物等。所绣的图案寓意深刻，必含吉祥如意，对幸福生活的憧憬和向往。最常用的是“蛾蛾戏花”“鱼水和谐”“团花似锦”“凤穿牡丹”“瓜迭绵绵”“殚狮图”等。这些图案在羌族群众的衣裙、腰带、围腰、鞋袜上，在妇女的头帕、袖口和衣襟上也随处可见。羌族挑花刺绣，不仅结构完整，物象突出，色彩艳丽，而且密密麻麻的针脚，增强了衣服磨损处的耐磨性，延长了使用寿命，具有实用价值。同时，也充分显示了羌族人民特别是妇女的智慧和艺术才能，在我国民间工艺美术史上亦占有一定的位置。

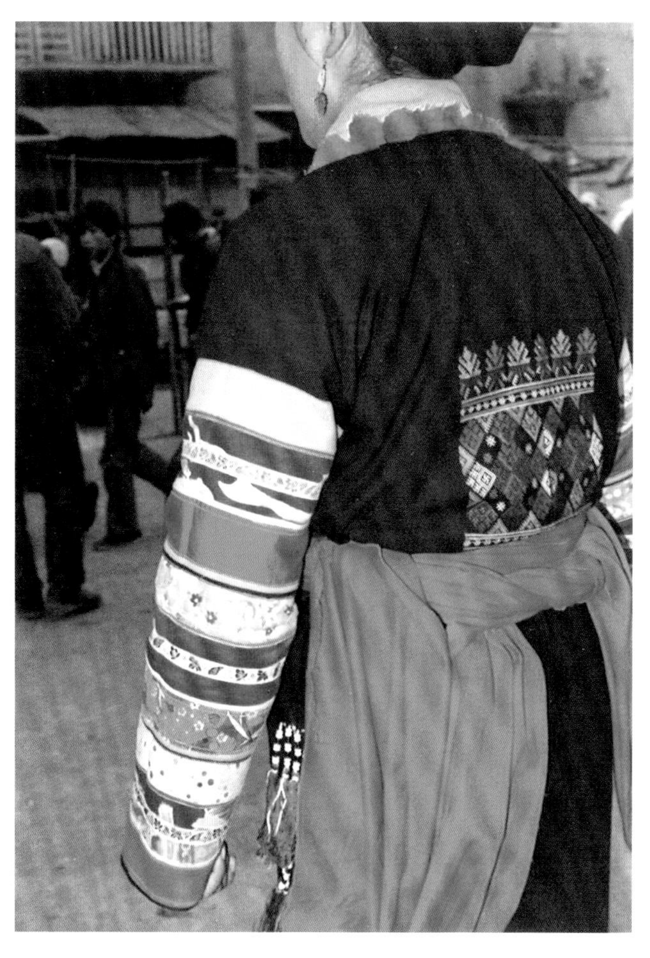

8. 刺绣工具和材料

西南少数民族手工刺绣的工具和用料，最初都比较简单，后来逐步发展进步丰富了起来，其材料和工具常见的基本具有共性，多为底布、绣花针、绣线、剪刀、绣花绷、绣花纸样等。

底布，也称为面料，棉、丝、麻、毛织物等都是可供刺绣用的底布。不同的底布，对用的线、针法和图案都各有不同要求，应根据绣品的种类和工艺选择最适用的底布。从布的种类上分，大致有植物纤维布和动物纤维布两种。植物纤维布即通常所说的各种纯棉、麻和棉麻交织布；动物纤维布包括丝绸、软缎、毛呢料等。在有些民族中，将底布称为绣花料，对绣花料没有明显的选择，丝、绒、棉、麻、涤各种纤维的材料都可以，在成衣上直接绣制而成。某些绣法，对绣花料还有特殊的要求。

绣花线的种类，可分为花线、绒线、织花线、挑花线、丝线、棉线、毛线和金银线。其中，花线是最主要的绣线，用途最为广泛，是绞合较松的纯丝绣线，分粗细两种。粗的称为大花线，可劈分为数十缕细绣线；细的称为小花线，不能劈分。丝线也分为粗细两种，分别称“头扣”和“二扣”。丝线由几缕丝纹合而成，因而紧而牢固。丝线适合在棉布、丝绸和细毛布等柔软的底布上刺绣。绒线又叫绒丝线，是由短纤维制成的丝线，粗细不均，牢度较差，一般用于刺绣粗品。织花线，最早用于挎包、腰带上，它的特点是每股丝线的色彩有深浅变化，色彩丰富。用织花线绣出的花瓣和叶片，不用换色线，即可取得色彩自然过渡的效果。挑花线，由棉和麻纤维制成。棉织绣品挑花一般选此线，有真、仿两种。在绣品中，较多用于勾勒轮廓和盘绣，有使绣品富有富丽堂皇、光彩夺目的效果。金银线可分为捻金和片金，适合盘金、平金、顶金绣，由于质地较脆，不适合较复杂的针法。

绣花针：刺绣素有以针代笔，以绢为纸的说法。绣花针的选择十分讲究，以针身细，针尾圆润为上品。它既利于刺绣又不伤手指，最常用的绣花针有 2.5 厘米和 3 厘米长两种。刺绣用针不可忽视，一般可按照刺绣工艺的粗细来挑选绣花针。选择绣针时要特别注意针鼻和针尖，针鼻应为椭圆形，不易把线割断，针尖则越细越长越好。刺绣用的剪刀也有分类，如剪线头的剪刀，剪尖应上翘，这样避免剪线头时剪刀尖伤到绣面，而用来雕绣和抽丝的剪刀，剪尖则应细尖锋利。

针与线有着极为特殊的关系，“花样要精巧，用针宜细小”。手工绣制的服饰装饰品，一般使用十二号针较合适，当然也有花纹的特殊需要，针号有很大的，也有很小的。笔者亲眼看到的彝家针盘里大小针不下 20 多种。线一般用机织丝线或人造丝线，机织棉线有时也可代替，在化纤原料上绣花，以尼龙丝线最适宜。若用细毛线等较细的线绣花，针相应也需要细小一点，绣出的图案才适用精美。

绣花绷：俗称手绷子，可分为圆绷和方绷两类。圆绷由两只大小配套的竹箍组成，内外相嵌吻合，其直径约在 13 厘米至 30 厘米之间，可视绣品需要分为四五种不同规格。方绷为木制品，由两根横轴和两根直档组成，型号以轴档的长短而定。例如用于围腰上绣制方棚为一尺八寸左右。无论圆棚和方绷，都需要把绷子上紧、上平，绣出的花才能平整不走形。每个绷由内绷和外绷组成，外绷上装有活动螺丝，能调节圆圈的大小，使内绷恰能嵌入外绷，合为一体。绣花绷大多为竹片自制，若自制大号花绷时，最好能在内绷与外绷的上缘，分别刻上一至二处，约边高四分之一深、三分宽的凹形缺口，使缝绣机针能从此出入。这样，既可手绣，又能机绣。在使用花绷前，须先用细布条一圈接一圈，将内、外绷分别缠牢，以避免使用时损伤绣花针，并使花绷经久耐用。如果绣花部位较大，需要大号花绷绣制时，还应准备一块比花绷大许多的绷布，剪去中心，上绷时夹在花绷中，才能将绣花料绷平、绷紧。绣花绷是改革开放以来才广泛使用的工具，过去，云南民族较少用绣花绷，勤劳善良的民族妇女，常常在田间地头干活休息或放牛羊时，心里抽闲地绣花，都是腰间背着个绣花包，包里装着绣花的布块和绣花针线，随手拿出随时可绣。只要走到民族村寨或田边地角，举目可见。

刺绣工序，有选稿、上稿、上绷、刺绣四个程序。这是现代刺绣的一种程序，或者是叫刺绣工艺先进技术。

选稿：根据刺绣品的实际需要，挑选自己喜欢的花纹，并考虑花心，针法与配色等方向，是否适应于表现刺绣艺术的特点。充分发挥针法形象的艺术效果，给人有美的熏陶及和谐生动的美感。

上稿：也叫描稿，就是将刺绣花样描画到面料上去，有多种方法。如剪纸贴稿法、铅笔描画法、铅粉描绘法及摹印法、版印法、画稿法等。剪纸稿法，是先用纸剪出图案花样，再将其粘贴在面料刺绣部位，作为刺绣底样。铅笔描稿法，是将薄透质的面料放在绣稿上面，用铅笔按图稿描绘出纹样轮廓。铅粉描稿法，是先在刺绣稿样的背面用软铅笔按纹样轮廓均匀擦抚，然后将稿样的背面用软铅笔按擦扶出的纹样画出图案即可。传统绣品的稿样设计用剪纸方法，即用纸剪出花纹粘贴在面料上，作为刺绣时的底样。专业绣品设计的稿样则由画工绘制而成。绣稿是大多数的刺绣都需要的，无论是剪纸样和线描稿，依图绣制完毕，绣稿就都被隐藏于底层。蜡是苗家刺绣时用来㮟线的材料，一般有黄蜡和皂角蜡两种。在刺绣前或刺绣过程中，用针穿线在蜡上过一道，㮟过的丝线平滑柔滑，光泽感好，不易起毛，而且制成的绣品还有防污作用，蜡线绣制的稿样多为铅粉绘稿。

上稿还有两种具体的方法，一种是在白色或浅色绣花料上过稿时，先用透明纸花样轮廓细心地描绘下来，再用墨或深色铅笔把底稿重绘一次。待干后置于绣花料下，最好能把底稿下托一张白纸，用中软铅笔或细毛笔将花样轻轻描绘在绣花料上，这种办法清洁又保险。有些人图方便，以复印纸过花稿，往往把材料弄得很脏。绣后，复印的颜色没有全部覆盖而很难看，具有拷贝条件的话，拷贝过稿极为方便。再一种上稿是在深色材料或深色成衣上上稿时，则用无胶白粉（铅粉加少许清水研匀），在纸稿背面将花样轮廓描绘清楚，托印于绣花料上，然后用铅笔和细毛笔沿印出粉线，用黑色或浅色将花样描绘出来。如果有绘画基础又只需绣一小点东西，可用以绣花料相对比的颜色，照样把图描绘上去。但若缩小了图案，则要经过放大才能上稿。图样放大，一般采用九宫格放大的办法，先将花样描在纸上，打成若干正方形小格子，再在另一张纸上，根据需要放大的尺寸，打上与小样数目相同的正方形大格子，并将小格子和大格子分别编上相同的号码，然后对照号码将花样一部分一部分地放大画上。

上绷：先将面料平整地绷在绣花绷上称为上绷。上绷时要注意将面料拉紧，面料丝缕不能歪斜。面料绷于圆绷时，先将面料正面朝上覆盖于小的竹箍上面，再将大的竹箍套上、压紧，最后将面料拉紧，丝缕拉顺直。面料绷于方绷时，传统的操作步骤分为压条、催紧、贴欠条、纽扣四道工序。压条，可用皮纸折叠而成，面料朝上，一端的下方垫一层二十厘米长的白土布后覆盖于花绷横轴凹槽处，将皮纸条先压入凹槽中间，然后缓缓塞入两端压紧，使面料的布纹平直均匀地包住横轴，拉紧后插上直档用钉闩住；催住，就是要使面料平紧，通常将直档立地绷面向外，人立绷后，左脚紧靠绷背，不能偏斜，左脚尖踏在横轴往下压，使面料平紧，用钉闩住，这道工序俗称“踏紧”，隔两三日后，再依法踏紧一次，俗称“催紧”；贴欠条，靠近直档两边的面料边缘处，需贴上约三厘米宽的绸条，烫平，以防止面料皱曲；纽扣，即用粗棉线来回等距离绕穿于绣棚档和面料边缘之间，要求间隔均平，面料平紧。还有一种面料上方绷的简易做法，就是将压条改为护绷，即先在横轴上钉好二十厘米宽的白布，俗称“护绷”，将面料的两端分别与两根横轴的护绷布缝合，再包卷在横轴上，插上直档用钉闩住，面料两侧不用贴欠条，直接用粗白线缠绕拉紧，使面料进一步平紧即可。

上绷时，小件衣物花，用小号花绷绣制，将绣花部位套在绷子里，压紧、拉平就行了。大件绣品，用大号花绷绣制。上绷时采取如下步骤：先把针绷平放地上，将事先准备好的外方内圆（空）的绷布平铺上去，再将绣花料平放在绷布上，（手锈用背面，扣绣用正面），让花位居中，用绷布四角包住绣花料的四周，放置在外绷上，注意绷子里面不应太多，最后，将内绷隔着绷布套稳外绷。然后，一手握紧花绷，一手握住绷外面的绷布，把绣花部位拉平，拉紧即可。要留心的是，在上绷过程中，不能把布纹的横直拉歪，尤其在拉平时，应从四方均匀用力。一方面防止把绣花料拉伤、拉斜，以致花纹变形；另一方面，若用力过猛，易将套好的花绷滑开，又得从头做起。假若外绷过小，可调节螺丝放大。

刺绣：针法操作，在刺绣时，先要掌握正确的拈针和绣线劈分方法。拈线的方法是，右手食指与拇指相曲如环形，其余三指松开成兰花状。刺绣落针时，全仗食指与拇指用力，抽针时食指、拇指用力，掌心向外挪动，小指挑线辅助牵引，手臂向外拉开。拈针动作要轻松自如，拉线要松紧适度。

劈分绣线可说是绣工的一种特技，纹合较松的大花线能分劈为数十缕丝线，劈分时需先在大花线的另一端将线纹回松，然后用右手小手指插入线中将其分成两半，并用右手拇指、食指各将一半线向外撑开，即可将线劈分为二。劈分后的花线要求粗细均匀，然后，根据花样的需要，使用适当的绣法和针法进行。

关于针法和绣法的具体运用和要求，前面已具体记述，这里只提几点注意的地方。首先是操作时手须干净，才能保持绣面清洁，可备条小毛巾擦洗。冬天若在手上打点干油，能使刺绣时爽快顺利。用针时要注意快慢和松紧，一般是第一、二针稍慢些，到第三、四针时线匀滑了，就可以快些。收线太紧太松，或忽松忽紧都不好，这样绣出来的纹样不能平直熨帖，待绣完，下绷后，必要时可将花熨平，但应留神绣花料能否接触高温，没有熨斗用搪瓷口缸盛火炭和开水烫烫也行。

这里要说明的是，如今各民族刺绣，除绣花针、绣花线是传统的工具和用料外，其余都是改革开放后受汉族的影响发展起来的工艺水平。有的民族服饰，图案均是机器绣制，看去眼花缭乱，千篇一律。真正手工刺绣的图案，只有在 20 世纪 80 年代前拍摄的照片中可以观赏。

三、刺绣艺术的特点与适用功能

刺绣是人类独有的智慧、独有的技巧所创造出来的珍品，不仅丰富了生活，也给人以美的享受，是民族民间工艺美术宝库中的奇葩。

西南少数民族刺绣瑰丽多彩，深藏着“秘不可追”的艺术技巧。刺绣不仅题材广泛，构图奇巧，针法多样，技法精美，同时有着精美绝伦的色彩艺术、装饰风格和使用功能，是民族刺绣艺术的空前“盛会”。刺绣色彩与服饰色彩融为一体，不仅只是给视觉享受的装饰美，而是深刻的精神美，是代表着千千万万劳动人民心灵之美，是穿在身上，进到心里之美。

1. 色彩艺术与造福生活

绚丽多姿的民族服饰上的精美刺绣，都是用变化色线，组成塑造形象的造型艺术。色彩的各种组织和实施方法都直接关系着刺绣的表现效果。

众所周知，“远看颜色，近看花”。人对色彩的感知度远胜过对面料、款型、纹样的感知度。因为色彩的标识作用最为鲜明，所以，各民族的服饰均十分重视服色的配饰与刺绣图纹中色彩功能。因此，民族服饰色名很多，名目达 40 余种，仅就红色，就有：桃红、银红、紫红、粉红、肉红、通红；紫色有：大紫、玫瑰紫、茄花紫；白色有：粉白、月白、净白；黄色有：嫩黄、杏黄、江黄、丹黄、蛾黄、红黄；青色有：红青、赤青、丹青、金青、玄青、深青；绿色有：油绿、官绿、葡萄绿、苹果绿、葱根绿、鹦哥（鹉）绿；蓝色有：翠蓝、碧蓝、青蓝、紫蓝等。云南民族刺绣色彩，鲜艳夺目，富有光彩，各民族都制定有完整系统的服饰和服色，其中色与色的配合十分讲究；色还融入纹样配件之中，共同发挥审美作用。

服饰色彩的搭配，是与人体合二为一的。衣服之好尚，色彩作定搭。例如青色为衣，奇妙多

端，就妇人论，面白者衣之，其面越白，而黑者衣之，其面亦不觉其黑；或者黑白对比鲜明，也是一种特色。民族刺绣的配色，总的说，是简练概括，鲜明夺目，对比强烈，用色大胆。既有浅底深花，又有深底暗花。对比中有调和，素雅中见多彩，华而不俗，素而不简。具体到各个民族，不同支系不同地区，色彩的配搭各有不同，但大体上都遵循这一规律。以师宗、罗平一带的彝族为例，无论男女，都喜欢在黑底或麻布底上挑红色花朵，以红、黑两色为基调的同时，注重突出红、黑色大块色彩，其他绿、蓝、黄、白诸色则处理成细小的星点，很不显眼。楚雄彝族自治州以及滇西、滇南等广大地区的彝族则用黑色或青色布底，绣大片大片的红花，同时配上青枝绿叶，视觉上是红、黑两色对比明快，艳丽多姿的块面，又有黄、白、蓝色等色加以调和，颇富节奏感，充满生命的活力，给人们一种五光十色、闪烁不定的感觉，似乎是大自然中色彩的汇集，动中有美、美中有动的享受。

刺绣是用技巧变化色线，组织塑造形象的造型艺术。色彩的形式和实施方法都直接关系着色彩的各种表现效果。民族刺绣中常用的色线，有红、绿、蓝、紫、黄、青、白等十多种。色彩非常丰富，应有尽有。在色线具体运用的手法上，可分为单色、类似色、对比色和一色多用四种。单色绣十分讲究底色的选择，多用于衣襟、飘带上的装饰图案。因为是只用一个单色，本身就协调统一，加之底色的映衬，所以，单色的若干种浅绒，通过针法的有机组合，产生一种比较协调的对比关系，使色彩纯净明朗而统一。这种手法绣出的图案，使人产生清新感。对比色一般都用深色绣制，主花突出，宾花次之。五彩缤纷的色彩多用红色为基调来统一，用深色间缀中和色，使其繁缛而不紊乱，华丽而不轻佻。

刺绣色彩的表现多种多样，色彩与人体和大自然的配合是一个方面，但在少数民族刺绣中，常用的是一种多色统一的方法，即用两种以上的色彩作面料，色彩相间自然，刺绣出多样性的组合图案，如大多装饰在妇女围腰和背负小孙的童背上的“八宝玄水”“水浪江牙”“旭日东升”“江牙海水”等图案中的水纹，云样及山纹均运用了晕色手法来协调色彩的整体感。晕色，以三色为主，如壮族的绣花筒裙，下端水纹用深色蓝、中蓝、浅蓝，三色退晕而成。三色晕还常有红、粉红、水红、烟色、杏黄、明黄、绿、草绿、湖色等组合。四色晕则是在上述色组中再加白色。色彩的点缀，是在主体色彩上施加少量对比色作衬托，以起到“画龙点睛”的作用。很多民族妇女，衣的袖口、领部用小面积蓝、黑点缀在红色花纹图案中，令人有“万绿枝头一点红，动人春色不需多”的感觉。

变化是增加服饰色彩的艺术感染力。变化的方法主要是采用对比手法。对比就是两种或多种色彩截然不同的色彩之间的比较。如白族妇女围腰，底色为色感沉重的深蓝色和绿色，主花为色感鲜明亮的黄色和红色，底、花色彩形成强烈的反差，对比之下，底色更稳重，花色更生动。又如布依族长裙，常以红与绿、红与蓝镶拼成间道，色彩对比鲜明，相间交映成趣。这是民族刺绣图案用色上的一大特点。它在单色的基础上，加上各种深色变化的处理手法。如用黑、深绿、暗绿、绿、淡绿、白等整个一组色（色阶），合理安排绣成的图案，既统一，又有变化。这种配色，一般绣在白色或黑色的布料上。但很注意底色线的协调。底色与色线相调合适，效果柔和，底色与色线的对比效果也格外明显，故称之为“一色多用”。

“一色多用”，是刺绣图案用色上的一大特点。它在一块单色的底布上，变换不同颜色，达到图案的特殊效果。红色是“一色多用”中应用得最多的色彩。在单色的基础上，加上各种深浅变化的处理手法。如用黑、深绿、暗绿、绿、淡绿、白等同一组色（色阶），合理安排绣成的图案，既统一又有变化。一般绣花在白色或黑色的布料上，但很注意底线的协调。底线与色线相调和时，效果柔和；底线与色线相对比，效果格外明朗。由于抓住了对所绣图案表现事物主要特征和感觉，通过示意象征手法，借助观赏者的生活灵感，巧妙地将“一色多用”手法表现得淋漓尽致。

光与色彩的和谐，也是刺绣的一大特殊艺术。光与色彩的和谐，被称为光效应艺术。在民族服饰的图案中，不仅只是穿在身上的动态艺术，也是与光和谐的色彩动态艺术。这些图案用变幻无穷的方格、圆点、波浪纹或其他形状的几何纹，以及微妙的色彩（色阶）的变化造成观众的视觉差错，产生幻觉效果，给人以强烈刺激的一种新奇感。图案是平面的，但看上去立体感很强，有呼之欲出的效果。图面是静止的，但有些却在视网膜上有特殊感应，给人以一种有节奏、有韵律的运动感。

光和色彩和谐图案的设计，黑白格子，线条分割，大小渐变，形成色彩排列和渐强渐弱的纹路，格调较高，犹如光和色的交响乐，给人以动听感，犹如乐曲的旋律，使得每一色块都在运动中向你倾诉着感情。这在世界绘画艺术中，是一种最为特殊的创造，再大再高的艺术家也无此能力。

民族刺绣的色彩艺术，都是显示在服饰上的。人们考察少数民族服饰，在十分注意它们千姿百态形制的同时，一定会注意到那鲜艳夺目，层次丰富的色彩。笔者认为，不但应该注意少数民族服饰本身丰富的色彩，更应注意其中所反映出来的不同民族、不同时代和不同文化背景上的丰富色彩感。“色彩的感觉是一般美感中最大众化的形式。”① 少数民族服饰之所以具有这样大的魅力，它们反映了丰富精美的色彩艺术，也更增加了其服饰鲜艳夺目的效果。

巧用颜色，造福生活，随着科学技术的发展，颜色对人们生活的影响，被越来越多的人所认识。生活中我们可能都有这样的经验，不同颜色的光给我们的感觉是不一样的，进一步地研究证实，不同颜色的光对人的情绪、心理和健康的影响也是不一样的，只要正确加以利用，就可以造福于人们的日常生活。

绿色是最接近大自然的色彩。它象征着生命，给人以希望、清新和青春向上的感觉。绿色具有和谐、安定和镇静作用，是清除紧张情绪的颜色。因此，绿色尤其适用于作装饰色。据临床研究，人处于绿色环境，皮肤温度可降低摄氏一至二度，血液流速缓慢，心脏压力减轻，呼吸均匀平缓；蓝色能使人安静，具有平息情绪的功能；黄色能使人情绪高涨，脉搏跳动加快，有提神作用。科学研究证明，红色有刺激情绪，促进血液循环和增进食欲的作用。在理疗上，红色可以治疗低血压、贫血、呼吸系统衰弱、疲倦、皮肤病、肝病等。这些，在少数民族中，当时是不可能了解的，

① 《马克思全集》，第 145 页。

但刺绣色彩的专用也就是红、绿两大色系，这样的色彩构图和服饰上的装饰虽有着“图必有意”和特殊审美，但客观地起到了对身体的保护作用，这是令人想不到的，是民族刺绣的又一个特点。

颜色，通过人们的感官可以对人们的心理和生理发生奇妙的影响，有意识地加以利用，可以发挥颜色在美化环境和增加人们心理及生理健康、治疗疾病等方面的积极作用，避免消极作用，造福人类，不仅只是艺术，也是科学。在少数民族刺绣中有这样的色彩搭配，真是尽善尽美，造福生活，是人类文化精神和实际生命的客观享受。

2. 色彩风格与服饰功能

民族刺绣的色彩配搭艺术，都是与民族融合为一体的装饰。民族服饰，在面料选用、色彩处理、元素搭配、款式组合等方面成熟而不失灵性。刺绣的色彩搭配艺术与在服饰上的装饰风格更是丰富多彩。当然，服饰毕竟穿在身上，才能进到心里，在25个云南少数民族中，其服饰色彩中反映出来的不相同，风格奇异，从总体上看，云南民族服饰中反映出来的色彩风格，可分为三大类：

第一，明快素雅，秀丽和谐。所谓明快素雅，指衣服的色彩既鲜艳明朗，毫不阴暗晦涩，但又不显得繁缛杂叠而令人眼花缭乱，多以浅色调为主，忌大红大绿；所谓秀丽和谐，指色块之间和整套服饰配合协调，给人以和谐悦目的审美感受，表现出一种优柔的秀美。傣族妇女，穿短衣长裙，小巧而光滑；她们的紧身背心和紧身衣都是浅色调，多用白色、嫩黄色、水红色、天蓝色、浅绿色、肉色；她们的筒裙，一般却是深色调，色彩为墨绿、正红、大紫、细花、大花等。二者相配，十分和谐协调。近年来，出现一种印花筒裙，由上至下色彩逐渐加深，与浅色上衣更能配合一体，因此，很受欢迎。白族妇女服饰，颜色鲜明，但不强烈刺眼，堪称色彩调配的艺术杰作。青年女性的衣饰，大体由头帕、上衣、领褂、围腰、长裤这样几个部分组成，以上衣为主色调，多为白色、嫩黄色、湖蓝色或浅绿色。白色上衣多配白色或湖蓝色长裤，形成套装或两节装，红色或黑色领褂均可。如是嫩黄色上衣，则配同样颜色的长裤，大红丝绒领褂；而湖蓝色或浅蓝色上衣，一般则配黑丝绒领褂。围腰（围裙）多为白色，镶深色边，系深色带，上衣下摆领筒，均镶深色边。总之，一个穿戴整齐的白族少女，给人以明快素雅、美丽和谐的强烈感觉。这是白族服饰特有的风格，充分地体现了大理风光，潜移默化地对白族人民审美观念的陶冶。苍山、洱海、白雪、红花、霞光、碧波……粗犷与秀美同时存在，色彩明快而协调，因而形成了白族妇女服饰在结构、色彩、线条上鲜明的特征。浓艳的庄重，映衬得调和，醒目而又大方，毫无细碎之感。这就是服饰与大自然的和谐。

明快素雅、秀丽和谐的色彩风格，在彝族服饰中也有典型代表。彝族支系多，分布地域宽广，服饰类型众多，仅以大小凉山“黑彝”族系为例。其年轻女性头顶绣花瓦式方帕，方帕布料多选用天蓝色、红色或白色，以与上衣协调配合而定。身穿白色、天蓝色、水红色等色彩的大襟右衽衣，外套红色或黑色的长领褂，下穿多节裙，上两节为色彩和谐的色布，下节为多褶结构。多节裙的色调多与上衣和领褂统一，一般由白、水红、大红组成搭配色组，天蓝、浅绿、黑又组成另外的搭配色组。因此，整套衣饰色调和谐、美观大方，加上上身细长、下身宽大的线条，使彝族少女显得挺拔而舒展，服饰明快素雅、秀丽，与大小凉山中的自然环境很和谐。

第二，鲜艳斑斓，对比强烈。云南相当一部分少数民族服饰以大红、大紫、大蓝、大绿为特点，色调和层次十分丰富，色块之间形成极大的对比和反差，因而给人的视觉印象十分强烈。正因为如此，这一类色彩的服饰民族特色十分突出。文山州广南县花苗妇女，自由喜爱挑花绣朵，服饰最为艳丽。她们的绣块夹衣里子常用果绿、淡蓝色布缝制；衣袖包镶三至五块绣有各种几何图案的长方形绣块，直至肩际。双肩前后也镶绣块，形似坎肩；襟边同样通镶绣块，无领无扣，交叉搭于胸前，靠腰带系住。前片及下腹，后片至膝弯。穿两截百褶裙，上截净色，下截织横条花纹，系长方形大围腰。整套服装的绣块多用红色丝线，间以少量黑蓝色线，线条花纹十分明显，配上蓝、绿、白色底布，十分鲜艳夺目。

苗族刺绣的配色瑰丽多彩，总的说来是简练概括，鲜艳夺目，对比强烈，用色大胆。既有浅底深花，也有清底暗花，对比中有调和，素雅中见多彩，华而不俗，素而不简，具体到各个地区，色彩的配置都不一样。比如金平、屏边等地苗族姑娘，爱用的是大红底色，绣大片大片的绿花，绿花中又分淡绿、中绿、深绿等色。黑色底布上绣红调主题花，对比强烈。老年人则喜欢在青底布上绣蓝花，素雅大方。广南地区苗女，则喜欢清底绣蓝花，绿色的暗花中间加一点点檬黄或朱红、粉绿的小点，如夏天夜间的繁星闪闪发光。西畴一带苗族，又喜欢用小块几何形，有二方连续和四方连续纹样。纹样多茨藜花，既有对比色，又有调和色。文山地区苗族，裙子齐膝盖上，腰间系一条 20×60 厘米的围腰，爱用大块大块的几何形，在菱形内装小菱形，在几何纹内又装饰适合纹样，有圆花和团花，几何形全是大红底上起菱形，“井”字形花。在一大红底上，绣柠檬黄井字纹，或绿色井字形，紫色井字形，表现出的底纹效果好像有三种不同的底色：起黄色像朱红色，起绿色像深红底，起紫色又像暗红底。整块围腰，普遍用四五个色到五六个色，使人感觉到色彩很丰富。有的还喜欢用厚色，一张围腰可以数出十多种颜色，有对比，有调和，总的感觉是艳丽而辉煌，五彩缤纷。西畴一带苗族，除了爱用黑底红花外，还普遍爱用黑底蓝花，一件衣服从衣领、衣肩、衣袖到前襟等，全部是一个黑调子，很有特色。

苗族服饰的美丽，首先是绚丽多彩，和谐统一的色彩美感。苗族服饰的基本色调是红、黑、白三色。苗族认为，红色代表太阳、光明，象征胜利、富贵和吉祥，是最美、最神圣、最有生命力的颜色；黑色是远古历史和神话的象征，而白色则是宇宙天空的载体。因此，在服饰中，往往是红色为主，黑色为辅，白色多作底布；在红、黑、白三种颜色的基础上，加配蓝、绿、黄、青等色，显示出精彩绝伦的色彩艺术。当然，苗族因分布地域较广，不同支系的服饰差异很大，但在色彩的表现手法都是异曲同工而已。例：贵州黄平一带苗族妇女服饰，大多以黑色或深蓝色布为底，在图案的色彩上多用红与绿、黄与紫、橙与蓝大块对比色，其间又巧妙地安排少量的缀色、调和色，使图案既有大块对比又有小部分点缀调和。既单纯又丰富，表达了山地民族淳朴、粗犷的民族性格。又例如：云南昭通、安宁、禄丰等地的苗族，服饰以红黑两色为基调的同时，注重突出红、黑、白三色的大块色彩，其他绿、蓝、黄诸色则处理成细小的星点，很不显眼。再如黔东南、湘西一带苗族服饰，多在红、黑色的基础上，重点施以青绿或墨绿色，形成对比强烈、艳丽明快的板块，同时，以黄、白、蓝色的星点线条加以调和，颇富节奏感，给人一种五光十色，闪烁不定而充满活力的感觉。

苗族服饰，在图纹色彩的组合搭配上，一般不考虑图案形象的完整性，而是用不同的对比色把形体割裂开来，五彩斑斓、光怪陆离，远看是花，近看是鸟。因为色彩分裂而引起的几何光学效果，加上抽象夸张的图案构架，让人有在五彩缤纷世界里的感觉。苗族传统服饰的色调，无论男女，均以黑色为基调。在漫长的历史长河中，虽出现多元文化的特点，但尚未丢弃以黑色及黑色相近的深色为服饰底色的传统审美思想。在其黑色或深色为底的织料上，用不同的工艺镶配上色彩斑斓的不同图纹花样，组成图纹个体，局部和群体的色彩异常丰富。暖性色、冷性色、中性色均有运用。为了突出主体图纹，一般用不同的红色、橙黄色等暖性色作主体图纹的基本色，而对配置的从属图纹则用冷性的蓝色、绿色或一些中性色。通过色调的强烈对比，突出主体图案，在强烈的对比中显出色彩优美协调的韵律。这是苗族特有的用色习惯，也是她们长期形成的艺术特征。

衣袖、衣肩、围腰、背带、裙子等，是苗族服饰的主要装饰部分，也是苗族妇女炫耀刺绣手艺的阵地。她们采用多种针法，以长短交错的线条和丰富多变的色彩，在这些部位绣出一块块美丽的图案。所绣植物中常用牡丹、荷花、百合、花卉等；所绣动物中又常用龙凤、蝴蝶、喜鹊、蝙蝠等，其构图又与各地的居住情况有关。居住在山寨的喜用花卉、鸟兽构图，以绿、蓝二色为主；居住在溪河边的，多取材于鱼虾、人物之类，又以红、黄二色为主，还有用象征吉祥如意的卍字纹的。她们善于把自然景物加以艺术概括和夸张，又给具体的物象以寓意。这样，既显示了她们的艺术才能，又表达了她们对生活的热爱和追求。因此，服饰上所表现的图案题材，多为民间熟悉的传统纹样，每个纹样都有一定的称呼：反映发展生产的有“瓜瓞绵绵”“五谷丰登”等；反映青年男女爱情的有“鸳鸯戏水”“鱼水相恰”等；反映家庭幸福的更多，如“双凤朝阳”“双狮滚珠”“双龙抢宝”等，有的甚至还有美丽动人的传说故事，充分寓意着苗族人民对于现实生活的真情实感。

从古至今，聪慧、勤劳、勇敢的苗族妇女在服饰上创造了成千上万的图案意境。像一条鱼形，就变化出多少抽象的三角形、多少曲线、多少直线、多少点线的图案。在这些生动的线划中间，蕴藏着劳动者对生活的感受，在山地农耕狩猎采集活动中所体会到的运动感、节奏感、变化韵律等美的形象，并且升华，凝聚为大家所能理解的抽象的意境。

除贵州外，在云南，苗族以文山州、红河州、昭通地区最多，全省绝大部分县、市均有分布。苗族多杂居在汉、壮、瑶、彝、哈尼等兄弟民族之间，“大分散，小聚居”是苗族的特点。苗族的服饰因居住地区不同和支系不同而差异很大，特别是妇女的服饰，支系与支系、县与县，甚至寨与寨之间都有严格区别，而这些区别也正是他们用以区别不同支系的特殊标志。综合起来看，苗族男子服饰都差不多，一般着对襟或斜襟齐膝长衣，下穿宽边大脚裤，腰束丝带，以青黑帕缠头，头顶有发外露。

苗族妇女服饰，上衣有长有短，有对襟、右衽和斜襟三种，颜色有白、青、黑、蓝等色．有的上衣有很多刺绣或挑花，下着裙子，也有长有短，长的及踝，短的及膝，多数是短的百褶裙；有的长筒裙。裙子有白、青、黑、蓝、花五六种，花裙是刺绣和蜡染加工的；胫部多挂串珠或银泡；用布绑腿，颜色也有白、青、黑、蓝、花之分；有的系长方形围腰，其上也有刺绣和挑花；头上大都梳髻，髻式有正有偏，还有缠成“角”状的；有的包头，包头也有好几种，有的用绣花巾层层包裹成盘状，有的用黑白二色巾缠成高约一尺的包头，有的则用青头帕。其服装上的刺绣和挑花图案都各具特色。下面介绍两种服饰图案最多的苗族妇女服饰。

文山境内有一种苗族（他称“花苗”）的妇女，上着圆领斜襟窄袖衣，领边、领肘皆绣有红、

黄、蓝、白等色图案，或呈花状，或呈江水状。据传说，这些服饰花纹都是历史上苗族曾经居住过的地区的象征，红绿波纹代表江河，大花代表京城，交错条纹代表田埂，花点代表谷穗等。下着皱褶花裙，长仅及膝，系围腰，扎白布腰带，腰后挂绣花巾。胫裹花纹绑腿，挽发于顶，盘成髻状。已婚妇女在头上插木梭，然后用黑青布头巾将发髻缠成平顶大盘状，并在顶心将木梳露出于外。老年妇女则用深色线缠发，并挽成上小下大、长约半尺的角状。

苗族刺绣图案的结构，以单独适合图案为多。二方连续的花状几何图案也用平绣。其几何图案平绣中还别出心裁，会把底布的白色作花纹，用深色，如橘红、深红线绣成底纹。其自然纹形图案则往往绣在白布或黑布上，设色较简，一般仅五六色，但色彩的对比比较强烈。

苗族的挑花图案，基本上都是几何图案。其母体组织看上去都像花，花的四周是一些长短斜线对角或波纹状。花瓣的形状有云形、涡形、方形、圆形和菱形，构成三瓣、四瓣和八瓣花，大花又套小花，变化无穷。实际上是一种变化复杂的几何图案。她们把几何图案上的点排成曲线，各种由曲线构成的形状——云形、涡形、圆形，都可以表现出来；几何上的线则运用其长短、粗细、倾斜与垂直、重叠与颠倒、交叉或对角，波纹和底色上的各种形状的面都可以表现出来。

苗族挑花图案的母体组织，多以“米”字放射式为主纹，呈方形。其方形组织中的小型者用来组成二方连续，复杂而大型者则用来作单独图案。这种格式的挑花图案在文山、红河和威信、镇雄基本上大同小异。另外一种母体组织是对角斜线组成的波纹和以菱形图案作散点的结合式。苗族挑花图案中还有一种二方连续与红河一带彝族挑花的自然纹形图案差不多，也是以茎为波纹，茎上有叶，以花作散点，花的造型多半也相同，但这种式样的二方连续较少。

苗族制作图案的手段，还有穿花。穿花的母

题组织与挑花几乎完全一样，但穿花的结构不仅有二方连续与单独适合图案，而且还有四方连续。这是因为穿花与挑花都是根据底片的经纬组织制作，只不过挑花是由十字对角的形式组成，穿花则是顺经线排列组成的。苗族的穿花图案，特别是其四方连续图案与彝族的穿花图案有许多相同的地方。苗族挑花和穿花图案，其用色都基本相同。图案的色彩基本是两组：橘黄（或红）和青莲（或群青）；玫瑰红（或浅玫瑰红）和中绿（或桔绿）。这两组色又互相穿插，所以加上黑、白（底色）二色，一幅图案不超过五色。这是红河、文山苗族与其他兄弟民族，在挑花图案用色方面的最大区别，也是这两个地区苗族挑花图案的用色特点。在威信、镇雄两地则又不同，他们爱用大红、水底红、中黄、浅黄、中绿、浅绿和黑白二色组合而成。虽然她们的图案母体组合与红河、文山两地基本相同，但色彩使用上有所差别。

这里需要说明的是，以上讲的主要是文山、屏边、金平、弥勒一带苗族刺绣和挑花图案的基本情况，以及昭通地区镇雄、威信苗族中一个支系的情况，但师宗、寻甸等地的苗族服饰图案与之是略有差别的。昭通地区各地的苗族服饰图案则因支系不同而又有差异。然而，苗族图案尽管母体组织和色彩组合，因地域或支系的不同而有所差异，但一般都以几何图案为主，而且几何图案除挑花、穿花外，不是用平绣就是以插针绣和挑花或穿花相组合。这是苗族服饰图案装饰的一大特征。综合起来看，苗族服饰图案丰富多彩，风格独具。

云南苗族大约到唐初才从湘、黔、川、鄂等省迁入，多半居住在贫瘠的山区。来到云南之后，仍不断地四处迁移，长期和其他民族杂居，一直没有形成本民族的经济区域，文化也比较落后。所以苗族图案的特点为几何图案居多，用色比较单调，但是，其几何图案富于变化，在点、线、面的适用上挥洒自如，这是很能反映苗族人民聪颖敏捷的性格，表现出苗族服饰图案的特征与审美。

第三，凝重深沉，庄严朴实。西南许多民族服饰以黑、蓝色为主调，在以黑蓝为主调的基础上，有的又加上一些色彩鲜艳的花边或头巾，围腰之类，平添几分情趣；有的用发亮的黑色布料，或戴上众多银饰，显得华贵高雅。以黑蓝色服饰为主的，有阿昌、德昂、佤、基诺、普米、景颇、布依、傈僳、拉祜、布朗、哈尼、彝、壮等民族。哈尼族年轻男子裹黑布或白布包头，老年人戴黑色瓜皮帽，穿黑色或蓝色对襟上衣和裤子。妇女穿蓝色无领上衣，下穿半截裤。由于哈尼族多用蓝靛染布，所穿衣服大多是蓝布衣。壮族男女服饰均以黑蓝为特点，妇女一般穿黑色右襟的滚边衣裤，黑布滚蓝边，蓝布滚黑边，用黑布、蓝布或白布包头，朴素美观。文山州马关、丘北一带的壮族妇女，穿无领右衽的黑色上衣，头上包方块形黑帕，下身穿黑色宽脚裤子，也有的穿黑色褶裙，这是壮族传统装束。

西南民族服饰艺术的色彩表达方式所包含的内容，还有待于深入揭示阐述，但从大量刺绣图案所提供的视觉来看，表现出来的红、黑两大色彩在视觉感上，是一种抽象的色彩意识表现方式。例如红色表现的无论是太阳或是火焰，都不是把可见的东西重复一遍，而是把它们用超越视觉的表象结构，创造性地表现出来。其实在许多民族刺绣中，都不是凭直觉的色彩法被动地对自然作机械性模仿，而是按绣者各自意向，从丰美多彩的自然界色彩中加以提炼、夸张或变色，在造型规整化的基础上进行色彩归纳或对比，使自然形象的特征更集中、更鲜明突出，使色彩富于变化、艳丽芬芳。在此不难看出民族刺绣艺术在色彩表现的艺术方向的艺术追求是：超越静观的模拟和倾向于辽阔深邃的空间美感。这种“流观”式的审美艺术，不仅给人有抽象的色彩意识，还是精彩绝伦的色彩艺术创举。

色彩搭配与审美艺术，在西南民族服饰与刺绣中的特色，一个民族有一个民族的风格，上述的只是举例而已。其实可将少数民族服饰与刺绣色彩归纳为：傣族、布朗族、纳西族、普米族、白族、佤族、傈僳族、回族、满族，是明快素雅，秀丽和谐；苗族、瑶族、壮、水族、布依族，是鲜明斑斓，对比强烈；彝族、哈尼族、德昂族、基诺族、拉祜族、阿昌族、景颇族、怒族、独龙族、藏族，是凝重深沉，庄严朴实。当然，任何民族服饰和刺绣图案的色彩，都有着鲜艳夺目、层次丰富、素雅大方、奔放热烈的共同特点，使人百看不厌，引起联想，享受到刺绣艺术的美感。

刺绣工艺的适用功能，集中在服饰上，对服饰的装饰风格异彩纷呈。各民族服装，包括帽子、包巾、围腰、裙裤、护腿、鞋子和挎包等的造型、色彩、质地都各有特点。其装饰方法，制作图案的手段也不尽相同。有的装饰图案是在纺织过程中织出来，有的则是用刺绣、挑花、蜡染、扎染、贴布等方法在服装面料上或零用小布块料上制作图案添加上去。各民族图案的母题（即所表现的对象）、造型、结构、色彩和表现手法有相当差异。图案在服饰上的装饰，不仅手法多样，而且有着极为丰富深刻的文化蕴意。特别是特殊部位的特殊装饰，是“民族的标志，智慧的结晶”。当然，装饰的图案还与民族历史、民族习俗、宗教信仰等有特殊关系，所以被称“穿的是历史、绣的是神话”“是远古文化的活化石”。总之，绚丽多姿的民族服饰上的刺绣图案，是各民族在传统文化上的外在表现形式，是中华民族光辉灿烂文化的重要组成部分，从某种意义上说，它是民族民间艺术的根本。西南少数民族刺绣图案在服饰上的装饰风格，再现了西南各族人民勤劳、善良、勇敢和对美的追求。刺绣在服饰上的装饰风格，民族之间不大相同。由于西南民族众多，从艺术的角度看，各民族由于各有其民族历史、生活环境、文化传统和心理素质，在审美观念上存在着的差异，表现在刺绣艺术，特别是服饰图案色彩的装饰上，也自然会呈现出各自的风格，有着特殊的审美艺术和文化内涵，不仅在民族民间织绣艺术有重要意义，对社会历史和民族文化的传承发展也具有重大的参考价值。

3. 图必有意　意必有情

纵观西南民族刺绣图案，无论是构图的奇巧，针法的多样、色彩的精华，都不是一朝一夕形成的，而是在长期的历史发展中，由多种文化观念堆积、重合、沉淀而成。服饰色彩的文化功能，虽然有从实用审美转化的趋势，但在各民族社会中，传统文化的影响依然很普遍。服饰色彩的文化功能，自然也就很少可能有所谓“纯美”或“纯粹”装饰的功能。其实，无论是挑花、刺绣，或是织锦、蜡染的图案，主要的纹样都是以祥云纹、卍字纹、如意纹、龙凤纹和以百花、百兽等，各种日月星辰、动植物结织起来的“吉祥图案”。吉祥图案的历史源远流长，早在远古时代，先民就把一些雄健的猛兽形象比作“威武”，用于男服的装饰，而将一些美丽的禽兽比作“美好”作女服的装饰纹样。唐以后，在西南少数民族中更为普遍，人们常将几种不同形状的花纹图案配合在一起，或寄予“寓意”，或取其“谐音”，以此寄托美好的希望和抒发自己的感情。如将松、竹、梅这三种耐严寒的植物合画在一起，比喻经得起考验的友谊，取名为“岁寒三友”；把芙蓉、桂花、万年青三种花卉绘在一起，叫“福从天寿”；把太阳和凤凰画在一起，叫“喜上眉梢”；把金鱼和海棠画在一起，叫“金玉满堂”；把花瓶和长戟（古兵器）画在一起，叫“平升三级”；把萱草和石榴画在一起，叫“宜男多子”；把莲花和鲤鱼画在一起，叫“连年有余”等。此外，还有“八仙”“八宝”“八吉祥”“四方八虎”等名目。一般说来，民族刺绣寓意于图的方式很多，例如：谐音法、喻义法、表号法等。谐音法，就是利用纹样的名称的谐音，来表达某一种含意，如“鹿者，禄也”，图为鹿，意为禄，两者音相同；“羊”谐音“祥”；“鱼”谐音“余”；“蝙蝠”谐音“多福”；“鹌鹑”谐音“安顺”。如此种种，不胜枚举。并且有些图纹还常用几何形象的谐音，来组成一个完整的吉祥概念，如莲与（鲶）鱼组合在一起，谐音成“连年有余”，五个葫芦和四个海螺组合在一起，谐音成“五湖四海”，谷物、蜂、灯组合在一起，谐音成“五谷丰登”。喻义法是根据原图案的形象或内在含义引申出另一种意思，实际上它是一种比喻，即以此比喻，如石榴子多累累，引向人，比喻“多子”或“子孙满堂”；通常，喻义的效果取决于两者的相关程度以及观者的认识程度，大众愈熟悉，效果就愈好。如鸳鸯形影相随，交颈而眠，比喻夫妻恩爱十分贴切。自古以来，人们对此耳熟能详，见之心则明。表号法，是某种纹样作为表号，来表达某种特定含义。此方法多以典故、史实、传说及纹样本身特性为基础进行设计，大多以八种动植物为表号，组合为“八吉祥”图案，最典型的是彝族“八方观念图”，真是图必有意，意必有情。

西南民族刺绣图案的意境与审美是融为一体的。民族服饰图案的意境美，正是表达出设计者的思想，是代表了作者的艺术修养，并且通过图案，把信息传递给千万人。它的美，不是视觉的美所概括得了的，而是一种广阔的、崇高的精神世界，是起一个共鸣作用的心灵美。民族服饰从总体设计裁剪、色彩搭配，特别是刺绣图案的创作和装饰方法，就从具体到抽象，又从抽象到具体，除了给视觉满足美的享受外，更唤起人们在内心深处的一股生活感情，像一朵朵玫瑰花一样，浓郁的芬芳与鲜艳的色彩同时吸引人们去热爱生活，追求高尚的生活情趣。所以说，在云南少数民族地区，人们无论在什么地方，总是希望把美带到生活中去，生活中有了服饰上的图案，就像有了一个好伴侣一样的愉快。

民族服饰图案之美，不仅只是给视觉享受的装饰之美，而是深刻的精神之美，是代表了千千万万劳动人民心灵之美。这就是民族服饰图案的意境之美。

民族服饰图案美中的意境，根深蒂固，源远流长。如今，在云南少数民族服饰上创造了成千上万的图案意境，像一条鱼形，变化出多少抽象的三角形、多少曲线、多少直线、多少点线面组成的图案。在这些生动的线划中间，蕴藏着劳动者对生活的感受，在山地农耕、狩猎采集活动中所体会的运动感、节奏感、变化韵律等的形象，并且升华、凝聚为大家所能理解的抽象的意境。在云南，无论任何民族，在服饰图案意境这个艺术魅力上发挥得尽善尽美，承载着厚重的文化和民族精神。

西南少数民族织绣图案，从艺术的角度来看，各个民族由于各有其民族历史、生活环境、文化传统和心理素质，在审美观念上，存在差异，表现在服饰上，也自然会呈现出各自的风格。服饰图案都是本民族的群体创作。作为一个民族的工艺美术，各民族的服饰图案主要是为美化本民族服饰之用，而由于民族服装具有最强烈的民族性，所以服饰图案的民族风格最为突出，也是审美艺术中的一大特点。

当然，各民族的服饰图案，都是根据美的法则创作，都体现了美的规律，都具有美学上的意义，在各民族的工艺美术品中，对美的创造都是有贡献的。比如景颇族善于运用点、线、面之间的对立与统一，重复与多样以及对称等美的法则来创作几何图案。苗族则进一步运用多样统一的美的法则，创造出既有曲线又有直线，变化多样的几何图样。傣族更为精致地运用平衡对称，多样统一，照顾与呼应融合一体来组成傣锦图案。彝族还善于运用疏密、繁简、起伏等对立统一的美的规律，在单独适合图案中表现出节奏感。在色彩组合上，各民族都能掌握颜色的性能，都善于运用颜色的冷暖和明暗之间的对比、原色与间色之间的对比以及黑白二色中性作用（在这方面彝族还以灰、金作为中间色，尤为突出）。这些对美的特殊法则的运用，都是各民族通过自己的审美要求，自觉不自觉地体现在服饰图案上的。云南民族服饰图案的装饰风格与意境之美，丰富多彩，这里仅以下列民族为例：

白族服饰图案质朴、简洁、明快，具有浓郁的民族特色，表达了该民族的心理和审美情趣。服饰图案多呈均衡与对称状，常以传统的云纹、盘纹、回纹、花草、动物、龙凤、“卍”纹等组合成各有寓意的吉祥图案。如盘长、卷草、云纹的组合寓意吉祥如意；花草与蝴蝶的组合寓意生活美满；鱼和花的组合象征自由和幸福；狮、虎、鹰的图案表现威武、雄健，象征英雄。“卍”纹寓意太阳的转动和四季轮回或四季如意；回纹象征坚强；宗教服饰中的八宝——法轮、法螺、宝伞、华盖、莲花、双鱼、盘长寓意吉祥和因果报应。白族姑娘喜欢穿戴成双成对的鸟、蝶、鹿、羊等动物图案的服饰，以表达对幸福生活的憧憬。

西南民族刺绣图案，丰富多彩、古老神奇，做到熟练而不俗，新颖而不失真，整体艺术构思使图案浑然一体，突出了神奇的统一规律，使人留下了深刻的印象。图案的意义是借物托意，寓某种情感意念于具体形象之中，在民族传统服饰图案中的寓意性设计比较常见。民族刺绣中的主体色彩，是红、黑（青）两色。这与民族崇火、尚黑的传统文化有关，在许多民族服饰中，红黑两色，无论布料的搭配，或是刺绣色彩的选择，都是以红、黑两色为基础。如彝族、佤族、哈尼族等都喜欢用红、黑色，都认为红色最美，黑色最神圣，都是最有生命力的颜色。

彝族喜用红色，认为红色最美，最有生命力。这本来是古代民族对色彩所共同追求的艺术特点，意味着光明战胜黑暗，但我们在彝族服饰艺术中看到的色彩表现方式，显然有其更深厚而精彩绝伦的色彩效果。按彝族的用色观念，红色代表火焰、太阳、光明，象征富贵和吉祥；还视红色为雨后天空上的彩虹和美丽的山花，在青山绿水的大山里，红色就显得格外突出鲜明，是生命的来源和灵魂的寄生处。彝族所居之地，都是高山密林之中，盛开的花朵也是红色，这些花卉，兴旺，结果，繁殖力强，从表象上，这些花卉植物的花瓣色彩，就是人类兴旺发达的象征。所以，红色在彝族刺绣中作为主体，黑色为辅的色彩艺术非常突出。

白族的刺绣和扎染技术，在服饰上的装饰水平很高，用独特的方式达到纳美于身的目的，衣、鞋、裤、裙上装饰的鸟兽、虫鱼、花卉，十分漂亮。南诏、大理时期，白族上层制服、服式的基本服型逐渐形成并相对固定下来。《大理国张胜温画卷》中，王公显贵、文武官员及侍者的装束，各依一型，款式新颖多样，服型、花纹、色调与用料质地依次有差，是明显的特征。百姓服饰的质量也有所提高，“亦有刺绣”。民用绢类底料虽不如官家垄断的绫锦细腻华贵，仍不失质粗形美，情趣恣肆而意态无穷。无论官家或民间，这一时期衣服的一个显著特点是注重色调与装饰，彩染、刺绣较多。诸类服型将当时生产力发展水平、观念形态、社会习俗及人的审美方式和文化趣味等凝汇为一体，构成白族“服饰文化”，对元明清白族装束的演变一直发生着影响。

唐宋时期南诏大理国的文化在白族服饰中遗制犹存，使它自成一体，别具一格，始终保持着不同于其他民族的独特传统。当然，由于社会的进步，近世服装虽于某些方面“质沿古意”，却已“文变今情”，发生了很大的变化。这里所说的“遗制”，主要指包含着某些因素而言，诸如崇尚的色调和喜用的图案装饰，不少同南诏、大理国时期有相似处，有些图案或其基本纹样可能是从唐宋时期时一脉相承下来的。这些文化表征是今人探研白族传统服饰及图案装饰艺术的珍贵遗存。

白族服饰图案的题材，大致包括植物（花、草、树、果），动物（虫、鱼、鸟、兽），自然（天、星、日、月、云、石、山、水），人（神）和无客体依据的纹符等五大类。其中以植物花果造型为最多，诸如：菊花、茶花、梅花、牡丹、芍药、素馨、蔷薇、姊妹花、海菜花、莲花、菱花、桃花、石榴花等，同人们日常所见所爱有密切的关系，个性色彩强烈。究其含义，一类是率直表现自然物的形态美，另一类是借物寓情，通过描绘客观对象，反映人的心理状态和思想意识。后者含意深沉，不管纹样如何演变，由于传统观念起作用，它会绵延传袭。例如，人们认为鱼、螺代表旺盛、勇武，龙是人的祖先和保卫人类生存的神灵，用它们的形态作衣服的装饰，不但能荫佑肉体，而且能获得想象中的好处。

大理山歌《绣苹果》这样唱到：

一绣龙来龙戏水，二绣虎来虎翻身。

三绣桃园三结义，四绣童子拜观音。

五绣五男又五女，六绣六位把高升。

七绣七星七姊妹，八绣天下得太平。

九绣九龙归大海，十绣眼泪在当中。

山歌唱的，是白族民间传统织绣常见的内容。龙、虎崇拜，神灵信仰，伦理劝善，利禄期求，

星明花好，国泰民安，乃至绣花女在劳动创造中的辛酸疾苦等，表明白族刺绣图案（纹样）题材既大量采自本乡本土，也有不少外来的成分。除较多写实之作外，还有形样繁多的写意，甚至表现情节的艺术品，造诣很高。

“绣苹果”一类纹样在衣饰上多用于荷包（香包）、烟袋、手绢、帨带，这些通常都是女性赠予男子的信物，近代流行。

白族服饰图案，空实恰宜，层次清晰，讲究结构和色彩的比例关系。裹被、喜袋、彩衣上含故事味的人物多色绣，还带有一定的透视感。在纹样造型上，写实的求惟肖、自然；写意的求抽象概括、夸张变形。纹样结构大致可分为两类：一是对称、连续、平衡，画面均齐完整；二是不拘泥均齐，让方与圆，曲与直，平与尖，各对立形之间又衬配比，在不规整中显奇妙。由于造型和结构多变，使各种图案不相雷同，仿佛产生内在的韵律感、运动感，具有奇异的魅力。

白族称绣花为撒花。有素绣、彩绣、贴布绣、连物绣、缘边挑绣、金银丝缝盘绣等多种技法。素绣，指白线绣于青、黑、蓝底（或反之）的单色绣，有所谓“清清白白”“素中含艳”的意境。彩绣：多种色线交绣成图，灿丽、热烈。贴布绣：将布剪成一定形状贴于地料，然后顺边沿绣或在贴布上加绣，造成立体或凹陷效果，层次感很强。连物绣，线脚扣连银、铜、玉、玛瑙、鱼骨、贝壳、玻璃、料器等材料做的装饰品，缝实在地料上，以绣托物，如锦上添花，用于帽饰格外华美。缘边绣：在头帕、袖口、裤脚边沿挑起地线，按经纬行格加入彩线，使地线与绣线经纬交错成纹。金银丝缝盘绣。将粗细金银线盘成日、月、桃、佛手、如意等形状，用丝线缝牢，再用彩线加绣于四周，富丽堂皇，有立体感。

白族服饰图案的表现手法和使用的材料是多样化的，造型样式丰富，久已形成奇美、独特的传统。它是白族造型艺术中最能代表本民族群众

的爱好、感情和最大众化的门类。在一定程度上反映着白族历史发展各个阶段的特征和文明，代表着不同社会条件和物质条件下白族的文化特点和艺术装饰风格。不仅从形式给人直觉的美感，而且寓蕴着丰富的思想内容与社会内容，充分体现着白族人民的勤劳智慧与创造才能，视之能让人寻思，了解白族人民怎样按照美的法则，表现生活和美的意识，进而探索白族艺术发展道路以及丰富的古文化面貌。

白族服饰的样式虽多，但是熟悉白族风俗民情的人，一看就知道这是哪个地方的白族人。比如：大理县城南和海东的妇女的服饰多为绣花，而城北和凤仪一带又多是挑花的。可是上关到洱源，挑花的服饰渐渐多起来，如果到了洱源的牛街和剑川一带，挑花又少了，艳丽的服饰也少了。只有剑川的东山和三河才有些艳丽的服装。妇女头帕罩头箍，缠以红头绳。男人戴羊毡帽，穿长长的羊皮褂，缠裹腿的是鹤庆西山，也就是剑川东山人。一叠挑花头帕，前额上打兔耳结，脑后放开成方巾，打扮得像山喜鹊一样的是剑川三河、丽江九河人。把解放帽加了许多皱褶，做成连台样宽边大檐帽的是洱源人。挑花头巾用发辫缠着的便是邓川一带的人。用蜡染布、扎染布作头巾，或用羊肚子手巾叠成条状加飘须，再用发辫和红头绳盘起来的是大理人，等等。

白族服饰之所以如此丰富多彩，风格迥异，独具特色，其原因至少有以下几个方面：

第一，白族是接受汉文化较早的民族，而又善于吸收兄弟民族的进步文化，用来丰富和改进自己的服饰。第二，白族地区是历史上我省开化较早的地带，又是南诏、大理国的政治、经济、文化中心，历史悠久，不断演变，因而形式多样，制作精美，风格独异。第三，从审美观点看，一个民族服饰的形成不是平白无故的，它与周围的山川景物，自然环境关系十分密切。苍山绿、洱海青、月亮白、山茶红、风摆垂柳枝，白雪映红霞，正如唐代白族诗人杨奇鲲所写的那样：“风里

浪花吹更白，雨中山色洗还青。”这一切不正是婀娜多姿、飘然若舞的白族服饰的真实写照。把这些服装分别置于苍洱之间，茈碧湖畔，剑湖沿岸，黑潓江边，总是非常和谐的。这是千百年来白族人民的智慧和创造的结晶。第四，不论哪种服饰都是从适宜于生产劳动、生活卫生、气候特点出发，精心设计制作而成的，离开生产生活的需要来看待这些服饰，将是不可理解的。例如：白绵羊皮、羊皮褂、羊毡帽、包头、围腰、裹腿等，既能御寒保暖，又可起到劳动保护的作用，而荷包、兜肚、三须构件之类都是生活卫生的必需品，配搭起来又很协调，浑然一体。经过千百年的考究和改进，它们的实用价值更高，也一直是白族人民珍爱之物。

服饰制作工艺精巧，尤其是刺绣、挑花、银饰、玉器的工艺水平都比较高，有的饰物已是百年前的制品，历经三代、四代使用，成为这些人家的传家宝，琳琅满目的白族服饰，也和其他兄弟民族的服饰一样，是人民心灵美的象征。

彝族是我国西南地区人口最多、分布较广的少数民族。彝族自称、他称（支系）之多和历史渊源之复杂，在我国少数民族中都是绝无仅有的，其服饰种类仅在云南就多至三百余种，极为绚丽多彩而又显得十分复杂。这是因为大自然对人类精神文化的影响。在彝族服饰中也是突出的典范。在彝族所居住的地区，因山林皋埌，风光水色对民族的审美意识影响很大，同一自然，原始民族则感到畏惧，继而感到亲切，往往把自然看作有生命灵魂的存在。故此在审美意识中反映出“万物有灵”的观念，在高度发展的社会和文化中，自然物成了意兴情趣的寄托，借自然物抒写胸中的愿望，自然与审美联系，看似更加隐藏，实则更加深刻。这是人类征服自然的成果，在审美意识中的沉淀，反映到服饰中来，突出地表现在刺绣的装饰图案上。在现实生活中，彝族妇女用勤劳而又灵巧的双手，不仅刺绣出如花似锦的服饰，而且还在刺绣中描绘美好的生活，在石屏县哨冲彝族中流唱着一首《花腰姑娘绣花调》：

正月绣花是新年，千针万线从头来。
过年祭龙赶花戴，飞针走线手不闲。
二月绣花备耕忙，挖田送肥又播种。
田间休息抓紧绣，绣出候鸟催春图。
三月绣花是清明，山清水秀霭雾散。
百花争妍百鸟欢，巧手绣花戏蜂蝶。
四月绣花插秧忙，白天插秧夜绣花。
红布铺底绿线绣，绣出大地展葱绿。
五月绣花持秧锄，苗苗壮秧手中绣。
六月绣花火把节，绣出星光火焰团。
七月绣花珠连珠，巧夺天工绣硕果。
八月绣花是中秋，绣出五谷丰收团。
九月绣花菊花黄，绣出春夏双丰收。
十月绣花过国庆，绣出赤诚爱国心。
冬月绣花寒天地，裁缝新衣绣更忙。
腊月绣花一年终，姑娘绣花喜迎春。

彝族妇女普遍都在衣襟、袖口、裤脚、托肩等部位上绣刺精美的图案装饰，特别喜欢在围腰和飘带顶端绣上花鸟虫鱼图案。这些图案有的写意，有的写实，但都赋予着彝族人民自己的心愿和追求。在这些生动的图案中，蕴藏着劳动者对生活的感受。在山地农耕狩猎采集活动中，所体会到的运动感、节奏感、变化韵律等美的形象，并且升华，凝聚为大家所能理解的抽象意境，无论是“S”“△”“▽”形图案，代表生生不息，世代相连，或是蝴蝶凤凰，都代表多子多孙、兴旺发达，这就是远古生殖崇拜的意境。“△”“▽”是男女生殖器的象征，“S”是人体的动态纹样，这类图案的装饰，从古至今，普遍流行。

彝族服饰中，刺绣图案的动物形象没有单独使用的，各种各样的动物往往与花卉、植物、山水巧妙地配搭在同一幅画面上。这不仅仅是为了构图上的需要，也不乱用这些动物去填空的，而是这些动物形象在彝族的史诗中都有大量的描写。具体地说来，有一张刺绣图案名为“龙树”，绣的是一条从天而降的龙，龙尾是一朵硕大的花，花心中又抽出鲜嫩的枝条……以树作为联想发端，表现人类对生命现象繁荣昌盛，根深叶茂的期待与张扬。花卉和人物往往形成一幅优美的“人兽同欢图”。虎的构图特别大，倒卷的尾巴特别长，人都比虎小得多。这样的构图，虽然是受远古人类动物图腾的影响，但与植物、人的融合，图案精美，有着更深层次的意境。

彝族妇女的“鸡冠帽”型制特殊、工艺精巧，在彝族地区广泛流传，都与青年男女的爱情生活有着密切关系。除上述石屏外，这里再述武定县地区彝族的传说故事。很久很久以前，彝山上有一对青年，女的长得像艳丽的山茶花，男的长得像棵金竹子。一个月色明亮的夜晚，他俩来到森林中相会，林中魔王发现了美丽的姑娘，施展魔术，对伙子下了毒手。不幸遭到凌辱的姑娘，在崎岖的山路挣扎逃跑，正当危急的时刻，雄鸡引吭歌唱。公鸡的叫声吓退了魔王，美丽的姑娘悟出了魔王惧怕鸡的道理。抱起了雄鸡来到亲人身旁，在雄鸡的叫声中，情人苏醒过来，她们终于成了恩爱夫妻。从此，彝家妇女都要在自己的头上高高地戴起“鸡冠帽”，以示自己婚姻的幸福和美满。

最有意思的是，彝族花边衣裳。彝族穿花边衣裳与民族的婚恋嫁娶有着特殊的关系。在红河南岸的村寨里，最引人注目的就是彝族姑娘穿的镶绣花边的衣裳。这里的妇女和姑娘均穿右衽宽长上衣，衣袖和胸襟绣有金、红、紫、绿色等花纹图案，衣领镶细银泡，与镶花边的肥裤自然形成对比花纹，颜色协调，十分雅致美观。传说很早以前，彝族妇女和哈尼族、瑶族妇女一样，也穿不绣边的黑色长裤，后来才改变成了绣花的服饰。这中间有一个故事：很早以前，在今红河县宝华地区，有一位十分美丽善良的姑娘，爱上了一个勤劳勇敢的小伙子。可是一个大富人家的儿子，却看上了这个姑娘。姑娘的阿爹阿妈只好答应把女儿嫁给那个富家儿子，聪明的姑娘想到了她们民族的传统抢婚习俗。抢婚的人是要在很多姑娘中即刻认出要抢的人，即时抢走，否则，婚礼便不能举行。于是，她便邀约了几个伙伴把衣裤都镶上了花边，到了男方来抢婚那天，邀约好的姑娘都把镶绣花边的衣裤穿上，而且在额前都梳了“刘海”发型。来抢婚的人看见一伙姑娘穿着都一样，竟认不出哪个是新娘，只好扫兴而归。以后，这个聪明美丽的姑娘和她心爱的情人过上了幸福美满的日子。所以，镶花边的衣裤是彝族姑娘争取自由幸福和聪明才智的象征。中华人民共和国成立后，这个勤劳智慧的民族，在党的民族政策光辉照耀下，日益繁荣昌盛，人们说镶绣花边的衣裤更加艳丽多姿，流行普遍。

彝族服饰图案的意境丰富多彩，手法多种多样。衣领、衣角、围腰、背带、裙子等，是彝族服饰的主要装饰部位，也是彝族妇女炫耀刺绣的阵地。她们采用多种针法，以长短交错的线条和丰富多变的色彩，在这些部位绣出一块块美丽的图案。彝族服饰图案所绣植物、动物等及表达的意义与其他少数民族相似，在此不赘。

其实，在云南少数民族中，特别是山地民族穿花边衣都很普遍，花边衣其实更主要的功能是耐磨耐穿，又与高山密林中的朵朵鲜花融会一起，有着山地民族的特殊审美价值。民族服饰图案的意境美，正是表达出设计者的思想，是代表了作者的艺术修养，并且通过图案，在意境这个魅力上，发挥得尽善尽美。它的美，不是视觉的美所概括得了的，而且是一种广阔的、崇高的精神世界，是起一个共鸣作用的心灵美。民族服饰以总体的设计裁剪，色彩配搭，特别是刺绣图案的创作方法，就从具体到抽象，又从抽象到具体。除了视觉满足美的享受外，更唤起人们在内心深处的一股生活感情，像一朵玫瑰花一样，浓郁的芬芳与艳丽的色彩同时吸引人们去热爱生活，追求高尚的生活情趣。所以说，生活中有了图案，就

像有了一个好伴侣一样愉快。总之，民族服饰图案的意境，不仅只是视觉感受的装饰美，而是适用于精神享受之美。

彝族妇女装饰在服饰上的图案，也大多体现在衣、裙、裤、围腰、腰带、挎包、鞋帮、童背和一些定情物上。图案纹样有虎、龙、蝶、花、鸟、兽及果木等。红河州金平、元阳、绿春等地彝族妇女的围腰和佩饰上，通常有螃蟹的花纹图案。据说，螃蟹是勤劳、聪明能干的动物，人类挖水沟、开田地、修路等，都是从螃蟹那里学来的，把螃蟹作为服饰图案，象征勤劳能干。以挑花形式组合而成的美丽、整齐、对称的八角花、蕨菜花图案，是妇女衣服上最常见的图案。蕨菜发芽，意味着人丁兴旺。蕨菜的嫩芽，是彝族采集的主要食物之一。蕨菜生命力旺盛，年年割年年长，长起来整个山坡成了一片绿绿的世界，彝族妇女把它描绘在服饰上，色彩富于想象，手法夸张，形象生动，色彩和谐。这些纹样的组织变化及色彩与人们的生活、自然环境都有着密切的关系，富有浓厚的生活意趣和浓郁的乡土气息。

彝族尚黑，以黑为贵，普遍用黑布或蓝布（黑的同类色）制作衣裙、裤子、包头和童背等。特别是凉山地区，无论大人小孙，都以全身通黑来显示身份的高贵和等级的尊严。过去，黑彝是统治阶级，小孩若穿花衣服，则被认为不稳重，会受到鄙视；妇女上衣虽镶有蓝色素边，但远远看去，也是一片黑色，裙边镶的黑布条也要比白彝的宽，而且越宽越高贵。值得一提的是，罗平、师宗一带彝族男性对襟上衣，黑色底布上挑绣精美的红线图案，红、黑两色汇为一体，对比强烈，和谐清秀；石林县圭山“黑彝”围腰，在黑底布上绣十三、四种颜色，由玫瑰红作基调，形成变化、统一均衡而华丽的色彩配合。总之，彝族刺绣，一般多以黑色作底，设色简繁不一，繁者十几种，色彩富而不乱，主调鲜明，有的典雅庄严，有的颜色瑰丽，各有其旋律，在刺绣色彩魅力这个艺术上发挥得尽善尽美。

民族服饰与刺绣的色彩，繁简不一，繁者十几种，简单一二种。色彩富而不乱，简而鲜明，有的典雅庄重，有的鲜艳瑰丽，各有特色。既有审美的意味，又有述古记史的符号功能及区别角色身份的功能。总之，民族以手中的色彩撰写民族悠久的历史，在色彩里把历史、现实、理想，把有生命的和无生命的完美有机地结合在一起，融为一体，编织他们神秘的梦幻世界。在这个世界里，服饰色彩是一种符号，其背后隐藏着人们的心理和民族习俗。色彩是民族心理、民族性格的一种“表情”，通过它去读解民族文化这本大书，意趣无穷。

瑶族服饰多姿多彩，自古就有“好五色衣服”之称。“男女喜着青蓝短衣，绿以深色，或时用花帕缠头。瑶妇亦盘髻贯箭，短衣短裙，能跣足登山。”传说中瑶族始祖“盘瓠”是条五彩斑斓的龙犬，因此，瑶族先民便有将衣服染成五种颜色的习惯。至今瑶族服饰无论男女都要在袖口、裤脚和胸襟两侧绣上色彩鲜艳的花朵，或镶拼上六七种颜色的彩色花边。有的地区瑶族妇女将每条装饰得特别美丽的胸带头，故意在臂部垂下一大截，形如尾饰；有的则将上衣裁剪为前短后长。这些都是“制裁皆有尾”的遗俗。妇女多将长发挽成髻状，再覆以花帕。儿童常戴狗头帕，突独尤长。这些装饰都是对“盘瓠”图腾形象模仿的遗迹，是以服饰表示对祖先的纪念。

瑶族服饰，无论刺绣或是蜡染所装饰的图案都是“极细斑花，炳然可观”。其中，刺绣图案比蜡染更丰富。刺绣图案有单花、双花和组合等。常用的单花图案有树木纹、大花纹、小草纹、龙角纹、马头纹、太阳纹、河流纹、眼珠纹、美丽姑娘纹、扇子纹等。其中太阳纹来自铜鼓中心成射状图案，在花头瑶每个妇女头上均要戴太阳纹的银质发罩，这是与纪念始祖母“密洛陀”有关。传说“密洛陀”女神生育了三个女儿，大女儿成了现在的汉族，二女儿成了现在的壮族，三女儿得到母亲的一斗小米和一面铜鼓，成为现在的瑶族，铜鼓也就成了瑶族的传家宝。铜鼓上的花纹、太阳纹、八角花纹均成为瑶族服饰中的主要图案。双花图案由两个单花图案组成，如将原野纹与马头纹组合，表示骏马在原野上奔驰。组合图案由三种或更多的花朵纹样组成，它比单花、双花更富想象力，更充满诗情画意。如原野纹、大花纹和美丽姑娘纹三者所构成的“美丽的姑娘亭亭玉立在山花烂漫的田野”的组合图案。而树木纹、小草纹或桥梁纹三者组合，则展现了一幅“芳草、丛林依恋小桥”的动人风景。各种纹样的使用，都有一定的规律。如原野纹、河流纹等多用于裹腿布，森林纹、龙角花纹等多用于挂袋。衣襟、衣边多用蛇龙纹、河流纹、原野纹、大花纹。绣裙多用马头纹、山水纹、花草纹。瑶族服饰一般选用青土布作面料，刺绣花纹的色彩以大红、桃红和紫红等暖色为主，黄、白、绿、蓝等色作衬托。

刺绣构图奇巧，意蕴深刻，除上述内容之外，还有图案的意境美，表达出设计者的思想和艺术修养，并通过图案，把信息传递给千万人。它的美，不是视觉的美所概括得了的，而是一种广阔的、崇高的精神世界，是起一个共鸣作用的心灵意境世界。

民族服饰中的许多刺织工艺品之所以成为无价之宝，恰恰是因为它有不同寻常的艺术性，它从设计到制作，到流通，始终都是一个有艺术价值的适用美术品，有的适用于衣食住行，有的适用于节日盛会。每个民族，无论制的图案式样，所用的原料，刺绣工艺虽各有不同，但都要认真追求产品的艺术性，包括它的地方风格，民族气质。

各民族社会生活的领域非常广阔，我们常说的衣、食、住、行、用，包括娱乐、民族活动等，都离不开服饰艺术的审美，不但需要，还要求好，解决了用，还要求美；不但美，还要求要有时代风貌，还要适应某个地区，某种生活方式，某些人群，某些思维情趣，某些乡土人情特点的需要。正因为有广泛的、多面的适用能力，才会源远流长，至今不失。正因为它在各种各样适用要求的实际条件下创作出来的艺术品，所以才丰富多彩，不是千人一面，而是五花八门。这无奇不有的民族服饰艺术，不能笼统地评为“美观大方”“色彩艳丽”“比例匀称”等。用这些抽象的形容词，强调民族服饰艺术的质量，是肤浅或者说是无知的。

民族服饰的本源是一个时代、一个民族、一个社会的“生活美”的体现者。它既表现在穿着者的身上，也是民族智慧的集中体现，更重要的是表现在生产和生活密切相关的极为广阔的领域，用各方面的外观设计，创造出使人百看不厌，引起联想，享受艺术形象所赋予的美感。

4. 民族特色与适用功能

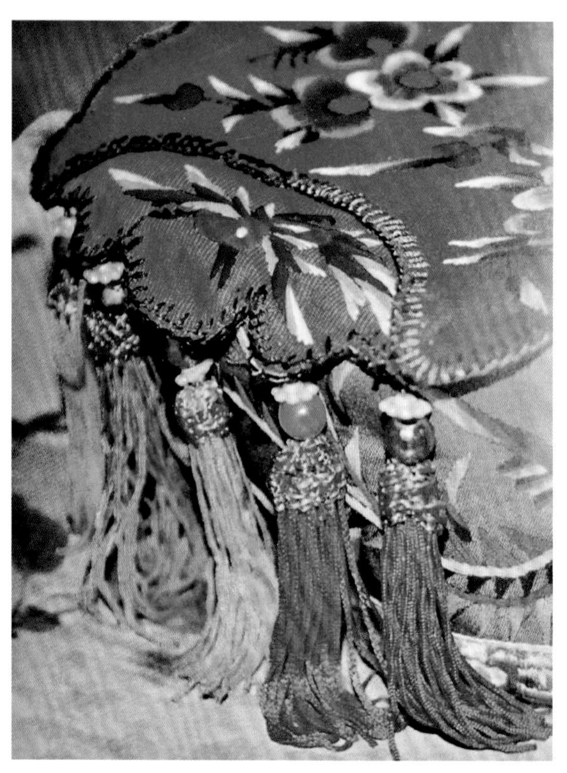

民族刺绣，是在漫长的社会历史中发展起来的。它在人民群众中有着极为广泛而深厚的基础。每幅图案都散发着泥土的芳香，显示出鲜明的地方特点和民族特色。

民族刺绣土色土香，具有浓郁淳朴的乡土气息。除了给视觉满足美的享受外，更唤起人们在内心深处的一股生活感情，像一朵玫瑰花一样，浓郁的芬芳与鲜艳的色彩同时吸引人们去热爱生活，追求高尚的生活情趣。对妇女们来说，服饰上有了图案，就像有了一个好伴侣一样的愉快。它来自生活，又美化生活，妇女们一生都在追求美的享受，她们除了下地干活。上山砍柴外，其余的时间很多都花在刺绣上。每件绣品都出自劳动妇女之手，充满着劳动人民的感情。民族妇女都是绣花能手，她们有“农民画家”之称。从精湛的民族传统工艺技巧中，我们可以闻到泥土的芬芳。民族传统刺绣，既不搭架，也不用花绷，全凭简单的花针和灵巧的双手，绣出绚丽多彩，仪态万千的图案来。妇女们刺绣前不在布上描画，也不剪贴底花，只凭腹稿和经验，信手绣来，就能绣出各种图案花纹，其布局的精巧，造型的生动，用色的和谐，技术的熟练，始终扎根于劳动人民的泥土之中，令人叹服。

民族刺绣多姿多彩，在中国多民族的大家庭中，彝族是个分布地广，支系众多的民族。每个支系地域不同，言语不同，社会发展阶段不同，刺绣图案和工艺习惯就各有千秋。据相关资料统计，彝族不同的服饰有三百多种，图案花纹有千种之多。刺绣图案之丰富多彩由此可想而知。一般说来，彝族刺绣的内容，除了“靠山画山”“靠水画鱼虾”的自然环境外，更多的是与彝族人民的历史、心理素质、生活习惯及性格特征有关。顽强的民族心理又首先表现在重视种族的继承和繁衍上。为了识别子孙后代，服饰上的花纹图案便成了区别民族的重要标志和兴旺发达的象征。这便是各个民族装束和服饰工艺上的特色。因此，图案花纹千变万化，多姿多彩。

彝族刺绣图案具有最为强烈的民族特色。有的图案花纹，只能本民族、本支系才能继承，工

艺技巧一般不外传，正是这类图案原始性更浓，是民族传统文化的精华。它们是本民族共有的，神圣不可侵犯的。例如：蝴蝶图案，是彝族刺绣中见得最多的图案，从构图到工艺都是本民族特有的，尽管分布地域宽广，但这类图案的基本特色是不变的。我们用楚雄彝族自治州各县的图案与师宗、红河等地的图案相比较，虽然地隔千里，语言不通，可蝴蝶之类的图案，造型和刺绣手法都是一致的。这是民族的共性，也是民族共有的风格。彝族人民勤劳、勇敢、深沉、含蓄，善用比喻来表达情感。刺绣图案也就质朴、单纯，富有生气。许多图案，像凤凰、牡丹等，虽其他民族、其他地区都在使用，但都不像彝族刺绣中那样雅致纯朴，既不豪华，也不轩昂，如同彝族妇女一样，文静朴实，体现了含蓄的美。总之，含蓄、简练、纯朴、大方，无冗长和浮华，是彝族刺绣图案特有的风格和特点。这是彝族人民千百年来创造和积累起来的艺术财富，也是中华民族共有的文化宝藏和文明发达的象征。

特殊的实用功能是刺绣中最有价值的板块。民族刺绣，大多是用在衣服的各个部位上。因此，图案设计必须符合衣服部位的特殊款式。同时，也要适合刺绣工艺上的各种针法。所以，在构图上，都必须具有捕捉各种事物最富有特征性的瞬间动态的本领，善于进行加工和改进，把表达对象变成精炼而又富有刺绣特点的形象。民族刺绣图案的奇巧，多种多样，笔法简练，但又生动活泼，蝴蝶变成梭形或方形的花朵，而不失本来特征。蕨菜是植物，火镰是生活用具，用作纹样，也都富有生气。绣品把生活中现象描绘成简易的形象，真实而又抽象地反映了各族人民的丰富文化和审美观，具体地说：实用的要求决定构图的比例。刺绣图案绝大部分用在服饰上的衣肩、袖口、襟、裙、围腰、裤脚等部位。部位有的直，有的细，有的方，有的圆。各族人民在艺术实践中锻炼了一双精细的眼睛和巧手，不管是在弧形的托肩上，还是在圆形的衣袖口，图案都能起伏变化，自然连续；有的图案，还要与特殊的部位（款式）用途配合一致，才能相得益彰。例如：围腰是妇女普遍需用之物，因是系在腰部或胸腰前，故多用牡丹、芍药作为主题花，配上凤凰或喜鹊，下垂小人花（变形的小人），成为一幅和谐的组合图案，洒落大方，鲜艳夺目。围腰系在身上，妇女们充分显示出女性的健美，再加上琳琅满目的银泡挂链，更增添了民族妇女们的姿色和美貌。在这里，别致的围裙图案，往往会产生特殊的艺术效果。

特殊的部位往往要特殊的构图法。女衣的托肩和袖口，是衣服重要的部位，举止动辄显露人前。所以图案设计尤其严格精细，绣工也特别高巧。图案设计者将其中心部位处理成两只拥抱在一起的喜鹊。喜鹊的脚和尾连接在一束百合花上。百合花连续向两边伸展，直至弧形布局的缝合处为止，它们称为“喜相逢”。这类图案多为年轻妇女所喜爱，实际上是将夫妻恩爱的感情，寄寓在自己的服饰图案之中。构图意境如此含蓄而深刻，没有艺术匠心，没有千锤百炼的功夫，是做不到的。

民族刺绣图案的实用性更重要的是图案载式和装饰部位。虽然没有固定的格式，但它们总是要和实用的目的相结合。针法、色彩、底料也都完全要服从于用途的需要。如果妇女们参加生产劳动时，背着箩筐负物，腰部承受摩擦和压力较大，这些部位应加厚加固。所以围腰和肩部的花纹，都是组织得比较密集的带状形图案，而且，多用挑花手法。裤脚和围裙上绣的图案，多数是流苏状的“吊子”花纹，则是地理环境所致。因为大多数民族基本都住在山区、半山区，行走时，裤脚和裙边随着人的步子左甩右摆，下端必然要碰挂着荆棘草丛，用“吊子”花纹作装饰，可以加强裤脚裙埂的厚度，耐磨耐用，也可以展现出花纹的艺术风格，既耐磨又美观，取得实用和美感一举两得的效果。在民族刺绣图案中，不管采用什么图案，无论装饰什么部位，也不管采用哪种针法，图案都具有生产和生活的意义，有着它的功利主义的目的，故此，民族刺绣图案没有一种是“纯艺术”的作品。正因为如此，民族刺绣才在民间广泛流传，即使是现代化的今天，传统的刺绣工艺在各族人民中依然占有重要的地位，先进的工业生产和再美的艺术家都是无法取代的，以民族刺绣中最普遍、实用性最广泛的挑花为例。挑花，从表面现象来看，它有适用而不美者，有美而不适用者，但从图案设计的本质来看，美与用的矛盾是对立统一的，真正好的刺绣品，它愈美就愈有实用价值，愈有利于使用者，它就愈美，十字挑花就是有力的证明。因为这种美的造型和装饰是从使用的条件中诞生的，美的法则也是从生活中发现而总结出来的，离开了人，离开了人的感情，任何美也是没有价值的。

总的说来，民族刺绣图案，既要符合衣服部位特殊的造型，更要适应各种刺绣针法的需要。因此，构图要充分考虑到刺绣针法的运用和可操作性，每一个图案在处理结构和针法上，与刺绣一样变化无穷。如腰带，绣时有的要锁边，有的不锁边，构图时就要将锁边的线剪空，将不锁边的线剪破；又如鞋垫和挎包、手帕等最容易磨损的部位，都是用挑花。挑花所用的材料过去都是民族粗布、棉线，刺绣针法简便易行，所以成本低，容易普及，这不仅仅只是为了好看，也是为了增加这些部位的牢度；还有衣领和衣袖上的纹样，外轮廓和部分内轮廓均需要锁边，需要用金丝线重新勾勒轮廓，使之呈现出金灿灿的华丽感和浮雕感。这些都是民族刺绣图案的特殊实用功能。民族刺绣，是一朵土生土长的工艺之花，它的生命力来自人民，来自生活，它将在新时代新生活的广阔天地里绽开新葩！

四、远古到如今 巧手竞自由

民族刺绣历史悠久、源远流长，是各民族在长期生产生活实践中积累起来的文化艺术珍品。它出自千百万劳动人民之手，有着广阔而又深厚的群众基础。所以在几千年民族历史发展中，经久不衰，乃至现代化的今天，也有它蓬勃向上的生命力。实际上从远古时代起，刺绣就是个民族社会生活中不可分割的部分，它是民族艺术的标志，是民族传统文化的“根”。刺绣在汉族中虽从商周时代就已经开始，明清时期有了颇具盛名的“四大刺绣”，但这些绣品绝大多数都是用于皇宫和富人家里，民间百姓使用的较少。而在西南少数民族中，绣品的使用至今非常广泛普遍、完整地流传了下来，不仅是民族艺术宝库里的瑰宝，也是对中国民族文化和世界文化的杰出贡献。民族刺绣表现出极高的艺术造诣和蓬勃向上的民族情趣，蜚声中外。民族刺绣能有如此辉煌的成就，绝非一朝一夕之功，它经历了几千年漫长岁月的探索和努力，才逐渐形成了民族的审美意识，欣赏习惯和艺术优势，这就是民族民间妇女从古至今的守望和传承的结果。

1. 刺绣的传承和守望者

民族刺绣工艺，具有异乎寻常的丰富性和象征性，都与民间绘画和考古发掘有着密切的关系。迄今为止，民族调查发现的西南民族绘画最早的作品，是三千年前的云南沧源崖画。崖画上的纹路与滇人铜器上、陶器上刻纹，都与少数民族刺绣的纹样有共同风格。实际上，西南原始居民的艺术才能，最初是表现在石器和陶器上，从丽江人的骨刮削器，到元谋大墩子的鸡形陶壶，都体现出了西南原始民族早期的审美观念和艺术实践。遍布全省的新石器遗址中，众多的陶器、陶片上，留下各种各样的纹样，更是人类童年时代生产生活与艺术观念的反映。这些都对西南少数民族后世的绘画和刺绣艺术有着极为深刻的影响。众所周知，陶器上除了象征示意、模拟的构图外，造型的均衡，线条的旋律，色彩的对比，表现了旺盛的生命和拙朴的气质，给人们带来了欢快，还可以从中窥探古人运用原始抽象技法，将自然现象和思维中的幻觉演绎为点、线，组成螺旋、三角、方块等几何形体，已远远超出对事物的直观再现。这是人们超脱自然的灵感创造。西南古代崖画和陶器上的条纹，都是自然的特征，但在视觉上又提供了稳定性美的享受，又促进了人们

进一步去改进条纹的审美创造。

从考古发掘中出土的大量织有花纹的绢、绸几何纹样，最早出现在新石器时代的青铜器上。以目前有关的资料统计，主要的花纹有云纹、回纹、弦纹、篮纹、网纹、雷纹、水波纹、羽纹、方格纹、编织纹、同心纹、米格纹等。在原始社会时期，就有这样丰富多彩的纹样出现，必然影响社会生活的各个方面。刺绣的第一步就是图案设计。当时，人们生活视野受到局限，但众多几何纹样为刺绣图案的萌发提供了肥沃的土壤。此外，在云南古代青铜器中，许多纹饰的构图方法也为刺绣图案的创作提供了借鉴，例如铜鼓纹中的“八角光芒”“十二角光芒”，在彝族刺绣品中多有反映。晋宁石寨山古墓群出土的尖叶形铜锄上，两边为腾飞的凤凰，中间为云雷纹装饰。这种在同一平面上讲究对称平衡的构图方法，在民族刺绣中不乏其例。

当然，民族刺绣中的几何纹样发展到今天，名称很多，释义也因地区和直系的不同而差异很大。就其图纹基本内容而言，一部分是动植物的变体，但绝大部分是各族人民在长期生产生活中，经过艺术实践，为了装饰和审美的需要创造出来的。这些图案都没有单独使用的，均为将单个图纹加以规则、组合、连接，形成融汇纹图，但各自纹意不变。它们多用于衣服的衣襟、袖口、挎包、头巾、围腰、腰带、绑腿等边边部位。

几何图案在世界各地的原始洞穴岩画中都有发现。图案有圆形、三角形、菱形或圆形之角加点等。这些图纹在民族刺绣纹样中都有表现。

从考古发掘中的大量织有花纹的绢、绸、纱等织物，还有绣工在细薄轻软的绢、罗上，采用精巧的工艺，绣出千姿百态、繁复多变的图案花纹。在一件罗纱草衣上，刺绣出数十对对称的斑斓猛虎，只只张牙舞爪，十分威武雄壮。从出土的刺绣物上，这时期的图案主要有云纹、雷纹、菱形纹、涡纹、谷纹、圆纹、斜格、方格、直线、弧线、水波及变形的龙、凤、蛇、虎、龟、蚕、蜂、鸟等动物纹样。其中以云纹、虎纹及几何纹居多。这些纹样，至今在西南少数民族刺绣纹样中依然保存。

云南是青铜之乡，楚雄万家坝出土的铜鼓内壁装饰有圆形格子纹，祥云大波那出土的铜鼓，鼓面中心出现四角光芒体的装饰。西盟型铜鼓则有方纹、雷纹、水波纹、线纹、回纹等。这些纹样，一方面受几何印纹陶的影响很深，另一方面则对后来的民族传统图案起到了推陈出新的作用。此外，在云南古代青铜器中，许多纹样的构图方法，也为民族刺绣的创作提供了借鉴。这种在同一平面上讲究对称平衡的构图方法和象征吉祥幸福的凤凰图案，在云南民族刺绣图案中，是不乏其例的。

唐宋南诏大理国时期是以彝族、白族为主体建立的民族地方政权，樊绰《蛮书》中记述了这个地方政权中各级官员的服饰情况时说“蛮王清平官礼衣悉服锦绣”，《南诏通纪》也记载：南诏宫廷“陈设锦绣”，可见这时期刺绣已很受尊重。尤其是唐朝建立的大理崇圣寺三塔，在1981年的维修工程中，出土不少精致的刺绣品和纺织品，对研究南诏大理国时期云南边疆民族的刺绣艺术，具有重要价值。大理三塔出土的刺绣品有披巾一件，长52厘米，宽28.5厘米，周边用不同颜色的素绸镶边九道，边宽2.5厘米。绣品中央刺绣三组圆形图案，直径各为10厘米，正方绣凤凰一对，两侧一组绣头饰冠羽的凤凰，一组绣三朵牡丹，其外绣一长方形边框，内外绣梅花、菊等花纹图案，间有彩蝶缭绕，疏朗透明。整个绣件可能寓意“百凤朝阳”。刺绣采用平绣法，仅花蕊等处加叠绣锁镶，但与汉族的绣镶绣法不同。所以，绣线色泽绚丽多彩，此件绣品是唐朝时期一件珍贵的手工艺品，正如《资治通鉴》所述：“南诏工巧，埒于蜀中。”

元至清代云南各民族善“纂织文绣”，喜“衣斑花布，披色底”。用缤纷绮丽的织染刺绣美化装饰之风颇盛，继续发扬着大理国时期服饰文化和

织绣艺术的传统。明清以来，随着社会的进步和发展，刺绣工艺也随之发展到了更高水平，各种文献记载也更为丰富，对云南不同民族不同地区都有具体的描述。特别是服饰上的刺绣花纹图案，详细具体地叙述了各族妇女刺绣的精湛水平和服饰工艺方面的高超技巧。天启《滇志》记载彝族“妇女挽髻，如角向前，衣文绣”。“文绣”，就是绣得很精美的图案，也就是说，当时居住在红河两岸的彝族妇女，衣服上挑绣有各种精美的图案。这种装饰一直延续至今，依然盛行。清道光《普洱府志·人种志》中说：“摆夷（傣族），女穿青白布短衣，丝棉花布桶裙。”“桶裙”，多用织锦做成，织锦又称为花布，即布上都是图案花纹。“绣囊”，是妇女送给情人的纪念品，图案花纹工艺特别精美。《道光云南通志》引《皇清职贡图》说：“男子以布蒙首，衣短衣，胸挂绣囊。”在当时，“绣囊”，是普遍流行的定情物，其工艺，是刺绣品中的佼佼者。这种以精美刺绣品订婚的风俗，直到现代依然盛行，有的民族成为挎包，如彝族、白族、哈尼族等；有的民族称为“筒帕”，如傣族、壮族等族，都是工艺最精美的刺绣品。

此时，在民间，刺绣工艺已成为民族文化的重要内容，在彝族文献中有不少关于服饰刺绣的资料，例如《绣花女》的故事，就详细生动地记述了明清时期民族刺绣的产生及发展变化。民间绣花衣裳的传说，其中较为流行的是：很古远的时候，昙华山（楚雄彝州境内山区）上有两个彝家姑娘，一个叫“咪依噜”，一个叫“咪波啰”。她们俩都长得又聪明又漂亮，到了出嫁年龄，可惜连件像样的衣服都没有。她们俩自己动手织布做衣，做来做去总是不满意，一个春暖花开的季节，天仙园里来了3个女神仙，叫他们放下手中

的针线，跟她去山中转一转。她们来到山中，只见百花开放，虫鸟争鸣，神仙女指着山野中聪聪花朵说："你们与花比，是花好看，还是你们好看？"姑娘们低下头说："我们怎能和花比，花漂亮、美丽，我们是比不上的！"仙女便说："那你们就把这些花朵穿在身上，你们就更比花美丽了！"聪明的姑娘受到启发，回家后就照着山中的花草鸟兽在衣服上绣花，制作出自己喜欢的花衣服，后来她们一个嫁到白草岭，从此，刺绣花衣服的本领就传开了。

在许多民族中，绣花衣不仅只是妇女穿用，男子的外衣、外褂，乃至挎包、烟袋、凉鞋、伞套等等，都是精美的绣花装饰。小伙子外褂衣襟、胸口、包包边精美的刺绣，有一个传说：从前彝族姑娘常常和小伙子在夜间聚会，姑娘们一边对歌，一边给情投意合的小伙子点烟火，因为高兴，不小心把小伙子的衣角烙通了个洞，聪明的姑娘立即从身上取出绣花针，在烙通的地方绣了朵花。这朵花不仅补了洞，而且留下了难忘的深情。所以，彝族人民称男子的服装是"烙通一个洞，绣上一朵花"。

总之，在西南少数民族中，大约3000多年前就有织布制衣和刺绣的历史，唐宋至明清时期，刺绣在西南少数民族中有了普遍的发展，明清以来，民族分布地域基本定位，虽不少民族中都有不同地域的不同支系，但刺绣工艺都是不可缺少的传统。历史悠久的西南织绣艺术至今生意盎然，依旧在各族民间保持着优秀灿丽、奇巧多姿的传统风韵和特色。

在西南少数民族中，刺绣都是妇女承担的手工艺，特别是服装上的装饰和男女谈情说爱中的定情物和婚装，更是民族刺绣精品的代表。刺绣作为中华民族古老的民间工艺，在西南少数民族中一直传承至今，而且不断发展提升，成为存活于民族民间原汁原味文化精品，从古到今，都是民族民间妇女守望和传承的结果。所以，在少数民族中，对妇女的评价是："巧手竞自由""美女不绣花，好比没养她"。确实如此，从古至今，民族刺绣及其传统服饰制作工艺，全是妇女所掌握的技能，是一种有着广泛社会基础的大众化的手工艺，同时，它又是非职业化、非专业化，是妇女们一代一代的言传身教，潜移默化为传承方式的一种民间工艺。换句话说，民族妇女是用她们的业余时间，继承和发展传统的刺绣和服饰制作工艺。因此，民族传统刺绣能发展到如今的高水平程度，是民族妇女的功劳。民族妇女表现在刺绣艺术上的想象力、创造力和工艺技巧，是奉献给人类文化艺术的一朵奇葩，最令人感叹的是她们对本民族织绣艺术坚持执着的心，是传统工艺和民族文化的守望者。

2. 绣女遍天下，都是艺术家

各民族妇女，老老少少，都要掌握挑花刺绣的本领。女孩一般六七岁起，就要在母亲和姐嫂的指导下学习挑花刺绣，田边地角，房前屋后，都会见到妇女们挑花刺绣的情景。民族姑娘如果不会挑花刺绣，不但会被人讥笑，瞧不起，而且婚姻也会受到影响，很难找到个好人家。因此，为了今后的生活，就必须勤劳苦练，只要有空，姑娘们便会从自己的绣花包内掏出针线，绣起花来，有时成群结队地聚在一起，相互切磋技艺，你学我的图案，我学你的针法。年长日久，山上的树木花草便都融进妇女们的刺纹图案中去了。这样，姑娘们个个都成了挑花刺绣的能手。心灵手巧的各族妇女，从小就训练有素，常常在耕作之余，纺线、织布，挑花刺绣。挑绣时既不打稿，也不画线，仅用无色丝线，以那娴熟的技巧，信手绣出绚丽多彩，生动逼真的各种各样图案，无不具有浓郁的生活气息和独特的民族风格。当然，某一个巧手突发奇想的产物，它的成立必先有民

俗背景的普遍接纳，继而在民族中流传的过程中被淘汰或选择，最终才能成为可传承的千百年的精品。可以说，民族刺绣情态真诚的表达方式，萃集了无数代无数人聪慧的心灵，明亮的眼睛和灵巧的双手。在他们的眼睛里、心灵和手底下归纳与繁衍、简略与丰富、实在与虚拟在矛盾中统一为表达自在的广阔空间。那些令人称奇叫绝的生灵万物，在他们穿着在身的服装上活灵活现。当她们跃然而出，来到我们面前，我们的惊奇也许会变成惭愧与自责，在号称文明画布上，我们糊涂地乱画些什么？这些曾被认为是蛮族野人的山中女子，她们才算得上真正的艺术家。但当我们在不少山寨里问不少绣女“你们都是真正的巧手，有艺术家之称？”时，巧手们都平静地摇着头说：“什么艺术家！山里的女人哪个不会绣花，那么个个都是艺术家吗？”

其实，刺绣前，妇女们都不在布面上起稿描图，全凭腹稿和经验信手绣来，图案活灵活现。山中的老虎、林间的喜鹊、农家的小猫、野地的花草，在她们的巧手下，神形必肖，多姿多彩，各族人民的音容笑貌，风土人情，在她们的刺绣品中被表现得淋漓尽致，具有很高的实用价值和观赏性。在彝族、白族、苗族、壮族、哈尼族等民族妇女，有“农民画家”之称，妇女一生，随时随地都在追求美的相享受……除了下地干活，上山砍柴，其余时间全部在刺绣上。每件绣品都出自劳动妇女之手，充满着劳动妇女的思想感情。她们刺绣的素材都是生活中最熟悉的，各族人民的声容笑貌，风土人情，在她们的刺绣品中被表现得淋漓尽致。刺绣艺术，从某种程度上说，受绘画的影响已是由来已久的事实，国外不少学者把中国民间刺绣能手也称为“农民画家”。民族刺绣也不能完全排除她们从绘画中吸收的营养。这一幅幅绣作，不仅是能使我们想起青山绿水、工笔人物，更重要的是她们保持了刺绣所固有的技巧，她们结合工艺手法体现出来的古朴、雅拙，以及独特的工艺效果，都是刺绣的本质所决定的。所以，我们可以把每一幅刺绣看成是具有独特欣赏价值的艺术作品，各民族妇女集四千年的经验反复实践，不断创新，苦心经营，美中求精，创造出一整套刺绣针法，一针一线的技巧，竟至于达到了随心所欲、变化无穷的境界，真是匠心独具，巧夺天工。

从古至今，中国都把妇女称作一朵花，在西南少数民族中对女人的评价是“巧手自由，绣女为花”。巧手，就是绣花能手。女孩从五六岁就开始学刺绣、织锦、印染、做衣。她们一生的生活几乎包揽了种麻养蚕、纺线织布、染色缝衣、挑花刺绣的全过程。她们个个都练就一双巧手，也琢磨出心思灵感，在制作衣服和配饰物的技法中，有刺绣、挑花、补花、织锦、蜡染、扎染。最多是刺绣。刺绣的题材广泛、构图奇巧、针法多样、色彩精美，实用性很强，都是为了贴切地表达主题。民族的巧手们似乎已悟透了这样的艺术道理，她们并不仅仅去攀比技术的高超，而更注意在不相上下的精到之处，暗暗地赛着各自的巧思一代又一代的山寨女子，积淀下了丰富的智慧之花，一个接一个地续进民族共同创造又流传于族群当中的造型之谱。

在少数民族中，任何一个农家主妇，都要尽心尽力为丈夫和孩子制作精美的服装。这些出自无名女子的刺绣、花边，并不逊于艺术家的高贵作品。这一针一线虽是重复性的劳动，但蕴含着人间的情感。她们犹如在冥冥之中将自己对丈夫和孩子深沉的爱绣进了图案中，绣在这接触肌肤的衣服上，男子们也以穿上这样精巧的民族服装显示自己的才能和荣誉，也夸耀着自己妻子的爱和本能。结婚之日，新郎的衬衫必须是新娘亲自绣制，掖在男子腰带上的绣花带和手绢必须是恋人的赠物；皮肤黝黑、体魄健壮的男子，他胸前遮着纤细的刺绣纹样，这样不但劳动时耐磨，而且能唤起男子们一种难以想象的欲望。美丽的民族服装，使人们想起了通过装饰纹样来密切人与人之间关系的理想。西南各族妇女也都穿戴着异常精美的民族传统服饰。这些传统民族服饰，除银饰品是专门的男子制作外，其他是妇女双手制成的。历代的绝大部分妇女，不仅在农业生产上能挑能抬，能锄能割，而且在手工艺上也是多才多艺，既善绣又善织，又善染善绣。她们的刺绣、蜡染、织锦艺术，一代传给一代，一代代的继承，又一代代的发扬，使得这种工艺，在保持传统的基础上向前发展了，而形成了今天完整的独特风格，成了祖国文化宝藏中的一部分，不但丰富了祖国的文化艺术，而且，把这种艺术魅力发挥得尽善尽美。

西南少数民族大多居住在崇山峻岭之中，大分散小聚居，靠山地种植，饲养和狩猎度日，自给自足的经济占主导地位。纺织刺绣，是妇女一项主要的劳动。过去，全家男女老少的衣、裙、裤都来自妇女自种、自织、自染、自绣、自制而成。妇女不会纺织刺绣，就意味着一家人没有衣服裤子穿，就无法生存下去。姑娘不会纺纱织布，挑花刺绣，点蜡画线，就没有小伙子会看上，就嫁不出去，故有“姑娘不绣花，长大没人家”之说。在少数民族中，姑娘在织刺绣方面手工技艺的高低、粗细，是衡量姑娘勤快与否和聪明才智的标准，是男子选择对象的主要条件。因为“别家织机响当当，个个都穿花衣裳，我无伴侣来织绣，芭蕉叶子披一张。”（苗族《蹄山调》）所以，身为民族女孩，自小便跟母亲学习纺纱织布，刺绣制衣。

在民族地区，妇女当了妈妈，儿女一个都长大起来。这时，她们所焦心的是怕自己的女儿不如别人能织能绣。过去为自身制衣而占有的时间，现在都转移到儿女身上，教女儿绣花，为其准备花裙等。服饰着重讲究在青壮年时代，在这时期，她们正在选择对象，都想找个合心合意的人，当母亲的常为女儿选择一个好好女婿而焦心。因此，都尽心尽力教姑娘绣制最能引人的衣服。有些地方，少女们每逢佳节，把新衣重重叠叠地穿在身上来炫耀于人，一则表示富有，一则表示巧手能干。这都是吸引异性的有利条件。

从某种程度上说，民族妇女从姑娘时代起，就是以织布绣衣为主。结了婚，到了丈夫家，尤其是生了孩子以后，更要为家人、孩子，特别是女儿缝制新衣，尽心尽力。所以，妇女的一生，能否制作精美的服饰，也是她们吸引异性的智慧，故在少数民族中广泛流传着："美女不绣花，好比没养她""姑娘不绣花，长大没有家""美女不绣花，长大嫁不掉"。所以，"巧手竞自由"是对民族妇女的真实评价。上述只是一些综合性的简述，西南民族中的刺绣巧手和工艺精巧，难以尽述。这里仅将彝家绣女、景颇族织锦巧手和绣女的馈赠、至今保存了30多年的绣花凉鞋再作具体介绍：

彝族绣女

彝族妇女擅长刺绣，精于针法。她们从小便在母亲的指导下学习纺织和刺绣技术，不论走到哪里，都随身携带着针线活（盒），利用劳动之余的一切闲暇，从自己生活的自然环境中寻找美的素材，用来描绘超群出众的图案。据说，妇女们的聪明才智，勤劳善良，全可用在自己服饰图案中表现出来。妇女们若拿不出自己独特的绣品，往往被人看不起。姑娘要是没有好绣品，找婆家也难，俗称"姑娘不绣花，长大没有家。"姑娘在出嫁前，就要精心绣制自己的新婚礼服，最精美的绣衣，需要长达三四年的时间才能完成。刺绣的方法多种多样，大多不画图稿随手绣来，即兴而作，也有在面料上先画图稿或者先剪、割成纸样图案，贴在面料上，然后依样绣制。刺绣，是一项细致精炼的工作，应有耐心和信心。用针时，要注意快慢和松紧。一般是第一、二针稍慢一些，到第三、四针习惯了，就快些。收线太紧太松或忽松忽紧都不行，这样绣出的东西不能平直熨帖，实用性弱。刺绣，是一项十分艰苦细致的劳动，一针一线都凝聚着绣者的心血。俗话说："一针一线不马虎，千针千线花蓬勃"，古诗还有"可怜憔悴田间女，促绣声中对晓灯"，其意是说：田间女通宵点着灯刺绣，直到天快亮时还快手快脚地在刺绣中，真可怜！她们绣的花，不管是红红的山茶花、马缨花、牡丹花，粉红色的掌梨花、栀子花，还是洁白的喇叭花，所用的丝线颜色，跟花一模一样，一眼看去，就像美丽的山花在衣裙上开放。她们绣的草，深绿、浅绿，搭配适中，苍翠欲滴；她们绣的鸟，按其身上不同羽毛，选用相似颜色的丝线来绣，活灵活现，嬉戏欢飞；她们绣的鱼，有头有尾，有鳞有鳍，似在水中畅游。刺绣的图案也设计得非常细心。绣花的部分，她们配上绿草；绣鸟的部分，她们配上山和树林；绣鱼的部分，她们配上清水河流。彝家女就是这样用彩色丝线绣制着感情，倾注着对美好事物的憧憬。彝族妇女对一切自然物体的领会和升华，也是"唯心所现，唯识所变"，是智慧的结晶，特殊的审美。

在现实生活中，彝族妇女用勤劳而又灵巧的双手，不仅刺绣出如花似锦的服饰，而且还在刺绣中描绘美好的生活。在石屏哨冲、云龙两地的彝族流传着一个《花腰姑娘绣花调》：

正月绣花是新年，千万线从头来。
过年祭龙赶花戴，飞针走线手不闲。
二三四月春天在，巧手绣花花聚开。
田埂路间不停手，绣出层层栽秧田。
五六七月耕种忙，身上挎着针线包。
一有空闲就动手，苗苗壮秧绣出来。
八九十月秋收忙，山清水秀浓雾散。
白天收种夜绣花，绣出大地原生态。
十冬腊月一年终，姑娘绣花手更勤。
村村寨寨绣花女，巧手最逗人喜爱。

绣花调描写出彝家姑娘勤劳朴实，一年四季，不仅忙着干农活，而且在劳动之余，不辞辛苦，不知疲倦地刺绣，把大自然的美，把一年十二个月，把祖国大好河山气象万千的变化，把辛苦劳作以及丰收的喜悦，把赤诚的年节情感统统绣进图案之中。听了这样的绣花调，谁能不感到彝族山乡浓浓的乡土气息扑面而来，谁能不对现代彝族妇女发出由衷的赞美！其实花腰姑娘，是因为穿在身上的衣服的特点而得名。她们不仅在腰带上挑花绣朵，从头到脚：帽子、衣服、裤子，无不挑绣着五彩缤纷的精美图案。美好的生活，首先要从美化自己开始，而美化自己，就要美化世界，这是民族服饰的独特魅力。

云南楚雄州姚安县一个绿树丛林中的板桥村，因刺绣闻名遐迩，故人们把它称为绣花村。村里共56户人家，253人口，就有120多人能刺绣。年纪大的约60岁，小的则是不到六七岁的娃娃，凡是从村外嫁到村里来的姑娘，都学会了刺绣。1988年楚雄自治州建州30年周年庆祝活动，我们参加了调查。当时，板桥村（绣花村）生产队长张明顺给我们算了一笔账，他说："手快的人，一天能织好一件，快慢拉扯着，半天时间绣一件，除掉农业劳动时期，每年每人可绣120天，80件，每件售价合起来2元5角算，每人可收入200元，全队120多人，一年绣花收入2万元掉不下来。"62岁的张彩华奶奶说："就凭我手上的一根针，绣了差不多50多年，供了七个娃娃读书，五个高中毕业，二个初中毕业。"何永珍家有两个读小学的女儿，边读书边刺绣，收入的钱自己缝衣服穿，买学习用品。刺绣带来的好处，使她们忘不了。中华人民共和国成立前的二位老人，一位是大康郎村嫁来的张群珍，一位是从赤云庄嫁来的张彩华。几年来，她们在村里教会了一批又一批刺绣能手，一传十，十传百，传到今天，赢得了绣花村的美名。她们绣的布，多用红、蓝、黑等颜色深艳的金绒，修线多用民间手工生产的彩色丝线。图案多姿多彩，不仅沿袭了民间传统的图案，还与各种花、鸟、动植物形状、色彩，进行融合创新。60 多岁的张彩华能绣出数十个不同的图案，常见的有凤穿牡丹、喜鹊啄梅、鱼游荷花、彩燕双飞、蜜蜂采花、蝴蝶戏牡丹，以及石榴、葡萄、桃子、菊花、竹等等。构图均严谨，形象又简朴生动，色彩鲜艳强烈，生活气息浓郁，富有民间特色。这些图案绣在裹被芯、围腰、领褂、飘带、荷包枕套等衣物上，深受广大群众，特别是山区彝族人民的喜欢，吸引着外乡的妇女也来这个绣花村拜师学艺。

彝族妇女喜织善绣，她们倾其一生的心血，用来织绣精美的图案。每年节日、集市，自然形成了一个图案艺术的大汇集，姑娘们争相展示自己得意之作，听到人们情不自禁地发出惊叹赞美之声，那真是她们生活中最幸福的时候。老年的织绣高手是最受尊敬的人，她们向年轻姑娘传授刺绣艺术，谁传授得多，谁是人们最崇敬的对象。故此，精美的绣品彝族人民把它视为吉祥和幸福的象征，也是民族艺术宝库中，最有生命力、最活跃、最有传统的部分，闪现着妇女的聪明才智的光辉。只要走进彝乡，忘天忘地，忘不了彝族绚丽多彩的服装款式和精美绝伦的刺绣图案。如果把彝族不同地区，不同支系的服饰汇集在一起，那肯定是世界上的一道奇观。人们很难想象，在白云深处的那些大峡谷里，竟然聚聚这么多的色彩，这么多富于创意的美。我曾多次到过彝族山区，也参加过彝族火把节、插花节、三月会……面对节日里，五彩十色、满目艳美的服饰和在身上飘动着的精美图案，常有“服饰海洋”的感觉，那真是美的汇聚，智慧的展示。更有意义的是，在楚雄彝州大姚县三台乡和永仁直苴乡，每年都要举行“服装会”，汉族称之为“赛装节”。届时，四面八方的彝族妇女，穿着亲自刺绣的花衣裳，翻山越岭，来到古木参天的密林中，比赛手艺的高低。赛装节上成千上万的绣花衣、绣花帽、绣花裤、绣花鞋、绣花围腰、绣花挎包、绣

花飘带……从头到脚挑花绣朵，形成民族绣花图案的大汇集，叫人眼花缭乱。妇女们在节日的歌舞中，充分展示自己的得意之作。绣艺高超者，常常受到人们的敬重和赞扬。这是美化人身、美化世界的场所，是彝族一种特殊的选美比赛。其实，彝族妇女，人人都是艺术家。她们无论在什么地方，都总是希望把美带到她们的生活中去。纳美于身，穿到身上，才能进到心里，巧手才能绣出自己的美。姑娘有多巧，有多美，都在自己的服饰上。永远不能忘记的是 1982 年笔者在三千多米高的海拔高山密林中的昙华山调查时，爬走了一个多星期山路坡坎，穿着的一双旧皮鞋底都穿破掉了，再要走路只有打赤脚了。刚好晚上在多雨村村长家吃饭喝酒，在场的一位小女孩来敬酒，见我光着脚，问我为什么不穿鞋，我告之是爬山走路太多，鞋底破烂了。她便将酒杯放在桌子上出门去了，不一会拿着一双绣花凉鞋来，再次端起酒杯说："梁老师，这鞋是我亲手做的，送给你了！"举杯一干，将鞋穿在了我的脚上。我一下子惊怪了起来，便问村长：我们不相识，怎么拿这么好的绣花鞋穿在我脚上？村长端起酒杯："喝一口再说！"喝了酒，村长便说："她就住在隔壁，是我亲侄女，平常除上山砍柴下地干活外，都在家里绣花、缝衣、做鞋，飞行走线，平时很难见上一面。"听了此话，我便站起来，走到送鞋的姑娘面前问："你叫什么名字？"她笑容满面地回答："我叫李丽蓝。"因与她交流不多，她所说的彝话我听不懂，而免不了许多不解之意，她却喜颜悦色，亲切无比，人熟了起来，话语亦渐多。在村里、在田里，或在山坡路上遇见，她都会和我聊上几句，手上的绣针活动都是不停歇地动着，聊的话题也都离不开绣花鞋，慢慢地我对绣花鞋有了许多了解。

彝家姑娘的针线活计，始于年幼时母亲的耳濡目染，刺绣是必学科目，主要在衣服、围腰、头饰、背布，以及鞋子、挎包等上绣各种图案。在这当中人们尤其钟情女绣花鞋。女人天生多情才，丰富的想象力、催激着审美应运而生。一双绣花鞋的制作，非一日之功，工序繁复，且费时，鞋底用多层旧布叠缀一起，用麻线细细缝合，拉线均匀，针脚对称，这样做出来的鞋底平整耐磨。而后是剪缝鞋面，依着鞋底的大小剪出鞋面。鞋面颜色多为天蓝、鲜绿、绿红、浅粉、偶具白色。在鞋面上绣花不仅体现绣工技巧，更要求配色的完美。刺绣在鞋上的花各式各样，多见的是：牡丹、山茶、挑花、菊花、牵牛花、铜钱花，还有虫、鱼、飞鸟等。花一季一季地开，梦是始终不醒的，她们奔跑在高山密林间，从迎春花到马缨花开。从天涯到海角。枝繁叶茂，欢声笑语。身为彝家女子，为心意的男人做一双绣花鞋是表达情意的方式。她们深藏闺房，足不出户，默默地为心上人绣鞋，此时的女人眉眼含情，满心欢喜，将不为人知的深情、期盼和紧密的爱恋融入一针一线。睹物思人，这样一种纯粹的方式，是爱结出的果。彝族姑娘做出这样精美的绣花鞋，在彝山是最为出众的表现。绣花图案布局精细，绣线由浅入深，渐次推进，层次感和立体感很强，饱满艳丽，呼之欲出。这样一个生在深山心灵手巧的女人，却因为初恋男人的出走而一直未嫁。回忆往事，近五十年的等待坦然笑之，缘来缘去自在心中。唯一的感情，便是没有穿过彝家姑娘出嫁时一定要穿的红喜字绣花鞋。彝家姑娘出嫁之时，古老的遗风使得她们的婚礼隆重奢华除了绣花衣服、头饰、纯银饰品不可缺，穿大红喜字的绣花鞋却是另一层深意：穿上这样一双绣花鞋，意味着喜事临门、万事如意。从此，夫妻恩爱，不离不弃，穿上这样的绣花鞋，踏实、坚定、从容、淡然，惊羡路人，那些她亲手绣制的花，都在延续着遥远的梦；那些怒放的花，是对生命和生活一种真实存在的表现和幻想。它们像附着在每双鞋上的精灵，抚摸着昙华山的千万条山间小道，透露着四季覆迭的气候。姑娘们一路踏歌而来，情深意长。无数"丽蓝"姐妹们，日日劳作，夜夜绣花，不管心中深藏着怎样的窃喜，心中开出如何美丽动人的花，都显示着民族中的巧手竞自由，绣女满天下。

李丽蓝送我的绣花凉鞋，浅绿色面料上朵朵精美的花纹图案，新意盎然，我如获珍宝。我知道，彝家人送东西已把你当作至亲至爱。我无以为报，次日我便穿着这双鞋，走出山寨，坐在山林中的树花草地上，越看心越激动，这鞋上的花色，与这大山里的花丛美景一样，实在舍不得穿用。绣花凉鞋带回博物馆，至今很好地收藏着。

景颇族巧手

爱美是妇女的天性，女性对美最敏感，她们是最能感到时尚和展示美的人群，他们懂得修缮自己，精巧地生活。具有绚丽心情的景颇族妇女，用自己聪明才智，创造出技艺精湛的织锦，研究出了灿烂纷繁的织锦衣裙，不断丰富着自己的穿着世界。景颇族妇女勤劳持家，特别是成了家的妇女，家庭责任感很强。她们总是无怨无悔地承担着一切家务事，精心地经营着自己的家庭。她们既要像男人一样盘田种地，披星戴月出工劳动，又要养育孩子，用心侍候丈夫，孝敬公婆，还要舂米做饭，更重要的是承担一家人的穿戴。过去，景颇族妇女一年四季除劳动外，余下时间几乎都用在捻线织布上，全家老小用的织锦布都出自她们的手。每个有了孩子的妇女，都有义务为自己的孩子准备好将来制衣的织锦，女孩没有织锦筒裙穿，男孩没有织锦包背，是母亲的一大耻辱。织锦织得又多又好，就证明这个妇女勤劳能干，心灵手巧。女人也以织出漂亮的织锦而引以为自豪。景颇族织锦出自地道的农家女子之手，乡土味特浓，朴实无华。她们根据植物经纬结构的规律和本民族的审美观，凭借对大自然物象的直观感受和丰富的想象力，在对饰物的高度提炼概括后，创造出独特、古朴、优美的纹样。这些纹样的构图讲究对称、平衡，具有极强的可视性和艺术性。

景颇族妇女不厌其烦，常常是从天亮织到太

阳落山，至今保持着传统的织锦工艺技术。自古以来，每个景颇族妇女都要学会纺线织布，代代相传。女孩从小就要在母亲的指导下学习织锦，从简到难。一般先从织挎包学起，织了四五件挎包后，就可以学习织更为复杂的锦缎了。如筒裙之类的织锦，学得快的一般三四个月时间，慢的要五六个月左右，甚至需要更长的时间才能学会。景颇族谚语说“没煮过大锅饭，没织过大筒裙的女人成不了家庭主妇”，还说“小姑娘不会织筒裙不能嫁人，小伙子不会耍长刀不能出远门”。确实，景颇族小伙子不会耍长刀的不多，小姑娘不会织筒裙的也几乎没有。一个景颇族姑娘如果连一种织锦也不会织的话，不但会被人讥笑，看不起，而且一般小伙子也看不上。因此，景颇族姑娘就必须从小勤学苦练。她们一有空就学习织锦。这样，景颇族妇女人人都成了心灵手巧、独具匠心的纺织能手和艺人。景颇族母亲们在能传授织锦技术的同时，也把纹样的名称、含义，以及有关民族的历史、创世故事传说传授给她们。一个民族的有形文化，就像河流一样，总是默默地变化着，无声无息地展示着这个民族的历史和民族的思想性格，正因为如此，才能创造出如此绚丽多姿的织锦图案花纹。

景颇族织锦有着丰富的文化内涵，随着历史岁月的变迁，文化的积淀，织锦已毫无疑问地成为景颇族文化的一个符号。它集实用、装饰、艺术于一身，是景颇族文化发展的见证，也是反映景颇族风俗习惯的一面镜子，折射出景颇族的审美意识和价值取向，反映出景颇族人们对美好生活的憧憬。精美华贵的织锦作品，往往是景颇族财力、地位、身份的象征。

景颇族织锦，是景颇族姑娘智慧的结晶，是她们借以显示手艺、寻偶择配和憧憬未来的珍贵织物，我们从中可以理解景颇族妇女的人生经历和生活追求。从某种程度上讲，我们可以通过这些织锦了解景颇族妇女的生活环境、生活习俗和历史文化，也是评价景颇族妇女心灵手巧的见证物。

苗族挑花能手

苗族姑娘爱绣花，她们从四五岁开始便开始学习刺绣，飞针走线，正刺反插，精挑巧绣，把

心血凝注在一件件艺术品上。云南苗族大多居住在崇山峻岭之中，大分散小聚居是他们居住的特点。生活是艺术的源泉，勤劳勇敢的苗族人民，在长期社会生活中创造出的刺绣艺术品，都十分强烈地反映了她们对生活、对劳动以及对自然的无比热爱，使得这些刺绣图案充满着浓郁的乡土气息。苗族的图案针法都很丰富，但最具特色、使用最普遍的是挑花。身为苗族的女孩，自幼便跟随母亲学挑花点蜡画线，学会挑花图案的创造和制作。

苗族挑花图案的美与她们所居住的自然环境分不开。苗族大多居住在有山有水，有花有草、有林有鸟的半山区或高寒山区。苗族妇女就在这青山绿水的世界里，绘绣出天上的云朵、林中的雀鸟、水中的鱼儿和人世间生产生活的用具及建筑等来美化生活。如，金平、元阳、个旧的“青苗”妇女，喜在百褶裙上用螃蟹花纹图案装饰。据说螃蟹是最聪明、最能干、最勤劳的动物，所以把螃蟹绣在衣裙上表示要像螃蟹一样聪明能干。把蕨菜花、八角花等植物在衣裙上挑绣出美丽对称的图案。姑娘穿上后，就会像八角花一样美丽富有，像八角花树一样长得又直又高，像蕨菜花一样多色彩、多线条，充满生机和希望，讨人喜欢。“青苗”妇女身上的板凳花，是比较古老的图案。苗族妇女穿上它表示像板凳一样，四方有脚，随处放置都能稳稳立住。十字排线架图案则取材于苗族妇女在纺麻织布工艺中必不可少的排线架，主要对称好看。另外，山上蜿蜒小路、天空中的彩云和山谷里的河流等也是苗家妇女喜欢的图案。“白苗”妇女的衣领、衣袖和腰部，一般采用彩云和山中的蕨菜花相结合的美丽花纹，至今还有不少白苗妇女老人保存着此图案服饰为老人服，并且死时必须穿上，才能上天见到老祖宗。“田”字形图案是各地苗族妇女服装的基本装饰图案，具有一定的共同性。这是苗族妇女对自身生活环境和历史生存条件的艺术体现。还有一种古老而变

化的螺旋式花纹，称之为“螺蛳纹样”。螺蛳活于海湖泊里，在今苗族居住的山区是找不到的，螺蛳纹应该是苗族历史生活的反映。艳丽、整齐而对称的挑花刺绣，象征着锦绣山水的一草一木。她们刺绣一套节日盛装，往往要连续花上三四年时间，方能完成。每当农历三月初三的“爬坡节”、五月二十八日的“龙船节”，或是“过苗年”，苗族青年男女聚居在歌场，小伙子吹芦笙，姑娘踏鼓跳脚，还有手中舞摆着精美的刺绣物，热闹得很。这正是苗族姑娘展示自己艺术才能的大好时机。云南红河州金平县苗族地区，流传着一个故事：古时候，有一个聪明的青年，上山打了一只锦鸡，送给她心爱的姑娘。这姑娘照着锦鸡的样子打扮自己：高高的发髻、像锦鸡的羽毛，宽宽的花绣像锦鸡的翅膀；密密打褶的长裙便是锦鸡的羽毛。姑娘做了这样的打扮，美丽胜过锦鸡，使那个伙子更加喜欢她。这就是苗族姑娘会打扮，爱刺绣装饰艺术的来源。

苗族姑娘在节日里戴上雪亮的银冠银饰，穿上美丽的绣花衣裙，出没在人群中时，其刺绣技艺超群出众者，不仅被称为“绣花能手”，会被群众赞美，而且会使青年小伙子们向她投来敬佩的目光和送来赞扬的歌声。每当一对相恋的情侣定情之时，姑娘总是把自己绣得最满意的花带亲手送给小伙子，这珍贵的礼品便是小伙子得到了姑娘的喜欢和爱恋。所以，苗族姑娘的刺绣总是精益求精的原因。

苗族妇女在挑花刺绣上对不同花纹图案的追求，反映了她们对生活的热爱。她们把大自然的奇花异草用来装点自己，美化自己，通过自己勤劳的双手，继承和发扬了先辈丰富多彩的文化遗产，充分反映了苗族人民创造文化和征服自然、运用自然的精神，从而也表达了苗族人民对幸福生活的向往和追求。千百年来，苗族先民从黄河流域，经过长江翻山过岭，走向祖国的大西南和中南地区，其中一部分移出国境，流入越南、缅甸、泰国及一些欧洲国家。传统的挑花艺术也随之受到不同地区，不同民族的影响而发生变化，同时它也直接或间接地影响了别的民族。

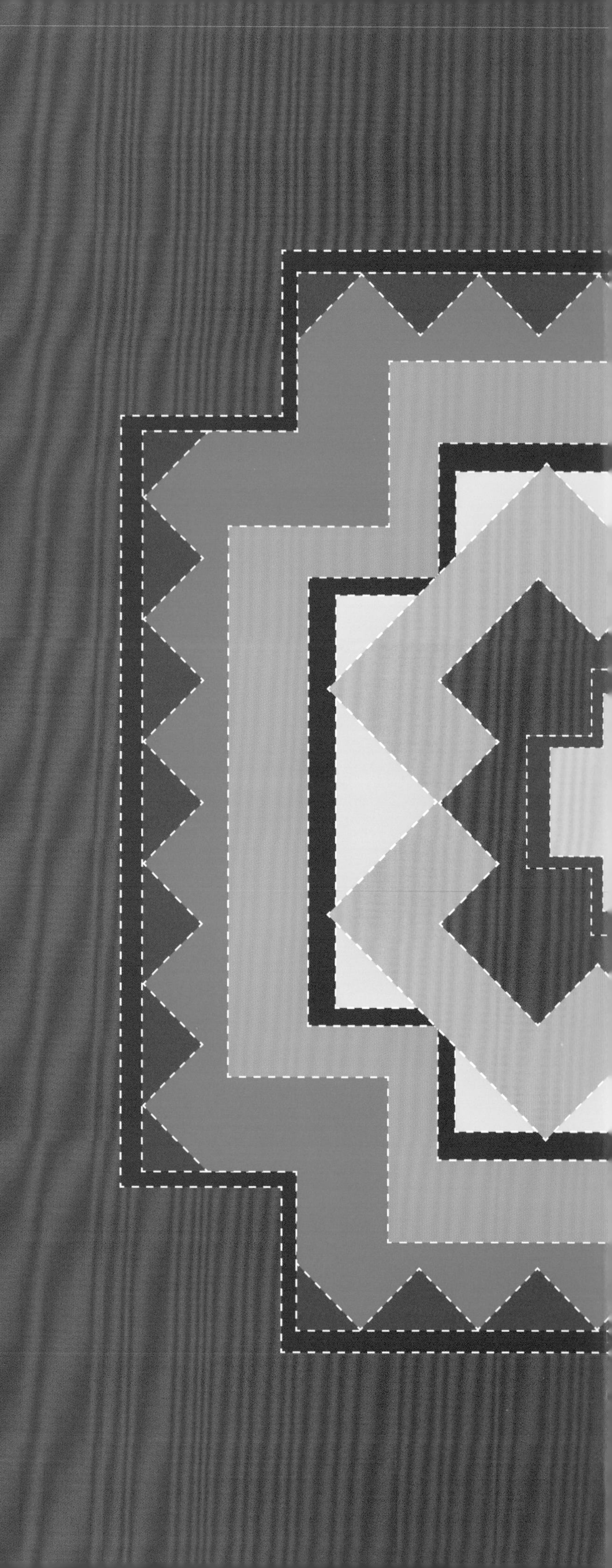

中国西南民族服饰研究

梁 旭 著

云南出版集团
云南美术出版社

图书在版编目（CIP）数据

中国西南民族服饰研究：全二册 / 梁旭著．-- 昆明：云南美术出版社，2022.5
ISBN 978-7-5489-4752-3

Ⅰ．①中… Ⅱ．①梁… Ⅲ．①少数民族—民族服饰—研究—西南地区 Ⅳ．① TS941.742.8

中国版本图书馆 CIP 数据核字（2022）第 061006 号

出版人：刘大伟

责任编辑：王飞虎　台　文
装帧设计：庞　宇　刁正勇
责任校对：赵关荣　张亚栋

中国西南民族服饰研究（上下册）

梁旭 著

出版发行：云南出版集团 云南美术出版社
（昆明市环城西路 609 号）
制版印刷：云南出版印刷集团有限责任公司华印分公司
开本：889mm × 1194mm 1/16
字数：1050 千
印张：50
版次：2022 年 5 月第 1 版
印次：2022 年 5 月第 1 次印刷
书号：ISBN 978-7-5489-4752-3
定价：800.00 元（全二册）

目 录

第一篇 服饰起源与远古文化 1–146

第三篇

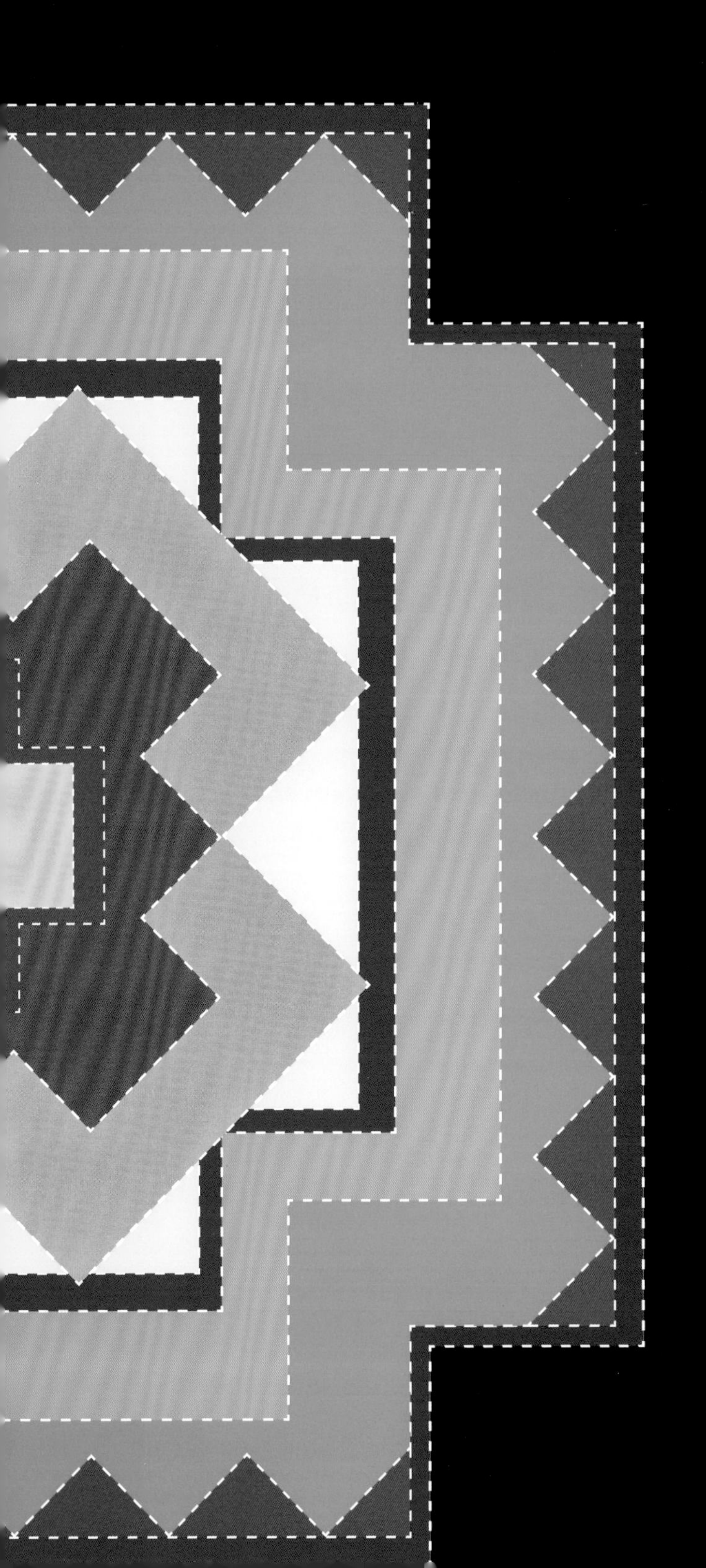

智慧的结晶
特殊的审美

民族服饰，是一门特殊的艺术，是穿在身上有动态感的艺术，与绘画、雕刻等艺术相比，它更全面，更是人人需要、个个欣赏的艺术创作。无论是在生产生活中，或是在婚恋歌舞、节日喜庆中，民族服饰都是一幅幅引人注目的美景。当然，民族服饰艺术，是涉及多学科的艺术，无论是整体与变化，或是实用与观赏，都是各有所好，各有所宜，了解自己，设计自己，自我创造，自我欣赏，造就了千姿百态的服装和风情万种的装饰艺术，极为绚丽多彩，而又显得十分复杂。更重要的是民族服饰历史悠久，文化深厚，极具包容性、创造性和特殊性，特别是服饰上的造型设计与款式搭配，不仅与人体美学融合为一体，而且还有着特殊的适用功能和审美价值，是穿在身上有动态感的艺术，是民族智慧的结晶。

西南地区民族众多，其服饰种类繁多，表现力也异常丰富，世代生息在这里的各少数民族，创造并传承下来的不同材料，不同形制，不同功能，不同制作工艺的民族服饰，承载着厚重的文化与民族精神，都以多姿多彩的风貌，展现出民族文化和传统艺术的风格。民族服饰的造型结构和款式的千姿百态，它的丰厚和博大，特别是其所蕴含的特殊审美价值，真是罕见的文化聚宝盆，有着广阔深厚的科学研究和开拓发展的空间，从中可回顾各族人民的文化脉络和伟大贡献，激发出对祖国、对民族的自豪感和责任感。

第六章　服饰艺术的多样性与多情趣

民族服饰艺术的多样性与多情趣，人体美学与服饰审美，都是穿衣戴帽、各有所好、自我创造、自我欣赏的动态艺术，因此民族服饰不仅具有特殊的装饰风格和适用功能，而且每件服饰上处处可见各族人民的审美思维和生活情趣，具有极强的民族性，蕴藏着灵动的生命美，是丰富多彩的动态艺术，有着特殊的审美价值。

一、自我创造、自我欣赏的动态艺术

民族服饰，是一门特殊的艺术。每个民族每个人身上都有特色，因此，民族服饰的美具有多样性和独特性。千姿百态的款式，多种多样的情趣和审美艺术，都因为与人体结合而得到全面展示。人体的运动多种多样，无奇不有，穷尽艺术家的想象也难及万一。一件衣服，由于穿的行为，才能更好地体现其欣赏价值。正如黑格尔在其著作《美学》中说的，服装还可以把姿势正确地突出表现出来，显示出由姿势和运动表现出来的情景。在中国西南地区民族服饰中，穿衣戴帽，各有所好，都是自我创造、自我欣赏的动态艺术。

1. 穿衣戴帽　各有所好

民族服饰，虽然是以物质为主体，但实际上是为展示其民族文化及个人喜好而进行的创作，都是“穿衣戴帽，各有所好”，才有千姿百态的服装和风情万种的装饰艺术。特别是服饰上精美的织绣图案，都是一幅幅民族文化的画卷，具有极强的民族性，是人体艺术表现和欣赏的对象，回旋着生命主题的美。

西南地区少数民族众多，分布广泛，自然环境较为复杂，民族服饰的创造者，是否因预见到服饰与特定环境的关系，进而追求服饰与环境的协调一致，难以追究定论，但无论哪个民族或者同一个民族的不同支系的服饰，都有着各自独特的吸引力，具有其他民族服饰难以代替的美。

民族服饰在某种程度上说，是物质和精神相互作用、相互依赖的特殊产品，自古以来，都具有尊重传统的民族性、地域性等特征。每个民族的服饰都展示着其民族的自尊感、自豪感和审美需要，形成民族服饰的千姿百态。

民族服饰设计，主要表现在审美情趣和个性特征上，其特点是既满足服饰的适用功能要求，又融入了设计制作者和穿着者的主观意识，使之成为与众不同的、具有某种艺术倾向的服饰特色。穿衣戴帽、各有所好，是民族服饰的一大特点。设计制作者的艺术追求，由于生活经历、艺术修养和技术水平的不同，在处理题材、刻画造型、运用色彩和选择材料方面会带有明显的个性特征，从而形成各具特色的个人风格。各个民族，在长期的文化积淀和社会发展中，会产生符合自身特点的服饰形象，因而，设计者受其影响而进行的设计被称为“会意设计”。“意”有多种内涵，是一种意识，一种意象，也可以说是一种意趣，一种意境。融合了“意”的服装，更具创造性和趣味性。

穿衣戴帽、各有所好。所好，又叫所宜，是各人有各人的爱好，不同人的服饰有不同的适用性。服饰艺术原本就具有供适用和供观赏两种性质，而且，它要在具体的人身上完成美的形象，这样，人体就成为衬托服饰完整美的一个因素，就穿用者自身来说，穿衣戴帽是展示民族服饰艺术的一个表现形式，观赏的是穿在自己身上的艺术创作成果，这就不能不考虑自身条件和所处的环境，如果只凭自己所好而忽略自己的所宜，就不能保证取得美的效果。民族服饰艺术效果，总是要设计制作者善于在了解着装者形体、个性，所处环境等诸方面特点的基础上精心设计，要力求了解得准确、设计得当、制作精美。每个人的审美情趣，都没有一成不变的规定。穿衣戴帽，不仅仅是各随所好，还涉及各有所宜的问题，因此，服饰只有与人体合二为一，才能构成完整的艺术形象。

民族服饰艺术，从创作构思时起，就考虑到人体运动的因素。由于生活中人体的自由活动，随机的变化很大，这些特点，也决定着民族服饰艺术与生活中人的关系。表面上看，民族服饰艺术的社会意义不如戏剧、电影、电视、歌舞等艺术门类深刻、丰富，其实并非如此，民族服饰艺

术渗透了人们的日常生活。它的艺术追求和艺术魅力只在人的形象本身。它与生活的联系，是通过它所完成的人的形象，含蓄地反映了人们对生活的态度和人们的生活情趣；另外，民族服饰艺术，是人人都需要，人人都享受，时时离不开、丢不掉的，与生产生活实际融为一体的，既有物质又有文化精神的共性艺术。它在每个人自我完成艺术形象方面所具有的广泛社会意义是其他任何艺术门类都难以企及的。总之，民族服饰是涉及多学科的艺术，这里难以尽述，即便只是看着对应的图片，也会有“写不完，述不尽”的感觉。

民族服饰都是着眼于人体的实际需要，无论是麻布衣、火草衣、羊皮褂，还是纺织工艺发展进步以来棉布衣、丝织衣上的各种刺绣图案和装饰部位，都是适合人体需要的创造，与人体有机的结合，融为一个新的整体，创造人的形象美。服饰艺术的追求和艺术魅力不仅只在于人的形象本身，它还与生产生活联系，通过它完善人的形象，含蓄地反映人们对生活的态度和人们的生活情趣。民族服饰，从来不依靠与日常生活的分离而显示艺术的特殊性，相反恰恰是在生活中，在一个个具体的人身上才能更好地显示其艺术的价值，它是伴随着人们日常生活的艺术活动，是人们努力使生活全面艺术化，创造一个美的生产生活环境。

在民族服饰艺术领域中最特殊的，还在于它能使人们得到难以替代的亲切感。由于服饰艺术和生活的紧密关系，服饰的美化就意味着生活的幸福，充满了人生情趣，这自然会使人感到亲切。同时，每个人穿在身上的服饰，都是了解自己、自我设计、创造制作的成果，而且这个创造制作的成果不是别的，往往都是创作者自己的形象。这种自我创造和自我欣赏的艺术活动也自然会使人感到亲切。除了自身的服饰之外，对他人服饰的观赏也经常是表现在生产生活、节日喜庆、婚丧祭祀等活动中，而且是以亲人好友、伴侣、子女等至爱亲朋为对象。这就会使特定的感情色彩渗透在审美活动中，令人感到亲切。因此，服饰艺术具有了独特的魅力，增强民族的亲情与团结。

总的来说，民族服饰都是与人体合二为一才能构成完整的艺术形象。服饰的艺术性都是在人体上展示出来，所以穿用者的艺术创造，都是了解自己、设计自己、自我创造、自我欣赏的结果。中国有句俗话：“穿衣戴帽，各有所好”，“所好”，就是个人的爱好，个人的审美情趣。人与人之间的审美情趣既有相同点，又普遍存在差异。在民族服饰中，不仅不同地区，不同支系的造型、色彩，装饰不同，就是同一地区，同一支系里的不同村寨也有差别，甚至同一寨子里的妇女，服饰上的色彩、图案配搭也各有千秋。民族服饰真是千姿百态，是各族人民的生产生活中司空见惯的美景。在民族村寨里，或是山林间，无论是在垛木房前用手碓舂米的姑娘，还是在脚碓、手磨前的男女，或是背着竹篓走在田间地头的女性……都是一幅幅生产生活中的美景，是各族人民努力使生产生活全面艺术化的景象，他们创造出一个美的生活世界，使生活具有无穷的魅力。

民族服饰首先是生产生活上的需要，并与自然协调一致，然后是精神上的需要。这就要与传统的民族文化、地域性等特征融合一体。因为这些都关系着民族的自尊感、自豪感和审美需要。在民族妇女心中，穿的是理想，想的是未来，为了让西南高原春色长驻，随时随地都是穿着从头绣到脚的衣服。在民族山寨里，虽然垛木房、闪片房都是古老建筑，但只要各族妇女一出现，无论是舂碓、磨面、织布、背水、放牧，或是山路林间行走，都犹如一朵朵鲜丽精美的鲜花，给人以美不胜收的享受。

服饰穿在身上，在生产生活中时时刻刻都是跳动着的艺术品。西南地区民族服饰，是动态艺术的典范，是美上加美的景观，民族服饰的审美，是人类在认识世界和改造世界的过程中很早就诞生的一种精神欲望和能力。美和艺术是来自人的精神需要以及与物质创造关联的结果。西南地区民族服饰艺术的美是与人体结合一体的动态审美，每个民族的传统服饰，都以个别、特殊、具体的感性意识为特征，透过这些意象来呈现，暗示某种一般、普遍、抽象的观念，并通过想象、幻想、联想等方式创造出民族服饰的意象世界，必须是了解自己，创造自己，形成彼此不能相互代替的特色。任何艺术，都要有生命力，生命的全部自由活动就是裸体形象。人只要有艺术的追求，就会默不作声地细味在她身上的生命之美。服饰艺术的美也同样需要这种运动中的生命力。运动的美，被人们认为是比静态美更高的美。“化美为媚”，“媚”就是动态中的美。它是一种稍纵即逝而令人百看不厌，飘来忽去的美。运动的人体美一纵即逝，飘来忽去。运动中的服饰美是人们在比较中经过筛选、积淀，把一系列印象综合的整体结果，可以把人的姿势正确地表现出来，只显示出由姿势和运动表现出来的情景。

民族服饰，从来不依靠与日常生活的分离而

显示其艺术的特殊性，相反，恰恰是在日常生活中，在一个个具体的人身上才显示其艺术的价值。它是伴随着人们日常生活的艺术活动。它的作用原本就与其他艺术的门类不同，正因为如此，民族服饰显示出特殊的优越性，以它所具有的最广泛群众基础，在艺术领域中的地位不同于一般。民族服饰还能使人们得到难以比拟的亲切感。由于服饰艺术和日常生活的密切关系，服饰的美化就意味着生活的幸福，充满了生活情趣。这自然会使人感到亲切。同时，民族服饰是各民族群众自己从事艺术创作活动的重要领域，而且创造的成果不是别的，往往就是创作者自己的形象。这种自我创造、自我欣赏的艺术活动也自然会使人们感到亲切。除了自我的服饰之外，对他人的服饰欣赏，在生活中也经常是从伴侣和子女等至爱亲朋好友为对象，这也会使特定的感情色彩渗透在审美活动中，令人感到亲切。这就使服饰艺术具有了独特的魅力。

民族服饰艺术的动态感，也可称为是人体语言。人体，总的而言，一切都是相同的，但对他人而言，却有着符号的象征。服饰，就是人体的符号化，并有着身体“语言”的特征。如表情、手势、走路、劳动、舞蹈等，自古以来就是渗入人的生活，影响人际关系。现实生活中，姿势是表达人们各种愿望、意图、期待、要求和性感的信号，对他者而言，是一种可见性的运动，是身体的语言。

身体语言，比起声音而言，在阐述理性方面虽有不及，但在表意和给人有直观感方面，却有过之无不及。因为人们视觉比听觉更发达，诉诸视觉的形象语言当然就更接近本能的层次，比起有声语言有着更引人、更刺激的功能，是精神世界，动态艺术的典范。

民族服饰，一经制成，它反而更依附具体的个人。正如马克思所说：“一件衣服由于穿的行为才能现实地成为衣服。”民族服饰与具体的人结合，在人体的运动中各有特色，这里以几个不同地区的彝族服饰为例。

居住在峨山县棚祖、雨来救等地自称“聂苏”的彝族妇女，穿一种叫“花口绳塔”的漂亮衣服，色彩艳丽，绣工精致，结构复杂，由帽子、褂子、上衣、裙子组成，从头到脚绣满各种装饰图案，在胸前的两肩上缀满了银泡，“花口绳塔”显得既美丽又端庄，要用一年多时间才能缝好。缝制时，先用纸剪成花、鸟和各种图案贴在布上，再用五彩缤纷的丝线刺绣，最后把绣好的料子拼起来，成为一套完整的衣服。“花口绳塔”色彩对比强烈，多用黑、翠绿布料为衣，用朱红及暖色调丝线刺绣，反映聂苏妇女热情奔放、开朗乐观的性格。

滇西北小凉山诺苏妇女上装为对襟大袖短衣，领口配有银质或铜质领花，下着百褶裙，裙料多为棉布，也有手织羊毛裙，长可曳地。裙子分为三节，未婚女子着红、黑、白三色；已婚妇女着蓝、黑、白三色，上两节由不同颜色的布料拼接成筒状，最下一段才打褶，以褶为美。

滇西巍山彝族姑娘，穿花边领的围裙衣。这种围裙衣前短后长，前后再加一块绣花围裙，围裙衣的袖口常嵌有花边，背上则背一大块圆形的毡子“裹背”（类似褓褓）。已婚的妇女在围裙衣上再围上一条白布腰带，下穿浅绿色的宽裤子，背上不再背“裹背”。这里彝族妇女不仅注重服装的式样，还非常注重服饰的搭配。彝族姑娘出嫁前所做的嫁妆，功夫花得最深的就是围腰。彝族青年男女订婚并定了迎亲的日子后，待嫁的姑娘提前一个月就不下地劳动，躲在家里绣围腰，花围腰的绣工，常常用来衡量姑娘是否心灵手巧。彝家围腰呈“凸”字形，上用八根细银链吊在脖子上，围腰中间镶着四方形的围腰芯，周围用彩色丝线绣着各种彝家喜爱的花草，围腰多为浅色，长长地可以在身后打一个蝴蝶结，还垂下一尺来长，带子上绣有美丽图案和留有缨穗。

滇中新平县彝族腊鲁支系的姑娘，从七八岁就开始系围腰。围腰由若干种色彩鲜艳的布拼缝而成，底板分上下两部分，上部用一颗颗银泡排列成六路镶成六边形，中间镶成两个套在一起的四边形，银泡又绣上花边相配。每块围腰上镶嵌最少 200 颗，最多的达 684 颗。腰部用花边花线镶制而成。峨山彝族纳苏支系围腰以花为主，聂苏支系除花外，还常常绣上自己喜欢的民族谚语、民歌和诗词。彝族妇女系上各种各样的围腰跳舞赛歌，银光闪闪，耀眼夺目，长长的围腰带系紧腰间，显出健美的身材，身后绣花佩带随风舞动，犹如彩色蝴蝶在花间飞舞，别有一番风情。从以上几个地区妇女服饰展现出的不同风采可见，随机性是观赏彝族服饰艺术的一个特点。

2. 了解自己　创造自己

服饰的艺术形象是通过和具体的个人结合在一起而得以全面显示出来的，所以，它必须和个人的特点密切相关。这不仅需要穿用者具有艺术创造的自觉性以及一定的艺术欣赏能力，还需要把这些和自身的特点结合起来，通过着装直接显示自己的特点。因此，穿用者首先要了解自己，然后才能按照自己的特殊需要来设计自己的形象。穿用者艺术创造的自觉性和艺术修养也有程度的差别，追求漂亮的服装，懂得什么样的服装漂亮，知道怎样选配式样和色彩，这只是具备了基本的艺术追求和服装艺术常识，简单地套用在自己身上就不一定恰当。我们经常发现，一套衣服穿在这个人身上很美，穿在另一个人身上就不是很美或很不美。对服装穿用者来说，应具备艺术创造的自觉性和一般艺术修养，如果脱离了穿用者自身的特点，就成了无的之矢，就不能保证着装的美。仿效别人以创造自己的形象是低水平的艺术创造，只有在懂得了自己特点的基础上设计自己具有鲜明特征的着装形象，才能更好地体现出艺术创造自觉性和艺术修养的深度。对这一点缺乏足够的认识，不注意自己的特点，不善于表现自己的个性，是造成许多人衣着平庸的主要原因之一。

每个人都有其所长，也有其所短，所谓着装艺术上的鲜明特色，就建立在展己所长，补己之短的特殊性上，是一个人的某种比较稳定的特殊性的显现。了解自己，还需要有全面的观点，既不能只看长处不看短处，也不能只看短处不看长处，还要懂得长处和短处的辩证关系，“物有美恶，施用有力；美不长珍，恶不终弃。”正是这样，短处和长处都会随着条件的变化而转变，在某种条件下是短处，换一种条件就可能变为长处，长处在相反条件下也可能转变为短处。有了这样的全面观点，就能在塑造自己的形象时充满自信心，找到适合自己特点的着装方案。穿用者对自己的了解，更重要的还是形体的特征。它决定着对服装的创作基础，人们常说的胖瘦、高矮、肤色、脸型等，还只就是大的方面而言，进一步来看，肩部有平肩、削肩、端肩等区别；腿部有长腿、短腿、粗腿、细腿型；躯干有挺胸、弓背、凸腹等；臀部有突高、低塌等区别，若细致地划分起来是十分复杂的。不了解自己体型的特点，就谈不上选择合体的服装，更谈不上着装形象的美。体型不同，对服装的选用也就有不同的艺术追求，脱离了这个具体问题，一切对个性和情趣的追求就成了空话。

对自己的了解，重要的是把握个性。个性，就是性格，在服饰上所体现的个性主要在于气质、才能和爱好。只有了解并把握自己的个性，才有利于着装上自觉地进行艺术创造。云南少数民族千姿百态的服饰，都有着自己的个性，古老传统性的服饰，本身多少是一种无形式的平面，只是因系紧贴合身体，例如肩膀，才得到某种确定的形式，特别是古老服装，只依靠它本身的重量简单地自由悬挂着，或是随着身体的站势，四肢的姿态和运动而得到确定的形式。这样确定的形式

使服装的外表只表现出身体上所显现心灵的变化。一般说来，一个人的能力表现在活动的水平上，不管服装的好丑，都不能埋没心灵的美，心灵的美更高于外形的美，着装形象的美却是一种一眼就能发现的美。我们固然不能只看衣冠不看心，不能以貌取人，但少数民族服装上哪怕是一个小荷包、一条小腰带都是聪明才智的显现、情深意长的象征。它使人们感到悦目、心情舒畅，因而更热爱生活。穿用者的艺术创造，在于她对自身形象的设计，体现着自己的感情，她们之中人人都把穿衣戴帽看作生存的需要，在服饰创造中显示自己，证实自己的存在。这几乎是每个人的本能。

了解自己，创造自己，是个人的审美情趣。人与人之间的审美趣味既具有相同点，又普遍存在着差异。人们对服饰的偏好经常发生变化，这是日常生活中普遍存在的事实。每个人从少年、青年、中年到老年，在着装上都会经历一系列变化。这也体现着因所宜的改变促成了所好的变化，或者说，是所宜转变成了所好。所好和所宜，既可能出现矛盾，又可能通过某种转化达到协调，而一个人的着装，也常常在她（他）按照自己的所好和所宜去选择、组配，适应不同年龄、不同生活、不同环境的运用中，体现着她（他）们的艺术构思和艺术表现的个性。她（他）们了解自己、设计自己的具体艺术创作活动，就是在所好和所宜的范围内进行的。穿衣是日常生活的基本需要，是最广泛的群众性的事，正因为如此，在服饰艺术上具有较高欣赏价值和表现能力。

了解自己，创造自己的服饰，在西南地区少数民族中千差万别。因为各个人的生活经验和审美情趣，以及感官生理特点、心理特点都会造成审美情趣的独特性。正是这种审美情趣上的千差万别，促进了人们在着装上的千变万化，丰富多彩，使生活具有无穷魅力。因此，在穿着的具体款式和装饰上多种多样，不同民族，不同地域，甚至同一民族中的不同支系，服饰都各有千秋，从多年来的民族田野调查资料和笔者现场拍摄的照片对应研究，西南地区少数民族服饰中不同的款式和不同的装饰风格千余种，真是人类服饰的大观园。所以，我们不应该在服饰审美情趣的千差万别上，简单地划分美丑是非，不能用单纯的美来形容它，而要全面地认识了解民族服饰与人体结合的动态艺术。

服饰是在人体运动中展示的艺术，人体运动中所产生的变化，这正是服饰美的生命力所在。服饰是穿在身上展示审美价值的，这使它不同于绘画和雕塑。服饰虽也具有绘画和雕塑空间艺术的性质，但由于人体的运动，又使它具有音乐那样的时间艺术的性质，在运动中展示的服饰美也具有旋律和节奏的美。服饰美的展现，主要就是在运动中完成的，刺绣图案如绘画一样的静态艺术，只要穿在身上，就能达到静中有动，求得形象的生命活力。总而言之，服饰美的动态艺术，是离不开人体的，在一个具体的人身上，才能显示其艺术的价值，具有广泛的群众性和生活内容。

这里，就以居住于云南红河哈尼族彝族自治州石屏县北部山区，海拔 2000 ～ 2400 米的龙武、哨冲一带的彝族支系花腰彝（自称“聂苏泼”）为例，欣赏其妇女服饰艺术的装饰风格。

花腰彝妇女服饰，由头饰（包头帕）、衣裳（类似长袍）、托肩、领褂、腰带、腹部兜肚组成。服饰上的每个部位按主次绣满了疏密有致的连续图案和对称图案。头饰用四至五块不同颜色的布料拼接在一块长方形蓝色或白色底布上，头饰四角缀以银泡，在银泡空隙处饰以红、黄、绿、白等彩色毛线结成的缨花和流苏状垂缨，直竖的缨花，称为“杨梅花”（译音为“咩尾”）；垂于耳畔的流苏式缨花，称为“哈母的督”，意为“赶苍蝇的花”。这是彝族先民从牛马那甩动不停的尾巴得到的启示，垂于耳际的缨花随头部摇晃，即可赶走飞来脸上的虫子，起到防护面部皮肤的作用，并增添了鬓角的美观。

遮于前额的头饰横沿上绣着三组各为单元的花卉连续图案，她们称为“插在额前的三朵花，”包头帕上段中间用宽 1 厘米、长 8 至 10 厘米的各类彩色布条组成色阶似的直幅图案，左右两边绣以对称图案，根据各人的喜爱，有的绣禽鸟，有的绣花卉，但都采用强烈的对比色每种色都用二至三个色阶进行过渡，以显示出色彩的韵律和节奏，使人感到色彩灿烂而并不刺激，就像在欣赏优美的诗歌或聆听动听的音乐一样舒适怡然，从中得到美的享受。头饰下段两端各连一条宽 4 厘米、长 40 厘米的绣以几何纹和花草纹的带子。带子下端各有三组她们叫作“若拨”的帽带边花。这两条带子的作用是缠系固定头饰。在衣裳领口、肩头、腹部兜肚和腰带上，皆缀以圆形银泡组成的三角形和菱形图案，这可能是沿袭古代铠甲的变形装饰。衣饰后背和下摆处，按布纹经纬组织用“十字挑花”“穿针绣”等技法绣以花草和几何连续图案。花腰彝妇女善于“挑花”工艺。女孩子们长到六七岁时，就在母亲、姐姐、嫂子和年龄大于她们的伙伴传授指导下，专心致志地学习“挑花”技艺，待她们长到十多岁时，就已经能熟练地掌握牵、扣、挑、穿、绣等多种复杂的图案的“挑花”技巧和裁缝服饰的工艺了。花腰彝妇女们大都喜爱剪纸艺术，有不少妇女还能够娴熟地运用剪刀，随心所欲地剪出连续、对称的花草鸟兽、生活器皿、生产工具等各种写实和变形图案。这些耐人寻味的图案剪口流畅，方圆分明。这些图案，不论是山茶花、石榴花、鸡冠花、牵牛花、牡丹、百合、杜鹃、佛手、白鹇、松鹤、鹧鸪，都给人一种天真、朴素、粗犷、优雅、自然的感觉。只要你对花腰彝服饰稍一注视，即使是画家或工艺家，也会被似乎具有素描和透视效果的图案深深吸引，使人流连而沉醉于其中。所以，用“巧夺天工”来形容花腰彝妇女用彩色丝线在服饰上挑绣的图案，是一点也不为过的。这些精美绝伦的图案，寓意高雅，色彩明快，对比强烈，使人不得不对她们高超的技艺产生由衷的敬佩。

在花腰彝服饰中以绣“鸡冠花”的变形图案为最常见，花腰彝妇女们为什么那样喜欢“鸡冠花”呢？据说，鸡冠花在开放后，颜色越来越鲜艳、深沉，并且花朵经久不会脱落，于是被用来象征花腰彝起早贪黑、勤劳勇敢的性格和坚强不屈的民族精神。她们还认为鸡冠花就像一团熊熊燃烧的火焰，象征着赶走黑暗，放出光芒的火炬，象征着纯洁忠贞的爱情。所以，在花腰彝少女、妇女和新娘的服饰上，都能看到“鸡冠花”的变形图案。

包头帕、领褂、腰带、兜肚上的图案，因她们的兴趣、爱好不同而各有选择，一般说来，姑娘们和等待过门的新娘，服饰较多的是绣上“比翼鸟”“连理枝”等寓意吉祥、美好的图案；中年和老年妇女，都希望家庭安宁，子孙兴旺，故服饰图案以色彩协调素雅的“佛手”“蝙蝠”“花草”及几何纹饰等居多。

花腰彝妇女们不论是在厨房，在田间，在路边，在街头，也不论是在月光下，在树荫丛中，只要稍有闲暇，便从腰间取出丝线和绸布，聚精会神地把她们的智慧、情操、愿望以及对生活的热爱和感受，一针一线地倾注在挑花工艺中。这些绚丽多彩的挑花图案，并非仅仅为了装饰，而是和适用目的相结合，在她们的服饰上，受压力和摩擦较多之处，一般都要补缀几层布料，再在表层缝缀上挑花好的图案，并在头饰、托肩、腰带的边沿上用“锁边绣”作成锯齿花（她们自己则称之为“牙根花”）用以加强耐磨度。因为花腰彝妇女负重时是以额头、肩部、腰、背来承受沉重的背篓，以便于在崎岖的山路上攀登行走。这样的一套服装，一般可以穿四五年，乃至七八年。

凭着时间和毅力，最勤劳的花腰彝妇女挑绣一套服装，至少也需要一年时间。她们在“挑花”工艺活动中既获得了安慰、欢乐和休息，也获得了友谊、爱情和幸福。这是滇南地区彝族服饰风格的代表。

滇西地区，以大理巍山为典型。巍山是古南诏国的发祥地，位于祖国西南边疆的洱海盆地之南，正好处在云岭山脉四大分支之一的乌蒙山起点处，东和弥渡县毗邻，南与南涧县接壤，西临凤庆、昌宁、漾濞三县，北与大理市相连，以依山而居的传统，聚居于东山和西山两地，形成腊罗（腊鲁）、迷撒（摩擦）、格尼三个支系，其中以腊罗支系人口最多，服饰也最精美。在整个腊罗支系的彝族服饰中，以多雨村、麻街房两村寨独具风格，刺绣图案和配饰品都最为精美。

对于帽子而言，就有鱼尾帽、小飘帽、银鼓帽、花帽、搭耳帽等几种，名目繁多，式样各异。但无论哪种帽子，都绣有花草、树叶、龙凤之类的图案，镶嵌着闪亮的银首饰，十分逗人喜爱。小孩衣服的式样也很多，大都由红、绿、蓝、白几种颜色的布料缝制而成，红绿交织、蓝白相对，非常艳丽，且做工精致，颇为漂亮美观，真是了解自己，创造自己的特殊艺术。

西南地区民族服饰，是动态艺术的典范，是美中加美的景观。高尔基说，人，都是艺术家。人们无论在什么地方，总是希望把美带到自己的生活中去，都希望穿在身上的衣服，美丽多姿、新颖大方、形式多样、色彩艳丽，使人眼花缭乱，赋予它新的积极意义。

二、多学科的综合艺术

民族服饰，是民族智慧的结晶，也是民族精神的“画卷”，是涉及多学科的综合性艺术。民族服饰从创作构思时起，就考虑着大自然的环境，人体运动的因素，实用与观赏融为一体的多样化艺术。若只看服饰的造型和色彩，并不能全面展示服饰艺术的特点。民族服饰在人体运动中展示其艺术性，使它具有了绘画、雕塑、歌舞等空间艺术的特征，又有了其他艺术门类不能有的动态艺术价值。民族服饰的造型结构千姿百态，是民族的骄傲，是一种光明，一种传世之宝，妙趣无穷，光照千秋。民族服饰是文化的一种表现，也是思想的形象。衣着打扮体现着一个人的文化修养，一个民族的文化状态。民族服饰艺术还有着一个其他艺术都不能替代的特点，就是民族服饰的制作者，都是极富想象力和创造精神的，能敏锐地觉察时代脉搏的人，也是快手快脚的艺术家。服饰艺术已越来越成为人类物质文明和精神文明发展的综合体现，不掌握多方面的知识并善于综合运用，就没有民族服饰的特点，难以成为服饰艺术的“匠人”。民族服饰，都是本民族的集体创作，都是在本民族的历史发展过程中逐步发展进步，它出自千百万劳动人民之手，有着广泛而深厚的群众基础。民族服饰艺术，无论是创意和制作，都包含着多种艺术的内容，称之为多学科的综合性艺术，一点也不过分。

1. 服饰艺术的多样性

如今的艺术理论和美学研究，把服饰的制作称为“手艺”，算不上艺术品，从不把服饰列为艺术的门类，因此，服饰就不是艺术研究的范围，更谈不上把它作为艺术科学来加以认真对待。总认为服饰的设计、制作不过是一种手工技术，不能与绘画，雕塑、音乐、戏剧、舞蹈、电影等艺术门类平起平坐，等量齐观。

什么是“手艺”？什么是“艺术”？“手艺”是指手工制作的技术，“艺术”是指作品供人欣赏的价值。前者是从物质生产的方面来看，后者是从精神方面来看，这本来是观察对象两个不同层次，手工技术虽不一定能创作出艺术品，但艺术品却总需要一定的手艺才能制作出来，人们对这个问题的认识是简单化了的。其实，服饰艺术是物质与精神结合为一体美化人们自身的艺术，服饰艺术的创作涉及多学科、多艺术门类的综合，无论造型、结构，或是点、线、面、色彩的搭配、对比、和谐，都要考虑多方面的因素，特别是服饰具有实用与观赏两大特性，人们认可的“艺术”，如绘画、音乐等，它们的价值不在于实用，可以说完全是为了观赏。民族服饰的创作构思，与其他艺术门类既有共同之处，又有其他艺术门类不能替代的内容，所以，服饰不仅只是一种“手艺”，而且是人体、装饰、实用、观赏融为一体的，没有明显的分明界线。绘画、雕塑、音乐等等被认为是艺术，但也都是手工劳动，从古至今视为艺术，而服饰为什么因为是手工制作而被否认为艺术呢？如今使用机器生产同样的产品也为艺术，大家公认诗、音乐、电影是艺术；诗是印成书给人读的，电影是制成拷贝供人看的，音乐也经常被录制成大批唱片或录音带供人们听的。这些都是使用机器成批生产，然而并不影响作品的艺术价值，那么，否认服饰艺术的理由到底是什么？到了十八世纪，西欧对“手艺”和“艺术”的明确区分认为：服饰仅限于物质生产的制作，制品只有使用价值，绘画、雕塑、音乐是精神享受上的一种美的创造，作品只有审美、欣赏的价值。其实，服饰是将两者融为一体的艺术。在希腊，“艺术家”就是“手艺人”或“匠人”。笛尔斯著《古代技术》里把“卓越的雕刻大师也只看作是一个手艺人。”中国过去的情况也是这样，画工、乐工、绣工、织工都属于手艺人。这就是说，少数民族服饰的制作，从古至今传承的手工艺术，是综合性的，至今都是适用与审美融为一体的艺术，不可分离。所谓艺术和以功效为目的的技术，无论是造型和手工技术，作诗、雕刻等，事实上都是不可分割地合在一起，实际上都是手工艺。更重要的是，服饰还具有独特的动态艺术，而且是千姿百态，既显示着民族传统文化，又有着每个人对现实生活的美好追求。因此，无论是服饰造型，或是装饰图案，都是在身体上动来动去，在人体的运动中，展示出艺术的观赏价值。

人类之所以不承认服饰是一门艺术，大概不外乎以下几个方面的原因：一是人们习惯地认为服饰是物质的日用品，因而不把它视为艺术。其实这一种误解。假如服饰真的只是为护体、遮羞，那又何必要精心设计、剪裁、缝制。前章节讲述

的护阴板、树叶衣、兽皮衣，那确实起到遮身护体的作用，特别是在炎热的季节或是亚热带地区，穿上整齐的服装远不如赤身裸体更舒适。从这里可以看出，服装并不仅仅以使用为目的。它最主要的目的恰恰是在满足审美需要的方面。越是文明的社会，服装着重审美价值的性质越突出。例如，彝族、哈尼族、白族的尾饰，胸、腰、臀部的装饰，都充分地显示了民族古老文化的人体“三点美”。当然，我们也不否认服饰也有着物质使用的价值，但这并不是把服饰排斥于艺术之外的理由。二是人们常常认为服饰的制作是手工劳动，与其他手工业的物质生产近似，因此，不可能是艺术品，不具有审美价值。我们承认绘画和雕塑是艺术，但也都是手工劳动，古人也视为手艺。由此可见，生产方法不能成为决定艺术地位的理由，因手工劳动否认服饰的艺术性是片面的。三是很多人认为艺术作品必须有题材、主体，还要塑造典型的形象，要有审美的追求，而服饰没有主题、题材，更谈不上典型形象和反映生活的本质。因此，服饰不能算是艺术。其实，这是一种片面认识，因为美的追求，服饰是从实际生活出发，塑造各自形象，反映一定的生活本质，具有认识社会和鼓舞、教育人民推动历史前进的作用，是表现作者思想感情和一种社会意识形态的艺术，真实地再现典型环境中的典型人物；四是还有人认为，艺术的作用在于寓教为乐，是以娱乐为手段来达到教育的目的，服饰的制作不以教育、娱乐为目的。故此不属于艺术的范围。这仍是一种误解，民族服饰的教育作用，众人可知，是穿在身上的历史“教科书”；至于娱乐，内容更多，更具体生动，阅读此书中的其他章节便可而知。其实，民族服饰才是真正“寓教于乐的艺术”。艺术的教育作用，常常不是直接灌注，而是潜移默化的陶冶。青山本无音，骚人自多情。自然风光并不曾有意去娱乐和教育人们，但由于它所具有的特定内涵，也在客观上起着娱乐和教育的作用。服饰作品又何尝不是如此，即使人们在设计和制作服饰时，真的没去考虑教育和娱乐作用，但在客观上，精美的服饰却实实在在能使我们赏心悦目并陶冶着我们热爱生活的情感，更何况人们的创造常常由意识转化为有意识，精美服饰的设计和制作，本来就包含着满足人们审美需要的意图。民族服饰的审美教育，是在对服饰美学的理解程度及对审美要素的基础上，对服饰的实用价值和艺术感的一种评价和传递。民族服饰的审美教育是感性的，在唤起审美者的直观感受的同时，调动各种心理功能，在体验、欣赏美的形象过程中，受到教育。西南地区少数民族童装中的虎头帽、虎纹衣，特别女孩子的凤凰帽、鸡冠帽，使孩子们在审美过程中，不知不觉地接受了本民族服饰审美的认识教育、服饰的美学思想、美学观点等，为她们今后进行服饰制作创新提供了规范的实践方法和衡量提供了思想上的依据。因此说，民族服饰的审美教育是自觉的，以美的感受形象愉悦人，以美的情感打动人，在自由自觉的氛围中进行了审美教育。受教育者根据各自的审美文化心理结构和经验，在自己心中构建审美意象。这种审美意象向与该民族的审美意象相同。如在各种节日活动和婚丧仪式中，民族服饰时刻为人们提供造型美观、形式和谐的服装款式来对人们进行视觉刺激，培养少年们感知美的能力。同时，姑娘们在日常制造中互相交流，向长辈请教的过程，也培养了她们对服饰构成因素的情感表现、象征意义的审美敏感力和直观洞察力。在实践中，自觉遵循美感形成规律，加强对美的情感倾注，做到了不仅“观其形”，更要“见其神”。当然，服饰艺术是潜移默化的，意味着它的效果是远期的，是恒久的。中国俗语说：“十年树木，百年树人”，审美教育具有无限的普遍性。就个体而言，服饰教育是终身教育，贯穿人的整个生命。西南地区民族服饰在长久的艺术熏陶中和审美实践中，掌握了专门的服饰知识，对本民族服饰精神和文化结构的理解及对服饰艺术风格和艺术技巧的把握，提高了审美理解力和评价力，具有其他任何艺术

都不能替代的作用。民族服饰的教育，都围绕着一个中心的任务，那就是以发展本民族传统文化和审美能力为核心的目的。

悠久博大的民族服饰，蕴含着无比丰富的文化内涵，同时，在长期发展演变的过程中，它又广泛地“辐射”至文学、美术、舞蹈、戏曲、语言文字等其他文化领域，从而确立了它在民族文化中不可替代的重要地位，成为人类文化精神不可分割的部分。对民族服饰，很多人不理解精神上的需要，片面地理解为护身物，或者只是生活的需要，实际上，它既不能为别的艺术所代替，也不能为别的名胜古迹传递的民族传统文化所取代，它不仅是民族智慧的结晶，而且是民族精神的“画卷”。民族服饰上的刺绣、蜡染、织锦图案，若与社会公认的绘画、雕塑艺术相比，题材广泛，构图奇巧，图案中蕴含的文化博大精深，更重要的是与人体融而为一，生产生活中时时可见，处处可观，而且都是在动中显美，即使挂装在衣柜里，也都是一幅幅精美的“绘画”，或是一件件引人的“雕刻”艺术品；特别是在喜庆节日、歌舞婚宴中体现出的服饰动态美感，是任何艺术都无可比拟的。

2. 服饰艺术的特殊性

从创作过程来看，雕刻和绘画常刻画人的形象，乃至模仿具体的某个人，雕刻家和绘画家把人的形状作为模仿的对象或表现得素材，用其他材料仿制人本身，他们把活人的容貌举动加以精选，找出最有魅力的那一瞬间形象，把这一刹那间形态凝定下来；即使是现代派绘画、雕塑或图案画、工艺造型等，虽然把人的形状加以变形，但仍属于对人体本身的仿制。服饰艺术的创作过程与上述不同。它的构思和制作不是为了求得人体的仿制品，而是要求得适合人体的穿用，但当穿用物一经加在人体上，它就与人体融合为统一的艺术形象。这就是所谓的“量体裁衣”。量体就是要适合人体，裁衣却不是复制人体本身，而是制造另一种东西，用来改善或突出人体的美。把二者加以比较，刻画人像的雕塑，绘画的制作，因为是再现或表现人体，它的创作过程就更依附于所表现的人体本身。服饰艺术虽然也不能脱离人体，但它不是人体本身的复制，而是借助适合人体的物质产品去改善人体的形状。它的创作过程由于模仿和表现相对来说是比较自由坦然的。从完成的作品来看，雕塑、绘画虽然在开始创作阶段由于模仿和表现人体，因而与具体的人紧密连接在一起，但作品一经完成，它就作为具体人的复制品而与那具体的人分离，作品的艺术性不再依附于被复制的原型的存在，具有了自己的普遍意义。这是一个由合而分的过程，通过这一过程使作为观赏对象的作品意义由具体向抽象转化。服饰艺术正好相反，它在开始创作的阶段，并非直接去模仿人体，而是要制作成适合于人体的东西，借助它来改善和突出人体的形象，这是一种带有抽象性的艺术，自然在创作中就不会受限于人体，而保持着一定的独立性。在民族服饰中，无论是宽袍大袖造型，还是短小的紧身衣，特别是华丽的装饰，凤凰、蝴蝶、蝙蝠等纹样，在造型上都保持着一定的独特性，即使是紧身的服装，也常在纹样、色彩、造型上具有独特的功能。但服饰作品一经完成，它反而更依附具体的人，它必须与具体的人结合才能充分展示自己的艺术性。虽然服饰作为一种物质的东西也可以独立存在，但其艺术性最终也要在使用中才能实现意义，因而服饰作品必不可免地和具体的人体合二为一。这是一个由分而合的过程，通过这一过程，作为服饰艺术更有了观赏和普遍的意义。

从观赏的性质来看，雕塑、绘画提供的是经艺术家筛选、凝定的观赏对象，是静态的观赏形式。艺术家力求通过这一精选的固定形象来控制观赏活动。而服饰艺术由于要和活动的人体合二为一，它事实上必然是在人体运动中展示出艺术的观赏价值，这种运动是不能由艺术家规定的，因此，随机性就成为观赏服饰艺术的一个特点，正如黑格尔所说：“服饰还可以把姿势正确地突出地表现出来……它把纯然感情的没有意义的东西遮盖起来，只显示出由姿势和运动表现出来的情景中有关的东西。”可见他很重视服饰在人体运动中所展示的观赏价值。所以，服饰的创作，人本身的存在是最重要的、最富变化的一个因素，而且更能意识到自身存在的价值，也就会更加重视自身的形象，因而，美化自身的服饰艺术必然会越来越占重要地位。

总之，一切否定服饰地位的理由都经不起推敲，都没有充分的事实根据，服饰艺术的地位毋庸置疑。早在百年前，费尔巴哈就曾经指出“难道裁缝不是具有真正的审美感吗？难道衣服不是同样也在艺术论受重视吗？”在这种情况下，我们没有任何理由忽视民族服饰应有的地位。艺术研究的理论应该联系实际，只有突破旧的观念的束缚，我们才能更加鲜明地认识到民族服饰的艺术地位。

服饰在人体运动中展示的艺术性，都取决于它们和生活中人的关系。雕塑、绘画从创作到作品完成，都是与它所刻画的生活中的人由合而分，使它们有具体向抽象转化的特点；服饰艺术则由于从创作到作品完成，与生活中人的关系由分而合，遂使它的意义具有了由抽象向具体转化的特点。人类艺术从观赏性来看，由于绘画、雕塑脱离了活动的人，作品独立存在，让人观赏有着固定的形式，提供的是一个静态性和固定性的观赏对象，排除了人体运动中不分不离，举目便观，随时可赏的特点。服饰艺术，从创作构思时起，就考虑运动的因素，依附活动的人体，受人活动随机性的影响，都与人体合一，成为活灵活现，有动态感的观赏对象。

中国西南地区民族服饰，是人类动态艺术的典范，也是多学科艺术的集存，除绘画、雕塑艺术外，还与音乐、戏剧、电影等不仅有区别，又具有融合性。从音乐创作来看，是将某种明确的情绪（如对故人、故乡的思念）或模糊情绪（如烦乱、苦闷、向往）以音乐曲调的抽象形式，抒发出来，不追求具体的空间形象；服饰艺术则是用适合人体的物质产品改善人体形状，从抽象的意识向具体形象转化。音乐作品一经完成，就和雕塑、绘画一样具有了笼统的普遍意义。只可听不可见，而服饰艺术则最终要以可见的形象与特定的个人结为一体，比音乐明确具体；同时，音乐的演奏受乐谱的制约，在演奏过程中的随机性变化较少，服饰艺术则由于生活中人体的自由活动，反而随机性变化更大。服饰是综合性艺术，它与人体有关的舞蹈、戏剧和电视等艺术部门，都有着特殊关系。舞蹈艺术的表现形式是以装饰化的动作来表现人体的形象美。服饰艺术都是着眼于给人体添加一些物质产品，使这些适合于人体的东西与人体有机地合而为一，融为一个新整体，显示着不同人体的不同审美情趣，而且，服饰艺术是依附人体自然运动中显示艺术性，而舞蹈艺术要凭借人体规范动作所抒发的情绪去感染观众。总之，服饰艺术的追求和艺术魅力只在于形象的本身，它与生活联系，是通过它所完成的形象，含蓄地反映了人们对生活的态度和生活情趣。这些特点决定着服饰艺术与生活中的人的特殊关系。每个人自然完成艺术方面所具有的广泛社会意义，是其他任何艺术都不能相比的。服饰艺术是一门涉及多学科的艺术，而且创作中的成败最主要决定于穿用者对它的态度，所以，服饰艺术创作构思中的审美意识就不仅只是体现着创作者个人的审美情趣与创作者审美趣味的融合。

在不久以前，一些被人们重视的艺术门类体现着一个共同的特点，它们在活动方式上都力求从日常生活中摆脱出来，依靠与日常生活的分离，造成艺术在人们心理上的不平凡感觉。以显示艺术的特殊地位。譬如去剧场欣赏音乐、观看舞蹈、戏剧，或去美术馆欣赏绘画、雕塑，都是生活中的一种特殊活动，它们和日常生活保持着一定距离，不是每个人随时都能得到的，所以被视为难得的精神享受，使它们变成了日常生活中可有可无的东西。服饰艺术却不是这样，它从来不依靠与日常生活的分离以显示其艺术的特殊地位，相反恰恰是在日常生活中，在一个个具体的人身上才能显示其艺术的价值。它是伴随着人们日常生活的艺术活动，都是人人穿用，时时观赏，不离不弃的存在，具有最广泛的群众性。

服饰的创作制造，是将服饰中的点、线、面、色、材料等，融合为一体的动态艺术。

民族服饰艺术把各种点、线、面和色彩组织起来时，它们还能展现出更深一层的总体性格。譬如：同等大小的点能组成多种多样的线条，服装上的几何图案就常起这种作用。不同大小的点则使人感到远、近的差别，造成一种空间感和运动感。线的组合也能产生同样的效果。平行的两线之间会造成面的感觉，粗细不同或长短不同的线组合在一起也能产生空间感和运动感。面的组合也如此。把点、线、面错综组合在一起，就能产生无穷的变化。色彩组合中的总体性对构成服装形式也非常重要，譬如近似色的组合，如果明度和饱和度不够，就造成模糊的感觉；而对比强烈的补色如红、绿并列虽能构成鲜明醒目的形式，却容易使人感到不协调，过分刺目。当然，模糊或刺目也不一定就是丑的，民族服饰中布料的色彩配合是充分发挥模糊特殊性而取得成功最好例证。刺目的补色关系也可通过面积的比例或形状的变化加以调整。如“万绿丛中一点红，动人春色不需多”就是利用补色的对比鲜明才能取得了突出的效果。不过在一般情况下，对色彩总体性格的模糊或刺目应慎重处理，不能草率对待。色彩的组合还包括光色和物色构成的总体，由于光色是随时变化的因素，就使这种总体的性格也具有不稳定性，譬如一件橙色的服装从黄昏入夜，其色彩效果就会有很大变化。

服装设计的整体与变化，是另一个基本的规律。“整体”这个概念建立在对象的多角度性与多次的基础上。就服饰艺术来说，一件衣服的美，不仅可以从色彩、形体结构、用料、配件选择、安置、制作技术等角度来看，也可以从伦理学角度来看，还可以从社会的角度和个人的喜好来看。总之，存在着许多不同观赏和欣赏的角度，同时，服饰艺术的美又包含着许多层次，从一针一线到纽扣等小配件的运用；再由衣领、衣袖、前身、后身、口袋等构成一件衣服的造型，进而由上衣、裙、裤、内衣、外衣、鞋、帽等组合成全身服饰；再和人的面貌、发式、身材、举止、谈吐结合成完整形式；还要和周围环境（旁人、树木、花草、房屋、山水、蓝天白云等）联系起来，才能判定服饰的审美价值。这里面包含着许多层次，各个层次合起来是一个整体，而每一个层次就所综合的部分来说也是一个整体。环境与人的形象结合为一个整体，一件衣服也如此，小至一个纽扣和质料，色彩、形状等也要结合成一个整体。服饰艺术的美，重视的就是这整体规律。整体是由部分结合而成。部分的结合又存在着两种形式：一种是部分与部分简单的相加，各部分虽然放在一起，但它们之间相互不发生作用，不改变它们各自原有的性质，实际上仍是各自孤立的。而另一部分的结合是有机的，它们在相互作用中，改变各自的性质，密切地联系为一体，这就是我们所说的整体。

服饰就整体的关系来说，它不一定建立在各部分都美的基础上。在一般的观念中，既然整体是美的，那么它的各部分也应当美。这是一种脱离实际的推断，这种错误认识的根源就在于把整体看作是各部分的简单相加，忽略了在整体中各部分的性质会发生变化，也就是说，原来孤立地看是美的，在整体中可能变成不美的因素。事实上就是这样，试想，少数民族的上衣，分别看来，它们从质料到制作都很美，如果没有其他和谐的配饰或裤裙相配，我们会觉得不伦不类、滑稽可笑。这正是“美不在部分而在整体”，“整体大于它的各部分之和。”这一思想今天已发展为具有深远意义的“系统论”了。这是服饰艺术美的总规律。

服饰的整体还与各个不同的角度构成不同的美。这美并不是单一的，它在角度的变化中展示出丰富、多样的美。在一般人的观念中，某一角度的美，只不过是美的整体的一个片面，许多片面加起来构成整体。事实上做出这样简单的结论，因为这一结论也是从“整体是部分的简单相

加”推导出来，所以把某个角度下的美错误地等同于片面的美，这就在无意中贬低了服饰美的丰富性、多样性，它使我们只能看到由无数不同的服饰构成服饰美的丰富和多样性，而不知服饰结构与不同角度的特殊审美。某一角度的美，实际上也是一种整体的美，因为各部分相互联系，各种因素相互渗透，从而构成了一个整体。这个整体是由千丝万缕交织成的网络，在这有机的组织中，每一种因素都由于受其他各种因素的牵制而改变自己独立的性质，从而构成对象整体的性质，牵动一丝一缕，其余千丝万缕都要随之调整位置，导致整个网络的变化。所谓某一角度的美，正是体现着对象整体美的这个可调性。一件衣服的美，可以从不同角度观察：色彩、工艺、个人、社会的角度，都是相互配合，融为一体的审美。服饰艺术整体美的规律，除不同角度的美，还有变化中的美。整体与变化是分不开的，整体中包含着多角度、多层次，这就意味着存在变化，如果离开相互联系的整体，它们就成了一个个孤立的东西，也就谈不上变化了。一块白布，没有任何色彩、造型、配件的变化，也是一个整体，但不是件美的服饰。服饰艺术的美，自然包含着色彩、质料、造型、配件等各因素的差异和对立产生的变化。服饰艺术，除了要注意整体规律，还要注意变化的规律。

服饰艺术的本质属性，应当把它作为一个有机整体来看。单说整体与变化，这是很多事物都有的，把它从体态与装饰联系起来，才能体现出服饰艺术与人体的关系，但仅仅如此还说明不了服饰艺术的本质属性，例如舞蹈艺术也符合体态与装饰，整体与变化的规律，所以我们还需要从实用与观赏方面把舞蹈与服饰艺术对人体的表现区分开来。舞蹈表现人的体态，它所采取的动作并非生活中的自然举动，而是对人体动作加以装饰的结果。单说人体与装饰，整体与变化，就不能将舞蹈与服饰艺术区分开来，并且也不能说舞蹈与服饰的区别只在于：舞蹈凭借人体的活动，服饰则是附加在人体上的东西。当然服饰是加在人体上的，它并非人体原有器官，这是事实。但从系统论的观点来看，这样说，对舞蹈也许还恰当，对服饰就不完全恰当了，容易给人造成误解，使人觉得应该脱离人体和人体活动，而孤立观赏人体上的服饰才是艺术。实际上，服饰一经穿在身上，它就与人体分不开了。服饰的艺术价值正是在与人体的结合，在人体的运动中展示出来，脱离人体与人体运动去观赏服饰，这是立足于一个较低的层次上，它不利于充分领略服饰艺术的魅力。而且，服饰的每一部分在结合为整体时，它们都会改变原有的性质，孤立地欣赏一件件服饰，在实际使用上就容易导致服饰与人体的不和谐。所以我们在确定服饰艺术的本质属性时，绝对不能离开人体，但我们从实用方面把两者加以区别，舞蹈艺术是不具有物质的实用价值的，而服饰艺术的价值虽不完全依附于物质的使用，但它毕竟不是完全脱离使用，服饰的观赏价值也与使用有一定的关系，可以自由使用转化为服饰艺术的特定审美观念，正是依靠这一条，我们才能区别舞蹈与服饰艺术的不同本质属性。只凭实用与观赏、整体与变化这两条，也同样不能确定服饰艺术的本质属性，因为工艺美术如陶瓷、竹器、漆器，以及建筑艺术，室内陈设艺术等都具有上述两种性质，离开人体结构与人体的动作，就不能区分服饰艺术与建筑等艺术的不同属性。建筑、室内陈设、陶瓷等虽然也是供人使用，但它们的观赏价值毕竟不依赖于人体和人体运动，正是从这里才可以显示出服饰艺术的特征，同时，我们也依靠人体与人体动作，把服饰艺术与音乐、舞蹈、绘画等艺术门类区分开来。

就服饰艺术理论自身来说，人体与装饰、整体与变化、实用与观赏，这三个方面都是一个有机整体。它们是相互渗透，互相制约的。我们提到装饰时，这装饰不仅离不开人体，它同时也离不开其他的范畴。装饰是为了观赏，而观赏价值又受整体的制约，装饰来自变化，而变化又受整体制约。提到整体与变化时也同样如此，这整体不但是指人体与装饰的整体，还指人体、装饰、实用、观赏合在一起的整体，所谓变化也同样包括广泛的含义。以上三条中的六个范畴是相互制约的，任何一个都不能孤立地看待。这也是我们所强调的系统观点，只要把以上三条作为一个紧密相连的有机整体来看，就能比较清楚地把握服饰艺术的基本规律。

服饰艺术有着三对矛盾，即：着重人体就会削弱装饰，着重装饰又会缺少实用功能，着重整体就会限制局部的变化，着重局部变化，又易破坏整体，着重实用就局限了观赏，着重观赏又不一定实用。服饰艺术的创作就要力求妥善地解决这些矛盾，使对立达到统一。民族服饰，在人体与装饰的协调中，一种是使装饰服从于人体，一种是使人体去适应装饰，这两种方面各有其特殊的价值，在实用与观赏的统一时，偏向以观赏为主来统一矛盾，因为这体现了艺术的特征，但也不否定偏向实用的服饰，问题在于，就服饰艺术来说，观赏本不能完全脱离实用，无论怎样强调观赏价值的服饰，也总要受实用的一定制约，而实用的服饰却可以不考虑观赏，只有以观赏为前提的服饰才具有艺术性，所以我们相对地强调了观赏的一面，以观赏为主使矛盾统一了起来。至于整体与变化，由于在变化中包含了运动的因素，而运动中的服饰并不是每一瞬间都具有观赏价值，这其中包括着筛选、积淀的过程。服饰整体与局部的统一，是重要的环节。人体、装饰、变化、实用、观赏这六个概念体现着服饰艺术的特征，又把服饰与整体艺术大厦联系了起来。总之，一切否定服饰的艺术地位的理由都经不起推敲，都没有充分的事实依据，服饰的艺术地位不容置疑。

3. 服饰艺术的构思途径

服饰设计的主题是指服饰造型所欲表达的主题思想。它既是服饰设计的依据，又是服饰设计的方向。一般说，民族传统服饰的表现形式是从最初被动的简单形式逐步发展到后来有意识的复杂结构和款式。其内涵，无论是艺术欣赏或使用功能，都与各民族的政治、经济、文化、艺术融为一体，是各种思想观念的积淀。民族服饰设计的创意思维很有特殊性和丰富性，而且还有适用功能和多情趣。

艺术欣赏与艺术创作是共同性的，没有艺术创作就没有艺术欣赏的对象，没有特殊欣赏需要也就没有表现特殊趣味的艺术创作。服饰艺术创作构思的一条共同规律，就是创作构思都体现着欣赏提出的需要，没有这种需要，就没有艺术创作的基础。欣赏的基础，是具体可感的形象。形象的意蕴只能通过具体的形式体现出来。所以，服饰艺术创作的构思与其他艺术门类有不同之处，就是以广大群众审美需要为前提，沿着以形式体现精神意蕴的途径进行。但服装作为美化人自身的一门艺术，它以穿用为表现形式，以面料（质地、色彩、纹饰）和裁制为表现手段，它的艺术性都要与具体人体合为一体，在穿用中展示出来。这一特殊性，就决定了服饰艺术的创作构思必然由始至终贯穿着特殊的适用性，正因为这样，服饰才是一门独特的艺术。当然，服饰艺术的创作构思是复杂的，它的特点常常是从两种构思途径的殊途同归中体现出来。第一种构思途径就是情趣的起点。如前所述，服饰艺术的表达方式和表达手段决定着艺术家的观察和思考，可是创作构思的复杂性在于要和具体款式联系起来，服饰的特定表达手段和表达方式决定着构思方式和结果，对情趣的捕捉、衣料和裁制两者是不能分开的，只有用衣料的裁制来构思体现什么情趣和如何体现这种情趣，才是服饰的构思，离开衣料的裁制去构思的艺术，是不可能在服饰上表现的。因此，第二种构思途径是以原料的特殊性为起点。衣料的种类多不胜数，棉、呢、绒、皮、革、麻等各有特性，而且随着现代科学技术的发展，新的衣料层出不穷，从衣料的特性出发进行创作构思，需要和原料的特性展开联想，与情趣联系起来。各种衣料原本就具有不同的特色，毛呢厚重，丝绸轻柔，棉布薄软等特性，不直接关系着服装的适用，也直接具有审美价值，因此，服装设计会经常被某种衣料的审美特色所吸引，致力于寻找充分展示这种特色的服装形式，也就是说，服装形式的构思也意味着对原料审美特色的深入挖掘，都十分强调衣料的特色。服饰设计构思，不论情趣，还是适用，两者都是审美意识和适用意识的有机结合，这就是我们所说的殊途同归，它体现着服饰艺术创作构思的本质特征。

服饰的创作，从构思到表现，最终取决于消费者对它的态度。所以，服饰艺术创作构思中的审美意识就不仅仅是体现着创作者个人审美情趣的融合。它的适用意识，也不仅仅在于适合人体生理和人的工作需要，而是要适合综合了多方面因素的穿用者需要。

服饰艺术的表现，则是把构思物化为现实的服装作品。表现绝不只是被动地把构思中的表象形式化为物质产品，而对构思还起着积极的反作用，通过表现的检验使构思不断修正以趋完善，两者的关系不是简单的因果关系，而是复杂的互为因果关系，因此，在服饰艺术创作过程中的大部分时期是构思与表现结合进行的，而且，服饰艺术的创作中存在着种种思与做的矛盾，从构思到表现的复杂性难以尽述。

服饰艺术的创作最终要在具体人的穿用中完成，这是构思与表现的再次结合，它不仅是通过穿用者来表现服装的艺术性，也体现着穿用者的艺术构思，服装的穿用也是艺术创造。这使它不同于绘画和雕塑，服饰也具有空间艺术的性质，但由于人体的运动，又使它具有了音乐那样的时间艺术性质，在运动中展示的服饰美也具有旋律和节奏美。人体美的展现主要在运动中。总而言之，服饰美在整体中需要变化，服饰美的变化和运动又不能脱离整体。这是服饰结构和造型的又一条基本规律。

中国西南地区民族服饰发展几千年，积累难以计数的服饰类型和样式。特别是妇女服饰的装饰风格，“妇人之衣不贵精而贵洁，不贵家而贵与貌相宁。”民族服饰的构思途径，融汇民族传统观念与社会服饰风格于一体，其式严谨、简洁、大方，蕴藏着穿着者的主观愿望，是近现代民族服饰设计中的典范。这些服饰所体现出来的设计思想和设计设计艺术，是无数艺术匠心智慧的结晶。

纵观民族服饰文化艺术，有两个显著的特点，使它在人类文明史上占有“独树东方”的重要地位。其一，是以人伦思想为主线的人文精神，贯穿于包括服饰文化在内的民族传统服饰各种形态，其美学思想和艺术理论博大精深；其二，是西南地区民族服饰是众多民族共同创造的文明成果，它既承袭着统一的文脉，又具各民族多元文化特色，其表现绚丽多彩。服饰都是本民族群体创作，作为一个民族的工艺美术，都是为美化本民族服饰之用，使服饰具有最强的民族性。服饰艺术，在倡导民族亲切团结的同时，总是尽力发掘它的生活情趣，赋予它新的积极性。

三、服饰风格的适用性与多情趣

服饰风格是一个民族在一定的历史条件下形成的服饰文化艺术穿戴风格。每个民族都有自己的服饰风格，这些风格构成了他们的传统，特别是各种各样的装饰方式，无一不深含着特定的社会内容和民族情感，那些千姿百态的佩饰物，更有着不可穷尽的表达含义。其实，服饰风格与各族人民生活、风格习惯、宗教信仰以及审美观念等，都有着非常密切的关系。它所包括的内容，无论物质方面或是精神方面，都极为丰富和宽广，是民族智慧的结晶，也是罕见的文化聚宝盆。西南地区民族众多，地理环境繁杂，每一个民族都有自己所特有的服饰风格，真是“十里不同风，百里不同俗”，不同民族服饰风格不同，即使是同一民族，也因居住地域支系不同而风格有异。

1. 服饰的装饰风格

中国西南地区民族服饰风格和审美受到地理环境、生产方式、文化传统、宗教信仰、巫术礼仪等影响，因此，服饰以个别、特殊、具体的感性意象，来呈现、暗示某种一般、普遍、抽象的观念，并通过想象、幻想、联想等方式，创造出民族服饰的意象世界。它那不能为别的艺术作品所代替，也不能为别的名胜古迹能传递的风格特点和适用功能，是物质和文化融为一体的精神，关系着民族的自卑感、自豪感和审美情趣的特殊性，早已形成了彼此不能相互代替的民族特色。

西南地区民族众多，服饰丰富多彩。每个民族都有自己的服饰传统，有的民族因支系不同，服装上的花纹图案各有千秋。在各个少数民族中，都有“人所共知，世代相传”的服饰花纹图案和装饰品。这些图案和饰品，多用缝、染、绣、织的方法，缀在衣服的肩部、胸部、袖口、襟角、裤脚、围腰、巾帽、绑腿、鞋面、腰带、挎包等部位，形成各民族服饰的特殊风格。这些风格不仅造型款式的千姿百态而在民族文化中占有重要地位，而且还同他们的历史连在一起，成为一个民族（氏族集团）的特殊标志，有的还与远古图腾崇拜关系密切，是远古文化的“活化石”。它们虽然经过漫长岁月的演变和发展，但依然深含着特定的社会内容和民族感情。正因为如此，这些图案和饰品才在各民族中得到传承和发展，成为民族文化和民间工艺美术的精品。

服饰作为民族艺术的一个板块，包含的内容十分宽广，尤其是服饰的装饰风格，再也不只是服饰文化、服饰艺术的狭窄范围，要拓宽、放大，某种程度上说，可包括民族的一切生产生活、历史、民俗、文化、节日、歌舞……不在于内容的科学分析，更不在于科学研究的深度，只在于一看就懂，一眼观遍，尤其是织绣工艺在服饰上的装饰风格，真是“远看颜色，近看花”的美景。这里，首先以傣族和景颇族服饰风格观察，便可看出民族服饰装饰风格的精彩。

傣族和景颇族都是擅长织锦的民族，但织锦图案在服饰上的装饰风格差异很大，各自的风格都很突出。

傣族分布地域较宽，其服饰因地而异，特别是傣族妇女的服饰，差别更多。傣族男子一般上着无领对襟或右衽的小袖短衫，色彩尚浅，下着长管裤，多用白布、水红布或蓝布包头。西双版纳地区的妇女一般上着白色、水红色、天蓝色的紧身背心，右衽和对襟的圆领窄袖短上衣（除棉衣为深色外，大多为浅色）；下着织有横条纹的长筒裙；结发于顶，在发上插梳子或在头上顶花头巾。德宏地区，傣族妇女服饰在婚前和婚后有着明显的区别。少女时期的傣族族姑娘一般穿白色或浅蓝色的右衽短衫，长裤，束小围腰，编发盘头。婚后，一般着对襟短衫和黑筒裙，束发于顶，毛巾包头。中年以上的妇女一般着黑上衣并戴黑色高筒帽。傣族不论男女出门，一般都挂织花挎包。正因为傣族服饰有以上特点，所以其服饰一般不作图案装饰。傣族的织锦图案主要体现在挎包、床单、垫褥等日常生活用品和“赕佛”用的“幡”等宗教用品上。其工艺手段为纬织起花，虽有丝织、棉织、毛织三种，但其风格基本上是一致的。

景颇族男子服装随年龄而异。老人服色尚黑，黑衣、黑裤、黑包头。年轻人则缠白布包头，在包头的两端缀上红绿绒球和色珠，出门都要佩长刀和织花挎包。妇女则一般着黑色无领上衣，长仅及腰、窄袖、偶有对襟，多以右衽为主，衣肩前后都垂挂满闪闪亮眼的银泡串，颈挂银链；下系织花围裙，除老年人用黑布包头外，中年以下的景颇族妇女大多数不用包头。景颇族少女的发式不一，但多为前短后长，呈半圆式发状，出门佩织花挎包。

景颇族的织锦图案，主要装饰在妇女所着的围裙、护腿和男女都用的挎包上，图案基本上由直线组成的菱形方纹和雷纹所构成，点和面也多以菱形纹出现。她们利用这种几何形的点、线、面的变形与组合，来织出各种象征性的图案。其母题有象征自然现象的红花；有象征动物的虎足印、蝴蝶、毛虫脚；有象征植物的瓜藤、罂粟花、桂花和生姜花等；有象征日常生活用品的笼子花、篮子花和梭子花；有象征事物的连接花、团花、弯花；还有体现人的称呼的“大老师花”“小老师花”等等。图案的造型相当抽象，一般都不很象形，以至完全不象形（如团花就是梭形图案）。这是景颇族服饰图案的一大特色。

傣族与景颇族织锦图案在服饰的装饰风格上之所以有差异，是因为两个民族的历史、生活环境、文化传统和心理素质等方面存在着差异所造成的。

傣族和景颇族虽然都居住在亚热带地区，但景颇族长期迁徙而聚居于山区，生产水平比傣族落后，在以狩猎为主要副业的条件下，其图案多为虎足印、毛虫脚、南瓜藤和梭子花母题。至于其服饰图案的结构十分严密而色彩又显得热烈庄重，这也恰恰体现出景颇族淳朴热情的民族性格。棉毛织物与浓重暖和的色调，正适合于气温较低的山区生活。总之，景颇族服饰图案的装饰风格，是反映了他们的生活和审美要求。

傣族大多居住在亚热带地区，农业生产比较先进，文化比较发达，文化艺术绚丽多彩表现在织锦图案上，一是已经发展到着重写实的自然纹形阶段，二是图案的结构二方连续、四方连续与单独图案三者齐备，三是在二方连续中出现了平衡组织，这是完全可以理解的。由于大象曾经是傣族人民生产和交通的重要工具，其织锦图案自然常常会以大象作母题。由于孔雀、鳄鱼和猴子是亚热带常见的动物，所以这些动物的造型也常见，特别是孔雀造型变化较多，孔雀是被傣族视为吉祥幸福的鸟。由于气候炎热，傣族的服饰多

用白色或接近于白色的浅色，她们的织锦图自然多织在白布上，色彩也自然以淡雅明快为主。由于衣服经常换洗，服装上自然不能多加装饰。由于傣族均信仰小乘佛教，表现在织锦物上，自然会出现有关于不少佛教的母题。从傣族织锦图案的装饰风格，我们同样是可以看到傣族人民高洁典雅和朝气蓬勃的性格，以及其社会经济状况、生活环境和文化传统的面貌。

中国西南地区民族服饰的装饰风格，是一种特殊的审美艺术。在历史的漫长路上，古代人处处留下闪烁着智慧之光的创造，为西南地区的山山水水构架出永久的美丽，也为五彩缤纷的民族风情铺陈好了厚厚的画布，在这块厚布前站立着众多民族的兄弟姐妹。她们继承着祖先的业绩，以纯真、善良和对美好心灵的崇尚，艺术般地开创着自己生命的路程，也把自己的生活幻化为不朽的艺术。民间艺术，是劳动者的艺术，与文明世界艺术家的创造不同。她们没有艺术品的概念，也不是为纯粹的审美目的，她们的创造，基于民族、地域文化集体意识的根系，以作用于精神与生活实用的原则入手，去施展各自的聪明和才智。没有断裂过的历史，民族文化的脉搏，一直在波动着他们周身的精神血脉，没有清规戒律的本色创造能力又扩展着他们驰骋的不拘天地。然而，用现代文化人美术分类方法去套叠民族服饰艺术是极其愚蠢的、糊涂的、自以为是的思路，是永远不可能操持清楚服饰艺术的。鉴于此，笔者不仅以技法、工具材料或型制分类的方式，而是从生活民俗的角度出发，深入到衣食住行、岁时节日、人生礼仪、民俗信仰之中去开拓，深究云南各民族服饰的特殊艺术和装饰风格。

随着改革开放逐渐深入，包括各省各地的中国人民，无论在思想观念还是生活方式方面，都发生着巨大的变化。我们现在去研究这样的、属于“陈旧”的传统文化“箱底”，有什么现实意义呢？明天，必定已不是从前，但是如果我们不再简单地相信少数民族是“贫穷落后”，我们便会从

少数民族服饰的多学科艺术以及特殊的装饰审美和实用功能中，重新选择；如果我们不再愿意当寄生的蚕丝，我们就会在脚下的泥土中扎根；如果我们不急功近利寻求一夜暴富，我们就会留住青山，连年红花绿叶，在人类文化基因库里源源不断地创新，传递给后世一盏永远的启明灯！

民族服饰艺术是生活中的艺术，它无时无刻不打动着人的视觉，甚至凝固在人的情感之中，不像文明世界博物馆里的那些艺术品，虽作为永远的收藏，却未必有可能陪伴着芸芸众生。因而民间“巧手”决不以自己努力去摄取这个世界的瞬间镜头，她们欲创造属于自己精神世界内部范畴的别样意境。这是一种超越现实的真实，是一种对于残缺世界的补充。生命因此而丰富多彩起来。由于少数民族传统服饰设计在很大程度上受到服制化、程式化、共性化的制约，故而每个民族服饰造型相对单调，缺少变化，于是，人们对服饰上的装饰审美功能非常重视，尤其是刺绣、染织的图案装饰，更呈完整，更有适用性，也更符合人们的装饰审美需要，在“从头绣到脚”的服饰中，是罕见的文化聚宝盆，服饰上那一幅幅刺绣图案，曾被称为是“无言的诗，立体的画”，具有显著的包容性、创造性，是一个具在的文化熔炉。中国从古至今，都把女人称做一朵花。能否制作精美的服饰，是各族社会衡量妇女才能的标尺，也是她们吸引异性的智慧。这里以路南、罗平两地彝族妇女的服饰为例，欣赏刺绣在服饰上的装饰风格。

彝族妇女服饰，是聪明智慧和各种所好的表述，纳美于身，穿到身上，才能进到心里。彝族妇女对一切自然物体的领会和升华，都是“唯心所现，唯识所变”，在面料的选用，色彩的搭配，元素的处理，款式组合等方面成熟而不失灵性。

丘北县普者黑，不仅山美水美，彝族撒尼人服装，也是一道道风景，美不胜收。说起撒尼人的服饰，人们常会想起娇美的阿诗玛那用百花编织、色彩艳丽、韵味无穷的打扮。今天撒尼姑娘挑绣出来的花包头、花围腰、花边衣服图案，工艺精湛，构图精美，色彩艳丽，寓意深刻。撒尼服饰既有美化生活的装饰性，又有长幼及已婚、未婚的标志性，还有信仰崇拜的象征性及审美心理的独特性。

撒尼妇女自幼就必须学习刺绣、挑花。刺绣挑花的优劣，常与她们未来的恋爱、婚姻成败有关。谈情说爱，择偶配婚时，男性首先索取的信物，就是姑娘的绣品——花腰带。撒尼人的装饰图案，色彩明丽和谐，做工精细，具有变形、夸张、简练的特点。撒尼姑娘的花边包头是全身服饰中最引人注目的，以红、绿、蓝、紫、黄、青、白七种颜色丝绸配制，外沿镶上银泡（撒尼语称“卡士玛”），长辫裹于包头中，包头两端各缀着一只“彩蝶”，右侧还垂吊着一串串珠和一绺黑发。串珠垂至胸前，走路时，串珠左摇右摆，洋溢着青春、妩媚，煞是好看。传说，撒尼包头的图案是仿天上的彩虹制作的，为的是纪念一对为忠贞的爱情投火殉情的恋人，一对恋人死后化作了七彩长虹。姑娘们于是纷纷绣起了彩虹，并把它放在自己的头上，象征着自己对爱情的追求和忠贞。

撒尼姑娘们衣服上通常绣上自己喜爱的花饰。上衣多绣有花纹图案的白色、浅蓝色上衣，宽松的袖子上用彩色丝绸布镶成两道宽花边。斜襟长略过膝，左襟边沿用紫色、红色或黑色绒布镶上牛鼻子形纹宽边。背部披上一块以黑绒布作外壳的洁白羔羊皮，腰间系花腰带，下着黑色或青色等深色花边宽裆裤，足穿绣花鞋，体现了撒尼人敦厚稳重的性格。未婚少女于头部花包头上左右两边各插一块蝴蝶块；已婚者，摘下蝴蝶块，一块收藏，一块放于头顶，包头上的银泡和串珠也不再戴了。小伙子一见“彩蝶”已飞，就不会贸然去试探求爱了。已婚妇女上衣的颜色也逐渐从浅色转为深色，以示成熟与庄重。

挑花是撒尼妇女最拿手的好戏。挑花又称“十字绣”，有单挑、双面挑、素色挑、彩色挑等。她们按布纹的经纬运针走线，图案多以几何纹或日月星辰、碧蓝的天空、游动的彩云、雨后的青山、秀美的绿水、多姿多彩的花朵、斑斓的动植物变形纹，组成各种风格质朴、精美的图案。凡是在生活中能看到的一切美的事物，都被撒尼妇女用灵巧的双手绣进服饰之中，将服饰装饰出特有风格，真是智慧的结晶，特殊的审美。

走进罗平县白腊山麓彝族山寨，彝家妇女多彩的服饰，格外引人注目。那色彩红艳夺目，它把勤劳朴实的彝家妇女打扮得更加婀娜多姿。翻开斑驳的古书，据清康熙年间《罗平州志》载：“男女两截，衣缠大头，跣足，佩刀，妇女戴箍，手牙圈，桶裙长衣；干彝，自称戈仆……”如今，当男人们几乎被一式的汉装淹没的时候，彝族妇女却以多姿多彩的民族服饰，显示着丰富的个性和迷人的特色。

“戈仆”彝服分四部分组成，即按土司“宫”中传统龙裙、虎裤、凤冠、霞帔制成。龙裙为蓝青底，红、黄、黑、白花纹，绣龙凤图案于上，下系红线结成的须坠；虎裤，为青蓝灰底红黑花边宽腰裤，膝以下镶各色花边；凤冠为头饰，用布壳制成套箍，绣花纹图案，前沿嵌若干银器首饰点缀，顶部及后系有红线泡花，霞帔系于后，上平下尖，下垂于背；脚穿绣“板尖鞋”，形似龙舟，做工精巧。

为了掌握全套织绣工艺，她们不知流了多少汗水和泪水，才练就了这套好手艺。当你走进彝家山寨，看着色彩纷呈的服饰，真可谓描龙绣凤，巧夺天工，一套完整的结婚礼服，几乎耗尽了姑娘的全部心血。其耗工之大，少则一年半载，多则数年才能做好，这样做工精细，图案鲜美的服饰，彝家少女只在她们结婚时和重大节日才穿用。在彝家的结婚场上，新娘、伴娘及参加婚礼的姑娘们都身穿盛装，争奇斗艳，纷纷展示自己手艺的奇巧和天然的美丽，将整个场面装扮得绚丽多彩，热闹非凡。在“戈仆”舞的婚俗中，就专门有新郎的堂兄弟和表兄弟及伴娘争夺喜裤的习俗，你拉我扯，争争夺夺，高潮处扭成一团，滚在一起，引来阵阵笑声。这笑声，充满着彝家的欢乐，久久地在大山间回荡。

“戈仆”彝族妇女的服饰，反映出彝家生活的丰富内涵，尽管社会变革，但它仍然有着独特的文化及其价值观、道德观和生活方式，从而构成了罗平地区彝族服饰上独特亮丽的风景。

彝族服饰的装饰风格极为丰富多彩，不同支系服饰风格不同，即是同一支，因地域不同也有差别。如云南楚雄彝州姚安县马游与左门紧紧相邻，但服饰却不相同，反映出彝族服饰之丰富多彩而各有千秋。这些20世纪80年代的照片，真实地再现了彝族妇女服饰的传统风格，特别是头饰文化艺术的内涵，把它们放到受现代文化冲击或商业性旅游之中的那些“民族服饰”相比，是何等的古老、朴实，看着那些艳丽鲜明的色彩和精美别致的刺绣图案，无论是走路，还是跳舞，每一个姑娘都犹如天上走下来的仙女。所以，我把在2006年出版的《中国彝族服饰》一书的前言定名为“走进服饰大观园”。

这里是“梅葛”之乡，是彝族开天始祖神话诞生之地，最具特色的妇女服饰是“花袖衫”。它是一种绣花小领斜襟长衫，双袖由红、橙、黄、绿、黑等七色，或红、黄、绿、紫、蓝五色布或彩缎，逐步相接而成，鲜艳夺目，美观大方，故又称“七彩袖”或“五彩袖”。花绣的每种色彩都有寓意，如七彩袖从最底层起，第一道黑色，象征土地；第二道绿色，象征青苗、青草；第三道黄色，象征麦杂；第四道白色，象征甘露；第五道蓝色，象征蓝天；第六道橙色，象征金色的光芒；第七道红色，象征太阳。彝族民歌唱道：“阿咪姐的衣衫放宝光，天地的妙用都收藏，红、橙、蓝、白、黄、绿、黑，万物全靠它滋长”。花袖衫外套黑色或紫红色、蓝色坎肩，腰系白褐或蓝绿布带。布带的两头绣有花鸟虫蝶、彩云或盘线的花纹图案。

彝族妇女喜欢在衣服的领上、袖口、襟边及裤脚、衣兜、肚兜、帽檐、鞋面等处刺绣花纹。刺绣题材广泛，形式多样，有单独纹样、连续纹样，还有角隅纹样等，有梅花、牡丹花、莲花、桃花、菊花、兰花、竹以及凤凰、喜鹊等动物纹样；亦有万字、人字、云字、云头、云钩、浮龙纹、山头、六耳、马牙纹、拈叶纹、柳条纹等几何纹样。衣裙上多将各种花鸟、几何纹有序地排列成柳条形，称“水涧流”。

金平地区彝族妇女，以“凤凰装”最具特色，用红头绳扎的头髻，高高盘在头上，象征凤凰冠。在上衣和围裙上装饰各种彩色刺绣花边，花边为大红、桃红夹黄色，镶金丝银线，象征凤凰的颈、腰和美丽的羽毛。全身佩挂叮当作响的银首饰，

象征凤凰的鸣啭。做母亲的都要送一顶非常珍贵的凤冠和一件镶有珠宝的凤衣给女儿，祝福女儿像凤凰一样生活吉祥如意。“凤凰装”既是出嫁衣，也是万事如意、吉祥幸福的追求。

藏族服装简洁而又内涵丰富，下摆高过膝盖，象征剽悍英武；下摆低于脚面，显示温雅悠闲；下摆斜吊一边，是安多人特有的习俗，吊袖从背部搭上右肩再至胸部，呈现迎客人之意，反向搭则是不敬之举。腰带色彩，十分重递增排比规律，常用绿、紫、蓝、橙、桃红、黑色等依次渐变排列为五彩色带，给人以跳动、活泼的感觉。牧区妇女皮袍的肩部、下摆和袖口等处，习惯用 10 至 15 厘米宽的黑、绿色条布横排镶饰，构成稳重、粗犷的装饰风格。藏族不擅长运用红与绿、黑与白、赤与蓝、黄与紫等对比色，并巧妙选用复色、金银线衬佐，从而取得极为醒目而又和谐的艺术效果。如藏北妇女身穿皮袍，裹上鲜红的头巾，使冷寂的空间充满了活力，又如红白藏袍上配着五彩围裙，黑发上加饰大红大绿丝线，素淡色袍服辅以艳丽的长袖衬衣等，无一不自然和谐，明快悦目，表现了世界屋脊上生命的跃动。由于地势高寒，环境闭塞，青藏高原独特地理特征，造就了特色强烈的藏族服饰，它与神秘的高原文化融为一体，有一种豪放雄浑的视觉感。藏族服饰的共同特点为宽袍长袖，其主要特点在于佩饰物。藏族妇女右手腕戴的镯，原本是在挤牛奶时防止牛奶沿手臂流入衣袖的阻隔工具。之后，逐步演化成妇女必不可少的首饰，质地也从木、骨制，发展到玉、金等贵重材料。戒指，原型是狩猎时拉弓用的护指，久后则成为指饰。藏民腰际悬有钩镶状“罗绒”，原型是妇女挤奶时为防牛踢翻奶桶而把桶钩于腰间的工具，现在藏族男女都将其作为腰部的重要饰物，有的还戴几个。“帮典”原本是套在袍外的一种附加性围裙，斑斓多彩的条纹围裙对于素色调的袍无疑是美的补充和调节，最终成为藏族妇女代表性的装饰。

2. 服饰的适用功能

衣服最基本的功能是保护身体和御寒。随着社会的发展和技术、文化的进步，不同民族、不同区域、不同文化、不同性别、不同年龄、不同地位、不同职业在衣服上的差别越来越大，同时装饰功能越来越突出，逐步形成了各民族的服饰特点。

西南各民族的服饰不同，各具特点，同一民族的不同支系服饰也有明显区别。不过，如果从自然地理、气候特点的角度，对西南地区民族服饰来加以区分，大体可分为三种不同的类型。

寒冷地区厚重宽大型：西藏的藏族，滇西北地区的藏族、纳西族、普米族、傈僳族和彝族的服饰，都属于这种类型。西藏、滇西北地区等地海拔很高，冬天严寒，夏天不热，四季衣服没有明显的差别。藏族的男子服饰也有鲜明的特点：肥腰、长袖、大襟，上装讲究层次重叠，颜色醒目，喜穿多件右襟齐腰短上衣，外套圆领开右襟长袍，藏族叫“楚巴”。穿时，先将衣服顶于头上，腰间系一长带，然后伸出头来，腰间宽大，可装东西。头戴毡帽式高筒狐皮帽，穿长筒皮鞋。藏族女装地区区别很大，但长裙、长袍、长围腰大致一样。质量因老幼、季节、贫富、职业而异。丽江纳西族妇女穿宽腰大袖，前幅短后幅长及颈的镶边女袄，外加紫色或藏青色坎肩，下着长裤，腰系多折围腰，背披七星黑锦羊皮。羊皮背面钉有并排的七个圆布圈及七个垂穗。圆布圈上用金线和彩色线绣成“披星戴月”图案。小凉山彝族、怒江地区傈僳族和永宁纳西族、普米族妇女都穿百褶长裙，前者色彩鲜艳，后者朴素大方。山区纳西、彝族无论男女，外披披毡或羊皮。

炎热地区轻薄短紧型：居住在贵州、广西和滇西南河谷湿热地区的傣、佤、景颇、阿昌和部分哈尼、彝、苗、壮、布朗、德昂等民族，上衣、裙子、裤子都较短，质料较薄。西盟佤族妇女穿无领无袖、短而窄，仅遮到肚脐的上衣，下穿褶裙，长不过膝，均跣足。头戴银箍，披长发，耳戴大银环或银质耳塞，颈套银项圈，一至三个不等，料珠若干串，围腰套细黑竹（藤）圈，小腿上端围 20 至 30 道细黑漆藤竹圈，臂间戴一至数个银镯。红河叶车妇女穿很短的短裤，腿全裸，多层短上衣，戴白布尖帽。西双版纳傣女，穿紧身筒裙，多用薄布或绸子做成，入水洗浴时，随着河水深度将裙子慢慢上卷，最后可缠在头顶，出水时慢慢下放，十分方便；德昂族妇女头发仅留前面一小点，缠以布帕，下端后垂。

内地平坝区轻便型：居在中部平坝地区的少数民族因气候温和或者受汉族影响，衣着一般注重轻便的适用性。大理白族妇女多穿白上衣，红坎肩，或浅蓝色上衣，套黑丝绒领褂，腰系绣花短围腰，下着蓝色或白色宽裤，脚穿绣花的“百节鞋”。姑娘独辫盘头，已婚妇女则挽髻。男子穿对襟白上衣，套黑领褂，白族服饰一般简洁明快，便于生产生活，但又不失本族特点，美观大方。杂居少数民族服饰基本上与汉族相同。

每一个民族服饰的形成、发展变化，都和本民族的自然环境、生产生活有着密切关系，每个民族都根据自己生活和劳动的需要及审美情趣来穿戴和装饰自己。所以，从服饰的功能来看，它无疑包括两个重要的方面，一是实用，二是观赏。所谓实用，是指物质的使用价值；观赏，是指精神的美感享受。民族服饰都是两者融为一体的，但不了解民族服饰的人们，常常将服饰的使用和观赏形成一对矛盾，使人们顾此失彼。民族服饰实用和观赏的统一，在艺术的范围内，大多是在实用的大前提下，与观赏融为一体，也有不少是在观赏的前提下与实用融合而向观赏方面靠拢，为了观赏，便可以适当放弃一些实用要求，只有这样看问题，才能够理解为什么白族、彝族勾尖绣花鞋、虎头鞋一类，凤凰帽、鸡冠帽等一类不很实用的头、脚用品能广泛地流行。所以，把实用放在观赏大前提下，对最讲实用的服装也不忽略观赏价值，这才是符合民族服饰普遍的潮流。实用和观赏是服饰艺术缺一不可的两大功能，优秀的服装艺术作品都是力求充分发挥两者的作用。

服饰的适用功能，首先是与大自然的和谐。西南地区复杂的地理环境、多样的气候与丰饶的物产，为各民族人民丰富的创造力提供了坚实的物质基础和精神依托。人的生活因地理与气候等因素不同而产生不同的适应性。这在服饰的制作上表现得尤其明显。云南迪庆藏族适应高海拔冷凉地理环境的皮毛服装与西双版纳亚热带气候的傣族轻便短薄的服装，就是最好的例子。一般说来，冷凉地带的民族多穿长大厚重的服装，而温热地带的民族服饰不重保暖而较轻薄。因此，不同的地理环境有不同的服饰风格。西南山河纵横，气候多样，所以服饰风格千姿百态。这里仅举数例，即可看出民族服饰的适用性。

白族服饰

与自然和谐共处的白族服饰最具典型性。白族，是聚居在云南以洱海为中心地区的民族，历史悠久，文化发达。白族人民的服饰非常漂亮，极富特色，积淀了他们的生活习惯、生产方式、

宗教礼仪和艺术修养，并充分体现着人与自然的和谐。

白族服饰，与山川地理相适应的类型很突出。大理地区，地处横断山区，区内地形复杂，气候多样，正是这种复杂地理的影响，使白族妇女服饰大致分为洱海地区服饰、山区服饰和坝区服饰三类：

洱海地区服饰以大理市郊、喜洲及洱海周围地区为代表。这里山川秀丽，莽莽苍苍，山顶终年白雪皑皑，洱海碧水清清，风和日丽，气候宜人，“天气常如二三月，花枝不断四季春”。居住在这里的白族人民世代滨水而居，以农业和捕鱼为主，所以这里妇女服装款式大方，颜色鲜亮明快。一般白族妇女青年服饰，内着白色或浅色长袖内衣，外套紫色、红色，或与内衣对比强烈的“比甲”（领褂），下着浅色的直筒裙，足踏绣花鞋；腰系围腰，围腰多为深色，下端宽，上端微收，四周地缘密密地绣上牡丹、菊花和缠枝花卉，中央留出空间，表现出一种疏密得当的审美风格。未婚妇女服饰，色彩对比更加鲜明，纹样更为明快，特别是包头和围腰，包头以白色间有红花的毛巾为衬，上搭一块白丝编织成的编饰，编饰上有璎珞垂向一侧，少女们喜欢把又粗又细的独辫压于编饰之上，俏皮活泼独具青春的风韵；少女们的围腰较成年妇女的要小一些，且围腰带很宽，束身效果特别好，使她们的身材更显得婀娜多姿；少女们的围腰无论是做工、选料，还是款式、色彩，要求比较高，显得华丽而精细。

山区白族妇女服饰，以云龙、剑川、洱源山区为代表，该区域重峦叠嶂，物产丰富。生活在这里的白族，对山区自然条件有一定的依赖性，她们的服饰色彩更加贴近大自然，多以黑红蓝为主色调，色彩显得比较厚重。山区的气候和生活条件比不上洱海地区，所以美观和御寒保暖同时并举是山区服饰的显著特色。一般妇女服饰以妇女们自织自染的家织布为主，这种布料厚实、耐用、御寒性很好，适合山区生活。中青年妇女内穿间有蓝、黑色布的直筒袖长衣，围腰略小。头帕用尺许见方、经手工刺绣的布块，几块至十几块呈坡状相叠以后，一齐包覆头顶，表面一块头布刺绣图案最多，有很好的装饰效果和御寒功能。未婚妇女则多喜着色彩鲜明的服装，艳丽多姿，部分地区着刺绣帽饰。

坝区白族妇女服饰，主要以洱海县城、邓川、鹤庆县城等地方为代表。这些地区以农耕为主，长时间的田野劳动要花费妇女们大量的时间和精力，所以一般妇女服饰多以朴素大方见长，复色服饰和艳丽服饰偏少。以鹤庆白族妇女服饰为例，她们内着白色或浅色内衣，外罩红色或紫红色的“比甲”，穿长裤，腰系素色或黑白蓝白相间的围腰，充分体现了劳动妇女的自然美。为弥补服饰的沉闷气氛，她们特别注重胸饰，常见的有色彩艳丽的挑花方巾，或上衣结纽处悬挂银“三须”“五须”挂链，以此来调整服饰的色彩。她们的头帕，多用一块有白色或浅蓝色（未婚）或黑色的布包紧头发，再把布的四角收束于脑后，类似弧形帽的样子，并在布帽子的中部系一条红带或一束红线，既减少了黑色的沉重，又显现出雍容华贵。

白族服饰除款式与自然的和谐外，色彩与环境的和谐也很有特点。服饰及其色彩，是一个民族最直观的特征。白族妇女服饰的色彩和风格，充分体现了大理自然风光对白族人民审美观念的熏陶。莽莽苍苍，碧波洱海，山顶白雪，林间红花，红日霞光……粗犷与秀美同时并存，色彩明快而和谐，形成了白族服饰在结构、色彩、线条上的鲜明特征；浓艳而庄重，醒目而大方，各种装饰相得益彰，毫无零碎之感。另外，在外衣上加“比甲”，利用围腰来束紧腰身，不仅美观，也很适合妇女劳动生产和生活上的需要。有一首白族民歌这样表述了白族妇女服饰的色彩：

白月亮、白姐姐，身上穿件雪白衣；

脚上穿双白布鞋，肩上披张白羊皮。

这说明白族与白色有着相当密切的关系，或者说他们崇尚白色。白族自称“白”或“白子”，在他们的思想观念中，白色的动物是吉祥的，白鹤、白鹿、白蛇、白蝴蝶，甚至白老鼠、白海鸭都是吉祥物，它们会给人们带来好运、长寿并清除灾难。在新娘出嫁时，嫁妆衣箱的四角还要放四块白云石，这样就可以消灾免祸，保持婚姻的稳定，并早生贵子。在妇女服饰中，白色亦成为服饰的主色，充分表达了她们的传统观念和情操。大理地区的白族妇女身着白衣白裤、白包头、白缨穗摇曳飘拂，成为大理地区一道靓丽的风景。

白族崇尚白色，但并不排斥其他颜色，而是在突出白色的同时，特别注重白色与其他色彩的搭配，使主色与辅色相辅相成。可以这样认为，他们对色彩的这种“君臣相辅”的运用，得益于大自然的启迪。辅色之中，红色最多见，辅色的服装式样是一件无领无袖的“比甲”，罩于白色的内衫之上，红白相间。在苍山积雪之下，遍布山野的杜鹃花年年盛开，红艳似火，与山顶的白雪交相映衬，鲜亮而明快，对比强烈而协调。其次是黑色，大理地区山峦重叠，苍山郁郁，白衣白裤、白包头，配上红色的“比甲”，再在腰间系上黑色的围腰，既对比鲜明，又稳重大方。再次是绿色，白族人民世代居住于洱海边，以农耕为主，田里秧苗青青，洱海碧波荡漾，生活在青山绿水之间的居民，也就理所当然地把生活之色融入自己的服饰之中。

至于山区的白族，她们的服饰色彩朴素大方，为改变色调单一沉闷，她们便在头巾、围腰、领口、袖口、衣襟等处刺绣上取材于大自然的花卉、植物、禽兽、动物等图案，大大弥补了服饰上的沉闷气氛，使服饰协调而生气盎然。白族妇女的服饰纹样，大多是取材于自然，仿造大自然中的动植物或与自己宗教信仰和习俗有关的图形，利用刺绣、扎染等技巧，分别在头饰、腰带、领口、襟边、围腰、童背、挂包等地方，绣、染出纹样，对服饰进行装饰。综而观之，在白族妇女服饰之

中，取材于自然界动植物纹样很多，也很常见，现择其典型，撮其扼要，简述如下：

凤凰帽，是洱源县邓川、凤羽等地白族妇女喜戴的一种帽子，据说是模仿凤凰的形状制成的，是对鸟的崇拜。帽子的后檐上翘，是凤凰之尾；似鱼形的帽身是凤凰鸟的身；帽的前檐左右镶有玉石或圆形银片是凤眼；帽子的前端还插上一支高约15厘米的银质纽丝柄，直径为4厘米的彩色状绒花，佩戴者走起路来绒花晃动，恰似凤凰点头。关于凤凰帽的来历，民间传说很多。据说：这是凤羽鸟吊山的凤凰送给白王三公主的，以表彰她的善良；还有人说，唐王看到洱海地区的山势不凡，有似凤凰的山，认为有“帝王之气”，便派人挖出凤凰山的凤胆，破其脉气，白族妇女为了壮凤凰的气势，特意制作了凤凰帽并戴在头上；还有人则说，过去洱海凤羽的彩凤峰下，住着金凤银凤两姐妹，她们美丽、聪明、勤劳，凤凰鸟为了表达自己的敬意，特送了她们金银凤凰帽，后来，管辖这里的王强娶了金凤银凤，金凤不从，撞死于家中；银凤为了给姐姐报仇，为民除害，以毒酒毒杀了王，自己也喝毒酒自尽，妇女们为了纪念金凤银凤姑娘，大家纷纷制作了凤凰帽佩戴。除了凤凰帽以外，妇女们还制作了鱼尾帽、虎头帽给自己的孩子佩戴。这些小帽子不仅制作十分精美，而且完全是仿制自然界的动物做成，十分逼真。

白族妇女服饰上的刺绣图案，取材于自然界的动物图形很多，常见的有：鸡、鸟、鱼、蝙蝠、蝴蝶、蜜蜂等等。鸡是白族的吉祥物，它被认为是克五毒（蛇、蝎、蜈蚣、蟾蜍、蜥蜴）的克星，有了它便可以除邪气，避瘟疫，人畜平安。洱海中盛产鱼类，是渔民的生活来源，而且还象征着富裕。蝙蝠和蝴蝶，则是利用蝠、蝴与富相近，借以祈求自己生活富足的愿望。这些动物还与另一些特定的动植物组合，使其寓意更加丰富更加深刻。如公鸡与牡丹花组成功名富贵；莲花与鱼组成连（莲）年有余（鱼）；蝙蝠、蝴蝶与铜钱组

成福（蝴、蝠）在眼前；蝴蝶飞舞花前寓意爱情的蝴蝶花；喜鹊立于梅枝，象征好运的喜鹊噪梅等等，难于尽述。

白族妇女服饰上的纹样，除取材动物外，自然界的花卉图案也很丰富；尤以花卉和寓意性很强的植物最为常见。如：松、竹、兰、梅、桃、石榴、佛手、菊花、莲花及一些折缠枝花卉和“卍”字纹、云纹、水波纹等等。大理地区“花枝不断四季春”，这里几乎每一个家庭栽有各式各样的植物花卉，所以，她们服饰的纹样取材植物花卉便不奇怪了。她们所取材的植物花卉含意，一般都很深刻，如松表示长寿，竹表示有气节，兰表示清雅，梅表示热情，桃表示除邪，石榴表示多子多孙，牡丹表示富贵……这些植物不仅与动物组合寓意深远，而且植物之间也相互组合，表达出更深的含义，如松竹梅组成“岁寒三友”，松和菊组成“松菊延年”，莲花与莲子组成“华实奇生”等等。

白族男子服饰的款式比较简单，色彩亦多以蓝黑为主，且各地大同小异，为对襟衣，年轻者白布包头，年长者黑布包头，也都是与大自然融合为一体的装饰风格。总之，白族服饰是白族人民长期与大自然和谐相处的产物，充分反映了白族人民淳朴的审美思想乃至生活理想。妇女服饰表现出她们对生活的热爱，对大自然的深切感受。当你接触到白族人民时，他们生活的纯净、热情，服饰的明快、协调会给你带来愉悦的感受，让你切实感到白族文化的悠远与深邃，领会到人与自然和谐相处的重要，给你留下久久难忘的美好回忆。

傣族服饰

傣服虽因地而异，但总的来说不外乎两点，即穿长筒裙和短衫。筒裙是傣族服饰的主要特征。

云南有十多个民族喜欢穿裙子。裙子的种类很多，但不外乎两种类型：长裙、短裙。

穿长裙的民族大都生活在气候寒冷的山区和半山区。如彝（大、小凉山地区）、苗、普米、傈僳、怒等民族。这些民族的裙子有一个共同的特点：宽、长、厚。一般都在膝盖下，甚至长及拖地，且多是百褶裙。这和她们生活的自然环境有很大关系，宽大的裙子适宜在山地爬坡下坎，方便行走，多褶皱的长裙不但厚实，而且美观保暖。如果让她们穿上傣族花筒裙，在坡高路陡的山区行走，则寸步难行。

短裙，是傣族主体服饰。穿这类裙子的民族主要生活在气候温暖的河谷地带、坝子、丘陵等属亚热带气候的地区。有傣族、佤族、景颇族、基诺族、阿昌族等民族。这些民族都生活在海拔较低、气候较高的自然环境里。所以，她们的裙子一般都较短，长到膝盖左右。这类短裙非常好看，常常在裙边绣上一圈一圈的花纹。由于裙子短又喜欢打上绑腿（如苗族、阿昌族、哈尼族），这样就更适合在丛林中穿行而不被荆棘划破脚杆。这里需要一提的是傣族，因为傣族大多居住在气候炎热的坝子河谷，多处北回归线以南地区。所以，其穿着的筒裙长到脚背而且紧身，裙子的颜色一般较淡雅、布料薄，大都用绸子做成。

自然环境和气候，对服饰的影响是普遍的事实，居住在高山密林地区的傣族与亚热带气候坝区的傣族服饰无论造型，或是色彩配搭就大不相同。

元阳傣族女子上着黑色无领姊妹装。上衣稍长，略显宽大，袖子短而宽，袖口镶以花边和起花绸缎作装饰，镶边绸缎只用红、绿、蓝三色。未婚妇女一律只用红色，已婚妇女用绿色和蓝色。上衣配以银毫扣子，领口和两侧腋下装钉银泡作装饰。下着黑色筒裙。筒裙缝制只用棉线，不用丝线。傣族妇女服饰，领口、袖口和两侧绣花较多，所用丝线均为红、黄、蓝、绿四色。

傣族妇女为什么喜欢红、黄、蓝、绿四色呢？傣族认为，人的血液是鲜红的，红色象征着人的生命。苍天是蓝色的，没有苍天就没有人；蓝色象征着高于一切的苍天；大地是绿色的，没有大地人就不能生存；绿色象征着养育生命的大地；金子是黄的，有了它，人们就会穿得好，吃得好，过上幸福

的日子。黄色象征着人生的富裕。所以傣族妇女十分喜爱红、黄、蓝、绿这四色。那么，结婚以后，上衣袖子的镶边绸缎又为什么忌用红色呢？这与傣族封建的夫权制残余有关。妇女结婚前，犹如一朵火红的攀枝花，娇艳妩媚，生命正旺。一旦结婚，好似鲜花凋谢，生命停止，自己不能主宰自己，把命运托付给丈夫。把红色从自己袖口抹去，是对丈夫的奉献，否则，就会认为是对自己丈夫的不尊，会遭到家庭和社会的指责。[①]

以上所有服饰特征的形成，首先和傣族所居住的地理环境有着密切的关系。傣族主要聚居在云南西双版纳傣族自治州、德宏傣族景颇族自治州以及耿马和孟连两县，其余散居于景谷等三十多个县。边疆傣族居住的地区，属亚热带气候，雨量充沛，四季常青，那轻薄色浅的衣料，无领或小领短上衣，通风凉快的筒裙，有遮阳作用的白包头，正是和炎热气候相适宜的。同时，社会制度和经济制度对服饰也有一定的影响。

傣族从元代起一直到清代均实行封建土司制度，这种封建制度的长期沿袭，是使傣族服从元代到中华人民共和国成立前夕无大变化的原因之一。中华人民共和国成立后，由于社会制度的改变，生产力的发展，傣族人民的生活水平日益提高，近几年就连边疆地区的傣族也都是买“洋布”做衣服，自织的土布已逐步被淘汰，高跟皮鞋也时兴起来。其次，文化传统和风俗习惯，也是形成傣族服饰的一大因素。傣族是一个文化较发达的民族，表现在服饰上就是衣服线条上的柔软无棱角，款式文静、内敛，另外花布上的图案变形生动且丰富。傣族人民还把他们传统的富有象征意义的纹样，如象征吉祥的孔雀、象征五谷丰登的大象等，经过加工，巧妙地运用到服饰面料的设计里，使服装更具有独特的民族风格。

独龙族服饰

大自然对人审美意识的影响很重要。因山林皋埌，风光水色对民族的审美意识影响很大，对

———

① 《民俗文化》1994年第7期。

于自然，原始民族感到畏惧，继而感到亲切，往往把自然看作有生命有灵魂的存在，审美中较多地反映出万物有灵的观念。在高度发展的社会和文化中，自然物成为意兴情趣的寄托，借自然物抒写胸中的愿望，自然与审美的联系看似更加隐蔽，实则更为深刻。这是人类征服自然的历史成果，在审美意识中的积淀，反映到服饰中来，突出地表现在织绣的装饰图案上。不同地区（支系）刺绣或织绣在服饰上的图案和色彩配搭有不同的特色，都是根据各自的生产生活需要和审美情趣，来穿戴和装饰自己。因此，这样一种与适用功能浑然一体，与自然和谐统一的生活，不仅只是尽力尽心地实践着更贴近自然，追求自然更高境界的审美艺术，而是更有着山地民族生产生活的适用功能，花边衣裙上的图案，都是自然环境中天天时时接触的对象，纵观民族服饰图案，都极富各民族传统文化的特征，其中最典型的是独龙族的绑腿。

独龙族人喜欢打绑腿，男女老少都有打绑腿的习俗。绑腿成了独龙族群众衣食住行、日常生产劳动、远行、赶街、上山打猎、下江捕鱼缺此不可的“伴侣”，甚至还当成青年男女谈情说爱，传递情感的信物。

为什么独龙族人都喜欢打绑腿？这还得从独龙江河谷独特的地理环境和长期的生产、生活劳动习惯说起。独龙江峡谷纵深，气候潮湿，有利于各种蚊虫的滋生和繁衍。每到夏秋季节，人们外出劳动，成群结队的蚊子就会毫不客气地来叮咬，人们只得用烟火熏，露在裤脚管下的小腿，则成了蚊虫进攻的目标，为了保护机体，免受蚊虫攻击，人们便发明了打绑腿的办法。其实打绑腿也是美化生活的手段之一。年轻人打绑腿，显得精神、利索。老年人打绑腿，更显出老年人稳重的性格。另外，独龙江山高坡陡，很多地方一出门不是高山就是水，而且大部分田地都分散在山前坡后的斜坡上，劳动时打上一副绑腿，可起到防止竹尖尖、木桩桩、石头等刺伤或碰伤小腿的防护作用。

绑腿，独龙族称为“干克利”，是用麻线或棉纱线混合织成的纺织品，一般宽六七寸，长三至四米，织成后，中间剪断一分为二，再打上寸把宽、二尺多长的一根带子系上，这就是一副理想的绑腿了。绑腿，也是随着社会历史的发展而发展的，距今百年前后，独龙江地区处于“刻木记事结绳，鸟语花开为时令”的原始状态，生产水平的低下，带来了生活用品的单一化和简单化。那时的绑腿只是剥下两块树皮，裹住小腿，外用一根单绳系紧树皮就行了，即使这样的绑腿，也起到了防护作用。后来用兽皮取代树皮，到后来才用绩麻为线，织成毯子式的麻布绑腿，到如今，麻线与红、蓝色棉纱混合织成的绑腿也不算什么稀奇了。但年轻的小伙子小姑娘则喜裹那种“玛姆干克利”（独龙语，意为部队上的绑腿）。如果谁先弄到一副“玛姆干克利”，就视为引以为豪的珍品了。

独龙族妇女是以贤惠孝顺而闻名，她们更是织绑腿的能工巧匠。女孩子长到十三四岁后，就开始学习制作，到十七八岁，就得掌握一套织毯织绑腿的高超技术。如果哪个姑娘的毡子结实美观，就会赢得老人的赞赏，年轻小伙子的爱慕、追求，要是姑娘们到了十七八岁不会纺织，就很少有人追求她了。姑娘们把织成的鲜艳绑腿送给中意的小伙子，讨换“达过”（藤篾制的小篓）作定情信物。许多独龙族青年男女用绑腿牵线搭桥，找到了情投意合的意中人。独龙族的绑腿，夏天防蚊虫叮咬，冬天防寒保暖，劳动时可当作劳保用品，上山时忘了带绳子还可解下供捆绑物品之用，过江忘了带绳子，也可拿它当溜索应急，真是一件一物多用的服饰品，故此，独龙族人人都把它视为时刻不离身的身体保护物。

独龙族的便裤均为自织的布制作，为蓝色和黑色，其式样，男女老幼一致，没有口袋，不分前后，两条裤管在裆边缝合，上接白色裤腰，裤腰肥大，穿着时需将裤腰叠起来，再系上腰带，裤脚上也系带，这种便裤也都有着特殊的适用功能。

3. 服饰的多情趣

实用的要求决定构图的比例。服饰图案绝大部分用在服饰的衣肩、袖口、襟、裙、围腰、裤脚等部位。部位有的直、有的曲、有的方、有的圆。各族人民在艺术实践中锻炼了精明的眼睛和双手，不管是在弧形的托肩上，还是在圆形的衣袖口，图案都能起伏变化，自然连续。有的图案，还有特殊的部位（款式）用途配合一致，相得益彰。例如，围腰是妇女普遍需用之物，因是系在腰部或胸前，故多用牡丹、芍药作为主题花，配上凤凰或喜鹊，下垂小人花（变形的小人），成为一幅和谐的组合图案，洒落大方，鲜艳夺目。围腰系在身上，充分显示出妇女们女性的健美，再加上琳琅满目的银泡挂链，更增添了民族妇女的姿色和美貌。在这里，别致的围裙图案，往往会产生特殊的审美情趣效果。

特殊的部位，往往要求特殊的构图法。女衣的托肩和袖口，是衣服重要部位，举止动辄显露人前，所以图案设计尤其严格，绣工也特别精细。图案设计者将其中心部位处理成两只拥抱在一起的喜鹊。喜鹊的脚和尾连接在一束百合花上，百合花连续向两边伸展，直至弧形布局的缝合处为止。她们称为“喜相逢”。这类图案多为年轻妇女所喜爱，实际上是将夫妻恩爱的感情，寄寓在自己的服饰图案之中。构图意境，如此含蓄而深刻，没有艺术匠心，没有千锤百炼的功夫，是办不到的。

民族刺绣图案的实用性，更重要的是，图案款式和装饰部位虽然没有固定的格式，但它们总是要和实用的目的相结合。针法、色彩、底料也都完全要服从于用途的需要。如果妇女们参加生产劳动时，背着箩筐负物，腰部承受摩擦和压力较大，这些部位应加厚加固，所以围腰和肩部的花纹都是组织得比较密集的带状图案，而且多用挑花手法。裤脚和围裙上绣的图案，多数是流苏状的“吊子”花纹，则是地理环境所致。因为中国西南地区少数民族基本都是住在山区、半山区，行走时裤脚和裙边随着人的步子左甩右摆，下端必然碰到荆棘草丛，用“吊子”花作装饰，可以加强裙边的厚度耐磨耐用，也可展现出花纹的艺术风格，既耐磨又美观，取得实用和美感“一举两得”的效果。在民族刺绣图案中，不管采用什么图案，无论装饰什么部位，也不管采用哪种针法，图案都具有生产和生活的意义，有着它的功利主义的目的，故此，民族刺绣图案，没有一种是“纯艺术”的作品。正因为如此，刺绣才在民族中广泛流传，即使是现代化的今天，传统的刺绣工艺在各族人民中依然占有重要的地位，先进的工业生产和再精美的艺术家都是无法取代的。

总的来说，民族服饰上的图纹，既要符合装饰风格，更要有适用功能和多情趣。因此，构图要充分考虑到刺绣针法的运用和可操作性。每一个图案在处理结构和外形上，与针法一样变化无穷。如腰带，绣时要锁边，有的不锁边，构图时就要将锁边的线剪空，需要用金丝线重新勾勒轮廓，使之呈现出金灿灿的华丽感和浮雕感，这是民族服装的特殊实用功能和多情趣。又如鞋垫、挎包和手帕等，是最容易磨损的部位，其装饰不仅只是为了好看，也是为了增加这些部位的牢实度。

服装款式的多样化和多情趣，是人类文化发展的必然结果，从服饰史的事实来看，各种不同的服装款式，既与民族的文化传统有密切关系，随着经济、政治、科学技术的发展变化，往往也呈现出千姿百态。它既有地区性，又往往相互交流渗透；它既体现着某些社会的共性，又体现着不同民族不同的风格；它既依赖于原料的性质，又依赖人对原料的能动支配，它既有某种延续的稳定性，又有瞬息即变的流动性。各种情况互相交叉，使我们眼花缭乱。千姿百态的民族服装款式，有着多种多样的情趣和魅力。

民族服饰，作为多学科的艺术，它的款式审美价值更重要的在于情趣。情趣是一切艺术所不能缺少的。情趣包容着“雄浑”“冲淡”“高古”“典雅”“绮丽”“自然”“含蓄”“豪放”“清奇”“飘逸”等。服饰艺术的审美价值主要就是这些方面。服饰只有“美丽”，而无“魅力”是简单化了的。美丽是形式上的美，而“魅力”却依靠情趣，人们常常用“素雅”“浪漫”等词来表达对某种服饰的审美感受，这比起形式上对称、均衡的悦目，无疑更有深远的魅力。“素雅”和形式的均衡，线条的简练，色彩对比的柔和以及外观的整洁有密切关系，如西双版纳的傣族妇女，上着各色紧身内衣，外罩紧身无领窄袖短衫，下着彩色筒裙，长及脚面，并用精美的银质腰带束腰。德宏一带的傣族妇女，有的也穿大筒裙短上衣，色彩艳丽；有的则穿白色或其他浅色大襟短衫，下着长裤，束一绣花围腰，婚后改穿对襟衫和筒裙。从中，我们可以看到傣族服饰的“素雅”。“素雅”与“浪漫”和变形、曲线的流转、色彩的强烈等关系密切，使服饰不但素雅，而且均衡、简练、柔和、整洁，穿在身上，流动的曲线和色彩，让人有“浪漫”之感觉。

“素雅”和“浪漫”都有属于情趣的范畴。它们由形式上诸种因素的结合，给人以整体的情感方面的意味。当我们说“素雅”和“浪漫”时，那线条和色彩已不仅仅是看着舒服顺眼，它们都成了带感情的符号，正如费尔巴哈所说：“支配感情的并不是声音本身，而

只是充满内容、意义和感情的声音。感情应由充满感情的东西所决定。”[1]这里面积淀着人生的种种情感体验，使服饰风格具有了深刻的社会思想内容，形式超越了点、线、面和色彩，变成了有意味的审美情趣，使人们为之动情，引起人们产生联想，这就体现了艺术特有的打动人心灵的力量。所以，我们说某种款式体现着“古典情趣”“现代情趣”和“异国情趣”时，这就意味着，民族服饰每种款式，都体现着对古代文化、现代文化和异国文化的特殊向往。服装款式能使人们感到的“诗情画意”是多种多样的，一件线条简单、色彩柔和的傣族筒裙，使人感到“素雅”之美。这种美，使我们体味到生活的舒适恬静。在现代紧张的生活节奏中，它像一副清凉剂，像清新的空气那样使我们舒畅；一件曲线流转，色彩强烈的筒裙或是褶裙，都会使人感到“浪漫”的美。这种美，使我们体味着青春的生产力，热烈地追求和憧憬，使我们感受到生活的诱人魅力。民族服装款式的美有多种多样，其他如“华丽”的美、“潇洒”的美、“端庄”的美、“朴拙”的美等等，都蕴含着丰富的情趣内容，是对人的品质、性格、生活的“诗化”之情，使人享受到审美乐趣的幸福。服装款式使人能感到的情趣是发掘不尽的，如同傣族一样的“素雅”衣裙，白色长短适中款式在素雅中蕴含着纯洁的温柔，黑色较长的宽松款式在素雅中透着庄重，这里面存在着千差万别的微妙变化。例如西双版纳打洛地区布朗族妇女服装款式与傣族相似，但又有不同的特色。妇女穿白色或蓝色窄袖紧身上衣，但比傣族稍长，至腰下，无领、无扣，对襟和两襟相掩，紧腰宽摆，左右大衽，衣后两边各有一条小布条，作在左腋下打结系紧衣服之用；下着双层筒裙，内裙比傣族筒裙短，多为浅色。平时在家只穿内裙，出门则套上深色带花饰的外裙，臀部以上为红色横条花纹，腿部以下多为黑色或绿色；小腿裹白布绑

① 《西方美学家论美和美感》，商务印书馆，1980 年。

腿。未婚姑娘留长发，缠黑布或青布包头巾，穿红、白、绿等色圆领对襟短衫；衫襟边镶嵌红布或花纹条布。已婚姑娘，多穿白布或蓝布短衫，襟边镶有鲜艳的花布条纹；下着筒裙，小腿裹白布裹腿。未婚姑娘和年轻妇女都留长发、梳发髻，大多在发髻上插一根银针，针顶端嵌三颗菱形透明的玻璃珠，下系一条细银链，吊着多角形小银片、小银铃，并夹红绒线花朵。这样的服装款式，使得布朗族妇女显得十分美丽而又婀娜多姿。

服装款式的艺术价值主要在它能使人感到的各种情趣，对于服饰艺术来说，款式和情趣是绝对分不开的，离开具体款式，当然谈不到情趣。款式如果不能使人感到某种情趣，它也就称不上既美丽而又具有魅力。但款式与情趣之间并没有固定的关系，某种情趣可以用多种款式来加以体现，在前面列举了不同款式所体现的素雅、浪漫、华丽、潇洒、端庄、朴拙，这并不是说款式与情趣的联系绝对固定成对，款式的变化是无穷无尽的，同样是连衣裙，在领、袖、胸、腰、臀等部位的装饰或穿戴连接方式不同，就能形成不同的款式给人观赏。这些不同款式，可能体现出不同的情趣，也可能体现出同样的情趣。就在这多种款式和多样情趣的错综联系中，展示着服饰美的多样性。

服饰情趣的范畴是无穷无尽的，谁也不能列出一张完备的情趣种类表。服饰艺术的创作对情趣的追求，越来越成为人们自觉的行动，成为当代的潮流，许多民族服装以“蝶恋花”“梦幻”“花神”等命名，就是追求情感的体现，还有“时代感”“青春感”“陶醉感”的追求，去创造人们心目中更完美的形象，体现人们高尚的修养，去改变人的生活方式和对新的美的追求，服装款式正趋向艺术化的一个新高峰。西南高原美丽的山川，宜人的环境，各族儿女无限的想象力和丰富的创造灵感及创作欲望。被称为“植物王国”和“动物王国”的云南，众多的奇花异草、珍禽异兽，同样是供给人们许许多多的借鉴与启迪，被广泛引入服饰文化艺术之中而成为无穷魅力的来源。正因为汇聚了以上众多的优势，西南的民族服饰不仅种类繁多，文化沉积也十分深厚。各族儿女往往把自己对美好事物的感受，走过的路与经历过的事，遵循的社会道德，都用服饰艺术表现出来，一片片的绣件，一件件的服装，处处可见各族人民的审美思想与深沉的生活哲学。

将服饰作为一种审美情趣来看，主要表现为从物质到精神的升华，通过观念感悟，形色象征和对材质、制作精度的追求来抒发对美的企望，同时，将原本自然丰满的审美要求，与现实生活融为一体，使服饰更加生动、潇洒和有更多的情趣。世界各民族服饰，如同一个百花园，乍看万紫千红，花团锦簇，细看柳绿菊黄，各具特色。现代云南民族服饰文化艺术，反映着社会物质生产和文明的过程，其中含有积极意义的观念，以及多层次的审美理想，与各民族的传统思维和心理特征吻合，因而得到全民族的认同。无论走到天涯海角，都会被认出是哪个民族，分享到一份民族文明的博大的典雅。同时，迷人的服饰艺术正被进一步认识，许多世界级的设计大师热衷于从民族传统服饰中寻找灵感，以民族风格作为设计主题的事例屡见不鲜。正因为如此，各民族妇女，她们的服饰上有世间万种色相、万种形制的创意组合。她们的衣、袖、肩、摆上有千古积淀的历史真相和神话幻想，如果你是匆匆而过的行者，民族服饰带给你的是无尽的浪漫和温馨，梦幻般的美艳与驱之不去的诱惑。如果你是有心人，有幸进入民族服饰的圣殿，你就可以接触人们的精神世界，领悟各族人民深藏于心的精神感受，乐人之乐，感人之所感，为各族人民的美好心灵与聪明才智欢乐，也为你的神奇经历而骄傲。

第七章　服饰造型与款式搭配

服装的款式结构及着装方式，在人类生活中发挥着十分重要的作用，可以称作人类文明的源头。中国西南地区民族服饰相继了几千年，积聚了难以数计的服饰类型和式样。这些款式所体现出来的设计思维和艺术，是无数艺匠智慧的结晶。在世界服饰之林中，中国西南地区民族服饰称得上是别具一格的，从古至今都备受人瞩目。自上古时期人们以御寒、防身、遮羞为目的发明了衣服，穿衣逐渐成为人们生活中的一件大事，随着纺织技术和审美观念的更新，服装款式种类慢慢增加，功能越来越完善，经过数千年的发展，通过不断设计和改进，服饰逐步具有了装饰身体、美化形象、确定等级、显示身份、承载文化等各种功能，形成了难以数计的类型和款式，其所体现出的设计思维和优秀的设计艺术，是人类世代集聚的智慧结晶。西南地区少数民族由于分布地域复杂、自然环境的区别、生产生活方式的不同、审美情趣的差异，服饰造型或款式繁多，都有着服饰造型结构的主题和基本要素。衣肩、袖、襟、摆的设计配搭，多种多样，特别是服饰的主体造型——上衣下裤（裙），其对称平衡的比例，既实用又精彩。

一、服饰造型结构的基本要素

民族服饰，是文化的表现，也是思想的形象。衣着打扮体现着一个民族的文化修养、一个民族的文化状态，因此，民族服饰艺术还有着其他任何艺术都不能替代的特点，就是服饰的造型结构与款式搭配。

民族服饰的造型设计，往往体现在服装的整体造型和系统两个方面，服饰因与人体的关系，成为一种立体造型艺术，是由若干平面造型和立体造型依据形式美的规律组合而成，往往可以将服装整体造型中的元素提炼成为形式美感中的点、线、面、体等视觉要素，成为特殊审美对象，DNS面材质的相互配合，通过一定的视觉规律，产生平衡节奏比例，协调的视觉美感，形成传统与现代形式结合多元文化的表现形式，塑造成典型的服饰艺术。中国西南地区民族服饰，在千万年的变化发展中达到了服装构成各种要素之间完美的比例分配，局部造型达到相互从属，依存，平衡，对比的关系及渐变，虚实，软硬，轻重，方向，交错等多种秩序形式。将服饰造型中的点，线，面，块，肌理等变化的形态组合在一起，构成了相互间的对比与统一，也产生了强中有弱的视觉效果。当色彩与造型中的点、线与面有机结合时，可体现出轻重缓急的节奏韵律变化。当大量的褶纹与材料结合时，可营造出雍容华贵的视觉形象，使服装具有多变的立体效果和独特的动感。

1. 服饰创作设计的构思主题

服饰的整体造型，就是服装的外观形象，包括服饰的整体造型和局部造型。整体造型，有长短，宽窄，厚薄，平凸，静动，层次等的变化。服饰的长短变化，即是利用比例分配的原理作竖向布局。长短变化在服饰造型中十分重要，不但涉及穿用者的审美需要和行动需要，而且还与民族的传统习俗、社会的道德观、价值观紧密相连。服饰的长短变化，主要表现在上衣、下裳的比例关系，以及整体与局部的组合关系。在中国西南民族服装中，上衣款式很多，有短至上腰、对襟或斜襟的短衫，有长及地、宽大斜襟衣，还有无领无袖的紧身衣等；下裳有裤、有裙，包括筒裙、长裙、百褶裙等。西南地区民族服饰的长短比例都是有传统规范的，但也有着创新变化。

宽窄变化，就是利用比例分配的原理作横向布局。宽窄变化主要反映服装与人体之间的宽松程度。水平尺寸越大，服装就越宽松，反之，服装越紧身。民族服饰的宽窄变化，与民族经济，历史文化和社会风俗有着密切的关系，能形象地反映出社会时尚的变化。服饰厚薄的设计选择，主要依据天气冷暖，也可按实际作用的需要，如藏袍，厚实宽大，就是因高寒地区的气候需要，傣族，布朗族的紧身短衫，则是对亚热带气候的适应。平凸变化，是利用某些工艺手法，对服装作平凸的造型，使之产生平面与立体的视觉效果。民族服饰的平凸变化主要是应用面料打褶、手针、抽袖、抽纱、拼贴、镶滚、刺绣、织染等手法，使衣服表面呈起伏或浮雕状。其次是将皮毛、金属、宝石、绳带等材料固定在面料上，使服装产生平凸变化，同时，也使材料产生质感对比。如苗族的百褶裙，是平凸设计的典型之例。百褶裙通常以数幅布帛在蜡染和挑花的装饰中制作成裙，其表面平凸有致富于变化，并因其宽松量藏在褶裙之间，静止时不显裙体宽大，行走时裙体随动作幅度忽大忽小，非常合理。百褶裙在苗族中普遍流行。服饰的静动变化，是指利用服饰的构成线条和块面，或材料的肌理特性，使服饰产生静态和动态的变化，除上述的百褶裙外，还有披挂在上衣下裳之外的饰物，彩珠、绣包、腰带、银串链等等，人身一动，饰物灵动闪光，自然优雅。哈尼族“白宏”还有独创的一种幅条披散不缝的裙式，谓之散幅裙，裙之围身以幅多为尚，这种裙子，由腰部往下，将互不缝住的幅条挂至膝部，穿时需内穿紧身裤，由于幅条互不相连而又自由飘荡，所以动感极强，让人喜欢。

层次变化，是将服装与服装，服装与饰物进行重叠排列，以产生秩序感和立体感，层次排列既可以是里长外短，也可以是里短外长，并且还可以是里外平齐。此外，除服装本身表现出层次感外，还用披领、裹肚、云肩、抱腰、衣带、硬领等配饰来加强层次变化。

服饰设计的构思，还有定位和定人的思维，定位首先是定人定制。定人，即以特色的人为对象进行设计，众所周知，人有年龄、性别、体态、习惯等的“个性”，所以，人从童年开始，到壮年，老年，男女两性都有不同的服装穿戴艺术。

服饰设计，还有对先祖、前辈的纪念，对自然、宗教，对功德、事迹的颂扬，对财富、地位的炫耀以及对吉祥，幸福的企盼等。少数民族中，人们对狩猎所得的动物皮毛缠身，并悬挂贝壳、石子、兽骨等，这不仅仅是为了御寒，遮羞，还是狩猎者勇敢和智慧的一种自我炫耀。利用服饰来表达某种含义，是传统服饰设计的一个重要内容，民族服饰故有“穿的是历史，绣的是神话”“是民族的标志”“民族历史的教科书”等称呼。纳西族的“七星披襟”、德昂族的腰箍、苗族的蜡染衣等等，都是民族历史的意象物。服饰的定性设计，其着重点是满足某种功能的需要，使穿者符合服饰穿着的场合、地点、目的、用途方式等。例如祭祀服、毕业服、丧葬服等，各民族都有着自己特定的创作传统。婚装和节日歌舞中的盛装，更有着极高的艺术创作和制作工艺。让人眼花缭乱，美中求美。服饰构思还有定俗的设计。其方法主要是通过过民俗活动的约定俗成。西南民族众多，各地风俗习惯多种多样。一般来说，按习俗进行服装的造型既要符合民俗的特定含义，又要满足装饰审美的穿着要求。例如节日服装，可谓应时应景。每当火把节、泼水节、三月街、刀杆节、十月年……特别是赛装节，都要穿上最美丽最吸引人的服装。每个节日里都是花的海洋，人类服饰大观园。

民族服饰设计的主题，是指服饰造型的适用性及所欲表达的主题思想。民族服饰，过去都是自创、自穿、自用，因此，服饰设计的构思途径，首先涉及到的是具体的人。定人，首先是男女两性间的差别，不管大人小孩，差异都很明显。以苗族为例。建水县苗族男子，穿青蓝布对襟衣，下着直裆裤。束大腰带，头缠青布包头巾，头顶有头发露出。女性上穿无领叉襟衣，下着有褶皱的短裙，裙前系一长及脚面的围腰，小腿上缠有绑腿，已婚妇女挽锥形发髻于顶，未婚女子编两辫盘于头顶上，再以丈余长的绣花花带缠绕成大盘帽，顶上露发，耳坠耳环，在男女服装上还有一种习俗，男装一制就用，至多经常保持一套新的，妇女则不同，她们在姑娘时期，一般就制有新衣六七件，少的也有三四件，其中包括婚装。苗族男女鞋袜有别，一般男子都穿草鞋，也有穿青布鞋和线袜的，妇女平时穿草鞋或赤脚，草鞋形式与男子不同，后跟不用绳捆，鞋尖上安一根短绳，夹在大脚趾与第二脚趾之间，在短绳处接上一根人字形的长绳，两头分别到鞋的两边伸出的小耳处打结，拖着走，有的也穿布鞋，但往往限于集会场合或赶集。布鞋有绣花的，也有素的，均为自制自穿。

民族服饰造型结构的基本要素，还与自然环境，社会经济分不开。服饰是社会发展的产物，在历史演变的过程中，人的着装是根据社会形态，文化背景，经济环境及生活方式的变革而不断地进行传承和创新的，并形成诸多不同，错综复杂的服饰类型。一般来说，形成民族服饰造型的主要因素，大致可分为自然和社会两大类。

自然因素主要包括气候与地域两个方面。服饰造型的形成，首先受到气候，风土条件的制约和支配，一定区域内的稳定气候，形成了适应这种气候的服饰造型，西南从南到北、从西向东，气候差异明显，与之相对应的着装形制也就不同，如西部迪庆一带气候寒冷，藏族服饰多用动物皮毛制作大厚衣袍，以抵御寒冷，其服饰造型显得粗犷、奔放、厚重，注重保暖的功能。而南边西双版纳一带的亚热带地区，其服饰多用薄棉布，织锦缎制作，造型简洁轻薄，柔和、细腻、潇洒，飘逸。地域与气候是连于一体的，因地理条件的差异，进而导致服饰形制具有较明显的地域差异。楚雄彝州黑华山和红河州哀牢山区，过去因服饰要适应民族放牧，狩猎，爬坡下坎的生活方式，所以都是上衣下裤的造型，早期服饰材料也是因地制宜，多为棉麻布衣，而大理，保山等地区，以农耕为主的民族，服饰多以棉，麻，丝为原料，其造型简洁，便于穿脱，宜于耕田种地。

服饰的社会因素是指政治、经济、战争、宗教、文化、科技、民俗等对服饰的造型影响。在民族历史发展中，因阶级、富贵贫贱的不同而出

现的等级式服饰。少数民族中，土司、头人的服饰，不同民族有不同的特色。战争作为政治的最高形式，其对服饰造型起着十分重要的作用，如彝族的战争服饰颇具特色。宗教的创立与流行，是世界所有民族共有的文化现象，云南少数民族也不例外，无论是传统的图腾崇拜，或是佛教、道教等对道师、教徒、出家人的着装造型都有着相应的规定，此书中有专题记述。科学技术在服饰上的体现，主要表现在织绣工艺的掌握和应用，以最早的树叶衣、兽皮衣到现在的织锦、刺绣、蜡染制作的服饰造型，丰富多彩。

服饰设计是通过一定的规律，即平衡、立体、节奏、比例、对比、协调等的造型，表达主题思想，也是服饰设计的方向。民族服饰，多为平面结构，传统的上衣下裳或连体的长衫长裙样式，多为平面造型。服饰无论平放还是展开悬挂均呈现平面状态，只有经人穿着后才会随人体曲线的起伏和运动趋于立体。适应这种造型特征，制作时基本采用平面结构裁制，前后一统。结构线条多直线和斜线。而且衣片的分割拼接多与织物的门幅和匹长密切相关，这也可能是因为织物规格是根据服装结构要求来确定的。西南地区少数民族服饰虽款式各异，但细加分析，其平面结构特征却是共同的，如佤族妇女，上衣无领无袖，下身穿裙。用正裁法裁制。基本即为织物的幅宽，采用了镶拼工艺，然而不改变平面状态的特征，只在裁法上除正裁外又结合使用的斜裁法。民族服饰虽千姿百态，但其平面结构，前后一统的特征，却始终如一。

民族服饰的制作，十分讲究工艺的巧妙精良。服饰的结构，装饰，裁剪，缝纫等，均力求以巧为上，以妙取胜，制作规范，工整，细腻，这从大量的民族服饰中可以得到印证。无论是一件用色布拼缀出纹样的肚兜，一只由大小蝴蝶重叠装饰而成的如意刺绣荷包，还是集镶、嵌、盘、绣等诸种装饰工艺之大成的围腰，百褶裙，均反映出了西南地区民族服饰制作艺术的精妙，技法的多样，在此书的具体介绍中读者将不难对此留下深刻的印象。

2. 色彩、面料与点、线、形的配搭技巧

色彩也同样在服饰造型和结构中具有多种不同的面貌和多种不同的风采，譬如红、橙、黄、绿、蓝、紫、黑、白等，都随着它们的饱和度的变化，能显示出更多不同的面貌。色彩的面貌不同，性格也就不同，譬如红、橙、黄使人感到温暖、膨胀、热烈。随着它们各自饱和度的变化，还可以使人产生薄厚、虚实、轻重、大小等等不同的感觉。一般随着饱和度的增强，厚，实，重，大的感觉也会逐渐增强，这些都是构成服饰造型美的基本要素，它们的不同性格，是服饰结构美多样化的基础。服饰可由不同的色彩或不同的面料材质拼贴、分割而成。来自观者的直观感受，往往是服装中的大小、位置、组织排列等的影响。白族妇女的衣饰堪称造型与色彩调配的艺术杰作。青年女性的衣饰，主要有头帕、上衣、领褂、围腰、衣裤几个部分，上衣多用白色、嫩黄、湖蓝或浅绿色，外裳黑色或红色坎肩，腰系绣花短围腰，下着蓝色和白色长裤，或上下一体，色调一致，或衣、褂、裤、围腰各一色，于多块对比中求和谐，有的以嫩黄色上衣，配同样艳色的长裤，点缀大红丝绒的坎肩，有的以湖蓝色或绿色上衣，配上黑色丝绒领褂，再以镶深色边的浅色围腰抬色，明快之中显朴素，秀艳之中见端庄，醒目大方。毫无细碎之感。另外一种较为典型的是镶拼服饰，如阿昌族的剪花衣的特点是深色毛质地，长袖无领对襟，铜圈铜扣，前襟衣服四周均用各色的方形或三角形布片镶缝成几何形图案，中间还夹杂着刺绣花纹图案，古朴厚实，做工烦琐。

众所周知，远看色彩近看花，人对色彩的感知度远胜过对面料、款式、纹样等的感知度。因为色彩的标识作用最为鲜明，所以民族服饰均十分重视色彩的搭配使用。民族服饰传统色彩繁多，常用之色有红、橙、蓝、紫、青、黄、白、绿、黑。数千年来的，常用色汇成了丰富的传统色谱，例如，青色系有蛋青、红青、玄青、海青、墨青等，青、蓝、紫色大多融为一个版面，故有天蓝、翠蓝、赤蓝、柳蓝、官绿、鸭绿、油绿、葡萄绿、石绿、豆绿、草绿、松花绿、大紫、青莲、雪青、玫瑰紫、茄花紫、鸡冠紫等。黄色系列有嫩黄、杏黄、金黄、米黄、粉黄等色。白色系列有浅白、月白、漂白、草白、玉白、墨灰白等。黑色系列有深黑、浅黑两种。民族传统服饰中，有正色、间色、金银色的运用。其中正色为纯色，间色为杂色，青、黄、白、绿、黑为正色，绿、红、碧、紫、褐为间色，中国色彩理论又设定的正色、间色与天、地、衣、裳的关系，天谓之玄，地谓之黄，衣正色，裳间色，玄是天色，纁是地色，赤黄之杂，故为间色。金银色系金、银呈现的色彩，自古以来，金银色是中国人民非常喜爱的色彩。

色彩也同样具有多种不同的面貌和性格。譬如红、橙、黄、绿、蓝、紫、黑、白等，都会随着它的饱和度的变化显示出更多不同的面貌。

不同的色彩，有不同的文化内涵：青色称为正色，有“青，生也，象物生时色也”之意。色彩形象广博、宁静，有天色之称。穿青蓝色衣服的民族，特别是在高山密林中生活时与绿树丛林

融为一体，真是青为木，蓝为春，青衣即平安。黄色，黄，地之色，天玄而地黄，色彩形象庄严、辉煌。汉族尚黄，以黄衣黄冠而祭，但在少数民族中，黄色大多只作配饰物，做衣的几乎没有。白色，白为金，色彩纯净、冷俊，白色衣服以白族最为突出。黑色，黑，火所熏之色也，黑为水为冬，色彩形象沉重，严肃。黑色是西南彝族、哈尼族、佤族等崇拜的色彩。衣服底料均为黑色，间色中的绿、红、碧、紫、流黄等，主要是在刺绣、蜡染、织锦图案中的运用最为广泛。西南地区民族服饰色彩鲜艳亮丽富有光泽，不仅与传统织物有关，与染色技术也密切相关，染色是织锦，成衣的重要工序。总之，色彩的设计和运用，也是民族服饰造型结构的重要因素。

色彩在搭配审美中，还有着反复与渐变的规律，同一个要素出现两次以上就成为一种强调对象的手段，也称为反复，在服饰的不同部位经常出现基本造型的反复，同样的色彩、花纹的反复等。如鹤庆藏族妇女皮袍的肩部、袖口和下摆，常用八厘米左右的宽蓝、绿、紫、青、橙、黄、朱等色块依次递增构成多色彩带，由于对比色、同类色组合在一条彩带上，所以给人一种跳动、活泼的感觉。反复与渐变的规律，在藏族发型上也有体现，中甸藏族妇女以排辫发型为多，有的排辫自前额正中为起始。并列的小辫沿发际一周又终止于前额正中。有的发一组之小辫集梳为一排大辫，若干大辫又集结于背部，用发饰将其束扎起来，而发饰品也往往是一排排、一串串地戴用。滇中，滇南彝族、白族，未婚女子，多戴鲜艳的坠有红缨的和珠料的鸡冠帽，凤凰帽，均用布壳裁剪成鸡冠形，凤凰形，又以大小数十数百乃至上千颗银泡镶绣而成，运用色彩渐变也是民族服饰设计中经常运用的明显工艺，渐变是指基本形状发生逐渐的、有规律的变化，其运用在服装设计中具有非常优美而平稳的效果，在服装款式上，造型元素由大渐小，由小渐大，由强渐弱，由弱渐强，都是渐变工艺，如花色镶边。裙裥拼

和，涡形纹样，波形褶边等的渐次变化，都很容易看出渐变的效果。色彩对比时，通常考虑面积的搭配，以及材料的丰富性。如居住在红河岸畔新平、元阳两地的花腰傣，因其少女们美丽的服饰而得名。花腰傣少女身穿镶银泡的小褂，外套一件精美的黑底红色刺绣短上衣，仅七寸，短衣充分显示出她们腰饰的华美，红色织花腰带在腰间层层缠绕，小褂下摆垂着的无数银坠均匀地排列在后腰，串串芝麻响铃在腰间晃动，长长的红色丝带将精美的黄色花尖罗，系在腰间，还有斜挎腰间的腰带，镶满银泡的长穗筒帕，这些细碎分割的鲜艳色彩与无数色系的银饰，黑色的底色，交相辉映，即和谐又醒目。

西南地区民族服饰的造型变化，有时注重头上装饰，有时则关注裙摆造型，有的是上长下短，有的是上短下长，很讲究服饰间整体的配合，如利用纯装饰性的配饰与服装整体块面的对比，表现出飘逸灵动的效果，如云南文山壮族女上衣，袖子呈弧形，但袖口收小成直线，形成曲直对比。很多民族都穿的大襟衣，流转的曲线在板直的的衣身上增添的活泼的感觉。更不用说西南民族妇女腰褂上多层流畅的镶边了。

服饰艺术把各种点、线、面和色彩组合起来时，还能展现出更深层次的总体性格。譬如同等大小的两点之间就会给人线的感觉，服装上的纽扣就常起这种作用；不同大小的点则使人感到远、近的差别，造成一种空间感和运动感，线的组合也能产生出同类的效果，平行的两线之间会造成面的感觉，粗细不同或长短不同的线组合在一起也能产生出空间感和运动感，面的组合也是如此，点、线、面交错组合在一起就能产生无穷的变化。色彩组合中的总体性格对构成服装款式也十分重要。比如，近似色的组合，如果明度和饱和度不够，就造成模糊的感觉，而对比强烈的补色如红绿并列虽然能够构成鲜明醒目的形式，却容易使人感到不协调，过分刺目，当然，模糊或刺目也不一定就是丑的，刺目的补色关系也可通过面积的比例和形状的变化加以调整。如“万绿丛中一点红，动人春色不须多”，就是采用补色的对比才取得了突出的效果。不过在一般情况下对色彩总体性格的模糊和刺目应该慎重处理，不能草率对待。色彩的组合还包括光和色构成的总体，由于光彩是随着变化的因素，就使这种总体的性格也具有不稳定性，譬如一件纯色的服装从黄昏到入夜，其色彩效果就会有很大变化，这种变化还有着对称、平衡、对比、和谐、韵律、视觉等规律，蕴含着服饰的均衡与统一，节奏与比例，强调与对比的审美情趣。

民族服饰传统色彩的运用，依附于先人对自然的原始认识。并深受民族传统文化的影响。传统民族服饰的颜色，都是与大自然融合的。不同民族也不同的服制和服色。因此标志性十分明显。众所周知，人们对色彩的感知度远胜于对面料、款式、纹样等。故有远看颜色近看花的俗语。因为色彩的标识作用最为鲜明。

传统民族服饰上的色名，一般是红、绿、蓝、白、黑、黄、紫之称。随着人们对色彩认识的深入，织染技术逐渐丰富。对色彩的定名也从单字向双字或多字发展。例如红色，便有桃红、紫红、银红、粉红、肉红、水红、大红、枣红、胭红、乌红、梅红、小红、莲红、海棠红、胭脂红、高粱红、樱桃红、醉娇红、猩血红、双红、亮红等。绿色有翠绿、鸭绿、油绿、豆绿、石绿、粉绿、柳绿、草绿、葡萄绿、苹果绿、葱根绿、瓔珞绿、松花绿等。蓝色有湖蓝、翠蓝、天蓝、蛋青、金蓝、玄蓝、海蓝、菜蓝、罗青蓝、燕尾蓝等，白色有浅白色、月白色、漂白、草白、玉白、春白、鱼肚白、煤炭白；黄色有红黄、嫩黄、杏黄、丹黄、鹅黄等；青色有红青、金青、玄青、虾青、深青等等；紫色有大紫、玫瑰紫、茄花紫、油紫等。总之，数千年来民族服饰的常用色彩，汇成

了丰富的传统色谱。

民族服饰色彩的配搭，主要以黑色或蓝色为地，其配以各种颜色的镶饰和纹样，西双版纳打洛一带的布朗族男女服饰，色彩以素雅色调为主，有华丽不俗，素而不简的特点。楚雄地区武定、姚安一带彝族妇女则喜欢用艳丽浓郁的色彩。在底色上绣织大红、黄、紫、绿等色，对比较为强烈。民族服饰中还有一种以单色为主，即某一色调为主，少量点缀它色。这类服饰一般选用粗纹型面料，装饰较少，款式简洁大方，然而单色并非通体一色，服饰上的单色都是与其他点缀色相配合使之形成一定的穿着效果，如云南腾冲古永地区傈僳族女装。多为上穿青色右衽紧袖衣，下着青色长裤，腰系青或黑色围兜，头包青或黑色头巾，脚穿青或黑色布鞋，但是，在包头的尖角处相配有少量的白色，在围兜、鞋头上又施加了彩绣，发用红绒绳系扎，鬓间还插有几根淡黄色茉莉花，整套装束既清新，又妖娆，无论哪种色调都不失淳朴典雅的基本特征。

在服饰的造型结构上，刺绣的色彩艺术有着特殊的装饰风格。民族服饰精彩绝伦的色彩艺术，更多更精彩的是刺绣。刺绣是用变化色线组织塑造形象的造型艺术。色线的各种组织和实施方法都直接关系着刺绣的表现效果。彝族刺绣的配色，总的说是简练概括、鲜艳夺目、对比强烈、用色大胆，既有浅的深花，又有青底暗花，对比中有调和，素雅中见多彩，华而不俗，素而不简，具体到各个地区，色彩的配搭各有不同，但大体上都遵循这一规律，例如师宗、罗平一带彝族，无论男女，都喜欢在黑底或麻布上挑红色花朵，以红黑两色为基调的同时，注重突出红黑色的大块色彩，其他蓝、绿、黄、白、赭色，色泽处理成细小的星点，很不显眼，楚雄彝族自治州，以及滇西滇南等广大地区的彝族，则用黑青色和白色布底，绣大片大片的红花朵，同时佩上青枝绿叶，视觉上是红绿两色对比造成的艳丽，明快，强烈的块面上又有黄、白、绿、青、蓝、紫色加以对比调和，颇富节奏感，充满生命的活力，给人有一种五光十色、闪烁不定的感觉。似乎是大自然中色彩汇集、动中求美、静中求乐的享受。整套服装看去，艳丽多姿的画面，引人注目，流连忘返，滇中撒尼服饰，以白色为主，有素雅的风格，提起彝族撒尼人的服饰，人们常会想起娇美的阿诗玛，那用百花编制，色彩艳丽，韵味无穷的打扮，今天撒尼姑娘挑绣出来的花包头、花围腰、花边服饰，既有美化生活的装饰性，又有长幼及已婚未婚的标志性，姑娘们衣服上都要绣上自己喜爱的花饰，上衣多绣白色、蓝色图案，宽松的袖子上用彩色丝绸布镶着两道花边。斜襟长略过膝，右襟边沿用紫红色或黑色绒布镶上牛鼻子形纹宽边，腰间系花腰带，体现出色彩配搭的独特性。

凡是用来制作服饰的材料，一般均称为服饰面料，自古以来，服装材料的选择是因人而言，因时而异，因地而别，因衣而定。是形成服饰风格，体现着装效果的重要因素。面料有丝、麻、毛、棉之分，有精劣，细粗之别。通常面料越精细，制成的服装越高雅，反之，则越低俗，然而，面料毕竟只是服装的一个组成部分，需与其他因素相和谐，因此服饰的创制要全面考虑服装面料的质地，性能和外观特征，面料大多为纺织纤维，如丝织物、麻织物、棉织物、毛织物、化纤织物等在纺织过程中，不同的原料，不同的组织结构会产生不同的服饰性能和织物风格，纺织类织物应用最为普遍，也是最为重要的服装面料。

面料，是服饰造型结构重要元素，是点、线、面融合的基础，面料的质地纹理及服用性能，对服装的造型是非常重要的，所谓质地纹理是指织物组织结

构，显露在表面的纹理效应和为人们感觉到的织物风格，用于服装的织物面料一般有机织物，针织物和非织造织物。机织物是由经纬向的纱线相互交织而成；针织物是将纱线弯向线圈，再把先后两行的线圈相互串套而成；非织造织物是不通过纱线，机织和针织的工艺过程，而是以纺织纤维网，或纱线层，经黏合、融合及其他加工办法所制成，制成的面料，进行加工制作，其中包括服装的防护性、舒适性和美观性，一般来说，织物的性能决定了服装的服用功能，同时也反映了衣料质量。

服饰造型有自己的特点，除与人体美的结合，构成立体与平面动态变换造型外，是结合面料性质，工艺特点塑造的艺术观念，面料是服饰造型的基本元素之一，自古以来，服饰材料的选择，因人而异，因时而异，因地而制，因衣而定。

在少数民族地区，为了适应不同自然环境和气候，服饰衣料除了美观硬挺，还要有一定的舒适度，所以，服饰的造型因衣料的不同就有不同的款式和穿用方法。

服饰造型结构的点、线、面都有各种各样的面貌，也有各种各样的风格，具体地说，点有圆点、椭圆点、多边形点、不规则点，是服饰中最小最灵活的元素，能起到画龙点睛的作用，他们的面貌不同，性格也就不同，孤立的原点，使人感到稳定；椭圆点，却具有魅力扩展的趋势，多边形点，使人感到外力的压迫，不规则点则具有运动感，都能为服饰带来不同的装饰效果，服饰面料上装饰的点纹图案，丰富精彩，此不赘述。就以大的点如饰牌，小的点，如纽扣为例，了解点在服装中的装饰效果，如阿昌族妇女衣饰古老而独特的挂脖，是梁河县阿昌族别具特色的衣服，挂脖，是一种坎肩式小罩衣，多用黑绸或黑棉布做成，对襟打银牌扣，外挂银链，三领，灰盆，针筒，小鱼，耳坠，叉子，戳头棍等装饰品，两排对称的银泡和宽大的银饰扣相衬，银光闪亮，其布局排列整齐壮观，对称的银泡，宽大的银牌

形成大小不同的点状装饰，十分精美。

线，有直线、曲线、不规则线等，是服装结构、分割、装饰、造型的要素。一条平直线或垂直线看起来是静的，斜直线就具有动态，曲线更有流动感，不规则线则使人感到骚动，服装的款式与造型在于线的长短，粗细，距离，虚实等的变化与相应关系。是服饰的关键部分，德昂族不同支系的妇女筒裙的纹饰有鲜明的差异。俗称花德昂支系的妇女筒裙上，横织红、绿、黄、黑色的宽线条纹饰，红德昂支系妇女的筒裙上，横织大红丝条纹饰，黑德昂支系妇女筒裙上则以黑线做底色，夹杂有红、白色的细线条装饰，因此，人们以妇女筒裙上的线条纹饰颜色特征区分德昂族不同支系的不同名称，德昂族更有特色的腰箍，不仅有红、黄、绿、白、黑的线条，箍在腰间，只要人一活动，线条就让人有特殊的动态美感，而且还蕴含着人类从未婚到夫妻婚姻具体生动的故事。

形，有圆形、方形、三角形、多边形、不规则形等等。圆形和方形的面使人感到静止和稳定，正三角形使人具有稳定的动势，倒三角形则具有不稳定的动势，形面的造型结构，在服饰中最为宽广普遍，以刺绣，织染图案中最为突出，常见的图形有圆形、方形、三角形、八角形等，刺绣挂件造型也丰富多彩，如葫芦形、瓶形、椭圆形、扇圆形等，民族妇女常常发挥创意，制作出各种花果形，还将花的叶子或果实的蒂设计成盖子，将整个荷包制成上下拉开的带盖容器，荷包、烟袋、挎包等的形状多种多样。总之，小小的挎器中透着无尽的乐趣，帘裙也是民族妇女造型设计的展示园地，利用各种造型的小绣花、巧妙地运用镂空、垂穗、拼接增强了帘裙的装饰性，同时也使行走时更添风采。

点、线、面的性格还随着它的大小、长短、粗细而变化，譬如较大的圆点就比较小的圆点具有稳定感，较粗的平直线也比较细的平直线更能使人感到静止和稳定，曲线和不规则线也会随着粗细的变化而改变他们的性格，在动势中增添凝重的性格，而加长细平直线的长度，则常常使它在静止中包含着伸展运动的趋势，如此等等，显示着点、线、面的多种不同性格。

二、服饰造型设计的多样性

1. 服饰的对称平衡与比例

服饰的对称平衡，即利用比例分配的原则，作横竖方向的布局，也就是衣服上下、左右长短宽窄变化，包括服饰的整体造型和局部造型，两大板块。整体造型指的是：长短、厚薄、平凸、静动、层次的变化；而局部造型指的是：领形、袖型、襟线、摆线、裙裥的设计搭配，长短变化，在服饰造型款式设计中十分重要，但民族服饰的结构是平面结构，所以服饰造型只能在平面的空间里施展才艺，因此，造型设计往往体现在服饰整体造型和细节两个方面，因服饰与人的关系，所以是一种立体造型艺术，是由若干平面造型依据审美规律组合而成，形成美感中点、线、面、体的视觉要素。

对称是服装最常见的款式。所谓对称，一般是指对象的左右两部分对等，无论其形态如何，只要构成对称，就能使人产生秩序感。服饰设计之所以常采取对称的形式，是因为人体本身就是对称的。人的肩、臀、乳房、腰、胯、腿都是左右对称，所以服装的领、袖、肩、胸、腰、裤管、衣袋、裤带等也常常采取左右对等的形式以利于使用。例如，云南文山州麻栗坡县彝族男子服装，具有典型的对称例证。服装为蜡染纹麻布衣，圆领、对襟、不纽铝扣，三件套装，最内一件，蓝织条形纹底黑布套领边，两襟钉七行纽扣，中间一件蓝织条形纹布地；最外者满布蜡染团花纹，袖子为套装，共三层叠套，袖口滚黑布，袖管饰铜钱纹及三角纹等纹样，衣摆呈燕尾形。三件两侧及后襟皆高开衩，与之相配者还有织花头帕，腰带及长裤。这种服装的对称，能产生整齐、稳定的款式美，但严格的对称也容易造成呆板，所以在纹样设计上常采取“反射”“移动”“回转”“扩大”等基本对称形式的相互结合，以增加变化，或者在不破坏大体对称的前提下，局部地打破对称，一般的男装左胸加一个衣袋，女装常常在左右胸前绣花等等，都能改善形式的呆板。利用色彩的变化来避免呆板也是常见的服饰造型手法，譬如采用斜条纹的布料或刺绣图纹制作服装，虽然衣服的领袖等部位仍是对称的，彩色的条纹却能使它显得生动，由于服饰是穿在人的身上展现其造型美，而人又常常在活动，所以服装的对称就和画在纸上的对称图案不同，也就是说，服饰在使用中不可能保持真正的对称，实际上它的形式常发生变化，而大体的对称正是使它在变化中保持秩序和统一的基础，因此，对称在服装造型构成中的重要作用绝不应该被忽视。

平衡也是服装造型设计的重要技术，虽然对称能保持两侧的平衡，但这里所说的平衡和对称不同，它不要求左右、上下的对等，而是在不对称中求得稳定。平衡，对服装来说，意味着感觉上的重量、质感、面积、色彩等一定条件下的相互作用。平衡虽然也是一种稳定的形式，但和对称相比却具有动态美，能产生多样的变化。譬如藏族的着装，习惯上单偏袒右臂，而将右袖垂于腰右侧，这就是一种平衡的形式，在不对称中求得相对的稳定感。色彩的平衡在服装设计中具有重要意义，前面说过色彩具有各不相同的性格，而且随着饱和度的增减，能使人产生厚薄、虚实、轻重、大小等不同的感觉。人们为了使服装形式美富于变化，常用的方法就是利用色彩搭配，譬如衣、裙的不同颜色，衣裤的不同色彩等。都必须注意色彩的平衡，才能获得美的效果。一般说来，明、暗、强、弱不同的色彩，有着不同的特

征，明色使人感觉比较轻、薄；暗色使人感觉比较厚、重；强色使人感觉比较实、大；弱色使人感觉比较虚、小。把他们同等并列在一起，就会导致不平衡的效果，但可以通过面积比例的变化加以调整，明色、弱色适合用在较大的面积，这样就有利于在变化中取得平衡。由于服装的平衡，也是和人体运动结为一体，所以也不应该把它和画在纸上的平衡图案一样看待。

平衡，在力学上是指重力关系，但在造型中则是感觉上的大小、轻重、明暗及质感的均衡状态。在服饰审美中，均衡多用在造型分割或镶拼在衣领和衣襟部位，如对称式分割有贯头或开襟式、对襟式，而不对称分割的有大襟、偏襟、琵琶襟的各式。如云南彝族、苗族、水族等常穿的一种大襟衣，在襟下结一颗扣子处已经横向右侧的十厘米，然后钉上节二颗扣子的扣襟，在右锁骨处以一条下弧线弯向右腋下，然后钉上节三颗扣子的扣襟。这样一横一弧，形同厂字的造型，为女性增加了优雅的感觉。而且打破了横平竖直的分割规则，使胸前呈现出一块较为完整的装饰空间，一些银饰和绣饰都可以在这里展示。这条直中带曲的线也成为装饰的主要目标，一层层花边，一段段刺绣不断强化这些装饰。与之相对的是肩部往往还需要装饰一道花边边，是一道弧形的装饰，称之为肩。如果将上下衣片都打开，环肩与领口是两个同心圆。这道对称的弧形环肩与“厂”字形的大襟镶边，构成了一种均衡的美。从各民族的饰物来看，大部分佩饰物都是对称的，如苗族、哈尼族、傣族的耳饰都是对称均衡的。对称强调对称轴两边的纹样造型与色彩的同形同量，重心稳稳地落于对称轴上，可谓追求力与重心的高度统一。这样的对称形式充分体现了秩序性，易于营造庄重、稳定、严肃的形式和风格。当然这种高度的均衡并非不灵活，纹样的编排上用线的粗细，光挺，和华顺，面的大小与肌理，用色的深浅、色彩的纯度、色彩对比的强弱及构图的聚散程度都会对饰物的风格有影响。均衡是点线面及色彩在相互调节下形成的重量感一致，

视觉稳定的静止现象。均衡是装饰图形最典型的特点。宇宙和自然万物都处在平衡运动中，没有这种平衡就没有这种秩序。几何纹、植物纹附属于饰物上，人们的视觉就需要一种稳定感，需要一种心理平衡感。纹饰结构上的繁杂与内容的装饰手法单纯相互抵消，营造出轻快、宁静、优美的情感氛围，因此，民族的佩饰物给人的总体印象是：均衡、宁静、和谐、统一。

在服饰造型结构中，平衡、反复、渐变的同时，节奏与比例，也是一个引人注目的艺术。人的视线在随造型要素移动的过程中，所感觉到的要素的动感和变化就产生了节奏感。在民族服装上，纽扣排列、波形褶边、烫褶、缝褶、线穗、刺绣花边、蜡染图文、织锦装饰等等。造型技巧的重复，都会表现出节奏感。重复的单元元素越多，节奏感越强。如哈尼族女子内衣的左右大小，图案均不相同，银泡装饰在装钉时也错落有致。金属光泽与鲜艳的刺绣衣袋在深青色的服装上交相辉映，体现出哈尼族女子高超的审美水平。还有如文山州富宁县苗族女装，是较深内部红光的黑色亮布，与色调浅蓝的蜡染相配，显得黑白分明，再加上挑红和翠绿为主的色彩鲜艳的刺绣，这样的组合，使得苗族服饰呈现一种冷艳的感觉。女子上装为内穿菱形胸兜，花饰为蜡染和白线锁绣，外为青色亮布对襟衣。衣摆前后和两侧镶贴刺绣和蜡染花边，盛装时最多者穿 7 ～ 9 件，内长外短，花边也层层外露，最外层为蜡染图案，与花衣摆相映衬，层次分明。小腿穿腿套，腿套为三段连缀，中段为蜡染，上下有刺绣花带。亮布，蜡染，刺绣有扣组合显示出有节奏的韵律感。

比例也是服饰造型的重要因素。世界上任何一件整体统一的事物，都是由一个或几个部分组合而成的。整体与部分，或部分与部分之间都存在着某种数量关系。比例美是这种数量关系比较时产生的对比美。在服饰造型设计中，用极佳的比例创造优美的造型，可以使审美在数量尺度上达到完美和统一。比例是服饰中最常用的形式美原则，服饰上到处可见比例美的存在。比例用来确定服装的内外造型各部的数量位置关系、上衣和下装的长度比例以及服装与服饰品的搭配比例，

是每一民族服装造型的基本原则。在单件服装中，比例用来确定多层次之间的长度、服装上分割线的位置、局部与局部之间的比例、局部与服装整体之间的比例。此外，比例还用于服装与人体裸露部分的比例关系。在服装设计中采用比例尺寸，可以看到比例美。文山壮族服饰很好地体现了这种比例美，女子上衣较短，略过臀部；细碎的百褶裙长仅及膝，上长下短的比例显得她们身姿苗条轻盈，而水族服装则呈现出与之相反的比例美。她的上衣较短而百褶裙很长，呈现出修长挺拔的美。回族服饰裸露很少，仅脸部露出，在淡雅的服饰映衬下显得含蓄动人。佤族服饰则裸露较多，健美的胳膊，结实的双腿，在浓艳的红黑色彩衬托下显得活泼奔放。

服饰造型还突出重点，协调对比，能够突出重点，吸引人的视线，使服饰更具有艺术感染力，不同风格的服饰有不同的感染力。如比较固定的廓形、细节、色彩、面料或者工艺，强调其中任何一个方面都会使服装显现明显的风格特征。对比是指，质和量相反或极不相同的要素排列在一起就会形成对比。如直线和曲线，凹线和凸线，粗和细，圆和方，大和小等相互矛盾的元素并置。在服装上采用对比方式，通过相互间的对立和差别，相互增加自己的特征，在视觉上形成强烈刺激，给人以明确、清新、活泼、快乐的感觉。对比，运用在服装设计中，可以起到强化人的创意作用。

在民族服饰的造型结构中，经常采用的款式是内外轮廓的对比，以此表现强烈的外观效果。款式对比时，往往注重体现出服饰的层次感，在服装上的零部件，佩饰品都可以适当地与服装整体形式形成某种形式的对比。如红河州新平县瑶族妇女，上衣为小立领右衽大襟衣，领子、衣襟、袖口用刺绣花边镶饰，在领子上和衣襟上还缀有红色毛线做成的流苏装饰，与头饰上和披肩上的装饰相互呼应。在领口、大襟最高处和最下处分别有三颗纽扣，而衣服大襟下方的右下侧处没有纽扣，是直接用围腰和腰带来固定衣袖及肩部从肩部到袖口逐渐收细。衣服用白色布做衬里，在袖口和下摆处各有长1至2厘米的白边，给深色的服装带来了颜色和样式上的微妙变化。材质对比，通常比较随意自由，且与民族生计有关。凉山彝族的兔毛背心又别具一格，即在青底彩花的坎肩袖笼底边镶上一圈雪白的兔毛，华美富丽。藏族服饰内穿茧绸衬衣，外穿氆氇袍，袍子边缘采用水獭皮镶边，材质上看起来都比较厚重，但毛皮的光泽和色彩为朴素的氆氇增加了风采。

对比与和谐是服饰造型结构中的又一重要范畴。从点、线、面的组合来说，对称和平衡，都体现着一定的比例关系，也就是在对比中求得和谐。对比，有整体与较大部分的对比，也有较大部分与较小部分的对比，其中的大和小，构成了对比要素，而它们的关系则达到了相互协调的地步。在服装结构中，除了大小比外，常用的还有等差数列比的分割和等比数列比的分割，它们都在变化中显示出协调关系。凭感觉的任意分割有时更能显示出艺术个性，但经验不足的容易因此陷入无秩序的混乱。色彩的组合也同样如此，补色关系就是一种强烈的对比，由明度和饱和度的不同也能构成种种对比，一般说来，强调的对比和色调近似的同等明度、饱和度的两色对比都容易造成不和谐。前者是由于两种色彩的关系太疏远，不易协调；后者则由于两种色彩的差别太小，对比性质不明显。所以在服装设计中常常要慎重处理红、绿的组合与皮肤颜色极近似的色彩的运用。对于强烈的对比色，添加一些白、灰、黑等色以减弱疏远性，可促使他们达到不同程度的和谐；对色调近似的色彩，则可在明度和饱和度方面加以调整，使对比明显，也能达到不同程度的和谐。服装形式涉及的对比与和谐是多方面的。譬如衣料的粗细、厚薄、重轻、纹样的繁简、大小、多少、加工的精巧与粗放等，都需要结合色彩、构图作整体的考虑，并且要和人体的结构和运动方式以及环境条件等联系起来。总之，服饰设计的主题，是指服饰造型所要表达的主题思想，启发人心，促进文明，显示智慧；通过服饰来表达某种特定的社会群体，及个人地位、身份、荣誉、财富等内容，表现多元化艺术的整体美。

民族服饰的造型与结构的对比和谐，还体现出某种秩序性，主要体现在它的韵律性上。音乐的艺术魅力来自他的声音高低、轻重变化和时间的长短，称“断连变化”，也就是韵律和节奏。服饰虽然不以声音为表现手段，但它的色彩、质料、构图，也有明暗、轻重、长短曲直，断连等变化，这就是服饰结构的韵律性。譬如点的大小、排列顺序和间隔远近都能使人产生韵律感；线的曲折起伏、断连和反复，也具有鲜明的运动感；面的组合也同样如此。色彩的韵律性也是构成服饰造型美的重要因素，人们早就注意到音级的七声和光谱的七色极为近似，并致力探讨两者的内在联系，在服装设计的具体运用上，色彩的韵律常常是和点、线、面的变化结合在一起体现出来的。

服饰造型结构中最奇妙的一个因素是利用视觉的“眩视”作用。服饰是视觉艺术，人的视觉由于生理的原因常常使观察所得与对象的实际形态发生差异，这就是视觉。譬如：若视黑、白强烈对比的图形，会感觉两条线的交叉处是灰色的点，这是视网膜疲劳造成的“阴直残像”；同一灰色的图形，放在黑、白两种不同的底色上，则黑底上的灰色较亮，白底上的灰色较暗。这是由对比造成的视觉感。同样大小的黑色布块和白布块，看上去白色就比黑色的面积大，这是“眩视”；同样长度的两条线，垂直的就比水平的显得稍长；在一条直线上画一组平行斜线，那直线就显得变弯了……如此等等都是视觉现象，视觉中的“眩视”，对服装设计的作用，在于它能改善人体的缺陷。色彩的配搭，也常常会给服饰设计带来麻烦，处理不妥，往往容易导致失败，两种以上的色彩，在比较中常因视觉的“眩视”而使原来的色彩发生变化，产生想不到的后果。视觉的奇妙魅力还和人的心理有密切关系，视觉上的刺激，有时甚至超越视觉性的紧张与均衡所具有的限度而欣喜，并因认为自己本身的视觉作用，是美术作品的延长而感到喜悦。

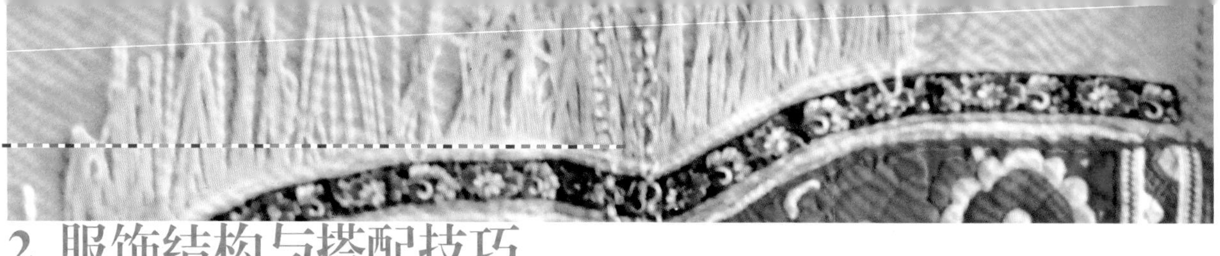

2. 服饰结构与搭配技巧

服饰有着特殊的总体构成规律，它有一套特定的构件和特定的组装方式，其结构必须根据功能设计而确立，同时还要根据人体的基本结构和人体活动的基本要求而定性，也就是根据人体的尺寸确定加放度。服饰结构的形式指的是服装款式缝合形式和服装配套形式，而这些形式都是通过服装款式构成来完成。服装结构必须运用裁片、接缝、转道的位置变化，即：横、竖、斜、曲、直的变化，造成服装的款式，譬如上衣领、袖、前襟、后肩等就是最基本的构件；帽、裤、裙、鞋也都是服饰中不可少的构件。这些构件和他们在组装中的位置是由人体结构所决定的，由此，规范服装形式的结构，无论是刺绣还是织、染纹样在少数民族服饰中是不可缺少的，具有本质性的特征。服饰构件的制作有两种方法，一是立体制作，二是准平面制作。立体制作是以人体模型为根据，事先把人体活动的基本规律考虑在内，使制成的服饰适应人体活动的特点。中国西南地区民族服饰结构最为普遍的是准平面制作，即不以人体模型为依据，只是大体上考虑到人体的结构，它的剪裁、缝制乃至在穿用前的成衣，并不力求规定服装完成形式，而是提供一种可能性，由人们在穿戴中去完成服装的审美，或者说是在穿戴中确定立体形状，所以也被称为“穿出型”的服装。这两种制作方法虽然不同但都体现了人体制约着的构建和组装，这就显示民族服饰造型结构的特殊规律性。

就服饰的结构与造型，它的肥瘦、长短、花素、颜色、搭配，质地精细，领、袖、口袋等部件的造型和安置，以及纽扣的选配，针线的疏密，都和审美价值有密切关系。它们的基本规律就是在差异中求得和谐，在对立中求得统一。这样的变化是一种精神心理的变化。服饰艺术的变化，还有一个十分重要的方面，那就是人体运动中所产生的变化，这正是服饰美的生命力之所在。

（1）衣领结构的特殊风格

衣领处于服装最引人注目的部位，是显示服装风格的重要因素。如果说人们对一套服装发生的第一总体印象是它的外轮廓形，那么人们的服装形成的第一局部印象则是“领”。它衬托着脸颊与脖颈，有较强的直观效果。领子位于服装上部的中心，承担着容纳颈部的功能，也起到衬托面部的作用。民族服装的领式多种多样，从实用和装饰功能方面展开变化。领子的形状、大小、高低、翻折和领线的改变可以形成各种特色的服装款式。如领线造型的变化可以形成圆领、方领一字领等。在领圈上加不同形式的领子，可形成立领、翻领等。同时，领式也受襟式的影响，如交叉领其实也是衣襟的相交而形成的。

领形设计，是民族服饰中的重点，根据裁剪和穿用时的状态，民族服饰中出现的衣领名称有：直领，又叫对领，为民族服饰中常见的领形之一。造型特点为领线左右对称呈二条斜线向中心对拢，“领斜直而交下”，与对襟相配，领线常用饰带相结，也有直领连襟缘边直到至摆边的造型，衣襟部分敞开，显露内衣，称直领开襟式。由于直领形式的服装舒适合体，修长端庄，典雅大方，在少数民族中应用广泛，在女服中则更为常见。交领，领与襟相连，穿时两襟左右平行，领形为长条形，领口呈三角形，襟面上有叠面，多为左面开襟。交领服装的颈领部位宽裕自如，穿着方便。领线旁多镶有宽阔的缘边，并常常装饰襤边花纹。穿着传统交领衣，腰部要用带子束结相配，否则容易开襟敞怀，有失体统。合领，也称立领或竖领。民族服饰装饰中一般都将合领与对襟、大襟等结合使用，大襟长褂常常在合领的领边用各种不同的色彩、质地的材料作精巧的滚边。和领的领体竖立在领圈之上，领体有高低之分，低的一般称中式领或低立领，高的称凤仙领，领角有方圆之分，一般都呈圆形，男女通用。圆领亦称团领或方领，实为无领型领式，圆领的领弧线可低可高，一般在领缘上都有圆边，并且在领深周围绣缀纹饰，圆领在西南地区少数民族服饰中，最早的是“贯头衣”领，即衣身不开襟，只在领口位置有一个开口，贯头衣至今在西南彝族、佤族、藏族、苗族中还有穿用。除上述之外，还有翻领，即领为下翻形；披领，即领披于肩后等等。

服饰造型，领和襟是融为一体的。襟有开襟、对襟、斜襟、大襟、琵琶襟、偏襟、折襟等形式。领，襟融合，衣式多样，如：无领开襟式，开襟是指两襟相离，不加系统的襟式，常为许多民族采用，如哈尼族、傣族、景颇族、布朗族、基诺族、德昂族、苗族等。多为短衣，不用纽扣，穿时胸腹中间背空，以露出精美的内穿衣物，有时两襟侧会有繁复装饰。而无领对称襟式，则正中开襟，没有挖领窝也不另上领子。如景颇族男子对襟上衣，前后身简单缝合，没有领线造型，腰间配有长刀。

圆领的结合，有大襟、偏襟、一字襟、琵琶襟等。

圆领大襟衣，一是女子常用的款式，如拉祜族、阿昌族、傈僳族妇女均用。其造型特点是衣襟开在右边，左边前衣片门襟向右侧掩盖底襟，偏位作弧线折线处理，纽扣通常用盘花扣、葡萄扣等，也有用暗扣的。较多用于马褂、长褂、坎肩、长衫、长袍等。男服大襟长衫，合领右衽，衫长至足而袖过手，左右两侧开胯，以便于行走活动。女服为以大襟长褂为主，宽而长，直身造型，长至膝部上下，袖长至腕部，交领和合领右衽，沿襟线大多饰有宽阔的图案花纹。圆领偏襟衣，是一襟比一襟稍大，开襟处偏离中心线，在中心和腰侧之间，如苗族女装，拉祜族男子上衣均是如此。圆领一字型开襟衣，前身开横襟，以纽扣系结，多为男子所用。

圆领琵琶襟是典型的汉族清代服装样式，由缺襟袍演化而成，受汉文化影响，不少南方少数民族都喜欢这种领襟形式，其领线造型为圆形或方形。在前片上剪出圆形领线，简便舒适，圆领裁剪时至少需大于头围，否则应开口。圆领琵琶襟的款式，在西南民族中流行很多，如壮族女装圆领琵琶襟上衣，襟上有紧密的绣花，庄重典雅。方领对襟与大襟式属园林范畴，领口为方形，衣身对襟，因其与人体结合相差较大，故有很强的装饰性，如云南金平女装上衣，为前短后长的对襟衣，领为方形直领镶边，衣袖饰条状花纹，而文山富宁的苗族，妇女上衣为方领，略呈上小下大的梯形，领口沿边绣有花纹，更增加了装饰效果，领底部与左衽斜襟相接，样式较为古老，颇具古风。

直领：领与襟连为一体，在领线和衣襟上加以宽边，穿着时领子贴合颈部，会有立体的效果。而与衣襟相连又加强了统一感，显得简洁明快。直领是西南民族中常用的领式，有开襟和对襟两种，如藏族女衬衣、苗族女装，其领子后领下凹较深，穿着时整个脖颈与衣领相离，类似唐代女装后领，其领襟结构也是直领对襟式。

交领：有对襟式，因其平铺时呈直领状，但穿着时领子和衣襟一起交叠，故称交领；斜襟式，前襟倾斜，在腰部上下交叠，显露肚兜，如壮族女上衣为斜襟，领边镶窄边，目前绣饰三个圆形图案，周围有光芒，景洪傣族女上衣为交领斜襟，下摆装饰五道宽花边，十分俏丽；大斜襟式，裁剪时即将衣襟偏向一侧，多为右衽，藏族服装多为此类结构。

立领融合的有开襟、对襟、琵琶襟等形式，显得庄重典雅，保暖性也好，多为高寒山区民族穿用，一般为黑缎长衣，扣子为银币，其领襟结构颇具特色。翻领开襟式：大多数为无领座翻领，根据领子大小和位置可分为大翻领、小翻领、翻领、倒翻领。如云南蒙自红寨地区苗族为大翻领，两襟起自扁襟交合处，离开较远，穿时敞开前襟。披领对襟式：共襟线在人体正面的中心线位置，前襟面左右片对齐，重叠，无叠门，用纽扣和带子系结，是一种对称型襟衣，穿用方便，男女通用，传统服饰中常见的对襟衣有半臂、褙子等，在领中系结同心带为饰，多套在衫和袄的外面，其剪裁方式已突破平面剪裁，领贴服于肩颈，宽十厘米，领缘，领边，下摆均以各色皮条镶边，凉山地区彝族妇女装为麻布对襟衣，袖口翻出宽敞的白边，上衣另加披肩领，高约 12 厘米，下端绣几何纹。披领还有翻襟和大襟式，流行于苗族男女之中，男装为披领大襟式长袍，两侧高开衩，衣领为挑花披领，穿时大襟外翻于胸前，束织花腰带；苗族女装翻领衣，在对襟的基础上，左襟另加一块长方形的翻襟，上饰挑花纹，穿时略向右斜，领后有小披领，穿时将领立起来，由于翻襟面积较大，位于最显眼处，也便于随时更换，因此成为苗族妇女挑花作品的展示园地。半开襟式：介于贯头与对襟之间，方便穿着，将贯头衣前襟打开适当的口，如昭通威宁地区彝族的圆领贯头衣，胸前有约十厘米的开口，用两对扣相连，虽然领围较小，但由于胸前开口，穿着也很方便。

领与肩、颈是融合为一体的设计，配搭和谐，饰品多、花饰复杂，与衣服连属的装饰物主要是一些小饰件与花纹图案，服装绣花主要沿领边，从领口下绕项颈围成肩花，有的还顺襟边下

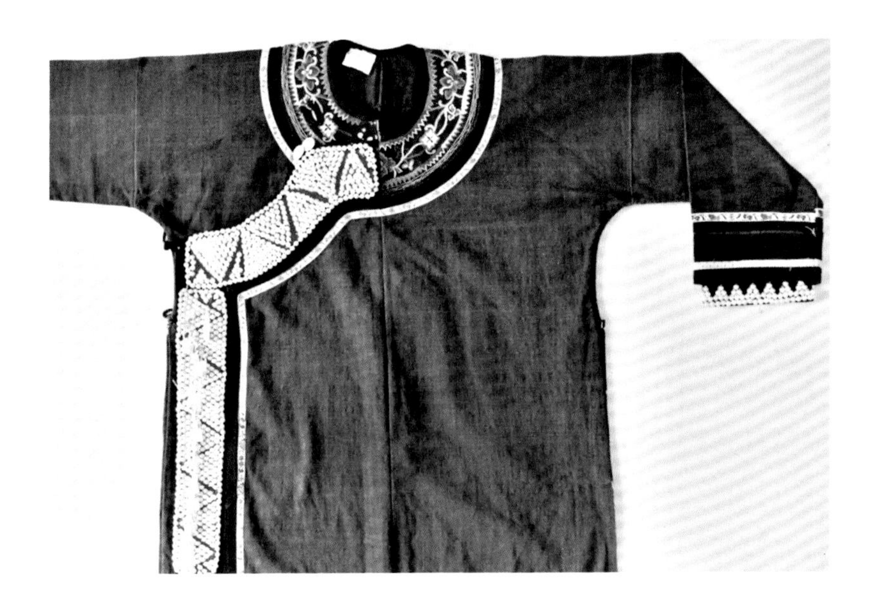

延到底，有的还在花带外围饰珠串、丝须等饰物，类似古代云肩的简化。这类服饰彝族、苗族的最为典型，珠串多为玻璃或料珠等物制作，丝须用丝线拼贴而成。肩尖也是常见的花纹装饰部位，多贴花绣为三角形。肩颈部位的绣花以花鸟为多，牡丹、蝴蝶、花鸟、连枝鱼、藻凤凰、莲、马缨花等都有。

领也是重要的装饰部位，除与衣缝合的真领外，还有可以取下的假领，假领多饰银泡和其他类型的银饰品，在节日或重要的活动中装上配合其他的饰品，平时取下放置不用。假领多为长布条，与领的长短大小相当。真领以层数、大小与花式不同，与领的方圆开头也不同，形成不同的装饰效果。领的开口有方形也有圆形，层数则有一层、两层或多层，有的领高，有得领较平，加上花色，就出现了许多不同的衣领。有的衣服则没有领，无领者，有的留出领口，有的则没有明显的领口，与衣襟连为一体。无领有口者，可分为圆口、方口与菱形口几种，以圆口与方口为最多。菱形口仅见于佤族与哈尼族服饰。哈尼族有着这种服装的是红河县车古一带的糯美支系。苗族服装上翻领是较为特别的一种，与衣相连，穿好衣服后下翻，盖在背的中部，上衣与领相连，多为方形，绣有花纹图案。

披肩或成帔，也是肩部的特色饰物。有布式也有银饰。布披肩，以瑶族、白族、哈尼等族为多。银帔以邓北一带的壮族和彝族为典型。蓝靛瑶的披肩比较简单，是一片圆形有小开口的白布片。壮族的银帔非常复杂，用雕花扇形片组合构成主要造型，加缀蝴蝶，芝麻壳锦铃菱形片作装饰，扇形片上饰有花、蝶等图案。彝族银帔的构建是寿字牌、银泡、芝麻壳饰铃、圆寿字牌等物，有布做衬垫。蒙古族也有领帔，是假领的延伸，在假领之外，缀须为饰。白族布披肩则由莲瓣形组合布片与如意头形饰、银链坠等物组成，布片上都绣花纹图案。

项颈部位的银饰品，主要有项圈，项链，珠串与项链多为数件同挂，长者可延至胸腹，短者围脖，圈数少者一二件同挂，多者可达十余件。项圈也分单件与数件等不同佩戴法。瑶族的项圈可达四五件之多，按大小排列为一组。项圈有圆形、扁圆形，多种。有秃尾成细卷，也有的饰成鱼形与鸟形等图案，有的项圈还缀有银链等饰物。领部的银组扣也是重要的装饰品，有的成排，上下一致，也有的在领口用特殊形状的银纽扣作装饰。常见的有蝶形，陀螺形，金刚杵形和梅花型形等。

肩颈之下为胸背，为躯干的主要部位，是花纹图案与饰品集中的地方。背部装饰以花纹图案为主，胸腹部则既有图案，也有饰品。胸部图案主要在背中部与衣服下摆。背部图案的类型很多，图案大小也各不相同。大的如壮族服饰的方形图案、瑶族盘王印等。小的如基诺族太阳花，方寸大小。壮族图案由三角形拼图组成方形，也有绣成花纹图案的。还有边条、字与底图等。哈尼族用回纹，工字纹等为内图的三角形、方形、菱形拼图，组合成方形，更多的是绣有花鸟纹、几何纹等图案。

衣摆与衣边图案比较普通，常见的是绣花鸟，几何纹与自然物图。较具代表性的图案，如镇雄县彝族服饰，绣有花鸟、缠丝等复杂图案，面积很大。而石屏县彝族花腰人的衣摆则是由火焰纹组成，当地人称为鸡冠花，装饰效果也极佳。还有的以如意结、八角花等做装饰。壮族等一些民族则有专门打钏的银饰品作装饰衣摆部位，有的是方形刻图银片组合，也有的用银泡构成三角形组图。

（2）衣袖设计的多样性

民族传统服饰的衣袖型主要有：无袖型、短袖型、中袖型、长袖型、大袖型、窄袖型，挽袖型等。袖子的构成因素有袖笼和袖片。袖笼是指在衣身的上袖部位，其位置上至肩头，下至腋窝，袖笼的大小与着装者的上臂围密切关联，但又不限于上部围肢。袖笼可宽可窄，最窄不能小于上臂围，最大甚至可以与衣身上度相等，如蝙蝠袖就是从衣身底摆斜向袖口延伸的。袖笼与袖片应基本保持一致才能正确缝合，但泡泡袖例外。我国大多数少数民族的袖子为接袖，就是没有袖笼，袖片与衣身的缝合处位于肩部以外，这样做主要是出于传统的平面结构习惯，因此尽管不太合体，仍然得以普遍流行。从各民族服饰款式来看，按其长短、宽窄、裁剪方式以及外部线条来分，可分为以下类型记述：

无袖型，即没有袖子，衣式为坎肩，多在袖笼处表现造型，如大或小、弧线或直线袖笼。由于襟式、袖笼大小、下摆形状、开启高度及形式，衣身长短、肩的宽度以及装饰的不同形成了各种各样的坎肩。羊皮坎肩为云南彝族男女老少都常用的服饰。无领、无袖、无扣，长至小腿，通常用两张带毛的山羊皮缝制，保持羊的自然形态，尤其是四只脚与尾部的皮毛不能剪掉，在当地彝族民间是姑娘出嫁时的必备嫁妆。平时劳动也披，晴天毛朝里，雨天毛朝外，挡风遮雨，特别适合气候多变的高寒地区。云南蒙古族的坎肩，无领对襟，肩部较宽，宽度基本上位于上袖的位置，前襟钉有直排闪光纽扣，非常别致。哈尼族银泡坎肩款式非常奇特，正面为刺绣螺旋纹，周围镶银泡，背后为水滴状开口，满镶银泡和金属片。阿昌族女坎肩造型也很特殊，袖笼底部不缝合，衣摆成波浪形，立领上缀饰银泡，胸前以三个錾花大方银牌为饰。藏族的长坎肩与藏袍款式相同，只是没有袖子，为交领斜襟，保暖性强。水族女子坎肩形式特别，虽为大襟镶边，但身前做出六边形袋饰，左侧也同样做出镶边造型，装饰感很强。蒙古族还有对襟翻领长坎肩，对襟和大襟，其共同特点是开光处都用云头装饰，前襟处以一个大云头装饰出独有特色。

短袖型，有连肩和上袖两种。连肩短袖等于是没有缝合接袖的衣身，肩部多余的布幅自然形成短袖，衣身紧小，袖也较窄；上袖短袖，一般是起装饰作用，民族服饰中不多见。

中袖型，袖长及肘，多做外衣，一般在袖内或外部套假袖，如文山苗族女装，中长袖，袖长及前臂中部，手腕上可戴多副手镯，也有的袖长及手腕，一般少数民族男女装是采用此类袖式。

超长袖型，是指袖长超过手指，典型的是藏族女衬衣。袖子长过指尖，而近年来有夸张的趋势，袖子越来越长，能飘然舞动，有的袖长可达1米，而且袖口宽仅6～7厘米，并且袖口处将两袖钉按，披于身后。这样的袖子穿用的很少，大多作为装饰。

袖子按宽度分，有宽袖和窄袖。宽袖又称大袖，以袖幅宽大而著称。宽袖的袖体与大身连成一体，袖口宽几乎接近衣长，袖口及上侧为直线，

内侧自腋下至袖下端为弧线，两手下垂时，袖可着地，袖口有缘边，也可作纹饰，大袖还兼有衣袋作用，可贮随身杂物。有的民族服饰袖口极为宽大，通过袖口即可给孩子喂奶；有的民族妇女，上衣无领开襟，衣衫窄小，从肩部接出约 40 厘米宽的一段宽袖，而长度仅五六厘米，穿时在两肩头翘起，如同鸟雀的翅膀，装饰性极强。窄袖，也称小袖、狭袖，是一种紧而窄的服装袖式。窄袖短衣，有方便射箭及劳作的适用功能。交领、窄袖、紧身短衣配长裙，给人以俏丽苗条之感。如基诺族女子上衣，袖子极窄，仅容手臂，没有活动余地，穿着时在臂部不形成许多放射状细褶，以至于活动时不太方便。这不是为了节约面料，而是出于民族审美需求所致，为了美观，他们世代保持了这样的样式。

袖子按裁剪分，有的接袖和上袖。接袖即袖子的上臂部分与肩部相连成平面结构。因民族服饰大多是以家织布制作，且习惯上都是面向使用布料，但限于布幅宽度，衣身和面料会超过肩部，达到上臂中部，因此往往需要从此处接一截袖筒，而许多民族服饰在接袖处都会进行如镶边、刺绣等装饰。还有的在袖根处加三角布，这是出于功能性考虑，如与贵州接壤的威宁县苗族女装上衣的袖根处接三角形布，形成蝙蝠袖样式。上袖，是指从肩部将衣身与袖子缝合，需要做出袖笼造型，因此突破了平面结构，大部分民族服饰为借袖，蒙古族已婚女子长袍为上袖，且是泡泡袖造型，属立体结构。

袖子按形状还分为直线和曲线两种，大多数民族的袖子都基本是直线的。曲线袖子的造型呈曲线，分内收和外扩两种，能够增加柔美的装饰性。曲线的造型和曲度各不相同。如壮族女子衣袖的弧线在腕部，袖口紧收，颇有汉唐遗风，还有喇叭袖，衣袖采用了喇叭袖，以多层飞边装饰，优雅华丽。琵琶袖，其造型大袖小口，腋部狭窄，形似琵琶，故名琵琶袖，是一种象征设计，用于服饰上的一种特殊袖式。袖体臂肘以下似牛颈，下垂处呈圆曲、宽大之形，袖端明显缩敛部分较窄，称“祛”，缘于袖口。材料一般比较厚实，以耐磨损，且与大身整体衣料的色彩、图案、纹样有所区别。制作时用布二幅各中屈之，衣之左右缝合而成，其径一尺二寸，也可更大。由于琵琶袖的袖体呈弧形，方便臂肘伸屈，袖口收紧后便于日常活动，作为一种常服袖型应用普遍。

最具特色的服饰是花袖衫。它是一种绣花小领斜襟长衫，双袖有红、橙、蓝、白、黄、绿、黑七色或红、黄、绿、紫、蓝五色彩布或彩缎，逐段镶接而成，鲜艳夺目，美观大方，又称七彩袖，或五彩袖。花袖的每种颜色都有寓意，如七彩袖从底层起，第一道黑色象征土地；第二道绿色象征青苗，青草；第三道黑色象征麦垛；第四道的白色象征甘露；第五道蓝色象征蓝天；第六道橙色象征金色的光芒；第七道红色象征太阳。民族传统鼓歌唱道：“阿依姐的衣裳放宝光，天地的妙用都收藏，红，橙，蓝，白，绿，黄，黑，万物全靠它滋长。”

花袖衫外套，黑色或紫红色、蓝色坎肩，腰系白褐或蓝绿布带，布带两端绣有花鸟虫蝶，彩云或白线的花纹图案，腰带上吊有“罗藏”和钱褡裢。“罗藏”用铜，银箔片制成，有兽头、圆形、桃形等式样，其上有孔，一般用来系花手巾、小铃铛、针扎等杂物，垂吊于腰带左侧，钱褡裢为长 50 厘米，宽 13 厘米的小口袋，用三块白底绣花条块缝合而成，下端连三缕彩色穗，用来装钱和饰品。

（3）衣摆设计的多样性

衣摆，即衣裙的下端，为服饰上重要的装饰部位，因面积较大，可施以大量镶边、刺绣，展示制作者的手工技巧，同时，衣摆因位于服装底部，而装饰感很强，可自由发挥创造力，长短、造型都能随意变化，款式极为丰富，按其形态可分为翘摆、圆摆、尖摆、侧三角及燕尾摆等形式。

翘摆：上衣一般为短衣，腰部收紧，下摆较短并上翘，显出女性婀娜的身姿。云南文山壮族、景洪傣族女上衣，布朗族女上衣翘摆与衣襟为整片裁剪，翘起处向上，缝制时加三角布支撑转弯使其衣摆翘起。安顺苗族女装的翘摆为裁剪时就将衣襟侧线剪成翘起的弧形，但在穿时翘起的效果不明显。

圆摆：云南富宁壮族女装下摆为半圆形，镶饰多层花边，与袖口、环肩镶边相呼应。水族妇女衣裤较为紧小，上衣开衩较高，衣摆圆，坎肩花边沿双肩向背部呈椭圆状。

肩摆：前后衣摆中间长，两侧短，呈直线条向中间倾斜，形成向下的尖角。这种衣摆中间部分形成的向下的力，使服装富有动感，下配齐膝短裙，多为苗族女装。

侧三角摆：衣摆的侧面从腋下至底板接出一个三角形，以刺绣装饰，侧缝在三角形内侧，接出的摆并不加以缝合。如苗族女装，女子走路时，绣制精美的三角摆在衣侧扇动，十分动人。

燕尾摆：后摆从中间分开，两侧缀有尖角，

类似燕尾型。云南麻栗坡，苗族男子穿蜡染衣，通常为三件套穿，衣摆层层叠叠，每件衣服后摆都呈燕尾形。

此外，还有前短后长和前长后短的两种衣摆，前短后长衣摆，前襟与后背长短不同，如云南文山苗族女装，前仅齐腹，后长至胫，穿时前片放在裙腰内，下系围腰，围腰的长度与后摆齐，着装后，身后为整体结构，大面积的衣摆展示精美的挑绣，而身前的分割结构，显出穿着者身材之优美，同时，前后的对比使整体服装富于变化之美。前长后短衣摆，这种服装一般是将前片系结在身后，因此前片窄长，如金平县苗族蜡染，麻织女装，前长及踝，后长及臀，后摆是以挑花片，自腋下开叉，穿时将两片前襟交叉，向身后拉紧，像腰带一样系在身后，身前束围腰，后摆挑花片垂于裙外。衣摆与衣边图案比较普遍，常见的是绣花图案，蝴蝶与几何纹图案。

（4）服饰的部位装饰与风格

民族服饰中，衣肩，颈，领，袖，腰，脚，腿等部位的装饰，是服饰中最富有生机、最具有魅力的组成部分。配饰物极为丰富多彩，使用非常广泛，甚至一个民族中不同支系的配饰物，均特色各异。

作为装饰，肩、颈部位是中国西南地区民族服饰的重要部位，饰品多、花式复杂。与衣服结合的装饰物，主要是一些小饰件与花纹图案。服装绣花主要沿领边，从领口下绕颈围成肩花，有的还顺襟边下沿到底，有的还在花带外围饰串珠、丝须等物，类似古代云肩。这类服饰以彝族和苗族服饰为典型。珠串多为玻璃或挑珠等物，丝须用丝线拼贴而成。肩尖也是常见的花纹装饰部位，多贴花绣为三角形。肩项部位的绣花以花鸟为多，牡丹蝴蝶，花鸟，连枝鱼，藻，莲等都有。

西南许多民族的腰带，既长又大，两顶端都制作成方形、菱形或三角形的带头，绣有美丽的图案，着装时系于后腰作装饰。腰带两头的饰片和穗须多种多样，装饰特色非常吸引人。在西南地区少数民族中，每个民族都有自己的腰带，每一件腰带都是一种工艺精湛的艺术品。有的腰带还以银、珠等做装饰，勒于腰部。妇女围腰上的飘带也是重要的腰部饰物，有的配裙，也有的配裤子，彝族，壮族，苗族，白族妇女最为突出。

背饰是云南巍山、祥云等地彝族、纳西族的一种特殊饰品，也是一种工具，用于垫背，以便背负重物。方圆形布制成或擀毯而成，中式圆形图案，用布带固定在腰肩上。苗族披肩与纳西族的七星披肩图案，也是背部极具特色的装饰，构成民族服饰的标志图案。

胸腹部的装饰也包括衣服图案、围腰图案与饰物几个部分。前胸、腹部与衣摆都有花纹图案，多为花鸟虫鱼与喜寿图案，也有几何图案纹，自然物等。襟边也是绣花集中的部位，有的绣花，也有的贴花边，还有一些民族将腰带头放在腰部，其纹饰图案也构成重要的饰品。苗族等一些民族还在绣花图案边缘缀有丝须，成为背钏胸的重要点缀。

挂于领口、垂于胸腹的饰帕，也是胸腹部的特色饰件。彝族、白族、傣族、壮族等民族都有饰，也有的称作腰巾或称洗脸帕，其实是装饰品。石屏彝族花腰人，其饰帕绣制花工费时，工艺极佳，而花腰傣与壮族的饰帕则以满缀的银饰为特色。

围腰是各个民族普遍使用的一种服饰构件，其功能是防水，防污，由于许多人重视围腰的工艺，其宽广平直的幅面又宜于绣制花纹图案，久而久之，其装饰作用有超过实用性的势头。围腰形状很多，有方形扁形，也有方形与半圆形结合，有长方形下垂至膝，也有短宽的长方形，形状多样，极为精致。除围腰上的绣花外，围腰链与链扣也很讲究，多用精美的银链为之。链扣制成灯笼、蝴蝶花篮等造型，扣上的链挂于颈，还有腰间连带系至后腰围。围腰的图案极复杂，花鸟虫鱼人物都有。花如牡丹，茶花，菊，梅等最常见。组图则有蝶戏花，鱼戏莲，喜鹊登枝等，还有梁祝、水漫金山等民间故事。桃、灵芝、佛手等有吉祥寓意的图案也常见，龙凤、麒麟及龙凤、牡丹与凤、麒麟送子等图形也常见，还有卷云、如意头、几何纹等图形。彝族、苗族、壮族、白族围腰最为精彩。

前段飘带的装饰效果除后面前面也极佳，有的前后连成一圈，也有的突出前面。苗族腰带与裙相配最普遍。彝族、壮族、傈僳族等民族也有，多是绣花的长布条连成片围在腰间，也有的用花布，系于腹部的兜肚不外露，但也绣制精美。腰带本身在腹部也是重要的装饰物，有的民族只有一条腰带，有的有 2 ～ 3 条，主要起装饰作用，除绣花外，腰带上还会饰有银饰品、珠串、贝壳、线须等物，各具特色。

服装本身之外的饰品，主要有金银珠玉等物品，前置有胸牌，银泡等物，正中的纽扣，也起到装饰作用。哈尼族、白族等民族用小银泡作饰物，景颇用的则是大银泡，胸牌有方形也有圆形，可制长条，也可分片组。景颇族、傣族，胸牌都极精美，纽扣也起到装饰作用，如石屏，建水彝族男装上的长布条彩花纽扣，纯粹作装饰，不用于扣衣，蒙古族的梅花排扣，装饰效果也很明显，此外还有方形，圆形与蝶、鸟等形的扣子，独特鸟纹花，还有的镂空。银币也被用作纽扣，主要为装饰，还有螺尾形、蕨牙形、椭圆形的不同的纽扣，把布纽扣做成蕨牙形或树叶状，也各有独特的装饰效果。

儿童的胸腹部饰品有胸牌，长命锁等物，胸牌多制成长生保命吉语，起护身作用，有的地方还戴专门护身符。

腰部的饰品除腰牌与银圈等物外，还有银链坠、珠串、彩带等物，大圆银圈是建水哈尼族的特色饰品，藏族的许多挂件也挂在胸腹部，一些挂牌如佛龛形挂件，体型较大，也有小的，多镶绿松、玛瑙等做装饰。

胸腹部用得最多的是称作三丝与连缀的银饰品，有的从颈口挂，也有的人腰腹等部位挂，有长有短，多少不一，景颇族、德昂族等族有藤、竹篾圈，尤其德昂族腰箍著名。富宁彝族，有树皮制的腰夹和挎包、刀、香包等也是腰腹部，或前或后成为重要的饰件，具有工具和饰品的双重性。元江、新平等地花腰傣，则有美丽精致的腰箩，挎于腰间，可以放置小东西，又是极佳的饰物。很多民族的铜桶、烟袋、刀、剪、叉、槟榔盒、梳子、口弦、野兽骨牙爪等都是饰品。

三、服饰的主体造型：上衣、下裳

服饰的主体造型，就是上衣下裳，也就是服饰的外观形象，裁剪制作时利用比例分配的原则，做横竖方向布局的长短变化，服饰的长短变化，主要表现为上衣下裳的比例关系，以及整体和局部的整合。

上衣下裳是从古至今男女普遍的服装式样，均为上下两节，上身称衣，下身谓裳，从古至今，称服饰为衣裳，裳是下身服饰的总称，有上衣下裤，上衣下裙之分，西南蔚为壮观的民族服饰体系，无论上衣下裤及下裙的配搭，无论是彝族，白族的上衣下裤，傣族、壮族、苗族的衣裙或是藏袍长衫穿用的特色，都集合着历史服饰文化传统，丰富的服饰类型，独特的着装艺术及精湛的制作工艺，上衫下裳的配搭都很和谐。有着特殊的使用功能和审美艺术，人们对一套服装发生的第一总体印象就是上衣下裳的直观效果，所以上衣下裳是服饰的主体造型。

上衣下裳又称之为服装的裁式，服装款式的多样化是人类文化发展的自然结果。各种各样的，具体服装款式和他们的变化塑造着人们的形象，使得世界花团锦簇，丰富多彩，应该说服装款式配搭结构比其他艺术形式更密切地联系着人们日常生活中的适用功能和审美情趣，如开襟的服饰，依据开口的位置、方向、衣身的长短、袖子的形式就可以产生无穷的组合，这些款式有的是本民族自己创造的，也有的是文化交流的结果，每个民族都有若干种款式，每种款式在几个民族服饰中都可以发现。

1. 服饰的第一亮点：上衣

上衣是全套服装中最为重要的组成部分，从某种程度上看，裤子、裙子、帽子、头巾都只不过是上衣的自然配合和补充，一个人的服饰，美还是不美，给人的印象如何，是由上衣奠定其基础和主调的，从穿戴者的角度看，上衣的顶端，是一个人表情生动的面孔上衣就像是面孔的依托，一同显示一个人的刚毅、威严、活泼或是可亲可爱。有人把少女的面孔比作鲜花，那上衣千变万化的领子，整件上衣丰富多彩的装饰，就是把鲜花衬托得更加妩媚、引人的绿叶，从观赏者的角度看，一个人朝前看时，看远处的景物，视线稍有上升，看近物时视线却自然下垂，这样一来，最初引起注意的，也就必然是上衣，上衣包裹着胴体的主要部分。男性的强健和女性的丰满，有力的双臂和苗条的腰身都要靠上衣来凸显和修饰，如果一个亭亭玉立的少数民族少女站在你面前。你第一眼注视的服饰，一定是它那色彩鲜艳，式样新奇裁剪得体的上衣。所以上衣是服饰的第一亮点。

上衣，成为服饰的主体部分，古文中记载长衣曰袍，下至足跗，短衣曰襦，自膝以上，所以，衣自古就有长短之分，造型款式也很多，是服饰的第一亮点，根据人的上身穿着，与搭配的不同目的和功用，分为外衣、内衣两大类，外衣以裁剪不同，以长短分，有短衣，长衣，领褂，三滴水，坎肩，披风，肚兜，长袍等。内衣则有背心，褂子，衬衣等名称，中国西南地区少数民族上衣千姿百态令人惊叹，是真正的奇装异服，观赏一下，真是一山分四季，十里不同天的特色。

民族服饰，不论外衣和内衣，其衣式可以按裁剪开襟的不同分为开襟、对襟、斜襟或交襟几种，区别在于着装完成后的形态，分为有扣和无扣两类，无纽扣的着装时不扣合，任其放开，不用纽扣的交襟衣，是把一半衣襟压在另一半上，交叉叠压，再用绳带等扎好。因着装，后交叉的襟面成斜线叠压，也分成有右衽和左衽两种，对襟衣和斜襟衣是各民族中具有典型性的衣式，极为普遍，几乎遍及各地各民族，对襟衣在衣中开襟，左右襟面相平，用纽扣连接，过去流行用条状布钮，今多用工业制成的纽扣，对襟衣以男子服偏多，用斜襟者相对较少，女子则对襟、斜襟都有，斜襟又称斜衽衣，也分为左衽，右衽两种，襟面从领拉到右腋下的称之为右衽，反之则称之为左衽，在领及腋下等处有纽扣扣合。

开襟衣分为短衫、长衫两种。西双版纳傣族，芒市阿昌族以及哈尼族、布朗族、德昂族、基诺族、佤族的大多数都用短衫，苗族也有无扣的，这种短衫，有的用布袋连接，也有的让其开着中间胸部，基诺族用胸兜做装饰，哈尼族和金沙江边的傣族有胸围，多数用衬衣或薄背心衬底，这种衣服多是无领，也没有明显的领扣，两襟边连成一片，与领部合为一体，穿上身后，若不用布带拉紧，多数都会上小下大，呈八字形开口，胸腹部露出一片，要做填补装饰。瑶族中的大板瑶，也穿开襟长衫，其开口上宽下窄而交合，形成倒脱三角形的空缺带，衣襟两边饰有大红绒球，瑶

族、壮族的道公服，也是开襟长衫。大姚县桂花方一带的彝族妇女穿的也是开襟长衫，装饰图纹精美，被称之为虎纹衣 。

对襟衣，有长袖，短袖两种，还有内衣，衬衣，外衣之称，各地都有使用，对襟外衣中比较典型的是，以机织布为原料，条形布纽扣上彩绣花纹，形成蓝纽扣的基本色调，左胸有口袋。石屏与建水地区的彝族，弥勒的彝族阿哲人，楚雄州彝族都有这种长袖对襟衣；施甸县的彝族，衣式基本相同，但有三个口袋，两边开叉，色调为青色，用土布，靛染制作而成。哈尼族、壮族、傣族等许多民族都有这种衣服，多为内衣，也就是衬衣，有对襟，也有斜襟，均选择轻软的布料，制作均根据身体的高矮胖瘦，故称为紧身衣。藏族的长袖衬衣，是较特殊的一种，袖长可盖过手掌下垂，衬衣多与褂子套穿，内衬外褂，适用性很强，也很美观。

马褂，也是对襟衣，最初是骑马时穿的外褂，故名。其式圆领，对襟，扣袢，衣长至膝，袖长及肘，四面开衩，这种褂子紧身窄袖，适于骑射的需要，又防风御雨，使用广泛，不少民族虽不再过狩猎生活，但都喜穿马褂并有单，夹，纱，皮，棉之别。

款式也有长袖，短袖，大襟，琵琶襟等，与下装相互配搭，也可以做便装单独使用。

对襟衣，多为短装，不仅有长短之分，还有内衣，外衣之别，设计制作不同民族有不同的特点，麻栗坡县新寨彝族的男子对襟衣是较为特殊的一种，衣摆成尖角，合拢成箭头型，故称燕尾衣，衣以蜡染圆形花纹装饰，形象古老，如同铜鼓文，有很高的艺术价值，哈尼族的叶车人穿的对襟短衣也是较特殊的一种，衣服将多层布叠压制成厚衣服，层与层之间不缝死。可明显地分出层次，多数在 9 到 12 层之间。

斜襟长衫，在过去也很普遍，就目前保留的情况来看，临沧、澜沧、金平等地的拉祜族女装，藏族、水族男服，马关傣族女服，红河县三村一带的哈尼族女服，中甸纳西族女服，镇雄彝族女服较有代表性，斜襟长衫因裁剪法不同，有两片，三片，连成一片三种，连片者以藏族长袍为典型，襟边斜拉，自领至腋下为开口，其余部分连为一体，藏袍多为皮毛制品，两片者在两腋下开叉，分衣为背与前襟两大片，三片者又因开衩法不同。傣族长衫分出三片，前襟两小片，后背一大片，这种衣服，三片不为等长，前两片长短不一。

前短后长上衣，是中国西南地区民族服饰中最特殊的一种，这种衣服前襟与后背衣服的长短不相同，前仅遮腹，后长及踝，最多的差距，前襟仅及后襟的三分之一，前面的空缺通常加系围腰来补齐，一般围上围腰后。前后长度相当看不出明显的差别，云南镇雄、威信等地苗族，禄丰青苗，红河县一带哈尼族，丽江纳西族，云龙、元江等地白族，腾冲、芒市、盈江等地的傈僳族，施甸、西双版纳、金平等地瑶族。祥云、景谷、永平、禄丰、禄劝等地的彝族，都有此式长衣，多为女装，虽各地的有所不同，也不完全是斜襟衣、交襟、对襟与斜襟都有共同的特点，都是前短后长。

前短后长上衣，傈僳族颇具特点，怒江州泸水市傈僳族妇女上衣，前襟长47厘米，后襟长122厘米，袖长40厘米，上衣黑布底，直领，右衽，长袖，领镶花边为饰，左右肩贴红，绿色的布条，襟边镶蓝、白、红、绿色条布，袖管黑布底拼绿、黑、红色横条布纹为饰，后衣襟最下摆绣五彩花卉。腾冲傈僳女上衣，前襟长60厘米，后襟长111厘米，蓝布底翻领右衽。托肩以白、红、蓝相拼。襟边和袖口以白、红、蓝和橘红色拼接。前襟短及腹，后襟长，下摆边镶有海贝、植物果珠，围腰长59厘米，摆宽71厘米，以蓝布底拼五彩色布，腰带头织七彩条纹为饰，整套服装鲜艳绚丽，五光十色，文山州富宁县瑶族妇女穿的坎肩，则是前长后短，前襟长63.5厘米，后襟长27.5厘米，坎肩用蓝靛染的青布制成，圆领，无纽扣，红白布条镶滚领口，下用八枚银八角花镶边，五枚长方形银牌，穿在上衣里面，起到装饰作用，是真正的前襟短后襟长的特殊上衣。

云南永德、凤庆、云县等地的彝族俐侎人，外衣都是前短后长，为厚重的开襟长衣，无纽，再靠近下摆的地方，有专制的布条将两襟连在一起，便可以拼合，衣为青黑色，绣有吉祥图案，其袖口、领口、下摆等处，更是缝花绣蝶，特别是藏族妇女的长袍，在衣襟、领口边上镶有花条和彩牙边，腰间系一条彩色围腰，穿无袖藏袍时，里面着红绿色等鲜艳衬衣，衬衣袖子特长，竟长出胳膊两三倍，

平时卷挽，跳舞、欢聚时放下，舒展间自如潇洒，有飘飘如仙之势。

长衫长袍，在西南地区少数民族中，藏族和怒族穿用较为普遍，其样式为圆领，大襟，左衽，窄袖，两面开衩，有扣绊，妇女长袍在衣襟、领口边镶饰花条或彩牙边，因能体现女性优美体态，一直沿用至今，这在藏族中被称之为藏袍，男士藏袍左襟大，右襟小，一般在右腋下，钉一个纽扣，也有从红、蓝、紫、绿等色的布料中任选一色做两条宽四厘米，长约20厘米的飘带，穿时系好，就不用纽扣了。藏袍不分男女都是斜襟式，男式以黑白氆氇为料，领子袖口，襟口和底边镶上色布或彩绸。氆氇藏袍一般比人的身高长大，穿时把腰部提起来，腰间的绸带以红、蓝色为多，即使腰带也是装饰物。藏袍里不论男女都穿上一件红白或绿色衬衫，男子穿白色者多，平时把袖卷起来，跳舞时放下领袖。甩袖而舞，充分显示出藏袍本身所具有的古朴典雅本色，也可以脱下领袖，把两袖束在腰间，骑马、狩猎、劳动都很方便，女子除了穿长袖氆氇藏袍外，

还穿无袖的藏袍。夏秋两季是穿无袖藏袍的季节，在花色和红蓝，雪青等色鲜艳的绸缎衬衣外，套穿上无袖的女式氆氇藏袍，显得十分美丽，冬天女士藏袍都有长袖，穿时腰间要束各种色彩的绸缎腰带，也有布腰带，藏族妇女在腰部系一块彩色的围裙，藏语称帮曲，是羊毛织成的彩色条纹氆氇裙。

传统藏袍中使用最多的面料为氆氇，又称藏呢，用羊毛纺织而成，氆氇藏袍是藏族广泛穿用的上衣，由于游牧生活的居住无定所，只求一衣多用，方便实惠，随着物质生活的提高，人们开始追求袍的审美价值，如镶色边，缀锦缎，邻里间还对穿着互相攀比，使藏袍愈趋花哨和华丽。有时甚至超越了服装本身的意义，异化了无声炫耀财富和地位的手段，藏袍，既有承袭传统的一面，也有适用，简洁、明快、美观的时代感，除常用的长袖长袍外，还有窄袖绣有花纹的式短袖长袍，用料精细，衬以五色内衣，越来越精美引人，更能展示姑娘美好的体型，各类装饰品也朝精致、小巧、高档次的方向发展。

一部分怒族的先民可能与藏族群体有着一定的渊源关系。故怒族男女多为衣长至踝的布袍，麻布质地，妇女一般穿敞襟宽胸布袍，在衣服前后摆的接口处，缀一块红色的镶边布，年轻少女喜欢在麻布袍的外面加一条围裙，并在衣服边上绣上各种花边，男子一般穿敞襟宽胸衣，长及膝的麻布袍，腰间系一根布带或者是绳子，腰以上的前襟往上收，便于装东西。

长袍，在西南地区少数民族中，演绎为长衫，种类多为单衣或夹衣，棉布或麻布制成，也有用丝绸面料的，款式以大襟为主，对襟次之，比较合体，无领者居多，少数为立领。长衫是彝族、傈僳族、拉祜族的传统服饰，部分苗族、瑶族、侗族男女也穿长衫，长衫都有醒目的镶边，均为典雅的图案。

蒙古袍，蒙古族无论男女老幼，一年四季均喜欢穿长袍，春秋穿夹袍，夏秋穿单袍，冬季皮袍和棉袍，袍式和着法因地区不同而有所差别，有衩，男袍一般肥大，女袍则比较紧身，以显示女子身材的苗条和健美，有的女袍束腰，已婚妇女袍子的肩上有皱纹，有的成年男子和已婚妇女均在袍外罩坎肩，有的妇女袍外坎肩或无袖长袍罩，袍的颜色艳丽悦目，男子喜欢绿色、棕色，女子喜欢红色，赭红色，蓝色、天蓝色、绿色、米色、粉色，夏天袍淡一些，有浅蓝、乳白、粉红、淡红色等。蒙古族认为像乳汁一样的洁白的颜色，是贵而圣洁的，故在盛典、节日时多穿白色长袍。

西南地区民族服饰中的披风，贯头衣，褂子，背心，兜肚等，也都是上衣的组成部分，都有着独特的制作和穿着习俗，披风种类很多，小凉山彝族的披毡与藏族披毡均用羊毛擀制，苗族有麻织花披毡，有的地区彝族有麻与火草混织的披毡，纳西族等一些民族也有披毡，都各有特色，有的披毡作装饰用，有的则重御寒，小凉山彝族的披毡，过去日做衣袋，夜做被盖，很少离身。

贯头衣是历史悠久的一种衣式，考古发掘和古文献都有记载，东汉时期西南民族就流行这种衣式，目前还继续使用的是彝族，笔者曾有专文称之为千古一衣，是人类服饰史中的奇迹，贯头衣，除彝族外，佤族的法师也在宗教活动中使用，贯头衣有三种类型，其共同的特点是，衣不开襟，顶上开一口，穿衣时头从中穿出，其余部分套在肩上，故称为贯头衣。富宁、寻甸彝族贯头衣式样是大片前后垂盖，西畴彝族则有袖，类似于现代的圆领运动服。

独龙族用作蔽身的独龙毡，是一块方形的麻织毯子，用时从一边肩上斜披下去，收紧两腋下的布幅即可。现在多与现代服饰套装，很少单独穿。

褂子，实际上指的是无袖衣，使用也很普遍，男女都用，还可分成内褂、外褂，外褂与衬衣套装、用衬衣的长袖弥补褂无之缺，并形成独特的花色布料搭配，褂子的式样很多，除布料、花色，直襟与斜襟的区别外，主要的特色由袖口部位与摆的长短不同造成，有的衣式，袖口延伸稍多，有长袖衣齐肩剪出袖子。有的则只有两片小布袋，挂在两肩之上，有的袖口部位开口大，有的开口小，都形成了不同的衣式，有的还在腋下开口形成三片，用布带连接。衣身长短不同，也形成不同的衣式，衣短而肩带长的形如凸字，衣短而肩带细小的，形如细带胸衣，肩带过长的，形如挎包，从大的衣样而言，白族、纳西族、彝族、回族、藏族、壮族的妇女都用的外褂是一大类型，各地男性褂子也可以大致归为一类，楚雄，石林等地的彝族，火草褂为其中较有特色的一种，石屏与文山交界地的花腰彝女褂，为绣花的典型，衣式很奇特，石林、弥勒、丘北、泸西等地彝族老式女褂，也是极具特色的服饰，羊皮褂用整张羊皮制成，用者也多。

背心又叫坎肩、马甲，对襟、无领、无袖，男女均用，是民族的传统服饰之一，早期坎肩，多以皮毛制成，以后用料及做工愈加的讲究，有单、夹、棉、毛之别，款式也逐渐增多，有琵琶襟坎肩，大襟坎肩，对襟直翘坎肩，对襟圆领坎肩，人字襟坎肩，穿着时多将坎肩套在衣的外面，保护前胸后背，并且有装饰作用。背心起初是穿在里面，式样较为贴身，男子背心长仅及腰下，窄小紧身，多为对襟，中式立领，一字钮，有时还镶滚边缘，材料一般为绸缎、纱等，背心的作用与马褂相同，女子背心花样繁多，是正式服装之一。

披肩俗称肩垫或垫肩，是服饰肩部的衬托物，也是肩部很抬色的饰物，作用是使肩部平整，后背方正，两袖圆顺，衣肩平衡，另外，还能修饰整体造型，弥补体型缺陷等，早期肩垫通用手工制作的方法，将火草麻布用白布包扎成三角形垫在衣服肩部，自20世纪60年代以来，广泛使用机织布做披肩，材料有棉布，锦缎，泡沫等，形状有三角形、椭圆形、马鞍形，龟背型的，多为男子使用。因其有背负物品时垫护作用，是许多民族生产劳动中男女使用之物。

妇女使用的披肩为丝绵类织物，制作披肩除实用价值，也有装饰审美，有的妇女发式为髻，髻低及肩，披肩可防止髻上的油污有对衣服的损

害，有的披肩与上衣同色，或接近为佳。披肩不仅具有防汗和沉淀的效果，而且要有特殊的装饰效果，在此基础上，西南民族妇女对披肩采用的是刺绣或镶饰相似等装饰技巧，使其对肩部有突出的装饰效果，绣花流行于彝族之中，以红、黄、绿三色为主，用大块云勾贴花装饰，又称布置，其造型为环绕两肩及后颈，还配挂有串珠流苏，是妇女披于肩和胸前的装饰。披肩披于肩部，如同衣服的一部分，前开襟通过纽扣系合，刺绣精美的装饰品，花纹镂空并装以银饰，艳丽如彩霞，光彩夺目。至今，布披肩以瑶族，白族、哈尼族为多，有银饰品的以丘北一带的壮族和彝族为典型，壮族的银帔肩非常复杂，用雕花扁形片组合，构成主要造型，加缀蝴蝶。芝麻壳形铃，菱形片等做装饰，扁形片上绣有花、蝶形的图案，彝族银帔肩的构件是寿字牌，银泡，芝麻壳饰铃，圆寿牌等物，有布坐垫，蒙古族也有领披，是假领的延伸，在假领之外缀须为饰，白族布披肩则用莲瓣形组合布片和如意头形式，银链等物组成，布片都绣花纹图案，蓝靛瑶族的披肩比较简单，哈尼族、苗族、壮族中流行的银帔肩，大多是从汉族云肩演化而来，苗族银帔肩一般用七块或者九块薄银片为主体，比纺织材料制成的披肩，更有着装饰意义。

披风，形状似蓑衣，对襟、无领，用带子或纽扣系于胸前，长度一般在膝盖部位，随季节不同，披风还有单层、双层、棉的和皮的，其中妇女披风花样较多，男子披风一般无花样，素色为主。

壮族，最具特色的妇女服装是花绣衫，它是一种绣花小领斜襟长衫，双袖，有红、橙、蓝、白、黄、绿、黑七色或红、黄、绿、紫、蓝五色彩布彩和彩缎，逐段相接而成，鲜艳夺目，美观大方，又称七彩袖或五彩袖，花袖的每种色彩都有寓意，如，七色袖，从最底层起，第一道黑色象征大地，第二道绿色象征青苗、绿草，第三道黄色象征麦穗，第四道白色象征甘露，第五道蓝色象征蓝天，第六道橙色象征金色的麦芒，第七道红色象征太阳。壮族民歌中唱到阿依姐的衣衫放宝光，天地的妙用都收藏，红、橙、蓝、白、黄、绿、黑，万物全靠它滋养。

绣花衫，外套有黑色或紫红色，蓝色坎肩，腰系白鹤或蓝绿布带，布带的两端绣有花鸟虫蝶，彩云或盘线的花纹图案，腰带上吊有罗藏和钱搭链，罗藏用铜、银薄片制成，有兽头形，圆形，桃形等样式，其上有孔，一般用来系花手巾，小铃铛，针扎等杂物，垂吊于腰带右侧，钱搭链的长度为 30 厘米，宽 13 厘米的小口袋，由三块白底绣花条块缝合而成，下端连三处彩色穗，用来装钱和饰物。

兜肚，一般不做缝制，仅用某些形状成袋的布裹住身体的肚子，故称为肚兜，肚兜是最原始的服装形式之一，大多数为内衣或孩童所穿用，肚兜有两种形式，一种是缠于胸间的，贴身短袖绣花布块，另一种是系于腹间的抹胸肚，抹胸肚同小衣一般用纽扣或横带相连，都是用来保护腹部，故有兜肚、肚兜之称。

云南楚雄大姚等地男子佩戴的绣花兜肚，长 30 余厘米，多以黑布为底，上绣各种花纹，系于腰间或挂于胸前，用于装钱，鹿皮肚兜也是男子的传统饰物，多用彩色皮线缝制，针脚形成自然花纹，兜肚还是青年男女的情感信物，凉山妇女结婚时，披挂胸饰与背式，胸饰由若干单独的银饰件连环组成，每一银饰件均雕刻图案，垂钓银穗，背饰为一块红色长方形羊毛布，其上镶贴口，月形镂花银片，红地银片，娇艳富贵。

民族服饰的造型和结构千姿百态，特别是上衣的丰富和博大，真是罕见的聚宝盆，上衣成为服饰的第一亮点，难以尽述，这里再以彝族的领褂和其他上衣的装饰，白族的三滴水、哈尼族的多层衣，苗族的绣花衣做具体记述：

彝族领褂的基本特点是无领或圆领、对开襟，一般用棉布和麻布缝制，但是部分彝族群众的羊皮领褂和火草领褂却更具特色，在贵州和云南北部的彝族地区，无论穷富，人们都喜欢穿羊皮领褂，而且四季不离身，彝族羊皮领褂由一片完整的羊皮做成，保留了羊的外形，无领无袖，夏天正穿毛在外防晒防雨，冬天反穿毛在内保温保暖，用四只脚皮当纽扣系住，而云南东川一带的彝族和鹤庆彝族的青年，却格外注重火草领褂，火草是一种长在山地里的野生植物，其叶片和根部长满黄白色茸毛，可以收下晒做火镰打火用的火绒，故称火草，每年夏末秋初，彝族青年大多上山采集火草，由姑娘们把采集来的火草捻成细线，和细麻线连在一起，用手工织成火草布，再缝制领褂，这种用火草做成的领褂保暖、透气，穿着柔软。舒适，经久耐磨，颜色黄白，在阳光下有耀眼的光泽，但要织成一件领褂却要跑遍九坡十八岭，凝聚着艰辛的劳动，采集得多的，也可以制成火草衣，姑娘往往将火草衣赠送意中人，作为定情衣，而小伙子则以能穿上一件火草衣走亲访友而感到自豪和光荣。

彝族上衣，无论男女，因各地饰花部位不同，图案不同，工艺不同，再加上不同的着装方式。有着不同的特色，上衣盘肩，襟边，袖口和扣袢等是装饰的重点，集中体现了彝族服饰装饰艺术的精华。

妇女上衣，凉山地区美姑彝族女衣于大襟襟面饰花，工艺以盘花、挑花为主，排列纹样与用色近十种，图案齐整，缝工考究，喜德彝族妇女衣以镶饰鸡冠纹为特色，普遍装饰于大襟周边，形成中素边艳的格局，尤其是当地特有的青衣采花坎肩，在袖窿底边上镶一周雪白的兔毛或羊毛，装饰效果强烈，布拖地方的女衣以补花和贴花为主，羊角纹、火镰纹是其代表纹样，纹样硕大，疏朗活泼，色彩浓艳，纵横通体。凉山地区彝族妇女以颈长为美，重衣领装饰，在小小的衣领上精挑细绣，绲边盘花，镶嵌银泡。哀牢山地区的彝族女衣，以饰银为贵为美。流行银泡镶嵌工艺，习惯用大银泡满缀大襟四周，襟边镶串硬币，领前系一串银珠，上衣后摆下还有两条三指宽的飘带，飘带上绣满五彩缤纷的吉祥图案。丘北地区部分彝族女衣挑花面积很大，常在浅色底布上用红彩线挑绣对称图案，弥勒彝族女衣，有的使用缠针绣针法，纹样突出，制作精细，富有立体感，武定、禄丰等地妇女盛装绣花繁上衣盘肩处多装饰一排彩须和银穗，盘肩、前襟和后摆上绣红色团花图案，娇艳富丽。大姚桂花一带女上衣对襟无扣，前襟及腰，后摆过膝，均以黑布为底，用彩布镶拼成各种条形几何图案，风格古朴，麻栗坡妇女衣于盘肩、襟边、袖边和底摆等处用蜡染花布镶饰，素雅清新。龙陵妇女的大襟右衽镶边短上衣，仅于盘肩和袖口处镶贴青色饰边，衣衩，裙边有少许花纹，素净典雅。峨山塔甸妇女虽用镶、补、挑花工艺装饰衣裤，但色彩沉稳，别具风格。石屏女衣衫均为紧袖，坎肩一般不系扣，衣裤套用两种以上对比强烈的色布拼接而成，全身有红色调为主，红、黑相间，杂以绿、蓝、白等色，工艺多施于衣袖、后摆、坎肩的边缘及背部，以带饰为主，坎肩的前后均为纵式带花，后背或绣花片，或补彩条布，领围多补绣太阳花，给人以浓烈鲜艳之感。

男子上衣，除了凉山以诺地区男上衣饰花，与女装同艳以外，大多淡雅朴素，仅以扣袢、镶边、袋面饰花等稍作点缀。凉山所有地区的男上衣素黑，短不过脐，小仅贴身，以密集排列或组合排列的长扣袢为饰，红河地区的男上衣，衣襟上也密钉长袢并以银币为扣。楚雄、大姚地区男子的天蓝色对襟上衣，银白扣袢，袋面绣红虎与马缨花，鲜艳醒目。巍山地区男子传统鹿皮坎肩，以本皮镶边，做扣袢和贴花，显得古朴典雅。

白族是比较集中居住在云南洱海周围的一个少数民族，特殊的地理环境和传统文化，使其服饰别具特色，大理洱海地区白族男子服饰，称为三滴水，所谓三滴水，是指内穿短大襟上衣，外穿皮领褂，领褂为鹿皮精制而成，颜色较深，鹿皮领褂的外面，还要套上几件布质或绸质的领褂。这些多层的上衣领褂，最里面的上衣最长，鹿皮褂次之，外面的布绸领褂最短，呈现出明显的层次感，使得白族男子风度翩翩。洒脱英俊。

哈尼族多衣套装的奇与美以红河县浪提乡叶车人为代表，叶车妇女有外衣，中衣，内衣三种不同类型的上衣。外衣称为雀朗、中衣称为雀巴，内衣称为雀帕，奇特的是，每逢喜庆节日，叶车妇女都以多衣为美，多衣为荣，竞相比试，穿内褂一件，中衣七件，外衣七件，总共15件之多，也是内长外短，逐层递减，青蓝相间，层次分明，色彩协调。其实，这是特殊设计制作的工艺，并非是15件衣穿于身上，而是一件主体衣上裁剪制作艺术表现。与此相似，生活在贵州与云南交界地区的布依族青年妇女，盛装时也往往穿10件上衣，6条裙子。由于大襟对衫，各种上衣都在胸前有层次地展现出来，富丽而不妖冶，简朴而不单调。

上衣的款式很多。就以苗族为例，苗族女装上衣可分为贯首式、开襟式、对襟式、交襟式、开襟右衽式、开襟左衽式、蝙蝠式等。贯首式也叫贯头衣，是一种古老的服装款式，或一块整布中间剪一孔或前后两块布缝缀时留一口即成，穿着时从孔中贯首而入，这一款式主要流行于一些比较落后的民族地区。开襟式，五口无钮，穿着时敞胸，内系绣花胸兜或胸衣，主要流行于富宁县。对襟式，前片中间开襟，穿着时对襟扣紧，流行于广南、金平地区。交襟式，穿时左右两襟交合重叠，系围腰束紧。开襟右衽式，是苗族普遍流行的款式，而开襟右衽衣，现存较少，只在丧葬仪式中多见。蝙蝠式，衣身张开，犹如一巨型的蝙蝠，主要流行于安顺、富宁等地区。

苗族各类型的女装，在细节上虽然有着显著的

差别，但从外面轮廓看，基本上属于大领和大襟两种，这是苗族上衣最明显的两大特点。

大领大袖衣，以文山州广南苗族为例，其特点是领大袖大，但不太长，并常将袖口卷起一小折，衣的前襟略长于后背，这种大领上衣的前襟长后襟短是有原因的，因为这衣服都不用纽扣，只在两面衣襟和两边衩口处各钉一根衣带，穿时，左襟向右拉，右襟向左拉，分别在两边的衩口上打活结，这时需要前襟的衣角与后襟的衣角对齐，如果前襟短了，后襟就长过前襟，不好看，前襟过长，又超过了后摆，也不好看。总之是要使交叉到岔口来的两角对齐，所以前襟长多少，就要看衣襟长短的对称而定，有些地区的领特别像后倾，脖子露在外面。衣的正身一般都缝制较长，盖齐或盖过臀部，左右襟和左右衩口上各定一根花带，穿时左右襟的带子分别和左右岔口的带子打个活结，不用纽扣，多数地区用右衽，也有的地区用左衽，服形都很特殊。

大襟上衣，其特点是无小领，窄袖，袖长及手腕，衣长盖过腹部，各地均属右衽，穿后用腰带束腰，天热时少用，有的地区做外衣用，后摆很长，盖齐襟的下缘，形如一张后围帕，事实上也是当后围帕用，穿大襟衣的妇女，其裙子是细褶裙或者是半长裙，短裙连腰只有一尺长，前面围有比裙长的围帕一张，长约一尺六七寸，后无围摆。

苗族不同年龄，服饰上的差别，除了一至三四岁的幼儿外，往往都不是从服装式样去区别，而是在刺绣、蜡染装饰等方面来区分，幼儿时代男女服装差异较小，一般都穿用母亲亲自织逢的条纹布或青布右衽长衣，盖过膝部，头戴绣花帽，脚穿绣花鞋，男女幼儿均剃发，两三岁的幼儿就开始穿耳，并用一根线穿过耳孔打个结，免得耳孔封闭。这是备作将来戴耳环用。幼儿背带都绣花，相当讲究，有的小孩还带一根小银链。儿童时代，女孩在五六岁后就开始穿裙子，衣服式样与大人相同，唯刺绣略异，有的地区还很突出。女孩服饰，衣袖无花，只在肩部横钉约二三厘米宽的纱绣花条两块，也有打扮成十字型的，夏季的单衣都是这样，冬季则在背部附以一块刺绣几何纹的花块。约占了背部的三分之二，他们叫作欧降，意为野猫衣。这衣服，十五六岁以后就不穿了，否则会被人讥笑，孩子六岁后就开始留发，因此，以后只能戴通顶帽子，头发先从

头顶留起，然后，一圈圈地往下扩大，直到头顶能梳成辫子，再往下加留一圈，这圈也能梳上去了再留一圈，直到十五六岁才能把头发全留起来，17 岁后，全部长成长发，梳作一束。苗族青壮年时期的妇女，与老年妇女的服饰有所不同。妇女常用的服饰，都要在袖口上织绣花块，纹样都是同一形状的几何纹，可织绣方法有所不同，老年用的使你一看就看出它的纹样形式简单短小，青壮年妇女用的则把纹样向左右拉长，织绣得密密麻麻，令人找不出他的纹路来，如果才生一两个孩子的少妇就用那样很显眼的织绣花纹，会被人骂装老。年轻姑娘穿了更会被人讥笑，银饰和其他配饰，也是在这段年龄内最受重视，多种多样的银饰，一逢地方节日，就全副佩戴起来，等到年逾 30，银饰也就逐渐减少。

佤族妇女鲜明的年龄标志，是颈、臂、腰、腿上都带数个甚至数十个竹篾圈和藤圈，身上有多少个竹藤圈，就显示着有多少岁。

总之，在少数民族中，人从出生到终老，一生要换多套服饰，界定不同年龄的差别，特别是未成年人服饰范围的精密，难以尽述，一般每相差两到三岁，在纹饰上就有细微的差别，尽管这些差别外来人很难看出，但寨中人却能分辨出着装者的年龄，和已婚未婚及生育孩子的多少。

居住在云南华宁县通红甸一带的苗族妇女自幼喜爱挑花绣染，自纺自织，或棉或麻，精挑细绣，服饰最为华丽，她们的绣块夹衣里子常用绿、淡蓝色布缝制，衣袖包镶 3 至 5 块绣有各种几何图案的长方形绣块，直至肩际，双肩前后也镶绣块，形似坎肩，襟也同样镶绣块无领无扣，交叉搭于胸前，靠系腰系住。前片及下腹，后片至膝盖弯，穿分截百褶裙，上截净色，下截织横条花纹，料子多用麻布，褶较细，长仅及膝，裙罩垂满璎珞。系长方大围腰，围腰周围也镶绣块，中间露底色布。整套服装的绣块，多用红色丝线，间以少量黑、蓝色线，线条花纹十分明显，配上蓝，绿，白色底布，十分鲜艳夺目。制作这样一套衣服的绣块，一般要花费两三年时间，使得苗家少女在农事和家务之余，抓紧时间飞针走线，无暇他顾，仅布约 5 至 6 丈，五彩丝线至少一斤，有的还要配上银冠，银泡，银片，银铃，银圈，银链等饰物，用银多达数十斤。

中国西南地区少数民族的内衣丰富多彩，尤其是各类胸兜，是女子服饰的重要装饰，胸兜又称兜肚，大多做成菱形，上有带，穿时套在颈间，腰部另有两条带子束在背后，下面呈倒三角形，遮过肚脐，达到小腹，兜肚上一般有各类精美的刺绣，系束用的带子并不局限于绳，富贵之家多用金链、银链、铜链。小家则用红色丝线。妇女所用的兜肚，一般多用粉红、大红的鲜艳的色彩布帛制作，是哈尼族僾尼支系女子独具特色的长装内衣，女子成年就要穿上精心缝制的胸兜，一块宽约30厘米的自织自染土布依身体肥瘦相围而成，前部饰有大量银泡、银牌及银币，并绣有数行精美图案，然后以一条宽约3厘米，长约50厘米，镶有银泡、银币的布带从前胸经右肩连于后胸。一件胸兜简直就是一件精美的艺术品。苗族女子也穿胸兜，上部分略成凹字形，下半部分略呈五边形，中间相连，十分平整挺括，绣满几何装饰图案，造型奇特，与古代纳线铠甲的质感很像。穿着时，把肚兜上面两端搭到背后，再勾上S型锥头银饰，胸兜两侧的绑线带系在腰间。有的苗族胸兜较长，为正方形，在胸口部位有特殊的绣饰花纹，其余三边缠有花带。胸兜领口花饰是最为引人注目的部位。布朗族女子上衣里面穿有对襟圆领贴身小背心，领口及胸襟处饰以各种彩色花边；胸襟上钉有一排小纽扣，背心多用彩色艳丽的布缝制而成，白天时，单独穿上这样的贴身背心，布朗族女性的曲线美得到充分展示。

彝族妇女一般穿镶边和绣花的大襟右衽上衣配长裤，裤脚上还绣有精致的花边。乌蒙山地区的彝族妇女穿大襟衣配长裤，服装领口、袖口、襟边、下摆及裤脚均饰彩色花纹。滇西地区的彝族妇女上装多为前短后长的，右大襟衣，下着衣裤，系围腰，套坎肩。楚雄州彝族妇女上穿花式繁多的右衽大襟短上衣，下着长裤。红河州的彝族妇女，既有大襟右衽长衫，也有中长衣和短装，普遍着长裤，衣罩外套坎肩，系围裙。滇中及滇东南地区的彝族女装的主要款式为右襟和对襟上衣，上下以白，蓝，黑为底色。长裤多为黑色，裤脚镶边或绣花。

哈尼族“布孔”支系妇女服饰为满襟布衣裳。下穿短裆紧脚裤，裤脚边缘绣着大齿花；“布都”支系妇女服装用黑色白染布做上衣，齐膝短裤和绑腿带；“腊也”支系妇女衣服为土布衣，裤子用黑布缝制，裆部、裤管窄小；叶车妇女则常戴一种尖形披肩帽，穿无领开襟短衣和紧身短裤，精干健美。墨江“蒙尼”支系女子穿无领右襟青布衣，下着长及膝短裤，腰系白带。

阿昌族未婚女子皆留长发盘辫，穿白、蓝色对襟银扣上衣，下穿黑、蓝色长裤。水族女子穿无领对襟长衫，衫长过膝，领襟绣有精美的马尾绣。裤子裤脚或膝弯处皆镶有刺绣装饰，劳作时穿青布短衣长裤，系围腰。

彝族下装一般为男子着裤，素色，不饰花；妇女喜着裙或短裤，各地饰花方式不同，风格各异，特点突出。

女裤，为彝族妇女多穿用之，裤脚镶饰花边，如武定、禄丰等地女裤裤脚上约30厘米宽的花式缎，其中以精致的人形挑花图案最富有特色。峨山、双柏一带的女裤用补、绣、绘工艺装饰裤脚，技法似古代绘画遗风。新平女裤于腹部饰小花片，束腰带、围腰及绣花腰巾。开远、蒙古、砚山一带女裤，喜用对比强烈的两色布拼缝，裤脚镶挑花带。

绣花围腰是妇女下装的服饰品。彝族的围腰及腰带极有特色，妇女着裤者均束以绣花围腰及绣花腰带，而绣花腰带则男女均用。作为一种重要的装饰，围腰、腰带的式样很多，纹样、色彩、绣工亦十分讲究。如石屏、峨山一带妇女的腰带，不仅两端带部位精工绣制，带上银花牌、银吊穗，与头饰和衣摆的花饰相配，为此博得了花腰彝的美称。红河妇女的腰带绣补并用，纹样借物喻情，寓意深长。元阳妇女宽大的腰带垂覆腰股，是全身衣装的主要装饰。那坡男子的挑花腰带，以自织土布为料，用红、蓝两色锁缝带边，带头饰以精致的饰纹并镶贴梅花锡片。

长袖大襟衣配裤子，滇中地区民族仍保留。衣服为斜襟，衣身较长。多在领圈围与襟边、袖子某处绣花，或贴花边，有的裤子也锁花边。上衣配长裙也是普通搭配。上衣有对襟衣也有斜襟衣，都不太长。裙子多下垂至踝，但多为褶裙，傈僳族、藏族、回族、壮族等民族都有此服。

无裆裤，应裆短而得名，是做小裤用的短裤，过去只有极少的民族使用，如今哈尼族叶车人的短裤很特殊，与汉族使用的短裤完全不同。吊裆裤与双江县拉祜、佤、布朗等族为典型，吊起的裆也有下垂至踝，作小裤用的短裤。

裙是各民族妇女普遍采用的下装形式。女性服装的丰富和美丽，在相当大的程度上应归功于各式各样的裙子。裙子有长裙、短裙两类。长裙高雅庄重，短裙活泼俏丽。按一般的区分标准，裙子的长短以小腿膝盖分：长度达小腿以下者为长裙，长度在膝盖附近者为短裙，长度在膝盖以上，并露出大腿者为超短裙。裙的式样比裤子多，加上绣花与长短搭配等因素，花式、裙式结合，使裙子显得格外复杂、样式繁多，各有特点。

西南民族的长裙，以西双版纳傣族的筒裙、永宁纳西族摩梭人的百褶群、苗族蜡染的百褶长裙及元谋、永仁等地小凉山彝族百褶长裙为代表。其中德宏三台山德昂族妇女的长裙无褶，呈长筒形，穿时由脚下套入，整个裙子由上中下三段组成，中间一段是用羊皮织的，染成红色，上下两段多麻织，一般有青白色条纹。德昂裙在实用基础上，明显包含着一种求美的倾向，色彩对比强烈，给人一种修长高雅的审美感受。宁蒗永宁县的摩梭妇女，长褶裙长可及地，腰系彩带，朴素大方。云南民族中的短裙，有的非常短，仅有 20 余厘米，穿的一般要裹四五条，层层叠叠，侧摆支起，形成如同芭蕾舞裙的造型。西双版纳和澜沧一带的哈尼族“爱尼”人，妇女下穿长及膝盖的黑短裙，但有趣的是，已婚妇女裙子系很低，裙和上衣之间常留有一定空间；而未婚少女裙子系很高，紧接上衣，下端自然显得更短。基诺族妇女合缝短裙也刚至膝盖，黑色，用红布镶边，并用尺许黑布缠裹小腿，配上胸前围着的三角形花布胸兜，显得洗练简洁。西南民族裙子的丰富多彩还不仅仅表现在有长有短上，而更多的是表现在不同的形式上，从基本结构，造型和相应功能上看，云南少数民族所穿用和制作的裙子还可以分为：筒裙、褶裙、连衣裙和长裙。

筒裙，因无褶或少褶，形似长桶或长筒而得名。西南许多民族都穿筒裙，比如：傣族、景颇族、佤族、德昂族、布朗族、阿昌族等民族。筒裙用单色或彩色面料缝缀而成，多用白织土布并缀饰花纹，也有用绸料及化纤织物。西双版纳傣族少女的裹身筒裙穿着轻便、又显身段，可为筒裙中的典型代表。她们的筒裙多用墨绿、正红、大紫、大橙的布绸缝制，长及脚面，紧身细腰，使傣家姑娘显得苗条修长，仪态轻盈。景颇族妇女的筒裙稍短，一般长及小腿，多以红色为主调。裙上织有多种色彩相同的图案，配上满缀银饰的黑色上衣，十分美观大方。景颇族筒裙是用手工捻线织成的，织扣也十分简单，但采用挑数经线的方式织出精美的毛织锦筒裙，花样多达几百种，与上衣繁杂的装饰相配，颇具厚重之美。因此，景颇筒裙的质量和美观也就是他们勤劳与否的标志，正像景颇谚语所说：“男人不会耍刀，不能出远门；女人不会织筒裙，不能嫁人。”德昂族的女式筒裙较宽大，前面打褶，行动方便，长及小腿以下，上端却连胸部也遮住，而且德昂族的妇女筒裙，是区别红德昂、黑德昂和花德昂的标记。红德昂妇女的筒裙，在黑色底布上织着一条横贯全裙的五寸宽的红色条纹，十分显眼；黑德昂筒裙是以黑线为主，其中间织着红白色线条；花德昂筒裙横织着红黑和红蓝色的均匀宽线条，佤族妇女筒裙展开时也称为围裙，甚至在膝以上，以红色调为主，织有各色横纹。

筒裙也称作桶裙，上下等宽，无腰与摆，身着区别是撑起，上下同大的圆筒，拉开是整齐的折叠方布，有的筒裙不缝合，就是一块长方布，相对而言，着腰裙的民族多，着筒裙主要有傣族、德昂族、布朗族、佤族、景颇族、阿昌族、基诺族等民族。哈尼族中碧约和卡多支系也有筒裙。部分拉祜族也着筒裙，其余的民族多着腰裙。

筒裙因长短厚薄不同，装饰效果的差异很大，以西双版纳傣族为代表的薄花筒裙，着装轻便，又显身段，颇具民族特色，又有现代服装的特征。景颇族用羊毛织的花筒裙，又是另外一种风格，与上衣复杂的饰品相配，颇有厚重之美。元江、新平等地傣雅支系的傣族，将数件筒裙套穿，层层上提斜拉，露出每条裙摆上的花边，如千条扬波击浪的暖流，穿着法极为奇特。

长筒裙可及踝，短筒裙仅及下膝。筒裙多宽大，穿在身上对折叠拉紧，有的系带，也有的只是把拉紧的布头扭折反转在腰间以固定之。按民族的传统，短筒裙下露出的小腿多用绑腿包扎，整齐划一，不露肌肤，也有的地方，腰间的带较松，上着短衣，活动时会露腰。

腰裙按缝合与否，分成围裙与合裙两类。围裙不缝合，打开为扇形片，腰小摆大，有的可摆设做外大内小的围圈，穿时上下叠压，即可盖住开口，合为一体。苗、傈僳、沧源佤族、富宁瑶、大姚湾碧傣等许多民族，都有不缝合的围裙。合裙则指制作时就缝合好的裙子，平时摆收，为上小下大的圆裙。

裙衩因对裙身的处理不同分成一般平布裙与褶裙两种。褶裙是在裙身上做出数条褶纹，造成特殊的装饰效果，因起落升降的褶纹很多，也称作百褶裙。

腰裙和褶裙都有长短之分，各民族对长褶裙的选用都有明显的偏好，多不混用。短裙轻盈，长裙厚重，长褶裙更是如此。长褶裙以藏族、彝族、普米族、壮族、傈僳族、苗族等民族及摩梭人为突出。短褶裙以哈尼族、苗族、彝族为突出，罗平布依族也用。长腰裙则以德宏傣族，部分彝族、苗族、壮族、德昂族等穿用较多。短裙使用的民族很普遍，不多述及。

西畴县的壮族有一种一边开衩到大腿的裙子，师宗县的彝族有一种叫四块瓦的裙子，由四块布片组成，是比较特殊的裙种，被称为“笼茎”。在西双版纳、德宏等地也流行一种叫“笼茎”的裙子，男女都用，只一块方布，裹身即下裳，效果如裙。

以裙子有腰无腰，才区别出筒裙与腰裙两种类型。腰裙有明显的裙腰、裙身与裙摆。裙腰与裙身通常分开拼接，腰用横条布，而裙身特别是百褶裙，要呈数条，使其下坠而贴身，摆则故意使其外撑。裙腰有时会用几条布叠压，做出花纹作装饰。

在西南传统裙装中，为了行动方便，很多民族妇女的裙子短至膝上，而穿长裙的民族妇女，裙子下摆和裙围差距则以各种形式解开，百褶裙是通过打褶，使腰部布料皱起，然后另上腰头，裹裙实则是通过下端开合来便于走路，而一般的筒裙宽度则是依下摆适于行动而定。至于腰部则是通过系带来贴合人体，因此，无论是佤族的包褶和傣族的长筒裙，还是苗族、壮族的百褶裙，其面料原状均为长方形。

褶裙，就是通体打褶的裙子。苗族、瑶族、壮族、布依族等许多民族都穿褶裙。褶有细的，有宽的，有规则的，也有随意的，有通裙，也有分节褶裙，还有的前、后两片褶裙相掩。密褶裙，如壮族女盛装，褶宽约四厘米，每个褶内均有绣花装饰。分节褶裙，裙身分几节，每节的色彩、面料、装饰方法与褶子疏密不同，产生很强的动感。褶裙的裙幅很宽，缝时多需叠成叠褶，故又称百褶裙。褶裙上端褶纹美观，下摆伸展自如，便于走动。西南民族中彝族、傈僳族、纳西摩梭人、普米族、苗族、布依族、壮族的妇女都穿褶群。彝族妇女的百褶裙各式各样，长短都有。大小凉山黑彝族女子长褶裙，下可曳地，十分有特色；黑彝长裙分四段，上三段由不同颜色的布料接成筒状，最下一段才有打褶，据已有的资料讲，展开宽可达十几米，一般五六米，最小的也

有四五米。怒江、德宏一带的傈僳族妇女也穿长褶裙，用麻布或棉布缝制，多为白色，也有蓝色、黑色的，行走时摇曳摆动，显得婀娜多姿。文山布依族妇女下装也多为百褶裙，裙料多用蓝底白花的蜡染花布和暗红色布，也有用蜡染花布和朱红色分布两截制作的，长及脚跟，十分朴素清新。

连衣裙，是把上衣下裳缝在一起的一种裙式，连衣裙的上身可以有领有袖，也可以无领无袖，裙子部分可以打褶也可以不打褶。南方少数民族中，穿连衣裙的不多，最典型的当属景颇族妇女，裙宽长，长及脚跟，穿时将裙片在臀部缠一圈后，再将裙的一端掖在腰里。

从西南地区少数民族妇女所穿用的这些裙子中可以看出，民族的裙装是多么丰富多彩，在生活中的作用又是如此的多种多样。总的看来，云南少数民族多穿连衣裙，裙子的式样极为丰富，

裙的宽窄、长短，褶的疏密、面料的处理千差万别，造就了多姿多彩的女装款式。

以裙为下装，不同民族有不同形式，即是同一民族也因地区、支系的不同而各具特色。如傣族穿裙子因地区而异：西双版纳的傣族妇女上着各色紧身内衣，外罩紧身无领窄袖短衫，下穿着彩色筒裙，长及脚面，并用精美的银质腰带束腰；德宏一带的傣族妇女，穿大筒裙配短上衣；新平、元江一带的花腰傣，上穿开襟短衫着两层黑色绣花筒裙，内长外短。

哈尼族裙子式样繁多，有长有短，碧约支系妇女穿白长衣和藏青色的土布筒裙；西磨洛支系妇女上披无纽黑衣，外钉成排银泡；腰系的腰裙，脚腿上扎藤黑线；西双版纳和澜沧江一带的妇女，上穿挑花短衣，下穿及膝的折叠短裙，打护腿；僾尼支系妇女，多穿右衽无领上衣，下穿短裙，裹护腿；卡多支系妇女服饰用黑色织染布做面料，上衣为左开襟，绣以各种色彩鲜艳的图纹并配以银饰，下着黑色花裙。

景颇族女子穿镶饰银泡短上衣，配以色彩艳丽的长裹裙，景颇族称之为缠裙，是未缝合的裙幅，穿时围在下身，按扣居于左侧，右侧或正面，上口处掖好或系结好即可。景颇族的筒裙多以大红色为基调，上面用黄、黑、白、绿色的棉、毛线，织出大大小小相交、相套的菱形为主的几何形图案，精巧别致，与众不同。

基诺族妇女穿圆领无扣短上衣，黑布镶红边，镶七色纹饰，下着前面开合式红布镶边的黑色短裙。裙子以家织土布制成，长仅及膝，较为短小。佤族女子穿无领贯头紧身短上衣，配短筒裙，筒裙以自织土锦缝制，红黑条纹相间，色彩浓艳，长度及膝盖。德昂族女子多穿戴青色或黑色的对襟短上衣或长裙，上衣襟边镶两道红布条，用四五对大方块银牌为纽扣，长裙一般是遮胸下及踝，并设有鲜艳的彩色横线条。拉祜族除了穿长衫的支系，在西双版纳的妇女，穿无领开襟窄袖短衫，长度仅齐腰，衣边缀有花布条纹，下穿筒裙。阿昌族已婚妇女穿蓝色或红色对襟上衣，下着织锦长筒裙或系黑布围裙。傈僳族，如怒江的傈僳族普遍穿右衽上衣，系白麻布长裙，戴白色料珠；花傈僳妇女喜穿镶彩边的对襟坎肩，搭配缀彩色贝壳的及地长裙。福贡地区怒族女子，穿右襟短衣，麻布长裙，已婚妇女喜在衣裙上加许多花边；贡山女子用两块条纹麻布围在腰间，为分片式的裙装。

西双版纳布朗族，女子穿长翘摆的黑色长袖斜襟衣，镶花边，紧腰宽摆，腋下系带，左右腋下打结。打结后下面的衣摆自然提起，呈翘起状。下穿自织的筒裙，长及腰部，内裙为白色，此外褶略长。外裙有两色，下穿露出一道花边。裙上部位有红、黑、白三色线条。筒裙在穿着时要在腰部折一下，形成纵向的层次感。临沧、普洱的妇女，穿着对襟短裤，前胸密缝，对布纽扣，下着筒裙，系腰带。布朗族穿着简单，女性服装因年龄的不同而有差异，青年女子穿着艳丽。上身内穿镶花边的小背心，对襟排满花条，用不同的色布拼成，有的还在边上缀满细小的五彩金属圆片，亮光闪闪，背心外穿窄袖短衫，斜襟、无领、镶花边，紧腰宽摆，腋下系带，打结后下面的衣摆自然提起，呈翘起状。下穿两条筒裙，内裙为白色，外裙有两色。筒裙均为自织，长及脚背，内裙比外裙略长，露出一道花边。外裙的上面 2/3 是红色织锦，下面 1/3 的黑色或绿色布料拼缝而成，裙边用多条花边和彩色布条镶饰。臀部以上为红色横条，下为绿色或黑色，用布条或花边镶饰，用一条方块银带或多条银链系裙。

彝族女子穿裙的支系主要是在四川凉山、云南文山及毗邻的金沙江边地区，传统衣料以毛、麻为主，喜用红、黄色相配搭，下着用多层色彩布料拼接而成的百褶裙，上半部适体，下半部多褶，长可曳地。苗族女装以衣裙式居多，黔东南苗族女装以交领上衣和百褶裙为基本款，以青土布为料，花饰满身；川黔滇交界地区苗族女装上为麻布衣，下为蜡染麻布花裙。贵州中南部以及黔桂滇交界处的苗族女装上衣多披领、背帕等，下装有青色百褶裙，也有蜡染裙，或以挑花为主，兼用蜡染。麻栗坡一带苗族妇女穿右衽上衣或无领交叉式上衣，下穿长及脚踝的青素百褶裙，系围腰，围腰与裙一样长。西畴地区苗族妇女，穿大领对襟大袖片胸前交叉式上衣，套挑花护腕，下着过膝寸许的百褶裙，扎挑花镶边裹腿。红河地区苗族妇女上穿大开领对襟无领扣上衣，内束挑花胸兜，着齐膝百褶裙，外以围腰束之。

满族、壮族的围裙，别具特色。这种围裙不像其他那样围裹全身，而是一种有前无后的半边裙。其上端，犹如琵琶襟坎肩的前身，用一纽绊和上衣的纽扣相连，其下端为方形，长过膝盖，中间两侧有带系于腰后。围裙多为蓝色，带用黑布剪成“云子卷”等图案，缝在围腰上端和四周。妇女劳动时常在裙子、袄外系上围裙，姑娘嫁妆里一般都有围裙。按习俗，新娘婚后的第二天早晨，必须系上围裙下厨房。如今，围裙仍有穿用，只是质量、颜色、长短已有变化。

短衣长裙，是西南民族妇女传统服饰。上衣以直线设计为基础，肩、袖与袖头呈直线，下摆与袖笼有适当弧度，便于活动。如拉祜、傈僳族的斜襟衣，不用纽扣，领下右侧饰领带，打蝴蝶结，结下带头飘垂于肩、胸前方。上衣多青、蓝色或单一浅淡色，如水红、粉绿、湖蓝等。一般年轻女子的上衣较短，长约 30 厘米，老年妇女的长衣稍长，但长亦不过腰。裙子款式有长裙、缠裙、筒裙、短裙、围裙等。女孩多穿短裙，少妇爱穿长裙，缠裙或筒裙。老年妇女常穿缠裙或长裙。长裙多有垂向褶皱，裙腰与上衣内的小背心相连，高束于乳际线上。裙长过膝，女子婚后裙摆渐下，长及足踝。裙色浅淡，一般与颈带同色，如蓝色、青色、白色等。缠裙以整片裙幅围缠于身，用带束腰，侧边开启，便于活动，青年妇女于节日或喜庆之日亦做礼服，意态典雅。

百褶裙是彝族妇女的传统下装，其中以四川凉山布拖地区的百褶裙最为典型。裙用纯羊毛织成，质地柔软，中部为红色长筒状，下节蓝色，节中横间红、白、黑细条纹，色调和谐，细褶均匀齐整。再下是青色，于膝盖处百褶四散成喇叭状，走动起来，皱褶摇曳，轻盈飘洒，分外俏丽。云南麻栗坡女裙用三角形色布与蜡染条布横向间隔，裙体被镶饰得艳丽醒目。

布依族妇女服饰，按上衣下裳不同的搭配着装方式，可分为两大类。一是开襟衣配三节式细褶长裙：上为青布小窄袖腰大开襟衣，盘肩、襟缘、领、袖口和衣摆均镶七厘米宽的织锦花边，袖筒上有较宽的三节绣花镶边，这就是此衣的特色所在。文山富宁一带布依族妇女的三节袖筒花，上下两节采用蜡染，纹样为六个圆并列，每个圆内又由七个小圆花组成，中节是十厘米宽的刺绣或织锦，纹样细密，呈红、黄、绿交错，与蜡染花边形成纹理、质地、色彩的对比协调效果。下裳，为细褶长裙，长及脚背。裙分三节，上节和中节较短，下节特长；上节青布，中节蜡染花布，蓝多白少，下节也是蜡染花布，白多于蓝，形成色彩明度渐变的节奏感。裙上蜡染纹样为银杏果和蕨菜花。穿裙可达七八条，以多为美，胸前系长围腰，用细银链垂于颈，围腰下缘距膝下 10 厘米。围腰上端围胸部位绣花卉，上缘镶 3 厘米宽的红色织花边，下缘镶 7 厘米宽的青色缎边，边内再镶两厘米宽浅红色织花边。腰部系青或绿色绸带，带上绣有各色花卉图案，带端有“要须”系结于后，垂吊臂下。腰间还配有绣花手帕。二是斜襟短衬衣，配百褶长花裙。上衣为青色紧身衫，腰窄摆宽，前襟从领中斜至右腋，形成一条别致的领排。领排上绣着八角花、刺梨花、挑花、荷花等花卉图案，领口和摆边配有 3.5 厘米宽与衣长平齐的五色绣花布条。下裳，是为百褶裙，长掩脚跟，以白底蓝花的蜡染布制成，花型系由许多亮晶晶的小圆珠组成椭圆形图案，好似无数“水球”围绕“太阳”运行。裙角由若干褶条组成，腰部系一块青布短围裙，上绣有五彩花纹，颜色夺目。三是大襟长衫配长裤。上衣为大襟长衫加披肩，长衫领口有栏杆（花边），上绣有各种图案；上衣的小圆领先用粉红色的丝线锁上“狗牙辫”，再用青、绿、白三色条边绲边，十分精美。下着长裤，裤脚饰栏杆，腰间光系上一条洁白的腰带，然后再拴上一条果绿色的短围腰，围腰上也绣有各种图案。四是大襟短衫配宽脚裤。上穿大襟右衽短衣，领口、衣边镶有栏杆，托肩用与衣服不同的色布制成，约 33 厘米长，剪成半圆形，用栏杆镶接在衣肩背上，名曰“外托肩”；下穿宽脚裤，裤身肥大，裤脚宽 30 余厘米，系红色短围腰，上绣花卉图案，用花布条或银链条拴围腰。

2. 下装类型与搭配和谐

自古以来，人类服饰就有“上衣下裳”之称。“下裳”又叫“下装”。有裤、裙两大类。裤、裙的类别，大多与居住环境有关，气候寒冷的山区民族，裤、裙厚实，而热带、亚热带平原坝区的民族，裤、裙短小、紧身。

相对而言，中国西南地区少数民族服饰中裤子类型不算多，过去普遍用的是大裆裤或扭担筒裤。男子大裆裤裆大裤筒大，无明显的腰带勒扎部位，可翻下拉紧缠塞以固定裤子，也有用大腰带或布条捆束的。大裤筒拉起即可小便，老年妇女也着此类裤子。年轻妇女的裤子，上截也为扭裆，但裤子与男子不同，有大有小，有的长及于踝，有的长仅下膝，都会在筒口即中部扎上花边带或绣花布条，平时穿在身上，呈标准的圆筒形。裸筒也有长及踝的，也有仅及下膝，露小腿的。还有无裆裤和吊裆裤比较特殊。穿用搭配的方法，上衣下裤，上衣下裙，衣裙裤合并等。

上衣下裤，是少数民族男子的主要着装形式，也有部分女子穿用。裤子款式的构成因素比较复杂，在围度上，有腰围、臀围、横裆（两条裤腿的腿根围）、中裆（膝盖）、裤口（踝围）的变化；在长度上，既有总裤长，又有立裆深和裤腿长短的变化。这些因素的变化形成各种裤式。按裆的形式可分为：大裆裤、吊裆裤、直角接裆裤等；按裤与身体的固定方式可分为：长裤、短裤、兜肚裤、套裤、缗裆裤、系带裤、背带裤、连衣裤、连袜裤、灯笼裤、两截裤等等。

大裆裤的裆较低，非常宽松，两裤腿分开角度为 90 度，穿时将多余的腰头折起来掖在腰里或用绳带系紧。吊裆裤的裆非常低，几乎垂地，如云南双江佤族男子的裤子，其裆可下垂及踝。直角接裆裤为两条裤腿的面料呈直角形排列，裁剪时不浪费布料，凉山彝族男子穿的吊裆裤，穿时外形如裙。苗族接裆裤，将一幅面料呈 90 度折叠，从折线处剪开作为腰头，分别在前后接上一部分裤腿，一条裤子便做成了。另外如瑶族裤，裤腿外侧为两幅布，从中折叠，前后各半，裤腿内侧前后各用一幅布，从裆下到裤腿斜向前下的布料正好够接另一条裤腿。由此反映了各民族妇女在长期的生活实践中，充分发挥聪明才智，巧妙裁剪，创造出既符合人体结构，又节约面料的服装款式。

套裤，是仅有两条裤腿的裤式，上部平口或斜口，无裆；皮套裤多为北方民族所穿，其外面绣有各种花纹，天冷时穿在皮裤的外面，有的裤腿饰两道边，后面开衩，用结带束住裤管。缗裆裤的特点是裤腰宽大，穿时将裤腰紧裹腰身，再把多余的裤腰量折叠塞进腰内，以适合腰围，并起到紧固的作用。系带裤是在穿时要系腰带的裤，云南少数民族有一些特殊的裤子，往往为了便于行动的目的，都是系腰带，有的裤子为一条裤腿缝合，另一条不缝，散开成片状，穿着是将其裹于腿部，以带系结，腰部也系带。这种形式的裤子便于穿脱，并且避免了裤子厚重时的穿着困难。此外，还有连衣裤、连衣袜是常用的儿童服饰，开裆、保暖性较好，便于照顾婴儿。

裤子按长短，可分为长裤、中裤、短裤。长

裤的裤长在脚踝部，大多数民族的裤子都是长裤；中裤的长度在膝部上下，裤口可大可小，一般来说都是阔口裤，如云南陇川阿昌族男裤裤腿短肥，仅过膝下，裤腿与裤腰一样肥大，似三个洞，又被称为“三洞裤”。白裤瑶男子也穿中裤，其特殊之处在与裤口收缩成灯笼状。景颇族男裤色黑，肥大，长仅及膝部稍下一点，裤口用红白色线绣花边。短裤的长度在大腿处，如叶车妇女穿极短的“拉八”短裤，是因为哀牢山区的叶车人擅开梯田种水稻，若穿长裤登高埂、下水田都不方便，加之亚热带气候环境使叶车妇女的服饰趋于简化，裤子也采用也极短的形式，并在裤口处打褶作为装饰。

按裤腿形状，还有裙裤、宽口裤、窄口裤、灯笼裤、马裤等。裙裤的裤口极为宽大，两腿并立时仿佛裙子。广南苗族男子穿的百褶裙裤，裤口宽大，可达二尺以上，腰部均匀打褶，裤脚自然散开，穿时宛如褶裙。宽口裤，裤口宽大，裤腿成筒形，穿时裤脚散开，多为南方民族男子所穿，宽阔的裤腿显得精干，彪悍。如凉山彝族男子穿的大裤脚，裤口可达80～100厘米。灯笼裤，裤腿宽大，裤口收紧，长度不限。总之，中国西南少数民族的裤子一般采用腰臀宽松，立裆较深的款式。宽大舒展，无扣无绊，采用腰部束带方式。裤腰部分为直裁，裤腰很宽，裤身宽大，着装后虽不合体，但活动方便易于制作。裤子的发展历史，是由护阴功能而启的，最早的兜裆布，为原始的裤装，通过缠绕将布附于身体，在中国西南少数民族中，其发展为固定的款式，裁剪、制作、穿着均有程序可循，基诺族男子穿麻织条纹布裤，前裆垂一长形布片，反映出男子下装由兜裆布向裤演变的过程。裤子由保暖功能发展的历史痕迹可由套裤来体现。

上衣下裤的配穿，大多是男子上衣有对襟、大襟之别；裤子有宽窄、长短之分。女装采用上衣下裤的民族主要有彝族、白族、苗族、水族等。妇女上衣下裤一般要配围腰，围腰有长有短，有的只配前围腰，有的则前后都系围腰。围腰的造型有方形、长方形、扁圆形、凸字形或葫芦形，围腰上的刺绣和飘带上图案是妇女腰间最精美的装饰。

对襟男上装流行于大部分少数民族地区。一件衣服由左、右前片，左、右后片，左右袖等大的部分组成。衣襟钉五至十一颗布扣，左襟为扣眼，右襟为扣子。上衣前摆平直，后摆略成弧形；左右腋下开衩。对襟男上衣质地一般为家织布，色彩多青、藏青、蓝色；下装一般为家织布长裤，由左右前后片四片组成，裤脚有大有小和长短之形。例如大理白族男子多穿白色对袖上衣，外套黑领褂，下穿宽筒裤，系拖须腰带。其他一些地区的白族男子穿大襟短上衣，外套数件坎肩，谓之“三滴水”。白族女子一般都穿长裤，大理一带的妇女多穿白上衣，红坎肩或是浅蓝色上衣，配丝绒黑坎肩，下着蓝色宽裤。洱源西山和保山市的白族妇女穿右襟圆领长衣，衣袖和裤脚喜镶绣各色宽窄不同的花边。

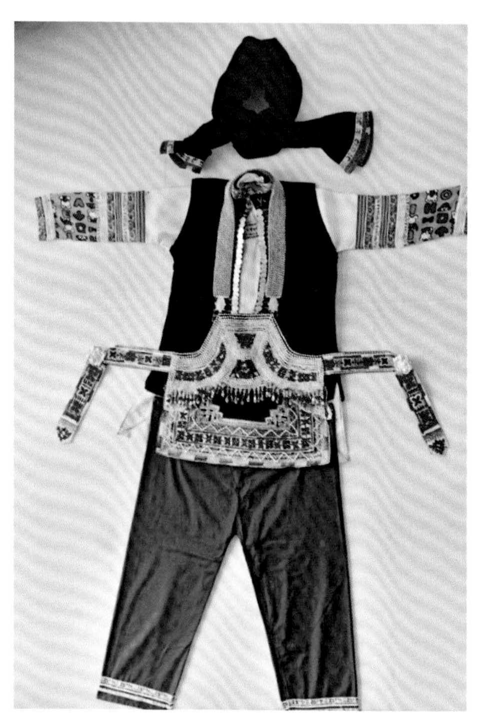

第八章　服饰特殊审美艺术

一、人体美学与特殊审美

人体美学，是一个应该研究的新领域、新课题，特别是与服饰审美艺术的关系，更是具有密不可分的内容。然而，迄今为止，美学研究，往往只谈自然美、社会美和艺术美，而不谈人的形体美，探讨人体与服饰审美艺术的专著尚无一见。

中国西南地区民族服饰的审美价值是客观的，而且与人体美的融合，既重装饰性，也重人体美；既显示人体美的特点，又展示服饰艺术的特殊性，而更多更普通的是遵循装饰，以人体美为目的，故此，“妇人之衣不贵精而贵洁；不贵丽而贵雅；不贵与家相称，而贵与貌相宁。”可见，民族服饰都是与身相吻合的艺术品。服饰设计要考虑多方面的因素，首先就是人的形体。

服饰艺术与人体的美是分不开的，服饰美的主要形态之一，就是突出人体美。人体是美的，这是古今中外普遍都有的一种认识，那刚劲柔和的线条、对称均衡的比例，一直以无尽的魅力激动着人们。人体美学，不是为了将着力点放在演绎与集中的归纳上，而是为了寻求单独的个体物是怎样充实了人类多样的历史过程，使其具有灿烂的价值和象征。就完美而言，它是通过人的语言、书写、绘画、歌唱、演奏、舞蹈流传下来，以美包含着人的一切。所以，在西南地区民族服饰中，特殊部位特殊装饰的审美艺术，是最具有特点、最有民族服饰艺术价值的项目；生产生活中的服饰美景，真是花的世界；所以，在西南少数民族地区，真是山美、水美，人更美。

人体美学与服饰艺术的特殊审美，在西南能设计出合体通用的美的服饰。

服饰的人体美学，是把人的生理结构与心理结构联系起来，把五官四肢的解剖与人体运动结合，具体地剖析人的指甲、耳朵、额头、眉毛、

眼睛、鼻子，以至于腿和脚的美学意义。希腊有一个神话，说是美男子“纳喀索斯”经常坐在水边，观赏着自己的形体美，有一次不小心，掉进水里，化成了水仙花，人类爱美的天性，是从什么地方开始的，尚未可知，但人们喜欢欣赏自己的形体，却是很早就有了。美的本质和根源，是人从事自由自觉的活动，实际创造出的审美对象，客观的美映入主观意识，成为美感，是为自由的形式引起的精神愉悦感。中国第一部诗歌总集《诗经》，总共收录305首诗，其中30多首是歌颂人的形体美。西方最早的史诗《伊利亚特》，也是那样歌颂海伦的形体美。费尔巴哈说：“人照镜子，他对自己的形体有一种快感，这种快感是把他的形体完满和美丽的一个必然的、自然的结果。”正是因为人这样喜欢自己的形体，所以，服饰审美应联系人的形体，是很自然的。

美，不是什么天上来的，而是在现实生活的泥土中所绽放出来的鲜花。清人叶燮说：“凡物之美者，盈天地之间皆是也。”这就是说，天下到处有美。既然到处都有美，任何事物都可以给人美或不美的印象，因而也都可以与人发生审美关系。艺术固然重要，生活也要美。艺术是在按照美的规律来创造，人类的一切活动也都在美的规律中，人要把世界改造成为“属人”的世界，不仅要从这个世界满足自己的物质要求，因而处之感到亲切，感到美。美学要发挥作用，就得走向现实生活的各个方面去，参与和解决各门艺术、各种学科及生活各个方面所存在的美学范畴。因此，服饰的审美艺术，美的本质、美感、美的创造、美学范畴，都必须与人体美学融为一体，在真正理解人类爱美的天性。

云南人民出版社出版的池泽康郎著《人体美学》，所述的身体十六个部位的美，主要集中在胸部、肩部、腹部、臀部及四肢，用生理学的各种方式来捕捉人体之美，用整个人体来寻找综合性的人体审美。美，它包括人生的一切。远古时代，“美”“善”同义，美即善，善即美，美善的意义是一种具体形象的存在。后来，社会事物的美仍归于

其善的社会意义为前提，因为美学意义上的美是一种具体的形象存在，象征自由的善必须体现于形式，所以个体美着重于装饰，显示着人的自由、开心、高尚、幸福。所以，人体之美，是提倡“漂亮”“出色”“匀称”“有魅力”等等。美这一词语的含义变化甚多，但可以给人一种不直接表达情感而是一度经过规范化、标准化的筛选后才产生出来的印象，美包容着一切。

美的实质是善，使人产生崇拜心理。美还包含着出色、壮丽之意。美与可爱是不可分的，男人见到女人的敬语是“你真美啊”，女人见到男人的尊崇则是“强壮英武”。所以，人的美与可爱，都是有情有意义的。人身活动着的姿势，表现着瞬间的美。人体美是很科学性的，与服饰融为一体，更有着特殊的审美价值。这些感受，都是皆因日常所见之故。人体的美，是指“漂亮”“出色”“匀称”“有魅力”。美这一词含意深广，变化多端，但都没有比人体的美更能激起富有感官冲击的柔情。人体，由于它的力，或者它的美，可以唤起种种不同的意象，有时像杂花；仔细地品味人体的曲线的起伏变化，即像柔软的花春藤或劲健摇摆的小树。人体，犹如是心灵的镜子，可以给人一种不是直接表达的情感，而是一度经过规范化、标准化的筛选后产生出来的印象，人体最大的美就在于此。

以往很长一段时间，民族服饰只凭对人体的感性来创造衣服，虽然没有人体美学（或者人体解剖学）的知识，但在服饰的创作中却深刻地蕴含着人体美的丰富内涵，科学地掌握人体结构及活动规律，胸有成竹地进行服饰设计。

人体美学，是一个应该研究的新领域、新课题，特别是与服饰艺术审美的关系，更是具有密不可分的特点，然而，迄今为止，美学研究，往往只谈自然美，社会美和艺术美，而不谈人的形象美，探讨人体美与服饰审美艺术的专著尚无一见。

服饰设计要考虑多方面的因素，但首先就是人体的形态。人体之美，是古今中外共有的认识。在人类历史的长河中，以衣遮体的时间是极短的，即使是在20世纪八九十年代的地球上，也还有着裸体生活的民族。人类曾经享受过裸体文化之美，包括古埃及在内的非洲艺术、希腊的绘画、雕刻，之所以出现精巧的裸体躯干，是因为创作者不仅精通人体结构和解剖，而且还把人体置于不同时代、不同民族、不同地区的不同历史背景，揭示了人体美的种种蕴含和对人体审美观念的发展变化。

服饰与人体美是其他各层服饰之间也具有空间关系。出于舒适感及美感的考虑，很讲究服装与人体的关系，比如，外衣的圆领围比内衣大一些，因为外衣套在内衣外，松量要考虑人体舒适感，运动量以及服装造型。因此，服装与人体、服装与服装的空间关系对服装形态有很大影响，比如里面穿了厚厚的十几层褶裙后，在臀后再穿上飘带裙，飘带裙就会形成外扩的造型，对臀部袋饰产生特殊效果。

人体美学与服饰艺术的特殊审美，在云南少数民族中尤为突出。服饰在人们的心目中是多么重要，不但名人注意自己的仪表，普通人

也日益注意自己的服装。服饰不仅使人的外表美观，而且还标志着一个人的文化修养。在世界服饰之林中，云南民族服饰称得上是别具一格。傣族妇女服饰的娇巧玲珑，彝族女服的雍容华贵，白族妇女服饰的端庄明丽，独龙族女服的古朴原始……每个民族服饰的审美特点，都是以自己为对象的一种艺术。西南地区少数民族没有因民族集体意识的制约而失去美的标准，恰是各自不同的文化历史背景，造就了各自不同的审美方式和尺度，也就造成了特色与个性。

1. 解剖学中的人体美与服饰审美

人体解剖学，和服饰艺术创作最直接的关系是：对构成人体外形的骨骼结构和肌肉组织的科学认识。这是现代服饰设计的最基本的知识。譬如：脊柱由颈椎至尾骨之间的长度是确定上衣长短的重要依据；肩胛和胸廓的骨骼结构决定着上衣的基本形状；髋骨的结构是裙、裤造型的重要根据等。一个人的幼年、少年、青年、中年至老年，骨骼及其活动的幅度会发生一系列变化，服饰的设计也应与之适应。骨骼是人体的支架，是服饰造型的大前提，但人体外形的起伏又与肌肉的组织由直接关系，而且肌肉组织还决定着骨骼的活动幅度，所以在掌握骨骼结构的基础上，再进一步研究肌肉的组织，掌握肩、肘、腰、膝等关节的活动规则，在少数民族服饰中尤为特殊、典型。服饰在人们的心目中是多么重要，不但名人注意自己的仪表，普通人也日益注意着自己的服装。服饰不仅使人的外表美观，而且还标志着一个人的文化修养。所以，服饰的制作设计，不仅与人们的审美观念、价值标准、生活等方面关系密切，更密切的是人体本身。在世界服饰之林中，中国西南地区民族服饰称得上是别具一格，从古至今，都备受世人瞩目。

2. 服饰的装饰美与人体美

服饰审美是指人们为装饰自己所穿戴的各种服装及饰物在人的头脑中的反映，是着装者或欣赏者对服饰审美的艺术活动。服饰审美意识是人们在长期的服饰审美实践中所形成的美感经验。在历史的演进中，人们积累的美感经验逐渐深化，形成了既富有鲜明的时代特征，又具有相互联系的服饰审美意识的审美观念，以及独特的审美心理和审美情趣。

民族服饰的审美价值是客观的，这是因为它需要像绘画、建筑那样要进行整体的构图。民族服饰的美感，不仅受人体客观形式的制约，而且反映人们对物质材料的认识能力，蕴涵着人类的聪明智慧。服饰作为技术与艺术的产物，在一定程度上，人们会用艺术的审美标准衡量服饰的审美内容。服饰有装饰的美，也有人体的美。装饰美的含义，一是服饰本身的装饰手段，是脱离常规艺术意义的服装表面处理；二是对人的装饰作用，不同的服装穿戴在人的身上，就会不同程度地改变人的原有形象。这些使服装具有表象的美，能引起主体审美感受，并产生审美价值。真正杰出的美的东西，尤其是民族服饰中的优秀品，经得起历史考验，具有超越时代、民族、阶级的普通审美价值。服饰产生于人类生活，它是一定时代、一定场所人们的社会活动现象，所以，服饰往往同社会、宗教、经济、产业、道德、知识密切相关。

西南地区民族服饰，既重装饰性，也重人体美。展示人体美是普遍的现实存在，也不等于多数人体是完美的。在现实生活中，显然普遍地存在着完美的人体，但同时也存在着不美（平庸一般）或丑的人体。正因为如此，中国西南地区少数民族服饰遮盖人的身体和器官，包括掩盖体型的某些缺陷，并通过衣饰的式样、色彩、图案等，把人体装扮得更美，有意让人的身体，包括四肢、胸背等显露到别人面前，或者通过特殊设计充分勾勒出具体的轮廓和曲线，使人体美充分得到展示。不同之处在于必须用织绣工艺，制作特殊部位特殊服饰的饰品，把自己遮盖或包裹起来。因此，西南地区少数民族服饰形成了重外装饰的传统，即使是居住在高寒山区的民族，如今服饰布料都已先进文明，但在长衣大裙的服装上依然有着胸、腰、肩、臀部位的装饰。而在西南气候温和、四季如春的许多地区，虽然妇女大多穿紧身短衫，长仅齐腰，紧裹胸部，充分展示了人体的美；也有妇女穿无领无袖短衣，或蓝色和黑色对襟紧身上衣，有的妇女还穿紧身短裤，虽然明显勾勒出胸、腰、肩、腿的轮廓，显示了人体的美，但这些部位都是有特殊的装饰，特别是刺绣图案，充分吸引人的目光，对这些身体部位美的追求，它把纯自然感性的没有意义的东西遮盖起来，只显示出由姿势和运动表现出来的情景中的东西——美。总而言之，西南地区民族服饰，上衣虽然各不相同，有许多本民族的特点和标志，但都十分短小，穿着紧身，把肩、胸、腰的女性人体美用装饰手段尽可能地展示出来。有的无领，有的半袖，即使有领的也是窄袖，可以充分显示

手臂的修长和健美。这样的服装，或配以筒裙，或配以褶裙，或配以裤子，都能显示出双腿的颀长，自然更加增添女性的魅力。在西南地区少数民族中，几乎所有民族的妇女，都有自己亲手绣制的围腰裹绑在腰部，正好突出了人体的曲线美，而且精美的刺绣，生动高雅的图案，别致的镶边和独特的款式，使这种服装很有魅力。围腰均为“巧手”绣制，展示着民族妇女的智慧、灵巧和自由创造的才能及倾注的炽热感情和丰富想象。

在我国古代诗词中形容美人，大多要谈及服饰，美的形象实际是由人与服饰共同构成的。譬如：“著我绣夹裙，事事四五通，足下蹑丝履；头上玳瑁光，腰若流纨素，耳著明月珰，指如削葱根，口如含珠丹，纤纤作细步，精妙世无双。”“三月三日天气新，长安水边多丽人。态浓意远淑且真，肌理细腻骨肉匀。绣罗衣裳照暮春。背后何所见，珠压腰及稳称身。”（《丽人行》）在这些诗词中，没有服饰的美，就没有完整的美人形象，服饰无疑具有美的创造性质，具有很高的审美价值。在现在社会中也正是如此，我们不会把服饰只看作与审美无关的遮羞御寒之物，也很少抛开服饰去孤立地审视人的美。因此，服饰完全应属于人体美学的范围。

中国西南地区少数民族由于风俗习惯和文化传统与西方社会不同，一般看来，虽然很少见到对裸体的直接赞美，但这并不等于说中国人否认或不重视人体的美。从《诗经》，到明、清时期的小说、传奇中，都常见对人体美的描写，譬如：“肌如白雪，腰如束素”“肤如疑脂”“虎背熊腰”等，都是对人体的赞扬，所以中国人的服饰都有突出人体美的艺术。显示人体自然美的方法，最直接的就是裸体。

按照西方人重模仿的审美观念，服饰作为美化人体的艺术，它理所当然地应该以人体为根据，如果这个人的体型本来很美，服饰就应

该使他（她）的形体美展示出来；如果这个人的形体有缺欠，服饰就调动造型手段，按照人的审美标准把他（她）的体形改变成美的人体，使他（她）穿上衣服也会显得形体美。从这点上看，中国和西方的服饰审美观念不是相互隔绝的。在西方的一些时期也曾流行过偏重装饰性的宽肥服式，特别是古希腊时代，黑格尔曾对此大加称赞。他说："我们现在穿的衣服是最没有艺术的。""具有艺术性的服装有一个原则：那就是它也要像一种建筑作品那样来处理。建筑作品只是一种环绕遮蔽，人在其中却仍能自由走动，离开它所环绕的对象来说，它自己还要有而且显出它自己的独特的表现方式……大衣就像一座人在其中能自由走动的房子。这种自由的形状构造只通过支撑而取得一些特殊的变化。古代服装的其余项目也在不同程度上现出与此类的褶纹的自由，它的艺术性也就如此。"（黑格尔《美学》）装饰人体和突出人体的这两种服装审美趣味，互相影响，并融合在一起，这就是民族服饰的审美特色，与黑格尔的论述观念是一致的。日本人的《人体美学》，或是西方世界对人类美学的研究成果，都不仅精通人体结构和解剖，而且还把人体置于不同时代，不同民族、不同地域的不同文化历史背景，揭示了人体美的种种蕴含和对人体的审美观念的发展变化，从生理的角度，体现出人体美的服饰艺术。

将服饰作为一种审美载体来认识，是从物质到精神的升华。通过理念感悟，新色象征和对材料、制作精度的追求来对美的企望，同时，将原本自然丰富的审美要求，与现实政治、经济相叠合，使服饰成为标榜权欲及财富的工具。在西南民族中，妇女服饰上的审美倾向表现出更多的优雅，有的娇巧灵美，有的雍容华贵，有的流光溢彩，有的端庄明丽，还有那一代又一代变幻不断的靓饰艳妆，无不给民族服饰审美艺术增添丰富和美丽潇洒。

服饰取决于实用和审美的因素。所谓适用是讲人的各种穿着要求，其中包括护身作用、遮羞作用、标识作用等。另外，适用的因素还能使人们的着装方式不断完善，进一步突出生产生活中的功能。所谓审美，主要是注重个人与社会的审美要求。人的相貌和体型是各不相同的，因而，要根据自己的特点，尽可能地利用服饰来扬长避短。“孰知衣衫附于人身，亦犹人身附于其地。人与地习，久始相安，以报奢极美之服，而骤加俭朴之躯。”“则衣衫亦类人生，常有不服水土之患，宽者似窄，短者疑长，手欲出而袖使之藏，项宜伸而领为之曲，物不随人指使，遂如桎梏其身。”（《衣经》）

审美，是人类在认识世界和改造世界的过程中很早就诞生的一种精神欲求和能力。美和艺术是来自人的精神需要以及物质创造关联的劳动当中。美的事物与可爱的东西是不可分的。这些事物使我们感到美，或感受到心理的冷暖，以及以此类相似的各种感情，都建立在日常具体的感情生活上，崇高的东西都是美的。就美而言，美、善、爱是融为一体的，美的象征，是针对丑的象征而言，有丑才有美，有美才有丑，美丑相连，才是审美基础。西南地区民族服饰的美也是如此，并具有与艺术品同样的审美特征和价值。对于民族服饰，很多人不理解精神上的需要，片面将其理解为生活需要，因此，不尊重传统服饰的民族性是无法理解服饰审美艺术的。在西南不少民族中，服饰审美重视发型、首饰、面部化妆和服饰上的饰品等方面的装饰，突出了服饰审美的装饰性、多样性和流行性，折射出特定时代的社会心理反映，形成了具有时代特点的装饰风格。服饰的审美，是随着人们对改善生活、美化生活的要求而变化。在时代性的呈现中，服饰的形式美感经历了简单复杂、继承创新的循环反复过程。服饰的审美风格是在简朴、奢华、质朴的转化中，演绎出千姿百态的时尚风格。

服饰作为美的艺术，是与人体结合而产生艺术魅力的，它因此就不能脱离人体自身的美。正因为人体美是比较普遍的存在，它才能作为服饰艺术创作的根据，作为服饰美依附的对象。这种服饰美的形态，只要我们翻阅一下西南地区民族服饰的画册，就会发现它们大都强调对人体的肩、胸、腰、臀、腿等部位的表现，特别是女装突出人体曲线美的倾向十分明显，例如西双版纳傣族服饰，可称得上是西南地区少数民族服饰中最简洁的服饰，具有“短衫小袖”“短衣齐腰”的特点。身材苗条的傣族妇女，内穿浅绯色的紧身小背心，外穿紧身短上衣，下穿紧裹双腿的长筒裙，腰间系一根银腰带，越发显得身材修长与苗条。

到过傣族地区的人，无不为傣族妇女的服饰所倾倒，那长长的筒裙，紧身的短衣，显示出魅力的线条，加上那富有民族气息的艳丽色彩，那充满想象力和深刻含义的各种服饰纹样，把傣族妇女装扮得如花似玉。这证明了傣族服饰的多情趣。傣族服饰有其鲜明的风格特点：男子一般穿无领大襟、对襟小衫，袖宽，下身穿长裤，白布或蓝布包头。妇女服饰有着更多更鲜明的风格特点。居住在西双版纳和德宏瑞丽一带的傣族（俗称“水傣”）和居住在非上述地区的傣族（俗称

“旱傣”）不同，这里把他们分为三类来看，一，从色彩上看，上衣同样是浅色，旱傣多是浅蓝或白色，水傣除这两种色外，还喜欢浅绿色和粉红色；二，从用料上看，水傣多用轻薄、凉爽的布料，旱傣则相对要厚实一些；三，从造型上看，水傣同是短衫，袖子均为中式连袖裁法，都穿筒裤。身材苗条的傣族妇女，内穿浅绯色的紧身小背心，外穿紧身短上衣，下穿紧裹双腿的长筒裙，腰间系一根银色的腰带，“短衫小袖”“短衣齐腰”，越发显得身材修长和苗条。

人类裸体之美是服饰艺术美的基础。任何艺术都有生命活力。生命的全部自由活动就是裸体形象，人只要有艺术的追求，就会默不作声细味着在他身上的生命之美。服饰艺术的美也同样需要这种运动中的生命力，人类从裸体时代进入到护阴和腰部饰物的原始起源阶段，向我们展现了古代先民心目中色彩缤纷的美感世界。人类对自然物的改造体现了人的本质力量。人类灵魂对美的本能渴求，也由此迸发出来，并从这些粗陋简单的饰物中展现出丰富多彩的服饰审美形象。简洁是一种美，但让简洁真正变成一种美，却并非是一挥而就的。这种衣服的美到底在哪里？也许是腋下略微的弧角，或是无领颈口俏巧的沿边，也许是红、黑、黄三色协调起的神秘韵味，也许是“不修边幅”般的错位衣裤，或是赤裸上身等。美，其实是没法具体指出位置来的，真正的美应当是飘忽着的。显示人体美的方法最直接的就是裸体。分布在独龙江两岸的独龙族，在20世纪60年代调查时，见到男女上身均裸露着，下身系一遮身物，都扎绑腿，赤足，裸体的上身被风吹日晒，呈现出一种野性的刚劲和健美。怒族、拉祜族苦聪人等解放初期也是赤裸上身。

人类的裸体装饰，就是现代人说的“文身”，古文记载的“文身”，即在人躯体的胸、肩、背、臀及上下肢体上刻刺图纹，作为永久的装饰，从古至今，文身习俗遍布天涯海角。文身为什么能一直传承到现代，而且蕴含着丰富的文化内涵？从远古时代的“文身”直到现代的“文身”，成为人体装饰的特殊内容，在很多地区，举族挚爱不辍。世界上许多民族都认为“文身”是一种美，一种回旋着生命主题的美。因此，文身作为身体装饰的艺术，对服饰文化艺术的推进和发展，起着特殊的作用，对其研究探讨有着重要的意义。特别是文身艺术与裸体纯洁的美融为一体，在人体美学中进一步发展为服饰特殊部位特殊装饰的审美艺术，人体美学与服饰交融和谐，成为服饰艺术的基础，随着社会发展进步，裸体装饰的审美艺术，在服饰上体现着生命之美。裸体是人类初始阶段的生活，在如今世界上许多处于原始社会阶段的民族中，裸体生活的例子很多。非洲、亚洲，以及印第安人部落时代民族生活，在众多的民族学者著作中生动具体地记录了下来。其实，人类裸体时代显示出来的美，世界不少人类学家都有专著。他们认为：裸体时代的人类，淳朴真洁，与大自然的净美融为一体，不存在着羞耻，更没有性侵犯之说，是人类最真善的时代。正如法国西蒙娜、德国波伏娃著《第二性》一书中所描述的那样，裸体是纯洁的，自然的美。在中世纪，几乎每一个教会都有一幅裸体的亚当和夏娃的壁画或画像，都是为了宣传人体的根本纯洁与神圣性。当我们看到裸体时所感受到的喜悦和幸福，可归功于人类的本性。事实上，人类所有的进步，不管是生理的、精神的，或是文化艺术，道德信仰，直接或间接的，主要都归因于人类裸体文化，当然，服饰的起源和发展进步的审美艺术也不例外。这在已经发表于世的欧洲、美洲的民族例证很多，非洲、南美洲、亚洲，以及印第安人部落时代的生活，都生动具体地记录了下来。总之，裸体是纯洁的美，文身是美上加美，是永远不脱身的绣花衣。这与动物的“衣服”是一样的，例如雄孔雀便是以美丽的羽毛互相竞争，以便获得雌孔雀的青睐。唯一不同的是，动物的羽毛（皮毛）是天然的，而人类的“羽毛”是人工制作的，但都显示着裸体美、生命美，原始人类心目中的世界，是人类审美艺术的基础。

要说美，裸体就是最美的，世界上除了文身装饰审美的民族普遍外，裸体生活和最早在身上的带挂物都与审美有关，而且内容越来越丰富多彩。

二、特殊部位特殊装饰的审美艺术

特殊部位的特殊装饰是指在服饰的胸、腰、臀和肩、袖、脚等部位，用刺绣、蜡染花纹和色布拼缀图案，也包括服饰上的附加物，如腰围、腰带、飘带、披肩、挎包、荷包、绑腿、绣花鞋和其他配饰物等等。它们大多工艺精美，也有较为粗糙简单，无工艺可谈者，但都是对某一原理的追求或“原始心象”的表征，都具有特殊的审美艺术。当然，这些部位的装饰更重要的是有着特殊的审美情趣和实用价值，是民族服饰的精华部分。

1. 胸、腰、臀装饰的“三点美”

服饰是美化人体的艺术，没有人体，就没有服饰可言。服饰艺术的美与人体是分不开的，服饰美主要形态之一就是突出人体美，民族服饰都着重于美化自身、美化人体。人体是美的，这是古今中外普遍的一种认识，人体上那刚劲或柔和的线条、对称均衡的比例，一直以无尽的魅力激动着人们，任何对象都不能像最美的人面和仪态这样迅速地把别人带入纯粹的审美观念。人体，由于它的力，或者它的美，可以唤起种种不同的意象，有时像一朵花，有的像柔软的常春藤；乳房和面容的微笑，发丝的辉煌，宛如花卉吐放，体态的婀娜仿佛花茎，一见就似人充满一种不可言诠的快感，没有比人体的美更能激起富有感官的柔情。仔细地品味人体曲线的变化，出于对人体的深刻了解，犹如心灵的镜子，最大最有趣的美就在于此。正因为人体具有这样的审美价值，它才成为古往今来艺术表现和艺术

欣赏的主要对象。

服饰是人类特殊的智慧、特殊的技巧所创造出来的生活必需品，不仅有“护身障体”的作用，而且能装饰自己，美化生活。民族服饰实际上是极美的艺术品，无论是装饰工艺或是装饰手法，都有较高的艺术价值。但古往今来，对服饰的研究都只重视其功能和缝制技术，正如著名美学家王朝闻所著《服饰艺术》一书中所指出的那样：“我们的艺术理论和美学研究似乎有种不成文的定性，以不把服饰划入艺术审美研究的范围，更谈不到他作为艺术学科加以认真对待。”服饰理论尚且如此，民族服饰就更远离艺术研究的大门了。其实民族服饰无论以什么观念和民族心理素质，都有着许多特殊的地方。首先是胸部的装饰，西南各民族妇女不管已婚未婚，都特别注重胸前装饰，例如富宁县壮族女子在衣服外加罩胸襟的习俗。胸襟一般比衣服襟略长，上窄下宽，底部弧形曲线，削出了灵巧俏丽的挑角。襟口处用丝带或银链挂于颈。腋部钉两根花带以系腰后，襟心的绣花片是胸襟的点睛之笔，内容多为花鸟蝴蝶。壮族以花神婆“米洛甲”为自己的祖神，因而花儿是为崇敬对象，也是女性成熟的象征。绣嵌在黑色的底布上，更显得热情奔放，艳丽灼人。另一件胸襟自有素朴之意趣，襟心的花片以白布做底，绣出栖于花枝的凤鸟，花儿以写意式的手法点到为止，自在其中。襟心的镶边颇费功夫，如意云头蓝绿相间，以红线绲边，构成强烈的色彩碰撞，似云头中的黄色叶瓣跃然跳出一份豁亮。壮族的巧手太善于利用工具材料了，撇向腋部的两道蓝色宽边上，白线绣出花鸟和网状的图纹，是缝纫机的功劳，但巧饰色彩，点石成金的招数，都是人的聪慧了。亮布是壮、瑶族善用的面料，挺括易成形，隔潮湿又不沾身。黑里泛着紫色光泽，在金黄、朱红的花带镶边映衬中，越发显得厚重浓烈，这件衣服没有绚丽的花饰，也没有创意的线条变化，纵横的直线给人一种爽朗的感觉，更重要的是在胸前挂的胸襟，整个女性的神奇美

妙，就都吸引到胸前。

中国西南地区少数民族妇女的装饰丰富多彩，工艺也极为精美，这里再以瑶族为例。盘瑶妇女上衣仅是一块挡胸部，正面为红色，边缘镶红、黄、白色布条，正中挂五六块方形银牌、成串的大红绒球，围着瑶锦制作的胸饰，外穿用蓝靛染旧的土布制成的过膝长衫，纱粗不厚，穿着暖和。长衫外开襟式，前胸绣有 8 ～ 10 种图案，袖口及长围裙镶蓝布宽边和彩色细边。用六七米长的黑布做色头巾，只露出头顶的头发，少女在包头上插几朵红花，成年女缠长条盒带，增添妩媚。少女们往往手持彩色丝穗，指尖夹带响铃，走动时欢快活泼，有声有色，充分显示服饰的三点美。

围腰和腰带，是各民族服饰不可缺少的重要组成部分，一般用棉布和绸缎制成，色彩搭配与衣服很协调。围腰是妇女服饰中最精美的制品，式样众多，刺绣、织染工艺最精美。

围腰，多用深蓝或黑色布缝制，有半襟和满襟两种。半襟围腰上宽 66 厘米，下宽 73 厘米，长 70 厘米，图案基本对称；半襟围腰上有两个并列的正方形小腰包，其上，采用挑花工艺刺绣两个单独纹样，每个单独纹样，中间为团花，四周为角花，两个花包的下面用花边连接。满襟围腰呈“凸”字形，胸宽 20 厘米，腰宽 64 厘米，底宽 74 厘米，长 90 厘米，上有一大腰包，或两个相连的小腰包，整个围脖上用白线或彩线满绣、满挑各种图案，充分显示了彝族挑绣技术的水平：围腰上方有两角，各钉一条，宽 6 ～ 7 厘米，长 70 ～ 85 厘米的挑花和绣花带子，用于系扎。

围腰在少数民族服饰审美中，是最重要、最突出、最有民族文化精神意蕴的饰品，也是妇女们聪明才智、情感追求的集中表现。围腰的造型有：长方形、正方形、椭圆形，最典型的是葫芦形，象征多子多孙。彝族围腰种类很多，姚安彝族围腰高 53 厘米、宽 71 厘米，黑底布面上绣

有条形花草图案，外侧以绣方块纹的和狗牙纹作饰，其中间绣团结花，飘带头挑缠枝八瓣团结花，吊子花及蝴蝶变形纹等。弥勒市彝族围腰高 50 厘米、宽 60 厘米，黑布底围腰头缠蓝布，上贻绣牛角纹，并挑十字花和吊子花为饰，其他镶“寿”字银饰，两角钉嵌纹银牌扣，上接一根挂链飘带头黑布挑波纹、十字花和蓝花纹，纹饰素雅大方，为妇女盛装之一。牟定、大姚、姚安交界地的彝族，称“罗罗”支系，围腰高 50 厘米、宽 35 厘米，多为白布底，也有黑蓝布底，围腰由三部分组成，中心是满地红花，马缨花、山茶花为主题，佩绣菊花、绿叶，绣工精美，栩栩如生。围腰下边向两边扩大延伸，用蓝布或黑布拼接，拼接处有花条布装饰。围腰头上有镶银链一根和各种饰品，延伸两边均有精美的飘带。围腰造型奇特，结构紧密，图案生动，功能齐全，是刺绣的精品。

哈尼族“卡多”妇女的围腰美观、大方，特别是系上那镶有银泡及绣有花纹的围腰，更显得婀娜多姿。“卡多”语称围腰为“阿倒”，“阿倒”是用一块长宽为一尺五的黑色土布制作而成，中间绣有姑娘喜欢的花，边角上各镶一对银泡。右下方钉一条丝线绣成的小花，称“约花”。未成年的姑娘，只系一块黑色的“阿倒”，当姑娘长大后就必须系上系有花纹以及钉有银泡、约花的“阿倒”。成年后的姑娘若被小伙子相中，“阿倒”上的那炸玉花变成了爱情的信物，如果姑娘喜欢向她求爱的小伙，就让对方将约花取走，如果五年之间没有任何人来取拿约花，就被视为不成器的姑娘。“卡多”姑娘的“阿倒”一直系到婚后，有了孩子就必须改制新围腰“阿倒”佩挂在围间，以示一切从头开始。

腰带，是与围腰融为一体的腰臀部装饰，通常 3 至 4 米。扎腰带，既防风抗寒，又便于上坡下坡，而且也是一种漂亮的装饰。男子扎腰带多将带头扎在左边，女子则多扎在腰后（臀部），只要身子一动，腰带就会摇摆飞动，给人潇洒精悍之感，以显示娇美的身段。腰带上常挂烟具，包括绣花荷包、铜和银镶边的火镰。新婚女子见到亲属客人都要敬

烟，烟荷包通常挂在腰带上。荷包上系有长长的丝织衬穗，下垂衣外，走路时随身摆动，甚是美观。按风俗，未婚女子都要给自己的情人精心绣制荷包，婚后的新娘子也要给公公婆婆绣烟荷包，一般都绣得很漂亮，通常缀有六条或八条飘带，锁口的绳索一般用丝线编织而成，一端则用贵重的玛瑙、翡翠做饰物。不吸烟的未婚男子也要佩挂香荷包以示情感。

腰带，通常由带头、带身、带尾等组成，有制作较为简单的，如皮带、麻布袋等，更多的制作十分讲究，工艺十分精美，无论是色彩配搭，绣染的图案都别具特色，所以，腰带作为腰臀部的配饰物，也颇具特色。山寨里的女子，闲暇时便聚在一起织绣花腰带，供自己和家人使用，不同花色的花带，主要系挂腰间外，还有的镶在袖口、裤脚或缠扎在头顶、或系在肩背，在山风的摆弄中活跃着人的动态。

腰带对于男子来说，是盛装的饰带，用整幅白布、黑布或红布缝制，长约 280 厘米，两端各设有 33 厘米的花卉图案，并配坠饰物，带上有许多绣花小带，用来装饰烟具或钱币等，是随身携带物。还有一种叫“随带”的带子，长 165 ～ 170 厘米，两头为尖角，以尖角为边，挑绣正方形图案，通常双层，中间空心，可装钱物，男子捆绑带子于腰间，腰带打结后，两尖头垂于腰后，只要行动，带头就有飘动飞舞之美感。

兜肚，又称裹兜，也是男子盛装必饰，系于腹下，护腰保暖，亦可存放钱物，用双层蓝布、黑布或白布制作，外形呈三角形或梭形，正面挑花或绣花。楚雄大姚男子盛装时，佩戴的绣花兜肚，长 30 余厘米，多是以黑布为底，上绣各种花纹，系于腰间或挂于胸前，既是装放钱币之物，又是特殊的配饰。鹿皮兜肚也是男子传统佩饰物，多用彩色皮带缝制，针脚形如自然花纹。武定县彝族的兜肚，藏青色棉布缝制，中间空、右侧腰开口，面以藏青、粉及浅黄色拼接而成。兜肚头上端及左右两幅边接袖有一组花纹图案，其下淡

黄绸布面上绣一对飞鸟纹。兜肚腰部粉色绸布底绣左右对称的缠枝花纹。下幅正中粉色绸布上绣蕨菜花和“丁”字形纹，其上部及下幅摆皆绣左右对称花卉纹。属新娘送给丈夫的信物，是其幸福美满婚姻的象征，造型古朴秀雅，纹饰寓意幸福吉祥，是此类饰品之精品。

服饰作为美化人体的艺术，更由于它是直接穿在人身上，更能为人增添光彩，互生艺术魅力。民族服饰也不例外，同样也是着眼于美化自身，美化人体，但在装饰方法上，与西方人体美学观截然不同，与汉族的传统审美也不尽相同。这是由于特殊的审美观念和民族心理素质所决定的。民族装饰在剪裁制作时，当然也有“量体裁衣，着头制帽”的原则，但着眼点并不是突出人体曲线，表现人身形体，而是在人体的特殊部位做特殊装饰，着意在掩盖它，不是突出人体曲线，而是追求一种人体的含蓄美。与西方服饰的表现手法有天壤之别。西方服饰意在表现人身形体，着眼于“露”，突出人体曲线直观的三点美，而民族服饰都是在掩盖它，着眼于“隐”，从人体美学的角度看，两者虽有异曲同工的人体“三点美”的追求，但民族服饰的表现手法更深一层。它在遮盖的同时，对这些特殊部位用精美的刺绣和织染图案做装饰，以此引人注目，把这些部位的美隐藏在更深处。它在“隐”的后边，更为巧妙地安排了“露”，焕发人的更大激情。这是很多民族妇女服饰上尤为突出的表现。例如彝族妇女，不管已婚或是未婚，都特别注重服饰上胸前、腰部、臀部的装饰。装饰手法，有刺绣精美的图案，有用亮片或银泡镶缀成的图案花纹，还有用各色布条缝制而成的飘带、布块等。这些装饰，实际上都是彝族最精美的手工艺品。她们穿着这样的服装，只要你从他身边走过，那叮当作响的银泡挂链、那闪闪发光的图案花纹，似你的视线无法转移。她们一方面把人体最美的部位掩盖起来，另一方面用最美的装饰手法表现它，把特殊部位的美隐藏于更深之处，从而诱发人们更大的激情，与西方服饰的艺术手法相比，虽有本质上的不同，但又有着异

曲同工的效果。这种效果与袒露胸乳的装饰相比更深刻，更有含蓄的美。从现代人体审美角度看，胸、腰、臀是衡量女性美与不美的三个部位，也是性感最强的地方。彝族用精美艳丽的装饰，把它们密密厚厚地掩盖起来，将其变得更加含蓄神秘，而且装饰在此部位的刺绣图案，无论是围腰上或是垂飘在臀部飘带上的蝴蝶花、石榴花、马缨花，鱼鸟纹、蛙纹……都寓意着生殖繁衍与男女爱情的内容，比西方服饰的手法高明得多，不仅给人优美的感觉，而且会焕发更大的激情，因为它将人体最美（或叫性感最强）的地方，变得更加含蓄和神秘，似人体的美隐藏于更深处。布雷多克《婚床》一书中说："衣着和性挑逗之间的关系，比西方服饰的手法高明得多，广为人知。"西南民族妇女，把这一点运用得非常精明，与西方美学收到异曲同工的效果是客观的。

值得注意的是，西南地区民族服饰在"隐"为主导的表现手法的同时，并非没有"露"的审美意识。但这种"露"是极具民族个性的"露"，与西方人体审美的"露"有本质上的区别。例如，以傣族为代表的佤族、景颇族、布朗族、拉祜族、德昂族、基诺族的民族妇女上衣，形制各有不同，但都短小、简洁，以勾勒出女性的双肩、胸乳、腰肢和臀部的曲线为目的。有趣的是，有的妇女，或上衣无扣，或胸部只挂一块遮胸布，或穿裙但裙极短，常是忽隐忽现，展示人体的自然美。最典型的是哈尼族"奕车"姑娘的服饰。姑娘的上衣无领开胸，紧身，穿上后右胸袒露，下身则一年四季都穿一条短裤。短裤根据自己体型裁剪，紧束臀部，露出健美的大腿，显出青春活力，矫健艳美。

服饰作为美化人体的艺术，与人体结合才能产生艺术魅力。服饰艺术的美与人体的美是分不开的。西南地区民族服饰装饰手法，也不是脱离人体无目的创意设计。它的设计依然是着眼于突出人体的自然美，但它正是在本民族特殊审美观念下调动传统装饰手法，追求一种人体装饰的特殊美。民族以"隐"的创意，构成妇女胸、腰、臀三部位的特殊审美艺术，与西方女性“露”“袒”的三点美曲线相比，不仅在审美艺术上有重大区别，更重要的是有着人人平等、人人都可享受的使用价值。民族服饰对肥者、瘦者，美者、丑者都一视同仁，只要穿在身上，都有着同样的美感。若像西装意在表现人身形体，正如林语堂所说的：“只有在没有美的社会，才可以容得住西装。西装的式样，街上的行人都会知道你的腰围是32或是40寸。一个人为什么必须向世界宣布他的腰寸，如果她的腰超过长度，她为什么不可以守秘密？一般痴肥的40岁女人，穿起袒胸露背的服饰，观看的人是什么感觉呢？”这种妇女，要是穿起彝族服饰，可以占不少便宜。在实际生活中，普遍存在着“不美”或“丑”的人体，甚至“丑”的人体比美的人体更常见。“完全的人体在世间是很少罕见的，谁不相信这句话，可以到纽约的康尼岛游戏场，看看真正的人体怎么样。”[1] 其实，想想这一事实，并不一定要去康尼岛，我们在任何游泳场都可以证实这一事实，正是由于存在着大量不美或丑的人体，若服饰单独去突出人体的自然形态，就不一定能具有审美价值。

民族服饰是美的，不管谁穿着美的服饰都一样会美。西南地区少数民族大多生活于高寒山区，“袒胸露乳”的服饰，既不能御寒保暖，更不适应高山密林中的生产生活，因此，男女老少都必穿用厚重遮盖全身的衣服，但服饰与人体是分不开的。民族

① 北京大学哲学系美学教研室：《西方美学家论美和美感》，商务印书馆，1980年版。

正是强调以服饰造型美来装饰人体。毫不夸张地说，今日的世界如果没有服装，就不能成为人的世界。人总要穿衣服。衣服又总要给人穿，所以，服饰的美总是人体与服饰造型结合一起表现出来的是，事实上不存在纯粹的突出人体的服饰。民族服饰与西方相比，与汉族相比，都有着特殊的艺术和审美之秘。西方服饰着重在人体的直观美，民族服饰却通过人体的服饰去体现精神意蕴的美。写实的服饰也能反映出某种意境，但它以人体美为前提；写意的服饰也能创造出体态之美，但它着力追求的是意境。总之，西南地区民族服饰与西方服饰既不可一方代替一方，也不可融为一体。因为以突出人体为前提就必须使精神意蕴的追求受制约；以追求精神意蕴为前提，就必须要尽力摆脱人体形状的局限。它们两者各有不能被取代的独立意义，认识这一点至关重要，这就是了解服饰艺术最基本的规律，也才真正认识到民族服饰胸、腰、臀三部位特殊装饰的审美，与西方服饰不但有异曲同工的作用，而且有着追求精神意蕴的更深刻、更蕴含的审美艺术，确实是民族服饰的精华部分。

服饰形态是由着装的人体、服装本身的形态及着装方式三者结合而成的。西方人推崇人体的自然美，讲究合体的裁剪，甚至有裸露胸臂的制衣方式，而西南地区民族服饰则重礼轻体，是精神上的追求，因此，服饰既有立体结构的特征，也有平面造型的特征。西南地区民族服饰虽然大多是平面结构，但经过着装后却具有繁复有序、错落有致的形态美。按照服饰美学的看法，省道转移是服装成型的基础。人体的胸、腰、臀的围度都是有差异的，具体得因人而异。如果一块布包围在人体身上，要保护布料在胸围线、腰围线、臀围线上纬纱水平，就会在人体的胸部以上、腰的两侧存在多余的布料。省道就是把这些多余的布缝起来，使布与人体曲线吻合，形成立体造型。省道转段就是以服装上某一点为原点，把面料多余的布料转移到别的地方去。西南民族许多未成形服装不缝合衣料，而是通过穿着后完成服装造型的，如把长方形或椭圆形的布倒过披挂在肩上，缠裹在腰中等多种方法，把平面的布料变成具有造型的服装。苗族服装虽然是成型服装，但服装上的缝合线没有立体造型的省道线，所以才被称为平面结构的服装，但它却以同样的原理，在着装中进行省道转移，完成服装立体造型，比如穿着侧面开衩的直领上衣时，会使前下摆尽量从左侧移到右侧，从而达到腰部造型的效果。以省道转移的理论来讲，就是以开衩口为原点，把腰转移到前中，这就是服饰“三点美”的特殊造型。

西南地区民族服饰与某些西方服饰的重大区别，是“在于西装意在表现人身形体，而中装意在遮

盖它”。[1] 说明西方重视人体的直观美，因而相对的轻视服饰的装饰作用。正如西方人所说的 :“我承认衣服也是一种美，但比起人体美来，衣服算什么呢？”而林语堂则恰恰相反，他强调以服装的造型美各有特定的审美价值，它们是不能互相替代的。西方人虽强调人体的直观美，但人体再美也都有缺点，或者是有差别的。只有服饰能将人体美综合在一起，再丑的人也有美的一面，能吸引人的眼光。所以，突出人体美的民族服饰，更将人体的直观形象隐藏，而用特殊装饰，更能激发和吸引人的关注，激发隐藏中的美和追求向往的情意。毫不夸张地说，今日的世界，如果没有服饰，就不成其为人的世界。人总要穿衣服，衣服又要给人穿，所以，服饰的美总是人体与服饰造型结合在一起表现出来的，事实上不存在纯粹的突出人体的服装。即便就是西方人突出人体美的服饰，如超短裙和“三点式”游泳衣等，多少也是对人体的装饰。“三点式”游泳衣对人体遮蔽最少，但只要它不是与皮肤同色，它的色彩和造型也还是起到装饰人体的作用。同样，少数民族充分装饰化的服饰，也并非仅是挂在衣架上供人观赏，无论怎样装饰化了的衣服，总有领口、袖窿等部位，这就是说，人体的构造在规范着服装的造型，而且它最终还要穿到人的身上，才展现其审美价值。

西方人女装袒肩露背，民族妇女服饰都是遮掩的装饰，对这个问题，还不能根据表面现象作出简单的判断，应该有更深一步的认识。西南地区民族服饰美的形态为什么也是着重对人体的装饰。可都是“遮”“隐”的。西方一些服饰美的形态为什么着重对人体美的袒露突出？一般似乎没什么道理可讲，只能归于习惯。实际上，是中西艺术美学原则的差别。西方的艺术立足于物态，中国民族的艺术则立足于情志和精神，从模仿物态出发，就形成了西方艺术写实的体系；从追求意境出发，就形成了中国写意艺术体系。西方着重饰物，中国追求意境，其实是异曲同工，也都是有注重人体特殊部位的装饰，

① 林语堂 :《生活的艺术》，1941 年版。

当然，服饰作为美化人体的一门艺术，它理所当然地应该在外表上显得美，相貌不扬的人穿起合适的衣服，外表就好看起来了。西方妇女所用的乳罩、束胸、收腹带等现代也被东方各国妇女广泛使用，目的就是在改变完善体型，突出人体的美。所以西方服饰也并非不讲究装饰性，问题的关键不在“装饰”，而在于这种服饰美学的着眼点在突出形体的美，是写实的服饰艺术体系。按照中国服饰艺术审美观念，服饰作为美化人体的一门艺术，它理所当然的应该以美化为前提，应该去追求一种超过形体的精神的美，即使这个人的形体本来很美，服饰也不必去着力展示这美的形体，而应该调动造型手段赋予这形体以精神方向的意蕴，着重精神力量的实质。正如《资治通鉴》所说：“天子以四海为家，不壮不丽无以重威信。”这里并不是说民族服饰不顾体型，不讲究“量体裁衣”，而是说它不着眼于突出人体的外形，它在造型和装饰方面取得了更广阔的回旋余地，这种服饰为意境服务，这就是西南地区民族服饰写意艺术的体系。总之，中国和西方的服饰都离不开“人体”与“美化”，但西方的某些服饰着重在人体的直观美，民族服饰却通过对人体的装饰去体现精神意识的美。写实的服饰也能反映出某种意境，但它以人体美为前提；写意的服饰也能创造出体态的美，但他着力追求的是意境。服饰艺术上的写实与写意是互相渗透，互为补充的。西南地区少数民族中胸部、腰间、臀部的装饰就是客观的例证。总之，西南地区民族服饰的美，虽然也不可能脱离人体，但它不是着眼于突出人体自然的美，而是强调造型、装饰手段，追求一种对人体装饰的美，这就构成了服饰美的另一种主要装饰艺术的形态。

艺术来源于生活，来源于劳动力，例子在西南地区民族服饰中举不胜举，前面讲到的勾夹鞋、虎头鞋，绣花鞋，绑腿及垫肩、衣袖等装饰，工艺精美，观赏性强，成为美化人身、美化世界的特色之物。而藏族妇女在手腕上戴的镯，本是挤牛奶时防止奶沿手臂流入衣袖的阻隔工具，逐步演化成妇女必不可少的首饰。这是人们日常生活的积累和升华，由单纯的适用功能转向审美功能的追求。服饰审美艺术，在这里又揭开了一个新的领域。

西南地区民族服饰，有“遮”也有“露”，但“露”

的思维和创意，既要与自然环境和谐，更有着不同民族不同精神文化追求，与西方服饰造型的“露”有根本上的区别。西方世界的美人，唯恐别人看不见，都在街上走。中国的美人，唯恐被别人看见，都藏在深闺里。

西南地区民族服饰“遮”与“露”两大类型，也都是美化人体的艺术。但具体形制上，西方女性穿袒肩长裙，甚至袒胸露乳，而西南地区民族服饰却是人体的形象与装饰共同构成，从古至今，都是长民族之志，颂民族之根，有着极为特殊的审美艺术。

上衣下袋，是构成“遮”与“露”两大类型的主体内容。特别是上衣，无论是“遮”还是“露”，都是服饰形制中种类最多，名称最繁的部分。 它总体上可分为袍和衣两大类，袍有长短之分，厚薄之别，均属“遮”的服饰类型。衣，则有长衣、短衣、领褂、披肩、小裙等等，名称多种多样，造型千奇百怪，但它们都有独特的实用功能和审美价值。在衣的这类型中，既有“遮”也有“露”的服型，存在于众多的民族之中。

长袍大袖类的服饰，主要流行于青藏高原和西南高寒山区的藏族、德昂族、傈僳族、拉祜族、景颇族、佤族等民族中。藏袍多用粗纺厚实的毛呢，即所谓的“氆氇”制作，男女有别。男袍大领、长袖、宽腰、左襟大、右襟小，一般在左腋下钉一个纽扣，或用红、蓝、绿、雪青等色布做两条带子，穿时结上；多为黑红二色，直线宽边，色彩对比强烈。领围、袖口、衣襟和底边均镶色布或绸子，显得古朴浑厚。藏袍特长，袖筒长出手面三四寸，下摆长出脚下二三寸，穿时将袍顶于头上，下摆自提到膝胫之间，用长带把腰部系住，再将头从领口钻出，胸衣下凸形成布袋，用于装日常生活品，同时，常露右臂，右袖从后面拉到胸前，搭在左肩上，有时左右两袖均束于腰间，让古铜色的皮肤袒露于外，即方便劳作，又显得粗犷剽悍。女式藏袍，分有袖无袖两种，夏秋穿无袖袍，里面着红、绿等色彩鲜艳的内衣，并翻领于外。阿昌族的衣，长度只过膝

间，无领斜襟，靠带子系于腰间，带子很长，方形，有的印花，有的刺绣。哈尼族长裙较为简单适用。景颇族的上衣较为短小，向右叠襟，长袖、衣摆处开衩，系腰带；男子腰带上挎长刀各一把，另挂烟袋等物，妇女上衣肩部挂饰着多个银泡，艳丽壮观。不少民族妇女的衣着比较艳丽，内衣多以丝绸为面料，有红、白、花等各种颜色，无领、无扣、无开襟，只开一领口，穿时从头套下，外罩长衣或长袍。长袍多用红色或黑色氆氇制作，向右叠襟，亦无领无扣，领沿加蓝色孔雀毛的边饰。袍长至膝下，腰部围白色氆氇围腰。有的民族，因四季变化还有时穿长袍、有时穿短袍。总之，严寒的气候和恶劣的自然环境，让他们无法更多的“显示人体”，必须有厚实的皮毛和棉麻把自己遮满和包裹起来，但也不失在长大厚实的衣服上有着奇思异想的装饰，同样有美化自己、美化世界的意境。

西南地区少数民族装饰人体美的主要内容是“衣”，“衣”的形制多种多样，名称各异，既有“遮”的形式，更有“露”的内容。这一类型的服饰审美，艺术更完整。因为它们是通过衣服上的种种造型和装饰，充分勾勒出身体轮廓和曲线，让人体美和服饰美融为一体，充分利用服饰艺术的手段，表现人体美的艺术特征。穿着这类服饰的民族较多，大多居住在热带、亚热带地区。如傣族、布朗族、水族、布依族等民族妇女的上衣，虽形制各有不同，又有许多本民族的特点和标志，但都十分短小、简洁，穿着紧身，能很好地勾勒出女性的双肩、胸乳、腰肢和臀部的轮廓，把女性人体美尽可能地展现出来。有的无袖或半截领，就是有袖的，也非常窄小，手臂的修长和健美可充分展示。这样的上衣，下配筒裙、褶裙或裤子，都能显示出下身的精巧，更增添了女性的魅力。其中，最有代表性的是西双版纳傣族妇女的服饰：浅灰色紧身小背心，圆领无袖，下身长筒裙，长齐脚背，腰间系一根银泡腰带。腰带宽约一寸，有的虽然在背心外穿上衣，但衣紧窄严实，袖管

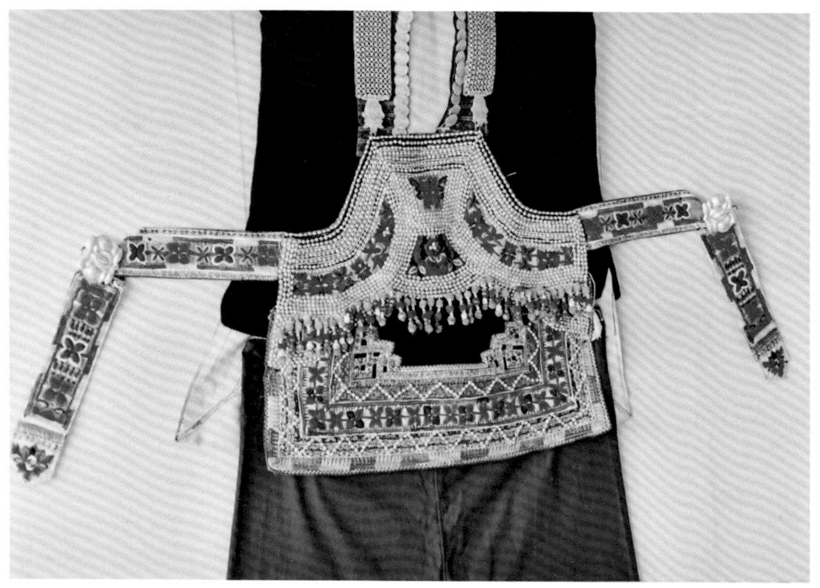

又长又细，紧紧套住胳膊，袖管内无一条缝隙，若用米肉色布料缝制，几乎看不出袖管了。前后衣襟紧紧裹住身子，刚好到腰部，后襟还不到腰部。筒裙也是紧裹双脚，远远望去，简直就是一副女性艺术品。修身和苗条的身材，格外妩媚迷人。

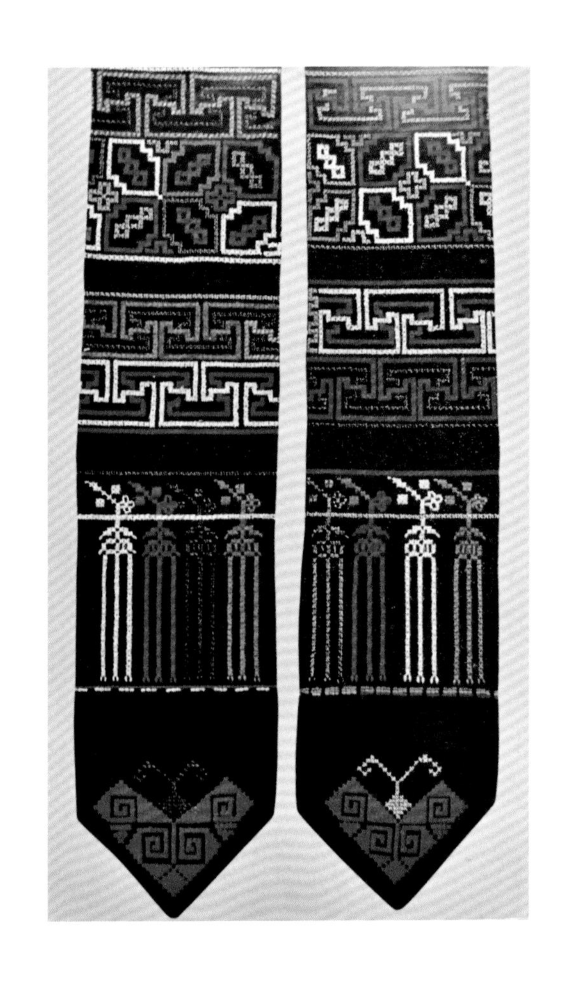

显示人体最美最彻底的也是最直接的方法，就是“裸体”。西南地区民族服饰虽然也有直接裸露身体的某些部位，但都是在充分发挥衣装艺术效能前提下的“裸露”，且是与健美联系在一起。实际上也是在“隐”的原则下，以民族传统服饰艺术手法转化出来的另一种人体美的表现手法。

哈尼族服饰，用厚衣大裤装饰人体的方式很有特色。这类服装，对高、矮、胖、瘦一视同仁。人的形体，全在宽大的衣服遮盖下。服装线条以直线为主，雄浑、刚健，具有一种粗犷剽悍的美，特别是许多配有刺绣工艺的服饰，虽然人体的美不能直接体现，但借助装点得绚丽多彩的衣服，来达到自己人体审美的最高目标。这样的民族，配上这样的服装，就是一幅幅和谐美丽的画面。

当然，哈尼族服饰审美功能的另一方面，是以展示人体美为目的。这类服饰，以红河县叶车和西双版纳的僾尼支系为代表。其服装多是紧身短衣、短裤、短裙等，其主要特点是贴身，能勾勒出女人的身体曲线，充分显示人体的自然美。这类服饰简单，线条以曲线为主，明快、飘逸自如，显示出一种温柔秀气的美。对于这些支系的哈尼族来说，她们的审美倾向于展现人体的自然美，要求服饰尽量短小、简洁，展现出健美的足、腿、臀、胸等部位。贴身的衣服又将身体曲线勾勒出来，表现一种流动的美。这在哈尼族叶车姑娘的衣服上表现非常突出。挂上精美的银泡胸罩，目的都是显现健美靓丽的胸部，是这里哈尼族妇女服饰的特点。

叶车姑娘的衣服无领开胸、紧身、半短袖，穿上后身臂外露。有一个传说故事：很早以前，哈尼族（当时称“和泥人”）居住的地方，是波浪滚滚的海边，到处都是郁郁葱葱的山林。这里土地肥沃，资源丰富，人们过着安居乐业的生活，突然外族部落来侵，破坏了整个部落的生产和安宁，部落酋长还遭到杀害，他的部下有的战死，有的被俘，还有一部分被围困在大山中。在民

族生死存亡的紧急关头，“和泥人”采取了紧急措施。男子赤膊赤脚、墨面文身；女子赤脚短裤，半袒胸怀，每个人头上缠白布以作联络信号。“和泥人”的多路突围开始了，敌人见此奇形怪状的队伍呐喊冲来，以为神灵下地，吓得连连逃跑。“和泥人”突围获得了成功，幸存了下来，南迁至乌蒙山定居以后，就对天发誓。为了让子孙后代不忘记这段血泪的历史，从此以后，叶车妇女用白布做帽，下身赤足短裤。直到今天，每逢欢度“苦扎扎”节（六月年）时，叶车人都要进行化妆“串寨”活动，实际上就是当年化妆突围成功的纪念。

叶车妇女的服饰是美的，用这样的服饰打扮起来的姑娘就更美，也许是那顶迎风飘动的尖顶白布帽（纳藏），或是他们赤足露体的短装，特别是她们的下身则一年四季都穿一条短裤，短裤根据自己的体型裁剪，紧束腰部，长仅到大腿根部，露出健美的大腿，显出青春活力。无论他们走在田边地角，或是节日盛会的场景中，都有着特殊的吸引力和刺激力。

在西南地区民族服饰中，值得探究的是，在“遮”的后面更巧妙地安排了“露”的服饰类型。这类服型，在裁剪时，当然也有“量体裁衣，看头制帽”的原则，但着眼点不是突出人体曲线，而是在人体的特殊部位做特殊的装饰。这与现代“三点美”的服饰表现手法有天壤之别。与上述民族服饰中的手法也有不同。“三点美”服装，意在表现人体之形，着眼于“露”，而民族服饰意在遮掩它，着眼于“隐”，但从人体装饰的角度看，这里表现的手法更深一层。这些民族的妇女，不管已婚未婚，都特别注重胸前，臀部（腰部）的装饰。从现代人体审美角度看，这些集中全力装饰的部位，都是性感最强的地方，所用图案又大多寓意着生殖与繁衍的内容。这种手法，将人体最美（或叫情感最强）的部位变得更加含蓄和神秘，使人体美隐藏于更深之处。西南地区少数民族妇女，把这一点运用得非常精明，与现代西方人的身体“三点美”有异曲同工的效果。总的说来，西方妇女服饰叫“紧身衣”，服饰显示着身体的肥瘦、长短、大小的曲线，民族服饰则是宽大厚实，造型都有传统的规范性，不少民族，都以“遮”而在装饰创意中显示身体特殊部位的精美，“露”是在遮的前提下自然的“裸体美”。“遮”与“露”是民族服饰中融为一体的艺术，与西方服饰的“露”截然不同。西南地区民族服饰中的“露”，不仅与自然的和谐，还有着特殊的文化精神。

对于西南地区民族服饰，很多人不理解精神上的需要，片面地理解为生活需要，实际上，它那不能为别的艺术品所代替，也不能为别的名胜古迹能传递的传统文化内容，是物质文明与精神文明的综合，是原始人类心目中的世界。所以，在人体的一些特殊部位，“把纯然感性没有意义的东西遮盖起来，只显示出波势和运动表现出来的式样中有美的东西。”这是人类独有的智慧，独有的技巧所创造出来的产品，是民族的骄傲，是一种光明，一笔稀世之宝，一项巨大的财富。西南地区民族服饰光照千秋，是博大精深的中华传统文化中最深层次的本源和根基。

2. 肩、袖、脚装饰的实用性与审美情趣

民族服饰中，肩盘、袖子、脚部（从膝以下）也都是重要的装饰部位。这些部位又被称为肢体装饰，主要是四肢部位的衣袋花纹图案与饰物配件，花纹图案主要出现在上衣的袖子、领口、襟摆边和裤管、裙边，以及鞋、袜、绑腿之上，既讲求全身协调，也各有特点；另外还有指饰、腕饰、臂饰、足饰、踝饰和腿饰等等。但装饰的图案和方法与胸、腰、臀三部位大不相同。图案多为单条化和几何纹，而且基本上是先绣在布块上，再根据需要的部位贴缝上去，也有的是直接用色布条块镶嵌而成，但都必须有一个基本功能，即耐磨防损，因为这些部位都是身体活动接触自然最多，特别是脚和手，无论上山下地，还是放牧捕猎，都是高山密林中荆棘和虫蛇容易伤害的地方，当然磨损也是最多的地方，因此，民族妇女便用特殊的手法，把这些部位装饰起来。

其实，这些部位的装饰，最早只能说是保护性的，保护的方法也很简单，如加一个袖套、套一个披肩、绑一对护腿……其中，怒族的绑腿防刺纤毒草伤害、虫蛇侵咬是典型例证，前已有记述。

服饰毕竟穿在身上才能进到心里。随着经济文化的发展，人们审美情趣的提高，民族服饰在面料选用、色彩处理、配饰搭配，很多元素的组合等方面都成熟而不失灵活，既有物质文明进步的体现，也有精神上的享受，已不再把服饰看作与审美无关的护体之物，也很少抛开装饰去孤立地审视人的美，而是适用与审美融合为一体的创作，便产生出刺绣图案和用色块布镶缀的意识，再经过不断的深化和发展，装饰的工艺越来越精细，赋予图案上的内容也更丰富。笔者在楚雄州调查时，在彝族妇女身上拍到过衣肩和裤脚上的很多幅图案。图案由藤条纹(有的学者称蟒蛇纹)、寿字形纹、延春花、蝴蝶、鸟虫等组成，排成一幅幅色彩艳丽，既神秘又美观的“原生态”景观。为什么要绣这样的花纹，并把它们拼合在一起？细细想来，生活在这里的人们，出门就是密林高坡，不是被树枝荆棘挂戳，就会被虫蛇叮咬，按照早期人类的思维方式，既然你要伤害我，我也就用同样的方法对付你，所绣的藤条、虫鸟、花草都是茂密旺盛，兴旺发达，而且有寿字百年、蝴蝶多子多孙的含意，看你山间上的刺还怎么戳我，藏躲在密草丛林中的虫蛇还怎么对付我身上这么多对手！其中，勾尖绣花鞋的传说就是生动具体的例证。相传很久以前在彝族人民居住的“依底寨”有一个勤劳美丽的“基妞”姑娘，和“格么寨”的小伙子“格纱”结婚以后，按彝族的规矩回娘家住满一个月后，在约定的日子换上漂亮的衣裳，穿上美丽的勾尖绣花鞋回婆家，当她走到一座遮天蔽日的老树林时，突然被一条蜷缩在路边的大蟒蛇吞食了。新郎“格纱”想到今天是新娘回来的日子，早早赶到寨边等候，从百鸟欢歌的早晨，等到鸟儿归窝，还不见“基妞”归来。他焦急地回家约着几个伙伴，背上长刀，打着长长的火把顺路寻找。当他们走到丛林边时，只见一条蟒蛇在路上，仔细一看，蟒蛇嘴角边露

着一双绣花鞋。他们断定新娘一定是被蟒蛇吞进去了，勇敢的“格纱”和伙伴们拔出长刀，奋起同蟒蛇搏斗，杀死了蟒蛇，“格纱”和伙伴们用长刀刺开蛇腹救出了新娘，新娘慢慢苏醒了过来，无一处受伤。

回到寨子里，乡亲们聚在一起，细细地观看勾尖绣花鞋，大家异口同声地说：蛇吞了人，不敢把人弄死，是绣花鞋的鞋尖和花纹制服了蛇。鞋尖就是刀尖，鞋面上的莲子花对蛇来说就是毒药，是勾尖绣花鞋救了“基妞”，给他们小两口带来幸福。从此，每逢嫁女时都要缝制一双漂亮的勾尖绣花鞋，让新娘穿到婆家去，一路顺风，一生幸福。勾尖绣花鞋的刺绣图案很精彩，虽然是穿在脚上，踏在泥土里，但图案之美，不仅是给人视觉享受的装饰美，更是深刻的精神之美。这都把彝族妇女外表美和内在美及生产生活中适用性有机地结合在一起。

虎头鞋，是西南许多民族的传统鞋式，多为小孩穿用，在白族、彝族中不少妇女也穿用。虎头鞋因在鞋头部位缀以变形的虎头装饰而得名。它造型独特，圆中见方，雅致可爱，用色鲜艳，一般以红色为主，用黑、白、黄、绿的色点缀。对比强烈，充满浓郁的民族气息。它具有避难、颂吉的寓意，给孩子以健康威武之感。

虎头鞋的制作材料，是用旧棉布浸透薄糨糊，一层层装裱紧密粘固后形成，一般裱 3 ～ 5 层，多用的是白棉布。除硬而挺括的衬布，还有红缎子鞋面布，浅绿色棉鞋里布，黑棉鞋口提边部，黑色花边一段，淡黄、深色、黑边毛线，浅黄、浅绿、大红、白色缎子；少许的黑丝线，小珠子四颗等。制作的方法是先做鞋底，按底样大小剪数层衬布重叠，用长针缝制固定，边缘饰白棉布斜条，用针缝紧变成里底。然后做外底，按底样边缘缩进 0.2 至 0.3 厘米剪衬布数层重叠缝住，外设一层新棉布，棉布边比衬布大 115 厘米左右，在圆弧部分剪刀口，白布要包紧，四周用糨糊黏住。纳底：把里底压于外底上，用长针缝住，再进行覆底衬，纳底是用长针，一针针上下紧密穿缝使底坚固，垫脚走路耐用。覆底衬：在里底上铺一层棉絮，上盖白棉布并用短针固定于两层底之间，在鞋帮背后打结。

鞋帮的制作，是用衬布剪下鞋样，并糊上鞋面布，然后在面部上做色彩或刺绣图案装饰，并在鞋头上装耳架和饰条，最后以鞋腰部开始往鞋头方向合拢鞋面鞋底便成。缝合帮面和帮里厚的后跟，是用长针缝住固定压上花边，将尾巴裁片对折缝合，一端缝出尖头，最后制作鞋鼻子、嘴和胡子，将鞋体和鞋头缝补相联结，在花边位置加固耳朵，从鞋腰部从开始往鞋头方向合拢鞋面鞋衣，虎头鞋便制作而成。

绣花鞋，即是以刺绣作装饰物，刺绣图案多种多样，故称绣花鞋。绣在鞋头前地，名“鞋面子花”，鞋帮上绣的花，名为“旁花”。青年女子的花鞋一般是“面子花”与“旁花”俱全，与婚礼相关的花鞋更多。新娘上轿时穿的鞋，连帮带底全用红绸布为料，绣花全用吉祥图案。当地又讲究新娘进门，必须为亲人做鞋，俗称看针鞋。婚前为公婆、叔伯、大姑、长辈各做一双鞋，新婚之日随嫁妆带至婆家，以针线花、绣花精美为荣，婚后回娘家，又为小姑小叔再做一双。新娘所做的这么多鞋，男鞋用青布，不绣花；女鞋一律绣花；为婆婆做的鞋，绣佛手果，象征“福寿”；其他女鞋都要鞋面花与旁花俱全，绣成之后，五色斑斓，精彩炫目。

将绣花鞋（包括男子穿的绣花凉鞋）、麻布鞋作为情感的象征物赠给心上人，是许多民族盛行的风俗。文山一带壮族姑娘在三月三的歌圩上对唱，如果遇到情投意合的小伙子，便会向他讨要布鞋和花鞋垫为定情信物。女子若相依，便会如约相送。若两只鞋子留下的线头用死结系上，小伙子就明白了姑娘的用意：“生死相连，永不分离。”如果线头打了活结一拉就开，则表示已有了对象。有时候姑娘有意将某处不缝完，留下线头让男方去接续，意思是“你愿连就连。”当然定亲以后，姑娘会做更加精致的

“同年鞋”送给小伙子，用十几层白布层裱贴、包边，长白棉线纳得横竖成行，密密匝匝，有时还在鞋底绣纳上鱼、鸟、花、蝶的纹样，纳绣好的底子需放在锅里蒸过再取出晾干，然后配面上帮，整个工序，凝聚着女子全部的感情。因此，男子怎能不视为珍爱，好生保护，有一句山歌：“鞋底破了鞋帮在，把妹手工带回来。”尽管这里不谈情说爱，但针针线线的手工里，已钉实了两个人的心。这实际在许多民族中都流行，如彝族、白族、哈尼族姑娘，在谈情说爱时喜欢上的小伙子，都送绣花凉鞋定情。绣花凉鞋用麻布纳花鞋底、粗麻布、细麻线，鞋底上绣出蝶恋花，鱼戏莲等。古拙洗练的线条勾勒出两情相悦的象征，朴实淳厚的造型结构在呼应着和谐的画面，不过，民族传统艺术往往不只是作为愉悦视觉的“艺术品”，重要的不在于展示。正如这些美丽的绣花鞋，穿在各族小伙子的脚上，跋山涉水，直到磨损破坏，都是离不掉之物。因为它传达的是姑娘对阿哥的厚爱，他感到阿妹的心情，这才是最美的艺术。

鞋的类型很多，以材料分，有草鞋、木板鞋、布鞋、丝麻鞋、筒鞋等等。布鞋，又有一般的鞋底与布凉鞋之分。哈尼族及其他一些民族使用的木屐、树皮鞋、竹草鞋则是用料与形制都比较特殊的脚上用品。

鞋，除上述的勾尖鞋、虎头鞋、绣花鞋外，从帮与底的造型分，鞋帮花纹，鞋头图案是区别之所在。以鞋头图案分，有斑鸠、猫头鞋、鱼尾鞋、十二生肖鞋等多种。以鞋底形状论，则以船形鞋为特殊。鞋帮绣花以牡丹、蝴蝶与花鸟鱼虫等图案为多，还有老鼠、葡萄、鲜花、佛手一类的花纹图案。

筒鞋，又称藏靴，以藏族使用最多，

藏语称男靴为“力若夯”，女鞋为“夏巴夯”。中甸，维西和德钦一带藏族男女老少普遍穿用。男式中号藏靴筒长 36 ～ 40 厘米，底长 24 厘米左右。女式中号藏靴筒长 30 ～ 36 厘米，底长 22 ～ 25 厘米。鞋面有黑、红、蓝诸色，以红色为流行。靴型不分左鞋和右鞋。藏靴用料考究，做工精巧。靴底需用牛皮 3 ～ 4 层，用麻线缝合。鞋帮为两层，外层用羊毛绒编织而成厚毛呢，藏语称为“氆氇”，里层用羊皮。在氆氇上用各色丝线和金线绣制成菊花和直筒绒花纹，在鞋帮的结合部用羊皮包边，然后将鞋帮和鞋衣用麻线缝制而成。每双靴底外部顶有乳头形铁钉 25 ～ 30 颗，起防滑、耐磨作用。藏族居住在高原地区，气候寒冷，穿靴主要在于取暖、防寒防冻，也起装饰作用，显示藏族男女的威武和粗犷。

草鞋，用草编织成的鞋，此草耐水耐磨，是很多民族在平时和外出行走时常用之物，最先用的是山茅野菜，后来用稻草或棕麻等编制而成，形式类似如今的凉鞋，用几根草带将脚固定在鞋底上。草鞋轻便耐用，利于行路劳作，且晴雨无妨，一直受到少数民族，特别是山地民族的喜爱，在山路崎岖的民族地区，这种简单而方便的鞋几乎可以在每一个劳动者的脚上见到，在 20 世纪 60 年代，笔者在黑华山彝族山寨，亲眼见到一位老人，在茅草屋前草地上，成天编织草鞋，卖给上山的人。他一生没有下过黑华山，足迹不出十公里，而那些他手工编制而成的草鞋却走过了许多地方。

绑腿，有长布带、斜角布片与套筒三种。长布带的装饰以边缘缀花穗为主，也可在带边饰线条，绑时绕成花线条。缀花穗以石屏龙武、哨冲一带的彝族为典型，当地称这类事物为杨梅花，多是男子用。斜布片与套筒都可以绣花。配制精美的绑腿，在小腿部位也有极好的装饰效果，往往在裙下着裤或大管裤，下着小裤的感觉，有的装束膝部露出，上有裤、裙，下有绑腿，也有独特的装饰效果。

肩垫，又叫“垫肩”或“坎肩”，是服饰肩部的衬托物，作用使肩部平整，后背方正，两袖圆顺，衣着平衡，还能修饰肢体造型，弥补体型缺欠等。垫肩的形状有三角形、椭圆形、马鞍形、兜背形等。不同民族有不同的装饰技巧。

裤管的花纹图案装饰可分为几种，有的在裤管中缝配红、黄、白诸色线作装饰，也有的在裤管边缘缝上花边或绣花作装饰，也有的在整体裤管上绣几何纹和花纹图案。裤管边缘装饰花边，过去许多地方的妇女装饰都有，绣花则见于拉祜族等民族。有一种拉祜族图案是绣成太阳纹。绣几何纹以金平、勐腊等地的瑶族为典型，绣有树枝形组图，万（卍）字形组图，与其他多种几何拼图，并以红、黄、蓝、紫等配色协调各种图案造型，营造醒目的主色调。全裤绣花的也有多种，以永仁县彝族服饰为例，构图素材为花鸟，采用花边与绣图配合，素色与彩色搭配的办法，绣出精美协调的裤子装饰。富宁县的彝族则以三角形拼花构图，并以红、黄、黑、白等色调搭配做成美丽的图案。大理白族裤上的花纹素雅，有的绣红、蓝、白三道花纹，有的绣红色花图案，瑶族女裤黑底布上绣红、黄色多种挑花纹……

袖子构图有大小袖套穿、单绣接布套色、花色线圈装饰，前臂绣花、袖口绣花、中袖绣花与全绣花几种。有的装饰，袖子与衣服是分开的，着装时各自套上固定，才成一体，昭通苗族的独立大袖就是一例。大小袖套装主要出现在过去流行的姊妹装与半截观音一类的衣服上。这类衣服的袖子，大袖短，小袖则长，上下搭配，就同大袖中接出小袖一般，各自绣花，有独特的装饰效果，壮族、布依族、彝族、蒙古族等民族中，目前仍有保留。

接布套的袖子，有的用相同布料，不同颜色，造成效果，也有的用土布接锦缎的办法，造成特殊的装饰效果，锦缎有花就接上了一条花袖套。哈尼族、壮族、彝族等许多民族都用此法。线圈装饰主要是在袖子上缝出红、黄、白、蓝等不同

色彩的线条，形成线圈，以色彩搭配突出效果。基诺族、拉祜族等都用这种方法装饰袖子，有时也用小布条制成线圈装饰。

不论是前臂绣花，中袖绣花，袖口绣花，还是全绣花，题材多是蝴蝶花鸟一类的图案。袖口绣花多绣成半圆或球面三角形，以蝴蝶、牡丹一类的花鸟图案为多。前臂与整袖图案多呈圆套接，从上到下层层叠用，有时还会杂花边做装饰。麻栗坡新寨一带彝族蜡染袖子图案与昭通等地苗族的几何纹粗线图案是比较特殊的两种，还有在袖口加花布或黄、白、红等线圈做装饰。

民族服饰中肩、袖、脚等装饰，是一种特殊的审美形式，由于少数民族的传统服饰设计在很大程度上受到服制化、程式化、英雄化的制约，故而每个民族服饰造型相对单调，缺少变化，于是人们对服饰上的装饰审美功能非常重视，尤其是刺绣、织染的图案装饰，更趋完整，更具适合性，也更符合人们的装饰审美需要。西南地区民族服饰的装饰风格，是一种特殊审美艺术，不同民族有不同的特色。

当然，这些部位的图案，虽然小巧，但都是连续性的多个组合，且工艺也极精美，无论是走动着的双脚，或是生产劳动、做家务时的双手，只要一动作，图案就都在滚动飞舞中，要是妇女在山林中采集、砍柴，或是背负东西行走，衣肩上的图案，便在密林花丛中忽隐忽现，与其融为一体成为大自然中的美景；加之脚上的绣花绑腿、绣花鞋等民族妇女的装饰，将高山密林中的万物生灵与其抗争的意识都展现在眼前，为我们解开了民族服饰的千姿百态，艳丽多彩之谜。

彝族、哈尼族、纳西族、白族、阿昌族、拉祜族、基诺族、德昂族、布朗族、佤族、景颇族、傈僳族、独龙族、怒族、普米族、傣族、苗族、瑶族等民族，长期居住在崇山密林之中，恶劣的自然环境和艰苦创业的精神，使各民族形成了含蓄深沉的性格，大自然的奇丽风光，又形成了他们独特的审美风格，从肩、袖、脚的装饰来看、民族服饰与其生产生活是分不开的，有着了解自己和设计自己的服饰审美观，而且有着各自所好与大自然融为一体的艺术美感，每个部位刺上去的图案都有着特殊审美的意蕴，蕴藏着各民族妇女的追求和幸福。肩、袖、脚部

位的实用功能与审美情趣，是服饰的又一特殊装饰，装饰的图案和方法与胸、腰、臀三部位不相同。

白族服饰与大理风光，是民族服饰艳丽素雅的审美代表，凡喜欢到大理的青年妇女，总喜欢把自己打扮成“金花”。在绚丽多彩的西南民族服饰中，白族服饰可以说是受到了人们普遍的赞美。用红头绳缠绕着盘在额顶的发辫，是那么淋漓尽致地展现了少女长发的美；而那发辫下边的花头巾，以及侧边飘着的雪白缨穗，又那样潇洒自如地渲染这种发型所特有的风韵；还有身上的圆领坎肩套着的紧袖上衣，以及用宽围腰带束紧的腰身，又是那么恰到好处地显示了女性健美的体态。在衣料的色彩选择上，常常是白上衣，红坎肩或浅蓝色上衣黑坎肩……总是形成鲜明的对比。总之，从头到脚给人一种朴实、精干、俊俏、大方的感觉。

人们不禁要问，这般绚丽的服饰是谁第一个设计出来，又是根据什么设计的？其实，只要我们对白族人民世世代代劳动生息着的环境有所了解，就不难回答这个问题。白族之乡大理早以它山明水秀的风光著称，横亘天际的点苍山，恰与清澄如镜的高原湖洱海，形成鲜明的对比，山头紫云载雪的时候，海面是那么碧蓝如染，而当海面变得银光耀眼的时候，苍山又呈现出黛色葱茏的景致，鲜艳的茶花、杜鹃花映照着苍山的云和雪，雪白的海浪又给此起彼伏的洱海波涛镶嵌着十万道绲边。无怪乎这里的白族人民性格是那么开朗，服装的色彩也是那么明快。谁要是想对白族服装的每一结构、色彩、线条来一番寻真究底的研究，他总可以在大理风光以及白族人民的生产生活中找到依据。鲜红的坎肩，恰如洱海上空的朝霞，雪白的缨穗，不正是扑腾在波峰浪谷之间的沙鸥。海风常常是凛冽的，山路边必然是陡峭的，在这样的环境里劳动生息，他们怎能不在上衣外面加上坎肩，同时还从小养成了紧束腰身的习俗。经过千年百代劳动人民的不断创造，一种反映着大理风光的服饰就这样出现了。

因此，我们可以说：一切公认为美的服装样式，总离不开人们生活环境和生活的需要，这也许还是

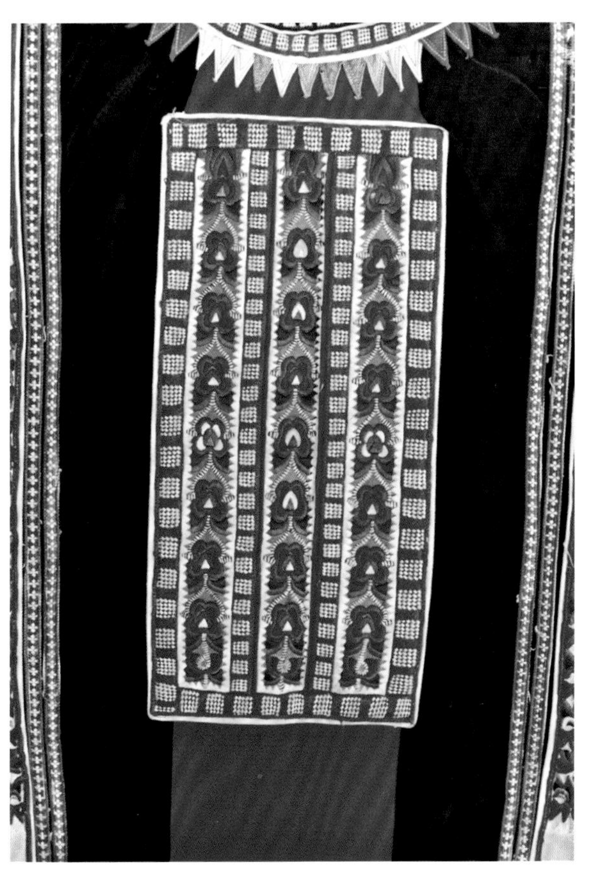

个规律性的问题呢！当然，少数民族肩、袖、脚等部位的装饰图案，虽然小巧，但都是连续性的多个组合且工艺也极精美，无论是走动者的双脚，或是生产劳动、做家务的双手，只要一动作，图案就是在滚动飞舞中；要是妇女在山林中采集、砍柴，或是背负东西行走，衣肩上的图案，便在密林花丛中忽隐忽现，与其融为一体成为大自然界中的美景；加之脚上的绣花绑腿、绣花鞋等民族妇女的服饰，将高山野林中万物生灵和与其抗争的意识展现在眼前，为我们揭开了民族服饰的千姿百态，艳丽多彩之谜。

苗族的绑腿是用青色窄长布制成，有的用棉线和花线掺杂织成，偏重于灰暗色调，并分冷季、热季两种，冷季的长约六尺，而窄约五尺，可包数转；热季的短，约一尺六七寸，而宽一尺二三寸，只能围一圈，居中均用一根约四尺长的花带捆住，带端还有丝穗。

裹腿都用自织的土布织成，一般都染成藏青色；有的织有花纹，用的裹腿朱红色很重，紫蓝等色较少，织的都是条子花，织法与土布相同，裹后只系上一根红花带，带端悬着约二寸多长的丝穗，这种裹腿价值很高；有的地区裹腿有冬季和夏季两种，冬季的长约六尺，宽约五寸；夏季的宽一尺许，长近两尺，它们的花纹除条子之外，还织有些小方块图案，裹后也系上一根丝花带，带端悬着寸许的系穗。

布鞋，鞋帮由两瓣合成，用青色缎子或青丝绒制成，绣以美丽花纹；袜用布上的青色或阴阳布制成，纳着细密的袜底，袜跟上也绣有花纹，制一双鞋袜需工约半月。

男子布鞋一般每人不过一双，大多数均用于寒冷季节，并限于室内之用，一般男子都穿草鞋。

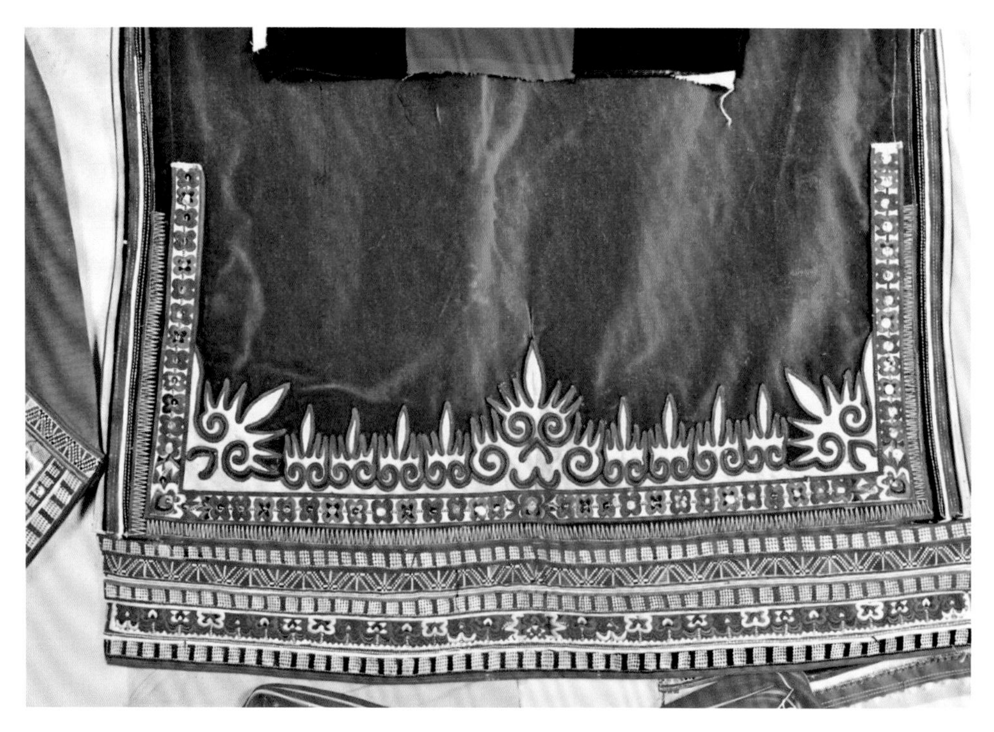

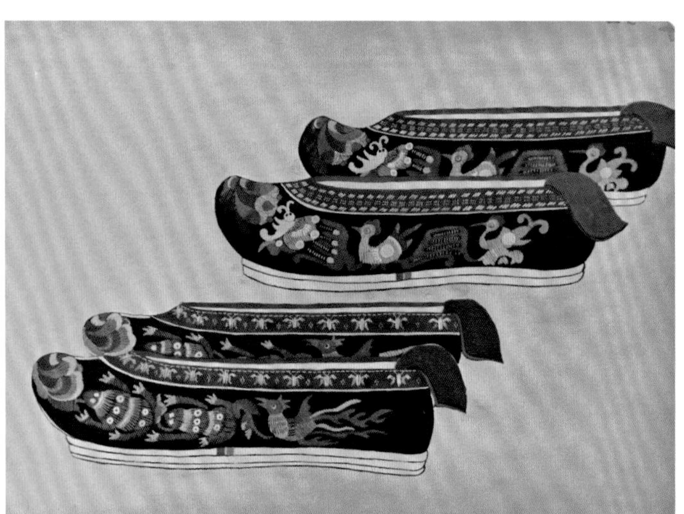

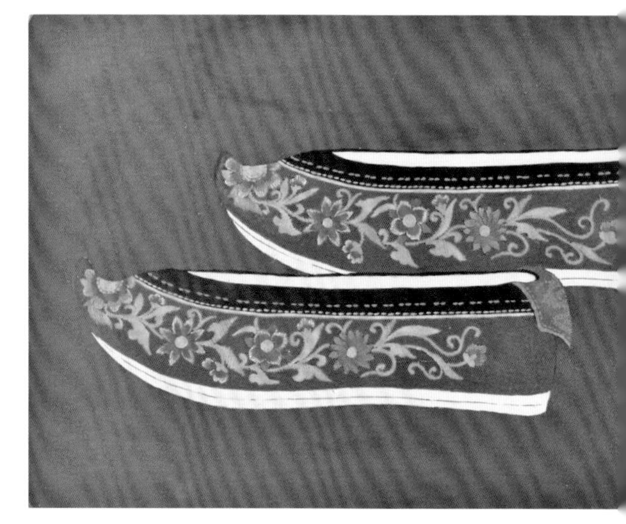

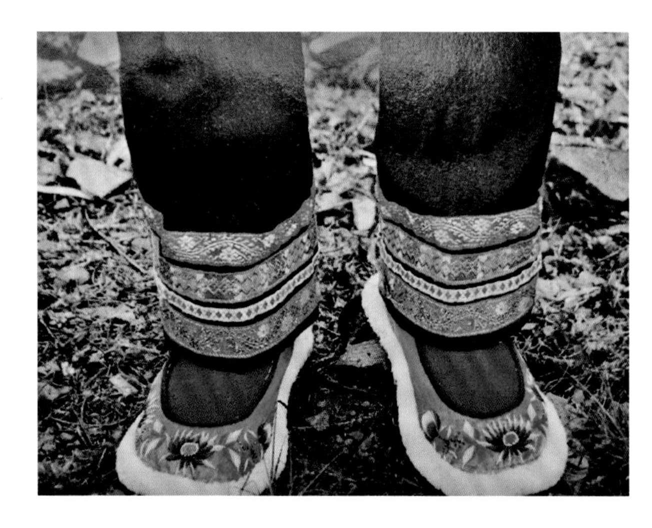

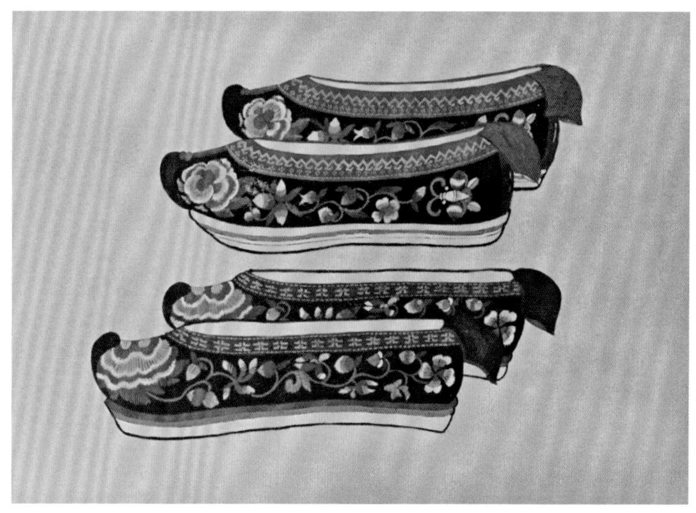

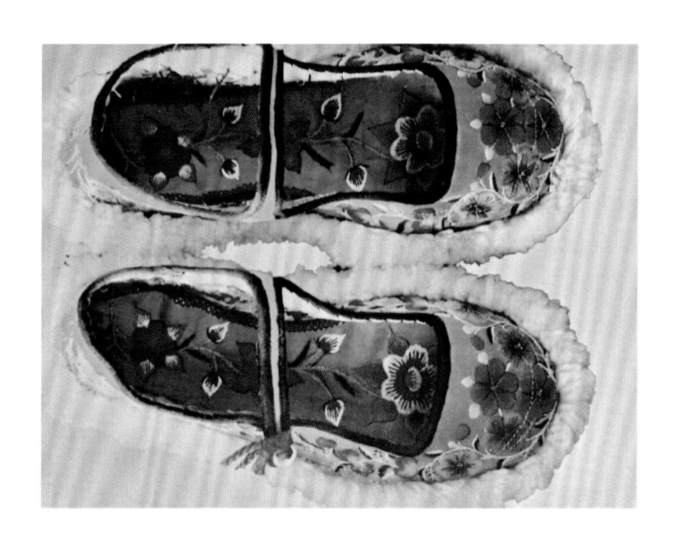

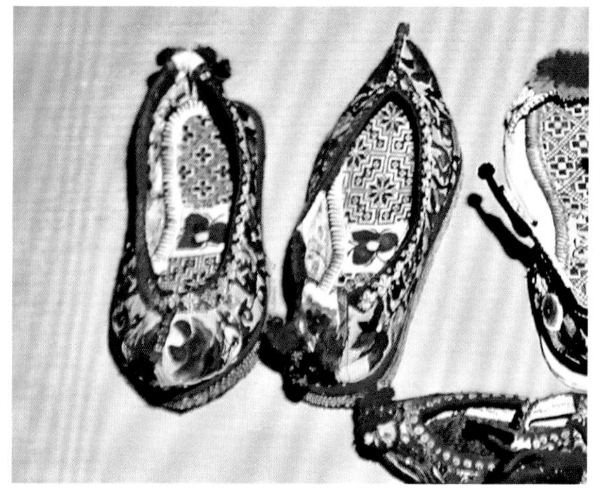

三、风情万种的头饰与审美

人，以头为首，头是全身最为神圣的部位，也是最能显示装饰效果的部位，因此，注重头部的装饰，是各民族一贯的传统。中国西南地区少数民族头部装饰，无论造型的特殊，或是采用的材料之罕见，都是民族个性特征的体现。不管哪个民族头上的每个造型，每件装饰品，都沉淀着深厚的民族历史文化，闪耀着原始思维的光辉，别具审美趣味。实际上，民族头饰，是一种独特文化，一种独特的艺术，是民族服饰文化中最有生气、极有光彩的部分。

头是全身最为神圣的部位，因此，民族头饰包含的内容很多：造型奇异的头巾头帕、艳丽多姿的各种帽子、引人入胜的发型和各种装饰物等等，要是把它们汇总在一起，那千姿百态，无奇不有的壮观景象，真是有“夸张”和“火爆”之感。

头饰的奇特古怪，用现代人的观念和审美意识很难理解，实际上，不管哪个民族，头上的每种饰品、每个造型都有他们特殊的象征和追求，亦如服饰一样，千姿百态，而且不同的地域（支系）有不同的风格，同样是帽子，同样是头帕，不同民族不同的制作方法和戴法，即使是同一个民族，也因地域（支系）不同而不同，而且所采用的材料，有布、有锦、有草、有花还有鸟的羽毛、兽的骨、角，以及竹、木、藤等制品，千姿百态，无所不有。少数民族头饰，其所采用材料比之现代首饰还要丰富得多，而且也不一定要追求名贵，而是就地取材，因地制宜。概括起来可分为三类：动物类的如兽角、羽毛、兽骨、兽牙、贝壳、蛋壳、蟹爪、鸟爪、小动物等。植物类的有：花朵、树叶、竹片、竹管、木片棍、苔绒、水果等。矿物类的有砾石、石珠、石片及金属类的铜、铁、金、银等。越是原始的民族，对头部的装饰越特殊，不仅大胆夸张，种类众多，其文化内涵包罗万象，无所不有。因为头为首，是思维中枢，自古就被蒙上神秘而庄严的色彩，所以头部装饰构成了人类身体上的语言，是民族的象征，显示着力量和庄严，神圣不可侵犯，有着深不可测的神秘感。

重视头部装饰，在中国西南地区少数民族中可谓源远流长，从汉晋时期的“椎髻”“编发”，到如今的包巾、缠帕、戴帽子，都以其独特形式和风情万种的配饰物，追求夸张的风格，因此，在民族装点自身的过程中，头部是最为重要的部位，是显示民族特色和艺术才能的重点。头虽不大，位置却很重要，也很能显示装饰的效果，所以，人们都重视装点头部。无论是造型的特殊或是采用的材料之罕见，都是民族个性的体现，是对美的追求。它实际上是一种特殊的文化，特殊的艺术，蕴含着品不完、赏不尽的韵味，在整个民族服饰文化艺术中起着非常重要的作用。

1. 艳丽多姿的头巾和头帕

包巾缠帕，民族头饰中的第一大亮点。高俊挺拔的头帕和刺绣精美的头巾是头饰中的特殊风景。

包巾，是指一块布包在头上，所以又叫包头巾。包头巾有正方形、长方形、三角形、菱形等，讲究的有丝绸和锦缎，一般有二丈长，也有长达五六丈的，多为单色，以黑、蓝、白三色居多。两端多饰有缨穗，并在垂下的一端刺上花纹。包巾的方法很多，巾面上的装饰图案最为精彩。其用料大多为棉布、绸子、呢绒纱布，挑绣有精美的图案，色彩艳丽耀眼。例如石屏县花腰彝的头巾中，用 4 至 5 块不同颜色的布料拼接在一块长方形的蓝色或白色底布上，四角缀以银泡；在银泡空间的缝隙处饰以红、黄、白等毛线结成流苏状垂穗。头巾包在头上，穗缨垂于两耳畔，俗称“赶苍蝇”花，因为它们随时晃动，即可赶走飞来的苍蝇蚊虫，既增添了鬓额的美观，又起到保护面部的作用。头巾前额的横沿上，还绣有三组各为单元的花卉连续图案，称为“插于额前的三朵花”。头巾上段的中间部位用宽一厘米，长 8 ～ 10 厘米的各种彩色布条组成色阶式的直幅图案，左右两边则绣以对称花纹、或花卉、或飞鸟，色彩鲜艳，对比强烈。每种色段都用 2 ～ 3 个色阶进行过渡，显示出丰富的色彩韵律和节奏感，这样的头巾，与满身刺绣、艳丽多姿的长衫、托肩、领褂、腰带、兜肚等组合在一起，有效的展示出花腰彝服饰的美丽。

所谓缠帕，在民族头饰中与包金相比，大同小异，是用布块缠裹在头上成一定形状的头饰。形状各式各样，有高桶状、平桶状、翘角状、倒管状、尖顶状、磨盘状……也是引人注目的内容。头帕缠绕成各种形状，使民族特色十分突出。有些头帕的长宽度十分惊人，长宽达二三丈。例如云龙县彝族妇女，用二丈二尺黑布，从前面往后面绕，称为“包头”。包头布里外均用黑布，里层质地较差，外层质地稍好（也有用绸缎的）。外层缠绕时很讲究，既要美观，又要能松散，绕好后还要用一根根（或铅）的发卡卡住，发卡上有几个彩色纸张用细弹簧连接，稍一转动，就会发出叮当响声。总之，彝族妇女中的这类头型，无论是包是缠，形状极多，千差万别，以包缠得越大越美，且以银泡、缨穗越多越华贵，越引人注目。彝族的头帕，多种多样，可大可小，可长可短，形式非常灵活。

“阿细”妇女也用包头，但制作方法与具体的包法与“撒尼”完全不同。“阿细”妇女包头仅用黑布一条（弥勒一带用彩带），两边绣花即成包头布，习惯留一束黑发垂于包头后面之外，正面包头布与发际之间接插缀满色鲜艳的流苏或花朵。其具体的包戴方法有四步：一是将头发束紧，从左至右盘于头上，头顶部（发束上）镶一枚银扣，并系上紧固线和一束彩线与珠链，将发梢缀于后。二是把系于紧固线上的一束黄色线（彝族叫“氆氇”）从右下方绕于发束上别紧。三是将包头布（或带）一端压下额，然后由右向上露出银扣一段，再向左盘绕三圈后将带头回折，下端别进原

缠好的带里，头顶两端呈角形与银扣平行。四是松开下颚将带头从右横向左压往珠链和发束，末端再别进左下侧黑色带里，也可将珠链盘于头上，点缀两朵小绸花即可。

弥勒“白彝”女性头饰的包裹方法也别有特色，先把两侧长发从根部起用黑线紧密缠裹，露出15～20厘米。分别从两侧向高处互叠成盘行，发梢分别垂于脑后两侧固定。然后再将一束白色粗线从中部扎一道线，置于盘顶，又将白线向两侧分开，分别从盘顶铺开缠绕两鬓，再向后系紧。同时，双手向两边分开，把一束黑红两色线从脑后分层次（上红下黑）向额前交叉，剩余的垂于脑后，最后将两圈（宽约两厘米）的银泡带从上箍下露出，盘于顶上，整个头饰银光闪闪，颇具特色。

昭通镇雄彝族妇女头饰，留长发挽于顶，先用白色包头将头发裹于内，再用黑布和黑绸打成大包头。未出嫁的姑娘额前蓄有刘海，本地俗称“姻须头”，出嫁时额面拔光细毛，额面光洁不留刘海。有的妇女还有佩戴耳环的习俗。耳环用铜或银制成，直径约五厘米，也有用古币铜钱作装饰的。

弥勒江边地区阿哲女子戴“头围”。“头围”长约30厘米、宽约8厘米，镶有银泡构成的图案，戴上“头围”后将发辫缠进系在“头围”后的黑线束中，从右向左盘于顶，黑线束尾缠于左耳后侧，线束包裹得越大越美。

彝族包巾或是缠帕，都可大可小，可长可短，形式非常灵活，戴用十分方便。头巾和头帕，色彩艳丽，刺绣精美，不同地区，不同支系有不同式样，花色各异，引人注目。

路南、弥勒一带撒尼、阿细支系的妇女，披发垂后，其包头彝语称“寓耳结”，用一块薄木片（近年有用铅片）为衬圈。衬圈外裹以黑布，外缠长52厘米、宽10厘米的五色面子。五色面子的边缘，镶嵌银泡或玻璃小珠，并于两个按头处缝上长40厘米、宽10厘米的黑色缎子，作为裹头

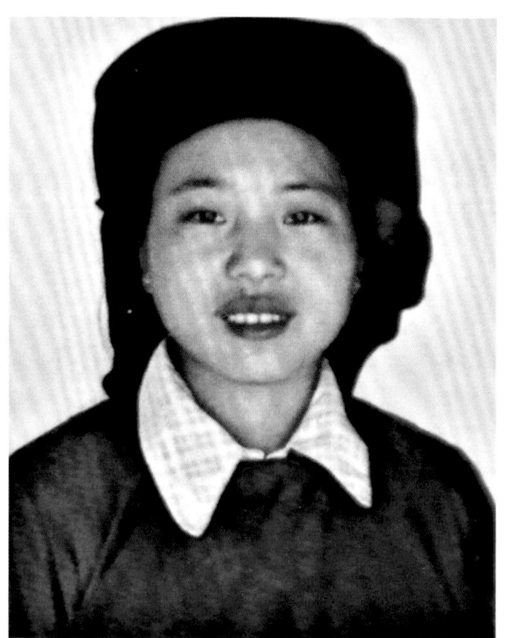

和兜头用。未婚姑娘于包头内侧的左右两边各插一块两面绣花的三角形硬布块（又成蝴蝶块）。已婚妇女，一块收藏，一块平放于地。中老年包头只用红、黑二色，青年妇女用多色。这种多色包头，传说是仿彩虹的颜色形状制成，是为了纪念古代一位撒尼姑娘自焚殉夫并与其共化为彩虹的英烈壮举而发明创造出来的。包头在撒尼妇女中世代相传，流行至今。所以撒尼姑娘自幼就要学习刺绣包头，因为精美的包头被视为忠贞爱情的象征。

巍山县东山区一带的彝族姑娘，结了婚就不戴帽子，改为结发髻，裹包头。发髻一般呈宝塔形，时兴戴“别子”。“别子”用银铸成，分为四串，每串有两个灯笼绣球、两个响铃绣球，两尾小鱼。包头长四尺五寸，宽一尺，黑色，上面镶有帽花。帽花下面安一个宝塔形“针付”（彝语）。“针付”顶端是一颗闪亮的红宝石。工艺最为精美的是姑娘（未婚）的银鼓帽。帽上绣四十二朵小花，镶有九十六颗银鼓钉，闪闪发亮，佩戴发上，十分美观。耳坠式样各异，是少女的心爱之物。

同是头帕，但包法多种多样，仅以文山地区苗族为例，妇女头帕的包法就不下十种。据 1957 年调查资料，妇女头上均包头帕，各地的形式虽有不同，但都用一张长方形的土布居多。文山州一带的苗族妇女，穿盛装时把帕罩于头上，由前面往后包，转折处讲究起角，或直线上两角交叉于头后插梳子处，用针别住，形如燕子尾。妇女平时是把帕盖住发髻，也是由前往后，但转折随便，上两角不用针别，而插在梳子底下。在富宁、西畴一带，是把长方形帕对角折后，在其直边再折两小折，包时，角边在上，中段放在插梳的下面，由后向前围，让发髻和梳子露在外面，帕角交叉处在后颈，角伸出把耳盖住。广南等地是用长方形的花格布，顺边折后，约有两寸多宽，先将一头置于前额，一头向头后绕过来，两头交叉后，把布头插进帕与头接贴处，梳子、发髻均露在外面。还有另一种包法，以长土布一张，长约

八九尺，顺边叠成三折，折后要能看出三道边来，包时由上往下再由下往上缠绕，帕端结束于中间，包好后略看出三层，有三寸多长，帕外端有或绣或挑的一寸多宽的花条，并附两寸多长的各色丝穗，作插头用。

地区妇女头帕有两种包法，一种是用长方形帕对角对折后，由后向前包；一种是把长方形帕顺边折几折后，把头发下部包住，两种都让发髻和梳子露在外面；也有以大帕包头，发髻只露出前面小半，帕拖到背后，把耳颈全部盖住。

文山地区苗族的头帕，是各家妇女自织、自纺、自染的窄长布。帕的两端留有五六寸长的穗子，穗子上面还打成网结，每张头帕约长丈余，但每人只包一二张，同时，除中年、老年男子常包外，青年人都不大包，颜色大多为藏青色。头帕的制作很简单，一般都用平织机的格子布，顺便折成三褶，出现三道边，外端还有约一寸见方的“堆花”或“绣花”的花块，有的还用线编结成一条网纹钉在帕的外沿。

苗族最长的头帕，要数“花苗”支系的了。南华县通红甸一带的苗族妇女，把头发与红、黑头绳相绞，边绞边盘，在头顶形成圆圈，有如戴一圆箍，再用五块花色头帕，撸成六厘米左右宽，然后开始紧密结实地向外一圈圈地缠绕，最后造成一个比肩还宽，直径达 50 厘米以上的头帕，状大如“筛”，故有“大头苗”之称。圆盘下方为黑色，黑中偶尔露出一两个红白圈子，四周彩花，多为红白色图案，五条头帕上的璎珞，或均匀地垂于四周，或全部分在前方，缨络多的还达

到十条。这样的头帕，加上满身苗家盛装，真可谓花团锦簇，耀人眼目。

白族妇女的头帕种类较多，有头勒子、黑布包头、白布包头、大包头、挑花包头、绕包头等。中老年妇女还有扎染头巾，高髻蓝黑布头巾等。有意思的是白族头帕的不同象征：少女时，头上用一块一尺见方的蓝布包着，叫“网手帕”，是把一块方形蓝布的四角纹缠于脑后，像个鸽子尾巴，俗称“鸽子尾”，结婚后就不包“鸽子尾”，而采用纱帕包头。楚雄州南华县的白族成年男子，一般是头包大白布绕巾，未婚女子，将头发分成 3 ～ 4 股，编成一条大辫子，婚后又将头发绾起，悬于脑后，再套上用毛线扎成的圆形花圈和网兜，然后用纱帕和黑布缠成一寸宽，垛在一起高约三寸的帽饰戴在头上，俗称“纱帕箍”，两侧还佩上一对银花和一对绒线花，头发上插有许多银饰品，额上留有少量梳形头发。

阿昌族少女梳辫盘头，缠各种色线以求绚丽，头上还戴一种被称为“蚂蚱花”的饰物，“蚂蚱花”是一根长约十厘米的小棒（银质为优，现银质较多），一端缠三五股毛线，串以珠，缀蓝、黄、红等色绒球，另一端可插入发间。婚后，妇女必须按习俗改装，其最为突出的是包头。包头上扁下圆，高 40 ～ 50 厘米，用自织自染的一根黑带子，两端各编一段 15 厘米长的流苏，然后用竹笋壳拼缝成一个高约 40 厘米，上扁下圆的帽形，用长带将其密密缠绕，最后在顶处打髻，尾端由顶垂下。阿昌族非常重视妇女包头，将包头的高低作为衡量“妇德”的标准。

红瑶妇女在包头时，头巾前额，中间及四角等位置往往留出一个菱形。少女和已婚但未生育的妇女将发髻包在头巾里，露出菱角，当了母亲后不再包发髻。

花瑶少女的头饰像一顶美丽的绒帕，未婚姑娘将辫尾盘成拱形发圈，婚后即无此饰，平日以黑布包头，盛装时头戴用铁丝制的“蝶形”架子，其上覆盖瑶锦，并对称地垂饰银色珠串、彩线、花穗等物，晶莹闪烁，富丽堂皇。少女衣袖镶满彩色线条，穿菱形围裙，褶裙镶嵌深红色的长布条，整套服饰多饰几何形图案。裹腿妇女则穿黑色衣，袖边镶满蓝、白、红、绿的彩条。胸前缀满方形及圆形银锦，身挂倒鹅蛋形的彩色披带，带银项圈。

排瑶：男童额发剃光，只留脑后一束，扎小辫或束成小发髻，并留髻尾；女孩额发全齐，顶束小发髻。14岁以下的少男少女衣饰简单，15岁以上的姑娘开始重视发髻装饰。女子已婚和未婚的装饰因地区差异又有不同。例如广东地区的排瑶，少女髻上除有红绒线外，还插系白鸡毛，草珠串和白木通；已婚妇女节日期间髻上加“布壳帕”，该帽用多层布叠染晒干后所成。火烧排的帽架较小，上层覆盖黑白相间的布，平日髻上覆方帕。

过山瑶：未婚者头巾包成三角塔形；已婚者戴一顶包着瑶锦和白布的宽大“帽子”，其内用铁皮架支撑。

回族盖头：盖头即遮发头巾，在回族中称“古古 ”。盖头用丝、绸、纱、绒等精细料制成，呈筒形，用时从头上套下，能把脖颈、头发、首饰全部护掩，领下扣扣，前面稍短，遮住前额，后面略长，垂于后背。有的盖头只把两眼露在外面，有的盖头都可露出眼睛、鼻子和嘴巴。盖头的颜色为绿、黑、白三种，有少女用、媳妇用和年老者用之分。未婚姑娘和新婚少妇戴镶边，戴绣花地绿色盖头，盖头较短，只披及肩头；婚后妇女戴黑色盖头；有了孙子或年逾半百的老年妇女，则戴白色盖头，且盖头较长，要披到背心处，甚至过膝。在戴盖头前，需将头发盘在头顶或脑后，除盖头外，还戴面纱。少女九岁以前不戴盖头，头顶配饰一大排花发卡，但九岁后则必须戴。

在中国西南地区少数民族中，包金缠帕是最为普遍、式样最多样的头饰文化艺术，除上述之外，

还有佤族男子用红布帕或黑布帕包头。拉祜族女子头裹包头或大手巾，尤其是已婚的包头，是一条一丈多长的蓝色长帕，缠在头上后，末端长长垂及腰际。景颇族青年男子喜欢用白帕包头，白布一端绣有花纹并垂下红色须随风摆荡，别具风采，而壮年老人一般用黑帕头。德昂族男子缠黑帕或白帕，帕子缠好后，两边缀各色绒球。

总之，西南地区少数民族的头巾头帕，无论是包或是缠，花样都很多。既可以防风挡尘，保护头发脸部，又起到特殊的装饰作用，许多头巾头帕，都色彩十分艳丽，刺绣图案极为精美，具有很高的审美价值，且富于神秘而庄严的色彩，无论包巾或是缠帕，都大同小异，其用布长短不一，长的五六丈，甚至更长；短的一尺见方，多为单色，以黑蓝、白色居多，包好后置于头部时，所表现出的形状差异就相当大，大多以包缠的越高、越峻、越华贵。巾帕上大多有精美刺绣图案装饰，也有单色素雅的，类型较多，艺术性强，设置也很精彩。

包巾缠帕，在民族头饰中是最早、最普遍的装饰，缠帕方法和造型都极为丰富。包巾缠包边或是缠帕，都可大可小，可长可短，包成各自爱好的式样，固定套在头上，也称作“头套”，以包好置于头部时所表现的形状差异，中国西南地区少数民族头巾和头帕的包用形状可归纳为30多种。

高桶状包头圆如柱，高超过直径，状如桶，也可能上部小于下部，有的还在外围饰缨缀等物，有的用布包裹，也有的是圆形套头。元谋县凉山彝族师宗彝族、元阳壮族、景颇、花腰傣、怒江傈僳族男性，都有这种包头。

平桶状包头也呈圆柱状，直径大于高度，外缀缨须。金平、河口等地红头瑶有这种包头，富宁彝族、傈僳族中花傈僳也都有这种包头，厚薄不一。

大轮盘包头由小布袋层层叠压，裹入轮盘，留下中空位置套在头上，厚不过几厘米，直径则有大有小，可分成数种，边缘也饰丝须、串珠之类的细碎事物。文山等地苗族、大姚彝族、新平哈尼族卡多人都有这种头饰，卡多人还以交叉布勒住头盘，带上银泡。

绞裹式包头男女都用，整体形状为圆形，中空纳头，裹时不要求整齐，形成绞纹。禄劝、武定等地彝族还把

这类头饰裹好定型，同时套上，四边缀花蝴蝶等。

短帕包头类型较多，有的用短方布，也有的用毛巾包头，有时在头帕两端制作图案等，绣花，或缀缨须、珠子，包时外露作装饰，毛巾包头多配便衣，许多地方都用。

套头外围用硬布制成圆套，中间部分以布覆盖，也可让头发外露，各随其格。石林、泸西、弥勒等地彝族撒尼人、石屏哈尼族就有这样的头套，因厚薄、高矮与花色差异，形成不同的类型。

翘角包头在包头时留下上翘的包头尾端，形成独特的头饰。以壮族侬支系和布朗族为典型。还有将前头部位位的包头，叠缝成层层叠压的人字形，如傈僳等族有这种人字形包头。

傣瓦状包头使包头外端如两片瓦相搭，如瓦屋顶。马关县傣族，石屏、元江等地的傣族，金平瑶族沙瑶支系，都有这种头饰，有的地方是未婚女子的装束。

倒置背篓包头如扁圆柱状，上部略小，如背篓。石屏、元江等地方这种包头。

留角包头在包头的前端或其他部分折出尖角，有一角，也有多角。元江羊食广的哈尼族，保山傈僳族，石屏彝族都有这种头饰。

方形包头所使用的方巾为新式机织产品，多包在辫与髻或其他包头之中，流行最广。

尖状包头头饰尖实，有的盖布，也有的裹布，还有的大量银饰品，并有后饰长节。壮族中的尖顶傣、黑河人，哈尼族，瑶族都有这种包头，相互间的外观差异非常大，红头瑶属婚后妇女装束。

八层包头是剑川的白族少女常用的样式，八层白、蓝相间的方形头巾包头。巾边稍错于额前，有花边做装饰，最外层巾上有挑花图案作装饰；方巾的上端用黑布巾缠绕固定，使头发上卷入巾中，远望犹如高髻。

2. 用途各异的帽子

帽子，是民族头饰中又一道亮丽的风景，各种不同的帽子，不仅有各种不同的用途，而且佩戴配饰的艺术也各有特点。

帽子的种类、名称很多，单从童帽的名称上就有：虎头帽、金鱼帽、牌坊帽、猫耳帽，花鸡帽、狮头帽、喜鹊帽、孔雀帽、鲸鱼帽、兔耳帽、莲花帽、水仙帽、蝴蝶帽等等，都是常见的，不限于单独一个民族。成年男子的帽子，以瑶族的马尾帽、纳西族的五佛冠、景颇族的脑双帽、藏族的皮帽、回族的白帽，都有特定的文化内涵和历史沉淀的光彩。女帽则以基诺族、哈尼族，佤族的尖顶帽，彝族大小凉山地区的罗锅帽、红河地区鸡冠帽、南涧地区火把冠，白族凤凰帽，傈僳族的串珠帽等都很有典型性，最具特色。其实，每个民族的帽子名称很多，仅以瑶族为例，就有草帽、皮帽、毡帽、礼帽、小帽、簪耳帽、扁形帽等。

帽子的名称、造型与配饰物是融为一体的。动物类有鸡冠帽、凤凰帽、鹦鹉帽、虎头帽、鱼尾帽、喜鹊帽、蝴蝶帽、金鸡帽、兔耳帽、羊角帽、龙尾帽、猫头帽等；植物类有荷叶帽、莲花帽、水仙花帽、樱花帽、彩虹帽，瓜皮帽等；配饰物类有银泡帽、银鼓貌、大盘帽、方形帽、串珠帽、勒子帽、巾角帽、碧约帽、土锅帽、高桶帽、尖顶帽、平顶帽、瓦当帽等等。

帽子，不仅种类繁多，工艺精美，表现力也最为丰富。许多帽子无论造型或是名称，都与远古文化有关，特别是刺绣图纹和配饰物的独特，堪称一绝。

西南地区少数民族的帽、冠装饰，纷繁复杂，异彩纷呈，令人目不暇接，在西南各民族的头饰中，天地之间的物质都可作为美化生活的物品，羽毛、兽牙、骨片、花草、海贝、珠串、钱币、银泡等，都是帽冠上的装饰物。

帽子，既有避寒的作用，也有美化头部的功能。冠饰，即在帽之四周，缀加和镶缝装饰品。西南地区绝大多数民族，自古就有在帽上加缀饰品的习俗，其中以彝族、哈尼族、白族、傣族、佤族、景

颇族、基诺族等民族最具特色。常见的有插羽、缀尾、吊坠动物骨、角、牙；镶缀银饰、银泡，如银龙、银雀、银菩萨像、银牌、银币、串铃、料珠、珊瑚、玛瑙、砾石、松石、宝石等非金属材料，以及各色织物，如绒球、条带、丝带等棉毛制品；取自然界最丰富多彩的动植物材料，如贝壳、花草、树叶、棕榈、硬壳野果等物。总之，西南地区少数民族日常用帽，冠装饰的材料多为动物类，植物类和矿物金属类。具体地说：插羽坠尾饰，为动物类；花草、硬壳野果装饰，为植物类；镶银泡、银铃，缀穗饰，为矿物金属类；也还有镶银菩萨人像、镶缀缨穗、串珠、海贝等的装饰，万物有灵，五彩缤纷。

插羽坠尾饰，即在帽上插孔雀毛、鸟毛、雉鸡羽毛，菁鸡羽尾等飞禽走兽的羽毛和尾巴。佤族、景颇族、基诺族、哈尼族、彝族等均有这一习俗，而且年代久远。樊绰《云南志》："望苴子蛮……衣短甲，兜鍪上插牦牛尾，驰突如飞，其妇人亦如此。"《宋史·蛮夷四》说："似者衣虎皮颤裘，以虎尾插首为饰。"明清时期编撰的多种志书，对基诺族、景颇族等均有："首戴骨圈，插鸡毛，缠红藤。"之类的记载。例如，哈尼族妇女奇特的头饰，便是典型的例子，哈尼族多居深山丛林，保留了许多原始古朴的风俗习惯，妇女的头饰，取大自然中动物的毛、骨、飞禽羽毛，如孔雀毛、鸟毛、刺猬刺，牛骨及花草、藤制品、昆虫、贝壳、陆谷米，鲜花等，用银泡、银币、缨穗、料珠、绒球、条带、刺绣品等来装饰插羽缝制的头饰品，因此，头饰既是哈尼族僾尼人姑娘尚美和成年人的标志，还是美丽贤惠的姑娘们恋爱、婚姻情感的形象表述。因为在哈尼族僾尼人的风俗中，小伙子求情时不送银币烟酒，而是以提几只夜间放光且十分罕见的昆虫来表达自己的恋情。如果小伙子对某位姑娘有意，就得在冬夜的野外熬过许多时间，捉六只青翠晶亮的绿虫送给心上人，而女方要是钟情于男方，便可当面将昆虫用线挂好，装饰镶缝于帽的四周。如果小伙子捉不到昆虫，也可取牛骨刀雕削为竹筷般粗细、磨圆凿洞，刻上花纹，送予心上人。这种以特殊、怪异、鲜艳、繁多为美，以展现自然为美的花冠头饰所发出的"信号"，不仅仅是僾尼人识别年龄和婚否的标志，也是僾尼人财富的一种象征，还是人们崇尚美、崇尚自然的表现，早在3000多年前，羽饰在西南地区少数民族生活

中就有记载。至今基诺族男子，仍以插饰兽尾及飞禽羽毛为饰，意味勤劳、勇敢。苗族妇女，则用豪猪毛刺，作发髻于头上，认为有祈吉、辟邪之功效。彝族男子，则在隆重的节日里，在神圣的"英雄节"饰锦鸡尾毛，表示对传说中化为锦鸡的绣花姑娘的崇拜和爱戴。石寨山和李家山发掘出土的3000多年前青铜器中的羽饰图案，与如今彝族男子节日中戴的锦鸡尾毛一样，证明西南民族头饰的历史和传承。景颇族"目瑙纵歌节"上领舞者"戴瓦"以头戴盔帽，帽顶上插满五颜六色的孔雀、鹰的羽毛，形同犀鸟，象征一种飞禽。从插羽坠尾的民族来看，西南地区大多数民族特别是游牧的山地民族都有此种习俗。这些民族当中主要生活在高山丛林之中，以狩猎和采集为主，而获取食物就必须同变幻莫测的大自然作顽强的斗争，在狩猎和采集过程中，需要在潜伏时隐蔽自己，出击时惊吓猎物，在与其他部落斗争时，以图腾装饰自己，恐吓对方，或举行宗教仪式以祛邪求福，渐渐地就以此为图腾装饰表示同一祖先，同一集团以及彼此的血缘关系。这些装饰的用意在于保护生命，保护本集团的安全，反映了原始民族强烈的生存愿望。

西南多奇花异草，各种植物形象在头饰中也很多见。花，是西南地区少数民族妇女最为常用的装饰品，在西南的傣族、彝族、苗族、怒族、基诺族等民族中都有插花饰尾的习俗。每逢彝族的插花节，怒族的鲜花节，傣族的泼水节，人们都要采鲜花、硬壳野果、树叶等自然界中的花草来装饰打扮自己。鲜花是西南众多少数民族美苑中不容忽视的重要审美对象。马缨花，为一种生长在海拔2500米上的高山植物，其花色彩艳丽，品种多样，花期长，高大的树上开满花朵，深得人们的喜爱。每逢农历二月初八，插花节这一天，聚居于楚雄大姚县昙华山一带的彝族青年男女，便身着节日盛装，上山采花，并以鲜花饰头为俗。在彝族人民的心中，马缨花不仅是彝家人的图腾树木及崇拜物，还是人们美的象征，以插花作饰为美，表达了彝族人民对自然物的崇拜，以花互插，即表示一种祝福和崇美的情感。从古至今，也有插花坠尾习俗的基诺族，把情人的信物装点在帽子上，至今仍是基诺族青年男女表达爱情的一种方式。

矿物质料的金属装饰，如镶银泡、银铃、缀穗等，

尤以彝族的鸡冠帽，哈尼族的碧约小姑娘的小帽及路南撒尼人、石屏花腰彝的缀穗帽饰等民族帽制品最为迷人和精美。分布于昆明郊区彝族撒尼支系和红河南岸各支系的彝族姑娘，喜戴鲜艳漂亮，形似鸡冠的鸡冠帽。红河南岸的鸡冠帽常用。硬布剪成鸡冠形状，再用 1200 多颗大小不等的银泡镶绣而成，戴在头上，银光闪闪，十分醒目。现在也有很多妇女用彩色丝线挑绣缝制，而且不用银泡，帽顶上用红色毛线装饰，戴在头上，就像一只“喔喔”啼叫的雄鸡。而楚雄武定地区彝族姑娘则喜用形状酷似鸡冠，帽身帕顶用彩线绣有马缨花图案，并用绣品、纽扣、银泡、毛线等饰物拼镶、贴绣、吊坠等方式装饰的头饰。居住于路南的彝族撒尼人的鸡冠帽，则以刺绣和缀穗装饰，黑底绒上绣有鲜艳的花纹及火红的缨穗，就像雄鸡火红的冠子。彝族姑娘认为，鸡冠帽是她们吉祥、如意、幸福的象征，戴上它，就像雄鸡永远相伴一样，然而有关鸡冠帽的来历，彝族民间流传着许多传说，其中有彝族阿乌人的祖先遭到蜈蚣王袭击，后来公鸡把蜈蚣王啄来吃掉，阿乌祖先才得以安居。从此，阿乌人为感谢鸡的救命之恩，便有了戴鸡冠帽的习俗。云南哈尼族“碧约”支系居住地区，男女定情，有男子抢姑娘小帽作为信物的风俗。这种造型别致的小帽，以哈尼人自织的黑色土布缝制而成，有六个角，四周镶缝有小银泡，帽顶正中镶一个大银泡，大银泡下缀一束鲜艳的红线穗，红白黑相间，格外醒目，是“碧约”小姑娘已婚和未婚的标志。金平县哈尼族“糯美”支系的童帽，以缀缨系铃为美。帽上多挑绣猫头鹰图案，人们认为，孩子佩戴装饰有纹形“眼睛”的帽子，表示吉祥在身，夜行的鬼怪不敢作祟，同时，以镶银泡、缀铃、缀穗的帽制品，在西南各民族中随时可见，如大理白族的缀穗饰香袋，白族女子镶各色花边、亮片或绣饰花纹图案缀缨穗的包头帕，勐腊哈尼族僾尼人银泡饰童帽和缀羽挑花童帽、呈贡汉族绣花、贴布缀缨虎头帽、牌坊帽等帽制品，镶银菩萨人相的头饰，主要在白族、傣族地区流行。镶饰部分，在帽身的前沿部分，其帽的前沿配缝有各种造型和大小不等的银菩萨神像及八仙或寿星。有祈吉护佑之意，也有装饰美的功效，是未婚女青年喜戴的吉祥帽。大理洱海、邓川一带妇女，就以喜戴凤凰帽为荣。凤凰帽是用两瓣鱼尾形的帽帮缝合而成。帽身就像一只凤凰鸟，帽后沿有两寸来长稍稍上翘的尾巴，帽前沿正中，有一颗用白银镶边的帽花，帽边缀满银泡及银菩萨仙人相和绿玉饰物；边角镶龙绣凤，帽子上方挂满五彩绒球饰。乍眼而看，似一只款款而行的凤凰。相传，凤凰帽是百鸟之王金凤凰送给两个勤劳勇敢的白族姐妹的，后来戴着金凤凰的姐姐被残暴的国王害死，戴银凤凰的妹妹运用计谋毒死国王，为姐姐报了仇，为百姓除了害。为了纪念这位为民除害的英雄，凤凰帽就一直流传至今，白族姑娘仿其制而戴之，现在，凤凰帽已不再是单纯纪念英雄，而是未婚妇女的标志，它象征少女的美丽，纯洁和善良。同样，德宏州傣族也戴以盘金丝线、镶绣贴花，帽顶以宝塔状金属物饰之，帽边前沿同是镶配菩萨神像的小哨帽。这种帽子在南诏时期就盛行。据《百夷传》载：“上下僭者，虽微多薄职，辄系银花金银宝带。官民皆用笋壳为帽，以金玉等宝为高定，如宝塔状，上悬挂小金铃，遍插翠花羽毛之类，后垂红缨，贵者衣用贮丝缕锦，以金华花钿饰之。”傣族镶绣盘结帽与白族的牌坊帽即镶银菩萨帽，有大致的相同之处。这既与唐宋时（南诏、大理国）佛教传入大理及滇池地区，建立普遍信教密切相关，同时与南诏王与傣族地区头人“混等”政治联姻有关。南诏王将自己的女儿巴帕娃蒂嫁给了“混等”，各民族相互交往，相互影响，形成了文化上、习俗上的共性。

镶坠缨穗、串珠、海贝等物的风俗，主要在傈僳族、哈尼族等民族中。傈僳族主要分布于滇西、滇西北怒江、澜沧江和金沙江两岸河谷地带，系游牧民族后裔。原始时期，有以兽骨、贝壳、玛瑙等物品装饰帽冠之习俗。20 世纪 50 年代至今，随着社会的不断进步及装饰品种的增多及迁居各地受其他民族的影响，冠帽饰品的装饰材料，已从过去单纯的兽骨、海贝转为料珠、缨穗、珊瑚、钱币、绒球、银须缀、布条等物为主。而分布于

怒江一带的已婚傈僳族妇女，多以头戴料珠、海贝、珊瑚、小铜珠等材料纺织而制的头箍为美。头箍，又有头套之称，傈僳族称为“奥勒”，其做工精细，制作较为繁杂，多选用直径约两厘米的钻孔白色海贝片，用线下穿织制成一个圆盘，其帽身前沿部分以铜珠串装饰，红、白两色的珊瑚料珠串为中心的珠帽；同样，聚居腾冲一带的傈僳族妇女，以佩戴采用五尺长的蓝布或黑布两头镶拼约一尺多长的三色或五色长方形彩色布缝制、外镶饰海贝、铜铃、钉银泡、银币、银须坠、海巴串、花鸟刺绣等纹样的头饰，为成年的标志。这也是傈僳族妇女财富的象征。节庆之日佩戴尤显华美、艳丽、尊贵。

今天，在五彩缤纷，各式各样的织绣、镶缀、插羽的帽饰花冠中，能看到寓意为“神”的神灵，也有寓之为“人”的英雄，如景颇族的插鱼尾帽，彝族的鸡冠帽、虎头帽、白族妇女的吉祥凤凰帽等。然而，在色彩斑斓的帽饰缀缝纹样中，寓意着许许多多千奇奥趣的传说和文化内涵。信手拈来，深感民族文化的神奇与伟大。

壮族 6 ～ 10 岁的小女孩戴圆形褶子帽，帽顶为蓝色或绿色，帽檐缝有绿色或红色褶皱的花边，在帽檐右侧是由各色丝线制成的流苏或装饰各种珍珠、玛瑙珠。现今，姑娘们喜戴帽子，则是在褶子帽基础上稍加变动而成的，帽仍为圆形，顶蓝色或绿色，用绿色丝绸做大圆边，右侧戴绢花与丝穗。有些青年妇女爱戴筒状白帽，高约 20 厘米左右，帽上还绣几朵漂亮的花。

瑶族姑娘小时候，头戴一顶黑皮小帽。帽顶中央系上四条红色花布，拖在脑后。满了十岁，就在头上放一个用银子或竹片做成的圆柱形装饰品，再用发辫把它缠住，然后用一块二尺见方的黑布盖上，叠成平顶帽。从戴上平顶帽开始，姑娘们便按照习惯，开始用叶子从家里包些漆黑的柴灰，去到山里或菁边，把柴灰抹在眉毛上，又用丝线绞下眉骨上的眉毛，经过多次的修饰，最后成型为一对只有火柴杆一样粗细的弯弯细眉。

人是爱美的，普洱地区的瑶族多居高山，这里

气候温和，人的肤白皙，这里瑶族姑娘，脸上有一对细细的弯眉。瑶族妇女把细眉看作是一种美的标志不无原因。她们认为，如果女的同男的一样留着浓眉，那是不善的表现，而细眉是妇女温柔、善良的象征。

帽子的花色式样难以数计，各民族都有自己的特色。壮族花帽种类很多，最有代表性的是帽顶有花蝶重合的图案。花中套花或物象重合的造型手法很普遍。劳动者艺术创造过程中认识与思维的特殊表达方式，使造型的象征达到了理想的境地。

壮族娃帽以青黑两色布制成帽身，红结顶带，帽身钉缀太阳图案的银质图片，两串银珠排列在帽脸处，托着点翠的花字银片与中间的佛爷。太阳崇拜的远古遗风在孩子身上体现得尤甚，据说有太阳纹符在，可使娃娃不遇病灾。童帽红蓝黑与银色交映，拼合出一种生命神圣崇拜的光彩。还有老年妇女戴圈帽，纹样中仍能看出传统混沌花的痕迹，绣花绕帽一圈，给萧瑟的秋冬季节添一份春意。苗族的小孩花帽与其民族的图案色调极其吻合，帽上红黄色挑花纹形成温暖的色调，红色的缨穗又更添一份热烈，“吉玉鸟”的形象，在帽上萃集若干，如若鸣唱着迎接明天的太阳。看来花帽的作用不只是保温，依照着各民族文化传承中约定俗成的规范，制成一顶新花帽就有了保佑平安的精神功能。

草帽为遮阳和下雨时所戴，圆锥形，高 20 厘米，直径约 40 厘米，帽内有直径约 18 厘米的帽箍。草帽多用大麦草秆编成，也有用山草或棕树叶编制的。有的还在帽上饰以花纹，或绘或刻。编草帽是西南民族妇女包括汉族妇女的一种特殊手艺。

白族姑娘的凤凰帽，有着特殊的文化内涵。走到洱海县凤羽、邓川一带，眼前的姑娘们没有一个不喜欢戴凤凰帽。凤凰帽真美，真好看，两瓣鱼尾形的帽帮缝合成凤凰鸟一般的帽身；帽后沿有二寸来长稍稍翘上的帽尾，帽前檐正中，有一颗红光闪闪，用白银镶边的帽花，帽花边满缀着白银绿玉的饰品。亮的亮闪闪，绿的绿荧荧，红的红艳艳；帽花上方还插着一朵五彩丝花。谁人见了凤凰帽都从心里赞美它。

白族姑娘珍爱凤凰帽，只是因为凤凰帽好看和她们爱打扮吗？不是的，这里还有一个传说故事：很久很久

以前，在洱海县凤羽坝子后面的罗坪山上，有个叫彩凤峰的地方，每年秋天，各色各样的鸟雀，从四面八方飞来这里，五彩缤纷，成千上万，数也数不清。那个热闹的样子，就像大理点苍山脚下的“蝴蝶会”、洱海边上的“三月会”一样热闹。原来彩凤峰是凤凰的故乡，因此，每年新春的时候，百鸟都要来朝凤。

在这美丽、神奇的彩凤峰脚下，居住着两个美丽的姑娘。她们是两姐妹。两姐妹土无一粒，地无一块，只靠在山上种荞子和砍柴过日子。有一天，两姐妹上山打柴迷了路，老是找不到原路回去，后来摸到一座金光闪闪的山峰上。这里满是红花绿叶，孔雀正在开屏，白鸟尽情地跳跃歌唱，别是一番天地。两姐妹好像走进了仙境，看到的是明媚灿烂的春光，听到的是一片悦耳动听的鸟语，闻到的是百花芬芳的馨香。姐妹俩看呆了，听得入迷了，那阵阵馨香把姐妹俩熏得昏昏欲醉。不一会儿，只见各种各样的鸟雀张开红红绿绿的翅膀，亮着彩色绚丽的羽毛，唱着悦耳动听的歌声，簇拥着一只金凤凰来到姐妹面前。凤凰见到这对白族姐妹勤劳、美丽，就把自己的金凤凰帽送给姐姐，银凤凰帽送给妹妹。

姐妹俩一戴上凤凰帽，就显得更加美丽迷人了。她俩不仅变得比原先更加美丽，而且变得比原来越发聪明善良而勤劳。

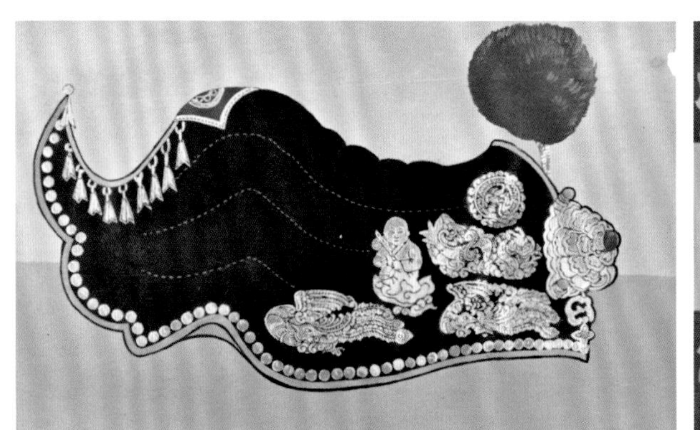
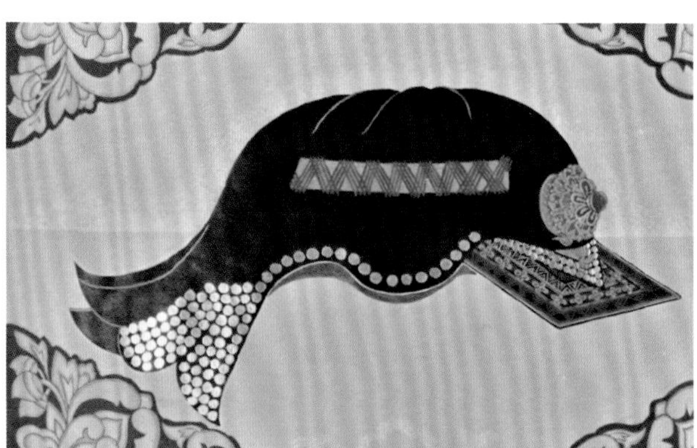
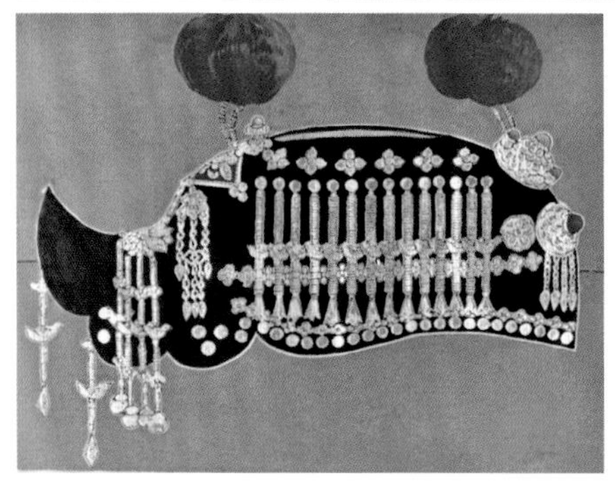
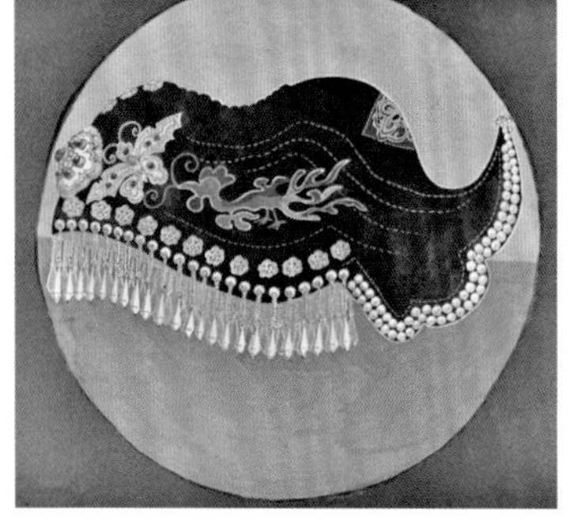

有一天，国王来到彩凤峰脚下打猎，看见一个戴金凤凰帽的姑娘在种地。他非常惊奇，心想：世人都说凤凰美，凤凰怎能比得上她呢？专横的国王早把打猎的事情忘得一干二净，命令跟随的大臣和侍卫，像饿豺狼叼抬绵羊一样，生拉硬扯地把姑娘拖进王宫，硬逼她做王后。淳朴的姐姐，面对残暴的国王和荒淫奢侈的生活，自杀了。

妹妹知道姐姐被国王抢走逼死，悲愤万分，决心要为姐姐报仇。她带上银光夺目的凤凰帽，带上吃食，走啊，走啊，来到都城。国王见妹妹比姐姐长得更漂亮，便花言巧语地要娶她当王后。妹妹答应了。在国王举行的盛大婚礼上，王后给国王敬交杯酒时，悄悄把早已准备好的毒药放进酒里。妹妹终于为姐姐报了仇，为民除了害。

为了纪念这对孪生姐妹，从此在凤羽、邓川一带的白族姑娘都爱戴凤凰帽。凤凰帽象征着白族姑娘的勤劳勇敢，纯洁美丽。

中国西南地区少数民族的帽子造型多样，其中还有最大最小的适用性，如勐腊县傣族妇女戴的帽子是最小的，同时也是最轻的。它的直径只有十厘米左右，重量竟不足 100 克。这种帽子小巧玲珑，美观雅致，看上去十分逗人喜欢。它的形状呈半圆，酷似刀切下的哈密瓜顶，色泽鲜艳，常兼有玫瑰色、橘黄色和紫檀色；四周镶彩珠，彩珠下边压一兰叶宽的花绒线，显示着独特的民族风格和地方特色。乍一看你会怀疑它不是戴在头上，而是拴在头上的。

那么，最大的帽子又是哪一种呢？恐怕要属迪庆州德钦县一带藏族流行的“大布绷子”。这种帽子多由牧区种植牲畜饲料和整理菜园子的人戴，直径有一米多。帽子的形状类似汉族农民戴的草帽，制作是将纯白市布边缘用一根细铁丝制成圆圈绷起，故名“布绷子”。这里的人们在强烈的阳光下劳动，大布绷子是他们唯一的防护物，不然，他们会被太阳光爆烤得满身汗水，难以劳动。

此外，分布在中甸部分山区的藏族、彝族群众，冬天出猎的时候，常常戴一顶能遮半个身体的狐皮大帽子。这种帽子材料珍贵，美观大方，戴上它，使人显得英俊骁勇，粗犷强悍。在零下40℃左右的冰天雪地里狩猎，没有这种大而暖的帽子戴在头上，那就休想前进一步。要做这样一顶帽子，需要上好的狐狸皮四张，布料七尺，棉花半斤，各色绾带饰条七八条，最大的重四斤，这恐怕是目前世界上最重的帽子了吧。

在西南地区少数民族中，虽然帽子形状极多，但都与动物、植物有关，名称活泼生动，装饰也极为精美，除上述之外，再以彝族为例。彝族人口众多，分布较广，不同地域，不同支系，有不同的帽型和装饰艺术，以巍山地区“腊鲁”支系小孩的帽子，就有鱼尾帽、小飘帽、银谷钉帽、花帽、搭耳帽等十几种，名目众多，式样各异，但无论哪种帽子，都绣有花草虫鱼，福禄寿喜，龙凤呈祥等类图案，镶嵌着闪亮的银泡首饰，十分逗人喜爱。其中，银鼓钉帽是姑娘从小的心爱之物，其制作工艺极为精巧。帽上绣有24朵小花，镶有96颗银鼓钉，帽的前沿有很多小铃串，正对面前额处有绿宝石一颗，有的帽两侧还有若干串珠，一直垂到胸前。有的少女还喜欢戴“飘帽”。“飘帽”用黑布制成，帽顶插花一束，形似一个小瓢，戴在头上，小瓢的把子犹如金鱼的尾巴岔开护额，故称为“鱼尾帽”。

彝族帽子造型装饰都很丰富，用途各异，文化意蕴也非常丰富，但都不是截然可分的，往往互相包容与交叉，甚至合二为一。彝族许多地区都戴鸡冠帽，但装饰不同，花色有异。楚雄州武定县彝族姑娘的鸡冠帽上，花纹是横条格子花，一种颜色一条，共有七种颜色，间隔距离匀称，远看犹如悬在天空的彩虹，鸡头形帽尖顶

天，无论是色彩、造型，都让人有“飞天着地”的感觉。昆明彝族撒梅人和红河南岸的彝族姑娘都爱戴鸡冠帽。撒梅人的鸡冠帽主要靠刺绣和缀穗，黑底布上绣鲜艳花纹，就像火红的雄鸡冠子。红河南岸的鸡冠帽，则用硬布剪成鸡冠形状，再用大小一千二百多颗银泡镶绣而成，戴在头上，银光闪闪，十分醒目；也像一只“喔喔”啼鸣的雄鸡，把勤劳、朴实的彝家姑娘，打扮得婀娜多姿。

鸡冠帽有着美丽动听的传说故事，它们是吉祥幸福的象征。鸡冠帽是彝族中流传较为广泛的帽子，大致可分为楚雄式、红河式、元阳式、绿春式、阿乌式、蒙自式、昆明西山区式等七种。楚雄式的以武定县的最为突出，其他地区如禄丰等地称为鹦鹉帽或蝴蝶帽，通海县的喜散帽也是一种变形的鸡冠帽，巍山彝族未婚女子也戴鸡冠帽。除鸡冠帽外，在彝族中，还有“凤凰帽”“鸳鸯帽”等，也都是姑娘们追求爱情的象征，都有美丽动听的传说。

鸡冠帽，是彝族崇拜公鸡的一种社会意识。彝族为什么崇拜公鸡？相传过去天上出了七个太阳、六个月亮，晒得大地开裂，河水枯干，人类无法生活。后来出了一个英雄名叫“阿鲁举热”，他去射太阳、月亮，七个太阳被他射掉六个，六个月亮被他射掉五个，太阳和月亮都只各剩一个。但是，剩下的太阳和月亮不敢露面，大地一片漆黑。人们请了好多动物去请太阳、月亮，都请不出来，最后只有公鸡叫了几声，就把太阳和月亮请出来了。从此，彝族妇女都喜戴公鸡帽，是用来召唤光明和温暖的意思。

鸡冠帽的传说故事，还与青年男女的爱情生活有着密切的关系，传说在很久以前，彝山上有一对青年男女，女的长得像艳丽的山茶花，男的长得像金竹子，一个月色明亮的夜晚，他俩来到森林中相会，林中魔王发现了美丽的姑娘，施展魔术，对小伙子下了毒手，小伙子被杀死了，不甘遭受凌辱的姑娘，在崎岖的山路上挣扎逃跑，正当危急时刻，雄鸡引吭高唱，鸡叫声吓退了魔王，美丽的姑娘悟出了魔王惧怕雄鸡的道理，抱起了雄鸡来到情人旁，

在雄鸡的叫声中，情人苏醒了过来，他俩终于成了恩爱夫妻，过上了美满幸福的生活。从此，彝族妇女都要在自己的头上高高地戴起“鸡冠帽”，以示自己婚姻的幸福和美满。

总之，无论是鸡冠帽，凤凰帽，鹦鹉帽，彩虹帽……都造型奇特，工艺精巧。这种冠帽子都是鸡冠形，绣有各种花纹图案，讲究的还配有上千个银泡镶饰而成。帽子上刺绣的图案花纹，都有着不同内容，但都有着美丽的爱情故事，都是对彩虹、雄鸡、鹦鹉、凤凰的崇拜，都是吉祥幸福的象征。

在帽子上，除有精美的刺绣图纹外，往往还要点缀多种多样、千奇百怪的饰品。帽多饰雕神佛像和喜、寿等字的银牌，还坠有鱼、龙、凤等饰件。鸡冠帽上的饰件更多，有银段、银链等外，还缀有缨球、丝须等物做装饰。玉石、玛瑙、兽爪、兽牙、海贝、珠料等，也是常用的头部饰物；锦鸡、野鸡、白鸽等长尾巴的尾羽，也用于头部装饰。最典型的是：弥勒市“黑彝”妇女帽子的底部用笋壳贴黑色平绒布制成，再用黑丝线把无数颗小银泡缝制成特别的图案，令人称奇。

彝族帽型很多，除了动物形体，还有花卉的帽型：“荷叶帽”是凉山地区彝族妇女的头饰、彝语称“俄尔”，是用数尺黑布缝制成荷叶状的妇女头饰。其后部用布条和丝线绣成长叶状图案，并于中心部位贴缝一银质圆片或纽扣。中年妇女用红、黄色，老年妇女则用天蓝色或翠绿色相间缝制而成。帽里面缝制有左右两根红头绳，穿戴时便于把“俄尔”拴牢。荷叶帽戴在头上几覆全额，发卷于帽内，不露外。劳动时，将脑后一角上卷扣在帽顶纽扣上，以便头能来回转动自如。荷叶帽是彝族妇女结婚生育后才带用的，它是识别彝族妇女生育已否的标志。

彝族帽形很多，名称多种多样，除上述之外，还有罗锅帽、虎头帽、猫头帽、瓜皮小帽，凉盘帽、小花帽、银泡帽、银鼓帽、鱼尾帽……琳琅满目，独领风情。

3. 引人注目的发型与配饰物

中国西南地区少数民族的发型和各种各样的配饰物，亦是千奇百怪，引人注目。它除了审美的功能外，其社会文化内涵和传统民俗都很丰富，且复杂而深刻。西南各民族在装点自身头部的过程中，能创造性发挥艺术才能的部分，主要是在于发型、发饰、冠饰与耳、面之饰。头虽不大，位置却很重要，最能显示装饰效果，所以人们都重视装点头发。发式的类型很多，艺术性强，设置精巧，在整个服饰搭配中起到极佳的点缀作用。

在古代，头发对于华夏民族如同生命一样珍贵，是绝不能剪断的。华夏民族认为“身体发肤受之父母，不敢毁伤，孝之始也。”除以礼进行必要的修整外，绝不能剪裁，只能蓄发，到了成年时候开始行冠笄之礼。史载曹操在行军时，马跃入麦田中，违反自己制定的“士卒无败麦，犯者死”的军令，请求自刑，拔剑割发代替杀头。留发不剪习俗，一直流传至清代，民国时期的革命标志就是短发与长发。西南地区历史上最有名的发髻是椎髻，各个时期，人们所指的椎髻不尽相同。秦汉时指的椎髻，发型呈锤形，中腰扎紧，两头大，拖扎后颈部位，后世所谓椎髻，多数都是指盘髻头顶而言，发髻包在头饰物之内，很少外露，平时难得一见，也不是很重要，多数是为了造就头型，做简易打髻，相对较为随便，但也有许多固定不变的发髻，如今，大体可归纳为：髻、辫、披发与光头几类，各自又有许多细微的区别。

专门做成的固定装饰型发式并不多，多为辫子与髻的放松休闲状态。披发，也就是把松散的长发披在脑后，任其下放，可无其他装饰，也可用头巾之类的东西做简易包裹，也有用绳稍作收紧。

编发有多种办法，长发不算短，但也不能满足编发辫的要求，往往要接上一些东西，常用的办法是接假发辫和接线辫。假发辫是把梳头时梳落的长发收集起来，编成辫子备用。线辫是用线编成大辫子，盘在头上做装饰，为了与发辫协调一致，多用黑线，偶尔也有人用彩线，突出其装饰效果。普米族、藏族、哈尼族、苗族、彝族、蒙古族等一些民族则用发辫。发辫因各地习惯与婚姻情况差异，有单、双辫与多种多样的不同编法。盘发辫的方式也有差异。发辫要用头绳扎紧，多数还用纱帕、头巾与头帕包好发辫，并盘成一定的发型，露发于外的并不多。

西南编发的民族，突出的有彝族、普米族、藏族、哈尼族、苗族等民族，都使用线编辫，纳西族摩梭人也用线辫。盘发又叫打髻，有螺髻、尖髻、蓬蓬髻、柱状髻等多种。盘发随便，命名也不十分准确。

装饰在头发上的装饰品很多，有：簪、钗、发夹、饰片、银泡、梳子、贝壳、花朵等等，有的用于固定发型，有的起装饰作用。

簪是使用普遍的固定发型用具，也起装饰作用，早在秦汉时期，西南的各族先民就已大量使用。簪身为一长尖状体，插入发髻中起固定作用，主要花饰出现在尾部，多制成鸟、虫、鱼形象，

以作装饰；有的制成半球形，镂空雕花，也有的刻花成条状，还有的制成鸟、蝶等造型，式样极多，用材除金银外也有用玉、骨、牙、竹、木等。

钗的作用类似于簪。钗为双股，也是在尾部做图案刻花装饰，有的还垂挂链条或其他挂件作装饰。簪通常深入发中，簪可高出发饰之上，加挂饰，有独特的装饰效果。瑶族的头钗就是如此，插入发簪后，外露钗尾与挂饰。

在头顶加入特别的竹筒，与发盘结，外裹包头定型，是西双版纳一些哈尼族的头饰方法。瑶族使用银制太阳纹圆盘顶，也是圆形头盘，其中银条连接中间为骨架，也有的为了方便，用棕叶、芭蕉叶、笋壳等制作。

勒子是许多民族都有的头部装饰，装饰在前额上部发上，为弯曲半圆条，多饰花纹图案，或饰乳钉，还有的坠链坠作装饰，也有的用布或其他物品制成，缀珠、玉、丝须等做装饰，也称为头条。

梳子，也是头饰的一种，有银制品，木制品，也有其他制品，有的直接插入发中，也有的是与链垂连在一起。头箍，以佤族用者为著名，既做装饰，也用于固定发型。红头瑶的白银头箍则更具特色。西南各民族在装点自身头部的过程中，能创造性发挥艺术才能的部分主要在于发型、发饰、冠饰与耳面之饰。

独龙族的发式，曾有“男子均系散发，前垂齐眉，后披齐肩，左右盖耳、尖稍长，则以刀截之。”男子此种发式，依然流传。由于当时独龙族少有理发工具和相应的推剪技术，长期习惯使用两把磨快的砍刀，双手各握一把，如同剪刀般用来截去长发。截发后的发式，犹如一顶帽子戴在头。已婚青年或中年妇女偏爱梳短发，两侧长至耳部者为多。独龙江下游地区的老年妇女，有的剃光头，包以头巾，上游地区的中老年妇女则习惯在头顶中间留下一掌多宽的头发，前披至额眉，其余均剪光；年轻姑娘喜编双辫，头顶披方巾。

独龙族无论男女皆喜爱系坠耳饰和佩挂项链，《怒俅边隘详情》记述：“两耳均穿，或系双耳，或系单球，或以竹筒贯之。男子颈项，无不喜系砗磲烧料等珠为饰，有系至十数串者。”不少人还佩挂菖蒲根（一种草药）一类的项链，小孩也有挂系麝（香獐子）皮、鹿尾等于胸前以避鬼邪和毒蛇的习俗。20 世纪 50 年代以来，男子佩戴耳环和项链已日渐稀少，然而妇女们仍保持这一传统习俗，主要是往日的竹、木制耳饰今多换成金属或料珠一类。上游地区的中老年妇女常戴嵌以红珊瑚或绿松石的银质耳环，据说是从西藏察隅地区一带换进的。如今，内地或缅甸进入的色彩鲜艳的长串珠料尤受青睐，妇女胸前少则挂一两串，多则数串，以示精美，老年妇女也有戴宽边银手镯的。

藏族头饰的种类很多，每个地区都有特色。中甸德钦与西藏一带藏族女子头饰中最有代表性的是用布或绸缎做衬底，形似长坎肩，其上缀有银盾、银币等饰物，下端饰有一种丝穗。银盾是头饰上最醒目的装饰物，也是头饰神奇之处。银盾由小至大排列，在绸布上，数目多达几十个，重 20 多斤，佩戴时从头披至腰部，装饰奇特，也显示其富有和美丽。维西地区藏族女子头饰，有大量的珍珠宝石和珊瑚、松石，造型极为奇特，是富贵的华丽头饰。藏族男女都留发，男子辫子盘在头上，少女梳一条发辫，成年女性分成两类，有的地区女子梳数十条小辫，披在披肩上。

藏族已婚妇女和未婚女子，在发型及其他装饰上有着明显的差别。已婚的妇女，在多数地区，一般都是编两股单辫，然后合盘于头顶。有的把两股辫子合扎于腰带中，有的用一根红线，把两股辫子的尾部系在一起，也有着许多分散小辫的，但其全部小辫由一根红线轻轻地相系拢。有的在后脑袋上有一串有 12 颗珠子的串珠，有的又在太阳穴上方

编两片特别宽的辫子。另外，已婚妇女的衣服，右胯旁即配有红、绿两条领带状的飘带，有的地区两条飘带又在正前方，构成头饰特点的一个组成部分。未婚女子一般都是扎独辫，就是多辫，在后颈下也要扎一尺多长的独辫结，头发的头绳也只有一种颜色，不多捆扎，显得很鲜艳，但没有那两条腰带。

文山地区瑶族妇女则用木板制作圆形支架团团顶在头上，并以发型作民族的称谓为顶板摇。《马关县志·风俗志》载："顶板瑶面发左右分，由后上束于顶，顶长六寸宽三寸之高的木板一块，中扎红绳，上盖花帕，前后垂细珠，与古之卖梳相似。""蓝靛瑶发髻细辫，绕于顶，围以五色细珠，串集竹片为圆板，缝五六寸盖于发上，覆花帕。缀以白线缕缥缈。"顶板瑶顶木板，蓝靛瑶顶支架，再把头发扎在木板和支架上，然后用点布绷在上面，形成美观而奇异的发型。

苗族妇女发型，随支系的不同而不同，多数苗族妇女绾高髻。易门、武定的苗族妇女，保留尖状"犀角"发型，用一张长达 15 厘米的圆锥体为芯，椎体多用竹、木制成，置于额上头顶，然后用头发在椎体上紧紧缠绕，再用红色丝线头绳固定。头发呈尖锥形，如犀角立于头顶，直指上前方。由于保留这样的发型，故被称为"独角苗"支系苗族。

苗族妇女盛装头饰，具有鲜明的牛崇拜色彩。苗族妇女在戴上银泡、银片组成银冠后，还要戴上两支连在一起的银制水牛角，就像一个巨大的"U"字，每支角上雕一条龙，龙头朝内，呈二龙戏珠之势。两支银角中间，有扇形银芒。另一种头饰，由自

下而上横排的五个宝剑形银片组成，也戴在银冠上，五支银片长尺余，大体相等。“箭头”朝左，右边齐整，正中有凤头饰。横片上插满鲜花，上面两头头饰，用银多达三斤，恐怕是少数民族头饰中最精致而又珍贵的头饰。

生活在红河州金平县高山密林中，直到现在仍未确定族称的布朗族莽人妇女发型也十分奇特。他们把全部头发在头顶上扎住，用丝线或毛线往上扎突高约一寸，然后把花发的剩余部分在顶上结成圆球状。这样，莽人妇女就像悬空顶着一个直径约 15 厘米的黑色圆球。

傈僳族贝币海螺头饰也是一大特色。海贝是战国货币史上最早出现的货币，在金属货币出现前曾作为一般等价物质流通。云南地区出土的贝，南诏以后作为货币流通已无疑问。贝的使用，最初是作装饰，当其作为货币之用后就更有价值，所以傈僳族的贝壳头饰，既是贫富象征，也有着特殊装饰效果。

傣族妇女发型的主要类别有：椎髻、辫发、绕头（也成缠发）、披发。椎髻，又分为后发髻、双发髻、方片发髻和和质髻四种。后发髻中又分有单发髻、双发髻两种。单发髻，是将头发直往后梳，挽成圆髻，圆髻中拖出一束头发，如马尾状，发髻侧端半环状，髻缘用鲜花插之，以增加美感，加插一把花条彩色梳子于发间，达到美化的目的。主要见于德宏州边境县市。双发辫，或梳于两耳之旁，或梳于头顶的两侧，此髻多见于少年时期。方片方髻，将直发后梳，反盘于脑后顶部，左侧头发随意松垂，留一发片自然掩于脑后，看上去宛如一片云，且不致有散乱之感，随之用鲜花插于发髻上作饰，同样插一彩色梳子于发髻上。此髻的特点，典雅而光洁，亦为妇女喜欢的发式，主要见于西双版纳地区。顶髻，将发梳高髻于顶，无多装饰，多见于中、老年中，没有地区限制。

辫发，多见于芒市、盈江、梁河等地区，将头发梳于脑后，编成一根长辫，发辫尾部随之辫

一根红线，由右向左盘绕于头部，红线再绕于发辫上，同时缀花于发后，远看如一花篮。节日喜庆时，还缀有金、银做成的各种花鸟装饰物。元江傣族，在辫发上戴一顶尖椎翘沿篾帽，异常秀美潇洒。披发，“被”古时和“披”同意，又是一种自然下垂的披背说法，无任何装饰，不限地区，姑娘居多。绕发，又称缠发，多见于中年以上的妇女，如景洪等地，不一定编成辫子，或是打结，在一些地方，已婚妇女绕头外加固定成型的发帽，有的或将发缠于发帽外沿。在这些类别中，椎髻、辫发居多，但这其中又首推椎髻。

傣族发型中的每一种发髻，每一个装饰，都表示一种象征的意义。这种强烈的造型表情，给人感到一种特殊的意味。色、绒、面的组合又有一种典雅、柔和的美感，充满了自由的想象力。这一类无可触摸的情感含义，便是傣族发型产生神秘的、超现实意味的外观因素。造型的相像、别致、简练和强烈的装饰意识，使得傣族发型有着强烈的民族性。傣族发型中，那些含蓄的、不明确的、空灵的神秘意味，有一种既让人感觉到、又说不出来的东西，从某种意义上说，傣族发型的美丽也正在于此。

彝族重头饰，与服饰相辅相成，是各支系服饰中的重要标志。头饰物有巾、帕、帽、金、银、玉石、珊瑚、玛瑙、绒球等。男子穿左耳，女子穿双耳。不同地区、不同支系、不同年龄，有不同的头饰，男女均如此，真是千姿百态，引人注目。

从远古到现在，彝族的发型，大体可归纳为：髻、辫、披发和光头几种，但各自又有许多细微的区别。发型发式的多样化，大多体现在妇女身上，男性除少数地区和凉山地区外，大都适应现代社会流行的习惯，基本汉化。

妇女编发有多种方法，有的再长的头发也不能满足编发的要求，往往要加接上一些其他物品。常用的办法是，用假发编成或线编与自己的头发连接编成大辫子，盘在头顶做装饰。线条多用黑色，与发辫协调一致，有的也编串有彩线，突出其装饰效果。编发因各地习俗和婚姻传统情况差异，有单、

双辫和多辫等多种不同编法。盘发于顶也是一种特殊的编发方式。常见的有顶髻、拖髻、螺髻、尖髻、钵形髻、柱状髻、散盘髻、莲蓬型等多种，命名多种多样，发髻都是包在各种各样的头饰物之内。发辫要用头绳扎紧，多数都是用纱帕、头巾与头帕包好，并盘成一定发型，露于外面的不多。

编发与打髻后，都要用纱巾、丝网等包住，称之为包头帕。包头帕大同小异，不能以布的形状来区分，多数为长方形，也有短帕或方形帕，包成一定形状再套在头上，故称头套，以包好置于头部时所表现的形状差异来定名，据相关资料统计约 30 多种。

彝族的发型和各种各样的配饰物，无奇不有，风情万种。它除了审美功能外，还具社会文化内涵。仅以凉山地区象征男子尊严的“英雄结”而言，就有着特殊的发型包扎方法和极古老的“英雄结”文化传统。“英雄结”在彝族中还被称为“天菩萨”。“英雄结”是男子头部以缠巾为饰，青年男子用长巾裹成细如竹笋的尖嘴头饰，长约 30 厘米，斜插额上，显得威武雄壮，故称“英雄结”。中年男子将长巾搓成条状，或交叉或排列于额前。老年男子的头巾缠得粗似海螺，盘于额前，左耳佩蜜蜡珠或珊瑚珠串，与中髻交相辉映，给人以古朴感，神圣而不可侵犯。在小凉山地区，妇女无论是辫发，挽髻，都有着明确的规定：未婚女子梳三辫，一辫吊于脑后，两辫垂于耳旁。头上包一块方形黑布，外缠红、蓝色线。头饰还随着年龄的增长而变化，1 ～ 7 岁头戴长尾巴帽，钉白羽毛为饰，帽顶及两端刺绣精美的花纹。8 ～ 16 岁戴“露发帽”。17 ～ 20 岁，戴镶银泡的“凉盘帽”。这是未婚女子的重要标志，一旦结婚便失去带“凉盘帽”的权利，只能戴无顶的帽箍，再缠盖一层深色纱布。

在大理巍山一带的彝族姑娘，结婚后就不戴帽子，改为戴“揉额”（彝语）。“揉额”是用丝绸或黑布制成的包头帕，长四至五寸，宽一尺，上钉有银制的高型鼓钉。鼓钉上镶嵌的红色宝石，一般有两层花饰，称为“帽花”。“帽花”高约一寸，制作

非常精美。妇女们在戴“揉额”前，需将长发编为辫，挽于头顶，呈宝塔形高髻，高髻顶端露于“揉额”之外，插上“别子”作装饰。“别子”用银制成，尾部垂吊着四串绣珠，每串绣珠上有两个灯笼、两个响铃和小鱼。有的妇女还在“揉额”的最外层饰银串珠、亮片或银质的“荞角吊”数串，使得整个头饰晶莹耀眼，琳琅满目。

楚雄牟定一带的妇女用数米长的青布缠头，呈盘状，四周垂饰银花、银须或彩色银球；有的用毛巾或头巾裹成菱角状。大姚、姚安的妇女戴头帕，帕面绣满艳丽的图案，四周装饰若干银链、串珠或彩穗；节庆集会时，绣花头帕万紫千红，争芳斗艳。屏边、湾塘、白河一带，妇女置弓形发架，架上覆帕，再缠上绣花带及缀饰串珠、海贝等。弥勒地区妇女的银泡头围上还有头帕、飘带、银链、串珠、缨穗等，可谓琳琅满目。蒙自、屏边一带的年轻妇女内戴红缨银泡帽，外围珠、缨；红布缠发成角形头带，宛若孔雀开屏。武定地区姑娘的各种花帽，是典型的地区标识：如武定的鹦嘴帽，禄丰的蝴蝶帽，元谋的樱花帽，及因地区而异的鱼尾帽、鸡冠帽、红线帽、勒子帽、打架圆盘帽等皆是如此。石林一带妇女头饰另有特色：饰花布箍，脑后吊一束串珠，绕至胸前。景东地方部分妇女椎髻、包头，盛装时戴密缀银泡的头饰，脑后垂数条色彩斑斓的花飘带。大姚地区男子盛装时，必头戴草帽，帽上饰红缨球与长羽翎，两侧配饰飘带，也有的缠黑色或白色“人”字形头饰。

高峰是禄丰的一个彝族聚居地，其服饰的特点，主要表现在妇女装饰的上半身，特别是头饰，表现出了与其他地区大为不同的风格。典型头饰为两块相连接的椭圆形硬布片做成。布片多为黑色，用银泡沿边镶钉三条纹路。纹路中间刺绣有狗牙纹或其他装饰图案，下沿的银泡较密，且为平行纹路，佩戴时，正对额的银泡则全露于额前。结婚后的妇女，大多打辫盘于头顶，未婚姑娘和青年少妇，一般将头发垂于脑后。头片戴在头上，从前向后贴紧，两块布片则贴在头后方的左右两边高高耸起，然后用一捆粗壮的红色毛线将布片包紧，有的还在红毛线上从左至右垂挂几串红白相间的料珠为饰。毛线的包裹圈越大越美，整个头饰红光四射，银泡闪亮，壮观雄伟。

南涧县白彝女子头包黑色大包头一块，5 尺见方。它的一端加花，称为包头眼睛。包头时，绣花的一方折在右侧耳边，同时头上佩有桂花带 2 ～ 3 对，每对长二尺，颜色越艳丽越好，佩戴头一端分几截并结合在一起，上绣花，并垂以缨穗，使用时，系在桂花两侧，打结，披于身后。

彝族头饰，除包巾、缠帕、帽子、发型外，还有多种多样的配饰物。所用材料虽然不像其他民族那样稀奇古怪，但也十分丰富多彩，配饰物有银链、项链、耳环、玲串、珠串、银牌、玉牌以及绣片，色线、色布块、条等；所用的材料，以银为主，也有金、铜、锡金属类；玉、松石、珊瑚等非金属材料，羽毛、兽牙、兽角、花朵、竹筒、木片等植物材料和绒球，丝穗等棉毛制品。头饰的形式有簪、钗、圈、梳、珠、牌、扣、串、泡，有的干脆就是银元、碧玉、宝石，佩戴的手法千姿百态，引人注目。

苗族妇女的发型和头饰，也是多种多样。幼年时期，习惯骑

射，发式与男孩相同，推去四周发，只留颅后发，编结为辫，盘于脑后。待至成年待嫁期，方才蓄发，多是绾成抓髻，或梳成单辫。已婚女子的发式，多是绾髻。髻的样式和名称很多，诸如大盘头、大髻头、架子头、老样头等，但唯有两把头的样式，才是苗族妇女的典型发型。两把头就是把头发束在头顶，分成两缕，在头顶上梳成一个横长式的发髻，再将后面的余发绾成一个燕尾式的扁髻，压在后脖领上。这样，发髻便无形中限制了脖颈的随便扭动，使人走起路来，分外显得庄严。当时，梳这种发髻者多为苗族上层妇女。一般劳动妇女，只把头发绾至顶心盘髻。这种盘法流传至今。

在发髻上戴些花朵，是苗族妇女的爱好。苗族迁徙过程中受到汉族影响，在头饰上就更加讲究和复杂了，诸如大耳挖子、小耳挖子、花针、排杆以及压鬓针等等，但其中还有一种大扁方的，却是苗族妇女头饰中不可少的。所谓大扁方，是一根约七八厘米宽，一尺来长的大横簪，贯于簪中。另外，在苗族上层妇女的发髻上，往往还带有一顶形似扁形的冠帽，一般用青素缎或青直经纱或青绒做成，俗称旗头。平民妇女在结婚时也以此作为礼冠，戴在头上，颇有汉族凤冠霞帔之意。

苗族妇女还注意耳饰，讲究一耳带三钳，就是说苗族妇女要在每只耳朵上扎三个孔，带上三只耳环。这种习俗是苗族妇女必须遵守的。

在中国西南地区少数民族中，头上的装饰多种多样，具体来说装饰在头上的装饰品有：簪、钗、发卡、饰片等多种，有的用于固定发型，有的起装饰作用。簪是使用较普遍的固定发型用具，也起装饰作用。早在秦汉时期，西南各族先民就已大量使用。簪身为一长尖状体，插入发簪中起固定作用，主要花式出现在簪的尾部，多制成花鸟虫鱼等形象，以为装饰。有的制成半球形、镂空刻花，也有的刻花成条状，还有的制成鸟、蝶等造型，式样极多。用材除金、银外，也用玉、骨、牙、竹、木等。

钗的作用类似于簪。钗为双暖，也是在尾部做图刻花装饰，有的还垂挂链饰挂件作装饰。簪通常深入发中，钗可高出发饰之外，加上挂饰，具有独特得装饰效果。瑶族的头钗就是如此，插入发簪中，露出钗尾与挂饰。

在头顶加入特别的竹筒，与发盘结，外裹包头定型，是一些僾尼人的头饰方法，其竹筒为独特的饰物，瑶族使用的银制太阳纹圆顶盘，也是圆形头盘，其中银条连缀中间为骨架，也有的为了方便，用桐叶、芭蕉叶、笋壳制成。

勒子是许多民族都有的饰物，装饰在前额上、发上，为弯曲半圆条，多刻花纹图案，或饰乳钉，还有的坠链坠作装饰。也有的用布或其他物品制成，缀珠、玉、丝须等物作装饰，也称作头条。

梳子也是头饰的一种，有银制品，也有其他制品，有的直接插入发中，也有的是与链坠连在一起。头箍，以佤族用者为著名，既作装饰，也用于固定发型。红头瑶的银头箍则属于另一种类型。

耳饰也是头饰中的重要内容，西南各民族中常用的耳饰有：耳珰、耳环与耳坠。耳珰也称为耳柱，直接塞入耳垂的穿孔中做装饰，比较常见的耳珰有圆筒状耳柱，圆筒锦兰花形耳柱、莲花形银泡玉耳柱、长杆形饰缨须链坠耳柱等。使用耳珰的民族不多，主要在德昂族、傣族、布朗族、佤族中使用。耳环与耳坠的使用很普遍，几乎每个民族都有。耳环的造型很多，通常有：细圈金、银耳环，环身饰刻花金、银片耳环，环身饰玉片耳环等，单服刻花制图的耳环，通常刻成簧形、蕨芽形等。耳环上的刻花图案，多以花鸟虫鱼草木之类为多。

耳坠多由耳环与坠子两部分组成，还多为金质银质的线圈，也有较为复杂的造型，坠子部分比较复杂，有制成叶、果、花等形状，也可以制成其他自然物与人工制品造型，还有大量的部分是挂链坠，也有动物造型。怒族妇女耳环有竹质和铜质两种，竹制耳环精致大方，铜耳环直径三寸左右，达于肩头。怒族男子也在左耳配上一串珊瑚，颇有特色。布朗族妇女两耳均戴大耳环，几乎垂至两肩。藏族带耳挂子，耳挂子，由银链和其他饰物组成，有宝石、珊瑚、玻璃珠、蜜蜡等。德昂族的耳柱，是一种更奇异的耳饰，它用石竹加工制作，石竹的顶端镶有金属片，并在整个柱体上裹一层薄薄的银皮。银皮上通常箍着八道马尾，银皮白色，马尾黑色，对比分明，德昂族妇女带着这样的“柱子”，别有风味。独龙族和基诺族都戴竹管耳环，特点十分突出，无论男女，

都以谁的耳环眼最大就代表谁最勤劳和勇敢。

少数民族的耳饰十分丰富多彩，颇具特色。耳饰早期以玉、石、骨、牙等材料制作较多，其中以耳环和耳玦所见最多。耳环为圆环形，戴时须先在耳垂上扎孔，以绳带系之。耳玦之状如同耳环，但有一个缺口，使用时卡在耳轮上。耳环是头饰不可分的部分，不管哪个民族，积存都非常丰厚，别具审美趣味。

四、山美、水美，人更美

什么是美？如何欣赏美？美，不需要天花乱坠的修辞。服饰是美化人体的艺术，人体是艺术表现和欣赏的对象，从古至今，谈及美人，都是要与所穿戴的服饰联系在一起。美的形象，是由人体与服饰融为一体的动态艺术，抛开艺术孤立地审视人体的美，在中国民族传统文化中从未有过。

中国西南地区少数民族服饰给我们展示了一个美的世界，一个民族文化的天地，是人类精神的财富，是与大自然生产生活融为一体的审美艺术。人只有在人与人之间才能生存，在服饰上“以纹饰美”“以纹显神”这种人文精神，是回旋着生命主题的美，所以在西南民族地区，服饰在生产生活中形成山美、水美，人更美的美景。

民族服饰的美是与生产生活融为一体的，服饰的审美艺术是在生产劳动中产生的，美的内容与形式都是客观的，不以人的意识为转移。客观的美映入主观意识，成为美感，是为美的自由形式引起的精神愉悦感。作为着装者和欣赏者主体的人的需要是多种多样的，客观世界的复杂性和人的主观需要的多样性，构成了服饰美感的多样性与神秘性，并且，这种美感的多种多样和神秘性，在历史演变中又上升为精神性的总结，成为民族智慧的结晶，无论是这千姿百态的款式，或是风情万种的头饰，都体现着服饰美的多样和服饰艺术的特殊性，从来都不与日常生活分离。它能使人们产生亲切感，由于服饰艺术与生产生活的密切关系，服饰的美化就意味着生活的幸福。

美化的生活首先要从美化自己开始，而美化自己，就是美化世界，美化人生的幸福。这是西南地区少数民族服饰的特殊魅力。西南山川秀丽，物产丰富，给各族人民无限的想象力与丰富的创造灵感和创作欲望，众多奇花异草，珍禽异兽，同样提供各族人民许许多多美的借鉴和启迪，被广泛吸收进入服饰文化之中，而成为无穷魅力的来源。在西南地区少数民族中，妇女的服饰是最精美最有审美价值的。美丽的女人是一种风景，令人赏心悦目，流连忘返，但仅仅是看看而已，更重要的是他们在生产生活中，服饰与高山密林中的花丛融为一体，真是花的世界，要是在放牧的山林中，田边地角，或是水磨水碓边劳作的妇女，一见到真是出人意表，使人刮目相看，惊讶之余，人们不得不用一种欣赏的眼光打量她，于是这个女人因为可爱而变得耐看，或雍容华贵，或端庄贤淑，或活泼伶俐，或潇洒飘逸，良好的气质，使她变得生动美丽，独放异彩。

秀丽健美的叶车姑娘，是我们首先要欣赏的美女，叶车是哈尼族的一个支系，集中居住在红河县浪堤一带。叶车姑娘，每当八九岁父母就要传授各种劳动生产技术，其中纺纱织布、绣制衣服等是每个姑娘必须精通的活计。所以，每个叶

车姑娘除学会各种农活、家务外，一生中还要精工巧手，制作自己独具风格的服饰，为叶车人的生活增彩添美。叶车姑娘不仅勤劳善良，而且能歌善舞。每当“十月年”庆祝丰收的时候，她们既是手弹三弦，口唱“阿茨古”（即山歌）的能手，也是跳“白鹤舞”的专家，姑娘们用优美的舞姿模仿白鹤鸟的动作，祝愿白鹤鸟给叶车人带来吉祥和幸福。

当然，叶车姑娘的聪明才智，主要表现在她们身上的穿着和打扮，你看，她那头上戴的“帕藏”（尖顶软帽），样子很像雨衣上的雨帽，不过它是用白布缝制而成，边缘上还用彩色线绣着各种精美的花纹。一对好看的燕尾，垂于脑后，迎风飘舞。这种特殊的帽子，加上佩戴在胸前和手腕上的银饰，映衬着宜人的气候环境所赋予的红润肤色，姑娘们好似群群仙女，各个光彩照人。

哈尼族崇尚青色，叶车姑娘的上装都是青色的。她们的外衣和衬衣都没有领子，开着一个大领口，穿着时，少女的左胸常常被遮掩得很严实，但右胸却是袒露着，正如叶车人的俗语，“男露胸膛，女露乳”。传统的民族服饰充分显示出叶车少女青春的美，可是姑娘们觉得还不够味，于是又用一条巴掌宽的绣花腰带紧紧地束在腰间，这样，就把全身的曲线勾勒得十分丰美，进一步显示出姑娘的英武和美丽。

更有趣味的是，叶车姑娘的下装仅是一条青色的短裤，赤足裸腿。短裤一般不给别人缝制，而由姑娘根据自己的身材胖瘦来进行裁剪，裁剪十分讲究，原则是以能紧束臀部为好，别致之处是，在短裤的前面，要呈人字形对折出 7 ～ 9 道褶子，乍看上去像有很多条短裤重叠穿在身上。赤足裸腿的短装，不仅充分表现了叶车姑娘人体美中的健康气质，而且使得她们走路的姿态和跳舞唱歌中的舞姿都格外轻盈和洒脱，突出了更深层次的青春活力和矫健的美。常年劳动赋予叶车姑娘健美的身姿，聪明才智和勤劳制作别具风格的服装是美的，用这样的服装打扮起来的姑娘就

更美，有着特殊的吸引力。

叶车姑娘的银饰，也为这套别具风采的服装增添了光彩，除了手腕上戴的银镯，腰带上装饰的银泡外，胸前还挂着两串以上银珮。银珮，是由许多条银链和银泡连缀起来的，挂在姑娘丰满的胸前，把那套样式别致的“龟服”点缀得琳琅满目，光彩照人。此外，在胸带下面还系着一圈同样的腰佩。当姑娘走起路来，自然扭动着的身子的时候，它们便发出一阵阵细小而有节奏的“叮呤”声。特别是当姑娘们跳起“鲁都滴”（小三弦）舞的时候，全身的银饰便发出节奏清脆的银质响声。这声响，自然成为她们优美舞姿的伴奏，也是身体的动态美景。

叶车姑娘的服饰是美的，不管是迎风飘动着的帕藏，或是赤足裸腿的短装及别具特色的银饰，都能使叶车姑娘在生产生活中走动的姿态显得格外轻盈，格外洒脱，也许是这儿宜人的气候环境赋予她们细润的肤色，或许是常年四季劳动赋予她们健康的体质，使这里的叶车姑娘格外俊俏、格外健美。无论她们走在田边地角，或是节日盛会的场景中，那健美的腿脚和“露”与“紧”的胸腰，都有着特殊的吸引力。

哈尼族服饰，更重要的是蕴含着极为丰富和宽广的山地民族梯田文化内涵，首先值得一提的是服饰的适应功能，从不同支系不同地域的服饰中，都可以看到妇女小腿上的护腿布或套腿装饰，还有套在肩上的木背板和竹背篓，再加上装饰在腰臀后的精美图案，妇女们背运粮食或是运送肥料到梯田之时，走在峰峦叠嶂，沟壑纵横的山林中，护腿布和木背板的特殊功能，不是一般人能想得到的。当然，这样的服装和运输工具，一年四季都显示在层层梯田和羊肠小道之间，展示出梯田文化中的动态色彩。叶车妇女只穿紧身短裤，臀部以下全部裸露，以短裤紧勒出臀部原形为美，无论下田栽秧或到山林中砍柴都是一个美的世界。总之，哈尼族服饰与云海梯田文化融为一体，其文化蕴涵的审美艺术是绝无仅有的。

彝族，被称为“从头绣到脚的民族”。居住于云南红河州石屏县北部山区，海拔高达2400米的龙武、哨冲一带彝族称花腰彝（彝语称“聂苏泼”支系）。花腰

彝妇女服饰是由头饰（包头帕）、衣裳（类似长袍）、托肩、领褂、腰带、腹部兜肚组成。服饰上的每个部位都按主次布局，绣满了疏密有致的连续图案和对称图案。头饰用 4 ～ 5 块不同颜色的布料拼接在一块长方形蓝色或白色底子上，四角缀以银泡，在银泡空隙处饰以红、黄、绿、白等彩色毛线结成的缨花和流苏状垂缨。直竖的缨花，她们称为“杨梅花”；垂于耳畔的流苏式缨花，他们称为“哈姆的督”，意为赶苍蝇的花，这是彝族先民从牛、马、羊那甩动不停的尾巴得到的启示，垂于耳际的缨花随头部摇晃，即可赶走飞来脸上的虫子，起到防护面部皮肤的作用，并增添了鬓毛的美观。

花腰彝妇女遮于前额的头饰横沿上绣着三组各为单元的花卉连续图案，她们称为“插在额前的三朵花。”包头帕上段中间用宽一厘米、长 8 ～ 10 厘米的各类色布条组成色阶相似的直幅图案，左右两边则绣以对称图案，根据各人的喜好，有的绣禽鸟、有的绣花卉，但都采用强烈的对比色，每种色都有 2 ～ 3 个色阶进行过渡，以显示出色彩的韵律和节奏，使人感到色彩灿烂而并不刺激，使你就像欣赏优美的诗歌或聆听动人的音乐一样舒适坦然，从中得到美的享受。头饰下段两端各连续一条宽 4 厘米、长 40 厘米的绣以几何纹和花草纹的带子。带子下端各有三组她们叫做“咩若拔”的帽带边花。这两条带子的作用是缠系固定头饰。在衣裳领口、肩头、腹部兜肚和腰带上，皆缀以圆形银泡组成三角形和菱形图案，只要转动起来，就与人体融合为特殊的动态美。

衣饰背后和下摆处，按布纹经纬组织用“十”字、挑花、“穿针”绣等技法，绣以花草纹和几何连续图案，花腰彝妇女擅于“挑花”工艺，女孩们长到六七岁时就在母亲、姐、嫂和年龄大于她们的伙伴传授指导下，专心致志地学习“挑花”技艺，待他们长到 10 多岁时就已能熟练地掌握牵、扣、挑、穿、

绣等多种复杂的针法，有了挑花绣图和裁缝衣服的技艺。花腰彝妇女们大都喜爱剪纸艺术，有不少妇女还能够熟练运用剪刀，随心所欲地剪出连续对称的花草鸟兽、生活器皿、生产工具等各种写实变形图案，这些耐人寻味的图案，剪口流畅，方圆分明。这些图案，不论是山、石榴、鸡冠、牡丹、百合、杜鹃、松鹤，都给人一种天真、朴素、粗犷、优雅、自然的感觉，只要你对花腰彝的服饰图案稍一注视，即便是画家或工艺家，也会被似乎具有素描和透视效果的图案深深吸引住，使他（她）流连而沉醉于其中，所以用“巧夺天工”来形容花腰妇女用彩色丝线在服饰上挑绣的图案，是一点也不过分的，这些精美绝伦的图案寓意高雅，色彩明快，对比强烈，使人看了不能不对他们的技艺产生由衷的敬佩。

在花腰服饰中，以绣鸡冠帽的变形图案最常见。花腰妇女们为什么那样喜欢鸡冠帽呢？据说，鸡冠花在开放后，颜色越来越鲜艳，深沉，并且花朵经久不会脱落，于是就被用来象征花腰妇女起早贪黑、勤劳勇敢的性格和坚强不屈的民族精神。她们还认为鸡冠花就像一团团燃烧的火焰，象征着赶走黑暗，放出光芒的火炬，也象征着纯洁忠贞的爱情。所以，在花腰少女、妇女和新娘的服饰上，都能看到“鸡冠花”的变形图案。

包头帕、领褂、腰带、兜肚上的图案，因他们的兴趣爱好不同而各有选择，一般来说，姑娘们和等待过门的新娘，服饰较多的是绣上“比翼鸟”“连理枝”等寓意吉祥和美好的图案。中年和老年妇女都希望家庭安宁，子孙兴旺，故服饰图案以色彩协调素雅的佛手、蝙蝠、花草及几何纹饰等居多。

花腰妇女，不论是在厨房、在田间、在路边、在街头，也不论是在月光下面、树荫丛中，只要稍有闲暇，便从腰间取出彩色丝线和绸布，聚精会神地把他们的智慧、情操、愿望，以及对生活热爱和感受，一针一线地倾注在挑绣工艺中，这些绚丽多彩的挑绣图案，并非仅仅是为了装饰，而是和适用目的相结合的。在他们服饰上，备受压力和摩擦较多之处，一般都要补缀几层布料，再在表层缝缀上挑绣好的图案，并在头饰、托肩、腰带的边缘上用“锁边绣”做成锯齿花（他们自己则称为“牙根花”），用于加固，因为花腰妇女负重时是以额头、

肩部、腰背来承受沉重的背篓，以便于在崎岖山路上攀登行走，这样一套服饰，一般可以穿四五年至七八年，凭着时间和毅力，最勤劳的花腰妇女挑绣一套衣服，最少也需要一年时间，他们在挑绣工艺活动中，既获得了安慰、欢乐和休息，也获得了友谊、爱情和幸福，这是滇南地区彝族服饰风格的代表。

藏族服饰简洁，而又内涵丰富，下摆高过膝盖，象征彪悍英武，下摆低至脚面，显示悠闲温雅；下摆斜吊一边，是藏族特有的习俗，走动时甩摆开来，既有服饰的动感，又有人体之美的展示。吊袖从背部搭上右肩，再至胸部，是欢迎客人之意，反向搭则是不敬之举。腰带色彩十分注重递增排比规律，常用绿、紫、蓝、橙、红、桃红、黑色等依次渐变排列为五彩色带，给人以跳动、活泼的感觉。藏族还擅长运用红与绿、黑与白、赤与蓝、黄与紫等对比色，并巧妙选用复色，金银线衬托，从而取得极为醒目而和谐的艺术效果。如妇女穿的皮袍，裹上鲜红的头巾，使冷寂的空间充满活力，又如有的藏袍上配着五彩围裙，黑发上加饰大红大绿丝线，素淡袍上着艳丽的长袖衬衣等。牧区妇女皮袍的肩部、下摆边和袖口等处，习惯用 10 ～ 15 厘米宽的黑、绿等色条横排镶饰，构成稳重、粗犷的装饰风格，无一不自然和谐，明快悦目，表现的世界屋脊上生活的跃动。

藏族服饰一般由衬衣、氆氇袍或皮袍、裤、靴等组成，基本特点是实用、保暖、

宽大，一衣多用。袍长过身高，左襟大，右襟小，无领。着装方式是先穿上粗布或绸质高领衬衣和粗布衬裤，然后套上外袍两袖，将袍的后领顶于头顶，把左襟斜腰叠于右襟上，双手抓住腰两边，将袍子下摆提至习惯高度，男至膝，女至脚面，再用腰带扎紧腰围，前要平整，后面褶皱要有序。扎好腰带后放下衣领，提起的部分垂悬于腰部，自然形成一个宽大的囊袋，用以放置随身携带物，甚至婴孩。穿好袍后，有的还退出双袖，将双袖横扎于腰际，裸其双臂或露出白色高领衬衣。最后，再穿上彩皮高筒靴，戴上礼帽或狐皮帽，佩上珠宝、护身盒、腰刀及各种银饰。

藏族服饰虽有农区和牧区之分，但都具有共同的两大特点，一是都有镶彩色边的习俗，家境优裕者，大都在衣襟袖口，底边等处镶上约 30 厘米宽的獭皮、豹皮、虎皮等动物皮毛，而家境一般的则镶上黑色平绒、毛呢或氆氇等色料边，宽度约在 10 ～ 15 厘米；二是都穿“帮曲”。“帮曲”被称为藏族妇女标志的花条围裙，由红、绿、蓝、黄、白五色为基础，色彩有多达 14 ～ 20 种者，条纹越细，越素雅，越显示穿着者的聪明和高贵。不论农区或牧区，男装中的色调及变化都远逊于女装。妇女越年轻，装束越花哨。大红大绿是一般群众喜欢之色，女衬衣长袖及地，更加鲜艳多彩。气候稍好的地区，夏秋着无领长袍，冬春着长袖袍。每逢节庆，妇女们都穿上自己最好的衣服及饰品，舒展长袖，载歌载舞，美不胜收。

瑶族一般都着重黑色和深色衣服，衣料都是自织的，粗厚白布，概用蓝靛浸染。男子蓄发盘髻，以红布或青布包头，包头外围有素净刺绣巾；着衣两件，内着无领对襟长袖衣，领与袖口皆有少许挑花图案，布扣一般成五、七、九、十一单数，扣上往往锁有绒布装饰，衣外斜挎对襟无领白布褂，褂左右各有口袋一个，皆无任何刺绣装饰，下着宽边长裤，有的胫裹绑腿，绑腿布尾端缀有彩丝。妇女擅长刺绣，她们穿的衣服可谓满身花锦，鲜艳夺目。但由于瑶族居住分散，各地、各支系打扮不尽相同。富宁县有的瑶族妇女上着青黑布无领斜襟长袖衣，袖口镶有蓝、白、黑布边，衣外着蓝布或白布小垫肩。垫肩，并有小胸襟，胸襟上钉有密纽扣并绣有横排花纹；下着长裤，（亦有着裙者），长及脚踝，沿边镶有红色布边，然后将裤脚挽卷一节，围黑布腰巾，胫裹绑腿，束发于顶，便以白棉布覆顶，再用黑底白点布一幅缠裹，头顶和两耳有白棉线露出。“蓝靛瑶”和“顶板瑶”装束更别具一格，民国《马关县志·风俗志》载：“顶板瑶面发左右分后上束于顶，顶长六寸宽三寸之木板一块，中扎红绳，上盖花帕，前后垂细珠，与古之冕旒相似。负物则以木板一块，缺半圆如领，穿绳架于肩，能任重而不坠。”“蓝靛瑶”服青黑色长裤，衣长过膝，缘以红、白色之边，腰系带，前后裙并提而束之；发结细辫，绕于顶，围以五色细珠，串集竹片为圆领，径五六寸盖于发上，覆花帕，缀以白线缕缕飘之，两种蓝靛，因而得名，均穿耳拔眉，跣足健步。

富宁一带的“板瑶”女子，领围挂红色棉线珠，大若碗状，分十、十二个不等。丘北、红河一带“红头瑶”以“冠红巾”为饰。各支系瑶族儿童，不论男女都着圆领对襟衣，下着长裤。男孩五岁以前剃发，带小瓜帽，待家中来客，能与打招呼时便开始蓄发。幼女戴小花帽，十五六岁开始摘帽包头帕；包头帕要举行仪式（在农闲时），包帕时由年龄大并已包帕的大姑娘为小姑娘包。

在瑶族的观念中，姑娘一旦包帕，便意味着可以寻偶或进行自由社交，所以包头帕仪式赋有成人的意思。各支系幼童均喜欢佩戴兽类瓜、牙、如野猪、虎、豹、熊爪、牙等于胸间、腰间和帽边，以示避邪。成年女子皆佩戴银质耳环、头钗、头针、大颈圈、手镯、戒指，以及胸前银牌、银链、串珠等饰物。

盘瑶妇女，内衣仅是一块挡胸布，正面为红色，边缘镶红、白、黄色布条，正中挂五六块方形银牌，成串的大红绒球围着瑶锦制作的胸饰。外穿用蓝靛染就的土布制成的过膝长衫，长衫为开襟式，前胸绣有 8 ～ 10 种图案，无扣，用六七米长的腰带系扎，腰带外系彩绣围腰，袖口及长围裙均镶蓝布宽边和彩色细边，少数手持彩色丝穗，指间夹带响铃，走动时欢快活泼，有声有色。

壮族妇女很注意头发的装饰，有句俗语：“头

是（发）一枝花。”民歌唱道：“阿妹头上二尺八，梳个盘龙插鲜花。”姑娘及出嫁前，喜欢将头发梳成一条独辫子，辫梢扎着彩色布条，吊在背上，随风飘动，显示少女健美 、活泼丰韵；出嫁后将辫子梳成一个粑粑髻，别上银簪，套着青丝网子，显得端庄大方。头上插银梳、瓜子针、茉莉针，芭蕉扇、莲蓬花等银质首饰，洁白如雪，闪光放亮，配着散清香的青丝头帕，具有无限的美感。

壮族女孩到 12 岁必须穿耳朵，便于后戴耳环、耳坠等饰品。穿耳朵的日子，一般在农历二月的花街节。据传说，这天穿耳朵不化脓，因为有花神保护。耳环、耳坠式样很多，有银质的“瓜子”“灯笼”“鼓擂”“举环”“连环”等等。有的穷人家的女子买不起耳环，往往找来几根彩丝扎成小圆圈带上，在耳边摆去摆来，具有一种朴素清洁的风味。

至于壮族妇女的服饰，样式主要有三种，一种叫托肩，无领，向右开襟，随衣襟和袖口裹两道不同的青边，不贴花边，显得素净朴实，经久耐用。一种叫银钩，有短领，衣襟袖口上缀一条宽青边，青边后面再按等距离贴三条五色梅花条，衣襟前用五彩丝线勾花，色彩艳丽，构图美观；一种是青蓝布衣，都用白棉布滚边，两色配合，互相映衬，显得和谐大方，穿起来舒适，看起来顺眼。

壮族妇女古时穿裙子，绚丽多彩，式样独特，“改土归流”后，和男人一样穿裤子。女裤喜欢青、蓝、绿各色，加上白色裤腰，裤脚蓝底夹青边，或青底加蓝边，后边再添三条宽度不同的梅花条，显示出壮族妇女特有的健美丰姿。

壮族妇女的手、脚也注重装饰美。手腕上喜欢戴银质或玉石手镯，把红润的皮肤衬托得更漂亮。手指上戴的“一颗印”“三镶戒”“单股子”等银戒指，胸前挂的“牙线”“扣花”，上系银链、银牌、银珠子等一大串，行走时发出叮当响声。妇女穿的鞋子很讲究，鞋面全用动植物的图案，什么“梅花吐艳”“秋菊放彩”“桃李出春”“蝴蝶腾空”“蜜蜂展翅”“蜻蜓戏水”等等，栩栩如生，

活灵活现，充分显示出壮族妇女聪明才智和热爱生活、追求幸福的美好情操。

美好的生活首先要从美化自己开始，而美化自己，就是美化世界、美化人生的幸福。这是中国西南地区少数民族服饰的独特魅力。西南民族众多，每个民族都有着服饰美景，特别是她们绣的花，不管是红红白白的山茶花、马缨花、牡丹花、粉红色的棠梨花、栀子花，还是洁白的喇叭花，所用丝线颜色都跟花一模一样，一眼看去就像美丽的山茶花在衣裙上开放。她们绣的草、深绿、浅绿搭配适中，苍翠欲滴；她们绣的鸟按其身上不同的羽毛颜色，选用相似颜色的丝线来绣，活灵活现，嬉戏欢飞；她们绣的鱼有头有尾、有鳞、有鳍，似在水中畅游。刺绣图案设计非常细心，绣花的部分，它们配上绿草；绣鸟的部分，他们配上山和树丛；绣鱼的部分，她们配上清泉河流，无论是彝家女，还是白族、苗族、傣族、壮族、哈尼族、阿昌族、拉祜族、纳西族……姑娘们都是这样，用彩色丝线绣织着自己的感情，倾注着对美好事物的憧憬。

民族服饰，在某种程度上说是物质和精神相互起作用，相互依赖的特殊产品，一切不重视或不懂得审美观念在服饰中的地位和作用的思想，是无法理解民族服饰真正价值的。我国幅员广大，历史悠久，民族众多，东西南北气候和地理条件悬殊相当大，不同的民族地区，早已形成彼此不能相互代替的服饰地方审美特色。西南各族人民绚丽多姿，具有民族风格的服饰备受世界各国普遍赞赏，被称作是“无言的诗，立体的画。”民族服饰作为人体的语言，向人类叙述着民族的精神，显示着特殊的审美艺术，把整个西南美都穿在身上。真是山美、水美，人更美。

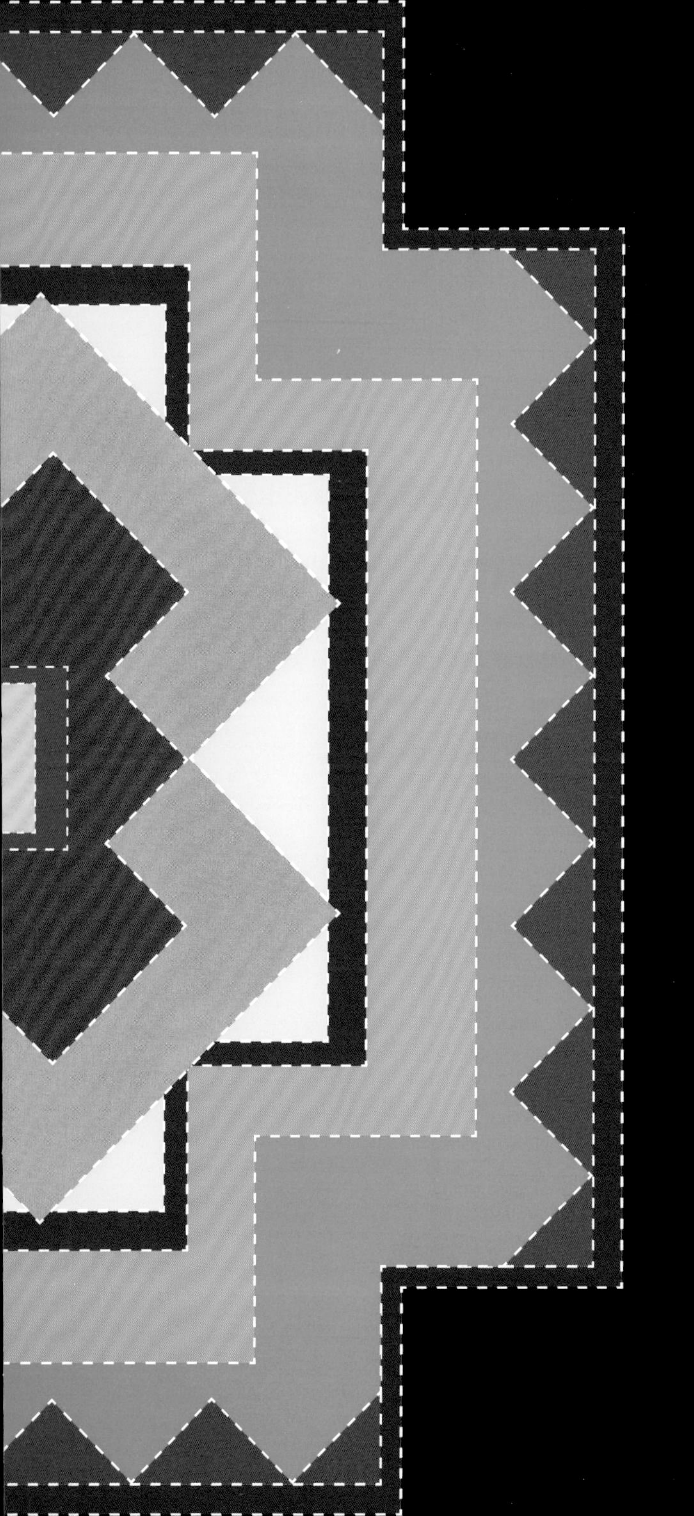

民族的标志
风情的亮点

衣冠无语，演绎大美。简单点说，一套民族服饰就是一个民族的标志和百科全书，放在世界趋向大同的21世纪，民族元素让服饰身价倍增。作为民族传统文化宝库的中国西南地区，民族服饰的丰富性和多样性，是任何地方任何民族无可比的。服饰所展示的民族文化传统、精神文明和物质程度，异常醒目。

人穿什么，只是表象，人为什么这样穿，才是实质。服饰反映着天道循环、五行终结；感通着天地人神、江山社稷；影响着人生命理，古今流变。服饰还可以定魂卜运、保命镇邪。服饰上的神秘故事，更是举不胜举。人们常说，服饰遮得住人体，遮不住人心，遮不住各族人民心灵深处的世界，那是幻化着千古之梦的神秘之境。民族服饰遮藏着的民族传统文化“秘境”，都在古老生动的传说故事中。民族服饰，在外观上体现为美丽，在内则包含着情感和对民族生命的追念，因而遮挡天象的风雨霜寒并不重要，重要的是服饰已有生机存在，它永远是灵魂归位的地方，占据着民族精神文化中不可或缺的地位，是人类文明的一个重要组成部分。具有多层面的认识价值和丰富的文化内涵。在民族识别和民族历史文化研究中，服饰是重要的依据和应该予以重视的对象。

西南地区是中国民族最多的地区，是民族大家庭的缩影，文化博大精深，是罕见的文化聚宝盆。多年的民族调查和一生的积累，让我感悟到：中国西南地区民族传统服饰，就是一部活生生的民族生命“符号”。

第九章　民族生命的“符号”

中国西南地区是“人类民族服饰的大观园”。每个民族的服饰，不仅仅有自己的特色，或者说标志性，还有记史、述古、礼仪民俗、传统文化的教育和伦理的职能。在少数民族中，服饰是穿在身上，永不离身的一部具有学术价值和应用价值的专著，因为各民族的服饰是一个活跃的、富有生命力的，并且有特色社会功能的载体；同时民族服饰，既是物质财富又是精神产品，不仅是民族的标志和民族精神的“画卷”，还是民族历史的教科书，世界民族支系、民族血缘认同上的重要纽带，每个民族都有特殊的打扮，内容丰富宽广，是民族生命的灵魂，也是民族生命的“符号”，具有多层面的认识价值和丰富的文化内涵。

一、举目便知你是谁

中国西南地区民族服饰，在各自传统文化的影响下，形成风格迥异的服饰特征与鲜明的民族特色。服饰是与身体俱存，无时不在的直观标志，是身上最“打眼”的东西。

举目便知你是谁，虽是服饰的显眼表征，但用现在的话说，是从古至今的民族“身份证”。西南地区少数民族服饰丰富多彩，优美动人，作为民族的标志，从古至今，就有以衣服的特点为民族族称的习俗。在古文献中，有许多以服饰特征记述民族族称和历史的事实，如彝族被称为“椎髻”“编发”的民族，唐宋以来有“黑彝”“白彝”“花腰彝”“绣脚蛮”之称。也有以服饰色彩和装饰特征作为民族称呼的，如傈僳族有“白傈僳”“花傈僳”“黑傈僳”之称；德昂族有“红崩龙”“黑崩龙”“花崩龙”之称；瑶族有“蓝靛瑶”“平头瑶”“顶板瑶”之称；傣族有“花腰傣”“漆齿”“摆夷”之称。

苗族支系很多，在历史文献中，把苗族分别称为白苗、花苗、红苗、青苗、黑苗、汉苗、绿苗等支系，另外，还有“红头苗”“大头苗”“光头苗”“蒙沙苗”等称呼。这些称呼基本上都是以妇女衣服颜色或头饰的不同特点来划分的。据《马关县志》载：“苗族种类虽多，风格语言无异，并不可装束之区别：妇女穿的百褶麻布花裙不着裤，以白麻布裹两腿，短衣无钮以左右襟交搭，系以系带，无论男女胸膛露于外者称之曰叉叉苗。男子衣裤用棉布，有纽扣与汉服略同者，称之为汉苗。妇女袋用白色为底，以青色镶领袖口者，称之为白苗。衣服、头帕用青色，称之为青苗。苗女扎红线于发，其粗如腕，盘于头顶者，称之为红头苗。头饰如红头，而戴花披肩，于领襟、袖口、腰带均绣以红黄色花纹者，称之为花苗。”

据民国《丘北县志》《麻栗坡地志资料》载："苗人有青、黑、花三种，各以服色分。青苗人，妇女不服裙，无论男女纯着青色麻布衣而得名。花苗人，妇女服裙，以染花为裤。红头苗，以其妇女头上喜欢红花布作巾顶戴而得名。"《云南苗族瑶族社会历史调查》载："花苗，穿花裙子，上面绣满精致美观的图案。黑苗，穿黑裙子，但裙边用红、蓝、白三色剪贴成花边。青苗妇女裹青纱头巾，穿白地青条纹裙子。白苗，穿白裙子，但也有的不穿裙而穿白色短裤。青水苗，穿青色蜡染的素花裙子。绿苗，妇女穿蓝布衣并穿小鞋。老林苗，居住在高山老林里，穿裤子，系围腰。汉苗，意为能讲汉语的苗族，服饰接近花苗。偏头苗，将头发梳向一边……"

以上，都是以服饰和头饰特色称呼各个民族的例子。这都是因为服饰是人类文化的显性表征，是民族智慧的结晶、民族的财富。一个民族的服饰、头饰以及特别饰物，都是表现这个民族在共同的心理上最直接、最具体、最形象的特征，是区别这一民族与那一民族形象的直观依据。

民族服饰，都是在本民族的历史发展过程中逐步发展而来，它出自千万劳动人民之手，有着广阔而深厚的群众基础，民族特征最为突出。不少服饰，如今在我国少数民族中常常是民族支系和民族血缘认同上的重要标志。无论在山间地头，弯之曲之的道路上，或是人群密集的市场和歌舞场，让人们一眼就看出他（她）们是哪个民族、生活在什么地方。仅以头饰，就知道头饰"英雄结"的是大小凉山地区的彝族男子，戴凤凰帽的是大理白族妇女，戴马尾帽的是文山地区的瑶族男子；阿昌族妇女戴盖头帕，回族男子戴小白帽，藏族少女戴"巴珠"，哈尼族男子戴三叶帽、妇女（叶车支系）戴"帕藏"（白色尖顶帽）、坠塔支系戴"批甲"（绿色包头）等，总之，到了一个地方，这地方生活着几个民族，甚至同一个民族的不同支系，举目便知。

彝族是中国西南地区人口最多，分布最广、支系最多的民族，其服饰无论是千姿百态的款式，或是风情万种的首饰、配件，种类之多，在世界民族服饰中绝无仅有，但每一支系（或地区）的服饰，都有着彝族服饰共有的传统，但又有着各自的特点，是区别这一支系与那一支系形象的直观依据。每到一个彝族地区，这地区生活着几个不同支系的彝族，观看服饰，便能分清楚。1982年农历二月八，笔者作为民族田野调查人员，奔赴楚雄州大姚县昙华山参加彝族"插花节"，在文化站工作人员陪同下，站在一个山梁上观看上凹里和山林间来往的不同山区彝族人，只要看着身上的服饰，就能认出她们是倮倮支系，龙街人；阿鲁支系，铁锁人；格苏泼支系，桂花人；纳苏泼支系，昙华山人；尼苏泼支系，直苴人……不同支系的穿着打扮，有不同的特色，让人一目了然，急忙拿起相机追摄，留下了三十多年前的纪念和感情。

正因为如此，这里将笔者三十多年前"吃千家饭，爬万重山"的民族田野调查文字资料和拍摄的照片相对应，记述亲眼所见的西南各民族，包括汉族的传统服饰，若是有兴趣的时候，只要翻开书，对应着文字和照片，即可知几十年前不同民族的不同服饰特色，识别西南各民族穿着的标志性。

佤族

西盟地区佤族传统服饰，男子留长发，缠包头，包头布多采用红、黑、白三色。着黑衣，穿黑裤。上衣短小、无领、衣袖、对襟，裤子宽大，裤腿一般宽一尺二寸，出门则全副武装，身挎背带，佩长刀或短刀。他们还喜欢装饰品，耳朵穿孔戴红色线穗，颈佩若干细藤圈和彩色料珠，手腕戴银镯、银链。男青年串姑娘时，黑上衣内要多穿一件白色衬衫，头上加戴鲜花。过去，佤族男子还喜欢文身，多数在胸脯纹刺牛头、手腕刺鸟、腿上刺山林等图案，反映佤族对自然的崇拜。男子外出时常背挎包，佩戴长刀或枪，既可自卫，也可做打猎的生产工具。

妇女多留长发，饰银质发箍，发箍用藤篾或麻线编织而成。披肩的长发常用马尾制作的发网网住，发网上饰有银珠。女子穿黑衣，着红裙，跣足。上衣十分短小，盖胸露腿，无领、对襟、短袖。下穿过膝筒裙，裙子以红色为底，间有黑、白、绿、黄条纹。耳悬银质大耳环，一至三十不等。颈戴两三个银质项圈和若干彩色料珠，再佩上两三串鸟骨或贝壳制成的项链，五光十色，十分耀眼。裸露的腰腹部缠绕若干竹圈藤圈，竹藤圈大多漆染成红色或黑色，有的还雕饰许多花纹。手臂上戴两三个竹圈银镯，手腕佩银镯二只，小腿缠竹藤细圈数围。

竹藤圈和银发圈，都是佤族妇女离不开的佩饰。佤族少女，从出生时算起，每增一岁，即在腰间或小腿加一竹藤圈。在佤族社会中，从佤族妇女所戴的竹藤圈数目，就可以判断出她们的实际年龄。

德昂族

德昂族虽杂居在傣族、景颇族、佤族等民族之间，地域较为分散，但服饰的基本形制不复杂，大体是一致的，不失其共同特点。男子穿黑色短上衣，配宽而短的裤子。青年男子以白布包头，两端镶着两朵大红色绒球，再加上头、颈部位上佩戴的银耳坠，银项圈等饰物，显得英俊潇洒。妇女都穿蓝色的黑色的尖领紧身短上衣，在领边、襟前、下摆常用红布条和各色绒球装饰，下着筒裙。大凡妇女都喜欢在发式上花样翻新，以发多发长为美，头上的装饰尤其老年人颇具特色，特别是耳上银坠或竹筒，真是绝无仅有。总体来说，妇女服饰较为简单朴实，上衣仅在衣角上绣些条纹格子，格子内绣简单的粗线条花纹，有的只在衣服下摆处织上红、绿、黄色的鸡爪形花纹。

值得关注的是德昂族妇女的筒裙。它不仅是颜色颇具特色的服饰型制，而且是区分德昂族支系的重要标志。筒裙都比较长，上遮乳房，下及

踝骨，裙身上都织有色彩鲜艳的横条纹，由于裙上条纹色彩的不同，有“花崩龙”“红崩龙”“黑崩龙”三个支系的称呼。其所不同的是，“花崩龙”的筒裙上是红、白相间，宽窄均匀的横条纹。“红崩龙”的筒裙上织有宽约 17 至 20 厘米的大红条。“黑崩龙”的筒裙用黑线织成，其上间段织红、绿、白色细条纹，裙的长度从腰部至踝部，较其他两支系的筒裙稍短。德昂族三个支系间的区别，仅在于筒裙上的底色和织条纹的色彩，使得筒裙在德昂族中有着特殊的地位。

德昂族妇女的腰箍，从古至今都是妇女腰间的装饰。姑娘成年后，都要在腰部佩戴数个，甚至数十个腰箍。腰箍大多用藤篾，后半部分是螺丝形的银丝。藤圈宽窄粗细不一，多漆成红、黑、绿等色，有的上面还刻有各种花纹图案或包上银片、铝片。这一独特的习俗，自古就有“藤篾缠腰女身美”的记载。德昂族认为，姑娘身上佩戴的腰箍越多、做得越精细、越能说明她聪明能干、心灵手巧。德昂族妇女爱佩戴腰箍，有着她们自己的传说：德昂族祖先从葫芦（山洞）里出来，当时，男子都是一个模样，分不出你我他，而女子则满天飞。后来是一个神人把男子的面貌区分开了，后来男子们想出办法，用腰箍把女人套住，于是女人就不能乱飞乱跑，伴在男子身边生活。另一个故事则说：古时候，妇女都出去串寨子，男人在家做家务，有一天晚上，男人的一个竹箍都还没编好，而同他相处的女人已串过了七户人家，男子产生不满，用手上的藤篾圈将女子套住，此次妇女守家，男子串寨。两个故事，相辅相成，印证出德昂族脱离穴居生活后便进入由杂婚向对偶婚过渡，然后又由母权制过渡到父权制的社会内容，是人类婚姻发展史的生活写照。其实，束腰箍的民族不少，这一文化内涵，实际上可以推演到不少民族的腰带和腰部装饰物，在人们日常生活的积累和升华中，已和服饰整体审美功能融为一体，使记事述古功能转向对审美功能的追求。如今，腰箍、腰带、各式各样的腰间佩饰物，都变成了美的装饰，成为西南少数民族服饰中又一亮丽的特色。

布朗族

布朗族没有支系之分，但因都居住于山区和半山区，社会经济发展不平衡，加之大多杂居于其他民族之中，受不同民族文化的影响，因此，服饰形制依然有着地域的不同差异。差异主要体现在妇女的服饰上，男子服饰各地大体一致。

云南西双版纳及澜沧江一带的布朗族，分布于布朗山、巴达、西定、勐海县打洛等地区，妇女因长期与傣族杂居或为邻相处，受傣族文化影响较深，服饰与傣族相似。打洛一带的妇女，上穿白色或蓝色窄袖紧身短衣，但比傣族稍长，无领、无扣、对襟或两襟相掩，紧腰宽摆，左右大衽，衣后两边各有一个小布条，供在左腋下打结系紧衣服之用。下着双层筒裙，内裙比傣族筒裙稍短，多为浅色。平时在家只穿内裙，出门则套上深色带花饰的外裙，臀部以上为红色横条纹，腿部以下多为黑色或绿色；小腿裹白布绑腿。未婚姑娘留长发，缠黑布或青布包头巾，穿红、白、绿等色圆领对襟短衬；衬襟边镶嵌红布或花纹条布。已婚妇女，多穿黑布或青布短衫，襟边镶有鲜艳的花色布条纹；下着筒裙，小腿镶白布裹腿；十五岁以上姑娘和年轻妇女，也都留长发、梳发髻，大多在发髻上插一根银簪针，针顶端嵌三颗棱形透明的玻璃珠，下系一条细银链，吊着多角形小银片、小银铃，并夹红绒线花朵；耳垂上也往往在银圆片或玻璃珠上夹佩红绒花朵，有的下垂至肩，而手臂上还套一对银手镯；发髻上尤为特别的是银簪饰品，簪头看似螺尾，三个螺锋并列，这样的打扮，使得布朗族少女和年轻妇女显得十分美丽而又婀娜多姿。

勐海县布朗山地区的布朗族，十五岁以上的男女均缠包头，男为白色，女为黑色或蓝色；姑娘们都梳发髻，饰银簪，绕银链，戴银片为饰，颈佩项链，妇女均戴彩色木耳塞或银耳塞；未婚者两鬓饰花和挂玻璃珠。布朗族妇女喜嚼槟榔，以嘴唇被染红为美。

布朗族别具一格的是施甸地区的妇女服饰，妇女挽发为髻，用两块三米多长的青色折叠成三角形包头上，接近额头处再用一条彩色玻璃珠穗箍扎，包头前额留一撮刘海，插上一朵白绒球花相配，使头饰更加显美；加之上身穿土蓝布或漂白布缝别的高领、衣袖、大面斜襟衣，襟边、袖沿都镶有红绿花纹布条，高领上绣有精美的花纹图案，有的上衣外套一件花布对襟短褂，钉上15对或20对布纽扣或银币小纽扣，颈部系一条用十余个银泡镶嵌的项颈带，颈前别一朵精致的银花，在圆领两端各吊一条银链，分别穿着银针筒、银挖耳等银器作为装饰品；胸前系绲白边的青布围腰长至膝部。妇女下穿青布长裤，裤脚肥大，扎青布裹腿。少女喜戴银饰品，银手镯、银戒指、银头锁、银耳环、银项链、银耳坠、银扣、银锁等都是姑娘的佩饰物，其中缠戴在手腕上的银手链长达50至70厘米；足穿绣花鞋，走起路来叮当作响，十分别致。

双江、永德等地的布朗族妇女，装束与西双版纳地区大体相似，区别在于已婚妇女头部挽髻，内层用白布巾包裹，外层用一条三米多长的青布包头，缠叠成波浪形；未婚姑娘在腰带右边吊一条绿线织成的长约4米的红缨穗；既是未婚的标志，也是将来赠送给心爱情侣作为系弦琴带的礼物；如果是少女，还在包头外罩一条白毛巾。

墨江一带的布朗族妇女，衣着与双江、永德地区的相同，只是衣裙只穿一条，不穿两层，腰部围一块长围腰，以白布滚边，宽约八厘米，两边各吊一条长达腿部的彩色穗；头髻缠一条青布大包头；两耳戴大银耳坠，双臂戴银手镯。

布朗族各地男子穿着大多一致，上衣为青布或黑布缝制的圆领、衣袖对襟或大面襟衣，口袋内贴。下身着宽裤。肩挎挂包，老人头缠青布大包头，儿童剃光头，戴瓜皮小帽，青年留长发，喜戴毡帽，帽檐处插上几朵鲜花，腰挎长刀，挎

包、身背火药枪，显得十分威武而又美丽潇洒。

白族

白族固有文化根本深厚，服饰传统形制保存完整。大理是白族主要聚居区，这里气候温和，土地肥美，白族人民在这美丽富饶的土地上创造的本民族服饰颇具特色，是白族各类服型中较为典型者。

妇女服饰：小领或无领搭襟旁扣内衣，及胯或及膝，年轻者多喜白、浅蓝、雅布色；中年以上则偏蓝、黑等深度色调，外罩粗呢（氆氇类）、丝绒、灯芯绒领褂；年少者衣着及腹，老人略长；系腰带，垂飘带；下着浅色扭裆宽脚裤；穿布凉鞋、百节鞋（无绊勾头鱼尾花帮鞋）；用挑绣，印染的方帕或彩色毛巾包头，发辫盘于其上；右衽腋部纽扣上挂领边花手帕、荷包（香包）、口弦包；饰品有银或玉耳环、手镯、银质扣、链、三领、五领，挂银铃、银毫及铜线等。型制与上述大同小异。丽江九河白族包头结成飞鸟张翅（一说像花兔耳朵）形状，背披纳西族七星羊皮装饰；剑川未婚者戴满布银泡的花鼓钉帽、鱼尾帽、瓜皮小帽；洱海东岸白族戴双缨鱼尾帽、鼓钉帽、罟罟帽，新娘穿大镶大滚的红绿喜事装，用各种绣带缠于“凤点头”发型中。

男性服饰：白或浅蓝布对襟上衣，多纽扣，外罩红领褂或白羊皮领褂；下穿扭裆阔管裤，绣花双缨布凉鞋（皮革鞋）或剪刀口扣绊布底鞋；白色或浅蓝色包头，垂下尺许。节日加八角遮阳（一块八角形绣花帕）于顶部。洱海边渔民好戴瓜皮小帽，穿纽扣多且短得露脐的上衣，层数越多越好看；腰系红、绿带，挂荷包，戴麂皮或布质花肚兜。衣服穿的层数多叫“千层荷叶”，穿三层而内衣外短叫“三叠水”，视此为俊美、富足的象征。

白族服饰一大特色是花得别致，色彩明快。大理一带素以爱植和善植花卉驰名远近。白族是很爱花的，不论男女都喜用花形纹饰点缀自己的

衣袋。儿童周岁穿的压岁袋的“花”特多。一般包袋的“花”，有较严格的选择性，色彩铺陈或典雅、或浓艳，重明朗协调，纹形布局讲曲直互融，疏密相适，意在点缀、镶衬，从属于总体结构，无填塞、堆叠、累赘之弊。正如大理周城民歌所唱“花多摞起太刺眼，寡白无花不好看，不多不少绣几朵，哪个不爱瞧。”正确审美或创造美，寓美于和谐，是服装与纹饰的妙之所在。对造型上的点面照应关系，未穿时的平面效果和穿戴起来的立体效果之间的处理，民间制作者皆心计不凡，善于将图案纹饰在衣冠裤鞋上恰到好处地排布，相得益彰，使衣貌服容充满朴素自然的美感。

白族服饰虽然丰富多彩，但也有许多相似之处，最明显的特征是：色彩对比明快，映衬协调，挑绣精美，都有镶花边饰。男子服饰差别较少，而简洁朴实；妇女服饰悬殊较大，但都鲜艳华美。妇女穿着往往是上衣和头饰比较花哨，而下身又较朴素；姑娘服饰比较艳丽，中老年妇女服饰较朴实。大襟衣外套“比甲”（领褂），紧束腰带系围裙，上衣前短后长，白绵羊皮当披肩。这就是白族妇女装束上的共同点。所不同者，南北各县之间色彩变化较大，越往南的地区越艳丽，越往北的地区越素雅。总之，白族服饰给人的感觉是朴实、大方，对于生产劳动有很实用的价值，在艺术造型上也很别致精巧，充分反映了白族人民对于美好生活的强烈追求和在文化艺术上的高度才能。

不同年龄、不同性别的白族人，在服饰上也各具特色。

（一）帽子和头饰

儿童有镶银、玉器压岁帽；虎、龟、狗、狮头帽；喜鹊、鸳鸯、凤头帽、鱼尾帽等。儿童帽、肚兜、护腰、鞋、衣、裤各部男女相同。青年男子有八角巾、羊毡帽，布里飘带麦秆草帽及白包头、蓝包头、黑包头等。也有的青年包头帕（疙瘩染花帕、挑花帕、毛巾及其穗边），戴鱼尾帽、草帽。

姑娘有各种“顶巾”，如头勒子、姑娘帽、鸡冠帽、鱼尾帽、凤凰帽、黑布包头、白布包头、大包头，挑花头巾（少则一幅，多的有十余幅叠层），还有独瓣绕凉帽、绕包头、绕羊肚子手巾、绕挑花头帕等。

中、老年妇女则有蜡染布和扎染布头巾，高髻蓝黑布头巾等。

（二）衣裤和围腰

娃娃穿的有僧衣、绣花口水兜、绣花裹背、

绣花撑腰、绣花披风、袜联裤、后围腰等，还有的儿童有：螺蛳披风、肚兜、护腿、鞋、衣、裤等。

青年男子有“三滴水”多层对襟褂子，黑披甲、羊皮褂和麂皮褂结腰带、短宽裤脚镶边普通裤，裹腿等。

妇女穿的有大襟衣、挑花银饰衣领，大小长短花边袖子，各色披甲、绣花（或挑花）腰带和单双围腰、宽裤脚镶花边裤子等。

（三）鞋

男子脚上多穿布制“象鼻袜”，布制凉草鞋，鞋头、鞋帮往往缀上樱花。

娃娃穿狮头鞋、虎头鞋、猪头鞋、兔子鞋、老鼠鞋、翘头鞋、船形鞋、蝴蝶鞋等。姑娘常穿各式绣花鞋或布鞋式的绣花凉草鞋、红缨花碎布麻草鞋。

老年人穿的是红缎子寿鞋、翅头鞋等。还有下雨时节穿的厚板底布制的雨鞋，是一种很有民族传统特点的防雨鞋。

（四）各种绣花饰物

绣花荷包、挂包、针线包、腰肚（即兜肚）、腰带、老人赶庙会背的香包等。

（五）各种首饰

三须、五须、针筒、口弦筒、钮丝镯、扁挑镯、串珠镯和金、银、玉、藤手镯等。戒指、耳环、簪子、帽花、八仙、冠针、龙凤、蝴蝶、头挑须、围腰牌、项圈等。

白族衣服图案（纹样）主要装饰在下述部位：

青年妇女：包头帕（疙瘩花，挑花帕，毛巾及其穗边），鱼尾帽，上袖、中袖、袖口，围腰边角和飘带，腰带，衣摆边缘，裤脚，鞋头、面跟，口弦包、香包、针包，系于右衽的花手巾，背毡（背垫），草帽带，挎包，裹背，新娘“凤点头”发型帨带帽。老年妇女：包头帕，袖腰、袖口，围腰角和边，腰带，裤脚，鞋头，挎带，草帽带。

儿童男女基本相同：镶银、玉器压岁帽，虎、兔、狗、狮头帽，喜鹊、鸳鸯、凤头帽，螺蛳披风，兜肚、护腿，鞋，衣裤各部。

男青年：八角头帕（即八角遮阳帽），包头布垂帨，袖口，衣兜，领褂下沿，带头，裤脚，鞋面，八角鼓帨帕，荷包、烟锅坠带。老年男子：包头，褂沿、烟包、烟锅坠带上都有刺绣作装饰。

除大理地区的服型外，保山、怒江、丽江及其他地区白族服饰亦各有特点，因与其他地区民族交错而居，受邻近民族影响较多，不如大理服饰有代表性，故不再多述。

藏族

藏族以大杂居，小聚居的格局分布在西藏、四川、云南、甘肃、青海、内蒙古等省区。云南境内藏族主要聚居于迪庆州，少数散居于宁蒗、永胜等县。藏族服饰在漫长的历史中，虽然有了许多发展变化，但始终保持了衣袍、毛帽、辫发、长靴的特点。这是典型的高寒山区牧民的服饰传统。因特殊的自然环境和政治、经济、文化的影响，地区不同，服饰有所差异，但基本特点依然不变。在云南，目前能看到的藏族服饰大体可分为中甸、奔子栏、德钦（阿敦子）三个不同地区的类型，从中可以看出云南藏族服饰的风格。

中甸（今香格里拉）一带妇女，喜好素淡高雅装饰，除少女简朴些外，青年男子一般着红、绿色绸料斜襟衬衣，身外穿相当厚实的无领或有袖长袍，袍两侧各缝有两根带子，用于围系长袍。长袍前部系五色细条小围裙一块，足登彩色藏靴。中老年妇女大都着黑色衣袍，饰品多集中在头部和胸部；头部的羊角形或三角形“巴珠冠”十分讲究；胸前戴红、绿、黄相间的宝石链一至数串，中佩一个多种形状的饰宝护身盒；双手均戴骨、玉、银制手镯和戒指；特别是老年妇女背肩上挂的挎包，不仅有多种图案装饰，还有大团大团的兽毛装饰，披挂方式也很特别。

奔子栏是中甸和德钦之间的藏族聚居地。这一地区妇女服饰大体与中甸相同，只是围腰色条比中间的宽和艳，有的还在服装的背部等处绣上

“日月图”或“卍”字。此外，头上、腰部、肩部的饰品也比中甸丰富。头上的半月形“巴珠帽”饰满珠串，长发夹彩线编成若干小辫后合尾于腰际。腰带上镶有十二枚制成银币状的十二生肖，右边悬银链小藏刀，左边悬针线包等。胸佩护身盒，左肩部挂一银链和珠串连成的“绥带”，垂至腰部。

奔子栏女子节庆时的服装，散发着的珠光宝气令人惊叹不已。头戴双角前伸的帽子，帽子上缀有红、黄等色的锦缎和珠宝；双角正中搭出同骨条穿系的小珊瑚盖头，覆至前额，盖顶边系五至七串小叶片银坠，垂至眼前。身穿黑色镶彩氆氇或布袍，用铜环扣连成的腰带系扎，腰带的左右两侧至前襟悬垂三至五层用大黄色珠子、骨、银等配搭的链形串饰，前襟正面挂一个日月形护身盒。黑袍外面再披一件镶有红边的白毡大披风，披风左肩部饰一钩链状挎袋，袋面缀彩锦和珠宝金银，袋的底端吊饰五至九排小红珠和银叶片串成的“穗”，脚穿皮底绣花高筒靴，双手戴满金、银、玉等镯戒，举手投足，佩饰叮当，珠圆玉润，触目生辉。

德钦包括巴美、纳古、江波一带地区，因与西藏相连，藏族服饰与西藏基本相同，代表了藏族游牧民族服饰的基本传统。德钦藏族男女上身均穿长袍（又称藏袍），长袍内又穿藏衣和衬衫，下穿长裤，足蹬皮靴。头饰男女有别：男子戴大沿口毡帽或兽皮帽，妇女则将头发结成许多小辫，然后再扎成一个或两个大辫子。由于德钦地处高寒山区，风沙大，气温低，服饰的制作和穿戴方式都有独特之处，其服饰原料以羊毛织物、羊皮为主，结实耐用，美观大方，保暖性好，适宜高寒地区。德钦藏族服饰可分为牧区和农区两种形式。

德钦牧区藏族，几乎常年穿皮袍，除皮袍外，其他装饰与农区相似。皮袍是用土法加工的绵羊皮缝制，都是大襟的。皮袍有两种：一种是平时穿的，但有季节之分，夏秋穿的毛短，冬春穿的

毛长。这样的皮袍男女都喜欢穿用。男式皮袍，在衣襟、袖口和底边镶上黑色平绒或毛呢、灯芯绒，镶边宽约十至十五厘米作装饰，也有不镶边的。女式皮袍在领子、襟和底边上先用围裙料子做宽约五厘米的花边，再做宽十至十五厘米的黑平绒或黑布，然后用平绒和毛呢、平布做三至十条宽四厘米的红、绿、蓝等颜色的花纹，袖子上也做花纹，显得格外漂亮。另一种皮袍，是过年过节、办喜事、迎贵宾和做客时穿。这种皮袍以羊羔皮为料，面子是把野青羊皮去毛铲净，手工鞣制柔软，用洗衣粉涂洗白晾干后制作而成，袖口、衣襟、领子和底边用水獭皮做宽约 6 厘米的装饰边，此为皮袍的最上品。

牧区的皮袍，袍体肥大，袍袖宽敞，臂膀伸缩自如；夜里解带宽衣，如同皮囊；白天脱去一袖或二袖束在腰间，既适应高原牧区气候的特点和游牧生活，又显出牧民豪放的性格和豁达的风度。

农区藏族，不穿皮袍，而穿藏袍、藏衣、衬衫等。藏袍，都是大领右开襟，比人体宽大高长，一般在右襟腋下钉一个纽扣，有的也不钉，而是用红布或红、蓝、雪青色布做两条宽四厘米、长二十厘米的带子，穿时两条相结，既起到纽扣的作用，又十分好看。藏袍分男女两种样式。男式藏袍，颜色以黑色和白色最多，领子、袖口、襟边镶上色布、绸子做宽八厘米左右的贴边。穿藏袍时，一般只穿左袖，右袖从后面拉到前面，然后搭在右肩上，天热时左袖也不穿，将两袖拉到前面，分挂在腰间。袍身比较长，要把下部提起来，底边要离脚面 30 厘米左右高，在腰间系上浅蓝色或红色的绸缎或平布做的腰带，外出时，胸前和腰带口袋放日常用品，诸如木碗、小糌粑袋、酥油盒等，到晚间睡觉时，脱下藏袍正好盖住全身，起到被盖作用。女式藏袍与男子的基本相同、只是更宽大些，袍子很长，穿前里面的要穿一件白色或红、绿色衬衫，袍子穿上后必须提起至脚面，两手将袍子宽长部分折到腰后，用绿色、红色和雪青色的绸缎做腰带束起，夏天或劳动时，只穿左袖，右袖从后面拉到胸间，搭在右肩上，也可左右袖均不穿，两袖束在腰间，但冬天一般两袖均穿上。不分季节，前面总要系一条图案美丽、颜色鲜艳的围裙，藏语叫“邦单”。所以，农区的藏袍本身就具有一种古朴典雅的装饰效果。

藏衣，绝大多数都是氆氇做的，分上衣和裤子两件。男子的藏衣多是大襟的，颜色有黑色和白色两种。女式的藏衣大多数是对襟的，颜色也以黑者居多。这种衣服多在劳动时穿。

衬衫，以各种花色的绸缎和布为料，样式有大襟的和对襟的，以大襟为最多。男女衬衫的领子有所不同，男式的多数是高领，女式的翻领较多，其显著特点是比其他袖子长四十厘米左右，长出部分平时挽起，在跳舞时放下来，随着优美的舞姿，袖子在空中翩翩舞动。男式衬衫白色的多，女式衬衫红、绿色的多。

无论牧区或农区，藏族妇女颈胸部悬挂项链、金银“格乌”或皮制小袋。“格乌”是一种金龛小盒，内袋小佛像和活佛喇嘛神物。妇女几乎人人都有，除了做装饰外，相传佩戴“格乌”可以逢凶化吉，神灵保佑，所以又叫“护身佛盒”。

藏族的帽子式样较多，有喇叭形、直筒形、圆形，还有露出前舌或双舌的，其中有的饰以缕金，用彩绸做成飘带。夏天常戴毡制成的礼帽，冬天常戴皮帽或棉帽。不论是农区还是牧区，人们在腰间束带，上面缀挂火镰、小刀、鼻烟壶、银圆等装饰品，这是藏族服饰的共同特点。

纳西族

纳西族主要聚居在云南省的丽江市，其次分布在维西、香格里拉、德钦、剑川、鹤庆、兰坪和四川省的盐边、盐源、木里等县，其服饰主要有两大类型：丽江型和永宁型。

丽江是纳西族主要聚居地，服饰基本一致。男子头戴毡帽，上穿白色对襟布纽衬衫，外罩黑色马褂，穿长裤、长袜，套尖头布纽平顶鞋或黄胶鞋。腰缠白色绣花带，带头平直，挑绣蓝、黑花纹，此带多为情人绣赠，带缠腰部后将带头垂至膝前，与黑色马褂映照，显得十分英俊。

丽江妇女服饰制作精细讲究，穿戴规范严谨。内衣为无领对襟衫，老人为粉蓝色，青年为白色，袖长至臀部，袖口和领口有边饰，上衣为无领右衽大褂，前襟短，后襟长，衽边以黑色锦绒镶饰，钉布纽扣，腰宽袖大，袖长至前臂中部，袖口往外翻卷十厘米。年轻妇女大褂用浅灰、蓝、棕红色，老人为蓝、黑色。参加节目盛会时穿不同颜色的大褂二至三件，为了让人看出所穿衣服之多，在右摆处从里至外应一件比一件短约一厘米。上衣外一般穿深红和深蓝色毛织氆氇领褂，亦有用灯芯绒和其他布料缝制的，均称“坎肩”。坎肩穿罩多者可达三件，肩部从里到外应一件比一件窄，有显示富裕之意。下身穿长裤，裤脚扎彩纹织带。过去，纳西族多不穿袜，而用白布裹脚，从脚掌裹起，但不裹脚趾和脚后跟，裹布在脚背交叉成“人”字形，套在鞋后使“人”字显露于外，裹布尾端扎裹脚。鞋子为尖头鞋，鞋帮绣花，鞋口为红的白纹图案，鞋后跟有一绣花布块，供穿鞋时提拉用。腰系长围腰，亦称百褶围腰，纳西族语叫“卡达”。围腰用漂白、深蓝两种布料制成，深白布料为底，上下各镶十厘米蓝布为饰，也有以深蓝黑色布作底，粉蓝为边饰的。围腰全部用手工一针一线缝出，缝工精巧，针脚细密。围腰不用时要按褶纹折叠存放，保持褶裥平挺整齐。富有特色的百褶裙围腰，也是纳西族妇女智慧的象征。20 世纪 50 年代前，丽江纳西族年轻女子多为短发或留一根独辫垂至于身后，戴黑色瓜皮小帽，50 年代后改为短发戴蓝色的遮阳帽，已婚妇女头戴一种形似土锅的“土锅帽”，此帽由布壳垫衬成型，内铺薄层棉花，然后用黑纱缝套，使用时盘发扣戴，并沿帽边缠黑色纱帕，纱帕叠成三厘米宽、整齐盘绕，不可散乱，帽前扎蓝布头遮阳。若家有丧事，黑纱帕换成白布。丽江纳西族妇女普遍饰有精致的耳环、手镯、戒指等，多为银、玉制品，最引人注目的还有“七星披肩”。

云南永宁乡与四川盐源、木里等地的纳西族（摩梭人）的服饰与丽江地区差异明显。永宁纳西族男子衣着与附近藏族相似，头戴宽边礼帽，上身着金线镶边的高领右衽短衫，多为灯芯绒或毛织品制作，色彩有黑、暗红、棕等色。裤为黑色灯芯绒布料，裤脚宽大，穿藏式高筒靴，裤脚套扎靴内，也有的穿皮制圆口鞋。腰束黑、红羊毛织带或“牛肋巴”（一种毛织品，宽约 20 厘米，上有彩色条纹）。

永宁纳西族摩梭人青年妇女服饰独具特色，梳辫时需在头发中掺入三倍数量的牦牛尾毛合编成辫，还要加料珠装饰，辫尾编进一束一米多长的深蓝色真丝流苏，然后将编就的辫绕头部，盘成圆形髻状，垂 30 余厘米真丝流苏于左耳后侧。部分妇女头上喜搭挽一块彩色毛巾帕遮阳。永宁妇女因编辫缠头较为复杂，常需请人协助完成。过去，永宁的妇女多以自织的麻布制作衣服，上衣均无领，领口和大襟处不能镶边，服饰中少有鲜艳色彩。而现在妇女服饰用料已趋多样，色彩明快，上衣为无领或高领右衽短衫，色彩多为蓝色和粉红、粉绿、紫色等。内衣为高领长袖，多用粉绿、白、黄、红等色，内衣的高领长袖均翻卷于上衣外，色彩对比鲜明，衽扣处垂系银链等饰物。下穿百褶裙，此裙褶纹密集，需用白布约十米，下摆周长为九米有余，裙腰用八厘米宽的白麻布，裙的中部饰有红色细条纹一道。传统的鞋为圆口皮制鞋，后部有纹饰。腰束毛织红、绿宽腰带。老年妇女头缠黑布大包头，服装多为黑色。妇女普遍戴耳环，无论男女都喜欢戴较粗的银质或铜质手镯。

永宁地区纳西族男女，在十三岁前均穿长衫，满此年岁要举行隆重的“穿裤礼”（男）和“穿裙礼”（女）仪式。少女由母亲主持仪式，少男由舅舅主持仪式。仪式进行中，主持人念祷词，客人念祝福词，母亲给少女脱下麻布长衫，穿上成年妇女服饰，腰间扎彩色腰带。男主持给少男脱下长衫，上身穿短袄，下身穿长裤，脚穿高筒靴，腰间扎带。仪式完后，表示少男少女进入成年期，可开始与异性交往，参加社会活动，以及担负成年人的劳动等。

普米族

普米族分布在滇西北的兰坪、宁蒗、丽江古城、维西、永胜，与纳西族、彝族、汉族等交错杂居，其服饰总的特点是：为了御寒，穿的都比较厚实，服饰上很少有刺绣、挑花工艺之类的装饰。其原因是服饰用料均为麻布和毛织品，毛类织物染色较难，同时在粗纺的毛制品上施以刺绣增加穿用的复杂，而且不舒适，纹饰也未必美观，所以，服色多为白色（麻织品）和黑色（毛织品）。在形制上，服饰既带有狩猎与畜牧业文化的痕迹，也受到其他相邻民族的影响，富有滇西北高原的浓郁特色；由于普米族居住分散，受其他民族的影响较大，服饰有着地区的差异。大体可分为：云南兰坪、宁蒗和四川木里三种类型。这里就以兰坪为例。

兰坪普米族青年男子穿对襟金边短上衣，以黑白两色为佳，扣双纽在肘下；下穿麻布宽裆裤，大多用黑色，少数用蓝色，不用裤带，下加九尺长、五寸宽的麻布绑腿至脚，上加五寸宽的白麻布在裆口起收缩作用，外边穿一件长衫，腰间缠一根白羊毛制作的九尺长腰带，两头绣花，衣裤一并挂紧，上下不分开，以便于活动；天寒时披羊毛坎肩，裹绑腿，穿皮鞋，春天穿草鞋。也有的男子穿大襟立领上衣，外套皮袍，系腰带，头戴前檐高竖的皮帽，下着长裤，皮靴，天热时将皮袍脱至腰间，两袖系在身前。皮帽以黄色雏狐为佳，不仅美观气派而且十分实用。此外，普米男子还戴毡帽，可防雨阳热，老年男子尤其喜欢戴这种帽子。头部装饰因年龄而不同，老年人喜

欢戴黑头帕，成年人喜戴自制的黑羊皮毡帽，青年人留短发，也喜佩挂刀、枪。男子装饰品有：手镯和戒指，多为银制，有的也戴耳环，但仅扎左边一个耳眼。普米族男子还喜爱佩带长刀和鹿皮口袋，内装火镰、火镜、火草、火石等取火之物。

普米族妇女的上衣为黑色、蓝色、白色的开襟短衣，和男子基本一致，但袖口有花边，领口用花线绣上吉祥的图案，下身着百褶筒裙，裙腰加白色厚布，裙脚宽大，有一圈红线，缝成褶皱，一般需布匹二丈多；腰间系一根彩带，彩带多用山麻或羊皮捻线织成。宁蒗、永胜地区的普米族女子喜将牦牛尾和丝线缠在长发中编成粗大的辫子盘在头上，再缠绕长头帕，以包头大为美；其身穿高领右襟衫，下着宽大百褶裙，腰上缠绕有红、黄、绿、蓝条放的羊毛宽带，有的还在背上披一张洁白的长羊皮。普米族女子喜佩红白色珠饰，有的喜戴耳坠银环，富裕人家在颈项处还要挂上珊瑚、玛瑙和料珠，胸前佩戴“三须”“五须”的银链，手戴竹圈和宝石戒指等。居住在怒江州兰坪县的普米族妇女，不管穿什么质地的服装均佩戴首饰，这既与炫耀财富的风俗有关，亦认为首饰有庇护功能。首饰按年龄划分，少女首饰多缀于头帕或帽子上，饰件以獐牙、银佛像或银质吉祥物为主，也有用铜制品的；成人首饰则以各种质地、各种款式的耳环、手镯、纽扣、戒指、玉坠等最为常见。宁蒗妇女头部用彩色线、牦牛尾与头发缠裹以后盘于头顶，并垂下一束至右肩、外罩一包头，无论婚否，均着右衽，高领，镶边大襟衣，下穿宽大的麻布百褶裙，特别喜用宽不盈尺，长达十余米，以红、绿、黄、蓝等色线织成的彩带密缠腰部，将腰束得很紧，既舒适，又秀美，是颇具民族特色的装饰。

普米族未婚妇女服饰，受当地白族影响大，头戴蓝或白方帕。辫子编好以后，由左向右裹压布帕，衣服里穿右衽、镶边大襟长衣，多浅色。外套领褂，以红或紫色灯芯绒为多，前系围腰，下身穿深色裤。已婚与未婚妇女的区别在头部。已婚妇女将原来浅色的头帕改换成黑色头帕，即用 70 厘米宽的黑布打包头。黑色头帕意在向世人表明自己已经出嫁。至于其他的衣、褂、裤、围腰等，婚否无别。少数妇女喜欢将发辫编成十二股，缀以红、白料珠十二双。富裕者戴耳坠耳环、颈间挂有珊瑚，胸前佩有“三须”或“五须”的银链。节日或婚礼时穿花鞋，平时跣足。

彝族

彝族是一个有着悠久历史和光辉文化的少数民族。它广泛分布于中国西南地区，且人口居于该地区少数民族人口的首位。服饰作为人类文明的一个特殊标志，在彝族文化中自然是一项重要的研究内容。彝族服饰种类众多，千姿百态，文化内涵也极为丰富，许多从事民族研究的学者，都希望能从彝族服饰这一学科中开拓出新的前景，正因为如此，我们从30多年的专题调查中，收集了三百多件（套）实物和近千张照片及三十多万的文字资料，已出版《中国彝族服饰》一书，这里无法尽述。只以大小凉山地区（包括四川凉山州、楚雄彝州）的彝族传统服饰为例，便可知彝族服饰的丰富性。

“白倮”支系的彝族，在云南主要分布在麻栗坡县董干乡下的核桃湾村、富宁县木央乡的大木香和大桑及越南苗旺、同文等地。服饰上的色彩，是彝族社会贵贱等级的标志。白倮崇尚黑色，以黑为贵，以黑为美，视黑色为权力和财富的象征，是彝族贵族社会的标志，所以，白倮服饰其男女老幼均以黑色为主色调。

彝族“白倮”服饰，分男女装，而尤以女装最具民族特色、最为艳丽。勤劳善良的彝族妇女用自己的聪明智慧和敏捷的思维，以针代笔绘绣了绚丽多姿的服饰文化，将本民族的历史和扑朔迷离的崇拜、传说都记载在服饰上。不论是炽烈醒目的“太阳”，还是不起眼的“荞花”，都蕴含着美丽而神奇的传说，它像一部卷帙浩繁的“史书”，记载着白倮人的迁徙史、奋斗史以及他们的屈辱与希望、抗争与喜悦。“白倮”妇女的服饰主要由头巾、衣服、裙子、围腰、腿套、鞋等部分组成，其原料都是用自种、自纺、自织、自染的黑色麻布为主料缝制而成，如同古代服饰，既高雅华丽，又不失庄重、古朴。然而，它的美并不仅仅体现在外表上，每道花纹，每一个图案所包含的厚重的历史内涵同样引人入胜。

头巾，是“白倮”妇女服饰中不可缺少的装

饰。她们一般都喜欢把长发盘于脑后，先用一块黑方布裹上，外面再包一块绣有花纹图案的长条形黑花头巾。这块头巾长约一米，宽约30厘米，镶有6至8个银圆、硬币或白纽扣之类作为装饰品，以此证明从前的“白倮”曾经是一个富足兴旺的民族。头上有用红、蓝、黄、绿、白等五色花线挑绣而成的太阳、星星、土地、森林、荞花等图案，五彩缤纷，变化无穷。其中红色象征太阳、蓝色代表天空、黄色象征土地、绿色代表森林、白色表示粮食。简明扼要地阐释了人与天地万物的依存关系，与中国古代“天人合一”的朴素哲学大体相符，同时，还向后人记载着悲壮的历史故事：相传，早在上千年前，“白倮”先民在滇池一带受害，被迫迁徙，途中，白天头顶烈日，夜里披星戴月，翻一座座高山，蹚过一条条河流，经历千辛万苦好容易才在一座森林茂密的大山上栖息下来，可想不到又被凶残的敌人把所有的茅屋一把火烧光，一片凄惨的景象，幸存的人们完全处于绝望之中，正在这时，有人发现废墟中倒扑着一个土罐，打开一看，竟是一罐野生苦荞籽，他们抱着一线希望，将这罐苦荞籽种在大火焚烧过的土地上，没想到它们竟然发芽、开花，最后获得了丰收，大家得救了。人们手舞足蹈，欢庆丰收，彝族人为了感谢荞给它的救难之情，便把每年农历四月的第一个属龙日定为“荞菜节”，并传袭下来。苦荞也就成了不少彝族地区的主食之一，自此后，心灵手巧的“白倮”妇女便把迁徙途中所经历的具有意义的太阳、星

星、月亮和土地、森林、荞花等图案全绣在自己的头巾上，以告诫后人不要忘记这段苦难的历史。

衣服是“白倮”妇女装束中最重要的组成部分，其款式可概括为“宽松高腰方领装”。衣服的前后分别各绣有一块约 30 厘米，宽 20 厘米的花纹图案。这些图案均以倒针法，用五色花线挑绣而成。每块三行，27 个花纹，分别是 9 座高山，9 片森林，9 只鸟等。代表着“白倮”先民迁徙途中，曾经翻越过的 9999 座高山，踏遍 9999 片森林，也由于迁徙途中的饥饿，曾经捕获 9999 只鸟以充饥度日。“白倮”妇女之所以要把迁徙途中所经历的三件大事，以“九”这个数记载在自己的服装上，是要教育后人不要忘记前人经过的历史，同时又包含“九九归一”“苦尽甘来”的美好向往和追求。

“白倮”妇女的衣袖，呈喇叭状，袖长 60 至 64 厘米，直径 30 至 34 厘米，恰似古代戏服上的袖子一样又长又大，分别由四道挑花、四道点蜡、四道丝布镶接而成，工艺复杂，做工精细。所挑点成的图案，以日常的生产资料和生产工具为主，诸如：牛、马、锄头、耙齿、锯齿、木锄等。其含义是要生存，就要靠自己的双手劳动，而劳动就离不开牛、马、犁、耙、锄头这些必要的生产资料和生产工具。因此聪慧的“白倮”妇女把这些图案定格在保护勤劳双手的手袖上，以告诉后人要多养牛养马，制作和改造生产工具，这样才能维持正常的生产生活。而锯齿、木板等图案，是告诉后人建房立寨的基本技能。

“白倮”妇女下身着黑色褶裙，裙长过膝，并在后面系上一块镶有银圆、银饰、白纽扣等装饰品的宽围腰，长至裙脚，再用腰带系紧。腰带两端纺织有许多根长 30 厘米的五色彩带，悬垂于两腿的两侧。闪亮的银饰品被镶嵌在头饰、围腰上，一是代表她们的富有，是彝族中的贵族。二是闪亮的银饰能带来光明，光明让处在黑暗中的“白倮”人民看到了希望，使他们能实现美好的憧憬。黑褶裙上没有任何花纹图案，自然也没有包含任何传说，但围腰上却挑绣着稻谷纹、良田纹、人面纹、狗牙纹、蝴蝶纹等。她们绣人面纹是希望人们多繁衍子孙后代，让“白倮”人丁兴旺、发扬壮大；狗牙纹是因为粮食是狗带来的，不能忘了狗的恩情。这些图案，形象地记录“白倮”先民结束了迁徙流离的生活，定居下来，正常地从事农耕活动，种上了稻谷，当稻谷抽穗杨花飘香四溢时，引来了串串五颜六色的蝴蝶，与灿烂的山花连在一起，装点着“白倮”人自然稳定和富足的生活，于是，心灵手巧的“白倮”妇女怀着喜悦的心情，把这美好的生活精心挑绣在自己的围腰上。

“白倮”妇女脚穿的是老式勾尖绣花鞋，分别绣有椰树叶和荨麻叶等自然物。“白倮”人民从古至今都用椰树作为寿木，妇女崇拜椰树，便将叶子绣到自己的鞋上。荨麻，是一种通体长有许多毒刺会蜇人的植物，若青年男女谈情说爱，随便窜入箐中时，脸、手、脚等裸露部位就会被荨麻叶蜇伤红肿，无脸见人。因此，为教育青少年洁身自好，妇女们自觉地在自己的鞋上绣上荨麻叶，借此警示自己，千万不要因为一时走错路而后悔一生。

纵观“白倮”妇女服饰花纹从上到下的变化，基本可以窥见其生存状态演变的脉络，同时也可以发现他们在审美和道德取向上的发展与升华，这不仅与人类社会发展进步的规律相吻合，也符合人的需要，在这一点上，“白倮”妇女与文山州苗族妇女服饰有许多相似之处。服饰上的任何一道花纹图案，都包含着一个神奇的传说，其内涵十分深刻。将这些传说串连起来就如同一部完整的“史书”，而我们目前所了解的，只是这部“史书”的一些章节和片段，如果我们完全读懂弄通了这部“史书”，这对于我们全面了解和认识这个民族甚至西南地区的民族，都会有许多意外的收获和帮助。

楚雄地区彝族妇女，上穿短衣，下着长裤，系围腰，围腰有肚兜形和方形两种，均绣精美图案。妇女头饰繁多，大体可分为包帕缠头，戴绣花帽等。上衣多采用桃红、翠绿、碧蓝的色布做成，极少有暗淡的色彩出现。多在领口、披肩、袖口、裤脚边刺绣花卉图案。有的还在环肩部位镶嵌一圈机制花边或以彩色丝线流苏，把花团锦簇的浓艳特色体现得更淋漓尽致。

哈尼族

哈尼族主要分布在云南省，红河哈尼族彝族自治州是哈尼族普遍分布的地区，普洱、西双版纳等地也有分布，其服饰，男女普遍尚青色，喜欢用自织自染的小土布做衣服，有的先染布后缝衣，有的先制成白衣而后再染成青色或蓝色。

男子上衣，有领对襟短衣，或无领左大衽短衣，袖长及腕而窄，用别致的布纽或银币、银珠做扣；下穿宽裆长裤。节日期间，男青年在蓝色长衣下面配上一件白衬衣，袖口、领口和衣摆处均匀的露出一道白边，显得醒目而素雅；自织的青布或白布“包头”，缠于头顶。老年男子喜戴瓜皮小帽，青年男子多已改留短发而不戴帽，着汉装。

女子的服饰和发式，因地区、年龄、婚嫁、生育前后而有明显的标志。多数地区妇女，上穿左大襟无领短衣，以布条或银币、银珠作扣，下装各地不一，分长裤、短裤和褶裙几种。盛装时外穿坎肩一件，系花围腰，打绑腿，在上衣的托肩、大襟、袖口及裤脚边沿处镶以彩色花边为饰。坎肩则以挑花做边，用银链和成串的银币做胸饰，戴银耳环和耳坠，手腕上佩戴银制方镯或扭镯。生育后的女子，多将发辫缠绕于顶，用青布或蓝布缠头。少女则多垂辫，戴青布或蓝布制作的小帽，上镶银泡、料珠，或缀上许多彩色丝线编织成的“流苏”。

元阳县自称“白宏”的妇女，上衣对襟或左大衽紧身衣，衣不过肚脐，银币为纽扣，前胸处钉着6排银泡，正中处缀有一块八角形大银牌，下穿双褶短裤，长不过膝，小腿上紧箍着脚套。少女梳独辫，将其缠绕于顶，并戴上一顶饰有银泡和花纹的青布平顶帽；成婚生育后便梳作两股发辫，缠上蓝色三角帕，将发辫藏于帕中。姑娘出嫁后，须用一条青色土布制成带子系于臀部上。裤子不用裤腰，剪裁要与腿臀紧合，显露体形。

元阳县哈尼族堕塔支系，自称“豪尼”，集中分布于县城西南的南溪河、瓦纳河两岸山坡的咪哩区、羊岔街区。其服饰男子上身穿青色土布对襟衣，头缠黑色包头，下穿大裆裤。女子上身穿前部结一块自制围腰，并缀满了银泡、银箔，前后系腰带（前一后二），戴银耳坠和很粗大的银项圈，头缠长丈余折叠规整的青色包头，包头前方绣有花鸟鱼草彩纹。少女盘发于头顶，戴长方形头帕，额前一端绣有花纹和须边，用花辫系之，耳上方坠花线球，戴银质大耳环。穿着蓝色左衽衣，外加四层无领剪口套衣，每层下端约离一寸，前短后长，前后盖过小腹，后面盖过臀部，衣边绣有花纹图案，用花布带作纽扣，系于两侧腋下；下装一般分两种：春、夏、秋三季穿长及小腿青蓝相间的百褶裙，各天穿青色长裤，里绣有花纹的青布绑腿，上端系两个白线球，穿布鞋。

堕塔支系女子长到十岁左右，头上开始打上折叠规整的蓝色和青色包头各一块，下穿一条缝制得异常别致的青色或深蓝色百褶裙，表示姑娘已逐步迈进青春的门槛。姑娘长到十七八岁的时候，包头两端便用红绿丝线锁边，外包头前方正对额顶处，用彩色丝线绣上各种花鸟鱼虫的精美图案。图案间又镶嵌着无数亮晶的小银泡，让勤劳智慧的堕塔姑娘显得格外秀美多姿，标志着已进入青春年龄，可交友，谈情说爱，结婚生育。

居住在哀牢山南端红河县浪堤、大羊街地区的哈尼族，被称为叶车支系。叶车妇女多赤足，喜用靛青小土布做衣服。妇女下穿紧身短裤，无裤脚，臀部以下全部裸露，以短裤紧勒出臀部为美。短裤分两种，即“拉八”和“拉郎”。两种短裤腰处前后订有四股细绳带，以为裤带。长两股长至一米左右，紧扎于腰周数道，后两股略短，缠垂于腰后。“拉八”短裤的缝制极为精致，多皱褶，裤口紧贴臀部向外倒卷而上，再别向外，让尾布看不见，倒卷的裤口折痕于臀部后，形成“V”状。此裤深受少女喜爱。“拉郎”裤口不卷，无褶皱，较为简单，多为平时干活的妇女穿。好讲究的姑娘们还在裤带顶端结上各色丝线制作的小条球，以为装饰。

叶车妇女上衣有三种，即外衣、衬衣、背心。

外衣称“雀郎”，为对襟正摆，无领，圆口，袖长及腕而宽，衣的左右边衩和后衩略长，衩口处锁有三五股红绿丝线以防扩张。衬衣称“雀巴”，无领、剪口，下摆圆如肩，两边衩上宽而圆，左右两襟稍宽，搭于胸部，交叉成剪刀口状，以细绳将左襟结于右腋下。背心称为“雀帕”，实际是别致的对襟褂子，无扣无领，左右圆口缀有一串银链，以系小剪子和口弦筒用，在襟下端各设一袋，内装汗帕等小琴物。正边襟上内加数道青蓝色相间而异常规范的镶边条纹。叶车妇女视多衣为荣，因此，在“雀帕”正摆下钉有数道假边，以示多衣。很多女子喜欢在裤带外再加一卷宽约十厘米的“帕筒”（腰带），以数枚银币扣于腹部。“帕筒”的下边也镶有青蓝色假边，正与“雀帕”的假边相接，成为层次分明的整体。吉庆假日里，叶车女子往往要多穿，一搭外衣七件、中衣七件和一件内褂，腰围一道“帕筒”，从后看去，即青蓝色镶成的边摆层层叠叠，令人目眩。叶车妇女出门劳动、走亲串戚，特别是节日喜庆之时，头上都戴顶雪白的自制尖顶软帽，叶车语称为“帕藏”，样子有点像雨衣上的雨帕，不过后边多了一对好看的燕尾，更显得别致和风趣。

傈僳族

傈僳族是云南独有的民族，主要聚居在云南省怒江傈僳族自治州和维西傈僳族自治县，其余散居在保山、丽江、德宏、大理、楚雄等地区。傈僳族居住在三江（怒江、澜沧江、金沙江）流域及河谷坡地上，海拔大都在1500至2000米以上，山势陡峭，三江并流，交通险阻，在怒江地区，山中道路崎岖，人们称为“猴子路”或“老鼠路”，渡江工具仅有竹筏、溜索及独木桥，故此交流与外县甚少，服饰较多的保留着民族的传统。

傈僳族男子服饰，模拟喜鹊的颜色与样式，称喜鹊服，上衣是麻布短衣，下穿及膝黑裤，在腰间系一条羊毛彩带，大多数男子穿自家编织的草鞋或用麻线编织的麻草鞋。男子头部装饰比较多样，有的以青布包头，有的须发编结于脑后，有的男子左耳戴一串大红珊瑚，表示荣誉和尊严。金沙江一带的傈僳族男子，头顶留小片头发，他人不能摸，摸了不吉利。腾冲古永一带男子的包头称“篱笆花包头”，使用宽约45厘米，长8至9厘米的海蓝色布缠在藤篾编制的篱笆花托子上做成的，外形粗犷，立体感强，是男子汉显示英俊的标志。相传在古代的一次战争中，因篱笆花包头曾挡住敌人砍来的大刀，救了以为勇士的命，最后反败为胜，战胜了敌人。与传说相比，篱笆花包头与提倡劳动和生活的关系更密切。对于长期在密林里狩猎、采集的傈僳族来说，这种包头既能起到护发和保暖的作用，又能抵挡虫蛇猛兽和荆棘的侵袭，起到头盔的作用。

傈僳族妇女服饰，大体有两种形式：一种是条拼接。其面料以前是自制的麻布，现在则以棉布为主。黑傈僳则下着裤子，腰间系一小围腰，青布包头。无论是白傈僳还是黑傈僳，已婚妇女，普遍穿有领上衣，麻布衣裙，耳戴大铜环，长可及肩，头上以珊瑚、料珠为饰。年轻姑娘喜欢用缀有小白贝的红线系辫；有的妇女在胸前挂一串玛瑙、海贝或银币，傈僳族 称之为“拉白黑底”。怒江各地傈僳族男子，都穿麻布长裤，赤足，成年男子爱好在左腰佩砍刀，右腰挂箭袋。箭袋又用熊皮和猴皮做成。过去男子均编短发辫缠于脑后。

花傈僳居于保山腾冲、丽江永胜和德宏盈江县一带，其服饰制作工艺和着装方式都颇具特色。妇女上衣穿蓝布衣，衣襟前短后长，前及小腹，后及腰。上着短衣，下着裙子；另一种是上穿短衣，下穿裤子，裤子外系围腰。妇女的短衣，傈僳人称“皮度”，长及腰间，对襟圆领，无扣，平时衣襟敞开，天冷时用手掩住或用项珠贝饰等压住。裙长及踝，裙和坎肩喜欢用红、黄、绿、白各色布条拼接。服装面料以前是自制的麻布，现在则以棉布为主。傈僳族妇女服饰典雅、美观、大方，不同地区的傈僳族妇女，因服饰颜色的差别而被称为：白傈僳、黑傈僳、花傈僳。

白傈僳、黑傈僳主要聚居在怒江州一带，妇女服饰仍保留着古风遗俗，都上穿短衣，短衣长及腰间，对襟圆领、无扣；平时衣裤敞开、天冷时用手掩住或用项珠、贝饰等压住。白傈僳在短衣外套坎肩，下着长裙，裙长及踝，褶皱较多；裙和坎肩均用红、黄、绿、白色布条拼接。其面料以前是自制的麻布，现在则以棉布为主。黑傈僳则下着裤子，腰间系一小围腰，青布包头。无论是白傈僳还是黑栗粟，已婚妇女，普遍穿有领上衣，麻布长裙，耳戴大铜环，长可及肩，头上以珊瑚、料珠为饰。年轻姑娘喜欢用缀有小白贝的红线系辫；有些妇女在胸前挂一串玛瑙，海贝或银币，傈僳族称之为“拉白黑底”。

德宏州盈江一带的花傈僳妇女，上衣外套一件宽松的坎肩，坎肩由红、白、绿、黄等色的长方形布块平行排列缝制而成。下穿长及脚踝的两层围裙，称为“几百”。穿着方法是：待上衣穿好后，先用一件长 4 米，宽 25 厘米的蓝色腰带束腰。傈僳族语叫“则褐麻”，此腰带中间是空的，可当作袋子用来盛物。腰带从顺时针方向绕两三圈后，将腰带的两端在臀后织成“X”形，然后再穿上双层花围裙。围裙的里层为黑色，是裙的主体，又宽又长，可环绕大半个身体。裙上用红、黄、白色布条镶边，有的还在下边刺绣花卉纹和几何纹；围裙外层稍短，款也才 35 厘米，垂于腹前，也以红、黄、白色布条镶边，下端嵌海贝，绣几何形纹饰，两层围裙与一块宽约 15 厘米，横向放置的布带相连接，布带由红、黄、白等色布块间隔排列拼制而成。布带并不起束扎作用而只是附于腰间，其上再环绕一条 130 厘米的织锦花带。花带的中段用海贝镶成十字形花纹，最后用一条两端有红穗的细带将围裙及织锦花带一齐捆扎在腰间，细带上的红穗垂于身后，行走时，花裙摇曳摆动，如在云中。

妇女包头帕，头帕总长 2.5 米，宽约 30 厘米，中段用蓝布做成，两端各镶拼 35 厘米长的由红、白、黄三色布条交错镶制而成的花边及 20 厘米长的两银包花边，饰有七至九串红穗。包头时，将有红穗的一端置于头的左侧，左右接住，右手执另一端以右向左作逆时针方向缠绕，绕三圈系扎定位即成。然后再扎好的头帕上搭一块由红、黄、白三色拼接而成的头巾。巾长绣有箭头纹样，垂红、黄、绿色绒线球和红穗。

拉祜族

拉祜族妇女，穿开襟式样的黑色长衫，且长

及脚面，长衫两边开衩，开衩处特别长，径达腰部。右襟、衣领周围和开衩两边均用几何纹的布块、布条相拼，衣领、背部及开襟处用银泡组成的大小三角形图案，纽扣也是用银做的，大小如同贰分硬币，胸前喜欢戴一块大大的圆形银质装饰物，尤其显富有。这样一套外观华丽，做工精细的女装，有较高的欣赏价值和收藏价值。然而，在装束上也不尽一致。有的拉祜族姑娘上身穿对襟短衫，下身穿筒裙，裙子的上半部分由多彩的条纹花布、下半部分由绣着的锯齿形的嵌花条纹花布组成。男装与女装比起来就简单得多，通行穿无领右开襟衫和裤管宽大的长裤，配上一只织锦挂包。

拉祜族妇女装束，主要有两种类型：长衣长裤型和短衣短裤型。

相互交错的大小三角形图案，有规则地镶嵌在高领、胸围和袖子的手腕部分。衣服的缘边用波浪形彩带缝合，或用三角形、长方形图案色布拼合，拼接处需用密针细缝，也有用绣有白波浪图形的布条或用菱形彩带来缝合的，再配上精心镶上的银饰，给人以光彩耀眼、富丽华贵的感觉。

短衣、筒裙装束：上穿开襟小袖口圆领短上衣，下穿筒裙；白色内衣需露在筒裙上面。套绣有花纹的彩色腿套，头戴圆形小帽，帽外又围有彩色包头。妇女短衣一般与男子的一样，也是用四片黑布或青蓝布缝制而成，布条纽扣或用银扣；有些地区的女短衣在高领，胸围，背肩、袖腕部位用红色布条镶饰，有的仅在背肩、胸围部分镶饰红色布条和银泡，短衣在红、黑、白三种颜色的相互对比中显得格外端庄浓丽。各地筒裙不尽

长衣长裤装束，为上穿右襟黑布长衫，两边齐腰开衩，衣襟上嵌有银泡和银牌。襟边、袖扣及衩口边等处镶着几何纹花边或以各色新布饰边，下着长裤，头缠包头，裹腿。包头巾长 5 米多，有黑、白两色，两端垂挂彩色长穗，成年的包头包扎后，有一段需垂及后腰部，长衣长裤型装束保留了北方民族袍服的特点。妇女长衣长裤又称长尾巴衣，制作较为复杂，先用红、黄、蓝、白、绿、黑等色布按适度比例拼合，再将银泡排列成

相同，澜沧县的糯福、班利、勐滨一带多用黑布缝制，上面饰织彩色布条，双江、景谷等县的筒裙，则与傣族的相似，缝制简单。而澜沧县糯福拉祜族妇女的裙子，则用红布或黑布、蓝布或黑布拼接而成，拼接处绣有各类彩色图案。刺绣纹皆呈横向，色彩的搭配也没有规定，多按各人的喜好而定，对工艺要求颇高，绣出的彩带不能出现弯曲和粗糙，稀疏不匀或彩线松紧不一的现象。拉祜族有句谚语：“男儿不会破紫莫抢包头，女儿

不会缝裙子莫丢包”。抢包头，丢包是青年男女谈说爱的情感信物，因此，拉祜族的少女，从小就学习缝制裙子，刺绣彩带的技术。

拉祜族妇女，普通束腰带，腰带用红、绿、黄色布料制作。小腿多数都是套腿套，腿套两端都用色线绣上花纹，多用青蓝布制成，美观大方。拉祜族妇女和男子，均喜戴银质项圈、耳环、手镯；妇女胸前还多佩挂大银牌。

拉祜族男子身穿浅色右衽交领长袍和长裤。长袍两侧有较高的汗衫，领扣衣襟等处用深色布条镶边，喜欢配刀。系腰带，脚穿布鞋，头戴包头，包头用白、红、黑等色布条交织缠成。在云南澜沧等地区的拉祜族聚居区男子穿黑或蓝色对襟短衫，用银泡或银币、铜币做纽扣，戴狐皮小帽，帽子用六至八片正三角形蓝布拼制而成，下边镶一条较宽的蓝布边，顶端缀有一撮约 15 厘米的彩穗垫下，有的不戴帽子，则用红布长布裹头；成年男子还带一个烟盒和烟锅，身挂一把长刀。也有的地区，传统男子服饰多为上穿圆领对襟短衣，此以衣用四片青蓝布或黑布缝合而成，早先用布条结成衣扣，后改为铜扣，银扣等，下穿宽裤管长裤。青年男子常在短衣上佩一件黑面白里的褂子。缠包头或戴青色便帽，顶端缀有红绿色布条。

拉祜族均不留长发，妇女只留一束头发，因此，拉祜族男女都喜欢在头上裹一块黑布头巾。头巾很长，一般在一丈以上。头巾的长短是衡量贫富的一把尺子，往往头巾越长，说明越富有，妇女黑色包头巾的两端还饰挂着彩色长穗，有 33 条穗，是为了纪念历史上拉祜族起义中牺牲的 33 位巾帼英雄。有的拉祜族不裹头巾，而是戴顶黑布便帽。在帽子的顶端缀有红色布条。

拉祜族织锦挂包，是颇具民族特色的佩饰物。织锦挂包长宽 10 厘米左右，制作采用挑花工艺，包的两端前后用毛线绒球装点着。包的中间用针挑绣各种山、水动植物等图案。这些图案与拉祜族的信仰崇拜紧密相连，是拉祜族从他们自身和所接触的自然出发，产生“万物有灵”的观念在服饰上的表现。每当妇女外出采集，男子农耕和狩猎时，由于离家远，通常是早出晚归，织锦包无形中就成了拉祜人民的“百宝箱”随身物。拉祜人用它来装饰各种必需品和干粮，此外还把自己亲手精心制作的锦挂包送给意中的小伙子作为定情物，当小伙子背有这样一只挎包时，不仅心里满足，而且还可以向人炫耀，因为织锦挎包制作得越精致、漂亮，越说明这位姑娘很聪明、很勤劳。

基诺族

基诺族是云南特有的民族，主要聚居在西双

版纳州景洪各县攸乐山区，少数分布在勐旺、勐养、橄榄坝等地，服饰基本是统一的。

基诺族妇女，着无领无扣对襟、长袖上衣，其上半部多用黑布和白布，下半部和衣袖多用红、蓝、黄、白等色布配制而成，并用红色布镶边；上衣背部缝一约三寸见方的白布，上面绣有圆形图案，称为“月亮花”。穿时衣襟展开，襟边无扣，缝小条布，可将衣襟缝合。胸前挂一块挡胸饰布。挡胸布的制作为两段，上段用横条色布做成，下段用黑布或蓝布做成，有的还用色线或银泡镶绣种种花纹图案。这是基诺族妇女的特殊装饰。

基诺族妇女，下身多穿着红色镶边的黑色合围短裙。裙子短及膝部，两段交结于腹前。老年人身着稍长一些、独幅、由五颜六色布拼接或用条纹的麻布做成，膝以下箍黑色腿套。年轻女性，腿部打蓝色或黑色绑腿，多赤足；少儿不打绑腿。

基诺族妇女的头饰，有年龄、婚否的特征。传统妇女头饰一般为留长发、戴白底彩色纹的披风式三角尖顶帽，这种帽子，一般由竖条花纹的自织“砍刀布”对折，缝合一边而成。戴时，帽的前沿朝外翻卷，两侧下垂，直披到肩上，显得简洁明快，朴实大方。未婚女子头发散披在肩上，或梳髻于脑后有方，帽子为尖顶；已婚妇女将长发打结，并用竹编卡卡住，帽子前倾，帽尖成尖平顶，一眼看去，好似盛开着的勾头鸡冠花，所以女子已婚未婚主要看其戴的帽子是否尖顶，头发是否散披在肩来识别。基诺族妇女非常喜欢戴耳饰。他们的耳饰多为空心的柱形软木塞或竹管和鲜花。基诺族四季鲜花盛开，草叶茂盛。基诺族妇女们将采来的鲜花翠草插在耳边或耳塞孔内做装饰，有的妇女为保持花草的鲜美，一天当中要更换数次。通常在女孩子长到七八岁时，便要在双耳上穿孔，内塞竹或木管，随年龄的增长，耳塞也由细到粗，耳孔也就逐渐扩大。长到十五六岁时，当她们在耳朵眼儿里插上芬芳美丽的鲜花时，就标志着已经成年，可以谈情说爱了。基诺族传统认为耳孔的大小是女子勤劳与否的象征，没有耳孔会被世人视为懒鬼，青年男女在恋爱时，喜欢互相赠送花束，插在对方的耳孔或耳环眼里，以此来表示爱慕之情。

基诺族男子外穿无领的长袖短衣，开襟，无纽扣，前襟和胸部缀饰红蓝色花条，双襟合拢时用布条连接。内穿衬衣或麻布褂。短衣用麻布缝制，白色底上织着红、黑、黄色花朵的条纹，色

调和花纹富丽明快。衣的背后饰有一块18至20厘米见方的黑底绣花小方块，方块绣有黑边，中间绣红、黄等放射性圆领花纹，周围绣有彩色条纹。这个小方块，有一种流传较广的说法：认为基诺族早先叫“丢落”，即“基诺”人。他们是孔明南征部队的一部分，因中途劳累，休息时被“丢落”下来，后来虽然追上孔明，但不再被收留，为了这些落伍者的生存，孔明便赐予茶种，并让他们仿照自己的帽子式样造屋，从此，基诺人在自己的衣背上刺绣花纹图案，称之“孔明”，以示对孔明的尊敬和怀念。除此说法外，还有另一个传说：很久以前，一位基诺小伙子深爱着一个从月亮上下来的聪明美丽的姑娘，他们真挚的爱情遭到一个凶狠毒辣的恶魔的嫉恨，恶魔对姑娘百般残害，使姑娘无法在地上居住下去。小伙子一边要求姑娘不要飞走，一边紧追不舍，从地面顺着树根、树干追至树尖，没有抓住姑娘，只抓住姑娘的裙角并撕下了一小块带花的布片，姑娘飞走了，小伙子悲痛地天天望着月亮，为了永远记住这位贤良的姑娘和记住对恶魔的深仇，他将那片从姑娘裙子上撕下来的布片缝在背上，以后人人如此，都在背上绣制这样一块月亮花，久而久之，月亮花变成善良、勤劳、美好的象征，也成为男子服饰的标志。

男子下着长裤，裤长齐膝，裹绑腿。长裤过去用白色麻布，现用棉布缝制，多为白、蓝色。裤子左右两侧各镶有一块长方形黑布，据说象征祖先所赠治疗箭伤的膏药，以护狩猎安康。男子喜长布包头，戴耳环，并以戴耳环的耳洞大为美，认为这象征勤劳勇敢，因此，不戴耳环时，多在耳洞上插一朵鲜花、茶叶的绿色嫩尖，或竹木质包银耳环，甚至塞上木塞或纸卷，使耳环洞的直径大至一厘米左右。平时斜挎一个织有花纹的麻布挎包，有的腰间别一把匕首，显得非常精干俊美。老年人装束与年轻人大同小异，只是色彩偏暗，花纹较少。

景颇族

景颇族主要聚居在德宏傣族景颇族自治州各市县，还有散居在怒江傈僳族自治州的片马、岗房、古浪一带，是云南独有的少数民族，有“景颇”“载瓦”“浪峨”“腊期”“布拉”等五种自称，服饰只有德宏和怒江两地区的型制。服饰的颜色以黑、白、红三色为主调，黄、绿、蓝、棕、紫等色阶搭配色，对比强烈、浓重，搭配和谐。传统上，景颇族的纺织材料主要用棉花、羊毛、麻等，用手捻成线，然后再织成布，用树叶子和其他天然植物原料加工制作成染料，饰物以银器为主，其他有藤制和草编配饰物。这与其他民族相比，景颇族男女服饰都有着古老的传统，特别是德宏地区男子装饰，朴实端庄，英武剽悍，颇具民族特色。

景颇族服饰有两大类型：德宏型、怒江型。

德宏州潞西、盈江两县景颇族服饰，男子着黑色或白色对襟上衣，裤腿短而宽。青年人头裹4米长的白布包头，包头帕的尖端饰有犬齿纹、条纹刺绣和绒球、料珠装饰，垂于脸侧。外出必须挎筒帕和长刀。筒帕为棉、毛手工织品，上有小银泡、银坠、丝穗等装饰，形式和花样多样。在狩猎和劳动中使用的则极为讲究：刀长70厘米，刀把以银丝裹缠，刀鞘用红木制成，并用多道箍加固和装饰，以红色织带挎于肩上。景颇族男子腰挎长刀如同气宇轩昂、骁勇剽悍的武士，在集体舞蹈中，常常手持利刀舞蹈，以显示勇武强悍。老年人中，有人挽辫缠于头顶，裹黑布大包头，穿黑色对襟上衣、黑布宽腿裤，外出挎筒帕和腰刀。过去，男女多赤足，现在喜爱穿黄胶鞋，便于山地行走。

德宏景颇族妇女，因家务和生产劳动繁忙，平时的着装较为简朴，多为黑布上衣和筒裙，裙边脚有简单纹饰。但遇喜庆节日，妇女们便穿上盛装，煞是漂亮。节日里，年轻女子梳长发，用彩巾和丝带将头发扎一结垂于身后。已婚妇女挽髻于脑后，也有用手工编织的头帕在头顶裹成筒状：一般长40厘米，织有彩纹，尖端饰彩色丝线、料珠和小绒球；另一端为80厘米长的无花纹黑布。包裹时，先裹黑布这一段，使织有花纹的一端显露于外，尖端处用彩线固定。上衣为无领，右衽，紧身黑丝绒短衣，前后及肩上都钉有数十枚银泡和银坠，颈上挂六七个项圈或一串银链子和银响铃，耳朵上戴一对比手指长的银耳筒，行走舞动时，银饰叮当作响，别有一番韵味。很多妇女还爱好用藤篾编制成藤圈，染以红色、黑色的漆圈，围在腰部，并以藤圈越多越美。这是一种独特的审美观。妇女下着手工编织的长筒裙，裙长140厘米，用宽30厘米的三幅彩纹织料拼合而成。围筒裙时，从左向右裹缠，将中间一段置于前方，用红布腰带束扎固定。腰带头束于左侧，并垂下约20厘米，腰间另饰有竹、藤制作的红黑色腰箍数圈。小腿处裹护腿，这是一幅宽约25厘米、长40厘米，有花纹图案的织料，用按扣或线带固定于小腿，再加竹、藤箍装饰。外出挎筒帕，既可装物品，又是不可少的饰件，舞蹈时，手握纱巾、手帕、折扇等翩翩起舞。

妇女的银制饰品丰富多彩，有银泡披肩、手镯、银镯、银箍、戒指、耳坠等，制作特别精美，其中尤以上衣的银泡披肩最具特色；关于银泡披肩，有这样的传说：景颇族的始祖“宁贯娃”，妻子是龙女，银泡披肩即是始祖母的龙鳞变的，人们将这些有灵气的银泡作为饰物，以求平安。老年妇女缠黑布大包头，右衽黑上衣，黑布筒裙少有纹饰，有的颈部饰银质大项圈，外出亦挎筒帕。

怒江州泸水市的片马、左浪、岗房等地的景颇人（茶山人），其民族服饰与古籍记载一脉相承。这一带的景颇族服饰，据清末闵为人《片马紧要记》载：“男皆剃髫不冠，用青布缠之，裤不掩膝，披麻布，仿道衣，惟少两袖，腰系铜铃，行往坐卧，只听铃声。至于女子，

髻向前，顶束布，耳环用铜钱，粗似藤，圆如腕，连环扣之，颈下料珠，累累盈胸，行时，珠环声铮铮响焉。不事女红，仅有手工纺织，故不着裤，以裙为裳。盖膝为度，束以花布。男女老幼。左佩刀，右挟矢，不沐浴。冬不重衣，雪亦跣足。”随着时代的进步，面料有了发展，同时简化了某些程式和装饰。男子腰带下沿仍系有一排响铃。做衣料的麻布，加工精细，经久耐用，多为黑地红、蓝细条纹。现在男女尚有披裹式的穿着，男子以自织的条纹麻布斜裹于身，束腰带，下穿长裤。妇女内穿衣裙，外披深色条纹披肩。披肩为前后两幅，长至膝下，前面的一幅中间开口，无领无扣，两侧缝合，留出袖口，披于身上后，腰部束带，肩部垂下，这种披肩实为贯头衣，制作简单，只在领口和边沿处稍作加工即成。

景颇族服饰工艺精美的是传统的织锦筒裙。景颇族织锦除筒裙外，还有挎包、包头、护腿、腰带、毯子等，在琳琅满目的传统织锦种类中，工艺最复杂，用料最讲究、图案内容最丰富的要数妇女的筒裙。筒裙，有中年筒裙、青年裙、儿童裙之分。成年人的裙子一般由三块横幅拼成，儿童裙是由两块横幅拼成，中年裙一般是素裙。筒裙一般为红、黑色调，上面有左右相互对称的花纹图案，中间部分是深青色或黑色，没有花纹图案，不分上下，可以倒转过来穿。中年人穿的筒裙颜色较深，穿在身上显得成熟、稳重；青年人穿的是彩裙，这种筒裙腰部区域是纯深青色或黑色，没有花纹图案，左右两端呈红色，上面有左右两端相互对称的图案，下面两幅全是红色，织有各种各样的图案。彩裙很漂亮，花纹也很复杂，一条裙子上有100至400多个图案，造型美观，色彩浓烈，彩裙上的花纹无扣无束，斑斓醒目，充满了神秘、烂漫的审美情趣。一般说来，展开的筒裙呈长方形，长约1.5米，宽1米。儿童裙的款式和青年裙相似，图案相对简单，色彩更加鲜艳、明快，图案醒目。

阿昌族

阿昌族是云南独有民族，主要分布在德宏州陇川县的户撒、腊撒和梁河县的遮岛、大厂，也有少数散居于大理、玉溪等地，其服饰主要可分为：户撒、梁河两类型。

陇川县户撒地区阿昌族，姑娘爱穿蓝色、黑色对襟上衣和长裤，打蓝色或黑色包头，有的像高耸的塔形，高达一二尺，有的则用二寸多宽的蓝布一圈圈地缠起来，包头后面还有流苏，可长达肩；前面用鲜花和彩色绒球、璎珞点缀。有的则在左鬓角戴一镶有玉石、玛瑙、珊瑚之类的银首饰，看上去像一朵盛开的菊花。姑娘们还常在颈上戴数个银项圈，以银圆、银链为胸饰，用自制的线和土布绣制的腰带扎腰，显得光彩夺目。阿昌族姑娘扎腰带，与阿昌人的劳动生活有关，据说，古时有位猎人的女儿，为了跟父亲学打猎的本领，就缝制了一条腰带把腰扎紧，勤劳苦练，练就了一身好武艺。姑娘们很羡慕她，都学她扎起了腰带。扎腰带时，须在身前留出一长一短的两条扎头，这样既能紧束腰肢，方便劳作，又能显得飘如彩蝶，十分美观漂亮。已婚妇女多穿窄袖对襟黑色上衣，下着筒裙。裙与裤成了区分婚否的标志。

梁河地区的阿昌族妇女，一般穿红色或蓝色对襟上衣和筒裙。小腿裹绑腿，用黑布裹包头，包头顶端左侧还垂挂四五个五彩小绣球，颇具特色。每逢外出，妇女们取出各种珍藏的首饰，戴上大耳环和雕刻精致的大手镯、银项圈，还在胸前的四颗银纽扣上和腰间系挂上一条条的银链，走起路来银光闪闪。妇女在包头上插戴头花木棍，佩大圆耳环。此种头饰，质地坚实，做工精细，造型独特。包“包头”，有重要的仪式，阿昌语叫“扎尼航”，当

地俗称“圆成。”包头，是阿昌族已婚妇女的显著标志，一经包上“包头”，即使离婚了也不能打散改装。因而“圆成”决定着女子的命运转折。包上高包头便向世人宣告，此女子已结束了天真烂漫的姑娘时代，从此要在夫家成家立业，承担起各种家庭义务。所以，“圆成”对女子极为重要，需请德高望重、品行为人都受尊重且家境好、儿孙满堂的年长妇人来主持。仪式前新娘要细心梳洗，大家也要净手，主人要煮荷包蛋汤来让“圆成”者吃。“圆成”老妇开嫁妆柜时，要念吉利话，柜开后，女方娘家已在柜中放有结纸，红线包捆好的毛巾、枕巾、花生、葵花籽、水果糖及一二元钱小礼包，作为对代劳“圆成”的酬谢小礼。“圆成”老妇将衣饰清理好，便边念边在新娘的哭声中包裹包头布，婚礼中包头剩余的搭梢不能折搭在头上，而是拖吊在身后，婚后再搭顶在包头顶端。

阿昌族妇女的头饰造型，高昂、雄伟，足有一尺五高，将其展开长达一丈多。在我国具有包戴头饰习俗的众多少数民族中，其高度可谓名列榜首。据民间传说，这种“包头”即是“箭头”的象征物，箭挽救了阿昌人的性命，在围猎过程中帮了大忙，人们便佩服其暴烈、迅猛、聪明及超常的猎获能力，对之产生图腾崇拜，并将这种原始的图腾崇拜意识转移到服饰的审美上。因此，阿昌族妇女把高包头作为图腾模仿的装饰。现今包头的包戴仪式神圣庄重。

梁河一带阿昌族男子多穿家织布缝制的蓝色、白色或黑色对襟上衣，下穿裤脚短而宽的黑色长裤，肩挎“筒帕”及长刀，喜欢在胸前戴朵红丝线结成的红花。未婚男子戴白包头，已婚男子戴藏青色包头，有些中老年人还喜欢戴毡帽，青壮年在脑后留一尺多长的包布，有随身佩戴的习俗，其中“户撒刀”最为有名。老年男子常戴一种有缨的卷边帽。总之，阿昌族男子服饰简洁、朴素、美观。

独龙族

独龙族居住在怒江州独龙江两岸，是云南独有的少数民族，新中国成立前还处于原始社会形态。其服饰较为简单粗糙，“衣木叶，宛然太古之民。”独龙族服饰有着人类服饰的早期痕迹。1908年《怒俅边隘详情》记述：“男子下身着短裤，惟遮股前后，上身以布一方，斜披背后，由左肩右腋抄向胸前拴结，左佩利刃，独右系篾箩；妇女以长布两方自肩斜披至膝，左右包抄向前，其自左抄右者，腰际以绳紧系贴肉，遮其前后，自右抄左者，则披脱自如也。”这是独龙族传统服装穿戴的方式。据调查，独龙族男子往昔胯部系一麻绳，用自织的一小块麻布围兜住下体，妇女一般很少穿裤，男女一律袒露胸膀，斜披一二幅自织的麻布毯，自一端腋下包抄至另一端肩上拴结，或以细竹针缀连麻毯的两头。男子的小腿部均裹麻布绑腿；有的人户没有妇女织布其男子只围兜布或着麻布短裤，上身经常光裸。未成年的孩子，无论男女，有的全裸，有的下身围挂一小块麻布片，也有的男孩用藤篾编一小箩篓，套挂在生殖器上，婴幼儿一律赤裸地兜裹在大人围披的麻毯里，由大人托抱着。

20世纪下半叶开始，独龙族的服饰品种和样式逐渐增多，衣着装束发生了巨大变化，只有少数老年人还继续旧时习俗，而绝大多数的中青年人均已穿着外地常见的衣裤衫裙，独龙江下游地区的妇女喜着长裙，上游地区的妇女少有穿裙，多着长裤，但常在外衣上加一方麻毯，体现了民族的传统特色，特别是在喜庆节日或隆重场合，独龙族男女大都要加披新织的麻毯，成为一种独特的民族风俗。

独龙族服饰与装饰简朴而实用，显然是他们长期所适应了的自然环境与经济条件下的产物，在接受外来文化过程中，也就表现出较明显的地域性。例如，独龙江上游毗邻藏族，服饰受到藏族的影响。男服为粗质羊毛织料制成，大襟，长袖，竖领，通体白色，但用黑布缠裹领口，襟边、袖口和底边，中饰黑布扣。这种男装防寒防潮，与藏袍有同样功能。中下游地区多同怒族、傈僳族聚居地相连，特别是与操同一语言的缅甸边民往来密切，自然会产生服饰文化的交流，例如女

服“褂褂”，多用黑色棉布缝制，对襟有扣，无领无袖，前襟短，约50厘米；后片长，约90厘米。这种女服适宜在背负箩筐时穿用，据说是从怒族传来的。另有一种来自怒族的女服“田嘎”，常用紫红色灯芯布缝制，宽边大襟，边际镶以蓝布或黑布，亦无领无袖，中式补扣，长度在膝盖以上，便于山地行走和劳动。下游地区妇女所穿的长裙，有蓝布制或印花布制等种。由于地理阻隔，过去独龙族与汉族接触机会很少，只能通过其他邻近民族间接地吸收一些汉文化，近年来，汉文化的影响已明显而快速地反映在中青年的服饰上，这是一个不可小视的文化因素。

独龙族男女，用一块毯披于肩后，由左至右腋，拉向胸前，袒露左肩右臂。左肩右角用草绳或竹针拴结，下身穿短裤，唯遮掩股前后，腰间佩带弩弓、箭包和砍刀。女子用两方长布，从肩部斜披至膝，左右围向前方。男女皆散发。独龙族的传统服饰独龙毯以棉麻为原料，用五彩线手工织成，质地柔软，古朴典雅，自古以来，就是独龙族披裹为衣的传统习俗，在长期历史进程中，形成了本民族特有的手工艺术品，不管服装如何演变，在身上加披麻毯的习俗一如既往。

女子用两块方形长布，从肩斜披至膝，左右围向前方。男女皆散发，前齐眉，后齐肩，左右皆盖耳尖。两耳戴环，或插精制竹筒，赤足。常常披挂得五颜六色、串珠、胸链、耳环，甚至铜钱和银币常挂在颈上或耳上，独龙族女子大多戴竹质耳管和大铜环。受藏族影响，她们也戴藏式的银质镶珊瑚或绿松石的大耳坠。妇女出门要身背精制的篾箩。独龙族男子普遍没有文身习俗，但一些男孩满周岁时，父母要在手腕或手臂上刺纹本氏族的标志，以避邪保平安，以前独龙族女子在成年时开始纹面。现在独龙族普遍穿上了布料衣装，男人下着短裤，平时喜佩砍刀和箭包。妇女腰部多系漆染的细藤圈，出门常挂小篾箩，头部胸前均喜戴砗磲料等珠链为饰，但仍在衣服外披覆条纹线毯。

怒族

怒族主要分布在云南怒江州内，有四个支系：居住在贡山县的为阿龙支系，兰坪县的是若柔支系，福贡县的称阿怒支系，碧江县的是怒苏支系。各个支系妇女服饰各有特色，但大致可归纳为有腰饰和无腰饰两大类。阿龙和若柔两个支系的女装属有腰饰类，阿怒和怒苏两个支系的女装属无腰饰类。

阿龙和若柔支系的女装均有腰饰。阿龙妇女一般穿长及小腿的浅色上衣，前后摆在接缝处缀一块方形的红色镶边布，外着长及臂部的深色领褂，腰系几乎拖地的竖条彩花围腰，而宽约10厘米的腰带则为横条形彩花纹，外出时常佩精美的藤篾挎包以盛杂物。女童以彩色毛线编成辫状头饰缠头，成年妇女在头巾外缠上红白相间的彩色缨穗为饰；胸饰均为彩珠项链和胸链，亦有佩带藏传佛教金属饰品者。过去，还有用精细的竹管作耳饰的。若柔支系妇女，黑布包头，内穿青色或浅鸭蛋绿左衽土布短上衣，外套前短后长深蓝或黑色领褂，下着深色宽裤，腰系浅色绣带围腰，显得清淡素雅。过去，富裕人家女子还佩耳环的、耳坠和手镯，并在上衣领口和袖口处镶上花缎边，腿穿绣花布鞋。

阿怒和怒苏两个支系的女装基本相同，均无腰饰。上身一般内穿浅色窄袖短衣，外套右衽深色领褂，下穿黑色或白底蓝纹的百褶长裙，上紧下宽。其头饰为用彩珠和贝壳串成的齐额半边珠帽，怒苏语称之为户披靠。胸前佩戴一枚直径约5厘米的圆形大贝壳，长短不一的数串彩珠分别正挂在胸前或斜挎在身上。这种胸饰，怒苏语称之为“夏伟”。过去还有挂垂肩大铜耳环的，现已不多见，按旧俗，女孩从十一岁到十三岁后开始穿裙，已婚妇女则在衣裙上加绣花边，妇女外出时常随身携带拼花挎包，这拼花挎包是将红、橙、黄、绿、青、蓝等色彩布条按一定的规律和间隔缝在一块长方形的麻布口袋上半部分的两侧，并在下半部的中间用红、黑色线绣三行均匀对称的条纹，包底两头配上红色布条。这种挎包色彩鲜艳夺目，美观大方，也是少女赠送情人的信物，又是向贵客表示敬意的礼品。

福贡地区怒族女子，穿右衽短衣，麻布长裙，已婚妇女喜欢在衣裙上加花边，头饰用珊瑚珠、玛瑙、料珠、银币和海贝制成。她们将贝壳磨成圆片，用兽皮连成发箍，并在额前垂挂珊瑚珠和小银坠，耳戴大耳环。贡山女子用白布帕裹大包头，只配胸饰，不穿裙，仅用两块条纹麻布围在腰间，类似裙。怒族人最有特色的服装叫约多。由怒族妇女编织的约多，工艺水平很高，做成长褂，男子们白天可以当衣穿，晚上可以当被盖，妇女们做成围裙系在腰间，既耐寒又耐脏，深受人们喜爱。

怒族男子内穿对襟麻布长衣，外套有风衣性质的长褂，长褂无领，无扣，在肩袖缝合处有坎肩式的接头，接头处有两个大暗袋。长褂色彩以白色为基调，间着黑色线条，穿时衣襟向右掩，前襟上提，系宽大腰带，扎成袋状，以便装物。长褂穿在身上，走起路来下摆招风，再加上男子们出门必佩的长刀、硬弩、熊皮箭囊（用黑熊前后肢皮套制成）及拼花挎包，显出一副英武的山林主人的神态。长褂，白天可挡风避雨，夜晚露宿可垫可盖。历史上，怒族男子均蓄发，或结发辫，或披发齐耳，有的男子左耳佩戴一串珊瑚，近代怒族男子头饰均为黑布包头，也有的戴羊皮毡帽，显得英武剽悍。

苗族

在我国南方的湖南、贵州、云南、广西、四川等省区都有苗族分布，另外大约还有近百万的苗族居住在越南、老挝、泰国等地。苗族分布十分广泛，其中云南文山州苗族完整地保留着自己的传统服饰，尤以妇女的服饰最为精美，可分为三大类型：白苗类，花苗类，偏苗类。

白苗，其服饰特点是突出白色，它干净利索，清新雅致，精工制作，穿着清爽，方便生产劳动。

具体式样是：上衣用比较淡雅的布料制成，前开襟，无扣，后领缀一块方巾。下装为白色短褶裙，一般为自制的麻布。前后各系围腰一块，束腰带，裹绑腿。头饰各地不一，多数用布帕缠绕成盘状或桶状，而有的仅围宽如手掌的绣花布条。衣领、衣襟、衣袖、方巾、围腰、腰带、绑腿、头帕、围带等部位均镶有精美的绣花、扎花、剪花和彩色布条。鞋子不限，有自制的花鞋和市场上购买的凉鞋、布鞋、胶鞋、皮鞋等。喜欢佩戴项链、项圈、耳环、手镯、戒指。富宁和麻栗坡交界一带的白苗最为简洁素雅，仅在衣襟、袖口、方巾、围腰等部位上相配与底色相异的艳丽布条而已。

花苗类服饰内容非常丰富复杂，该类服饰的特点是突出大红、大绿，做工精细，鲜艳夺目，具体样式是：上装用色泽鲜艳的布料制成，右开襟，布扣。下装为蜡染百褶裙，底料为自制的麻布。花裙上部为白色或蓝色，黑色裙腰，中部为蜡染裙身，下部为绣花裙脚，前后各系围腰一块，束腰带，裹绑腿。头带盘状长帕，有的还在盖顶盖以方巾，或在帕边系上围带。衣领、衣襟、裙脚、围腰、绑腿、方巾、头帕、围带等部位镶有色彩鲜艳的绣花。花苗服饰内部也有差别，如广南一带的花苗，绣花色彩比较鲜艳，除托肩均为几何图案，蜡染线条均匀细腻，裙子偏白，围腰较窄，有的身上不系围腰，仅点缀一条彩带，以突出女性的曲线美。富宁一带的花苗，妇女穿白底蓝花麻布裙，头顶以长发盘一个手镯状的圆形大髻，髻上插一个小木梳，有的以花布将头发束成漏斗状（上大下小）。上穿无领右开襟的绣花衣，系围腰布，围腰布上绣有较多的花纹图案。麻布裙上印有许多蓝色花纹，有褶皱，裙较短小，仅到膝弯处，但马关县的花苗裙子较长，达于小腿部，小腿裹以红色的花纹绑腿，赤足。围腰比较宽大，乃至遮住裙身。

偏苗，妇女头上不包巾裹帕，将头发梳来偏向一边，故称“偏苗”。未婚偏苗女子头上不插木梳，而是编成小辫子，已婚妇女则把头发披下来编在一边，并插上一个木梳。上衣为青色或黑色，右开襟，腰巾绣花。裙子比白苗更长，长及脚踝，需三丈条布，有两层，可当作“被盖”。裙子用黑色或青色，有内外两层，内层是麻布，外层是棉布，裹黑色绑腿。衣领、衣襟、衣袖、裙腰等部位镶有淡雅细腻的绣花图案。有的还用黑线做成假发，一端与头发连接并盘于头顶上，另一端由背后垂于小腿，头发一侧插一把梳子。

瑶族

瑶族分布地域宽广，支系繁多，名称复杂，服饰多姿多彩，各有千秋。广西、贵州和云南等都有分布。云南瑶族，一般分布在文山州壮族苗族自治州，以富宁、麻栗坡、马关、河口等县最多，以服饰分有：顶板瑶、白裤瑶、蓝绽瑶三大支系及类型。

顶板瑶，也叫平头瑶，是因“女子以木片顶于头”而得名。清末民国初年时期“女子以木片顶于头，罩以青布，作平圆形”（赵正嶽《边地问题》）。如今，妇女常头戴塔形帽子，此帽由十多层彩色布包裹而成。帽子表面用几块瑶锦装饰，还用花边、串珠、钱币及吊穗点缀；也有的妇女头饰，制作时按各人头型尺寸以油橦树皮壳加箍固定成型，上涂黄、绿直条相同的颜色，再罩一层桐油，色泽油亮鲜艳，在圆筒状的帽顶上再撒披珠串，珠串越多，越显美，也说明其人勤劳和富裕。顶板瑶妇女的头饰颇有特色。他们的头饰既不同于蓄发盘髻爱插羽毛的广东八排瑶，又有别头列三条弧形大银钗的广西茶山瑶。顶板瑶妇女的头饰，因年龄不同而异。少女梳髻于头顶，以绣花巾缠头，中露云鬓，十七八岁的姑娘则以蜂蜡涂发，卷发叠髻，史称“椎髻”。以花布包裹，呈梯角形，再用娥冠型的斗篷罩在上面，迎风当阳，十分雅致。娥冠宽尺许，上绣花鸟，旁缀银片、明珠、丝线，中间空，用三档人字形竹架撑张。冠檐高耸，有如“学士帽”，又如清代宫妃的绿冠。婚后的妇女则将娥冠取下，以花帕盖于头上，清秀大方。人们给这里的瑶族一个美称 -- 顶板瑶，实则以妇女头饰独到而得名。

顶板瑶男人一般穿圆领对襟或右斜襟长袖黑外衣，黑色镶边背心，白衬衣，黑大长裤，头缠黑布长帕。妇女服装，穿黑布斜襟边长袍式上衣，长到小腿下，并镶五彩花边的红绒缎条长衣，前后幅有规则地提折于银腰带上，让镶边的红带条显露出来。总之，文山顶板瑶爱穿彩边黑色外衣，都爱戴龙、凤、飞禽、走兽、鱼、虾、蜂、蝶、花果等图案的银冠、银耳环、银项圈、银手镯、银衣扣、银链、银铃、银戒指等饰物，一般陪嫁要银首饰一公斤左右，富有人家的姑娘，盛装和嫁妆银饰重达 1.5 公斤以上。男人平时只戴一只手镯，左手戴手表，做斋的“道公”“师公”等也戴银链、银手镯、银项圈、银龙头、银冠等。女人盛装时是五彩缤纷，都视银饰为吉祥、富贵、幸福的象征。

未成年的女孩，身穿无领开襟长衫，两旁开襟衩，下着长裤，在衣角均镶有刺绣彩色花边，精美典雅。

女童帽黑布底、以红、绿、蓝布条镶下沿彩边，钉有龙、凤、鱼、鸟、花图案和长生保命的大银片，两边钉有六条或十二条彩线须和银铃珠串，帽顶钉有一条五彩鲜艳的绸缎条，下沿彩边中间横绣一路古瑶纹和金纹图案，还有用各色花布缝制、绣花镶下沿。满帽钉有红线花束，独具瑶童特色。

顶板瑶姑娘的嫁衣，史书好用“斑衣”、花裙描绘之。实际上顶板瑶的嫁衣用花布缝制的较多，并喜欢以花边装饰衣裤的襟，角、边等处。花带常用来束腰佩戴。瑶族小姑娘六七岁开始学刺绣，一直绣到出嫁，一套嫁衣要花十多年，每一件嫁衣不知凝结了姑娘多少心血，寄寓着姑娘们多少美好的情思。

白裤瑶，青年男女在未婚前均留短发，结婚后才留长发，因男子白布包头，穿白裤子而得名。

男子衣服，是黑布做成的对襟衣，无纽扣，

背后衣脚开口，衣领下绣有一条红丝线纹，在胸部左右两边用丝线绣成各一个正方形图案。裤子是白布料制成，没有裤头，其长度只到膝盖。裤脚用深黑色包边，用红线绣花点缀。有的在膝盖处绣五根直的红丝线纹。头上是把长发挽起，用白布包裹里，黑布包裹外，白、黑布各长四五尺左右，无论男女，冷天都打绑腿，用黑布做成，多穿草鞋和胶鞋。

妇女穿青蓝色圆领长袖长衣，衣边、衣扣镶红、蓝色条边。下穿春蓝色，细裤脚的长裤，腰系腰带，带上系有黑、白小珠串、红珠线，别在腰间。长衣在左角向上提起别在腰带上，领饰银扣，系有红珠线，戴银项圈，银手镯，银耳环。头发束于脑后，缠有白布垂两耳侧。春蓝色布帕盖头，帕上镶有红蓝条边，两边角上系有花带，上缀小珠串和红线球。妇女上衣分冬夏装，冬装与男子基本相同。夏装很奇特，叫“挂衣”，无领、无袖，面前一块、背后一块，两边肩上各用10厘米的黑布连着，腋下无扣，全敞开，不穿内衣。胸前和背后的两块布即挂衣，底为黑色，上面用彩色丝线绣成各种图案。下装是裙，长到膝盖，用各色丝线绣上层层花纹，包头上的里为黑布，外捆两条一厘米宽的白布。

蓝靛瑶，妇女穿着春蓝色圆领斜襟过膝长衣，前衣过膝，后长拖地，衣尾以腰带系扎腰间，胸前吊系无色料珠串，下穿春蓝色细裤脚长裤，裤脚向上反折两道。衣边袖口镶红、蓝色条边，裤脚镶蓝色条边。系花腰带，带上缀有黑白小珠串和红色线球，别于左腰。长衣前后两边衣角向上提起由里往外别在腰带上。领扣饰银扣，系有红珠线（或毛线），戴银耳环，银项圈和银手镯。头上用笋叶或薄木板制成直径五寸左右的圆板，上用白布缠紧（过去用芭蕉叶），头发盘于头顶后部，将圆板固定，用蓝布帕盖之，露出顶板的半圆形。白板色泽秀丽，别具风韵。

蓝靛瑶男子，上穿青蓝色圆领斜襟长袖衣，外罩对襟褂子，袖口、纽扣，衣衩和口袋上缀有小花。下着青蓝色细裤。年长者都喜戴帽子或青布缠头，儿童男女则戴自绣的花帽，青年男女从头饰的编制可以看出是否成年，进入十五六岁，女便取下花帽，开始顶板包头，男性也取下花帽缠上头巾，以后便可进行社交、寻偶。

瑶族节日盛装非常隆重，服饰崇尚红色，红色象征吉祥如意，可以避邪除疫。所以不论男女老少身上总佩戴一些红色的东西。婚嫁衣全身披红自不必说，宗教仪式中“度戒”师所着的黑长袍均镶有红色宽边，正面绣有龙纹及汉字，背面绣龙、凤、日、月、山、水、鸟、兽及不同神态的盘王、玉皇等图案，皆以红色为主。“道师”所着宽袖对襟长袍或无袖对襟短衣，也均以红花布做成。参加宗教仪式“打道禄”的人，也都需身着红色，仪式后，可缠红色腰带，穿红衣，妇女可包红头巾。

傣族

傣族主要分布在云南西双版纳、德宏，以及耿马、孟连、元江、新平等县，其次在保山和金沙江边也有分布。傣族服饰淡雅美观，既讲究实用，又有很强的装饰意味，颇能体现出热爱生活、崇尚中和之美的民族个性。各地男子的服饰差别不大，一般常穿无领对襟或大襟小袖短衫，下着长管裤，以白布水红布或蓝布包头。男子文身的习俗很普遍。男子到十一二岁时，即请人在胸、背、腹、腰及四肢刺上各种动物、花卉、几何图案或傣文等花纹以作装饰。

傣族妇女服饰，因地而异。这里以西双版纳、德宏、红河、文山为例，可看出不同地区的傣族服饰特色。

西双版纳地区的傣族：中年男子短发，多用白布、蓝布或水红色布包头，衣、裤式样与当地汉族渐趋一致。富裕人家用彩绸包头或戴毛呢礼帽。老人结发挽髻于头顶，上穿自制、自染的青黑色或白色无领对襟短衫，下着黑色大裆宽管裤。冬天披红色木棉毯，是这一地区男子的特殊装饰。

此毯也可当被子盖，还是恋人谈情说爱的幕帐。女子服饰，少女于头顶偏右侧处挽髻，髻上簪金花，或彩色花梳，也有戴花环的，外裹花色毛巾。上身穿用薄质布料或绸缎制作的大襟或对襟圆领衣，衣紧身，衣长仅过膝，袖窄长，紧束臂肘，上衣色彩有纯白、粉红、水绿、赤黄等。下着筒裙，裙用特制的彩色花布或绸缎裁制，裙长及脚面。腰束银腰带，用银丝银片编制，以带宽和纹细为美。束带部位一般在短上衣之下。赤足，或穿凉鞋或皮鞋。戴金耳环、金项链、银手镯。肩挎“筒帕”（花包），手撑小花伞，构成傣族少女的典型装束。冬天，穿紧身开襟毛线衣，肩披一方形的彩色丝线或羊毛方巾。少妇装束与少女无区别。中老年妇女衣裙样式与少女相同，但颜色及用料却不相同；多喜用自制自染的青、黑色土布或市场购买的厚实面料缝制衣裙，少用薄纱，色彩较深，或青或蓝，不用粉色或彩色布。

德宏，包括保山、腾冲地区傣族服饰：男子服饰与西双版纳基本相同。妇女服饰，少女头部用红头绳结发编盘绕于顶，再插上花朵或金银饰物，亦常戴篾制小帽。上身穿白色或淡蓝色大裤短衫，胸前佩金银的龙、凤或花朵等饰物。下装不着筒裙而穿黑色长裤。束黑色绣花小围腰。有的不披色彩艳丽的披巾。婚后妇女头戴黑布缠成的高筒帽，帽边用绿色头绳缠绕为饰。上着对襟短衫，下穿黑裙，膝下至踝处用青布裹腿，便于劳作。老年妇女上衣较宽大，色彩也较素雅。妇女首饰主要有银耳坠、银项圈和银手镯。耳坠和项圈比较小巧，其上还镶嵌翡翠，玉石、玛瑙或玻璃制品。芒市、陇川一带傣族的名门闺秀女子在喜庆节日着盛装，上身为粉红色绸缎做的镶边宽袖上衣，罩一对袖套，袖套用大红色绸布做成或黑绸裹边，中段为彩色金线绣花，下裙以红、黄、绿等各色绸缎缀拼缝，边绣金色图案。脚穿红色或青色绸子绣花鞋，鞋头高翘如船，后跟低平，式如拖鞋。

玉溪市新平、元江等地傣族男子服饰与西双版纳、德宏地区基本相同。女子服饰则精美艳丽、独具一格，因而得“花腰傣”之美称。妇女头饰一般有十七八样部件组成，主件是宽约 6 至 20 厘米的色织长巾带，额头上的头帕镶有成排的三角形银饰，最外层的丝头巾上饰几何纹样桃花。内衣为花边紧胸短背心，胸、腹交接处多用蓝色土布或粉红、草绿色绸缎制作，前身下端钉一排银片。外衣为黑色短衫，袖长而窄，衣领上饰银片，衣身镶花边。下穿黑色筒裙，质地较厚，长及膝与踝之间，下摆饰 6 厘米宽的花边，为了显露出里层裙的长边，里层较外层长约 5 至 6 厘米。筒裙外束围腰，共三条，从里到外，一层比一层短，以显露出每一层的花边，最里面的一层长及膝盖。腰部系“提花”腰带，带长一米许，上饰植物、几何纹样，还有饰银的腰带两条；一条为带形，镶饰的银泡较大，两头挂银饰，上接内衣衣襟处，下至围裙正面左下摆；另一条为三角形，上饰银泡较小，下沿垂丝线，长至裙边，束此腰带能将整个臀部覆盖。裹腿，始于膝弯，止于踝，用青布为之，上无饰纹。耳坠银质大耳环，臂套银手镯，指戴六至十枚戒指。头戴竹编斗笠，直径约为 30 厘米，造型奇特，戴在头上后可灵活调整上下角度，既可于遮阳，也是一种颇具特色的装饰，是节日活动中必不可少之物。佩戴在身上的还有笆篓，笆篓为竹编，做工精细，上饰毛线花，佩挂在后腰部。总体上看，“花腰傣”妇女服饰，色彩以深蓝色为主，辅以较大面积的红色和少量的红、黄、蓝、白等色。强调色彩的明度对比和面积对比，重视色彩的层次，例如，用红色的裙衬托深蓝色的围裙；服装纹饰较少，仅在裙摆、腰部及头巾等处饰少量挑花纹样，多为二方连续的几何纹及银泡组成的“山”字纹。老年妇女的服饰与年轻妇女的款式相同，但装饰上有所区别，少彩色织花带，银饰也不多。

文山州的傣族被称为“黑傣”，其服饰为男子青蓝布包头，上穿青蓝色对襟短衣，外衣常用银、铜纽扣，下着青色宽裆长裤。妇女服饰以黑为美，黑头帕、黑衣、黑裙、黑色是服饰的主色。妇女头饰之奇，令人惊叹！先将头发用薄木支托

梳成约15厘米高的发髻，再用浅蓝色的布帕将其外轮廓包成塔形，接着取一块宽约26厘米、长约133厘米的双层黑布，用米汤浆固后，一端覆盖于高髻之顶，似成人字形，俗称“两分水瓦”，另一端甩至脑后结披；包头的脑后部位，钉有一银片装饰，该装饰为8厘米见方的正方形，也有双排小银片组成，中间是米字纹图案，下方缀有红、白相间的丝线穗子，十分醒目；上衣用双层黑布缝制，式为斜襟、低领、长袖，衣襟领均镶钉银片，衣用红、黑、白、蓝、绿、黄等色布镶饰，袖口白、蓝布镶边，有的还绣花纹，镶拼绿、蓝两道色布、围腰成长方形，绣花、上部覆宽约18厘米的翠绿和深蓝色缎子或布，紧护于腹，两侧镶7至10厘米宽的布边，用青布做成腰带，带上多绣花纹；普遍佩戴银手镯、银戒指。

壮族

壮族以广西为主要聚居区，云南省内的壮族主要分布在文山。文山州壮族分为：土僚、沙人、侬人三大支系，各支系内部又有若干小宗支。三大支系，成年男子普遍穿黑、青、蓝色自制棉布衣，有领、对襟、密纽，下着宽裆折头大裤，脚穿自制锁边或帽边圆口浅帮布鞋，以青蓝布缠头；年轻男子喜欢在头帕两端悬穗丝。

三大支系妇女服装底色一致，普遍以黑青、蓝色为主，款式基本一样，都是收腰短衣，长裙，但各有特色。土僚支系女子，上穿右衽紧身圆领短衣，胸背相对应各镶一块四方缎面锦绣，也称“补子”，古称“穿胸”，下着蓝、黑、青色的平纹长裙，有较宽的褶皱，挽袖口，裙边、常以白布镶饰，扎腰带，头上束发缠黑帕，帕又分平头、尖头、搭头三种。平头用白织黑或藏青色毛巾头帕，包成平头帕式，头帕上多数绣有福、禄、寿、喜等吉祥的汉字图纹；尖头、搭头，则用长帕依发髻包扎成尖头，成搭头状帕式。沙人支系妇女穿白色圆领斜襟阔衣，领边袖肘黑布镶围，下着裤，裤脚肥大，也有着裙者，但裙不加褶，头上

亦缠黑布帕。广南县沙人穿圆领长袖衣，为方便涉水过河，长衣似袍，过河时褪去长裤，依水深浅，或渐次收束至腋，或逐渐放松过膝涉水，即便有男性过渡，亦无碍观瞻。侬人支系妇女服饰以黑为主调，上着黑短衣，有对襟，也有斜襟，领扣有中高领，也有圆领，盛装的面料用花色缎子，衣角向上翻翘，要显露出衣服下摆两只斜挂的绣锦裤袋，下穿黑色筒裙，皆有细褶，头上挽发，插簪，并以自制的彩色方格壮锦长帕包头，往往包扎成两支斜上的牛角状帕式，包裹后再以小方巾覆顶，小方巾上花纹图案精美。

壮族三大支系服装都有盛装，便装，冬装、夏装之分。盛装讲究银质项圈、项链、纽扣、玉质环佩等贵重饰品，而最华贵的要数丘北县盛装，行动之间，则银声盈耳。

布依族

布依族主要分布于云南，其中云南布依族主要分布在罗平、富源等县，服饰与贵州省布依族大体相似。男女均爱穿蓝、青、黑、白等色布衣服。男子青壮年多数穿对襟衣，着长裤，包头巾，老年人多穿大裤短衣和长衫。

妇女的服饰因地而稍有差异，老年妇女常身着大袖的无领对襟短衣，于领扣、衣缝、脚边镶花边，绣彩色图案。一般上衣内的袖口窄小而长出外衣，外衣袖口则大而短，内外衣袖口处所绣制的花纹图案相映成趣，重叠和谐，十分鲜艳美观，醒目耐看。有的妇女穿蓝黑色长裙，系青布和绣花围腰，脚着十分精美的翘尖满花绣鞋，俗称“猫鼻子花鞋”，当地布依语称“海蓝高”。头上缠着层层叠叠的蓝黑色包布，形如厚实的草帽，也有的扎一块白头巾。如今，中年妇女的包头已有所改变，有的用白毛巾代替，上衣有领或短领，领前结扣处喜用银泡纽扣作装饰，沿边衽前下方处镶嵌带色的布边，两领口的花纹图案仍保留老一辈传统的风格；下着长裤，脚下的薄花鞋有的已改为半片型，或仅在鞋尖处绣花。

未婚姑娘的服饰，总体上与改进后的中年妇女服饰相近，仍显得净洁淡雅，但常在包头布的末尾处镶绣一些鲜艳的花纹图案，愈显俊秀美观。妇女们都喜欢佩戴各种各样的耳环、戒指、项圈、发簪和手镯等银饰。

水族

水族服饰，历史上曾经是“短衣长裙”，以后逐步“易裙为裤”。妇女普遍是包长布帕，上穿青、黑、蓝色圆领右开襟宽袖短衣，襟镶花边，系青色绿花围腰，脚穿绣花鞋；已婚女子，胸佩绣花长围腰，发髻打成螺旋形，外套马尾毛编织成的发套；未婚姑娘则系半截小围腰，头发梳成一束打成盘，外包黑、白头帕，平常手戴镯子耳戴环，遇上结婚大典或喜庆节日，有的还要佩戴银或铜的项圈、篦子、玉簪等。总之，富源水族衣服喜欢青、蓝、黑、白色，相互配搭，显得淡雅素洁，很有特点。

水族男人服饰较为简单，中、青年头戴瓜皮小帽，或青布包头，上穿青、蓝、白色对襟短衣，下着青或蓝色大裤脚长裤。老年人大多穿无领蓝布右开襟长衫，剃光头，包缠长条青布头巾，脚裹绑腿。水族男子以穿衣服的多少来显示家庭的富有，常以五、七、九件等单数一起穿的，每件衣服只扣一颗纽扣，一次便让人知道所穿衣服的件数。

无论老少男女，出门都以布帕缠头，头帕一般要自纺、自制，男式的长一丈三尺五寸，宽九寸，布帕朝外一端还要配做上类似缕的“耍子”，包戴时斜挂在帕套外沿，谁家的头帕制作得精细，往往就显出谁家的女人能干。

蒙古族

元代进入西南的蒙古族，落籍于云南西部，至今已有700多年的历史，随着历史的发展和生产生活环境的变化，又长期与其他兄弟民族相处，现在西南地区蒙古族服饰，与内蒙古自治区蒙古族的服饰相比，已经有了很大变化，除在衣领上保持有蒙古族高领的传统外，其他基本上受到当地民族的影响，起了很大的变化。

西南蒙古族妇女的服饰，既不同于周围少数民族，也不同于过去穿过的长袍，而是上穿三件颜色不同的“三叠水”外衣。第一件称之为“汗衫”，也就是贴身衣，高领，袖长及腕，衣长及腹，箍在脖子上的高龄做得特别讲究，用五光十色的丝绒和金银彩线绣成，耀眼夺目，衣边袖口也镶有花边图案。第二件衣服，以白色、绿色居多，比第一件短一点，无领，袖口也镶有花边，但花边镶在背后，穿用时把袖子反卷到肘关节以上，这样花边露出来，恰巧与第一件花边相接，显得很别致。第三件衣服多为黑色，无领无袖，短及腰部，为对襟式布褂子，褂子上有的钉着三十六个银纽扣，有的订着六个小碗口大的银花扣，闪闪发光。裤子多为青，蓝色，年轻的姑娘们，腰间还扎一件绣花腰带，他们叫做“达波”，两端带头从第二件外衣下面露出，上边绣有花纹，图样十分精美，是姑娘们精巧手工的象征。没有出嫁的姑娘穿“两叠水”的衣裳；出嫁的姑娘穿“三叠水”之衣，老年妇女则不穿小褂。三件衣服，长短相宜，颜色不同，穿上以后，颇为美观大方。

妇女的头饰，根据年龄不同，装扮各异；青少年时期，戴一顶凤凰冠帽，把两边发辫绕在头上，辫尾扎有丝线红缨，他们叫“喜毕”，把它结在帽尾上；结婚以后则不戴帽子，用一块五尺长的青布，折成一寸五宽的包头。叫“撮务施”，围在头上，发辫照样绕在布外，尾部的红缨依然保存；生过孩子以后，头饰又随着变化，第一是头发要全部盘绕在头顶上，用包头布全部包起来，头发一点也不能露在外面，第二不能再戴辫尾上的“喜毕”。妇女平时，还有一种常见的头饰，在劳动时，为了遮太阳、遮雨，常常把一块一尺五寸长的围腰布接下来，折成三至四寸宽围在头上。中老年妇女，则把围腰顶在头上，用为腰带缠于头顶。青少年妇女，则遮盖至身部和后颈。这是生产劳动时，大家都喜欢的打扮。

回族

回族是我国少数民族中人口较多、分布较广的民族，其服饰已基本同于汉族，但依然有着民族的特殊标志，首先是男性一般喜欢戴帽。从颜色上看，小帽有无沿小白帽和小黑帽两种，大多数喜欢戴白帽。

回族男子，喜欢穿双襟白衬衫，有的还喜欢穿白裤子，白布缝制的袜子等。回族喜欢穿白衣服、戴白帽子，是因为他们崇尚白色，视白色为净洁的象征。回族男子在白衬衣上套一件青色的坎肩，对比鲜艳，更显得清新干净，再穿上罩衣，使人感到和谐，不臃肿，适用性很好。

云南文山州回族服饰很有特点，男子不戴金银饰品或穿丝织品，以保持男子的阳刚之气。妇女虽可戴金银饰品和穿丝织衣裤，但不能轻薄透明，也不能穿紧身的衣裤和短袖衣短裙。在节日举行宗教仪式或丧葬活动场合，回族男子多戴白帽或用长达三米多的白布缠头，也有戴红、绿、蓝色小帽的，女子除了穿戴金银缕、绸缎的盖头和戴圆撮口帽外，一般将头发、耳朵和脖子掩盖起来，一些妇女还穿黑色长衫，老年妇女多戴白色盖头，中年妇女戴黑色盖头，年轻姑娘则戴银色盖头。盖头多选用质地柔软的丝绸或细棉布制成。

满族

满族是我国东北地区历史悠久的民族，居住在西南境内的满族，均分布在城镇中，传统服饰已无保留，多着流行服装或融合于杂居的民族服饰中，但在一些节日或特殊的活动中，都穿着满族传统服饰的模仿装饰，为西南地区少数民族服饰大观园中又增添了一朵鲜花。

满族服饰中最有特色的是：旗袍、套裤、围裙、帽及独特的头饰。

旗袍：其式样为左衽大襟，圆领窄袖，四面开衩，有扣绊。旗袍男女均穿，男人旗袍便于鞍马骑射，女人的旗袍在衣领、袖口边镶饰花条和彩牙边，多喜欢用绸缎制作。

套裤：是穿在便裤的外面而得名。便裤男女老幼都穿，没有口袋，不分前后。套裤的上端前高后低，形成圆形状。圆形口的高度齐腰，并和裤腰带相连，低端位于臀下。

围裙：妇女普遍穿用，这种围裙并不是围裹

全身，而是一种有前无后的半边裙，其上端用一纽扣和上衣的领口相连，其下端为方形，长过膝盖，中间两侧有布带系于腰上。

满族的头饰很特别，妇女在盛装时，于发髻上戴一顶“扇形冠”，俗称“旗头”，为黑色，用上等缎、绒等材料制作，上面缀有花朵和凤鸟饰物，十分华贵艳丽，一般女性只有在结婚时才能戴。妇女头上不佩戴簪子，其中最有特色的是“大扇簪”，又称“大扁方”，用金、银、玉等材料制成，长短不等，长者达30厘米，短的也有10多厘米，宽25厘米左右，用时贯穿于发髻之中，更显得富贵华丽。满族妇女还有戴耳环的传统，曾有“女人之髻，插以金银珠玉为饰，耳挂八、九环”的记载。

满族妇女不缠足，一般的劳动妇女或老年妇女，多穿平底绣花鞋，素面无花的鞋最为满族妇女禁忌。

侗族

侗族大部分居住在贵州省黔东苗族侗族自治州，其余在广西、湖南和湖北西南一带也有分布。侗族服饰的形成与发展和多受本民族所处的自然环境、生活条件以及历史变迁的制约，离不开既定的民族观念的支配，同时，随着社会的发展和与其他民族交往增多，服饰变化较大，穿戴的服饰多种多样，唯贵州南部山区仍较多保留着民族传统特色。

现今侗族男子服饰已大多与汉族相似。侗族妇女服饰种类很多，款式、装饰部位，或图案、工艺，色彩，以及发型、头帕都不同，大致可分为南、北两种类型。

北部地区男子服饰基本与汉族相同，妇女多着衣、裤。在靠近湖南省的贵州天柱县和锦平县一带，妇女上穿右衽大襟无领衣，托肩滚边，钉银珠大扣，袖口镶有浅绿色布条作装饰，下着青色长裤，脚穿翘尖绣花鞋。姑娘以绳结辫盘头，婚后挽结于后，包青布包头，腰系飘带。有的妇女以镶金牙为美，爱戴银手镯。居住在贵州镇远县堡京一带的侗族姑娘，盛装时长发盘髻于头后，头缠较大的青布帕，其下面有半圈银花片，似一顶银花帽，上衣为青色布右衽襟衫，无领、布扣，衣服较宽大，长及膝盖，肩部和袖口饰有花边，胸前饰有一块平绣玫红色花卉纹，下穿青色长裤，裤脚上方镶有一圈与上衣相同的花边，着花布鞋或草鞋，佩戴三支由小到大的银项圈、两条细项链以及细银耳饰、手镯等。

南部地区的男子服饰分便装和盛装，上穿高领对襟衣，短小紧身，布扣，下穿紫色长裤，裤脚较大，脚穿草鞋，戴银手镯，便装时不包头帕，盛装时包较大的紫色闪光侗布头帕，帕端绣红、绿色锯齿纹样，包头式样颇有讲究，节日期间戴“银帽”或插羽毛为饰。

南部由于地处山区，交通不便，因而妇女保持着较为古老的传统服装，十分精美。妇女善织绣，侗锦、侗布、挑花、刺绣等手工艺极富特色。女子大多穿无领大襟衣，衣襟和袖口镶有精细的马尾绣片，图案以龙、凤为主，间以水云纹、花草纹，下着短式百褶裙，脚穿翘头花鞋，发髻上饰环簪、银钗或戴盘龙舞凤的短冠，佩挂多层银项圈和耳坠、手镯、腰坠等银饰。具体的穿戴，不同地区（支系）还有所不同。如贵州从江县贯洞妇女、头上挽髻略偏左侧，髻旁饰鲜花或银花，头顶插红色小木梳，戴银耳环，环下吊三颗亮珠。衣料用自织的略为透明的白侗布制作，衣长及大腿中部，对襟无领，两襟相距十厘米，两襟边各有一细布带，上方衣领处饰有对称的三角形绣花纹，多为玫红色，衣袖细小，几乎紧贴手臂，袖口缀玫红、浅绿两色布边，外衣内戴一菱形围兜、青色，亦有右衽大襟上衣，两旁开衩。下穿青色百褶细裙，长及膝盖，用青布裹扎小腿，脚着布鞋或草鞋，整套服装简练优美，堪称典型的侗族传统服饰。

从江县高增地区与贯洞地区妇女又有不同：衣料为紫色闪光侗布，上衣开襟、无领，襟边饰有细花边，袖管细小，袖口饰挑花花边，穿青色内衣，袖长至手腕处。下着青色细褶短裙，腰系方形围腰，围腰上绣有整齐排列的圆形银花片，左右两边缀较细的花边。青布裹脚，穿翘尖绣花鞋，戴项圈四个，由小到大，胸前还挂有两条银链及银珠。平时穿便装，较为朴素，少有装饰。姑娘留长发，不挽髻，用木梳或大银簪固定发型，头上插满各式银花，银花最上端再插一支银锦鸡。这里的男子服饰，青布包头，穿立领对襟衣，系腰带，外罩无纽扣短坎肩，下穿长裤，裹绑腿，穿草鞋或赤脚，衣襟等处有绣饰。

总体来说，侗族的服装，尤其是盛装，在衣领、衣襟及围腰上多用挑花、刺绣和织锦装饰，特别是侗族的背带（用作婴儿背走活动之物）堪称一流绣品，其造型古老，绣工精致，图案严谨，色彩富丽，充分显示出侗族女子的聪明和高超技术，蕴含着侗族从古至今的文化内涵，织绣图案中的“龙头飞鹰”，就是其中的代表。鹰是侗族喜爱的动物，龙表示长寿与吉祥，按侗族风俗，未过门的儿媳必须为婆家绣制一块背带，背带上的“龙头飞鹰”绣花图，不仅是装饰，而且是对子孙后代的祝愿。侗族男女在行歌坐月的热恋中，姑娘都常以赠送织锦来表达爱情，男青年接受织锦后则以歌回答：“天上飘浮的彩云再鲜艳，也没有你织绣的侗锦五彩斑斓”。

仡佬族

仡佬族主要聚居于广西，其次在云南、贵州也有分布。仡佬族善织纺、刺绣、蜡染，历史上因其服饰色彩款式不同，而被称为“青仡佬”“花仡佬”“披袍仡佬”等，其衣料过去大都自织、自纺、自染、自缝，用蓝靛染出的土布，闪光发亮，美观耐用，被视为珍贵的面料，姑娘们还用它做成“同年鞋”，作为谈情说爱时送给情人的“定情物”，如果做成单梁船形鞋送给老人，那是对长者的最大尊敬。用它做成背带，再用五彩丝线绣上花、鸟、虫、鱼等各种图案，精致美观，栩栩如生，更充分显示了仡佬族妇女的艺术才能和审美情趣。仡佬族姑娘的“送嫁衣”和老年人的“防老衣”都用这种面料做成。

仡佬族的传统服饰很有特色，在广西道真和务川两个仡佬族苗族自治县，仡佬族居住较为集中，妇女服饰较为典型，其式样为：穿大襟右衽无领衣，多为月白色或翠绿色，领口、襟边、袖口均饰有青布边和彩色花边。下着短而窄的长裤，脚口镶饰云彩纹或浪花纹宽边，叫“箝云子”，花边上用花线绣“吊线”，隆重场合还加穿绣有多种花卉图案的“提裤”。青年妇女多喜穿褶裙，衣外套坎肩。妇女均留长发，未婚女子留一独辫于后，婚后椎髻。髻式有“盘花”“插花楼”，髻上插银、铜、玉饰，头顶一方块头巾（现多为纱布），额头用一绸带束住。佩戴耳环、戒指和手镯。脚穿绣花钩尖鞋，或绣花软鞋、笼鞋、布草鞋等。仡佬族男性服饰与当地汉族、壮族差异不大，穿对襟上衣、长裤，老年人着琵琶襟上衣、穿草鞋。过去少数留辫，出嫁后结髻，现在已剪发。妇女的装饰品都喜爱用白银和玉石制作，银制品有：银针、银钗、银簪、银戒指、银镯、银环等。银环和银钗平时不戴，仅在出嫁或做客时才佩戴。玉制饰品有：玉簪、玉镯。仡佬族男女老幼喜欢戴“麦秆帽”，也是姑娘常会送给情人的礼物。

贵州地区的仡佬族服饰也有特色，女子穿无领大襟长袖衣，衣上满饰层次丰富、题材各异的菱形或长条形图案，工艺为蜡染和刺绣，下着百褶裙、勾尖绣花鞋，腰系小围腰，也有满饰绣染的腰布块。男子穿青布对襟上衣，束腰带、穿长裤、穿元宝鞋或云勾鞋。男女皆以花帕包头。有的仡佬族服饰衣长仅尺余，在上衣外再套一件袍，袍无领无袖，有如布袋，于袋底中部及左右各开一孔，穿时头与手从孔中伸出，前胸短，后背长，袍上缀海巴贝为饰物，下仍着五色羊毛筒裙，他们称为“披袍仡佬”。“剪头仡佬”则有女孩额上头发剪短，仅留一寸长，作为未婚标志的习俗。“打牙仡佬”在姑娘出嫁前将两枚门牙打掉。历史上，许多民族的称呼，都是以服饰特点为名，仡佬族的这些称呼，便是历史的客观例证。

珞巴族

珞巴族居住在西藏自治区东南部，主要分布在东起察隅，西至门隅之间的广大地区，其次在米林、墨脱、察隅、隆子、朗县等地也有分居，与藏族关系密切。

珞巴族服饰，由于地域、环境、气候的不同，尤其是受外来文化影响程度的差别，各地区的服饰在原料、制作技术等方面的发展很不平衡，着装形式亦有差异，就地域而言，可分为两大类：

珞瑜地区与西部、东部的服饰，因位于海拔较低的峡谷地带，气候炎热，受外来影响较小，仍保持着比较古老的服饰形制，突出的特点是充分利用野生植物纤维和兽皮为原料。男子的服饰充分显示出山林狩猎生活特点，他们多穿用羊毛织成的黑色坎肩，长及腹部，背上披一块野牛皮，用皮条系在肩膀上，内着藏式氆氇长袍。大多数男子头戴竹或藤编的帽子，也有用熊皮压制成圆形，类似有檐的钢盔，别具一格。帽檐上方套着毛的熊皮圈，熊毛向四周蓬张着，帽的后面还要缀一块方形熊皮。这种熊皮帽十分坚韧，打猎时又能起到迷惑猎物的作用。男子平时出门时，背上弓箭，挎上腰刀，高大的身躯再佩上其他闪光发亮的装饰品，显得格外威武英俊。

妇女喜穿麻布织的对襟无领窄袖上衣，外披小牛皮，下身围上略过膝部的紧身筒裙，小腿裹上裹腿，两端用带子扎紧。她们很重视佩戴装饰品，除银质和铜质手镯、戒指外还有几十圈的蓝白色相间的珠项链，腰部衣服上缀有许多海贝串成的圆球，妇女身上的饰物可多达数公斤，可装满一个小竹背篓。这些装饰品是每个家庭多年交换所得，是家庭财富的象征。

妇女一般不戴帽，浓密的头发起着防晒防寒的作用，发型多种多样，有的剪短发，有的长发散披背后再梳几条辫子垂于背后，也有的发置于头顶，穿一根竹签。戴帽子的式样各不相同，有戴圆形礼帽的，有戴氆氇圆形帽的，有戴自编藤帽的，有戴熊皮帽的，帽的两边各固定一个野猪獠牙，有的还在帽上插若干根鸟翎，十分美观。最引人注目的是熊皮帽，该帽用生皮压制而成，帽檐上方套一毛长七厘米左右的熊皮圈，帽后缀一约 27 厘米见方的熊头皮，上有“眼窝”。这种熊皮帽具有明显的实用价值，除能防寒外，还可以在行猎时保护长发不被树枝缠绕，同时，兽皮帽有一种迷惑性，利于靠近猎物，再加上熊皮帽质地坚韧，刀砍难破，战争时也是一个防御性能很好的头盔。珞巴人善狩猎，男人头戴熊皮帽，肩挎毒箭筒，腰系长刀，手持强弓，十分英武彪悍。男女日常基本赤脚，只有在采集狩猎爬坡上坎时，才会穿上一双类似藏靴的鞋子。

羌族

羌族主要分布在四川省阿坝藏族羌族自治州茂县、汶川县、理县、黑水县、松潘县，有的散居于其他地区的丹巴、北川等县，人口 306720 人（2001 年五次人口普查）。

羌族传统服饰，无论男女皆穿麻布长衫，外套羊皮坎肩，束腰带，缠绑腿。羊皮坎肩两面穿用，晴天毛朝内，雨天毛向外。防寒遮雨。男子长衫过膝，腰带和绑腿多用麻布或羊毛织成，一般穿草鞋、布鞋或牛皮靴，喜欢在腰带上挂嵌着珊瑚的火镰和刀。女子衫长及踝，领镶梅花形银饰，襟边、袖口、领边等处绣有花边，腰束绣花围裙与飘带，腰带上也绣有花纹图案。喜欢佩戴银簪、耳环、耳坠、领花、银牌、手镯、戒指等饰物，有的胸前戴椭圆形的“色吴”，上用银丝编织的珊瑚珠，用来祈求、祝福、增寿。

男女都习惯包头帕。男子缠青、白色头帕或戴狐皮帽。缠头帕时，在顶部留出一小撮头发，若进入山林万一被蛇咬或受弩伤，可剪下一撮头发，烧成灰后撒在伤口处，以防病毒侵害身体。青壮年将头帕包得前高后低，显示威武。除头帕外，羌族妇女还爱戴耳环、银牌、项链和戒指。羌族男童戴“搭搭帽”“猪儿帽”，女童戴“金鸡帽”，胸前挂“长命锁”“百家锁”，手上戴细银圈。

男女都穿自制的“云云鞋”。此鞋因鞋面均绣有彩色云纹或火镰纹而得名。男女“云云鞋”有所不同：男式在足跟处有一正一反互相成形的云纹，而女式则样式颇多，有鞋面饰三对云纹足尖处饰红色穗子的凉鞋，有少数穿的云纹与花苞纹交错装饰的等等，后者又称包皮鞋，老人的寿鞋在足尖处用白线绣“寿”字。云云鞋鞋尖微翘，形同小船，鞋的正中凸起一厘米高的包皮鞋梁，除云纹外，鞋梁两边还贴补虎头纹、灵芝纹、水波纹等，鞋帮上绣满花卉图案，每双鞋都显示了羌族妇女的高超技艺。

除了头帕、云云鞋，各地羌族的围腰、腰带、通带、裹肚等服饰大致相同，颇具特色，值得保留。

围腰，多用深蓝或黑色布缝制，有半襟和满襟两种。半襟围腰呈“凹”形，上宽 66 厘米，下宽 73 厘米，长 70 厘米。图案基本对称。半襟围腰上有两个并列的正方形小腰包，其上采用挑花工艺绣制两个单独纹样，每个纹样的中间为团花，四周为角花，两个腰包的下面用花边连接。满襟围腰呈“凸”形，胸宽 20 厘米，腰宽 64 厘米，底宽 74 厘米，长 90 厘米，上有一大腰包，或两个相连的小腰包。整个围腰上用的线或彩纹满绣、满桃各种图案，充分显示了羌族挑绣技艺的水平。围腰上方两角各钉一条宽 6 至 7 厘米，长 70 至 85 厘米的挑花或绣花带子，用于系扎围腰于胸前腰间。

通带，为双层，中间空心，可装钱物。通带长 165 至 170 厘米，两头为尖顶，以尖角为边，挑绣正方形图案。男子捆通带于腰间，腰后打结，两尖头垂于腰后。

裹肚，又名“鼓肚子”，男子盛装必饰，系于腰部护腹保暖，亦可存放钱物，用双层蓝布、黑布或白布制作，外形成三角形或梯形，下面挑花或绣花装饰。袖套用于保护衣袖，长 40 厘米，在前臂、肘、腕处及显眼或易磨损的地方装饰花纹或花边。

总之，羌族服饰不仅有很好的适用功能和民族的标志性，而且富有审美特征，有一首羌族山歌《唱穿戴》，生动活泼地描述羌族人的穿衣打扮之完备和审美价值。

门巴族

门巴族主要分布在西藏自治区的门隅、墨脱、林芝、错那等地区，其服饰有地区差异。门隅地区，男子内穿白色布衣，叠襟，有领无扣，长至膝盖，外罩赭色布袍或氆氇袍，较藏袍短小，向右叠襟，长袖，衣摆处开衩。系腰带，腰带上挎短刀和长刀各一把，另挂烟袋等物。妇女的衣着比较艳丽，内衣多以柞蚕丝绸为面料，有红、白、花几种，无袖无扣，无开襟，只开一领口，穿时从头上套下，外罩长袍，多采用红色或黑色氆氇制作，向右叠襟，亦无领无扣，领沿加孔雀蓝色的边饰。袍长至膝下，腰部围一条白色氆氇围裙。

门隅地区的门巴族男女，均戴一种叫作“巴拉嘎”的小帽，帽顶用蓝色或黑色氆氇做成，帽子下部是红色氆氇，翻檐处镶黄褐色选毡绒，再加孔雀蓝檐边。帽檐留一楔形缺口，男子戴时缺口在右眼上方，女子戴时缺口朝后。也有的戴盔式帽，上插孔雀翎，帽下檐缀若干飘穗。上述两种帽子都显得醒目精神，别具特色。

门隅的门巴族男女，还喜欢穿红黑两色氆氇相配缝制的牛皮软底花长筒靴。靴底与帮用中皮缝制，靴筒用红氆氇缝制，靴面用黑氆氇缝制，靴筒外侧约15厘米处留一长“V”字形缺口，缺口边沿用布绲边，靴筒高至膝下。男女都喜欢留长发，佩戴耳环。妇女还喜欢佩戴嵌有珊瑚、绿松石等宝器的银手镯、耳环、戒指、项链等。

门隅地区门巴族妇女，还有一种独特装束，她们习惯在背上披一张牛犊皮或羊皮，牛犊皮一般毛向内而皮板朝外，头向上，尾朝下，四肢向两侧伸展。关于这一装束，民间有种传说：古代文成公主进藏时，曾披一张毛皮以避妖邪，她将此皮赐给门巴族妇女，从此，每逢婚礼节庆或迎亲会友，妇女们必换上一张新牛犊皮，像换新装一样。一首门巴族情歌如此唱道：“头戴小帽俊美，因插孔雀花翎，身披上好牛皮，容貌更加动情。”妇女们背披牛犊皮，在门巴族看来不仅具有审美功能，还具有实用功能。门巴族妇女擅长背负重物，背披的牛犊皮可作为背物时的垫物，同时，门巴族聚居地区，温热潮湿，牛犊皮可防潮护体。因此，牛犊皮披衣，是门巴族服饰的最大特点，最有标志性。

二、民族精神的“画卷”

衣服本是身外之物，但在少数民族中，衣服与所有人类文明产品相比都显得更重要。总之，人的衣服非“身外之物”，它担当着人赋予的特殊使命。它既是炫耀生命的旗帜，也搏动血脉的节拍。它是拍照灵魂的屏幕，投射这精神的光彩。因此，民族服饰与整个民族文化一样，既具有共性特征，同时又具有显著的民族性和地域性。在西南少数民族中，衣服是民族的标志，已是不可否认的事实，但更 重要的是，它作为一个民族、一个时代、一个社会的“生命灵魂”，暗示着民族的存在，民族的团结奋斗和兴旺发达，成为民族“支系”识别的手段，是民族精神的“画卷”。

人穿什么，只是表象。人为什么这样穿，才是实质。服饰反映着天道循环，五行始终。服饰感通着天地人神，江山社稷；服饰影响着人生命相，今古流变；服饰可以定魂卜运，保命镇邪，服饰上的神秘故事，更是举不甚举。

人们常说，遮得住人体，遮不住人心；遮不住人灵魂深处的世界，那是一方幻化着千古之梦的神秘之境。衣服下遮藏着民族传统文化心理的“秘境”，也正通过服饰的象征性悄悄透露出来。这就是穿在身上的历史教科书。其实，服饰是与身俱在，无时不在的真实现象，是人体上最“打眼”的东西。“斑衣绣体”“奇装异服”的轮回，隐藏着内涵丰富的文化信息和民族情感。民族服饰主要的精神作用，从一些民族和支系在婚姻选择、宗教信仰以及对外交往等方面，都是“只认衣冠不认人”。因此，民族服饰的穿着方式和装饰艺术，不妨叫作“感官刺激的追求”。其实，服饰是人类文明的一个重要组成部分，而民族特色恰是服装样式的灵魂，由民族差别所决定的服饰上的特色，则是民族文化的显性表征，所以，千姿百态的服装款式，不仅是一种生活的信念，也是直接铭刻在身上的符号，沟通了人们的灵与肉的结合。通过身上的穿着，人们不仅表达了自己的生命信仰与追求，还显示了社会的归属于趋同。民族服饰的特殊功能，就是看穿着便知其人所属的集团。所以，民族服饰不仅是民族的标志，而且是民族从始祖到今，代代传承下来的文化精神，是穿在身上的一幅幅精神“画卷”。

民族的生存和发展，关键是精神上的凝聚力。当人类处于社会发展的初期阶段时，服饰也和图腾崇拜一样，是民族内部一项特殊的精神财产。它标志着民族兴旺发达，又是维系民族团结的纽带。所以，服饰往往可以激起民族的内向心里，民族集团的联系更加紧密。它通过本民族的服饰式样和传统图案去追忆历史，唤起感情。

民族服饰外部形象的统一，曾是体现人类部

族或集团凝聚力的一种普通形式，而图腾或其他统一的符号，便是形式的具体表现，以此可知，符号统一了民族的集体意识，成为识别情感远近的标志符号，炫耀着部族的存在与发展。服饰是各民族在形成过程中凝结起来的，属于各民族独特心理状态的视觉符号。因此，服饰常常是民族集体意识、民族血缘认同上的重要信仰，穿着同一种服饰的人，时时都在传递着一个信息：我们是同一民族的人，服饰强调着民族的内聚性，还体现着礼仪伦理的意识。

民族服饰遮藏着的民族传统文化心理的“秘境”，也是通过象征的“神语”悄悄透露出来，其功能不仅只是证明各自的民族身份，还有着民族友爱、团结一致的特殊作用，在民族地区，不管你是从哪里来，是什么支系的人，只要穿着的是同一民族服饰，一见面就都很亲切，是一家人。

民族服饰，既将民族区分开来，又把相同服饰的人更加紧密地联系在一起，独特鲜明的服饰无疑是相互识别的重要物证，因为相同，所以相连，都是亲人，因而在千百年之中，同一民族拥有着共同的民族心理。它不随时间地点的变化而变化，始终保留着深厚的文化内涵，使其有巨大的凝聚力，并作为民族内部角色、性别、年龄、地位的指示灯。任何一个民族都有一套约定俗成的服饰准则，每一个民族成员都要按照其所在的群体规则，规范自己的服饰形式和服饰特色，因

此，服饰在其内部起着团结统一、情感一致的号召作用，而在其外部则是民族兴旺发达的象征。

民族服饰之所以引人注目，并不仅仅是因为它们斑斓夺目，更主要是因为它们是一件件用象征语言写出来的神话。这些随身穿戴的神话，经几百年的传承，已经渗透了民族集体意识的原始形象，同时也凝固化、形式化，在民族传统文化约定俗成的形式图案和色彩中，成为一个美丽密码，一件象征性的民族生命符号，确实是民族精神的画卷。

西南少数民族过去没有自己的文字，即使有自己的文字的民族，在学会使用汉文之前，通常也是以图形符号或刻木、结绳记事。这种方式一直到1949年以前广泛存在。因而可以说，少数民族女子织绣的图案和符号，就是以远古传承下来的象形表意的记事纹符。纹与文古时可通，无数图案的排列组合、形成，不仅是一幅幅美丽的画面，还可以说是关于生命起源、民族历程的天书。当生命从混沌或噩梦中醒来，往往会急切地追问：我在哪里？我从哪里来？我要到哪里去？祖先的开创以及世世代代的苦难历程，用一幅幅纵横大地，超越时空的图纹，或者说是山寨巧女的“花纹天青”，做出了深厚的回答。当然，要知道“天书”的细节，必须先认得这些玄妙的“文字”。这些“文字”，是民族生命的符号。西南地区民族众多，不同民族、不同支系，其装饰风格，符号图

案，作为破谜和解读的开始，去仔细认识这些好看但难以辨认出来的“文章吧”。

这里就以苗族为例。文山地区的苗族妇女，上身穿一种黑色圆领斜襟窄袖衣，领边都绣有红、黄、绿、蓝、白等颜色花纹，纹路多成花状，江水状。据民间传说：这些花纹图案，都是苗族过去居住过的地方的象征。如红色浪花纹代表红河，菱形花片代表京城，交错条纹代表田埂，花样代表各色等等。这显然是与苗族历史联系在一起。苗族在历史上是一个大民族，曾有过多次迁徙，众多的人口在一起，他们要有识别自己民族特征的特殊标志，同时要有教育子孙后代的特殊内容，以此保护本民族的文化不被淹没。特别是对没有文字的民族来说，服饰图案就显得更加重要了，成为无声的语言，随时随地向自己的子孙后代宣传民族发展的历史，教育族内的任何一个成员，都必须按照自己的文化传统、习俗观念来巩固民族的团结，使自己兴旺发达。所以，民族服饰是民族兴旺发达的象征，又是民族历史的见证。

民族服饰，还具备辨别民族支系的功能。因受自然居住环境、经济社会的影响，各地苗族群体的文化风格、审美意识逐渐出现差异，导致苗族服饰刺绣和蜡染图案造型上各具特色。故此，服饰图案风格具备辨别民族支系的功能。如黔中地区，多以纷繁多彩的集合图案为主，黔东地区苗族喜用折纸花鸟图案，黔西地区苗族以朴实神妙的几何图纹为主，黔东南地区以动植物花纹为主，云南文山地区苗族，喜用龙、凤、蝴蝶和牡丹、石榴等富有想象力而又生动活泼的图案；红河金平一带苗族，通常以龙凤为中心，四周配花鸟虫鱼或神话传说等。从居住地来说，近水者绣鱼虾、居山者多绣花鸟，人们通过缝制在衣服上的绣花，就可以判断出是哪个支系的苗族。正因为如此，苗族妇女才将本支系的服饰完整地世代传承，将刺绣和蜡染等制作艺术代代相传，尽管制作工艺繁杂琐碎，尽管他们并不完全明了纹样的含义和来龙去脉，但他们依然十分投入织、染、绣的苦劳中，体现了他们对族群、支系文化的认同和尊崇。

三、穿在身上的历史“教科书”

在文字出现以前，人们对于生产经验和生活知识，只能口述和示范，不能世代传承。原始人类经过艰难跋涉，生产、社会的发展，氏族社会的形成，促使人频繁地交往，人们急需用某种手段帮助记忆，甚至会产生将一切宝贵经验留给子孙后代的欲念。远古祖先在急于寻找记事表意的恰当方式时，尝试过结绳记事、契木为文、刻画甲骨、绘制彩陶，也一定不会放弃织物最容易产生的各种不同纹样，而且，其经纬交织的技术特性，自然而然地把人们模拟初衷的追求，变得越来越符号化、规范化。我们一定觉得，在石器文化、彩陶文化的时代中，还有一个由早期织布制衣构成的文化系统。织物是先于纸的书写材料，不管是描绘还是织绣，都可以承载无尽的文化信息。只可惜织绣之物极易腐烂，不可能长久保存下来。

汉族古文献中有“衣成之章也，五服五章戴尊劳彩章各异”的记载，章，既可解释为文采，也可解为彰明或标志。以章字解释人类制衣之始是极适宜的，而章必萃文而成，衣服上的花纹，便可视为完成长篇巨帙不可缺少的字或句。许多少数民族没有自己的文字，他们民族的史诗，多靠口传心记流传下来，但他们身上的织绣纹样，却像一本本记载了千秋信息的天书，在她们身上各自书写本民族历史的壮丽篇章。

民族服饰，是民族历史文化的百科全书，是窥见民族历史、民族生活的典籍。在民族服饰中，举凡图腾崇拜、神话传说、民族风情、丧葬礼仪……一应变成形色优美的图案绣在服饰上，世代相传，随身携带，时时展现在人前。若将云南民族服饰汇总，就是打开了一部宏富的中华民族传统文化史，所展示的服饰，都是曾经伴随各民族走过悠久岁月的重要历史见证，有的仍是存活于民族中原汁原味的文化精品，透过这些民族文化精品，咀嚼体味其蕴藏着的民族创世神话、民族迁徙、鬼神喻世和生活情趣、审美观念、工艺技艺、宗教礼仪、婚姻道德等，犹如打开了一部内容丰富的中华民族历史“画卷”，从中可以看出民族历史发展的过程和文化积淀。云南各民族都保存着五彩缤纷的文化底蕴，是民族文化产生的摇篮和人类文明的发端之一。云南民族服饰的首创性、系统性和多样性，是世界服饰史中罕见的，曾有“穿在身上的民族历史教科书”的定论。因此，可以说民族服饰是一部无字的“天书”，象形的“史记”，也是民族文化的“大厦。”从服饰中可以看出民族历史发展的进程和文化沉积，集中反映了民族在千百年历史中对事物的认识和升华。服饰是各民族在形成发展过程中积累起来属于各民族独有心理状态的视角符号，从历史文献、出土文物、博物馆及民间收藏品与各民族的现实生活中的服饰相配合，勾勒出民族演变的历史，展示众多民族分布在辽阔的地域，穿不同服饰的多样而真实的生活状态；特别是反映在服饰图案和装饰方法的许多方面，民族传统历史文化非常生动具体，如彝族妇女戴的“鸡冠帽”，就是来源于雄鸡鸣叫吓走恶魔的传说；苗族“迁徙裙”上，龙有九子的图案，显示苗族的祖先是“九黎部落。”这些代表着几千年辉煌灿烂的历史文化的图纹，经过了无数的历史变迁，却依然活生生地保留在边远的各民族生活与现实中，那些人类穿过时空、创造文明的足迹在民族现实生活中，完完全全地保留和传承着。这是一种怎样的民族自豪感和民族精神的光芒。

在远古时期，没有文字的各族先民把神话、历史以及他们希望记录的一切，投射在与身相随的衣装图案中，凝集成一种文化的密码，就是民族谚语说的“筒裙上织着天下事，那是祖先写下的字。”一旦他们展开衣裙，指出精挑细绣的图案，便可以讲述一个个神奇的故事。民族服饰上的图案，色彩及装饰往往来自“以衣喻裔”的认祖寻根意识。“不改祖制”的完全信仰，使民族服饰在千百年漫长历史中，除了特异的文化变迁外，一般很难改装换饰。

要深入了解服饰文化，必须从社会文化入手。服饰不是简单的御寒防风蔽身之物，它融汇了人们对历史的回忆，对社会的认识及对未来的展望。它既体现人们的世界观与审美情趣，也反映生活准则与社会伦理观，涵盖社会的各个方面。其中最为突出普遍的是民族历史和风俗习惯。妇女们把各种色彩鲜艳的花纹图案缝缀在衣领、前胸、后背、前摆、围腰、飘带、绑腿上，成为一套套、一件件史诗般的服饰穿在身上，世代相传。民族悠久的历史、奇异的风俗风情，经她们的手点化成一种美的存在。所以，民族服饰是民族的标志，民族历史的教科书，而刺绣自然就是书写这标志和历史的“笔墨”。

1. 苗族迁徙历史与祖先怀念

苗族的衣裳上，飞鸟舞蝶，花草树木，水波浪花，都是不可少的。这不仅只是留恋失去的故乡乐园，重要的是对先祖业绩的思念。衣服的图案，就是图像的民族史不可缺少的一页。为了不使民族的生命之光黯然失色，他们用自己的方式记载了人类创世史诗中。苗族女装带给我们一种轻松欢快的意境，白色的麻布裙体现着民族洁净无瑕，黑色的对襟衣却仍透露出历史深沉，五彩斑斓的袖、花带、围腰是这种背景上跳跃着的生命。一个民族或集群所遭受到的艰难历程往往是增强内部凝聚力最好的教材，故此民族服饰曾被称为“历史的教科书”。苗族服饰上的花纹图案与装饰穿着，具体生动地证实着她们迁徙生活、发展成族的过程。

苗族历史悠久，没有文字，民族历史全靠民族图案和口传，代代传承。妇女每件花衣裳上的披肩、裙边都绣有两道彩色镶边的横线条，象征黄河与长江。“骏马飞渡”是苗族衣服花边上最流行的图案，由无数个像马的花纹组成，横跨在河水中，表示万马飞渡黄河，驰骋中原，马的两脚边是由无数三角纹叠成山形相间排列，表示远古先民在崇山峻岭中迁徙的情景。“星宿花”，表示“蚩尤”（苗族祖先）与黄帝打仗夜间行军时被宿星指引方向。“蝴蝶花”，表示被围困时祖先顽强战斗的精神。“虎爪花”，叙述了苗族迁徙到深山老林与虎相遇的故事。笔者 1987 年在贵阳郊区花溪寨调查时，遇到一位“大花苗”老妇人，娓娓动听地讲述每个图案的历史故事。她说：衣服上的每个图案上为天，下为地，左右为山川，中间为田园；裙子上下的红黑两色为地，中间三段黄、蓝、绿布条依次为黄河、平原、长江。背披上的图纹方格表示城市。因为祖先的发祥地在北方，那里有城市、田园、江河，只因战败失利，才被迫南迁，来到贵阳、广西和滇东北。她们怀念故乡和祖宗，便在服装上绣染这样一些图案，以便低头思故乡，回首望故乡。这些讲述都为史书中记载所佐证。苗族先民“蚩尤”“九黎”“三苗”早在黄河、长江中游一代活动，并开发疆土，建立族属之地，曾强盛一时。这在史书中屡见不鲜。

只要走进苗族聚居的村寨，都会看到苗族妇女喜欢穿一种祖传的、色彩大方、图案奇特的裙子，引人注目的是，通过图案仿佛向人们展示一幅苗族历史的画面。当地苗族老人，几乎都可以娓娓动听地按照苗裙上的图案讲述她们的历史。苗族的服饰图案由上到下，可分为三组：第一组由星点或十字组成的图案花纹，它的中间镶嵌着一条白色的横带，表示苗族的祖先最早生活在浑水河即黄河地区。苗族的第二组图案，是细花纹之下有一条细长的白色横带，接着便是环形花纹。它象征着苗族迁徙到长江流域一带活动。白色横带即表示长江，环形纹表示平原地区。在长江流域，苗族世代相传，人口越来越多，形成了许多宗族支系。有的支系由于与汉族接近或杂居，逐渐演变成了汉族，有的支系因为逃避战争或灾荒，逐渐向云贵高原迁徙，甚至远及东南亚。第三组图案是环形以下呈现宽阔的山形纹图案。云贵高

原是多山地带，所以用山形纹表示，它标志着苗族的先民进入第二次大迁徙的历程。据传说，苗族的祖先最初迁徙到这里的时候，这里人烟稀少，虎豹出没，到处是茂密的原始森林。苗族人民世代在这里开荒辟地，建立家园，一片片村庄，一垄垄土地，又逐渐布满原野山岗，形成了今日苗族之分布。苗族是我国最古老的民族之一，有着悠久的历史。多少年来，由于苗族没有自己的文字，所以他们在记述民族的历史时，遇到极大的困难，但苗族是一个酷爱并珍视自己历史的民族，在没有文字的情况下，他们通过各种方式保存自己的历史。从古至今，苗族服饰既是美的创造，又是历史的印记，他们怀念曾经住过的平原地区，于是把这里的景致做成长衫，穿在身上给男女老少看。衣裳上的花纹就是对美丽故乡的原始描绘，使苗人对江河故乡的回忆变得清晰可见，当作永远的纪念。

苗族怀念祖先，服饰上的图案丰富多彩，是蜡染和刺绣不可或缺的主题，作为传统的手工艺术品，无论图案题材还是装饰手法，都以独特的形式将本民族的历史记录在服饰上。苗族没有文字，把本民族历史用象征性的花纹图样绣染在衣服上的显眼部位，成为文字性的符号。苗族服饰图案既是美的创作，又是历史的印记，以蝴蝶妈妈、骏马飞渡、江河波涛、苗王印、飞龙、盘龙、虎爪花等图案，表示出苗族的族源史、野战史、迁徙史。苗族服饰，衣裳上的花纹都是“罗浪周底”，是苗族先民原来居住过的丰饶大平原；围裙上的线条是奔腾的黄河、长江。披肩形状似铠甲，是古代苗族穿过的战甲，搭缝在两块披肩的方块布上绣的方形图案，是“蚩尤”的练兵场或令旗。披肩两端花纹，则是过去苗族居住过的京城和街道。就连裤脚上的红、黄相间的图案，也是纪念横渡黄河、长江的日子。据说，那天渡河时太阳升起，映在河水中，就像红、黑相间的彩虹，为苗族渡江顺利，欢歌庆贺。[1]“高孚”，又称“蚩尤帽”，是王冠，是苗族的标志。苗王遇上追兵，王后换了王冠引追兵而去，苗王得救了。苗家风俗中，大女儿生下第一个娃娃，才能回娘家来戴一次“高孚”，然后传给二女，三女，依次传下去，代代相承。

据传说故事和相关历史记载，秦汉至南北朝时期，苗族从东南向西北迁徙，再从西北迁入贵州和广西地区，如今这些地区的苗族服饰图样中明显地反映出原始“九黎”文化特征，特别是苗族服饰中“饕餮”与商周春秋时代的青铜文化有着密切关系。云氏之后为诸侯，号“饕餮”。先儒者皆以为“‘饕餮’，三苗也”。出现在苗族妇女挂在脖子的银链上的“饕餮”与商周青铜器上的“饕餮”正面纹样非常相似，这种饰品相当于前现代项链坠子，但其本身要比现在的项链大得多，所以这个饕餮坠子也很大。“饕餮”的上面是七条小链与上面的一个又小一点的“饕餮”连接，再往上是五条小链连着一个蝴蝶装饰。饕餮坠子的下面又是九条小链挂着各种各样的装饰兵器，有些则挂着各种各样的银饰鱼类等。所有以“饕餮”为主体的配饰，都与苗族图腾和远古族群的历史融合在一起。苗族服饰中展示历史的认同与追忆，是非常形象逼真的，特别是一些老人的服饰里，不仅可以看到衣袖、背挂带上的“饕餮”形象，而且在裙子、衣袖图纹中，具体生动地表述着苗族历史和迁徙游牧的状况，如“星宿花”表示“蚩尤”和黄帝打仗时，在夜里行军，靠星宿指引方向；“蝴蝶花”表示祖先被围困时顽强战斗的精神；“虎爪花”叙述迁徙到深山箐林靠打虎为生的故事。[2]贵州镇宁苗族老人穿的裙子有三种：“迁徙裙”，又叫“九黎裙”，裙有81条横线，分九级，表示“蚩尤”有九子，每子又生九子，共81子，即九黎族部落。另一种是“三条母江裙”，表示过去蚩尤失败后苗族迁徙，过黄河、长江和嘉陵江。再一种是“七条裙”，表示祖先迁徙走过七条江河。从以上裙子的名称就能知道苗族族群的发展迁徙情况。

苗族是我国众多少数民族中一个具有悠久历史和深厚文化传统的民族。其服饰不仅是漫长历史的产物，而且体现出苗族独特的文化特点和艺术风貌。苗族对图腾的崇拜，与其他少数民族一样，极其丰富强烈，其崇拜的对象有龙、鱼、鸟、牛、植物花卉及宇宙万物等。对图腾崇拜的这种精神文化反映到服饰上，演化成异常丰富的图纹式样。用挑花、平绣和蜡染的技法，饰于衣肩、衣袖、衣背、围腰、腰带，以及挎包、巾帕之上。异彩纷呈的各式各样图纹，不仅把苗族女性装饰得花团锦簇、绚丽多彩，而且每个图案都传递着苗族图腾崇拜和远古历史的信息。

对于许多没有文字的民族来说，服饰就是一种无字的“天书”，远古的神话、始祖的业绩、家族的宗谱，民族的历史、习俗、宗教、道德包括先民迁徙的路线等等，都在她们的衣裳上一针一线“马”得清清楚楚，苗族服饰上的图案，是代表山川、沟渠、河流、五谷等物象的符号。尽管这些记述，更多的是以象形图案来表达，只有本民族才能“读通”，但它世世代代相传，是在说民族文化的根，因此，被称作穿在身上的历史，是民族历史的“教科书。”

---

① 《苗族古歌》，云南民族出版社，1986年版。

② 潘光华、龙从汉：《贵州民间工艺研究》，中国民族摄影艺术出版社，1991年版。

2. 德昂族腰箍与支系的历史

腰箍，即腰部佩戴的藤圈，以“藤篾缠腰”为饰。这一装饰，是西南少数民族中古老而又普遍的腰间装饰习俗。它不仅在服饰中有特殊的装饰效果，而且蕴藏着人类不同发展阶段的历史痕迹。

远在唐代，西南许多民族就有“妇人以黑藤系腰数十圈”的记载。在几种版本的云南通志和州县地方志中，都提到佤族、景颇族、独龙族、基诺族、阿昌族、德昂族等的先民们有“红藤缠腰”的装饰传统。这种装饰，生动具体地反映着人类从母系社会进入父系社会，或者说是男女婚姻定型的社会历史过程。其中，最有代表性的是德昂族。在德昂族妇女看来，腰箍是最美的标志。因为她们的腰箍前半截是藤篾，后半截是螺旋形银丝，戴在腰间行走时，腰箍随着双脚的伸缩弹动，充满了一种美的韵律和节奏感。

德昂族妇女，都在腰间佩戴腰箍，并以越多越美越荣。一般五六个，多的二三十个。妇女不戴腰箍，则会被人耻笑。腰箍都是用藤篾制作，宽窄粗细不一，用漆漆成红、黄、绿、黑诸色，有的上面还刻着各种花纹图案，有的包以银或铝片，在阳光照射下光彩夺目，腰箍做得越精细，越说明姑娘的勤劳、聪明、善良，有卓越的智慧，受人喜欢、追恋。由于腰箍体现着妇女们的美德和善良，所以，德昂族少女成年后，便有男青年追求，当女方心许时，男方即将自己精心制作的腰箍圈套在姑娘的腰上，作为两情相悦的标志。同时，姑娘也往往会亲手绣制挎包，递赠给男方。腰箍、挎包，便成为男女双方的定情物，永不离身。

腰箍的历史悠久，蕴藏着人类婚姻历史中的许多内容。据传，德昂族祖先从石洞里出来时，男人都是一个模样，分不出你我他，而妇女出了石洞就满天飞。后来，男人们想出办法，用腰箍把妇女套住，于是妇女才与男人一起生活；另一个故事则说：古时候，都是妇女去串寨子，男人在家做家务，有一天晚上，男子的一个竹箍还没编好，而女人已串过七家门户了，男子产生不满，用手上的藤篾圈将女子套住。从此，妇女守家，男子串寨。两个故事，相辅相成，映照出德昂族脱离穴居生活后便进入由杂婚向对偶婚过渡，然后又由母权制过渡到父权制的社会内容，或者说是人类从群婚发展到对偶婚的历史，是人类婚姻发展史的生动写照。其实，束腰箍的民族不少，这一文化内涵，实际上可以推演到不少民族的腰带和腰部的许多装饰物上。束腰和腰箍虽说是男性征服女性的象征物，但在人们日常生活的积累和深化中已和服饰审美的整体功能融为一体，使由记述功能转向到对审美功能的追求。如今，腰箍、腰带，各式各样的腰间佩饰物很多，都变成了美的装饰，成为云南少数民族服饰中又一亮丽的特色。

德昂族是一个古老而又具有传统文化的民族。他们特别是妇女们给人最突出的印象，除前述的腰箍外，还有“红崩龙”“花崩龙”“黑崩龙”三个支系划分的历史传说故事，真是“把传说穿在身上”的民族。汉族典籍中一直称其为“崩龙”

族，中华人民共和国成立初期进行民族识别时沿用了这一族称，根据本民族的意愿，自 1985 年起，正式定名为“德昂族”。因为“德昂”是从古至今的称谓，“昂”在本民族语言中意为“山洞”“岩洞”；“德”是尊荣之称。都在传说故事里有生动体现的内容。

德昂族妇女服饰表现出本民族特有的审美观念和文化尊荣。德昂族女性，在一生的童年、青年、成年、老年各个阶段，其服饰都各不相同。成年女性一般穿藏青色或黑色的对襟短上衣，襟边镶两条红布，钉上四至五副大方块银扣，短上衣前后衣襟下摆因支系不同，年龄不同而加以不同的装饰。下裳多为长裙，因支系不同，其色彩装饰亦有明显的区别，分别自称为“红崩龙”“黑崩龙”“花崩龙”。

德昂族美丽的服饰有着奇幻的传说：很久以前，空中的一只大鸟与洞中的小青龙都变成了人。大鸟变成英俊的伙子，青龙变成美丽的姑娘。他们在洞中幽会并结为夫妻，生下一群儿女，这就是德昂族的祖先。后来，大鸟恢复原形飞走了，孩子们问青龙妈妈他的模样，青龙妈妈说：“你们到洞外往天上看，看到什么，什么就是你们的爸爸。”青龙妈妈在孩子长大后也恢复了原形。孩子们的老大叫“梁”，住在山上，清晨起来看到青龙妈妈从洞中爬出，朝阳照在她的身上，于是，妇女的服饰就照着早上见到青龙妈妈的样子做，这就是“花崩龙”的服饰。中午，太阳当顶，青龙刚好爬到山腰老二住的地方。老二看到青妈妈身上的色彩是火红火红的，于是红色成了“红崩龙”服饰的基础。傍晚，青龙妈妈爬到山脚下，太阳的余晖照在它的脊背上，形成一条长长的暗红色的光带，老三看到后，“黑崩龙”妇女服饰就照着着情景做。从此，三兄弟就成为三个家族，也就是后来“花”“红”“黑”德昂族的三个支系的标志。

这个传说故事，首先反映的是人类原始崇拜，即对太阳、龙的崇拜，太阳、龙是德昂族的祖先；其次是人类从母系社会进入到父系社会，或者是说从群婚进化到对偶婚的历史写照；最后是民族支系的划分，或者说是民族兴旺发展的历史。

3. 美丽聪明、万物有灵的传说故事

在西南的许多民族中，服饰是文化的载体，一件简单的绣片，一个并不复杂的图案，都可能潜藏着一个动人的故事，有着异乎寻常的来历。服饰藏载的故事与传说有两种来源，一是依形拟意，另一种以图记事，把历史传说与事件用一定的款式、色彩、图案表现出来。例如景颇族“卡苦”包头的来历、苦聪人的彩带来历、撒尼人的头套、壮族围腰的来历、基诺族“太阳花”的来历，彝族的鸡冠帽等，都把服饰中每一部件的来历融在一个美好的爱情故事中，将之看作美好吉祥的象征。

美女逗人爱，吉祥更幸福，人得救助，化凶为福，天予神赐之物传说故事很多，还有伦理、禁忌等等，无论模仿造型或是象形图案都生动具体。布朗族传说中，有一个神奇的三尾螺，使一位布朗族姑娘变成了艳丽的美女，脸上的肤色还能随一天中不同的光线与天气发生三次变化，因此，被称作“婻三飘”，意为一日三变的美女，后人因为有这样的传说，将三尾螺视作能使人变美的神物，制成饰品装饰自己。壮族小孩的孔雀帽，则是因为孔雀打败蛇救了一名叫狄媚的小孩，父母认为孔雀是吉祥之物，能免除灾害，就绣出戴在头上，后人仿效，就成了风尚。彝族中的许多支系都戴鸡冠帽，并赋予它吉祥美好的含义，居住在弥勒、泸西等地的“阿乌”支系，传说她们之所以戴鸡冠帽，是因为鸡可以克制伤人的蜈蚣，救了先民，人们认为鸡是吉祥物，就将其装饰在头顶上。传说鸡与蜈蚣交朋友，蜈蚣借鸡的角去做客，一借不还，结成仇怨，鸡见蜈蚣就追，成为蜈蚣的天敌，后阿乌村寨受蜈蚣精骚扰，苦不堪言，偶得人知，鸡能克蜈蚣，就大量养鸡，鸡啄死蜈蚣精，人得安居，故用以为装饰。红河县乐育乡一带哈尼族则传说鸡是魔鬼的克星，所以将鸡的形象制成鸡冠帽，戴在头上，视为吉祥物。

有些饰件，应归结为救助人的纪念品。傣族的船形鞋，被追溯为船渡人于水滩，改形为船；佤族大手箍，则传说是受耳筒避过人熊的启发而制成的；红河等地哈尼族着木屐，也传说先人曾靠木屐避过敌人，后人沿以为俗。也有人把哈尼族衣服重黑色，解释为传说中国先民着黑衣隐藏在密林中躲过了追敌，后人尊以为贵，传承成俗。巍山、南涧、弥渡、祥云等地的一些彝族后腰有一块圆形的布或毡作饰物，上有两个类似眼睛的装饰点，据说是表示蜘蛛，传说先民被敌人追赶，躲入山洞，才一入洞，就有蜘蛛在洞口结网，追敌无法进洞，因而得救，为感谢蜘蛛救命之恩，就将它绣在衣服上为护身物，一直流传下来。

男女两性地位的高低，也渗入服饰之中。在白族的传说中，之所以有围腰，是怕女人太过精明，使男女之间的分工平衡被打破，便制围腰蒙蔽其心，以平抑女人的心智，使男子居于主导地位。普米族传说，原先女子很聪明，男子很笨，神将男人的愚笨归结于女子太精明，就让女人戴首饰，玩物分心，心智被封，男人才显得不那么笨。相对而言，元阳县哈尼族传说，则赞扬女人的才智，把每个人胸前的别针说成了与男子机智

周旋的战利品，男人赞赏女人的才智，送别针为纪念。

有些部件，则是某一偶然事件的遗迹。巍山一带的传说，包头是从皮罗阁战场以布包头开始的。苦聪人则传说，洪水泛滥时，人们在葫芦里避水，洪水过后，天神用刀劈开葫芦让人们出来，结果伤着苦聪先祖的头，只得以布包扎，就成为包头的开始。傣族着白包头，则被说成是先民为保护妇女儿童而牺牲的王子戴孝的孝帕沿用。凉山彝族男子头上，有角状的装饰，称为“天菩萨”，传说来自一个叫“阿里比日”的人，因他吃了龙肉，身上出了龙角龙鳞，只能用布包裹，后人为纪念他作了同样的装饰。怒族则传说，古代聪明勇敢的人，因头上长角，以包布为盖头遮盖，能抵御鬼魔之害，后人因其为辟邪除害，认为包头是力量的来源，聪明才智，以为吉祥，相沿成俗。有一些服饰构件的来历，则被归结为天予神赐。白族的凤凰帽被说成是凤凰给凡人的礼物，而纳西族妇女七星披肩上的七星，是三多天神为褒奖勇斗旱魔的女英雄“古顶”将日月星辰摘来镶在她的顶阳衫上，才有了披星戴月的纳西族服装。

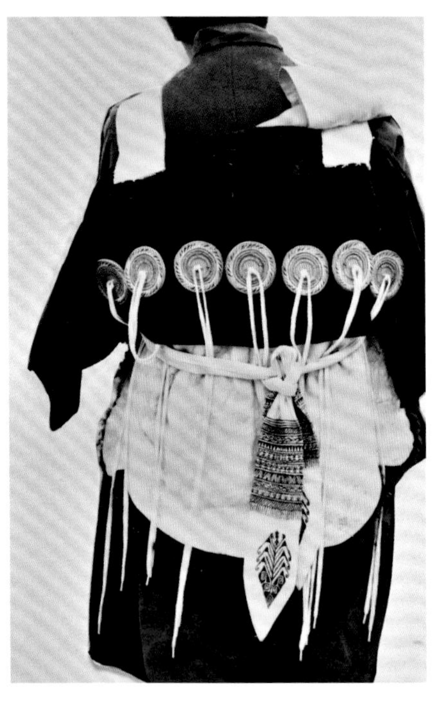

服饰的款式造型，不少也是传说故事中的模仿，或被图形归类，说成是某相似的动植物类型。美丽的景颇族筒裙，据说是学美丽的“巴板鸟”的花纹而织出来的。石林县彝族撒尼人头套上的彩带，则说是学七色彩虹；弥勒、泸西等地彝族传说中，帽子是罗锅改制的，裙子是伞改制，所以帽似罗锅，而裙似去了骨架的伞。前短后长式的许多衣服，是许多民族都有的流行服饰，但在普米族传说中，却成了一桩伦理公案的见证。传说有姐弟二人，已多年未见，各在一方，不通信息，不知所在，某日弟弟的猎物逃脱，追至一地，被一家人遇见，抬回剥吃，弟追至，与男主人发生争执，其后方知是姐夫。弟弟不齿于姐夫家的为人，虽其姐再三挽留，但弟弟仍将穿着的衣前割了一块而去，留下了这种前短后长的衣服，表现了有情有义、刚强正直的民族情感，极具教育意义。所以，少数民族之衣前短后长流行普遍，是民族情感、伦理观念的继承。

赤足，在云南早期民族中是普遍的现象，近代逐渐盛行着鞋。元江一带哈尼族中，不着鞋被说成因有穿鞋禁忌而形成的古规。在传说中，是汉族宫中的女儿与哈尼男子结婚后，经常把地图情报藏在鞋中送给宫中，哈尼族多次被打败，受尽奴役。哈尼人就从此发誓不穿鞋，穿鞋也就成了禁忌。

穿在身上的历史故事很多，内容也很宽广，真是难以尽述，这里再以白族的“凤凰帽”、彝族的“鸡冠帽”、纳西族的“七星披肩”、景颇族的筒裙等为例，详细记述，进一步鉴赏民族服饰的特殊文化内涵和装饰审美艺术的独特性。

白族姑娘的“凤凰帽”：走到洱源凤羽、邓川一带，眼前的姑娘没有一个不喜欢戴“凤凰帽”的。“凤凰帽”真美，真好看，两鱼尾形的帽帮缝合成凤凰鸟一般的帽身。帽后沿用二寸来长稍稍翘上的帽尾。帽前沿正中，有一颗红光闪闪，用白银镶边的帽花。帽花边满镶着白银绿玉的饰品。亮的亮闪闪，绿的绿莹莹，红的火喷喷。帽的上方迎插着一朵五彩丝花。谁人见了凤凰帽都从心里赞美它。

白族姑娘珍爱“凤凰帽”，有一个传说故事：很久很久以前，在洱源凤羽坝子后面的罗坪山上，有个叫彩凤峰的地方，每逢秋天，各色各样的鸟雀，从四面八方飞来这里，五彩缤纷，成千上万，数也数不清，那个热闹的样子，就像大理点苍山脚下的“蝴蝶会”、洱海边上的“三月会”一样热闹。原来，彩凤峰是凤凰的故乡，因此，在新谷上场的时候，百鸟都要来“朝凤”。

在这美丽的彩凤峰脚下，居住着两位美丽的姑娘，她们是两姐妹。两姐妹田无一丘，地无一块，只靠在山上种荞籽和砍柴过日子。有一天，两姐妹上山打柴迷了路，老是找不到原路回去，后来摸到一座金光闪闪的山峰上。这里满是红花绿叶，孔雀正在开屏。百鸟尽情地唱歌跳舞，别是一番天地，两姐妹好像走进了仙境，看到的是明媚灿烂的春光，听到的是一片一片悦耳动听的鸟语，闻到的是百花芬芳的馨香。姐妹俩看呆了，听得入迷了，那阵阵馨声把姐妹俩熏得昏昏欲醉。不一会，只见各种各样的鸟雀，张开红红绿绿的翅膀，亮着彩色绚丽的羽毛，唱着悦耳动听的歌声，簇拥着一只金凤凰来到两姐妹面前。凤凰见到这对白族姐妹美丽、勤劳，就把自己的金凤凰帽送姐姐，银凤凰帽送给妹妹。姐妹俩一戴上凤凰帽，就显得更加美丽迷人了。她俩不仅比原先更加美丽，而且，变得比原来越发聪明善良而勤劳，吸引人们的爱慕。有一天，国王来到彩凤峰脚下打猎，看到一个戴金凤凰帽的姑娘在种地。他非常惊奇，心想：世间都说凤凰美，凤凰怎么能比得上她呢？专横的国王早把打猎的事忘得一干二净，却令跟随的大臣和卫士，像饿狼叼绵羊一样，生拉活扯地把姑娘抢进王宫，硬逼她做皇后。纯朴善良的姐姐面对

残暴的国王和荒淫奢侈的生活，她自杀了。

妹妹知道姐姐被国王抢走逼死，悲愤万分，决心要为姐姐报仇。她戴上银光夺目的凤凰帽，带上吃食，走啊，走啊，来到都城。国王见妹妹比姐姐长得更漂亮，便花言巧语地要她当皇后。妹妹答应了。在国王举行盛大婚典会上，妹妹在给国王敬交杯酒时，悄悄把早已准备好的毒药放进酒里，国王喝了酒便被毒死。妹妹终于为姐姐报了仇，为民除了害。

为了纪念这对姐妹，从此，在凤羽、邓川一带的白族姑娘都爱戴凤凰帽。凤凰帽象征着白族姑娘的勤劳勇敢，纯洁美丽。

彝族的“鸡冠帽”：鸡冠帽，是用硬布剪成鸡冠形状，再用一千二百多颗银泡镶绣而成，戴在头上，像一只“喔喔”啼鸣的雄鸡，把勤劳、朴实的彝族姑娘打扮得婀娜多姿。

相传很久以前，彝山上有一对彝族男女，女的长得像“妮尾绿”（彝族语意为一种美丽的山茶花）一样美丽，男的像金竹一样长得标致。他们在一个月亮圆明的夜晚，来到森林中相会。林中的魔王发现了美丽的姑娘，施展魔术，对小伙子下了毒手。不甘遭受凌辱的姑娘，在崎岖的山路上挣扎逃跑，正当危急的石刻，听到山寨里的雄鸡引吭高唱，鸡叫声吓退了魔王，美丽的姑娘悟出魔王惧怕雄鸡的道理，跑进寨里抱起雄鸡，来到小伙子身旁，在雄鸡的叫声中，情人便醒了过来，他们两终于结成了恩爱夫妻，过上了美满幸福的生活。从此，彝家妇女都要在自己的头上高高地戴起鸡冠帽，以示自己婚姻的幸福和美满。

鸡冠帽是彝族姑娘美满婚姻的追求，也是吉祥幸福的象征。因此，每年不论是“火把节”或是“赛装节”时，彝族姑娘都要绣制一两顶鸡冠帽戴在头上，表示雄鸡永远伴着姑娘。鸡冠帽上的大小银泡表示星星和月亮永远光明和幸福。所以，每当你走进彝州武定和红河两岸的彝家山寨，首先映入眼帘的是彝家姑娘头上的银片闪闪、形似鸡冠的“鸡冠帽”，是彝族姑娘追求爱情的象征。

其实鸡冠帽也蕴含着彝族崇拜公鸡的一种社会意识。彝族为什么崇拜公鸡？除了以上男女爱情故事外，还有公鸡叫请出太阳和月亮的传说。相传过去天上出了七个太阳，六个月亮，晒得大地干裂，河水枯干，人类无法生活。后来出了一个英雄名叫“阿鲁举热”去射太阳、月亮，七个太阳被他射掉6个，六个月亮被他射掉5个，太阳和月亮都只各剩一个，但是，剩下的太阳和月亮不敢露面，大地一片漆黑。人们请了好多动物去请太阳和月亮，都请不出来，最后只有公鸡叫了几声，就把太阳和月亮请出来了。从此，彝族妇女喜欢戴公鸡帽，是用来召唤光明和温暖的意思。

除“鸡冠帽”外，彝族中还有“凤凰帽”“鸳鸯帽”、布箍和裹背等，除了是姑娘追求爱情的象征外，还有其他美丽动听的故事。

云南石林妇女头饰、布箍，传说是仿照天上的彩虹制作的，为的是纪念一位投火殉情的姑娘。红河妇女胸襟和衣袖上的图案及所镶饰的细银泡，出自一位美丽聪明的姑娘反抗包办婚姻的故事。因此，镶花边衣裤成为彝族少女们争取自由幸福的象征。红河南岸“阿乌”支系姑娘的鸡冠帽与对鸡的尊敬和纪念有关。传说“阿乌”人的祖先曾遭到“蜈蚣王”的侵袭，鸡帮助他们制服了“蜈蚣王”，为了感谢鸡的恩德，人们特地绣出鸡的形象，并配以银饰，戴在头上。大理巍山、弥渡彝族区，妇女配一种直径约20厘米的圆形毡裹背，其上饰有一对意为“蜘蛛”的圆形图案，相传是蜘蛛网遮掩洞口营救了兵乱中的姑娘，姑娘们便绘出蜘蛛于服饰，以示不忘救命之恩。

4. 纳西族的七星羊皮披背

七星羊皮披背，纳西语叫“尤恩”（意为披之于肩），为丽江地区纳西族妇女服饰的典型代表。在东巴文中，早有“尤恩”的象形文字，其书写的图形与现在披背基本相似，可见此服饰的历史悠久。

七星羊皮披背以一张长70厘米，宽60厘米的黑羔羊皮制成，羊皮向内，革面向外，羊皮下部呈椭圆形花角状，上部平直，与宽25厘米、长90厘米的黑丝绒织料缝合，织料下端钉七个圆形饰物，每个直径约7厘米。圆形饰物，用布壳与多层色布制作成圆形硬底板，然后用彩色丝线精心绣上花纹图案，一圈圈的色彩纹样，像放光的星月，每一饰物的中心钉两条40厘米长的革制细带，使其垂下。在七个小圆饰物上方，再缀钉直径约13厘米的大圆饰物，花纹图案与小圆饰物相似。在披背上方两侧钉有两条70厘米长、13厘米宽的白布背带。背带头装饰一段30厘米长的刺绣；上部绣直线排列的二方连续纹样，纹样内容有农耕、舞蹈、武士，以及吉祥花果等；下部以十字挑花手法绣一单独纹样，既似蝴蝶又像蝙蝠，别致精细，造型生动古拙。装饰图案以黑线刺绣，在白底衬托下显得特别醒目。

七星披肩有着特殊的使用方法：即将披背先搭于背部，再将两条背带通过肩部在胸前交挽，然后转向后束在背上打结固定，背带头垂于下方。披背两面都可使用。丽江一带气温偏低，多数时间有毛的一面向里，天热的时候有毛的一面向外。

七星披背有着古老而丰富的民族文化内涵。背上的图案装束的含意，有不同的说法，传说故事也很多，较为普遍的说法是：在下的七个小圆图案为“七星”；星上的垂穗表示星星的光芒；在上方两个大的圆形为“日”“月”。故有“肩挑日月，背负七星”的传说，象征着纳西族妇女披星戴月，吃苦勤劳的精神。

据纳西族传说，远古时代，一个勤劳能干、美丽聪明、名叫英古的纳西族姑娘与旱魔王搏斗，奋战九日，累倒而亡，白沙“三多”神为了表彰英古姑娘的勇敢，把雪精龙制服旱魔王后吞下的七个冷太阳捏成七个圆星星，镶在英古的顶阳衫上，英古便复活了起来，成为纳西先民女性的榜样，以后纳西姑娘模仿英古，将七星图案钉在肩膀上，象征披星戴月，勤劳勇敢。还有一种说法：纳西族的始祖崇仁利恩和天女衬红葆白成婚后从天上下到人间，途中遇情敌可洛可兴口吐恶露遮住去路，衬红葆白便把准备好的羊皮披在肩上，披肩上的日月星光照亮了道路，使他们安然到达人间，建立了幸福的家园。从那以后，纳西族妇女就按照始祖母衬红葆白从天上带下来的羊皮样子制作了“尤恩”（七星披背）。“七星披背”的另一种说法是：纳西族自古将青蛙视为智慧之神，能解人危难，因此这些圆形图案，代表着青蛙的眼睛，是一种青蛙图腾崇拜的历史痕迹。总之，纳西族妇女的“七星羊皮披背”不仅具有丰厚的民族文化内涵，同时还具有审美、保暖防寒并在背负箩筐等物件时保护背部、肩臂的功能，所以至今仍是纳西族妇女的珍爱之物。

5. 服饰、传说与生活方式

居住在红河县浪堤一带的哈尼族被称为叶车支系。哈尼族叶车妇女服饰与其他地区有较大差别，妇女头戴一种三角形的白色尖顶头布，称作“帕常”。平时，哈尼群众喜穿用靛青土布制作的衣服。上衣分三种：外衣（叶车语称“确巴”）、中衣和内衣（叶车语称“确帕”），均无领，对襟，无扣，袖长及腕。妇女以多衣为荣，在喜庆的日子里往往要穿一打（七件）外衣，一打中衣。婚礼礼服“确竜”，由九至十二件衣服缝叠而成。最特别的是裤子，是一种紧身短裤（叶车语称“褡楚”），裤管短及大腿根部，以紧勒出臀部线条为美，腰系彩色宽腰带“帕阿”，喜佩银饰，佩坠银质梅花片、银链扣、银鱼、银螺等饰物，手戴银镯，叮当作响，五彩缤纷。以前妇女多赤足。上述叶车妇女装束与一古老的传说有关。据传，古代叶车人在与周边民族发生冲突后，弃家南迁，但一路上遭受敌方追击，在生死存亡的危急时刻，叶车妇女用白布顶在头上，隐藏在茶丛中，躲过了敌人的搜捕。在逃避时，她们衣裤被扎破，男人们脱下衣服交给了衣不蔽体的女人们，自己则用兽皮和树叶遮体，为了感谢男人们帮助自己解除窘境，从此叶车妇女只穿短小的裤子，戴三角形尖顶的布巾的习俗流传了下来。当然，这只是传说，从服饰的适用功能考虑，叶车妇女上述装饰的形成，恐怕还源于其经常上下梯田高埂，下水田等劳作生产活动的需要，以及哀牢山地处亚

热带的生存环境。

许多民族至今把“盘瓠”作为民族的图腾，不仅按传说中五彩缤纷的龙犬之形装饰自己，也把龙犬形象织绣于衣装，以示不忘祖先。在中原地区汉族民间传说中，人类祖先伏羲为犬头人身，并说“伏”字本就是“人”与“犬”的合体。从字面形象表意的角度看，这比伏羲龙蛇之身的说法更在理。

瑶族曾有“盘瓠”之称，古时候，瑶族祖先龙犬“盘瓠”帮助周平王消灭了高王，平王为奖赏盘瓠，将三公主许配给他为妻，成婚后，盘瓠白天为犬身，晚上就变成美男子，公主把这个秘密告诉了母亲，皇后说：既然晚上成人，何不白天也成人？三公主把母亲的话转告了盘瓠，他说：只要把他放在蒸锅里蒸七天七夜，就可以脱去身上的斑毛变成人形。公主照他的说把他放进蒸笼蒸了六天六夜，公主担心丈夫被蒸坏，在第六天晚上打开了蒸笼。由于时间不足，头上和腿上的毛尚未去掉，只好把这些部位用布包扎起来，沿袭成为今天瑶族包头绑腿的习俗。从远古时代起，瑶族就穿五彩衣，“白裤瑶”男子白裤上五条垂直红线，相传象征着瑶族祖先，为保卫民族尊严而带带伤奋斗的十指血迹；女子着无领、无扣的贯头褂衣，两侧不缝合，仅将前后襟衣边相连，下着蜡染裙，背饰花背牌，其上的方形图案，传说是当年被土官夺走的瑶王印章的模样，绣在衣服上以示纪念，也是他们氏族图腾的标志。“花篮瑶”“过山瑶”女性穿着的上衣背面也有此标志。

瑶族刺绣图案，有花草图案、双花图案和组合图案等，常用的图案有太阳纹龙角纹、花草纹等。纹样题材广泛，经过祖祖辈辈的传承和创造，形成了本民族特有的装饰风格和审美情趣。瑶族人将多种多样的传说故事通过形象构思，以服饰为介，使得人人得以保存并流传，不仅是保存民族历史的一种好方法，也是区别族群的独特服饰标志。

瑶族服饰多姿多彩，传说瑶族始祖“盘瓠”是五彩斑斓的龙犬，因此瑶族先民便有将衣服染成五彩颜色的习俗，至今瑶族服饰无论男女都要在袖口、裤脚和胸襟两侧绣上色彩鲜明的花纹，或镶拼上六七种颜色的彩条花边，有的地区瑶族妇女将好几条装饰得特别美丽的腰带头故意在臀部垂下一大截，形如尾饰；有的则将上衣剪裁为前短后长，都是有尾形的遗俗。妇女多将头发挽成髻状，再覆以花帕，儿童常戴狗头帕，穿狗头衣。这些装饰都是对“盘瓠”图腾形象模仿的遗迹，是以服饰表示对祖先的纪念。

蒙古族是北方民族，云南蒙古族于元代南下定居，并与云南各少数民族融为一体，其服饰也有着传说故事。元代进入云南的蒙古族，落籍通海县杞麓湖边，其随着历史的发展和生产生活的变化，又长期与其他民族相处交往，现在云南蒙古族服饰与内蒙古族服饰相比，已经有了很大变化，既不穿长袍，也不戴红缨帽，除了在衣领上保持有蒙古族高领的传统外，其他基本上受到自然环境和当地民族的影响，服饰的风格同样记载着自己民族的历史。相传，蒙古族有七人七马逃到杞麓湖边，并受到湖中神仙的点拨，从湖中寻找食物，学会捕鱼，这才在杞麓湖边得以生存繁衍。为方便捕鱼，他们把蒙古长袍剪短了，而他们捕鱼的本领远近闻名，直到湖水退下，他们才兼耕田。为了纪念这一征战游牧向渔捕农耕的重大转折，现在蒙古族小孩的帽子上，一边镶缀一个铜圈，铜圈上的图案就是鱼抬寺，帽子中间还有个金属牌，上面雕刻着那位指点族人的湖中仙人。

如今，云南地区蒙古族服装，虽然不是宽袍阔带，而是“三叠水”，也不戴红缨帽，但装饰留存着北方蒙古族的传统。“三叠水”上衣，又叫贴身衣，高领，袖长至腕，衣长及腹，高领上绣有五光十色的图案，衣边衣口也镶有花边图案，在腰、肩、肘等部位有分割工艺，其特点为上紧下宽。妇女戴的凤冠帽，以冒顶象征太阳，红缨象征阳光，并在帽子上缝制彩色横线来显不同的氏族和氏姓，明显地留存着蒙古族服饰传统的特点。

景颇族服饰中最有特点的是妇女身上的筒裙。它的色调沉稳而富丽，图案精美多变。筒裙由三幅自织布横拼而成，只在筒裙两边织上花边图案的叫半花裙，三幅中有一幅或两幅甚至三幅全部织有图案的叫满花裙。年轻姑娘多穿满花裙，老年妇女多穿半花裙，色彩都是红、黑调配。景颇族妇女穿的筒裙，据说是按始祖“诺羌”和“熟羌”夫妇俩的遗嘱制成的。相传，始祖“诺羌”临终前，对他的妻子“熟羌”留下遗嘱：我要飞上天，成为天仙彩虹，我要下地堆谷堆，把长刀挂在腰上飞飘天地之间。后来，景颇族男子学着闪电的样子走村串寨，唱歌跳舞，打制了长刀，根据始祖的说法，挂在腰间；种起了稻谷，堆起了谷堆，吃用不艰难。景颇族女子也仿照天上的彩虹，织出五颜六色的花筒裙，并定下规矩：景颇族女子不会织筒裙，不能嫁人。可见，织锦在景颇族服饰中有着十分重要的地位。

古代，景颇族还有一种筒裙叫“半花裙”，这是用来祭祀谷神的，故也叫“雌祭裙。”这种筒裙上的祭祀图案与一般生活中的差别不大，也是黑色的布料，但图案简单粗糙，唯一的区别是有几根垂直的粗线贯穿于花纹之间。景颇族祭祀裙上的粗线条有红、黑两种，红色代表水沟，黑色代表水田，红、黑色融合即是“稻谷有充足的水源”，是祈求稻谷生长在水田能够水源充足，风调雨顺。祭裙显然是作为保佑谷魂的吉祥神服，而发挥特殊功能，既是一种祈丰招魂（谷魂）的“吉咒”，又是指导人们如何把握农事的示意图。它形象地反映了少数民族传统的文化心理。景颇族认为：一方面，世界及万物在他们心目中是现实的，可直观摹写，所以必须按客观规律办事；另一方面，世界及其万物又有虚幻的一面，存在着许多无法捉摸，无法控制的超人间的神秘力量。这种力量只能靠直观去感悟，因此，景颇族织锦上的图案是一种古老的景颇族图画象形的表意文字，是景颇族用画记事的方法，也是一种文字符号，具有浓厚的图画色彩。远古时代的景颇族文字，每一个字都是一幅惟妙惟肖的图画，比象形文字更古老，每一幅织锦图案都会涵有某种寓意，其内涵比我们想象的还要丰富。

景颇族男子都爱戴一种用黑、绿两色织成的包头，叫“卡苦包头”。这包头的来历便是一次追悔莫及的生死离别。传说，景颇族寨子里从前有个孤儿，孤零零住在一间破房子里，有一天，他抓到一条小金鱼，就把它养在水缸里，与他作伴，天长日久，对金鱼有了感情，小金鱼变成了一位美丽的姑娘，天天为他烧饭制衣。孤儿对美丽的鱼女更有了感情，趁鱼出现时便跑出来抱住她，让她做了媳妇，他们男耕女织，日子一天天好起来。小两口日子本来过得很好，偏偏孤儿听信了别人的谗言，认为鱼是妖精，把鱼女赶走了，伤心的鱼女带走了所有的牲畜，回到了自己的水潭，孤儿后来发觉自己受骗了，当他回到空荡荡的家时，后悔莫及，哭了七天七夜。青蛙帮他吸干了水潭里的水，让他见到了鱼女，此时鱼女正在织锦，听了他的哭诉，告诉他已经来不及了。因为鱼女回到水潭，公鱼已经与她怀上了鱼子，只能在鱼塘为他生子，不能再跟他回去，鱼女念及和他夫妻一场，便将刚刚织好的包头取下来送给孤儿，孤儿没能找回鱼女，又气又悔，没几天就死了。死后，他变成了一只小鸟，天天在水潭边飞来飞去，不停地唤着：鱼女，鱼女……这只鸟全身都是绿色的，唯独头上的羽毛是黑色的，景颇族男子为了记住这个教训，都戴上了黑绿相间的“卡苦包头”。创世史诗《目瑙斋瓦》中说：景颇人的先祖宁贯瓦与龙女结合后，繁衍了无数后代，散居各地，互不往来。有一次，宁贯瓦无意中看到了刚刚从太阳国回来的百鸟，在孔雀的率领下翩翩起舞，十分壮观，于是便偷偷学得此舞，传给后代，让他们定期聚会，共同操演，以团结族人，沟通祖灵，不忘根本。

第十章　服饰民俗风情

民族服饰，在世世代代的民俗传承中，体现着自己民族的认同感和共同心理素质，是该民族内部成员的人生角色、年龄、性别、婚姻、生儿育女、职业与等级的指示灯。几乎每个民族群体都有一套约定成俗，由特定文化传统规定的准则。因此，每个民族成员都要按其所在群体的规则，规范自己的服饰行为。服饰在各民族内部发挥社会契约作用和规范作用，长期形成传统和广泛流行的风俗习惯，对众人的思想意识包括审美意识都会发生深刻的影响。服饰民俗有着特殊的功能，真是民俗的总汇，风情的亮点。

服饰民俗是人类物质和精神文化生活的重要表现。几千年来，西南地区少数民族传统文化的积累和风俗习惯的形成，对服饰设计穿戴的影响显而易见，每一个民族都有自己所特有的服饰文化习俗，各民族依据各自的习俗，进行服饰的设计和穿戴，古语称“十里不同风，百里不同俗”。习俗是流行千百年的民族风尚，从历史的角度看，它是民族传统文化的流淌，是民族文化心理的积淀。西南许多民族没有文字，习俗就担当着记录文化的功能，即使有的民族有文字，习俗也承担着文化传播功能。民俗常借助民族服饰的物态形式，来表现风俗文化的诸多精神实质。民族服饰中的习俗，还体现着礼仪和伦理意识，云南很多民族在礼仪，如诞生礼、成年礼、婚礼和丧礼等仪式中都要换装，每次换装都以不同的方式，不同的内容，庄重地体现了尊重人生和崇敬祖先的礼仪观念。同时，服饰不仅是社会地位、政治观念、历史事件的载体，与民间岁时节令和人生礼仪也有着极密切的关系，因此，独特的服饰习俗，让民族传统文化更加丰富多彩。

西南地区是一个民族众多的地区，各民族依据各自的传统习俗来进行服饰的设计和穿戴，方式千姿百态。在西南地区少数民族中，从童年、成年、婚育、直到晚年，男女都有不同的服饰习俗，而且还有象征祀祭、丧葬、战争、长寿等的服饰传统习俗。众多而又精彩的服饰民俗，造就了服饰民俗文化的丰富内容。这些装束，不仅体现着大众的审美情趣、生活准则与社会伦理道德，而且在民族传统文化中是异常醒目的亮点。服饰民俗，在服饰文化中占有重要地位。

一、婴儿服与童装

很多民族都视生育为头等大事，儿童服装是母亲表达爱意、施展才能的平台，姑娘们自出嫁前就为未来的孩子们准备各种穿戴用品，如衣、鞋、帽、兜肚等，从头到脚样样齐全。母辈将希望与祝福全部倾注在一针一线中。那些千姿百态的造型，五颜六色的搭配，都是为了将新生儿女打扮得如花似锦、生龙活虎。

每个民族都十分重视儿童的养育和成长，这在儿童服装上的体现很突出，童装、童帽、童鞋、童背等儿童服饰用品形式多样，制作精巧，其精美图案寓意吉祥，祈盼着孩子快长快大，在诞生礼、成年礼等人生重要礼仪活动中，亲朋好友大多以赠送服饰以示祝福。诞生礼，又叫“满月礼”，是在生孩后满月举行，作为人生四大礼仪之首，涉及许多文化现象，几乎每一个民族都有一套与妇女产子、婴儿的新生息息相关的民俗事象与礼仪规范。婴儿出生仅只是一种生物意义上的存在，只有通过为他举行的诞生礼仪，他才获得社会中的地位，被社会承认为一个真正意义上的“人”。从此，服装中无论在数量上，还是在文化与艺术成就等方面，都有相当的分量，无论款式上或艺术上的积存都非常丰厚。

一个孩子将要降临人世，年轻的母亲总是怀着淳朴的情感和美好的意愿，一针一线，认真精细地为孩子缝制衣物，倾注着浓浓的母爱。因此，童装色彩鲜艳活泼，制作极为精细，避邪、吉祥的图案特别多，花鸟虫鱼、十二生肖、长生保命的神佛灵像，以及福、禄、寿、喜等图案和文字，纷纷在童帽上显现。仅就童帽而言，无论是款式上或艺术纹饰上的积存都相当丰厚。就拿撒梅人（彝族支系）的童帽来说，从半岁到三岁的幼儿戴“飘帽”，意为快长快大。此帽前呈扁平状，镶花边，上沿贴上一个翡翠色小玉片或钉六至九个小佛像。帽顶和两侧绣花朵图案。男女童帽有别。女孩帽前伸出部分成椭圆形，男孩帽尾伸出部分呈燕尾形，意为长大后振翅高飞，畅游世界。孩子长满三岁后，男孩就不戴帽，女孩则换成“鸡冠帽”。其帽状如鸡冠，用黑色绒布做成，帽边绣两条金线，其中缀以桂花图案。帽顶扎着两条红绒球，未成年女孩帽两边绣有圆形或三角形的精美图案，显示女孩子的美丽和聪明。

彝族年轻母亲为孩子准备的诸多衣物中，多有“虎头帽”“虎头鞋”“虎头兜肚”等。舅舅家往往还送一块以“四方八虎”图为面饰的背布，以示舅家对外甥（女）的祝愿和尽到护祐之责。孩子穿戴起虎帽虎鞋，用“四方八虎”图背布包裹背负，真是“虎头虎脑”，既体现出了他（她）是虎族的小成员，又表达了父母、舅家对愿他（她）长得如虎而有生气的深情之爱。同时孩子一身虎相，认为可避邪驱魔，能无灾无病、平安成长。小孩虎帽额部多绣一“王”字，此字为表示虎为“百兽之王”外，也表示形象化了的真虎额斑。亲属赠送给男孩穿戴的虎头帽、虎头鞋，都将凶猛可怕的老虎设计成憨态可掬、虎虎有生气的形象，使这些服饰充满了童趣而招人喜爱。同时还取“以示猛虎”之意，以求得保佑儿童平安幸福，长大后如虎一样勇猛成才。

楚雄州姚安县马游、左门一带与大理交界地区的彝族，婴儿的出生不仅是一个家庭的事，而是整个家庭乃至整个族群的大事。新生婴儿最重要的服饰就是胎衣。胎衣是婴儿的第一件衣服，对婴儿意义重大，彝族传统的灵魂观念认为，初生的婴儿都是灵魂转世，所以，男婴的胎盘埋在门槛脚，表示男子守家守财，女婴的胎盘埋在门外，表示女孩出门嫁人成家。男婴所穿的绣有龙虎图案的背心，早在婴儿出生前就制作好了，均由婴儿的妈妈、外婆、奶奶、姨妈、姑妈等缝制而成。报喜后，娘家就要备办贺生礼，包括衣服、鞋帽、银锁、被单等，衣物用五色丝线缝绣，有的绣白云飞龙，有的绣二虎抢宝或飞鸟桃花等。在楚雄地区，彝族传统文化中的服饰，意蕴多样的就是儿童服装，如脐带圆领衣、彝族认为婴儿出生后，若成体不佳，要缝制一件“讨饭衣”，即脐带圆领衣，把婴儿的脐带缝在一个圆领衣的衣领内，让婴儿着此衣，以求逢凶化吉，日日平安。楚雄彝州的儿童在不同阶段要适时换装，甚至还要举行专门的穿衣仪式，孩子一般在三岁后换上正式的服饰，三岁后的服饰以款式等方面接近成人服饰，与成人服饰相比，此时的儿童服饰只在颜色和图案纹饰上有所区别，以确定年龄角色。换装时先请毕摩择吉日，并为其诵经作法，亲戚朋友赠送衣服，从此，族群内每逢节日，祭祀走亲戚，儿童就要穿上礼服正式参加。

服饰民俗，既要符合民族风情的特点含意，又要满足审美穿着的要求，按习俗，孩子满月或周岁时，亲属要赠送特殊装饰的衣鞋帽。

在永仁、元谋、禄劝等地金沙江一带的彝族属小凉山一带的“白倮”支系，婴儿从满月到一岁，无论男女均穿不带花纹半开襟前系扣的黑色土布贯头衣。一岁到三岁女童服饰稍具装饰性，上衣为半开襟淡蓝横条纹土布贯头衣，圆领窄袖；四岁

到六岁女童上衣与低龄服相同，头上所戴由童帽变为成年女性的头帕，下身穿裙，裙子花纹也在前一段年龄段纹样的基础上加以完善；7岁到10岁上衣布料与之前年龄段有较大改变，由原来的浅蓝色土布变为褐黄色方格土布，款式虽与低龄服相似，但开襟边无蜡染和贴绣装饰，却在前襟上增加了一块方形蜡染贴布；10到16岁女孩装出现了一些成年服饰特征，如上衣主为蓝色横条土布全开对襟衣，下襟有了挑花刺绣，换上这款服装即为少女成年的标志；16岁以上即算成年，女子一般头顶黑布帕，身着蓝白线混纺的开襟土布短衣，下着蜡染为底的贴绣彩裙，领口、前襟及襟摆处有代表成年的挑花刺绣，乍看之下与已婚妇女服装形式基本一致，但裙摆处单花的田字形挑花等于告知同族的未婚男性，这个姑娘尚未结婚，可与其谈恋爱。

永仁、元谋等地彝族，幼女穿的童裙，彝语称“奢腊”，为一道百褶裙摆和一道裙筒，当女童长到13至15岁，须为她换童裙，彝语称“腊洛”，届时由毕摩择吉日，母亲主持换装礼仪。少女换上新裙后，所有女性客人纷纷向受礼女孩表示祝贺，换了童装后，该少女便不能与娘家一起祭祖，须待出嫁后方可与夫家一同祭祀祖先。

普米族6到10岁的小女孩，戴圆形褶子帽。帽顶为蓝色或绿色，帽檐缝有红色带褶皱花边，在帽檐右侧饰有各色丝线制成的流苏，或装饰各种珍珠、玛瑙珠。现今，姑娘们喜戴的帽子，是在褶子帽基础上稍加变动而成，帽仍为圆形，顶蓝色或绿色，用绿色丝绸做大圆边，右侧戴绢花及丝穗，有些青年妇女爱戴筒状白帽，幅高20厘米左右，帽上还绣几朵漂亮的花。苗族婴儿生辰服饰，均由外婆制作赠送，是普遍流行的习俗。苗族女儿在夫家生了小孩，外婆家立即送去精工细绣的小衣、小裤和背带。一般来说，绝大部分苗族地区婴儿生辰装没有更大的特征，仅有部分地区在配饰上有特殊标志，如富宁县一带苗族，在为婴儿举办“满月”（苗语“弄虾”）庆贺时，

将众人送的金银打制成手镯戴在手上，以示保护一生幸福平安。父母认为“下种发了芽，栽树开了花”，在举行满月礼的时候，仪式上要把外婆送来的一匹蜡染布铺在新制作的六尺喜凳上，并把外婆家送的衣帽及银饰给小孩戴好，然后由父母抱着幼儿走过喜凳，又让站在凳两旁的几位近亲递送幼儿，最后送给母亲，母亲又递给父亲，以此来祝福小孩健康成长，聪明能干。

人的一生，不同年龄有不同的服装定位，从婴儿出生开始，就有着一系列的服饰习俗。服饰与搭配物是不同年龄阶段的直观区分。婴儿服饰一般都简单，也很少体现男女之别，轻软保暖与透气是制装的主要标准，饰物很少使用。儿童服装除体现男女区别与婴儿服装不同外还，还凝聚着母亲的一片爱心，对孩子的爱倾注在服装上，所以童装制作精细，色彩鲜艳活泼，引人注目。童装还有一大特点，它包含人们对小孩生命的关爱与期望辟邪、吉祥、长生保命、福禄寿喜等健康美丽的愿望，装饰设计的图案特别多，仅就童帽而言，花鸟虫鱼、十二生肖、神仙佛像等纷纷出现，还有花、鸟、鱼、虫、福、禄、寿、喜等花纹与文字图案集中装饰在鞋、帽、兜肚、背带上，都是长生保命，快长快大成人之意，使童装的文化内涵与艺术成就特别突出。儿童时期多数从三岁左右开始，到十三四岁或十五六岁不等，时间较长，服装的积存也很多。在云南少数民族中，每个民族的童装都颇具特色。

在小凉山一带彝族，儿童的服装，特别是未成年的女孩，打扮有着特定的规范，主要表现在裙子与发式上。幼女梳独辫，头帕折叠成撮箕状至额前缝合并倒扣在头上，上压红头绳一根，佩戴小螺壳、海贝、狗牙、小红珠之类的耳饰，若无饰者，仅穿线表示。裙子为两节，上筒下褶，红白相间，多用素色，有的在上节筒状中横贯两条红线表示未成年。

保山坝湾一带的傣族，婴儿一降世，就给穿上无领无袖的白色衣，意味着清白纯洁地来到人

间。小衣用半米左右的白布做成，无领无袖、也无缝边，据说缝边即会“缝”住小孩的长势，此服只有腰间系一腰带。孩子会走路时，女孩花衣服，扎辫子，并在脖颈上挂一块三角形的护符，里面装进避邪避鬼的经文。

白族童装，多姿多彩，特别是过周岁的儿童服装式样更多。鞋、帽多制成鸟兽、花卉形状，如狮、虎、鱼、鹤、凤、兔、莲花、牡丹等，并以银制或玉制的佛像、“八仙”、吉祥物等饰于帽上。小孩的披肩、兜肚、护腰以及背被等都由母亲精心制作，每件用品都有鲜艳夺目的刺绣装饰。白族小孩大多戴猫头尾帽，帽子前额镶金银制 13 个菩萨像，中央为观音坐像，两边钉有 18 罗汉像，猫头帽两侧至两腮前有银钩，用于小孩系帽。帽顶两侧用白兔毛做成虎耳，上前挂银铃，虎帽用大红绸缎做面料，前檐绣有一个“王”字，后脑绣有双龙抢宝等图案，胸前挂有金锁银牌，上打有“福、禄、寿、禧”字样，帽后悬有金链银梁。小孩的鞋也为老虎鞋，鞋头向后翻，两耳插上兔毛，前绣一个“王”字，两侧绣花。白族是崇尚虎的，小孩穿戴虎帽虎鞋，是要使小孩像虎一样勇猛强大，天真活泼，伶俐可爱。

佤族儿童服饰的主要特点体现在帽子的装饰上。佤族人认为人类及万物之魂居于头部，儿童的灵魂细弱，抵御邪风病魔的能力差，因此要着重保护他们的头部，而保护头部的办法是让母亲的灵气与幼儿的灵气时常沟通。于是特意在儿童帽子上遍绣葵花、葫芦、鱼类等图案，因佤族人将葵花视为女性的象征，将葫芦看作是母亲的象征，鱼类则寓意母亲和母体生殖能力，家境宽裕者，用银制饰物，缝在儿童帽子上当保护神。

文山州富宁县与广西交界的壮族地区，儿童自四岁以后，打扮开始有男女之别。男孩从头顶脑门到前额蓄长方形头发块，俗称“搭点儿”或“脑门头”；女孩在头顶上留一圈盖状头发，称“马桶盖”，也有的打成小辫；五岁穿耳，七岁后戴瓜子耳环。壮族儿童衣裤无甚讲究，但帽子却名目繁多，帽形多依季节而定；春秋季戴“紫金帽”“凤帽”等。这些帽子多用彩色丝线绣上“喜鹊闹梅”“凤穿牡丹”“长命富贵”等吉祥纹样，镶嵌“大八仙”“小八仙”“十八罗汉”等银饰，帽顶及帽后还吊一些银锁、银牌、银铃。儿童颈项上戴“口水枷”，并戴有项圈，上系“百家锁”等银饰品。鞋子有“粑粑鞋”“虎头鞋”，上面多绣以花纹。不满周岁的婴儿，用镶有“台台花”纹样的壮家织锦作为襁褓。

普米族儿童，不分男女，在十三岁以前一律穿一件右衽开襟麻布衣衫，腰扎麻布腰带。十三岁时举行成年礼后，才正式穿着衣裤。成年礼由母亲或兜文主持，与纳西族摩梭人的穿裤裙仪式相似。成年以后，男孩头戴羊毛线织成的套头帽，脚蹬皮鞋；女孩留长发编辫，挂于前方，其上佩戴珠串，以红珠为主，多者达千颗以上，重至一两斤，衣领上配有银扣，女孩的帽子用布缝制，上边呈猫头形状，双耳挺立。不论男孩、女孩都戴耳环和银质手镯；过去通常戴大耳环，近代改为以彩线穿耳，下系碧玉。普米族男孩的头发前部和左、右共有三根小辫子，后面没有，辫子比女孩多。有的地区男孩剃光头，只在头顶上留一小撮头发，编成一个小辫子。

二、成年礼与换装变发

民族服饰，具有界定人生不同年龄阶段和身份的社会功能。这些装束，不仅体现着人们的审美情趣、生活准则与社会伦理道德，而且在服饰民俗文化中非常醒目。

人的一生，不同年龄有不同的服装定位，从童年时代开始到成年，有着一系列的服饰习俗，其中成年换装的礼俗极为隆重和严肃。许多关于民族服饰的调查资料表明，成年人与未成年人有严格的区别，享有不同的权利和义务。因此，成人礼服和婚嫁盛装的历史特色和民族特色是最鲜明、最丰富不过的，因为它与民族兴旺、繁衍生息息息相关，也是人生的重大历程，因此，都要举行成年仪式。这是许多民族都有的风俗。“换装变发”是成年礼中最主要的内容，无论是衣服的变更，头饰与发型的改变，各民族都严格按照自己的传统习俗进行。

值得注意的是，大小凉山地区彝族男女都要举行成年礼的换装变发仪式。宁蒗县跑马坪一带的彝族，是从四川大凉山迁徙过来的小凉山地区族群，女孩子的成年礼比起男孩来则要隆重得多。换装仪式一般在十五岁，最多不超过十七岁时举行。仪式彝语称“沙拉勒”，意即改穿大裙子。成年礼前，男女均穿麻布长衫，区别只在于男孩剃光头，少女梳的是一根小独辫，耳朵上挂的是穿耳线，成年仪式后换上绣花的上衣和黑、黄、白、红等五色相间的有褶拖地大长裙，还要把原先佩戴在两耳的白坠片和穿耳的旧线扯下，换上红玛瑙似的珊瑚珠或银光闪闪的耳坠，把原来的单辫子改梳成双辫，盘于头顶，象征姑娘已经发育成熟，从此，少女的黄金时代就开始了，姑娘便可“玩场”、跳舞唱歌，谈情说爱，寻找心上人，结婚生儿育女了。在彝族社会的传统习俗中，任何男子若与未穿大裙子的姑娘发生性关系，都要受到社会舆论的谴责，甚至要按强奸犯论处。

宁蒗县跑马坪一带彝族的“沙拉勒”成年礼仪，都必须要在羊厩的羊粪旁边举行，因为羊粪能肥田种地，姑娘在此改装大裙后能儿孙兴旺。仪式主持人是村寨中年龄最长、子女又多的妇女。脱换短裙之前，要由主持人用一件红、黑色羊毛织成的拖地长裙为姑娘祝福。这种裙子要织成七道颜色，要分成四截；若自己没有可以借用，但要给一头羊前腿或一罐酒为代价。祝福的形式，是用上述的羊毛裙子绕头部或下身大腿部三圈。经过此种祝福仪式后，才脱下短裙，穿上大裙子，并将独辫梳成双辫，戴上绣满彩花的头帕，同时将童年时代穿耳的老、旧线扯下，换挂上银光闪闪的银耳坠。举行仪式时，全村的妇女都要去祝福，但禁止男性参加。仪式结束后，穿上彩色衣裙的少女，便以“假新娘”的身份出现，一大群同村亲密好友，年龄都在十五至十七岁，都是举行过成年仪式的未婚女友，个个打扮得花枝招展，来到女主人（假新娘）家里，坐在席铺上，挑逗取闹“假新娘”如何去找心上人？是否有喜欢的对象？整个过程都是在歌声和取闹声中进行，为首的歌便是：

花坎肩套在红衫外，围圈围着七彩裙；

黑发辫压头帕上，明晃晃的银环垂双耳；

远看好像一朵花，近看才是彝家女。

从此，少女成熟了，美丽了，黄金时代开始了。她可以自由逛街、“赶场”，可以放开心、高高兴兴地走村串寨，也可以欢欢乐乐地耍朋友，谈情说爱找对象。举行过“沙拉勒”仪式后的少女，聪明智慧一下子增加了许多。她会在歌场、舞场上偷偷观看男子的举止，也会在核桃树下弹口弦，以腼腆羞涩的方式吸引心爱的小伙子。从此，绣花衣裙、骨梳、面镜、银首饰，便成了她离不开的身上饰物，一霎间就把一个鬓额未开的童女，打扮成了一个娇艳美丽的成年女子，成为大小凉山上盛开的一朵鲜花。

凉山地区男子成年礼的年龄比较小，仪式也比较简单。男孩一般 7 岁便举行穿裤仪式，最晚不能超过 9 岁。男子在举行穿裤仪式前，是穿长衫。裤子由亲生母亲来代穿，地点在火塘（彝族称“客枯”）边举行。穿前要进行“解污除秽”的仪式，程序是要在火塘里烧一块石头，烧热后拿出来，在上面洒一瓢凉水，烧热的石头因泼水后蒸发热气，这时将裤子在热气上来回转绕和翻滚，让热气冲洒在裤子上，象征人已成熟，热气冲天，接着便把裤子给孩子穿上，穿时由长辈祈求说：“孩子长命百岁，长大成人有本事，像热气一样冲天下地……”吉祥祝福后吃一顿酒饭，仪式结束。

男孩发饰基本上分为三阶段。婚前，在头顶前留一撮头发，叫“如比”，是灵魂居住的地方。婚后，请人在头顶梳辫子，叫“如铁”，梳辫子要杀羊祝福。死时，有子女，要在头前打尖状物，叫“天菩萨”，这是彝族从古至今的头饰习俗。

丽江永宁纳西族摩梭人少年，到了 13 岁时举行更衣改服的仪式。换装时，男子穿上衣裤，女子穿短衣裙子，系腰带。仪式在春节举行，除夕之夜，刚满 13 岁的少男少女，按性别集中到一起，吃酒喝茶，载歌载舞，迎接成年仪式的到来。正月初一，雄鸡报晓之后，这些少男少女分别回到自己的母亲家庭，参加成年仪式。仪式在公共住宅“堂屋”内举行，“堂屋”西侧有一个火塘，供灶神和象征祖先灵位的锅庄。房子分两半，并且以房柱为标志，右边为女性，左边为男性，所以，女子只能坐右边，男子坐左边。仪式就分别在女柱和男柱下摆放的猪膘肉或装满粮食的麻袋上举行。女子仪式由其母亲主持，少女踩在猪膘和粮食袋上，右手拿着手镯、串珠、耳环等装饰品，左手捧着麻纱、麻布，主持仪式的母亲笑容可掬地把少女的麻布长衫脱下来，给女儿换上成年妇女的服装：短衣和裙子，腰间扎一条绣有花草和几何图案的腰带，请“达巴”（祭师）向祖先、灶神祈祷，在少女脖子上挂一根羊毛绳，作为吉祥之物。羊毛绳代表羊，要后代不忘祖先的游牧生活。

男孩成年礼由舅舅主持，若没舅舅，就请“达巴”占卜决定由其他年纪最长的男人主持，仪式进行中，先念祝福词，左手拿着银圆，右手握

尖刀，站在柱旁的猪膘肉和粮食袋上，脱下长衫，换上短衣花裤，脚穿高筒靴，腰间打腰带。男女换装后，都要由主持者领着向祖先、灶神和长辈亲友磕头，然后举行餐宴，表示祝贺。

成年礼，在过去是许多民族都举行的神圣仪式，换装变发是其最重要的内容，现今仍有不少民族保留成年礼，都举行隆重仪式，把换装变发看成是成人的标志，只有“换装变发”后，才进入成年，才可以参加社会活动，谈情说爱，成家立业。

从童装到成年装，除衣式改变外，一些标志性的衣饰变更，在许多民族中都普遍存在。在纳西族摩梭人中，换裙子是女子成年礼的重要内容，换头饰是成年换装中最常见的一种。基诺族青年男女必须举行成年礼，整个礼仪充满着肃穆而又神秘的气氛。日月花饰，是男子成年礼的标志。凡年满十五六岁的男孩，在劳动或出门办事时，就会受到一次事先埋伏好的青年们突然性劫持，然后将其“绑架”到举行祭祖仪式的会场，在庄严隆重的仪式中，接受村寨长老的祝福，并要得到父母赠送的全套农具及成年礼服。受礼后，全寨青年男女载歌载舞，通宵达旦。天亮后，受礼的青年人回到家里，主要用帽与太阳纹花的形状改变来体现已经成年，会把童年的帽子换成包头，花纹也都是圆形，不像孩童时可圆可方，衣服是背肩上绣有月亮花纹的上衣，此外，亲属还送给他也绣有月亮花纹和美丽几何纹图案的挎包，他的母亲则在他新钻的耳孔中的竹管里，插一小朵美丽芬芳的鲜花，表示自己的儿子取得了谈情说爱的权利。姑娘到了同等年龄举行婚礼时，要改头饰为独辫，并围围腰，上衣背心有成年人的标志性图案，衣服背、肩及裙边要绣有太阳图案，才可参加社交活动，结交亲朋好友。基诺族成年礼又称成丁礼，整个礼仪，无论男女青年，充满着肃穆而又神秘的气氛。泸西、弥勒等地彝族女子在幼时戴船形帽，之后改冠子帽与长尾帽，16岁以后才换成人帽，婚后还要改。瑶族“蓝靛”

女子顶板包关是成人标志，男子则是帽换帕，以包头巾为成人标志。墨江等地的哈尼族碧约支系，成年女子最重要的是制作两顶帽子，幼时只戴一顶，成年后戴两顶，是因为成年女子在谈情说爱过程中，青年男子往往要取走其帽以示爱情，不戴为失礼，只能备制一顶，以防不时之需。红河州一些地方的彝族、哈尼族，编辫是成年的重要标志。元江等地哈尼族成年后要在腰上加饰其族称为“批甲”的装饰。

成年之后，服装式样已经固定，很少有改变，而一些佩件与标志性饰物则在婚姻与生育两个关口面临新的改变，一般说来，婚装是青年服饰的最高水平，也是服饰艺术的顶峰；婚后或生育之后，角色与地位已从青年的单身转入另一种角色。女子婚后就得在衣装上做一定的标识，以区别于未婚青年，以适合于自己的身份，避免不必要的麻烦。这种变更，以头饰变更的居多，有的是全部更换，如帽子换成头帕、包头之类，也有的只作局部更换，主要是改变头饰的形状，或去掉部分部件。马关、石屏县的傣族，金平县的瑶族，就是这类改变的例子，已婚未婚，头饰包扎法明显清楚，一看便知，彝族阿乌妇女把婚前的鸡冠帽改为婚后的勒子帽，撒尼女子在头饰上的改变也属这一范围。德宏傣族由裤改裙，也是一种标识办法。

发型发式的改变，常见的有披发改髻，改辫，单辫改双辫，或多辫改髻，或改变发髻式样等许多种，这类改换在多数民族中都有。

腰带或其他一些饰物附件，也会用于标识已婚未婚的身份。哈尼族白宏支系的妇女，婚后有专门做的腰带标明身份，哈尼族批次、叶车新媳妇则用一种特殊的帽子，向路人表明自己的身份。

饰品的收藏、减少，也是已婚妇女衣饰的重要变化。年轻时佩戴的饰品，婚后就逐渐减少，收藏起来，以备传给后人，已婚妇女身上的饰物太多，难免招摇，与自己的身份不符。

老年人的服装，较中年人更为简单，注重实用，不重花哨。进入老年的标志，不全在年龄，还有个人的地位与身份变化，一旦儿已生子，子孙绕膝，即便年龄不是太大，着装和行为也要与身份相协调，有的地方，老年人服装有特殊标志，可以穿丝制的寿衣，是普遍的例子。石屏县中街乡彝族，已有孙子孙女的女人，过去还套一种专门的头帕，以区别于中年人，如此之类很多。

广泛存活于西南地区少数民族服饰中的习俗，是女子发式和头饰、服装，在婚前婚后有相当明确的区别。一种是成年未婚少女漂亮华丽的装束，另一种是已婚妇女朴素却又独特的装束。少女特有的服饰标志，体现着成年人的权利和对未成年人的保护。已婚妇女特有的服饰标志，是对已婚妇女婚外性关系的限制。这种标志如同印在身体的文字一样，令族人一目了然。许多民族服饰具有界定人生不同身份阶段和年龄的社会功能，将服饰作为区别婚姻状况标志的习俗是突出的文化现象，进一步展现出引人注目的亮点，吸引世人的关注。从古至今，都有记载，如清同治年间《毕节县志稿》卷八记述："禄劝县，男著麻布或羊毛布衣服，女着桶裙，有素净和挑花两种。未婚女子头上左右各绾一髻，婚后绾于额顶，盘缠叠成螺蛳状"。

结婚、生育，是人生的重要历程，也是最幸福的时刻，各民族女性，无论是服饰色彩、图案花纹、造型款式，或是腰间饰物，都要随着年龄历程有自己独特的外在标志，特别是发型的变化，更是多种多样，风情万种，不仅婚前婚后的区别很大，结婚以后，又有着生育和未生育的区别，这些都是民族服饰里的传统习俗。

西南地区少数民族女子已婚未婚的区别，主要体现在头饰和发型中。这里以彝族为例，彝族不同支系不同地域的头饰各有千秋，服饰也千姿百态。

巍山县多雨村和麻街房彝族，未婚姑娘戴银鼓帽，耳坠银耳环，身穿蓝领褂，腰系花围腰，下着绿彩裤，脚踏绣花鞋，后挂圆裹背，全套装饰花团锦簇，似开屏的孔雀，令人眼花缭乱，美不胜收。姑娘结婚后就不戴帽子，改为辫发挽于头顶成宝塔形高髻。高髻上插"别子"。"别子"用银线做成，尾部垂吊四串绣球，每串绣球上还有两个灯笼、两个响铃和小鱼。发髻外戴"扶额"（彝语）。"扶额"是以一种黑丝绸或黑布做成的包头布。包头布上钉有银制或珐琅制、并镶嵌红色宝石的高型鼓钉，一般具有两层花饰，称为"帽花"。"帽花"下安一个宝塔形的"针符"（彝语）。"针符"顶端镶有一颗闪闪发亮的红宝石，再饰银串珠、亮珠，或银制的"荞角吊"数串。妇女耳坠式样各异，有银圈大耳环，有长吊金银耳坠，也有小巧玲珑的银制小鱼和响铃，整个头饰，银光闪闪、十分耀眼。

大姚县昙华山彝族未婚姑娘编两条发辫垂于两肩，内戴银泡小帽，外包绣花包头帕，已婚和老年妇女则不戴银泡小帽，头发也不编辫，而是绕起于头顶，包上黑布或黑纱一条，外面再包方形头帕一块，也绣花，但图案色彩都不如未婚姑娘艳丽鲜明。大姚桂花乡彝族，未婚姑娘编发两股辫垂于双肩，戴一顶串珠小帽，已婚妇女则挽髻于顶，外套黑布一块。

南华县五街地区彝族未婚姑娘戴"勒子帽"，已婚女子将发辫盘于头顶，用黑布或蓝布包头。

弥渡彝族未婚者头戴鱼尾帽，已婚者黑布包头顶。弥渡"黑彝"未婚头戴镶满银泡的凉盘帽，已婚都戴无帽顶的帽箍，再缠盖一块深色纱布。

绿春县彝族姑娘头戴银泡鸡冠帽，辫发于头顶，露帽冠，婚后去冠帽，头包黑纱巾。伙子们见到黑纱巾姑娘就不会与其调情惹事了。

蒙自彝族聂苏少女梳独辫，戴红色绣花船形鸡冠帽，饰以银泡、银铃、凤头什色丝缨泡等，婚后以饰有银泡的布"勒子"勒额盘发，用粉红、水绿色毛巾缠结的线，排系于两端，折出左右两尖角包在头上。

镇雄彝族未出嫁的姑娘额前蓄有"刘海"，俗称"烟须头"，出嫁时纹面拔去"刘海"，额面光洁美丽，象征有人相爱，婚后美满幸福。

石林彝族撒尼未婚姑娘于包头内侧的左右两边各插一块两面绣花的三角形硬布块，称为蝴蝶版或彩蝶，已婚妇女则一块收藏，一块平放于顶。

弥勒彝族撒梅成年妇女，上身着青布或白布衬衫，外罩一件黑绒布黑土布的"挂衣"。衣前短至肚脐，衣后长至臀下，便于劳动。"挂衣"是低领大面襟，右襟布纽扣下沿镶一条波浪形花纹。腰部系一条用手工精心缝制的绣各种花卉、鸟兽的腰带，称为"彩腰带"。下面系一条短围腰。如果是未婚姑娘，围腰两端系带垂于腰前；如果是已婚妇女，两端系带垂于腹背，下着黑色长裤，裤脚大而较短；未婚姑娘裤脚稍长，且绣有花纹装饰，走起路来美观潇洒。撒梅姑娘结婚后，不仅服型改变，发式也随之变化。姑娘将发挽成髻盘于脑后，前额顶上放一块状如瓦片的黑绒布，发髻后用篾片扎成一个12厘米长的椭圆形竹圈，再绷上青纱布，下面也有两条一长一短的青纱带，将额前的"沙帕瓦"缠紧，扎于后脑的发髻上。

南涧彝族女子婚前包头上常顶一块蓝色方巾，而在结婚或者婚后，除方巾以外，还要在后脑加一幅艳丽的遮包花。因此，在当地彝族习惯中，送给女家的聘礼中一定要有一幅遮包花，女方得到之后，无论是参加打歌还是参加"朝山会"等活动，总要将之佩戴在脑后，以示身份；也有用黑色长布缠头的，布约三厘米宽，盘绕头四周，盘出10厘米左右，突出的部分愈大，则身份愈尊贵。

宁蒗跑马坪一带彝族已婚者梳双辫，戴黑色蓝色荷叶形帽。未婚者梳三辫，一辫垂于脑后，两辫垂于头部两侧，亦戴头巾。头巾外缠二至五道红蓝色线，彝语称此种头巾为"窝发"。头巾的包法也有已婚和未婚的区别。未婚头巾扎成三方，垂于脑后；已婚妇女的头巾则扎成四方。婚后生了子女的妇女则改戴帽，以示同未生子女的已婚妇女有区别。妇女下装不分等级，也不分老幼，均穿拖地的百褶裙。裙子分上、中、下三节。未婚女子穿红、黑、白三色，已婚女子穿黑、红、白三色。褶裙的色段位置有所变化，只要是知道当地风俗的人，一眼看去，即能知道女子已婚或未婚。

中甸县大羊场、马家村一带的彝族男子发型一生中分为三个阶段：结婚前，在头顶留一撮头发，叫"如比"，是男魂居住的地方；结婚后，请人在头顶梳辫子，叫"如铁"，梳辫子要杀羊祝福。死后，有子女的要在头前打尖状发型，叫"天菩萨"。妇女的服饰比较复杂，不同年龄的妇女有不同的服饰：七岁以下的小姑娘，头戴绣花帽，衣服简单，一般不绣花；十七岁左右，头戴绣花四角帽，用一束红线系在帽子上。两耳戴银耳环，环上系银、贝、玉器做成的珠串；脖子上围着用银片、珠子或绣花纹做成的"围脖"；未婚姑娘一律编两条大辫子，披在后面，如果哪个姑娘把辫子盘在头顶上，则被认为是对她哥哥弟弟不尊重，是不吉利的。已婚妇女把辫子绕在头上，戴上四角帽。只有结过婚、生过孩子的妇女才戴黑色罗锅帽，有些地区称"荷叶帽"。衣裙同未婚姑娘大体一致，只不过朴素简单得多，但裙子的褶数有严格的区别：生过孩子的妇女可以穿大褶裙，未生过孩子的则绝对不可，否则会被认为是懒鬼。

小凉山地区彝族妇女生育前均戴头帕，彝语称"俄番"。头帕的式样独特，程序复杂。帕式呈方形，沿四边挑绣各种彩色图案，图美色丽，戴前先于头上顶一长弧形内装荞壳的软布袋子，从前额至耳后，将发辫盘于头上，用绳交叉拴紧，再将花线锁边的黑布帕以方形折戴在头上，头帕一角直对前额，而两边向后合拢打结，并垂一绺散发做成刘海至额前作衬饰。帕面立于额上，并用大红毛线缠绕其上，红光闪闪，风姿绰约。

在彝族服饰中用来区别年龄、已婚未婚、生育已否的方式丰富多彩，而且有着许许多多美丽的故事。这些故事，注解了彝族服饰上挑花绣朵的许多秘密，除遍及楚雄州各地的"花围腰""凤凰帽"外，还有红河地区的"花腰带"，金平一带的"鸡冠帽"、路南撒尼人的"彩虹帽"……都有着美丽动听的传说故事。它们都是彝族青年女子

最喜欢的腰间和头部装饰，只要你走进彝族村寨，首先映入眼帘的便是姑娘头上银光闪闪的、形似鸡冠、凤凰和彩虹的头饰，把勤劳而又善良朴实的彝家姑娘，打扮得婀娜多姿；同时，也象征着他们婚姻美满幸福。

哈尼族糯美姑娘的“批甲”，是姑娘的成年与婚嫁标志物。居住在元江县那诺一带的哈尼族糯美支系，姑娘爱美、热情、重礼节，在不同的年龄段，有着不同的衣着装饰，表示她们的礼节。

糯美女孩一般到10岁左右，头上开始佩戴闪闪发光的银泡小帽，腰间系着两头绣有五彩花纹的箭头形蓝布裤带，并将裤带箭头形的花纹露在衣后摆下面的臀部处，表示少女天真无邪，拒绝接受小伙子的爱情。到了十七八岁，姑娘头上除佩戴发光的银泡小帽和缠绕银珠外，还在帽沿边留有两撮飘洒的流苏，显得格外羞涩，腼腆而健美多姿。若在箭头形蓝布裤带头上面再加一件名叫“批甲”的装饰物，就意味着姑娘已经长大了，正在敞开着青春的情怀，准备接受如意小伙子的爱情。

“批甲”约一市尺长，是一种以数十股蓝色细布条特制的礼节装饰物，非常别致，有如奇妙的尾巴，走起路来，“批甲”随着身躯的摆动左右飘甩，使多情的糯美姑娘显得更加风度洒脱，体态婀娜，十分美丽。

据说，十七八岁的大姑娘，身后若不系有遮住臀部的“批甲”，那是很不礼貌的。尤其是出嫁了的姑娘，在夫家长辈男子跟前是必须带“批甲”不可的，否则将被视为不懂规则的媳妇，不讲礼貌的姑娘，会被人家轻视，成为世人的笑话。因此，糯美姑娘把臀部上的“批甲”当作青春妙龄的象征，爱美的标志，讲礼貌的礼节性的装饰。哈尼族妇女服饰在反映婚姻状况的同时，也是穿着者自律言行、有礼有节的反映。

苗族男子成丁礼服饰无特别的变化，女性成丁礼后，在一部分地区有明显的标志。如文山广南一带，未成年女孩戴马鞍帽，十六岁后脱帽包帕，以示已长成大人。金平地区少女成年的标志，是美丽的花帽上加方巾包缠，直到结婚，方去花帽而挽结包帕。“超短裙”是苗族少女成年后的专门服饰，但成年礼后要留长发。这一带成年少女服饰只在节日盛会时才能见到，此时，她们背上精工绣成的背带涌入歌舞“花场”，暗示她们已成丁为人，尚未婚嫁，正在寻找婆家。有的地区，苗族姑娘的花帽上，常以猫头鹰羽毛作帽缨，迎风摇曳，十分美观。也有的未婚女子，把头发梳成许多小辫，在辫梢系银链和银质小线，然后结成三条大辫，两条垂胸前，一条垂背后。

三、定情物与婚育标志

古往今来，有多少爱情婚姻的故事，铭刻在人们的心上，就像那明亮的星星，闪耀在深远的夜空。人们在讲述这些故事时，常常喜欢把爱情比作是春天里洁白的梨花，夏天里粉红的荷花，秋天里紫色的菊花，冬天里金黄色的腊梅花。所以，定情物和婚装，都是挑花绣朵，在西南地区少数民族中，定情物和婚服不仅是不同民族的不同艺术精品，而且，穿着赠送的方法，也有着各自不同的传统习俗，多种多样，五彩缤纷，是一个民族文化的神奇世界。

人的一生，恋爱、婚姻、生育所展现的民俗文化传统，在民族妇女服饰中异常醒目；发型饰品的变化，最突出的是未婚和已婚的区别，几乎涵盖所有民族的妇女。

1. 定情物

服装与饰品，在过去的年代，常被用作传递情感的信物，有的是感情达到一定程度而相互赠送的礼物，也有的定情物，都是年轻人亲手制作的精品，既显示青年人的聪明才智和巧手，又是情感婚恋的信物。

在彝族社会中，青年男女的社交比较自由，无论男孩或女孩，一旦有了意中人，这种情感信息便在服饰上明显地表现出来。最普遍的是，女孩子把亲手缝制的腰带、荷包和鞋垫等，送给心上人挂在胸前腰间和穿在脚上。男女间表示定情的物品很多，有的送挎包，有的送伞套，有的送绣花凉鞋，还有的送兜肚、烟袋等等。这些礼品都是女孩子精心缝制，图案、工艺都极其精美，是真诚的心意。男孩一旦得到女孩的礼品，就佩戴在身上，形影不离，显示自己有了心上人。最典型、最有风趣的是红河南岸彝族的“花腰带”。彝家小伙子，没有情人是绝对勒不上花腰带的。花腰带为什么是爱情的信物？相传很久以前，有一对彝家青年男女倾心相爱，但姑娘的阿爸阿妈嫌小伙子家穷，逼着姑娘嫁一个有钱人家的儿子。姑娘执意不肯，就在有钱人家来抢亲那天，小伙子悲愤地死在他俩经常约会的溪水边，化作飞舞的彩蝶。姑娘得知情人死去，也伤心地在抢亲路上断了气，变成鲜艳的花朵。森林中的鸟儿知道这对恩爱情人的不幸，非常感动，便飞来飞去互道信息。蝴蝶终于找到了花朵，这一对情侣终成眷属。从此，每当鲜花成型的时候，蝴蝶就要落在花朵上，不离不弃，窃窃私语。

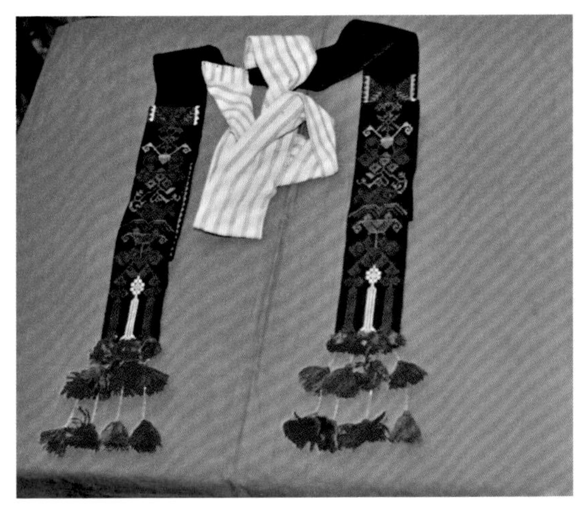

缝制“花腰带”，在某种程度上说，是彝家姑娘的一个秘密。当姑娘相爱上小伙子后，就要背着长辈，利用劳动之余或节假日，用各种彩色丝线，在两条褙贴过的长形布上绣制蝴蝶、花朵、鸟儿等图案，然后在中间用一条白布将两条绣花的花带连接起来，成为一根可以束勒在腰上的绣花带。腰带绣成之后，利用约会的时间，把腰带送给小伙子。小伙子得到腰带后，心里踏实开心，也把事先揣在怀里的手镯或耳环给姑娘戴上，表示真诚相爱。所以，每逢“火把节”或是热闹的街子天，彝族小伙子都要把洁白的衬衣塞进蓝靛染成的青布裤子里，勒上一条秀美别致的花腰带，表示自己有了合心合意的情人。

彝族青年男女中，用来传递谈情说爱的情感信息的定情物最生动、最普遍的是将绣花凉鞋，作为感情的象征赠送给心上人。这是彝族社会中年轻姑娘普遍的风俗。楚雄彝州及滇西一带的彝族小伙子，在插花节、三月街、火把节或是相约在山村野外跳舞对歌时，若遇到情投意合的姑娘，便会向她讨要绣花凉鞋或鞋垫作为定情之物。姑娘若有意，便会如约相送。如果凉鞋或鞋垫留下的线头用死结系紧，小伙子就明白了姑娘的心意：“生死相连，永不分离”；如果线头打成活结，一拉就开，表明只是相认相识，愿意交往。有时候，姑娘有意将某处不缝完，留下线头让男方去接起来，意思是：“你愿意就连，看你连得如何？”当然，认亲以后，姑娘会做更精美的布凉鞋和鞋垫送给小伙子。布鞋用十几层白布层层褙贴，包边，长白棉线纳得实实贴贴为鞋底。纳好的鞋底需放在锅里蒸过再取出来晾干，然后配上鞋帮成鞋。在彝族社会中，到处都歌唱着：“深情刺鸳鸯，含羞纳绣鞋；早早晓得老表良心这样好，小妹做双鞋子送你穿”等调子，定情物上的整个工序，凝结着姑娘全部的感情和技巧，因此，情郎哥哥哪能不珍爱，不好好保护爱惜？小伙子有一首山歌唱道：

小妹做鞋手不闲，阿哥脚上天天穿。

鞋底破了鞋帮在，阿妹巧手注心间。

尽管歌词里不谈情说爱，但鞋上的针针线线已把两个人的心紧紧地连在了一起，时时传达着姑娘对阿哥的深厚热爱。结实美丽的绣花凉鞋穿在彝家小伙子脚上跋山涉水，直到磨破了烂了，都舍不得丢弃，因为小伙子无时不感受到阿妹的深情所在。

主要居住在哀牢山中的新平、墨江、绿春等县哈尼族卡多支系的妇女，都有一块用黑布缝制的围腰。姑娘的围腰极为讲究，都在围腰右角下边绣有一种特别的花，花有山茶、牡丹、杜鹃、喜鹊等，可最有趣的是大花右下边那朵鸡蛋大小的花朵，哈尼语称为“约花”。“约花”是单身女孩的标志，等待有情郎取走，采花示爱，开始相恋，若长期无人过问，就会招人耻笑。

卡多姑娘的围腰是用一块长、宽各为一尺五寸多的黑色土布制作而成，上面除绣有传统的民族花边外，中间还绣有一朵姑娘自己喜欢的大花朵，边角上各镶一对银泡，最有趣、最艳丽醒目的是在大花右下方缝钉的那朵小花，即“约花”。“约花”是姑娘用情丝（思）爱线倾心巧绣的心花，具有“招郎引情”的特殊功能。精美的“约花”被姑娘用活结线巧妙地钉在围腰上，既要稳当不掉落，又要让心爱的人方便取拿。在卡多人的习俗里，未成年的姑娘只系一块纯黑色的围腰，成年后的姑娘只要一出门，不管走亲串戚还是赶集聚会，腰间总要系上绣有花朵及钉有银泡和“约花”的围腰。特别在喜庆节日，跳舞、唱歌、吃酒等男女广泛结交的场合，姑娘如果看上某一个小伙子，她便寻找机会走到他的跟前，假若小伙子也看上了姑娘，他便敏捷地从围腰上取走“约花”。“约花”便成了爱情的信物，从此，他们爱情生活就开始了。若是某姑娘的“约花”久久不被小伙子取走，寨子里的人们会暗暗讥笑姑娘不成才。

卡多姑娘的围腰一直系到婚后，有了孩子，就必须将围腰上的花纹及银泡、“约花”拆去，然后回到娘家，以示一切都要从头开始，勤俭持家，孝敬老人，若不改变其装束，就必认为是不懂道理的人。

花束传情，花象征着美好。西双版纳的“僾尼人男女青年，把花当作情书传递。所以，他们忌讳在长辈和姑嫂面前玩弄花朵。男女青年谈情说爱时，男的先送一束花给姑娘，然后姑娘也回送一束花给男的。送回来的花束中的花朵，如果是单数，表示她没有男朋友，如果是双数，表示她有了男朋友或者不喜欢你。他们互相传送时用的花，一般都用红花和黄花。送花时扎花束用的线，均用黑色。扎花束绕的圈线也只能是双圈。

抢小帽定终身，也是哈尼族一种传统风俗。墨江碧约支系青年男女，找对象大多采用“串姑娘”的方式来相互认识，开始通常是唱调子，进而幽会、跳舞、打秋千，追逐玩耍等。这时男方往往去抢女方头上的小帽，如果女方看中男方，就让男方把帽子抢走；如果女方不愿意，那么就死抓住小帽不放。男方若得到了帽子，就意味着得到了女方的同意，于是男方就到街上买银泡、银珠钉在帽上，再买上耳环、银镯等装饰品和一个篾箩（又叫巴箩，一种用金竹编制得很精致的口大底小、上圆下方的竹篾箩）作为定情礼物送给女方。女方也要买一顶很精致的篾帽，自己编织帽绳，制作帽箍回赠给男方。在双方接触的过程中，互相也常赠送核桃、葵花籽、花生、板栗、松子等食物给对方。双方又把这些东西分送给自己的伙伴吃，告诉他们自己已经找到了对象。

哈尼族的定情物除上述之外，还有缝制精美的褂子，特别是结婚举行婚礼时，姑娘赠送给爱人的褂子最精美，小伙子穿在身上，永不离身。

德昂族喜用挂包，挂包有大小两类，大的挂包，平时外出生产劳动或赶集时用于装饭盒、茶叶、草烟等；小的挂包上绣着精美的图案，都是姑娘们赠送给情人的信物，也是举办婚礼时赠送给亲友的礼品。

织锦挎包，是拉祜族的定情物。拉祜族的织

锦挎包形式多样，色彩鲜艳，有红、白两色相配，也有黑、白、红、绿四色相配，对比强烈。织锦宽33厘米左右，采用提经和针挑提花织法。织锦挎包上多用狗牙图案，这是拉祜族狗图腾的一个印记。拉祜族对狗有一种特殊的感情，禁止打狗杀狗，忌食狗肉，因此，是姑娘选定小伙子后赠送的定情纪念物，小伙子随时随地都挎在腰间，以示自己已经有婚恋情人。

怒族姑娘的袜子，是自己有了心上人的定情物。在怒江州贡山的丙中洛公社，我看见怒族妇女，无论在田间劳动休息的时候，或在火塘旁边，抑或是赶集的路上，都是腰间挂着一个篼篓，里面装着羊毛线团，双手灵巧轻快地织着袜子。此时，我走过去问一个未婚女子："你的袜子是送人或是卖给人的？"姑娘把脸转向一边，发出一阵笑声。

原来，这羊毛袜子在怒族姑娘的心里是不会说话的媒人。姑娘要是爱上了哪个伙子就把亲手编织的毛袜送给他。小伙子要是收下了这双毛袜，就表示接受了姑娘的爱情，因此，只要哪个小伙子穿上毛袜，人们就知道他已经是有对象的人了。

壮族情感信物多种多样，别具风采。五彩绣球寄深情，是壮族独特的定情物。在山环水绕，竹林掩映的壮乡，祖祖辈辈，世世代代，一直相传着一种古老、独特而又妙趣横生的民族风俗：抛绣球择偶。以五彩绣球传递爱情。那精美玲珑、色彩斑斓、工艺精湛的小小绣球，代表壮家"洛少"（壮语意为"姑娘"）一片火热的情怀。

五彩绣球既是壮族青年男女的定情物、相思物，又是壮族人民的吉祥物，寄托着美好的祝福与深情的愿望。若在正式场合，只有长者和远方的客人，才有希望在胸前佩戴这五彩缤纷的吉祥物。

绣球是壮族民间传统手工艺品，多为花瓣形球体组合而成，外套五颜六色的金银线针织镶边的缎面，球面上刺绣蜂蝶、鸟鱼、月亮、谷穗等花卉和动植物图案。底部缀着几绺垂璎流苏。上有彩绳、彩带、丝线，下系绸穗、丝坠和形似珠子的饰物，象征姑娘心中的爱情种子与心灵之花，寄托着少女纯洁美丽的情感，代表着壮家女一颗情窦初开的爱慕之心。造型精美，图案独特，色彩鲜艳的五彩绣球令人爱不释手。外地游客到壮乡文

山寨，都会带回一个美丽的五彩绣球作纪念。

壮族服饰也是情人间互表心意的信物。壮族姑娘，个个都是绣花、纳鞋、制衣的能手。每逢三月三歌会，姑娘用赠送布鞋的方式来表示爱情。如果一双新布鞋将留下的线头打成死结，将两鞋连在一起，表示“生死相连，永不分离”；如果线头打的是活结，就表示自己已有对象或对男方不中意。姑娘们赶会、走亲访友时常带褡裢。褡裢用蜡染的蝴蝶、鸳鸯图案作装饰，四角悬挂香囊。男女青年相爱渐深时，小伙子遂送彩色丝线给姑娘，暗示姑娘帮做褡裢，以考察其技艺。男女双方恋爱成熟时，姑娘便将自己穿的衣服庄重地送给情人。赠送衣服很有讲究，没穿过一段时间的不送，有补丁的不送，专挑一件已穿过一段时间，半新半旧的衣服送。这是因为，穿过的衣服带有赠送者的气息，用这样的衣服送给意中人，表明姑娘的真诚。头簪、手镯、戒指是最常用的爱情之物，富宁一带有击铜鼓祈年的习俗。每年春节，未婚女子用带有银簪的发辫敲打铜鼓，然后将银簪馈赠在场的情人，婚后丈夫将银簪奉还，妻子插簪于发，以求生活美满，白头偕老。在壮族聚居区，歌圩和婚宴上，青年们通过对歌寻觅对象，情投意合时，小伙子可以“抢”去姑娘手上的戒指或手镯作信物，姑娘若无意，必须抢回自己的饰物。

将服饰作为馈赠他人的礼品，是壮族的传统风俗，如新生的孩子满三天，外婆要赠送给外孙缝有壮锦的背带，赠送过程中还要对歌：

外婆唱：

荞花菜花遍地开，蜜蜂飞去又飞来；

金路银路米花路，外婆带得背带来。

主人对唱：

金线银线五彩线，孔雀开屏在中间；

四角芙蓉刚出水，看着背带守心间。

壮族妇女参加别人的婚礼或婴儿三朝、满月活动时，常以童帽、衣、裤、鞋、袜、银饰等作礼品。父母寿辰，出嫁的女儿和侄女要送寿衣、寿帽、寿鞋，以示祝贺和感恩。

傣族最有特色的定情物是筒帕、篾箩和荷包。傣

族妇女只要出门都爱挎上丝、棉线织成的挎包和篾编竹篓。挎包傣语叫“筒帕”，都是自己手工制作的，傣族妇女从小学习纺织技术，人人都有一双出色的巧手，“筒帕”就是姑娘们巧手织出来的一幅“傣锦艺术品”。从最初的麻棉纺织发展到现在的丝毛和棉混纺，工艺精细，式样美观，颜色多是红、绿、粉、蓝、黄、紫等，装饰图案有孔雀、马鹿、大象、花卉和几何图纹，形象生动，概括简练，色彩鲜艳明快，对比强烈。无论男女，筒帕背挎在身上，都具有浓郁的生活气息和民族风格。

竹篓，也是她们常背于腰后的装饰物，当然也作装盛零星物品的用具。这种竹篓样式很多，有大有小，有长有短，以青色竹皮编织为佳。无论婚前婚后，都是由男人编织了送给女方。当然，竹篓和“筒帕”，都是日常生活中的必需品，但对于年轻人来说，也都是她（他）们倾尽情义，精心制作送给对方的“信物”。因此，筒帕是姑娘精心巧手和真情实意的象征，它们在傣族社会中的民俗风情味是有多么的浓厚！

傣族青年男女谈情说爱，有丢花苞的风俗。在透明的蓝天下，花苞纵横飞舞，此起彼伏，有如飞撒的灿烂缤纷的鲜花，可到了一定时候，就开始互相物色对象了，细心的姑娘不再轻易将花苞乱丢，她要看准中意的小伙子才把花苞丢过去，幸运的小伙子接住花苞一看，如果正是自己在人山人海中选中的女士们姑娘丢过来的，那么，他马上又把花苞抛向空中，花苞带着小伙子多情而火热的心，落回姑娘的手里，她（他）们双双对抛，你来我往，意味着将自己的心交给了对方。花苞随着欢笑声来来往往，传递着年轻人纯洁美好的爱情。要是伶俐的姑娘故意把花苞投得又高又远，会心的小伙子就装作接不着，然后专到姑娘面前，愉快地认输，并从自己的筒帕里掏出早已准备好的礼物送给姑娘。姑娘也将花苞赠送给伙子，成为有情有义的人。

哈尼族的烟荷包，也是男女青年的传情之物。哈尼族新婚女子，见到亲属客人，都要敬烟，烟荷包是装烟敬客的有情物。烟荷包通常装进衣襟右侧的衣兜里，荷包系有长长的丝织衬穗，下垂衣外，走路时随身摆，甚是美观。按风俗，未婚女子都要给自己的情人精心缝制烟荷包，婚后的新娘子也要给公公婆婆绣送，才是有礼节和尊重长辈的有情人。

总之，在西南地区少数民族中，绣花凉鞋、绣花鞋垫、腰带、挎包、兜肚、雨伞套、荷包、筒帕等等，都是姑娘送给恋人的定情物，都是姑娘亲手精心绣制，深含情意，永远珍惜。

2. 已婚未婚的标志

结婚、生育，是人生中的重要历程，也是最幸福的时刻，各民族妇女，无论是服饰的色彩、图案花纹、服型款式，或是腰间饰物，都要随着不同的生命历程有自己独特外在标志。特别是发型的变化，更是多种多样，风情万种，不仅婚前婚后的区别很大，结婚以后，又有着生育和未生育的区别。这些都是民族服饰里的传统习俗。这种习俗，不仅标志着人生的重要历程，也意蕴着传统民族文化在身体装饰艺术中的风采。

哈尼族姑娘三改装，民间又叫“服饰三变”，即姑娘要经过三次改装期才能加入谈恋爱的行列。第一次（十六岁时）在腹部裙子外面围上一块花纹精美的宽腰带，宽七八厘米，两头垂于胸间。十七岁作第二次改装，脱掉少年戴的小圆帽，戴上方形头帽。帽上缀有银牌、银泡、彩珠。三个月后作第三次改装，整个胸前都用银牌、银泡装饰起来。[①] 哈尼族青年男女都以服饰变更来表示是否结婚。墨江县碧约支系的妇女，婚前垂独辫于后，戴青蓝布小帽，穿着类似旗袍的连衣短裙，系粉红围腰。婚后则盘辫包包头，形似孔明帽，别木梳于其上，垂半尺左右宽的飘带于后一直拖到臀部。上衣着右襟白上衣，衣边、托肩、袖口均绣制美观大方的图案花纹；下着青蓝布肥大的百褶大筒裙，系蓝围腰。“碧约”姑娘在未成年时，每人头上戴顶大角帽，成婚后，要到怀孕才将帽子改为包头。男性服饰无多大变化，仍穿对襟上衣和裤腿肥大的长裤，婚后加扎包头。

哈尼族妇女的着装，非常明显地标示出姑娘的情感信息和婚恋结果，其中最为突出地表现在头饰上，当然，装饰的方法因支系不同而多种多样，但都有独特的风采。例如僾尼人中未满 17 岁的姑娘戴纯黑色小圆帽，满 17 岁就改戴缀满银泡或银牌的“欧丘”小帽。小帽顶上开一圆口，提示小伙子可以向她求爱了。求爱者人数不限，越多越好。每个求爱者需向所爱的姑娘赠送一枚骨针，姑娘将骨针和其他饰物统统插在头上。这是插在姑娘头上的“情书”。姑娘直至情书满头，并经与求爱的小伙子相处后，才逐步考虑爱情的投向。18 岁开始留鬓角，则表示可以出嫁了。如果姑娘在“欧丘”上包块黑布，是宣告自己名花有主，旁人不能再纠缠了，当然，这也是对姑娘身份的一种制约。

哈尼族的“僾尼人”，大多居住在西双版纳，女孩戴黑色小圆帽，从童年到 16 岁，各类饰品不断增加，直到缀满帽子。戴上缀有多种饰物的尖型帽，穿紧身的胸衣，接着加系腰带，然后配上华丽的装饰；有的地区少女 15 岁左右必须在腰部围起两片围襟，并染红牙齿，以示成人。男女青年 15 岁后，相同村寨的同龄友伴，互相邀约选定时间地点，用紫梗帮助对方染红牙齿。没有围裙，没染红牙齿的少女，不可参加社交活动。僾尼姑娘十六七岁时，不可以接受男青年的求爱，等姑

① 雷宏安《民族文化》，1982 年 1 期第 55 页。

娘到了18岁，必须将“欧丘”改为后部缀有银光的“欧昌”，两耳边各垂一串料珠制成的流苏，帽子戴在头上，十分鲜艳美丽，表明姑娘已到结婚的年龄，可谈情说爱，婚嫁成家。僾尼人妇女45五岁后就被视为老人，并开始卸掉头饰，首先卸掉头圈，尔后逐年减少饰品，卸下来的银饰作为财产传到儿女手中。到了60岁左右，若儿孙满堂，家中无病无灾，便改戴一顶饰有一百多颗银泡的寿帽，哈尼语称“关朝”。

澜沧江一带，哈尼妇女未婚时裙子系得高，紧接上衣，已婚则系得低，腰部裸露。青年男子佩戴很多饰品，直到结婚生育，当了父亲以后，便逐渐减少鲜艳饰物。女子要去掉帽后的圆筒、帽饰、胸饰，穿一身朴素黑衣蓝裙，使自己显得素雅庄重。

哈尼族妇女恋爱，婚姻状态在服饰上的外在表现，不同地区（支系）表达方式各有不同。元阳县一带，哈尼族少女盘单辫，已婚梳双辫，也有的未婚者垂辫，已婚者将辫盘于顶。元阳县白宏支系姑娘出嫁后，腰上加系青色土布制作的百褶带，带长能遮住臀部，以示对夫家男性长辈的尊敬。元阳县五区，少女盘单辫，已婚者梳双辫，而六区未婚者垂辫，已婚者缠辫于头顶。妇女去世后的帽子则缝成冠帽，由六片组成，每片均绣上花，帽后缀一长约一米的彩色丝线流苏于头顶。哈尼族妇女服饰，在反映婚姻状况的同时，也是穿着者自律言行的一种方式。

元江县哈尼族坠塔支系，女子长到10岁左右，头上小帽四周镶着五层彩色花布，上镶银泡，外包巾为正方形状，四周绣上花纹，钉上银泡，四个角钉上丝线做成的流苏，对折成三角形包在帽箍上，银质挂饰则挂在内箍的纽扣上，在头上绕一圈垂于右脸边。

而金平县一带哈尼族女子婚前头饰，是用藏青色土布一块，对折成三角形状，边缘绣上花纹图案，四角缀丝线流苏，戴时，盖在头上，并用黑毛线一束，两端缀绒线球，固定在头上，而婚后的头饰，则用一公斤左右的黑毛线编成辫子，围成圆圈，并在上边缀上彩色绒球，戴时头上包块鲜艳的头巾，把黑毛线头饰戴在头巾上。红河县浪堤乡和大羊街，哈尼女子头戴一顶白布缝制的尖顶软帽，形状似雨衣上的雨帽，但后面多了一对好看的“燕尾”，

并在帽子的边缘用彩线绣上了精美的花纹。

叶车妇女的发饰别具特色，生育与婚嫁前后都有很大差别。过去，妇女喜用猪油抹发。15岁后，都要梳发编辫。少女时期用剃刀修剃发髻边沿，额上喜留一撮飘洒的流苏。中年后都用两段细麻绳将鬓发绞勒而下，不兴用剃刀。叶车姑娘的长发一般都在六七十厘米以上，有的长达一米左右。编辫时，将长发往后分作三段，用三条有二指粗厚的黑布分别并于发下，以作假发衬垫。三股发连同黑布条相互交错编制成辫，直至末梢。辫梢绕有数股长约一公尺的线绳，再将一把蓝线缨穗系于绳头而下垂及肩。婚前，乌黑发亮的大辫缠绕于顶，婚后开始生育和当家后，可将大辫子除去，挽成一支独角。独角的制作极烦琐复杂，先以蓝色布缝制一圈宽若手掌的头箍（如帽箍），头箍正前方额顶处打一支角（角为青布卷裹而成，粗约两分，长约两寸），平对着鼻梁。头箍后垫有一块方扁的布鬏，梳角时将长发沿顶分作左右两半，套上角套，再将两侧长发扭圆向后，于布鬏处交叉压扁绕向前，使其头箍与布鬏都看不见。角有箕状角盖，以带连于布鬏下。每梳一次头耗时在半小时至一小时。

叶车妇女服饰根据有益于身心健康和劳动生产的需要，近些年来有了重大的改革，下穿长裤者与日俱增，假辫、梳角和猪油抹发习俗已基本革除，只是作为一种传统装饰的文化保留在人们的心目中了。

藏族妇女结婚前后的头饰风格很特殊，特别是牧区，不同年龄有不同发型和装饰，从古至今，都与女人的一生紧紧相联。一般规律是：扎独辫表示未婚，扎双辫者表示已婚，不同地区又有不同的区别。有的地区，在许多小辫中有一条主辫者表示未婚，有两条主辫者表示已婚；有的地区中老年妇女剪光头发，表示丧夫不嫁；妇女在发辫中掺入绿色丝线或去掉彩色丝线，以示家有丧事； 也有的家有丧事则数月乃至一年间不梳理发辫；有的地区妇女扎小辫70至80条，甚至多到

108条、120条至150条。梳头编发时通常需四人帮忙，约花费2至4小时。

藏族从幼女到老妇，发式的变化有四个阶段：第一是6至10岁，先将额前短发编紧，再从两鬓至头顶编出三条小辫，扎以羊毛绳，拉到后边，再在辫顶上系一块10厘米长、用红毡做成的软胎板子“拉底”，其上钉五六枚硬币或三五个银制碗状物“欧洞”。“拉瓦”上还常加缀其他饰物，饰物的等次取决于家境的贫富。富裕者用琥珀或金银，一般的用黄铜牌子，贫困者则用贝壳小扣。第二是10至16岁，将头顶上的头发分9小股向后合编成一大辫，编至脖颈处系扎一个宽7厘米、长17厘米的镶黄边红毡软胎板子，其上钉有银、铜质圆币，大、小胎板在后背上相连，板底垂一列大红穗子直至腰际，此发辫亦称为“处女发式”。第三是16至18岁，女孩16岁后，将择藏历正月为其举行成人礼，而改变后的发式藏语称为“上头”，即“成年发型”。处女发型中的圆顶发辫保留，但四周头发则编成小辫，愈有钱的人家发辫越细、辫数越多，以至于十几根头发即编一小辫，待编完一圈后，用针线将所有小辫穿并起来，然后从脸部拉到后颈，用黑丝线系在一块长60多厘米、宽30厘米的胎板上。这块镶黄边的红毡胎板，上部钉6枚“欧洞”，下部分四排钉三四十枚银、铜币，也有钉海贝壳和黄铜片子的，节庆时则全部换上金银饰品，为减轻头发的承重，常在背部用丝线将胎板连在腰部上。发式成为“上头”后的女子，就可以自由接触男子了。第四是妇女到40岁以后，发辫数减少，饰品也逐步减少，及至60岁后，一般均剪短头发，基本上不再戴饰品了。

白族年轻女性，已婚和未婚的穿着有明显的区别。区别主要在于头饰，如剑川地区流行的多层头巾，除有简单的蓝底挑花外，多用黑布包扎造型和层数区别长幼：女童的头巾为单层，用红线扎兔耳形；青少年女子用红线将双层头巾在头上环扎一周，翻披在后；婚后妇女则戴多层头

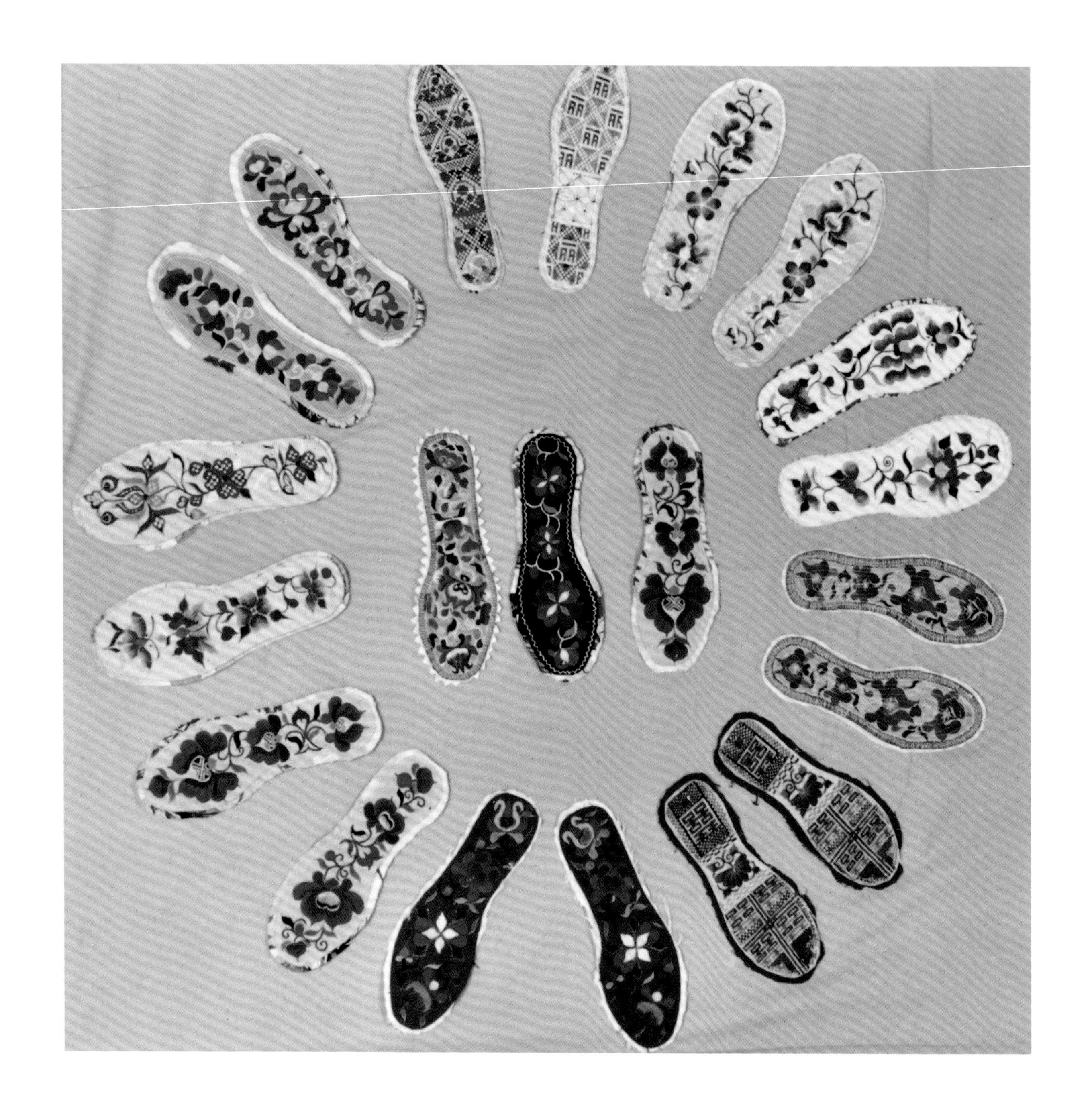

巾，少则8层，多则十余层。无论层数多寡，最上边一层定为蓝色，挑绣白花。老年人头巾数减至二三层，以黑线挑花。洱源县有的少女用5米长黑布裹缠于头顶，使成直径约40厘米的大包头；也有当姑娘时，头上都是用一块蓝布（一市尺见方，或许再大一些，以合体为准）包着，叫做“网手巾”，然后将巾的四角收于脑后，用红头绳扎住，伸出去的布四角，很像一个鸽子尾巴，所以俗称“鸽子帽”。姑娘们内穿白色或粉蓝色的衬衣，外罩坎肩，以前，坎肩多半是灯芯绒或金绒做成，分为红色、黑色等多种。另外，姑娘们的围腰多数是用青布或蓝布做成，也有用黑布做的，围腰带子用漂白布缝制，在围腰带上，还要用黑丝线绣上蝴蝶、蜜蜂、花卉等图案。不管少妇或姑娘，都时兴打蓝色绑腿，穿短裤；短裤脚只到膝下一点，所以她们走路或干活时，都精神抖擞，很有气魄。姑娘结婚后，头上不再戴“网手巾”，而是戴一顶红毛线织的圆形帽子，身上穿着大体不变。鹤庆县甸南地区妇女，头戴黑丝绒圆盘帽，而甸北地区的女子用蓝、黑布方巾，内衬竹圈，裹成圆盘式包头，已婚妇女以木块衬于头顶，用黑布裹缠成尖包头。

大理未婚女子的头饰很特别：取扎染方巾、挑花头巾和印花毛巾等共四块，分别叠成长条状，再重合在一起，以长辫和红头绳将头巾裹于头顶，头巾左侧一端饰白色丝穗和料珠垂于肩部。新婚女子常梳传统的“凤点头”发式。有的少女戴布满刺绣、银泡和其他装饰的“鼓钉帽”“鱼尾帽”等。着白色或浅蓝色紧身上衣，袖口有花边，外罩红色右衽坎肩，衽扣上垂吊精细的银链和银质的“三须”“五须”以及香包、绣花手帕等。用宽腰带束紧腰部，腰带上面系短围腰，围腰和围腰飘带上均有刺绣。穿白色或蓝色长裤，着绣花尖头鞋，戴银和玉制的手镯、耳环、戒指。由于青年妇女的服饰喜用明快的青蓝色和白色，故有“一青二白”之美称。老年妇女头部挽插银簪，并包以扎染花布或黑纱巾，着前短后长的蓝色或黑色右衽上衣，袖口和上摆处饰有边纹，罩蓝色或黑色领褂，穿深色布长裤，围长围腰，围腰下摆处有精细绣花图案。着绣花布鞋、戴耳环、手镯。洱海东边的白族少女，戴一顶绣花的凤尾勒子帽，前有两对细弹簧支撑的彩球，两侧为绣花的翅膀，后用银链连接。婚后，女子把头发梳成三辫，在脑后绾髻，外套皇后头或绕头巾。中老年妇女头饰色彩渐趋淡雅，发式为高髻，裹以扎染或黑色头巾。

丽江一带，白族未婚女子用数块边角有花的挑花方巾覆盖于头顶，或以蓝布方巾裹于头部，方巾后面两角上翅，形似兔耳，再将长辫和红绿头绳绕于头巾上。已婚妇女挽髻，用多块方巾裹于头顶，包成喇叭状的高包头，方巾边角以犬牙纹和挑花装饰。面部多施脂粉，额头太阳穴处常饰圆形黑布两块。着白色紧身上衣，袖口有边纹装饰，套前短后长的蓝、红色丝绒坎肩。坎肩纽扣上垂挂挑花手帕和三须。围长围腰，穿深色布长裤，着绣花鞋，戴银手镯、耳环，由于受丽江纳西族服饰的影响，妇女也披“七星披肩”。

云南蒙古族妇女也戴盖头。盖头像凤帽，遮住整个头部。制作盖头的材料多用丝绸、纱绒。少女戴绿色盖头，25 至 50 岁戴黑色盖头，50 岁以后或亡夫者戴白色盖头。妇女均留长发，未婚姑娘梳一条或两辫子，在发夹上插几朵绢花，婚后将辫子在头上缠起，套以发圈，插上银钗。青年妇女还戴头面。这种头面很讲究，用金银制成，额前部位一般做 4 或 6 支仙鹤，鹤下有垂至鼻梁的眼穗。

布依族女子婚前头饰很讲究。婚前姑娘顶花帕，帕上绣有花、鸟、虫、鱼纹样。头帕包法为：先用 1.3 米白布作汗巾，再用 1.3 米绣花青布帕包在头上，然后将长发盘辫裹于花帕外层，并以假发和青丝线编成粗辫缠绕于真发辫之外层，最后用一方 23 厘米左右长的青帕或深蓝色帕从头顶搭脖颈，左右两鬓佩扎各色小花。青年妇女出嫁后，一段时间仍在娘家，必须行“更考”（布依族俗语，意为“假壳”）仪式后，才可到夫家生活，即在婚后当年的八九月间的某一天，夫家两位妇女乘新娘不备，搂住强解其发辫，换上“假壳”。“假壳”以箨皮及布壳制成，状如撮箕，翘于脑后数寸，以青布缠裹，再系上花头帕。这花头帕是用海蓝色和青蓝色布各一段拼接成波浪形，两端及正中用各种彩色丝线刺绣，一段绣有牛、羊角，龙等图案，布依语叫“万私”，象征“万贯金银”“发财治家”；另一段绣太阳、海水等纹样，布依语叫“答令”，象征光明和幸福。有的地区“假壳”的箨皮下还要扣一银碗，是妇女生育后第三天，由娘家送来的。银碗内还悬吊两条精美的小鱼饰件，叮当悦耳，表现了古老渔耕生活的审美情趣。

布朗族穿着简朴，女子上着斜襟窄袖小褂，已婚妇女用黑色布料，未婚女子用浅蓝色或白色；未婚女子用黑或蓝布包头，已婚妇女梳发髻，插银簪，顶端镶三颗菱形玻璃珠，下系银链，缠包头。

壮族妇女服饰因婚否及年龄不同的区别也很

有特色。未婚女子不包头帕，头上梳一条长辫，用红头绳夹于发辫之中，缠于头顶或拖在身后，头上插花；上衣喜用红、蓝、绿色，色彩鲜艳；外托肩上镶花边，胸前套彩色挑花围兜，爱戴银饰。盛装时，耳戴“瓜子”“灯笼”形耳环，手腕套扭丝银手镯，手戴戒指。衣襟口系一条绣花手巾，胸前挂一大串由银链、银牌、银铃、银珠组成的胸饰，行走时叮当作响。长裤在膝部和脚口用彩色线挑绣十字花或贴梅花条。也有的穿长裙，长裙多为浅色百褶裙，脚穿青布绣花鞋和红色袜子。成年妇女一般头包青丝或青布帕，夏季挽“粑粑髻”。上衣有几种形式，一为左襟式，袖大而短，绣花边；二为右襟式，外托肩，绲边，沿衣襟和袖口饰两道不同的青边，不贴花条；三为云肩式，衣长而大，领矮，四角挖云纹，衣襟下摆和袖口均镶一条宽边，并按等距离贴三条五色梅花条，胸襟用彩线绣花。夏天，妇女穿白布衫外套青夹衣，俗称“喜鹊套白”。做家务时，胸前系一块挑花围裙，一般是青、蓝色底布上挑彩色花纹；衣着和围裙花形较素。女裤衣亦用青、蓝色布，镶白色裤腰，裤脚蓝底加青边或青底加蓝边，再贴两三条宽度不同的梅花条。手上戴银手镯和戒指。脚上穿青布瓦鞋，用布裹脚。

壮族男子童年衣服较为简单，成年后，一般头包青丝帕或青布帕，头帕包成人字形纹路，有的地区则包成小斗笠状。上衣穿对襟布衫，钉七对布扣，高领，领小而长，衣的下摆、袖口和领围用白色布条滚边。老年男子多穿右衽满襟衣，扎腰带，有的还穿古老的琵琶襟上衣，钉铜扣，衣边上贴饰银花条和云纹钩边图案。不分青壮年或老年，皆着青、蓝色裤子；裤腰为白布，裤脚肥大而较短；脚穿青布白底鞋，青壮年冬天缠着青、蓝布绑腿。

壮族最有特色和适用功能的是，男子还喜欢使用“包袱”。这是一块一米见方的自染靛蓝布或白布，平时系于腰间作腰带用，也是一种装饰，做肩挑背扛的重活时，把它置于肩上，可作垫肩

使用。盛夏，男子习惯赤裸上身，将“包袱”一端挂于颈间，从后背垂下，形似披风，既可遮挡烈日对身体的直接照射，山风吹来，“包袱”迎风飘动，亦是一种潇洒。这都是成年男子和结婚以后男子使用的情感信物，因为“包袱”都是定情时由姑娘和结婚时由妻子亲手制作的爱情信物。

壮族婚否与年龄，主要体现在发型、头饰、服饰色彩及图案上。文山广南一带，少女头梳“刘海”，短发下垂；有了对象或结了婚但未生育的女子将右边的“刘海”用发夹夹起，左边“刘海”仍保存；有了孩子以后，则梳成后髻。富宁一带，壮族妇女外出，已婚者用一条崭新的白底花边毛巾包头，而未婚女子则将毛巾叠成手帕般大小，盖在头上。红河州金平一带，未婚女子包纯白色毛巾，末端缀白色丝穗；少妇包白底蓝线花格巾，两端缀黑白色混杂的丝穗；老年人包纯黑或纯蓝头巾，无丝穗。年龄不同，头巾的包法也不一样，姑娘包成羊角形，少妇包成盘蝶形，老婆婆包成桶箍形。

基诺族男女头饰，都有年龄、婚否之分。未成年男子留短发，戴帽子。十五六岁举行成年礼时挽帽为包头。包头为白色，缠绕于头部，两端锁彩边，留出两侧垂两边。青年男子的包头上还往往插坠一朵装饰花，装饰花用红豆子串成，下面吊着绿壳虫的翅膀，这是他们恋人赠送的定情之物。红色的豆子永不褪色，金黄色闪着绿光的绿壳虫翅膀，像金属一样坚硬不易打碎，象征着两人的爱情坚贞和持久。女子头戴尖顶式披肩帽，这种帽子一般由竖条花纹的自织“砍刀布”对折，缝合一边而成，上面饰有条状花纹。发式和帽尖是基诺族未婚女子和已婚妇女的主要区别。未婚女子头发散披在肩上，或梳髻于脑后右方，帽子尖顶，而已婚妇女将长发打髻后，用竹编发卡“俄搓”卡住。帽子前倾，帽尖成尖平顶状，一眼看去，好似一朵盛开的钩头鸡冠花。

傣族妇女的服饰很有阶级性，随着年龄的大小和结婚否而变化。例如德宏地区，少女婚前，一般下身穿黑色长管裤（只有瑞丽地区部分村寨穿筒裙），上身穿大襟（盈江一带姑娘穿对襟）、无领或小矮领褂。上衣多为青、蓝、白或水红、水绿、玫瑰色等。农村姑娘上衣颜色鲜艳，城镇姑娘则相对淡雅。腰前围一黑色绣花围腰。围腰上扎一条墨绿色的条带，并将条带的两端垂在腰间，飘至膝盖。进入结婚年龄的姑娘一般都改穿裙子，凡穿裙子的妇女，裙里就不再穿裤子了。当然，由于劳动的需要，如上岗砍柴，下地割草等不方便时也可穿裤子。结婚后，裙子就是固定穿的了。裙子的颜色虽然都是黑色的，但却有贵贱贫富之分。富贵者多穿绸缎，贫穷则穿平布粗料。富贵者，在裙脚上加三四道围条，普通百姓只能穿一二道裙脚边的裙子，或者没有脚边的筒裙。婚后，农村妇女多穿自织的暗花、蓝色、青色、黑色、白色、月蓝色上衣，无领或小矮领，均为四个扣子。老年妇女都穿黑色，尤其是盈江、陇川、潞西、耿马、孟连一带的老年妇女，从头到脚都着黑色：黑色包头，黑色衣衫，黑色披肩，黑色裙子，穿鞋者还有黑色布鞋。傣族妇女从小赤足，冷天只在小腿扎绑腿，既能御寒，也有装饰作用。它用黑布缝制，有的绑腿还绣上花边图案。

德宏地区傣族妇女的头饰，少女时期头发扎成辫子，系红头绳，自右向左绕在头的周围。芒市等地傣族妇女，婚前着浅色大襟短衫，长裤，束小围腰，婚后改着对襟短衫，黑色筒裙。男子有文身习俗，到十一二岁，即请人在胸、前腰刺上各种图案花纹，表示成年。芒市、盈江、陇川一带，儿童时期，还戴一顶小圆帽，似汉族瓜皮帽。劳动或赶街时，常戴小型竹篾帽，帽下缀以绿色条带，有的垂至腰下，以示美观。结婚后，妇女改穿裤子为裙子的同时，也将发辫改束为陀状盘于头顶，套上黑布做成的高筒帽，或用黑布缠头，头上再插以梳子。黑布高筒帽最高为二尺五寸，一般三至五寸。随各人身高脸形而定，以美观方便为适。城镇中青年妇女则常用一条粉色毛巾，折为几层，从前额向后围，在后脑交叉，用别针将两端别紧。只有节日或佛教盛会时，妇女才戴黑布高筒帽。高筒帽之所以立而不倒，是用竹笋叶卷成筒在里面起支撑作用。瑞丽地区妇女不戴此高帽。少女都留头发用以盘髻于脑后，尾发自然垂落。婚后则围毛巾，与其他城镇妇女类似。西双版纳与瑞丽地区妇女的头饰大同小异，只是西双版纳妇女发髻更复杂些。她们不是简单盘个髻就算了，而是要盘出花朵一样的形状，稍偏于左边，并插上鲜花、梳子，充满了生活情趣。

配饰物，也常常是女人婚姻的象征。耳坠、项链主要用于未婚的少女，多用红绿玛瑙、翡翠、玉石、银珠或别的代用品，小巧玲珑，色彩纷呈。少女耳坠长二三寸，随年龄逐渐缩短，直到结婚以后，才改成银锭式耳环。有的地区，姑娘在结婚前要把耳朵眼捅成如手指粗细，戴上大大的银耳环。妇女们很注意上衣扣饰。因此，出嫁时，姑娘都要向婆家索取 5 至 8 副衣扣，每副有 40 个，用银、铜、金或代用品制成，形状多样，有孔雀形、玉叶形、荔枝状、葡萄状，每个衣扣都有缀链。结婚时或结婚不久的新娘都穿着缀有漂亮纽扣的鲜艳服装，胸前叮当作响，阳光下闪闪发亮。

黑齿是一种古老的习俗，德宏地区部分妇女黑齿，是在姑娘出嫁前一天晚上进行的，以表示已经成人，可以结婚了。黑齿的方法是：砍来梨树柴或一种叫“玛底戛树”的树干，把它烧着，树干便流出黏性很强的浆液，当即用铲刀接住浆液，然后往牙齿上抹。在抹的时候，嘴里不停嚼食槟榔、草烟、石灰等以便拌和、浆固。这样，牙齿就自自变黑，黑得发亮。据说，这种做法既能黑齿又可消毒，使牙齿不易脱落。黑齿姑娘更能讨男子的喜爱。戴牙套和黑齿一样，也是保护牙齿又讨男人的喜欢。现代傣族妇女中，黑齿和套牙都消失了，最多的是用金子镶牙，显得富贵美观，深受群众喜爱。梁河地区，阿昌族少女梳辫盘头，缠各种色线以求绚丽，头上还插一种被称为“蚂蚱花”的饰物，所谓“蚂蚱花”，是一根长约 10 厘米的小棒（银质为优，铝质次之），一端缠三五股毛绒，串以珠、缀蓝、黄、红等色绒球，另一端尖锐，可插入发间；上穿对襟浅色上衣，下穿长裤，腰围“站裙”（围腰）。婚后妇女必须按习俗改装，改变最大也最突出的是“无摆”（包头）。已婚妇女包头上扁下圆，高40-50厘米。阿昌族非常重视妇女包头，将包头的高矮及是否整齐挺拔作为衡量“妇德”的标准。婚前姑娘要自织自染一根宽33厘米、长近10米的黑色带子，带子两端各编一段15厘米长的流苏，然后用竹笋壳拼缝一个高约40厘米，上扁下圆的帽形，用长带将其密密缠绕，最后在顶处打结，带端由顶垂下，前后各一。上着浅色对襟长衣，用家织布缝制者最善，下着筒裙，裙宽1.5米许、长近1米；腰束围腰，加系一根宽约10厘米，中央有菱形花纹的红色织带（俗称“花带子”），裹腿，纹饰与筒裙一致。阿昌族已婚妇女穿窄袖对襟黑色上衣，改着筒裙。裙与裤成了区分婚否的标志。男子则以包头颜色来区分婚否，一般未婚者打白色包头，已婚者打藏青色包头。

户撒阿昌族少女，发辫盘头，上插银花、鲜花等饰物，上穿浅色高领对襟衣，以蓝色、白色居多，下穿长裤，喜在胸部佩挂链、坠等各种银质饰物，系绣花飘带黑布围裙；已婚妇女梳发髻，缠黑布大包头，穿黑色对襟衣和宽大长裤，也常用三角形织花披巾，在黑底上织有一道宽30厘米的彩色花边纹样，银光闪闪的胸饰与黑色上衣形成强烈的黑白对比。

兰坪普米族未婚女子服饰，受当地白族的影响，头戴蓝或白方布帕，辫子编好以后，由左向右裹压布帕；穿右衽、镶边大襟长衣，多为浅色，外套领褂。褂早先为毛质红色普鲁制成，现以紫色灯芯绒或红色为多，前系围腰，下身穿深色裤。已婚妇女服饰和云南许多民族习俗一样，已婚和未婚妇女的区别在头部。已婚妇女将原来浅色的头帕改换成黑色头帕，即用4米长、70厘米宽的黑布打包头。黑色头帕意在向世人表明自己已经出嫁，至于其他的衣、褂、裤、围腰等，婚否无差别。少数妇女尚喜欢将发辫编成12双；富裕者戴耳坠银环，颈间挂有珊瑚配饰，胸前佩“三须”或“五须”银链。节日

或婚礼时穿花鞋，平时跣足。

普米族妇女不管穿什么质地的服装均佩戴首饰，这与炫耀财富的风俗有关，亦认为首饰有庇护功能。首饰按年龄划分，可分为少女首饰和成人首饰。少女首饰多缀于帽子或头帕上，饰件以獐牙、银佛像或银质吉祥物为主，也有用铜制品的。成人首饰则以各种质地、各种款式的耳环、手镯、纽扣、戒指、玉坠等最常见。妇女首饰的归属也很有意思，妇女一旦得到某件首饰，便归其终生所有，任何人无权干涉。如果未曾表示过赠送给谁，那么，在她亡故时，这件首饰就入殓陪葬。

男子早期穿大襟短上衣，下着裤腿肥大的长裤，足穿皮靴。头部装饰因年龄而不同，老年人喜戴黑帽，成年人喜戴自制的羊毡帽，青年人留短发，也喜佩挂刀、枪，显示男子的英武和勤劳。

普米族姑娘出嫁时，要戴“头面”。“头面”堪称精制的民间工艺品：它以红布、青布或红色香牛皮做底，用丝线合股滚边，再用红色珊瑚珠、白色海贝、玛瑙珠、珍珠、孔雀石、银牌、铜环等穿缀成各种图案。“头面”有三条。戴时，先将头发编成许多小辫，再合梳成三辫，一条垂在背后，左右两辫由身后垂至胸前。三条“头面”分别系在三条发辫上。胸前两条“头面”每条又分四节，用金属环连接，上端在耳际以上分别编入左右发辫，下垂至脚面，中间勒入腰带，两边的图案色彩，要求对称统一。背后那条“头面”比胸前的为窄，戴在背后的发辫上，一般用青布做底，各色彩线滚边，上缀 23 块大小不等的由白色海螺磨制的圆块。戴在“头面”的同时，还要戴上尖顶帽。“头面”是由舅舅领着领着姑娘唱哭嫁歌时，当着众宾客之面戴在头上的。

拉祜族男子所戴的青布便帽为圆形，这种帽子不仅成人戴，儿童也戴，不同的是：成年男子的圆形小帽由 9 片青蓝布或黑布缝制而成，帽顶缀以银泡或红蓝色布条，这 9 片青蓝布象征各族人民友好往来、和睦相处；红色顶子则象征拉祜族人的勇敢与强悍。儿童的帖子由 3 片或 6 片、9 片青蓝布或黑布拼合，帽顶与成人的相同，有的帽子顶端缀彩穗或小银币，儿童帽用 3 片青蓝布，是为了纪念历史上拉祜族起义中捐躯的 33 位巾帼英雄。“3”或“33”未必是实数，按拉祜族的习惯，乃众多之意。青年男子多为上穿圆领对襟短衣，下穿斜拼裆的宽裤管长裤，常在短衣上配一件黑面白里的褂子。

拉祜族未婚女子不包头帕，头上梳一条长辫，用红头绳夹于发辫之中，缠于头顶或拖在身后，头上插花。上衣喜用红、蓝、绿色，色彩鲜艳，外托肩上镶花边；胸前套彩色挑花围兜，爱戴银饰。盛装时，耳戴瓜子灯笼形耳环，手腕套扭丝银手镯，手戴戒指；衣襟口绣一条绣花手巾，胸前挂一大串由银链、银牌、银铃、银珠组成的胸饰，行走时叮当作响。下穿长裤，在裤的膝部和脚口用彩色线挑绣十字花或贴梅花条；长裙多为浅色百褶裙。脚穿青布绣花鞋和红色袜子。已婚女子服饰与姑娘不同之处是袖管、大襟、环肩镶有青布大滚边。在不同地区，姑娘着装略有不同，有的用花格方巾包头，有的用长毛巾包头，上衣有长有短，但服装式样基本相同。

未婚和新婚的头饰，更有着明显的标志性。回族妇女盖头，即遮面护发头巾，用丝、绸、纱、绒等精细材料制成，呈筒形。用时从头上套下，能把脖颈、头发、首饰全部护严，在颌下扣合，前面稍短，遮住前额，后面略长，垂于后背。有的盖头只把两眼露在外面，有的却可露出眼睛鼻子和嘴巴。盖头颜色为绿、黑、白三种。未婚姑娘和新婚少妇戴镶边、绣花的绿色盖头，盖头较短，只披及肩头，育后妇女戴黑色盖头，有了孙子或年逾半百的老年妇女，则戴白色盖头，且盖头较长，要披到背心处，甚至过膝。女孩九岁以前不戴盖头，头顶常佩饰一大排花发卡，但九岁以后则必须戴盖头。

佤族妇女传统服饰的一个鲜明标志，是颈、臀、腰、大腿与小腿上都戴数个、甚至数十个篾圈或藤圈，标志着佤族妇女的年龄，大一岁戴一圈，圈越多岁数就越大。这种特征，是佤族传统文化在服饰上的体现。

苗族妇女发式体现已婚和未婚之别：文山地区，未婚者编发髻于头顶，戴无底覆额帽，插银梳或银花；已婚者梳平髻于头顶，将头发盘成波浪状覆盖在前额，头戴银花或银梳。红河州金平县未婚女子从七八岁起，头戴平顶缩褶帽，外缠自染的紫色或白色三角巾。已婚女子和老年人将头发盘绕于头顶，戴上无底或半边底的覆额褶帽，外扎紫色手帕，穿便装，无更多头饰。金平、蒙自苗族妇女，未婚挽发髻，发髻偏朝一边；已婚者偏发上插木梳一把，然后用黑布将长发缠成平顶大盘状，顶心露出木梳；老年妇女用褐色丝线编发，挽成上小下大的 16 至 17 厘米的角状，外出时加披大方巾，不仅包住头冠，还能护住双肩及前后脑。

文山地区瑶族，少女头饰像一顶美丽的绒帽，未婚姑娘将辫尾盘成拱形发圈，婚后即无此饰。少女衣袖镶满彩色布条，穿菱形围裙，裙褶镶嵌深红色的花布帕，整套服饰多饰几何形图案、裹腿。成年妇女平时以黑布包头，盛装时头戴用铁丝制成的“蝶形”架子，其上覆盖瑶锦，并对称地垂饰银色珠串、彩线、花穗等物，晶莹闪烁，富丽堂皇。妇女上穿黑色衣，袖边镶满蓝、白、红、绿的彩条，胸前缀满方形及圆形银饰，身挂倒鹅蛋形的彩色披带，戴银项圈。

广西与文山州富宁县的瑶族妇女传统服饰为短衣、长裙。上衣以直线设计为基础，肩、袖与袖头成直线，下摆与袖窿有适当弧度，便于胳膊活动，斜襟、不用纽扣，领下右侧饰领带（长带 88 厘米，短带 74 厘米），打蝴蝶结，结带头飘垂于肩胸前方，上衣多用白色或单一浅淡色彩，领口和袖口有加色边者。一般年轻女子的上衣较短，长约 30 厘米左右，中老年妇女的上衣稍长，但长亦不过腰。裙子款式有长裙、筒裙、短裙、围裙、缠裙等。女孩多穿短裙，少女爱穿长裙。长裙多有垂向皱褶，裙腰与上衣内的小背心相连，高束于乳际线上，使人陡忆高腰裙风尚。裙长过膝，女子婚后裙摆渐下，长及足踝，裙色浅淡，一般与领带同色，亦有用深色，如蓝色等。缠裙与整片裙幅围缠于身，用带束腰，侧边开启，便于举步活动，裙长覆盖足面，青年女子于节日或喜庆之日亦用作礼服，意态典雅。姑娘习惯留一根长发辫，辫稍系彩色蝴蝶结，婚后改梳发髻。脚穿底布鞋，平时步履轻轻细碎，以示恭顺、温柔之态。

3. 婚装与节日盛装

婚装，是财富的象征，是一种炫耀，一种光荣，饱含着品不尽的韵味，在服饰民俗文化中有特殊的意义。当然，民族不同，婚装的款式与工艺都有区别，但心灵手巧的姑娘，都要花费很长时间准备自己的婚装，好在婚礼上展示容颜，显示心灵手巧，女方家庭也很重视打扮自己的新娘，尽其所能，展示爱心，同时表现家庭实力，所以，新娘和新郎装大多格外奢华，尤其是新娘装，简直就是一件精美而昂贵的工艺品。

婚装，是瑶族最重要，最漂亮的服装之王。婚装又称嫁衣，均由姑娘本人耗费数年时间缝制而成。男婚服由母亲制作，以麻栗坡的“盘瑶”为例，男婚服上有上衣、裤、披风和黑裙等一套4件。上衣款式与便装相同，但在衣领和襟边处绣有红色花纹，而且缀银泡、银牌若干，裙套裤外，两者均滚花边。

瑶族崇尚红色，认为红色象征吉祥如意，可以避邪除疫，所以不论男女老幼身上总饰戴一些红色的东西，婚嫁衣全身披红，缠红色腰带，妇女的黑头巾呈塔形，上顶绒布，再箍上串串银饰，黑布上衣的前胸饰有六七片长方形银牌，下穿挑花长裤，脚边起花，从大到小的树纹、八钩纹，马头纹变化有序，有的还以大红布包头，挂上红绒球，吊珠银饰等，似满头披红的新娘。

瑶族嫁衣，包括：花冠、上衣、花裙和裹腿共5件组成。其制作都十分讲究，集中体现了瑶族服饰艺术。花冠，是套在发髻上的冠，里层用两层白粗布浆合后，外套蓝靛色粗叠垫，周围用红绒线缝制特定的图案，左右两侧分别再系上三个银鼓、两个银牌、五个小银片，顶部成边长约20厘米的等边三角形，三角形的中心用白色绒线绣一麦穗，冠正面缀佩叶形银牌，牌上镂刻骑仙鹤佛像。上方，一般用青布制作，长约一米，领、背、襟和袖等处有红色或桃红色花纹，在衣下端50厘米处，用红、黄、白三色线绣十个等距离、对称的马头纹，肩坎处缀一至二排银鼓或银片。花裙，又称绣花褶裙，长约132厘米，下部用红绒线绣三层图案，上层为马头纹，传说过去瑶女有骑马出嫁之俗，今已无此俗，只在裙上绣马头纹以示纪念；中层为山水、鸟林及桥纹；下层为山野、花草纹。腰带，用白布制成，长约270厘米，宽约44厘米，两端各有66个穗，穗长33厘米，穗端各系一枚铜线。裹腿，边缘用红绒线绣花。瑶族婚衣与盛装一样，饰品繁多，色彩缤纷，均用黄、蓝、绿、白、红等色点缀，运用绣、挑、织、染等工艺，其中尤以挑花工艺最精美，图案取材于生活及神话传说等，代表着瑶族服饰的特殊文化内涵和最高的工艺水平。

瑶族的节日盛装非常隆重，每年的传统节日有：三月初三“开春节”、六月初六“赛土神节”、七月初七“始祖盘古诞辰”、十月十六“盘古王婆诞辰”等四大节日，另有数年一次的、最为隆重的“耍歌堂”盛会。节日里，男女老幼均盛装靓饰，参加聚会。盛装多为青布制作，男子披绣花披风，上饰银色圆牌，腰围绣花围裙；妇女穿多件绣花衣，围数条绣花裙，头饰、耳饰、项圈等更是必饰之物。瑶族服饰尚红色，他们认为，红色象征吉祥如意，可以避邪除疫，所以不论男女老幼身上总佩戴一些红色的东西，婚嫁衣全身披红自不待说，宗教仪式中“道公”所着长袍均镶有红色宽边，正面绣有龙纹及汉字，背面绣山、水、人纹，皆以红色为主。师公所着宽袖对襟长袍或无袖对襟短衣也均以红花布做成。参加宗教仪式“打道箓”的人，都需身着红衣，仪式后，可缠红色腰带、穿红衣，妇女可包红头巾。

苗族婚装，与盛大节日中的装束打扮一样，因此，又可称之为盛装。盛装是苗族服饰中最好的一种，主要以刺绣工艺和蜡染技巧来衡量。盛装上都布满较为繁杂的花纹图案，花饰的色彩以红色为主，也有以绿色为主、而适当地掺杂些红色用红线衬衣的，制作这类服饰，费工最多，是织、绣、染工艺的集中表现。

苗族结婚时的盛装，不同地区有不同的工艺和款式，显示出婚俗文化的多样性。有的地区，自结婚之日起，新娘下装便换成有别于未婚者的多褶裙；有的地区，新娘嫁衣为身短袖长的绣花衣和超短裙；有的地区，嫁衣则用细布制作，外表涂一层蛋清，油润发亮，对襟、无扣，衣长约 75 厘米，宽 60 厘米；袖长 30 厘米，宽 20 厘米，在两个袖管上绣有红色花纹和花边。此种嫁衣，一般一个家族才有一件，由本族内老年妇女专门保管，凡本姓氏闺女出嫁，男孩娶媳妇都可借来穿用，而且只是在婚礼上穿一次，平时严禁随意穿用。这样的婚装，历史的沉淀与民俗的丰厚集于一身。

在苗族社会中，平时，包括生产劳动时一般穿便衣，戴一两对手镯、耳环，头帕可用可不用，一般都穿草鞋，也有的地区习惯赤足，走亲、陪客、赶集时，一般都穿二等盛装，衣上绣制的花纹比一等盛装少些，以蓝色或绿色为主，戴一两根银链，三四对手镯、耳环或耳柱不可少，包有头帕，发髻上插银钗至戴上银梳，脚上仍穿草鞋，也有的穿素布鞋，打赤脚的也有。新娘在做新媳妇时，穿的是一等盛装，比较讲究，即使是在劳动时，也穿上新的或半新的一等盛装，经常戴银梳、耳环、银链、手镯等，与串亲戚或赶集的服装有别。

盛大节日时，是姑娘们欢天喜地的时期，她们付出巨大劳动而制成的最好花衣——盛装，以及其他新衣服，都在这时穿起来，父母在平时为她们准备各种各样银饰也都完全佩戴起来。有的衣服穿到十几件，银饰戴两百多到三百多两，但这些佩戴的银饰，往往不完全是自己的，在苗族妇女中，有互相借用的习惯。在盛大节日中，有的还穿起自制的绣花袜。总之，装束打扮，平时穿得随便些，热闹场合就穿得讲究，因常常是年轻人进行社交活动的机会，为了“游访”、寻找对象，认识新朋友，打扮自己，越好越开心快乐，同时，小伙子选择对象，老妈妈们物色媳妇，通常是以服饰的多少、好坏为先决条件，所以服饰便成了婚姻上的重要内容。此外，少女们在节日中的打扮，还有这样一些思维，即比贫富、比技巧、比她们的劳动聪明，好胜的心是人们所固有的，这又是讲究装束的动力之一。苗族刺绣和蜡染之所以有今天这样的发展，银饰制造能有这样的精致，也未始不是这样的竞赛结果，婚装之所以有这样的庄重艳丽和引人注目，也是与男女青年婚恋嫁娶有着不可分割的关系。

彝族结婚时的盛装，不同地区有不同的特点，显示出婚俗文化的古老传统。最有意思的是楚雄州、寻甸县的彝族婚装，有特别的规矩和内涵。新娘结婚时穿的婚衣，是婚前一日内由自己和母亲、姐妹缝制刺绣而成。这套衣服不能传借给别人穿用，也不能变卖。一生中只能结婚时穿一天，死后这套衣服便是敛老衣。新娘戴的“姑娘帽”也很特别，帽沿上刺绣的宽飘带解开后直拖到腿部。结婚的当晚新娘要将帽子的飘带，整齐地捆在帽沿上收藏起来，待长辈去世时，这顶婚帽便是孝帽。新郎进新娘家的第一件事，是把一条麻布裤子随手递给一个送新娘来的姑娘，将麻布裤子放在新娘家门槛上，用手紧紧拉住，新郎请来抢裤子的小伙子们上前争夺。如果是男方抢得裤子，新郎马上拜堂；如果女方抢赢了，男方得好言好语地用酒去赎回，并将其绑在腰间，方能拜堂。这样婚装和风俗，历史的沉淀与民俗文化的丰富都集于一身。

彝族最古老、最隆重的婚装是火草衣。火草衣在西部地区少数民族中的历史极为久远，是如今鹤庆县一带彝族新娘必备的嫁妆。彝族姑娘刚懂事时便开始制作火草衣，对于她们来说，嫁给什么人，嫁给那个人家里有多少兄弟姐妹，都是不确定的，但出嫁那天，新娘子一定得拿出足够的火草布来制衣服送给新郎家人，因为，这是评判一个女孩子是否心灵手巧、勤劳贤惠的标准。但火草布的制作非常费工费时，一个青壮年男子要用 8 天时间，翻山越岭，才能采到一市斤火草。火草采回后，要经多程序加工，才能搓捻成线，一天工作 9 小时也只能纺出 50 厘米线，两高手用火草织出的布，才能做成一件火草衣。织火草布的过程和手工织布的过程基本一样，所不同的是为增加火草布的韧性，在经文纺线的过程中，加上一些麻料，在火草线乳白色的基础上，调配出浅浅的咖啡色。节庆的时候，他（她）们穿细纹布的火草衣，办丧事时，则穿孔机粗纹的火草衣。火草衣是宽袖子的对襟长衫，系上腰饰和麂皮包作为装饰。男子穿起来像仙鹤，女子穿起来像蜜蜂。这里有一个关于蜜蜂的传说：很久很久以前，一个年轻的母亲在田里干活，她睡在田埂上的婴儿忽然被一群从天而降的蜜蜂掳走了，母亲寻着蜜蜂所走的方向一路紧追，终于找到了孩子，但孩子已经死了。母亲在孩子的坟边哭啊哭，最后变成了茁壮挺拔的火草。为了纪念这位母亲，彝族便迁移到母亲变成火草的地方，并将火草采回家，纺成线，织成布，缝成衣穿在身上。从此，彝族女儿出嫁前，都要纺出足够数量的火草布，每人制作一件火草衣作为嫁妆，在结婚当天，让新郎家的人都穿上火草衣出席婚礼。火草衣被视为山野妙物，穿着它是一种财富、一种自傲，是追寻母爱的标志。

墨江一带哈尼族卡多支系姑娘出嫁，除了“哭婚”、唢呐开道等习俗外，还要由哥哥，堂兄或表弟背新娘出寨。新娘的嫁妆有常用的铁木家具，木制的箱柜，衣服被子，还有米饭，染成红、黄、白三色的几坨糯米粑粑等。这些嫁妆中必须有舅舅送给新娘的一件蓑衣，一只巴篓，弟弟送给姐姐的一根手链和一根背巴篓用的背带，还有父母配送女儿到夫家拜堂祭祖用的猪头一个。这些东西都要让路人看得清清楚楚，显示姑娘勤劳而有教养。不论天晴下雨，新娘都要撑一把伞遮面以防羞。在行进中，新娘村寨的姑娘们还会躲在路边，用橄榄果来打新郎和迎亲者，以惩罚他们“抢”走了自己的姐妹。

水族妇女穿盛装时，在发髻前戴有“出”字形银冠，银冠下端挂满各种银花，银片和银链几乎遮住整个发式，缀垂吊式细银花耳环，戴三个由小到大银圈，多呈方条形，胸前垂一月牙形的压领，下垂银链、银铃，是上身的主要装饰、手戴各式银手镯三至四对，逢节庆活动时还要在头饰上插五彩雉尾，腰挂鸡毛条花裙，随鼓声跳起铜鼓舞。

四、社会地位、分工与服饰

地位与身份不同，会在服饰上有所体现。过去的官员、土司、山官、头人等，都有一些显示地位身份的服装，不同于一般人，也不允许百姓穿同样的服装。旧制度消亡后，这种服装也随之退出了历史舞台。但在我们民族调查和文物征集中，依然收集到不少资料和实物。例如：富宁县彝族中，有一些独特的习俗，每年都让人有机会看到古代先民的等级观念在服装上的体现。这里每年都要举行“跳官节”。“跳官节”要选择首领，象征传统意义上的民族领袖。首领称为“宫头”，其妻称为“宫主”，在进入现代社会的今天，仍然能在跳官节上一显传统的古代首领的尊荣。他们穿着的“宫头”服与“宫主”服是其地位与身份的最好证明，谁只要能被选上作“宫头”，穿上“宫主”服与“宫头”服，一生都荣耀。傣族的歌手“赞哈”，是保留职业服饰特点的人，只有“赞哈”才能包红包头，红包头也就显示了“赞哈”的身份。

穿衣自古就有规定，不同的人“穿什么”和“怎么穿”，反映了特定文化模式对角色的社会规范，而不同的角色对于“穿这样”和“这样穿”，实现自己角色认同并进而实现文化认同。“珠光宝气”自古是贵妇服饰装束的一种形式，苗族、藏族、景颇族等民族贵妇的盛装和所佩戴的金、银、玉器，就给人以“珠光宝气”的感觉，看上去就很贵气。穿这样的服装出行，就像穿着“银行”一样，是把家中财富穿在身上，可谓“衣冠盛世”。

在苗族地区，如果单以服饰本身看，对于不同阶级，不同阶层很难辨别出其地位。他们的服饰，式样相同，原料也几乎统一，都是出在自己手中的土布；装饰品均属银质，形式也无异，同时也没有阶级限制，但从某些服饰的佩件上，可以看出贫贵的悬殊。苗族盛装中的一种裙子，裙的下半截是金丝线织成的条花布缝上去的，以红色为主调，每条裙子除了用布同样多外，还需要丝线十三四两到一斤。穿这样裙子须佩戴满身银器，银饰一般二百多两，多的到三百两，在 20 世纪 60 年代调查时，这种裙子据说是大地主家的女儿才有，中华人民共和国成立后虽许多人家藏有，但都是在“土改”时分配得来的。有一种用细呢纱或缎子做衣料的盛装，在当时是富裕之家或过去的“地富”之家才有，一般人是很少有的。银冠，是把银子打成“细花草”后，把它裹在已经编排好的细铁丝上，形如帽子，很明显是地主阶级的属物。“不做不合分”，这是苗族的一句成语，其意是“不这样做就不像这个地方的人”，各阶级、阶层还有着一个“不做不如人”的共同看法。本来，苗族对于原有的纺、织、染、缝、刺绣等都存在着共同的保守性，富有者和贫困者谁都不愿意丢失传统的文化。这就无形中加强了各阶级、阶层的区分。人们总是在生活的各方面，用与众不同的形式，表达给人看，但在服饰形式上无从刻画出阶级的符号，所以只好从数量方面表示，因而银饰数量逐渐成为家境贫富的指数，原来少数民族的爱打扮也逐渐变为富有的标志了。

把“家当”穿在身上，从另一个角度，是与民族的游牧的特殊生活有关，如藏族，过去居无定所，不置房，而买成珠宝，佩戴在女人身上，既漂亮，又实用，真是携带在身上的“财富”。

一个氏族的无形的优先权或特权比物质的所有权更为重要。它有着供自己民族使用的名称和庆典礼仪，他们将这些特有的礼仪尊严表现在衣服上或者刻在身上，在历史发展的长河中，形成民族服饰特有的习俗着装打扮，成为本民族享有的独特权利，因此，服饰民俗文化的特殊功能就是民族的标志。当然，服饰民俗的特殊性，不仅只是一个民族的外部标志，更重要的还体现在它的内部功能上。特别是它的深层文化内涵，使它有着巨大的凝聚力，而它作为该民族的内部成员人生角色、特别年龄、尊卑地位的指示灯，几乎每个民族都有一套约定成俗的准则，每个民族成员都要按照其所在的群体规则，规范自己的服饰行为。因此，服饰在内部又起着团结一致，情感同一的号召作用。

贵族服饰

藏族妇女的头饰称为“巴珠”，其款式有两种，一种是三角形的式样，一种是弓形式样。“巴珠”以浆模卷制成支架，外面覆以呢料包裹；支架上缀满珍珠或珊瑚、绿松石等珠宝，根据所用的珠宝和造型，可分别出所在地区和身份。藏族地位较高的妇女戴银镶珊瑚戒指、银钏、砗磲圈；耳环多为金银镶绿松石、珍珠，耳环上有钩，上连珍珠珊瑚串挂在发上，下接珍珠珊瑚串垂于两肩，项佩大密蜡珠，胸前除挂银镶珠石胸饰外，必戴佛盒，价值千金。藏族僧侣的服饰，有等级界限，无论式样，颜色或质量，均要根据地位决定；地位较高的，坎肩上均镶有缎子，长裙和披单则为毛料，鞋上也镶有一块缎子，长裙和披单则为毛料，鞋上也镶有一块缎子，表示其地位。

中华人民共和国成立以前，藏族富贵人家与官员服饰大多数以袍服的颜色、花纹、发髻上的顶戴来区分级别的高低。过去，藏族官员服装的样式或颜色，均按品级决定。据统计，单是官员的帽子，就有许多种；马身上的坐垫和马具，也有严格区别。贵妇人的穿戴更为讲究，一般按其丈夫的品级而定，如她们戴的“巴珠”有两种：一是珍珠“巴珠”，另一种是珊瑚“巴珠”。珍珠“巴珠”只有四品以上官员家中妇女们才能佩戴，一般官员家中的贵妇只能戴珊瑚“巴珠”。每逢过节、庆典、宴客之日，贵妇们总要尽量在自己身上挂满各种珍珠、钻石、翡翠等珠宝，有些贵妇一套装饰品价值数万元，以显示其阔绰豪华。

贵族藏袍与平民藏袍在结构上没有根本的区别，差异主要表现在质地和花纹上。贵族服饰无论从质地、纹样及图案等方面都十分细腻精致。贵族妇女的盛装较为华丽，历史上曾有贵族婚礼服，是玄青裙子，外罩青色外袍，缀着孔雀翎羽；穿镂花织锦的筒靴，腰系嵌宝石腰带，戴金钏和海螺镯，指套镶宝石戒指；颈佩红色琥珀项饰；胸前悬着层次分明的珊瑚短项圈和珠宝璎珞；头发当中是珠璎顶髻，发辫后缀满金银、珠宝、珊瑚、宝石，此外还戴着三角形的“巴珠”头饰，可谓珠光宝气，灿烂夺目；这是藏族节日中富有代表性的贵妇盛装。藏族还有一种称为“威震服”的装束，其装束为铠甲之边缘镶嵌虎皮，腰间右侧挂虎皮箭袋，左侧挂豹皮弓套。这是武士的戎装和王臣们在特殊场合使用的装束。

藏族官僚贵族服，基本格式是红缨帽、锦缎长袍或有褶的筒裙、丝绸腰带，长筒松巴靴，佩松石或寄命玉等饰物。官阶高低通过帽式、服色、纹样、佩饰物的大小等加以区别，差别达十多种。如原迪庆地区政府四品以上官员，平时穿黑色缎面长袍，袍上绣有八个圆团金龙，称“金希廓尔杰”（藏语），要觐见达赖或相当一级人物时，必须另换“金希窝那”（藏语）朝服。自唐朝以来，贵族官僚的等级服制一直沿袭到 1959 年。目前这些服饰已经成为一种历史了。

在彝族社会中，服饰对等级、地位的标识作用也很突出。服饰是穿着者身份地位的外在标志，奴隶社会时期的凉山地区彝族，土司多穿从汉族地区购进的绸缎衣。贵族的服饰用毛料绸缎、细布制成，金银佩饰也全部被垄断。黑彝尚黑，多穿毛呢、布料，故男女全身系黑色装扮，即便是年轻妇女也只能用细小花边点缀衣裙，婚嫁时，黑彝新娘的服饰必须是青色薄呢制成，饰白色鹰羽以示身份高贵，其他等级男女服装，只能用杂色制作。

男子髻式也是不同社会地位的标志，将头巾挽成粗海螺状，盘于额上，支向前方者叫“臣髻”，为头人的头饰；头巾缠绕成螺状，立于额上，但髻尖下垂者叫“毕髻”，是毕摩的髻式；用细竹棍裹在头巾中，将巾缠成细如指粗、长约 20 厘米的髻，斜插于额前者，叫“英雄髻”，是“扎夸”（英雄武士）的髻式。一些特殊的服饰也是权力和地位的象征。例如，彝族有拜祖习惯，在庆典仪式、年节等场合，属于传世珍品的祖传服饰由尊者穿戴，坐于首位，显示地位显赫。贵州盘州的一件女上衣，为彝族“祖摩”（君长）长媳的传世之服，款式是古老的“贯头衣”，代代相传，象征封建宗教制度长房继承权。凉山彝族宗庭中，有的管家妇女的装束异于其他妇女，所戴方巾的后上方高悬一方青布，延至肩背，表示其执掌家务大权。贵族妇女裙长及地，行不露脚，等级越高裙褶越多。黑彝妇女的包头，直径二尺左右。黑彝男子穿着黑衣黑裤、黑披肩、左耳佩戴蜜蜡玉大珠子，手腕戴银制大手镯，头上顶黑色布，髻高耸，威风凛凛，低等级男子即使富裕也不能作此装饰。

凉山彝族妇女的百褶裙共有三节，而长裙的特点在于下节的层层褶皱非常密集，以多褶为贵，旧时裙式长短与身份有关。黑彝女子长裙拖地，行走时尘土飞扬，以示尊贵。

凉山妇女裙子不仅以褶多为贵，还有佩饰物也是突出的部分，愈大则身份愈尊贵。凉山男装上衣下裤，衣上镶绣有特色的图案，用来表现自己的身份和特长。例如：善跑者饰圣火纹和太阳纹，贵族饰百步蛇纹，酋长饰百步蛇绕身纹、陶壶纹、太阳纹等。长裤大多在中线或左右两侧镶条状几何纹，也有直接将绣有吉祥图案的单面裤管绑于裤外，腰部系彩线编结的腰带。

百姓服

藏族百姓服饰，一般由衬衣、氆氇袍或皮袍、裤、帽、靴等组成，基本特点是适用、保暖、宽大，一衣多用。袍长过身高，左襟大，右襟小，无领。着装方式是：先穿上粗布或绸织高领衬衣和粗布衬裤，然后套上外袍，将袍的后领顶于头顶，把左襟斜腰叠于右襟上，双手抓住腰两边，将袍的下摆提至习惯高度——男至膝、女至脚面；腰带扎紧腰围，前要平整，后面皱褶要有序。扎好腰带后放下衣领，提起的部分垂悬于腰部，自然形成一个宽大的囊袋，用以放置随身携带物甚至婴儿。穿好袍后，有的还褪出双袖，将双袖横扎于腰际，裸其双臂或露出白色高领衬衣，最后再穿上彩色皮高筒靴，戴上礼帽或狐皮帽，佩上珠宝、护身盒、腰刀及其他各种银饰。

百姓服有农区和牧区之分，但两者具有共同的特点：第一，都有镶边的习俗，家境优裕者，大都在衣襟、袖口、底边等处镶上约 30 多厘米宽的动物皮毛，而家境一般者则镶上黑色平绒、毛呢或氆氇等色料边，宽度约在10至15厘米间；第二，都穿着被称为藏族妇女标志的花条纹围裙“帮典”。“帮典”由红、绿、蓝、黄、白五色为基调，色彩多达14到20种者，条纹越细，越素雅，越显示穿着者的身份高贵。

农区和牧区的百姓服饰主要不同在于服装的用料，农区服多用氆氇为衣料，也有用布或毛哔叽的，现在用料更为广泛些；牧区服多用耐寒耐磨的绵羊及山羊皮为衣，一般制成光板朝外，毛在内的板皮。不论牧区或是农区，百姓服中男装的色调及变化都远逊于女装。妇女越年轻，装束越花哨，大红大绿是一般群众喜好之色，女衬衣长袖及地，更加鲜艳多彩。气候稍好的地区，夏秋着无袖长袍，冬春着长袖袍。每逢节庆，妇女们都要穿戴上自己最好的衣服及饰品，舒展长袖，载歌载舞，美不胜收。

彝族白彝平民穿麻布衣，佩饰简单，而过去的奴隶则多披烂羊皮。白彝女子之裙短小，高山密林中走路，上坡下坎方便，是劳动从的服饰象征。

武士服饰

凉山彝族武士征战的图腾服饰流传至今。凉山彝族认为，氏族首领出席重要集会的时候，他所代表的不是个人而是整个氏族，氏族首领在这种活动场所表现出来的精神面貌，就是这个氏族的精神面貌；氏族首领出席这种集会所着服饰，乃是这个氏族财势贫富和强弱的象征。特别在氏族战争时，显得更为突出。氏族战争爆发时，其首领要全权负责处理事态发展或者变化的情况，指挥本氏族青壮年组成军队攻打或迎战等事项。而其氏族成员则要求自己的首领和“惹科”（英雄人物）服饰，尽可能地打扮的华丽、贵重，以此显示氏族的财势。即使这些氏族首领和“惹科”即英雄人物没有贵重服装，本氏族成员中富有者也会主动把自己贵重服装献出来给他们使用，企求在战场上显示本氏族的富强，争得所有氏族成员的光荣声誉。氏族首领率众出征时，头戴青色丝包头帕，于额前裹一尖锥细长如竹笋状，上系红色丝顶，以示英雄威武。彝称“苴铁”（zuptip）或“苴木”（zupmyt），长约五至六寸，俗称“英雄结”。“英雄结”的锥结朝向因各氏族所属原始部落不同而有别，即古候系者多略偏于左，例如阿候氏族、什列虎氏族成员一律偏于左额。而曲湟的氏族则恰相反，多偏于右额。英雄结源于古代彝人“天菩萨”。古代彝族多在头上蓄发卷成今人的“天菩萨”形，并视作天神之位或尊贵之人的最高标志，故俗称“天菩萨”。后来则多留短发，且以头包帕作成“天菩萨”形式替代。左耳戴一黄色“密蜡珠”，衣着多内白外黑两件套装，右肩往胸背斜挎一“呷罗都它”（galodduta），今译为“英雄带”；“都它”带多用牛筋编成人字形，嵌上象牙或象骨制成的扁圆珠；带尾端系上刀或剑佩于右腋下。披衣，富者则用金片或银片配制而成，彝称为“史收波”（shyshobbo）或“曲收波”（gushobbo）；尚贫者，则用土布或绵羊毛制成，布染成红、黄、蓝、黑、白色制成披衣，其披衣上嵌以与衣色有别色作为日、月、星辰图像，或“阴阳”“八方卦图”和动物图像，其多与本氏族战旗徽图雷同。

过去，彝族专门备有械斗服装，如战袍、披风、掩膊、护腿等。用料考究，做工密实。战袍的特点是坚实厚重，以御刀箭。一件战袍要用红、蓝、青、白四色羊毛布镶制，内铺一层薄棉，通体密纳成行。披风多为绸缎缝制，为首领所披，在战场上显示其特殊身份。掩膊用毡制，有铺毛、棉，还饰花。此外，还有铠甲、头盔、护手筒、护腕等，均为牛皮制成，髹漆装饰，冤家械斗时，参战者要全副盛装，缠英雄髻，穿新衣，挎“都它”；头人和“扎夸”披红、黄绸披风，头插一朵金花，戴灰穿甲，骑着装扮漂亮的骏马，以壮声威。黑彝平时对买进的奴隶娃子报尽压榨，不给一块破布，但如果娃子在械斗中战死，主人要将其尸体抬回，并制新衣厚葬，表示对勇敢精神的嘉奖和鼓励。

相传，古代彝族英雄者出征服饰有氏族首领和普通士兵之别。凡出征打仗，其英雄者均多头戴冠，彝称为“曲俄姆”（puuomup）。贫者，则多用凤羽锦鸡尾制作头冠，即在冠顶插上凤羽锦鸡尾，冠帽沿边嵌以零星的金、银质花片；鹰、雁图腾氏族，则多用其鹰、雁羽毛。以金、银制作的头冠，其顶部立一三角形、中间一直指天空、尖顶上立一个金或银质“鹰”“雁”“鸽”“虎”“龙”“熊”等动物图雕像，头向前方。其两边尚似羽毛状。略呈弯形，也有立日、月、星图腾像者。今尚存于凉山彝族自治州奴隶社会博物馆的银质头冠，顶立一“鸽”像。《隋书·梁毗传》记载：“蛮夷（彝）酋长皆服金冠，以金多者为豪俊”。其当指隋代彝人。古埃及南北统一后，鹰被尊为保护神，并自称为鹰的子孙，连国王也以鹰为称号，且命为神鹰后裔。其在金字塔中得见埃及国王的雕像，也是头戴神鹰王冠。实由图腾部族联邦而至王国。图腾信仰也随着这个组织的变革而转换，结果就图腾动物而化为帝国之身。

武士所穿的战袍，据传多绘有各种动物图纹或日、月、星等图纹，以为氏族之标志。今存于凉山州奴隶社会博物馆的实物是由黄色土布制作的，其上就绘有太阳和月亮图纹，即蓝色太阳图纹、白色月亮图纹。在战袍上绘以动物或自然物，当与原始氏族图腾关联密切。事实上，它是彝族各氏族图腾的标记和符号。

“图腾［氏］族的成员，为使自身受到图腾的保护，就有同化自己于图腾的习惯，或穿着图腾动物的皮毛或其他部分，或辫结毛发，割伤身体，使其类似图腾，或取切痕、黥文、涂色的方法，描写图腾于身体之上。北美印第安人的身体，每有描写动物的图像（如野牛、海豹、龟、蛙、鸟之类）。此种精神的表现，正可以图腾信仰解释之。”

“图腾民族的固定身体装饰，最普遍而显示图腾意义最深的，当属身体敷痕……即涂色、黥纹、切痕三类，涂色的渊源最远、次为切痕，黥纹最后。”①

古代彝族先民是否曾有过身体敷痕尚不知，但是其中“涂色”与今彝族习惯用色和战争时服装选色当有一定的渊源关系。彝族以黑为贵，故《蛮书》云：“罗罗，本卢鹿，有黑白二种……其人深目长身，黑面白齿、青囊，笼发而束于额，若角状。”所云“笼发而束于额，若角状”也，乃指彝族之“天菩萨”，即“英雄结”也，其“黑面”或涂色为黑，或本居高寒而肤黑且得此称谓，尚不知。从日常生活中观察，凉山彝族喜用服装面料多为青色（黑色）。而且，在氏族战争中各氏族间虽服色尚有别，但大多仅限于用黑、黄、蓝、红、白五色，其氏族间相别之重要标记是自然物或图像。它与德林克人描写其图腾记号惯用红、蓝、黄、青（黑）色涂绘脸部之用色习俗，有共同点。北美荷萨吉人在战争之际，属于和平部分的人，用左手持红泥，涂于左颊；属于战争部分的人，用黑炭涂右颊。凉山彝族男子平时忌披红、黄、蓝土布制作的袍衣，而仅在战斗的时候才穿用，其用意与上同。

原来凉山彝族氏族战争时所着服饰色纹图像，均为原始氏族图腾文化残存之遗迹的表述。其服饰上的符号，是赖以区别图腾的记号，也是祈求图腾保护的行为。其当是氏族战争中所着特殊服饰的意义和学术价值了。②彝族崇尚武士，专门备有械斗服装，如战袍、坎肩、掩膊、护腿等，用料讲究，做工精密实，战袍的特点是坚实厚重，以御刀箭，一件棉战袍要用红、蓝、青、白四色羊毛布镶制，内铺一层薄棉，通体密纳成行。披风多为绸缎做成，为首领头人所披，在战场上显示其特殊身份。③

---

① 岑家梧：《图腾艺术史》。

② 《彝族文化》1988年，第57—59页。

③ 《衣经》第527页。

铠甲，在彝族武士服中历史悠久，早有“铠胄显威荣”的记载，过去彝族出征作战前，都要举行祭祀仪式，供奉铠甲祈求保佑胜利平安。这些都说明了在彝族社会中，铠甲不仅用作防身，也是祖先崇拜以及财富、特权的象征。彝族铠甲多用皮革制作，将皮革分割成长方块状，横向排列，甲片之间用甲绳穿连接成与胸、背间宽度相当的甲片单元；甲片每一单元称作一“属”，各属之间，依次叠缀，串缀成甲衣。铠甲上涂以黑或红等颜色的漆，还有的加有漆纹。在汉族中，铠甲的历史更为久远，早在商周时期，军队就有使用铜盔和革甲为作战和防身的装备。铠甲在古代由单片到多片、从皮革到金属发展，逐渐出现了铜片串接的片甲和铜环扣接的锁甲。铜盔顶端留有孔管，用作插鹖鸟等猛兽的羽毛，象征勇猛。在彝族社会中，也流行着汉族使用过的漆甲。漆甲包括了对身体各个部位的保护，例如护身、护肘、护腕等等。凉山地区彝族护身漆甲，分为胸甲和背甲两大片，每片分为上、中、下三个部分；上部前后各有甲片一片；正中一大片，下窄上宽，呈冠状五角形，用以护胸、背，中部前后各有皮条连缀的四片长方形甲片，用作护腹；下部是用皮条连缀的由三百多枚长方形小皮块编成的甲裙，形状如喇叭口，上面绘有带有神秘风格的各种纹样，用以保护下体。漆甲前后两片连接，在侧面腋下部位开口，披挂在身上后用皮条扎系使之固定。彝族除了漆甲以外，还使用犀牛皮、黄牛皮或象皮等兽皮制作的铠甲；野兽皮革坚硬，用于防身护体，抵挡刀剑兵器作用很好。

铠甲，也是藏族武士服之一。其铠甲多为铜片甲，是用细皮条串结铜片而成，串结方法颇为繁杂，甲片之间用皮条穿编连缀，扎结紧密，故箭不能穿透；形制由下自上在腋下处收窄，两臂领口处留空，呈背心状，下端有丝织物宽边。西藏藏族武将的头盔有形如塔的装饰，战士头盔上有三面彩旗以示出生年月。武器中的盾牌系用藤条编织为圆形，直径 80 厘米，正面镶有铜质固件，铜件上雕刻有细密的花纹，故又可谓铜饰件；背面有四个铜环，环间可用皮条相连，作握柄之用，具有鲜明的本土特色与个性。

云南少数民族先民还使用过漆甲，至今保存在博物馆中为实物见证。此膝甲是彝族土著将军的遗物。漆甲长 52 厘米，宽 112 厘米，头盔高 15 厘米，长 40 厘米，最宽处 54 厘米，盔盖透气又能抵挡外物攻击，工艺上经过风化等特殊处理，漆甲的弱点是怕火，故自从火药大量出现用作武器后，它便失传了。

傈僳族使用一种原始的皮甲，是将两张生牛皮缝在一起，长度 1 米左右，然后在上面开一个舌形的缝，沿缝把切开的皮革掀起来，也就是皮甲的领孔，武士把头从领孔伸出去，皮甲的一小半垂在胸前，另一大半垂在背后，在左右腋下用绳索将前后的两部分系结起来，就形成护着胸、背的简单牛皮甲。

五、祭祀与丧葬礼服

中国西南地区是一个多民族地区，宗教信仰也是多元化的，特别是传统的祭祀和丧葬礼服，各少数民族中都保存着古老的习俗。这些习俗对服饰的外观、装饰、颜色等都有一定影响。服饰上的这些直观特征表示着宗教信仰、祭祀和丧葬中的许多内容。宗教信仰、祭祀、丧葬都是特定时代和环境的产物，亦在民族服饰以及服饰风格上不同程度地留有遗存并有所发展，逐渐形成了不同民族不同的祭祀和丧葬礼服，且具有多种表现形态和丰富的文化内涵。祭祀服饰是民族实现人神沟通的媒介，宗教服饰特征明显，标记独特，是其宗教信仰的标志。通过物质形态的服饰，向人们传达意识形态，它属于非物质文化遗产的范畴。

西南许多民族中的宗教人士，都有其独特的标志性服饰。傣族、布朗族、德昂族、藏族等民族的僧服，源自古代的佛教文化，颇多一致。披袈裟与露一臂的习俗明显来自亚热带的宗教信仰。神龛形挂盒、金刚杵形饰物等，也是佛教文化影响的结果。佛教中的八吉图案、莲花等也往往见于服饰，傣族的织锦纹样，有着不少佛经的故事；傣族还有一些专门在佛寺活动中穿的百姓服装。平时不穿，其衣式与一般的服饰没有什么差别，白衣配蓝褂是女服主要的色彩标志。很多民族饰品都有佛像造型，有的地方还把六字真言与咒语刻在手镯等饰品上，这都是佛教文化在服饰艺术上的体现。

原始信仰的祭司服饰充满了想象力，祭司穿用的服装，正是要突出自己驱邪赶鬼的非凡能力。西南地区少数民族的祭司服饰丰富。普米族祭司做法时，头戴插有鹦鹉羽毛的尖嘴帽，身穿红皮扎制的艳色腰带，手持羊皮鼓、铁刀等法器，环坐楼阁四周，咏唱经书。傈僳族的祭司在跳神时，头戴一顶用虎皮做成的虎皮帽。虎皮帽上挂一只鹰翅膀，还插上虎须等饰物。用红、蓝、黄线束起来的黄鹰尾挂在肩上，从脖子到臂部披一张宽20厘米的虎皮。手上戴着用红、蓝、黄线串成的珠子，一把长刀挂在腰上，刀鞘蒙着鹰的头皮。这正是傈僳族威武勇敢的狩猎形象和战争勇猛的象征。佛教和基督教先后传入后，拉祜族出现了宗教活动时穿用的服饰，如澜沧县糯福拉祜族佛爷平时头戴黑布包头，穿黑色或者蓝色长袖无领短衣，下着裤脚肥大的裤子，在佛事活动时则穿白色或黄色衣、裤，头戴有顶子的黄色圆形帽，当地人称“佛爷”服。信仰基督教的澜沧地区拉祜族班利女子，平时穿右斜襟，无领小袖口的短衫，下着筒裙，头缠包头，去教堂做礼拜时，大多穿高领，高衩，右斜襟的长袍，下着镶花边的裤子，并戴银耳环、银项圈等饰物。而耿马县的拉祜族妇女则与此相异，她们原先戴耳环、银手镯等，但信仰基督教后就不再佩戴了。纳西族宗教信仰中百姓的服饰，如宁蒗信达巴教的崇尚黑色，妇女喜用黑色、青色丝线和牦牛尾一起做成粗辫，尾缠于头顶，披一张未加工过的毛色羊皮；而香格里拉信东巴教的纳西族男子穿白色大面襟麻布长衫，头戴蓝色麻布帽，着麻布裤，长过膝，绑腿，赤足；妇女上衣为麻布对襟长衫，下穿麻布裙，不穿裤。总之，宗教和丧葬礼服，在西南地区少数民族中各有特色。

藏族僧侣服与跳神服

藏族大多信仰藏传佛教，宗教气氛浓郁，僧侣众多，其服饰与古老的宗教文化一脉相承。藏传佛教讲究的“圆满服饰十三事”，即绫罗五衣（佛冠、披肩、飘带、腰带、裙子、珠宝）和珠宝八饰（头饰、耳环、项饰、璎珞、手镯、指环、足镯），一直是藏族妇女服饰追求的境界。护身盒藏语称“卡马”，是内装小佛像或高僧加持物的便携式小盒，制作精美，不论是十分讲究的十三种装饰物或护身盒，其本意虽是对佛的虔诚而时不离身，但都成为美化生活的方式。

藏族僧侣服，又叫僧服，其式样源于佛教世尊释迦牟尼的装束：黄色袈裟、法衣或禅裙。僧侣服饰的等级差别明显，穿用场合、种类都有严格规范，代表着不同佛位的级别。以藏传佛教“格鲁派”为例，普通僧侣穿紫色、深色、土红、赭红、褐色等僧装。喇嘛活佛着不同色系的黄色衣袍，肩披黄色袈裟，头戴黄色法帽、足蹬高筒僧靴。逢有重大佛教盛会，上层“喇嘛”必须头顶

黄色法帽，以示佛威尊严、佛规严明；而一般僧侣只有法事活动需要和特殊允许时，才能穿戴黄色服饰。藏传佛教分四大派系：黄教僧侣身穿黄色袈裟，红教僧侣身着红色袈裟，黑教僧侣头戴黑色法帽，茶教徒帽上缀五色布条。色彩可说是藏族服饰的灵魂，也是区别宗教派别和地位的标志。藏袋运用最多的颜色是：蓝、白、绿、红、黄、黑等色，均带有浓厚的宗教意蕴：蓝色表示天，白色表示云，绿色表示江河，红色表示护法神，黄色表示地。这五色构成藏族服饰色彩的基础，除黄色为达赖喇嘛等高级僧侣专用，其余各色频繁出现在藏服的领、袖、摆边、腰带及饰物上，成为藏族服饰的灵魂。

藏传佛教的宗教活动与日常生活密切结合，佛教中的一些节日，如“燃灯节”“展佛节”等，无凝成了藏民服饰大汇展，是日，有条件者人人华服盛装，尽情展示，互相观赏，促进了藏服的发展和完善。另外，佛教中的一些着装禁忌，如丧葬时期家人素服淡妆等，逐步成为民间素雅清淡的习俗，随着时代的变化，严格的僧侣等级形式，使得宗教文化以多种形式渗透于服饰。佛教逐渐藏化后，藏族僧侣上衣穿坎肩，下身穿紫红色帽裙，外罩一袭相当于身长两倍的紫红色袈裟，右臂袒露，诵经祈祷时，袈裟外还披一件篷式紫红色的披肩，戴蓄提心帽，穿尖顶上翘、呈足掌形的特制僧靴。不同等级的僧装虽然在式样上差异甚小，但色彩、面料和佩饰却有尊卑之分。

藏族还有“跳神”的专门服装，藏语称“羌姆”，意思悬金刚法舞，十六世纪后半期以来，跳神不仅在藏族中流传，在其他信仰藏传佛教的民族中也广泛流传。跳神源于藏族的傩舞，是印度佛教密宗的金刚神舞与西藏地方的土风舞融合形成的一种藏传佛教寺院祭祀舞蹈。由于跳神参加者和扮演者的角色太多，跳神服纷呈异彩，其用料讲究，衣身宽大，袖子肥阔。主神服饰极有特色，右衽大襟、通肩，袖子上窄下宽，为三角形旗袖，上面绣满代表神祇的各种形象，骷髅，围裙正中为三目护法神，跳神服上装饰的神祇头像大都威猛怪异，狰狞恐怖，对妖魔鬼怪有强大威慑力量。

彝族“毕摩”帽与丧葬服

“毕摩”，是彝族从事原始祭祀的祭师，彝语“毕”是举行仪式时祝赞诵咒的意思，“摩”意为长老，老师。所以彝族毕摩，世袭传承，专司安灵送灵、祭祀诵经、驱鬼招魂、禳灾祈祷、占卜神判；毕摩不仅只是彝族文字的创始人和传承人，还是多才多艺的人，毕摩的活动，涉及文字、历史、医学、宗教等等，不少毕摩擅长吹拉弹唱，能歌善舞，门门在行；他们出现在娱乐场所中，就是歌舞的中心人物；他们出现在祭祀场上，就是主持祭祀的要人，在彝族村寨中有着较高的地位，频受尊敬。

毕摩是彝族从事原始祭祀的祭师，其中不少又是传播彝族历史文化的代表人物，每当举行祭祀活动时，都要穿配专门的法衣、法帽。

法帽，又叫毕摩帽，彝语称“毕罗波”，是毕摩与神接触时的保护伞，作斋、作祭等重大法事时必须戴上，因此，其工艺非常特殊，文化意蕴也很丰厚，但实际上是一顶竹篾编制的斗笠，圆形、直径二市尺，高约七市寸，以青毡敷外壳，底面用篾皮丝织成无数六角形的胡椒眼，顶下镶有一个竹制的“菩萨筒”。筒中置象征菩萨的小木人或小竹人一个，用黄、红、绿、白、黑五色线缠紧，线头披露于筒外，帽带有的为丝绸织品，上绣彝文。

毕摩帽帽顶有突出的小圆柱，柱端缀有一缕彩色丝线，因此，每一道制作工序和选料都有着特殊的含意，要请最好的篾匠，选择最好的日子到山林中采伐竹子，然后进行贡祭典礼，才砍竹制帽。这是因为远古时代洪水泛滥时，竹子救了彝族的祖先。彝族对竹从来就有特殊的感情，不仅用竹制成祖先牌位，毕摩帽也需要用竹制成。制帽时不仅采集最好的竹子，还要选择最好的日

子精心砍竹，破好的篾条又要经过精心挑选，以精细润滑的为佳，编织还不能一次完成，一月只编一次，每次只能编二至三匹篾子。一顶毕摩帽需要三年才能编成。

毕摩帽用的毡子原料也很特殊，选用黑色公羊脖子上的毛弹制而成，还要七个妇女头上的头发掺入。七个妇女的头发是以古老传说为依据的。彝族创世中说，很早很早以前，没有天、没有地、天神叫七个妇女造地，九个男人造天，因此，用七个妇女的头发掺入羊皮制毡，是对造天造地始祖的崇拜，表示毕摩帽能通天通神灵。

佩戴在毕摩帽上的鹰爪，必须是大鹰脚爪。鹰与彝族传说中的祖先“阿鲁举热”有关。“阿鲁举热”是鹰的儿子，毕摩帽悬挂鹰爪，可借祖先神灵，避灾驱邪。还有的是在竹编斗笠外面贴黑色薄毡，上面镶有用银片剪成的日、月、鸟、蜘蛛等形状的动物图案。帽顶呈小柱形，穿有多层圆形黑贴片，有的还系有鹰爪、野猪牙项圈，挎羊皮经带，刻有虎和鹰头的竹篾神扇“切克”。

毕摩帽并非任何一个毕摩都可以戴。戴毕摩帽的毕摩，犹如汉族的学位、爵位一样，是知识、权威的象征。凡授予毕摩称谓者，必须做过“大祭”“中祭”等活动。大祭是一个民族支系约上千人的祭祀活动，活动长达六七天，要读的经书至少是二十多部，“插树”活动至少万棵。这些活动要求毕摩对“神界”知识、祖宗体系、祭祀烦琐礼仪要非常熟悉，而且要五十岁以上，五官端正，声音洪亮，家庭清正发达，没有“妖邪”害人行为，才能戴毕摩帽。毕摩帽鹰爪上包裹的红布条，每条表示毕摩参与过的一次活动。红布条越多尊荣，表示毕摩的经历丰富，知识渊博。

彝族毕摩着装，遵照古训，职业标志主要体现在帽子上，帽子上多挂鹰爪、布条等，都有典可寻，有的地方的毕摩，每为死人做一次法事，就从死者服装上撕下一片布条挂在帽子上，布条越多，说明送行越精。在明代，临安府（今建水县）有彝文学校，毕摩对学生发给特别的帽子作为凭证，表明其有从事毕摩职业的资格。

彝族毕摩借助所穿戴的服饰，包括神帽、神衣、神袜、神手套，尤其是缀有遮面流苏和具有象征意义饰物的神帽等，施展法术，实现神灵附体，完成人神身份的物化转化。彝族不管哪个村寨，都有自己的毕摩。毕摩身上披的法衣，是一件特制的毡衫，为羊毛织品，也有用棉、布制作的，有红、黑两色。丧事法术用黑色，婚嫁喜事法术则用红色。

彝族宗教意识在服装上的表现，首先在纹样上，带有宗教图符性质的纹样，转化为祝福吉祥的民间语文。其次，在漫长的历史岁月中，无论是四川凉山彝族，还是云南、贵州彝族，都有专门的祭祀服饰。如凉山彝族毕摩祭祀时的马尾披风及专用的毡笠；毡笠上贴有一些特殊的银片。云南昭通彝族毕摩祭祀时，头戴“勒黑”，耳佩法坠，身穿长袍，手持“默契”，肩挂“仙筒”。贵州盘州等有专门用于祭祀的披毡，系长媳为亡父、亡母圈丧“转戛”时专用。此外，凉山彝族老人生前都备有寿服，在辞世之时穿着。彝族认为，人死灵魂仍在，灵魂穿戴一新去拜谒祖先，而且须是祖先认识的服饰，才能被接纳归宗，故寿服固守归俗，内白外青，为彝族早期装束传统。

彝葬服

崇羊、尚黑、拜火，是氐羌语系民族中传统的崇拜信仰习俗。楚雄州大姚县三台山一带的彝族，是古代“西戎牧羊人”的后代，所以崇拜羊。成人礼仪时，男女均要在颈上挂白羊毛线，以求神灵保佑。老人去世要杀羊为死者引路，并将羊血洒在死者手上，祝福老人“骑羊归西”。服饰常绣有羊角花作装饰。尤其是毕摩的服饰和法器很多与羊有关。毕摩作法时，头戴金丝猴羊皮尖角帽，上身穿对襟衣，有三排扣的羊皮坎肩或短褂，用黄、白、黑三色点缀，下穿麻布裙，裙长至脚背；白麻布裹腿。毕摩的法器有头皮鼓、神棍、宝铡、铜锣，羚羊角等。

崇尚黑色，是彝族普遍性的传统，认为黑色代表着天神、地神、山神、树神、家神等十二个神灵。服饰以黑为美，包黑头帕、戴黑底花线挑绣的围腰，毕摩做法事必须穿黑色衣裤，过去，三台山、昙华山一带的彝族男女一律包黑头帕、穿黑衣、黑鞋，其原因在清朝年间有一个传说，这高山密林中常遇到外敌侵犯，寨子里一位机智勇敢的彝家人率领众人保卫了家园，人称“黑虎将军”，英雄牺牲后，大家都穿上黑色服饰，既是对他的纪念，又是民族传统文化的反映。

彝族对火的崇拜，更是人人皆知的传统，彝族家家户户设有火塘，将其视作家中最圣洁的地方，对火的崇拜，表现在刺绣品、纺织品中，如节日盛装，需穿红色和饰有火镰纹绣品的服装，在坎肩和长衣上都显示出火红光亮的风采。男性长腰带上必须挂一个小火镰，才显示出是“火红”的男子。

彝族办丧事时，都要“披麻戴孝”，死者下葬都要穿麻布衣。麻布衣实际上是火草衣，因火草纤维短，必须掺以麻线才能织出布来。火草衣对彝族来说既是婚装（见前述），又是丧服，在彝族服饰文化中，是个值得探讨的问题。

红河地区彝族毕摩，在做法事时，穿着也很特殊，头戴金丝猴尖顶帽，身穿对襟坎肩，上以黄、白、黑三色点缀，有三排扣，下身穿齐脚的白布裙，裹白绑腿，显示着许多的特殊地位和身份。黑、白代表庄严、高贵，白布裙与白绑腿象征作为神的代言人所具有的神灵色彩符号，令人崇敬和崇拜，又使人们觉得只有通过他才能与神灵感应。值得一提的，还有毕摩的头饰品为金丝猴尖顶帽，标志着毕摩是彝族文化的传承者。记录彝族源于“氐羌”族群的“天书”（古彝文），不幸被山羊所食，幸得金丝猴启示，杀食此羊，终于将彝族的族源保存下来。为感谢金丝猴，从此毕摩把其皮制成帽子、鼓，在做法事时，敲鼓忆“天书”，让人知道它的恩德。至今，金丝猴在当地人民心中占有神圣地位，被尊为“护法神”。

彝族毕摩戴特别的金丝猴帽，更体现了人神一体的崇拜观念。

四川凉山地区彝族毕摩主持祭祀时，披毛尾披风，用十匹好马的马尾纺织而成，通体色泽乌亮。佩戴的法帽，是用竹丝编织的精致斗笠，帽顶编有突出的小圆柱，柱端缀有一绺彩色丝线，还有一种法帽，彝语叫作“沙觉尔布”，意思是毡贴斗笠，即在竹编斗笠外面缝贴黑色薄毡，上面镶有用银片剪成的日、月、鸟、蜘蛛等形状的动物图案。帽顶成小圆柱形，穿有多层圆形黑色毡片，有的还系有鹰爪、野猪牙项圈，挎羊皮经袋；还要手持上面刻有虎和鹰头的竹篾编织神扇“切克”。这些都用于盛大祭祀活动或请经护灵，被认为有招神驱鬼的法力作用。毕摩做法时，穿上这种特殊的服装，被认为是人与鬼神之间沟通的媒介，表示自己是神灵的替身，有着不凡身手。

瑶族道公服

瑶族宗教信仰属道教范畴，他们对道教的信仰，以度戒用的服饰可以看出。度戒是一种教育人的仪式。瑶族男子到一定年龄都要举行度戒。度戒由师傅主持，师有道公和师公之分，道公就是习道教的师傅，度戒以后，童子都以其为师。道公的服饰，完全就是一幅道教的解说图，衣为对襟长衫，前襟两边绣有龙一条及跃出水面的鱼，并有八卦符号。八卦符号从前到后，分散在整件衣服上，后背上层绣有上清、太清、玉清等三清骑鹤之像。三清像两旁及底下绣有二十八宿之名，再下是二龙护大罗天，大罗天下有麒麟，周围及下部有 76 仙人像，再下为灵秀山、鹤鸣山、玉京山、武当山、龙虎山等道教名山，再下为大海。这是西畴县瑶族道公服的构图，其他地方的道公服大同小异。除勾勒道教图外，整件道公服还向人们描绘了一种宗教宇宙观。

笔者 1980 年开展调查时正赶上一户瑶族人家举行“度戒”仪式。

道教对瑶族的影响很明显，儿童头饰中的八

仙像、长生保命牌、长命锁及其他一些护身符，其文化根源全在道教。瑶族其他地区的道公服大同小异，除勾勒道教图案，整体道公服还要向人们描绘一种宇宙观念。瑶族道公、师公作法，都要穿特制道袍。袍上面都绣有所崇拜的“三清”或“三元”神像图，用作主要法事活动，无论“度戒”“做功德”“做洪门”“送终”等，道袍是道公的专门法衣，大多是由整块布缝制而成，其款式、色彩、做法、纹样，在各地瑶族中已形成较为统一的风格，最大特色在于其背部的刺绣纹样，主题皆在于体现道公请天上诸神降临道场，增加道公威力。道公服绣线采用传统五色：红、绿、黄、蓝、紫，代表道教中的五行观念；纹样主要包括“三清”形象、众神像、28星宿、神殿、吉祥动物、五座山、八卦符号以及水纹、云纹等，内容丰富，洋洋大观，体现出瑶族社会深远而厚重的历史文化积淀。

苗族寿衣与丧葬服

苗族寿衣，妇女方面，一般都用年轻时候的盛装，如果衣服少而已经穿烂了的，那么到了六七十岁就重新备制。其形式与常服一样，花饰不如盛装，要简单些，都备有新的包头帕、腰带和裹腿。死者穿这些衣服时，衽的方向与包裹脚的方向必须与活人相反，比如穿大领左衽的就变成右衽，穿右衽的就变成左衽。男人方面，一般到六七十岁以后，儿女就要给他们备制老服（死后就是寿衣），包头、腰带、裹脚都须齐全，布鞋都是临时才做。老鞋须以青布剪成铜钱大的圆形钉在鞋底上，一般是每只九个。据说这样的鞋，可使死者的灵魂走路时不滑足。不论男女，寿衣在生前多少要穿过几次。在苗族中，还有两种特殊的寿服，一种叫“摩面”，一种叫“欧夹”。“摩面”是用竹篾编制的帽子，其形如汉族的博士帽，但顶上是尖的，有个竹筒，竹筒是插上几根野鸡毛和一束似穗子的棉花，据说戴这种帽子才庄重，也才容易把龙脉聚拢来。“欧夹”，是划龙船时

“鼓头”所穿的衣服，外面是一层背心，并剪以大花纹的青绒镶边，头戴以青布作里的麦草帽。

苗族丧葬礼仪，要求有专门的服饰，除了让死者穿上装棺的寿衣，还有一类是披麻戴孝的儿孙子女的孝帽。寿衣孝服一般都要提前制备，多用麻布缝制，禁用缎子，因缎音同断，有断子绝孙之意。寿衣的衣样，有的同一般的老年人服装，也有的有特殊的样式，一般都不绣花。装棺着衣，各地风俗不同，衣服层数也不同，有的地方要求男九女七，有的地方则以多为荣，有的地方把婚装与寿衣视为一体，专门制作，一生只穿两次，一次在婚礼，一次在死后作为寿衣。

苗族丧葬服饰与寿衣有着共同的特点。苗族通过寿衣的穿法，表达对死者的追念。苗族男女平时穿衣扣在左边，人死后改扣在右边。意为他（她）们到另一边（阴边）去了。还用青布覆盖死者，再用白布镶边的红色绫子盖在青布上，称为“露水裙”，另用红、黄、蓝、白、黑五色线织成一根长一米左右的腰带，宽松地围在死者身上，然后更衣，穿单数盛装入殓。更换下来的衣服在送葬的路上用火焚掉，有的地区还有给死者反穿衣服入殓的习俗。

苗族的祭祀服因地区不同而有差异，有的男人，用绿缎或紫缎制成衣身，用自染的丝绸片镶贴补绣，并在上面绣满各种古朴异形的鸟、龙纹；有的祭祀服是长衫紧袖、无领，衣身绣有怪异的鸟龙纹，穿着时更显祭司的严肃和庄重；还有的满身绣满金黄色几何花鸟图案，与同样纹色祭天地，交相映衬，格外醒目。

苗族宗教仪式服，均为宽大的红色大袍，头戴用绣片做成的凤凰帽，手握手鼓、海螺号等法器，显得严肃威穆。每逢民间盛大庆典，芦笙衣是祭祀庆典时舞奏芦笙的男子所穿的一种特殊衣袋，帘裙上一条条的挑花片，其实是原始时期人类以毛皮、树叶、鸟羽、草实等串结成衣的遗迹。古朴而又华丽的芦笙衣，在祭祀中渲染出冥冥大荒的远古时代，令今天的人们看到创世大业中的先民。

壮族防老衣

壮族老人五十岁时，开始缝制“防老衣”，以后每十年缝一套，故又称“增寿衣”。防老衣的式样有讲究，均由自纺、自织、自染的土布制作。男子的长袖对襟上衣、宽腿、宽腰长裤，另一条4米长的黑色包头巾。女子穿绲边、宽腰、大袖满襟衫，裤同男子，还有一条下摆饰网状丝带的绣花围裙，系带上绣各种花纹。男子均有一双鞋尖上翘、形似龙舟的绣花鞋。老人寿衣五至七件，年轻一些的寿衣三至五件，一定要单数。如兄姐不为弟、妹戴孝，夫不为妻戴孝。亡者的子、孙、弟、妹、侄及其配偶头扎白布，身穿白衫，脚穿白鞋。出葬后即脱去丧服，仅子、女、媳、孙及孙媳继续头缠白布三十天，之后洗净收藏。三年丧期届满，孝子要请祭司为之“脱孝”，将白布烧掉。舅家则要备好几块红布，分赠孝子等人，以示吉祥。

白族妇女的寿鞋

做寿鞋，是洱源县白族妇女的习俗。白族姑娘、媳妇，从小就有学做寿鞋的传统，不会做寿鞋的妇女，常被人们笑为无能。寿鞋用大红色的绸缎或面料制成。鞋头拼有寿字图案，鞋底为三层底，穿寿鞋标志着人已进入老年，福禄双全。老人一般在六十花甲寿日开始穿第一双寿鞋，多子女的老人，每年都会收到姑娘、媳妇送来的一双双寿鞋。寿鞋收到的越多，越能表明这个老人一生有福，教子有方，儿女绕膝，受到后代的尊敬。老人们穿着寿鞋，走过大街小巷，人们总是投以羡慕的眼光，老人们心里乐滋滋，儿女们也觉得光彩。

景颇族“瑙双”服

景颇族“目脑纵歌”节上率领众人舞蹈的祭司，称为“瑙双”。“目脑纵歌”本为景颇族祭祀与歌舞的称呼，习惯上就是一个宗教性的节日名称。节日时，领头者“瑙双”，都要身穿长袍，头戴装饰有孔雀、犀鸟等羽毛的头冠，率领众多景颇族欢歌狂舞。“瑙双”的头冠，称“犀鸟头兜鍪”，由犀鸟头做成的鸟冠，鸟冠四周缀有野猫獠牙，后面插有孔雀羽毛或者雉鸡羽。“瑙双”身上穿的是红绿绸缎制的龙袍。龙袍上有蟒蛇织锦图案，袍下摆织绣水浪波纹装饰，袍襟绣两条斜向五爪形蟒纹样，前胸后背正中饰五爪坐蟒，是尊贵的式样。领舞“瑙双”所穿袍服质地、款式、图案都类似当地景颇族山官衣着，由此可见，景颇族祭祀活动的主持者与当地山官有密切关系。舞场上“瑙双”身披银泡、手持长刀，是最核心、最重要的人物，他们率领数百、数千甚至上万人的队伍有序地舞蹈，跳的舞蹈线路是“目脑柱”上的花纹路线，也是景颇族妇女筒裙上的花纹图案。“瑙双”头上那装饰复杂而独特的羽冠，就像一面旗帜，指引着景颇人步调一致，万众一心，奔向未来，奔向那幻想中与神同在的神圣殿堂。

六、喜庆节日中的服装盛景

1. 独树一帜的“赛装节”

赛装节，是西南地区少数民族中特有的服装赛美节日，在全世界是独一无二的。彝族的赛装节在1300年前就已流行了；西方世界的服装表演只局限在舞台上，参与人仅只是培训出来的“演员”，而彝族赛装节是不分男女老少，人人参与，在深山老林中坡地上欢歌跳舞，各展风采，热闹非凡。不仅比赛服装的美丽动人，还有现场表演的织绣艺术，当你在漫山遍野，满目斑斓的人群中，被五光十色的民族服饰弄花了眼的时候，常有“服饰海洋”“艺术奇葩”的感叹。这个节日是美的比赛，智慧的象征。女人穿的服饰，无一不是从头绣到脚，实

际上是一个民族服装的大汇集、大展示。节日里的每一个人，都是服装模特，或歌或舞，或走或站，都在充分展示出民族盛装的魅力。

赛装节，流行于云南省楚雄州永仁县直苴乡和大姚县三台山乡。过节的时间，直苴是正月十五日开始，三台山是三月二十八日开始。节日期间，不仅本乡各村各寨的人都来参与，远隔上百里的临县山寨彝族青年也跋山涉水赶来。

关于赛装节的来历，有着美丽的传说：很久很久以前，这里有一个聪明美丽的姑娘，名叫阿米尼，在一次跳脚活动中，她爱上勤劳而勇敢的猎人阿塔喜。阿塔喜也深深爱上了阿米尼但无礼物送她，只能爱在心里，不敢启口。一天，阿塔喜在密林中打猎，看到百鸟聚在林中比赛，一只五彩缤纷的锦鸡赛过了百鸟，昂着头站在密林高处的枝头上，享受百鸟对它的恭维称赞。阿塔喜张弓搭箭，射下了美丽的锦鸡，他提起锦鸡，首先想到了阿米尼对自己千好万好，自己却没有礼物送给她。于是他把美丽的锦鸡送到了阿米尼面前，却不敢停留片刻转身就走了。聪明的阿米尼姑娘，看着美丽的锦鸡，心中万分欢喜，望着远去的阿塔喜，却又十分苦恼。她把锦鸡放在床边，日日夜夜望着锦鸡，盼望着阿塔喜阿哥早来提亲，思谋着今后的生活。日子一天一天地过去了，等盼了四十九天，锦鸡忽然从床头飞落地上，跳起了优美的舞蹈，那优美的舞蹈，欢乐地跳跃，点点滴滴全像彝家姑娘跳脚。再一看，锦鸡的脸面有些像自己，她跑出屋，奔到泉水边就着自己一照，自己就是锦鸡，锦鸡就是自己，只不过自己穿的衣服没有锦鸡那么漂亮。她怀疑阿塔喜阿哥不来提亲，不与她约会，是嫌她穿得不美。她下定决心，要绣一套比锦鸡的金羽银毛还美丽的衣裳。她天天纺纱，夜夜织布，织出金丝银线。她照着锦鸡冠凤，绣成比锦鸡的冠凤还美丽的头帕。她照着锦鸡五彩羽毛，绣出了比锦鸡还美丽的衣裳，围腰绣上了百鸟朝凤，飘带上绣马樱山、茶花，挎包绣上了高山大河、花草树木、飞禽走兽及星星、月亮、太阳……要绣裤子了，裤子绣什么呢？再描花绣朵，怕违反阿塔喜阿哥的心意，绣牛马驴羊，猪鸡鹅鸭，怕阿塔喜阿哥不喜欢；绣虫蚁鱼虾，瓜果荞豆，怕阿塔喜阿哥不喜欢。阿塔喜阿哥送来锦鸡已满数百日，正是两人相爱的九百九十九天，不能再等了，于是她照着锦鸡的黑脚杆，连夜缝了青布裤子，在裤脚上镶绣了一道花边，第二天太阳刚上东山，她忙采来山茶花，马樱花插在头帕上，沿着山岗，穿过密林，走进了阿塔喜家人的垛木房。从此，他们成了一对美丽的夫妻，过了一辈子好日子。阿塔喜因为阿米尼对他的真心实意感动，又尊敬她聪明美丽，夫妻俩上山下地，都要让阿米尼走前。

阿米尼进入阿塔喜家的那天，正是农历三月二十八日。每到这个美好的日子，彝家人都要把妇女打扮得十分漂亮，赶去比赛自己的聪明才智；在跳歌场上，男人要替女人守衣服，让女人在打跳场上换上鲜艳的衣服。直到如今，许多彝家妇女还常把锦鸡嘴壳连着冠凤，钉在女儿的凤冠帽上，作为珍贵的装饰品。这是三台地区关于赛装节由来的传说。

直苴赛装节。相传约1300年前，彝族猎手朝里诺朝里若两兄弟从月利巴拉寺到直苴打猎，他们惊喜地发现这里山清水秀，土地肥沃，特别适宜耕种和安居。于是，他们带领彝族同胞到此扎下了根。乡亲们为了报答兄弟俩开拓直苴的功劳，都争着为他们提亲，而姑娘们对兄弟俩更充满爱慕之情，面对乡亲们拳拳盛意和许多姑娘的追慕，兄弟俩只得说：“哪个姑娘心最灵，手最巧就和哪个姑娘成亲！”姑娘们知道朝里诺哥弟俩最喜爱彝山的木石花草鸟虫，于是纷纷赶农闲时节绩麻、纺丝、染线，把彝乡的美丽风景绣在自己的衣服上。到了第二年正月十五，姑娘们便穿上亲手绣制的服装，集中到村旁格里山上的森林里举行赛装活动，希望能脱颖而出，而被兄弟俩一眼相中。此后，每逢正月十五这天，直苴乡及其周围各寨彝族村民都会穿上精心准备的盛装

相聚一起，在载歌载舞的欢乐气氛中争艳斗靓，谈情说爱。年复一年，祖祖辈辈沿袭至今，终于形成了彝族同胞隆重而热烈的传统节日。每年的赛装节，都如同场进行“新装”竞赛，场上色彩缤纷，裙装飞扬，场下人声鼎沸，盛况空前。

上述两个传说，情节有所差异，但都有一个共同点、就是姑娘们在自己服装上显示聪明才智，以选得中意的恋人。其实，赛装节是当地所有彝族人都参与的活动，特别是在山林间春天鲜花盛开的时候，加上艳丽多姿的服装，那真是美的世界，美的海洋。2000年，笔者再次参与直苴赛装节。

清晨，高高升起的太阳将小山寨照得暖洋洋的。我们跟乡亲们沿着小路爬上一道山梁，赛装节会场就设在这片阶梯状的山坡上。我们到了一个小寨吃过早饭，姑娘们便迫不及待地拿出精心绣制的靓丽服装，开始梳妆打扮。待穿戴完毕后，纷纷邀上同寨的亲朋好友与小姐妹们，成群结队地从一条条蜿蜒的山间小道汇集到赛装场。在这浩浩荡荡的人群中，除了青年男女，还有很多是关心儿女婚事的彝家老人，希望年轻人能在赛装节上选中心中的爱人，与对方永结同心，为自己的孩子觅到一门称心的亲事。到中午时分，赛装节活动正式开始，在唢呐、芦笙、月琴的伴奏下，各村寨的刺绣能手组成的赛装队翩翩起舞，绚丽缤纷的色彩随着光影的变幻，构成了一道道流光溢彩的奇异风景。当一位穿戴华丽、光彩照人的姑娘出现在场地中央时，台下的人群一阵骚动，大家纷纷把目光投向轻盈活泼或端庄典雅的盛装“模特”，不时发出由衷的赞叹和热情的欢呼。灿烂的阳光、湛蓝的天空，浩浩荡荡的云朵，映衬着赛装场上五彩斑斓的美丽服饰和风情万种的彝家姑娘。我仿佛置身仙境……若非五彩云霞落人间，否则怎会有如此这般夺人心魄的美艳！

心灵手巧的彝家妇女，最擅长用鲜艳夺目的大红为主色，配以赤、橙、黄、绿、青、蓝、紫及粉红等辅色，构成极具视觉冲击力的色彩组合。乍一看，每位彝族女子服饰上的刺绣都大红大绿，似乎差别不大，但仔细观察，却发现各有千秋。彝家妇

女善于将各色丝线组合出彩虹般的配色效果，并绣出风雨雷电、日月星辰、山水木石、花草禽兽、各色人物等种类繁多的图案纹饰。构图的繁简虚实，形象的夸张变形，色调的对比反差，皆令人叹为观止。这些源于大自然的色彩和图案，被她们一针一线地绣在布上，穿在身上，不仅彰显美艳，更传达出她们对美好生活的热爱与向往。赛装节让人眼花缭乱，目不暇接，你这边刚注视着一位姑娘裤脚上绣的那幅造型夸张的“踏歌”图案，一扭头，一位提着绣有彝族星象图挎包的姑娘又赫然入目。至于马樱似火，山茶争艳，喜鹊闹梅，蝴蝶采花等传统花鸟纹饰，更是数不胜数。恍然发现，我们面对的是一场大山深处的视觉盛宴；是在花的世界、花的海洋里享受到了人生最大的幸福。“浪漫”“罗曼蒂克”，在人们的印象中似乎是西方人的专利，与东方人无缘。其实不然，那绚丽多姿的花儿伴着彝族同胞的笑颜竞相绽放，把高山密林中山山水水装扮得姹紫嫣红，气象万千，赛装节里的风采，西方人是未知和无法享受得到的。

白天，只是赛装节的序幕，而“赛装节跳到日头落，跳脚跳到月当空”时，才是高潮迭起的压轴大戏。直苴之夜，月亮像是刚从水里捞出来的，把蓝澄澄的夜空照得纤尘不染，层层叠叠墨黑的山峰，飘浮在雪白的云烟上。夜晚的赛装场都设在树林中，一堆篝火在林间空地上熊熊燃烧。小伙子和姑娘们围坐在篝火旁，或弹琴，或唱歌，或开怀大笑，或窃窃私语。火光将姑娘和小伙的脸盘映得通红。个个眉目间都透出难以掩饰的热情，林中洋溢着一派春天的气息。如果说白天的赛装场是沸腾的，那么夜晚降临以后的赛装场，则充满了含情脉脉的羞涩与温馨，弥漫着神秘浪漫的气氛。

不知是为了掩风挡雨还是因为害羞，每个姑娘都围上了一块大头巾，只露出眼睛和上半张脸，更为这银色月光下的丛林之夜增添了许多神秘的气氛。夜渐深，山林中突然响起月琴的优美旋律，围坐在篝火旁的年轻人仿佛听到集合号一般，一跃而起，不约而同朝琴响起的地方围拢而去，踏着抑扬顿挫的旋律跳起了欢快的舞蹈。月光下，小伙子们一个个如猎手般矫健，姑娘们则似明星般靓丽。姑娘小伙各自拉着心上人的手，“踢、踏”节奏的舞步格外有力……此时此刻，爱情像流水般倾泻出来。跳到情深意浓处，姑娘小伙便成双结对悄悄离开了“打跳”的人群，隐进了树林周边的荞麦地里或密林之中，放开谈情说爱。

此时，“打跳”人群唱起了最霸道的祝酒歌，将夜晚的节庆活动推向更高潮：“三月茶花红，八月桂花香，好玩的阿表妹，来到赛装场，活计要做花要采，见花就要玩，不来由自可（读 ke，“去”之意），来了就好好玩一场。”歌声配着音乐和舞蹈，高山老林中的“浪漫”，真乃是世上少有。

总之，赛装节并不仅缤纷绚丽，风情万种，宛如五彩云霞落人间，更显示了彝族人民追求美好生活的炽热情感和浪漫情怀。走进彝乡，忘天忘地，忘不了彝族艳丽缤纷多彩的服饰。如果把彝族不同支系不同地域的服饰汇聚到一起，那肯定是“人类服饰大观园”，是世界上的一大奇葩。

2. 花的世界　美的海洋

走进民族村寨，忘天忘地，忘不了村寨里绚丽多彩的服装款式和精美绝伦的刺绣图案。每一个民族，如果把不同地域、不同支系的服饰汇集到一起，那肯定是世界上的一大奇观。人们很难想象，在白云深处的那些大山峡谷里，竟然聚居着这么多色彩；这么多富于创意的美。特别是在民族节日庆典活动中，服饰起着显示民族的辉煌、民族智慧和财富的作用，当然也是一种美的装饰，是美化世界的活动。在中国西南地区少数民族中，每个民族都有自己的盛大节日，如：赛装节、插花节、泼水节、刀杆节、六月节、目脑纵歌、三月街、火把节等等。面对节日里五光十色，满目斑斓的服装汇聚，真有"服饰海洋"或是"人类服饰大观园"的感觉，那真是美的聚会，智慧的展示，是民族的辉煌。

民族节日，是一种社会文化现象，反映着民族的共同心理素质和外貌特征。民族节日既包括精神文化，也包括物质文化，集民族风俗、民族歌舞、民间工艺、民间贸易于一"堂"，是天然的大舞台，是制度化了的民间艺术博览会，是各民族最开心、最欢快、和显示民族团结上进的日子。凡参加者，无论男女老少，都要穿戴亲手缝制的衣服和精美的配饰品，以展示自己的聪明才智。节日往往成为一场场、一次次的"赛装会"。许多民族都将服饰分成便装和盛装两种，若要见识传统地道的民族服装，节庆是难得的好机会，不仅穿得整齐繁荣，人也多，各种各样的服装都会在节日期间展示出来，是一种服装盛景，真是一个花的世界。

西南地区少数民族节日众多，各民族都把自己心爱的服饰当作自己立于民族之林的象征和骄傲。西南地区少数民族节日中的表演，都以服饰为主，融音乐、舞蹈、风情为一体，这是民族艺术综合性的表演。它不是单纯的服装模特，也不同于民族歌舞，它是服饰、音乐、舞蹈、民俗的复合体，即在优美的民族音乐和舞蹈旋律中，通过各种形式如纺纱、织布、生产、劳动、穿戴、婚配等来充分展示服饰艺术美，给观众以美的享受。艺术的启迪，使人能够从中了解各民族创造的文明，有助于繁荣民族服饰文化艺术和增进民族之间的了解和团结。每个节日上，最让人眼花缭乱，也是最吸引人眼珠的就是那些色彩鲜艳、装饰特别、式样丰富漂亮的服饰了。

节日中每个民族都有自己的盛装。蒙古族、水族、苗族、土家族、羌族、壮族等盛装都别具特色。其中，瑶族盛装就很隆重，每当节日来临，男女老幼，均穿盛装靓饰参加聚会。盛装用青布制作，男子披绣花披风，上饰银色圆牌，腰围绣花裙；妇女穿多件绣花衣，围数条绣花裙，头饰、耳环、项圈等更是必备之物。瑶族崇尚红色，认为红色象征吉祥如意，辟邪除疫。所以，无论男女老少总要佩戴红色饰物，嫁衣全身披红，宗教仪式中的"道公"所着黑长袍上也都镶有红色宽边，正面绣有龙纹及汉字，背面绣山、水、人纹，皆以红色为主。

藏族阿里地区，女子节庆服饰散发的珠光宝

气，令人惊叹不已：头戴双角前伸的帽子，帽架上缀有红、黄等色的锦缎和珠宝，双角正中搭出用骨条穿系的小珊瑚盖顶，覆至前额，盖顶边悬五至七串小叶片银坠，垂至眼前。身穿黑色镶彩氆氇袍或布袍，用铜环扣连成的腰带系扎，腰带的左右两侧至前襟悬垂三至五层用大黄色珠子、骨、银等配搭的链型串饰；前襟正前挂一个日月形护身盒。黑袍外再披一件镶有红边的白毡大披风，披风左肩部饰一钩链状挎袋，袋面缀彩锦和珠宝金银，袋的底端吊饰五至九排小红珠和银叶片串成的穗，脚穿皮底绣花高筒靴，双手戴满金、银、玉等镯戒。举手投足，佩饰叮当，珠圆玉润，触目生辉。

西南各民族不同民族不同节日中的服装盛景，写不完，述不尽，彝族火把节、傣族泼水节、傈僳族刀杆节、景颇族目脑纵歌、壮族三月街、藏族赛马节……

这里，再以彝族的跳宫节和苗族的赶“花街”为例作记述，因为这两个节日中的服装更为特殊，是独一无二的服装盛景。

跳宫节，流行于云南文山州彝族地区，以富宁县白倮人最为隆重，活动内容很有特色。每年农历夏季，一般四月初八前后，都要举行历时两天的传统节日。这两天，各村各寨的男女老少，都身着盛装，穿金戴银，在“宫头”和“宫主”的统领下，集中在村外一块固定的草坪上，敲响铜鼓，打着木鼓，吹着葫芦笙，杀猪宰羊，举行盛典祭献金竹，围绕金竹翩翩起舞，唱歌，饮酒，跳铜鼓舞。

跳宫，由宫头（彝语称“帕比”）和宫主（宫头的妻子）为领舞人。宫头和宫主的服饰极为特殊。宫头身穿长袍，头戴有长鸡尾的一尺二寸的高筒帽子，腰佩长刀。宫主身穿三件红、绿、蓝三色构成的颜色多彩的长袍，头上装饰着三排大大小小的红木梳子，每排七至十把，以及许多鲜花，左右手各戴有六至十只银手镯，胸前挂满了银光闪闪的项圈和银链。他们在两把葫芦笙的指

引下，由七大将官和盛装的全寨男女老少簇拥着，后面是从远道而来的参加跳宫节的彝家父老和兄弟姐妹，整个场面就是服饰鲜花的海洋。

苗族赶“花街”。“花街”，是多好听的名字！观看“花街”奇景，也是我最新鲜的经历之一。那是1978年到昭通威信县遇到的一次激动经历。那时，正是农历五月初五日，按照汉族传统习俗是“端午节”，而在云南和贵州交界地区，苗、彝、回、汉等多个民族，在这一天过得是称为“赶花街”的欢乐节日。

“花街”，到底买卖些什么花？我一点都不清楚，正在我疑惑想询问时，宣威文化馆的小樊同志突然站到我面前说：“到了小米田三宝山，三丛树梁子上有两个‘花街’，一看就知道了！”

到了“三宝山”，三个小山包缓缓地连在一起，中间呈凹平状，小山包上生长着密密的矮灌木林，虽有熙熙攘攘的人群在山坡上走动，但没有一个卖花的人。于是我便问小樊：“奇怪！我曾赶过苏州、杭州的花街，都是群花相聚，色彩耀眼，为什么这里的花街，连一个卖花的人都没有？”

小樊听了，便牵着我的手走到三宝山梁子上说：“你看，上万种的鲜花不是在动着吗！那些绿叶丛中冒出来的正是盛开的花朵！”小樊边说边用手指着在灌木丛中的密集人群。我一看便激动地说：“哎哟，这美丽壮观的场景，我是第一次开了这个眼界！”立刻拿起相机拍摄。在来来往往的人群中，最引人注目的是上穿挑花衣，下着百褶裙的苗族姑娘，也有穿着涤卡做的中山装、青年装、四内包、对襟衫、夹有金光布做成的折腰新式服，红、白、绿和印花的确凉春衫的汉族男女青年；有穿着蓝线五包褂褂及戴小白帽的回族男青年，有头上戴绣花勒子或顶红、绿方巾，身穿蓝布衣加一个绿色蓝线绣的花围裙的回族女青年，还有各式花布做成姊妹装穿着的多种民族女青年；女青年耳朵上戴着耳环，手上戴着银光闪闪的戒指，在阳光下非常耀眼，再看看他们许多人的面容是那么样的迷人。你看那一张张面庞，窝着浅笑，她们走起路来，又敏捷，又匀称。特别是脚上穿的绣花鞋，不知下了多少功夫。

正当我想着这些姑娘为什么这样手巧的时候，东北角的大团山包上传来了节奏鲜明、优美的芦笙曲调。我和小樊提着录音机和照相机赶到那里。那些苗族女青年，有的头上插着一把木梳，整个的小凤头发盖在脑门上，有的头上拢扎成一只角，左右两侧挂上一朵小红花；有的头上戴着磨盘似的彩色大包头；她们上身穿着雪白麻布镶边丝线绣的紧身衣；下装是白地蓝花麻布百褶裙，正像绿叶托着牡丹盛开一样。她们慢慢地舞动起来，不时地把含情微笑的目光投递给吹芦笙的小伙子。小伙子身穿各色丝线镶成的花瓣状燕尾服，在捧着芦笙尽情欢跳的时候，燕尾两角被跳跃扇起来摆向两边，如同蝴蝶展开翅膀，飞向牡丹花丛采蜜。当我走入欢天喜地、笑逐颜开的人群里，想同大家一起欢歌跳舞时，那一只只蝴蝶似的小伙子却追赶着“牡丹花”突然飘移到绿叶丛中去了。我正奇怪这些姑娘和小伙子为何跑得这样快时，背后一个苗族大爹口中直言：“哟，你不知道？小伙子都去采花了！”

“采花，真的把姑娘当作花采了？”我问道。

“同志，你是城里人，不晓得今天是我们苗族小伙子采花的日子。你看彝族、回族、汉族也同我们苗族一样，没对象的小伙子都在采花呢……”其实，这只是赶“花街”中男女青年谈情说爱的一个内容，更重要的还是服装的“自由式”竞赛比美。漫山遍野、艳丽多姿的服饰在这个“三宝山”大舞台上表演，加上与此相呼应的音乐舞蹈、风情，把人们带进一个五彩缤纷的世界，使人们不仅领略到西南古朴、美丽、富饶、神奇的风韵，而且还领悟到彩虹般绚烂的各族服饰之美。这是各族人民智慧的结晶，充分表现了服饰“展演”艺术的魅力。

主　　编：赵季平
　　　　　莫蕴慧
副 主 编：杜永寿
分册主编：莫蕴慧
分册副主编：刘大巍

普通高中教科书　音　乐　必修　歌　唱

ISBN 978-7-103-05697-4

教科书定价：9.91 元
配套光盘定价：5.00 元

定价批号：云价价格[2016]62 号　举报电话：12358

歌唱

人民音乐出版社

人民音乐出版社